Traité Des Substitutions Et Des Équations Algébriques - Primary Source Edition

Camille Jordan

TRAITÉ

DES SUBSTITUTIONS

ET

DES ÉQUATIONS ALGÉBRIQUES.

PARIS. — IMPRIMERIE DE GAUTHIER-VILLARS,
Rue de Seine Saint-Germain, 10.

TRAITÉ

DES SUBSTITUTIONS

ET

DES ÉQUATIONS ALGÉBRIQUES,

PAR M. CAMILLE JORDAN,

INGÉNIEUR DES MINES, DOCTEUR ÈS SCIENCES,
MEMBRE CORRESPONDANT DE LA SOCIÉTÉ ROYALE DES SCIENCES DE GOETTINGUE ET DE L'INSTITUT LOMBARD.

PARIS,

GAUTHIER-VILLARS, IMPRIMEUR-LIBRAIRE
DU BUREAU DES LONGITUDES, DE L'ÉCOLE IMPÉRIALE POLYTECHNIQUE,
SUCCESSEUR DE MALLET-BACHELIER,
Quai des Augustins, 55.

1870

PRÉFACE.

Le problème de la résolution algébrique des équations est l'un des premiers qui se soient imposés aux recherches des géomètres. Dès les débuts de l'Algèbre moderne, plusieurs procédés ont été mis en avant pour résoudre les équations des quatre premiers degrés : mais ces diverses méthodes, isolées les unes des autres et fondées sur des artifices de calculs, constituaient des faits plutôt qu'une théorie, jusqu'au jour où Lagrange, les soumettant à une analyse approfondie, sut démêler le fondement commun sur lequel elles reposent et les ramener à une même méthode véritablement analytique, et prenant son point de départ dans la théorie des substitutions.

L'impuissance de la méthode de Lagrange, pour les équations générales d'un degré supérieur au quatrième, donnait lieu de croire à l'impossibilité de les résoudre par radicaux. Abel démontra, en effet, cette proposition fondamentale; puis, recherchant quelles étaient les équations particulières susceptibles de ce genre de résolution, il obtint une classe d'équations remarquables qui portent son nom. Il poursuivait avec ardeur ce grand travail lorsque la mort vint le frapper; les fragments qui nous en restent permettent de juger de l'importance de cet édifice inachevé.

Ces beaux résultats n'étaient pourtant que le prélude d'une plus grande découverte. Il était réservé à Galois d'asseoir la théorie des équations sur sa base définitive, en montrant qu'à chaque équation correspond un groupe de substitutions, dans lequel se reflètent ses caractères essentiels, et notamment tous ceux qui ont trait à sa résolution par d'autres équations auxiliaires. D'après ce principe, étant donnée une équation quelconque, il suffira de connaître une de ses propriétés caractéristiques pour déterminer son groupe, d'où l'on déduira réciproquement ses autres propriétés.

De ce point de vue élevé, le problème de la résolution par radicaux, qui naguère encore semblait former l'unique objet de la théorie des équations, n'apparaît plus que comme le premier anneau d'une longue chaîne de questions relatives aux transformations des irrationnelles et à leur classification. Galois, faisant à ce problème particulier l'application de ses méthodes générales, trouva sans difficulté la propriété caractéristique des groupes des équations résolubles par radicaux, la forme explicite de ces groupes pour les équations de degré premier, et deux théorèmes importants relatifs au cas des degrés composés. Mais, dans la précipitation de sa rédaction, il avait laissé sans démonstration suffisante plusieurs propositions fondamentales. Cette lacune ne tarda pas à être comblée par M. Betti, dans un Mémoire important, où la série complète de ces théorèmes de Galois a été pour la première fois rigoureusement établie.

L'étude de la division des fonctions transcendantes offrit à Galois une nouvelle et brillante application de sa méthode. Depuis longtemps Gauss avait démontré que les équations de la division du cercle étaient résolubles par radicaux; Abel avait établi le même résultat pour les équations de la division des fonctions elliptiques, en supposant la division des périodes effectuée; proposition que M. Hermite devait étendre aux fonctions abéliennes. Mais il restait à étudier les équations modulaires dont dépend la division des périodes. Galois, déterminant leur groupe, remarqua que celles de ces équations dont le degré est 6, 8 ou 12, peuvent s'abaisser d'un degré. M. Hermite, effectuant cette réduction, montra qu'il suffisait de résoudre des équations des quatre premiers degrés pour identifier la réduite obtenue dans le cas de la quintisection avec l'équation générale du cinquième degré, ce qui fournissait la solution de cette dernière équation par les fonctions elliptiques. M. Kronecker parvenait en même temps au même résultat par une méthode à peu près inverse, que M. Brioschi a reprise et développée dans quelques pages remarquables.

Une autre voie féconde de recherches a été ouverte aux analystes par les célèbres Mémoires de M. Hesse sur les points d'inflexion des courbes du troisième ordre. Les problèmes de la Géométrie analytique fournissent, en effet, une foule d'autres équations remarquables dont les propriétés, étudiées par les plus illustres géomètres, et principalement par MM. Cayley, Clebsch, Hesse, Kummer, Salmon, Steiner, sont aujourd'hui bien connues et permettent de leur appliquer sans difficulté les méthodes de Galois.

La théorie des substitutions, qui devient ainsi le fondement de toutes les questions relatives aux équations, n'est encore que peu avancée. Lagrange n'avait fait que l'effleurer; Cauchy l'a abordée à plusieurs reprises. MM. Bertrand, Brioschi, Hermite, Kronecker, J.-A. Serret, E. Mathieu s'en sont également occupés; mais, malgré l'importance de leurs travaux, la question était si vaste et si difficile, qu'elle reste encore presque entière. Trois notions fondamentales commencent cependant à se dégager : celle de la primitivité, qui se trouvait déjà indiquée dans les Ouvrages de Gauss et d'Abel; celle de la transitivité, qui appartient à Cauchy; enfin la distinction des groupes simples et composés. C'est encore à Galois qu'est due cette dernière notion, la plus importante des trois.

Le but de cet Ouvrage est de développer les méthodes de Galois et de les constituer en corps de doctrine, en montrant avec quelle facilité elles permettent de résoudre tous les principaux problèmes de la théorie des équations. Pour en faciliter l'intelligence, nous avons pris notre point de départ dans les éléments, et nous y avons exposé, outre nos propres recherches, tous les principaux résultats obtenus par les géomètres qui nous ont précédé. Mais nous avons souvent modifié assez profondément l'énoncé et le mode de démonstration de ces propositions, afin de tout ramener à des principes uniformes et aussi généraux que possible. L'abondance des matières nous a d'ailleurs contraint à supprimer tout développement historique. C'est ainsi que nous avons dû laisser de côté, non sans regret, la célèbre démonstration donnée par Abel de l'impossibilité de résoudre par radicaux l'équation du cinquième degré, ce beau théorème pouvant aujourd'hui s'établir par des considérations beaucoup plus simples.

Parmi les Ouvrages que nous avons consultés, nous devons citer particulièrement, outre les Œuvres de Galois, dont tout ceci n'est qu'un Commentaire, le *Cours d'Algèbre supérieure* de M. J.-A. Serret. C'est la lecture assidue de ce Livre qui nous a initié à l'Algèbre et nous a inspiré le désir de contribuer à ses progrès.

Nous tenons également à remercier ici MM. Clebsch et Kronecker des précieuses indications qu'ils nous ont fournies. C'est grâce aux libérales communications de M. Clebsch que nous avons pu aborder les problèmes géométriques du Livre III, Chapitre III, l'étude des groupes de Steiner et la trisection des fonctions hyperelliptiques. Nous devons à M. Kronecker la notion du groupe des équations de la division de ces dernières fonctions. Nous aurions désiré tirer un plus grand parti que nous ne l'avons fait des travaux de cet illustre auteur sur les équations. Diverses causes nous en ont empêché : la nature tout arithmétique de ses méthodes, si différentes de la nôtre; la difficulté de reconstituer intégralement une suite de démonstrations le plus souvent à peine indiquées; enfin l'espérance de voir grouper un jour en un corps de doctrine suivi et complet ces beaux théorèmes qui font maintenant l'envie et le désespoir des géomètres.

Cet Ouvrage se divise en quatre Livres :

Le Livre premier est consacré aux notions indispensables relatives à la théorie des congruences.

Le Livre II se partage en deux Chapitres, consacrés, le premier à l'étude des substitutions en général, le second à celle des substitutions dont la forme est définie analytiquement et principalement à celle des substitutions linéaires.

Le Livre III contient quatre Chapitres. Dans le premier, nous posons les principes de la théorie générale des équations. Les trois suivants renferment des applications à l'Algèbre, à la Géométrie et à la théorie des transcendantes.

Enfin dans le Livre IV, divisé en sept Chapitres, nous déterminons les divers types généraux d'équations solubles par radicaux, et nous obtenons pour ces types un système complet de classification.

TABLE DES MATIÈRES.

LIVRE PREMIER.
DES CONGRUENCES.

§ I. — *Première étude des congruences.*

§ II. — *Des congruences binômes. — Des résidus de puissances.*

§ III. — *Théorie de Galois.*

LIVRE II.
DES SUBSTITUTIONS.

CHAPITRE PREMIER. — DES SUBSTITUTIONS EN GÉNÉRAL.

§ I. — *Premiers principes de la théorie.*

§ II. — *De la transitivité.*

§ III. — *Groupes non primitifs. — Facteurs de non primitivité.*

§ IV. — *Groupes composés. — Facteurs de composition.*

§ V. — *Symétrie des fonctions rationnelles.*

§ VI. — *Du groupe alterné.*

§ VII. — *Théorèmes de MM. Bertrand et Serret.*

§ VIII. — *Limite de transitivité des groupes non alternés.*

CHAPITRE II. — Des substitutions linéaires.

§ I. — *Représentation analytique des substitutions.*

§ II. — *Généralités sur les substitutions linéaires.*

§ III. — *Facteurs de composition du groupe linéaire.*

§ IV. — *Groupes primaires.*

§ V. — *Forme canonique des substitutions linéaires.*

§ VI. — *Questions diverses.*

LIVRE III.
DES IRRATIONNELLES.

CHAPITRE PREMIER. — Généralités.

§ I. — *Théorie générale des irrationnelles.*

§ II. — *Groupes de monodromie.*

§ III. — *Théorèmes divers.*

CHAPITRE II. — Applications algébriques.

§ I. — *Des équations abéliennes.*

§ II. — *Équations de Galois.*

CHAPITRE III. — Applications géométriques.

§ I. — *Équation de M. Hesse.*

§ II. — *Équations de M. Clebsch.*

§ III. — *Droites situées sur les surfaces du quatrième degré à conique double.*

§ IV. — *Points singuliers de la surface de M. Kummer.*

§ V. — *Droites situées sur les surfaces du troisième degré.*

§ VI. — *Problèmes de contacts.*

CHAPITRE IV. — Applications a la théorie des transcendantes.

§ I. — *Fonctions circulaires.*

§ II. — *Fonctions elliptiques.*

§ III. — *Fonctions hyperelliptiques.*

§ IV. — *Résolution des équations par les transcendantes.*

LIVRE IV.

DE LA RÉSOLUTION PAR RADICAUX.

CHAPITRE PREMIER. — Conditions de résolubilité.

CHAPITRE II. — Réduction du problème A.

§ I. — *Groupes primitifs.*

§ II. — *Groupes non primitifs.*

CHAPITRE III. — Réduction du problème B.

§ I. — *Groupes décomposables.*

§ II. — *Groupes indécomposables.*

CHAPITRE IV. — Réduction du problème C.

§ I. — *Groupes décomposables.*

§ II. — *Groupes indécomposables de première catégorie.*

§ III. — *Groupes indécomposables de seconde catégorie.*

§ IV. — *Groupes indécomposables de troisième catégorie.*

CHAPITRE V. — Résumé.

CHAPITRE VI. — Groupes a exclure.

CHAPITRE VII. — Indépendance des groupes restants.

§ I. — *Réduction du théorème* **A** *au théorème* **B**.

§ II. — *Démonstration du théorème* **B**.

§ III. — *Démonstration du théorème* **C**.

FIN DE LA TABLE DES MATIÈRES.

ERRATA.

Page 9, ligne 22, *au lieu de* $x^{q^{n-1}}$, *lisez* $x^{q^{n-1}}-1$.
Page 21, ligne 21, *au lieu de* distinctes, *lisez* distinctes entre n lettres.
Page 25, ligne 15, *au lieu de* G, *lisez* H.
Page 43, ligne 2, *au lieu de* k, *lisez* k_{α}.
Page 64, ligne 27, *au lieu de* $T^{-1}ST.S$, *lisez* $T^{-1}ST.S^{-1}$.
Page 67, ligne 29, *au lieu de* $(abcd)$, $(bccd)(cdef)$, *lisez* $(ab)(cd)$, $(abc)(dfe)$.
Page 79, ligne 20, *au lieu de* toutes les lettres, *lisez* toutes les lettres $a, \ldots, a_n$.
Page 93, ligne 13, *au lieu de* $x'+x$, *lisez* x, $x'+x$.
Page 94, ligne 21, *au lieu de* $B^{a''}_{x'', x''}$, *lisez* $B^{a''}_{x'', x}$.
Page 101, ligne 11, *au lieu de* q'_{-1}, *lisez* $q'-1$.
Page 108, ligne 28, *au lieu de* αy, *lisez* $\alpha y'$.
Page 116, ligne 5, *au lieu de* K_1^{l-1}, *lisez* K_0^{l-1}.
Page 118, ligne 33, *au lieu de* $a_1^{n-1}x^{n-1}+b_1^{n-1}x^{n-1}$, *lisez* $a_1^{n-1}x^{m}+b_1^{n-1}x^{m-1}$.
Page 128, lignes 19, 20, 21, *au lieu de* p, p^{ν}, *lisez* p^{ρ}, $p^{\rho\nu}$.
Page 130, ligne 13, *au lieu de* $Y_0+K_1Z_1$, $z_1=Z_0+K_1Y_1$, *lisez* $Y_0+K_1Y_1$, $z_1=Z_0+K_1Z_1$.
Page 132, ligne 34, *au lieu de* $z^n)=$, *lisez* $z^n+y^n)=$.
Page 138, ligne 9, *au lieu de* échangeable à A′, *lisez* échangeable à A.
Page 143, ligne 29, *au lieu de* racine, *lisez* série.
Page 146, ligne 27, *au lieu de* x^{μ_1-1}, *lisez* $x^{\mu-1}$.
Page 174, lignes 16, 22, 27, *au lieu de* b, *lisez* c.
Page 175, ligne 4, *au lieu de* Σ étant, *lisez* Σ' étant.
Page 176, ligne 1, *au lieu de* f'_1, *lisez* f'_2.
Page 177, ligne 30, *au lieu de* $+a_1^m m_2$ et $+a_1^n m_n$, *lisez* $-a_1^m m_2$ et $-a_1^n m_n$.
Page 177, ligne 31, *au lieu de* $L_1'^{r}$, *lisez* $L_2'^{r}$.
Page 178, ligne 6, *au lieu de* $+b'_1$, *lisez* $-b'_1$.
Page 178, ligne 7, *au lieu de* L'', *lisez* L_1''.
Page 205, ligne 2, *au lieu de* $Q_{1,2}$, *lisez* $Q_{2,1}$.
Page 208, ligne 32, *au lieu de* c_2, *lisez* c'_2.
Page 212, ligne 22, *au lieu de* $b'_2 d'_2$, *lisez* $b'_2 = d'_2$.
Page 213, ligne 23, *au lieu de* C_x, *lisez* caract. C_x.
Page 213, ligne 26, *au lieu de* C_y, *lisez* caract. C_y.
Page 220, ligne 26, *au lieu de* φ, *lisez* F.
Page 221, lignes 2, 9, 19, *au lieu de* φ, *lisez* F.
Page 226, ligne 9, *au lieu de* ω_1, *lisez* ω_0.
Page 230, ligne 21, *au lieu de* racines, *lisez* lettres.
Page 231, ligne 8, *au lieu de* $2\mathfrak{R}_{n-1}$, *lisez* $2\mathfrak{R}_{n-1}=2(2^{2n-3}-2^{n-2})$.
Page 238, ligne 12, *au lieu de* $\equiv 0$, *lisez* $\equiv 1$.
Page 261, ligne 2, *au lieu de* x^m, *lisez* x^n.
Page 263, ligne 18, *au lieu de* $Z_{\nu-1}+l_{\nu-2}Z_{\nu-2}$, *lisez* $Z^{\nu-1}+l_{\nu-2}Z^{\nu-2}$.
Page 267, ligne 4, *au lieu de* invariables, *lisez* invariable.
Page 282, ligne 2, *au lieu de* irréductible, *lisez* réductible.

Page 291, ligne 12, *au lieu de* G, *lisez* F.
Page 294, ligne 9, *au lieu de* $\varphi(x)$, *lisez* $f(x)$.
Page 296, ligne 13, *au lieu de* racines, *lisez* racines primitives.
Page 307, lignes 5 à 10, *au lieu de* Si les x_ρ sont tous pairs, *etc.*, *lisez* Si d'autre part les tous pairs, et les x'_ρ ou les x''_ρ égaux à zéro, les x''_ρ ou les x'_ρ seront égaux aux x_ρ, et d'exclusion se réduiront à trois distincts.
Page 313, lignes 12 et 13, *au lieu de* p, *lisez* q.
Page 316, ligne 30, *au lieu de* $cm'n$, *lisez* $cm'n'$.
Page 319, ligne 2, *au lieu de* (502), *lisez* (504).
Page 320, ligne 22, *au lieu de* 4, *lisez* 5.
Page 327, ligne 25, *au lieu de* β_2, *lisez* β_3.
Page 329, ligne 24, *au lieu de* $\frac{n-3}{2}$, *lisez* $\mu\frac{n-3}{2}$.
Page 352, ligne 11, *au lieu de* $(-1)^{\frac{n-1}{2}}$, *lisez* $(-1)^{\frac{n-1}{2}}n$.
Page 372, ligne 7, *au lieu de* 29, multipliées, *lisez* 28, divisées.
Page 378, ligne 26, *au lieu de* trois, *lisez* deux.
Page 387, ligne 16, *au lieu de* la, *lisez* le.
Page 391, ligne 18, *au lieu de* $c^3 m$, *lisez* $c^3 m_1$.
Page 421, ligne 20, *au lieu de* $r_1\rho_1 = r_2\rho_2$, *lisez* $\frac{\rho_1}{r_1} = \frac{\rho_2}{r_2}$.
Page 432, ligne 19, *au lieu de* b_1, *lisez* $b_1^{\nu_1}$.
Page 436, après les lignes 14 et 19, *écrire* des lignes de points.
Page 442, ligne 26, *au lieu de* Γ, *lisez* Γ'.
Page 491, ligne 15, *au lieu de* $(1+j\theta\xi'_1)^{\nu p^r}$, *lisez* $(1+j\theta\xi'_1)^{p^{r'}}$.
Page 491, ligne 24, *au lieu de* Si $\xi'_1 = \xi_1$, *lisez* Soit $r' = r + \nu$, et $\xi'_1 = \xi_1$;.
Page 510, ligne 12, *au lieu de* D_r, *lisez* $C_{\gamma_\rho}, \ldots$.
Page 538, ligne 16, *au lieu de* mais, *lisez* mais, si $m = 1$, ou $m > 1$ et $\mathfrak{K} \equiv 0 \pmod{2}$.
Page 562, ligne 14, *au lieu de* $\mathfrak{V}$, *lisez* $\mathfrak{V}_1$.
Page 591, ligne 23, *au lieu de* S, S', *lisez* $\Sigma, \ldots$.
Page 593, ligne 23, *au lieu de* et contient, *lisez* à moins qu'il ne contienne.
Page 593, ligne 24, *au lieu de* ou, *lisez* et.
Page 601, ligne 29, *au lieu de* on aura $d = 1$, *lisez* L aura pour exposant l'unité.
Page 606, ligne 24, *au lieu de* $e^{p^{\nu'}+1}$, *lisez* $e^{\frac{p^{2\nu'}-1}{p-1}}$.
Page 607, ligne 27, *au lieu de* F, *lisez* F_0.
Page 609, ligne 19, *au lieu de* $C_{\xi_1\xi_2\ldots\eta_1\ldots\rho_0}$, *lisez* $[\xi_1\xi_2\ldots\eta_1\ldots]_\rho^0$.
Page 610, ligne 34, *au lieu de* Trois cas, *lisez* Cela est clair si Γ'_0 est de troisième cat sinon, deux cas.
Page 613, ligne 11, *au lieu de* p, *lisez* p^ν.
Page 616, ligne 22, *au lieu de* F', *lisez* F' (premier faisceau de L').
Page 624, ligne 4, *au lieu de* $+ t_1\xi_1$, *lisez* $- t_1\xi_1$.
Page 628, ligne 24, *au lieu de* η_1, *lisez* ξ_2.

LIVRE PREMIER.

DES CONGRUENCES.

TRAITÉ
DES SUBSTITUTIONS
ET
DES ÉQUATIONS ALGÉBRIQUES.

LIVRE PREMIER.
DES CONGRUENCES.

---

§ I. — Première étude des congruences.

Congruences du premier degré.

1. Deux entiers a et b dont la différence est divisible par un entier p sont dits *congrus suivant le module* p. Gauss exprime cette relation par la notation suivante

$$a \equiv b \pmod{p}.$$

Mais quand le module est connu, on omet souvent de l'écrire.

Soit F une fonction entière à coefficients entiers d'une ou de plusieurs indéterminées : la relation

$$F \equiv 0 \pmod{p},$$

s'appellera une *congruence*.

2. Problème. — *Résoudre la congruence du premier degré*

$$a_1 x_1 + a_2 x_2 + \ldots + a_n x_n \equiv b \pmod{p}.$$

Cette congruence revient à l'équation indéterminée

$$px + a_1 x_1 + a_2 x_2 + \ldots + a_n x_n = b. \tag{1}$$

Soit a_1 le plus petit des nombres $p, a_1, a_2, \ldots$; et soit $p = a_1 m + p'$, $a_2 = a_1 m_2 + a'_2, \ldots, p', a'_2, \ldots$ étant les restes minima de la division de

p, $a_2, \ldots$ par a_1. Posons

$$x_1 = x'_1 + mx + m_2 x_2 + \ldots,$$

x'_1 étant une nouvelle indéterminée; il vient

$$p'x + a_1 x'_1 + a'_2 x_2 + \ldots = b,$$

équation analogue à la précédente, mais avec des coefficients plus petits. Si p', $a'_2, \ldots$ ne sont pas tous nuls, on répétera ce procédé; et il est clair qu'on parviendra enfin à une équation

$$dz = b, \qquad (2)$$

où tous les coefficients soient nuls, sauf un seul, d. D'ailleurs, il est évident que $p, a_1, a_2, \ldots$ ont le même plus grand commun diviseur que p', a_1, $a_2, \ldots$; de même à chacune des réductions suivantes : donc d sera ce plus grand commun diviseur. S'il ne divise pas b, l'équation (2) sera impossible : mais s'il le divise, on aura $z = \frac{b}{d}$; et l'on aura x, $x_1, \ldots, x_n$ exprimés en fonction linéaire de z et des n indéterminées affectées de coefficients nuls dans l'équation (2), lesquelles restent arbitraires.

Remarque. — La congruence $ax \equiv b \pmod{p}$ est toujours résoluble, d'après ce qui précède, si a est premier à p. Soient x, x' deux de ses racines : $a(x - x')$ sera divisible par p; donc $x = x' + kp$, k étant entier. Parmi les nombres de cette progression, il en est évidemment un, et un seul, qui soit $< p$ et non négatif. Nous le désignerons par le symbole $\frac{b}{a} \pmod{p}$.

Congruences de degrés supérieurs.

3. Les congruences les plus intéressantes sont celles dont le module est un nombre premier. Nous les considérerons exclusivement dans ce qui va suivre, à moins que nous n'avertissions expressément du contraire.

4. Soit

$$F(x) = Ax^m + Bx^{m-1} + \ldots$$

une fonction entière de x à coefficients entiers. Soient $a, b, \ldots$ les restes respectifs de la division de A, B,... par p; il est clair qu'on aura identiquement

$$Ax^m + Bx^{m-1} + \ldots \equiv ax^m + bx^{m-1} + \ldots \pmod{p}.$$

La fonction *simplifiée* $ax^m + bx^{m-1} + \ldots$ aura par définition tous ses coefficients positifs et inférieurs à p.

5. Théorème. — *Soient* $F(x) = Ax^{m+n} + Bx^{m+n-1} + \ldots + Kx^{n-1} + \ldots$ *et* $f(x) = ax^m + bx^{m-1} + \ldots$ *deux fonctions de degré* $m+n$ *et* m, *on pourra toujours déterminer, et d'une seule manière, deux fonctions simplifiées* $\varphi(x) = \alpha x^n + \beta x^{n-1} + \ldots$ *et* $\psi(x) = Rx^{m-1} + Sx^{m-2} + \ldots$, *telles que l'on ait identiquement*

$$F(x) \equiv f(x)\,\varphi(x) + \psi(x) \quad (\text{mod. } p).$$

En effet, les coefficients de $\varphi(x)$ et de $\psi(x)$ étant supposés indéterminés, cherchons à vérifier cette congruence. On aura les congruences suivantes du premier degré :

$$\left.\begin{array}{l} A \equiv a\alpha \\ B \equiv b\alpha + a\beta \\ \ldots\ldots\ldots\ldots\ldots\ldots\ldots\ldots \\ K \equiv \text{fonct.}(a, b, \ldots, \alpha, \beta, \ldots) + R \\ \ldots\ldots\ldots\ldots\ldots\ldots\ldots\ldots \end{array}\right\} (\text{mod. } p),$$

qui déterminent sans ambiguïté α, puis β,..., puis R, etc.

Les fonctions $\varphi(x)$ et $\psi(x)$ pourront être appelées respectivement le *quotient* et le *reste* de $F(x)$ par $f(x)$. Si $\psi(x)$ est nul, on dira que $f(x)$ est un *diviseur* de $F(x)$.

6. Remarque. — *Les diverses fonctions qui s'obtiennent en multipliant une même fonction* $F(x)$ *par divers entiers constants* $e, e_1, \ldots$, *ont toutes les mêmes diviseurs.*

Soit, en effet, $f(x)$ un diviseur quelconque de $eF(x)$; on aura

$$eF(x) \equiv f(x)\,\varphi(x).$$

Soit y une racine de la congruence $ey \equiv e_1$; on aura

$$e_1 F(x) \equiv f(x).y\varphi(x) \equiv f(x).\varphi_1(x),$$

en désignant par $\varphi_1(x)$ la fonction simplifiée congrue à $y\varphi(x)$.

La fonction $eF(x)$ est évidemment divisible : 1° par l'entier e; 2° par elle-même. La fonction $F(x)$ ayant les mêmes diviseurs, on voit qu'elle sera nécessairement divisible : 1° par un entier arbitraire e; 2° par un quelconque de ses multiples $eF(x)$. Si ces diviseurs sont les seuls que possède la fonction, nous dirons qu'elle est *irréductible*. Dans le cas contraire, on pourra la mettre sous la forme d'un produit de fonctions irréductibles.

7. Il est clair que si deux fonctions $F(x)$ et $f(x)$ ont un diviseur com-

mun, il divisera le reste de leur division $\psi(x)$, et réciproquement. On pourra donc, comme dans l'algèbre ordinaire, chercher le plus grand commun diviseur de deux fonctions en opérant des divisions successives, et démontrer : 1° que si une fonction irréductible $f(x)$ divise un produit de fonctions $F(x)$, $F_1(x)$,..., elle divise nécessairement l'un des facteurs; 2° que de quelque manière que l'on s'y prenne pour décomposer une fonction en facteurs irréductibles, on obtiendra toujours les mêmes facteurs, à des coefficients constants près.

8. Théorème. — *Une congruence* $F(x) \equiv 0$ *de degré m admet précisément autant de racines égales ou inégales, comprises entre* 0 *et* $p-1$, *que son premier membre, décomposé en facteurs irréductibles, contient de facteurs du premier degré.*

Soit, en effet,

$$F(x) \equiv f(x) f_1(x) \ldots \varphi(x) \ldots,$$

$f(x)$, $f_1(x)$,... étant des facteurs du premier degré, et $\varphi(x)$,... des facteurs de degrés supérieurs. Pour que $F(x)$ soit divisible par p, il faudra qu'un de ses facteurs le soit : l'une des congruences $f(x) \equiv 0$, $f_1(x) \equiv 0, \ldots$, $\varphi(x) \equiv 0 \ldots$ devra donc être satisfaite.

Or la congruence $f(x) \equiv 0$ admet, comme on l'a vu, une seule racine a comprise entre 0 et $p-1$; $f_1(x)$ en admet également une seule a_1, etc.

Les autres congruences telles que $\varphi(x) \equiv 0$ n'en admettent aucune : car, s'il y en avait une, b, on aurait

$$\varphi(b) \equiv 0; \quad \text{d'où} \quad \varphi(x) \equiv \varphi(x) - \varphi(b) \equiv M(x-b),$$

M étant la fonction simplifiée de la fonction entière $\frac{\varphi(x)-\varphi(b)}{x-b}$: $\varphi(x)$ serait donc divisible par $x-b$, et ne serait pas irréductible, comme on le suppose.

9. Dans le cas le plus favorable, où tous les facteurs de $F(x)$ sont du premier degré, leur nombre sera précisément égal à m, et l'on aura

$$F(x) \equiv f(x) f_1(x) \ldots \equiv [f(x) - f(a)][f_1(x) - f_1(a_1)] \ldots \equiv k(x-a)(x-a_1)\ldots,$$

k étant un coefficient constant.

Soit

$$F(x) = Ax^m + Bx^{m-1} + Cx^{m-2} + \ldots.$$

Comparant cette expression à la précédente, il viendra

$$A \equiv k, \quad b \equiv -k(a + a_1 + \ldots), \quad C \equiv k(aa_1 + \ldots), \ldots.$$

Les fonctions symétriques des racines de la congruence s'expriment donc au moyen des coefficients de la même manière que dans la théorie ordinaire des équations.

Ces propriétés importantes cessent d'avoir lieu, si l'on considère les congruences dont le premier membre contient des facteurs irréductibles d'un degré supérieur au premier. Un inconvénient analogue s'était présenté dans la théorie ordinaire des équations, lorsque celles-ci n'ont pas toutes leurs racines réelles; on y a remédié en introduisant dans le calcul la notion des imaginaires, qui permet de rendre aux énoncés des théorèmes toute leur généralité. Par un procédé analogue, on peut obtenir ici le même avantage, ainsi que Galois l'a montré le premier. Mais, avant d'exposer sa méthode, il convient de nous arrêter un instant sur une congruence importante dont toutes les racines sont réelles et inégales.

§ II. — Des congruences binômes. — Des résidus de puissances.

Des congruences binômes.

10. Théorème de Fermat. — *Tout nombre entier* A *non divisible par le nombre premier p est racine de la congruence $x^{p-1} \equiv 1 \pmod{p}$.*

En effet, les entiers non divisibles par p peuvent être répartis en $p-1$ classes, en groupant ensemble dans une même classe tous ceux qui sont congrus entre eux suivant le module p. Cela posé, formons la suite $1, A, A^2, A^3, \ldots$. Les premiers termes de cette suite pourront appartenir à des classes différentes; mais comme leur nombre est illimité, on finira nécessairement par en trouver un qui soit congru à quelqu'un des précédents. Soit A^n le premier terme qui jouisse de cette propriété; il sera congru à 1, car s'il l'était à A^m, on aurait

$$A^m(A^{n-m}-1) = A^n - A^m \equiv 0 \pmod{p},$$

et comme A^m est premier à p, $A^{n-m}-1 \equiv 0 \pmod{p}$. Donc A^{n-m} serait congru à 1. A^n ne serait donc pas, comme on le suppose, le premier terme qui fût congru à l'un des précédents.

Soit donc $A^n \equiv 1$, d'où $A^{n+1} \equiv A, \ldots$. Les entiers $1, A, \ldots, A^{n-1}$, étant incongrus entre eux, appartiennent à n classes différentes; puis on retrouvera périodiquement les mêmes classes en formant les puissances suivantes $A^n, A^{n+1}, \ldots$.

Le nombre n est un diviseur de $p-1$, nombre total des classes. Cela est évident si $p-1=n$. Si $p-1$ est $>n$, soit B un entier appartenant à une classe différente de celles que nous venons de déterminer : les entiers B, BA,..., BA^{n-1} appartiennent à n nouvelles classes, distinctes des précédentes et distinctes les unes des autres; car si l'on avait, par exemple, $BA \equiv A^2$, on aurait

$$(B-A)A \equiv 0; \quad \text{d'où} \quad (B-A) \equiv 0,$$

et B appartiendrait à la même classe que A, contre l'hypothèse; et si l'on avait $BA^r \equiv BA^s$, on aurait $A^r \equiv A^s$, r et s étant moindres que n, ce qui est impossible.

Donc $p-1$ est au moins égal à $2n$. S'il est plus grand, soit C un entier appartenant à une classe quelconque autre que celles que l'on vient de trouver : les entiers C, CA,..., CA^{n-1} appartiendront à n classes nouvelles distinctes des précédentes, et $p-1$ sera au moins égal à $3n$. On peut poursuivre ainsi jusqu'à ce qu'on ait épuisé le nombre des classes.

Soit donc $p-1=nd$: la congruence $A^n \equiv 1$, élevée à la puissance d, donnera $A^{p-1} \equiv 1$, ce qu'il fallait démontrer.

Remarque. — Le théorème de Fermat a été généralisé par Gauss ainsi qu'il suit :

Tout nombre A *premier à un nombre quelconque* m *satisfait à la congruence*

$$x^{\varphi(m)} \equiv 1 \pmod{m},$$

$\varphi(m)$ *étant le nombre des entiers premiers à* m *et inférieurs à lui.*

Car les nombres premiers à m peuvent être répartis en $\varphi(m)$ classes en groupant ensemble ceux qui sont congrus suivant le module m. Cela posé, la démonstration se fera absolument comme tout à l'heure, en remplaçant p et $p-1$ par m et $\varphi(m)$.

Faisons en particulier $m=p^\alpha$, p étant premier, on aura

$$\varphi(m) = p^\alpha - p^{\alpha-1},$$

et A satisfera à la congruence

$$x^{p^\alpha - p^{\alpha-1}} \equiv 1 \pmod{p^\alpha}.$$

11. Corollaire. — *Soit* δ *un diviseur quelconque de* $p-1$: *la congruence* $x^\delta - 1 \equiv 0$ *a* δ *racines distinctes comprises entre* 0 *et* $p-1$.

Car la congruence $x^{p-1}-1\equiv 0$ a, comme on vient de le voir, $p-1$ racines distinctes comprises entre ces limites, à savoir $1, 2, \ldots, p-1$. Son premier membre est le produit de $x^\delta-1$ par un facteur M de degré $p-1-\delta$ et ne peut être divisible par p que si l'on a $x^\delta-1\equiv 0$ ou $M\equiv 0$. La première de ces congruences a tout au plus δ racines distinctes; la seconde en a tout au plus $p-1-\delta$; elles en ont ensemble $p-1$; donc elles ont précisément δ et $p-1-\delta$ racines distinctes.

Soient A une racine quelconque de la congruence $x^\delta-1\equiv 0$, A^n la première des puissances successives de A qui soit congrue à l'unité; celles des puissances de A qui sont congrues à l'unité seront, d'après ce que nous avons vu (**10**), les suivantes A^n, A^{2n}, A^{3n},.... Mais A^δ est congru à 1; donc n est un diviseur de δ.

Si l'on a précisément $n=\delta$, on dira que A est une *racine primitive* de la congruence $x^\delta-1\equiv 0$. Dans ce cas, les δ quantités $A, A^2, \ldots, A^\delta$ seront toutes incongrues entre elles, et les restes qu'on obtient en les divisant par p seront les δ racines de la congruence donnée; car soient A^m l'une d'elles, ρ le reste correspondant, on aura $\rho^\delta\equiv A^{m\delta}\equiv 1$.

12. Théorème. — *La congruence $x^\delta-1\equiv 0 \pmod{p}$, où δ est un diviseur de $p-1$, a toujours des racines primitives.*

1° Supposons d'abord $\delta=q^\alpha$, q étant premier. Les racines non primitives de la congruence donnée satisfont à la suivante

$$x^{q^{\alpha-1}}\equiv 0,$$

et sont en nombre $q^{\alpha-1}$; les autres, en nombre $q^\alpha\left(1-\frac{1}{q}\right)$, seront primitives.

2° Soit maintenant $\delta=q^\alpha r^\beta\ldots$, $q, r, \ldots$ étant premiers. *Soient respectivement* A, B,... *des racines quelconques des congruences $x^{q^\alpha}-1=0$, $x^{r^\beta}-1\equiv 0, \ldots$. Le produit* AB... *sera une racine de la congruence proposée, dont réciproquement toutes les racines seront de cette forme; et l'on obtiendra ses racines primitives en prenant successivement pour* A, B,... *les diverses racines primitives des congruences correspondantes.*

En effet, des relations $A^{q^\alpha}\equiv 1$, $B^{r^\beta}\equiv 1, \ldots$, on déduit évidemment

$$(AB\ldots)^{q^\alpha r^\beta\ldots}\equiv 1;$$

donc AB... est une racine de la proposée. D'ailleurs les produits de la forme AB... sont en nombre $q^\alpha r^\beta\ldots$ et tous incongrus; car si l'on avait

$AB\ldots \equiv A'B'\ldots$ sans avoir $A \equiv A'$, $B \equiv B', \ldots$, soit par exemple $A \gtrless A'$ (mod. p), on aurait

$$AA'^{-1} \equiv BB'^{-1}\ldots; \text{ d'où } (AA'^{-1})^{r^\beta\cdots} \equiv (B'B^{-1}\ldots)^{r^\beta\cdots} \equiv 1,$$

ce qui est absurde; car AA'^{-1} satisfaisant à la congruence

$$x^{q^\alpha} - 1 \equiv 0,$$

les exposants de celles de ses puissances qui sont congrues à l'unité sont des multiples du moindre d'entre eux, lequel étant > 1 (puisque $A \gtrless A'$) et divisant q^α sera divisible par q; or $r^\beta\ldots$ n'est pas divisible par q. Donc les $q^\alpha r^\beta\ldots$ produits $AB\ldots$ sont tous incongrus et égaux aux diverses racines de la congruence proposée.

Enfin si $A, B,\ldots$ sont des racines primitives des congruences correspondantes, $AB\ldots$ sera une racine primitive de la proposée; car, s'il en était autrement, elle satisferait à l'une des congruences

$$x^{\frac{\delta}{q}} \equiv 1, \quad x^{\frac{\delta}{r}} \equiv 1, \ldots,$$

ce qui ne peut avoir lieu, car on a

$$(AB\ldots)^{\frac{\delta}{q}} = A^{q^{\alpha-1}r^\beta\cdots} B^{q^{\alpha-1}r^\beta\cdots}\ldots \equiv A^{q^{\alpha-1}r^\beta\cdots},$$

expression qui ne peut être congrue à 1, $q^{\alpha-1}r^\beta\ldots$ n'étant pas divisible par q^α.

Au contraire, si A n'était pas une racine primitive, il est manifeste que $(AB\ldots)^{\frac{\delta}{q}}$ se réduirait à 1 (mod. p).

Les congruences

$$x^{q^\alpha} - 1 \equiv 0, \quad x^{r^\beta} - 1 \equiv 0, \ldots$$

ayant respectivement $q^\alpha\left(1 - \frac{1}{q}\right)$, $r^\beta\left(1 - \frac{1}{r}\right), \ldots$ racines primitives, la proposée en aura

$$q^\alpha r^\beta\ldots\left(1 - \frac{1}{q}\right)\left(1 - \frac{1}{r}\right), \ldots.$$

Ainsi toute congruence de la forme

$$x^\delta \equiv 1 \pmod{p},$$

et en particulier la suivante

$$x^{p-1} \equiv 1 \pmod{p},$$

a nécessairement des racines primitives.

13. Il est intéressant de savoir si la congruence analogue

$$x^{\varphi(m)} \equiv 1 \pmod{m},$$

relative aux modules composés, a également des racines primitives. Ce sujet a été complétement traité par M. Serret dans son *Algèbre supérieure*, Section III, Chapitre II). Nous emprunterons à cet important ouvrage les résultats relatifs au cas le plus simple, où m est une puissance d'un nombre premier.

Soit

$$m = p^\nu; \quad \text{d'où} \quad \varphi(m) = p^\nu - p^{\nu-1},$$

p étant un nombre premier impair.

1° *Les racines primitives des deux congruences*

$$x^{p^\nu - p^{\nu-1}} \equiv 1 \pmod{p} \qquad \text{et} \qquad x^{p-1} \equiv 1 \pmod{p}$$

sont congrues entre elles suivant le module p.

Car si g n'est pas congrue à une racine primitive de la dernière des congruences ci-dessus, et qu'on ait par exemple

$$g^n \equiv 1 \pmod{p} = 1 + rp,$$

n étant $< p - 1$, on aura

$$g^{np^{\nu-1}} = (1 + rp)^{p^{\nu-1}} \equiv 1 \pmod{p^\nu},$$

$np^{\nu-1}$ étant $< p^\nu - p^{\nu-1}$, et g ne sera pas racine primitive de la première congruence.

2° Soient maintenant a une racine primitive de la seconde congruence, g un nombre congru à $a \pmod{p}$: *g sera ou ne sera pas racine primitive de la première congruence, suivant que $g^{p-1} - 1$ ne sera pas ou sera divisible par p^2.*

Car soit g^t la première puissance de g qui soit congrue à $1 \pmod{p^\nu}$, elle le sera à $1 \pmod{p}$; donc t est un multiple de $p - 1$. On sait d'ailleurs qu'il divise $p^\nu - p^{\nu-1}$; il sera donc égal à $p^\lambda(p - 1)$, λ étant un certain entier.

Or soit $g^{p-1} = 1 + kp^i$, k étant non divisible par p; on aura en général

$$g^{p^\lambda(p-1)} = (1 + kp^i)^{p^\lambda} = 1 + k_\lambda p^{i+\lambda},$$

k_λ étant un entier premier à p. Donc la plus petite des valeurs de λ, telle qu'on ait

$$g^{p^\lambda(p-1)} \equiv 1 \pmod{p^\nu},$$

sera $\nu - i$; elle sera $\nu - 1$ si $i = 1$, et g sera racine primitive : elle sera moindre dans le cas contraire.

3° Posons donc $g = a + np$ et cherchons à déterminer n de telle sorte que $g^{p-1} - 1$ ne soit pas divisible par p^2. On a

$$g^{p-1} - 1 \equiv a^{p-1} - 1 + (p-1)a^{p-2}np \pmod{p^2},$$

expression non divisible par p^2 si n est choisi de telle sorte qu'on ait

$$\frac{a^{p-1} - 1}{p} + (p-1)a^{p-2}n \gtrless 0 \pmod{p},$$

relation qui peut toujours être satisfaite, $(p-1)\,a^{p-2}$ étant premier à p.

Il est clair que cette inégalité sera satisfaite pour $p - 1$ valeurs de n inférieures à p; en ajoutant à chacune d'elles un multiple quelconque de p inférieur à $p^{\nu-1}$, on aura $(p-1)\,p^{\nu-2}$ valeurs distinctes de n qui donneront pour g autant de valeurs, toutes inférieures à p^ν, et dont chacune sera une racine primitive.

14. Soit maintenant $m = 2^\nu$. Si $\nu = 2$, la congruence

$$x^{\varphi(2^\nu)} = x^{2^{\nu-1}} \equiv 1 \pmod{2^\nu}$$

aura la racine primitive 3. Si $\nu > 2$, elle n'aura pas de racine primitive, car tout nombre a premier à 2 peut s'écrire ainsi

$$a = \pm 1 + 2^{i+1} k,$$

k étant un entier impair, et l'on aura en général

$$a^{2^\lambda} \equiv 1 + 2^{i+2+\lambda} k_\lambda,$$

k_λ étant un entier impair. La moindre valeur de λ pour laquelle a^{2^λ} sera divisible par 2^ν sera donc $\nu - 2 - i$, nombre inférieur à $\nu - 1$; donc a ne sera pas racine primitive de la congruence proposée. Mais si l'on pose $i = 0$.

la valeur cherchée de λ sera $\nu - 2$; $a^{2^{\nu-2}}$ sera donc la première puissance de a qui satisfasse à la congruence proposée. Parmi les diverses puissances $a, a^2, a^3, \ldots, a^{2^{\nu-2}}$ toutes incongrues entre elles, il n'en existe évidemment qu'une seule $a^{2^{\nu-3}}$ qui soit différente de $1 \pmod{2^\nu}$, dont le carré soit congru à $1 \pmod{2^\nu}$, et qui par suite soit de la forme $\pm 1 + 2^{\nu-2} k$, k étant impair. Or cette forme contient plusieurs nombres. Soit b l'un d'entre eux autre que $a^{2^{\nu-3}}$; b^2 sera congru à $1 \pmod{2^\nu}$, et les deux suites

$$a \; a^2 \; a^3 \ldots a^{2^{\nu-2}},$$
$$ba \; ba^2 \; ba^3 \ldots ba^{2^{\nu-2}},$$

dont tous les termes sont évidemment impairs et incongrus suivant le module 2^ν, reproduiront (aux multiples près de 2^ν) la suite complète des nombres impairs et inférieurs à 2^ν.

Des résidus de puissances.

15. La considération des racines primitives permet de résoudre très-simplement les congruences binômes. Soit en effet $x^r \equiv a \pmod{p}$ une semblable congruence, et soit y une racine primitive de la congruence $x^{p-1} - 1 \equiv 0$. Un nombre entier quelconque, satisfaisant nécessairement à cette dernière congruence, sera congru à quelqu'une des puissances de y: soit donc $x \equiv y^z$ et $a \equiv y^\alpha$. La congruence $x^r - a \equiv 0$ deviendra $y^{rz} - y^\alpha \equiv 0$; mais pour que deux puissances de y soient congrues entre elles, il faut et il suffit que leurs exposants diffèrent de multiples de $p - 1$. La question sera donc ramenée à résoudre la congruence du premier degré

$$rz \equiv \alpha \pmod{p-1},$$

problème traité au n° **2**.

Le problème ne comporte, comme on l'a vu, aucune solution si α n'est pas divisible par le plus grand commun diviseur δ de r et de $p - 1$. Si α est divisible par δ, il en comporte une infinité, de la forme $z_1 + k \frac{p-1}{\delta}$, parmi lesquelles il en existe évidemment δ qui sont inférieures à $p - 1$.

16. Soit en particulier $r = 2$, p étant impair. On dit généralement que a est *résidu quadratique* de p ou *non résidu quadratique*, suivant que la congruence $x^2 - a \equiv 0 \pmod{p}$ sera possible ou non. On voit que a sera résidu ou non résidu, suivant que a sera congru à une puissance paire ou à une puissance impaire de y. Soient $a \equiv y^\alpha$ et $b \equiv y^\beta$ deux nombres quelconques non divisibles par p : leur produit $ab \equiv y^{\alpha+\beta}$ sera résidu quadratique s'ils sont tous deux résidus ou non résidus, car α et β étant tous deux pairs ou tous deux impairs, $\alpha+\beta$ sera pair. Au contraire, le produit d'un résidu par un non résidu sera un non résidu.

§ III. — Théorie de Galois.

17. Considérons maintenant une congruence irréductible $f(x) \equiv 0$, dont le degré ν soit > 1. Elle n'admet, comme on l'a vu, aucune solution en nombres entiers; mais rien n'empêche d'introduire dans le calcul un symbole imaginaire i, supposé tel que l'on ait $f(i) \equiv 0$, et de prendre en considération, outre les entiers réels, les entiers complexes formés avec cette imaginaire. Grâce à cette convention, on va voir que la congruence $f(x) \equiv 0$ admettra précisément ν racines imaginaires incongrues entre elles.

En premier lieu, soit $F(i)$ une fonction entière de i; divisons-la par $f(i)$, il viendra

$$F(i) \equiv f(i)\varphi(i) + \psi(i) \equiv \psi(i),$$

$\psi(i)$ étant de la forme $ai^{\nu-1} + bi^{\nu-2} + \ldots$. Si cette fonction n'est pas identiquement nulle, $\psi(i)$, et par suite $F(i)$, ne pourra être congrue à zéro; car si l'on avait à la fois $\psi(i) \equiv 0$ et $f(i) \equiv 0$ on aurait $\chi(i) \equiv 0$, $\chi(i)$ étant le plus grand commun diviseur de $\psi(i)$ et de $f(i)$. Mais $f(i)$ étant irréductible, $\chi(i)$ devra se réduire à un entier constant, essentiellement différent de zéro. On arriverait ainsi à une absurdité.

Donc : 1° $F(i)$ *ne peut être congrue à zéro que si elle est divisible par* $f(i)$; 2° *si elle n'est pas congrue à zéro, elle sera congrue à l'un des* $p^\nu - 1$ *nombres de la forme* $ai^{\nu-1} + bi^{\nu-2}, \ldots$ obtenus en donnant à $a, b, \ldots$ tous les systèmes possibles de valeurs inférieures à p, sauf le système de valeurs $a = 0$, $b = 0, \ldots$; 3° enfin *ces* $p^\nu - 1$ *nombres sont incongrus entre eux*, car si deux d'entre eux A et B étaient congrus entre eux, $A - B$ serait congru à zéro sans s'annuler identiquement, ce qui est absurde, comme on vient de le voir.

Si donc on répartit les entiers complexes non congrus à zéro en classes, en groupant ensemble ceux qui sont congrus entre eux, on aura $p^\nu - 1$ classes, contenant chacune un des nombres $ai^{\nu-1} + bi^{\nu-2} + \ldots$.

En outre, *le produit de deux entiers complexes* A *et* B *ne peut être congru à zéro que si l'un de ses facteurs l'est.* Car si le produit est congru à zéro, il est divisible par $f(i)$; donc $f(i)$ divise l'un des facteurs, lequel sera congru à zéro.

Cela posé, on établira sans difficulté, en répétant les raisonnements des n^{os} **8**, **10**, **11** et **12** :

1° Qu'*une congruence quelconque de degré* m *admet au plus* m *racines, tant réelles que complexes, incongrues entre elles;*

2° Que *tout entier réel ou complexe satisfait à la congruence* $x^{p^\nu-1}-1\equiv 0$;

3° Que δ *étant un diviseur quelconque de* $p^\nu-1$, *la congruence* $x^\delta-1\equiv 0$ *a* δ *racines incongrues entre elles, parmi lesquelles il en existe qui sont primitives.*

18. *La congruence* $f(x)\equiv 0$ *admet les* ν *racines* $i, i^p,\ldots, i^{p^{\nu-1}}$. Soit en effet

$$f(i)=mi^\nu+ni^{\nu-1}+\ldots\equiv 0.$$

Élevons ce polynôme à la puissance p^r et, après avoir développé par la formule du binôme, supprimons les termes divisibles par p; il vient

$$[f(i)]^{p^r}\equiv m^{p^r}i^{\nu p^r}+n^{p^r}i^{(\nu-1)p^r}+\ldots.$$

Mais $m, n,\ldots$ étant des entiers réels, on a

$$m^p\equiv m,\quad \text{d'où}\quad m^{p^r}\equiv m,\ldots;$$

donc

$$[f(i)]^{p^r}\equiv mi^{\nu p^r}+ni^{(\nu-1)p^r}+\ldots\equiv f(i^{p^r}),$$

et comme $f(i)\equiv 0$, on aura $f(i^{p^r})\equiv 0$, quel que soit r.

Les ν racines $i, i^p,\ldots, i^{p^{\nu-1}}$, dont nous venons de prouver l'existence, sont d'ailleurs incongrues entre elles, car si l'on avait par exemple $i^{p^r}\equiv i^{p^\rho}$, r étant $>\rho$ et $<\nu$, tout entier complexe satisferait à cette congruence; car on aurait

$$\begin{aligned}(ai^{\nu-1}+bi^{\nu-2}+\ldots)^{p^r}&\equiv ai^{(\nu-1)p^r}+bi^{(\nu-2)p^r}+\ldots\equiv ai^{(\nu-1)p^\rho}+bi^{(\nu-2)p^\rho}+\ldots\\&\equiv(ai^{\nu-1}+bi^{\nu-2}+\ldots)^{p^\rho}.\end{aligned}$$

Cette congruence aurait donc $p^\nu-1$ racines incongrues entre elles, quoique son degré p^r soit inférieur à $p^\nu-1$, ce qui est impossible.

19. Soit $\varphi(i)$ une fonction entière quelconque de i; les diverses fonctions

$\varphi(i)$, $\varphi(i^p)$,..., $\varphi(i^{p^{\nu-1}})$ seront dites *conjuguées* les unes des autres. Leur somme, étant symétrique par rapport aux racines de la congruence à coefficients réels $f(i)\equiv 0$, sera un entier réel exprimable au moyen de ces coefficients.

Si un entier complexe $\varphi(i)$ satisfait à une congruence quelconque $F(x)\equiv 0$, *ses conjugués y satisfont*, car la relation $F[\varphi(i)]\equiv 0$ ne peut avoir lieu que si le polynôme $F[\varphi(x)]$ est divisible par $f(x)$, auquel cas toutes les racines de $f(x)\equiv 0$ l'annuleront, d'où $F[\varphi(i^p)]\equiv 0$, etc.

20. Soit maintenant $F(x)\equiv 0$ une congruence quelconque. Décomposons son premier membre en facteurs irréductibles $f(x)$, $f_1(x)$,... ayant respectivement pour degrés μ, μ_1,... . Soit $\nu=\mu d$ le plus petit multiple de μ, μ_1,.... S'il existe une congruence irréductible de degré ν, soit i une de ses racines choisie arbitrairement. *La congruence* $F(x)\equiv 0$, *dont le degré est* $\mu+\mu_1,\ldots$, *aura précisément* $\mu+\mu_1\ldots$ *racines égales ou inégales, et qui toutes seront des fonctions entières de* i.

En effet, pour que l'on ait $F(x)\equiv 0$, il faut et il suffit que x satisfasse à l'une des congruences $f(x)\equiv 0$, $f_1(x)\equiv 0$,.... Considérons spécialement l'une d'elles, la première par exemple : soit j une de ses racines, on aura, comme on l'a vu, $j^{p^\mu}\equiv j$, et par suite

$$j^{p^\nu}=j^{p^\mu\cdot p^{\mu(d-1)}}\equiv j^{p^{\mu(d-1)}}\equiv j^{p^{\mu(d-2)}}\equiv\ldots\equiv j;$$

donc j satisfait à la congruence $x^{p^\nu}\equiv x$, ou, ce qui revient au même, à celle-ci $x^{p^\nu-1}-1\equiv 0$, dont toutes les racines sont des fonctions entières de i.

21. Il reste à s'assurer que, *quel que soit le nombre* ν, *il existe au moins une congruence irréductible de degré* ν. Cette vérification est facile. Considérons en effet la congruence

$$Y=x^{p^\nu}-x\equiv 0,$$

et décomposons son premier membre en facteurs irréductibles $\varphi(x)$, $\varphi_1(x)$,.... Ces facteurs seront tous inégaux, car si $x^{p^\nu}-x$ avait un facteur double, il diviserait sa dérivée, laquelle se réduit à $-1 \pmod{p}$, ce qui est absurde. Soient $\varphi(x)$ l'un de ces facteurs, λ son degré, l une des racines de la congruence $\varphi(x)\equiv 0$; ses autres racines seront l^p, l^{p^2},..., $l^{p^{\lambda-1}}$, et l'on aura

$$l^{p^\lambda}\equiv l,\quad l^{p^{\lambda+1}}\equiv l^p,\ \ldots.$$

Ceux des termes de la suite indéfinie $l, l^p, \ldots, l^{p^\nu}, \ldots$ qui sont congrus à l seront donc les suivants : $l, l^{p^\lambda}, l^{p^{2\lambda}}, \ldots$. Mais $l^{p^\nu} \equiv l$; donc λ divise ν.

1° Cela posé, admettons d'abord que ν soit égal à q^α, q étant premier. Si $\lambda < \nu$, il divisera $q^{\alpha-1}$; on aura par suite $l^{p^{q^{\alpha-1}}} \equiv l$. Donc le polynôme $x^{p^{q^{\alpha-1}}} - x = \mathrm{X}$ sera divisible par $\varphi(x)$; il le sera de même par tous ceux des facteurs de $x^{p^\nu} - x$ dont le degré est moindre que ν. Ces facteurs étant inégaux, il sera divisible par leur produit. Le polynôme $\frac{\mathrm{Y}}{\mathrm{X}}$, dont le degré d est égal à $p^{q^\alpha} - p^{q^{\alpha-1}}$, ne contiendra donc plus que ceux des facteurs irréductibles de Y dont le degré est précisément égal à ν. Donc il existe toujours de semblables facteurs, et leur nombre est égal à $\frac{d}{\nu}$.

2° Soit plus généralement $\nu = q^\alpha r^\beta \ldots$, $q, r, \ldots$ étant premiers. Soient respectivement $j, j_1, \ldots$ des racines appartenant à des congruences irréductibles de degrés $q^\alpha, r^\beta, \ldots$: $jj_1 \ldots$ sera racine d'une congruence irréductible de degré ν. En effet, ν étant divisible par $q^\alpha, r^\beta, \ldots$ on aura

$$j^{p^\nu} \equiv j, \quad j_1^{p^\nu} \equiv j_1, \ldots, \quad \text{d'où} \quad (jj_1 \ldots)^{p^\nu} \equiv jj_1 \ldots$$

Le degré λ de la congruence irréductible dont $jj_1 \ldots$ est la racine est donc un diviseur de ν. Mais s'il était moindre que ν, il diviserait un des nombres $\frac{\nu}{q}$, $\frac{\nu}{r}, \ldots$ Supposons qu'il divise $\frac{\nu}{q}$, on aurait

$$(jj_1 \ldots)^{p^{\frac{\nu}{q}}} \equiv jj_1 \ldots; \quad \text{d'où} \quad j^{p^{\frac{\nu}{q}}} \equiv j,$$

ce qui est impossible, $\frac{\nu}{q}$ n'étant pas un multiple de q^α.

22. *Remarque.* — Les résultats obtenus ci-dessus pour les congruences à coefficients réels s'étendent aisément à celles dont les coefficients sont des entiers complexes (le module p restant réel et premier). Ainsi, soit ν le degré de la congruence irréductible à laquelle satisfait l'imaginaire i que l'on a introduite. La congruence $x^\delta \equiv 1 \pmod{p}$, où $\delta = q^\alpha r^\beta \ldots$ est un diviseur de $p^\nu - 1$, aura $q^\alpha r^\beta \ldots \left(1 - \frac{1}{q}\right)\left(1 - \frac{1}{r}\right) \ldots$ racines primitives, de la forme $ai^{\nu-1} + bi^{\nu-2} + \ldots$. De même encore, la résolution d'une congruence binôme à coefficients complexes se ramène à celle d'une congruence du premier degré : les entiers complexes se partageront en résidus et non résidus quadratiques de p : etc....

Soit i une imaginaire quelconque : et soient $x_0, \ldots, x_\mu, \ldots$ les racines de la congruence

$$f(x, i) \equiv 0.$$

La congruence à coefficients conjugués

$$f(x, i^{p^r}) \equiv 0$$

aura pour racines $x_0^{p^r}, \ldots, x_\mu^{p^r}, \ldots$. Car on a identiquement

$$f(x_\mu^{p^r}, i^{p^r}) \equiv [f(x_\mu, i)]^{p^r} \equiv 0 \pmod{p}.$$

LIVRE DEUXIÈME.

DES SUBSTITUTIONS.

LIVRE DEUXIÈME.

DES SUBSTITUTIONS.

CHAPITRE PREMIER.

DES SUBSTITUTIONS EN GÉNÉRAL.

---

§ Ier. — PREMIERS PRINCIPES DE LA THÉORIE.

Préliminaires.

23. On donne le nom de *substitution* à l'opération par laquelle on intervertit un certain nombre de choses que l'on peut supposer représentées par des lettres a, b,....

24. Une substitution donnée S peut être définie de la manière suivante : Soient a une des lettres données prise arbitrairement, b celle qui la remplace lorsqu'on effectue la substitution S; soit de même c la lettre qui remplace b,... jusqu'à une lettre k qui sera remplacée par a. Les lettres a, b, c,..., k, qui se remplacent ainsi en cercle, forment un *cycle*. Si ce cycle contient toutes les lettres, la substitution sera dite *circulaire*. Sinon, une lettre étrangère à ce cycle donnera naissance à un nouveau cycle a', b',..., k'. Il pourra de même y en avoir un troisième, un quatrième, etc. Si une lettre n'est pas déplacée, elle forme à elle seule tout son cycle. Mettant les cycles en évidence, on pourra désigner la substitution S par la notation

$$S = (ab \ldots k)(a'b' \ldots k')(a'' \ldots k'') \ldots .$$

25. Le nombre des substitutions distinctes est $1.2.3 \ldots n$, en y comprenant la substitution dite *unité*, qui laisse chaque lettre à sa place.

26. Soient A et B deux substitutions : nous désignerons par AB la substitution résultante obtenue en effectuant d'abord la substitution A, puis la substitution B. Le sens des notations A^2, A^3,... se trouve ainsi expliqué. A^{-1} sera la substitution qui, multipliée par A, reproduit l'unité.

27. On dira qu'un système de substitutions forme un *groupe* (ou un *faisceau*) si le produit de deux substitutions quelconques du système appartient lui-même au système.

Les diverses substitutions obtenues en opérant successivement tant qu'on voudra et dans un ordre quelconque certaines substitutions données A, B, C,... forment évidemment un groupe : nous l'appellerons le *groupe dérivé de* A, B, C,..., et nous le désignerons par le symbole (A, B, C,...).

28. L'*ordre* d'un groupe est le nombre de ses substitutions : son *degré* est le nombre des lettres soumises à ses substitutions.

29. Considérons en particulier le groupe A, A^2,..., A^m,... des substitutions dérivées d'une seule substitution $A = (ab\ldots k)(a'b'\ldots k')\ldots$. Soient respectivement l, l',... les nombres des lettres de chacun des cycles de A, μ leur plus petit multiple; l'ordre de ce groupe sera égal à μ. En effet, la substitution A^m remplace chaque lettre, telle que a, par celle qui la suit de m rangs dans son cycle. A^μ sera donc la première substitution de la suite A, A^2,... qui se réduise à l'unité. D'ailleurs les substitutions A, A^2,..., A^μ seront toutes distinctes; car si l'on avait $A^\lambda = A^{\lambda'}$, on aurait $A^{\lambda-\lambda'} = 1$, ce qui est impossible, λ et λ' étant $< \mu$. Les puissances suivantes $A^{\mu+1}$, $A^{\mu+2}$,... reproduiront périodiquement la suite A... A^μ.

Nous dirons dans la suite pour abréger que μ est l'*ordre de la substitution* A. Mais, pour parler exactement, on devrait dire que c'est l'ordre du groupe dérivé de A.

30. *Si* A *est une substitution dont l'ordre* D *soit un nombre composé tel que* $d\delta$, *la substitution* A^δ *sera d'ordre* d. En effet, la suite de ses puissances A^δ, $A^{2\delta}$,..., $A^{d\delta}$,... se reproduira périodiquement au delà de $d\delta$.

On peut toujours prendre pour d un diviseur premier de D, et l'on voit ainsi que d'une substitution quelconque donnée A on déduit, en la répétant convenablement, une substitution d'ordre premier.

31. Soit en général $D = p^\alpha q^\beta r^\gamma \ldots$, p, q, r,... étant des facteurs premiers différents. Les substitutions $A^{\frac{D}{p^\alpha}} = A_1$, $A^{\frac{D}{q^\beta}} = A_2$, $A^{\frac{D}{r^\gamma}} = A_3$,... sont respectivement d'ordre p^α, q^β, r^γ..., et font toutes partie du groupe dérivé de A. Réciproquement, A dérive de ces substitutions combinées entre elles, car les entiers $\frac{D}{p^\alpha}, \frac{D}{q^\beta}, \frac{D}{r^\gamma}, \ldots$ n'ayant aucun diviseur commun autre que l'unité, on peut déterminer des entiers $l, m, n, \ldots$ satisfaisant à la relation

$$l\frac{D}{p^\alpha} + m\frac{D}{q^\beta} + n\frac{D}{r^\gamma} + \ldots = 1;$$

d'où l'on déduit

$$A_1^l A_2^m A_3^n \ldots = A^{l\frac{D}{p^\alpha} + m\frac{D}{q^\beta} + n\frac{D}{r^\gamma} + \ldots} = A.$$

32. Soient A et B deux substitutions. Formons la substitution $B^{-1}AB$; nous l'appellerons la *transformée de* A *par* B.

Théorème. — *Les cycles de la transformée* $B^{-1}AB$ *sont respectivement composés du même nombre de lettres que ceux de* A, *et chacun d'eux s'obtiendra en remplaçant chacune des lettres du cycle correspondant de* A *par la lettre que* B *lui fait succéder.*

En effet, soient $a, b, c, \ldots$ les lettres de l'un des cycles de A; $a', b', c', \ldots$ les lettres que B leur fait succéder; B^{-1} remplace a' par a, que A remplace par b, que B remplace par b' : donc $B^{-1}AB$ remplace a' par b'. Elle remplace de même b' par $c', \ldots$. L'un de ses cycles est donc formé des lettres $a', b', c', \ldots$.

33. Deux substitutions sont dites *semblables* lorsqu'elles ont le même nombre de cycles, contenant respectivement le même nombre de lettres.

D'après le numéro précédent, toute substitution A est semblable à l'une quelconque de ses transformées, telle que $B^{-1}AB$. Réciproquement, *si deux substitutions* A *et* A_1 *sont semblables, on pourra déterminer une substitution qui transforme* A *en* A_1. Car soient par exemple

$$A = (abc)(de)(fg), \quad A_1 = (bdc)(af)(eg)$$

deux substitutions semblables; la substitution B qui remplace respectivement a, b, c, d, e, f, g par b, d, c, a, f, e, g transformera A en A_1.

La substitution B ne sera pas la seule qui produise cette transformation, car en écrivant chaque cycle de A_1, on peut mettre une lettre quelconque à la première place; on peut en outre permuter entre eux les cycles qui ont le même nombre de lettres, et écrire par exemple $A_1 = (dcb)(eg)(af)$, forme sous laquelle ses cycles correspondront encore avec ceux de A, de telle sorte que l'on ait $C^{-1}AC = A_1$, C étant la substitution qui remplace a, b, c, d, e, f, g par d, c, b, e, g, a, f.

Supposons en général que chacune des substitutions A, A_1 contienne

μ cycles de n lettres, μ_1 cycles de n_1 lettres,.... Il est clair qu'on pourra faire correspondre les cycles de A_1 à ceux de A de $1.2\ldots\mu n^\mu.1.2\ldots\mu_1 n_1^{\mu_1}\ldots$ manières différentes, ce qui fournira autant de substitutions B, C,... transformant A en A_1.

Si l'on suppose que A_1 soit identique à A, on aura les substitutions qui transforment A en elle-même. Le produit de deux quelconques d'entre elles jouit évidemment de la même propriété : elles forment donc un groupe dont l'ordre est celui que nous venons de déterminer.

34. Si deux substitutions D et A sont telles, que l'on ait $D^{-1}AD = A$, d'où $AD = DA$, les deux substitutions A et D seront dites *échangeables*.

35. *La transformée du produit de deux substitutions est le produit de leurs transformées*, car

$$M^{-1}ABM = M^{-1}AM.M^{-1}BM.$$

Donc, *si* A, B,... *sont des substitutions formant un groupe, leurs transformées par une substitution quelconque* M *formeront un groupe*, qu'on pourra appeler le *groupe transformé de* (A, B...) *par* M. Si ce groupe transformé se confond avec le groupe (A, B...), on dira que M est *permutable* à (A, B...).

Il est clair que *les substitutions permutables à un groupe donné forment elles-mêmes un groupe*.

36. *Si deux substitutions* A *et* B *sont échangeables entre elles, leurs transformées le sont encore*, car on aura

$$M^{-1}AM.M^{-1}BM = M^{-1}ABM = M^{-1}BAM = M^{-1}BM.M^{-1}AM.$$

On voit de même que *si une substitution est permutable à un groupe, sa transformée sera permutable au groupe transformé*, quelle que soit la substitution transformante M.

37. *Lorsqu'une substitution* M *est permutable à un groupe* G, *les substitutions dérivées de* G *et de* M *pourront toutes se mettre à volonté sous chacune des deux formes* $g_m M^\gamma$ *ou* $M^{\gamma'} g_{m'}$, g_m, $g_{m'}$ étant convenablement choisies parmi les substitutions g_1, g_2,... du groupe G. Car, par hypothèse, quel que soit n, $M^{-1}g_n M$ sera égale à une substitution de G, telle que $g_{n'}$; d'où $g_n M = M g_{n'}$. Si donc on considère une substitution quelconque dérivée des substitutions de G et de M, telle que $g_\mu M^\alpha g_\nu M^\beta g_\lambda,\ldots$, on pourra, par une série d'interversions successives, faire passer les M en arrière et la ramener ainsi à la

forme $g_m M^{\alpha+\beta+\dots}$ ou les faire passer en avant pour obtenir la forme $M^{\alpha+\beta+\dots} g_{m'}$.

38. Si toutes les substitutions d'un groupe H sont comprises parmi celles d'un autre groupe G, nous dirons que le groupe H est *contenu* dans le groupe G.

Un groupe sera dit aussi général que possible, ou simplement *général*, parmi ceux qui satisfont à certaines conditions données, s'il n'est contenu dans aucun autre groupe satisfaisant aux mêmes conditions.

Théorèmes de Lagrange et de Cauchy.

39. Théorème. — *Si le groupe* H *est contenu dans le groupe* G, *son ordre n est un diviseur de* N, *ordre de* G.

En effet, soient $1, S_1, S_2, \dots, S_{n-1}$ les substitutions de H; Σ une substitution de G qui ne fasse pas partie de H; G contiendra, outre les substitutions $1, S_1, \dots, S_{n-1}$, les suivantes : $\Sigma, \Sigma S_1, \dots, \Sigma S_{n-1}$, évidemment différentes entre elles, et qui sont en outre différentes des précédentes; car si l'on avait une égalité telle que $\Sigma S_1 = S_2$, $\Sigma = S_2 S_1^{-1}$ ferait partie de G, contre l'hypothèse. Donc G contient au moins les $2n$ substitutions ci-dessus écrites. S'il en contient d'autres, soit Σ_1 l'une d'elles : G contiendra $\Sigma_1, \Sigma_1 S_1, \dots, \Sigma_1 S_{n-1}$, substitutions différentes entre elles et en outre différentes des précédentes; car si l'on avait une relation telle que $\Sigma_1 S_1 = \Sigma S_2$, on aurait $\Sigma_1 = \Sigma S_\rho$, $S_\rho = S_2 S_1^{-1}$ étant une des substitutions de H; Σ_1 serait donc une des $2n$ substitutions déjà écrites, ce qui est contraire à notre hypothèse. Donc l'ordre de G est au moins égal à $3n$. On voit de même que s'il est $> 3n$, il sera au moins égal à $4n$, etc.

Il résulte de cette démonstration que les substitutions de G peuvent être disposées en un tableau tel que le suivant :

$$
\begin{array}{lll}
1, & S_1, \dots, & S_{n-1}, \\
\Sigma, & \Sigma S_1, \dots, & \Sigma S_{n-1}, \\
\Sigma_1, & \Sigma_1 S_1, \dots, & \Sigma_1 S_{n-1}, \\
\dots & \dots & \dots
\end{array}
$$

On verrait absolument de même qu'elles peuvent être disposées en tableau de la manière suivante :

$$
\begin{array}{lll}
1, & S_1, \dots, & S_{n-1}, \\
\Sigma, & S_1 \Sigma, \dots, & S_{n-1} \Sigma, \\
\Sigma_1, & S_1 \Sigma_1, \dots, & S_{n-1} \Sigma_1, \\
\dots & \dots & \dots
\end{array}
$$

Corollaire I. — *L'ordre d'un groupe quelconque de substitutions entre k lettres est un diviseur de $1.2.3\ldots k$.*

Car le groupe donné est évidemment contenu dans celui formé par toutes les substitutions possibles, lequel a pour ordre $1.2.3\ldots k$.

Corollaire II. — *Tout groupe qui contient une substitution d'ordre p a son ordre divisible par p.*

Car il contient le groupe d'ordre p formé par les puissances de la substitution considérée.

40. Théorème. — *Réciproquement, si p est un nombre premier, tout groupe dont l'ordre est divisible par p contiendra une substitution d'ordre p.*

Ce beau théorème est dû à Cauchy, qui le démontre à peu près comme il suit :

Lemme I. — *Soient* $G = (g_1, g_2, \ldots, g_\mu, \ldots)$ *et* $H = (h_1, h_2, \ldots, h_\nu, \ldots)$ *deux groupes quelconques de substitutions contenus dans un troisième groupe* I; M, N, P *les ordres respectifs de ces trois groupes. Le nombre des substitutions* U *du groupe* I *qui ne satisfont à aucune relation telle que* $g_\mu U = U h_\nu$, *est nul ou multiple de* MN.

Car soit U l'une des substitutions cherchées : chacune des MN substitutions de la forme $g_m U h_n$ jouira de la même propriété; car si l'on avait

$$g_\mu g_m U h_n = g_m U h_n h_\nu,$$

on en déduirait

$$g_m^{-1} g_\mu g_m U = U h_n h_\nu h_n^{-1},$$

relation impossible par hypothèse, $g_m^{-1} g_\mu g_m$ et $h_n h_\nu h_n^{-1}$ appartenant respectivement aux groupes G et H. D'ailleurs ces MN substitutions sont toutes distinctes; car si l'on avait

$$g_m U h_n = g_\mu U h_\nu,$$

on en déduirait

$$g_\mu^{-1} g_m U = U h_\nu h_n^{-1},$$

relation impossible.

Le nombre des substitutions cherchées (s'il en existe) est donc au moins MN. S'il est $>$ MN, soit V l'une de ces substitutions qui ne soit pas de la forme $g_m U h_n$. Les MN substitutions de la forme $g_m V h_n$ jouissent toutes de la propriété voulue; elles diffèrent évidemment les unes des autres; enfin elles diffèrent des précédentes; car si l'on avait, par exemple,

$$g_m V h_n = g_\mu U h_\nu,$$

on en déduirait

$$V = g_m^{-1} g_\mu U h_\nu h_n^{-1}:$$

V serait donc, contrairement à l'hypothèse, une des substitutions de la forme $g_m U h_n$.

Le nombre des substitutions cherchées sera donc au moins égal à 2MN. S'il est plus considérable, on voit de la même manière qu'il est au moins égal à 3MN, etc.

Corollaire. — *Si parmi les substitutions de* H *il n'en existe aucune qui soit semblable à quelqu'une des substitutions de* G, MN *divisera* P.

En effet, quel que soit U, il sera impossible d'avoir une relation de la forme $g_\mu U = U h_\nu$; car si une telle relation avait lieu, $h_\nu = U^{-1} g_\mu U$ serait semblable à g_μ, contrairement à l'hypothèse. Le nombre des substitutions U qui ne satisfont à aucune relation semblable sera donc égal à P, nombre total des substitutions de I; d'autre part, on a vu qu'il est divisible par MN.

41. Lemme II. — *Soient p un nombre premier; p^f la plus haute puissance de p qui divise le produit $1.2.3\ldots k$: on pourra construire un groupe de substitutions d'ordre p^f entre k lettres.*

Si $k < p$, on a $f = 0$, $p^f = 1$, et le groupe formé de la seule substitution 1 satisfera à la question.

Nous allons montrer d'autre part que si la proposition est vraie pour tout nombre inférieur à p^ν, elle le sera pour tout nombre inférieur à $p^{\nu+1}$.

En effet, tout entier k non inférieur à p^ν et inférieur à $p^{\nu+1}$ peut être mis sous la forme $k = qp + r$, q étant $< p^\nu$ et $r < p$. Cela posé, parmi les k lettres données, considérons-en spécialement qp et répartissons-les en q systèmes $a, b, c, \ldots, a_1, b_1, c_1, \ldots$, contenant chacun p lettres.

Soient S la substitution qui permute circulairement $a, b, c, \ldots$ sans déplacer les autres lettres; S_1 celle qui permute circulairement $a_1, b_1, c_1, \ldots$. Soit d'autre part $T = (t_1, t_2, \ldots, t_\mu, \ldots)$ un groupe quelconque de substitutions qui permutent entre eux les q systèmes $a, b, c, \ldots, a_1, b_1, c_1, \ldots$ en remplaçant les unes par les autres les lettres correspondantes. Les substitutions du groupe G dérivé de $S, S_1, \ldots$ et de T seront toutes de la forme générale $t_\mu S^\alpha S_1^\beta \ldots$. Car soit, par exemple, $S^\beta t_\mu S^\alpha$ l'une de ces substitutions : elle est identiquement égale à $t_\mu t_\mu^{-1} S^\beta t_\mu S^\alpha$. Or si l'on suppose, pour fixer les idées, que t_μ remplace le système $a, b, c,\ldots$ par le système $a_1, b_1, c_1,\ldots$, $t_\mu^{-1} S^\beta t_\mu$ sera égal à S_1^β (32) : la substitution donnée sera donc égale à $t_\mu S_1^\beta S^\alpha$, ou, comme S_1 est échangeable à S, à $t_\mu S^\alpha S_1^\beta$.

L'ordre de G sera égal à Mp^q, M étant l'ordre de T : en effet, dans l'expression générale de ses substitutions $t_\mu S^\alpha S_1^\beta\ldots$, on pourra prendre pour t_μ une quelconque des M substitutions de T, puis assigner à chacun des exposants $\alpha, \beta,\ldots$ toutes les valeurs possibles inférieures à p, et toutes les substitutions obtenues seront distinctes; car si l'on avait, par exemple,

$$t_\mu S^\alpha S_1^\beta\ldots = t_{\mu'} S^{\alpha'} S_1^{\beta'}\ldots,$$

on en déduirait

$$t_{\mu'}^{-1} t_\mu = S^{\alpha'} S_1^{\beta'}\ldots S_1^{-\beta} S^{-\alpha},$$

relation impossible si μ' différait de μ, car la substitution du premier membre déplacerait les systèmes, ce que celle du second membre ne fait pas. Donc, on aura

$$\mu' = \mu \quad \text{et} \quad S^\alpha S_1^\beta\ldots = S^{\alpha'} S_1^{\beta'}\ldots,$$

d'où

$$S^{\alpha-\alpha'} = S_1^{\beta'-\beta}\ldots.$$

Or la substitution du premier membre de cette dernière relation ne déplace que les lettres du premier système, que celle du second membre laisse immobiles; donc elles ne pourront être identiques que si elles se réduisent toutes deux à l'unité; donc $\alpha = \alpha'$; on aurait de même $\beta = \beta'$, etc. Donc l'égalité $t_\mu S^\alpha S_1^\beta\ldots = t_{\mu'} S^{\alpha'} S_1^{\beta'}\ldots$ ne peut subsister, à moins qu'on n'ait à la fois $\mu' = \mu$, $\alpha' = \alpha$, $\beta' = \beta,\ldots$.

Cela posé, soit p^ρ la plus haute puissance de p contenue dans le produit $1.2.3\ldots q$; on peut par hypothèse choisir T de telle sorte que son ordre soit égal à p^ρ. L'ordre de G sera alors égal à $p^{\rho+q} = p^f$.

42. Soit maintenant H un groupe qui ne contienne aucune substitution d'ordre p, p étant premier. Aucune de ces substitutions n'aura son ordre divisible par p; car si l'une d'elles était d'ordre $p\lambda$, sa puissance λ serait d'ordre p et ferait partie de H, contre l'hypothèse. Au contraire, le groupe G, dont nous venons de montrer l'existence, ayant pour ordre p^f, l'ordre de chacune de ses substitutions divisera p^f (39) et sera une puissance de p. Donc aucune des substitutions de H n'est semblable à aucune de celles de G; en outre G et H sont contenus dans le groupe I formé par toutes les substitutions possibles, et dont l'ordre est $1.2.3...k$ (k étant le nombre des lettres). Donc le produit des ordres de G et de H divise $1.2.3...k$ (lemme I, corollaire). Donc l'ordre de H divise $\frac{1.2.3...k}{p^f}$; donc il est premier à p.

§ II. — De la Transitivité.

Généralités.

43. Un groupe est *transitif* lorsque, en opérant successivement toutes ses substitutions, on parvient à faire passer une des lettres à la place de l'une quelconque des autres; plus généralement, il sera *n fois transitif* si ses substitutions permettent d'amener simultanément n lettres données $a, b, c,...$ aux places primitivement occupées par n autres lettres quelconques $a', b', c',....$

Soient, dans ce cas, S une substitution du groupe qui fasse succéder $a, b, c,...$ à $a', b', c',...$; T une autre substitution du groupe qui fasse succéder $a, b, c,...$ à des lettres quelconques $a'', b'', c'',...$, différentes ou non des précédentes : ce groupe contiendra la substitution TS^{-1} qui amène les n lettres quelconques $a', b', c',...$ aux places également quelconques qu'occupaient primitivement $a'', b'', c'',....$

44. Théorème. — *Soient $a, b, c,...$ des lettres quelconques choisies à volonté parmi celles qui entrent dans les substitutions d'un groupe* G. *Soient* M *le nombre des systèmes de places différents où les substitutions de* G *permettent d'amener les lettres $a, b, c,...$;* N *l'ordre du groupe partiel* H *formé par celles des substitutions de* G *qui laissent ces lettres immobiles. L'ordre de* G *sera égal à* MN.

Car, soient $1, p, q,...$ les N substitutions de H; R une substitution de G qui amène les lettres $a, b, c,...$ dans l'un quelconque de leurs M systèmes de positions : il y aura N substitutions distinctes $R, pR, qR,...$ qui les amèneront à cette situation, et pas davantage; car soit R_1 une substitution de G qui jouisse de cette propriété : $R^{-1}R_1$, laissant $a, b, c,...$ immobiles, se réduira à l'une des substitutions $1, p, q,....$ Donc R_1 appartient à la suite $R, pR, qR,....$

Corollaire I. — *L'ordre d'un groupe n fois transitif entre k lettres est divisible par* $k(k-1)...(k-n+1)$ (nombre des systèmes de positions que l'on peut donner à n lettres arbitrairement choisies).

Corollaire II. — Soient G un groupe intransitif entre k lettres; $a, a_1, \ldots$ les lettres auxquelles ses substitutions permettent de faire succéder une lettre donnée a. Toutes les substitutions de G feront succéder ces lettres les unes aux autres; car si l'une d'elles S fait succéder a_1, par exemple, à une autre lettre l, cette substitution, combinée à la substitution T contenue dans G qui fait succéder a à a_1, donnera la substitution ST qui fait succéder a à l; donc l fera partie de la suite $a, a_1, \ldots$.

Les k lettres se partagent donc en systèmes $a, a_1, \ldots, b, b_1, \ldots, c, c_1, \ldots$, contenant respectivement α lettres, β lettres, γ lettres, etc., et tels que toute substitution de G permute entre elles les diverses lettres d'un même système. Les substitutions de G seront donc toutes de la forme ABC,..., A'B'C',..., A, A',... étant des déplacements effectués entre les lettres $a, a_1, \ldots$, B, B',... des déplacements effectués entre les lettres $b, b_1, \ldots$, etc. Le déplacement opéré entre les lettres $a, a_1, \ldots$ par le produit des deux substitutions ABC..., A'B'C'... sera AA'; donc les substitutions partielles A, A',..., considérées isolément, forment un groupe, transitif par rapport aux α lettres $a, a_1, \ldots$. Le nombre M des positions distinctes que prennent ces lettres par les substitutions G est égal à l'ordre de ce groupe, lequel est un diviseur de $1.2\ldots\alpha$. L'ordre de G sera égal à MN, N étant l'ordre du groupe H formé par celles des substitutions de G qui ne déplacent pas $a, a_1, \ldots$.

Ce groupe H ne permutant que $(k-\alpha)$ lettres, son ordre sera un diviseur du produit $1.2\ldots(k-\alpha)$. S'il n'est pas transitif, soient $a', a'_1, \ldots$ les lettres en nombre α' qu'il permute avec une lettre quelconque a' : on verra de même que son ordre est égal à M'N', M' étant l'ordre d'un groupe transitif entre les α' lettres $a', a'_1, \ldots$ (lequel divise $1.2\ldots\alpha'$) et N' l'ordre du groupe H' formé par celles des substitutions de H qui ne déplacent aucune des lettres $a', a'_1, \ldots$.

Continuant ainsi, on voit que l'*ordre de* G *sera égal à* MM'M''..., M, M', M'',... *étant respectivement les ordres de certains groupes transitifs entre* $\alpha, \alpha', \alpha'', \ldots$ *lettres, et la somme* $\alpha + \alpha' + \alpha'' + \ldots$ *étant égale à* k. *Il divisera donc le produit* $1.2\ldots\alpha.1.2\ldots\alpha'.1.2\ldots\alpha''\ldots$.

Méthode pour la recherche des groupes plusieurs fois transitifs.

45. Soit G un groupe de substitutions entre k lettres $a, a_1, a_2, \ldots$, lequel soit au moins une fois transitif. On peut se proposer de chercher à construire un groupe L au moins $\mu+1$ fois transitif entre $k+\mu$ lettres $a, a_1, a_2, \ldots, x_1$,

$x_2, \ldots, x_\mu$ et tel, que le groupe partiel formé par celles de ses substitutions qui ne déplacent que les k lettres $a, a_1, a_2, \ldots$, soit précisément G.

Si le groupe cherché existe, il contiendra au moins une substitution A_1 qui laisse immobiles $x_2, \ldots, x_\mu$, et qui remplace a par x_1; une autre substitution A_2 qui remplace x_1 par x_2 sans déplacer $x_3, \ldots, x_\mu$, etc.; enfin une substitution A_μ qui remplace $x_{\mu-1}$ par x_μ. On pourra donc se donner *à priori* ces substitutions, et l'on cherchera ensuite si, en les combinant entre elles et avec les substitutions G, on n'obtient aucune substitution autre que celles de G et qui laisse en repos $x_1, \ldots, x_\mu$. Si l'on réussit dans cet essai, le groupe $(G, A_1, A_2, \ldots, A_\mu)$ satisfera au problème; car ses substitutions permettent d'amener x_μ à une place quelconque; puis, en opérant les substitutions $(G, A_1, \ldots, A_{\mu-1})$, on pourra amener $x_{\mu-1}$ à une autre place quelconque, etc. Donc le groupe est bien $\mu + 1$ fois transitif. Au contraire, si l'on ne réussit pas de quelque manière que l'on choisisse $A_1, A_2, \ldots, A_\mu$, on pourra affirmer l'impossibilité du problème.

Ce procédé de tâtonnement, tel que nous venons de l'indiquer, serait évidemment impraticable; mais il peut être avantageusement modifié. En effet, soit H le groupe partiel formé par celles des substitutions de L qui ne déplacent que les $k+1$ lettres $a, a_1, a_2, \ldots, x_1$. Il est au moins deux fois transitif: donc son ordre est divisible par le nombre $k(k+1)$; donc il est divisible par 2. Donc le groupe contient une substitution B d'ordre 2 (40). Soient a_r, a_s deux lettres que B permute entre elles : H contient une substitution S qui remplace a_r et a_s par x_1 et a; il contiendra par suite la substitution $S^{-1}BS$, laquelle est d'ordre 2 et permute ensemble x_1 et a. On pourra la prendre pour A_1.

Le groupe I, formé par celles des substitutions de L qui ne déplacent que $a, a_1, a_2, \ldots, x_1, x_2$, étant au moins trois fois transitif, contient une substitution T qui remplace a, x_1, x_2 par x_1, x_2, a. Il contient la substitution $T^{-1}A_1T$, laquelle est semblable à A_1 d'ordre 2, et permute ensemble x_1 et x_2 sans déplacer a. On peut prendre cette substitution pour A_2.

Continuant ainsi, on voit qu'on peut admettre, sans nuire à la généralité de la recherche : 1° que toutes les substitutions $A_1, A_2, \ldots, A_\mu$ sont d'ordre 2 et semblables entre elles; 2° que chacune d'elles permute entre elles deux des lettres $a, x_1, x_2, \ldots, x_\mu$ sans déplacer les autres.

Cela posé, soient F le groupe formé par celles des substitutions de G qui ne déplacent pas a; Σ_m une quelconque de ses substitutions; S_n une quelconque de celles de G; λ, ν deux indices quelconques moindres que $\mu+1$ et qui diffèrent de plus d'une unité.

Si le groupe $(G, A_1, \ldots, A_\mu)$ satisfait au problème, on pourra, quels que soient Σ_m, S_n, λ et ν, déterminer dans F des substitutions Σ_λ, $\Sigma_{\lambda,\nu}$, $\Sigma_\lambda^{(m)}$, et dans G des substitutions $S_{\lambda,n}$, S'_n, S''_n satisfaisant aux relations suivantes :

$$(1)\qquad \begin{cases} (A_\lambda A_{\lambda-1})^3 = \Sigma_\lambda, & (A_\lambda A_\nu)^2 = \Sigma_{\lambda,\nu}, \\ (A_\lambda \Sigma_m)^2 = \Sigma_\lambda^{(m)}, & AS_n A = S'_n A S''_n, \\ (A_\lambda S_n)^2 = S_{\lambda,n} & (\text{si } \lambda > 1). \end{cases}$$

En effet, la substitution $A_\lambda A_{\lambda-1}$ permute circulairement trois lettres de la suite $a, x_1, \ldots, x_\mu$ sans déplacer les autres; son cube laisse ces lettres immobiles; donc il appartient à F. De même, $A_\lambda A_\nu$ permutant deux couples de lettres de cette suite sans déplacer les autres, son carré les laisse toutes immobiles, et par suite appartient à F. Le carré de $A_\lambda \Sigma_m$ appartient à F par la même raison. De même le carré de $A_\lambda S_n$ ne déplaçant aucune des lettres $x_1, \ldots, x_\mu$ appartiendra à G. Enfin, la substitution AS_nA ne déplace que les lettres x_1, a, $a_1, \ldots$. Supposons qu'elle fasse succéder x_1 à a_r. Le groupe G contient au moins une substitution S'_n qui remplace a_r par a. La substitution $S'_n A$ le remplacera par x_1; et la substitution $(S'_n A)^{-1} AS_n A = S''_n$, laissant $x_1, \ldots, x_\mu$ immobiles, devra appartenir à G.

Réciproquement, si les conditions ci-dessus sont remplies, le groupe $(G, A_1, \ldots, A_\mu)$ satisfera au problème. En effet, chacune de ses substitutions peut être mise sous l'une des deux formes suivantes :

$$V, \quad VA_\mu V',$$

V et V′ étant des substitutions du groupe $(G, A_1, \ldots, A_{\mu-1})$. Car soit, par exemple, $A_\mu A_{\mu-2} A_{\mu-1} A_\mu$ une de ses substitutions dans laquelle entre deux fois le facteur A_μ : le carré de A_μ se réduisant à 1, on pourra l'écrire ainsi :

$$A_\mu A_{\mu-2} A_\mu . A_\mu A_{\mu-1} A_\mu.$$

Mais, d'après les conditions ci-dessus, on a

$$A_\mu A_{\mu-2} A_\mu = (A_\mu A_{\mu-2})^2 A_{\mu-2} = \Sigma_{\mu,\mu-2} A_{\mu-2},$$
$$A_\mu A_{\mu-1} A_\mu = (A_\mu A_{\mu-1})^3 A_{\mu-1} A_\mu A_{\mu-1} = \Sigma_\mu A_{\mu-1} A_\mu A_{\mu-1},$$

d'où

$$A_\mu A_{\mu-2} A_\mu . A_\mu A_{\mu-1} A_\mu = \Sigma_{\mu,\mu-2} A_{\mu-2} \Sigma_\mu A_{\mu-1} A_\mu A_{\mu-1} = VA_\mu V'$$

en posant

$$\Sigma_{\mu,\mu-2} A_{\mu-2} \Sigma_\mu A_{\mu-1} = V \quad \text{et} \quad A_{\mu-1} = V'.$$

Cela posé, toute substitution de la forme $VA_\mu V'$ déplace évidemment x_μ : donc les substitutions du groupe qui ne déplacent pas x_μ sont de la forme V et appartiennent au groupe $(G, A_1, \ldots, A_{\mu-1})$. On verra de même que celles de ces dernières substitutions qui ne déplacent pas $x_{\mu-1}$ appartiennent au groupe $(G, A_1, \ldots, A_{\mu-2})$, etc. Enfin, celles des substitutions de $(G, A_1, \ldots, A_\mu)$ qui ne déplacent aucune des lettres $x_\mu, \ldots, x_1$ appartiendront au groupe G.

46. Les résultats ci-dessus sont susceptibles de nombreuses applications : on en déduit entre autres le théorème suivant :

Un groupe de substitutions entre $k+\mu$ lettres (k étant >3) ne peut être $\mu+1$ fois transitif, s'il ne contient aucune substitution déplaçant moins de k lettres et si $\mu > 2\pi + 7$, π étant l'exposant de la plus haute puissance de 2 qui divise le quotient de k par 8.

On trouvera aisément la démonstration, qui repose sur l'impossibilité de déterminer $\pi + 4$ substitutions $A_1, A_2, \ldots, A_{2\pi+7}$ qui satisfassent aux relations $(A_\lambda A_\nu)^2 = 1$, et qui soient telles que l'on ne puisse obtenir par leur combinaison aucune substitution déplaçant moins de k lettres.

En faisant intervenir les substitutions $A_3, A_4, \ldots$, on pourra obtenir pour μ une limite plus rapprochée que la précédente. On obtient, en effet, les théorèmes suivants :

1° *Un groupe de substitutions entre $6n+1$ lettres ne peut être trois fois transitif s'il ne contient aucune substitution qui déplace moins de $6n-1$ lettres ;*

2° *Soit n un nombre impair quelconque. Un groupe de substitutions entre $k+\mu$ lettres, et ne contenant aucune substitution qui déplace moins de k lettres, ne pourra être $\mu+1$ fois transitif si $\mu > n-1$, toutes les fois que $k-1$ sera un nombre pair et tel que le reste de sa division par $2n$ soit $> n$;*

3° *Le groupe ci-dessus ne pourra exister, quel que soit $k-1$ (pourvu que l'on ait $k>3$), si $\mu > n(\nu+3)-1$, ν étant l'exposant de la plus haute puissance de n qui divise le quotient de $k-1$ par n^2.*

47. On peut vérifier par les mêmes principes l'existence d'un groupe cinq fois transitif entre douze lettres, qui s'obtient en adjoignant au groupe G dérivé des substitutions suivantes

$$(aa_1a_2a_3)(a_4a_5a_6a_7) \quad \text{et} \quad (aa_5a_2a_7)(a_3a_6a_1a_4)$$

les quatre substitutions

$$
\begin{aligned}
A_1 &= (x_1 a)(a_5 a_4)(a_3 a_7)(a_1 a_6),\\
A_2 &= (x_2 x_1)(a_1 a_3)(a_7 a_4)(a_8 a_5),\\
A_3 &= (x_3 x_2)(a_7 a_3)(a_5 a_1)(a_8 a_4),\\
A_4 &= (x_4 x_3)(a_5 a_4)(a_2 a_1)(a_8 a_7).
\end{aligned}
$$

Ce groupe remarquable a été découvert par M. Mathieu.

§ III. — Groupes non primitifs. — Facteurs de non-primitivité.

48. Un groupe transitif est dit *non primitif*, lorsque les lettres peuvent y être réparties en systèmes contenant le même nombre de lettres, et tels que dans toutes les substitutions du groupe les lettres de chaque système soient remplacées par les lettres d'un même système : de la sorte, toutes les substitutions du groupe résulteront de déplacements d'ensemble entre les systèmes, considérés chacun comme tout d'une pièce, combinés avec des déplacements convenables opérés en même temps dans l'intérieur de chaque système entre les lettres qui le composent.

Les groupes dans lesquels les lettres ne sont pas susceptibles d'être réparties en semblables systèmes seront appelés par opposition *groupes primitifs*.

49. Théorème. — *Soit* G *un groupe non primitif, dans lequel les lettres puissent être réparties de deux manières différentes en systèmes tels, que chaque substitution de* G *remplace les lettres d'un système par celles d'un même système; soient* $S, S_1, \ldots$ *et* $T, T_1, \ldots$ *les deux séries de systèmes ainsi obtenues.*

Partageons les lettres de chacun des systèmes $S, S_1, \ldots$ *en systèmes moindres, en laissant ensemble celles qui appartiennent à un même système dans la série* $T, T_1, \ldots$. *Groupons au contraire les systèmes* T *en systèmes plus généraux, en réunissant ensemble ceux qui ont quelque lettre commune avec un même système de la série* $S, S_1, \ldots$.

Chacune des deux nouvelles répartitions en systèmes ainsi obtenues jouira encore de cette propriété que chaque substitution de G *remplace les lettres d'un même système par celles d'un même système.*

En effet, soient S et T deux systèmes choisis dans les séries $S, S_1, \ldots$ et $T, T_1, \ldots$, de manière à présenter des lettres communes $a, a_1, \ldots$. Soient b une autre lettre quelconque; S_1 et T_1 les deux systèmes auxquels elle appartient respectivement dans les deux répartitions $S, S_1, \ldots$ et $T, T_1, \ldots$: G étant transitif renferme une substitution Σ qui remplace a par b; elle remplacera les autres lettres du système S par des lettres du système S_1; celles de T par des lettres de T_1 : donc les lettres $a, a_1, \ldots$, communes à S et à T, seront remplacées par des lettres $b, b_1, \ldots$, communes à S_1 et à T_1.

D'autre part, soient a une lettre de S; b une autre lettre quelconque appartenant à S_1 : la substitution Σ, qui remplace a par b, remplacera les diverses lettres de S, telles que $a, a', \ldots$, par les diverses lettres de S_1, telles que $b, b', \ldots$; elle fait donc succéder aux systèmes $T, T', \ldots$, auxquels $a, a', \ldots$ appartiennent respectivement, les systèmes $T_1, T'_1, \ldots$ auxquels $b, b', \ldots$ appartiennent.

Remarques. — Si toutes les lettres de T appartenaient à S, les deux nouvelles répartitions en systèmes coïncideraient évidemment avec les deux qui sont déjà données; et l'on voit par là que chacun des systèmes $T, T_1, \ldots$ serait contenu en entier dans quelqu'un des systèmes $S, S_1, \ldots$.

Si S et T n'avaient qu'une lettre commune, chacun des systèmes, dans la première des nouvelles répartitions ci-dessus, serait formé d'une seule lettre.

Enfin, si les systèmes $T, T', \ldots$, auxquels appartiennent respectivement les lettres de S, épuisaient la suite $T, T_1, \ldots$, le nouveau système résultant de la réunion de leurs lettres contiendrait toutes les lettres et serait unique.

50. Soient maintenant G un groupe non primitif; E l'ensemble de ses lettres : parmi les diverses répartitions en systèmes dont ses lettres sont susceptibles (telles, que chaque substitution de G remplace les lettres d'un même système par celles d'un même système) on pourra évidemment en déterminer un certain nombre

$$S, S', \ldots; \quad T, T', \ldots; \quad U, U', \ldots; \ldots; \quad X, X', \ldots$$

choisies de telle sorte :

1° *Qu'il n'existe aucune répartition nouvelle en systèmes tels, que l'un de ces nouveaux systèmes contienne toutes les lettres de* S;

2° *Que* S *contienne toutes les lettres de* T; *mais qu'il n'existe aucune nouvelle répartition en systèmes telle, que l'un de ces nouveaux systèmes ait toutes ses lettres contenues dans* S *et contienne toutes celles de* T;

3° *Que* T *contienne* U : *mais qu'il n'existe aucune nouvelle répartition en systèmes telle, que l'un des nouveaux systèmes soit contenu dans* T *et contienne* U;

Etc., jusqu'à la dernière répartition X, X',..., *dans laquelle chaque système ne contiendra plus qu'une lettre.*

Soit λ le nombre des systèmes S, S',..., que nous désignerons maintenant par $S_1,\ldots, S_\lambda$: chacun d'eux est formé de la réunion des lettres d'un certain nombre de systèmes de la suite T, T',... (49). Désignons en général par $T_{x,1},\ldots, T_{x,\mu}$ ceux des systèmes T, T',... qui sont contenus dans S_x : chacun d'eux, tel que $T_{x,y}$, sera formé de la réunion des lettres d'un certain nombre de systèmes pris dans la suite U, U',..., et que l'on peut désigner par $U_{x,y,1},\ldots, U_{x,y,\nu}$.

Cela posé, *s'il existe quelque autre répartition des lettres en systèmes* s, s',..., *tels, que chaque substitution de* G *remplace les lettres d'un système par celles d'un même système, on pourra déterminer une nouvelle suite de répartitions jouissant des mêmes propriétés que la suite* S, S',...; T, T',...; U, U',...;..., *et parmi lesquelles se trouve la nouvelle répartition* s, s',....

En effet, soit s celui des systèmes s, s',... qui contient la lettre qui forme à elle seule le système X : cette lettre lui sera commune avec chacun des systèmes successifs E, S, T, U,..., X. E contient évidemment toutes les lettres de s; X n'en contient plus qu'une. Soit donc, pour fixer les idées, S le premier système de la suite E, S, T, U,..., X qui cesse de contenir toutes les lettres de s. D'autre part, s contient toutes les lettres de X (qui se réduisent à une seule) et une partie seulement de celles de E : soit, pour fixer les idées, U le premier système de la suite E, S, T, U,..., X dont s contienne toutes les lettres.

s résultera de la réunion d'un certain nombre de systèmes de la suite $U_{1,1,1},\ldots, U_{x,y,z},\ldots$. Soit σ le système résultant de la réunion de ceux de ces systèmes qui sont communs à s et à S : il existera (49) une nouvelle répartition en systèmes σ, σ',... dans laquelle l'un des systèmes soit précisément σ.

Cela posé, *la suite des répartitions*

$$s,\ s',\ldots;\quad \sigma,\ \sigma',\ldots;\quad U,\ U',\ldots;\ldots;\quad X,\ X',\ldots$$

jouira des propriétés voulues.

Soient en effet $U_{1,\beta,\gamma}$, $U_{1,\beta',\gamma'}$,..., ceux des systèmes de la suite U, U',... qui sont contenus dans σ : *les indices* β, β',... *seront tous différents.*

En effet, supposons que σ contînt les deux systèmes $U_{1,\beta,\gamma}$ et $U_{1,\beta,\gamma'}$; il contient en outre, par construction, le système $U = U_{1,1,1}$. Soient a une lettre de ce dernier système, b une lettre du système $U_{1,\beta,\gamma}$; G contient une substitution g qui remplace b par a : cette substitution remplacera $U_{1,\beta,\gamma}$ par $U_{1,1,1}$, et $U_{1,\beta,\gamma'}$ par un autre système $U_{x,y,z}$ dont les lettres feront partie de ϭ que g ne déplace pas; mais b et a appartenant respectivement aux systèmes $T_{1,\beta}$ et $T_{1,1}$, g remplace ces deux systèmes l'un par l'autre : donc $U_{x,y,z}$ est contenu dans $T_{1,1}$; donc $x = 1$, $y = 1$; donc ϭ contiendra, outre le système $U_{1,1,1}$, un autre système au moins de la suite $U_{1,1,1}, \ldots, U_{1,1,\nu}$: il ne peut pas les contenir tous, car il contiendrait $T_{1,1} = T$, et *à fortiori* T serait contenu dans $\mathfrak{s}$, contrairement à notre hypothèse. Mais, d'autre part, s'il n'en contient que quelques-uns, $U_{1,1,1}, \ldots, U_{1,1,\alpha}$, on peut opérer une nouvelle répartition en systèmes dans laquelle l'un des nouveaux systèmes soit formé de la réunion de ces systèmes $U_{1,1,1}, \ldots, U_{1,1,\alpha}$ communs à ϭ et à T : ce nouveau système contiendrait U et serait contenu dans T, ce qui est contraire à notre hypothèse.

Les indices $\beta, \beta', \ldots$ étant tous différents et compris entre 1 et μ, *le nombre des systèmes* $U_{1,\beta,\gamma}, U_{1,\beta',\gamma'}, \ldots$, *sera au plus égal à* μ. Nous allons prouver, d'autre part, qu'*il ne peut être moindre que* μ.

En effet on sait qu'il existe une autre répartition en systèmes dans laquelle l'un des nouveaux systèmes sera formé des systèmes $T_{1,\beta}, T_{1,\beta'}, \ldots$ de la suite $T_{1,x}$ qui ont des lettres communes avec ϭ. Si $\beta, \beta', \ldots$ ne reproduisaient pas la suite complète des nombres $1, 2, \ldots, \mu$, ce nouveau système, qui contient T, serait contenu dans S sans se confondre avec lui, ce qui est supposé impossible.

Enfin *il ne peut exister aucune répartition en systèmes tels, que l'un des nouveaux systèmes*, Θ, *contienne* U *et soit contenu dans* ϭ : car le nombre des systèmes $U_{1,\beta,\gamma}, \ldots$, dont il est formé, serait inférieur à μ, ce dont on vient de voir l'impossibilité.

On voit de la même manière : 1° *que* $U_{\alpha,\beta,\gamma}, \ldots, U_{\alpha',\beta',\gamma'}, \ldots$ *étant ceux des systèmes* $U_{x,y,z}$ *que contient* $\mathfrak{s}$, *on ne pourra avoir à la fois* $\alpha = \alpha'$, $\beta = \beta'$; 2° *que le nombre des systèmes* $U_{\alpha,\beta,\gamma}, \ldots$ *est égal à* $\lambda\mu$; 3° *qu'il n'existe aucune nouvelle répartition dans laquelle un des systèmes contienne* ϭ *et soit contenu dans* $\mathfrak{s}$, *etc.*

Remarque. — $k, \frac{k}{\lambda}, \frac{k}{\lambda\mu}, \frac{k}{\lambda\mu\nu}, \ldots$ étant respectivement les nombres de lettres de E, S, T, U, ..., ceux de E, $\mathfrak{s}$, ϭ, U, ... seront respectivement $k, \frac{k}{\nu}, \frac{k}{\nu\mu}, \frac{k}{\nu\mu\lambda}, \ldots$.

51. Théorème. — *Soient*

$$\begin{array}{l} E,\ S,\ S',\ldots;\ T,\ T',\ldots;\ U,\ U',\ldots;\ldots;\ X,\ X',\ldots \\ E,\ s,\ s',\ldots;\ \mathfrak{T},\ \mathfrak{T}',\ldots;\ \mathfrak{U},\ \mathfrak{U}',\ldots;\ldots;\ X,\ X',\ldots \end{array}$$

deux suites de répartitions quelconques satisfaisant aux conditions indiquées au n° 50;

Soient k, $\frac{k}{\lambda}$, $\frac{k}{\lambda\mu}$, $\frac{k}{\lambda\mu\nu}$,... *les nombres de lettres respectifs de* E, S, T, U,..., X; $\frac{k}{l}$, $\frac{k}{lm}$, $\frac{k}{lmn}$,... *ceux de* s, $\mathfrak{T}$, $\mathfrak{U}$,... : *les facteurs* l, m, n *seront, à l'ordre près, les mêmes que les facteurs* λ, μ, ν,....

En effet nous venons de voir qu'on peut trouver une suite de répartitions en systèmes contenant les facteurs λ, μ, ν,... et dans laquelle figure la répartition s, s',.... On en déduira ensuite une nouvelle suite de répartitions où figureront les répartitions s, s',... et $\mathfrak{T}$, $\mathfrak{T}'$,..., les facteurs étant toujours égaux, à l'ordre près, à λ, μ, ν, etc.

La proposition ci-dessus montre que l'on peut classer les groupes non primitifs d'après le nombre et la valeur des facteurs λ, μ, ν,..., que l'on pourra appeler *les facteurs de non-primitivité* du groupe considéré. Le nombre de ces facteurs, également constant, sera *le degré de non-primitivité.*

52. Soit maintenant H un groupe transitif quelconque contenu dans G : chacune de ses substitutions remplacera évidemment les lettres de chacun des systèmes S, S',... par celles d'un même système; de même pour les autres répartitions en systèmes T, T',...; U, U',.... Mais il pourra se faire qu'on puisse déterminer une nouvelle répartition des lettres en systèmes Σ, Σ',... tels : 1° que chaque substitution de H remplace les lettres de chacun des systèmes Σ, Σ',... par celles d'un même système; 2° que Σ contienne l'un des systèmes E, S, T, U,..., X, par exemple U, et soit contenu dans le précédent, T. S contenant $\frac{k}{\lambda}$ lettres et T en contenant $\frac{k}{\lambda\mu}$, Σ en contiendra alors $\frac{k}{\lambda\mu}m$, m étant un diviseur de μ.

Théorème. — *Les choses étant ainsi posées, si* H *est permutable à toutes les substitutions de* G, *et si l'on choisit la répartition* Σ, Σ',..., *de telle sorte que* m *soit minimum,* μ *sera nécessairement une puissance exacte de* m.

Car désignons par $t_{1,1,1,\ldots}$, $t_{x,1,1,\ldots}$,..., $t_{m,1,1,\ldots}$ ceux des systèmes de la suite T, T',... dont la réunion forme Σ; soit $t_{1,2,1,\ldots}$ un autre système de cette suite, non contenu dans Σ; G contient, par hypothèse, une substitution g qui ne remplace pas les lettres de chacun des systèmes Σ, Σ'... par celles d'un même système. Cette substitution remplacera Σ, Σ', ... par d'autres systèmes de lettres $\mathfrak{S}$, $\mathfrak{S}'$,... tels, que les lettres de chacun d'eux soient remplacées par les lettres d'un même système dans chacune des substitutions du groupe transformé de H par g, lequel groupe n'est autre que H.

Chacun des systèmes Σ, Σ',... ayant toutes ses lettres contenues dans un seul des systèmes S, S',... que g permute les uns dans les autres, les nouveaux systèmes $\mathfrak{S}$, $\mathfrak{S}'$,... jouiront de la même propriété. D'autre part, chacun des systèmes Σ, Σ',... étant formé par la réunion des lettres de m systèmes pris parmi ceux de la suite T, T',... que g remplace les uns par les autres, chacun des nouveaux systèmes $\mathfrak{S}$, $\mathfrak{S}'$,... jouira de la même propriété. Désignons par $\mathfrak{S}_x$ celui de ces nouveaux systèmes qui contient les lettres de $t_{x,1,1,\ldots}$; les $m-1$ autres systèmes qu'il contient, et que l'on peut désigner par $t_{x,2,1,\ldots}$, ..., $t_{x,m,1,\ldots}$ seront essentiellement différents de ceux que contient Σ.

Car si $\mathfrak{S}_x$ contenait les mêmes systèmes que Σ, tous les systèmes $\mathfrak{S}$, $\mathfrak{S}'$,... coïncideraient évidemment avec les systèmes Σ, Σ',..., ce qui n'a pas lieu; et si $\mathfrak{S}_x$ avait m' systèmes seulement communs avec Σ, m' étant plus grand que 1 et plus petit que m, on pourrait (49) opérer dans H une répartition en systèmes dans laquelle l'un des nouveaux systèmes serait formé seulement par les m' systèmes communs à Σ et à $\mathfrak{S}_x$, ce qui est contraire à l'hypothèse d'après laquelle m est choisi minimum.

Les systèmes $\mathfrak{S}_1$,..., $\mathfrak{S}_x$,..., $\mathfrak{S}_m$ *seront donc essentiellement différents et contiendront* m^2 *systèmes de la suite* T, T',..., *et, d'autre part, ils sont tous contenus dans le système* S, *qui contient à la fois* $t_{1,1,1,\ldots}$, ..., $t_{m,1,1,\ldots}$. Car ce système, contenant une partie des lettres de chacun d'eux, les contiendra toutes.

On peut d'ailleurs (49) opérer dans le groupe H une nouvelle répartition en systèmes Θ, Θ',..., dans laquelle l'un des systèmes Θ soit formé de la réunion des systèmes $\mathfrak{S}_1$,..., $\mathfrak{S}_m$. Si $\mu = m^2$, cette répartition se confondra avec la répartition S, S',....

Soit au contraire $\mu > m^2$; G contiendra une substitution h qui ne remplace pas les lettres de chacun des systèmes Θ, Θ',... par les lettres d'un même système; soient σ, σ',... et τ, τ',... les systèmes de lettres par lesquels elle remplace respectivement Σ, Σ',... et $\mathfrak{S}$, $\mathfrak{S}'$,...; chacune des substitutions du groupe transformé de H par h, lequel est identique à H, remplacera les lettres de chacun des systèmes σ, σ',... par celles d'un même système : de même pour les systèmes τ, τ',.... D'autre part, chacun de ces systèmes σ, σ',... et τ, τ',... aura toutes ses lettres contenues dans l'un des systèmes

S, S',.... Enfin ils seront respectivement formés des lettres des m systèmes de la suite T, T',... que h fait succéder à ceux qui entrent dans la composition de Σ, Σ',..., $\mathfrak{S}$, $\mathfrak{S}'$,....

Soient donc Σ l'un quelconque des systèmes de la suite Σ, Σ',...; $\mathfrak{S}_1$,..., $\mathfrak{S}_m$ ceux des systèmes de la suite $\mathfrak{S}$, $\mathfrak{S}'$,... qui ont un système de la suite T, T',... commun avec Σ; σ et τ_1,..., τ_m ceux des systèmes des suites σ, σ',... et τ, τ',... que h fait succéder à Σ et à $\mathfrak{S}_1$,..., $\mathfrak{S}_m$. Chacun des systèmes τ_1,..., τ_m, τ_1 par exemple, aura en commun avec σ un système de la suite T, T',... (celui que h fait succéder à celui qui était commun à $\mathfrak{S}_1$ et à Σ).

En choisissant convenablement Σ, on peut faire en sorte que l'un au moins des systèmes σ, τ_1,..., τ_m contienne des lettres appartenant à divers systèmes de la suite Θ, Θ',.... Car si, quel que fût Σ, toutes les lettres que contient σ appartenaient à Θ', τ_1,..., τ_m contiendraient chacun au moins une lettre de Θ' : et si toutes les lettres qu'ils contiennent appartenaient au même système de la suite Θ, Θ',..., elles appartiendraient toutes à Θ'. D'ailleurs le système résultant de la combinaison de τ_1,..., τ_m contient, comme Θ', m^2 systèmes de la suite T, T',... : il contient donc autant de lettres que Θ'. Donc la réunion des systèmes τ_1,..., τ_m reproduirait Θ', de même que la réunion de $\mathfrak{S}_1$,...,$\mathfrak{S}_m$ reproduit Θ; et la substitution h remplacerait les lettres de Θ par celles de Θ'. Le système Σ étant d'ailleurs quelconque, Θ serait un système quelconque de la suite Θ, Θ',... : donc h remplacerait les lettres de chacun de ces systèmes par celles d'un même système, ce qui est contraire à notre supposition.

Admettons donc que σ, par exemple, contienne des lettres appartenant à divers systèmes de la suite Θ, Θ',.... Soient t, t',... les m systèmes de la suite T, T',... qui forment σ par leur réunion; ils appartiendront tous à des systèmes différents de la suite Θ, Θ',.... Car si m' d'entre eux étaient communs à σ et à Θ, m' étant plus grand que 1 et plus petit que m, on pourrait (49) opérer dans H une nouvelle répartition en systèmes dans laquelle l'un des nouveaux systèmes fût formé seulement par la réunion de ces m' systèmes communs, ce qui est contraire à l'hypothèse d'après laquelle m est choisi minimum.

Soient donc Θ_1,..., Θ_m ceux des systèmes de la suite Θ, Θ',... auxquels appartiennent respectivement t, t',..., *ils contiendront entre eux tous m^2 systèmes distincts de la suite* T, T',..., *etc.*; d'autre part, *ils sont tous contenus dans celui des systèmes* S, S',... *qui contient t*; car ce système, contenant une partie des lettres de σ, les contiendra toutes; il contiendra donc t, t',..., qui font respectivement partie de Θ, Θ',...; il contiendra donc Θ, Θ',.... Donc μ est au moins égal à m^3. On voit de même que si $\mu > m^3$, on aura $\mu = m^4$, etc.

53. Théorème. — *Un groupe* G *permutable à un groupe non transitif* H *ne peut être primitif.*

Soient en effet a, a_1,... les lettres que H permute avec l'une d'elles a; b, b_1,... les lettres que H permute avec une autre lettre b, etc. Chaque substitution g du système G remplace les lettres a, a_1,... par un autre système de lettres jouissant de la propriété d'être permutées ensemble par les substitutions du groupe transformé de H par g, lequel se confond avec H. Ce système de lettres sera donc l'un des suivants : a, a_1,...; b, b_1,...;....

D'ailleurs si les systèmes a, a_1,...; b, b_1,...;... n'ont pas tous le même nombre de lettres, il est clair que g ne pourra les permuter ensemble, et le groupe G sera lui-même intransitif.

Corollaire. — Soient G un groupe quelconque; g, h, i,... ses substitutions; g l'une quelconque d'entre elles. Ces substitutions transforment évidemment les unes dans les autres les substitutions g, $h^{-1}gh$, $i^{-1}gi$: elles sont donc permutables au groupe (g, $h^{-1}gh$, $i^{-1}gi$,...). Si donc ce groupe n'est pas transitif, G ne sera pas primitif.

§ IV. — Groupes composés. — Facteurs de composition.

54. Nous dirons qu'un groupe G est *simple*, s'il ne contient aucun autre groupe auquel ses substitutions soient permutables, *composé* dans le cas contraire.

Soit G *un groupe composé quelconque : on pourra déterminer une suite de groupes*

$$G, H, H', \ldots, I, I', \ldots, K, \ldots, 1,$$

telle : 1° que chacun des groupes de la suite soit contenu dans le précédent et permutable à ses substitutions; 2° qu'il ne soit contenu dans aucun groupe plus général jouissant de cette double propriété; 3° que le dernier groupe de la suite soit formé de la seule substitution 1.

Car soient H un groupe aussi général que possible parmi ceux qui sont contenus dans G et permutables à ses substitutions; I un groupe aussi général que possible contenu dans H et permutable aux substitutions de G;

K un groupe aussi général que possible, contenu dans I et permutable aux substitutions de G, etc. Soient, d'autre part, H' un groupe aussi général que possible parmi ceux qui contiennent I, sont contenus dans H et permutables aux substitutions de H; H″ un groupe aussi général que possible parmi ceux qui contiennent I, sont contenus dans H' et permutables à ses substitutions, etc. La suite G, H, H', H″,..., I, I',..., K,..., 1, formée des termes G, H, I, K,..., 1, des termes intercalaires H', H″,..., des termes analogues I',... qu'on pourrait insérer entre I et K, etc., jouira évidemment des propriétés voulues.

Soient respectivement N, $\frac{N}{\lambda}$, $\frac{N}{\lambda\mu}$, $\frac{N}{\lambda\mu\mu'}$, ..., $\frac{N}{\lambda\mu\mu'\ldots\nu}$, $\frac{N}{\lambda\mu\mu'\ldots\nu\nu'}$, ... les ordres de ces groupes successifs : les facteurs λ, μ, μ',..., ν, ν',... pourront être appelés les *facteurs de composition* du groupe G; leur nombre sera son *degré de composition*.

55. Théorème. — *Si, par un procédé quelconque, on détermine une suite de groupes* G, $\mathfrak{H}$, $\mathfrak{H}'$,..., $\mathfrak{I}$,..., 1 *jouissant des propriétés indiquées au numéro précédent, et dont les ordres respectifs soient* N, $\frac{N}{l}$, $\frac{N}{lm}$, ... *les facteurs* l, m,... *seront, à l'ordre près, identiques aux facteurs de composition* λ, μ, μ',..., ν, ν',....

Nous établirons que cette proposition est vraie pour le groupe G si elle est vraie pour le groupe $\mathfrak{H}$; de même elle sera vraie pour $\mathfrak{H}$ si elle l'est pour $\mathfrak{H}'$, etc., jusqu'à ce qu'on arrive à l'avant-dernier groupe de la suite G, $\mathfrak{H}$, $\mathfrak{H}'$,..., $\mathfrak{I}$,..., qui sera simple, et pour lequel la proposition sera évidente.

Considérons les groupes de la suite G, H, I, K,..., 1. Soit, pour fixer les idées, K le premier des groupes de cette suite qui soit contenu dans $\mathfrak{H}$ (le dernier, formé de la seule substitution 1, l'est nécessairement); soient 1, k_1, k_2,..., k_{a-1} les diverses substitutions de K, et supposons, pour fixer les idées, que la suite G, H, H',..., I, I',..., K,..., 1 ne contienne entre G et I aucun autre terme que ceux que nous y écrivons. Le groupe I contenant K, ses substitutions, en nombre $a\nu\nu'$..., pourront (39) se mettre sous la forme du tableau suivant :

$$\begin{array}{lll} 1, & k_1, & k_{a-1}, \\ i_1, & i_1 k_1, & i_1 k_{a-1}, \\ \ldots & \ldots & \ldots, \\ i_{\nu\nu'\ldots-1}, & i_{\nu\nu'\ldots-1} k_1, & i_{\nu\nu'\ldots-1} k_{a-1}, \end{array}$$

où 1, i_1,..., $i_{\nu\nu'\ldots-1}$ sont des substitutions de $\mathfrak{H}$ telles, que deux quelconques d'entre elles ne satisfassent à aucune relation de la forme

$$i_{\beta_0} = k, \quad \text{ou} \quad i_{\beta_0} = i_{\beta_1} k_\alpha,$$

mais choisies d'ailleurs d'une manière quelconque. Si donc on convient de poser $i_0 = 1$ et $k_0 = 1$, les substitutions de I pourront se mettre sous la forme générale $i_\beta k_\alpha$, où α peut prendre successivement les diverses valeurs $0, 1, \ldots, a - 1$, et β les valeurs $0, \ldots, \nu\nu' \ldots - 1$. De même les substitutions de H' pourront se mettre sous la forme $h'_\gamma i_\beta k_\alpha$, $h'_0, \ldots, h'_\gamma, \ldots$ étant des substitutions convenablement choisies, en nombre μ'; celles de H pourront se mettre sous la forme $h_\gamma h'_\gamma i_\beta k_\alpha$, l'indice γ variant de zéro à $\mu - 1$; enfin celles de G sous la forme $g_\delta h_\gamma h'_\gamma i_\beta k_\alpha$, l'indice δ variant de zéro à $\lambda - 1$.

Cela posé, *les seules substitutions communes à* $\mathfrak{H}$ *et à* I *sont les substitutions* K. En effet, soit K' le groupe formé par ces substitutions communes : il est permutable aux substitutions de G; car K' étant contenu dans I et dans $\mathfrak{H}$, les transformées de ses substitutions par l'une quelconque des substitutions G, permutables à la fois à I et à $\mathfrak{H}$, appartiendront à la fois à I et à $\mathfrak{H}$, et par suite à K'. Or le groupe K' contient les substitutions K et n'en peut contenir d'autres, K étant par hypothèse un groupe aussi général que possible parmi ceux qui sont contenus dans I et permutables aux substitutions G.

D'autre part, *en combinant ensemble les substitutions* $\mathfrak{H}$ *et* I, *on doit reproduire toutes les substitutions de* G. En effet les substitutions de G, étant permutables aux groupes $\mathfrak{H}$ et I, transformeront en lui-même le groupe Γ dérivé de leur combinaison. Ce groupe est plus général que $\mathfrak{H}$: s'il ne contenait pas toutes les substitutions de G, on aurait ainsi un groupe partiel Γ plus général que $\mathfrak{H}$ et auquel les G seraient permutables, ce qui est supposé impossible.

56. Ces deux points établis, supposons les substitutions $\mathfrak{H}$ mises sous la forme $g_\delta h_\gamma h'_\gamma i_\beta k_\alpha$: *si* δ, γ *et* γ' *ont le même système de valeurs dans deux de ces substitutions,* β *aura également la même valeur.* Car soient $g_{\delta_0} h_{\gamma_0} h'_{\gamma'_0} i_{\beta_0} k_{\alpha_0} = S_0$ et $g_{\delta_0} h_{\gamma_0} h'_{\gamma'_0} i_{\beta_1} k_{\alpha_1} = S_1$ ces deux substitutions : $\mathfrak{H}$ contient la substitution

$$S_0^{-1} S_1 = k_{\alpha_0}^{-1} i_{\beta_0}^{-1} i_{\beta_1} k_{\alpha_1},$$

substitution qui fait partie à la fois du groupe $\mathfrak{H}$ et du groupe I dérivé des substitutions i et k, et qui par suite appartient nécessairement au groupe K.

Soit k_{α_1} cette substitution; il vient

$$i_{\beta_1} = i_{\beta_0} k_{\alpha_0} k_{\alpha_1} k_{\alpha_1}^{-1},$$

relation impossible par hypothèse, si β_1 diffère de β_0.

D'autre part, toutes les substitutions de G seront de la forme $i_\beta s$, s désignant une substitution de $\mathfrak{H}$. En effet les substitutions G se réduisent à celles qui dérivent de I et de $\mathfrak{H}$ (55). Soit $i_{\beta_1} k_{\alpha_1} s_1 i_{\beta_2} k_{\alpha_2} s_2$, par exemple, l'une d'elles, s_1 et s_2 étant des substitutions de $\mathfrak{H}$; elle peut se mettre sous la forme $i_{\beta_1} k_{\alpha_1} i_{\beta_2} . s'_1 k_{\alpha_2} s_2$, s'_1 étant la transformée de s_1 par i_{β_2}. Or $i_{\beta_1} k_{\alpha_1} i_{\beta_2}$, faisant partie du groupe I, peut se mettre sous la forme $i_\beta k_\alpha$; k_α fait partie de $\mathfrak{H}$; il en est de même de s'_1, transformée de s_1 par la substitution i_{β_2}, permutable à $\mathfrak{H}$; il en est de même de k_{α_2} et de s_2 : donc la substitution considérée est de la forme $i_\beta s$, s étant une substitution de $\mathfrak{H}$.

On conclut de là que $\mathfrak{H}$ *contient une substitution de la forme* $g_\delta h_\gamma h'_{\gamma'} i_\beta k_\alpha$, *quel que soit le système de valeurs que l'on donne à* δ, γ, γ' *et* α.

En effet, le nombre des systèmes de valeurs des indices δ, γ, γ', α est $\lambda\mu\mu' a$. A chacun d'eux correspond au plus une substitution de $\mathfrak{H}$, car s'il en existait deux, elles devraient différer par la valeur de l'indice β, ce que nous avons démontré impossible. Si donc il y avait quelque système de valeurs de δ, γ, γ', α auquel ne répondit aucune substitution, le nombre des substitutions de $\mathfrak{H}$ serait inférieur à $\lambda\mu\mu' a$, et par suite celui des substitutions de la forme $i_\beta s$ serait inférieur à $\lambda\mu\mu' a\nu\nu'\ldots$. Ce résultat est absurde, car toutes les substitutions de G, en nombre $N = \lambda\mu\mu'\nu\nu'\ldots a$, se ramènent à cette forme.

57. Soient maintenant $h'_0 i_{\beta_0} = (h'_0)$, $h'_1 i_{\beta_1} = (h'_1), \ldots, h'_{\gamma'} i_{\beta_{\gamma'}} = (h'_{\gamma'}), \ldots$ celles des substitutions de $\mathfrak{H}$ pour lesquelles $\delta = 0$, $\gamma = 0$, $\alpha = 0$; soient de même $h_0 i_{\beta'_0} = (h_0), \ldots, h_\gamma i_{\beta'_\gamma} = (h_\gamma), \ldots$ celles de ces substitutions pour lesquelles $\delta = 0$, $\gamma' = 0$, $\alpha = 0$; enfin $g_0 i_{\beta''_0} = (g_0), \ldots, g_\delta i_{\beta''_\delta} = (g_\delta), \ldots$ celles de ces substitutions pour lesquelles $\gamma = 0$, $\gamma' = 0$, $\alpha = 0$.

Toutes les substitutions de la forme $(g_\delta)(h_\gamma)(h'_{\gamma'}) k_\alpha$ *appartiennent évidemment au groupe* $\mathfrak{H}$; *réciproquement toute substitution de* $\mathfrak{H}$ *sera de cette forme*; car $\mathfrak{H}$ ne contient que $\lambda\mu\mu' a$ substitutions, et les $\lambda\mu\mu' a$ substitutions que donne cette forme en y faisant varier δ, γ, γ', α sont toutes distinctes. En effet, soit $(g_{\delta_0})(h_{\gamma_0})(h'_{\gamma'_0}) k_{\alpha_0} = (g_{\delta_1})(h_{\gamma_1})(h'_{\gamma'_1}) k_{\alpha_1}$: remplaçant $(g_{\delta_0}), \ldots$ par leurs valeurs, il vient

$$g_{\delta_0} M_0 = g_{\delta_1} M_1, \quad \text{d'où} \quad g_{\delta_0} M_0 M_1^{-1} = g_{\delta_1},$$

M_0 et M_1 étant des substitutions du groupe H dérivé des substitutions h, h', i, k. Cette égalité ne peut avoir lieu par hypothèse que si $\delta_0 = \delta_1$. L'égalité admise se réduira ainsi à $(h_{\gamma_0})(h'_{\gamma'_0})k_{\alpha_0} = (h_{\gamma_1})(h'_{\gamma'_1})k_{\alpha_1}$, et l'on verra de même que $\gamma_0 = \gamma_1$, puis que $\gamma'_0 = \gamma'_1$, et enfin que $\alpha_0 = \alpha_1$.

On verra de la même manière que G, H, H' *sont respectivement formés des substitutions des formes suivantes :*

$$i_\beta(g_\delta)(h_\gamma)(h'_{\gamma'})k_\alpha, \quad i_\beta(h_\gamma)(h'_{\gamma'})k_\alpha, \quad i_\beta(h'_{\gamma'})k_\alpha;$$

car les substitutions $i_\beta(h'_{\gamma'})k_\alpha$, par exemple, font évidemment partie de H', sont toutes distinctes entre elles, et leur nombre est égal à celui des substitutions de H'.

Les substitutions désignées primitivement par g, h, h' ayant actuellement disparu du calcul, nous supprimerons, pour plus de simplicité, les parenthèses qui distinguaient jusqu'ici les substitutions (g_δ), (h_γ), $(h'_{\gamma'})$.

On voit maintenant aisément que *l'on a entre deux substitutions quelconques,* $i_\beta k_\alpha = S$ *et* $g_\delta h_\gamma h'_{\gamma'} k_{\alpha'} = T$, *prises respectivement dans les deux groupes* I *et* $\mathfrak{H}$, *une relation de la forme* $ST = TSk_{\alpha''}$.

En effet la substitution $S^{-1}T^{-1}ST$ fait partie du groupe I, car elle est le produit de deux substitutions, dont l'une S^{-1} fait partie de ce groupe, et dont l'autre en fait partie également, étant la transformée d'une substitution de I par une substitution permutable à I. D'autre part, $S^{-1}T^{-1}ST$ peut être considérée comme le produit de deux substitutions : l'une T appartenant au groupe $\mathfrak{H}$; l'autre $S^{-1}T^{-1}S$, transformée d'une substitution de $\mathfrak{H}$ par une substitution qui lui est permutable. Donc $S^{-1}T^{-1}ST$ appartient simultanément à I et à $\mathfrak{H}$, et par suite à K. Donc $S^{-1}T^{-1}ST = k_{\alpha''}$, d'où $ST = TSk_{\alpha''}$.

58. Des développements qui précèdent nous allons actuellement conclure la démonstration de notre proposition.

Soient G, $\mathfrak{H}$, J, J', K,..., 1 la suite des groupes respectivement formés des substitutions des formes

$$i_\beta g_\delta h_\gamma h'_{\gamma'} k_\alpha, \quad g_\delta h_\gamma h'_{\gamma'} k_\alpha, \quad h_\gamma h'_{\gamma'} k_\alpha, \quad h'_{\gamma'} k_\alpha, \quad k_\alpha, \ldots;$$

ils ont pour ordres N, $\frac{N}{\nu\nu'\ldots}$, $\frac{N}{\nu\nu'\ldots\lambda}$, $\frac{N}{\nu\nu'\ldots\lambda\mu}$, $\frac{N}{\nu\nu'\ldots\lambda\mu\mu'}$, ...

Nous allons établir : 1° *que la suite des facteurs* $\nu\nu'\ldots, \lambda, \mu, \mu'\ldots$ *est, à l'ordre près, la même que la suite des facteurs* $\lambda, \mu, \mu'\ldots, \nu, \nu', \ldots$, ce qui revient à prouver que les facteurs $\nu, \nu', \ldots$ se réduisent à un seul; autrement dit, qu'*il n'y a dans la suite* G, H, H′, I,..., K,..., 1 *aucun groupe* I′ *intermédiaire entre* I *et* K; 2° *que chacun des groupes* G, 𝔥, J, J′, K,..., 1 *est permutable à toutes les substitutions du précédent;* 3° *qu'il est aussi général que possible parmi ceux qui jouissent de cette propriété.*

1° En premier lieu, *il est absurde d'admettre que la suite* G, H, H′, I,..., K,..., 1 *contienne un groupe* I′ *intermédiaire entre* I *et* K. En effet, les substitutions I lui seraient permutables par définition; les substitutions de la forme $g_\delta h_\gamma h'_{\gamma'}$ le seraient également. Car soit $i_\beta k_\alpha$ une quelconque des substitutions de I′ : sa transformée par $g_\delta h_\gamma h'_{\gamma'}$ peut (57) se mettre sous la forme

$$i_\beta k_\alpha (i_\beta k_\alpha)^{-1} (g_\delta h_\gamma h'_{\gamma'})^{-1} i_\beta k_\alpha g_\delta h_\gamma h'_{\gamma'} = i_\beta k_\alpha k_{\alpha'},$$

et fera partie de I′, qui contient, avec $i_\beta k_\alpha$, toutes les substitutions de K. Les substitutions G, qui dérivent toutes de la combinaison de I avec les substitutions $g_\delta h_\gamma h'_{\gamma'}$, seraient donc permutables à I′. K ne serait donc pas aussi général que possible parmi les groupes contenus dans I et permutables aux substitutions G, résultat contraire à la loi de construction de la suite G, H, I, K,..., 1, et partant inadmissible.

2° En second lieu, considérons l'un quelconque des groupes de la nouvelle suite, J′ par exemple : *il est permutable aux substitutions du précédent,* J. En effet, ces substitutions résultent de la combinaison des substitutions J′, évidemment permutables à leur propre groupe, avec les substitutions h_γ. Ces dernières substitutions, faisant partie du groupe H, sont permutables au groupe H′ formé par les substitutions $i_\beta h'_{\gamma'} k_\alpha$. On aura donc, quels que soient γ, β, γ' et α, une relation de la forme

$$h_\gamma^{-1} i_\beta h'_{\gamma'} k_\alpha h_\gamma = i_{\beta_1} h'_{\gamma'_1} k_{\alpha_1},$$

ou

$$h_\gamma^{-1} i_\beta h_\gamma h_\gamma^{-1} h'_{\gamma'} k_\alpha h_\gamma = i_{\beta_1} h'_{\gamma'_1} k_{\alpha_1},$$

ou, en remarquant qu'on a une relation de la forme $i_\beta h_\gamma = h_\gamma i_\beta k_{\alpha_2}$ (57),

$$i_\beta k_{\alpha_2} h_\gamma^{-1} h'_{\gamma'} k_\alpha h_\gamma = i_{\beta_1} h'_{\gamma'_1} k_{\alpha_1},$$

relation qui ne peut subsister que si $\beta = \beta_1$, et d'où l'on déduit ensuite

$$h_\gamma^{-1} h'_{\gamma'} k_\alpha h_\gamma = k_{\alpha_2}^{-1} h'_{\gamma'_1} k_{\alpha_1},$$

ce qui montre que la transformée de $h'_{\gamma'} k_\alpha$ par h_γ appartient au groupe J′.

Mais les substitutions de J' sont toutes de la forme $h'_\gamma k_\alpha$: donc h_γ est permutable à ce groupe.

3° En dernier lieu, *il n'existe aucun groupe plus général que* J', *contenu dans* J *et permutable à ses substitutions;* car s'il y en avait un, J'', soient $S, S_1, \ldots, S_m, \ldots$ ses substitutions, T une quelconque des substitutions de J : on aurait, quel que soit m, une relation de la forme $T^{-1} S_m T = S_n$. Considérons le groupe Γ, formé par la combinaison de J'' avec les substitutions i_β : ses substitutions sont de la forme $i_\beta S_m$; car soit par exemple $i_{\beta_1} S_{m_1} i_{\beta_2} S_{m_2}$ l'une d'elles, on aura (57)

$$S_{m_1} i_{\beta_2} = i_{\beta_2} S_{m_1} k_{\alpha_1},$$

ce qui réduit la substitution proposée à $i_{\beta_1} i_{\beta_2} S_{m_1} k_{\alpha_1} S_{m_2}$; mais $i_{\beta_1} i_{\beta_2}$, étant une substitution de I, peut se mettre sous la forme $i_\beta k_\alpha$; k_α est contenu dans J' et par suite dans J'', de même que $S_{m_1}, k_{\alpha_1}, S_{m_2}$, ce qui réduit la substitution donnée à la forme $i_\beta S_m$.

Le groupe Γ *est plus général que le groupe* H'; car les substitutions de ce dernier groupe sont de la forme $i_\beta h'_\gamma k_\alpha$. Or soit S une substitution de J'' qui ne soit pas contenue dans J', et qui par suite ne soit pas de la forme $h'_\gamma k_\alpha$: elle est de la forme $h_\gamma h'_\gamma k_\alpha$, et sera (57) essentiellement différente de toutes celles de la forme $i_\beta h'_\gamma k_\alpha$; elle ne pourra donc appartenir à H' : mais elle appartient à Γ : donc Γ est plus général que H'.

D'autre part, Γ *est contenu dans* H *et ne contient qu'une partie de ses substitutions*. En effet, H contient les substitutions i_β et les substitutions $h_\gamma h'_\gamma k_\alpha$ du groupe J, dont les substitutions S_m font partie. Soit maintenant T une substitution de J qui ne soit pas contenue dans J'' : elle ne sera pas de la forme S_m. D'autre part elle sera de la forme $h_\gamma h'_\gamma k_\alpha$, et par suite ne pourra pas davantage être de la forme $i_\beta S_m$: elle ne fera donc pas partie de J''.

Enfin Γ *est permutable à toutes les substitutions de* H. Car soit $i_{\beta_1} T$ l'une de ces dernières substitutions, T étant une substitution de J; soit, d'autre part, $i_\beta S_m$ une quelconque des substitutions de Γ. S_m et T^{-1} appartenant à $\mathfrak{J}$, et $i_{\beta_1}, i_{\beta_1}^{-1} i_\beta i_{\beta_1}$ à I, on aura (57) des relations de la forme

$$S_m i_{\beta_1} = i_{\beta_1} S_m k_\alpha, \quad T^{-1} i_{\beta_1}^{-1} i_\beta i_{\beta_1} = i_{\beta_1}^{-1} i_\beta i_{\beta_1} T^{-1} k_{\alpha_1}.$$

La transformée $(i_{\beta_1} T)^{-1} i_\beta S_m i_{\beta_1} T$ se réduira donc à la forme

$$i_{\beta_1}^{-1} i_\beta i_{\beta_1} T^{-1} k_{\alpha_1} S_m k_\alpha T = i_{\beta_1}^{-1} i_\beta i_{\beta_1} . T^{-1} k_{\alpha_1} T . T^{-1} S_m T . T^{-1} k_\alpha T.$$

Or cette substitution appartient au groupe Γ : car ce groupe contient i_{β_1} et i_β; il contient de même la substitution $T^{-1} S_m T$, laquelle, se réduisant à S_n, fait partie de J''; il contient enfin le groupe K, auquel T est permutable : donc il contient $T^{-1}k_\alpha T$ et $T^{-1}k_{\alpha_1}T$.

Si donc il existait un groupe tel que J'', il existerait un groupe Γ plus général que H', contenu dans H et permutable aux substitutions H, ce qui est contraire à la loi de construction de la suite G, H, H', I, K,..., 1.

Les deux suites de groupes G, $\mathfrak{H}$, J, J',..., 1 et G, $\mathfrak{H}$, $\mathfrak{H}'$, $\mathfrak{I}$,..., 1 jouiront donc toutes deux de la propriété que chacun des groupes qui les forment est aussi général que possible parmi ceux qui sont contenus dans le précédent et permutables à ses substitutions. Il en sera *à fortiori* de même des suites partielles $\mathfrak{H}$, J, J',..., 1 et $\mathfrak{H}$, $\mathfrak{H}'$, $\mathfrak{I}$,..., 1, où les facteurs qui expriment les rapports des ordres des groupes successifs sont, d'une part, λ, μ,..., et, d'autre part, m, m',....

Le théorème étant supposé vrai pour le groupe $\mathfrak{H}$, m, m',... d'une part, et λ, μ,..., d'autre part, se confondront à l'ordre près avec les facteurs de composition de $\mathfrak{H}$; ils sont donc identiques, à l'ordre près. Comme on avait déjà $l = \nu$ $\left(\text{l'ordre de } \mathfrak{H} \text{ étant égal à la fois à } \frac{N}{l} \text{ et à } \frac{N}{\nu}\right)$, le théorème se trouve démontré.

Le théorème que nous venons d'établir montre qu'on peut légitimement classer les groupes composés d'après le nombre et la valeur de leurs facteurs de composition.

59. Théorème. — *Soient* G, H,..., I, K,..., 1 *une suite de groupes dont chacun soit aussi général que possible parmi ceux qui sont contenus dans le précédent et permutables à toutes les substitutions de* G; H *un groupe quelconque de cette suite;* I, K *deux autres groupes successifs quelconques. Supposons qu'on puisse déterminer un groupe intercalaire* L, *contenu dans* I *et contenant* K, *auquel les substitutions* H *soient permutables, et si cette détermination peut se faire de plusieurs manières, choisissons-le de manière que son ordre soit minimum. Soient, dans ce cas,* n, mn, μn *les ordres respectifs de* K, L, I: μ *sera une puissance exacte de* m.

Soient en effet $k_0,\ldots,k_{n-1}$ les substitutions de K; $l_0 k_0,\ldots,l_\alpha k_\beta,\ldots,l_{m-1}k_{n-1}$ celles de L : $l_0,\ldots,l_{m-1}$ étant des substitutions qui ne satisfassent à aucune relation de la forme $l_\alpha = l_{\alpha'} k_\beta$. Soit g une substitution de G non permutable à L; elle est permutable à K : elle transformera donc L en un groupe L' formé de substitutions de la forme $l'_0 k_0,\ldots,l'_\alpha k_\beta,\ldots$; $l'_0,\ldots,l'_\alpha$ étant les transformées respectives de $l_0,\ldots,l_\alpha,\ldots$.

Les substitutions du groupe $g^{-1}Hg$, transformé de H par g, seront permutables à L' (36); mais $g^{-1}Hg$ se réduit à H : donc les substitutions de H sont permutables à L', ainsi qu'à L; elles le sont donc au groupe formé par les substitutions communes à L et à L'. Or les K font partie de ces substitutions communes, et il n'en existe pas d'autres, sans quoi l'ordre de L ne serait pas minimum, comme nous l'avons supposé.

En particulier, les substitutions $l_0, \ldots, l_\alpha, \ldots$ faisant partie de I et de H, leurs transformées $l'_0, \ldots, l'_\alpha, \ldots$ en feront également partie : elles sont donc permutables à L. Les substitutions du groupe Λ, obtenu en les combinant à ce groupe, seront de la forme $l'_{\alpha'} l_\alpha k_\beta$ (37). Ce groupe est contenu dans I, et permutable aux substitutions de H, car il résulte de la combinaison des substitutions des deux groupes L, L', tous deux permutables aux substitutions de H.

D'ailleurs les $m^2 n$ substitutions obtenues par la variation des indices α', α, β sont toutes distinctes; car si l'on avait

$$l'_{\alpha'} l_\alpha k_\beta = l'_{\alpha'_1} l_{\alpha_1} k_{\beta_1},$$

on en déduirait

$$l'^{-1}_{\alpha'_1} l'_{\alpha'} = l_{\alpha_1} k_{\beta_1} (l_\alpha k_\beta)^{-1}.$$

La substitution $l'^{-1}_{\alpha'_1} l'_{\alpha'}$ serait donc commune aux deux groupes L et L', et par suite appartiendrait à K; on aurait donc

$$l'_{\alpha'} = l'_{\alpha'_1} k_{\beta'}, \quad \text{d'où} \quad l_{\alpha'} = g l'_{\alpha'} g^{-1} = g l'_{\alpha'_1} k_{\beta'} g^{-1} = l_{\alpha'_1} k,$$

k, transformée de $k_{\beta'}$ par g^{-1}, appartenant à K. Une telle relation ne peut exister que si $\alpha' = \alpha'_1$. On aura alors

$$l_\alpha k_\beta = l_{\alpha_1} k_{\beta_1}, \quad \text{d'où} \quad \alpha = \alpha_1, \quad \beta = \beta_1.$$

Donc I contient au moins $m^2 n$ substitutions. S'il en contient davantage, G contiendra une substitution g' non permutable à Λ. Soient λ_α, λ'_α les transformées de l_α, l'_α par g' : le groupe Λ', transformé de Λ par g', aura ses substitutions de la forme $\lambda_\alpha \lambda'_{\alpha'} k_\beta$, et sera contenu dans I et permutable aux substitutions de H. Il est différent de Λ : donc il ne peut contenir à la fois toutes les substitutions de L et de L', dont la combinaison constitue Λ. Supposons, par exemple, qu'il ne contienne qu'une partie des substitutions de L : les substitutions K sont communes à L et à Λ', et il n'existera pas d'autres substitutions communes; car les substitutions H, étant permutables à L et à Λ', seraient permutables au groupe formé par ces substitutions communes, quoique son ordre fût moindre que celui de L, ce qu'on suppose impossible.

Cela posé, les $m^2 n$ substitutions de la forme $l_\alpha \lambda_{\alpha'} \lambda'_{\alpha''} k_\beta$ seront toutes distinctes et contenues dans I.

On démontre de même que si I contient d'autres substitutions, il en contient au moins $m^4 n$, etc.

§ V. — Symétrie des fonctions rationnelles.

Liaison entre les groupes et les fonctions.

60. Soient F_1 une fonction rationnelle quelconque de k lettres $a, b, c, \ldots$; F_1, F_α, F_β les $1.2\ldots.k$ fonctions obtenues en y opérant entre ces lettres les $1.2\ldots k$ substitutions $1, \alpha, \beta, \ldots$: elles seront, en général, algébriquement distinctes les unes des autres. Mais si, par suite du choix particulier de la fonction, la suite $F_1, F_\alpha, F_\beta, \ldots$ avait M termes $F_1, F_\alpha, \ldots$ identiques à F_1, elle contiendrait évidemment M termes $F_\beta, F_{\alpha\beta}, \ldots$ identiques à F_β. Le nombre des valeurs distinctes de la fonction F serait donc égal à $\frac{1.2\ldots k}{M}$.

Les M substitutions $1, \alpha, \ldots$ qui n'altèrent pas la fonction F_1 forment évidemment un groupe, qu'on pourra appeler le *groupe de la fonction*; et l'on pourra dire que la fonction est transitive ou non, suivant que son groupe sera transitif ou non. Réciproquement, *un groupe quelconque* H *étant donné, on pourra déterminer une fonction invariable par les substitutions de ce groupe et variable par toute autre substitution.* Car, soient φ_1 une fonction quelconque variable par toute substitution (telle que la suivante : $a + 2b + 3c + \ldots$); $\varphi_1, \varphi_\alpha, \ldots$ les diverses valeurs qu'elle prend par les substitutions du groupe $1, \alpha, \ldots$: le produit $\varphi_1 \varphi_\alpha \ldots$ jouira de la propriété voulue; car les substitutions $1, \alpha, \ldots$ permutent ses facteurs entre eux sans changer le produit, et toute autre substitution β, remplaçant φ_1 par un nouveau facteur φ_β, changera le produit (*).

61. *Les diverses fonctions rationnelles qui ont même groupe s'expriment toutes rationnellement en fonction d'une seule d'entre elles et de fonctions symétriques en $a, b, c, \ldots$.*

(*) La règle ci-dessus, due à notre illustre Cauchy, a été critiquée par M. Kirkman (*Theory of groups and many valued functions*, p. 80; Manchester, 1861); mais il est aisé de voir que les objections de ce géomètre ne sont fondées que sur un malentendu.

Cette proposition, due à Lagrange, est évidemment contenue dans la suivante, que nous allons démontrer :

Les diverses fonctions rationnelles dont les groupes ont en commun, avec un groupe arbitraire G, *les mêmes substitutions* $1, \alpha, \alpha_1, \ldots$ *s'expriment rationnellement en fonction d'une seule d'entre elles et des fonctions invariables par les substitutions de* G.

En effet, les substitutions de G sont les suivantes (39) :

$$1, \alpha, \alpha_1, \ldots; \quad \beta, \alpha\beta, \alpha_1\beta, \ldots; \quad \gamma, \alpha\gamma, \alpha_1\gamma, \ldots; \ldots,$$

β étant une substitution quelconque prise parmi celles qui n'appartiennent pas à la suite $1, \alpha, \alpha_1, \ldots$; γ une substitution quelconque prise parmi celles qui n'appartiennent ni à la suite $1, \alpha, \alpha_1, \ldots$, ni à la suite $\beta, \alpha\beta, \alpha_1\beta, \ldots$, etc.

Cela posé, soient φ_1, ψ_1 deux des fonctions considérées; $\varphi_\beta, \ldots, \psi_\beta, \ldots$ ce qu'elles deviennent par les substitutions $\beta, \ldots$; m un exposant quelconque. La fonction

$$\varphi_1^m \psi_1 + \varphi_\beta^m \psi_\beta + \varphi_\gamma^m \psi_\gamma + \ldots = t^{(m)}$$

sera invariable par les substitutions de G. Car soit σ une substitution quelconque de G; chacune des substitutions $\sigma, \beta\sigma, \gamma\sigma, \ldots$, appartenant à ce groupe, pourra se mettre sous l'une des formes A, $A\beta$, $A\gamma, \ldots$, A désignant une des substitutions $1, \alpha, \alpha_1, \ldots$ (39). D'ailleurs deux de ces substitutions ne peuvent appartenir à la même forme, car si l'on avait, par exemple, les deux égalités

$$\beta\sigma = \alpha\delta, \quad \gamma\sigma = \alpha_1\delta,$$

on en déduirait

$$\delta\sigma^{-1} = \alpha^{-1}\beta = \alpha_1^{-1}\gamma, \quad \text{d'où} \quad \gamma = \alpha_1\alpha^{-1}\beta;$$

γ serait donc de la forme $A\beta$, ce qui n'a pas lieu, par construction.

Cela posé, σ transformera les uns dans les autres les termes $\varphi_1^m \psi_1, \varphi_\beta^m \psi_\beta, \ldots$. Car supposons, pour fixer les idées, que σ soit de la forme $A\beta$; elle transformera $\varphi_1^m \psi_1$ en $\varphi_{A\beta}^m \psi_{A\beta} = \varphi_\beta^m \psi_\beta$. De même, si $\beta\sigma$ est de la forme $A\gamma$, σ transformera $\varphi_\beta^m \psi_\beta$ en $\varphi_{A\gamma}^m \psi_{A\gamma} = \varphi_\gamma^m \psi_\gamma$, etc.

Posant successivement $m = 0, 1, \ldots, \mu - 1$, μ étant le nombre des substitutions $1, \beta, \gamma, \ldots$, on aura, pour déterminer $\psi_1, \psi_\beta, \ldots$, les équations linéaires

$$\begin{gathered}\psi_1+\psi_\beta+\ldots=t,\\ \varphi_1\psi_1+\varphi_\beta\psi_\beta+\ldots=t',\\ \ldots\ldots\ldots\ldots\ldots\ldots,\\ \varphi_1^{\mu-1}\psi_1+\varphi_\beta^{\mu-1}\psi_\beta+\ldots=t^{(\mu-1)},\end{gathered}$$

dont le déterminant étant, comme on sait, égal au produit des différences des quantités distinctes φ_1, φ_β, φ_γ,..., sera différent de zéro.

On peut obtenir l'expression cherchée de ψ_1 d'une manière simple ainsi qu'il suit : φ_1, φ_β, φ_γ,... sont les racines de l'équation du degré μ,

$$f(Y)=(Y-\varphi_1)(Y-\varphi_\beta)(Y-\varphi_\gamma)\ldots=0,$$

dont les coefficients, symétriques en φ_1, φ_β, φ_γ,..., sont évidemment invariables par les substitutions de G. L'équation

$$\frac{f(Y)}{Y-\varphi_1}=Y^{\mu-1}+\lambda_{\mu-2}Y^{\mu-2}+\ldots+\lambda_0=\chi(Y)=0$$

admet pour racines φ_β, φ_γ,..., et a pour coefficients des fonctions rationnelles de φ_1 et des coefficients de $f(Y)$.

Cela posé, ajoutons les équations linéaires ci-dessus, respectivement multipliées par λ_0, λ_1,...: les multiplicateurs de φ_β, φ_γ,... s'annuleront, et, divisant par le coefficient de ψ_1, il viendra

$$\psi_1=\frac{t\lambda_0+t'\lambda_1+\ldots+t^{(\mu-1)}}{\chi(\varphi_1)}=\frac{t\lambda_0+t'\lambda_1+\ldots+t^{(\mu-1)}}{f'(\varphi_1)}.$$

62. Les fonctions entières de k lettres sont donc susceptibles d'autant d'espèces de symétries distinctes qu'il y a de groupes différents de substitutions entre ces lettres. Mais si, au lieu de considérer d'une manière générale toutes les fonctions entières, on ne voulait examiner que celles qui satisfont à quelques conditions déterminées, par exemple celles qui sont d'un degré donné, le nombre des espèces de symétrie dont elles sont susceptibles pourrait se trouver réduit. Ce champ de recherches, signalé par M. Kirkman, est encore vierge. Nous nous bornerons donc sur ce sujet à quelques brèves indications.

Soient $F=T+T_1+\ldots+T_\mu$ une fonction entière quelconque de $a, b,\ldots$; $T=ma^pb^q\ldots$, $T_1=m_1a^{p_1}b^{q_1}\ldots$ ses différents termes; S, S_1,... les substitutions de son groupe : chacune de ces substitutions transforme les uns dans les autres les termes $T, T_1, \ldots, T_\mu$. Soient respectivement $T, T_1, \ldots$ ceux de ces termes que $S, S_1, \ldots$ transforment en T : chacune de ces substitutions transformera les termes $T, T_1, \ldots$ les uns dans les autres; car supposons que l'une d'elles, S, transforme T_1 en U par exemple; S_1 transformant T_1 en T, $S^{-1}S_1$, qui fait partie du groupe $(S, S_1, \ldots)$, transformera U en T : donc U fait partie de la suite $T, T_1, \ldots$.

Cela posé, si les substitutions $S, S_1, \ldots$ permutent transitivement entre eux tous les termes $T, T_1, \ldots, T_\mu$, on dira que la fonction est *élémentaire;* dans le cas contraire, elle sera évidemment la somme de plusieurs fonctions élémentaires $F_1, F_2, \ldots$, qui seront chacune transformées en elle-même par les substitutions $S, S_1, \ldots$. Soient donc respectivement $\Gamma_1, \Gamma_2, \ldots$ les groupes de ces fonctions : $S, S_1, \ldots$ appartiendront à chacun d'eux. Réciproquement toute substitution commune à ces groupes laissera invariable F_1, F_2 et par suite leur somme F : elle appartiendra donc au groupe $(S, S_1, \ldots)$.

Ainsi *la détermination du groupe d'une fonction non élémentaire se ramène à celle des groupes des fonctions élémentaires qui la composent.*

63. Soient $T = ma^p b^q \ldots$ un terme quelconque d'une fonction élémentaire; $T' = m'a^{p'} b^{q'} \ldots$ un autre terme quelconque. Il doit dériver de T par une certaine substitution opérée sur les lettres $a, b, \ldots$; il faut évidemment, pour cela, que les coefficients m et m' soient égaux, et que les exposants $p', q', \ldots$ soient, à l'ordre près, égaux à $p, q, \ldots$.

Supposons que parmi les exposants $p, q, \ldots$, dont le nombre est égal à k, nombre des lettres $a, b, \ldots$, il y en ait μ égaux à α, ν égaux à β, etc., $\alpha, \beta, \ldots$ étant des entiers différents, dont l'un peut être nul. Remplaçons dans la fonction $F = T + T' \ldots$ le coefficient m par un autre coefficient quelconque m_1; remplaçons de même les exposants $\alpha, \beta, \ldots$, partout où ils se présentent, par d'autres exposants entiers $\alpha_1, \beta_1, \ldots$ qui soient également différents les uns des autres. Nous obtiendrons une nouvelle fonction F_1, qui sera évidemment élémentaire et aura le même groupe que F.

Les fonctions en nombre infini, dérivées les unes des autres par un semblable changement, peuvent être considérées comme constituant une seule *famille*, dépendant des nombres $\mu, \nu, \ldots$.

64. Pour résoudre dans toute sa généralité le problème de M. Kirkman, il faudrait maintenant :

1° *Déterminer les diverses familles qui correspondent à chaque système donné de valeurs de* $\mu, \nu, \ldots$;

2° *Déterminer les diverses familles qui correspondent à un groupe de substitutions donné.*

La solution de la première question paraît assez difficile, sauf dans le cas particulier où l'on a $\mu = 1$, $\nu = k - 1$. Elle devient alors extrêmement simple, car on a, en supposant $\beta = 0$, ce qui est permis,

$$T = ma^{\alpha} \quad \text{et} \quad F = m(a^{\alpha} + b^{\alpha} + \ldots).$$

Soient $a, b, \ldots$ celles des lettres $a, b, \ldots, d, e, \ldots$ qui entrent dans l'expression de F; $d, e, \ldots$ les autres. Le groupe de F sera évidemment formé de l'ensemble des substitutions qui permutent, d'une part, $a, b, \ldots$ entre elles, et, d'autre part, $d, e, \ldots$ entre elles, et il y aura autant de familles qu'il y a de manières de répartir les lettres $a, b, \ldots, d, e, \ldots$ en deux systèmes.

Un autre cas simple est celui où les nombres $\mu, \nu, \ldots$ sont tous égaux à l'unité. On a alors

$$T = ma^{\alpha} b^{\beta} \ldots,$$

$\alpha, \beta, \ldots$ étant tous différents. Soient G un groupe quelconque; T, T′,... les divers termes transformés de T par ses substitutions. La fonction T + T′..., invariable par les substitutions de G, varie évidemment par toute autre substitution : donc elle a pour groupe G. Il existe donc dans ce cas autant de familles qu'il y a de groupes possibles de substitutions.

On voit par là qu'*à chaque groupe* G *correspond au moins une famille de fonctions élémentaires*. Mais il peut en correspondre plusieurs. Ainsi supposons que le groupe G contienne toutes les substitutions possibles. Il correspondra à toutes les familles de fonctions symétriques; mais il existe évidemment une telle famille pour chaque système de valeurs de $\mu, \nu, \ldots$.

65. *Si un groupe* G, *ne contenant pas toutes les substitutions possibles, est n fois transitif, il n'existera de famille correspondant à la fois à* G *et à un système de nombres $\mu, \nu, \ldots$ que si chacun de ces nombres est inférieur à $k - n$.*

Supposons, en effet, $\mu \geqq k - n$. Si la famille cherchée pouvait exister, soient F une de ses fonctions, $T = ma^{\alpha} b^{\beta} \ldots$ l'un des termes de F. On peut supposer que les μ exposants égaux à α se réduisent à zéro, et par suite supprimer du produit les lettres affectées de ces exposants. Il viendra alors $T = mb^{\beta} \ldots$, le nombre des lettres restantes $b, \ldots$ étant égal à $k - \mu$, et par suite au plus égal à n. Le groupe G, étant n fois transitif, contient une substitution au moins qui remplace $b, \ldots$ par $k - \mu$ lettres quelconques $r, \ldots$.

Cette substitution transformera T en $T'=mr^{\beta}\ldots$, et la fonction $F=T+T'+\ldots$ sera symétrique. Donc, au lieu de correspondre au groupe G, elle correspondra au groupe plus général formé par toutes les substitutions possibles.

Application géométrique.

66. Des questions qui précèdent dépend la solution de divers problèmes de Géométrie. En voici un exemple.

Imaginons des points a, b, c, d,... réunis par des droites telles que ab, ac, bd,... formant ensemble un système, continu ou non, que nous appellerons un *assemblage de droites*, ayant pour *sommets* les points a, b, c, d,.... Supposons, pour plus de généralité, que quelques-unes des droites de l'assemblage puissent être considérées comme multiples. L'assemblage pourra être représenté symboliquement par la forme quadratique $mab+nac+pbd+\ldots$, dont les termes représentent ses diverses droites, respectivement affectées de coefficients m, n, p,... qui indiquent leurs degrés de multiplicité.

Deux assemblages A et A′ seront dits *pareils*, si l'on peut établir entre leurs sommets une correspondance telle, qu'à chaque droite ab de l'un des assemblages corresponde dans l'autre assemblage une droite $a'b'$, du même degré de multiplicité, et joignant ensemble les deux points a', b' qui correspondent respectivement à a et à b. Dans ce cas, si $mab+nac+pbd+\ldots$ est la forme représentative de A, $ma'b'+na'c'+pb'd'+\ldots$ sera évidemment la forme représentative de A′.

Il peut se faire qu'un assemblage soit pareil à lui-même sous divers points de vue, ce qui constituera pour lui une sorte de symétrie. Dans ce cas, A′ se confondra avec A et a', b', c', d',... seront, à l'ordre près, identiques à a, b, c, d,.... De plus, les deux formes $mab+nac+pbd+\ldots$ et $ma'b'+na'c'+pb'd'+\ldots$, représentatives du même assemblage, seront nécessairement identiques. Donc la substitution qui transforme a, b, c, d,... en a', b', c', d',... n'altère pas la forme $mab+nac+pbd+\ldots$. Réciproquement, soit S une substitution opérée entre les lettres a, b, c, d,... qui n'altère pas cette forme, et supposons qu'elle remplace a, b, c, d,... par a', b', c', d',.... Si l'on fait correspondre à la suite des sommets a, b, c, d,... celle des sommets a', b', c', d',..., l'assemblage restera pareil à lui-même.

Nous obtenons donc le résultat suivant :

Le problème de la symétrie des assemblages de droites est identique à celui de la symétrie des formes quadratiques ne contenant que les rectangles des variables.

Nous reviendrons dans une autre occasion sur ce problème, considéré au point de vue géométrique.

Le problème de la symétrie des polyèdres, dont nous nous sommes occupé ailleurs, peut aussi se ramener, quoique moins simplement, à une forme analytique.

Isomorphisme.

67. Un groupe Γ est dit *isomorphe* à un autre groupe G, si l'on peut établir entre leurs substitutions une correspondance telle : 1° que chaque substitution de G corresponde à une seule substitution de Γ, et chaque substitution de Γ à une ou plusieurs substitutions de G; 2° que le produit de deux substitutions quelconques de G corresponde au produit de leurs correspondantes respectives.

L'isomorphisme sera dit *mériédrique*, si plusieurs substitutions de G correspondent à une même substitution de Γ, *holoédrique* dans le cas contraire.

Supposons, pour fixer les idées, que G contienne m substitutions $g_1, \ldots, g_m$ correspondantes à une même substitution γ du groupe Γ. Soient γ' une autre substitution quelconque de Γ, g' une substitution de G qui lui corresponde : $g_1^{-1}g'$ correspondra à $\gamma^{-1}\gamma'$, et par suite chacune des m substitutions g', $g_2 g_1^{-1} g', \ldots, g_m g_1^{-1} g'$ correspondra à $\gamma\gamma^{-1}\gamma' = \gamma'$. Chaque substitution de Γ ayant ainsi m correspondantes dans G, l'ordre de Γ sera m fois moindre que celui de G.

Le groupe Γ contient la substitution 1. Soient $h_1, \ldots, h_m$ les substitutions correspondantes de G : elles forment un groupe auquel toutes les substitutions de G sont permutables. Car soient g l'une de ces dernières, γ sa correspondante : $g^{-1} h_1 g$ a pour correspondante $\gamma^{-1} 1 \gamma = 1$: elle appartient donc à la suite $h_1 \ldots h_m$.

Si $m > 1$, le groupe $(h_1, \ldots, h_m)$ ne peut se réduire à la seule substitution 1 : il sera d'ailleurs moindre que G, si l'on suppose que Γ ne se réduise pas à la seule substitution 1; donc G sera composé. D'où cette conclusion : *Les groupes composés ont seuls des isomorphes mériédriques* (non exclusivement formés de la substitution 1).

68. Problème. — *Déterminer les groupes isomorphes à un groupe donné* G.

Le problème se réduit à déterminer ceux de ces groupes qui sont transitifs. En effet, soit Γ un groupe non transitif isomorphe à G : répartissons les lettres de Γ en classes, en groupant ensemble celles que les substitutions de Γ permutent entre elles. Soient $a, a_1, \ldots, b, b_1, \ldots, \ldots$ les diverses classes ainsi obtenues : chaque substitution de Γ est évidemment de la forme AB..., A étant une certaine substitution effectuée entre les lettres $a, a_1, \ldots$, B une substitution effectuée entre les lettres $b, b_1, \ldots$, etc. Soient donc AB..., $A_1 B_1, \ldots, \ldots$ les diverses substitutions de Γ : les diverses substitutions A, $A_1, \ldots$ forment évidemment un groupe isomorphe à Γ, et par suite isomorphe à G; de même pour les substitutions B, $B_1, \ldots$.

Réciproquement, soient $(A, A_1, \ldots)$, $(B, B_1, \ldots), \ldots$ des groupes transitifs quelconques isomorphes à G; $a, a_1, \ldots, b, b_1, \ldots, \ldots$ les lettres qu'ils contiennent respectivement; $g, g_1, \ldots$ les diverses substitutions de G; A, B, ..., $A_1, B_1, \ldots, \ldots$ les substitutions qui leur correspondent respectivement dans les groupes considérés. Les substitutions AB..., $A_1 B_1, \ldots, \ldots$ forment un groupe non transitif entre les lettres $a, a_1, \ldots, b, b_1, \ldots, \ldots$, lequel sera évidemment isomorphe à G.

69. Cherchons donc les groupes isomorphes à G et transitifs. Nous allons voir que leur détermination se ramène à celle des divers groupes contenus dans G.

Soient en effet $x, x_1, \ldots$ les lettres que G permute entre elles; $H = (h_1, \ldots, h_n)$ un groupe quelconque contenu dans G. Les substitutions de G peuvent toutes être mises sous la forme $h_\alpha g_\beta$, $g_1, \ldots, g_\beta, \ldots, g_m$ étant des substitutions convenablement choisies, dont la première se réduit à l'unité et dont le nombre m est égal au rapport des ordres de G et de H (39).

Soient maintenant F_1 une fonction rationnelle quelconque de $x, x_1, \ldots$, invariable par les substitutions H; F_s ce qu'elle devient par la substitution s. Les m fonctions $F_1, \ldots, F_{g_m}$ seront transformées les unes dans les autres par toute substitution de G. En effet, la substitution $h_{\alpha'} g_{\beta'}$ transforme F_{g_β}, par exemple, en $F_{g_\beta h_{\alpha'} g_{\beta'}}$. D'ailleurs $g_\beta h_{\alpha'} g_{\beta'}$, appartenant à G, peut être mise sous la forme $h_{\alpha''} g_{\beta''}$, et $h_{\alpha''}$ n'altère pas la fonction F_1 : donc F_{g_β} sera transformée en $F_{h_{\alpha''} g_{\beta''}} = F_{g_{\beta''}}$.

Chaque substitution de G, effectuée dans les fonctions $F_1, \ldots$, équivaut ainsi à une certaine substitution effectuée *entre* ces fonctions. Ces dernières substitutions forment évidemment un groupe Γ, isomorphe à G. Ce nouveau groupe sera transitif, les substitutions $g_1, \ldots, g_m$ permettant de transformer F_1 en l'une quelconque des fonctions $F_1, \ldots, F_{g_m}$.

70. Nous allons montrer réciproquement que tout groupe transitif, isomorphe à G, est identique à l'un de ceux que nous venons de former.

Soient en effet G' un semblable groupe, entre les lettres $y, y_1, \ldots$; H le groupe formé par celles des substitutions de G qui correspondent dans G' à la substitution 1; F une fonction de $x, x_1, \ldots$, invariable par les substitutions H et variable par toute autre substitution; F, $F_1, \ldots$ les diverses transformées de F par les substitutions G. D'après le numéro précédent, les substitutions G, opérées dans F, $F_1, \ldots$, équivaudront à des substitutions opérées entre ces fonctions; soit Γ le groupe transitif, isomorphe à G, formé par ces dernières substitutions. Il sera évidemment isomorphe à G', sans mériédrie.

Posons d'autre part $F' = \alpha y + \alpha_1 y_1 + \ldots$, $\alpha, \alpha_1, \ldots$ étant des constantes indéterminées. Soient F', $F'_1, \ldots$ les transformées toutes distinctes de cette fonction par les substitutions G' : les substitutions G', opérées dans F', $F'_1, \ldots$ équivaudront à des substitutions opérées entre ces fonctions; ces dernières substitutions forment un groupe Γ', transitif, et isomorphe sans mériédrie à G', et par suite à Γ.

Cela posé, nous allons établir que les groupes Γ et Γ' sont identiques, sauf la dénomination des quantités F, $F_1, \ldots$ et F', $F'_1, \ldots$ qu'ils permutent respectivement.

71. En premier lieu, *chacun de ces deux groupes jouit de la propriété remarquable que son ordre est égal à son degré*. En effet, le nombre m des quantités F, $F_1, \ldots$ est égal à l'ordre de G divisé par celui de H (69), et par suite égal à l'ordre de G' (67). Donc le degré de Γ est égal à l'ordre de G'; d'ailleurs son ordre est égal à l'ordre de G', ces deux groupes étant isomorphes sans mériédrie. On voit de même que le degré et l'ordre de Γ' sont tous les deux égaux à l'ordre de G'.

On conclut de là que *chaque substitution de* Γ (sauf l'unité) *déplace toutes les quantités* F, $F_1, \ldots$. Car Γ étant transitif, son ordre est égal au produit de son degré m par le nombre de celles de ses substitutions qui laissent immobile une de ses lettres, telle que F; mais cet ordre se réduit à m : donc Γ ne contient qu'une substitution qui laisse F immobile, à savoir : l'unité.

Le groupe Γ *ne contient qu'une substitution qui remplace* F *par une autre lettre donnée* F_1. Car s'il en contenait deux, en les combinant ensemble, on en déduirait une troisième, différente de l'unité et qui laisserait F immobile.

Enfin, *chaque substitution de* Γ *a ses cycles formés d'un même nombre de lettres*. Car si deux de ses cycles contenaient respectivement k et k' lettres, k' étant $< k$, sa puissance k' laisserait des lettres immobiles, sans se réduire à l'unité.

Le groupe Γ' jouit évidemment des mêmes propriétés.

72. Cela posé, soient F_n l'une quelconque des quantités $F, F_1, \ldots$; γ_n celle des substitutions de Γ qui la fait succéder à F; γ'_n la substitution correspondante de Γ'; φ une quelconque des quantités $F', F'_1, \ldots$; φ_n celle de ces quantités que γ'_n fait succéder à φ : les quantités $\varphi, \ldots, \varphi_n, \ldots$ seront identiques, à l'ordre près, aux suivantes $F', F'_1, \ldots$; et si une substitution quelconque δ appartenant à Γ fait succéder F_p à F_n, sa correspondante δ' dans Γ' fera succéder φ_p à φ_n. En effet, Γ ne contient qu'une substitution qui fasse succéder F_p à F_n; mais $\gamma_n^{-1}\gamma_p$ jouit de cette propriété, ainsi que δ : donc $\delta = \gamma_n^{-1}\gamma_p$, d'où $\delta' = \gamma_n'^{-1}\gamma'_p$, substitution qui fait succéder φ_p à φ_n. Donc les deux groupes Γ et Γ' deviendraient identiques par le simple changement de φ en F.

73. Soit pour fixer les idées $\varphi = F' = \alpha y + \alpha_1 y_1 + \ldots$. Les quantités $\varphi, \varphi_1, \ldots$ sont toutes des fonctions linéaires de $y, y_1, \ldots$. Réciproquement, $y, y_1, \ldots$ pourront être exprimés en fonction linéaire de $\varphi, \varphi_1, \ldots$. En effet, G' étant transitif contient une substitution qui remplace y par y_μ, quel que soit l'indice μ : donc, parmi les fonctions $\varphi, \varphi_1, \ldots$, il en existe une au moins de la forme $\alpha y_\mu + \psi$, ψ étant une fonction linéaire de $y, \ldots, y_{\mu-1}, y_{\mu+1}, \ldots$. Soit φ^μ cette fonction : $\varphi, \ldots, \varphi^\mu, \ldots$ seront liées à $y, \ldots, y_\mu, \ldots$ par des équations linéaires, dont le déterminant n'est pas nul tant que $\alpha, \alpha_1, \ldots$ restent arbitraires; car dans le cas où $\alpha_1, \alpha_2, \ldots$ seraient très-petits, ce déterminant se réduit sensiblement à une puissance de α. Ces équations peuvent donc être résolues par rapport aux y.

Soit donc $y = \beta\varphi + \beta_1\varphi_1 + \ldots$. Les substitutions de G' opérées entre les y équivalent aux substitutions de Γ' opérées entre les φ. Réciproquement, si l'on fait subir aux φ les substitutions de Γ', il est clair que $y, y_1, \ldots$ seront permutés entre eux de la même manière qu'ils le seraient par les substitutions de G'.

Soient maintenant $z, z_1, \ldots$ les fonctions formées avec $F, F_1, \ldots$, comme $y, y_1, \ldots$ le sont avec $\varphi, \varphi_1, \ldots$; opérons sur les lettres $x, x_1, \ldots$ les substitutions de G, ce qui revient à opérer entre les $F, F_1, \ldots$ celles du groupe Γ, identique à Γ'; il est clair que $z, z_1, \ldots$ seront permutés entre eux de la même manière que $y, y_1, \ldots$ le sont par les substitutions de G'.

Notre proposition se trouve ainsi établie.

74. La notion de l'isomorphisme peut être souvent utile, à cause de la similitude de propriétés que présentent entre eux les groupes isomorphes. Ainsi, par exemple, on voit sans peine que deux groupes isomorphes l'un de l'autre sans mériédrie sont en même temps simples ou composés, et ont les mêmes facteurs de composition.

On pourra donc dans beaucoup de cas remplacer la considération directe d'un groupe par celle de quelqu'un de ses isomorphes. Parmi ces isomorphes, il en existe toujours un transitif et dont l'ordre égale le degré (69-71). On voit par là qu'une étude approfondie des groupes de cette sorte aurait une grande importance.

Des groupes transitifs dont l'ordre égale le degré.

75. Théorème. — *Les groupes transitifs dont l'ordre égale le degré sont conjoints deux à deux, de telle sorte que chacun d'eux soit formé par l'ensemble des substitutions échangeables à celles de son conjoint.*

Soient en effet G l'un de ces groupes, A l'une des substitutions de G, $(aa'\ldots a^{m-1})$ l'un des cycles de A. Parmi les substitutions de G, une seule, B, fait succéder à a une autre lettre donnée b (71). Soient $b',\ldots, b^{m-1}$ les lettres que B fait respectivement succéder à $a',\ldots, a^{m-1}$. Si b n'appartient pas à la suite $a, a',\ldots, a^{m-1}$, aucune des lettres $b',\ldots, b^{m-1}$ ne lui appartiendra. Car si l'on avait $b^\nu = a^\mu$, G contiendrait deux substitutions distinctes, B et $A^{\mu-\nu}$, qui remplacent a^ν par a^μ, résultat absurde (71).

S'il existe quelque autre lettre c qui ne fasse partie d'aucune des deux suites $a, a',\ldots, a^{m-1}$; $b, b',\ldots, b^{m-1}$, G contiendra une seule substitution C qui remplace a par c; et les lettres $c, c',\ldots, c^{m-1}$, par lesquelles C remplace $a, a',\ldots, a^{m-1}$, seront toutes distinctes des précédentes : car si l'on avait $c^\nu = b^\mu$ par exemple, G contiendrait deux substitutions distinctes, C et $A^{\mu-\nu}B$, qui remplacent a^ν par b^μ, résultat absurde (71).

Continuant ainsi, on voit que les lettres se répartissent toutes en systèmes $a, a',\ldots, a^{m-1}$; $b, b',\ldots, b^{m-1}$; $c, c',\ldots, c^{m-1}$;... contenant chacun m lettres.

Soient maintenant S une substitution de G; c^ν la lettre que S fait succéder à une autre lettre donnée b^μ : S remplacera $b^{\mu+1}, b^{\mu+2},\ldots, b^{\mu-1}$ par $c^{\nu+1}, c^{\nu+2},\ldots, c^{\nu-1}$.

En effet, les deux substitutions S et $B^{-1}A^{\nu-\mu}C$, remplaçant l'une et l'autre b^μ par c^ν, sont nécessairement identiques (71). Or B^{-1} remplace $b^{\mu+\rho}$ par $a^{\mu+\rho}$, que $A^{\nu-\mu}$ remplace par $a^{\nu+\rho}$, que C remplace par $c^{\nu+\rho}$.

Cela posé, *la substitution* $\sigma = (aa'a''\ldots)(bb'b''\ldots)(cc'c''\ldots)\ldots$ *est échangeable à toutes les substitutions de* G. Car σS et Sσ remplacent toutes deux b^μ par la même lettre $c^{\nu+1}$, et la lettre b^μ est quelconque.

Si l'on prend successivement pour point de départ, à la place du cycle $(aa'a''\ldots)$, les divers cycles des diverses substitutions de G, on formera un ensemble de substitutions σ, σ',..., échangeables à celles de G. Les substitutions dérivées de celles-là forment un groupe Γ, dont chaque substitution (sauf l'unité) déplace toutes les lettres. Car si l'une de ces substitutions laissait a immobile, en déplaçant quelque autre lettre b, il est clair qu'elle ne pourrait être échangeable à celle des substitutions de G qui remplace a par b. D'autre part, si k est une lettre quelconque, il existe parmi les substitutions G un cycle où a succède à k. Ce cycle se retrouve dans une des substitutions de Γ : ce groupe est donc transitif.

D'autre part, toute substitution échangeable à celles de G fera partie de Γ. Car soit P une semblable substitution, laquelle remplace, par exemple, a par a' : elle se confondra avec σ. Car soit Q la substitution de G qui contient le cycle $aa'a''\ldots$, et soit k la lettre par laquelle P remplace a' : PQ remplace a par a''; QP la remplace par k : donc $k = a''$. On verra de même que P remplace a'' par a''', etc. : donc P contient le cycle $aa'a''\ldots$.

Mais G renferme en outre une substitution R qui remplace $a, a', a'',\ldots$ par $b, b', b''\ldots$. Si P remplace b par x, RP remplacera a par x; PR le remplace par b' : donc $b' = x$; de même P remplacera b' par b'', etc. : donc elle contiendra le cycle $bb'b''\ldots$; de même pour le cycle $cc'c''\ldots$, etc. : donc P se réduit à σ.

§ VI. — Du groupe alterné.

76. Une substitution qui consiste à intervertir deux lettres se nomme *transposition*.

Une substitution circulaire entre p lettres $a, b, c,\ldots$ est évidemment le produit des $p - 1$ transpositions (ab), (ac),... Donc *une substitution quelconque entre k lettres et contenant n cycles sera le produit de k — n transpositions successives.*

77. Théorème. — *Soient* S, T *deux substitutions qui soient respectivement le produit de* α *et de* β *transpositions. Le nombre des transpositions successives dont le produit donne* ST *sera pair ou impair, suivant que* $\alpha + \beta$ *sera lui-même pair ou impair.*

Une substitution quelconque étant un produit de transpositions, il suffira évidemment d'établir cette proposition quand T est une transposition, auquel cas $\beta = 1$.

Or soit pour fixer les idées $S = (abcde)(fg)$. Si T transpose deux lettres appartenant à un même cycle, telles que a et c, on aura

$$ST = (ab)(cde)(fg),$$

substitution qui contient un cycle de plus que S et qui, par suite, sera le produit de $\alpha - 1$ transpositions. Si au contraire T transpose deux lettres a, f appartenant à des cycles différents, $ST = (abcdefg)$ contient un cycle de moins que S, et sera le produit de $\alpha + 1$ transpositions. Dans l'un et l'autre cas, le nombre des transpositions dont le produit donne ST sera congru à $\alpha + 1$ (mod. 2).

78. Corollaire. — *Soit* G *un groupe quelconque; celles de ses substitutions qui résultent d'un nombre pair de transpositions forment un groupe* H. Car le produit de deux quelconques d'entre elles, résultant d'un nombre pair de transpositions et faisant partie de G, fera lui-même partie de H.

Si H *ne contient pas la totalité des substitutions de* G, *il en contient la moitié; de plus, il est permutable aux substitutions de* G. Car soient $S_1, S_2, \ldots$ les substitutions de H, en nombre N; T une substitution de G résultant d'un nombre impair de transpositions. Les 2N substitutions de la suite $S_1, S_2, \ldots, TS_1, TS_2, \ldots$ sont évidemment distinctes. D'autre part, une substitution quelconque de G, telle que U, fait partie de cette suite. Car si U résulte d'un nombre pair de transpositions, elle fera partie de la suite $S_1, S_2, \ldots$; et si elle résulte d'un nombre impair de transpositions, $T^{-1}U$, qui résulte d'un nombre pair de transpositions, en fera partie : U fera donc partie de la suite $TS_1, TS_2, \ldots$.

Enfin U est permutable à H : car, soient respectivement α, β, γ les nombres de transpositions desquelles résultent $U, S_1, U^{-1}S_1U$, on aura (77)

$$\gamma \equiv -\alpha + \beta + \alpha \pmod{2}.$$

Donc, β étant pair, γ le sera également. Donc $U^{-1}S_1U$ appartient à H. De même pour $U^{-1}S_2U, \ldots$.

79. Si l'on prend pour G le groupe formé par toutes les substitutions possibles, on aura les résultats suivants :

Les substitutions qui résultent d'un nombre pair de transpositions forment un groupe, contenant la moitié des substitutions possibles et permutable à toute substitution.

Ce groupe se nomme le *groupe alterné;* les fonctions qu'il laisse invariables sont dites *alternées*. La plus simple d'entre elles est le produit des différences des lettres $a, b, c, \ldots$.

Tout groupe qui contient le groupe alterné se confond avec lui ou renferme toutes les substitutions possibles. Car, s'il est plus général que le groupe alterné, son ordre est un multiple de l'ordre N de ce dernier groupe : il ne peut donc être inférieur à 2N.

80. Toute substitution circulaire entre trois lettres fait partie du groupe alterné, par définition. Réciproquement, *toute substitution du groupe alterné est un produit de substitutions circulaires entre trois lettres*. Car la substitution $S_1 = (abcd)(ef)$, par exemple, s'obtient en exécutant la substitution circulaire (abc), puis la substitution $(ad)(ef)$, laquelle est elle-même le produit des deux substitutions circulaires (ade) et (eaf).

81. *Si le nombre k des lettres est supérieur à 4, tout groupe auquel toute substitution est permutable contient le groupe alterné.* Car soient F un groupe auquel toute substitution soit permutable; S une de ses substitutions : chacune des substitutions semblables à S, étant la transformée de S par une certaine substitution, appartiendra à F. Nous allons en conclure que F contient le groupe alterné.

En effet, supposons en premier lieu que, parmi les cycles de S, il en existe un contenant plus de deux lettres. Soit, par exemple, $S = (abc\ldots d)(ef\ldots)\ldots$. Soient α, β, δ trois lettres quelconques; $\gamma, \varepsilon, \varphi, \ldots$ les autres : les substitutions $S_1 = (\alpha\beta\gamma\ldots\delta)(\varepsilon\varphi\ldots)\ldots$ et $S_2 = (\beta\alpha\gamma\ldots\delta)(\varepsilon\varphi\ldots)\ldots$, semblables à S, faisant partie de F, $S_2 S_1^{-1}$ en fera également partie; mais cette substitution se réduit à la substitution circulaire $(\alpha\beta\delta)$ entre les trois lettres arbitraires α, β, δ. Donc F contient toutes les substitutions circulaires entre trois lettres et toute substitution dérivée de celles-là : donc il contient le groupe alterné.

Si tous les cycles de S, $(ab), (cd), (ef), \ldots$ contiennent au plus deux lettres, soient $\alpha, \beta, \gamma, \delta$ quatre lettres arbitraires; $\varepsilon, \varphi, \ldots$ les autres : F contiendra les deux substitutions $S_1 = (\alpha\beta)(\gamma\delta)(\varepsilon\varphi)\ldots$, $S_2 = (\alpha\gamma)(\beta\delta)(\varepsilon\varphi)\ldots$, et par suite $\Sigma = S_1 S_2 = (\alpha\delta)(\beta\gamma)$. Si $k > 4$, soit ζ une lettre arbitraire autre que $\alpha, \beta, \gamma, \delta$: F contiendra la substitution $\Sigma_1 = (\alpha\zeta)(\beta\gamma)$, semblable à Σ, et par suite la substitution $\Sigma\Sigma_1 = (\alpha\delta\zeta)$, dans laquelle α, δ, ζ sont trois lettres différentes quelconques; car le choix de ζ n'est pas limité par la condition d'être différent des lettres arbitraires β et γ. Donc, dans ce cas encore, F contiendra le groupe alterné.

Remarque. — Si $k = 4$, la proposition ci-dessus se trouve en défaut; car on vérifie aisément que le groupe d'ordre 4 dérivé de la substitution $S = (ab)(cd)$ et de ses transformées est permutable à toute substitution.

Théorèmes divers.

82. Théorème. — *Si un groupe* G, *n fois transitif, ne contient pas le groupe alterné, chacune de ses substitutions* (sauf l'unité) *déplacera plus de n lettres.*

En effet, supposons que G renferme une substitution S qui ne déplace pas plus de n lettres; il renfermera une substitution T remplaçant ces n lettres par n autres lettres quelconques; il renfermera donc $T^{-1}ST$, laquelle est l'une quelconque des substitutions semblables à S. Il contient donc le groupe alterné (81).

De ce théorème, dû à M. Mathieu, on déduit la proposition plus générale que voici :

83. Théorème. — *Si un groupe* G, *n fois transitif, ne contient pas le groupe alterné, chacune de ses substitutions* (sauf l'unité) *déplacera plus de* $2n - 4$ *lettres.*

Soit, en effet, $S = (abc\ldots)(def\ldots)(g\ldots)$ une substitution de G, laquelle déplace q lettres, q étant par hypothèse $< 2n - 3$. Soient $a, b, c, \ldots, d, e, f$, les n premières lettres de S, φ une lettre quelconque que S ne déplace pas. Le groupe G, étant n fois transitif, contient une substitution T qui ne déplace pas $a, b, c, \ldots, d, e$ et qui remplace f par φ. Soient $\gamma, \ldots$ les lettres par lesquelles elle remplace $g, \ldots$: G contiendra la substitution $T^{-1}ST = (abc\ldots)(de\varphi\ldots)(\gamma\ldots)$, et celle-ci $T^{-1}ST.S$, qui ne se réduit pas à l'unité, car elle déplace φ, et qui ne déplace que les lettres $e, \varphi, \ldots, \gamma, \ldots, f, \ldots, g, \ldots$, dont le nombre $2q - 2n + 3 = q'$ est inférieur à q.

De cette substitution on en déduirait une autre contenant q'' lettres, q'' étant $< q'$, etc., et l'on finirait par obtenir une substitution ne déplaçant que n lettres au plus. Donc G contiendra le groupe alterné (**82**).

Corollaire I. — *L'ordre d'un groupe* G *de degré k, n fois transitif et ne contenant pas le groupe alterné, divise* $\frac{1.2...k}{1.2...m}$, *m étant le plus grand des nombres n ou* $2n-4$.

En effet, soit H le groupe formé par toutes les substitutions possibles entre m lettres; G et H n'ayant aucune substitution semblable, le produit de leurs ordres divise $1.2...k$ (40). Mais l'ordre de H est égal à $1.2....m$. C. Q. F. D.

Corollaire II. — *Un groupe* G *de degré k, et ne contenant pas le groupe alterné, ne peut être plus de q fois transitif, q étant le plus petit des deux nombres* $\frac{k+4}{3}$, $\frac{k}{2}$.

Car, s'il est n fois transitif, son ordre est (44) un multiple de

$$k(k-1)...(k-n+1).$$

Mais il divise $\frac{1.2...k}{1.2...m}$. Donc $1.2...k$ doit être divisible par

$$1.2...m(k-n+1)...(k-1)k,$$

ce qui est absurde, si $m > k-n$, d'où $n > \frac{k+4}{3}$, ou $> \frac{k}{2}$, suivant qu'on aura $m=n$ ou $m=2n-4$.

La proposition ci-dessus est intéressante, en ce qu'elle établit une séparation bien tranchée entre le groupe alterné et les autres groupes, le premier étant $k-1$ fois transitif, tandis que les autres le sont beaucoup moins de fois.

La limite q, que nous venons d'établir pour le degré de transitivité de ces derniers groupes, est d'ailleurs beaucoup trop élevée dès que k devient un peu grand. Nous en indiquerons de plus rapprochées au § VIII.

84. Théorème. — *Un groupe* G, *permutable aux substitutions d'un groupe n fois transitif* H, *est au moins* $n-1$ *fois transitif.*

Soit, en effet, $S=(abc...)(def...)...$ l'une des substitutions de G. Soient, pour fixer les idées, $a, b, c,..., d, e, f$ les n premières lettres qui entrent dans son expression : H, étant n fois transitif, contient une substitution T qui laisse immobiles $a, b, c,..., d, e$, et remplace f par une autre lettre arbitraire p; G contient la substitution $T^{-1}ST=(abc...)(dep...)...$, et la suivante $S^{-1}T^{-1}ST=U$, laquelle laisse immobiles les $n-2$ lettres $a, b, c,..., e$ et remplace f par p. Soit $U=(fp...)...$: H renferme une substitution V qui remplace les n lettres $a, b, c, \ldots, e, f, p$ par n lettres arbitraires $\alpha, \beta, \gamma, \ldots, \varepsilon, \varphi, \pi$; G contiendra $V^{-1}UV$, qui laisse immobiles $n-2$ lettres arbitraires $\alpha, \beta, \gamma, \ldots, \varepsilon$ et remplace φ par une autre lettre arbitraire π.

Il est maintenant évident que G est transitif; car il contient une substitution qui remplace φ par la lettre π, laquelle est absolument quelconque: car elle n'est nullement déterminée par la condition de différer des lettres arbitraires $\alpha, \beta, \gamma, \ldots, \varepsilon$. De même, le groupe formé par celles des substitutions de G qui ne déplacent pas α sera transitif; car il contient une substitution qui ne déplace pas α, et remplace φ par π, π étant une lettre quelconque autre que α. Donc G est au moins deux fois transitif, etc. Donc, enfin, G est au moins $n-1$ fois transitif.

85. Corollaire. — *Le groupe alterné est simple, si $k > 4$.*

En effet, il est $k-1$ fois transitif. S'il contenait un groupe G non alterné auquel ses substitutions fussent permutables, ce groupe serait $k-2$ fois transitif; mais il ne peut l'être plus de q fois (83), ce qui implique contradiction si $k > 4$.

Si $k = 4$, on a vu (81) que le groupe dérivé des transformées de $(ab)(cd)$ est permutable à toutes les substitutions possibles; il le sera *à fortiori* à celles du groupe alterné.

86. *Un groupe* K *qui ne contient pas le groupe alterné contient au plus le tiers des substitutions possibles.* Car soient $S, S_1, \ldots$ ses substitutions en nombre N, T une substitution circulaire entre trois lettres, qu'il ne contienne pas [s'il les contenait toutes, il contiendrait le groupe alterné (80)]. Les 3N substitutions $S, S_1, \ldots, TS, TS_1, \ldots, T^2S, T^2S_1, \ldots$ sont toutes distinctes; car, si l'on avait, par exemple, $T^2S = S_1$, on en déduirait $T = (T^2)^2 = (S_1S^{-1})^2$, et T appartiendrait à K, contre l'hypothèse.

87. Théorème. — *Si une fonction* F *de k lettres $a, b, c, \ldots, l, m, \ldots$ est transitive; si, de plus, considérée comme fonction des k' lettres $a, b, c, \ldots$, elle est symétrique ou alternée, k' étant $> \frac{k}{2}$, elle sera nécessairement symétrique ou alternée par rapport aux k lettres $a, b, c, \ldots, l, m, \ldots$.*

En effet, F étant transitive, son groupe G contient une substitution S qui fait succéder l à a; elle fera succéder à $a, b, c, \ldots$ des lettres $l, x, y, \ldots$, dont le nombre k' sera supérieur à celui des lettres $l, m, \ldots$. Donc l'une au moins des lettres $x, y, \ldots$ appartient à la suite $a, b, c, \ldots$. Soit, par exemple, $x = c$: F sera symétrique ou alternée par rapport à $a, b, c, \ldots, l$.

Car elle l'est par rapport à $a, b, c, \ldots$: donc G contient la substitution $T=(abc)$, et sa transformée $U=S^{-1}TS=(lcy)$. Cela posé, si y ne fait pas partie de la suite $a, b, c, \ldots$, soient α, β deux lettres quelconques de cette suite : G contient la substitution $V=(\alpha\beta c)$, et, par suite, les substitutions $W=V^{-1}UV=(l\alpha y)$, $W_1=V^{-2}UV^2=(l\beta y)$, qui, combinées entre elles et avec U, donnent les suivantes : $(lc\alpha)$, $(lc\beta)$, $(l\alpha\beta)$. Donc G contient toutes les substitutions circulaires ternaires entre $a, b, c, \ldots, l$. La même conséquence subsiste, si y fait partie de la suite $a, b, c, \ldots$: car, soit, dans ce cas, α une lettre quelconque de cette suite autre que c et y, G renferme la substitution $V=(cy\alpha)$, et la suivante, $V^{-1}UV=(ly\alpha)$. De même, β étant une autre lettre de cette suite, il renfermera la substitution $(l\alpha\beta)$.

Donc G est alterné par rapport à $a, b, c, \ldots, l$. On voit de même qu'il est alterné par rapport à $a, b, c, \ldots, l, m$; etc.

§ VII. — Théorèmes de MM. Bertrand et Serret.

88. Le problème de déterminer les nombres minima de valeurs que puisse prendre une fonction de k lettres, lorsqu'on y permute ces lettres, offre un grand intérêt historique. M. Bertrand a donné à ce sujet, vers 1845, deux théorèmes importants, démontrés depuis de diverses manières par Cauchy et par M. Serret. En voici l'énoncé :

1° *Toute fonction de k lettres a au moins k valeurs distinctes, si elle n'est ni symétrique ni alternée;*

2° *Toute fonction de k lettres qui a k valeurs distinctes est symétrique par rapport à $k-1$ lettres.*

Chacun de ces théorèmes présente une exception :

1° Si $k=4$, les fonctions dont le groupe dérive des substitutions (ab), (cd), $(ac)(bd)$, telles que la fonction $ab+cd$, ne sont ni symétriques ni alternées, et ont trois valeurs distinctes.

2° Si $k=6$, les fonctions dont le groupe dérive des deux substitutions $(abcd)$, $(becd)(cdef)$, telles que celle-ci

$$(ab+cd+ef)(ac+be+fd)(ad+bf+ce)(ae+bd+fc)(af+bc+ed),$$

non symétriques par rapport à cinq lettres, ont six valeurs distinctes.

M. Bertrand a encore démontré le théorème suivant :

3° *Une fonction de k lettres qui a plus de k valeurs en a au moins $2k$, si $k>7$.*

Auquel M. Serret a ajouté le suivant :

4° *Une fonction de k lettres qui a plus de* $2k$ *valeurs en a au moins* $\frac{k(k-1)}{2}$, *si* $k > 12$.

Ces divers théorèmes sont des cas particuliers du suivant, que nous allons établir.

Théorème. — *Soit n un entier constant quelconque : les fonctions de k lettres, symétriques ou alternées par rapport à* $k-n$ *de ces lettres, auront moins de valeurs distinctes que celles qui ne jouissent pas de cette propriété.*

Cette proposition sera parfois en défaut pour les petites valeurs de k ; mais on pourra toujours assigner à k une limite au delà de laquelle elle sera nécessairement vraie.

89. En effet, supposons que k soit un grand nombre. L'ordre du groupe d'une fonction F symétrique ou alternée par rapport à $k-n$ lettres est divisible par $\frac{1.2\ldots(k-n)}{2}$ (39) : le nombre des valeurs distinctes de cette fonction est donc un diviseur de $2k(k-1)\ldots(k-n+1)$.

90. Considérons maintenant une autre fonction quelconque $\mathcal{F}$. Si elle n'est pas transitive par rapport à $k-n$ lettres, le nombre de ses valeurs sera égal à $\frac{1.2\ldots k}{MM'\ldots}$, M, M',... étant respectivement les ordres de groupes transitifs entre $\alpha, \alpha', \alpha'',\ldots$ lettres, chacun des nombres $\alpha, \alpha', \alpha'',\ldots$ étant $< k-n$, et leur somme étant égale à k (44 et 60). Le nombre de valeurs cherché est donc un multiple de $\frac{1.2\ldots k}{1.2\ldots\alpha.1.2\ldots\alpha'.1.2\ldots\alpha''\ldots}$, expression qui atteint évidemment son minimum lorsque les nombres $\alpha, \alpha', \alpha'',\ldots$ se réduisent à deux, égaux, l'un à $k-n-1$, l'autre à $n+1$; ce minimum sera $\frac{k(k-1)\ldots(k-n)}{1.2\ldots(n+1)}$, et sera supérieur à $2k(k-1)\ldots(k-n+1)$, si l'on a $k-n > 2.1.2\ldots(n+1)$.

91. Supposons, au contraire, que la fonction $\mathcal{F}$ soit transitive par rapport à $k-\nu$ lettres $a, b, c,\ldots$, ν étant au plus égal à n : chacune des substitutions de son groupe G sera le produit de deux autres, dont l'une A permute entre elles les lettres $a, b, c,\ldots$, l'autre B permutant entre elles les ν lettres restantes $d, e,\ldots$. Soient AB, A'B',... ces substitutions. L'ordre de G est égal au produit de $\mathfrak{M}$, ordre du groupe (A, A',...) par $\mathfrak{N}$, ordre du groupe partiel formé par celles des substitutions de G qui ne déplacent pas $a, b, c, \ldots$ (44). $\mathfrak{M}$ est un diviseur de $1.2\ldots\nu$, et, quant au groupe (A, A',...), il est impossible qu'il contienne le groupe H, alterné par rapport à $a, b, c, \ldots$. En effet, si cela avait lieu, le nombre des substitutions distinctes A, A',... du groupe H étant égal à $\frac{1.2\ldots(k-\nu)}{2}$ et supérieur à celui des substitutions distinctes B, B',... (lequel est, au maximum, égal à la limite finie $1.2\ldots\nu$), G contiendrait au moins deux substitutions AB, A'B', dans lesquelles on aurait $B = B'$, A et A' étant deux substitutions différentes du groupe H : G contiendrait $A'B'(AB)^{-1} = A'A^{-1}$, ainsi que ses transformées par les substitutions AB, A'B',..., ou, ce qui revient au même, par les substitutions A, A',.... Mais $A'A^{-1}$ et ses transformées appartiennent à H, et le groupe I qui en dérive est évidemment permutable aux substitutions de H : donc il se confond avec H, ce groupe étant simple (85). Donc G contiendrait le groupe H, et $\mathfrak{F}$ serait alternée par rapport à $a, b, c, \ldots$, contrairement à l'hypothèse.

Le nombre des valeurs de $\mathfrak{F}$ sera donc un multiple de

$$\frac{1.2\ldots k}{\mathfrak{M}.1.2\ldots\nu} = \frac{k(k-1)\ldots(k-\nu+1)}{1.2\ldots\nu}\,\frac{1.2\ldots(k-\nu)}{\mathfrak{M}},$$

$\frac{1.2\ldots(k-\nu)}{\mathfrak{M}}$ étant le nombre de valeurs d'une certaine fonction transitive de $k-\nu$ lettres, laquelle ne soit ni symétrique ni alternée. Désignons ce nombre par $\varphi(k-\nu)$: $\mathfrak{F}$ aura plus de valeurs que F si l'on a

$$\varphi(k-\nu) > 1.2\ldots\nu.2(k-\nu)(k-\nu-1)\ldots(k-n+1).$$

92. Cherchons donc une limite inférieure à ce nombre $\varphi(k-\nu)$. Supposons que la fonction $\mathfrak{F}_1$, dont $\varphi(k-\nu)$ représente le nombre de valeurs, soit μ fois transitive. Si μ est d'un ordre de grandeur comparable à k, $\mathfrak{F}_1$ varie par toute substitution qui déplace moins de $2\mu-3$ lettres (83); elle a donc au moins $1.2\ldots(2\mu-4)$ valeurs distinctes, nombre évidemment supérieur à $1.2\ldots\nu.2(k-\nu)\ldots(k-n+1)$ lorsque k et μ sont tous les deux de grands nombres, ayant entre eux un rapport fini.

Supposons, au contraire, que μ soit très-petit par rapport à k. L'ordre du groupe de $\mathfrak{F}_1$ est égal à $(k-\nu)(k-\nu-1)\ldots(k-\nu-\mu+1)\Omega$, Ω étant l'ordre du groupe Γ formé par celles de ses substitutions qui laissent immobiles μ lettres, lequel groupe est intransitif par rapport aux $k-\nu-\mu$

lettres restantes. Le nombre des valeurs distinctes de $\mathfrak{F}_1$ sera donc

$$\frac{1.2\ldots(k-\nu-\mu)}{\Omega}.$$

Or les $k-\nu-\mu$ lettres du groupe Γ se partagent en systèmes tels, que chaque substitution de Γ permute entre elles les lettres d'un même système. Soient respectivement α, α_1, α_2,... les nombres de lettres de chaque système : Ω divise $1.2\ldots\alpha.1.2\ldots\alpha_1,\ldots$ (44). Soit α le plus grand des nombres α, α_1, α_2,...; deux cas pourront se présenter :

1° Si $\alpha_1+\alpha_2+\ldots > n-\nu$, le nombre de valeurs distinctes de $\mathfrak{F}_1$ est un multiple de $\dfrac{1.2\ldots(k-\nu-\mu)}{1.2\ldots\alpha.1.2\ldots\alpha_1\, 1.2\ldots\alpha_2\ldots}$, nombre dont le minimum s'obtient évidemment en posant $\alpha_1 = n-\nu+1$, $\alpha_2 = 0$,.... Ce minimum est égal à $\dfrac{(k-\mu-\nu)\ldots(k-\mu-n)}{1.2\ldots(n-\nu+1)}$, nombre supérieur à

$$1.2\ldots\nu.2(k-\nu)\ldots(k-n+1),$$

k et $\dfrac{k}{\mu}$ étant très-grands, par hypothèse.

2° Si $\alpha_1+\alpha_2+\ldots \overline{\gtrless} n-\nu$, Ω est égal à $MM'M''\ldots$ (44), M étant l'ordre du groupe partiel Γ_1 formé par les déplacements que les substitutions de Γ font subir aux α lettres du premier système, M' celui du groupe partiel formé par les déplacements que celles des substitutions de Γ qui ne déplacent pas les lettres du premier système font subir à celles du second, etc. Le produit $M'M''\ldots$ est au plus égal à $1.2\ldots\alpha_1.1.2\ldots\alpha_2\ldots$. Le nombre des valeurs distinctes de $\mathfrak{F}_1$ sera donc au moins égal à

$$\frac{1.2\ldots(k-\nu-\mu)}{M.1.2\ldots\alpha_1.1.2\ldots\alpha_2\ldots} = \frac{1.2\ldots k'}{M}\,\frac{(k-\nu-\mu)\ldots(k'+1)}{1.2\ldots\alpha_1.1.2\ldots\alpha_2\ldots},$$

en posant, pour abréger, $k-\nu-\mu-\alpha_1-\alpha_2-\ldots = k'$.

Le groupe Γ_1 ne peut contenir toutes les substitutions A, A',... du groupe H', alterné par rapport aux lettres du premier système; car, s'il en était ainsi, soient AB, A'B',... les substitutions correspondantes de Γ; B, B',... étant les déplacements que ces substitutions font subir aux autres lettres. Le nombre des substitutions distinctes A, A',... serait égal à $\dfrac{1.2\ldots k'}{2}$, nombre très-grand et supérieur à celui des substitutions distinctes B, B',..., lequel ne peut dépasser la limite finie $1.2\ldots\alpha_1.1.2\ldots\alpha_2\ldots$. Donc à deux substitutions distinctes de la suite A, A',... répondrait nécessairement une même substitution de la suite B, B',.... Supposons, par exemple, qu'on eût $B = B'$: Γ contiendrait la substitution $A'B'(AB)^{-1} = A'A^{-1}$, laquelle ne déplace que les k' lettres du premier système. Il contiendrait ses transformées par AB, A'B',... (ou, ce qui revient au même, par A, A',...), et les dérivées de ces transformées, lesquelles jouissent évidemment de la même propriété. Mais ces dérivées reproduisent tout le groupe (A, A',...), ce groupe étant simple (85). Donc $\mathfrak{s}_1$ serait alternée ou symétrique par rapport aux k' lettres du premier système.

Cela est impossible; car, k' étant plus grand que $\frac{k-\nu}{2}$, $\mathfrak{s}_1$ serait alternée ou symétrique (87), ce qui n'est pas, par hypothèse.

93. Supposons maintenant que Γ_1 soit μ' fois transitif. Si μ' est comparable à k, $\frac{1.2...k'}{M}$ sera au moins égal à $1.2...(2\mu'-4)$, et le nombre des valeurs distinctes de $\mathfrak{s}_1$ sera évidemment supérieur à

$$1.2...\nu.2(k-\nu)...(k-n+1).$$

Soit, au contraire, μ' très-petit par rapport à k : M sera égal à $k'(k'-1)...(k'-\mu'+1)\,\Omega'$, Ω' étant l'ordre du groupe intransitif Γ' formé par celles des substitutions de Γ_1 qui laissent immobiles μ' lettres données. Les $k'-\mu'$ lettres restantes se partagent en systèmes, contenant respectivement α', α'_1,... lettres, et tels, que chaque substitution de Γ' permute entre elles les lettres d'un même système. Soit α' le plus grand des nombres α', α'_1,...

1° Si $\alpha'_1+\alpha'_2+... > n-\nu-\alpha_1-\alpha_2-...$, le nombre des valeurs de $\mathfrak{s}_1$ est un multiple de $\frac{1.2...k'}{1.2...\alpha'.1.2...\alpha'_1...}\,\frac{(k-\nu-\mu)...(k'+1)}{1.2...\alpha_1.1.2...\alpha_2...}$, nombre dont le minimum

$$\frac{(k'-\mu')...(k-\mu-\mu'-n)}{1.2...(n-\nu-\alpha_1-\alpha_2-...+1)}\,\frac{(k-\nu-\mu)...(k'+1)}{1.2...\alpha_1.1.2...\alpha_2...}$$

(correspondant à l'hypothèse $\alpha'_1 = n-\nu-\alpha_1-\alpha_2-...+1$, $\alpha'_2=0$,...) sera supérieur à $1.2...\nu.2(k-\nu)...(k-n+1)$, k, $\frac{k}{\mu}$, $\frac{k}{\mu'}$ étant très-grands, par hypothèse.

2° Si, au contraire, $\alpha'_1+\alpha'_2+... \overline{\leq} n-\nu-\alpha_1-\alpha_2,...$, le nombre de valeurs de $\mathfrak{s}_1$ sera

$$\frac{(k-\nu-\mu)...(k'+1)}{1.2...\alpha_1.1.2...\alpha_2...}\,\frac{(k'-\mu')...(k''+1)}{1.2...\alpha'_1\,1.2...\alpha'_2...}\,\frac{1.2...k''}{N},$$

en posant, pour abréger, $k'' = k' - \mu' - \alpha'_1 - \alpha'_2 - \ldots$, et N étant l'ordre d'un groupe Γ_2 de substitutions entre k'' lettres, lequel ne contienne pas le groupe alterné.

94. Supposons ce nouveau groupe μ'' fois transitif. En répétant les mêmes raisonnements que tout à l'heure, on établira le théorème énoncé : 1° si μ'' est comparable à k; 2° si μ'' n'étant pas comparable à k, Γ'' étant le groupe formé par celles des substitutions de Γ_2 qui laissent immobiles μ'' lettres données, les lettres restantes se partageant en systèmes qui contiennent respectivement α'', α''_1, α''_2,... lettres, et α'' étant le plus grand des nombres α'', α''_1, α''_2,..., on a

$$\alpha''_1 + \alpha''_2 + \ldots > n - \nu - \alpha_1 - \alpha_2 - \ldots - \alpha'_1 - \alpha'_2 - \ldots.$$

Poursuivant ainsi, on arrivera nécessairement à démontrer la proposition dans tous les cas : car chacune des quantités $\alpha + \alpha_1 + \ldots, \alpha' + \alpha'_1 + \ldots$, $\alpha'' + \alpha''_1 + \ldots, \ldots$ est au moins égale à 1, et chacune des quantités $n - \nu$, $n - \nu - \alpha_1 - \alpha_2 - \ldots$, $n - \nu - \alpha_1 - \alpha_2 - \ldots - \alpha'_1 - \alpha'_2 - \ldots, \ldots$ sera moindre que celle qui la précède. Si donc, quelque loin qu'on prolongeât les opérations, ces quantités étaient constamment égales ou supérieures aux précédentes, on aurait une infinité de nombres positifs décroissants et inférieurs à $n - \nu$, ce qui est absurde.

95. On trouvera aisément, dans chaque cas particulier, une limite de k à partir de laquelle le théorème devient vrai. Supposons, par exemple, qu'il s'agisse des trois théorèmes de M. Bertrand. Le nombre des valeurs d'une fonction intransitive de k lettres est égal à $\frac{1.2\ldots k}{MM'M''\ldots}$ (44), M, M', M'',... étant des diviseurs de $1.2\ldots\alpha$, $1.2\ldots\alpha'$, $1.2\ldots\alpha''$,..., et $\alpha + \alpha' + \alpha'' + \ldots$ étant égal à k. Le minimum de cette expression est évidemment égal à k et s'obtient en posant $\alpha = k - 1$, $\alpha' = 1$, $\alpha'' = \ldots = 0$, et $M = 1.2\ldots\alpha$, ce qui est le cas des fonctions symétriques par rapport à $k - 1$ lettres. Son second minimum est égal à $2k$ ou à $\frac{k(k-1)}{2}$. Si $k > 5$, ce second minimum sera $2k$ et correspondra aux fonctions alternées par rapport à $k - 1$ lettres.

Considérons maintenant une fonction μ fois transitive φ_1 : l'ordre de son groupe H est égal à $k(k-1)\ldots(k-\mu+1)N$, N étant l'ordre du groupe intransitif G formé par celles de ses substitutions qui ne déplacent que $k - \mu$ lettres données. Soient a l'une de ces lettres, $a, a_1, \ldots$ les lettres en nombre α que les substitutions de G permutent avec elle; on aura $N = MN'$,

M étant l'ordre d'un groupe transitif entre les α lettres $a, a_1, \ldots$, et N' l'ordre du groupe G' formé par celles des substitutions de G qui laissent immobiles $a, a_1, \ldots$ (44). Soient de même b une autre lettre quelconque, $b, b_1, \ldots$ les lettres en nombre α' que les substitutions de G' permutent avec elle; on aura $N' = M'N''$, M' étant l'ordre d'un groupe transitif entre les α' lettres $b, b_1, \ldots$, et N'' l'ordre du groupe G'' formé par celles des substitutions de G qui ne déplacent pas ces lettres, etc. On aura donc enfin $N = MM'M'' \ldots$, et $\mathfrak{s}$ aura $\frac{1.2\ldots(k-\mu)}{MM'M''\ldots}$ valeurs.

Or considérons le groupe I obtenu en combinant toutes les substitutions possibles entre les lettres $a, a_1, \ldots$ avec toutes les substitutions possibles entre les lettres $b, b_1, \ldots$, etc.; il contient évidemment G. D'autre part, soient α la plus grande des quantités $\alpha, \alpha', \ldots$ et β le plus petit des nombres α et μ. Le groupe I contient le groupe K formé par toutes les substitutions possibles entre β lettres prises à volonté dans la suite $a, a_1, \ldots$; mais G, ne contenant aucune substitution qui ne déplace que μ lettres (82), n'a aucune substitution semblable à celles de K. Donc l'ordre de I, $1.2\ldots\alpha.1.2\ldots\alpha'\ldots$ est divisible par le produit $1.2\ldots\beta N$ des ordres de G et de K (40). Le nombre des valeurs de $\mathfrak{s}_1$ sera donc un multiple de $\frac{1.2\ldots(k-\mu)}{1.2\ldots\alpha.1.2\ldots\alpha'\ldots} 1.2\ldots\beta$. D'autre part, il est un multiple de $1.2\ldots\mu$ (83). Enfin μ est au plus égal à $\frac{k}{2}$ (83).

96. Discutons ces résultats, en supposant d'abord $k > 4$.

1° Si $\alpha = 1$, le nombre des valeurs de $\mathfrak{s}_1$ sera un multiple de $1.2\ldots(k-\mu)$: ce nombre, supérieur à $2k$ si $k > 6$, le sera à k si $k = 6$, à moins qu'on n'ait $\mu = 3$, ce qui donnera le cas d'exception signalé plus haut. Il est supérieur à k si $k = 5$.

2° Si $\alpha = 2$, chacun des nombres $\alpha, \alpha', \ldots$ sera égal à 1 ou à 2, et le nombre de ceux qui sont égaux à 2 est au plus égal au quotient ρ de $k-\mu$ par 2. Le nombre de valeurs de $\mathfrak{s}_1$ sera donc au moins égal à $\frac{1.2\ldots(k-\mu)}{2^\rho} 1.2\ldots\beta$, ainsi qu'à $1.2\ldots\mu$. Or si $k > 7$ et si l'on choisit μ de telle sorte que la seconde limite ne dépasse pas $2k$, la première le dépassera évidemment; si au contraire $k \overline{\gtrless} 7$, l'une des deux limites ci-dessus sera supérieure à k, sauf le cas où l'on aurait $k = 6$ et $\mu = 3$. Mais cette hypothèse est absurde; car si H est trois fois transitif, il ne contient aucune substitution qui déplace moins de quatre lettres (82); donc $\alpha, \alpha', \ldots$ se réduisent à l'unité.

3° Si l'on a à la fois $\alpha > 2 = k - \mu - 1$ et $\mu < 3$, $k = \mu + \alpha + \alpha' + \ldots$

sera au moins égal à $\mu+3$, et le nombre des valeurs de $\mathcal{I}_1$ sera

$$\frac{1.2\ldots(k-\mu-1)}{M}(k-\mu),$$

M étant l'ordre du groupe J formé par celles des substitutions de H qui ne déplacent que $k-\mu-1$ lettres $a, a_1, \ldots$, en laissant les autres immobiles.

Or soient d, e deux autres lettres quelconques; $\mathcal{I}_1$, considérée comme fonction de $a, a_1, \ldots, d, e$ est simplement transitive, par hypothèse. Donc elle n'est pas symétrique ou alternée par rapport à $a, a_1, \ldots$; car si cela avait lieu, elle le serait par rapport à $a, a_1, \ldots, d, e$ (**87**). Donc $\frac{1.2\ldots(k-\mu-1)}{M} \overline{\gtrless} 3$ (**86**), et le nombre de valeurs de $\mathcal{I}_1$ est au moins égal à $3(k-2)$, nombre toujours supérieur à k, et supérieur à $2k$ si $k>7$.

4° Si l'on a $\alpha > 2 < k-\mu-1$ et $\mu<3$, $\mathcal{I}_1$ aura au moins $\frac{(k-\mu-1)(k-\mu)}{2}1.2\ldots\beta$ valeurs, nombre toujours supérieur à k, et supérieur à $2k$ si $k>7$.

5° Soit enfin $\alpha>2$ et $\mu>2$, d'où $\beta>2$: $\mathcal{I}_1$ aura au moins $(k-\mu)\,1.2\ldots\beta$ valeurs, nombre supérieur à $2k$.

97. Nous avons supposé dans notre démonstration $k>4$. Si k était égal à 4 ou plus petit, on construirait très-facilement le tableau des divers groupes possibles, et l'on achèverait ainsi de vérifier que le premier théorème est vrai, sauf l'exception signalée pour $k=4$, et que le second l'est également, sauf pour $k=6$, où nous avons trouvé qu'il peut exister des fonctions trois fois transitives n'ayant que six valeurs.

Le groupe de ces fonctions ne contient aucune substitution déplaçant moins de quatre lettres (**82**), et peut se construire par tâtonnement sans aucune difficulté. Nous ne nous y arrêterons pas, d'autant plus que nous retrouverons ce groupe plus loin.

98. Démontrons encore que si $k>12$, *toute fonction* $\mathcal{I}$ *qui n'est ni symétrique ni alternée par rapport à* $k-2$ *lettres a plus de* $k(k-1)$ *valeurs*. (Cet énoncé contient le théorème de M. Serret.)

Si $\mathcal{I}$ est intransitive, les k lettres se partagent en systèmes $aa_1, \ldots, bb_1, \ldots, \ldots$ contenant respectivement $\alpha, \alpha', \ldots$ lettres, en groupant ensemble celles que les substitutions de G, groupe de $\mathcal{I}$, permutent entre elles.

Soit α le plus grand des nombres $\alpha, \alpha', \ldots$; les substitutions de G seront de la forme AB, A'B',..., A, A',... étant les déplacements qu'elles font subir à $a, a_1, \ldots$, B, B',... ceux qu'elles font subir aux autres lettres. Si $\alpha \gtreqless k - 2$, le groupe (A, A',...) ne peut contenir le groupe I alterné par rapport à $a, a_1, \ldots$: car, si cela avait lieu, les substitutions A, A',... étant plus nombreuses que ne peuvent l'être les substitutions distinctes de la forme B, B',..., G contiendrait deux substitutions distinctes telles que AB, A'B', où l'on aurait $B = B'$; il contiendrait $A'B'(AB)^{-1} = A'A^{-1}$, dont les transformées par AB, A'B' reproduiraient tout le groupe I [ce groupe étant simple (85)]. Donc G contiendrait I, et $\mathcal{J}$ serait alternée (ou symétrique) par rapport à $k - 2$ lettres, contre l'hypothèse.

Cela posé, et le groupe (A, A',...) étant d'ailleurs transitif, son ordre M est inférieur à $\frac{1.2\ldots\alpha}{2\alpha}$ (95-97) : et le nombre des valeurs de $\mathcal{J}$, qui est un multiple de $\frac{1.2\ldots k}{M.1.2\ldots\alpha'.1.2\ldots\alpha''\ldots}$ (44 et 60), sera supérieur à $k(k-1)$.

Soit au contraire $\alpha < k - 2$. Le nombre de valeurs de $\mathcal{J}$ est un multiple de $\frac{1.2\ldots k}{1.2\ldots\alpha.1.2\ldots\alpha'\ldots}$, nombre au moins égal à $\frac{k(k-1)(k-2)}{1.2.3}$.

Supposons maintenant que $\mathcal{J}$ soit μ fois transitive. Si $\mu \gtreqless \frac{k}{2} - 2$ et $k > 12$, $\mathcal{J}$ aura au moins $1.2\ldots(2\mu - 4)$ valeurs distinctes (83), nombre supérieur à $k(k-1)$. Si $\mu < \frac{k}{2} - 2$, le nombre N des valeurs de $\mathcal{J}$ sera $\frac{1.2\ldots(k-\mu)}{MM'\ldots}$, M, M',... étant les ordres de groupes transitifs entre $\alpha, \alpha', \ldots$ lettres (avec la condition $\alpha + \alpha' + \ldots = k - \mu$). D'autre part, il sera un multiple de $P = \frac{1.2\ldots(k-\mu)}{1.2\ldots\alpha.1.2\ldots\alpha'\ldots} 1.2\ldots\beta$, β étant égal au plus petit des deux nombres μ et α (95), et l'on voit sans peine que si $\alpha < k - \mu - 2$, on aura constamment $P > k(k-1)$.

Soit au contraire $\alpha \geqq k - \mu - 2$: le groupe transitif dont l'ordre est M ne peut être symétrique ni alterné; car si cela avait lieu, on voit, comme tout à l'heure, que $\mathcal{J}$ serait alternée ou symétrique par rapport à α lettres; mais $\alpha > \frac{k}{2}$: donc $\mathcal{J}$ serait alternée ou symétrique (87), contrairement à l'hypothèse. Cela posé, d'après les théorèmes de M. Bertrand, $\frac{1.2\ldots\alpha}{M}$ sera supérieur à α si α surpasse 6, et à 2α si α surpasse 7, et N, qui est au moins égal à $\frac{1.2\ldots\alpha}{M}(k-\mu).1.2\ldots\mu$, sera évidemment supérieur à $k(k-1)$, même dans le cas le plus défavorable où $\mu = 1$ et $\alpha = k - \mu - 2$.

§ VIII. — Limite de transitivité des groupes non alternés.

99. Soit G un groupe de degré $n+\nu$ qui soit ν fois transitif et ne contienne pas le groupe alterné. Deux cas pourront se présenter, suivant que G contiendra ou non des substitutions déplaçant moins de $n+1$ lettres.

Premier cas. — Si G ne contient aucune substitution déplaçant moins de $n+1$ lettres, on pourrait assigner une limite au nombre ν, qui représente son degré de transitivité, en appliquant les théorèmes énoncés au n° 46. On peut également obtenir une autre limite, fondée sur une méthode que nous allons exposer et qui a l'avantage de s'appliquer à d'autres cas.

Partageons les lettres de G en deux classes, contenant : la première, $\nu-1$ lettres, $x_1, \ldots, x_{\nu-1}$; la seconde, $n+1$ lettres, $a, a_1, \ldots, a_n$, et soit H le groupe formé par celles des substitutions de G qui laissent immobiles $x_1, \ldots, x_{\nu-1}$. Ce groupe est transitif par rapport aux lettres de la seconde classe, G étant supposé ν fois transitif. D'ailleurs chacune de ses substitutions (sauf l'unité) déplace par hypothèse toutes les $n+1$ lettres $a, \ldots, a_n$. C'est donc l'un des groupes étudiés plus haut (71), et son ordre sera égal à $n+1$, nombre des positions distinctes où ses substitutions permettent d'amener a (44).

Soit maintenant I le groupe formé par celles des substitutions de G qui remplacent les $x_1, \ldots, x_{\nu-1}$ les uns par les autres : chacune de ses substitutions est le produit de deux autres, dont l'une A permute entre eux $x_1, \ldots, x_{\nu-1}$ sans déplacer $a, \ldots, a_n$, l'autre B permutant entre eux $a, \ldots, a_n$ sans déplacer $x_1, \ldots, x_{\nu-1}$. Soient donc $A'B'$, $A''B''$, ... les diverses substitutions de I : leur nombre est égal à $1.2\ldots(\nu-1)(n+1)$. Car les substitutions de G permettent de permuter entre elles d'une manière quelconque les lettres $x_1, \ldots, x_{\nu-1}$, ce qui donne $1.2\ldots(\nu-1)$ formes distinctes pour les substitutions partielles A, A', ... A chacune d'elles correspondront $n+1$ formes pour la substitution B, lesquelles s'obtiennent en multipliant l'une d'entre elles par les $n+1$ substitutions de H (lesquelles sont de la forme B).

Le groupe K *formé par les substitutions partielles* B', B'', ... *a aussi pour ordre* $1.2\ldots(\nu-1)(n+1)$. Car, pour qu'il en fût autrement, il faudrait que deux de ces substitutions B' et B'' fussent identiques sans qu'on eût en même temps $A'B' = A''B''$. Mais, si cela avait lieu, de ces deux substitutions on déduirait la suivante $A''B''(A'B')^{-1} = A''A'^{-1}$, laquelle ferait partie de G quoique déplaçant moins de ν lettres, résultat absurde (82).

Les substitutions de K *sont permutables à* H. Car, soit H′ une des substitutions de H, $B'^{-1}H'B' = (A'B')^{-1}H'(A'B')$ appartient à G et ne déplace pas $x_1, \ldots, x_{\nu-1}$; elle appartient donc à H.

Soit maintenant L le groupe formé par toutes celles des substitutions possibles entre $a, \ldots, a_n$ qui sont permutables à H; il contiendra K; son ordre Ω est donc divisible par $1.2\ldots(\nu-1)(n+1)$. Cherchons d'autre part une limite supérieure à ce nombre Ω.

100. Soient a, b deux quelconques des lettres $a, \ldots, a_n$; Ω est égal au produit du nombre des systèmes de positions distinctes que les substitutions de L donnent à a, b [lequel nombre ne peut surpasser $(n+1)n$] par le nombre des substitutions de L qui laissent a et b immobiles (44).

Le groupe H ne contient qu'une substitution $S = (abc\ldots)(a'b'c'\ldots)\ldots$ qui remplace a par b (71). Soit p son ordre; celles des substitutions de L qui ne déplacent ni a ni b transformeront évidemment S en elle-même, et par suite ne déplaceront aucune des p lettres $a, b, c, \ldots$. Leur nombre sera égal au produit du nombre des places distinctes où elles peuvent amener a' (lequel est au plus égal à $n+1-p$) par le nombre des substitutions de L qui laissent immobiles a, b et a'.

Ces dernières substitutions sont échangeables à la fois à S et à la substitution S′ contenue dans H et qui remplace a par a' : elles sont donc échangeables à toutes les substitutions dérivées de S et de S′. Soit p' le nombre de ces dernières substitutions, lequel est un multiple de p; elles remplacent respectivement a par p' lettres toutes distinctes (71). Les substitutions cherchées, étant échangeables à celles-ci et ne déplaçant pas a, ne déplaceront aucune de ces lettres.

Si $p' < n+1$, soit a'' une lettre différente de celles-là : le nombre des substitutions de L qui laissent immobiles a, b, a' est égal au produit du nombre des places distinctes où elles peuvent amener a'' ($n+1-p'$ au plus) par le nombre de celles de ces substitutions qui ne déplacent ni a, b, a' ni a''; celles-ci laissent immobiles p'' lettres, p'' étant un multiple de p'.

On continuera ainsi jusqu'à ce qu'on soit amené à chercher les substitutions de L qui laissent immobiles toutes les lettres : celles-ci se réduisent à la seule substitution 1. L'*ordre de* L *sera donc égal ou inférieur à* $(n+1)n(n+1-p)(n+1-p')(n+1-p'')\ldots$, p, p', p'', … étant des diviseurs de $n+1$, dont chacun est un multiple du précédent.

Cet ordre étant divisible par $1.2\ldots(\nu-1)(n+1)$, on aura la relation

$$1.2\ldots(\nu-1) \leqq n(n+1-p)(n+1-p')(n+1-p'')\ldots$$

Les facteurs qui entrent dans le second membre de cette expression sont tous inférieurs à n, sauf le premier, et leur nombre est au plus égal à α, nombre des facteurs premiers de $n+1$; on aura donc l'inégalité

$$1.2\ldots(\nu-1)<n^\alpha.$$

101. Second cas. — Supposons que G contienne des substitutions déplaçant moins de $n+1$ lettres, et supposons en outre $\nu>4$; nous allons lui trouver une limite supérieure. Soit H le groupe formé par celles des substitutions de G qui laissent immobiles ν lettres données $x_1,\ldots,x_\nu$ et remplacent les unes par les autres les n lettres restantes $a_1,\ldots,a_n$. Considéré par rapport à ces dernières lettres, H sera intransitif (sans quoi G serait $\nu+1$ fois transitif au lieu de l'être seulement ν fois). Les lettres $a_1,\ldots,a_n$ se partagent donc en systèmes $a_1a_2\ldots$, $b_1b_2\ldots,\ldots$ tels, que les substitutions de H permutent exclusivement entre elles les lettres d'un même système et les permutent transitivement.

Soit maintenant J le groupe formé par celles des substitutions de G qui remplacent les lettres $x_1,\ldots,x_\nu$ les unes par les autres : ses substitutions permutent ces lettres entre elles de toutes les manières possibles. Soit I le groupe partiel formé par celles des substitutions de J qui font éprouver à ces lettres des déplacements équivalant à un nombre pair de transpositions. Les substitutions de I peuvent être représentées par $A'B'$, $A''B''$,..., A', A'',.. étant des substitutions qui permutent entre elles $x_1,\ldots,x_\nu$ et B', B'',... des substitutions qui permutent entre elles $a_1, a_2,\ldots, b_1, b_2,\ldots,\ldots$.

Les substitutions $A'B'$, $A''B''$,... sont permutables à H : car soit H' une substitution de H, $(A'B')^{-1}H'(A'B')$ appartient à G et ne déplace pas $x_1,\ldots,x_\nu$: elle appartient donc à H.

Chacune des substitutions $A'B'$, $A''B''$,... transformant ainsi H en lui-même, fera succéder aux lettres de chacun des systèmes $a_1a_2\ldots$, $b_1b_2\ldots,\ldots$, qui jouissent de la propriété d'être permutées entre elles par les substitutions de H, d'autres lettres jouissant de cette même propriété, et par suite appartenant à un même système.

102. *Supposons d'abord que parmi ces systèmes il en existe un $a_1a_2\ldots$ tel : 1° que toutes les substitutions de* I *remplacent ses lettres les unes par les autres ; 2° que toutes celles de ces substitutions qui ne font pas partie de* H *déplacent au moins une de ces lettres.*

Soient H', H'',... les diverses substitutions de H; h', h'',... les déplacements qu'elles font respectivement éprouver aux lettres a_1, a_2,.... Soit

$h = (h', h'', \ldots)$ le groupe formé par ces déplacements; soient de même b', $b'', \ldots$ les déplacements que les substitutions $A'B'$, $A''B'', \ldots$ font respectivement éprouver aux mêmes lettres.

Il est impossible que h contienne toutes les substitutions qui résultent d'un nombre pair de transpositions entre les lettres $a_1, a_2, \ldots$. En effet, parmi les substitutions A', $A'', \ldots$ se trouvent les substitutions circulaires entre trois quelconques des lettres $x_1, \ldots, x_\nu$. Soit A' une semblable substitution, $(A'B')^2 = A'^2 B'^2$ appartient à I sans appartenir à H (A'^2 ne se réduisant pas à l'unité), et fait subir aux lettres $a_1, a_2, \ldots$ le déplacement b'^2, lequel résulte évidemment d'un nombre pair de transpositions, et qui en outre n'appartient pas à h : car si l'on avait par exemple $b'^2 = h'$, la substitution $A'^2 B'^2 H'^{-1}$, laquelle appartient à I sans appartenir à H, ne déplacerait aucune des lettres $a_1, a_2, \ldots$, contrairement à notre hypothèse.

D'ailleurs h est transitif; supposons qu'il le soit ν' fois, le nombre des lettres $a_1, a_2, \ldots$ étant $n' + \nu'$: deux cas seront à distinguer.

103. 1° : *h ne contient aucune substitution qui déplace moins de $n' + 1$ lettres.* Partageons ses lettres en deux classes $y_1, \ldots, y_{\nu'-1}$ et $a, \ldots, a_{n'}$ contenant respectivement $\nu' - 1$ et $n' + 1$ lettres. Celles des substitutions de h qui ne déplacent pas $y_1, \ldots, y_{\nu'-1}$ forment un groupe g transitif d'ordre $n' + 1$, et dont les substitutions $g_1, \ldots, g_{n'+1}$ déplacent toutes les lettres; et *le nombre des substitutions différentes entre les lettres $a, \ldots, a_{n'}$, qui sont permutables à g, sera inférieur à $(n' + 1) n'^{\alpha'}$*, α' étant le nombre des facteurs premiers, égaux ou non, de $n' + 1$ (**100**).

Mais *ce nombre est au moins égal à* $\frac{1.2\ldots\nu}{2}(n' + 1)$. En effet, soit $A'B'$ une substitution quelconque de I; soient $z_1, \ldots, z_{\nu'-1}$ les lettres par lesquelles elle remplace $y_1, \ldots, y_{\nu'-1}$: h, étant ν' fois transitif, contient une substitution h' qui remplace réciproquement $z_1, \ldots, z_{\nu'-1}$ par $y_1, \ldots, y_{\nu'-1}$. Soient H', $G_1, \ldots, G_{n'+1}$ des substitutions choisies à volonté parmi celles que H contient et qui font respectivement éprouver aux lettres du système considéré les déplacements h', $g_1, \ldots, g_{n'+1}$: les $n' + 1$ substitutions $A'B'H'G_1, \ldots$, $A'B'H'G_{n'+1}$ appartiennent à I, laissent immobiles $y_1, \ldots, y_{\nu'-1}$ et font éprouver aux lettres $a, \ldots, a_{n'}$ des déplacements représentés par $\beta' g_1, \ldots$, $\beta' g_{n'+1}$, β' étant le déplacement que $A'B'H'$ leur fait éprouver.

Soit $A''B''$ une autre substitution de I, telle que A'' soit différent de A'; on en déduira de la même manière $n' + 1$ substitutions $A''B''H''G_1, \ldots$, $A''B''H''G_{n'+1}$, qui appartiennent à I, laissent immobiles $y_1, \ldots, y_{\nu'-1}$, et font éprouver à $a, \ldots, a_{n'}$ des déplacements représentés par $\beta'' g_1, \ldots, \beta'' g_{n'+1}$, β'' étant le déplacement que $A''B''H''$ leur fait éprouver.

Le nombre des substitutions différentes $A', A'', \ldots$ étant $\frac{1.2\ldots\nu}{2}$, celui des substitutions $\beta' g_1, \ldots, \beta' g_{n'+1}, \beta'' g_1, \ldots, \beta'' g_{n'+1}, \ldots$ est égal à $\frac{1.2\ldots\nu}{2}(n'+1)$: elles sont d'ailleurs toutes distinctes; car $g_1, \ldots, g_{n'+1}$ étant différentes, $\beta' g_1, \ldots, \beta' g_{n'+1}$ le seront évidemment. D'autre part, si l'on avait une égalité telle que $\beta' g_1 = \beta'' g_2$, la substitution

$$A'B'H'G_1(A''B''H''G_2)^{-1} = A'A''^{-1}B'H'G_1(B''H''G_2)^{-1},$$

qui fait partie de I et non de H, ne déplacerait aucune des lettres du système considéré, ce qui est contraire à notre hypothèse.

Enfin les $\frac{1.2\ldots\nu}{2}(n'+1)$ substitutions ci-dessus sont permutables à g. En effet, soit Γ le groupe formé par celles des substitutions de H qui ne déplacent pas $y_1, \ldots, y_{\nu-1}$: les substitutions $A'B'H'G_1, \ldots, A''B''H''G_{n'+1}, \ldots$ lui sont permutables, car elles transforment évidemment ses substitutions en substitutions de H, qui ne déplacent pas $y_1, \ldots, y_{\nu-1}$: donc, *à fortiori*, les déplacements $\beta' g_1, \ldots$, que $A'B'H'G_1, \ldots$ font subir à $a, \ldots, a_{n'}$ sont permutables au groupe g des déplacements que Γ fait subir à ces mêmes lettres.

On a donc, pour limiter ν, l'inégalité

$$\frac{1.2\ldots\nu}{2} < n'^{\kappa'},$$

avec $n' < n' + \nu'$ et $n' + \nu' < n$, d'où $n' < n - 1$.

104. 2° : *h contient des substitutions déplaçant moins de $n'+1$ lettres.* Partageons ses lettres en deux classes $y_1, \ldots, y_{\nu'}$ et $a_1, \ldots, a_{n'}$ contenant respectivement ν' et n' lettres. Soient I_1 et H_1 les groupes formés par celles des substitutions de I et de H qui ne déplacent aucune des lettres $y_1, \ldots, y_{\nu'}$.

Le groupe I_1 contient une substitution au moins faisant subir aux lettres $x_1, \ldots, x_\nu$ l'un quelconque des déplacements $A', A'', \ldots$. Car, supposons par exemple que la substitution $A'B'$ remplace $y_1, \ldots, y_{\nu'}$ par $z_1, \ldots, z_{\nu'}$. Le groupe h, étant ν' fois transitif, contient une substitution h' qui remplace réciproquement $z_1, \ldots, z_{\nu'}$ par $y_1, \ldots, y_{\nu'}$. Soit H' une des substitutions de H qui font éprouver aux lettres du système considéré le déplacement h':

A'B'H', ne déplaçant plus $y_1, \ldots, y_\nu$, appartiendra à I_1, et fera subir aux lettres $x_1, \ldots, x_\nu$ le déplacement A'.

Le groupe H_1, n'étant pas transitif par rapport aux lettres $a_1, \ldots, a_{n'}$, ne le sera pas *à fortiori* par rapport à toutes les lettres autres que $x_1, \ldots, x_\nu$, $y_1, \ldots, y_\nu$. Ces lettres se partagent donc en systèmes $\alpha_1\alpha_2\ldots$, $\beta_1\beta_2\ldots, \ldots$ tels, que les substitutions de H_1 permutent exclusivement entre elles les lettres d'un même système et les permutent transitivement.

Enfin les substitutions de I_1 sont permutables à H_1; car elles transforment les substitutions de H_1 en substitutions qui ne déplacent aucune des lettres $x_1, \ldots, x_\nu$, $y_1, \ldots, y_\nu$, et qui par suite font elles-mêmes partie de H_1. Donc chacune des substitutions de I_1 remplacera les lettres d'un système par celles d'un même système (101).

105. Si parmi ces systèmes il en existe un tel : 1° que toutes les substitutions de I_1 remplacent ses lettres les unes par les autres; 2° que toutes celles de ces substitutions qui ne font pas partie de H_1 déplacent au moins une de ces lettres, on raisonnera sur I_1 et H_1 comme sur I et H, et l'on obtiendra une limite analogue à celle du n° 103, ou bien l'on sera conduit à deux nouveaux groupes I_2, H_2 dont les substitutions laissent invariables, outre $y_1, \ldots, y_\nu$, d'autres lettres $z_1, \ldots, z_{\nu''}$; on pourra raisonner sur ces nouveaux groupes comme sur les précédents, etc., jusqu'à ce qu'on arrive à deux groupes I_r, H_r tels, qu'*en réunissant dans un même système les lettres que les substitutions de* H_r *permutent entre elles, il n'existe aucun système qui jouisse de la double propriété : 1° d'avoir toutes ses lettres remplacées exclusivement les unes par les autres dans toutes les substitutions de* I_r; *2° d'avoir au moins une lettre déplacée par toute substitution de* I_r *autre que celles de* H_r.

Les systèmes se partagent alors en deux catégories : 1° ceux dont les substitutions de I_r permutent les lettres exclusivement entre elles : chacun d'eux jouira de cette propriété que l'une au moins des substitutions de I_r autres que celles de H_r laisse toutes ses lettres immobiles; 2° ceux dont quelqu'une des substitutions de I_r remplace les lettres par celles d'un autre système.

106. Cela posé, *le groupe* I_r *résulte de la combinaison de* H_r *avec des substitutions qui laissent immobiles les lettres de tous les systèmes de la première catégorie.*

Soient en effet A'B', A''B'',... les substitutions de I_r, A', A'',... étant les déplacements qu'elles font subir aux lettres $x_1, \ldots, x_\nu$, lesquels déplacements forment un groupe alterné. Soient S, S_1,... les systèmes de la première catégorie : I_r contient par hypothèse une substitution A_1B_1 qui laisse immobiles les lettres de S. Les transformées de A_1B_1 par les substitutions I_r, et plus généralement les substitutions A_1B_1, $A'_1B'_1, \ldots$, dérivées de ces transformées, jouissent évidemment de la même propriété.

Le groupe $I_r = (A'B', A''B'', \ldots)$ contient le groupe $(A_1B_1, A'_1B'_1, \ldots)$, et ses substitutions lui sont permutables. Donc, *à fortiori*, le groupe $(A_1, A'_1, \ldots)$, formé par les déplacements que A_1B_1, $A'_1B'_1, \ldots$ font subir aux lettres $x_1, \ldots, x_\nu$, est contenu dans le groupe $(A', A'', \ldots)$ et permutable à ses substitutions. Mais ce dernier groupe est simple (85). Donc le groupe $(A_1, A'_1, \ldots)$ contient toutes ses substitutions.

Soit maintenant S_1 un autre groupe de la première catégorie : I_r contient une substitution $A'B'$ qui laisse immobiles les lettres de S_1; parmi les substitutions du groupe alterné $(A', A'', \ldots) = (A_1, A'_1, \ldots)$ il en existe évidemment qui ne sont pas échangeables à A'. Soit A_1 l'une d'elles : la substitution $(A'B')^{-1}(A_1B_1)^{-1}.A'B'.A_1B_1 = A_2B_2$ laisse évidemment immobiles les lettres de S et de S_1, et ne fait pas partie de H_r, car elle fait subir aux lettres $x_1, \ldots, x_\nu$ le déplacement $A'^{-1}A_1^{-1}A'A_1 = A_2$, lequel ne se réduit pas à l'unité. Donc I_r contient une substitution A_2B_2 non contenue dans H_r et qui laisse immobiles à la fois les lettres de S et de S_1. Les transformées de A_2B_2 par les substitutions de I_r, et plus généralement les substitutions A_2B_2, $A'_2B'_2, \ldots$, dérivées de ces transformées, jouissent de la même propriété. On voit comme tout à l'heure que le groupe $(A_2, A'_2, \ldots)$ contient toutes les substitutions du groupe $(A', A'', \ldots)$.

Soit maintenant S_2 un autre système de la première catégorie, on formera comme tout à l'heure une substitution A_3B_3 contenue dans I_r et non contenue dans H_r, qui laisse immobiles à la fois les lettres de S, S_1, S_2. Soient A_3B_3, $A'_3B'_3, \ldots$ les dérivées de ses transformées par les substitutions de I_r, le groupe $(A_3, A'_3, \ldots)$ se confondra avec $(A', A'', \ldots)$.

S'il existait d'autres systèmes de la première catégorie, on poursuivrait de même : supposons, pour fixer les idées, qu'ils soient maintenant épuisés. Soient $A'B'$ une substitution quelconque de I_r, A_3 celle des substitutions A_3, $A'_3, \ldots$ qui se confond avec A' : on pourra poser $A'B' = A_3B_3.C$, la substitution C faisant partie elle-même de I_r et ne déplaçant pas $x_1, \ldots, x_\nu$; appartenant par suite à H_r.

Notre proposition se trouve ainsi démontrée.

107. *Il existe nécessairement des systèmes de seconde catégorie.* Car, s'il en était autrement, les substitutions A_3B_3, $A'_3B'_3, \ldots$ laisseraient immobiles

toutes les lettres sauf $x_1, \ldots, x_\nu$: elles déplaceraient donc ν lettres au plus, ce qui est absurde (**82**).

Ces systèmes peuvent être répartis en classes, en groupant ensemble ceux que les substitutions I_r permutent entre eux, lesquels ont évidemment tous le même nombre de lettres.

108. Considérons spécialement l'une de ces classes, Γ. Soient μ le nombre de systèmes qu'elle contient, m le nombre des lettres de chacun d'eux. *Toute substitution de* I_r, *non contenue dans* H_r, *déplacera nécessairement quelqu'un des systèmes de la classe.*

Car supposons qu'une substitution $A_4 B_4$, contenue dans I_r et non dans H_r, ne déplace pas les systèmes de Γ, mais remplace les unes par les autres les lettres de chacun d'eux : chaque substitution de I_r remplaçant les lettres de chacun de ces systèmes par celles de l'un de ces systèmes, les transformées de $A_4 B_4$ par ces substitutions, et plus généralement les substitutions $A_4 B_4$, $A'_4 B'_4, \ldots$, qui dérivent de ces transformées, ne déplaceront également aucun des systèmes de Γ. On voit d'ailleurs comme tout à l'heure : 1° que le groupe $(A_4, A'_4, \ldots)$ se confond avec $(A', A'', \ldots)$; 2° que toutes les substitutions de I_r dérivent de la combinaison de $A_4 B_4$, $A'_4 B'_4, \ldots$ avec H_r. Cela est absurde, car $A_4 B_4$, $A'_4 B'_4, \ldots$, non plus que les substitutions de H_r, ne déplacent les systèmes de Γ, que les substitutions I_r permutent au contraire transitivement.

Soient $A_4 B_4$, $A'_4 B'_4, \ldots$ *les diverses substitutions de* I_r ; $E, E', \ldots$ *les déplacements d'ensemble qu'elles font subir aux systèmes de* Γ : *on aura* $E = E'$ *si* $A_4 = A'_4$, *et réciproquement*. Car si $A_4 = A'_4$, $A'_4 B'_4 . (A_4 B_4)^{-1}$ appartient à H_r : donc le déplacement $E' E^{-1}$ qu'elle fait éprouver aux systèmes se réduit à l'unité; réciproquement, si $E = E'$, $A'_4 B'_4 . (A_4 B_4)^{-1}$, ne déplaçant pas les systèmes, appartient à H_r ; d'où $A_4 = A'_4$.

109. Mais la suite $A_4, A'_4, \ldots$ contient $\frac{1.2\ldots\nu}{2}$ substitutions distinctes; la suite $E, E', \ldots$ en contient au plus $1.2\ldots\mu$: donc

$$\frac{1.2\ldots\nu}{2} \overline{\leq} 1.2\ldots\mu; \quad \text{d'où} \quad \nu \overline{\leq} \mu.$$

D'ailleurs, si l'on a $\nu > 12$ et $\mu > \nu$, on aura nécessairement

$$\mu \overline{\geq} \frac{\nu(\nu - 1)}{2}.$$

En effet, les propositions des numéros précédents montrent que le groupe

$(E, E',\ldots)$ est isomorphe sans mériédrie au groupe $(A_1, A'_1,\ldots)$ et transitif. Or soient F_1 une fonction quelconque de $x_1,\ldots, x_\nu$, $F_1, F_2,\ldots$ les diverses valeurs qu'elle prend lorsqu'on y effectue les substitutions $(A_1, A'_1,\ldots)$; nous avons vu (68 à 73) que chaque substitution du groupe $(A_1, A'_1,\ldots)$ équivaut à une certaine substitution opérée entre ces fonctions; que l'ensemble de ces dernières substitutions forme un groupe isomorphe à $(A_1, A'_1,\ldots)$; enfin qu'il n'existe aucun groupe isomorphe à $(A_1, A'_1,\ldots)$, transitif, et distinct de ceux qu'on peut obtenir ainsi en faisant varier la fonction F_1.

Or le nombre μ des fonctions $F_1, F_2,\ldots$, lequel représente le degré du groupe ainsi formé, est évidemment égal au nombre $\frac{1.2\ldots\nu}{2}$ des substitutions $(A_1, A'_1,\ldots)$ divisé par le nombre de celles de ces substitutions qui n'altèrent pas F_1. Ce dernier nombre sera évidemment égal à $\frac{1.2\ldots(\nu-1)}{2}$ si F_1 est symétrique ou alternée par rapport à $\nu-1$ lettres. Si F_1 est symétrique ou alternée par rapport à $\nu-2$ lettres, ce nombre sera égal à $1.2\ldots(\nu-2)$ ou à $\frac{1.2\ldots(\nu-2)}{2}$, suivant que F_1 sera symétrique ou non par rapport aux deux lettres restantes. Dans toute autre hypothèse, il sera inférieur à $1.2\ldots(\nu-2)$; car F_1 ayant plus de $\nu(\nu-1)$ valeurs distinctes (98), le nombre total des substitutions qui la laissent invariable est inférieur à $1.2\ldots(\nu-2)$. Donc μ est au moins égal à $\frac{\nu(\nu-1)}{2}$, à moins que F_1 ne soit symétrique ou alternée par rapport à $\nu-1$ lettres : dans ce dernier cas, on aura $\mu=\nu$, et si l'on désigne par F_1 celle des fonctions F_1, $F_2,\ldots$ qui est symétrique ou alternée par rapport à toutes les lettres sauf x_1, par F_2 celle qui l'est par rapport à toutes les lettres sauf x_2, etc., les substitutions $(A_1, A'_1,\ldots)$ permuteront évidemment $F_1, F_2,\ldots$ entre elles de la même manière que $x_1, x_2,\ldots$.

110. Cela posé, admettons que les groupes de seconde catégorie forment λ classes, dont la première contienne μ systèmes formés chacun de m lettres, la seconde μ_1 systèmes formés chacun de m_1 lettres, etc. : le nombre total des lettres contenues dans les groupes de seconde catégorie est égal à $m\mu + m_1\mu_1 + \ldots$. Si $\nu > 12$, et qu'on n'ait pas à la fois $\nu=\mu=\mu_1=\ldots$, l'un des nombres $\mu, \mu_1,\ldots, \mu$ par exemple, sera au moins égal à $\frac{\nu(\nu-1)}{2}$, et, comme $n \geqq \mu$, on aura

$$\frac{\nu(\nu-1)}{2} \leqq n.$$

111. Soit, au contraire, $\nu > 12$ et $\mu = \mu_1 = \ldots = \nu$; soit m le plus grand des nombres $m, m_1, \ldots$. Supposons d'abord qu'il n'existe aucun nombre premier moindre que ν et supérieur à m. Les belles recherches de M. Tchébychef montrent qu'il existe au moins un nombre premier entre $\frac{\nu-1}{2}$ et ν (SERRET, *Algèbre supérieure*, Section III, Chap. IV) : on aura donc

$$m > \frac{\nu-1}{2},$$

et par suite

$$\frac{\nu(\nu-1)}{2} < m\mu + m_1\mu_1 + \ldots < n.$$

Supposons, au contraire, qu'il existe des nombres premiers moindres que ν et supérieurs à m; soit p le plus petit de ces nombres. Le groupe $(A_4, A'_4, \ldots)$ contient une substitution A_4 qui permute circulairement p lettres quelconques de la suite $x_1, \ldots, x_\nu$, sans déplacer les autres. Les systèmes d'une même classe, en nombre ν, étant permutés entre eux par la substitution A_4B_4 de la même manière que $x_1, \ldots, x_\nu$, le sont entre elles (109), A_4B_4 permutera circulairement entre eux p systèmes de chaque classe, en laissant les autres immobiles.

D'ailleurs, si cette substitution déplace les lettres de quelqu'un des autres systèmes en les permutant entre elles, les cycles formés par ces lettres contiendront respectivement $\omega, \omega', \ldots$ lettres, $\omega, \omega', \ldots$ étant au plus égaux à m, et par suite étant premiers à p; et, si l'on désigne par ρ le plus petit multiple de $\omega, \omega', \ldots$, la substitution $(A_4B_4)^\rho$ laissera immobiles les lettres de tous ces derniers systèmes, et par suite ne déplacera que $p + pm + pm_1 + \ldots$ lettres. D'ailleurs le groupe ne peut contenir aucune substitution déplaçant moins de $2\nu - 3$ lettres (83). D'où la relation

$$p(1 + m + m_1 + \ldots) \geqq 2\nu - 3, \quad m + m_1 + \ldots \geqq \frac{2\nu-3}{p} - 1.$$

On a d'ailleurs

$$m\mu + m_1\mu_1 + \ldots = (m + m_1 + \ldots)\nu \leqq n,$$

et par suite

$$\left(\frac{2\nu-3}{p} - 1\right)\nu \leqq n.$$

Soit d'ailleurs q le nombre premier immédiatement supérieur à $\frac{n}{\nu}$; il sera supérieur à $m + m_1 + \ldots$, et par suite au moins égal à p : on aura donc *à fortiori*

$$\left(\frac{2\nu - 3}{q} - 1\right)\nu \overline{\overline{<}} n.$$

112. Examinons enfin le cas où $\nu \overline{\overline{<}} 12$. Si l'un des nombres $m, m_1, \ldots$ est > 1, on aura

$$n \overline{\overline{>}} m\mu + m_1\mu_1 + \ldots \overline{\overline{>}} (m + m_1 + \ldots)\nu \overline{\overline{>}} 2\nu.$$

Au contraire, si $m, m_1, \ldots$ se réduisent tous à l'unité, les substitutions H_r ne déplaceront que les lettres des systèmes de la première catégorie; mais chacune d'elles déplace au moins $2\nu - 3$ lettres (83) : donc le nombre $m\mu + m_1\mu_1 + \ldots$ des lettres contenues dans l'ensemble des systèmes de la seconde catégorie ne peut dépasser $n - 2\nu + 3$. D'ailleurs, si μ est le plus petit des nombres $\mu, \mu_1, \ldots$, on aura

$$\nu \overline{\overline{<}} \mu \overline{\overline{<}} \frac{n - 2\nu + 3}{m + m_1 + \ldots}, \quad \text{d'où} \quad n \overline{\overline{>}} (2 + m + m_1 + \ldots)\nu - 3 > 2\nu,$$

même dans le cas le plus défavorable, où les nombres $m, m_1, \ldots$ se réduiraient à un seul, lui-même égal à 1 (ν étant > 4, par hypothèse).

Dans le cas où $\nu > 7$, on aurait

$$n \overline{\overline{>}} 3\nu.$$

Nous supprimons la démonstration.

113. En récapitulant les résultats de cette discussion, on obtient le théorème suivant :

Théorème. — *Un groupe de substitutions* G *entre* $n + \nu$ *lettres, qui ne contient pas le groupe alterné, ne peut être* ν *fois transitif que si l'un des six systèmes d'inégalités suivantes est satisfait :*

(1) $$1.2\ldots(\nu - 1) < n^\alpha$$

(α étant le nombre des facteurs premiers, égaux ou non, de $n + 1$);

(2) $$\nu \overline{\overline{<}} 4,$$

(3) $$\frac{1.2\ldots\nu}{2} < n'^{\alpha'} \quad \text{et} \quad n' < n - 1$$

(α' étant le nombre des facteurs premiers de $n' + 1$);

(4) $$\frac{\nu(\nu-1)}{2} \overline{\overline{<}} n \quad \text{et} \quad \nu > 12,$$

(5) $$\left(\frac{2\nu-3}{q}\right)\nu \overline{\overline{<}} n \quad \text{et} \quad \nu > 12$$

(q étant le nombre premier immédiatement supérieur à $\frac{n}{\nu}$);

(6) $$2\nu \overline{\overline{<}} n \quad \text{et} \quad \nu < 12.$$

Si ν est très-grand, le cinquième système est celui qui donnera pour n la plus petite limite, et cette limite tend évidemment vers la valeur asymptotique $\nu\sqrt{2\nu}$.

CHAPITRE II.

DES SUBSTITUTIONS LINÉAIRES.

§ I. — Représentation analytique des substitutions.

114. Soit S une substitution quelconque entre k quantités, que nous supposerons désignées par une même lettre l, affectée des indices o, 1,..., $k-1$; si S remplace, en général, la lettre l_x par une lettre $l_{\varphi(x)}$ [$\varphi(x)$ étant une certaine fonction de x], on pourra convenir de désigner S par le symbole suivant :

$$S = | \, x \quad \varphi(x) \, |.$$

Supposons que S remplace respectivement $l_0, l_1, \ldots, l_{k-1}$ par $l_\alpha, l_\beta, \ldots, l_\delta$ ($\alpha, \beta, \ldots, \delta$ étant, à l'ordre près, identiques à o, 1,..., $k-1$) : la fonction $\varphi(x)$ sera assujettie à prendre les valeurs $\alpha, \beta, \ldots, \delta$ lorsque x prendra les valeurs o, 1,..., $k-1$, et ne sera pas autrement déterminée.

Parmi les fonctions, en nombre infini, qui satisfont à ces conditions, la plus simple est la fonction entière du degré $k-1$ que donne la formule d'interpolation de Lagrange, à savoir :

$$\varphi(x) = \frac{\alpha F(x)}{x F'(0)} + \frac{\beta F(x)}{(x-1)F'(1)} + \ldots + \frac{\delta F(x)}{(x-k+1)F'(k-1)},$$

$F(x)$ désignant le produit $x(x-1)\ldots(x-k+1)$, et $F'(x)$ sa dérivée.

Mais ce mode de représentation des substitutions présente cet inconvénient grave que, si l'on fait le produit de deux substitutions

$$S = | \, x \quad \varphi(x) \, | \quad \text{et} \quad T = | \, x \quad \psi(x) \, |,$$

ce produit se présente sous la forme

$$ST = | \, x \quad \psi[\varphi(x)] \, |,$$

où le polynôme $\psi[\varphi(x)]$ ne se réduit plus au degré $k-1$.

115. Lorsque k est un nombre premier p, on pourra remédier à ce défaut. Supposons en effet, ce qui est évidemment licite, que la quantité l_x puisse également être représentée par l_y, y étant un entier quelconque congru à x suivant le module p : on pourra, dans la fonction $\psi[\varphi(x)]$, abaisser les exposants au-dessous de p au moyen de la relation $x^p \equiv x$ (mod. p). Toute substitution pourra donc être représentée par le symbole $|x \quad \varphi(x)|$, où $\varphi(x)$ est un polynôme entier du degré $p-1$ au plus; mais, pour qu'un symbole de ce genre représente effectivement une substitution, il faut évidemment que $\varphi(0), \varphi(1), \ldots, \varphi(p-1)$ soient tous différents, et soient congrus, à l'ordre près, aux nombres $0, 1, \ldots, p-1$.

M. Hermite a démontré, à cet égard, le théorème suivant :

Théorème. — *Pour que le symbole* $|x \quad \varphi(x)|$ *représente une substitution, il faut et il suffit que la fonction* $\varphi(x)$ *et ses* $p-2$ *premières puissances se réduisent au degré* $p-2$, *lorsque, après avoir rabaissé les exposants au-dessous de* p, *on y supprime les multiples de* p.

En effet, soit $|x \quad \varphi(x)|$ une substitution; et soit

$$[\varphi(x)]^m \equiv A_0^{(m)} + A_1^{(m)} + \ldots + A_{p-1}^{(m)} x^{p-1} \quad (\text{mod. } p).$$

Donnons à x les valeurs $0, 1, \ldots, p-1$ et ajoutons les équations obtenues; il viendra

$$\Sigma[\varphi(x)]^m \equiv p A_0^{(m)} + A_1^{(m)} \Sigma x + \ldots + A_{p-1}^{(m)} \Sigma x^{p-1} \quad (\text{mod. } p).$$

Mais on a

$$\Sigma x = \frac{(p-1)p}{2}, \quad \Sigma x^2 = \Sigma x(x+1) - \Sigma x = \frac{(p-1)p(p+1)}{3} - \frac{(p-1)p}{2}, \ldots.$$

Donc $\Sigma x, \ldots, \Sigma x^{p-2}$ sont divisibles par p; il en est de même de $\Sigma[\varphi(x)]^m$, dont les termes doivent être, à l'ordre près, ceux de Σx^m; enfin $\Sigma x^{p-1} \equiv p-1$; car x^{p-1} est nul si $x=0$, et congru à 1 dans tous les autres cas : donc, en supprimant les multiples de p, la relation ci-dessus se réduira à $A_{p-1}^{(m)} \equiv 0$.

Réciproquement, si tous les coefficients $A_{p-1}^{(1)}, \ldots, A_{p-1}^{(p-2)}$ sont congrus à zéro, $\Sigma\varphi(x), \ldots, \Sigma[\varphi(x)]^{p-2}$ le seront également. La congruence qui a pour racines $\varphi(0), \ldots, \varphi(p-1)$ aura donc tous ses termes nuls, sauf le premier et le dernier, et se réduira ainsi à la forme

$$Z^p - \alpha Z \equiv 0 \quad (\text{mod. } p).$$

D'ailleurs ses racines, étant des entiers réels, satisfont à la congruence $Z^p - Z \equiv 0$, et, par suite, à celle-ci $(\alpha - 1)Z \equiv 0$. Donc, si α différait de l'unité, ces racines seraient toutes nulles, ce qui est impossible; car $\varphi(x)$, étant un polynôme du degré $p - 2$, ne peut s'annuler à la fois pour les p valeurs $x = 0, \ldots, x = p - 1$. Donc $\alpha = 1$, donc $\varphi(0), \ldots, \varphi(p-1)$ sont respectivement congrus aux p racines, $0, 1, \ldots, p - 1$ de la congruence

$$Z^p - Z \equiv 0 \pmod{p}.$$

116. Le nombre p étant donné, il sera facile, au moyen de ce théorème, de déterminer les diverses fonctions $\varphi(x)$ aptes à entrer dans l'expression d'une substitution.

On facilitera ce calcul par cette remarque évidente que $|\,x \quad \alpha x + \beta\,|$ est une substitution, pourvu que α ne soit pas nul. Donc, si $|\,x \quad \varphi(x)\,|$ est une substitution, on pourra la multiplier en avant et en arrière par des substitutions de la forme linéaire précédente, de manière à obtenir la suivante :

$$S = |\,x \quad \alpha\varphi(\alpha' x + \beta') + \beta\,| = |\,x \quad \varphi_1(x)\,|,$$

contenant quatre coefficients indéterminés, dont on pourra profiter pour simplifier son expression. Supposant, par exemple, $\alpha' = 1$, on pourra déterminer α de manière à réduire à l'unité le coefficient de la plus haute puissance de x, puis β' et β de manière à faire disparaître le second et le dernier terme de la fonction.

Soit, par exemple, $p = 5$: les fonctions réduites $\varphi_1(x)$ auront l'une des trois formes

$$x,\ x^2,\ x^3 + ax \pmod{5}.$$

La seconde ne peut représenter une substitution, car $(x^2)^2 = x^4$ contient un terme en x^4. Pour que $(x^3 + ax)^2 \equiv 2ax^4 + (1 + a^2)x^2 \pmod{5}$ ne contienne pas de terme en x^4, il faut qu'on ait $a = 0$. Si cette condition est satisfaite, $(x^3 + ax)$, son carré et son cube ne contiennent aucun terme en x^4 : donc $|\,x \quad x^3\,|$ est une substitution.

Les substitutions relatives à $p = 5$ appartiennent donc toutes à l'une des formes suivantes :

$$|\,x \quad \alpha x + \beta\,|, \qquad |\,x \quad \alpha(x + \beta')^3 + \beta\,|.$$

M. Hermite a montré, par un calcul analogue qui n'offre plus aucune difficulté, que les substitutions relatives à $p = 7$ sont de la forme

$$|\,x \quad \alpha\varphi_1(x + \beta') + \beta\,|,$$

φ, ayant l'une des formes suivantes :

$$x, \quad x^4 \pm 3x, \quad x^5 \pm 2x,$$
$$x^5 + ax^3 + 3a^2x \quad (a \text{ quelconque}),$$
$$x^5 + \varepsilon x^3 \pm x^2 + 3\varepsilon^2 x \quad (\varepsilon \text{ non résidu de } 7).$$

117. Si k était une puissance d'un nombre premier, telle que p^n, on pourrait faire intervenir des considérations analogues aux précédentes en assignant pour indices à la lettre l, au lieu de nombres entiers réels, des entiers complexes formés avec une racine d'une congruence irréductible de degré n. Mais nous préférerons une autre méthode, qui consiste à assigner à l, n indices simultanés, $x, y, \ldots$, pouvant chacun prendre les p valeurs $0, 1, \ldots, p-1$ (mod. p). Une substitution quelconque, remplaçant $l_{x,y,\ldots}$ par une nouvelle lettre $l_{\varphi(x,y,\ldots),\psi(x,y,\ldots),\ldots}$, pourra se mettre sous la forme

$$| \; x, y, \ldots \quad \varphi(x, y, \ldots), \psi(x, y, \ldots), \ldots \; |,$$

φ et ψ étant des polynômes du degré $p-1$ au plus relativement à chacun des indices $x, y, \ldots$.

Cette méthode pourrait s'étendre, mais non sans complication, au cas où k contiendrait plusieurs facteurs premiers différents.

§ II. — Généralités sur les substitutions linéaires.

Origine du groupe linéaire.

118. Soient m et n deux entiers quelconques; $l_{0,0,\ldots}, l_{x,x',\ldots}, \ldots$ des lettres en nombre m^n, caractérisées par n indices, variables chacun de 0 à $m-1$ (mod. m). Désignons par la notation

$$A_{\alpha,\alpha',\ldots} = | \; x, x', \ldots \quad x+\alpha, \; x'+\alpha', \ldots \; |,$$

la substitution qui remplace la lettre dont les indices sont $x, x', \ldots$ par celle dont les indices sont $x+\alpha, x'+\alpha', \ldots$ (mod. m). Les substitutions de cette forme constituent évidemment un groupe F transitif et ayant pour ordre m^n.

119. Cherchons la forme générale des substitutions qui sont permutables à ce groupe. Soient S l'une d'elles; $\varphi(x, x', \ldots), \varphi'(x, x', \ldots), \ldots$ les indices de la lettre qu'elle fait succéder à $l_{x,x',\ldots}$. La substitution $S^{-1}A_{1,0,\ldots}S$ fera succéder à la lettre dont les indices sont $\varphi(x, x', \ldots)$, $\varphi'(x, x', \ldots), \ldots$ (mod. m) celle dont les indices sont $\varphi(x+1, x', \ldots)$, $\varphi'(x+1, x', \ldots), \ldots$ (mod. m). Pour que cette substitution soit l'une de celles de F, telle que $A_{a,a',\ldots}$, il faudra évidemment qu'on ait les relations

$$\varphi(x+1, x', \ldots) \equiv \varphi(x, x', \ldots) + a, \quad \varphi'(x+1, x', \ldots) \equiv \varphi'(x, x', \ldots) + a', \ldots \quad (\text{mod. } m).$$

On aura de même, si $A_{b,b',\ldots}$ est la transformée de $A_{0,1,\ldots}$ par S,

$$\varphi(x, x'+1, \ldots) \equiv \varphi(x, x', \ldots) + b, \quad \varphi'(x, x'+1, \ldots) \equiv \varphi'(x, x', \ldots) + b', \ldots \quad (\text{mod. } m).$$

D'ailleurs ces conditions sont suffisantes pour que S soit permutable à F; car les transformées par S de chacune des substitutions $A_{1,0,\ldots}$, $A_{0,1,\ldots}$, ... appartenant à F, il en sera de même de la transformée de $A_{1,0,\ldots}^{\alpha} A_{0,1,\ldots}^{\alpha'} \ldots = A_{\alpha,\alpha',\ldots}$.

On déduit des relations ci-dessus, en posant $\varphi(0, 0, \ldots) = \delta$, $\varphi'(0, 0, \ldots) = \delta'$,

$$\varphi(x, y, \ldots) \equiv ax + bx' + \ldots + \delta, \quad \varphi'(x, x', \ldots) \equiv a'x + b'x' + \ldots + \delta', \ldots.$$

On a évidemment

$$S = TA_{\delta,\delta',\ldots},$$

T étant une substitution qui remplace $x, x', \ldots$ par $ax + bx' + \ldots$, $a'x + b'x' + \ldots, \ldots$ (mod. m). Les substitutions permutables à F s'obtiennent donc en combinant aux substitutions de F les substitutions de la forme T. Ces dernières substitutions, que nous représenterons indifféremment par l'une ou l'autre des deux notations suivantes :

$$\begin{vmatrix} x & ax + bx' + \ldots \\ x' & a'x + b'x' + \ldots \\ \cdot & \ldots\ldots\ldots\ldots \end{vmatrix}, \quad |\, x, x', \ldots \quad ax + bx' + \ldots,\ a'x + b'x' + \ldots, \ldots \,|$$

forment évidemment un groupe, que nous appellerons *le groupe linéaire du degré m^n*, et dont nous allons étudier les propriétés.

Ordre du groupe linéaire.

120. Cherchons à déterminer le nombre des substitutions

$$S = |\, x, x', \ldots \quad ax + bx' + \ldots,\ a'x + b'x' + \ldots \,|$$

du groupe linéaire du degré m^n.

Nous remarquerons, en premier lieu, que tous les systèmes de valeurs des coefficients $a, b, \ldots; a', b', \ldots; \ldots$ ne sont pas admissibles; car, pour que S représente une substitution, il faut qu'elle amène une lettre quelconque, dont les indices sont $x_1, x'_1, \ldots$, à la place d'une lettre unique et bien déterminée. Soient $x, x', \ldots$ les indices de cette lettre : ils sont liés à $x_1, x'_1, \ldots$ par les relations

$$ax + bx' + \ldots \equiv x_1, \quad a'x + b'x' + \ldots \equiv x'_1, \ldots \quad (\text{mod. } m).$$

Les coefficients $a, b, \ldots; a', b', \ldots; \ldots$ doivent donc être tels, que ces relations déterminent sans difficulté $x, x', \ldots$, quels que soient $x_1, x'_1, \ldots$.

D'après ce critérium, il est évident que l'expression

$$B_{x,x'} = | \; x, x', \ldots \quad x + x', x', \ldots \; |$$

représente une substitution : de même pour les expressions analogues

$$B_{x',x} = | \; x, x', \ldots \quad x' + x, \ldots \; |, \ldots .$$

121. Théorème. — *Toute substitution linéaire peut se mettre sous la forme* $\Sigma\Theta$, Θ *étant une substitution dérivée des substitutions* $B_{x,x'}, B_{x',x}, \ldots$ *et* Σ *une substitution qui laisse tous les indices invariables, sauf le dernier d'entre eux, qu'elle multiplie par un entier.*

Supposons, pour fixer les idées, qu'il y ait trois indices x, x', x''. Soit

$$S = | \; x, x', x'' \quad ax + bx' + cx''; \; a'x + b'x' + c'x'', \; a''x + b''x' + c''x'' \; | \quad (\text{mod. } m)$$

une substitution linéaire quelconque : a, b, c, m ne pourront avoir aucun diviseur commun; car, s'il y en avait un μ, on ne pourrait satisfaire à la congruence

$$ax + bx' + cx'' \equiv x_1 \quad (\text{mod. } m)$$

toutes les fois que x_1 ne serait pas divisible par μ (2).

Cette condition étant satisfaite, on pourra déterminer une substitution dérivée de $B_{x,x'}$ et de ses analogues, et qui remplace x par $ax + bx' + cx''$. En effet, la substitution

$$T = B^{l}_{x,x'} B^{\delta}_{x',x} B^{\delta'}_{x'',x} B^{k}_{x,x'} B^{k'}_{x,x''}$$

produira ce résultat, si l'on a

$$1 + k\delta + k'\delta' \equiv a, \quad k + l(1 + k\delta + k'\delta') \equiv b, \quad k' \equiv c \quad (\text{mod. } m),$$

ou, ce qui revient au même,

$$1 + k\delta + c\delta' \equiv a, \quad k \equiv b - la, \quad k' \equiv c \pmod{m}.$$

Or, soient d le plus grand commun diviseur de c et de m, d_1 le résultat de la division de d par ceux de ses facteurs premiers qui divisent a ou b : si l'on pose $l = d_1$, k sera premier à d. Car soit q un facteur premier de d : s'il divise d_1, il sera premier à b et ne divisera pas k. Si, au contraire, q ne divise pas d_1, il divisera *un seul* des nombres a, b (a, b, c, m n'ayant aucun diviseur commun) ; il ne divisera donc qu'un seul des deux termes b, $d_1 a$ et ne divisera pas leur différence k.

Cela posé, m, k, c n'ayant aucun diviseur commun, on pourra déterminer (2) des entiers u, u', u'' satisfaisant à la relation

$$mu + ku' + cu'' = 1,$$

et il est clair qu'on satisfera à la congruence

$$1 + k\delta + c\delta' \equiv a \pmod{m}$$

en posant

$$\delta \equiv (a - 1)u', \quad \delta' \equiv (a - 1)u''.$$

Cela posé, on aura évidemment $S = S_1 T$, S_1 étant une nouvelle substitution qui laisse x invariable, et qui, par suite, sera de la forme

$$S_1 = |\ x, x', x'' \quad x,\ a'_1 x + b'_1 x' + c'_1 x'',\ a''_1 x + b''_1 x' + c''_1 x''\ |.$$

Posons d'ailleurs

$$T_1 = B_{x',x}^{a'_1} B_{x'',x}^{a''_1}, \quad S_2 = |\ x, x', x'' \quad x,\ b'_1 x' + c'_1 x'',\ b''_1 x' + c''_1 x''\ |;$$

on aura évidemment

$$S_1 = S_2 T_1, \quad \text{d'où} \quad S = S_2 T_1 T.$$

On verra de même que l'on a

$$S_2 = \Sigma T_3 T_2,$$

T_2 et T_3 étant des substitutions dérivées de $B_{x',x''}$, $B_{x'',x'}$, et Σ une substitution de la forme

$$|\ x, x', x'' \quad x, x', c''_2 x''\ |.$$

Le théorème est ainsi démontré.

122. Théorème. — *Pour que l'expression*

$$S = | x, x', \ldots \quad ax + bx' + \ldots, a'x + b'x' + \ldots, \ldots |$$

représente une substitution, il faut et il suffit que le déterminant

$$\Delta = \begin{vmatrix} a & b \ldots \\ a' & b' \ldots \\ \ldots & \ldots \end{vmatrix}$$

soit premier à m.

1° *Cette condition est nécessaire.* En effet, mettons la substitution S sous la forme $\Sigma\Theta$. Son déterminant sera évidemment le produit des déterminants des substitutions Σ et Θ. Cette dernière substitution, étant le produit de substitutions analogues à $B_{x,x'}$, qui ont toutes 1 pour déterminant, a elle-même 1 pour déterminant. D'autre part, la substitution

$$\Sigma = | x, x', \ldots, x^{(n-1)} \quad x, x', \ldots, rx^{(n-1)} |$$

a pour déterminant r. Donc S a pour déterminant r. Mais r est premier à m; car si r et m avaient un diviseur commun μ, il serait impossible de satisfaire à la congruence

$$rx^{(n-1)} \equiv x_1^{(n-1)} \pmod{m}$$

lorsque $x_1^{(n-1)}$ ne serait pas divisible par μ.

2° *Cette condition est suffisante.* Car si elle est remplie, on pourra (2) satisfaire au système des relations

$$\Delta x \equiv \frac{d\Delta}{da} x_1 + \frac{d\Delta}{da'} x'_1 + \ldots, \quad \Delta x' \equiv \frac{d\Delta}{db} x_1 + \frac{d\Delta}{db'} x'_1 + \ldots, \ldots \pmod{m}.$$

équivalent au système

$$ax + bx' + \ldots \equiv x_1, \quad a'x + b'x' + \ldots \equiv x'_1, \ldots \pmod{m}.$$

123. Théorème. — *L'ordre $\Omega(m^n)$ du groupe linéaire de degré m^n est égal à*

$$[m, n] m^{n-1} [m, n-1] m^{n-2} \ldots [m, 1],$$

$[m, \rho]$ désignant le nombre de manières différentes de déterminer ρ nombres inférieurs à m, et dont le plus grand commun diviseur soit premier à m.

Soient N le nombre des substitutions linéaires 1, R, R',... qui laissent l'indice x invariable; T une substitution qui le remplace par $ax + bx' + \ldots$:

les N substitutions, T, TR, TR′,... remplaceront x par $ax + bx' + \ldots$, et jouiront seules de cette propriété; car soit U une substitution quelconque qui ait cet effet : $T^{-1}U$, laissant x invariable, appartiendra à la suite 1, R, R′,...; donc U appartiendra à la suite T, TR, TR′,....

Les entiers a, b,..., pouvant être choisis quelconques, pourvu que leur plus grand commun diviseur soit premier à m (121), seront susceptibles de $[m, n]$ systèmes de valeurs; à chacun d'eux correspondent N substitutions : donc

$$\Omega(m^n) = [m, n]\,N.$$

Or les substitutions 1, R, R′,... sont de la forme

$$|\; x, x', x'', \ldots \quad x, a'x + b'x' + c'x'' + \ldots, a''x + b''x' + c''x'' + \ldots, \ldots \;|$$

où les $n-1$ coefficients a', a'',... sont quelconques, et les coefficients b', c',...; b'', c'',...;... tels, que leur déterminant soit premier à m, ce qui peut se faire de $\Omega(m^{n-1})$ manières distinctes : donc

$$N = m^{n-1}\Omega(m^{n-1}), \quad \text{d'où} \quad \Omega(m^n) = [m, n]\, m^{n-1}\Omega(m^{n-1}),$$

et par suite

$$\begin{aligned}\Omega(m^n) &= [m, n]\, m^{n-1}\,[m, n-1]\, m^{n-2}\,\Omega(m^{n-2}) = \ldots \\ &= [m, n]\, m^{n-1}\,[m, n-1]\, m^{n-2}\ldots\Omega(m),\end{aligned}$$

ce qui est la formule du théorème; car $\Omega(m)$ est évidemment égal à $[m, 1]$.

124. Soit $m = p^\lambda p_1^{\lambda_1}, \ldots, p, p_1, \ldots$ étant premiers. On calculera aisément la quantité $[m, \mu]$. En effet, il suffira pour cela : 1° de compter les m^μ systèmes de valeurs qu'on peut donner à μ nombres inférieurs à m; 2° de décompter tous les systèmes de valeurs, en nombre $\left(\frac{m}{p}\right)^\mu$ qui ont le diviseur commun p, ceux en nombre $\left(\frac{m}{p_1}\right)^\mu$ qui ont le diviseur commun p_1, etc.; 3° de rétablir les systèmes de valeurs, en nombre $\left(\frac{m}{pp_1}\right)^\mu$ qui ont à la fois les deux diviseurs communs p et p_1; car, après avoir été comptés une fois indûment, ils ont été décomptés deux fois; etc. On trouve ainsi

$$[m, \mu] = m^\mu - \left(\frac{m}{p}\right) - \left(\frac{m}{p_1}\right)^\mu - \ldots + \left(\frac{m}{pp_1}\right)^\mu + \ldots = m^\mu\left(1 - \frac{1}{p^\mu}\right)\left(1 - \frac{1}{p_1^\mu}\right)\ldots$$

Remarques. — Il résulte des formules ci-dessus que, si $m = qq'$, q et q'

étant deux facteurs premiers entre eux, on aura

$$[m, \mu] = [q, \mu][q', \mu], \quad \Omega(m^n) = \Omega(q^n)\Omega(q'^n).$$

Soit en particulier m égal à un nombre premier p : $[m, \mu]$ se réduira à $p^\mu - 1$, et $\Omega(p^n)$ à

$$(p^n - 1)p^{n-1}(p^{n-1} - 1)p^{n-2} \ldots (p - 1) = (p^n - 1)(p^n - p) \ldots (p^n - p^{n-1}),$$

résultat découvert par Galois et démontré par M. Betti.

Transformation des indices.

125. Soient

$$A = | \; x, x', \ldots \quad ax + bx' + \ldots, \; a'x + b'x' + \ldots, \ldots \; |$$

une substitution linéaire entre m^n lettres; et soient

$$(1) \qquad y \equiv \alpha x + \beta x' + \ldots, \quad y' \equiv \alpha' x + \beta' x' + \ldots, \ldots \quad (\text{mod. } m)$$

des fonctions linéaires à coefficients entiers de $x, x', \ldots$, en nombre égal à celui de ces indices, et telles, que le déterminant de $\alpha, \beta, \ldots, \alpha', \beta', \ldots$ soit premier à m. A chaque système de valeurs des fonctions $y, y', \ldots$ correspondra, en vertu des relations (1), un système bien défini de valeurs pour $x, x', \ldots$.

Au lieu de distinguer les lettres les unes des autres par la variation des indices $x, x', \ldots$, on pourra donc les distinguer par la variation de $y, y', \ldots$ considérés comme des indices indépendants; et la substitution A remplacera l'un de ces nouveaux indices, tel que $y \equiv \alpha x + \beta x' + \ldots$, par

$$\alpha(ax + bx' + \ldots) + \beta(a'x + b'x' + \ldots) + \ldots.$$

Si l'on substitue dans cette expression les valeurs de $x, x', \ldots$ en $y, y', \ldots$, on voit que A remplace l'indice y par une fonction $a_1 y + b_1 y' + \ldots$. De même pour $y', \ldots$; de telle sorte qu'on pourra écrire

$$A = | \; y, y', \ldots \quad a_1 y + b_1 y' + \ldots, \; a'_1 y + b'_1 y' + \ldots, \ldots \; |.$$

Les coefficients $a_1, b_1, \ldots$ dépendent des coefficients $a, b, \ldots$ et de $\alpha, \beta, \ldots$.

Ces derniers coefficients étant en grande partie arbitraires, on pourra se proposer de les déterminer de manière à simplifier autant que possible l'expression de la substitution A.

126. Nous donnerons le nom de *caractéristique* de la substitution A au déterminant

$$\begin{vmatrix} a-K & a' & \ldots \\ b & b'-K & \ldots \\ \ldots & \ldots & \ldots \end{vmatrix},$$

où K est une quantité arbitraire.

THÉORÈME. — *Le caractéristique d'une substitution linéaire n'est altéré par aucune transformation d'indices.*

1° En effet, supposons d'abord que les nouveaux indices que l'on prend à la place de x, x',... soient les suivants :

$$y \equiv \alpha x, \quad y' \equiv x', \ldots,$$

A deviendra

$$\left| y, y', \ldots \quad \alpha\left(\frac{ay}{\alpha} + by' + \ldots\right), \ \frac{a'y}{\alpha} + b'y' + \ldots, \ldots \right|,$$

et le déterminant correspondant sera

$$\begin{vmatrix} a-K & \frac{a'}{\alpha} & \ldots \\ \alpha b & b'-K & \ldots \\ \ldots & \ldots & \ldots \end{vmatrix} = \frac{1}{\alpha}\begin{vmatrix} \alpha(a-K) & a' & \ldots \\ \alpha b & b'-K & \ldots \\ \ldots & \ldots & \ldots \end{vmatrix} = \begin{vmatrix} a-K & a' & \ldots \\ b & b'-K & \ldots \\ \ldots & \ldots & \ldots \end{vmatrix}.$$

2° Supposons en second lieu que les nouveaux indices soient respectivement

$$y \equiv x + \beta x', \quad y' \equiv x', \ldots$$

La substitution A remplacera $y, y', \ldots$ par

$$(a+\beta a')x + (b+\beta b')x' + \ldots \equiv (a+\beta a')y + [b+\beta b' - \beta(a+\beta a')]y' + \ldots;$$
$$a'x + b'x' + \ldots \equiv a'y + (b' - \beta a')y' + \ldots, \ldots.$$

Le déterminant correspondant est

$$\begin{vmatrix} a+\beta a' - K & a' & \ldots \\ b+\beta b' - \beta(a+\beta a') & b' - \beta a' - K & \ldots \\ \ldots & \ldots & \ldots \end{vmatrix}.$$

Ajoutons à chaque terme de la seconde ligne horizontale le terme correspondant de la première ligne multiplié par la constante β (on sait que cela n'altère en rien la valeur du déterminant) : le déterminant prendra la forme

$$\begin{vmatrix} a+\beta a'-\mathrm{K} & a' & \dots \\ b+\beta b'-\beta\mathrm{K} & b'-\mathrm{K} & \dots \\ \dots\dots & \dots & \dots \end{vmatrix}.$$

Diminuons maintenant chaque terme de la première colonne verticale du terme correspondant de la seconde colonne multiplié par β : le déterminant se réduira à

$$\begin{vmatrix} a-\mathrm{K} & a' & \dots \\ b & b'-\mathrm{K} & \dots \\ \dots & \dots & \dots \end{vmatrix}.$$

3° Mais de même que nous avons démontré (**121**) que toute substitution linéaire peut s'obtenir en combinant ensemble les substitutions

$$|\ x, x', \dots \quad x+x', x', \dots\ |, \ |\ x, x', \dots \quad x, x'+x, \dots\ |, \dots$$
$$|\ x, x', \dots x^{n-1} \quad x, x', \dots, rx^{n-1}\ |,$$

de même on voit que toute transformation d'indices s'obtient en combinant les suivantes :

$$y \equiv x+x', y' \equiv x', \dots; \quad y \equiv x, y' \equiv x'+x, \dots; \dots;$$
$$y \equiv x, y' \equiv x', \dots, y^{n-1} \equiv rx^{n-1},$$

dont aucune n'altère le caractéristique de A, d'après ce que nous venons de voir.

§ III. — Facteurs de composition du groupe linéaire.

127. Problème. — *Trouver les facteurs de composition du groupe linéaire* G *de degré* m^n.

Premier cas. *m est divisible par plusieurs facteurs premiers différents.*

Posons $m = qq'$, q et q' étant premiers entre eux. Il est clair que les substitutions linéaires de la forme

$$\mathrm{S} = |\ x, x', \dots \quad x+q(ax+bx'+\dots), \ x'+q(a_1x+b_1x'+\dots), \dots\ |$$

forment un groupe H.

D'ailleurs qq' étant congru à o (mod. m), on obtiendra la même substitution en donnant, dans la formule ci-dessus, à $a, b, \ldots, a_1, b_1, \ldots, \ldots$ deux systèmes de valeurs congrus suivant le module q'.

L'ordre de H sera donc égal au nombre des systèmes de valeurs de $a, b, \ldots, a_1, b_1, \ldots, \ldots$, incongrus suivant le module q', qui donnent au déterminant de S une valeur première à m. Il est d'ailleurs évident que ce déterminant est congru à 1 (mod. q). Donc, pour être premier à m, il suffira qu'il le soit à q'.

Or on peut déterminer deux entiers r, r', tels, que l'on ait

$$rq + r'q' = 1;$$

cela fait, on pourra mettre S sous la forme

$$| x, x', \ldots \quad r'q'x + q[(a+r)x + bx' + \ldots)], \; r'q'x' + q[a_1 x + (b_1 + r)x' + \ldots], \ldots |.$$

On voit maintenant que pour que son déterminant soit premier à q', il faut et il suffit que le déterminant

$$\begin{vmatrix} a+r & b & \ldots \\ a_1 & b_1 + r & \ldots \\ \ldots\ldots & \ldots\ldots & \ldots \end{vmatrix}$$

soit lui-même premier à q', condition qui se trouve satisfaite par $\Omega(q'^n)$ systèmes de valeurs de $a+r, b, \ldots, a_1, b_1 + r, \ldots, \ldots$, auxquels correspondent autant de systèmes de valeurs pour $a, b, \ldots, a_1, b_1, \ldots, \ldots$.

De même les substitutions de la forme

$$S' = | x, x', \ldots \quad x + q'(a'x + b'x' + \ldots), \; x' + q'(a'_1 x + b'_1 x' + \ldots), \; \ldots |$$

forment un groupe H', ayant pour ordre $\Omega(q^n)$.

128. *Les substitutions de* H *sont échangeables à celles de* H'; car, formant les substitutions SS_1, S_1S, et remarquant que $qq' \equiv 0$ (mod. m), il vient

$$SS_1 = S_1 S = \begin{vmatrix} x & x + q(ax + bx' + \ldots) + q'(a'x + b'x' + \ldots) \\ x' & x' + q(a_1 x + b_1 x' + \ldots) + q'(a'_1 x + b'_1 x' + \ldots) \\ \ldots & \ldots\ldots\ldots\ldots\ldots\ldots\ldots\ldots\ldots\ldots \end{vmatrix}.$$

Soient $S_1, \ldots, S_\mu, \ldots$ les diverses substitutions de H; $S'_1, \ldots, S'_{\mu'}, \ldots$ celles de H' : les substitutions de la forme $S_\mu S'_{\mu'}$ seront toutes distinctes. Car soit

$$S_\mu S'_{\mu'} = S_\nu S'_{\nu'}, \quad \text{d'où} \quad S_\mu^{-1} S_\nu = S'_{\mu'} S'^{-1}_{\nu'}.$$

En vertu de cette égalité, la substitution $S_\mu^{-1}S_\nu$ sera commune aux deux groupes H et H'. Mais toute substitution commune à ces deux groupes doit remplacer $x, x', \ldots$ par

$$x+qq'(ax+bx'+\ldots)\equiv x,\quad x'+qq'(a_1x+b_1x'+\ldots)\equiv x',\ldots.$$

Elle se réduit donc à l'unité. Donc

$$S_\mu = S_\nu,\quad \text{d'où}\quad S'_{\mu'} = S'_{\nu'}.$$

Le nombre des substitutions distinctes de la forme $S_\mu S'_{\mu'}$ est donc égal à $\Omega(q'^n)\Omega(q^n) = \Omega(m^n)$, nombre total des substitutions de G. Donc *toute substitution de* G *est de la forme* $S_\mu S'_{\mu'}$.

129. Cela posé, soient $y, y', \ldots$ des indices en même nombre que $x, x', \ldots$ et variables de o à q'_{-1}; considérons les substitutions

$$\Sigma = |\; y, y' \ldots \quad q[(a+r)y+by'+\ldots],\; q[a_1y+(b_1+r)y'+\ldots],\ldots \;| \quad (\text{mod. } q')$$

respectivement correspondantes aux substitutions

$$S = \left|\begin{array}{ll} x & r'q'x+q[(a+r)x+bx'+\ldots] \\ x' & r'q'x'+q[a_1x+(b_1+r)x'+\ldots] \\ \ldots & \ldots\ldots\ldots\ldots\ldots\ldots\ldots\ldots \end{array}\right| \quad (\text{mod. } m).$$

Si l'on met dans Σ, pour $a, b, \ldots, a_1, b_1, \ldots, \ldots$, les $\Omega(q'^n)$ systèmes de valeurs dont ils sont susceptibles, on obtiendra autant de substitutions essentiellement distinctes, toutes linéaires. Mais l'ordre du groupe linéaire $\mathfrak{H}$ de degré q'^n est précisément $\Omega(q'^n)$. Donc toutes ses substitutions sont de la forme Σ.

Les deux groupes H et $\mathfrak{H}$ sont isomorphes sans mériédrie; car à chaque substitution de l'un correspond une seule substitution de l'autre; et l'on voit aisément, en tenant compte des relations

$$qq'\equiv 0 \;(\text{mod. } m),\quad r'q'.r'q'\equiv r'q'(1-rq)\equiv r'q' \quad (\text{mod. } m),$$

qu'au produit de deux des substitutions S correspond le produit de leurs correspondantes. Les deux groupes H et $\mathfrak{H}$ sont donc isomorphes.

On voit de même que les substitutions de H' peuvent être mises sous la forme

$$S' = \left|\begin{array}{ll} x & rqx+q'[(a'+r')x+b'x'+\ldots] \\ x' & rqx'+q'[a'_1x+(b'_1+r')x'+\ldots] \end{array}\right| \quad (\text{mod. } m),$$

et que ce groupe est isomorphe sans mériédrie au groupe linéaire $\mathfrak{H}'$, de degré q^n, formé par les substitutions

$$\Sigma' = | \; z, z', \ldots \quad q'[(a'+r')z+b'z'+\ldots], \quad q'[a'_1 z+(b'_1+r')z'+\ldots], \ldots \; | \quad (\text{mod.}\, q).$$

130. *La suite des facteurs de composition de* G *est formée des facteurs de composition de* $\mathfrak{H}$ *et de* $\mathfrak{H}'$.

Soient en effet $f, f_1, \ldots$ les facteurs de composition de $\mathfrak{H}$: on pourra déterminer une suite de groupes $\mathfrak{H}, \mathfrak{I}, \mathfrak{K}, \ldots$ ayant respectivement pour ordre $\Omega(q'^n)$, $\frac{1}{f}\Omega(q'^n)$, $\frac{1}{ff_1}\Omega(q'^n), \ldots$, et tels : 1° que chacun soit contenu dans le précédent et permutable à ses substitutions; 2° qu'il ne soit contenu dans aucun groupe plus général jouissant de cette double propriété.

Soient de même $f', f'_1, \ldots$ les facteurs de composition de $\mathfrak{H}'$: on pourra déterminer une suite de groupes $\mathfrak{H}', \mathfrak{I}', \mathfrak{K}', \ldots$ ayant respectivement pour ordres $\Omega(q^n)$, $\frac{1}{f'}\Omega(q^n)$, $\frac{1}{f'f'_1}\Omega(q^n), \ldots$ et jouissant d'une double propriété analogue à la précédente.

Cela posé, soient I, K,... les groupes respectivement formés par la combinaison de celles des substitutions de H qui correspondent à celles de $\mathfrak{I}$, $\mathfrak{K}, \ldots$ avec les substitutions de H'; I', K',... les groupes formés par celles des substitutions de H' qui correspondent à celles de $\mathfrak{I}', \mathfrak{K}', \ldots$. Les ordres respectifs des groupes G, I, K,..., H', I', K',... seront évidemment

$$\Omega(m^n), \quad \frac{1}{f}\Omega(m^n), \quad \frac{1}{ff_1}\Omega(m^n), \ldots, \quad \Omega(q^n), \quad \frac{1}{f'}\Omega(q^n), \quad \frac{1}{f'f'_1}\Omega(q^n), \ldots.$$

Mais il est aisé de voir : 1° que chacun de ces groupes est contenu dans le précédent et permutable à ses substitutions; 2° qu'il n'est contenu dans aucun groupe plus général jouissant de cette double propriété.

En effet, considérons par exemple le groupe K. Soient $S_\mu S'_{\mu'}$ une quelconque de ses substitutions; $S_\nu S'_\nu$ une substitution quelconque de I : la substitution $(S_\nu S'_\nu)^{-1} S_\mu S'_{\mu'} . S_\nu S'_\nu$ appartiendra à K. En effet, cette substitution est égale à $S_\nu^{-1} S_\mu S_\nu . S'^{-1}_\nu S'_{\mu'} S'_\nu$: or S_ν, S_μ ont pour correspondantes dans $\mathfrak{H}$ des substitutions Σ_ν, Σ_μ qui appartiennent respectivement à $\mathfrak{I}$ et à $\mathfrak{K}$: Σ_ν sera donc, par définition, permutable à ce dernier groupe : donc $\Sigma_\nu^{-1} \Sigma_\mu \Sigma_\nu$ appartient à $\mathfrak{K}$. Sa correspondante $S_\nu^{-1} S_\mu S_\nu$ appartient donc à K. Il en est de même de la substitution $S'^{-1}_\nu S'_{\mu'} S'_\nu$ qui appartient à H'.

D'autre part, s'il existait un groupe L plus général que K, qui fût contenu dans I et permutable à ses substitutions, il est clair que le groupe $\mathfrak{L}$ formé par les correspondantes de ses substitutions serait plus général que $\mathfrak{K}$, contenu dans $\mathfrak{J}$ et permutable à ses substitutions, ce qui est supposé impossible.

Les facteurs de composition de G seront donc, ainsi que nous l'avons annoncé $f, f_1, \ldots, f', f'_1, \ldots$.

131. Si q, q' ne sont pas des puissances de nombre premiers, on raisonnera sur eux comme sur m, et l'on finira par ramener le problème au cas où m est une puissance d'un nombre premier.

132. Deuxième cas. *m est une puissance d'un nombre premier, telle que p^λ. Le problème se ramènera au cas où m est premier.*

En effet, à chaque substitution

$$S = | \ x, x', \ldots \quad ax + bx' + \ldots, a'x + b'x' + \ldots, \ldots \ | \pmod{p^\lambda}$$

du groupe linéaire G de degré $(p^\lambda)^n$ faisons correspondre la suivante :

$$\Sigma = | \ y, y', \ldots \quad ay + by' + \ldots, a'y + b'y' + \ldots, \ldots \ | \pmod{p}.$$

L'ensemble de ces substitutions Σ donnera le groupe linéaire $\mathcal{G}$ de degré p^n. Il est d'ailleurs évident qu'au produit de deux substitutions quelconques de G correspond le produit de leurs correspondantes. Le groupe $\mathcal{G}$ est donc isomorphe à G.

Soient $f, f_1, \ldots$ les facteurs de composition de $\mathcal{G}$; $\mathcal{G}, \mathfrak{J}, \mathfrak{K}, \ldots, 1$ une suite de groupes ayant respectivement pour ordres $\Omega(p^n), \frac{1}{f}\Omega(p^n), \frac{1}{ff_1}\Omega(p^n), \ldots, 1$ et tels : 1° que chacun d'eux soit contenu dans le précédent et permutable à ses substitutions; 2° qu'il ne soit contenu dans aucun groupe plus général jouissant des mêmes propriétés. Soient I, K, ..., M les groupes respectivement formés par celles des substitutions de G dont les correspondantes appartiennent aux groupes $\mathfrak{J}, \mathfrak{K}, \ldots, 1$. Ils contiennent respectivement $\Omega(m^n)$, $\frac{1}{f}\Omega(m^n), \frac{1}{ff_1}\Omega(m^n), \ldots$ substitutions : car chaque substitution de $\mathcal{G}$ correspond au même nombre de substitutions de G; donc les substitutions $\mathfrak{J}, \mathfrak{K}, \ldots$, formant la $f^{\text{ième}}$ partie, la $ff_1^{\text{ième}}$ partie, etc. du nombre total des substitutions de $\mathcal{G}$, correspondront à la $f^{\text{ième}}$, à la $ff_1^{\text{ième}}$ partie, etc. du nombre total des substitutions de G.

Cela posé, on voit, comme (130), que les groupes G, I, K, ..., M forment une suite telle : 1° que chacun de ces groupes est contenu dans le précédent et permutable à ses substitutions; 2° qu'il n'est contenu dans aucun groupe plus général jouissant de cette double propriété. Donc *les facteurs de composition de* G *seront $f, f_1, \ldots$ et les facteurs de composition de* M.

133. Cherchons à déterminer ces derniers facteurs.

Celles des substitutions de G qui ont pour correspondante l'unité, lesquelles constituent le groupe M, sont évidemment les suivantes :

$$T = | x, x', \ldots \quad x + p(\alpha x + \beta x' + \ldots), \; x' + p(\alpha' x + \beta' x' + \ldots), \ldots | \pmod{p^\lambda},$$

et chacun des n^2 coefficients $\alpha, \beta, \ldots, \alpha', \beta', \ldots$ pouvant prendre toutes les valeurs possibles entre zéro et $p^{\lambda-1} - 1$, le nombre de ces substitutions sera $p^{(\lambda-1)n^2}$.

Soient T', T'' deux de ces substitutions, on voit sans peine qu'on a

$$T'T'' = T''T'.T_1,$$

T_1 étant une substitution de la forme

$$T_1 = | x, x', \ldots \quad x + p^2(\alpha_1 x + \beta_1 x' + \ldots), \; x' + p^2(\alpha'_1 x + \beta'_1 x' + \ldots), \ldots | \pmod{p^\lambda}.$$

On aura de même, entre une substitution T'_1 de cette dernière forme et une substitution quelconque T''' de la forme T, la relation

$$T'_1 T''' = T''' T'_1 . T_2,$$

T_2 étant de la forme

$$T_2 = | x, x', \ldots \quad x + p^3(\alpha_2 x + \beta_2 x' + \ldots), \; x' + p^3(\alpha'_2 x + \beta'_2 x' + \ldots), \ldots | \pmod{p^\lambda}.$$

On continuera ainsi jusqu'à ce qu'on arrive aux substitutions

$$T_{\lambda-2} = \left| \begin{matrix} x & x + p^{\lambda-1}(\alpha_{\lambda-2} x + \beta_{\lambda-2} x' + \ldots), \\ x' & x' + p^{\lambda-1}(\alpha'_{\lambda-2} x + \beta'_{\lambda-2} x' + \ldots), \\ \ldots & \ldots\ldots\ldots\ldots\ldots\ldots \end{matrix} \right| \pmod{p^\lambda},$$

qui seront échangeables à toutes les substitutions T.

On remarquera enfin que les substitutions de M sont permutables à chacun des groupes $M_1, M_2, \ldots$ formés respectivement par les substitutions des formes $T_1, T_2, \ldots$. En effet, l'égalité $T'_1 T''' = T''' T'_1 T_2$, par exemple, montre que la transformée de T'_1 par T''' est égale à $T'_1 T_2$, et par suite appartient au groupe M_1.

134. On déduit aisément de là que *les facteurs de composition de* M *sont tous égaux à p*.

En effet, soient A une substitution de M qui n'appartienne pas à M_1, A^r la première de ses puissances successives qui fait partie de M_1 : les substitutions de la forme $A^\rho T_1$, où $\rho < r$, sont toutes distinctes; car d'une relation telle que $A^\rho T'_1 = A^\sigma T''_1$, on déduirait $A^{\rho-\sigma} = T''_1 T_1'^{-1}$, ce qui est impossible par hypothèse (ρ et σ étant moindres que r), à moins qu'on n'ait $\rho = \sigma$, d'où $T''_1 = T'_1$. On peut d'ailleurs supposer r premier; car si l'on avait $r = r_1 r_2$, r_1 étant premier, on pourrait choisir à la place de A la substitution A^{r_2}, dont la puissance r_1 se réduit à la forme T_1.

Si M contient quelque substitution qui ne soit pas de la forme $A^\rho T_1$, soient B l'une d'elles, B^s la première de ses puissances qui se ramène à cette forme : les substitutions de la forme $B^\sigma A^\rho T_1$, où $\sigma < s$, sont évidemment toutes distinctes. On peut d'ailleurs supposer s premier. Si M contient quelque autre substitution, on continuera de même jusqu'à ce qu'on en ait épuisé le nombre. Supposons, pour fixer les idées, que les substitutions de M soient toutes de la forme $B^\sigma A^\rho T$. Les groupes formés respectivement des substitutions $B^\sigma A^\rho T_1$, $A^\rho T_1$, T_1 ont pour ordres $\Omega = p^{(\lambda-1)n^2}$, $\frac{\Omega}{s}$, $\frac{\Omega}{rs}$. Donc s et r divisent Ω, et par suite se réduisent à p. D'ailleurs chacun des groupes ci-dessus est contenu dans le précédent et permutable à ses substitutions. Car on a, par exemple,

$$B^{-1} A^\rho T_1 B = B^{-1} A^\rho B . B^{-1} T_1 B;$$

mais on a une égalité de la forme

$$A^\rho B = B A^\rho T'_1, \quad \text{d'où} \quad B^{-1} A^\rho B = A^\rho T'_1,$$

T'_1 appartenant à M_1. D'autre part, on a une égalité de la forme

$$B^{-1} T_1 B = T''_1,$$

T''_1 appartenant encore à M_1 : donc

$$B^{-1} A^\rho T_1 B = A^\rho T'_1 T''_1.$$

Donc le groupe formé par les substitutions de la forme $A^\rho T_1$ est permutable à B : il l'est d'ailleurs à ses propres substitutions; donc il l'est à toutes les substitutions de la forme $B^\sigma A^\rho T_1$.

Donc les facteurs de composition de M sont $r = s = p$, et les facteurs de composition de M_1. On voit de même que les facteurs de composition de M_1 sont égaux, les uns à p, les autres à ceux de M_2; etc.

135. Troisième cas. *m est un nombre premier p.*

Soient α, β, ... les facteurs premiers, égaux ou non, dont le produit donne $p-1$; r une racine primitive de la congruence $r^{p-1}\equiv 1 \pmod{p}$; G_α, $G_{\alpha\beta}$,... les groupes partiels formés par celles des substitutions de G dont le déterminant est une puissance de r^α, $r^{\alpha\beta}$,...; enfin $G_{p-1}=\Gamma$ celui formé par les substitutions de déterminant 1.

Soient δ le plus grand commun diviseur de n et de $p-1$; α', β',... les facteurs premiers, égaux ou non, dont le produit donne δ; r' une racine primitive de la congruence $r'^\delta\equiv 1 \pmod{p}$; H, $H_{\alpha'}$, $H_{\alpha'\beta'}$,... les groupes formés par les substitutions qui multiplient tous les indices par une même puissance de r', par une même puissance de $r'^{\alpha'}$, etc.

Théorème. — *Les facteurs de composition de* G *sont* α, β,..., $\frac{\Omega(p^n)}{(p-1)\delta}$, α', β',... (*à moins qu'on n'ait* $p^n=2^2$ *ou* 3^2).

Il est clair que les groupes

$$G,\ G_\alpha,\ G_{\alpha\beta},\ \ldots,\ \Gamma,\ H,\ H_{\alpha'},\ H_{\alpha'\beta'},\ \ldots,\ 1$$

ont respectivement pour ordre

$$\Omega(p^n),\quad \frac{\Omega(p^n)}{\alpha},\quad \frac{\Omega(p^n)}{\alpha\beta},\ \ldots,\quad \frac{\Omega(p^n)}{p-1},\quad \delta,\quad \frac{\delta}{\alpha'},\quad \frac{\delta}{\alpha'\beta'},\ \ldots,\quad 1,$$

et que les substitutions de chacun d'eux sont permutables à celles du suivant. D'ailleurs les nombres α, β,..., α', β',... étant premiers, on ne peut intercaler entre G_α et $G_{\alpha\beta}$, par exemple, aucun nouveau groupe qui soit contenu dans G_α et contienne $G_{\alpha\beta}$: car son ordre devrait être à la fois un diviseur de $\frac{\Omega(p^n)}{\alpha}$ et un multiple de $\frac{\Omega(p^n)}{\alpha\beta}$, ce qui est absurde, β étant premier. Si donc on établit qu'on ne peut intercaler entre Γ et H aucun groupe plus général que H qui soit contenu dans Γ et permutable à ses substitutions, le théorème sera démontré.

Pour établir cette proposition, nous montrerons que *si un groupe* I *plus général que* H *est contenu dans* Γ *et permutable à ses substitutions, il contiendra nécessairement toutes les substitutions de* Γ.

136. Supposons, pour fixer les idées, $n=3$. Soit

$$S=|\,x,x',x''\quad ax+bx'+cx'',\ a'x+b'x'+c'x'',\ a''x+b''x'+c''x''\,|$$

une substitution de I qui ne fasse pas partie de H et qui, par suite, ne multiplie pas tous les indices par un même facteur.

On vérifie sans peine que les substitutions de H sont les seules substitutions linéaires qui soient échangeables à la fois à toutes les substitutions

$$B_{x,x'} = | x, x', x'' \quad x+x', x', x'' |, \quad B_{x',x} = | x, x', x'' \quad x, x'+x, x'' |, \ldots$$

Supposons donc, pour fixer les idées, que S ne soit pas échangeable à $B_{x,x'}$. La substitution $S^{-1} B_{x,x'}^{-1} S B_{x,x'} = T$ ne se réduira pas à l'unité et appartiendra à I, car S appartient par hypothèse à ce groupe ainsi que sa transformée $B_{x,x'}^{-1} S B_{x,x'}$ ($B_{x,x'}$ appartenant au groupe Γ). Mais il est aisé de voir que cette substitution est de la forme

$$| x, x', x'' \quad \alpha x + \beta x' + \gamma x'', x' - a' X, x'' - a'' X |,$$

X étant la fonction linéaire que S^{-1} fait succéder à x'.

137. Cela posé, si l'on a à la fois $a' \equiv a'' \equiv 0$, on aura $\alpha \equiv 1$ (le déterminant de T devant se réduire à 1), et l'on pourra supposer $\beta \equiv 1$, $\gamma \equiv 0$. Car admettons que cela n'ait pas lieu : β, γ ne peuvent être à la fois congrus à zéro, T ne se réduisant pas à l'unité. Soit par exemple $\gamma \gtrless 0 \pmod{p}$: on ramènerait T à la forme voulue en prenant pour indices indépendants, au lieu de x, x', x'', ceux-ci : x, $\beta x' + \gamma x''$ et x'.

Soit donc

$$T = | x, x', x'' \quad x+x', x', x'' | = B_{x,x'};$$

Γ contenant la substitution

$$U = | x, x', x'' \quad x', x, -x'' |$$

et ses analogues, I contiendra les transformées de T par ces substitutions, puis les transformées de ces transformées, etc., substitutions parmi lesquelles se trouvent évidemment toutes les suivantes : $B_{x,x'}$, $B_{x',x}$, ...

Or ces substitutions, combinées entre elles, reproduisent toutes celles de Γ : car toute substitution linéaire V est de la forme ΣΘ (**121**), Θ étant dérivée de ces substitutions et Σ une substitution de la forme

$$\Sigma = | x, x', x'' \quad x, x', rx'' |.$$

Si l'on veut en outre que cette substitution appartienne à Γ, il faudra que son déterminant r soit égal à 1; d'où $\Sigma = 1$, $V = \Theta$.

138. Soit au contraire $a' \gtrless 0 \pmod{p}$. Prenons pour indices indépendants, au lieu de x, x', x'', ceux-ci : x, x', $x'' - \frac{a''}{a'} x' = u$: le nouvel indice u n'étant pas altéré par T, cette substitution prendra une forme telle que la suivante :

$$| x, x', u \quad ax + bx' + cu, \; a'x + b'x' + c'u, \; u |.$$

1° Si c et c' ne sont pas nuls à la fois, I contiendra la substitution

$$T^{-1} B_{u,x}^{-1} T B_{u,x} = | x, x', u \quad x - cu, \; x' - c'u, \; u |,$$

laquelle diffère de l'unité. Supposons par exemple que c ne soit pas nul; prenons pour indices indépendants $-\frac{x}{c} \equiv y$, $x' - \frac{c'}{c} x \equiv z$, u : T prendra la forme

$$| y, z, u \quad y + u, \; z, \; u | = B_{y,u},$$

et, combinée à ses transformées par les substitutions de Γ, reproduira, comme dans le cas précédent, toutes les substitutions de Γ.

2° Soit au contraire $c \equiv c' \equiv 0$. La substitution T ne se réduisant pas à l'unité, on ne peut avoir à la fois $a \equiv b' \equiv 1$, $a' \equiv b \equiv 0$. Soit par exemple $(a - 1) \gtrless 0$ ou $b \gtrless 0 \pmod{p}$: I contient la substitution

$$T^{-1} B_{x,u}^{-1} T B_{x,u} = | x, x', u \quad x - (a-1)u, \; x' - bu, \; u |,$$

et l'on peut achever le raisonnement comme dans le premier cas.

139. La démonstration ci-dessus s'applique évidemment à tous les cas où le nombre des indices surpasse 2; il nous reste à examiner le cas de deux indices seulement.

Soit donc $n = 2$, et soit S une substitution de I qui ne multiplie pas les deux indices par un même facteur. Il existe évidemment une fonction y des indices x, x' qu'elle ne multiplie pas par un facteur constant. Soit y' la nouvelle fonction par laquelle S remplace y : prenant y et y' pour indices indépendants, S prendra la forme

$$S = | y, y' \quad y', \; cy + dy' |,$$

et c sera congru à -1, S ayant 1 pour déterminant.

1° Si $d \gtrless 0 \pmod{p}$, Γ contient la substitution

$$T = | y, y' \quad \alpha y, \; -\alpha^{-1} y |,$$

et H contiendra

$$U = T^{-1} ST.S = | \, y, y' \quad -\alpha^{-1} y, \; -d(1+\alpha^{-1})y - \alpha^2 y' \, |.$$

Il contiendra donc U^2. Or si l'on pose en particulier $\alpha = 1$ et si l'on remplace y par un autre indice $z \equiv 4dy$ (ce qui peut se faire si $p > 2$), U^2 prend la forme suivante

$$| \, z, y' \quad z, y' + z \, | = B_{y', 1},$$

et, combinée à ses transformées par les Γ, reproduit tout le groupe Γ.

2° Soit au contraire $d \equiv 0$. Si $p > 5$, on peut choisir α de telle sorte que $\alpha^4 \gtrless 1 \pmod{p}$; soit β un entier tel que l'on ait

$$\beta(\alpha^4 - 1) \equiv 1 \pmod{p}:$$

I contient la substitution

$$(B_{y,y'}^{-1} U B_{y,y'} U^{-1})^\beta = B_{y,y'},$$

laquelle, combinée à ses transformées par les substitutions de Γ, reproduira encore le groupe Γ.

3° Soit enfin $d = 0$ et $p = 5$. Prenons pour indices indépendants

$$z \equiv 2y + y', \quad z' \equiv -2y + y',$$

S prendra la forme suivante

$$| \, z, z' \quad 2z, \; -2z' \, |,$$

et I contiendra la substitution

$$S.B_{z,z'}^{-1} S^{-1} B_{z,z'} = B_{z,z'},$$

laquelle, combinée à ses transformées par les substitutions de Γ, reproduira ce groupe.

140. Il ne reste plus qu'à examiner ce qui arrive lorsque p^n se réduit à 2^2 ou à 3^2.

Or si $p^n = 2^2$, on vérifie immédiatement que les substitutions du groupe linéaire G, dont l'ordre est $(2^2-1)(2^2-2) = 6$, sont permutables au groupe partiel d'ordre 3 formé par les puissances de la substitution $| \, x, x' \quad x', x + x' \, |$. Les facteurs de composition cherchés sont donc 2 et 3.

Si $p^n = 3^2$, on vérifiera de même : 1° que les substitutions de G, en nombre $(3^2-1)(3^2-3) = 48$, dérivent des suivantes :

$$A = \begin{vmatrix} x & 2x \\ x' & x+x' \end{vmatrix},\quad B = \begin{vmatrix} x & x' \\ x' & 2x+x' \end{vmatrix},\quad C = \begin{vmatrix} x & -x' \\ x' & x \end{vmatrix},\quad D = \begin{vmatrix} x & x+x' \\ x' & x-x' \end{vmatrix},\quad E = \begin{vmatrix} x & 2x \\ x' & 2x' \end{vmatrix};$$

2° que les groupes

$$G = (A, B, C, D, E),\quad (B, C, D, E),\quad (C, D, E),\quad (D, E),\quad (E)$$

ont respectivement pour ordre 48, 24, 8, 4, 2; 3° que chacun d'eux est permutable aux substitutions du précédent. Les facteurs de composition cherchés seront donc 2, 3, 2, 2, 2.

§ IV. — Groupes primaires.

141. Un groupe Γ, contenu dans le groupe linéaire du degré m^n, est dit *primaire*, lorsque ses substitutions, combinées au groupe F formé des substitutions

$$A_{\alpha,\alpha',\ldots} = |\ x, x', \ldots, x^{n-1} \quad x+\alpha, x'+\alpha', \ldots, x^{n-1}+\alpha^{n-1}\ |,$$

donnent un groupe primitif.

Il n'existe aucun groupe primaire si m n'est pas un nombre premier. En effet, soit μ un diviseur de m; répartissons les m^n lettres considérées en systèmes, en groupant ensemble celles dont les indices, divisés par μ, donnent le même système de restes. Il est évident que toute substitution linéaire, ainsi que toute substitution de F, remplacera les lettres d'un système par celles d'un même système. Le groupe dérivé de ces substitutions n'est donc pas primitif.

142. Soit maintenant m égal à un nombre premier p : on aura ce théorème :

Théorème. — *Pour que le groupe Γ soit primaire, il faut et il suffit qu'on ne puisse déterminer aucun système de fonctions distinctes $y, y', \ldots$ des indices $x, x', \ldots, x^{n-1}$, en nombre moindre que ces indices, et jouissant de la propriété que chaque substitutions de Γ remplace chacune des fonctions $y, y', \ldots$ par une fonction linéaire de $y, y', \ldots$.*

Des fonctions $y, y', \ldots$ sont dites *distinctes* si elles ne sont liées par aucune relation linéaire telle que

$$ry + r'y' + \ldots \equiv 0 \pmod{p}.$$

143. 1° *Cette condition est nécessaire.* En effet, supposons qu'elle ne soit pas remplie. *On pourra prendre $y, y', \ldots$ pour indices indépendants, à la place d'un pareil nombre d'indices de la suite $x, x', \ldots, x^{n-1}$.* Soit en effet $y \equiv \alpha x + \beta x' + \ldots$: l'un au moins des coefficients $\alpha, \beta, \ldots$, par exemple α, différera de o (mod. p), et l'on pourra évidemment prendre $y, x', \ldots, x^{n-1}$ pour indices indépendants à la place de $x, x', \ldots, x^{n-1}$. Exprimons y' en fonction de ces nouveaux indices; soit $y' \equiv \alpha' y + \beta' x' + \ldots$. Comme, par hypothèse, y' et y ne sont liés par aucune relation linéaire, l'un au moins des coefficients $\beta', \ldots$, par exemple β', différera de o (mod. p). On pourra donc prendre $y, y', \ldots, x^{n-1}$ pour indices indépendants à la place de $y, x', \ldots, x^{n-1}$; etc.

Cela posé, les substitutions de Γ prendront la forme

$$|y, y', \ldots, x^{n-1} \quad ay + by' + \ldots, a'y + b'y' + \ldots, \ldots, a^{n-1}y + b^{n-1}y' + \ldots + e^{n-1}x^{n-1}|,$$

et celles de F, accroissant évidemment de quantités constantes les quantités $y, y', \ldots$ fonctions linéaires des indices primitifs, prendront la forme

$$|y, y', \ldots, x^{n-1} \quad y + \alpha, y' + \alpha', \ldots, x^{n-1} + \alpha^{n-1}|.$$

Si maintenant l'on répartit les lettres en systèmes, en groupant ensemble celles pour lesquelles $y, y', \ldots$ ont le même système de valeurs, il est clair que chaque substitution de Γ ou de F remplacera les lettres de chaque système par celles d'un même système. Le groupe dérivé de ces substitutions n'est donc pas primitif.

144. 2° *Cette condition est suffisante.* Car nous allons démontrer qu'elle ne saurait être remplie, dans l'hypothèse où les substitutions de Γ, combinées avec celles de F, ne formeraient pas un groupe primitif.

Considérons deux lettres quelconques appartenant à un même système, et soient respectivement $x_0, x'_0, x''_0, \ldots$; $x_0 + \alpha_0, x'_0 + \alpha'_0, x''_0 + \alpha''_0, \ldots$ les valeurs des indices qui les caractérisent : F contient la substitution

$$S_0 = |x, x', x'', \ldots \quad x + \alpha_0, x' + \alpha'_0, x'' + \alpha''_0, \ldots|,$$

qui remplace la première de ces lettres par la seconde. Cela posé, la substitution S_0 remplace une lettre quelconque $x_1, x'_1, x''_1, \ldots$ par une lettre

$x_1+\alpha_0$, $x'_1+\alpha'_0$, $x''_1+\alpha''_0,\ldots$, laquelle appartiendra nécessairement au même système.

En effet, considérons la substitution

$$S_1 = | \, x, x', x'', \ldots \quad x+x_1-x_0, \; x'+x'_1-x'_0, \; x''+x''_1-x''_0, \ldots \, |.$$

Elle remplace les deux lettres x_0, x'_0, $x''_0,\ldots$ et $x_0+\alpha_0$, $x'_0+\alpha'_0$, $x''_0+\alpha''_0,\ldots$ respectivement par x_1, x'_1, $x''_1,\ldots$ et $x_1+\alpha_0$, $x'_1+\alpha'_0$, $x''_1+\alpha''_0,\ldots$, et comme les deux premières lettres appartiennent à un même système, il en est de même, par hypothèse, de celles qui leur succèdent.

Donc F contient des substitutions telles que S_0, *qui ne déplacent pas les systèmes et sont différentes de l'unité.*

145. Soit

$$S_0 = | \, x, x', x'', \ldots \quad x+\alpha_0, \; x'+\alpha'_0, \; x''+\alpha''_0, \ldots \, |$$

une de ces substitutions : l'une au moins des constantes α_0, α'_0, $\alpha''_0,\ldots$ diffère de o (mod. p); soit par exemple $\alpha_0 \gtrless 0 \pmod{p}$. Prenons pour indices indépendants, au lieu de x, x', $x'',\ldots$, les suivants :

$$y \equiv \frac{1}{\alpha_0} x, \quad y' \equiv x' - \frac{\beta_0}{\alpha_0} x, \quad y'' \equiv x'' - \frac{\gamma_0}{\alpha_0} x, \ldots \pmod{p}.$$

La substitution S_0 prendra la forme

$$S_0 = | \, y, y', y'', \ldots \quad y+1, \; y', \; y'', \ldots \, |,$$

et celles de F prendront la forme générale

$$| \, y, y', y'', \ldots \quad y+\beta, \; y'+\beta', \; y''+\beta'', \ldots \, |.$$

Les puissances de S_0 ne déplacent pas les systèmes : si F contient une substitution nouvelle

$$S_1 = | \, y, y', y'', \ldots \quad y+\beta_0, \; y'+\beta'_0, \; y''+\beta''_0, \ldots \, |,$$

différente de celles-là et qui ne déplace pas les systèmes, la substitution

$$S_1 S_0^{-\beta_0} = | \, y, y', y'', \ldots \quad y, \; y'+\beta'_0, \; y''+\beta''_0, \ldots \, |$$

ne les déplacera pas non plus, et comme par hypothèse elle ne se réduit pas à l'unité, l'un au moins des coefficients β'_0, $\beta''_0,\ldots$ sera différent de o (mod. p). Soit par exemple $\beta'_0 \gtrless 0 \pmod{p}$. Prenons pour indices indépendants, au lieu de $y, y', y'', \ldots$, les suivants :

$$z \equiv y,\quad z' \equiv \frac{1}{\beta'_0} y',\quad z'' \equiv y'' - \frac{\beta''_0}{\beta'_0} y', \ldots \quad (\bmod. p).$$

On aura

$$S_0 = | z, z', z'', \ldots \quad z+1, z', z'', \ldots |, \qquad S_1 = | z, z', z'', \ldots \quad z, z'+1, z'', \ldots |,$$

les substitutions de F prenant la forme

$$| z, z', z'', \ldots \quad z+\gamma, z'+\gamma', z''+\gamma'', \ldots |.$$

Les substitutions de la forme $S_0^a S_1^b$ ne déplacent pas les systèmes : si F contient une substitution nouvelle S_2, différente de celles-là, et qui ne les déplace pas non plus, on pourra déterminer comme précédemment une transformation d'indices qui mette S_0, S_1, S_2 sous les formes suivantes :

$$S_0 = | u, u', u'', \ldots \quad u+1, u', u'', \ldots |,$$
$$S_1 = | u, u', u'', \ldots \quad u, u'+1, u'', \ldots |,$$
$$S_2 = | u, u', u'', \ldots \quad u, u', u''+1, \ldots |,$$

les substitutions de F étant de la forme

$$| u, u', u'', \ldots \quad u+\delta, u'+\delta', u''+\delta'', \ldots |.$$

On continuera ainsi jusqu'à ce qu'on ait épuisé le nombre des substitutions qui ne déplacent pas les systèmes : on atteindra toujours ce résultat avant d'avoir épuisé le nombre total des substitutions de F; car ce groupe, étant transitif, contient des substitutions qui permutent les systèmes entre eux.

146. Supposons donc, pour fixer les idées, que les substitutions S_0, S_1 et leurs dérivées $S_0^a S_1^b$, soient les seules dans F qui ne déplacent pas les systèmes, et soit

$$\Sigma = | z, z', z'', \ldots \quad f(z, z', z'', \ldots), f'(z, z', z'', \ldots), f''(z, z', z'', \ldots), \ldots |$$

une quelconque des substitutions de Γ. Les transformées de S_0, S_1 par Σ ne doivent pas déplacer les systèmes, et d'autre part elles doivent faire partie de F : elles sont donc de la forme $S_0^a S_1^b$. Soient donc

$$\Sigma^{-1} S_0 \Sigma = S_0^a S_1^b, \quad \Sigma^{-1} S_1 \Sigma = S_0^{a_1} S_1^{b_1}.$$

Ces relations, pour être satisfaites, exigeront, entre autres conditions, les suivantes :

$$f''(z+1, z', z'', \ldots) = f''(z, z', z'', \ldots),$$
$$\ldots\ldots\ldots\ldots\ldots\ldots\ldots\ldots\ldots,$$
$$f''(z, z'+1, z'', \ldots) = f''(z, z', z'', \ldots),$$
$$\ldots\ldots\ldots\ldots\ldots\ldots\ldots\ldots\ldots$$

Les fonctions $f'', \ldots$ sont donc indépendantes de z et de z'. Donc Σ remplace les indices $z'', \ldots$ par des fonctions de ces seuls indices. Donc la condition indiquée au théorème n'est pas remplie.

§ V. — Forme canonique des substitutions linéaires.

147. Soient G un groupe linéaire de degré p^n (p étant premier);

$$A = | x, x', \ldots \quad ax + bx' + \ldots, a'x + b'x' + \ldots, \ldots |$$

l'une de ses substitutions. Proposons-nous de la ramener, par une transformation d'indices, à une forme aussi simple que possible.

A remplace la fonction linéaire

$$y = \alpha x + \beta x' + \ldots$$

par

$$\alpha(ax + bx' + \ldots) + \beta(a'x + b'x' + \ldots) + \ldots,$$

expression qui se réduit à Ky si l'on a

$$(2) \qquad \alpha a + \beta a' + \ldots \equiv K\alpha, \quad \alpha b + \beta b' + \ldots \equiv K\beta, \ldots \pmod{p}.$$

Ces relations détermineront sans difficulté les rapports des quantités $\alpha, \beta, \ldots$ si la constante K satisfait à la congruence

$$\begin{vmatrix} a - K & a' & \ldots \\ b & b' - K & \ldots \\ \ldots\ldots & \ldots\ldots & \ldots \end{vmatrix} \equiv 0 \pmod{p}.$$

Cette congruence, que nous appellerons *congruence caractéristique* de A, est du degré n, et peut avoir jusqu'à n solutions différentes, $K_0, K_1, \ldots, K_{n-1}$. Soient dans ce cas $\alpha_0, \beta_0, \ldots; \alpha_1, \beta_1, \ldots; \ldots$ les systèmes de valeurs correspondantes des $\alpha, \beta, \ldots$, on verrait aisément que les fonctions

$$y_0 = \alpha_0 x + \beta_0 x' + \ldots, \quad y_1 = \alpha_1 x + \beta_1 x' + \ldots, \ldots$$

sont distinctes. En les prenant pour indices indépendants, on ramènerait la substitution A à la forme simple

$$| y_0, y_1, \ldots \quad K_0 y_0, K_1 y_1, \ldots |.$$

Mais le nombre des racines réelles de la congruence en K peut être inférieur à n : on se trouve donc naturellement conduit, pour généraliser les résultats, à introduire les racines imaginaires dont il a déjà été question au Livre Ier.

148. Décomposons le premier membre de la congruence en facteurs irréductibles. Soient F un de ces facteurs, l son degré : F étant égalé à o (mod. p) donnera l racines imaginaires distinctes, K_0, $K_0^p = K_1, \ldots, K_0^{p^{l-1}} = K_{l-1}$, satisfaisant toutes à la congruence

$$K^{p^l} \equiv K \pmod{p}.$$

A chaque valeur de K, telle que K_0, correspondront un ou plusieurs systèmes de valeurs pour les rapports des quantités $\alpha_0, \beta_0, \ldots$, en vertu des relations (2). Si ces rapports sont complétement déterminés, les diverses fonctions $y_0 = \alpha_0 x + \beta_0 x' + \ldots, \ldots$ correspondantes à la valeur $K = K_0$ sont toutes des multiples de l'une quelconque d'entre elles : mais il peut arriver que le système des relations (2) présente quelque indétermination; même en ce cas, il est clair que les diverses fonctions y relatives à cette valeur de K seront toutes des fonctions linéaires d'un certain nombre d'entre elles, y_0, $y'_0, \ldots$ qui soient *distinctes*, c'est-à-dire ne soient liées entre elles par aucune relation linéaire

$$r_0 y_0 + r'_0 y'_0 + \ldots \equiv 0 \pmod{p},$$

$r_0, r'_0, \ldots$ étant des entiers réels ou *complexes* formés avec l'imaginaire qui a été introduite.

Les coefficients $\alpha_0, \beta_0, \ldots$ de chacune de ces fonctions étant des fonctions rationnelles de K_0, qui ne sont déterminées que par leurs rapports, on peut les supposer entières, et réduites au degré $l - 1$ au plus au moyen de la congruence du degré l à laquelle K_0 satisfait.

149. Soit $U_0 = f(x, x', \ldots, K_0)$ une fonction linéaire quelconque de x, $x', \ldots$ dont les coefficients soient des entiers complexes formés avec l'imaginaire K_0. La substitution A remplacera évidemment U_0 par une autre fonction de même forme $V_0 = \varphi(x, x', \ldots, K_0)$.

Cela posé, A *remplacera chacune des fonctions* $U_\rho = f(x, x', \ldots, K_\rho)$, *conjuguées de* U_0, *par les fonctions* $V_\rho = \varphi(x, x', \ldots, K_\rho)$, *conjuguées de* V_0.

En effet, ordonnons les divers termes de U_0 et de V_0 suivant les puissances de K_0, et soient

$$U_0 = u + u_1 K_0 + \ldots + u_{l-1} K_0^{l-1}, \quad V_0 = v + v_1 K_0 + \ldots + v_{l-1} K_0^{l-1},$$

$u, u_1, \ldots, u_{l-1}, v, v_1, \ldots, v_{l-1}$ étant des fonctions réelles de $x, x', \ldots$. Pour que la substitution réelle A remplace U_0 par V_0, il faut évidemment qu'elle remplace séparément $u, u_1, \ldots$ par $v, v_1, \ldots$. Donc elle remplacera $U_\rho = u + u_1 K_\rho + \ldots + u_{l-1} K_\rho^{l-1}$ par $V_\rho = v + v_1 K_\rho + \ldots + v_{l-1} K_\rho^{l-1}$.

En particulier, *les fonctions que* A *multiplie par* K_ρ *sont les conjuguées de celles qu'elle multiplie par* K_0. Celles-ci s'exprimant linéairement au moyen de $y_0, y'_0, \ldots$, leurs conjuguées s'exprimeront linéairement au moyen de $y_\rho, y'_\rho, \ldots$.

150. *Les fonctions* $y_0, y'_0, \ldots; \ldots; y_\rho, y'_\rho, \ldots; \ldots$ *sont toutes distinctes.* Car supposons qu'on ait entre elles une relation linéaire telle que

$$(3) \qquad r_1 y_1 + r'_1 y'_1 + s_2 y_2 + t_3 y_3 \equiv 0,$$

r_1, r'_1, s_2, t_3 étant des entiers réels ou imaginaires.

La substitution A transformera $r_1 y_1 + r'_1 y'_1 + s_2 y_2 + t_3 y_3$ en

$$K_1(r_1 y_1 + r'_1 y'_1) + K_2 s_2 y_2 + K_3 t_3 y_3.$$

Cette expression doit être identiquement congrue à o (mod. p). Si on en retranche le premier membre de la congruence initiale multiplié par K_3, il viendra

$$(K_1 - K_3)(r_1 y_1 + r'_1 y'_1) + (K_2 - K_3) s_2 y_2 \equiv 0.$$

La substitution A transforme cette congruence en

$$(K_1 - K_3) K_1 (r_1 y_1 + r'_1 y'_1) + (K_2 - K_3) K_2 s_2 y_2 \equiv 0.$$

Si de cette dernière relation on retranche la précédente multipliée par K_2, il vient

$$(K_1 - K_3)(K_1 - K_2)(r_1 y_1 + r'_1 y'_1) \equiv 0,$$

identité qui peut être mise sous la forme

$$m_1 y_1 + m'_1 y'_1 \equiv 0,$$

$m_1, m'_1, \ldots$ étant des fonctions de l'imaginaire K_1. Remplaçant K_1 par sa conjuguée K_0, ce qui ne trouble pas l'identité, il viendrait

$$m_0 y_0 + m'_0 y'_0 \equiv 0.$$

Les fonctions y_0, y'_0 ne seraient donc pas distinctes, comme nous l'avons supposé.

151. Les fonctions $y_0, y'_0, \ldots; \ldots; y_\rho, y'_\rho, \ldots; \ldots$ étant distinctes, peuvent être prises pour indices indépendants à la place d'un nombre égal des indices primitifs $x, x', \ldots, x^{n-1}$ (143) (*). Cela fait, et m étant le nombre de ces fonctions, la substitution A se trouvera réduite à la forme

$$A = \left| \begin{array}{ll} y_0 & K_0 y_0 \\ y'_0 & K_0 y'_0 \\ \cdots & \cdots\cdots \\ y_1 & K_1 y_1 \\ \cdots & \cdots\cdots \\ x^m & a_1^m x^m + b_1^m x^{m+1} + \ldots + c_1^m x^{n-1} + d_1^m y_0 + e_1^m y'_0 + \ldots + f_1^m y_1 + \ldots \\ x^{m+1} & a_1^{m+1} x^m + b_1^{m+1} x^{m+1} + \ldots + c_1^{m+1} x^{n-1} + d_1^{m+1} y_0 + e_1^{m+1} y'_0 + \ldots + f_1^{m+1} y_1 + \ldots \\ \cdots & \cdots\cdots\cdots\cdots\cdots\cdots\cdots\cdots\cdots\cdots\cdots\cdots \\ x^{n-1} & a_1^{n-1} x^m + b_1^{n-1} x^{m+1} + \ldots + c_1^{n-1} x^{n-1} + d_1^{n-1} y_0 + e_1^{n-1} y'_0 + \ldots + f_1^{n-1} y_1 + \ldots \end{array} \right|.$$

Cette forme est compliquée d'imaginaires; mais il serait facile de les faire disparaître. En effet, groupons ensemble dans l'expression de chacun des indices $y_0, y'_0, \ldots$ les termes qui sont multipliés par la même puissance de K_0. Soit

$$y_0 = Y_0 + K_0 Y_1 + \ldots + K_0^{l-1} Y_{l-1}, \quad y'_0 = Y'_0 + K_0 Y'_1 + \ldots + K_0^{l-1} Y'_{l-1}, \ldots;$$

on aura, en changeant K en K_ρ,

$$y_\rho = Y_0 + K_\rho Y_1 + \ldots + K_\rho^{l-1} Y_{l-1}, \quad y'_\rho = Y' + K_\rho Y'_1 + \ldots + K_\rho^{l-1} Y'_{l-1}, \ldots$$

Les fonctions distinctes $y_0, y'_0, \ldots; \ldots; y_\rho, y'_\rho, \ldots; \ldots$ peuvent donc s'exprimer en fonction d'un nombre égal de fonctions réelles $Y_0, Y_1, \ldots, Y_{l-1}, Y'_0, Y'_1, \ldots, Y'_{l-1}, \ldots$; ces dernières fonctions seront donc elles-mêmes distinctes, et pourront réciproquement s'exprimer en fonction de $y_0, y'_0, \ldots; \ldots; y_\rho, y'_\rho, \ldots; \ldots$ par l'inversion des relations linéaires qui les lient à ces dernières quantités. Prenons $Y_0, Y_1, \ldots, Y_{l-1}, Y'_0, \ldots, Y'_{l-1}, \ldots$ pour indices indépen-

(*) Il semble à peine nécessaire de faire remarquer que les indices supérieurs dont plusieurs lettres sont affectées dans ce passage ne sont pas des exposants.

dants à la place de $y_0, y'_0, \ldots; \ldots; y_\rho, y'_\rho, \ldots; \ldots$ La substitution A, remplaçant $y_0, y'_0, \ldots; \ldots; y_\rho, y'_\rho, \ldots; \ldots$ par des fonctions de ces seules quantités, remplacera chacun des nouveaux indices $Y_0, Y_1, \ldots, Y_{t-1}, Y'_0, Y'_1, \ldots, Y'_{t-1}, \ldots$ par une fonction de $Y_0, Y_1, \ldots, Y_{t-1}, Y'_0, Y'_1, \ldots, Y'_{t-1}, \ldots$ seulement. Elle remplacera en outre x^m par la fonction

$$a_1^m x^m + b_1^m x^{m+1} + \ldots + c_1^m x^{n-1} + \delta Y_0 + \varepsilon Y_1 + \ldots + \delta' Y'_0 + \ldots,$$

en désignant par $\delta Y_0 + \varepsilon Y_1 + \ldots + \delta' Y'_0 + \ldots$ ce que devient la quantité $d_1^m y_0 + e_1^m y'_0 + \ldots + f_1^m y_1 + \ldots$ lorsqu'on y substitue pour $y_0, y'_0, \ldots, y_1, \ldots$ leurs valeurs en $Y_0, Y_1, \ldots, Y'_0, \ldots$ Cette fonction doit être réelle, et comme les indices $x^m, x^{m+1}, \ldots, x^{n-1}, Y_0, Y_1, \ldots, Y'_0, \ldots$ sont tous indépendants les uns des autres, il faudra que chacun des coefficients $a_1^m, b_1^m, \ldots, c_1^m, \delta, \varepsilon, \ldots, \delta', \ldots$ soit réel. On verrait de même que chacun des coefficients $a_1^{m+1}, \ldots, c_1^{n-1}$ sera nécessairement réel.

152. Soit λ le nombre des fonctions distinctes $y_0, y'_0, \ldots$ La substitution A a pour congruence caractéristique

$$(K_0 - K)^\lambda (K_1 - K)^\lambda \ldots \begin{vmatrix} a_1^m - K & b_1^m & \ldots & c_1^m \\ a_1^{m+1} & b_1^{m+1} - K & \ldots & c_1^{m+1} \\ \ldots & \ldots & \ldots & \ldots \\ a_1^{n-1} & b_1^{n-1} & \ldots & c_1^{n-1} - K \end{vmatrix} \equiv 0.$$

D'ailleurs la transformation d'indices n'a pas altéré le premier membre de cette congruence (126) : donc son premier membre était divisible par $(K_0 - K)^\lambda (K_1 - K)^\lambda \ldots = F^\lambda$, et le produit de ses autres facteurs irréductibles était égal au déterminant

$$\begin{vmatrix} a_1^m - K & b_1^m & \ldots & c_1^m \\ \ldots & \ldots & \ldots & \ldots \\ a_1^{n-1} & b_1^{n-1} & \ldots & c_1^{n-1} - K \end{vmatrix}.$$

Soit F' un quelconque de ces facteurs (si le déterminant est encore divisible par F, nous choisirons de préférence ce dernier facteur). Soient $K'_0, \ldots$ les racines de la congruence $F' \equiv 0$, la substitution

$$C = \begin{vmatrix} x^m & a_1^m x^m + b_1^m x^{m+1} + \ldots + c_1^m x^{n-1} \\ x^{m+1} & a_1^{m+1} x^m + b_1^{m+1} x^{m+1} + \ldots + c_1^{m+1} x^{n-1} \\ \ldots & \ldots \\ x^{n-1} & a_1^{n-1} x^{n-1} + b_1^{n-1} x^{n-1} + \ldots + c_1^{n-1} x^{n-1} \end{vmatrix}$$

pourrait, d'après ce qui précède, se mettre sous la forme

$$\left|\begin{array}{ll}
z_0 & K'_0 z_0 \\
z'_0 & K'_0 z'_0 \\
\cdots & \cdots \\
z_1 & K'_1 z_1 \\
\cdots & \cdots \\
x^{m+m'} & a_2^{m+m'} x^{m+m'} + \ldots + c_2^{m+m'} x^{n-1} + \text{fonct. lin. de } (z_0, z'_0, \ldots, z_1, \ldots) \\
\cdots & \cdots \\
x^{n-1} & a_2^{n-1} x^{m+m'} + \ldots + c_2^{n-1} x^{n-1} + \text{fonct. lin. de } (z_0, z'_0, \ldots, z_1, \ldots)
\end{array}\right|,$$

$a_2^{m+m'}, \ldots, c_2^{n-1}$ étant des coefficients réels, et $z_0, z'_0, \ldots; z_1, z'_1, \ldots; \ldots$ étant les fonctions linéaires distinctes que la substitution C multiplie respectivement par K'_0, $K'_1, \ldots$; fonctions dont les coefficients sont des fonctions entières de K'_0, $K'_1, \ldots$ et des coefficients $a_1^m, \ldots, c_1^{n-1}$.

Si l'on applique la même transformation d'indices à la substitution A, elle deviendra évidemment

$$A = \left|\begin{array}{ll}
y_0 & K_0 y_0 \\
y'_0 & K_0 y'_0 \\
\cdots & \cdots \\
y_1 & K_1 y_1 \\
\cdots & \cdots \\
z_0 & K'_0 z_0 + \text{fonct.} (y_0, y'_0, \ldots, y_1, \ldots) \\
z'_0 & K'_0 z'_0 + \text{fonct.} (y_0, y'_0, \ldots, y_1, \ldots) \\
\cdots & \cdots \\
z_1 & K'_1 z_1 + \text{fonct.} (y_0, y'_0, \ldots, y_1, \ldots) \\
\cdots & \cdots \\
x^{m+m'} & a_2^{m+m'} x^{m+m'} + \ldots + c_2^{m+m'} x^{n-1} + \text{fonct.} (y_0, y'_0, \ldots, y_1, \ldots, z_0, z'_0, \ldots, z_1, \ldots) \\
\cdots & \cdots \\
x^{n-1} & a_2^{n-1} x^{m+m'} + \ldots + c_2^{n-1} x^{n-1} + \text{fonct.} (y_0, y'_0, \ldots, y_1, \ldots, z_0, z'_0, \ldots, z_1, \ldots)
\end{array}\right|.$$

On pourra maintenant lui appliquer la transformation qui simplifie la substitution

$$\left|\begin{array}{ll}
x^{m+m'} & a_2^{m+m'} x^{m+m'} + \ldots + c_2^{m+m'} x^{n-1} \\
\cdots & \cdots \\
x^{n-1} & a_2^{n-1} x^{m+m'} + \ldots + c_2^{n-1} x^{n-1}
\end{array}\right|.$$

Continuant ainsi, on arrivera finalement à ramener la substitution A à la forme suivante :

$$\left|\begin{array}{ll}
y_0, y'_0,\ldots & K_0 y_0,\ K_0 y'_0,\ldots \\
y_1, y'_1,\ldots & K_1 y_1,\ K_1 y'_1,\ldots \\
\ldots\ldots & \ldots\ldots\ldots \\
z_0,\ldots & K'_0 z_0 + \varphi(y_0, y'_0,\ldots, y_1, y'_1,\ldots) \\
z_1,\ldots & K'_1 z_1 + \varphi_1(y_0, y'_0,\ldots, y_1, y'_1,\ldots) \\
\ldots\ldots & \ldots\ldots\ldots \\
u_0,\ldots & K''_0 u_0 + \psi(y_0, y'_0,\ldots, y_1, y'_1,\ldots, z_0,\ldots, z_1,\ldots) \\
\ldots\ldots & \ldots\ldots\ldots \\
v_0,\ldots & K'''_0 v_0 + \chi(y_0, y'_0,\ldots, y_1, y'_1,\ldots, z_0,\ldots, z_1,\ldots, u_0,\ldots) \\
\ldots\ldots & \ldots\ldots\ldots
\end{array}\right|,$$

où, pour plus de netteté, nous avons mis sur une même ligne les indices analogues.

153. La réduction ne s'arrête pas là. Supposons en effet, pour fixer les idées, que les deux facteurs F', F'' soient égaux à F, mais que le suivant F''' diffère de F. On aura $K_0 = K'_0 = K''_0$: au contraire, les racines de $F''' \equiv 0$ seront essentiellement distinctes de celles de $F \equiv 0$. Remplaçons chacun des indices $v_0,\ldots$ par un nouvel indice w_0 de la forme suivante :

$$w_0 = v_0 + \rho_0 u_0 + \ldots + \sigma_0 z_0 + \ldots + \sigma_1 z_1 + \ldots + \tau_0 y_0 + \tau'_0 y'_0 + \ldots + \tau_1 y_1 + \ldots$$

il est clair que A remplacera w_0 par une fonction de la forme

$$K'''_0 w_0 + \chi'(y_0, y'_0,\ldots, y_1,\ldots, z_0,\ldots, z_1,\ldots, u_0,\ldots).$$

Cela posé, il existe une manière et une seule de choisir les indéterminées $\rho_0,\ldots, \sigma_0,\ldots, \sigma_1,\ldots, \tau_0, \tau'_0,\ldots, \tau_1,\ldots$, de telle sorte que la fonction χ' s'évanouisse. En effet, les coefficients respectifs de $u_0,\ldots, z_0,\ldots, z_1,\ldots, y_0, y'_0,\ldots, y_1,\ldots$ dans cette fonction ont les formes suivantes :

$$(K'''_0 - K_0)\rho_0 + a,\quad (K'''_0 - K_0)\sigma_0 + b\rho_0 + c,\quad (K'''_0 - K_1)\sigma_1 + d\rho_0 + e,\ldots,$$

et, en les égalant à $0 \pmod{p}$, on déterminera successivement les valeurs de $\rho_0,\ldots, \sigma_0,\ldots, \sigma_1,\ldots$ sans impossibilité ni ambiguïté, les multiplicateurs $K'''_0 - K_0$, $K'''_0 - K_1,\ldots$ étant tous différents de $0 \pmod{p}$.

154. Les nouveaux indices $w_0,\ldots$, ainsi substitués aux $v_0,\ldots$, dépendent de $v_0,\ldots, u_0,\ldots, z_0,\ldots, z_1,\ldots, y_0, y'_0,\ldots, y_1,\ldots$, qui sont eux-mêmes liés aux indices primitifs par des relations contenant les deux imaginaires K_0, et K''_0. Il semble donc au premier abord que les expressions de $w_0, \ldots$ en fonction des indices primitifs puissent contenir à la fois ces deux imaginaires : mais on voit aisément qu'*elles ne contiennent d'autre imaginaire que* K''_0.

En effet, nous avons vu (151) que les indices imaginaires $y_0, y'_0, \ldots, y_1, y'_1, \ldots$ dépendent d'un nombre égal de fonctions réelles $Y_0, Y'_0, \ldots, Y_1, Y'_1, \ldots$, et réciproquement. De même les $z_0, \ldots, z_1, \ldots; u_0, \ldots$ dépendent d'un nombre égal de fonctions réelles $Z_0, \ldots, Z_1, \ldots; U_0, \ldots$, et réciproquement. Enfin $v_0, \ldots, v_1, \ldots$ dépendront de même de certaines fonctions réelles $V_0, \ldots, V_1, \ldots$. Soient $v_0 = f(V_0, \ldots, V_1, \ldots), \ldots, v_1 = f_1(V_0, \ldots, V_1, \ldots), \ldots$ ces relations; $V_0 = f'(v_0, \ldots, v_1, \ldots), \ldots, V_1 = f'_1(v_0, \ldots, v_1, \ldots), \ldots$ les mêmes relations renversées. Prenons pour indices indépendants les fonctions réelles ci-dessus : il est clair que la substitution A remplace $Y_0, Y'_0, \ldots, Y_1, Y'_1 \ldots; Z_0, \ldots, Z_1, \ldots; U_0, \ldots$ par des fonctions de $Y_0, Y'_0, \ldots, Y_1, Y'_1 \ldots; Z_0, \ldots, Z_1, \ldots; U_0, \ldots$ seulement et $V_0, \ldots, V_1, \ldots$ par des fonctions de la forme

$$aV_0 + \ldots + bV_1 + \ldots + \text{fonct.}(Y_0, Y'_0, \ldots, Y_1, Y'_1, \ldots; Z_0, \ldots, Z_1, \ldots; U_0, \ldots).$$

Les imaginaires ayant été éliminées, les coefficients de ces fonctions seront tous réels.

On peut maintenant se proposer de remplacer $V_0, \ldots, V_1, \ldots$ par d'autres indices $W_0, \ldots, W_1, \ldots$, de la forme

$$W_0 = V_0 + \text{fonct.}(Y_0, Y'_0, \ldots, Y_1, Y'_1, \ldots; Z_0, \ldots, Z_1, \ldots; U_0, \ldots), \ldots,$$

et choisis de telle sorte que les fonctions par lesquelles A les remplace se réduisent simplement à la forme

$$aW_0 + \ldots + bW_1 + \ldots.$$

Ce problème comporte toujours un système de solutions et un seul. En effet, on y satisfait évidemment en remplaçant

$$V_0 = f'(v_0, \ldots, v_1, \ldots), \ldots, \quad V_1 = f'_1(v_0, \ldots, v_1, \ldots), \ldots$$

par

$$W_0 = f'(w_0, \ldots, w_1, \ldots), \ldots, \quad W_1 = f'_1(w_0, \ldots, w_1, \ldots), \ldots.$$

Réciproquement, soit $[W_0], \ldots, [W_1], \ldots$ un système quelconque de solutions de ce problème : prenons pour indices indépendants $y_0, y'_0, \ldots, y_1, y'_1, \ldots; z_0, \ldots, z_1, \ldots; u_0, \ldots$ avec $[w_0] = f([W_0], \ldots, [W_1], \ldots), \ldots, [w_1] = f_1([W_0], \ldots, [W_1], \ldots), \ldots$. Il est clair que la substitution A remplacera $[w_0],\dots, [w_1],\dots$ par des fonctions de $[W_0],\dots, [W_1],\dots$ seulement : mais $[w_0],\dots, [w_1],\dots$ ont évidemment les formes suivantes :

$$v_0 + \text{fonct.}(y_0, y'_0,\dots, y_1, y'_1,\dots; z_0,\dots, z_1,\dots; u_0,\dots),\dots,$$
$$v_1 + \text{fonct.}(y_0, y'_0,\dots, y_1, y'_1,\dots; z_0,\dots, z_1,\dots; u_0,\dots),\dots,$$

et le seul système de fonctions de cette forme que A remplace par des expressions dont $y_0, y'_0,\dots, y_1, y'_1,\dots; z_0,\dots, z_1,\dots; u_0,\dots$ aient disparu est celui des $w_0,\dots, w_1,\dots$. Donc $[w_0],\dots, [w_1],\dots$ se confondent avec $w_0,\dots, w_1,\dots$, et par suite $[W_0],\dots, [W_1],\dots$ avec $W_0,\dots, W_1,\dots$.

Cela posé, la substitution A étant exprimée au moyen des indices indépendants $Y_0, Y'_0,\dots, Y_1, Y'_1,\dots; Z_0,\dots, Z_1,\dots; U_0,\dots; V_0,\dots, V_1,\dots$, on pourra obtenir $W_0,\dots, W_1,\dots$ par la méthode des coefficients indéterminés. Il faudra résoudre pour cela un système de relations linéaires à coefficients réels : les fonctions $W_0,\dots, W_1,\dots$ sont donc réelles; d'autre part, les coefficients des fonctions $f(V_0,\dots, V_1,\dots),\dots, f_1(V_0,\dots, V_1,\dots),\dots$ sont des fonctions entières de la seule imaginaire K'''_0: donc $w_0 = f(W_0,\dots, W_1,\dots),\dots, w_1 = f_1(W_0,\dots, W_1,\dots),\dots$ ne contiennent que cette seule imaginaire.

Remarquons en outre que les indices $v_0,\dots, v_1,\dots$ étant des imaginaires conjuguées, il en sera de même des nouveaux indices $w_0,\dots, w_1,\dots$ par lesquels on les remplace.

155. La substitution A sera ainsi ramenée à la forme

$$\left|\begin{array}{ll} y_0, y'_0,\dots & K_0 y_0,\ K_0 y'_0,\dots \\ y_1, y'_1,\dots & K_1 y_1,\ K_1 y'_1,\dots \\ \dots\dots & \dots\dots \\ z_0,\dots & K_0 z_0 + \varphi(y_0, y'_0,\dots, y_1, y'_1,\dots),\dots \\ z_1,\dots & K_1 z_1 + \varphi_1(y_0, y'_0,\dots, y_1, y'_1,\dots),\dots \\ \dots\dots & \dots\dots \\ u_0,\dots & K_0 u_0 + \psi(y_0, y'_0,\dots, y_1, y'_1,\dots; z_0,\dots, z_1,\dots),\dots \\ \dots\dots & \dots\dots \\ w_0,\dots & K'''_0 w_0,\dots \\ \dots\dots & \dots\dots \end{array}\right|,$$

où les indices sont répartis en systèmes tels, que les indices de chaque système soient remplacés par des fonctions linéaires des indices du même système : le premier système comprenant les indices $y_0, y'_0,\dots, y_1, y'_1,\dots; z_0,\dots, z_1,\dots; u_0,\dots$ relatifs au facteur irréductible F; le second comprenant les indices $w_0,\dots$ relatifs au facteur F''', etc.

Considérons seulement les indices du premier système, et remplaçons

$z_0, \ldots, u_0, \ldots$ par de nouveaux indices

$$[z_0] = z_0 + \rho y_1 + \rho' y'_1 + \ldots, \ldots, \quad [u_0] = u_0 + \sigma z_1 + \ldots + \tau y_1 + \tau' y'_1 + \ldots, \ldots :$$

A remplace ces nouveaux indices par des fonctions de la forme

$$K_0[z_0] + \varphi'(y_0, y'_0, \ldots, y_1, y'_1, \ldots), \ldots, \quad K_0[u_0] + \psi'(y_0, y'_0, \ldots, y_1, y'_1, \ldots; z_0, \ldots, z_1, \ldots], \ldots,$$

et on pourra profiter des constantes arbitraires $\rho, \rho', \ldots, \sigma, \ldots, \tau, \tau', \ldots$, de manière à faire disparaître $y_1, y'_1, \ldots, z_1, \ldots$ de ces nouvelles fonctions. On aura pour cela à résoudre des congruences linéaires des formes suivantes :

$$\begin{array}{lll} (K_0 - K_1)\rho + a \equiv 0, & (K_0 - K_1)\rho' + a' \equiv 0, \ldots, & \\ (K_0 - K_1)\sigma + b \equiv 0, \ldots, & (K_0 - K_1)\tau + c\rho + d \equiv 0, & (K_0 - K_1)\tau' + c'\rho + d' \equiv 0, \\ \ldots\ldots & \ldots\ldots & \ldots\ldots, \end{array}$$

qui détermineront sans difficulté $\rho, \rho', \ldots, \sigma, \ldots$, puis $\tau, \tau', \ldots$ (K_0 étant différent de K_1); d'ailleurs $K_1, a, a', \ldots, b, \ldots, c, d, c', d', \ldots$ étant des nombres complexes formés avec la seule imaginaire K_0, il en sera de même de $\rho, \rho', \ldots, \sigma, \ldots, \tau, \tau', \ldots$. Les nouveaux indices $[z_0], \ldots, [u_0], \ldots$ sont donc des fonctions des indices primitifs ne contenant que l'imaginaire K_0. Prenons maintenant pour indices indépendants, à la place de $z_1, \ldots, u_1, \ldots$, les fonctions $[z_1], \ldots, [u_1], \ldots$ respectivement conjuguées de $[z_0], \ldots, [u_0], \ldots$: A, les remplaçant par les fonctions conjuguées de celles par lesquelles elle remplace $[z_0], \ldots, [u_0], \ldots$ (149), prendra la forme suivante (en supprimant les crochets désormais inutiles qui entourent les indices $[z_0], \ldots, [u_0], \ldots, [z_1], \ldots, [u_1], \ldots$ et changeant l'ordre des indices de manière à grouper ensemble ceux qui correspondent à la même racine K_q) :

$$A = \left| \begin{array}{ll} y_0, y'_0, \ldots & K_0 y_0, K_0 y'_0, \ldots \\ z_0, z'_0, \ldots & K_0 z_0 + \varphi(y_0, y'_0, \ldots), K_0 z'_0 + \varphi'(y_0, y'_0, \ldots), \ldots \\ u_0, u'_0, \ldots & K_0 u_0 + \psi(z_0, z'_0, \ldots) + \chi(y_0, y'_0, \ldots), K_0 u'_0 + \psi'(z_0, z'_0, \ldots) + \chi'(y_0, y'_0, \ldots), \ldots \\ \ldots\ldots & \ldots\ldots \\ y_1, y'_1, \ldots & K_1 y_1, K'_1 y'_1, \ldots \\ \ldots\ldots & \ldots\ldots \\ w_0, \ldots & K''_0 w_0, \ldots \\ \ldots\ldots & \ldots\ldots \end{array} \right|.$$

On voit que les indices du système considéré se partagent ici en l séries conjuguées, $y_0, y'_0, \ldots, z_0, \ldots, u_0, \ldots; y_1, y'_1, \ldots, z_1, \ldots, u_1, \ldots; \ldots$, respectivement correspondantes à chacune des l racines $K_0, K_1, \ldots$ du facteur irréductible F.

156. On peut encore opérer une dernière simplification. Remarquons dans ce but que les diverses fonctions $\psi(z_0, z'_0,\ldots)$, $\psi'(z_0, z'_0,\ldots),\ldots$ relatives aux indices $u_0, u'_0,\ldots$ sont essentiellement distinctes. Car si l'on avait une relation de la forme

$$r\psi(z_0, z'_0,\ldots) + r'\psi'(z_0, z'_0,\ldots) + \ldots = 0,$$

A remplacerait la fonction $U = ru_0 + r'u'_0 + \ldots$ par $K_0 U$ plus des termes en $y_0, y'_0,\ldots$. Mais, par hypothèse, les fonctions qui jouissent de cette propriété sont celles qui résultent de la combinaison de $z_0, z'_0,\ldots, y_0, y'_0,\ldots$, ce qui n'a pas lieu pour U. *A fortiori*, les fonctions $Z_0, Z'_0,\ldots$, définies par les relations

$$K_0 Z_0 = \psi(z_0, z'_0,\ldots) + \chi(y_0, y'_0,\ldots), \quad K_0 Z'_0 = \psi'(z_0, z'_0,\ldots) + \chi'(y_0, y'_0,\ldots),\ldots$$

seront distinctes. D'ailleurs A remplace une quelconque de ces fonctions, telle que Z, par $K_0 Z$ plus des termes en $y_0, y'_0,\ldots$. Si donc on prend pour indices indépendants $Z_0, Z'_0,\ldots$ à la place d'un nombre égal des indices $z_0,\ldots$, la forme générale de la substitution A ne sera pas changée, et $u_0, u'_0,\ldots$ seront simplement remplacés par $K_0(u_0 + Z_0)$, $K_0(u'_0 + Z'_0),\ldots$.

On pourra ensuite opérer une transformation analogue, remplaçant tout ou partie des indices $y_0, y'_0,\ldots$ par de nouveaux indices $Y_0, Y'_0,\ldots$, choisis de telle sorte que A remplace les indices $Z_0, Z'_0,\ldots, z_0^{(\lambda)},\ldots$ respectivement par $K_0(Z_0 + Y_0)$, $K_0(Z'_0 + Y'_0),\ldots$.

Continuant cette réduction, on finira par amener A à la forme suivante (nous n'écrivons que les indices de la première série) :

$$A = \begin{vmatrix} Y_0, Y'_0,\ldots & K_0 Y_0, K_0 Y'_0,\ldots \\ Z_0, Z'_0,\ldots & K_0(Z_0 + Y_0), K_0(Z'_0 + Y'_0),\ldots \\ u_0,\ldots & K_0(u_0 + Z_0),\ldots \\ \ldots\ldots & \ldots\ldots\ldots\ldots \end{vmatrix},$$

ou, en groupant les indices d'une autre manière qui fasse mieux ressortir la loi de la substitution,

$$A = \begin{vmatrix} Y_0, Z_0, u_0,\ldots & K_0 Y_0, K_0(Z_0 + Y_0), K_0(u_0 + Z_0),\ldots \\ Y'_0, Z'_0,\ldots & K_0 Y'_0, K_0(Z'_0 + Y'_0),\ldots \\ \ldots\ldots\ldots & \ldots\ldots\ldots\ldots\ldots\ldots \end{vmatrix}.$$

Les indices de la série se trouvent ainsi partagés en suites distinctes $Y_0, Z_0, u_0,\ldots$; $Y'_0, Z'_0,\ldots$; $\ldots$, que A altère séparément suivant une loi simple.

Pour simplifier de même l'expression des altérations que A fait subir à une autre série quelconque $y_1, y'_1, \ldots$ conjuguée de celle-là, il suffira de prendre pour indices indépendants, à la place de $y_1, y'_1, \ldots$, les fonctions Y_1, $Z_1, u_1, \ldots$; $Y'_1, Z'_1, \ldots$; ... conjuguées de $Y_0, Z_0, u_0, \ldots$; $Y'_0, Z'_0, \ldots$; ... : A les remplacera respectivement par les fonctions $K_1 Y_1$, $K_1(Z_1 + Y_1)$, $K_1(u_1 + Z_1), \ldots$; ... conjuguées de $K_0 Y_0$, $K_0(Z_0 + Y_0)$, $K_0(u_0 + Z_0), \ldots$; ....

157. Nous pouvons donc énoncer le théorème suivant :

Théorème. — *Soit*

$$A = | \; x, x', \ldots \quad ax + bx' + \ldots, \; a'x + b'x' + \ldots, \ldots \; |$$

une substitution linéaire quelconque à coefficients entiers entre n indices variables chacun de o *à* $p - 1$;

Soient F, F', ... *les facteurs irréductibles de la congruence de degré n*

$$\begin{vmatrix} a - K & a' & \ldots \\ b & b' - K & \ldots \\ . & \ldots\ldots & \ldots \end{vmatrix} \equiv 0 \pmod{p};$$

$l, l', \ldots$ *leurs degrés respectifs;* $m, m', \ldots$ *leurs degrés de multiplicité;*

On pourra remplacer les n indices indépendants $x, x', \ldots$ *par d'autres indices jouissant des propriétés suivantes :*

1° *Ces indices se partagent en systèmes correspondants aux divers facteurs* F, F', ... *et contenant respectivement* $lm, l'm', \ldots$ *indices;*

2° *Soient* $K_0, K_1, \ldots, K_{l-1}$ *les racines de la congruence irréductible* $F \equiv 0 \pmod{p}$; *les* lm *indices du système correspondant à* F *se partagent en l séries correspondantes aux racines* $K_0, K_1, \ldots, K_{l-1}$;

3° *Les indices de la première série de ce système sont des fonctions linéaires des indices primitifs, dont les coefficients sont des entiers complexes formés avec l'imaginaire* K_0 *: ils constituent une ou plusieurs suites* $y_0, z_0, u_0, \ldots$; $y'_0, z'_0, \ldots$; ... (*) *telles, que* A *remplace les indices* $y_0, z_0, u_0, \ldots$ *d'une même suite respectivement par* $K_0 y_0$, $K_0(z_0 + y_0)$, $K_0(u_0 + z_0), \ldots$;

4° *Les indices de la* $r + 1^{\text{ième}}$ *série sont les fonctions* $y_r, z_r, u_r, \ldots$; $y'_r, z'_r, \ldots$; ..., *respectivement conjuguées des précédentes, que l'on forme en y*

(*) Nous désignons ici par $y_0, z_0, \ldots$ les indices qui étaient appelés $Y_0, Z_0, \ldots$ dans le cours de la démonstration (156).

remplaçant K_0 *par* K_r; A *les remplace respectivement par* $K_r y_r$, $K_r(z_r + y_r)$, $K_r(u_r + z_r), \ldots; \ldots$

Cette forme simple

$$\left|\begin{array}{ll} y_0, z_0, u_0, \ldots, y'_0, \ldots & K_0 y_0, K_0(z_0+y_0), K_0(u_0+z_0), \ldots, K_0 y'_0, \ldots \\ y_1, z_1, u_1, \ldots, y'_1, \ldots & K_1 y_1, K_1(z_1+y_1), K_1(u_1+z_1), \ldots, K_1 y'_1, \ldots \\ \ldots\ldots\ldots\ldots & \ldots\ldots\ldots\ldots\ldots\ldots\ldots\ldots \\ v_0, \ldots & K'_0 v_0, \ldots \\ \ldots\ldots & \ldots\ldots \end{array}\right|$$

à laquelle on peut ramener la substitution A par un choix d'indices convenable, sera pour nous sa forme *canonique*.

§ VI. — Questions diverses.

Ordre des substitutions linéaires.

158. Problème I. — *Former* à priori *la puissance* λ *d'une substitution donnée* A.

Ramenons la substitution A à sa forme canonique, comme il est indiqué au théorème précédent. On voit, par une induction immédiate et facile à vérifier de proche en proche, que A^λ est égal à

$$\left|\begin{array}{ll} y_0, z_0, u_0, \ldots, y'_0, \ldots & K_0^\lambda y_0, K_0^\lambda(z_0+\lambda y_0), K_0^\lambda\left[u_0+\lambda z_0+\frac{\lambda(\lambda-1)}{2}y_0\right], \ldots, K_0^\lambda y'_0, \ldots \\ y_1, z_1, u_1, \ldots, y'_1, \ldots & K_1^\lambda y_1, K_1^\lambda(z_1+\lambda y_1), K_1^\lambda\left[u_1+\lambda z_1+\frac{\lambda(\lambda-1)}{2}y_1\right], \ldots, K_1^\lambda y'_1, \ldots \\ \ldots\ldots\ldots\ldots & \ldots\ldots\ldots\ldots\ldots\ldots\ldots\ldots\ldots\ldots \\ v_0, \ldots & K_0'^\lambda v_0, \ldots \\ \ldots\ldots & \ldots\ldots \end{array}\right|,$$

et cette substitution pourra être aisément exprimée au moyen des indices primitifs $x, x', \ldots$. En effet, $y_0, z_0, u_0, \ldots, y'_0, \ldots, y_1, z_1, u_1, \ldots, y'_1, \ldots, v_0, \ldots$ étant donnés en fonction de $x, x', \ldots$, on aura, en renversant ces relations,

$$\begin{aligned} x &= \chi(y_0, z_0, u_0, \ldots, y'_0, \ldots, y_1, z_1, u_1, \ldots, y'_1, \ldots, v_0, \ldots), \\ x' &= \chi'(y_0, z_0, u_0, \ldots, y'_0, \ldots, y_1, z_1, u_1, \ldots, y'_1, \ldots, v_0, \ldots), \\ &\ldots\ldots\ldots\ldots\ldots\ldots\ldots\ldots\ldots\ldots \end{aligned}$$

A^λ remplacera donc $x, x', \ldots$ respectivement par $\chi[K_0^\lambda y_0, K_0^\lambda(z_0+\lambda y_0), \ldots]$,

$\chi'[K_0^\lambda y_0, K_0^\lambda(z_0+\lambda y_0),\ldots],\ldots$: substituant dans ces dernières fonctions à la place de $y_0, z_0,\ldots$ leurs valeurs en $x, x',\ldots$, on aura l'expression de la substitution A^λ rapportée aux indices primitifs $x, x',\ldots$.

159. **Problème II.** — *Trouver l'ordre de la substitution* A.

L'ordre de la substitution A est, par définition, la plus petite valeur de λ telle, que A^λ se réduise à l'unité. Pour que cela ait lieu, il faut qu'on ait simultanément

$$(4)\quad K_0^\lambda \equiv K_1^\lambda \equiv \ldots \equiv 1,\quad K_0^\lambda\lambda \equiv 0,\quad K_0^\lambda\frac{\lambda(\lambda-1)}{2}\equiv 0,\ldots,\quad K_0'^\lambda \equiv 1,\ldots \pmod{p}.$$

Soit ρ le nombre d'indices contenu dans la plus nombreuse des suites $y_0, z_0, u_0,\ldots; y'_0,\ldots; y_1, z_1, u_1,\ldots; y'_1,\ldots;\ldots; v_0,\ldots$: on aura ainsi

$$(5)\qquad \lambda\equiv 0,\quad \frac{\lambda(\lambda-1)}{2}\equiv 0,\ldots,\quad \frac{\lambda(\lambda-1)(\lambda-\rho+2)}{1.2\ldots(\rho-1)}\quad \pmod{p}.$$

Supposons, pour fixer les idées, que p^q soit la plus haute puissance de p inférieure à ρ : les relations (5) montrent que λ est divisible par p^{q+1}; et réciproquement, tout nombre divisible par p^{q+1}, mis à la place de λ, satisfera à ces relations.

En effet, la première de ces relations montre que λ est divisible par p. Soit p^α la plus haute puissance de p qui divise λ : α ne peut être $< q+1$; en effet, si cela avait lieu, parmi les relations (5), on aurait la suivante :

$$\frac{\lambda(\lambda-1)\ldots(\lambda-p^\alpha+1)}{1.2\ldots p^\alpha}\equiv 0 \pmod{p}.$$

Or, λ étant divisible par p^α, il est clair que, pour tout nombre μ inférieur à p^α, $\lambda-\mu$ et μ seront divisibles par la même puissance de p : donc les deux produits $(\lambda-1)\ldots(\lambda-p^\alpha+1)$ et $1.2\ldots(p^\alpha-1)$ contiennent le facteur p le même nombre de fois. Donc $\lambda(\lambda-1)\ldots(\lambda-p^\alpha+1)$ et $1.2\ldots p^\alpha$ contiendraient le facteur p le même nombre de fois, et par suite $\frac{\lambda(\lambda-1)\ldots(\lambda-p^\alpha+1)}{1.2\ldots p^\alpha}$ ne pourrait être divisible par p.

Réciproquement, si λ est divisible par p^{q+1}, toutes les relations (5) sont satisfaites; car soit $\frac{\lambda(\lambda-1)\ldots(\lambda-r+1)}{1.2\ldots r}\equiv 0 \pmod{p}$ l'une d'elles; r étant moindre que p^{q+1}, contiendra le facteur p à une moins haute puissance que λ; d'autre part $(\lambda-1)\ldots(\lambda-r+1)$ sera divisible par la même puissance de p que $1.2\ldots(r-1)$: donc la relation sera satisfaite.

Pour que A^λ se réduise à l'unité, il faudra en outre satisfaire aux relations $K_0^\lambda \equiv K_1^\lambda \equiv \ldots \equiv 1$, $K_0'^\lambda \equiv 1, \ldots$. Soient respectivement $\delta, \delta', \ldots$ les plus petits nombres qui, mis à la place de λ, satisfont séparément à ces diverses relations, d le plus petit multiple de $\delta, \delta', \ldots$: λ devra être divisible par d.

Or d est premier à p; car si $K_0, K'_0, \ldots$ sont respectivement des imaginaires d'ordre $\nu, \nu', \ldots$, on aura $K_0^{p^\nu-1} \equiv 1$, $K_0'^{p^{\nu'}-1} \equiv 1, \ldots$. Désignons par μ le plus petit multiple de $\nu, \nu', \ldots$: $p^\mu - 1$ sera un multiple de $p^\nu - 1, p^{\nu'} - 1, \ldots$: ce sera donc un multiple de chacune des quantités $\delta, \delta', \ldots$, et par suite un multiple de d. Mais il est premier à p : donc d l'est également.

Le nombre λ devant être un multiple de chacun des deux nombres d et p^{q+1}, premiers entre eux, sera un multiple de dp^{q+1}. Réciproquement, il est clair que $A^{dp^{q+1}}$ se réduit à l'unité : donc $\lambda = dp^{q+1}$.

160. *Remarque.* — Si la substitution A se réduisait à la forme

$$| y_0, y'_0, \ldots, y_1, y'_1, \ldots, v_0, \ldots \quad K_0 y_0, K_0 y'_0, \ldots, K_1 y_1, K_1 y'_1, \ldots, K'_0 v_0, \ldots |,$$

où chaque indice est multiplié par un simple facteur constant, les relations (4) se réduiraient aux suivantes :

$$K_0^\lambda \equiv K_1^\lambda \equiv \ldots \equiv 1, \quad K_0'^\lambda \equiv 1, \ldots,$$

et λ se réduirait à d.

161. Corollaire. — Si l'ordre de A est égal à p, on aura $K_0^p \equiv 1$, d'où $K_0^{p^\nu} \equiv 1$. Mais on a d'autre part $K_0^{p^\nu-1} \equiv 1$, d'où $K_0 \equiv K_0^{p^\nu} \equiv 1$. On a de même $K_1 \equiv 1, \ldots, K'_0 \equiv 1, \ldots$. Donc la congruence caractéristique de toute substitution linéaire d'ordre p a ses racines réelles et égales à l'unité. Cette substitution peut donc être ramenée à la forme canonique par une transformation d'indices *réelle*.

Substitutions échangeables à une substitution donnée.

162. Problème III. — *Déterminer la forme générale et le nombre des substitutions linéaires échangeables à une substitution linéaire donnée* A.

Supposons A ramenée à la forme canonique, et soit, pour fixer les idées,

$$A = | y_0, z_0, y_1, z_1, v, \quad K_0 y_0, K_0(z_0 + y_0), K_1 y_1, K_1(z_1 + y_1), K' v |.$$

Pour qu'une autre substitution linéaire

$$B = | y_0, z_0, y_1, \ldots \quad ay_0 + bz_0 + cy_1 + dz_1 + ev, \; a'y_0 + b'z_0 + \ldots, \; a''y_0 + \ldots, \ldots |$$

soit échangeable à A, il faudra que les deux substitutions AB et BA remplacent chaque indice par des fonctions respectivement identiques; d'où les relations de condition

$$aK_0y_0 + bK_0(z_0 + y_0) + cK_1y_1 + dK_1(z_1 + y_1) + eK'v$$
$$\equiv K_0(ay_0 + bz_0 + cy_1 + dz_1 + ev),$$

$$a'K_0y_0 + b'K_0(z_0 + y_0) + c'K_1y_1 + d'K_1(z_1 + y_1) + e'K'v$$
$$\equiv K_0(a'y_0 + b'z_0 + c'y_1 + d'z_1 + e'v + ay_0 + bz_0 + cy_1 + dz_1 + ev),$$

. . . .

Égalant les coefficients de chaque indice dans les deux membres de chacune de ces relations, il vient, entre autres relations, les suivantes :

$$eK' \equiv K_0e, \qquad dK_1 \equiv K_0d, \qquad cK_1 + dK_1 \equiv K_0c,$$
$$e'K' \equiv K_0e' + K_0e, \quad d'K_1 \equiv K_0d' + K_0d, \quad c'K_1 + d'K_1 \equiv K_0c' + K_0c,$$

et comme K_1 et K' ne sont pas congrus à K_0, on en conclura nécessairement $e \equiv 0$, $d \equiv 0$, puis $c \equiv 0$, $d' \equiv 0$, $e' \equiv 0$, et enfin $c' \equiv 0$.

Donc, *pour que la substitution* B *soit échangeable à* A, *il est nécessaire qu'elle remplace les indices* y_0, z_0 *d'une même série par des fonctions de ces seuls indices.*

163. Soit donc

$$B = | y_0, z_0, y_1, z_1, v, \quad a_0y_0 + b_0z_0, \; a'_0y_0 + b'_0z_0, \; a_1y_1 + b_1z_1, \; a'_1y_1 + b'_1z_1, \; cv |.$$

On sait que les indices imaginaires y_0, z_0, y_1, z_1 peuvent s'exprimer en fonction d'un nombre égal d'indices réels Y_0, Y_1, Z_0, Z_1, et réciproquement. Cela posé, B sera le produit de deux substitutions distinctes

$$B' = | y_0, z_0, y_1, z_1, v, \quad a_0y_0 + b_0z_0, \; a'_0y_0 + b'_0z_0, \; a_1y_1 + b_1z_1, \; a'_1y_1 + b'_1z_1, \; v |,$$
$$B'' = | y_0, z_0, y_1, z_1, v, \quad y_0, z_0, y_1, z_1, cv |,$$

dont la première remplace Y_0, Y_1, Z_0, Z_1 (fonctions linéaires de y_0, z_0, y_1, z_1) par des fonctions linéaires de y_0, z_0, y_1, z_1, ou, ce qui revient au même, par des fonctions linéaires de Y_0, Y_1, Z_0, Z_1, sans altérer ν, tandis que la seconde altère au contraire l'indice ν, sans altérer y_0, z_0, y_1, z_1, et, par suite, sans altérer Y_0, Y_1, Z_0, Z_1.

La substitution A est de même le produit de deux autres, A′ et A″, altérant, l'une les indices Y_0, Y_1, Z_0, Z_1, l'autre l'indice ν.

Pour que B représente une substitution réelle, dont le déterminant ne soit pas congru à zéro et qui soit échangeable à A, il est clair qu'il est nécessaire et suffisant que B′ et B″ soient séparément des substitutions réelles, dont les déterminants ne soient pas congrus à zéro, et qui soient respectivement échangeables à A′ et à A″.

164. Cherchons donc comment B′ doit être déterminé pour satisfaire aux conditions ci-dessus.

Soient $y_0 = Y_0 + K_0 Y_1$, $z_0 = Z_0 + K_0 Z_1$, $y_1 = Y_0 + K_1 Z_1$, $z_1 = Z_0 + K_1 Y_1$ les relations qui existent entre les indices imaginaires y_0, z_0, y_1, z_1 et les indices réels Y_0, Y_1, Z_0, Z_1. La substitution B′, pour être réelle, devra remplacer ces derniers indices par des fonctions réelles : elle remplacera donc en particulier les indices $y_0 = Y_0 + K_0 Y_1, \ldots$ par des fonctions de Y_0, Y_1, Z_0, Z_1 et de K_0. Remplaçant dans ces fonctions Y_0, Y_1, Z_0, Z_1 par leurs valeurs en fonction de y_0, z_0, y_1, z_1, on voit que B′ *remplace chacun des indices y_0, z_0, y_1, z_1 par une fonction de ces mêmes indices, dont les coefficients ne contiennent d'autre imaginaire que K_0.*

D'ailleurs *les fonctions $a_1 y_1 + b_1 z_1$, $a'_1 y_1 + b'_1 z_1$, par lesquelles elle remplace y_1, z_1, sont conjuguées des fonctions $a_0 y_0 + b_0 z_0$, $a'_0 y_0 + b'_0 z_0$, par lesquelles elle remplace y_0, z_0* (149).

En second lieu, le déterminant de B′ est évidemment égal au produit des déterminants $\begin{vmatrix} a_0 & b_0 \\ a'_0 & b'_0 \end{vmatrix}$, $\begin{vmatrix} a_1 & b_1 \\ a'_1 & b'_1 \end{vmatrix}$: donc pour qu'il ne soit pas congru à zéro, il *sera nécessaire que* $\begin{vmatrix} a_0 & b_0 \\ a'_0 & b'_0 \end{vmatrix}$ *ne soit pas congru à zéro.*

Enfin, la substitution réelle B′ est le produit de deux opérations imaginaires

$$B'_0 = | \, y_0, z_0, y_1, z_1, \nu \quad a_0 y_0 + b_0 z_0, a'_0 y_0 + b'_0 z_0, y_1, z_1, \nu \, |,$$
$$B'_1 = | \, y_0, z_0, y_1, z_1, \nu \quad y_0, z_0, a_1 y_1 + b_1 z_1, a'_1 y_1 + b'_1 z_1, \nu \, |,$$

dont l'une altère les indices y_0 et z_0 seulement, et l'autre les indices y_1 et z_1; A′ peut être de même décomposée en deux opérations imaginaires, A'_0 et A'_1, altérant respectivement les indices y_0, z_0 et les indices y_1, z_1.

Pour que l'on ait $B'A' = A'B'$, il faut que ces deux substitutions fassent subir la même altération aux indices y_0, z_0. Mais ces altérations sont respectivement représentées par $B'_0A'_0$ et par $A'_0B'_0$: *il faut donc que* A'_0 *et* B'_0 *soient échangeables entre elles.*

165. Réciproquement, *toute substitution* B' *satisfaisant aux conditions qui viennent d'être trouvées est réelle; son déterminant n'est pas congru à zéro; enfin elle est échangeable à* A'.

En effet, soit

$$a_0 y_0 + b_0 z_0 = [Y_0] + K_0[Y_1], \quad \text{d'où} \quad a_1 y_1 + b_1 z_1 = [Y_0] + K_1[Y_1],$$

$[Y_0]$ et $[Y_1]$ étant des fonctions réelles. La substitution B' remplaçant $y_0 = Y_0 + K_0 Y_1$ par $[Y_0] + K_0[Y_1]$ et $y_1 = Y_0 + K_1 Y_1$ par $[Y_0] + K_1[Y_1]$, remplacera Y_0 et Y_1 par $[Y_0]$ et $[Y_1]$, qui sont des fonctions réelles; de même, elle remplacera Z_0, Z_1 par des fonctions réelles.

En second lieu, le déterminant de B' ne sera pas congru à zéro; car il est égal à $\begin{vmatrix} a_0 & b_0 \\ a'_0 & b'_0 \end{vmatrix} \cdot \begin{vmatrix} a_1 & b_1 \\ a'_1 & b'_1 \end{vmatrix}$; mais le déterminant $\begin{vmatrix} a_1 & b_1 \\ a'_1 & b'_1 \end{vmatrix}$, qui se déduit de $\begin{vmatrix} a_0 & b_0 \\ a'_0 & b'_0 \end{vmatrix}$ en y remplaçant K_0 par $K_1 = K_0^p$, est congru à $\begin{vmatrix} a_0 & b_0 \\ a'_0 & b'_0 \end{vmatrix}^p \pmod{p}$. Le déterminant de B' se réduit donc à $\begin{vmatrix} a_0 & b_0 \\ a'_0 & b'_0 \end{vmatrix}^{p+1} \pmod{p}$, quantité non congrue à zéro.

Enfin B' sera échangeable à A'; car $B'A'$ et $A'B'$ font subir les mêmes altérations aux indices y_0, z_0, et font en outre subir à y_1, z_1 des altérations conjuguées de celles-là, et par suite identiques.

166. Les considérations qui viennent d'être développées sur un exemple particulier sont évidemment applicables à tous les cas, et permettent d'énoncer le théorème suivant :

Théorème. — *Une substitution linéaire* A, *étant ramenée à sa forme canonique, peut être considérée comme étant le produit d'un certain nombre d'opérations partielles* $A_0, A_1, \ldots, A'_0, \ldots$, *consistant chacune à altérer les indices d'une seule série, en les remplaçant respectivement par certaines fonctions linéaires de ces mêmes séries.*

Toute substitution linéaire B *échangeable à* A *sera de même le produit d'opérations partielles, altérant chacune les indices d'une seule série, qu'elle remplace par des fonctions linéaires de ces mêmes indices.*

Soient $y_0, z_0, \ldots; y_1, z_1, \ldots; \ldots; y_{l-1}, z_{l-1}, \ldots$ *l'ensemble des séries qui consti-*

tuent un même système, correspondant à un facteur irréductible dont les racines sont $K_0, K_1, \ldots, K_{l-1}$. *Soient* $A_0, A_1, \ldots, A_{l-1}$ *et* $B_0, B_1, \ldots, B_{l-1}$ *les altérations que* A *et* B *font respectivement subir aux indices de ces diverses séries. L'opération* B_0 *consistera à remplacer les indices* $y_0, z_0, \ldots$ *par des fonctions* $a_0 y_0 + b_0 z_0 + \ldots$, $a'_0 y_0 + b'_0 z_0 + \ldots, \ldots$ *de ces mêmes indices, dans lesquelles les coefficients* $a_0, b_0, \ldots; a'_0, b'_0, \ldots; \ldots$ *sont des entiers complexes formés avec l'imaginaire* K_0. *Ces entiers complexes peuvent être quelconques, pourvu qu'ils satisfassent aux deux conditions suivantes :*

1° *Le déterminant* $\begin{vmatrix} a_0 & b_0 & \ldots \\ a'_0 & b'_0 & \ldots \\ \ldots & \ldots & \ldots \end{vmatrix}$ *est* $\gtrless 0 \pmod{p}$;

2° *Les opérations* A_0 *et* B_0 *sont échangeables entre elles.*

Les opérations $B_1, \ldots, B_{l-1}$ *consisteront à remplacer les indices* $y_1, z_1, \ldots; \ldots; y_{l-1}, z_{l-1}, \ldots$ *respectivement conjugués de* $y_0, z_0, \ldots$ *par les fonctions respectivement conjuguées de* $a_0 y_0 + b_0 z_0 + \ldots$, $a'_0 y_0 + b'_0 z_0 + \ldots, \ldots$; *elles seront ainsi complétement déterminées.*

On pourra construire de même les altérations que la substitution B *fait subir à chacun des autres systèmes d'indices.*

On voit par là que le problème de construire les substitutions telles que B, échangeables à A, revient à déterminer les opérations B_0 échangeables à A_0.

167. Poursuivons cette recherche, et supposons, pour fixer les idées,

$$A_0 = \begin{vmatrix} y & Ky \\ z & K(z+y) \\ u & K(u+z) \\ y' & Ky' \\ z' & K(z'+u') \\ u' & K(u'+z') \\ y'' & Ky'' \\ z'' & K(z''+y'') \end{vmatrix}, \quad B_0 = \begin{vmatrix} y & f(y, z, u, y', z', u', y'', z'') \\ z & \varphi(y, z, u, y', z', u', y'', z'') \\ u & \psi(y, z, u, y', z', u', y'', z'') \\ y' & f'(y, z, u, y', z', u', y'', z'') \\ z' & \varphi'(y, z, u, y', z', u', y'', z'') \\ u' & \psi'(y, z, u, y', z', u', y'', z'') \\ y'' & f''(y, z, u, y', z', u', y'', z'') \\ z'' & \varphi''(y, z, u, y', z', u', y'', z'') \end{vmatrix}.$$

(Pour plus de simplicité, nous supprimons dans l'écriture les indices des séries que B_0 n'altère pas, et nous écrivons $K, y, \ldots$ au lieu de $K_0, y_0, \ldots$.)

Égalons les fonctions que $A_0 B_0$ et $B_0 A_0$ font succéder à l'indice y : il vient, en supprimant partout le facteur K,

$$f(y, z+y, u+z, y', z'+y', u'+z', y'', z'') \equiv f(y, z, u, y', z', u', y'', z''),$$

relation qui ne peut être identique que si les coefficients qui multiplient dans la fonction f chacun des indices z, u, z', u', z'' se réduisent à zéro; f se réduit alors à $f(y, y', y'')$. On voit de la même manière que les indices u, u' doivent disparaître de chacune des fonctions $f, \varphi, f', \varphi', f'', \varphi''$. Soit donc

$$\psi = au + bu' + \psi_1(y, z, y', z', y'', z''), \quad \psi' = a'u + b'u' + \psi'_1(y, z, y', z', y'', z''):$$

le déterminant $\begin{vmatrix} a & b \\ a' & b' \end{vmatrix}$ entrera comme facteur dans celui de B_0, et, par suite, devra différer de o (mod. p).

Posons maintenant

$$C = \begin{vmatrix} y & ay + by' + \psi_1(0, 0, 0, 0, 0, 0) \\ z & az + bz' + \psi_1(0, y, 0, y', 0, y'') \\ u & au + bu' + \psi_1(y, z, y', z', y'', z'') \\ y' & a'y + b'y' + \psi'_1(0, 0, 0, 0, 0, 0) \\ z' & a'z + b'z' + \psi'_1(0, y, 0, y', 0, y'') \\ u' & a'u + b'u' + \psi'_1(y, z, y', z', y'', z'') \\ y'' & y'' \\ z'' & z'' \end{vmatrix}$$

(les termes identiquement nuls $\psi_1(0, 0, 0, 0, 0, 0)$, $\psi'_1(0, 0, 0, 0, 0, 0)$ étant écrits dans le but de faire mieux ressortir la loi suivie dans la construction de C).

Le déterminant de cette opération est au signe près une puissance de $\begin{vmatrix} a & b \\ a' & b' \end{vmatrix}$; il est donc différent de o (mod. p). En outre, on vérifie immédiatement qu'elle est échangeable à A_0. Posons maintenant $B_0 = CD$. L'opération $D = C^{-1}B_0$ a son déterminant non congru à zéro; elle est échangeable à A_0, et de même forme que B_0; mais en outre elle n'altère ni u ni u'. Les fonctions ψ et ψ' s'y réduisent donc à u et u'.

Égalons maintenant les fonctions que DA_0 et A_0D font succéder à u : il vient, en supprimant le facteur commun K,

$$u + z \equiv u + \varphi.$$

Donc la fonction φ se réduit à z. De même, φ' se réduira à z', f et f' à y et y'. Aucun indice des suites y, z, u, y', z', u' ne sera donc altéré.

Égalons de même les fonctions que DA_0 et A_0D font succéder aux indices z'' et y'' : on voit immédiatement que la fonction φ'' ne contient pas u, u', et qu'en la mettant sous la forme $mz''+ny''+\varphi''_1(y, z, y', z')$, f'' sera de la forme $my''+\varphi''_1(o, y, o, y')$.

Cela posé, l'opération D est le produit de deux autres, dont l'une, E, remplace les indices z'' et y'' par $mz''+ny''$ et my'', tandis que l'autre, F, accroît respectivement ces indices de $\varphi''_1(y, z, y', z')$ et $\varphi''_1(o, y, o, y')$, aucune de ces deux opérations n'altérant y, z, u, y', z', u'. L'opération F a pour déterminant l'unité, et elle est échangeable à A_0 : donc E aura son déterminant $\gtrless o$ (mod. p) et sera échangeable à A_0. Le problème de déterminer E d'après ces conditions est identique à ce qu'aurait été le problème initial de déterminer B_0, si la série des indices que B_0 altère n'avait pas contenu les suites y, z, u et y', z', u'.

Les considérations précédentes s'appliquent immédiatement à un cas quelconque, et montrent que *la détermination de* B_0 *se ramène en général au problème analogue que l'on aurait en effaçant de la série que* B_0 *altère tous les indices qui appartiennent aux suites les plus longues*.

168. Cherchons maintenant à déterminer le nombre des substitutions échangeables à une substitution quelconque A.

Supposons que A étant ramenée à la forme canonique, les indices y forment plusieurs systèmes. Soient respectivement N, N',... les nombres de manières dont on peut déterminer les altérations $B_0, B'_0, \ldots$ que la substitution cherchée B fait subir respectivement aux premières séries de chacun de ces systèmes : le nombre des substitutions distinctes obtenues en combinant ensemble ces altérations est évidemment égal à NN'....

Pour déterminer chacun de ces nombres, N par exemple, supposons que K_0 soit imaginaire de l'ordre l, et que la série que B_0 altère contienne q indices, formant m suites de n indices, m' de n' indices, etc., les nombres $n, n', \ldots$ allant en décroissant.

Soient respectivement L, M les nombres de manières de déterminer les opérations partielles C et D : il y aura LM manières de déterminer B. En effet, soient $C_1, C_2, \ldots, C_{L-1}$ et $D_1, \ldots, D_{M-1}$ les diverses substitutions qu'on peut prendre pour C et D : tous les produits de la forme $C_\alpha D_\beta$ sont distincts. Soit en effet $C_\alpha D_\beta = C_{\alpha'} D_{\beta'}$: ces deux opérations doivent altérer de même les indices des suites les plus longues; mais D_β et $D_{\beta'}$ ne les altèrent pas : donc C_α et $C_{\alpha'}$ les altèrent de même : donc elles sont identiques : donc $D_\beta = D_{\beta'}$.

On voit de même que le nombre M est lui-même égal au produit des nombres P et Q de manières dont on peut déterminer les opérations partielles E et F dont le produit constitue D. On aura donc enfin $N = LPQ$.

169. Pour déterminer L, remarquons que les coefficients de C sont en nombre qm, parmi lesquels ceux des fonctions $\psi_1, \psi'_1, \ldots$ en nombre $m(mn + m'n' + m''n'' + \ldots - m)$ sont entièrement arbitraires et peuvent être choisis chacun de p^l manières différentes, tandis que les autres $a, b, \ldots; a', b', \ldots; \ldots$ en nombre m^2, doivent être tels, que leur déterminant soit $\gtrless 0 \pmod{p}$. Soit L′ le nombre de manières de les choisir : on aura

$$L = L' p^{lm(mn+m'n'+m''n''+\ldots-m)}.$$

Pour déterminer L′, imaginons un système de p^{lm} choses, représentées par le symbole général $\mathcal{A}_{x_0, x_1, \ldots, x_{m-1}}$, chacun des indices indépendants $x_0, x_1, \ldots$ prenant successivement p^l valeurs complexes de la forme $\alpha + K_0\beta + \ldots + K_0^{l-1}\zeta \pmod{p}$; et considérons les opérations qui remplacent $\mathcal{A}_{x_0, x_1, \ldots, x_{m-1}}$ par $\mathcal{A}_{ax_0+bx_1+\ldots, a'x_0+b'x_1+\ldots, \ldots}$, $a, b, \ldots; a', b', \ldots; \ldots$ étant des entiers complexes. Pour que ces opérations, que nous pouvons désigner par le symbole

$$| x_0, x_1, \ldots \quad ax_0 + bx_1 + \ldots, a'x_0 + b'x_1 + \ldots, \ldots |,$$

représentent des substitutions, il est nécessaire et suffisant qu'elles fassent succéder chacune des choses $\mathcal{A}_{x_0, x_1, \ldots, x_{m-1}}$ à une autre, et à une seule; donc, étant donnés les indices $ax_0 + bx_1 + \ldots, a'x_0 + b'x_1 + \ldots, \ldots$, on devra pouvoir en déduire sans ambiguïté $x_0, x_1, \ldots$, ce qui exige que le déterminant des quantités $a, b, \ldots; a', b', \ldots; \ldots$ ne soit pas congru à zéro. Le nombre L′ des systèmes de valeurs de ces quantités qui n'annulent pas le déterminant est donc précisément égal au nombre des substitutions linéaires

$$| x_0, x_1, \ldots \quad ax_0 + bx_1 + \ldots, a'x_0 + b'x_1 + \ldots, \ldots |,$$

qu'un raisonnement entièrement analogue à celui des n^os^ **123** et **124** montre égal à

$$(p^{ml} - 1)(p^{ml} - p^l) \ldots [p^{ml} - p^{(m-1)l}].$$

170. Passons à la détermination de Q : elle n'offre aucune difficulté. En effet, la substitution F accroît les derniers indices de chacune des m' suites de n' indices d'une fonction linéaire des n' derniers indices de chacune des m premières suites; elle accroît les derniers indices de chacune des m'' suites de n'' indices d'une fonction linéaire des n'' derniers indices de chacune des m premières suites, etc. Ces fonctions étant déterminées, F le sera. D'ailleurs les coefficients qu'elles contiennent, en nombre $m'n'm + m''n''m + \ldots$, sont tous entièrement arbitraires, et peuvent être choisis chacun de p^l manières :

d'où

$$Q = p^{lm(m'n'+m''n''+\dots)}.$$

171. Réunissant les résultats qui précèdent, il vient

$$N = LPQ = p^{ml[m(n-1)+2(m'n'+m''n''+\dots)]}(p^{ml}-1)(p^{ml}-p^l)\dots[p^{ml}-p^{(m-1)l}]P.$$

D'ailleurs P est ce que deviendrait N si le nombre des indices de la série était seulement $m'n'+m''n''+\dots$, au lieu de $mn+m'n'+m''n''+\dots$: on aura donc de même

$$P = p^{m'l[m'(n'-1)+2(m''n''+\dots)]}(p^{m'l}-1)(p^{m'l}-p^l)\dots[p^{m'l}-p^{(m'-1)l}]P_1,$$

P_1 étant ce que deviendrait N si la série ne contenait que $m''n''+\dots$ indices, etc.

172. Problème IV. — *Déterminer les substitutions linéaires qui se ramènent à une forme canonique donnée, et trouver leur nombre.*

Soient A, A',... les substitutions cherchées : *elles ne sont autres que les transformées de* A *par les diverses substitutions linéaires.*

En effet, supposons pour plus de généralité que la réduction de A à la forme canonique exige l'introduction d'imaginaires. Soient $X+iY+\dots$ l'un des indices imaginaires introduits, $X+i^{p^r}Y+\dots,\dots$ ses conjugués. On peut prendre pour indices indépendants, au lieu de ces indices, les quantités réelles X, Y,.... Soit B la forme que prend la substitution A rapportée à ces indices : on pourra, par une transformation d'indices réelle, donner à A la forme B. On pourra de même, par une transformation d'indices réelle, donner à A' la forme B, et réciproquement. Donc, par une transformation d'indices réelle, on pourra donner à A la forme A'.

Mais soient

$$A = | x, x', \dots \quad ax+bx'+\dots, a'x+b'x'+\dots, \dots |,$$
$$A' = | x, x', \dots \quad \alpha x+\beta x'+\dots, \alpha' x+\beta' x'+\dots, \dots |,$$

et soient

$$\xi = mx+nx'+\dots, \quad \xi' = m'x+n'x'+\dots, \dots$$

les nouveaux indices auxquels il faut rapporter A pour lui donner la forme

$$| \xi, \xi', \dots \quad \alpha\xi+\beta\xi'+\dots, \alpha'\xi+\beta'\xi'+\dots, \dots |$$

identique à celle de A'. Il est clair que A' sera la transformée de A par la substitution

$$| x, x', \ldots \quad mx + nx' + \ldots, m'x + n'x' + \ldots, \ldots |.$$

Réciproquement, si A' est la transformée de A par la substitution ci-dessus, il est clair qu'en prenant pour indices indépendants $\xi = mx + nx' + \ldots$, $\xi' = m'x + n'x' + \ldots, \ldots$, on donnera à A une forme identique à A'. Par une transformation d'indices inverse de celle-là, on pourra donner à A' la forme A. Cela fait, par une nouvelle transformation d'indices, analogue à celle qui ramène A à sa forme canonique, on ramènera A' à la même forme canonique.

Cela posé, soient M le nombre total des substitutions linéaires; N le nombre de celles qui sont échangeables à A, et que nous désignerons par C, C',.... Si une substitution linéaire D transforme A en A', les N substitutions CD, C'D,... produisent cette même transformation. Le nombre des transformées distinctes A, A',... sera donc $\frac{M}{N}$.

Remarque. — On vient de voir que si deux substitutions A, A' sont transformées l'une de l'autre par une substitution linéaire, on peut donner à l'une d'elles la forme de l'autre par une transformation d'indices convenable. Mais cette transformation n'altère pas son caractéristique (126). Donc *deux substitutions dont l'une est la transformée de l'autre par une substitution linéaire ont même caractéristique.*

Faisceaux dont les substitutions sont échangeables entre elles.

173. Problème V. — *Trouver la forme générale des faisceaux contenus dans le groupe linéaire et dont les substitutions sont échangeables entre elles.*

Soient G l'un des faisceaux cherchés, S, $S_1, \ldots$ ses substitutions, dp^μ, $d_1 p^{\mu_1}, \ldots$ leurs ordres respectifs ($d, d_1, \ldots$ étant premiers à p). Le faisceau G contient évidemment les deux groupes partiels $F = (S^{p^\mu}, S_1^{p^{\mu_1}}, \ldots)$ et $E = (S^d, S_1^{d_1}, \ldots)$. Réciproquement, les substitutions de ces deux faisceaux, combinées ensemble, reproduisent G; car la substitution S, par exemple, dérive de S^{p^μ} et S^d (31).

Les substitutions de F *sont toutes d'ordre premier à p.* Soit, en effet, $A = S^{p^\mu} S_1^{p^{\mu_1}}$ l'une d'entre elles; on aura $A^{dd_1} = S^{dd_1 p^\mu} S_1^{dd_1 p^{\mu_1}} = 1$. Donc l'ordre de A divise dd_1; donc il est premier à p.

De même, *les substitutions de* E *ont toutes pour ordre une puissance de p*. Déterminons successivement les deux faisceaux partiels F et E.

174. Commençons par F. Soit A une de ses substitutions : ramenée à la forme canonique, elle deviendra

$$A = | x, x_1, \ldots, x_{m-1}, y, \ldots, z, \ldots \quad ax, ax_1, \ldots, ax_{m-1}, by, \ldots, cz, \ldots |,$$

$a, b, c, \ldots$ étant les racines distinctes de sa congruence caractéristique, $x, x_1, \ldots, x_{m-1}; y, \ldots; z, \ldots; \ldots$ les indices des séries respectivement correspondantes à ces racines.

Soit A' une autre substitution de F : étant échangeable à A', elle doit remplacer $x, \ldots, x_{m-1}$ par des fonctions linéaires de ces seuls indices; de même pour les autres séries. Soit donc

$$A' = \begin{vmatrix} x, \ldots, x_{m-1} & \alpha x + \ldots + \gamma x_{m-1}, \ldots, \alpha_{m-1} x + \ldots + \gamma_{m-1} x_{m-1} \\ y, \ldots & \delta y + \ldots, \ldots \\ z, \ldots & \varepsilon z + \ldots, \ldots \\ \ldots\ldots & \ldots\ldots\ldots\ldots \end{vmatrix}.$$

On pourra canoniser cette substitution sans altérer la forme de A, qui est déjà canonique. En effet, considérons spécialement les m indices $x, \ldots, x_{m-1}$. Pour canoniser A' en ce qui les concerne, on aura à résoudre la congruence de degré m :

$$\varphi(K) = \begin{vmatrix} \alpha - K & \ldots & \gamma \\ \ldots\ldots & \ldots & . \\ \alpha_{m-1} & \ldots & \gamma_{m-1} - K \end{vmatrix} \equiv 0 \pmod{p}.$$

Les indices $x, \ldots, x_{m-1}$ étant liés aux indices primitifs par des relations linéaires dont les coefficients sont fonctions de la quantité a (157), qui peut être imaginaire, les coefficients $\alpha, \ldots, \gamma_{m-1}$, peuvent contenir cette même imaginaire. Mais, dans tous les cas, a sera racine d'une congruence irréductible à coefficients réels. Soient l le degré de cette congruence, $a_1, a_2, \ldots, a_{l-1}$ ses autres racines. Désignons par $\varphi_1(K), \ldots, \varphi_{l-1}(K)$ ce que devient $\varphi(K)$ lorsqu'on y remplace a successivement par $a_1, \ldots, a_{l-1}$. La congruence

$$\varphi(K)\varphi_1(K)\ldots\varphi_{l-1}(K) \equiv 0 \pmod{p}$$

aura pour coefficients des fonctions symétriques de $a, a_1, \ldots, a_{l-1}$. Ces coefficients seront donc des entiers réels. D'ailleurs cette congruence, étant de degré ml, a ml racines réelles ou imaginaires. Le facteur $\varphi(K)$, égalé à o (mod. p) donnera donc m racines égales ou inégales, et dont le degré d'imaginarité sera au plus lm.

Soient a', $a'_1, \ldots, a'_{q-1}$ ces racines, m', $m'_1, \ldots, m'_{q-1}$ leurs degrés de multiplicité respectifs. On pourra remplacer les indices $x, \ldots, x_{m-1}$ par d'autres indices $x', \ldots, x'_{m-1}$ choisis de manière à ramener la substitution

$$| x, \ldots, x_{m-1} \quad \alpha x + \ldots + \gamma x_{m-1}, \ldots, \alpha_{m-1} x + \ldots + \gamma_{m-1} x_{m-1} |$$

à la forme canonique

$$| x', \ldots, x'_{m'-1}, x'_{m'}, \ldots, x'_{m'+m''-1}, \ldots \quad a' x', \ldots, a' x'_{m'-1}, a'_1 x'_{m'}, \ldots, a'_1 x'_{m'+m''-1}, \ldots |$$

Des transformations analogues peuvent être effectuées sur chacune des autres séries d'indices $y, \ldots; z, \ldots; \ldots$ En effectuant simultanément toutes ces transformations, on ramènera A' à la forme canonique. D'ailleurs, la forme de A n'aura pas été altérée; car A, multipliant par a chacun des indices $x, \ldots, x_{m-1}$, multipliera par la même quantité chacun des indices $x', \ldots, x'_{m-1}$, qui en sont des fonctions linéaires; de même pour les autres séries. On aura donc

$$\begin{aligned} A &= | x', \ldots, x'_{m-1}, y', \ldots \quad a x', \ldots, a x'_{m-1}, b y', \ldots |, \\ A' &= | x', \ldots, x'_{m'-1}, x'_{m'}, \ldots, y', \ldots \quad a' x', \ldots, a' x'_{m'-1}, a'_1 x'_{m'}, \ldots, b' y', \ldots |. \end{aligned}$$

Chacun des nouveaux indices, tel que x', est une fonction linéaire des indices primitifs, dont les coefficients sont des fonctions rationnelles des quantités a et a', par lesquelles le multiplient respectivement les substitutions A et A'. En effet, x' est une fonction linéaire de $x, \ldots, x_{m-1}$, dont les coefficients sont rationnels en a', $\alpha, \ldots, \gamma_{m-1}$. Mais $\alpha, \ldots, \gamma_{m-1}$ sont des fonctions rationnelles de a, et $x_1, \ldots, x_{m-1}$ sont des fonctions des indices primitifs, dont les coefficients sont rationnels en a.

175. Le faisceau F contient toutes les substitutions $A^r A'^{r'}$, dérivées de A et A'. S'il en contient encore d'autres, soit A'' l'une d'elles; elle est échangeable à A; elle remplacera donc les indices $x', \ldots, x'_{m'-1}$, que A multiplie tous par a et A' par a', par des fonctions linéaires des seuls indices $x', \ldots, x'_{m-1}$, que A multiplie par a. D'ailleurs A'' est échangeable à A'; donc tous les indices $x'_{m'}, \ldots, x'_{m-1}$ que A' ne multiplie pas par a' disparaîtront de ces fonctions, qui ne contiendront plus que les indices $x', \ldots, x'_{m'-1}$. Si donc on répartit les indices en séries, en groupant ensemble ceux qui sont tous multipliés par un même nombre dans A et par un même nombre dans A', A'' fera succéder aux indices de chaque série des fonctions linéaires de ces seuls indices.

Soit donc

$$A'' = | \; x', \ldots, x'_{m'-1}, \ldots \quad \alpha' x' + \ldots + \gamma' x'_{m'-1}, \ldots, \alpha'_{m'-1} x' + \ldots + \gamma'_{m'-1} x'_{m'-1}, \ldots \; |.$$

On pourra trouver une transformation qui ramène A'' à la forme canonique en ce qui concerne les indices de la série $x', \ldots, x'_{m'-1}$, si l'on peut résoudre la congruence

$$\psi(K) = \begin{vmatrix} \alpha' - K & \ldots & \gamma' \\ \ldots\ldots & \ldots & \ldots \\ \alpha'_{m'-1} & \ldots & \gamma'_{m'-1} - K \end{vmatrix} \equiv 0 \pmod{p}.$$

Les indices $x', \ldots, x'_{m'-1}$ étant liés aux indices primitifs par des relations linéaires dont les coefficients sont fonctions de deux quantités a, a', qui peuvent être imaginaires, les coefficients $\alpha', \ldots, \gamma', \ldots, \alpha'_{m'-1}, \ldots, \gamma'_{m'-1}$ pourront contenir ces mêmes imaginaires; mais, dans tous les cas, a satisfera à une congruence irréductible du degré l, dont les racines seront $a, a_1, \ldots, a_{l-1}$, et a' satisfera à une congruence irréductible du degré l', dont les racines seront $a', a'_1, \ldots, a'_{l'-1}$.

Si l'on désigne par $\psi_{\mu,\mu'}(K)$ ce que devient $\psi(K)$ lorsqu'on y remplace respectivement a par une autre racine a_μ de la suite $a, \ldots, a_{l-1}$, et a' par une racine $a_{\mu'}$ de la suite $a', \ldots, a'_{l'-1}$, la congruence

$$\psi(K)\,\psi_{1,1}(K) \ldots \psi_{\mu,\mu'}(K) \ldots \psi_{l-1,l'-1}(K) \equiv 0 \pmod{p}$$

aura pour coefficients des fonctions symétriques en $a, a_1, \ldots, a_{l-1}$ d'une part, en $a', a'_1, \ldots, a'_{l'-1}$ d'autre part. Ils seront donc réels. D'ailleurs cette congruence étant du degré $ll'm'$ aura $ll'm'$ racines réelles ou imaginaires. Le facteur $\psi(K)$ de degré m', égalé à $0 \pmod{p}$, donnera donc m' racines de la même forme.

Opérant maintenant comme au numéro précédent, on pourra ramener A'' à la forme canonique sans altérer la forme de A ni de A'.

176. En continuant ce système d'opérations jusqu'à ce qu'on ait épuisé les substitutions de H, on arrive à ce théorème :

Théorème. — *Les substitutions* A, A', A'',..., *d'où dérivent toutes celles de* F, *peuvent être ramenées simultanément à leurs formes canoniques respectives par* *une transformation d'indices réelle ou imaginaire. Chacun des nouveaux indices, tel que x, est une fonction linéaire des indices primitifs, dont les coefficients sont des fonctions rationnelles des quantités réelles ou imaginaires a, a', a'',..., par lesquelles* A, A', A'',... *le multiplient respectivement.*

177. On peut supposer que l'ordre de chacune des substitutions A, A', A'',... dont F est dérivé est une puissance d'un nombre premier; car toute substitution résulte de la combinaison de celles de ses puissances qui ont pour ordre une puissance de nombre premier (31). Soient donc π^μ l'ordre de A, $\pi'^{\mu'}$ celui de A',..., π, π',... étant premiers : a^{π^μ}, $a'^{\pi'^{\mu'}}$,... seront congrus à 1 (mod. p).

Formons donc la suite a, a^2, a^3,... des puissances de a; soit a^ρ la première de ces puissances qui soit congrue à l'unité, et à partir de laquelle elles se reproduisent périodiquement : ρ devra être un diviseur de π^μ. On aura donc $\rho = \pi^\lambda$, λ étant au plus égal à μ. Si $p^l - 1$ est la première des quantités de la suite $p - 1$, $p^2 - 1$,..., $p^l - 1$,... qui soit divisible par π^λ, a sera racine d'une congruence irréductible de degré l. En effet, parmi les quantités de la suite

$$a^{p-1},\ a^{p^2-1},\dots,\ a^{p^l-1},\dots,$$

aucune ne sera congrue à l'unité avant a^{p^l-1}.

De même, la première des puissances successives de a' qui soit congrue à l'unité suivant le module p sera une puissance $\pi'^{\lambda'}$ de π' égale ou inférieure à $\pi'^{\mu'}$; et si $p^{l'} - 1$ est la première des quantités de la suite $p - 1$, $p^2 - 1$,..., $p^{l'} - 1$,... qui soit divisible par $\pi'^{\lambda'}$, a' sera racine d'une congruence irréductible de degré l'.

Cela posé, considérons isolément, parmi les substitutions de la suite A, A', A'',.., toutes celles dont l'ordre est une puissance d'un même nombre premier π. Les coefficients a, a', a'',... correspondants à ces substitutions sont des fonctions entières d'un seul d'entre eux. En effet, a^{π^λ}, $a'^{\pi^{\lambda'}}$,... sont congrus à 1 (mod. p). Soit λ le plus grand des nombres λ, λ',...; on aura

$$\left(a^{\pi^{\lambda-\lambda'}}\right)^{\pi^{\lambda'}} = a^{\pi^\lambda} \equiv 1,$$

et aucune puissance de $a^{\pi^{\lambda-\lambda'}}$ inférieure à celle-là ne sera congrue à 1. Donc $a^{\pi^{\lambda-\lambda'}}$ sera, comme a', une racine d'une congruence irréductible de degré l', en fonction entière de laquelle on pourra exprimer a' (20). Ainsi a' sera une fonction entière de a; de même pour a'',....

Considérons de même les substitutions de F dont l'ordre est une puissance d'un autre nombre premier π_1 : les coefficients correspondants a_1, $a'_1,\dots$ seront tous des fonctions entières de l'un d'entre eux, a_1. De même pour un autre nombre premier π_2, etc.

Considérons maintenant ces coefficients $a, a_1, a_2,\dots$, satisfaisant respectivement à des congruences

$$a^{\pi^\lambda}\equiv 1,\quad a_1^{\pi_1^{\lambda_1}}\equiv 1,\quad a_2^{\pi_2^{\lambda_2}}\equiv 1,\dots.$$

Ils s'expriment tous par les puissances d'une seule imaginaire $aa_1a_2\dots = i$, satisfaisant à la congruence

$$i^{\pi^\lambda\pi_1^{\lambda_1}\pi_2^{\lambda_2}\cdots}\equiv 1.$$

En effet, $i^{r\pi_1^{\lambda_1}\pi_2^{\lambda_2}\cdots}$ se réduit à $a^{r\pi_1^{\lambda_1}\pi_2^{\lambda_2}\cdots}$ (mod. p); mais $\pi_1, \pi_2,\dots$ étant premiers à π, on pourra (2) déterminer deux entiers r et r' de telle sorte que l'on ait $r\pi_1^{\lambda_1}\pi_2^{\lambda_2}\dots = r'\pi^\lambda + 1$; on aura alors

$$i^{r\pi_1^{\lambda_1}\pi_2^{\lambda_2}\cdots}\equiv a^{r\pi_1^{\lambda_1}\pi_2^{\lambda_2}\cdots}\equiv a^{r'\pi^\lambda+1}\equiv a.$$

Donc a s'exprime rationnellement en fonction de i : de même pour a_1, $a_2,\dots$; de même pour les autres coefficients $a', a'',\dots$; $a'_1, a''_1,\dots$;... qui sont des fonctions entières de a, de a', etc.

Il existe une substitution dans F *qui multiplie l'indice x par i.* En effet, soient respectivement A, A_1, $A_2,\dots$ celles qui multiplient x par a, a_1, $a_2,\dots$; la substitution $AA_1A_2\dots$ le multipliera par $aa_1a_2\dots = i$.

178. Les considérations qui précèdent permettraient, ainsi que nous allons le voir, de ramener aisément à une forme réelle toutes les substitutions de F.

Nous pouvons grouper tous les indices en séries distinctes, en convenant de réunir en une seule série tous ceux que chacune des substitutions de F multiplie par un même facteur constant; il se pourra d'ailleurs que toutes ces séries ou quelques-unes d'entre elles ne contiennent qu'un seul indice. Soient $x, x',\dots$; $y, y',\dots$; $z, z',\dots$;... ces diverses séries.

Les indices $x, x',\dots$, qui appartiennent à la même série S que x, sont liés aux indices primitifs par des relations linéaires dont les coefficients sont des fonctions rationnelles de i. On peut supposer ces fonctions entières et du degré $\nu - 1$, en désignant par ν le degré de la congruence irréductible dont i est racine. Si l'on ordonne les termes suivant les puissances de i, on aura

$$x \equiv X + iY + \ldots + i^{\nu-1}Z, \quad x' \equiv X' + iY' + \ldots + i^{\nu-1}Z', \ldots,$$

$X, Y, \ldots, Z$; $X', Y', \ldots, Z'$;... étant des fonctions linéaires réelles des indices primitifs.

Une substitution quelconque A prise dans F, multipliant $x, x', \ldots$ par un même facteur constant $a \equiv f(i)$, multipliera leurs conjugués

$$x_\rho \equiv X + i^{p^\rho}Y + \ldots + i^{(\nu-1)p^\rho}Z, \quad x'_\rho \equiv X' + i^{p^\rho}Y' + \ldots + i^{(\nu-1)p^\rho}Z', \ldots$$

par $a_\rho = f(i^{p^\rho})$ (149).

Si l'on exprime $x_\rho, x'_\rho, \ldots$ en fonction des indices $x, x', \ldots; y, y', \ldots; z, z', \ldots; \ldots$, leurs expressions ne devront contenir que les indices d'une même série. En effet, pour que la substitution A, par exemple, multiplie x_ρ, $x'_\rho, \ldots$ par a_ρ, il faut évidemment que le facteur par lequel elle multiplie chacun des indices qui entrent dans ces expressions soit précisément a_ρ. Tous ces indices sont donc multipliés par un même facteur dans chacune des substitutions de F; ils appartiennent donc à une même série.

Cette série S_ρ est essentiellement différente de la série S; car la substitution qui multiplie $x, x', \ldots$ par i multipliera $x_\rho, x'_\rho, \ldots$ par i^{p^ρ}, qui diffère essentiellement de i.

Les fonctions $x, x', \ldots$, que nous supposerons en nombre μ, étant distinctes par hypothèse, les μ fonctions $x_\rho, x'_\rho, \ldots$ le seront évidemment; car, si l'on avait entre elles une relation linéaire

$$r_\rho x_\rho + r'_\rho x'_\rho + \ldots \equiv 0 \pmod{p},$$

dans laquelle $r_\rho, r'_\rho, \ldots$ seraient des entiers complexes fonctions de i^{p^ρ}, cette relation devrait subsister en changeant i^{p^ρ} en i, racine de la même congruence irréductible; ce qui donnerait entre $x, x', \ldots$ une relation de la forme

$$rx + r'x' + \ldots \equiv 0 \pmod{p},$$

ce qui ne peut être.

Les indices de la racine S_ρ s'expriment tous linéairement en fonction de $x_\rho, x'_\rho, \ldots$, que l'on pourra prendre pour indices indépendants. En effet, soit

$$z_\rho = X_1 + i^{p^\rho}Y_1 + \ldots + i^{(\nu-1)p^\rho}Z_1$$

un indice quelconque de cette série. Les substitutions A, A′,..., le multipliant respectivement par a_ρ, a'_ρ,..., multiplieront la fonction conjuguée

$$z = X_1 + iY_1 + \ldots + i^{(\nu-1)}Z_1$$

respectivement par a, a',.... Donc z est une fonction linéaire des indices x, x',.... Soit

$$z = rx + r'x' + \ldots.$$

Cette relation devra subsister en changeant i en i^{p^ρ}, ce qui donne

$$z_\rho = r_\rho x_\rho + r'_\rho x'_\rho + \ldots.$$

Cela posé, associons ensemble les ν séries conjuguées S,..., S_ρ,...; on obtiendra un système de ν séries conjuguées, contenant chacune μ indices, qui dépendent des fonctions linéaires réelles X, Y,..., Z;...; $X^{(\mu-1)}$, $Y^{(\mu-1)}$,..., $Z^{(\mu-1)}$, en nombre $\mu\nu$. On pourrait prendre ces fonctions pour indices indépendants à la place des $\mu\nu$ indices imaginaires correspondants. Les substitutions de F prendraient une forme encore assez simple, mais qui ne serait plus canonique. Il vaut donc mieux conserver la forme imaginaire; mais il était essentiel de montrer le moyen de la faire disparaître.

179. Passons à la détermination du faisceau E.

Soient B, B′,... ses substitutions, B l'une d'elles : elle appartient à G, ainsi que A, A′,...; elle leur est donc échangeable par définition. Elle remplace donc les indices de chaque série par des fonctions linéaires de ces mêmes indices (166). Donc elle remplace les indices de chaque système par des fonctions linéaires de ces seuls indices. On aura donc $B = B_1 B_2, \ldots$, $B_1, B_2, \ldots$ étant des substitutions partielles qui altèrent respectivement les indices du premier système, du second, etc. Soient de même $B' = B'_1 B'_2 \ldots, \ldots$, $A = A_1 A_2 \ldots$, $A' = A'_1 A'_2 \ldots, \ldots$. Pour que B, B′,... soient échangeables entre elles et à A, A′,..., il faut et il suffit évidemment que B_1, B'_1,... soient échangeables entre elles et à A_1, A'_1,..., que B_2, B'_2,... soient échangeables entre elles et à A_2, A'_2,..., etc.

D'ailleurs, chacune des substitutions B_1, B'_1,...; B_2, B'_2,...;... a pour ordre une puissance de p. Car, soit p^λ l'ordre de B, B^{p^λ} laisse invariables tous les indices, et notamment ceux du premier système. Mais l'altération qu'elle leur fait subir est représentée par $B_1^{p^\lambda}$: donc $B_1^{p^\lambda} = 1$. Donc l'ordre de B_1 divise p^λ : donc il est une puissance de p.

La recherche du faisceau $E = (B, B', \ldots)$ *revient donc à celle des faisceaux analogues* $E_1 = (B_1, B'_1, \ldots)$, $E_2 = (B_2, B'_2, \ldots), \ldots$ *dont chacun n'altère que les indices d'un seul système.*

180. Cherchons à déterminer l'un de ces faisceaux, tel que E_1. Soit

$$B_1 = \begin{vmatrix} x, x', \ldots & \alpha x + \beta x' + \ldots, \alpha' x + \beta' x' + \ldots, \ldots \\ x_1, x'_1, \ldots & \alpha_1 x_1 + \beta_1 x'_1 + \ldots, \alpha'_1 x + \beta'_1 x'_1 + \ldots, \ldots \\ \ldots\ldots & \ldots\ldots\ldots\ldots\ldots\ldots \end{vmatrix}$$

une de ses substitutions : le premier membre de sa congruence caractéristique est évidemment divisible par le déterminant

$$\Delta = \begin{vmatrix} \alpha - K & \beta & \ldots \\ \alpha' & \beta' - K & \ldots \\ \ldots & \ldots\ldots & \ldots \end{vmatrix}.$$

Mais son ordre étant une puissance de p, sa congruence caractéristique a toutes ses racines égales à l'unité (161). Donc Δ, égalé à o (mod. p), a toutes ses racines égales à l'unité.

Cherchons à déterminer des fonctions des indices $x, x', \ldots, x^{(\mu-1)}$ que B_1 multiplie par un facteur constant : ce facteur s'obtiendra en résolvant la congruence $\Delta \equiv 0$ (147). Il se réduit donc à l'unité : les fonctions cherchées ne seront donc pas altérées par la substitution B_1. Soit μ' le nombre des fonctions distinctes des indices $x, x', \ldots, x^{(\mu-1)}$ que cette substitution laisse inaltérées : on peut supposer qu'elles aient été prises pour indices indépendants et se confondent respectivement avec $x, \ldots, x^{(\mu'-1)}$.

181. Cela posé, soit B'_1 une autre substitution de E_1 : étant échangeable aux substitutions $A, A', \ldots$, elle remplacera $x, \ldots, x^{(\mu-1)}$, et en particulier $x, \ldots, x^{(\mu'-1)}$ par des fonctions des seuls indices $x, \ldots, x^{(\mu-1)}$. D'ailleurs on doit avoir l'égalité $B_1 B'_1 = B'_1 B_1$, et pour cela il faut évidemment que B'_1 remplace $x, \ldots, x^{(\mu'-1)}$, que B_1 n'altère pas, par des fonctions que B_1 n'altère pas non plus, c'est-à-dire par des fonctions des seuls indices $x, \ldots, x^{(\mu'-1)}$.

Soient $\alpha x + \ldots + \gamma x^{(\mu'-1)}, \ldots, \alpha^{(\mu'-1)} x + \ldots + \gamma^{(\mu'-1)} x^{(\mu'-1)}$ ces fonctions. La congruence caractéristique de B'_1 contiendra évidemment en facteur le déterminant

$$\Delta' = \begin{vmatrix} \alpha - K & \ldots & \gamma \\ \ldots\ldots & \ldots & . \\ \alpha^{(\mu'-1)} & \ldots & \gamma^{(\mu'-1)} - K \end{vmatrix}.$$

Mais ses racines sont toutes égales à l'unité. Donc ce déterminant, égalé à o (mod. p), aura toutes ses racines égales à l'unité.

Cherchons à déterminer les fonctions de $x, \ldots, x^{(\mu'-1)}$ que B'_1 multiplie par un facteur constant. Ce facteur s'obtiendra en résolvant la congruence $\Delta' \equiv 0$. Il se réduit donc à l'unité. Soit μ'' le nombre des fonctions distinctes de $x, \ldots, x^{(\mu'-1)}$ que B'_1 laisse ainsi inaltérées : on peut supposer qu'elles ont été prises pour indices indépendants et se confondent avec $x, \ldots, x^{(\mu''-1)}$.

182. Soit maintenant B''_1 une autre substitution de E_1 : elle remplacera $x, \ldots, x^{(\mu'-1)}$ par des fonctions de ces seuls indices. En outre, étant échangeable à B'_1, elle remplacera $x, \ldots, x^{(\mu''-1)}$, que B'_1 n'altère pas, par des fonctions que B'_1 n'altère pas, c'est-à-dire par des fonctions de ces seuls indices.

On voit ensuite qu'il existe des fonctions de $x, \ldots, x^{(\mu''-1)}$ que B''_1 n'altère pas, etc. Poursuivant ce raisonnement, on arrive à ce résultat :

Il existe certaines fonctions des indices $x, \ldots, x^{(\mu-1)}$ qui ne sont altérées par aucune des substitutions $B_1, B'_1, \ldots$ du faisceau E_1.

Soit μ_1 le nombre de celles de ces fonctions qui sont distinctes : on peut admettre qu'elles se confondent avec $x, \ldots, x^{(\mu_1-1)}$. Cela posé, chacune des substitutions de E_1, telle que B_1, remplace respectivement les indices de la première série $x, \ldots, x^{(\mu_1-1)}, x^{(\mu_1)}, \ldots, x^{(\mu-1)}$ par des fonctions de la forme suivante :

$$x, \ldots, x^{(\mu_1-1)}, \quad \alpha^{(\mu_1)} x^{(\mu_1)} + \ldots + \gamma^{(\mu_1)} x^{(\mu-1)} + \varphi^{(\mu_1)}, \ldots,$$
$$\alpha^{(\mu-1)} x^{(\mu_1)} + \ldots + \gamma^{(\mu-1)} x^{(\mu-1)} + \varphi^{(\mu-1)},$$

$\varphi^{(\mu_1)}, \ldots, \varphi^{(\mu-1)}$ étant des fonctions de $x, \ldots, x^{(\mu_1-1)}$.

183. Posons maintenant $B_1 = CD$, C étant la substitution qui remplace les indices $x^{(\mu_1)}, \ldots, x^{(\mu-1)}$ par

$$\alpha^{(\mu_1)} x^{(\mu_1)} + \ldots + \gamma^{(\mu_1)} x^{(\mu_1-1)}, \ldots, \alpha^{(\mu-1)} x^{(\mu_1)} + \ldots + \gamma^{(\mu-1)} x^{(\mu-1)},$$

et leurs conjugués par les fonctions conjuguées, sans altérer aucun des autres indices. Décomposons de même chacune des substitutions $B'_1, B''_1, \ldots$ en un produit de deux facteurs, et soit $B'_1 = C'D'$, $B''_1 = C''D'', \ldots$. *Les substitutions C, C', C'',... sont échangeables entre elles.* Car si C n'était pas échangeable à C', il est clair que B_1 ne le serait pas à B'_1. En outre, *chacune de ces substitutions a pour ordre une puissance de p.* Car pour qu'une puissance de B_1 se réduise à l'unité, il faut évidemment que la puissance correspondante de C se réduise à l'unité. Donc l'ordre de C est égal à celui de B_1, ou le divise : donc il est une puissance de p.

Appliquant au groupe $(C, C', C'',...)$ les raisonnements faits pour le groupe $(B_1, B'_1, B''_1,...)$ (180-182), on voit qu'il existe des fonctions des indices $x^{(\mu_1)},..., x^{(\mu-1)}$ que $C, C', C'',...$ n'altèrent pas, et que, par suite, B_1, B'_1, B''_1,... accroîtront simplement de certaines fonctions de $x,..., x^{(\mu_1-1)}$. Soit μ_2 le nombre de ces fonctions, on pourra supposer qu'elles se confondent avec $x^{(\mu_1)},..., x^{(\mu_1+\mu_2-1)}$.

184. Poursuivant ce raisonnement, on obtient le résultat suivant :

Les indices de la série $x,..., x^{(\mu-1)}$ peuvent être choisis de manière à se répartir en classes telles, que chacune des substitutions de E_1 laisse invariables les indices de la première classe, et, plus généralement, n'ait d'autre effet que d'ajouter aux divers indices de chaque classe certaines fonctions des indices des classes précédentes.

Dans les séries conjuguées de la série $x,..., x^{(\mu-1)}$ on prendra pour indices indépendants ceux qui sont conjugués de $x,..., x^{(\mu-1)}$. Chaque substitution de E_1 les remplaçant par les fonctions conjuguées de celles par lesquelles elle remplace $x,..., x^{\mu-1}$ (149), ils se trouveront tout naturellement répartis en classes, conjuguées de celles de la première série.

185. Si les indices $x,..., x^{(\mu-1)}$ ne forment que deux classes, il est clair que toutes les substitutions définies par la propriété précédente sont échangeables entre elles, et peuvent être contenues simultanément dans E_1. S'il y a plus de deux classes, il n'en est plus ainsi, et de nouvelles recherches seraient nécessaires pour préciser la forme de ce faisceau : mais nous remettrons cette étude à une autre occasion, les résultats déjà démontrés étant suffisants pour les applications qu'on trouvera dans cet ouvrage.

Voici pourtant quelques résultats particuliers dont on retrouvera aisément la démonstration, et qui donneront quelque idée de la grande variété de formes dont le faisceau E_1 est susceptible :

1° Si chaque classe ne contient qu'un seul indice, les substitutions de E_1 peuvent être mises sous la forme

$$| x, x',..., x^{(\mu-1)} \quad x + ax' + bx'' + ... + ex^{(\mu-1)}, x' + ax'' + bx''' + ...,..., x^{(\mu-1)} |.$$

Réciproquement, les substitutions de cette forme sont toutes échangeables entre elles et peuvent être simultanément contenues dans E_1.

2° Si les μ indices $x, x',..., x^{(\mu-1)}$ se partagent en trois classes, contenant respectivement 1, $\mu-2$, 1 indices, désignons par x l'indice unique qui forme la troisième classe, par $y_1, \ldots, y_{\mu-2}$ ceux qui forment la seconde, par z celui qui forme la première : les substitutions de E_1 pourront être réduites à la fois à la forme générale suivante :

$$| x, \ldots, y_r, \ldots, z \quad x + a_1 y_1 + \ldots + a_r y_r + \ldots + \alpha z, \ldots, y_r + b_r z, \ldots, z |,$$

les coefficients $a_1, \ldots, a_r, \ldots, \alpha$ étant quelconques, et les coefficients b_r déterminés par les relations

$$(6) \qquad \begin{cases} b_{2\rho} \equiv a_{2\rho-1} \quad \text{et} \quad b_{2\rho-1} \equiv a_{2\rho}, & \text{lorsque } \rho < m+1, \\ b_\sigma \equiv a_\sigma, & \text{lorsque } \sigma > 2m, \end{cases}$$

m étant un entier constant nul ou positif, mais dont le double ne surpasse pas $\mu - 2$.

Réciproquement, toutes les substitutions de cette forme sont échangeables entre elles, et peuvent appartenir à la fois à E_1. On aura ainsi pour ce faisceau autant de types généraux distincts qu'il y a de manières de déterminer m.

3° Si, au lieu de μ indices, on en avait $\mu+1$, $x, x', y_1, \ldots, y_{\mu-2}, z$, répartis en trois classes, qui contiennent respectivement 2, $\mu-2$, 1 indices, on obtiendrait pour E_1 des types variés. Nous en citerons quelques-uns, qui se rattachent immédiatement à ceux que nous venons d'examiner. Leurs substitutions sont les suivantes :

$$(7) \qquad \left| \begin{array}{ll} x & x + a_1 y_1 + \ldots + a_r y_r + \ldots + \alpha z \\ x' & x' + \ldots + (a_1 c_{1,r} + \ldots + a_{r'} c_{r',r} + \ldots) y_r + \ldots + \beta z \\ y_1 & y_1 + b_1 z \\ \ldots & \ldots\ldots\ldots \\ y_{\mu-2} & y_{\mu-2} + b_{\mu-2} z \\ z & z \end{array} \right|,$$

où $a_1, \ldots, a_r, \ldots, \alpha, \beta$ sont quelconques; $b_1, \ldots, b_{\mu-2}$ sont déterminés par les relations (6); et les coefficients $c_{r',r}$ sont liés entre eux par les relations suivantes, où ρ, ρ' sont supposés $< m+1$, et $\sigma, \sigma' > 2m$:

$$(8) \qquad \begin{cases} c_{2\rho,2\rho'-1} = c_{2\rho',2\rho-1}, & c_{2\rho-1,2\rho'} = c_{2\rho'-1,2\rho}, & c_{2\rho,2\rho'} = c_{2\rho-1,2\rho'-1}, \\ c_{2\rho,\sigma} = c_{\sigma,2\rho+1}, & c_{2\rho+1,\sigma} = c_{\sigma,2\rho}, & c_{\sigma,\sigma'} = c_{\sigma',\sigma}. \end{cases}$$

Pour avoir l'ordre du faisceau ainsi déterminé, on remarquera que le nombre des coefficients qui restent indéterminés dans l'expression (7) après qu'on a tenu compte des relations (6) et (8) est de $\mu + \frac{(\mu-1)(\mu-2)}{2} - m$: Chacun d'eux est d'ailleurs susceptible de p^ν valeurs distinctes, ν étant le nombre des séries conjuguées à celle que l'on considère.

186. Théorème. — *Soient* G *un faisceau dont les substitutions soient linéaires et échangeables entre elles;* F *et* E *les deux faisceaux partiels dans lesquels il se partage;* Ω *l'ordre de* F. *Parmi les substitutions qui accroissent les indices de nombres constants, il en existe plus de* Ω *qui sont échangeables à toutes les substitutions de* E.

Cette proposition, qui sert de lemme essentiel à des démonstrations importantes, découle très-naturellement de ce qui précède.

Réduisons en effet les substitutions de F à leur forme canonique (176-178); et supposons que les nouveaux indices se partagent en systèmes, contenant respectivement $\mu\nu$, $\mu'\nu'$,... indices, respectivement répartis en ν, ν',... séries. Les substitutions de F, multipliant chacune tous les indices de la première série du premier système par une même puissance de i (177), sont toutes de la forme $S^\alpha S_1$, S étant la substitution qui multiplie ces indices par i, et S_1 une substitution de F qui laisse invariables ces indices, et, par suite, leurs conjugués.

Cela posé, soit q le degré de la première des puissances successives de i qui se réduit à 1 (mod. p); ce nombre divise $p^\nu - 1$; car i étant racine d'une congruence irréductible du degré ν, on aura $i^{p^\nu-1} \equiv 1$. Soient d'autre part S'_1, S''_1,... celles des substitutions de F qui laissent invariables les indices du premier système; Ω' le nombre de ces substitutions. Les diverses substitutions de F s'obtiendront évidemment en posant successivement $\alpha \equiv 0, 1, \ldots, q-1$ et $S_1 = S'_1, S''_1, \ldots$ dans l'expression $S^\alpha S_1$; et leur nombre Ω sera égal à $q\Omega'$.

On verra de même que $\Omega' = q'\Omega''$, q' étant un diviseur de $p^{\nu'} - 1$, et Ω'' l'ordre du groupe partiel formé par celles des substitutions de F qui laissent invariables les indices des deux premiers systèmes. Poursuivant ainsi, on trouvera enfin que Ω est un diviseur de $(p^\nu - 1)(p^{\nu'} - 1)\ldots$.

Cela posé, chaque substitution de E résulte de substitutions partielles exécutées sur les indices des divers systèmes (179). Supposons les indices choisis dans chacun de ces systèmes de manière à se répartir en classes, comme il est indiqué (184). Soient $x, y, \ldots$ les indices, en nombre λ, de la dernière classe de la première série du premier système; $x_1, y_1, \ldots; \ldots;$ $x_{\nu-1}, y_{\nu-1}, \ldots$ ceux des classes conjuguées de celle-là. Soient de même

$x', y', \ldots$ les indices en nombre λ' de la dernière classe de la première série du second système; $x'_1, y'_1, \ldots; \ldots; x'_{\nu-1}, y'_{\nu-1}, \ldots$ ceux des classes conjuguées, etc. On aura ainsi $\lambda\nu + \lambda'\nu' + \ldots$ indices appartenant aux dernières classes de leurs séries respectives. Chaque substitution de E accroîtra simplement ces indices de fonctions linéaires des indices $u, v, \ldots$ appartenant aux classes précédentes, et remplacera ces derniers par des fonctions linéaires de $u, v, \ldots$ (184).

Il résulte évidemment de là que les substitutions de E sont échangeables à toute substitution Σ qui accroît respectivement $x, y, \ldots; \ldots; x_{\nu-1}, y_{\nu-1}, \ldots;$ $x', y', \ldots; \ldots; x'_{\nu-1}, y'_{\nu-1}, \ldots; \ldots$ de constantes $\alpha, \beta, \ldots; \ldots; \alpha_{\nu-1}, \beta_{\nu-1}, \ldots;$ $\alpha', \beta', \ldots; \ldots; \alpha'_{\nu-1}, \beta'_{\nu-1}, \ldots; \ldots$ sans altérer $u, v, \ldots$. Or si l'on prend pour $\alpha, \beta, \ldots$ des fonctions entières quelconques de i; pour $\alpha_\rho, \beta_\rho, \ldots$ leurs conjuguées; pour $\alpha', \beta', \ldots$ des fonctions entières quelconques de l'imaginaire i', analogue à i, etc., il est clair que Σ ne sera imaginaire qu'en apparence, et prendra la forme réelle lorsqu'on remplacera les indices imaginaires $x = X + iY + \ldots + i^{\nu-1}Z, \ldots$ par les indices réels $X, Y, \ldots, Z, \ldots$. Mais $\alpha, \beta, \ldots$ peuvent être choisis chacun de p^ν manières; $\alpha', \beta', \ldots$ de $p^{\nu'}$ manières, etc. : donc les substitutions distinctes de la forme Σ sont en nombre $p^{\lambda\nu + \lambda'\nu' + \ldots}$, nombre évidemment supérieur à Ω, même dans le cas le plus défavorable, où l'on suppose $\lambda = \lambda' = \ldots = 1$.

Substitutions permutables aux faisceaux précédents.

187. Soit, comme précédemment, G un faisceau de substitutions linéaires, échangeables entre elles : et cherchons à déterminer les principales propriétés du groupe I formé par les substitutions linéaires qui sont permutables à G.

188. Théorème. — *Si* G *contient des substitutions dont l'ordre ne soit pas premier à* p, I *ne pourra être primaire.*

En effet, soit E le faisceau partiel formé par celles des substitutions de G dont l'ordre est une puissance de p (173). Les transformées de ses substitutions par une substitution quelconque de I appartiendront à G, par hypothèse, et auront pour ordre une puissance de p. Donc elles appartiendront à E : donc E est permutable aux substitutions de I.

D'ailleurs il existe certaines fonctions des indices que les substitutions de E laissent invariables (179-182). Ces fonctions peuvent s'exprimer linéairement au moyen d'un certain nombre de fonctions distinctes, $x, x', \ldots$ que l'on peut prendre pour indices indépendants, à la place d'un nombre égal des indices primitifs (143). Soient $y, \ldots$ les indices restants : les substitutions de E seront toutes de la forme générale

$$| \; x, x', \ldots, y, \ldots \quad x, x', \ldots, f(x, x', \ldots, y, \ldots), \ldots \; |.$$

Soit maintenant

$$S = | \; x, x', \ldots, y, \ldots \quad \varphi(x, x', \ldots, y, \ldots), \varphi'(x, x', \ldots, y, \ldots), \ldots, \psi(x, x', \ldots, y, \ldots), \ldots \; |$$

une quelconque des substitutions de I : les transformées par S des substitutions E seront de la forme

$$\left| \begin{array}{ll} \varphi(x, x', \ldots, y, \ldots) & \varphi[x, x', \ldots, f(x, x', \ldots, y, \ldots), \ldots] \\ \varphi'(x, x', \ldots, y, \ldots) & \varphi'[x, x', \ldots, f(x, x', \ldots, y, \ldots), \ldots] \\ \ldots\ldots\ldots & \ldots\ldots\ldots\ldots\ldots \\ \psi(x, x', \ldots, y, \ldots) & \psi[x, x', \ldots, f(x, x', \ldots, y, \ldots), \ldots] \\ \ldots\ldots\ldots & \ldots\ldots\ldots\ldots\ldots \end{array} \right|.$$

Mais ces transformées, appartenant à E, n'altèrent pas les premiers indices : on aura donc

$$\varphi(x, x', \ldots, y, \ldots) \equiv \varphi[x, x', \ldots, f(x, x', \ldots, y, \ldots), \ldots],$$
$$\varphi'(x, x', \ldots, y, \ldots) \equiv \varphi'[x, x', \ldots, f(x, x', \ldots, y, \ldots), \ldots],$$
$$\ldots\ldots\ldots\ldots\ldots\ldots\ldots\ldots\ldots\ldots$$

Ces relations montrent que les fonctions $\varphi, \varphi', \ldots$ ne sont pas altérées par les substitutions de E, et, par suite, sont des fonctions de $x, x', \ldots$ seulement. Donc les substitutions de I remplacent $x, x', \ldots$ par des fonctions de ces seuls indices : donc I n'est pas primaire (142).

189. Passons au cas où toutes les substitutions de G ayant leur ordre premier à p, G se confond avec le faisceau partiel F, étudié aux nos 174-178. Supposons les indices choisis de manière à ramener simultanément toutes les substitutions de F à leur forme canonique; et soient $x, x', \ldots; y, y', \ldots; \ldots$ les séries obtenues en groupant ensemble ceux des indices que chacune des substitutions de F multiplie par un même facteur constant; ces substitutions prendront la forme suivante :

$$A = | \; x, x', \ldots, y, y', \ldots, \ldots \quad ax, ax', \ldots, by, by', \ldots, \ldots \; |.$$

Soit

$$S = \begin{vmatrix} x & f\,(x, x', \ldots, y, y', \ldots) \\ x' & f'\,(x, x', \ldots, y, y', \ldots) \\ \ldots & \ldots\ldots\ldots\ldots \\ y & f_1\,(x, x', \ldots, y, y', \ldots) \\ y' & f'_1(x, x', \ldots, y, y', \ldots) \\ \ldots & \ldots\ldots\ldots\ldots \end{vmatrix}$$

une des substitutions de I. La transformée de A par S prend la forme

$$\begin{vmatrix} f\,(x, x', \ldots, y, y', \ldots) & f\,(ax, ax', \ldots, by, by', \ldots) \\ f'(x, x', \ldots, y, y', \ldots) & f'(ax, ax', \ldots, by, by', \ldots) \\ \ldots\ldots\ldots\ldots & \ldots\ldots\ldots\ldots \\ f_1\,(x, x', \ldots, y, y', \ldots) & f_1\,(ax, ax', \ldots, by, by', \ldots) \\ f'_1(x, x', \ldots, y, y', \ldots) & f'_1(ax, ax', \ldots, by, by', \ldots) \\ \ldots\ldots\ldots\ldots & \ldots\ldots\ldots\ldots \end{vmatrix},$$

et comme elle appartient à F, par hypothèse, elle devra multiplier par un même facteur constant les indices de la première série. Si donc on a

$$\begin{aligned} f\,(x, x', \ldots, y, y', \ldots) &= \alpha x + \alpha_1 x' + \ldots + \beta y + \beta_1 y' + \ldots, \\ f'(x, x', \ldots, y, y', \ldots) &= \alpha' x + \alpha'_1 x' + \ldots + \beta' y + \beta'_1 y' + \ldots, \\ &\ldots\ldots\ldots\ldots\ldots\ldots\ldots\ldots \end{aligned}$$

et si K est le facteur constant, on aura

$$(9)\quad \left\{ \begin{aligned} &\alpha ax + \alpha_1 ax' + \ldots + \beta by + \beta_1 by' + \ldots \equiv \text{K}(\alpha x + \alpha_1 x' + \ldots + \beta y + \beta_1 y' + \ldots), \\ &\alpha' ax + \alpha'_1 ax' + \ldots + \beta' by + \beta'_1 by' + \ldots \equiv \text{K}(\alpha' x + \alpha'_1 x' + \ldots + \beta' y + \beta'_1 y' + \ldots), \\ &\ldots\ldots\ldots\ldots\ldots\ldots\ldots\ldots\ldots\ldots\ldots\ldots \end{aligned} \right.$$

Tous les coefficients $\alpha, \alpha_1, \ldots; \beta, \beta_1, \ldots; \ldots$ ne peuvent être à la fois congrus à zéro. Soit donc, par exemple, $\beta \gtrless 0 \pmod{p}$. Les indices x et y n'étant pas de la même série, il existe une substitution au moins dans le faisceau où l'on a $a \gtrless b \pmod{p}$. Les conditions (9) relatives à cette substitution donneront

$$\begin{aligned} &(\text{K} - b)\beta \equiv 0, \quad (\text{K} - b)\beta_1 \equiv 0, \ldots, \quad (\text{K} - a)\alpha \equiv 0, \quad (\text{K} - a)\alpha_1 \equiv 0, \ldots, \\ &(\text{K} - b)\beta' \equiv 0, \quad (\text{K} - b)\beta'_1 \equiv 0, \ldots, \quad (\text{K} - a)\alpha' \equiv 0, \quad (\text{K} - a)\alpha'_1 \equiv 0, \ldots, \\ &\ldots\ldots\ldots\ldots\ldots\ldots\ldots\ldots\ldots\ldots\ldots\ldots; \end{aligned}$$

d'où

$$\text{K} \equiv b, \quad (b - a)\alpha \equiv (b - a)\alpha_1 \equiv \ldots \equiv (b - a)\alpha' \equiv (b - a)\alpha'_1 \equiv \ldots \equiv 0,$$

ou, comme $a \gtrless b \pmod{p}$,

$$\alpha \equiv \alpha_1 \equiv \ldots \equiv \alpha' \equiv \alpha'_1 \equiv \ldots \equiv 0.$$

Ainsi, tous les coefficients de $f, f', \ldots$ sont congrus à zéro, sauf les coefficients $\beta, \beta_1, \ldots; \beta', \beta'_1, \ldots; \ldots$ qui multiplient les indices $y, y', \ldots$. Nous obtenons donc ce premier résultat :

Proposition I. — *Chaque substitution de I remplace les indices d'une même série $x, x', \ldots$ par des fonctions linéaires des indices $y, y', \ldots$ d'une seule et même série.*

190. Les fonctions linéaires de $y, y', \ldots$ que S fait succéder à $x, x', \ldots$ doivent être toutes distinctes, pour que le déterminant de S ne soit pas congru à zéro : mais le nombre des fonctions distinctes que l'on peut former avec les indices $y, y', \ldots$ est au plus égal au nombre de ces indices : donc le nombre des indices $y, y', \ldots$ est au moins égal à celui des $x, x', \ldots$.

D'autre part, la substitution S^{-1}, qui fait partie de I, remplaçant certaines fonctions de $y, y', \ldots$ respectivement par $x, x', \ldots$, remplacera $y, y', \ldots$ par des fonctions dans lesquelles entreront ces indices $x, x', \ldots$. D'ailleurs ces fonctions ne doivent contenir les indices que d'une seule série (Proposition I). Donc S^{-1} remplace $y, y', \ldots$ par des fonctions des seuls indices $x, x', \ldots$, lesquels devront être en nombre au moins égal à celui des indices $y, y', \ldots$, pour que le déterminant de S^{-1} ne soit pas congru à zéro. On a donc le résultat suivant :

Proposition II. — *Le nombre des indices de la série $y, y', \ldots$ est précisément égal à celui des indices de la série $x, x', \ldots$.*

191. La substitution A multipliant $y, y', \ldots$ par b, nous venons de voir que sa transformée par S multiplie $x, x', \ldots$ par b. D'ailleurs elle fait partie de F. La suite des coefficients $b, b', \ldots$, par lesquels les diverses substitutions de F multiplient $y, y', \ldots$, est donc identique, à l'ordre près, à la suite des coefficients $a, a', \ldots$ par lesquels elles multiplient $x, x', \ldots$. Donc, si $a, a', \ldots$ s'expriment au moyen d'une imaginaire i, de degré ν, il en sera de même de $b, b', \ldots$; et *le système qui contient la série $y, y', \ldots$ sera formé de ν séries, comme celui qui contient la série $x, x', \ldots$.* Ces deux systèmes peuvent d'ailleurs être différents, ou se confondre en un seul.

Soit d'ailleurs $x_\rho, x'_\rho, \ldots$ l'une des séries conjuguées de la série $x, x', \ldots$. La substitution S, remplaçant $x, x', \ldots$ par des fonctions de $y, y', \ldots$, remplacera $x_\rho, x'_\rho, \ldots$ par les fonctions conjuguées de celles-là, c'est-à-dire par des fonctions de $y_\rho, y'_\rho, \ldots$, conjugués de $y, y', \ldots$.

192. Nous obtenons donc la proposition suivante :

THÉORÈME. — *Choisissons les indices indépendants de manière à ramener les substitutions de* F *à la forme canonique : groupons-les en séries et ces séries en systèmes, comme il est indiqué plus haut : enfin, groupons les systèmes en classes, en réunissant ensemble ceux qui contiennent le même nombre d'indices, répartis dans le même nombre de séries :*

Chaque substitution de I *remplacera les indices d'une même série par des fonctions de ceux d'une même série : ceux d'un même système par des fonctions de ceux d'un même système : ceux de chaque classe par des fonctions de ceux de cette classe.*

193. Prenons maintenant pour indices indépendants, dans chaque système, au lieu des indices imaginaires considérés jusqu'à présent, les fonctions réelles en nombre égal dont ils dépendent (178). Il est clair qu'après ce changement comme avant, *les indices d'un même système seront remplacés dans chaque substitution de* I *par des fonctions de ceux d'un même système, et ceux de chaque classe par des fonctions de ceux de cette même classe.*

Donc *s'il existe plusieurs classes,* I *ne sera pas primaire* (142).

194. Revenons maintenant aux indices imaginaires, et supposons, pour plus de simplicité, qu'il n'y ait qu'une seule classe, contenant λ systèmes

$$x_0, x'_0, \ldots, x_0^{(\mu-1)}; \ldots; x_{\nu-1}, x'_{\nu-1}, \ldots, x_{\nu-1}^{(\mu-1)},$$
$$y_0, y'_0, \ldots, y_0^{(\mu-1)}; \ldots; y_{\nu-1}, y'_{\nu-1}, \ldots, y_{\nu-1}^{(\mu-1)},$$
$$\ldots\ldots\ldots\ldots\ldots\ldots\ldots\ldots\ldots\ldots$$

formés chacun de ν séries, contenant chacune μ indices. La substitution S, remplaçant les indices de chaque système par des fonctions de ceux d'un même système, est évidemment égale à TU, T étant une substitution qui permute les systèmes entre eux de la même manière que S, mais en remplaçant les uns par les autres les indices correspondants, et U une substitution qui ne déplace plus les systèmes. D'ailleurs S et T étant réelles, et remplaçant les indices d'une même série par des fonctions de ceux d'une même série, $U = T^{-1}S$ jouira évidemment des mêmes propriétés. En outre, elle sera le produit de substitutions partielles $U_1, U_2, \ldots$, altérant respectivement les indices du premier système, ceux du second, etc.

Cherchons la forme de l'une de ces substitutions partielles, U_1 par exemple. Supposons que U_1 remplace $x_0, x'_0, \ldots, x_0^{(\mu-1)}$ par des fonctions de $x_{\rho_1}, x'_{\rho_1}, \ldots, x_{\rho_1}^{(\mu-1)}$: on aura évidemment $U_1 = M_1^{\rho_1} N_1$, M_1 étant la substitution qui remplace en général $x_r^{(s)}$ par $x_{r+1}^{(s)}$, et N_1 une substitution qui remplace $x_0, x'_0, \ldots, x_0^{(\mu-1)}$ par des fonctions de ces mêmes indices. D'ailleurs U_1 et M_1 étant évidemment réelles, il en est de même de N_1 : donc N_1 remplacera $x_r, x'_r, \ldots, x_r^{(\mu-1)}$ par les fonctions conjuguées de celles par lesquelles elle remplace $x_0, x'_0, \ldots, x_0^{(\mu-1)}$. Donc N_1 sera de la forme suivante :

$$N_1 = \left| \begin{matrix} x_0, x'_0, \ldots & \alpha x_0 + \beta x'_0 + \ldots, \alpha' x_0 + \beta' x'_0 + \ldots, \ldots \\ \ldots\ldots & \ldots\ldots \\ x_r, x'_r, \ldots & \alpha^{p^r} x_r + \beta^{p^r} x'_r + \ldots, \alpha'^{p^r} x_r + \beta'^{p^r} x'_r + \ldots, \ldots \\ \ldots\ldots & \ldots\ldots, \ldots \end{matrix} \right|.$$

On aura de même $U_2 = M_2^{\rho_2} N_2$, M_2 et N_2 étant analogues de forme à M_1 et N_1, etc. Donc enfin l'on aura

$$S = T M_1^{\rho_1} N_1 M_2^{\rho_2} N_2 \ldots.$$

195. Réciproquement, toute substitution de cette forme est permutable au groupe dérivé des substitutions

$$A = \left| \begin{matrix} x_0, x'_0, \ldots, x_r, x'_r, \ldots & a x_0, a x'_0, \ldots, a^{p^r} x_r, a^{p^r} x'_r, \ldots \\ y_0, y'_0, \ldots, y_r, y'_r, \ldots & b y_0, b y'_0, \ldots, b^{p^r} y_r, b^{p^r} y'_r, \ldots \\ \ldots\ldots & \ldots\ldots \end{matrix} \right| :$$

car ses composantes T, M_1, N_1, M_2, N_2,... le sont évidemment. Si donc F contient toutes les substitutions de la forme A, I contiendra toutes celles de la forme $T M_1^{\rho_1} N_1 M_2^{\rho_2} N_2 \ldots$, dont le nombre est égal à

$$1.2\ldots\lambda[\nu(p^{\mu\nu}-1)(p^{\mu\nu}-p^{\nu})\ldots(p^{\mu\nu}-p^{(\mu-1)\nu})]^{\lambda},$$

comme on le verra aisément.

Si, au contraire, F ne contenait qu'une partie des substitutions de la forme A, il se pourrait que I ne contînt qu'une partie des précédentes.

§ VII. — Groupe orthogonal.

Généralités.

196. Une substitution linéaire

$$S = | x, y, z, \ldots \quad ax + by + cz + \ldots, \; a'x + b'y + c'z + \ldots, \; a''x + b''y + c''z + \ldots, \ldots$$

est dite *orthogonale*, si l'on a identiquement

$$\left.\begin{aligned} x^2+y^2+z^2+\ldots \equiv (ax+by+cz+\ldots)^2+(a'x+b'y+c'z+\ldots)^2 \\ +(a''x+b''y+c''z+\ldots)^2+\ldots \end{aligned}\right\} \pmod{p};$$

d'où les relations

$$(10)\quad \left\{\begin{aligned} &a^2+a'^2+a''^2+\ldots \equiv b^2+b'^2+b''^2+\ldots \equiv c^2+c'^2+c''^2+\ldots \equiv \ldots \equiv 1, \\ &ab+a'b'+a''b''+\ldots \equiv ac+a'c'+a''c''+\ldots \equiv bc+b'c'+b''c''+\ldots \equiv \ldots \equiv 0. \end{aligned}\right.$$

Les substitutions orthogonales forment un groupe. Car soient S_1, S_2 deux semblables substitutions : toutes deux laissant invariable la fonction $x^2+y^2+z^2+\ldots$ (aux multiples près de p), leur produit la laissera également invariable : il sera donc orthogonal.

La substitution orthogonale S *a pour réciproque la suivante*

$$S_1 = |\, x, y, z, \ldots \quad ax+a'y+a''z+\ldots,\ bx+b'y+b''z+\ldots,\ cx+c'y+c''z+\ldots, \ldots \,|:$$

car si l'on tient compte des relations (10), on voit que SS_1 se réduit à l'unité.

Les puissances d'une substitution orthogonale étant elles-mêmes orthogonales, S_1 le sera : d'où le nouveau système de relations

$$(11)\quad \left\{\begin{aligned} &a^2+b^2+c^2+\ldots \equiv a'^2+b'^2+c'^2+\ldots \equiv a''^2+b''^2+c''^2+\ldots \equiv \ldots \equiv 1, \\ &aa'+bb'+cc'+\ldots \equiv aa''+bb''+cc''+\ldots \equiv a'a''+b'b''+c'c''+\ldots \equiv \ldots \equiv 0. \end{aligned}\right.$$

Réciproquement, les relations (10) peuvent se déduire des relations (11); car si S_1 est orthogonale, sa réciproque S le sera.

Les deux substitutions S, S_1 ont évidemment le même déterminant, δ : leur produit a pour déterminant δ^2. Mais il se réduit à l'unité : donc $\delta^2 \equiv 1$. Donc *toute substitution orthogonale a son déterminant congru à* ± 1.

La recherche de l'ordre du groupe orthogonal se lie étroitement, comme on va le voir, à la résolution des congruences du second degré à plusieurs inconnues.

Congruences du second degré à plusieurs inconnues.

197. PROBLÈME. — *Résoudre la congruence*

$$a_1 x_1^2 + a_2 x_2^2 \equiv k \pmod{p},$$

p étant un nombre premier impair, et a_1, a_2, k des entiers dont les deux premiers soient non divisibles par p.

Posons $a_1 x_1 \equiv y$: la congruence devient

$$(12) \qquad y^2 + a_1 a_2 x_2^2 \equiv a_1 k,$$

et deux cas sont à distinguer :

1° Si $-a_1 a_2$ est un résidu quadratique de p, congru à un carré λ^2, nous poserons

$$y + \lambda x_2 \equiv v, \quad y - \lambda x_2 \equiv u,$$

d'où

$$y \equiv \frac{v+u}{2}, \quad x_2 \equiv \frac{v-u}{2\lambda},$$

et la congruence deviendra

$$vu \equiv a_1 k.$$

Si $k \gtrless 0 \pmod{p}$, on pourra prendre pour v l'un quelconque des entiers $1, 2, \ldots, p-1$; et la congruence déterminera la valeur correspondante de u : on aura donc $p-1$ solutions.

Si $k \equiv 0$, on pourra prendre $v \equiv 1, 2, \ldots, p-1$ avec $u \equiv 0$, ou $v \equiv 0$ avec $u \equiv 0, 1, 2, \ldots, p-1$: total, $2p-1$ solutions.

2° Si $-a_1 a_2$ est non résidu quadratique de p, soit i une racine de la congruence irréductible $i^2 \equiv -a_1 a_2 \pmod{p}$, l'autre racine sera $i^p \equiv -i$, et l'on aura

$$y^2 + a_1 a_2 x_2^2 \equiv (y + ix_2)(y + i^p x_2) \equiv (y + ix_2)^{p+1}.$$

Posant $y + ix_2 \equiv z$, on se trouve conduit à chercher le nombre des racines réelles, ou exprimables au moyen d'une imaginaire du second degré, que comporte la congruence

$$z^{p+1} \equiv a_1 k \pmod{p}.$$

Si $k \equiv 0$, on n'aura évidemment qu'une seule solution, $z \equiv 0$, d'où $x \equiv y \equiv 0$.

Si $k \gtrless 0 \pmod{p}$, soit u une racine primitive de la congruence $u^{p^2-1} \equiv 1$, et soit $a_1 k \equiv u^\beta$; on a

$$u^{\beta(p-1)} \equiv (a_1 k)^{p-1} \equiv 1 \pmod{p},$$

d'où

$$\beta(p-1) \equiv 0 \pmod{p^2-1},$$

ou enfin

$$\beta = m(p+1),$$

m étant un entier. On peut poser d'autre part $z \equiv u^t$. Substituant, il vient

$$u^{t(p+1)} \equiv u^{m(p+1)} \pmod{p},$$

d'où

$$t(p+1) \equiv m(p+1) \pmod{p^2-1},$$

congruence qui admet les racines suivantes : $m, m+p-1, m+2(p-1), \ldots$.

Parmi ces racines, il en existe évidemment $p+1$ incongrues suivant le module p^2-1. Les valeurs correspondantes de $u^t \equiv z \equiv y + ix_2$ donneront $p+1$ systèmes distincts de solutions pour la congruence proposée.

198. Théorème. — *Soit* $\left(\frac{x}{p}\right)$ *un symbole égal à* 0, *à* 1 *ou à* -1, *suivant que* x *sera divisible par* p, *résidu ou non résidu quadratique de* p. *La suite* $\left(\frac{1}{p}\right), \left(\frac{2}{p}\right), \ldots, \left(\frac{p-1}{p}\right)$, *présentera* $\frac{p-1}{2}$ *variations de signe.*

En effet, la congruence $y^2 \equiv x^2 + 1 \pmod{p}$ a, d'après ce qui précède, $p-1$ solutions. Ces solutions sont de trois espèces : 1° Celles où $x \equiv 0$, $y \equiv \pm 1$, au nombre de deux. 2° Celles où $x^2 \equiv a$, $y^2 \equiv a+1$, a étant un résidu suivi d'un résidu dans la série des nombres naturels. Soit φ le nombre des valeurs de a satisfaisant à ces conditions : chacune d'elles donnera quatre solutions, les signes de x, y étant tous deux ambigus. 3° Enfin on pourra poser $y \equiv 0$, $x^2 + 1 \equiv 0$, ce qui donne deux solutions si $p - 1 \equiv -1$ est résidu quadratique, et n'en donne point s'il n'est pas résidu.

1° Soit d'abord $\left(\frac{-1}{p}\right) = 1$. Le nombre des solutions de la congruence $y^2 \equiv x^2 + 1$ sera $2 + 4\varphi + 2 = p - 1$, d'où $\varphi = \frac{p-1}{4} - 1$. Le nombre total des résidus quadratiques dans la série $1, 2, \ldots, p-1$ est $\frac{p-1}{2}$; nous venons de voir que $\frac{p-1}{4} - 1$ d'entre eux sont suivis de résidus; le dernier, $p-1$, n'est suivi d'aucun terme : il en reste donc $\frac{p-1}{4}$ suivis de non résidus. En d'autres termes, la suite $\left(\frac{1}{p}\right), \ldots, \left(\frac{p-1}{p}\right)$ présente $\frac{p-1}{4}$ passages du signe + au signe —. Mais le premier et le dernier terme ont le signe + : le nombre des passages du signe — au signe + sera donc le même que celui des passages du signe + au signe —. Le nombre total des variations sera donc $\frac{p-1}{2}$.

2° Soit $\left(\frac{-1}{p}\right) = -1$. On a $p-1 = 2+4\varphi$, d'où $\varphi = \frac{p-3}{4}$. Le nombre des résidus suivis de non résidus sera $\frac{p-1}{2} - \varphi = \frac{p+1}{4}$. Il y aura donc $\frac{p+1}{4}$ passages du signe $+$ au signe $-$ dans la suite $\left(\frac{1}{p}\right), \ldots, \left(\frac{p-1}{p}\right)$. Mais le premier terme a le signe $+$ et le dernier le signe $-$: le nombre des passages du signe $-$ au signe $+$ sera donc inférieur au précédent d'une unité et égal à $\frac{p+1}{4} - 1$, et le nombre total des variations sera encore $\frac{p-1}{2}$.

199. Théorème. — *Le nombre des systèmes de solutions de la congruence*

$$a_1 x_1^2 + a_2 x_2^2 + \ldots + a_{2n} x_{2n}^2 \equiv k \pmod{p}$$

où $a_1, a_2, \ldots, a_{2n}$ sont $\gtrless 0 \pmod{p}$ est égal à $p^{2n-1} - p^{n-1}\nu$ ou à $p^{2n-1} + (p^n - p^{n-1})\nu$, suivant qu'on a $k \gtrless 0$ ou $k \equiv 0 \pmod{p}$, ν désignant pour abréger le symbole $\left(\frac{(-1)^n a_1 a_2 \ldots a_{2n}}{p}\right)$.

La vérité de ces formules dans le cas où $n=1$ résulte du n° 197. Nous allons maintenant prouver que si elles sont vraies pour $n=l$ et $n=m$, elles sont vraies pour $n = l+m$.

La congruence

$$a_1 x_1^2 + a_2 x_2^2 + \ldots + a_{2(l+m)} x_{2(l+m)}^2 \equiv k \tag{13}$$

équivaut aux deux suivantes :

$$a_1 x_1^2 + a_2 x_2^2 + \ldots + a_{2l} x_{2l}^2 \equiv y, \tag{14}$$

$$a_{2l+1} x_{2l+1}^2 + \ldots + a_{2(l+m)} x_{2(l+m)}^2 \equiv k - y, \tag{15}$$

y étant une nouvelle indéterminée.

1° Soit d'abord $k \gtrless 0 \pmod{p}$. Pour toute valeur de y différente de 0 et de $k \pmod{p}$, la congruence (14) a, par hypothèse, $p^{2l-1} - p^{l-1}\lambda$ solutions, et la congruence (15) en a $p^{2m-1} - p^{m-1}\mu$, en posant, pour abréger,

$$\lambda = \left(\frac{(-1)^l a_1 a_2 \ldots a_{2l}}{p}\right), \quad \mu = \left(\frac{(-1)^m a_{2l+1} \ldots a_{2(l+m)}}{p}\right).$$

Pour $y \equiv 0$, elles ont respectivement $p^{2l-1} + (p^l - p^{l-1})\lambda$ et $p^{2m-1} - p^{m-1}\mu$ solutions. Enfin, pour $y \equiv k$, elles en ont $p^{2l-1} - p^{l-1}$ et $p^{2m-1} + (p^m - p^{m-1})\mu$.

Le nombre total des substitutions cherchées sera donc

$$(p-2)(p^{2l-1}-p^{l-1}\lambda)(p^{2m-1}-p^{m-1}\mu)$$
$$+(p^{2l-1}-p^{l-1}\lambda)[p^{2m-1}+(p^m-p^{m-1})\mu]+(p^{2m-1}-p^{m-1}\mu)[p^{2l-1}+(p^l-p^{l-1})\lambda]$$
$$=p^{2(l+m)-1}-p^{l+m-1}\lambda\mu,$$

et, comme $\lambda\mu=\nu$ (16), la formule se trouve démontrée.

2° Soit $k\equiv 0$. Posons d'abord $y \gtrless 0$ (mod. p), puis $y\equiv 0$, et sommons les solutions correspondantes à ces hypothèses : le nombre total obtenu sera

$$(p-1)(p^{2l-1}-p^{l-1}\lambda)(p^{2m-1}-p^{m-1}\mu)+[p^{2l-1}+(p^l-p^{l-1})\lambda][p^{2m-1}+(p^m-p^{m-1})\mu]$$
$$=p^{2(l+m)-1}+(p^{l+m}-p^{l+m-1})\lambda\mu=p^{2(l+m-1)}+(p^{l+m}-p^{l+m-1})\nu.$$

200. Théorème. — *Le nombre des systèmes de solutions de la congruence*

$$(16)\qquad a_1x_1^2+a_2x_2^2+\ldots+a_{2n+1}x_{2n+1}^2\equiv k \pmod{p}.$$

est $p^{2n}-p^n\nu'$, *en posant pour abréger* $\nu'=\left(\dfrac{(-1)^n a_1a_2\ldots a_{2n+1}k}{p}\right)$.

En effet, la congruence (16) revient aux deux suivantes :

$$(17)\qquad a_1x_1^2\equiv y,$$
$$(18)\qquad a_2x_2^2+\ldots+a_{2n+1}x_2^{2n+1}\equiv k-y.$$

La congruence (17) admet la solution $x\equiv 0$ si $y\equiv 0$, et les deux solutions $x\equiv\pm\dfrac{r}{a_1}$ si a_1y est un résidu quadratique r^2; elle n'en admet aucune si a_1y n'est pas résidu. D'autre part, le théorème précédent donnera le nombre de solutions de la congruence (18) pour chaque valeur de y.

Posons, pour abréger,

$$\left(\frac{(-1)^n a_2\ldots a_{2n+1}}{p}\right)\equiv\nu,\qquad \left(\frac{a_1k}{p}\right)\equiv\mu;$$

on aura en tout

$$p^{2n-1}+(p^n-p^{n-1})\nu+2(p^{2n-1}-p^{n-1}\nu)\frac{p-1}{2},$$

$$p^{2n-1}-p^{n-1}\nu+2[p^{2n-1}+(p^n-p^{n-1})\nu]+2\left(\frac{p-1}{2}-1\right)(p^{2n-1}-p^{n-1}\nu),$$

ou

$$p^{2n-1}-p^{n-1}\nu+2\frac{p-1}{2}(p^{2n-1}-p^{n-1}\nu)$$

systèmes de solutions, suivant que μ sera égal à o, 1 ou -1. Dans les trois cas, en opérant les réductions et remplaçant $\mu\nu$ par ν', on tombera sur la formule à démontrer.

Ordre du groupe orthogonal.

201. Théorème. — *L'ordre du groupe orthogonal de degré p^n (p étant premier impair) est égal à $P_n P_{n-1} \ldots P_1$, P_r désignant le nombre de solutions de la congruence*

$$x_1^2 + x_2^2 + \ldots + x_r^2 \equiv 1 \pmod{p}.$$

En effet, soit Q_n le nombre des substitutions orthogonales S, S',... qui laissent invariable l'un des n indices $x, y, z, \ldots$, le premier par exemple, et soit T une substitution orthogonale qui remplace x par une certaine fonction $ax + by + cz + \ldots$. Les Q_n substitutions orthogonales TS, TS',... remplacent x par $ax + by + cz + \ldots$. Réciproquement, toute substitution orthogonale U qui produit ce remplacement fait partie de la suite TS, TS',...; car $T^{-1}U$, laissant x invariable, fait partie de la suite S, S',....

Soit donc R_n le nombre de fonctions différentes par lesquelles les diverses substitutions orthogonales remplacent x : l'ordre Ω_n du groupe orthogonal sera égal à $R_n Q_n$.

D'ailleurs, si l'on pose dans les relations (11) $a \equiv 1$, $b \equiv c \equiv \ldots \equiv 0$, elles donnent $a' \equiv a'' \equiv \ldots \equiv 0$; et les autres coefficients $b', c', \ldots; b'', c'', \ldots; \ldots$ se trouveront liés entre eux précisément par les relations qui caractérisent l'orthogonalité dans le cas de $n-1$ indices. Donc Q_n est égal à Ω_{n-1} : on aura donc

$$\Omega_n = R_n \Omega_{n-1} = R_n R_{n-1} \Omega_{n-2} = \ldots = R_n R_{n-1} \ldots R_2 \Omega_1,$$

et, comme Ω_1 est évidemment égal à $2 = P_1$, le théorème sera établi si l'on prouve qu'on a généralement $R_n = P_n$.

Or, pour qu'une substitution qui remplace x par $ax + by + cz + \ldots$ soit orthogonale, il faut, d'après les relations (11), qu'on ait

$$a^2 + b^2 + c^2 + \ldots \equiv 1. \tag{19}$$

Réciproquement, nous allons voir que $a, b, c, \ldots$ *étant un quelconque des* P_n *systèmes de solutions de la congruence* (19), *on pourra déterminer une* *substitution orthogonale qui remplace x par $ax + by + cz + \ldots$,* proposition qui rendra manifeste l'identité $R_n = P_n$.

202. Premier cas : $n = 2$. — La proposition est évidente; car la substitution

$$S = | \; x, y \quad ax + by, \; -bx + ay \; |$$

est orthogonale et remplace x par $ax + by$.

203. Second cas : $n = 3$. — *La proposition est vraie, si quelqu'une des quantités $1 - a^2$, $1 - b^2$, $1 - c^2$ est résidu quadratique de p.* Car soit, par exemple,

$$1 - b^2 \equiv t^2,$$

on a, par hypothèse,

$$a^2 + b^2 + c^2 \equiv 1, \quad \text{d'où} \quad \frac{a^2}{t^2} + \frac{c^2}{t^2} \equiv \frac{1 - b^2}{t^2} \equiv 1.$$

Donc il existe une substitution orthogonale

$$C = \left| \; x, y, z \quad x, \frac{a}{t} y + \frac{c}{t} z, \; -\frac{c}{t} y + \frac{a}{t} z \; \right|,$$

qui n'altère pas x, et remplace y par $\frac{a}{t} y + \frac{c}{t} z$. Cette substitution, combinée aux suivantes

$$A = | \; x, y, z \quad y, x, z \; |, \quad B = | \; x, y, z \quad bx + ty, \; -tx + by, \; z \; |,$$

qui sont également orthogonales, donne la substitution ACB, laquelle sera orthogonale, et remplacera x par $ax + by + cz$.

204. *La proposition est vraie pour les nombres a, b, c, si elle l'est pour les nombres a, $b\beta - c\gamma \equiv b'$, $c\beta + b\gamma \equiv c'$, β, γ étant deux entiers quelconques satisfaisant à la relation $\beta^2 + \gamma^2 \equiv 1$.* Car, s'il existe une substitution orthogonale S qui remplace x par $ax + b'y + c'z$, cette substitution, combinée à la suivante

$$D = | \; x, y, z \quad x, \beta y + \gamma z, \; -\gamma y + \beta z \; |,$$

laquelle est orthogonale, donnera la substitution $D^{-1}S$, laquelle remplace x par $ax + by + cz$.

205. Cela posé, admettons que chacune des quantités $1-a^2$, $1-b^2$, $1-c^2$ soit nulle (*) ou non résidu quadratique de p. Deux cas seront à distinguer, suivant l'hypothèse que l'on fera sur le signe de $\left(\frac{-1}{p}\right)$.

Première hypothèse : $\left(\frac{-1}{p}\right)=-1$. — On pourra choisir β et γ de telle sorte que $1-b'^2$ soit résidu ou nul.

En effet, supposons b' connu : on a

$$b\beta - c\gamma \equiv b', \quad \text{d'où} \quad \beta \equiv \frac{b'+c\gamma}{b}.$$

Substituant cette valeur dans la relation $\beta^2+\gamma^2\equiv 1$, il vient une congruence du second degré en γ, qui ne peut avoir plus de deux racines. Donc, parmi les systèmes de valeurs de β, γ, en nombre $p+1$ (197), qui satisfont à la relation $\beta^2+\gamma^2\equiv 1$, il en existe au plus deux qui donnent la même valeur à b'. Si donc on fait varier β et γ, b' prendra au moins $\frac{p+1}{2}$ valeurs distinctes. Mais le nombre des valeurs distinctes de b' pour lesquelles $1-b'^2$ est un non résidu est seulement $\frac{p-3}{2}$; car $1-b'^2$ et -1 étant non résidus, b'^2-1 sera résidu. On devra donc prendre pour b'^2-1 l'un des $\frac{p-3}{4}$ résidus suivis de résidus dans la série des nombres naturels : à chacun d'eux correspondent d'ailleurs deux valeurs de b'. Donc, parmi les $\frac{p+1}{2}$ valeurs distinctes de b', il en est une au moins telle, que $1-b'^2$ soit résidu ou nul.

206. Si $1-b'^2$ pouvait devenir résidu, la proposition serait démontrée (203-204). Supposons donc qu'il devienne nul. On prouvera comme tout à l'heure : 1° que la proposition sera vraie pour a, b', c' (et par suite pour a, b, c), si elle l'est pour $a\alpha - c'\delta \equiv a'$, b', $a\delta + c'\alpha \equiv c''$, α et δ satisfaisant à la relation $\alpha^2+\delta^2\equiv 1$; 2° que α, δ peuvent être choisis de telle sorte que $1-a'^2$ soit nul ou résidu. Mais on a

$$a'^2+b'^2+c''^2 \equiv a^2+b'^2+c'^2 \equiv a^2+b^2+c^2 \equiv 1,$$

(*) Nous commettons ici, à dessein, et pour éviter les périphrases, une légère inexactitude de langage. Ce que nous disons des quantités a, b, c, $1-a^2$, $1-b^2$, $1-c^2$, etc., doit s'entendre, non de ces entiers eux-mêmes, mais du reste de leur division par p.

et, si l'on avait $1 - a'^2 \equiv 1 - b'^2 \equiv 0$, il viendrait $c''^2 \equiv -1$, résultat absurde, -1 étant non résidu. Donc $1 - a'^2$ sera résidu, et la proposition sera vraie.

207. *Seconde hypothèse :* $\left(\frac{-1}{p}\right) = 1$. — Les systèmes de valeurs de β, γ qui satisfont à la relation $\beta^2 + \gamma^2 \equiv 1$ seront en nombre $p - 1$, et les valeurs correspondantes de b' en nombre $\frac{p-1}{2}$ au moins. Ce nombre est égal à celui des valeurs de b' pour lesquelles $1 - b'^2$ (ou, ce qui revient au même, $b'^2 - 1$) est non résidu; donc, en faisant varier β, γ, on donnera à b' toute la suite de ces dernières valeurs, ou une valeur telle, que l'on ait $1 - b'^2 \equiv 0$, ou enfin une valeur telle, que $1 - b'^2$ soit résidu. Excluant ce dernier cas, dans lequel la proposition serait démontrée, on pourra supposer b' égal à ± 1 ou à un entier d, choisi à volonté dans la suite de ceux qui sont tels, que $1 - d^2$ soit non résidu.

On voit de même : 1° que la proposition sera vraie pour a, b', c' (et par suite pour a, b, c) si elle l'est pour $a\alpha - c'\delta \equiv a'$, b', $a\delta + c'\alpha \equiv c''$, α et δ satisfaisant à la relation $\alpha^2 + \delta^2 \equiv 1$; 2° que α et δ peuvent être choisis de telle sorte qu'on ait $a' \equiv \pm 1$ ou $a' \equiv d'$, d' étant un entier choisi à volonté dans la même suite que d.

208. Cela posé, trois cas sont à distinguer :

1° Soit $a' \equiv \pm 1$, $b' \equiv \pm 1$. La proposition sera vraie pour a', b', c'' si elle l'est pour $a'' \equiv a'\varepsilon - b'\zeta$, $b'' \equiv a'\zeta + b'\varepsilon$, c'' (ε, ζ satisfaisant à la relation $\varepsilon^2 + \zeta^2 \equiv 1$). Or l'on pourra faire en sorte que $1 - a''^2$ soit résidu. En effet, a'^2, b'^2, $\varepsilon^2 + \zeta^2$ se réduisant à l'unité, $1 - a''^2$ se réduit à $2a'b'\varepsilon\zeta$. Soient d'ailleurs λ un entier tel que l'on ait $\lambda^2 \equiv -1$, et ν un entier arbitraire : on aura (**197**)

$$\varepsilon \equiv \frac{1}{2}\left(\nu + \frac{1}{\nu}\right), \quad \zeta \equiv \frac{1}{2\lambda}\left(\nu - \frac{1}{\nu}\right),$$

d'où

$$1 - a''^2 \equiv \frac{a'b'}{2\lambda}\left(\nu^2 - \frac{1}{\nu^2}\right) \equiv \frac{a'b'}{2\lambda\nu^2}(\nu^4 - 1),$$

expression qui sera résidu si $\frac{a'b'}{2\lambda}$ et $\nu^4 - 1$ sont à la fois résidus ou non résidus. Mais Gauss a montré (*Theoria residuorum biquadraticorum Commentatio prima*, **16-21**) que l'on peut déterminer ν de telle sorte que $\nu^4 - 1$ soit à volonté résidu ou non résidu. Donc on pourra toujours faire en sorte que $1 - a''^2$ soit résidu, ce qui démontre notre proposition.

209. 2° Soit $a' \equiv \pm 1$, $b' \equiv \pm d$. La proposition sera vraie si $1 - c''^2 \equiv a'^2 + b'^2 \equiv 1 + d^2$ est résidu. Mais d est l'un quelconque des entiers tels, que $1 - d^2$ soit non résidu; il pourra être choisi de telle sorte que $1 + d^2$ soit résidu. En effet, considérons la suite des nombres naturels $1, 2, \ldots, p-1$; elle contiendra au moins un résidu qui soit à la fois suivi d'un résidu et précédé d'un non résidu. Car si 2 est résidu, $p - 2$ le sera; $p - 3$, $p - 4, \ldots$ pourront l'être également; mais on finira par tomber sur un nombre p' qui ne sera plus résidu : et le nombre $p' + 1$ sera le résidu cherché. Supposons, au contraire, que 2 soit non résidu : parmi les $\frac{p-1}{2} - 1$ résidus supérieurs à 2, il en existe au moins un qui soit suivi d'un résidu. Car si chacun d'eux, sauf le dernier, était compris entre deux non résidus, la suite $\left(\frac{1}{p}\right)$, $\left(\frac{2}{p}\right), \ldots, \left(\frac{p-1}{p}\right)$ présenterait $p - 3$ variations, tandis qu'elle n'en présente que $\frac{p-1}{2}$ (*) (198). Soit $p' + 1$ le premier résidu suivi d'un résidu; ce sera celui que nous cherchons.

Posons maintenant $d^2 = p' + 1$; $d^2 - 1$ sera non résidu : donc, -1 étant résidu, $1 - d^2$ sera non résidu et $1 + d^2$ résidu.

210. 3° Supposons enfin qu'il soit impossible de choisir β, γ, α, δ de telle sorte que l'un des deux nombres a', b' se réduise à ± 1 : on pourra faire en sorte qu'ils se réduisent à d' et à d, ces deux entiers étant quelconques, pourvu que $1 - d^2$, $1 - d'^2$ soient non résidus.

Remarquons, d'ailleurs, qu'en tenant compte des relations

$$\beta^2 + \gamma^2 \equiv 1, \quad \alpha^2 + \delta^2 \equiv 1,$$

on aura identiquement

$$d^2 + d'^2 + c''^2 \equiv a'^2 + b'^2 + c''^2 \equiv a^2 + b'^2 + c'^2 \equiv a^2 + b^2 + c^2 \equiv 1.$$

Donc, de quelque manière qu'on choisisse d et d', on pourra satisfaire de deux manières à la relation

$$(20) \qquad d^2 + d'^2 + d''^2 \equiv 1;$$

car il suffira de poser $d'' \equiv \pm c''$.

(*) Si $p = 5$, on a $\frac{p-1}{2} = p - 3$, et la démonstration précédente est en défaut : mais alors on peut poser $d = 2$, d'où $c''^2 \equiv 1 - a'^2 - b'^2 \equiv 1$. On aura donc à la fois $a' \equiv \pm 1$, $c'' \equiv \pm 1$, et l'on retombe ainsi sur le cas discuté au n° **208**, vu l'analogie du rôle joué par les coefficients b' et c''.

Cela posé, -1 étant résidu et $1-d^2$ ne l'étant pas, d^2-1 ne le sera pas, et pour satisfaire à cette condition il suffit de poser $d \equiv \pm r$, r^2 étant l'un quelconque des $\frac{p-1}{4}$ résidus qui sont précédés de non résidus (198). Donc d peut être choisi de $\frac{p-1}{2}$ manières; de même pour d'. Si donc on choisit d et d', puis d'' de toutes les manières possibles, on obtiendra $\frac{1}{2}(p-1)^2$ systèmes de solutions à la congruence (20). La proposition sera vraie pour a, b, c, si elle l'est pour l'un quelconque de ces systèmes. Car elle est vraie pour a, b, c, si elle l'est pour d, d', c''; mais elle le sera pour d, d', c'', si elle l'est pour $d, d', -c''$: car soient S la substitution orthogonale qui remplace x par $dx + d'y - c''z$, E la substitution

$$| \; x, y, z \quad x, y, -z \; |;$$

la substitution orthogonale ES remplacera x par $dx + d'y + c''z$.

Si donc la proposition n'était pas toujours vraie, elle serait fausse pour tous les $\frac{1}{2}(p-1)^2$ systèmes de solutions de la congruence

$$a^2 + b^2 + c^2 \equiv 1,$$

dans lesquels $1-a^2$ et $1-b^2$ seraient non résidus. Notre discussion a montré qu'elle est vraie pour tous les autres, en nombre $p^2 + p - \frac{1}{2}(p-1)^2$. On aurait donc ici

$$R_3 = p^2 + p - \frac{1}{2}(p-1)^2 = \frac{1}{2}(p^2 + 4p - 1),$$

d'où

$$\Omega_3 = R_3 \Omega_2 = (p^2 + 4p - 1)(p-1).$$

Mais le groupe orthogonal étant contenu dans le groupe linéaire, Ω_3 doit diviser l'ordre $(p^3-1)(p^3-p)(p^3-p^2)$ de ce dernier groupe. Donc p^2+4p-1, étant premier à p, divisera $(p^3-1)(p^2-1)$; il divisera donc $68p-12$, reste de la division algébrique de $(p^3-1)(p^2-1)$ par p^2+4p-1. Mais, si $p > 68$, p^2+4p-1 est plus grand que $68p-12$ et ne peut le diviser; on vérifie aisément qu'il ne le divise pas davantage si $p < 68$. Donc l'hypothèse faite est absurde, et la proposition est vraie dans tous les cas.

211 TROISIÈME CAS : $n > 3$. — On verra, comme aux n^{os} **203** et **208**, qu'il existe une substitution orthogonale qui remplace x par $ax+by+cz+du+\ldots$ [$a, b, c, d,\ldots$ satisfaisant à la relation (19)] : 1° si l'une des quantités $1-a^2$, $1-b^2,\ldots$ est un résidu quadratique; 2° si deux des coefficients $a, b,\ldots$ sont congrus à ± 1.

Supposons qu'aucune de ces circonstances ne se présente. Parmi les sommes de trois carrés $a^2+b^2+c^2$, $a^2+b^2+d^2$, $b^2+c^2+d^2,\ldots$, il en existe une au moins non congrue à zéro. Car s'il en était autrement, et que n fût de la forme $3k+1$, $a, b, c,\ldots$ seraient tous congrus à ± 1. En effet, la somme des $3k+1$ carrés $a^2, b^2, c^2,\ldots$ serait congrue à 1, et la somme de $3k$ quelconques d'entre eux le serait à zéro : le carré restant serait donc congru à 1. Si, au contraire, n était de la forme $3k+2$, la somme de deux quelconques de ces carrés serait congrue à 1 : la somme de six carrés quelconques serait donc congrue à 3. Mais d'autre part elle le serait à zéro. On devrait donc supposer $p=3$: mais alors on aura $a^2 \equiv b^2 \equiv c^2 \equiv \ldots \equiv 1$ si $a, b, c,\ldots$ ne sont pas nuls, et $1-a^2$ égal à un résidu quadratique, si $a \equiv 0$. On retombe donc nécessairement sur une des deux hypothèses pour lesquelles le théorème est démontré.

212. Supposons donc

$$a^2+b^2+c^2 \equiv m \gtrless 0 \pmod{p}.$$

Soit

$$\Sigma = |\,x, y, z, u,\ldots \quad \alpha x+\beta y+\gamma z,\ \alpha' x+\beta' y+\gamma' z,\ \alpha'' x+\beta'' y+\gamma'' z,\ u,\ldots|$$

une substitution orthogonale quelconque entre les trois indices x, y, z; posons

$$a\alpha+b\beta+c\gamma \equiv a',\quad a\alpha'+b\beta'+c\gamma' \equiv b'\quad a\alpha''+b\beta''+c\gamma'' \equiv c'.$$

S'il existe une substitution orthogonale S qui remplace x par

$$a'x+b'y+c'z+du+\ldots,$$

la substitution ΣS le remplacera par

$$ax+by+cz+du+\ldots.$$

Donc la proposition est vraie pour l'une de ces fonctions, si elle l'est pour l'autre.

Mais α, β, γ sont des entiers arbitraires parmi ceux qui satisfont à la relation

$$\alpha^2 + \beta^2 + \gamma^2 \equiv 1, \tag{21}$$

et nous allons voir qu'on peut les choisir de telle sorte que l'on ait $a' \equiv 0$, d'où $1 - a'^2 \equiv 1$, auquel cas la fonction $a'x + b'y + c'z + du + \ldots$ devient l'une de celles pour lesquelles la proposition est démontrée.

En effet, $a^2 + b^2 + c^2$ étant $\gtrless 0 \pmod{p}$, a, b, c ne sont pas tous congrus à zéro. Soit $a \gtrless 0 \pmod{p}$: la relation $a' \equiv 0$ donnera

$$\alpha \equiv -\frac{b\beta + c\gamma}{a},$$

valeur qui, substituée dans (21), donnera

$$(b^2 + a^2)\beta^2 + 2bc\,\beta\gamma + (c^2 + a^2)\gamma^2 \equiv a^2. \tag{22}$$

Cela posé, si $b^2 + a^2$ et $c^2 + a^2$ sont à la fois congrus à zéro, b et c ne le seront pas; et la relation (22) se réduisant à

$$2bc\,\beta\gamma \equiv a^2,$$

on pourra y satisfaire par des valeurs convenables de β et de γ. Soit au contraire $b^2 + a^2 \gtrless 0 \pmod{p}$; posons

$$(b^2 + a^2)\beta + bc\gamma \equiv \beta'. \tag{23}$$

La relation (22) devient

$$\beta'^2 + [(c^2 + a^2)(b^2 + a^2) - b^2c^2]\gamma^2 \equiv a^2(b^2 + a^2),$$

et comme le coefficient

$$(c^2 + a^2)(b^2 + a^2) - b^2c^2 = a^2(a^2 + b^2 + c^2) = ma^2$$

n'est pas congru à zéro, on pourra déterminer $p - \left(\frac{-ma^2}{p}\right)$ systèmes de valeurs de γ et de β' qui satisfassent à cette relation. Les valeurs correspondantes de β s'obtiendront par la congruence (23).

213. Théorème. — *L'ordre Ω_n du groupe orthogonal de degré 2^n est égal à $M_n M_{n-1} \ldots M_2$, M_r étant égal à 2^{r-1} ou à $2^{r-1} - 1$, suivant que r est pair ou impair.*

En effet, on a, comme dans le cas où p est impair, $\Omega_n = R_n \Omega_{n-1}$, R_n étant le nombre de fonctions différentes $ax+by+cz+\dots$ par lesquelles les substitutions orthogonales permettent de remplacer x. Mais $a, b, c, \dots$ satisfont à la congruence

$$a^2+b^2+c^2+\dots\equiv 1 \pmod{2},$$

laquelle se réduit à

$$(24)\qquad a+b+c+\dots\equiv 1 \pmod{2},$$

à cause des identités $a^2\equiv a$, $b^2\equiv b, \dots$, et a 2^{n-1} systèmes de solutions, les $n-1$ quantités $b, c, \dots$ restant arbitraires, pourvu que a soit déterminé par la congruence (24).

Soit $a, b, c, \dots$ un quelconque de ces systèmes de solutions : si $a, b, c, \dots$ ne sont pas à la fois congrus à 1, il existe une substitution orthogonale qui remplace x par $ax+by+cz+\dots$. Car supposons par exemple $n=5$, $a\equiv b\equiv c\equiv 1$, $d\equiv e\equiv 0$: les deux substitutions

$$|\ x, y, z, u, v \quad u, y, z, x, v\ |,$$
$$|\ x, y, z, u, v \quad y+z+u,\ z+u+x,\ u+x+y,\ u,\ v\ |$$

sont orthogonales, et leur produit remplace x par $x+y+z$.

Au contraire, si $a, b, c, \dots$ sont tous congrus à 1, il n'existe aucune substitution orthogonale qui remplace x par $ax+by+cz+\dots$. Car les autres coefficients $a', b', c', \dots$ de cette substitution devraient satisfaire aux relations incompatibles

$$a'^2+b'^2+c'^2+\dots\equiv a'+b'+c'+\dots\equiv 1,\quad aa'+bb'+cc'+\dots\equiv 0.$$

On aura donc $R_n=2^{n-1}-1$ ou $=2^{n-1}$, suivant que $a\equiv b\equiv c\equiv\dots\equiv 1$ est ou non un système de solutions de la congruence (24), c'est-à-dire suivant que n sera impair ou pair. Donc on aura dans tous les cas $R_n=M_n$, d'où

$$\Omega_n=M_n\Omega_{n-1}=M_nM_{n-1}\Omega_{n-2}=\dots=M_nM_{n-1}\dots M_2.$$

214. L'ordre du groupe orthogonal de degré 2^n s'obtient encore en remarquant que la fonction $x^2+y^2+z^2+\dots$ que ses substitutions laissent invariable se réduit à $x+y+z+\dots \pmod{2}$. Soit, pour abréger, X cette dernière fonction; prenons pour indices indépendants $X, y, z, \dots$. Les substitutions orthogonales, laissant X invariable, prendront la forme suivante

$$|\ X, y, z, \dots \quad X,\ a'X+b'y+c'z+\dots,\ a''X+b''y+c''z+\dots, \dots\ |,$$

où les coefficients a', a'',... peuvent être quelconques, et où b', c',...; b'', c'',...;... doivent être choisis de telle sorte, que leur déterminant ne soit pas congru à zéro. Le nombre des substitutions orthogonales sera donc

$$2^{n-1}(2^{n-1}-1)(2^{n-1}-2)\ldots(2^{n-1}-2^{n-2}),$$

résultat qui s'accorde avec le précédent.

215. Le groupe orthogonal est évidemment contenu dans le groupe plus général formé par les substitutions qui multiplient $x^2+y^2+z^2+\ldots$ par un facteur constant (abstraction faite des multiples de p).

Soit r une racine primitive de la congruence $r^{p-1}\equiv 1$, et soient α, β deux entiers qui satisfassent à la congruence $\alpha^2+\beta^2\equiv r$. Le groupe cherché Γ contient, si n est pair, la substitution

$$T = |\ x, y, z, u, \ldots \quad \alpha x+\beta y,\ \beta x-\alpha y,\ \alpha z+\beta u,\ \beta u-\alpha z, \ldots\ |$$

qui multiplie $x^2+y^2+z^2+\ldots$ par r. Soit maintenant S une substitution de Γ, laquelle multiplie cette fonction par $m\equiv r^\rho$. On aura évidemment $S=T^\rho U$, U étant une substitution orthogonale. L'exposant ρ pouvant prendre les valeurs $0, 1, \ldots, p-2$, l'ordre de Γ sera égal à $p-1$ fois celui du groupe orthogonal.

216. Au contraire, si n est impair, il ne paraît exister aucune substitution qui multiplie $x^2+y^2+z^2+\ldots$ par r. Nous allons le démontrer en toute rigueur pour $n=3$.

Soit

$$S = |\ x, y, z \quad ax+by+cz,\ a'x+b'y+c'z,\ a''x+b''y+c''z\ |$$

une substitution qui multiplie $x^2+y^2+z^2$ par m; et soient α, β, γ trois entiers quelconques satisfaisant à la relation $\alpha^2+\beta^2+\gamma^2\equiv 1$. Il existe une substitution orthogonale Σ qui remplace x par $\alpha x+\beta y+\gamma z$ (**203-210**). Sa réciproque $\Sigma^{-1}S$ sera (**196**) de la forme

$$|\ x, y, z \quad \alpha x+\ldots,\ \beta x+\ldots,\ \gamma x+\ldots\ |.$$

Si l'on détermine α, β, γ de telle sorte que l'on ait $a\alpha+b\beta+c\gamma\equiv 0$ (**212**), la substitution $\Sigma^{-1}S$ sera de la forme

$$\Sigma^{-1}S = |\ x, y, z \quad by+cz,\ a'x+b'y+c'z,\ a''x+b''y+c''z\ |.$$

Mais elle multiplie $x^2+y^2+z^2$ par m, d'où les relations :

$$a'^2+a''^2 \equiv b^2+b'^2+b''^2 \equiv c^2+c'^2+c''^2 \equiv m,$$
$$a'b'+a''b'' \equiv a'c'+a''c'' \equiv bc+b'c'+b''c'' \equiv 0.$$

D'ailleurs, $\Sigma^{-1}S$ n'ayant pas son déterminant congru à zéro, a', a'' ne peuvent être à la fois congrus à zéro. Soit, par exemple, $a' \gtrless 0 \pmod{p}$; posons $b'' \equiv \tau a'$, $c'' \equiv \tau' a'$: il viendra successivement, en vertu des relations précédentes,

$$b' \equiv -\tau a'', \quad c' \equiv -\tau' a'', \quad 0 \equiv bc + \tau\tau'(a'^2+a''^2) \equiv bc + m\tau\tau',$$
$$m \equiv b^2+\tau^2(a'^2+a''^2) \equiv b^2+m\tau^2 \equiv c^2+\tau'^2(a'^2+a''^2) \equiv c^2+m\tau'^2.$$

On en déduit

$$b^2c^2 \equiv m^2\tau^2\tau'^2 \equiv m^2(1-\tau^2)(1-\tau'^2);$$

d'où

$$1-\tau^2-\tau'^2 \equiv 0, \quad b^2 \equiv m(1-\tau^2) \equiv m\tau'^2 \quad c^2 \equiv m(1-\tau'^2) \equiv m\tau^2.$$

Mais le déterminant de $\Sigma^{-1}S$ n'étant pas congru à zéro, l'un au moins des entiers b, c ne sera pas congru à zéro. Soit, par exemple, $b \gtrless 0 \pmod{p}$; $m \equiv \frac{b^2}{\tau'^2}$ sera un résidu quadratique de p, autrement dit, une puissance paire de r.

Cela posé, Γ contient la substitution T' qui multiplie chaque indice par r : car elle multipliera $x^2+y^2+z^2$ par r^2; et il est clair que toute substitution de Γ qui multiplie cette fonction par $m \equiv r^{2\rho}$ sera de la forme $T'^{\rho}U$, U étant orthogonale.

§ VIII. — Groupe abélien.

Définition, ordre et facteurs de composition.

217. Dans ses importantes recherches sur la transformation des fonctions abéliennes, M. Hermite a dû résoudre le problème suivant :

Soient $x_1, y_1, \ldots, x_n, y_n$; $\xi_1, \eta_1, \ldots, \xi_n, \eta_n$ deux suites de $2n$ indices, répartis en n couples dans chacune d'elles; et soit donnée la fonction

$$\varphi = x_1\eta_1 - \xi_1 y_1 + \ldots + x_n\eta_n - \xi_n y_n.$$

Trouver, parmi les substitutions du groupe linéaire du degré p^{2n}, celles qui, étant opérées à la fois sur chacune des deux suites d'indices qui entrent dans *la fonction* φ, *multiplieront cette fonction par un simple facteur constant* (*abstraction faite des multiples de* p).

Il est clair que si deux substitutions S, S′ multiplient respectivement φ par des entiers constants m, m', SS′ multipliera φ par l'entier constant mm'. Donc les substitutions cherchées forment un groupe. Nous l'appellerons le *groupe abélien*, et ses substitutions seront dites *abéliennes*.

Soit

$$\mathrm{S} = \left| \begin{array}{ll} x_1 & a'_1\, x_1 + c'_1\, y_1 + \ldots + a'_n\, x_n + c'_n\, y_n \\ y_1 & b'_1\, x_1 + d'_1\, y_1 + \ldots + b'_n\, x_n + d'_n\, y_n \\ \ldots & \ldots\ldots\ldots\ldots\ldots\ldots\ldots\ldots\ldots\ldots \\ x_n & a_1^{(n)} x_1 + c_1^{(n)} y_1 + \ldots + a_n^{(n)} x_n + c_n^{(n)} y_n \\ y_n & b_1^{(n)} x_1 + d_1^{(n)} y_1 + \ldots + b_n^{(n)} x_n + d_n^{(n)} y_n \end{array} \right|$$

une substitution abélienne. Exprimant qu'elle multiplie φ par m, on aura le groupe de relations suivant :

$$(25)\quad \left\{ \begin{array}{ll} \sum_\nu a_\mu^{(\nu)} d_\mu^{(\nu)} - b_\mu^{(\nu)} c_\mu^{(\nu)} \equiv m, & \sum_\nu a_\mu^{(\nu)} d_{\mu'}^{(\nu)} - b_\mu^{(\nu)} c_{\mu'}^{(\nu)} \equiv 0, \quad \text{si } \mu' \gtrless \mu \ (\text{mod.}\, p), \\ \sum_\nu a_\mu^{(\nu)} b_{\mu'}^{(\nu)} - b_\mu^{(\nu)} a_{\mu'}^{(\nu)} \equiv 0, & \sum_\nu c_\mu^{(\nu)} d_{\mu'}^{(\nu)} - d_\mu^{(\nu)} c_{\mu'}^{(\nu)} \equiv 0. \end{array} \right.$$

218. Cherchons à déterminer la substitution réciproque

$$\mathrm{S}^{-1} = \left| \begin{array}{ll} x_1 & \alpha'_1\, x_1 + \gamma'_1\, y_1 + \ldots + \alpha'_n\, x_n + \gamma'_n\, y_n \\ y_1 & \beta'_1\, x_1 + \delta'_1\, y_1 + \ldots + \beta'_n\, x_n + \delta'_n\, y_n \\ \ldots & \ldots\ldots\ldots\ldots\ldots\ldots\ldots\ldots\ldots\ldots \\ x_n & \alpha_1^{(n)} x_1 + \gamma_1^{(n)} y_1 + \ldots + \alpha_n^{(n)} x_n + \gamma_n^{(n)} y_n \\ y_n & \beta_1^{(n)} x_1 + \delta_1^{(n)} y_1 + \ldots + \beta_n^{(n)} x_n + \delta_n^{(n)} y_n \end{array} \right|.$$

On obtient, par hypothèse, le même résultat en multipliant φ par m, ou en y exécutant la substitution S dans les deux systèmes de variables. On ne troublera pas l'égalité de ces deux résultats en y opérant la substitution S^{-1} sur les variables $x_1, y_1, \ldots, x_n, y_n$. Donc il est indifférent de multiplier φ par m, et d'y opérer ensuite la substitution S^{-1} sur les variables x, y, ou d'y opérer la substitution S sur les variables ξ, η. Identifiant ces deux résultats, il vient

$$\begin{aligned} m \sum_{\mu,\nu} (\alpha_\mu^{(\nu)} x_\mu + \gamma_\mu^{(\nu)} y_\mu)\, \eta_\nu - (\beta_\mu^{(\nu)} x_\mu + \delta_\mu^{(\nu)} y_\mu)\, \xi_\mu \\ \equiv \sum_{\mu,\nu} x_\mu (b_\nu^{(\mu)} \xi_\nu + d_\nu^{(\mu)} \eta_\nu) - y_\mu (a_\nu^{(\mu)} \xi_\nu + c_\nu^{(\mu)} \eta_\nu). \end{aligned}$$

d'où l'on déduit

$$(26)\qquad \alpha_\mu^{(\nu)} \equiv \frac{1}{m} d_\nu^{(\mu)},\quad \gamma_\mu^{(\nu)} \equiv -\frac{1}{m} c_\nu^{(\mu)},\quad \beta_\mu^{(\nu)} \equiv -\frac{1}{m} b_\nu^{(\mu)},\quad \delta_\mu^{(\nu)} \equiv \frac{1}{m} a_\nu^{(\mu)}.$$

Or S^{-1}, étant opérée sur les deux suites d'indices, multiplie évidemment φ par $\frac{1}{m}$. Formons les relations qui expriment cette identité, puis substituons-y les valeurs trouvées pour les quantités α, β, γ, δ : il viendra

$$(27)\quad \begin{cases} \sum_\nu a_\nu^{(\mu)} d_\nu^{(\mu)} - b_\nu^{(\mu)} c_\nu^{(\mu)} \equiv m, & \sum_\nu a_\nu^{(\mu)} d_\nu^{(\mu')} - b_\nu^{(\mu)} c_\nu^{(\mu')} \equiv 0, \quad \text{si } \mu' \gtrless \mu \pmod{p}, \\ \sum_\nu d_\nu^{(\mu)} b_\nu^{(\mu')} - b_\nu^{(\mu)} d_\nu^{(\mu')} \equiv 0, & \sum_\nu c_\nu^{(\mu)} a_\nu^{(\mu')} - a_\nu^{(\mu)} c_\nu^{(\mu')} \equiv 0. \end{cases}$$

Ce nouveau système de relations est entièrement équivalent au système (25). Car nous venons de voir qu'il s'en déduit; et réciproquement, si les relations (27) sont satisfaites, S^{-1} multipliera φ par $\frac{1}{m}$: donc S le multipliera par m, et les relations (25) seront satisfaites.

219. Soit r une racine primitive de la congruence $r^{p-1} \equiv 1$. Le groupe abélien $\mathcal{G}$ contient la substitution

$$U = | \, x_1, y_1, \ldots, x_n, y_n \quad r x_1, y_1, \ldots, r x_n, y_n \, |,$$

qui multiplie φ par r. Soient S une substitution quelconque de ce groupe; $m \equiv r^\rho$ l'entier par lequel elle multiplie φ : on aura évidemment $S = U^\rho T$, T étant une nouvelle substitution de $\mathcal{G}$, qui n'altère pas φ. L'exposant ρ pouvant prendre une quelconque des valeurs $0, 1, \ldots, p-2$, l'ordre de $\mathcal{G}$ sera égal à $p-1$ fois l'ordre Ω_n du groupe partiel H formé par les substitutions de la forme T. Soient d'ailleurs $\alpha, \beta, \ldots$ les facteurs premiers dont le produit donne $p-1$; $\mathcal{G}, \mathcal{G}_\alpha, \mathcal{G}_{\alpha\beta}, \ldots, \mathcal{G}_{p-1} = H$ les groupes respectivement formés par la combinaison des substitutions de H avec $U, U^\alpha, U^{\alpha\beta}, \ldots, U^{p-1} = 1$. Il est clair que ces groupes auront respectivement pour ordre $(p-1)\Omega_n$, $\frac{p-1}{\alpha}\Omega_n$, $\frac{p-1}{\alpha\beta}\Omega_n, \ldots, \Omega_n$ et que chacun d'eux sera permutable aux substitutions de $\mathcal{G}$. Donc $\mathcal{G}$ aura pour facteurs de composition $\alpha, \beta, \ldots$, et les facteurs de composition de H.

Cherchons donc l'ordre de H, et ses facteurs de composition.

220. On vérifie immédiatement que H contient, entre autres substitutions, les suivantes, dans l'expression desquelles nous omettons les couples d'indices qu'elles laissent inaltérés :

$$M_\mu = | \ldots, x_\mu, y_\mu, \ldots\ldots \quad \ldots, y_\mu, \quad -x_\mu, \ldots\ldots |,$$

$$L_\mu = | \ldots, x_\mu, y_\mu, \ldots\ldots \quad \ldots, x_\mu + y_\mu, y_\mu, \ldots\ldots |,$$

$$L'_\mu = | \ldots, x_\mu, y_\mu, \ldots\ldots \quad \ldots, x_\mu, y_\mu + x_\mu, \ldots\ldots | = M_\mu L_\mu M_\mu^{-1},$$

$$N_{\mu,\nu} = | \ldots, x_\mu, y_\mu, \ldots, x_\nu, y_\nu, \ldots \quad \ldots, x_\mu + y_\nu, y_\mu, \ldots, x_\nu + y_\mu, y_\nu, \ldots |,$$

$$Q_{\mu,\nu} = | \ldots, x_\mu, y_\mu, \ldots, x_\nu, y_\nu, \ldots \quad \ldots, x_\mu + x_\nu, y_\mu, \ldots, x_\nu, y_\nu - y_\mu, \ldots | = M_\nu^{-1} N_{\mu,\nu} M_\nu,$$

$$R_{\mu,\nu} = | \ldots, x_\mu, y_\mu, \ldots, x_\nu, y_\nu, \ldots \quad \ldots, x_\mu, y_\mu - x_\nu, \ldots, x_\nu, y_\nu - x_\mu, \ldots | = M_\mu^{-1} Q_{\nu,\mu} M_\nu,$$

$$P_{\mu,\nu} = | \ldots, x_\mu, y_\mu, \ldots, x_\nu, y_\nu, \ldots \quad \ldots, x_\nu, \quad y_\nu, \ldots, x_\mu, \quad y_\mu, \ldots |,$$

221. THÉORÈME. — *Le groupe* H *est dérivé des seules substitutions* L_μ, M_μ, $N_{\mu,\nu}$; *et son ordre est égal à*

$$(p^{2n} - 1) p^{2n-1} (p^{2n-2} - 1) p^{2n-3} \ldots (p^2 - 1) p.$$

En effet, soient Σ une substitution quelconque de H;

$$f_1 \equiv a'_1 x_1 + c'_1 y_1 + \ldots + a'_n x_n + c'_n y_n$$

la fonction que Σ fait succéder à x_1. Les coefficients $a'_1, \ldots, b'_n$ ne seront pas tous congrus à zéro; et l'on pourra déterminer une substitution S, dérivée des substitutions L_μ, M_μ, $N_{\mu,\nu}$, qui remplace x par f_1.

Car soit d'abord $a'_1 \gtrless 0 \pmod{p}$: la substitution

$$S = L_1^\beta M_1 L_1^\alpha . Q_{1,2}^{a'_2} N_{1,2}^{c'_2} \ldots Q_{1,n}^{a'_n} N_{1,n}^{c'_n},$$

où α et β sont déterminés par les congruences

$$\alpha \equiv -a'_1 + a'_2 c'_2 + \ldots + a'_n c'_n, \quad 1 + a'_1 \beta \equiv b'_1 \pmod{p},$$

remplace x_1 par f_1. D'ailleurs les diverses substitutions $Q_{\mu,\nu}$ étant dérivées des L_μ, M_μ, $N_{\mu,\nu}$, il en sera de même de S.

Soit maintenant $a'_1 \equiv 0$, mais a'_2, par exemple, $\gtrless 0 \pmod{p}$. On vient de voir qu'il existe une substitution s, dérivée des substitutions L_μ, M_μ, $N_{\mu,\nu}$, qui remplace x_1 par $-a'_2 x_1 + b'_1 y_1 + a'_2 x_2 + (b'_2 + b'_1) y_2 + a'_3 x_3 + \ldots$; et la substitution $S = Q_{2,1} s$ le remplacera par f_1.

Soit enfin $a'_1 \equiv a'_2 \equiv \ldots \equiv a'_n \equiv 0$, mais c'_2, par exemple, $\gtrless 0 \pmod{p}$. Il existe une substitution s, dérivée des substitutions L_μ, M_μ, $N_{\mu,\nu}$, qui remplace x_1 par $a'_1 x_1 + c'_1 y_1 + c'_2 x_2 - a'_2 y_2 + \ldots$; et la substitution $S = M_2 s$ le remplacera par f_1.

La substitution S étant ainsi déterminée dans tous les cas, on aura évidemment $\Sigma = S\Sigma'$, Σ étant une nouvelle substitution de H, qui n'altère plus l'indice x_1.

Soit $f'_1 = b'_1 x_1 + d'_1 y_1 + \ldots + b'_n x_n + d'_n y_n$ la fonction par laquelle Σ' remplace y_1. Si l'on pose dans les relations (25) $m \equiv 1$, $a'_1 \equiv 1$, $c'_1 \equiv a'_2 \equiv c'_2 \equiv \ldots \equiv 0$, elles donneront $d'_1 \equiv 1$. Cette condition nécessaire étant supposée remplie, la substitution

$$S' = L_1'^{b'_1} R_{1,2}^{-b'_2} Q_{2,1}^{-d'_2} \ldots R_{1,n}^{-b'_n} Q_{n,1}^{-d'_n}$$

remplacera y_1 par f'_1 ; et l'on pourra poser $\Sigma' = S'\Sigma_1$, Σ_1 étant une nouvelle substitution de H, qui n'altère plus x_1, y_1.

Soit

$$\Sigma_1 = \begin{vmatrix} x_1 & x_1 \\ y_1 & y_1 \\ x_2 & a''_1 x_1 + c''_1 y_1 + \ldots + a''_n x_n + c''_n y_n \\ y_2 & b''_1 x_1 + d''_1 y_1 + \ldots + b''_n x_n + d''_n y_n \\ \ldots & \ldots\ldots\ldots\ldots\ldots\ldots\ldots\ldots\ldots\ldots \\ x_n & a_1^{(n)} x_1 + c_1^{(n)} y_1 + \ldots + a_n^{(n)} x_n + c_n^{(n)} y_n \\ y_n & b_1^{(n)} x_1 + d_1^{(n)} y_1 + \ldots + b_n^{(n)} x_n + d_n^{(n)} y_n \end{vmatrix}.$$

Cette substitution doit satisfaire aux relations (25), ce qui donnera

$$a''_1 \equiv \ldots \equiv a_1^{(n)} \equiv c''_1 \equiv \ldots \equiv c_1^{(n)} \equiv 0.$$

Quant aux autres coefficients, les relations qui les lient sont absolument les mêmes que dans les substitutions abéliennes à $2(n-1)$ indices.

222. Donc, en combinant ensemble celles des substitutions L_μ, M_μ, $N_{\mu,\nu}$ pour lesquelles μ et ν sont > 1, on obtiendra une substitution S_1 qui remplace x_2 par $a''_2 x_2 + c''_2 y_2 + \ldots + a''_n x_n + c''_n y_n$, quels que soient $a''_2, c''_2, \ldots, a''_n, c''_n$ (ces coefficients n'étant pas à la fois congrus à zéro) (**221**); et l'on aura $\Sigma_1 = S_1 \Sigma'_1$, Σ'_1 étant une nouvelle substitution de H, qui n'altère plus x_1, y_1, x_2.

Soit $f'_2 \equiv b''_2 x_2 + d''_2 y_2 + \ldots$ la fonction par laquelle Σ'_1 remplace y_2 : les relations (25) donneront $d''_2 \equiv 1$. Cela posé, quels que soient d'ailleurs $b''_2, \ldots, b''_n, d''_n$, on trouvera une substitution S'_1, dérivée des substitutions

L_μ, M_μ, $N_{\mu,\nu}$ (μ et ν étant > 1) qui remplace y_2 par f'_1 (221); et l'on aura $\Sigma'_1 = S'_1 \Sigma_2$, Σ_2 étant une substitution de H, qui laisse invariables x_1, y_1, x_2, y_2.

On continuera ainsi jusqu'à ce qu'on arrive à une substitution Σ_n qui laissera tous les indices invariables, et se réduira à l'unité.

223. L'ordre du groupe abélien résulte immédiatement de ce qui précède. En effet, les fonctions différentes, telles que f_1, que les substitutions de H permettent de faire succéder à x_1, sont en nombre $p^{2n}-1$, tous les systèmes de valeurs de a'_1, c'_1,..., a'_n, c'_n étant admissibles, pourvu que ces coefficients ne soient pas tous congrus à zéro. L'ordre Ω_n de H est égal à ce nombre, multiplié par l'ordre du groupe partiel H' formé par celles de ses substitutions qui n'altèrent pas x_1 (123 ou 201).

Le nombre des fonctions différentes, telles que f'_1, que les substitutions de H' permettent de faire succéder à y est p^{2n-1}, les coefficients de f'_1 pouvant être choisis arbitrairement, sauf l'un d'eux, qui est congru à 1. L'ordre de H' sera donc égal à $p^{2n-1}\,\Omega_{n-1}$, Ω_{n-1} étant l'ordre du groupe H_1 formé par celles des substitutions de H' qui n'altèrent pas x_1, y_1.

Continuant ainsi, on aura

$$\Omega_n = (p^{2n}-1)p^{2n-1}\Omega_{n-1} = \ldots = (p^{2n}-1)p^{2n-1}(p^{2n-2}-1)p^{2n-3}\ldots(p^2-1)p.$$

Remarque. — Les substitutions de H ont toutes leur déterminant égal à 1. Car les substitutions L_μ, M_μ, $N_{\mu,\nu}$, dont elles dérivent, jouissent de cette propriété.

224. Théorème. — *Si p est impair, les facteurs de composition de* H *sont* $\frac{1}{2}\Omega_n$ *et* 2.

La substitution qui multiplie tous les indices par -1 fait partie de H, et ses puissances forment un groupe K, d'ordre 2, et évidemment permutable aux substitutions de H. Donc 2 est l'un des facteurs de composition cherchés; et pour prouver que les autres se réduisent à un seul, $\frac{1}{2}\Omega_n$, il suffira d'établir que K est le seul groupe contenu dans H et permutable à ses substitutions. A cet effet, nous allons montrer que *tout groupe* I, *autre que* K, *contenu dans* H *et permutable à ses substitutions, contient nécessairement toutes les substitutions de* H.

225. Soit

$$S = \begin{vmatrix} x_1 & a'_1\, x_1 + c'_1\, y_1 + \ldots + a'_n\, x_n + c'_n\, y_n \\ y_1 & b'_1\, x_1 + d'_1\, y_1 + \ldots + b'_n\, x_n + d'_n\, y_n \\ \ldots & \ldots\ldots\ldots\ldots\ldots\ldots\ldots\ldots\ldots\ldots \\ x_n & a_1^{(n)} x_1 + c_1^{(n)} y_1 + \ldots + a_n^{(n)} x_n + c_n^{(n)} y_n \\ y_n & b_1^{(n)} x_1 + d_1^{(n)} y_1 + \ldots + b_n^{(n)} x_n + d_n^{(n)} y_n \end{vmatrix}$$

une des substitutions de I, laquelle ne soit pas contenue dans K. Le groupe I contient, par hypothèse, les transformées de S par les substitutions L_μ, L'_μ : il contiendra donc les suivantes : $S^{-1}.L_\mu^{-1} S L_\mu$, $S^{-1}.L'^{-1}_\mu S L'_\mu$. D'ailleurs on peut admettre que ces substitutions ne se réduisent pas toutes à l'unité; car on vérifie aisément que pour que cela eût lieu, il faudrait que S multipliât les deux indices de chacun des couples $x_1, y_1; \ldots; x_n, y_n$ par un même facteur, égal à 1 pour certains couples, tels que x_1, y_1, et à -1 pour d'autres, tels que x_2, y_2. Mais alors, la substitution $N_{1,2}$ étant permutable à I, ce groupe contiendrait la substitution $N_{1,2}^{-1} S N_{1,2}$, laquelle ne multiplie plus les indices par des facteurs constants, et pourrait être prise pour point de départ de notre raisonnement, à la place de S.

Admettons, pour fixer les idées, que $S^{-1}.L_1^{-1} S L_1$ diffère de l'unité. Cette substitution est évidemment de la forme

$$S_1 = \begin{vmatrix} x_1, y_1 & \alpha_1 x_1 + \gamma_1 y_1 + \ldots + \alpha_n x_n + \gamma_n y_n,\ y_1 - b'_1 Y \\ x_2, y_2 & x_2 - a''_1\ Y,\ y_2 - b''_1\ Y \\ \ldots\ldots & \ldots\ldots\ldots\ldots\ldots\ldots \\ x_n, y_n & x_n - a_1^{(n)} Y,\ y_n - b_1^{(n)} Y \end{vmatrix},$$

Y étant la fonction par laquelle S^{-1} remplace y_1.

Cela posé, I contient une substitution, autre que l'unité, qui laisse invariables $2n - 3$ indices. En effet, S_1 serait cette substitution, si $a''_1, b''_1, \ldots$ étaient tous congrus à zéro. Supposons, au contraire, que a''_1, par exemple, ne soit pas congru à zéro. Posons

$$a''_1 l_\mu + a_1^{(\mu)} \equiv 0, \quad a''_1 m_\mu - b_1^{(\mu)} \equiv 0,$$
$$a''_1 r + b''_1 - b'''_1 l_3 + a'''_1 m_3 - \ldots - b_1^{(n)} l_n + a_1^{(n)} m_n \equiv 0.$$

Le groupe I contiendra S_2, transformée de S_1 par $Q_{3,2}^{l_3} R_{3,2}^{m_3} \ldots Q_{n,2}^{l_n} R_{n,2}^{m_n} L_1'^{r}$, laquelle laisse invariables $y_2, x_3, y_3, \ldots$. Cette substitution, satisfaisant en outre aux relations (25), sera de la forme

$$S_2 = \begin{vmatrix} x_1, y_1 & a'_1 x_1 + c'_1 y_1 + c'_2 y_2,\ b'_1 x_1 + d'_1 y_1 + d'_2 y_2 \\ x_2, y_2 & a''_1 x_1 + c''_1 y_1 + x_2 + c''_2 y_2,\ y_2 \\ \ldots\ldots & \ldots\ldots\ldots\ldots\ldots\ldots\ldots\ldots \end{vmatrix}.$$

Cela posé, I contient la substitution

$$S_3 = N_{1,2}^{-1} S_2 N_{1,2} = \left| \begin{array}{ll} x_1, y_1 & x_1 + (1 - a'_1) y_2, \ y_1 - b'_1 y_2 \\ x_2, y_2 & \text{fonct.}(x_1, y_1, x_2, y_2), \ y_2 \\ \ldots\ldots & \ldots\ldots\ldots\ldots\ldots\ldots \end{array} \right|;$$

et si $1 - a'_1 \gtrless 0 \pmod{p}$, posons

$$(1 - a'_1) t + b'_1 \equiv 0;$$

I contiendra la transformée de S_3 par L^t, laquelle laisse y_1 et y_2 invariables, accroît x_1 d'un multiple de y_2, et satisfait aux relations (25) : elle est donc de la forme

$$S_4 = | \ x_1, y_1, x_2, y_2, \ldots \quad x_1 + \alpha y_2, \ y_1, \ x_2 + \alpha y_1 + \beta y_2, \ y_2, \ldots \ |.$$

Si au contraire $1 - a'_1 \equiv 0$, I contiendra la substitution $M_1^{-1} S_3 M_1$, laquelle est encore de la forme S_4.

Les deux coefficients α, β ne peuvent s'annuler à la fois; car S_4 se réduisant à l'unité, il en serait de même de S_3, S_2, S_1, qui s'en déduisent par une suite de transformations. Mais, par hypothèse, S_1 diffère de l'unité.

226. Il reste à prouver que, quels que soient d'ailleurs les coefficients α, β, la substitution S_4 et ses transformées reproduisent par leur combinaison toutes les substitutions L_μ, M_μ, $N_{\mu,\nu}$, dont H est dérivé.

Soit d'abord $\alpha \equiv 0$, d'où $\beta \gtrless 0 \pmod{p}$. On a $S_4^{\frac{1}{\beta}} \equiv L_2$. Donc I contient L_2; donc il contient M_2, qui est la transformée de L_2^{-1} par $M_2 L_2^{-1}$. Il contiendra L_μ et M_μ, transformées de L_2 et M_2 par $P_{2,\mu}$. Enfin il contiendra $Q_{\mu,\nu}^{-1} L_\mu L_\nu Q_{\mu,\nu} . L_\mu^{-2} L_\nu^{-1} = N_{\mu,\nu}$.

Soit maintenant $\alpha \gtrless 0 \pmod{p}$: I contient la transformée de S par $Q_{2,1}^{-\frac{\beta}{2\alpha}}$, laquelle, élevée à la puissance $\frac{1}{\alpha} \pmod{p}$, reproduit $N_{1,2}$. Il contiendra la substitution

$$N_{1,2} . M_2^{-1} N_{1,2} M_2 . (M_2 L_2)^{-1} N_{1,2} M_2 L_2 = L_2.$$

Ce point établi, on achève la démonstration comme précédemment.

227. Théorème. — *Si $p = 2$ et $n > 2$, le groupe* H *est simple.*

Soit I un groupe contenu dans H et permutable à ses substitutions; on démontre, comme au théorème précédent : 1° que I contient une substitution de la forme

$$S_1 = | x_1, y_1, x_2, y_2, \ldots \quad x_1 + \alpha y_2, y_1, x_2 + \alpha y_1 + \beta y_2, y_2, \ldots |;$$

2° que si $\alpha \equiv 0$ ou $\beta \equiv 0 \pmod{2}$, I se confond avec H.

228. Admettons donc, comme dernière hypothèse, $\alpha \equiv \beta \equiv 1$, d'où $S_1 = N_{1,2} L_2$; I contient les substitutions suivantes :

$$S_1, \quad (P_{1,\mu} P_{2,\nu})^{-1} S_1 P_{1,\mu} P_{2,\nu} = N_{\mu,\nu} L_\mu = L_\mu N_{\mu,\nu}, \quad L_\mu N_{\mu,\nu} . L_\nu N_{\mu,\nu} = L_\mu L_\nu,$$
$$M_\mu^{-1} L_\mu L_\nu M_\mu . L_\mu L_\nu = L_\mu M_\mu, \quad (L_\mu M_\mu)^2 = M_\mu L_\mu, \quad N_{\mu,\nu} L_\mu . L_\mu L_\pi = N_{\mu,\nu} L_\pi = L_\pi N_{\mu,\nu},$$
$$L_\mu L_\nu . L_\mu M_\mu = L_\nu M_\mu, \quad M_\mu L_\mu . L_\mu L_\nu = M_\mu L_\nu,$$
$$N_{\mu,\nu} L_\mu . L_\mu M_\pi = N_{\mu,\nu} M_\pi, \quad M_\pi L_\mu . L_\mu L_{\mu,\nu} = M_\pi N_{\mu,\nu}.$$

Donc I contient tous les produits deux à deux des substitutions L_μ, M_μ, $N_{\mu,\nu}$: donc il contient la substitution

$$M_1 L_1 M_1 . M_2 L_2 M_2 . M_3 L_3 M_3 . M_1 M_2 N_{1,2} M_1 M_2 . M_2 M_3 N_{2,3} M_2 M_3 . M_3 M_1 N_{3,1} M_3 M_1,$$

laquelle est le produit de 24 facteurs des formes L_μ, M_μ, $N_{\mu,\nu}$. Il contient sa transformée par la substitution abélienne

$$\begin{vmatrix} x_1, y_1 & y_1 + x_2 + x_3, \ x_1 + x_2 + x_3 \\ x_2, y_2 & x_2, \ y_2 + x_1 + y_1 + x_2 + x_3 \\ x_3, y_3 & x_3, \ y_3 + x_1 + y_1 + x_2 + x_3 \\ \ldots\ldots & \ldots\ldots\ldots\ldots\ldots\ldots \end{vmatrix},$$

laquelle se réduit à L_1. Donc il contient

$$L_\mu L_1 . L_1 = L_\mu, \quad M_\mu L_1 . L_1 = M_\mu, \quad N_{\mu,\nu} L_1 . L_1 = N_{\mu,\nu},$$

et se confond avec H. Donc H est simple.

229. Il reste enfin à considérer le cas où l'on a $p = 2$, avec $n = 2$. Dans ce cas, H a pour facteurs de composition 2 et $\frac{1}{2} \Omega_n$. Mais il est inutile d'établir ici ce résultat, qui se présentera de lui-même plus loin (331).

Seconde définition du groupe abélien.

230. Le groupe abélien est susceptible d'une nouvelle définition, que nous allons exposer.

Considérons le groupe $\mathcal{F}$ dérivé des substitutions

$$A_1 = | z_1, z_2, \ldots \quad z_1 + 1, z_2, \ldots |, \qquad A_2 = | z_1, z_2, \ldots \quad z_1, z_2 + 1, \ldots |, \ldots \quad (\text{mod. } p).$$

Les substitutions $A_\mu A_\nu$ et $A_\nu A_\mu$ sont évidemment identiques, quels que soient μ et ν; mais, afin de conserver la trace de l'inversion nécessaire pour passer de l'une de ces formes à la suivante, on posera, au lieu de l'égalité $A_\mu A_\nu = A_\nu A_\mu$, la suivante $A_\mu A_\nu = 1^{(A_\mu A_\nu)} A_\nu A_\mu$.

On aura, d'après cela,

$$A_\mu A_\nu = 1^{(A_\mu A_\nu)} A_\nu A_\mu = 1^{(A_\mu A_\nu) + (A_\nu A_\mu)} A_\mu A_\nu, \quad A_\mu A_\mu = 1^{(A_\mu A_\mu)} A_\mu A_\mu,$$

d'où

$$(A_\mu A_\nu) + (A_\nu A_\mu) = 0, \quad (A_\mu A_\mu) = 0.$$

A cela près, les diverses quantités $(A_\mu A_\nu)$ sont arbitraires. Il nous conviendra de les supposer entières. Nous appellerons *exposant d'échange* des substitutions A_μ, A_ν l'entier $(A_\mu A_\nu)$ (et plus généralement tout entier congru à celui-là suivant le module p).

Soient $S = A_1^{m_1} A_2^{m_2} \ldots$, $T = A_1^{n_1} A_2^{n_2} \ldots$ deux substitutions quelconques de $\mathcal{F}$: on aura

$$ST = A_1^{m_1} A_2^{m_2} \ldots A_1^{n_1} A_2^{n_2} \ldots = 1^{\sum m_\mu n_\nu (A_\mu A_\nu)} A_1^{n_1} A_2^{n_2} \ldots A_1^{m_1} A_2^{m_2} \ldots = 1^{\sum m_\mu n_\nu (A_\mu A_\nu)} TS,$$

le signe de sommation $\sum$ s'étendant à toutes les valeurs de μ et de ν. Donc l'exposant d'échange (ST) de S et de T sera congru à $\sum m_\mu n_\nu (A_\mu A_\nu)$.

231. Soient maintenant

$$u_1 \equiv a_1 z_1 + b_1 z_2 + \ldots, \quad u_2 \equiv a_2 z_1 + b_2 z_2 + \ldots, \ldots$$

des fonctions distinctes en nombre égal à celui des indices z_1, z_2, ...

Les substitutions A_1, A_2, ... accroissent respectivement u_1 des quantités a_1, b_1, ..., u_2 des quantités a_2, b_2, ..., etc. Si donc on désigne par C_1, C_2, ... les substitutions respectivement *correspondantes à* u_1, u_2, ... *dans le système d'indices* u_1, u_2, ... (c'est-à-dire celles qui accroissent respectivement d'une unité chacun de ces nouveaux indices, sans altérer les autres), on aura

$$A_1 = C_1^{a_1} C_2^{a_2} \ldots, \quad A_2 = C_1^{b_1} C_2^{b_2} \ldots, \ldots, \quad \text{d'où} \quad A_1^{\xi_1} A_2^{\xi_2} \ldots = C_1^{\eta_1} C_2^{\eta_2} \ldots,$$

$\eta_1, \eta_2, \ldots$ étant déterminés par les relations

$$(28) \qquad \eta_1 \equiv a_1 \xi_1 + b_1 \xi_2 + \ldots, \quad \eta_2 \equiv a_2 \xi_1 + b_2 \xi_2 + \ldots, \ldots \quad (\text{mod. } p).$$

Soient

$$(29) \qquad \xi_1 \equiv \alpha_1 \eta_1 + \beta_1 \eta_2 + \ldots, \quad \xi_2 \equiv \alpha_2 \eta_1 + \beta_2 \eta_2 + \ldots, \ldots \quad (\text{mod. } p)$$

ces mêmes relations renversées : on aura évidemment

$$C_1 = A_1^{\alpha_1} A_2^{\alpha_2} \ldots, \quad C_2 = A_1^{\beta_1} A_2^{\beta_2} \ldots, \ldots.$$

Le produit des deux déterminants

$$\begin{vmatrix} a_1 & b_1 & \ldots \\ a_2 & b_2 & \ldots \\ \ldots & \ldots & \ldots \end{vmatrix} \cdot \begin{vmatrix} \alpha_1 & \beta_1 & \ldots \\ \alpha_2 & \beta_2 & \ldots \\ \ldots & \ldots & \ldots \end{vmatrix}$$

étant évidemment congru à l'unité, ce dernier ne sera pas congru à zéro.

Au lieu de se donner d'avance $u_1, u_2, \ldots$, on peut se donner les substitutions $C_1, C_2, \ldots$; et de quelque manière que les entiers $\alpha_1, \beta_1, \ldots; \alpha_2, \beta_2, \ldots; \ldots$ soient choisis, pourvu que leur déterminant ne soit pas congru à zéro, on pourra déterminer sans difficulté les entiers $a_1, a_2, \ldots; b_1, b_2, \ldots; \ldots$ en renversant les relations (29). Leur déterminant n'étant pas congru à zéro, les fonctions $u_1, u_2, \ldots$ seront distinctes et pourront être prises pour indices indépendants.

232. Supposons maintenant que les exposants d'échange $(A_\mu A_\nu)$ soient donnés arbitrairement, et proposons-nous de choisir $C_1, C_2, \ldots$, de telle sorte que leurs exposants d'échange soient aussi simples que possible.

Soit $\mathcal{A}_1$ une substitution de $\mathcal{G}$, dont les exposants d'échange avec les autres substitutions de ce groupe ne soient pas tous congrus à zéro. Soient S une substitution de $\mathcal{G}$ telle que l'on ait $(\mathcal{A}_1 S) \equiv \lambda \gtrless 0 \ (\text{mod. } p)$, e un entier tel que l'on ait $e\lambda \equiv 1$. Posons $\mathcal{B}_1 = S^e$: il viendra $(\mathcal{A}_1 \mathcal{B}_1) \equiv e\lambda \equiv 1$.

Cela posé, $\mathcal{G}$ résulte de la combinaison de $\mathcal{A}_1, \mathcal{B}_1$ avec le groupe partiel $\mathcal{G}_1$ formé par celles de ses substitutions dont les exposants d'échange avec $\mathcal{A}_1$, $\mathcal{B}_1$ sont tous congrus à zéro. Soit, en effet, T une substitution de $\mathcal{G}$ dont les exposants d'échange avec $\mathcal{A}_1, \mathcal{B}_1$ soient respectivement b_1 et $-a_1$: on aura évidemment $T = \mathcal{A}_1^{a_1} \mathcal{B}_1^{b_1} T'$, T' étant une substitution de $\mathcal{G}_1$.

Si $\mathcal{G}_1$ contient une substitution $\mathcal{A}_2$ dont les exposants d'échange avec les autres substitutions de ce groupe ne soient pas tous congrus à zéro, $\mathcal{G}_1$ contiendra de même une substitution $\mathcal{B}_2$ telle que l'on ait $(\mathcal{A}_2 \mathcal{B}_2) \equiv 1$; et $\mathcal{F}_1$ résultera de la combinaison de $\mathcal{A}_2$ et de $\mathcal{B}_2$ avec le groupe partiel $\mathcal{F}_2$ formé par celles de ses substitutions dont les exposants d'échange avec $\mathcal{A}_2$ et $\mathcal{B}_2$ sont congrus à zéro.

On pourra poursuivre ainsi jusqu'à ce qu'on arrive à un groupe $\mathcal{F}_n$ qui se réduise à la seule substitution 1, ou dont les substitutions aient tous leurs exposants d'échange mutuels congrus à zéro. Soit dans ce dernier cas $\mathcal{C}_1$ une des substitutions de $\mathcal{F}_n$; si $\mathcal{F}_n$ contient des substitutions autres que les puissances de $\mathcal{C}_1$, soit $\mathcal{C}_2$ l'une d'elles : $\mathcal{F}_n$ contiendra toutes les substitutions de la forme $\mathcal{C}_1^{c_1} \mathcal{C}_2^{c_2}$. S'il en contient d'autres, soit $\mathcal{C}_3$ l'une d'elles, il contiendra les substitutions $\mathcal{C}_1^{c_1} \mathcal{C}_2^{c_2} \mathcal{C}_3^{c_3}$, etc.

Donc enfin les substitutions de $\mathcal{F}$ seront toutes de la forme

$$\mathcal{A}_1^{a_1} \mathcal{B}_1^{b_1} \ldots \mathcal{A}_n^{a_n} \mathcal{B}_n^{b_n} \mathcal{C}_1^{c_1} \mathcal{C}_2^{c_2} \ldots,$$

$\mathcal{A}_1, \mathcal{B}_1, \ldots, \mathcal{A}_n, \mathcal{B}_n, \mathcal{C}_1, \mathcal{C}_2, \ldots$ étant des substitutions dont les exposants d'échange mutuels sont tous congrus à zéro, sauf ceux-ci : $(\mathcal{A}_\mu \mathcal{B}_\mu) \equiv -(\mathcal{B}_\mu \mathcal{A}_\mu)$, qui sont congrus à 1.

233. Les diverses substitutions obtenues en donnant à $a_1, b_1, \ldots, a_n, b_n, c_1, c_2, \ldots$ les divers systèmes de valeurs inférieures à p étant évidemment distinctes, l'ordre de $\mathcal{F}$ sera égal au nombre de ces systèmes de valeurs. Mais, d'autre part, il est égal au nombre des systèmes de valeurs inférieures à p que l'on peut donner à $\alpha_1, \alpha_2, \ldots$ dans l'expression $A_1^{\alpha_1} A_2^{\alpha_2} \ldots$. Pour qu'il y ait identité entre ces deux nombres, il faut évidemment que les substitutions $\mathcal{A}_1, \mathcal{B}_1, \ldots, \mathcal{A}_n, \mathcal{B}_n, \mathcal{C}_1, \mathcal{C}_2, \ldots$ soient en même nombre que les substitutions $A_1, A_2, \ldots$.

Soient

$$\mathcal{A}_1 = A_1^{\alpha_1} A_2^{\alpha_2} \ldots, \quad \mathcal{B}_1 = A_1^{\beta_1} A_2^{\beta_2} \ldots, \ldots,$$

d'où

$$\mathcal{A}_1^x \mathcal{B}_1^y \ldots = A_1^{\alpha_1 x + \beta_1 y + \cdots} A_2^{\alpha_2 x + \beta_2 y + \cdots} \ldots.$$

Toute substitution de $\mathcal{F}$, telle que $A_1^{\xi_1} A_2^{\xi_2} \ldots$, pouvant être mise sous la forme $\mathcal{A}_1^x \mathcal{B}_1^y \ldots$, on devra pouvoir déterminer $x, y, \ldots$ de telle sorte qu'on ait

$$(30) \qquad \alpha_1 x + \beta_1 y + \ldots \equiv \xi_1, \quad \alpha_2 x + \beta_2 y + \ldots \equiv \xi_2, \ldots,$$

quels que soient $\xi_1, \xi_2, \ldots$. Il faut pour cela que le déterminant des quantités $\alpha_1, \beta_1, \ldots; \alpha_2, \beta_2, \ldots; \ldots$ ne soit pas congru à zéro. On pourra donc choisir un système d'indices indépendants tel, que les substitutions $\mathcal{A}_1$, $\mathcal{B}_1$,... accroissent respectivement d'une unité chacun de ces indices, sans altérer les autres (231).

Soient d'ailleurs

$$x \equiv a_1\xi_1 + a_2\xi_2 + \ldots, \quad y \equiv b_1\xi_1 + b_2\xi_2 + \ldots, \ldots$$

les relations (30) renversées. Il est évident que le déterminant de $a_1, a_2, \ldots; b_1, b_2, \ldots; \ldots$ n'est pas congru à zéro; et l'on aura

$$A_1 = \mathcal{A}_1^{a_1}\mathcal{B}_1^{b_1}\ldots, \quad A_2 = \mathcal{A}_1^{a_2}\mathcal{B}_1^{b_2}\ldots, \ldots.$$

234. Pour éviter des longueurs inutiles, bornons-nous au cas, seul vraiment intéressant, où $\mathcal{I}$ ne contient aucune substitution, autre que l'unité, dont les exposants d'échange avec les autres substitutions de $\mathcal{I}$ soient tous congrus à zéro. Cette condition sera exprimée par la relation

$$\begin{vmatrix} (A_1A_1) & (A_1A_2) & \ldots \\ (A_2A_1) & (A_2A_2) & \ldots \\ \ldots\ldots & \ldots\ldots & \ldots \end{vmatrix} \gtrless 0 \pmod{p}.$$

Car soit $A_1^{\xi_1}A_2^{\xi_2}\ldots$ une substitution quelconque de $\mathcal{I}$: ses exposants d'échange avec $A_1, A_2, \ldots$ sont respectivement

$$(A_1A_1)\xi_1 + (A_1A_2)\xi_2 + \ldots, \quad (A_2A_1)\xi_1 + (A_2A_2)\xi_2 + \ldots, \ldots,$$

et pour qu'ils puissent devenir à la fois congrus à zéro, sans qu'on ait $\xi_1 \equiv \xi_2 \equiv \ldots \equiv 0$, il faut et il suffit évidemment que le déterminant ci-dessus soit congru à zéro.

Le nombre des substitutions $A_1, A_2, \ldots$ *est un nombre pair.* En effet, il est égal à celui des substitutions de la suite $\mathcal{A}_1, \mathcal{B}_1, \ldots$, laquelle se réduit ici aux termes $\mathcal{A}_1, \mathcal{B}_1, \ldots, \mathcal{A}_n, \mathcal{B}_n$: car si cette suite contenait une substitution telle que $\mathcal{C}_1$, dont les exposants d'échange avec $\mathcal{A}_1, \mathcal{B}_1, \ldots$ fussent tous congrus à zéro, ses exposants d'échange avec toutes les substitutions de $\mathcal{I}$, lesquelles dérivent de celles-là, seraient congrus à zéro, contre l'hypothèse.

235. *Soit maintenant* $(C_1C_1), (C_1C_2), \ldots (C_{2n}C_{2n})$ *un système quelconque de* $4n^2$ *nombres satisfaisant aux relations*

$$\left.\begin{array}{l} (C_\mu C_\nu) + (C_\nu C_\mu) \equiv 0, \quad (C_\mu C_\mu) \equiv 0 \\ \begin{vmatrix} (C_1C_1) & (C_1C_2) & \ldots \\ (C_2C_1) & (C_2C_2) & \ldots \end{vmatrix} \gtrless 0 \end{array}\right\} \pmod{p}.$$

On pourra choisir un système d'indices indépendants tel, que les substitutions C_1, $C_2,\dots$, *qui correspondent respectivement à ces divers indices, aient leurs exposants d'échange mutuels congrus à* $(C_1 C_1)$, $(C_1 C_2),\dots$, $(C_{2n} C_{2n})$.

En effet, si les substitutions A_1, $A_2,\dots$ avaient pour exposants d'échange mutuels, au lieu de $(A_1 A_1),\dots$, $(A_{2n} A_{2n})$, ceux-ci : $(C_1 C_1),\dots$, $(C_{2n} C_{2n})$, on pourrait déterminer un système de substitutions $\mathcal{D}_1 = A_1^{\delta_1} A_2^{\delta_2}\dots$, $\mathcal{E}_1 = A_1^{\varepsilon_1} A_2^{\varepsilon_2}\dots,\dots$, $\mathcal{D}_n$, $\mathcal{E}_n$, dont les exposants d'échange mutuels fussent tous congrus à zéro, sauf ceux-ci $(\mathcal{D}_\mu \mathcal{E}_\mu) = -(\mathcal{E}_\mu \mathcal{D}_\mu)$, qui seraient congrus à 1 (**232-234**). On aurait d'ailleurs réciproquement

$$A_1 = \mathcal{D}_1^{d_1} \mathcal{E}_1^{e_1}\dots, \quad A_2 = \mathcal{D}_1^{d_2} \mathcal{E}_1^{e_2}\dots,\dots,$$

d_1, $d_2,\dots$; e_1, $e_2,\dots$;... étant des entiers dont le déterminant n'est pas congru à zéro.

Cela posé, les substitutions $\mathcal{A}_1$, $\mathcal{B}_1,\dots$ ayant les mêmes exposants d'échange mutuels que $\mathcal{D}_1$, $\mathcal{E}_1,\dots$, les substitutions

$$C_1 = \mathcal{A}_1^{d_1} \mathcal{B}_1^{e_1}\dots = A_1^{m_1} A_2^{m_2}\dots, \quad C_2 = \mathcal{A}_1^{d_2} \mathcal{B}_1^{e_2}\dots = A_1^{n_1} A_2^{n_2}\dots,\dots$$

auront évidemment les mêmes exposants d'échange mutuels que $\mathcal{D}_1^{d_1} \mathcal{E}_1^{e_1}\dots$, $\mathcal{D}_1^{d_2} \mathcal{E}_1^{e_2}\dots,\dots$, à savoir : $(C_1 C_1),\dots$, $(C_{2n} C_{2n})$. D'ailleurs le déterminant des nombres m_1, $n_1,\dots$; m_2, $n_2,\dots$;... étant évidemment égal au produit des deux déterminants formés avec α_1, $\beta_1,\dots$; α_2, $\beta_2,\dots$;... et avec d_1, $e_1,\dots$; d_2, $e_2,\dots$;..., ne sera pas congru à zéro. Donc on pourra déterminer un système d'indices indépendants qui correspondent respectivement aux substitutions C_1, $C_2,\dots$ (**231**).

236. Convenons de désigner par $A_1^{\alpha_1} A_2^{\alpha_2}\dots$ l'opération qui consiste à accroître les indices z_1, $z_2,\dots$ respectivement de certains entiers complexes α_1, $\alpha_2,\dots$ formés avec les racines d'une congruence irréductible. Étendons à ces opérations la notion des exposants d'échange, en admettant que l'égalité

$$(A_\mu^{\alpha_\mu} A_\nu^{\alpha_\nu}) \equiv \alpha_\mu \alpha_\nu (A_\mu A_\nu),$$

laquelle est évidente lorsque α_μ, α_ν sont réels, subsiste lorsqu'ils sont imaginaires. Il est évident que les démonstrations ci-dessus resteront applicables, avec cette seule différence que les entiers qui figurent dans le calcul seront complexes.

237. Soient maintenant $S_1, S_2, \ldots$ les diverses substitutions de $\mathcal{S}$,

$$T = | \; z_1, z_2, \ldots \quad q_1 z_1 + q_2 z_2 + \ldots, \; r_1 z_1 + r_2 z_2 + \ldots, \ldots \; |$$

une substitution linéaire telle, que les transformées $T^{-1}S_1T$, $T^{-1}S_2T, \ldots$ aient leurs exposants d'échange mutuels congrus à ceux des substitutions correspondantes $S_1, S_2, \ldots$ respectivement multipliés par un même entier constant m. L'ensemble des substitutions $T_1, T_2, \ldots$ qui satisfont à cette condition pour les diverses valeurs $m_1, m_2, \ldots$ de m forment un groupe. Car T_1 étant permutable à $\mathcal{S}$, $T_1^{-1}S_1T_1$, $T_1^{-1}S_2T_1$ appartiennent à ce groupe; leurs transformées par T_2 ont donc des exposants d'échange m_2 fois plus considérables (abstraction faite des multiples de p) que $T_1^{-1}S_1T_1$, $T_1^{-1}S_2T_1, \ldots$ ou m_1m_2 fois plus considérables que $S_1, S_2, \ldots$. Mais ce sont les transformées de $S_1, S_2, \ldots$ par T_1T_2. Donc cette substitution, multipliant les exposants d'échange par l'entier constant m_1m_2, appartient à la suite $T_1, T_2, \ldots$; et cette suite formera un groupe.

238. Il est aisé d'écrire les relations auxquelles doivent satisfaire les coefficients de T.

En effet, cette substitution transforme généralement A_μ en $A'_\mu = A_1^{q_\mu} A_2^{r_\mu} \ldots$; et la condition $(A'_\mu A'_\nu) \equiv m(A_\mu A_\nu)$ donnera

$$(A_1 A_1) q_\mu q_\nu + (A_1 A_2) q_\mu r_\nu + \ldots + (A_2 A_1) r_\mu q_\nu + \ldots \equiv m(A_\mu A_\nu) \tag{31}$$

pour toutes les valeurs de μ et de ν. Réciproquement, si ces conditions sont satisfaites, la transformation par T multipliera par m les exposants d'échange mutuels de toutes les substitutions de $\mathcal{S}$. Car soient $A_1^{\xi_1} A_2^{\xi_2} \ldots$, $A_1^{\eta_1} A_2^{\eta_2} \ldots$ deux de ces substitutions, $\sum \xi_\mu \eta_\nu (A_\mu A_\nu)$ leur exposant d'échange : celui de leurs transformées $A_1'^{\xi_1} A_2'^{\xi_2} \ldots$, $A_1'^{\eta_1} A_2'^{\eta_2} \ldots$ sera $\sum \xi_\mu \eta_\nu (A'_\mu A'_\nu) \equiv m \sum \xi_\mu \eta_\nu (A_\mu A_\nu)$.

239. Remplaçons $z_1, z_2, \ldots$ par de nouveaux indices indépendants $x_1, y_1, x_2, y_2, \ldots$ tels, que les substitutions correspondantes $\mathcal{A}_1, \mathcal{B}_1, \mathcal{A}_2, \mathcal{B}_2, \ldots$ aient leurs exposants d'échange mutuels congrus à zéro, sauf ceux-ci $(\mathcal{A}_\mu \mathcal{B}_\mu) \equiv -(\mathcal{A}_\mu \mathcal{B}_\mu)$, qui soient congrus à 1. Soit

$$\left| \begin{array}{lll} x_1, y_1 & a'_1 x_1 + c'_1 y_1 + a'_2 x_2 + c'_2 y_2 + \ldots, & b'_1 x_1 + d'_1 y_1 + b'_2 x_2 + d'_2 y_2 + \ldots \\ x_2, y_2 & a''_1 x_1 + c''_1 y_1 + a''_2 x_2 + c''_2 y_2 + \ldots, & b''_1 x_1 + d''_1 y_1 + b''_2 x_2 + d''_2 y_2 + \ldots \\ \ldots\ldots & \ldots\ldots\ldots\ldots\ldots\ldots\ldots\ldots\ldots\ldots\ldots & \ldots\ldots\ldots\ldots\ldots\ldots\ldots\ldots\ldots\ldots \end{array} \right|$$

ce que devient T rapportée à ces indices. Les relations résumées dans la formule (31) seront précisément les relations (27). Le groupe formé par les substitutions T se confond donc avec le groupe abélien.

Faisceaux abéliens.

240. Soit F un faisceau de substitutions échangeables entre elles et d'ordre premier à p, qui soit contenu dans le groupe abélien. Supposons, en outre, que le groupe G formé par les substitutions abéliennes permutables à F soit primaire. Le groupe formé par toutes les substitutions linéaires permutables à F sera *à fortiori* primaire. On pourra donc choisir les indices indépendants de manière à ramener à la fois toutes les substitutions de F à leur forme canonique; cela fait, les nouveaux indices se répartiront entre λ systèmes, contenant chacun un même nombre μ de séries, dont chacune contient un même nombre ν d'indices (178 et 193).

241. Cela posé, soient X, Y deux quelconques des nouveaux indices, C_X et C_Y les substitutions qui leur correspondent, $(C_X C_Y)$ leur exposant d'échange. Soient

$$S = | X, Y, \ldots \quad \alpha X, \beta Y, \ldots |$$

une des substitutions de F, m le facteur par lequel elle multiplie les exposants d'échange des substitutions C_X, $C_Y, \ldots$; elle transforme C_X et C_Y en C_X^α et C_Y^β, dont l'exposant d'échange est $\alpha\beta(C_X C_Y)$. On aura donc nécessairement

$$\alpha\beta(C_X C_Y) \equiv m(C_X C_Y), \quad \text{d'où} \quad \alpha\beta \equiv m \quad \text{ou} \quad (C_X C_Y) \equiv 0.$$

Or, quel que soit l'indice X, la substitution C_X ne peut avoir ses exposants d'échange avec toutes les substitutions C_X, $C_Y, \ldots$ congrus à zéro; car il en serait de même de ses exposants d'échange avec toutes les substitutions de $\mathfrak{F}$, qui dérivent de celles-là, et cela est contraire à notre hypothèse.

Soient donc X, X',... les indices d'une série quelconque; α, α',... les facteurs par lesquels tous ces indices sont multipliés par les substitutions S, S',... du faisceau F, lesquelles multiplient respectivement les exposants d'échange par m, m',.... Il existera une série d'indices Y, Y',... que ces mêmes substitutions multiplieront par les facteurs $\beta \equiv \frac{m}{\alpha}$, $\beta' \equiv \frac{m'}{\alpha'}, \ldots \pmod{p}$. Nous dirons que ces deux séries sont *conjointes*, et nous pourrons, d'après ce qui précède, énoncer le théorème suivant :

Théorème. — *Toute série a sa conjointe, et l'exposant d'échange de deux substitutions de la suite* C_X, C_Y,... *sera congru à zéro, à moins que les indices correspondants n'appartiennent à deux séries conjointes.*

242. Théorème. — *Soient* X, X',... et Y, Y',... *deux séries conjointes quelconques;* X_r, X'_r,... et Y_r, Y'_r,... *les séries conjuguées, obtenues en remplaçant l'imaginaire i qui entre dans l'expression des indices de ces séries par sa conjuguée* i^{p^r} : *ces deux nouvelles séries seront conjointes, et l'on aura la relation* $(C_{X_r} C_{Y_r}) \equiv (C_X C_Y)^{p^r}$.

1° En effet, si S multiplie X par α et Y par β, elle multipliera X_r par α^{p^r} et Y_r par β^{p^r}, et de la relation supposée $\alpha\beta \equiv m$ on déduira $\alpha^{p^r}\beta^{p^r} \equiv m^{p^r} \equiv m$ (m étant un entier réel).

2° Soit d'ailleurs $C_X \equiv \mathcal{A}_1^l \mathcal{B}_1^n \ldots$; on aura $C_{X_r} = \mathcal{A}_1^{lp^r} \mathcal{B}_1^{np^r} \ldots$. En effet, formons les relations qui expriment que $\mathcal{A}_1^l \mathcal{B}_1^n \ldots$ accroît d'une unité l'indice X sans altérer les autres. Remplaçons dans ces relations l'imaginaire i par sa conjuguée i^{p^r} : les nouvelles relations ainsi obtenues expriment évidemment que $\mathcal{A}_1^{lp^r} \mathcal{B}_1^{np^r} \ldots$ accroît d'une unité l'indice X_r sans altérer les autres.

Soit $C_Y = \mathcal{A}_1^\lambda \mathcal{B}_1^\nu \ldots$; on aura de même $C_{Y_r} = \mathcal{A}_1^{\lambda p^r} \mathcal{B}_1^{\nu p^r} \ldots$; on en déduit

$$(C_{X_r} C_{Y_r}) \equiv l^{p^r} \nu^{p^r} - n^{p^r} \lambda^{p^r} + \ldots \equiv (l\nu - n\lambda + \ldots)^{p^r} \equiv (C_X C_Y)^{p^r}.$$

Corollaire. — *Si les séries* X, X',...; Y, Y',... *appartiennent à des systèmes différents* Σ *et* Σ_1, *chaque série de* Σ *aura pour conjointe une série de* Σ_1. Nous dirons alors que ces deux systèmes sont *conjoints*.

Au contraire, *si ces deux séries appartiennent à un même système* Σ, *toutes les séries de ce système sont conjointes deux à deux.*

243. Théorème. — *Soient* X, X',... *et* Y, Y',... *deux séries conjointes;* S *une substitution de* G, *qui remplace ces indices par des fonctions linéaires des indices de deux nouvelles séries,* Z, Z',... *et* U, U',.... *Ces nouvelles séries seront conjointes.*

Supposons, en effet, qu'elles ne le soient pas : F contiendra une substitution T qui multiplie les indices de ces deux séries par des facteurs γ et δ qui ne satisfassent pas à la relation $\gamma\delta \equiv m$, m étant le facteur par lequel T multiplie les exposants d'échange. La substitution $S^{-1}TS$, qui fait partie de F, et multiplie les exposants d'échange par m, multipliera les indices des deux séries X, X',... et Y, Y',... respectivement par γ et δ. Ces deux séries ne sont donc pas conjointes, comme on le suppose.

Corollaire I. — *Si une substitution* S *ne déplace pas la série* X, X′,..., *elle ne déplacera pas sa conjointe*. Car Z, Z′,... se confondant ici avec X, X′,..., sa conjointe U, U′,... se confondra avec Y, Y′,....

Corollaire II. — *Si deux séries conjointes appartiennent à un même système* Σ, *deux séries conjointes quelconques appartiennent à un même système*. Car G étant primaire, ses substitutions permutent transitivement les systèmes (**142**). Donc il contient au moins une substitution S qui remplace les séries de Σ par celles d'un autre système quelconque, Σ_1. Mais les séries de Σ sont conjointes deux à deux (**242**); donc celles de Σ_1, que S leur fait succéder, le sont également.

Corollaire III. — *Si deux séries conjointes appartiennent à deux systèmes différents* (*auquel cas ces systèmes sont conjoints*), *chaque système aura son conjoint, et chaque substitution de* G *fera succéder aux indices de deux systèmes conjoints des fonctions des indices de deux nouveaux systèmes également conjoints*. Car si les deux séries conjointes X, X′,...; Y, Y′,... appartiennent à des systèmes différents Σ, Σ_1, soit Σ' un autre système quelconque. Il existe dans G une substitution au moins, S, qui remplace X, X′,... par des fonctions des indices Z, Z′,... de l'une des séries de Σ'. La même substitution remplacera Y, Y′ par des fonctions des indices U, U′,... d'une série d'un système Σ'_1, évidemment autre que Σ'; les deux séries Z, Z′,.... et U, U′,... seront conjointes : donc Σ' et Σ'_1 seront conjoints.

Corollaire IV. — *Si une série se confond avec sa conjointe, il en sera de même de toutes les séries*. Car les deux corollaires précédents montrent que si une série quelconque avait une conjointe autre qu'elle-même, soit dans le même système, soit dans un autre, les séries pourraient toutes se partager en couples de séries conjointes l'une à l'autre. Donc aucune série ne serait sa propre conjointe.

244. *Conclusion*. — Les faisceaux tels que F se répartissent en trois catégories, correspondant aux trois cas suivants :

Premier cas. — Chaque série fait partie d'un autre système que sa conjointe.

Deuxième cas. — Chaque série diffère de sa conjointe, mais fait partie du même système.

Troisième cas. — Chaque série est sa propre conjointe.

245. Soient maintenant $x, y, \ldots$ les divers indices d'une même série. Chacune des substitutions de F, les multipliant par un même facteur, multipliera évidemment par le même facteur toute fonction de ces indices. On pourra donc, sans altérer la forme de ces substitutions, prendre pour indices indépendants, à la place de $x, y, \ldots$, des fonctions quelconques de ces indices.

On pourra faire de même dans chacune des autres séries. Nous conviendrons toutefois, lorsque plusieurs séries seront conjuguées, d'y prendre pour indices indépendants des fonctions conjuguées. Tout en observant cette règle, il existera dans le choix des indices indépendants une latitude dont on pourra profiter pour simplifier l'expression des exposants d'échange mutuels des substitutions correspondantes.

246. Premier cas : *Faisceaux de première catégorie.* — Supposons que F appartienne à la première catégorie. Soient $x, y, \ldots$ les indices de la première série d'un système quelconque; $\xi, \eta, \ldots$ ceux de la première série du système conjoint; $C_x, C_y, \ldots, C_\xi, C_\eta, \ldots$ les substitutions respectivement correspondantes à ces indices.

Le déterminant

$$\Delta = \begin{vmatrix} (C_x C_\xi) & (C_x C_\eta) & \ldots \\ (C_y C_\xi) & (C_y C_\eta) & \ldots \\ \ldots\ldots & \ldots\ldots & \ldots \end{vmatrix}$$

ne peut être congru à o. Car s'il l'était, on pourrait déterminer une substitution $C_\xi^a C_\eta^b \ldots$ dont les exposants d'échange

$$a(C_x C_\xi) + b(C_x C_\eta) + \ldots, \quad a(C_y C_\xi) + b(C_y C_\eta) + \ldots, \ldots$$

avec $C_x, C_y, \ldots$ fussent tous congrus à zéro. Mais les exposants d'échange de $C_\xi, C_\eta, \ldots$ et, par suite, ceux de $C_\xi^a C_\eta^b \ldots$ avec les substitutions correspondantes à tous les indices autres que $x, y, \ldots$ sont congrus à zéro. Donc $C_\xi^a C_\eta^b \ldots$ aurait ses exposants d'échange avec toutes les substitutions de $\mathfrak{F}$ congrus à zéro; ce que nous supposons impossible.

Cela posé, on pourra déterminer des substitutions

$$D = C_\xi^\alpha C_\eta^\beta \ldots, \quad D_1 = C_\xi^{\alpha'} C_\eta^{\beta'} \ldots, \ldots$$

telles, que leurs exposants d'échange avec $C_x, C_y, \ldots$ soient tous congrus à zéro, sauf ceux-ci $(C_x D), (C_y D_1), \ldots$, qui seront congrus à 1. En effet, pour déterminer D, par exemple, il suffira de choisir $\alpha, \beta, \ldots$ de manière à satisfaire aux congruences linéaires

$$(32)\qquad \alpha(C_x C_\xi) + \beta(C_x C_\eta) + \ldots \equiv 1, \quad \alpha(C_y C_\xi) + \beta(C_y C_\eta) + \ldots \equiv 0, \ldots$$

dont le déterminant n'est pas congru à zéro.

Le déterminant des quantités α, $\alpha_1, \ldots$; β, $\beta_1, \ldots$; ... n'est pas congru à zéro. Car, d'après les relations (32), son produit par le déterminant Δ est congru à 1. Donc on peut remplacer ξ, $\eta, \ldots$ par de nouveaux indices ξ', $\eta', \ldots$ qui correspondent respectivement aux substitutions D, $D_1, \ldots$ (231).

On peut opérer de même sur les premières séries de chacun des couples de systèmes conjoints. Si l'on prend en même temps, comme nous en sommes convenus, pour indices indépendants, dans les autres séries de chaque système, les indices respectivement conjugués de ceux de la première série, les exposants d'échange mutuels des substitutions correspondantes seront immédiatement donnés par le théorème du n° **242**.

247. Second cas : *Faisceaux de seconde catégorie.* — Dans tout faisceau de seconde catégorie, le nombre des séries de chaque système est un nombre pair, 2ν. En effet, si la première série d'un système est conjointe à la $\nu+1^{\text{ième}}$, la seconde le sera à la $\nu+2^{\text{ième}}$, etc. La $\nu+1^{\text{ième}}$ l'est à la $2\nu+1^{\text{ième}}$; donc la $2\nu+1^{\text{ième}}$ se confond avec la première; donc le nombre des séries distinctes est 2ν.

Soient $x, x', \ldots x^{(\mu-1)}$ les indices de la première série du système Σ que l'on considère; $x_\nu, x'_\nu, \ldots, x_\nu^{(\mu-1)}$ leurs conjugués de la série conjointe; C, $C', \ldots, C^{(\mu-1)}$; $C_\nu, C'_\nu, \ldots, C_\nu^{(\mu-1)}$ les substitutions correspondantes à ces divers indices. Nous allons montrer qu'*on peut choisir les indices indépendants de telle sorte, que chacune des substitutions* C, $C', \ldots, C^{(\mu-1)}$ *ait ses exposants d'échange avec* $C_\nu, C'_\nu, \ldots, C_\nu^{(\mu-1)}$ *tous congrus à zéro, à l'exception d'un seul.*

248. Admettons en effet que l'on puisse choisir les μ' derniers indices de la suite $x, x', \ldots, x^{(\mu-1)}$, de telle sorte que les exposants d'échange de $C^{(\mu-\mu')}$, $C^{(\mu-\mu'+1)}, \ldots, C^{(\mu-1)}$ avec chacune des substitutions $C_\nu, C'_\nu, \ldots, C_\nu^{(\mu-1)}$ soient tous congrus à zéro, sauf ceux-ci : $(C^{(\mu-\mu')}C_\nu^{(\mu-\mu')})$, $(C^{(\mu-\mu'+1)}C_\nu^{(\mu-\mu'+1)})$, $(C^{(\mu-1)}C_\nu^{(\mu-1)})$, mais qu'on ne puisse choisir plus de μ' indices jouissant d'une propriété analogue. Si l'on avait $\mu'=\mu$, notre proposition serait prouvée. Supposons donc μ' nul ou positif, mais moindre que μ.

Les relations ainsi établies entre les exposants d'échange subsisteront si l'on remplace les indices $x, \ldots, x^{(\mu-\mu'-1)}$ par des fonctions linéaires de ces mêmes indices, sans altérer $x^{(\mu-\mu')},\ldots, x^{(\mu-1)}$. Car soient, par exemple, $y \equiv ax + \ldots + kx^{(\mu-\mu'-1)}$ et $y_\nu \equiv a^{p^\nu} x_\nu + \ldots + k^{p^\nu} x_\nu^{(\mu-\mu'-1)}$ un de ces nouveaux indices et son $\nu^{ième}$ conjugué : la substitution D_ν, correspondante à y_ν, étant dérivée des substitutions $C_\nu,\ldots, C_\nu^{(\mu-\mu'-1)}$, dont les exposants d'échange avec $C^{(\mu-\mu')},\ldots, C^{(\mu-1)}$ sont congrus à zéro, ses exposants d'échange avec ces dernières substitutions sont eux-mêmes congrus à zéro.

Il existe donc dans le choix des indices $x,\ldots, x^{(\mu-\mu'-1)}$ une indétermination dont on pourra tâcher de profiter pour simplifier l'expression des exposants d'échange restants.

249. Soit $D = C^\alpha C'^{\alpha'} C''^{\alpha''}\ldots$ une substitution dérivée de $C, C',\ldots, C^{(\mu-\mu'-1)}$: on aura identiquement, lorsque $s > \mu - \mu' - 1$,

$$(DC_\nu^{(s)}) \equiv -(C_\nu^{(s)} D) \equiv -(C_\nu^{(s)} D_{2\nu}) \equiv -(C^{(s)} D_\nu)^{p^\nu} \equiv 0.$$

On peut en outre déterminer $\alpha, \alpha', \alpha'',\ldots$ de telle sorte qu'on ait

$$(DC'_\nu) \equiv 0, \ldots, \quad (DC_\nu^{(\mu-\mu'-1)}) \equiv 0.$$

En effet les relations

$$\begin{aligned}(DC'_\nu) &\equiv \alpha(CC'_\nu) + \alpha'(C'C'_\nu) + \alpha''(C''C'_\nu) + \ldots \equiv 0,\\ (DC''_\nu) &\equiv \alpha(CC''_\nu) + \alpha'(C'C''_\nu) + \alpha''(C''C''_\nu) + \ldots \equiv 0,\\ &\ldots\ldots\ldots\ldots\ldots\ldots\ldots\ldots\ldots\ldots\ldots\ldots\end{aligned}$$

déterminent les rapports de $\alpha, \alpha', \alpha'',\ldots$, ce qui ne souffre aucune difficulté, ces rapports pouvant être sans inconvénient infinis ou indéterminés.

Le coefficient α est congru à zéro. Car s'il ne l'était pas, on pourrait prendre pour indices indépendants, à la place de $x, x',\ldots, x^{(\mu-\mu'-1)}$ ceux $y, y',\ldots, y^{(\mu-\mu'-1)}$ auxquels correspondent respectivement les substitutions $D, C', C'',\ldots, C^{(\mu-\mu'-1)}$; et ce choix d'indices permettrait, contrairement à l'hypothèse, d'avoir à la fois

$$(DC'_\nu) \equiv 0, \quad (DC''_\nu) \equiv 0, \ldots, \quad (DC_\nu^{(\mu-1)}) \equiv 0.$$

De la relation $\alpha \equiv 0$ on conclut $(DD_\nu) \equiv 0$. Car D étant de la forme $C'^{\alpha'} C''^{\alpha''}\ldots$, on aura

$$D_\nu \equiv C_\nu'^{\alpha' p^\nu} C_\nu''^{\alpha'' p^\nu}\ldots, \quad \text{d'où} \quad (DD_\nu) \equiv \alpha'^{p^\nu}(DC'_\nu) + \alpha''^{p^\nu}(DC''_\nu) + \ldots \equiv 0.$$

D'ailleurs l'un au moins des coefficients $\alpha', \alpha'',\ldots$ sera $\gtrless 0 \pmod{p}$. Soit

$\alpha' \gtrless 0 \pmod{p}$. Nous prendrons pour indices indépendants à la place de x, $x', \ldots, x^{(\mu-\mu'-1)}$ ceux $y, y', \ldots, y^{(\mu-\mu'-1)}$ qui correspondent respectivement aux substitutions C, D, ..., $C^{(\mu-\mu'-1)}$.

Déterminons maintenant une substitution $E = C^\beta D^{\beta'} C''^{\beta''} \ldots$ telle, que l'on ait $(EC_\nu) \equiv 0$, $(EC''_\nu) \equiv 0, \ldots, (EC_\nu^{(\mu-\mu'-1)}) \equiv 0$. Nous venons de voir que cela est toujours possible; et de plus que le coefficient β' sera congru à zéro, d'où l'on conclut la relation $(EE_\nu) \equiv 0$.

Le coefficient β ne peut être congru à zéro; car, s'il l'était, E se réduirait à la forme $C''^{\beta''} \ldots$, et l'on aurait, par suite, $(ED_\nu) \equiv 0$. On a en outre, si $s > \mu - \mu' - 1$,

$$(EC_\nu^{(s)}) \equiv -(C_\nu^{(s)} E) \equiv -(C_\nu^{(s)} E_{1\nu}) \equiv -(C^{(s)} E_\nu)^{p^\nu} \equiv 0.$$

Enfin on a évidemment, si r diffère de ν,

$$(EC_r) \equiv (ED_r) \equiv (EC''_r) \equiv \ldots \equiv 0.$$

La substitution E aurait donc tous ses exposants d'échange congrus à zéro, ce qui est supposé impossible.

Cela posé, prenons pour indices indépendants, au lieu de $y, y', y'', \ldots$ ceux $z, z', z'', \ldots$ qui correspondent respectivement aux substitutions E, D, $C'', \ldots$: on aura déjà les relations

$$(DD_\nu) \equiv 0, \quad (EE_\nu) \equiv 0, \quad (EC''_\nu) \equiv (DC''_\nu) \equiv \ldots \equiv 0;$$

d'où l'on déduit réciproquement

$$(C'' E_\nu) \equiv -(EC''_\nu)^{p^\nu} \equiv 0, \quad (C'' D_\nu) \equiv -(DC''_\nu)^{p^\nu} \equiv 0, \ldots.$$

250. On peut opérer sur les $\mu - \mu' - 2$ indices $z'', \ldots$ comme nous l'avons fait sur les indices $x, x', x'', \ldots$ et les remplacer par de nouveaux indices $u'', u''', u^{(4)}, \ldots$ tels, que les substitutions correspondantes $E', D', C^{(4)}, \ldots$ et celles qui correspondent aux indices conjugués satisfassent aux relations

$$(D'D'_\nu) \equiv 0, \quad (E'E'_\nu) \equiv 0,$$
$$(E'C_\nu^{(4)}) \equiv (D'C_\nu^{(4)}) \equiv \ldots \equiv 0, \quad (C^{(4)} E'_\nu) \equiv (C^{(4)} D'_\nu) \equiv \ldots \equiv 0.$$

En poursuivant ces opérations jusqu'à ce qu'on ait épuisé le nombre $\mu - \mu'$, on conclut enfin : 1° que $\mu - \mu'$ est un nombre pair $2\mu''$; 2° que les indices de la première série de Σ peuvent être choisis de telle sorte que les substitutions correspondantes

$$E,\quad D,\ldots,\quad E^{(\mu''-1)},\quad D^{(\mu''-1)},\quad C^{(\mu-\mu')},\ldots,\quad C^{(\mu-1)},$$

et les substitutions

$$E_\nu,\quad D_\nu,\ldots,\quad E_\nu^{(\mu''-1)},\quad D_\nu^{(\mu''-1)},\quad C_\nu^{(\mu-\mu')},\ldots,\quad C_\nu^{(\mu-1)}$$

qui correspondent à leurs $\nu^{\text{ièmes}}$ conjugués, aient tous leurs exposants d'échange congrus à zéro, sauf ceux-ci :

$$(D^{(s)}E_\nu^{(s)}),\quad (E^{(s)}D_\nu^{(s)}),\quad (C^{(s)}C_\nu^{(s)}),$$

ce qui démontre notre proposition.

251. Il reste encore dans le choix des indices un peu d'indétermination, dont on peut profiter pour faire en sorte que l'on ait

$$(D^{(s)}E_\nu^{(s)}) \equiv -(E^{(s)}D_\nu^{(s)}) \equiv 1,\quad (C^{(s)}C_\nu^{(s)}) \equiv e,$$

e étant une racine arbitrairement choisie de la congruence

$$e^{p^\nu-1} \equiv -1.$$

En effet, $(C^{(s)}C_\nu^{(s)})$ doit être une racine de cette congruence; car on a

$$(C^{(s)}C_\nu^{(s)})^{p^\nu} \equiv (C_\nu^{(s)}C_{2\nu}^{(s)}) \equiv (C_\nu^{(s)}C^{(s)}) \equiv -(C^{(s)}C_\nu^{(s)}).$$

D'autre part, prenons pour indices indépendants, au lieu des indices actuels $u^{(s)}$, $u_\nu^{(s)}$, correspondants à $C^{(s)}$, $C_\nu^{(s)}$, ceux-ci : $b^{-1}u^{(s)}$, $b^{-p^\nu}u_\nu^{(s)}$, auxquels correspondent respectivement les substitutions $K=[C^{(s)}]^b$ et $K_\nu=[C_\nu^{(s)}]^{b^{p^\nu}}$. On aura

$$(KK_\nu) \equiv (C^{(s)}C_\nu^{(s)})\, b^{p^\nu+1}.$$

Or on peut déterminer b de sorte que cette expression se réduise à e : car la congruence

$$(C^{(s)}C_\nu^{(s)})\, b^{p^\nu+1} \equiv e$$

élevée à la puissance $p^\nu-1$ devient

$$b^{p^{2\nu}-1} \equiv 1,$$

ce qui montre que ses racines sont des fonctions réelles de l'imaginaire i de degré 2ν qu'on a déjà introduite pour réduire F à sa forme canonique.

D'autre part, remplaçons l'indice ν correspondant à $D^{(s)}$ par un nouvel indice $\beta^{-1}\nu$. La substitution correspondante sera $[D^{(s)}]^{\beta}$; son exposant d'échange avec E_ν sera $\beta(D^{(s)} E_\nu^{(s)})$ et se réduira à l'unité si l'on prend $\beta^{-1} \equiv (D^{(s)} E_\nu^{(s)})$.

On peut donc admettre que $(C^{(s)} C_\nu^{(s)})$ soit égal à e et $(D^{(s)} E_\nu^{(s)})$ à 1. On aura alors

$$(E^{(s)} D_\nu^{(s)}) \equiv (E_{2\nu}^{(s)} D_\nu^{(s)}) \equiv -(D_\nu^{(s)} E_{2\nu}^{(s)}) \equiv -(D^{(s)} E_\nu^{(s)})^{p^\nu} \equiv -1.$$

Les exposants d'échange des substitutions correspondantes aux indices de la première série de Σ étant ainsi déterminés, on aura, en les élevant à la puissance p^r, ceux des substitutions correspondantes aux indices de la $r+1^{ième}$ série (**242**).

252. Considérons maintenant un autre système quelconque Σ'. Le groupe G, formé par les substitutions abéliennes permutables à F, étant primaire, contient au moins une substitution qui remplace les indices de Σ par des fonctions linéaires des indices de Σ'. Soit S une substitution de G, choisie à volonté parmi celles qui jouissent de cette propriété.

Prenons pour indices indépendants dans Σ' les fonctions par lesquelles S remplace les indices de Σ. Les transformées par S des substitutions qui correspondent aux indices de Σ' seront les substitutions qui correspondent aux indices de Σ; elles ont donc mêmes exposants d'échange mutuels que ces dernières.

253. TROISIÈME CAS : *Faisceaux de troisième catégorie.*

Considérons spécialement les indices de la première série d'un système quelconque. On verra comme (**232-234**) : 1° que ces indices sont en nombre pair; 2° qu'ils peuvent être choisis de telle sorte que les substitutions correspondantes, $\mathcal{A}_1, \mathcal{B}_1, \mathcal{A}_2, \mathcal{B}_2, \ldots$ aient tous leurs exposants d'échange congrus à zéro, sauf les $(\mathcal{A}_\mu \mathcal{B}_\mu) \equiv -(\mathcal{B}_\mu \mathcal{A}_\mu)$, qui seront congrus à 1.

§ IX. — Groupes hypoabéliens.

Définition de ces groupes.

254. Considérons, comme au n° **230**, le groupe $\mathcal{G}$ dérivé des substitutions

$$A_1 = | z_1, z_2, \ldots \quad z_1 + 1, z_2, \ldots |, \qquad A_2 = | z_1, z_2, \ldots \quad z_1, z_2 + 1, \ldots |, \ldots.$$

Soient $(A_1 A_1)$, $(A_1 A_2)$,... leurs exposants d'échange mutuels, dont nous supposerons, pour plus de simplicité, que le déterminant ne soit pas congru à zéro. On sait que dans ce cas le nombre des indices $z_1, z_2, \ldots$ est pair : soit $2n$ ce nombre. Supposons en outre $p = 2$.

Soit maintenant $A_1^{m_1} A_2^{m_2} \ldots$ l'une quelconque des substitutions de $\mathcal{G}$; nous dirons qu'elle a pour *caractère* l'expression

$$\sum_{\mu=1}^{\mu=2n} \sum_{\nu=\mu}^{\nu=2n} (A_\mu A_\nu) m_\mu m_\nu + \sum_{\mu=1}^{\mu=2n} s_\mu m_\mu \pmod{2},$$

où $s_1, \ldots, s_\mu, \ldots$ sont des entiers constants, que l'on peut fixer à volonté.

255. De cette définition résulte la proposition suivante :

Théorème. — *Le caractère d'un produit est congru* (mod. 2) *à la somme des caractères des facteurs et de leurs exposants d'échange mutuels.*

Soient en effet

$$S = A_1^{m_1} A_2^{m_2} \ldots, \quad S_1 = A_1^{n_1} A_2^{n_2} \ldots, \qquad \text{d'où} \qquad SS_1 = A_1^{m_1+n_1} A_2^{m_2+n_2} \ldots.$$

Cette dernière substitution a pour caractère

$$\sum_{\mu=1}^{\mu=2n} \sum_{\nu=\mu}^{\nu=2n} (A_\mu A_\nu)[m_\mu + n_\mu][m_\nu + n_\nu] + \sum_{\mu=1}^{\mu=2n} s_\mu [m_\mu + n_\mu]$$

$$\equiv \text{caract.}\, S + \text{caract.}\, S_1 + \sum_{\mu=1}^{\mu=2n} \sum_{\nu=\mu}^{\nu=2n} (A_\mu A_\nu)[m_\mu n_\nu + m_\nu n_\mu].$$

Mais on a

$$(A_\mu A_\mu) \equiv 0, \quad (A_\mu A_\nu) \equiv -(A_\nu A_\mu) \equiv (A_\nu A_\mu) \pmod{2};$$

d'où

$$\sum_{\mu=1}^{\mu=2n} \sum_{\nu=\mu}^{\nu=2n} (A_\mu A_\nu)[m_\mu n_\nu + m_\nu n_\mu] \equiv \sum_{\mu=1}^{\mu=2n} \sum_{\nu=1}^{\nu=2n} (A_\mu A_\nu) m_\mu n_\nu \equiv (SS_1).$$

Le théorème est donc établi. On le démontrerait de même s'il y avait plus de deux facteurs.

256. Proposons-nous maintenant de déterminer les substitutions linéaires qui transforment chaque substitution de $\mathcal{I}$ en une autre ayant même caractère. Ces substitutions forment évidemment un groupe $\mathfrak{H}$.

Ce groupe est contenu dans le groupe abélien. Car soient T une de ses substitutions; S, S_1 deux substitutions de $\mathcal{I}$; S', S'_1 leurs transformées par T : on aura, par hypothèse,

$$\text{car}.S' \equiv \text{car}.S, \quad \text{car}.S'_1 \equiv \text{car}.S_1, \quad \text{car}.S'S'_1 \equiv \text{car}.SS_1;$$

d'où

$$(S'S'_1) \equiv \text{car}.S'S'_1 - \text{car}.S' - \text{car}.S'_1 \equiv \text{car}.SS_1 - \text{car}.S - \text{car}.S_1 \equiv (SS_1).$$

Donc la transformation par T n'altère pas les exposants d'échange mutuels des substitutions de $\mathcal{I}$: donc T est une substitution abélienne.

257. Soit

$$T = | z_1, z_2, \ldots \quad q_1 z_1 + q_2 z_2 + \ldots, \ r_1 z_1 + r_2 z_2 + \ldots, \ldots |.$$

Il est aisé de déterminer les relations auxquelles satisfont ses coefficients. En effet, les substitutions

$$A'_1 = A_1^{q_1} A_2^{r_1} \ldots, \quad A'_2 = A_1^{q_2} A_2^{r_2} \ldots, \ldots$$

transformées de A_1, $A_2, \ldots$ par T devant avoir mêmes exposants d'échange mutuels que A_1, $A_2, \ldots$, on aura, pour toutes les valeurs de μ et de ν,

$$(33) \qquad (A_1 A_1) q_\mu q_\nu + (A_1 A_2) q_\mu r_\nu + \ldots + (A_2 A_1) r_\mu q_\nu + \ldots \equiv (A_\mu A_\nu).$$

Elles ont en outre les mêmes caractères, d'où pour chaque valeur de μ la relation

$$(34) \qquad (A_1 A_1) q_\mu q_\mu + (A_1 A_2) q_\mu r_\mu + \ldots + s_1 q_\mu + s_2 r_\mu + \ldots \equiv s_\mu.$$

Les conditions ci-dessus sont d'ailleurs suffisantes. Car, si elles sont remplies, soient $A_1^{m_1} A_2^{m_2} \ldots$ une substitution quelconque de $\mathcal{G}$, $A_1'^{m_1} A_2'^{m_2} \ldots$ sa transformée : ces deux substitutions, étant respectivement le produit de facteurs qui ont mêmes caractères et mêmes exposants d'échange, auront mêmes caractères.

258. Cherchons à simplifier l'expression des conditions ci-dessus par un changement d'indices convenable.

Nous avons vu (**232-234**) que le groupe $\mathcal{G}$ peut être considéré comme dérivé de n couples de substitutions

$$(35) \qquad \mathcal{A}_1, \mathcal{B}_1; \quad \mathcal{A}_2, \mathcal{B}_2; \ldots; \quad \mathcal{A}_n, \mathcal{B}_n$$

telles, que tous leurs exposants d'échange mutuels soient congrus à zéro, sauf ceux-ci :

$$(\mathcal{A}_1 \mathcal{B}_1) \equiv -(\mathcal{B}_1 \mathcal{A}_1), \ldots, \quad (\mathcal{A}_n \mathcal{B}_n) \equiv -(\mathcal{B}_n \mathcal{A}_n)$$

qui seront congrus à 1. On peut d'ailleurs supposer que les deux substitutions d'un même couple ont le même caractère; car, si $\mathcal{A}_1$ et $\mathcal{B}_1$, par exemple, avaient respectivement pour caractère 0 et 1, $\mathcal{G}$ pourrait être considéré comme dérivé des substitutions de la double suite

$$\mathcal{A}_1, \quad \mathcal{B}_1 \mathcal{A}_1; \quad \mathcal{A}_2, \mathcal{B}_2; \ldots; \quad \mathcal{A}_n, \mathcal{B}_n,$$

lesquelles ont mêmes exposants d'échange et mêmes caractères que les substitutions correspondantes de la suite (35), sauf $\mathcal{B}_1 \mathcal{A}_1$, qui a pour caractère zéro.

Cela posé, soit ρ le nombre des couples de la suite dont les substitutions ont le caractère 1 : si $\rho > 1$, on pourra l'abaisser de deux unités. En effet, soient $\mathcal{A}_1$, $\mathcal{B}_1$; $\mathcal{A}_2$, $\mathcal{B}_2$ deux couples dont les substitutions aient le caractère 1; on pourra considérer $\mathcal{G}$ comme dérivé de la double suite

$$\mathcal{A}_1 \mathcal{A}_2, \quad \mathcal{B}_1 \mathcal{A}_2; \quad \mathcal{A}_1 \mathcal{B}_1 \mathcal{A}_2 \mathcal{B}_2, \quad \mathcal{A}_1 \mathcal{B}_1 \mathcal{B}_2; \ldots; \quad \mathcal{A}_n, \mathcal{B}_n$$

analogue à la double suite (35), sauf que ses deux premiers couples ont le caractère 0 au lieu du caractère 1.

Si donc on suppose ρ réduit à son minimum par le procédé ci-dessus, on aura $\rho = 0$ ou $\rho = 1$. Ces deux cas sont d'ailleurs essentiellement différents, comme le montre le théorème suivant, qui donne au nombre ρ sa véritable signification, dégagée de tout arbitraire :

259. Théorème. — *La majorité des substitutions de $\mathfrak{I}$ a pour caractère ρ.*

1° Soit d'abord $\rho = 0$. Les substitutions $\mathcal{A}_1, \mathcal{B}_1, \ldots$ ayant toutes pour caractère zéro, une quelconque des substitutions de $\mathfrak{I}$, telle que $\mathcal{A}_1^{a_1}\mathcal{B}_1^{b_1}\mathcal{A}_2^{a_2}\mathcal{B}_2^{b_2}\ldots$, aura pour caractère $a_1 b_1 + a_2 b_2 + \ldots$. Le nombre des substitutions de $\mathfrak{I}$ ayant pour caractère zéro sera donc égal au nombre φ_n des solutions de la congruence

$$a_1 b_1 + a_2 b_2 + \ldots \equiv 0.$$

Or on peut satisfaire à cette congruence en posant

$$a_1 b_1 \equiv 0, \quad a_2 b_2 + \ldots \equiv 0, \qquad \text{ou} \qquad a_1 b_1 \equiv 1, \quad a_2 b_2 + \ldots \equiv 1.$$

Dans le premier cas, on aura pour a_1, b_1 les trois systèmes de solutions 0, 0; 0, 1; 1, 0; et l'on aura φ_{n-1} manières de choisir $a_2, b_2, \ldots$. Dans le second cas, on devra poser $a_1 \equiv b_1 \equiv 0$; et a_2, $b_2, \ldots$, pourront être choisis de $2^{2(n-1)} - \varphi_{n-1}$ manières. Sommant toutes ces solutions, il vient la relation

$$\varphi_n \equiv 3\varphi_{n-1} + 2^{2(n-1)} - \varphi_{n-1},$$

qui permet de calculer successivement $\varphi_2, \varphi_3, \ldots, \varphi_1$ étant égal à 3. On vérifie aisément que l'on aura en général

$$\varphi_n = 2^{2n-1} + 2^{n-1},$$

nombre supérieur à la moitié de 2^{2n}, nombre total des substitutions de $\mathfrak{I}$.

260. 2° Soit au contraire $\rho = 1$; et supposons, pour fixer les idées, que celui des couples de la suite $\mathcal{A}_1, \mathcal{B}_1; \mathcal{A}_2, \mathcal{B}_2; \ldots$ dont les substitutions ont le caractère 1 soit le premier, $\mathcal{A}_1, \mathcal{B}_1$. La substitution $\mathcal{A}_1^{a_1}\mathcal{B}_1^{b_1}\mathcal{A}_2^{a_2}\mathcal{B}_2^{b_2}\ldots$ aura pour caractère $a_1 + b_1 + a_1 b_1 + a_2 b_2 + \ldots$. Le nombre $\mathfrak{K}_n$ des substitutions de $\mathfrak{I}$ qui ont pour caractère zéro sera égal au nombre des solutions de la congruence

$$a_1 + b_1 + a_1 b_1 + a_2 b_2 + \ldots \equiv 0, \quad \text{ou} \quad (a_1 + 1)(b_1 + 1) + a_2 b_2 + \ldots \equiv 1.$$

Mais cette congruence est satisfaite par $2^{2n} - \varphi_n$ systèmes de valeurs de $a_1 + 1$, $b_1 + 1$, a_2, $b_2, \ldots$, auxquels correspondent autant de systèmes de valeurs de a_1, b_1, a_2, $b_2, \ldots$. On aura donc

$$\mathfrak{K}_n = 2^{2n} - \varphi_n = 2^{2n-1} - 2^{n-1},$$

nombre inférieur à $\frac{1}{2} 2^{2n}$.

261. Cela posé, on peut déterminer un système d'indices indépendants $x_1, y_1; \ldots; x_n, y_n$ qui correspondent respectivement aux substitutions $\mathcal{A}_1, \mathcal{B}_1; \ldots; \mathcal{A}_n, \mathcal{B}_n$. Soit maintenant

$$S = \begin{vmatrix} x_1 & a'_1 x_1 + c'_1 y_1 + \ldots + a'_n x_n + c'_n y_n \\ y_1 & b'_1 x_1 + d'_1 y_1 + \ldots + b'_n x_n + d'_n y_n \\ \ldots & \ldots\ldots\ldots\ldots\ldots\ldots\ldots\ldots \\ x_n & a_1^{(n)} x_1 + c_1^{(n)} y_1 + \ldots + a_n^{(n)} x_n + c_n^{(n)} y_n \\ y_n & b_1^{(n)} x_1 + d_1^{(n)} y_1 + \ldots + b_n^{(n)} x_n + d_n^{(n)} y_n \end{vmatrix}$$

une substitution du groupe cherché. Les conditions auxquelles ses coefficients doivent satisfaire s'obtiennent en substituant dans les relations (33) et (34) les valeurs particulières qu'ont les exposants d'échange et les caractères des substitutions correspondantes aux nouveaux indices. Elles seront donc différentes suivant que l'on aura $\rho = 0$ ou $\rho = 1$. On obtiendra ainsi deux groupes différents, $\mathfrak{H}_0$ et $\mathfrak{H}_1$, que nous appellerons *groupes hypoabéliens*.

Premier groupe hypoabélien.

262. Supposons $\rho = 0$. Les relations (33) se réduiront à la forme (27) (en remarquant d'ailleurs que, dans le cas actuel, p étant égal à 2, on aura toujours $m \equiv 1$); et les relations (34) deviendront

$$(36) \qquad a'_\mu b'_\mu + \ldots + a_\mu^{(n)} b_\mu^{(n)} \equiv 0, \quad c'_\mu d'_\mu + \ldots + c_\mu^{(n)} d_\mu^{(n)} \equiv 0,$$

formules où μ prendra successivement toutes les valeurs $1, 2, \ldots, n$.

Mais si S appartient à $\mathfrak{H}_0$, S^{-1} lui appartiendra, et réciproquement. On aura donc un nouveau système de relations équivalent au précédent, en exprimant que S^{-1} est hypoabélienne. Pour cela, on remplacera dans les relations (27) et (36) les divers coefficients $a'_1, \ldots, d_n^{(n)}$ par les coefficients correspondants de la substitution S^{-1}, que donnent les formules (26). On obtiendra ainsi les relations (25) et les suivantes :

$$(37) \qquad b_1^{(\mu)} d_1^{(\mu)} + \ldots + b_n^{(\mu)} d_n^{(\mu)} \equiv 0, \quad a_1^{(\mu)} c_1^{(\mu)} + \ldots + a_n^{(\mu)} c_n^{(\mu)} \equiv 0.$$

263. Théorème. — *Le groupe $\mathfrak{H}_0$ est dérivé des seules substitutions* M_μ, $N_{\mu,\nu}$ (*définies comme au n° 220*); *et son ordre est égal à*

$$\omega_n = (\mathfrak{P}_n - 1)\, 2^{2n-2} \ldots (\mathfrak{P}_2 - 1)\, 2^2 . 2.$$

En effet, les substitutions des deux formes ci-dessus, satisfaisant aux relations (25) et (37), appartiendront à $\mathfrak{H}_0$. Réciproquement, toute substitution hypoabélienne, Σ, dérive de celles-là.

En effet, supposons que Σ remplace x_1 par la fonction

$$f_1 \equiv a'_1 x_1 + c'_1 y_1 + \ldots + a'_n x_n + c'_n y_n :$$

les coefficients $a'_1, \ldots, c'_n$ ne seront pas tous congrus à zéro, et l'on aura, d'après les relations (37),

$$a'_1 c'_1 + \ldots + a'_n c'_n \equiv 0. \tag{38}$$

264. Cela posé, *on pourra déterminer une substitution* S, *dérivée des substitutions* M_μ *et* $N_{\mu,\nu}$, *qui remplace* x_1 *par* f_1.

En effet; soit d'abord $a'_1 \equiv 1$: la substitution

$$S = Q_{1,2}^{a'_2} N_{1,2}^{c'_2} \ldots Q_{1,n}^{a'_n} N_{1,n}^{c'_n}$$

remplace x_1 par f_1.

Si $a'_1 \equiv 0$, mais $c'_1 \equiv 1$, il existe, d'après ce qui précède, une substitution s, dérivée des substitutions M_μ et $N_{\mu,\nu}$, qui remplace x_1 par

$$c'_1 x_1 + a'_2 x_2 + c'_2 y_2 + \ldots;$$

et la substitution

$$S = M_1 s$$

remplace x_1 par f_1.

Soit enfin $a'_1 \equiv c'_1 \equiv 0$, mais a'_μ ou $c'_\mu \equiv 1$. D'après ce qui précède, il existe une substitution s, dérivée des substitutions M_μ et $N_{\mu,\nu}$ qui remplace x_μ par f_1; et la substitution

$$S = s \,.\, Q_{\mu,1} Q_{1,\mu}$$

remplacera x_1 par f_1.

265. Ce point établi, posons $\Sigma = S\Sigma'$: Σ et S étant hypoabéliennes, Σ' le sera également; mais de plus, elle laissera x_1 invariable. Soit

$$f'_1 \equiv b'_1 x_1 + d'_1 y_1 + \ldots + b'_n x_n + d'_n y_n$$

la fonction par laquelle elle remplace y_1 : les relations (25) et (37) donneront

$$d'_1 \equiv 1, \quad b'_1 + b'_2 d'_2 + \ldots + b'_n d'_n \equiv 0. \tag{39}$$

Cela posé, la substitution

$$S' = R_{2,1}^{b'_2} Q_{2,1}^{d'_2} \dots R_{n,1}^{b'_n} Q_{n,1}^{d'_n}$$

remplace y_1 par f'_1, sans altérer x_1; et l'on pourra poser $\Sigma' = S'\Sigma_1$, d'où $\Sigma = SS'\Sigma_1$, Σ_1 étant une nouvelle substitution hypoabélienne, qui laisse x_1, y_1 invariables.

266. Les relations (27) et (36) montrent que Σ_1 se réduit à la forme

$$\Sigma_1 = \begin{vmatrix} x_1 & x_1 \\ y_1 & y_1 \\ x_2 & a''_2 \; x_2 + c''_2 \; y_2 + \dots + a''_n \; x_n + c''_n \; y_n \\ y_2 & b''_2 \; x_2 + d''_2 \; y_2 + \dots + b''_n \; x_n + d''_n \; y_n \\ \dots & \dots\dots\dots\dots\dots\dots\dots\dots\dots\dots \\ x_n & a_2^{(n)} x_2 + c_2^{(n)} y_2 + \dots + a_n^{(n)} x_n + c_n^{(n)} y_n \\ y_n & b_2^{(n)} x_2 + d_2^{(n)} y_2 + \dots + b_n^{(n)} x_n + d_n^{(n)} y_n \end{vmatrix},$$

où les coefficients sont liés par les mêmes relations que dans les substitutions hypoabéliennes entre $n-1$ couples d'indices.

On voit comme tout à l'heure qu'on aura $\Sigma_1 = S_1 S'_1 \Sigma_2$, S_1 et S'_1 étant dérivées de celles des substitutions M_μ, $N_{\mu,\nu}$ dans lesquelles μ et ν sont > 1, et Σ_2 une nouvelle substitution hypoabélienne qui laisse x_1, y_1, x_2, y_2 invariables, etc. Donc enfin on aura

$$\Sigma = SS'\Sigma_1 = \dots = SS' \dots S_{n-2} S'_{n-2} \Sigma_{n-1},$$

Σ_{n-1} étant une substitution hypoabélienne qui n'altère plus que les deux indices x_n, y_n. Mais une semblable substitution ne peut être que l'unité, ou M_n. Dans l'un et l'autre cas, Σ sera dérivé des substitutions M_μ, $N_{\mu,\nu}$.

267. L'ordre ω_n du groupe $\mathfrak{H}_0$ résulte immédiatement de ce qui précède. En effet, le nombre des fonctions différentes, telles que f_1, que ses substitutions permettent de faire succéder à x_1 est égal au nombre $\Phi_n - 1$ des systèmes de solutions de la congruence (38), la solution $a'_1 \equiv \dots \equiv c'_n \equiv 0$ étant exclue. On aura $\omega_n = (\Phi_n - 1)\omega'_n$, ω'_n étant l'ordre du groupe partiel $\mathfrak{H}'_0$ formé par celles des substitutions de $\mathfrak{H}_0$ qui laissent x_1 invariable (**123**).

Le nombre des fonctions différentes f'_1 que les substitutions de $\mathfrak{H}'_0$ font succéder à y_1 est égal au nombre des solutions des congruences (39), lequel est égal à 2^{2n-2}; car ces congruences déterminent d'_1 et b'_1, les $2n-2$ coefficients $b'_2, \ldots, d'_n$ restant arbitraires. On aura $\omega'_n = 2^{2n-2}\omega_{n-1}$, ω_{n-1} étant l'ordre du groupe partiel formé par celles des substitutions de $\mathfrak{H}_0$ qui n'altèrent pas x_1, y_1.

Poursuivant ainsi, on obtient la formule énoncée au théorème.

268. Problème. — *Trouver les facteurs de composition de* $\mathfrak{H}_0$.

Soit I un groupe contenu dans $\mathfrak{H}_0$, et permutable à ses substitutions; nous allons rechercher ses propriétés.

Proposition I : *I contient une substitution différente de l'unité, et qui n'altère pas* x_1. — Soient en effet S une substitution quelconque de I; $f_1 = d'_1 x_1 + c'_1 y_1 + d'_2 x_2 + c'_2 y_2 + \ldots$ la fonction qu'elle fait succéder à x_1. Si f_1 ne se réduit pas à x_1, l'une au moins des quantités $c'_1, d'_2, c'_2, \ldots$ sera $\gtrless 0 \pmod{2}$.

1° Si $c'_1 \gtrless 0 \pmod{2}$, $\mathfrak{H}_0$ contient une substitution T qui laisse x_1 invariable, et remplace y_1 par f_1 (265) : I contiendra S_1, transformée de S par T, laquelle remplace x_1 par y_1.

Cela posé, si S_1 laisse x_2 invariable, I contiendra sa transformée par $P_{1,2}$, laquelle laissera x_1 invariable. Si au contraire S_1 altère x_2, on voit aisément que parmi les substitutions des formes $N_{\mu,\nu}$, $Q_{\mu,\nu}$, $R_{\mu,\nu}$ qui laissent x_1, y_1 invariables, il en existe une au moins, T_1, non échangeable à S_1. Le groupe I contiendra la substitution $S_1^{-1}.T_1^{-1}S_1T_1$, laquelle laisse x_1 invariable et diffère de l'unité.

2° Soit $c'_1 \equiv 0$, mais $d'_2 \equiv 1$, par exemple. On a

$$d'_2 c'_2 + \ldots \equiv d'_1 c'_1 + d'_2 c'_2 + \ldots \equiv 0.$$

Cela posé, $\mathfrak{H}_0$ contient la substitution

$$T = Q_{2,1}^{d'_1} Q_{2,3}^{d'_3} N_{2,3}^{c'_3} \ldots Q_{2,n}^{d'_n} N_{2,n}^{c'_n},$$

laquelle remplace x_2 par f_1, sans altérer x_1; et I contiendra S_1, transformée de S par T, laquelle remplace x_1 par x_2. Or on voit aisément que parmi celles des substitutions de $\mathfrak{H}_0$ qui n'altèrent pas x_1, x_2, il en est une au moins, T_1, non échangeable à S_1 : et I contiendra $S_1^{-1}.T_1^{-1}S_1T_1$, laquelle laisse x_1 invariable, et diffère de l'unité.

269. Proposition II : *I contient une substitution différente de l'unité, et qui n'altère ni* x_1 *ni* y_1. — Car soit S une substitution de I qui n'altère pas x_1 :

elle remplacera y_1 par une fonction $f'_1 \equiv b'_1 x_1 + d'_1 y_1 + \ldots + b'_n x_n + d'_n y_n$, dont les coefficients satisfont aux relations (39).

1° Si $b'_1 \equiv 0$, d'où $b'_2 d'_2 + \ldots \equiv 0$, $\mathfrak{H}_0$ contient une substitution T qui remplace x_2 par $b'_2 x_2 + d'_2 y_2 + \ldots$ sans altérer x_1, y_1 (266); et I contient S_1, transformée de S par T, laquelle remplace y_1 par $y_1 + x_2$. Cela posé, si S_1 se réduit à $R_{1,2}$, I contiendra sa transformée par $P_{1,2}$, laquelle n'altère pas x_1, y_1. Dans le cas contraire, parmi les substitutions de $\mathfrak{H}_0$ qui n'altèrent pas x_1, y_1, x_2 il en existe une, T_1, non échangeable à S_1 : I contiendra $S_1^{-1} T_1^{-1} S_1 T_1$, qui laisse x_1, y_1 invariables, et diffère de l'unité.

2° Si $b'_1 \equiv 1$, les relations (39) montrent que l'un au moins des produits $b'_2 d'_2, \ldots$ sera $\gtrless 0 \pmod{2}$. Soit, pour fixer les idées, $b'_2 d'_2 \equiv 1$, d'où $b'_2 \equiv d'_2 \equiv 1$. On aura $b'_3 d'_3 + \ldots \equiv 0$; et $\mathfrak{H}_0$ contiendra une substitution T qui laisse x_1, y_1, x_2 invariables, et remplace y_2 par $d'_2 y_2 + b'_3 x_3 + d'_3 y_3 + \ldots$. Le groupe I contiendra S_1, transformée de S par T, laquelle remplace y_1 par $x_1 + y_1 + x_2 + y_2$, et n'altère pas x_1. Cela posé, si S_1 laisse x_3, $y_3, \ldots$ invariables, I contiendra sa transformée par $P_{1,3}$, laquelle laisse x_1, y_1 invariables. Dans le cas contraire, parmi celles des substitutions de $\mathfrak{H}_0$ qui laissent invariables x_1, y_1, $x_2 + y_2$, il en existe une, T_1, non échangeable à S_1; et I contiendra $S_1^{-1} T_1^{-1} S_1 T_1$, qui laisse x_1, y_1 invariables, et diffère de l'unité.

270. Proposition III : I *contient une substitution qui n'altère que les quatre indices* x_1, y_1, x_2, y_2. — Car, en poursuivant le raisonnement qui précède, on voit que I contient une substitution qui laisse invariables les indices x_1, y_1, x_2, puis les indices x_1, y_1, x_2, y_2, etc. On pourra continuer ainsi jusqu'à ce qu'on arrive à une substitution qui n'altère plus que les quatre derniers indices, x_{n-1}, y_{n-1}, x_n, y_n. Sa transformée par $P_{1,n-1} P_{2,n}$, laquelle appartient à I, n'altérera que x_1, y_1, x_2, y_2. D'ailleurs elle satisfait aux relations (27) et (36), et, par suite, sera de la forme

$$S = \begin{vmatrix} x_1, y_1 & a'_1 x_1 + c'_1 y_1 + a'_2 x_2 + c'_2 y_2, & b'_1 x_1 + d'_1 y_1 + b'_2 x_2 + d'_2 y_2 \\ x_2, y_2 & a''_1 x_1 + c''_1 y_1 + a''_2 x_2 + c''_2 y_2, & b''_1 x_1 + d''_1 y_1 + b''_2 x_2 + d''_2 y_2 \\ x_3, y_3 & x_3, y_3 & \\ \ldots\ldots & \ldots\ldots & \end{vmatrix}.$$

271. Proposition IV : *Si* $n > 2$, I *contient une des substitutions* $N_{\mu,\nu}$, $Q_{\mu,\nu}$, $R_{\mu,\nu}$.

Premier cas. — Si $c'_1 \equiv 1$, I contient S_1, transformée de S par $Q_{1,2}^{c'_2} R_{1,2}^{a'_2}$, qui est de la même forme que S, mais remplace x_1 par y_1. Si S_1 est échangeable à M_2, elle se réduit à M_1 ou à $M_1 M_2$. Mais si I contient M_1, il contient par là même $M_1 . P_{1,2}^{-1} M_1 P_{1,2} = M_1 M_2$. Enfin il contiendra sa transformée par $N_{1,2} Q_{1,2}$, laquelle laisse x_1 invariable. Si, au contraire, S_1 n'est pas échangeable à M_2, I contiendra $S_1^{-1} . M_2^{-1} S_1 M_2$, qui diffère de l'unité, et laisse encore x_1 invariable. On retombe ainsi sur le troisième cas qui sera discuté plus loin (273).

272. *Second cas.* — Si $c'_1 \equiv 0$, on aura $a'_2 c'_2 \equiv 0$. Mais supposons qu'on n'ait pas à la fois $a'_2 \equiv 0$, $c'_2 \equiv 0$: $\mathfrak{H}_0$ contient une substitution T qui remplace x_2 par $a'_1 x_1 + a'_2 x_2 + c'_2 y_2$, sans altérer x_1 : et I contient S_1, transformée de S par T, laquelle remplace x_1 par x_2.

1° Si S_1 est échangeable à $R_{1,2}$, elle a l'une des quatre formes suivantes :

$$P_{1,2}, \quad P_{1,2} R_{1,2} \quad P_{1,2} Q_{2,1}, \quad P_{1,2} Q_{2,1} R_{1,2}.$$

Or, si S_1 est égale à $P_{1,2}$ ou à $P_{1,2} R_{1,2}$, sa transformée par $Q_{1,2}$ appartient à I et laisse x_1 invariable. On retombe ainsi sur le troisième cas. Si $S_1 = P_{1,2} Q_{2,1}$, I contient les transformées S_2 et S_3 de S_1 par $P_{2,3} P_{1,2}$ et $(P_{2,3} P_{1,2})^2$. Il contiendra donc $S_2^{-1} S_3 S_2 S_1$, et sa transformée par $Q_{1,2}$, laquelle se réduit à $Q_{3,1}$. Si $S_1 = P_{1,2} Q_{2,1} R_{1,2}$, I contiendra S_1^3, qui se réduit à $R_{1,2}$.

2° Si S_1 n'est pas échangeable à $R_{1,2}$, I contiendra $S_1^{-1} . R_{1,2}^{-1} S_1 R_{1,2}$, qui laisse x_1 invariable, sans se réduire à l'unité; et l'on retombe sur le troisième cas.

273. *Troisième cas.* — Si l'on a à la fois $c'_1 \equiv a'_2 \equiv c'_2 \equiv 0$, d'où $a'_1 \equiv 1$, S laissera x_1 invariable. Quant à y_1, elle le remplacera par une des quatre fonctions y_1, $y_1 + x_2$, $y_1 + y_2$, $x_1 + y_1 + x_2 + y_2$.

Si S laisse y_1 invariable, elle se réduit à M_2 : I contiendra

$$M_2 . R_{1,2}^{-1} M_2 R_{1,2} = R_{1,2} Q_{2,1},$$

puis la substitution

$$P_{1,2}^{-1} R_{1,2} Q_{2,1} P_{1,2} . R_{1,2} Q_{2,1} . Q_{1,2}^{-1} R_{1,2} Q_{2,1} Q_{1,2},$$

laquelle se réduit à $R_{1,2}$. Si S remplace y_1 par $y_1 + x_2$, elle se réduit à $R_{1,2}$ ou à $R_{1,2} M_2$. Dans ce dernier cas I contiendra $S^2 = R_{1,2} Q_{2,1}$, et, par suite, il contiendra $R_{1,2}$. Si S remplace y_1 par $y_1 + y_2$, I contient sa transformée par M_2, qui remplace y_1 par $y_1 + x_2$; on retombe ainsi sur le cas qu'on vient d'examiner. Enfin, si S remplace y_1 par $x_1 + y_1 + x_2 + y_2$, elle sera égale à $R_{1,2} Q_{2,1}$, auquel cas on vient de voir que I contiendra $R_{1,2}$, ou à $R_{1,2} Q_{1,2} M_2$. Mais dans ce dernier cas, I contient M_2, transformée de S par $R_{1,2}$: on retombe ainsi sur un cas déjà examiné.

274. PROPOSITION V : *I contient la moitié au moins des substitutions de* $\mathfrak{H}_0$.

En effet, I contenant une des substitutions $N_{\mu,\nu}$, $Q_{\mu,\nu}$, $R_{\mu,\nu}$, les contiendra toutes; car on a les relations évidentes

$$N_{\mu,\nu} = (P_{\mu,\beta} P_{\alpha,\nu})^{-1} N_{\alpha,\beta} P_{\mu,\beta} P_{\alpha,\nu}, \quad Q_{\mu,\nu} = M_\nu^{-1} N_{\mu,\nu} M_\nu, \quad R_{\mu,\nu} = (M_\mu M_\nu)^{-1} N_{\mu,\nu} M_\mu M_\nu,$$

qui montrent que toutes ces substitutions sont transformées les unes dans les autres par des substitutions de $\mathfrak{H}_0$.

Donc I contient le groupe $\mathfrak{I}$ dérivé des substitutions $N_{\mu,\nu}$, $Q_{\mu,\nu}$, $R_{\mu,\nu}$ et de leurs transformées. Mais toutes les substitutions de $\mathfrak{H}_0$ sont (266) de la forme $SS' \ldots S_{n-2} S'_{n-2} \Sigma_{n-1}$, $S, S', \ldots, S_{n-2}, S'_{n-2}$ étant des substitutions de $\mathfrak{I}$, et Σ_{n-1} l'une des deux substitutions 1, M_n.

Donc, si M_n était contenue dans $\mathfrak{I}$, ce groupe, et, par suite, I se confondrait avec $\mathfrak{H}_0$, qui serait simple (nous verrons plus loin que cette hypothèse ne se vérifie pas). Si au contraire $\mathfrak{I}$ ne contient pas M_n, son ordre sera moitié de celui de $\mathfrak{H}_0$; et si I est moindre que $\mathfrak{H}_0$, il se confondra avec $\mathfrak{I}$.

275. PROPOSITION VI : $\mathfrak{H}_0$ *a pour facteurs de composition* 2 *et* $\frac{1}{2}\omega_n$.

Il suffit évidemment pour le prouver de faire voir que $\mathfrak{I}$ est simple. Or, si l'on pouvait déterminer des groupes contenus dans $\mathfrak{I}$ et permutables à ses substitutions, soit K l'un de ces groupes, choisi de manière que son ordre O soit minimum. L'ordre $\frac{1}{2}\omega_n$ de $\mathfrak{I}$ serait une puissance exacte de O (59). Mais $\frac{1}{2}\omega_n$ n'est pas une puissance exacte, du moins pour $n = 3, 4, 5, 6, 7, \ldots$.

Nous achèverons la démonstration en prouvant que la proposition étant vraie pour $n-1$, le sera pour n.

Supposons en effet que le groupe K existe : on voit comme (268-269) que l'une au moins de ses substitutions, S, laisse invariable l'un des couples d'indices, tel que x_1, y_1. Le groupe $\mathfrak{I}'$ formé par celles des substitutions de $\mathfrak{I}$ qui n'altèrent pas x_1, y_1 est précisément ce que serait $\mathfrak{I}$, si au lieu de n couples d'indices on n'en avait que $n-1$; donc il est simple, par hypothèse. Donc les transformées de S par les substitutions de $\mathfrak{I}'$, combinées ensemble, reproduisent tout ce groupe, dont l'ordre est $\frac{1}{2}\omega_{n-1}$. Donc O est au moins égal à $\frac{1}{2}\omega_{n-1}$, nombre supérieur à la racine carrée de $\frac{1}{2}\omega_n$. Donc $\frac{1}{2}\omega_n$ ne peut être une puissance de O, comme il le faudrait.

276. Nous avons laissé de côté le cas où $n = 2$. Pour mettre en évidence dans ce cas particulier les facteurs de composition de $\mathfrak{H}_0$, remplaçons les indices x_1, y_1, x_2, y_2 par d'autres indices indépendants $\xi_1, \eta_1, \xi_2, \eta_2$ respectivement correspondants aux substitutions $\mathcal{A}_1\mathcal{B}_1$, $\mathcal{A}_1\mathcal{A}_2\mathcal{B}_2$, $\mathcal{A}_2\mathcal{B}_2$, $\mathcal{A}_1\mathcal{B}_1\mathcal{B}_2$. On voit immédiatement que les 72 substitutions de $\mathfrak{H}_0$ résulteront de la combinaison de la substitution

$$S = |\ \xi_1, \eta_1, \xi_2, \eta_2 \quad \xi_2, \eta_2, \xi_1, \eta_1\ |$$

avec celles de la forme

$$T = |\ \xi_1, \eta_1, \xi_2, \eta_2 \quad a_1\xi_1 + b_1\eta_1,\ c_1\xi_1 + d_1\eta_1,\ a_2\xi_2 + b_2\eta_2,\ c_2\xi_2 + d_2\eta_2\ |.$$

Ces substitutions sont permutables au groupe formé par les substitutions T, lequel est d'ordre 36, et a évidemment pour facteurs de composition ceux du groupe linéaire de degré 2^2, répétés chacun deux fois, c'est-à-dire 2, 3, 2, 3 (140).

Second groupe hypoabélien.

277. Supposons maintenant que les substitutions correspondantes aux indices x_1, y_1 aient pour caractère 1, les autres ayant pour caractère 0. Les relations générales (33) et (34), appliquées à la substitution S (261) donneront entre ses coefficients les relations (27) et les suivantes :

$$(40)\quad \begin{cases} a'_1 b'_1 + a''_1 b''_1 + \ldots + a'_1 + b'_1 \equiv c'_1 d'_1 + c''_1 d''_1 + \ldots + c'_1 + d'_1 \equiv 1, \\ a'_\mu b'_\mu + a''_\mu b''_\mu + \ldots + a'_\mu + b'_\mu \equiv c'_\mu d'_\mu + c''_\mu d''_\mu + \ldots + c'_\mu + d'_\mu \equiv 0 \quad (\text{si } \mu > 1). \end{cases}$$

En exprimant que S^{-1} est hypoabélienne, on aura un nouveau système de relations, équivalent au précédent, et formé des relations (25) jointes aux suivantes :

$$(41)\quad \begin{cases} a'_1 c'_1 + a'_2 c'_2 + \ldots + a'_1 + c'_1 \equiv b'_1 d'_1 + b'_2 d'_2 + \ldots + b'_1 + d'_1 \equiv 1, \\ a_1^{(\mu)} c_1^{(\mu)} + a_2^{(\mu)} c_2^{(\mu)} + \ldots + a_1^{(\mu)} + c_1^{(\mu)} \equiv b_1^{(\mu)} d_1^{(\mu)} + b_2^{(\mu)} d_2^{(\mu)} + \ldots + b_1^{(\mu)} + d_1^{(\mu)} \equiv 0 \ (\text{si } \mu > 1). \end{cases}$$

278. Les substitutions

$$L_1 = | x_1, y_1, \dots \quad x_1 + y_1, y_1, \dots |, \qquad M_1 = | x_1, y_1, \dots \quad y_1, x_1, \dots |,$$
$$U = | x_1, y_1, x_2, y_2, \dots \quad x_2 + y_2, y_1 + y_2, x_1 + x_2 + y_2, x_1 + y_1 + x_2 + y_2, \dots |,$$

ainsi que celles des substitutions M_μ, $N_{\mu,\nu}$ pour lesquelles μ et ν sont > 1, satisfont évidemment aux relations (27) et (40). Elles appartiennent donc au groupe hypoabélien $\mathfrak{H}_1$.

279. Théorème. — *Le groupe $\mathfrak{H}_1$ est dérivé des seules substitutions ci-dessus; et son ordre ϖ_n est égal à*

$$(2^n - \mathfrak{P}_n)\, 2\mathfrak{P}_{n-1}\, \omega_{n-1} = \omega_n.$$

En effet, soient Σ une substitution de $\mathfrak{H}_1$: $f_1 \equiv a'_1 x_1 + c'_1 y_1 + a'_2 x_2 + c'_2 y_2 + \dots$ la fonction par laquelle elle remplace x_1. On aura, d'après les relations (41),

$$(42) \qquad a'_1 c'_1 + a'_2 c'_2 + \dots + a'_1 + c'_1 \equiv 1.$$

Cela posé, on pourra déterminer une substitution S, dérivée des substitutions ci-dessus, qui remplace x_1 par f_1.

En effet, soit d'abord

$$a'_1 c'_1 + a'_1 + c'_1 \equiv 0, \quad \text{d'où} \quad a'_2 c'_2 + \dots \equiv 1.$$

L'un au moins des produits binaires $a'_2 c'_2, \dots$ sera $\gtrless 0 \pmod 2$. Soit par exemple $a'_2 c'_2 \equiv 1$, d'où $a'_2 \equiv c'_2 \equiv 1$, $a'_3 c'_3 + \dots \equiv 0$. Il existe une substitution s, dérivée de celles des substitutions M_μ, $N_{\mu,\nu}$ pour lesquelles μ et ν sont > 1, qui remplace y_2 par $y_2 + a'_3 x_3 + c'_3 y_3 + \dots$ sans altérer x_2 (**265**). La substitution $S = sU$ remplacera x_1 par f_1.

Soit maintenant

$$a'_1 c'_1 + a'_1 + c'_1 \equiv 1, \quad a'_2 c'_2 + \dots \equiv 0.$$

Il existe une substitution s, dérivée de celles des substitutions M_μ, $N_{\mu,\nu}$ pour lesquelles μ et ν sont > 1, qui remplace x_2 par $a'_2 x_2 + c'_2 y_2 + \dots$ (**264**); et l'on pourra poser S égal à

$$sM_2UM_1; \quad M_1 sM_2UM_1; \quad \text{ou} \quad L_1 M_1 sM_2 UM_1$$

suivant que l'on aura

$$a'_1 \equiv 0, \; c'_1 \equiv 1; \quad a'_1 \equiv 1, \; c'_1 \equiv 0; \quad \text{ou} \quad a'_1 \equiv c'_1 \equiv 1.$$

280. Ce point établi, posons $\Sigma = S\Sigma'$: Σ et S étant contenues dans $\mathfrak{H}_1$, Σ' le sera; de plus, elle laissera x_1 invariable. Soit

$$f'_1 \equiv b'_1 x_1 + d'_1 y_1 + \ldots + b'_n x_n + d'_n y_n$$

la fonction par laquelle elle remplace y_1 : les relations (25) et (41) donneront

$$(43) \qquad d'_1 \equiv 1, \quad b'_2 d'_2 + \ldots + b'_n d'_n \equiv 0.$$

Il existe une substitution s, dérivée de celles des substitutions M_μ, $N_{\mu,\nu}$ pour lesquelles μ et ν sont > 1, qui remplace x_2 par $b'_2 x_2 + d'_2 y_2 + \ldots$; et la substitution

$$S' = s M_1 L_1^{b'_1} U^2$$

remplacera y_1 par f'_1, sans altérer x_1.

281. Posons $\Sigma' = S'\Sigma_1$: Σ_1 sera hypoabélienne, et laissera invariables x_1, y_1; donc, en vertu des relations (25) et (41), elle remplacera $x_2, y_2, \ldots, x_n$, y_n par des fonctions de ces seuls indices; et les relations qui subsistent entre les coefficients de ces fonctions sont précisément les mêmes que dans le groupe hypoabélien de première espèce entre $n-1$ couples d'indices. Donc Σ_1 sera dérivée de celles des substitutions M_μ, $N_{\mu,\nu}$ pour lesquelles μ et ν sont > 1 (**263**).

282. L'ordre de $\mathfrak{H}_1$ découle immédiatement de ce qui précède. En effet, le nombre des fonctions différentes que ses substitutions permettent de faire succéder à x_1 est égal au nombre des solutions de la congruence (42), lequel est égal à $2^{2n} - \varphi_n$ (**260**). Celui des fonctions différentes que celles de ses substitutions qui laissent x_1 invariable font succéder à y_1 est égal au double du nombre φ_{n-1} des solutions des congruences (43) (b'_1 restant arbitraire). Enfin le nombre des substitutions de $\mathfrak{H}_1$ qui laissent x_1, y_1 invariables est ω_{n-1}. Le produit de ces trois nombres donne ϖ_n (**123**).

283. Problème. — *Trouver les facteurs de composition de* $\mathfrak{H}_1$

Soit I un groupe contenu dans $\mathfrak{H}_1$ et permutable à ses substitutions : nous allons chercher ses propriétés, en supposant d'abord $n > 2$.

Proposition I : I *contient une substitution différente de l'unité, et qui n'altère pas* x_1. — Soient en effet S une substitution de I;

$$f_1 \equiv d_1 x_1 + c_1 y_1 + d_2 x_2 + c_2 y_2 + \ldots$$

la fonction par laquelle elle remplace x_1 : si f_1 ne se réduit pas à x_1, l'une au moins des quantités $c'_1, d'_2, c'_2, \ldots$ sera $\gtrless 0 \pmod{2}$.

1° Si $c'_1 \gtrless 0$, $\mathfrak{H}_1$ contient une substitution T qui laisse x_1 invariable, et remplace y_1 par f_1 (280) : I contiendra S_1, transformée de S par T, laquelle remplace x_1 par y_1.

Cela posé, si S_1 laisse invariables x_2, y_2, x_3, y_3, I contiendra sa transformée par

$$W = \begin{vmatrix} x_1, y_1 & x_2 + y_2,\ y_2 + x_3 + y_3 \\ x_2, y_2 & x_1 + x_3 + y_3,\ x_1 + y_1 + x_3 + y_3 \\ x_3, y_3 & y_1 + x_2 + y_2 + x_3,\ y_1 + x_2 + y_2 + y_3 \\ \ldots\ldots & \ldots\ldots\ldots\ldots\ldots\ldots\ldots\ldots \end{vmatrix},$$

laquelle laisse x_1, y_1 invariables. Dans le cas contraire, parmi les substitutions de $\mathfrak{H}_1$ qui laissent x_1 et y_1 invariables, il en est une au moins T_1 non échangeable à S_1 : et I contiendra $S_1^{-1}.T_1^{-1}S_1T_1$, qui laisse x_1 invariable, et diffère de l'unité.

2° Si $c'_1 \equiv 0$, I contient la substitution $S^{-1}.L_1^{-1}SL_1$, qui laisse x_1 invariable, et diffère de l'unité, à moins que S ne laisse y_1 invariable. Dans ce dernier cas, I contiendra $M_1^{-1}SM_1$, qui laisse x_1 invariable.

284. Proposition II : I *contient une substitution différente de l'unité, et qui laisse x_1, y_1 invariables.* — Car soit S une substitution de I, qui laisse x_1 invariable, et remplace y par $f_1 \equiv b'_1 x_1 + d'_1 y_1 + b'_2 x_2 + d'_2 y_2 + \ldots$. Les relations (25) et (41) donneront

$$d'_1 \equiv 1, \quad b'_2 d'_2 + \ldots \equiv 0.$$

1° Si S laisse invariables x_2, y_2, x_3, y_3, I contiendra $W^{-1}SW$, qui n'altère pas x_1, y_1.

2° Si, S altérant quelqu'un des indices x_2, y_2, x_3, y_3, on a

$$b'_2 \equiv d'_2 \equiv \ldots \equiv 0,$$

$\mathfrak{H}_1$ contient une substitution T qui n'altère pas x_1, y_1 et ne soit pas échangeable à S : I contiendra $S^{-1}.T^{-1}ST$, qui laisse x_1, y_1 invariables.

3° Enfin, si $b'_2, d'_2, \ldots$ ne sont pas tous congrus à zéro, $\mathfrak{H}_1$ contient une substitution T qui remplace x_2 par $b'_2 x_2 + d'_2 y_2 + \ldots$, sans altérer x_1, y_1 : et I contient S_1, transformée de S par T, laquelle remplace y_1 par $b'_1 x_1 + y_1 + x_2$. Cela posé, si $\mathfrak{H}_1$ contient une substitution T_1 qui n'altère pas x_1, y_1, x_2, et qui ne soit pas échangeable à S_1, I contiendra $S_1^{-1}.T_1^{-1}S_1T_1$, qui laisse x_1, y_1 invariables, sans se réduire à l'unité. Dans le cas contraire, S_1 se réduira à la forme

$$\begin{vmatrix} x_1, y_1 & x_1, b'_1 x_1 + y_1 + x_2 \\ x_2, y_2 & x_2, x_1 + y_2 + \beta(x_2 + x_3 + y_3) \\ x_3, y_3 & x_3 + \beta x_2, y_3 + \beta x_2 \\ \ldots\ldots & \ldots\ldots\ldots\ldots\ldots\ldots \end{vmatrix}$$

(β étant nécessairement congru à zéro si $n > 3$). Si $b'_1 \equiv 0$, I contient la transformée de S_1 par $M_1^{1+\beta} M_3^{\beta} P_{2,3} U$, laquelle laisse x_1, y_1 invariables : et si $b'_1 \equiv 1$, il contient la transformée de S_1 par $U^2 M_1$, laquelle remplace x_1, y_1 par x_1, $y_1 + x_1$: on retombe ainsi sur l'un des cas déjà examinés.

285. Proposition III : I *contient une des substitutions* $N_{\mu,\nu}$, $Q_{\mu,\nu}$, $R_{\mu,\nu}$ (où μ et ν sont > 1).

En effet, I étant permutable aux substitutions de $\mathfrak{H}_1$, le groupe I' formé par celles de ses substitutions qui n'altèrent pas x_1, y_1 est évidemment permutable à celles des substitutions de $\mathfrak{H}_1$ qui n'altèrent pas ces indices. Mais ces dernières substitutions forment un groupe $\mathfrak{H}'_1$, hypoabélien de première espèce par rapport aux $n-1$ couples d'indices restants. Donc, si $n-1 > 2$, le groupe I', qu'il contient, et auxquelles ses substitutions sont permutables, contiendra l'une des substitutions $N_{\mu,\nu}$, $Q_{\mu,\nu}$, $R_{\mu,\nu}$ (270-273).

Si $n-1=2$, ceux des raisonnements de l'endroit cité qui restent applicables montrent que I' (et par suite I) contient, à défaut de l'une des substitutions $N_{\mu,\nu}$, $Q_{\mu,\nu}$, $R_{\mu,\nu}$, l'une des deux suivantes : $P_{2,3} Q_{3,2}$, $R_{2,3} Q_{3,2}$. Dans l'un et l'autre cas, il contiendra la substitution

$$A = [(P_{2,3}Q_{3,2})^{-1}.(M_3 R_{2,3} Q_{3,2})^{-1} P_{2,3} Q_{3,2} (M_3 R_{2,3} Q_{3,2})]^2 = R_{2,3} Q_{3,2}.(M_2 M_3)^{-1} R_{2,3} Q_{3,2} M_2 M_3.$$

Posons maintenant

$$B = \begin{vmatrix} x_1, y_1 & x_1, y_1 + x_2 + y_3 \\ x_2, y_2 & y_3, x_1 + x_3 + y_3 \\ x_3, y_3 & x_1 + x_2 + y_2, x_2 \end{vmatrix},$$

$$C = \begin{vmatrix} x_1, y_1 & y_2 + x_3 + y_3, x_2 + y_2 \\ x_2, y_2 & x_1 + y_1 + x_3 + y_3, x_1 + x_3 + y_3 \\ x_3, y_3 & y_1 + x_2 + y_2 + x_3, y_1 + x_2 + y_2 + y_3 \end{vmatrix}.$$

Ces deux substitutions sont hypoabéliennes : et l'on voit successivement que I contiendra les substitutions suivantes :

$$X = A^2 . B^{-1} AB, \quad Y = (M_2 A)^{-1} XM_2 A, \quad Z = (M_2 M_3 P_{2,3})^{-1} YM_2 M_3 P_{2,3} . Y,$$
$$B = C^{-1} ZC . Y, \quad Q_{3,2} = Z [(P_{2,3} Q_{2,3})^{-1} ZP_{2,3} Q_{2,3} . B]^2 .$$

286. Proposition IV : I *contient la moitié au moins des substitutions de* $\mathfrak{H}_1$.

En effet, I contenant une des substitutions $N_{\mu,\nu}$, $Q_{\mu,\nu}$, $R_{\mu,\nu}$ (où μ et ν sont > 1) les contiendra toutes (**274**). Il contiendra donc le groupe $\mathfrak{z}$ dérivé de ces substitutions et de leurs transformées par celles de $\mathfrak{H}_1$.

Or les substitutions :

$$\mathfrak{T} = \left| \begin{array}{ll} x_1, y_1 & x_1 + x_2, y_1 \\ x_2, y_2 & y_3, x_3 \\ x_3, y_3 & x_2, y_1 + x_3 + y_3 \\ \ldots\ldots & \ldots\ldots\ldots\ldots\ldots \end{array} \right|,$$

$$\mathfrak{U} = \left| \begin{array}{ll} x_1, y_1 & y_2 + x_3 + y_3, x_2 + y_2 \\ x_2, y_2 & x_1 + y_1 + x_3 + y_3, x_1 + x_3 + y_3 \\ x_3, y_3 & y_1 + x_2 + y_2 + x_3, y_1 + x_2 + y_2 + y_3 \\ \ldots\ldots & \ldots\ldots\ldots\ldots\ldots\ldots\ldots\ldots \end{array} \right|$$

sont hypoabéliennes : donc $\mathfrak{z}$ contiendra les suivantes :

$$\mathfrak{W} = \mathfrak{U}^{-1} N_{2,3} Q_{2,3} Q_{3,2} R_{2,3} Q_{2,3} N_{2,3} \mathfrak{U} = \left| \begin{array}{ll} x_1, y_1 & x_1 + y_1, y_1 \\ x_2, y_2 & x_2, y_2 \\ x_3, y_3 & y_3, x_3 \\ \ldots\ldots & \ldots\ldots \end{array} \right|,$$

$$\mathfrak{E} = \mathfrak{U}^{-1} N_{2,3} R_{2,3} Q_{2,3} N_{2,3} \mathfrak{U} = \left| \begin{array}{ll} x_1, y_1 & y_1, x_1 \\ x_2, y_2 & y_2 + y_3, x_2 + y_3 \\ x_3, y_3 & x_2 + y_2 + x_3 + y_3, y_3 \\ \ldots\ldots & \ldots\ldots\ldots\ldots\ldots \end{array} \right|,$$

$$\mathfrak{F} = \mathfrak{U}^{-1} N_{2,3} \mathfrak{U} = \left| \begin{array}{ll} x_1, y_1 & x_3 + y_3, x_2 + y_2 + y_3 \\ x_2, y_2 & x_1 + x_2 + x_3 + y_3, x_1 + y_2 + x_3 + y_3 \\ x_3, y_3 & x_1 + y_1 + x_3 + y_3, y_1 + x_3 + y_3 \\ \ldots\ldots & \ldots\ldots\ldots\ldots\ldots\ldots\ldots\ldots \end{array} \right|,$$

$$\mathfrak{G} = \mathfrak{T}^{-1} N_{2,3} \mathfrak{T} = \left| \begin{array}{ll} x_1, y_1 & x_1 + x_3, y_1 \\ x_2, y_2 & x_2, y_1 + y_2 + x_3 + y_3 \\ x_3, y_3 & x_3 + x_2, y_3 + x_2 \\ \ldots\ldots & \ldots\ldots\ldots\ldots\ldots \end{array} \right|.$$

287. Il est maintenant aisé de voir que les substitutions de $\mathfrak{J}$ permettent de remplacer l'indice x_1 par l'une quelconque f_1 des $2^{2n}-\mathcal{P}_n$ fonctions linéaires $a'_1 x_1 + c'_1 y_1 + a'_2 x_2 + c'_2 y_2 + \ldots$ dont les coefficients satisfont à la relation

$$a'_1 c'_1 + a'_2 c'_2 + \ldots + a'_1 + c'_1 \equiv 1.$$

En effet, soit d'abord $a'_1 c'_1 + a'_1 + c'_1 \equiv 0$, d'où $a'_2 c'_2 + \ldots \equiv 1$. L'un au moins des produits $a'_2 c'_2, \ldots$ sera $\gtrless 0 \pmod{2}$. Soit par exemple $a'_2 c'_2 \equiv 1$, d'où $a'_2 \equiv c'_2 \equiv 1$, $a'_3 c'_3 + \ldots \equiv 0$. Il existe une substitution s, dérivée de celles des substitutions $N_{\mu,\nu}$, $Q_{\mu,\nu}$, $R_{\mu,\nu}$ où μ et ν sont >1, qui laisse x_2 invariable et remplace y_2 par $y_2 + a'_3 x_3 + b'_3 y_3 + \ldots$. D'autre part, la substitution Σ qui remplace $x_2, y_2; x_3, y_3$ par x_3, y_3, x_2, y_2 est évidemment hypoabélienne : $\mathfrak{J}$ contiendra donc la substitution $s\,.\,\Sigma^{-1}\mathcal{S}\Sigma$, laquelle remplace x_1 par f_1.

Soit au contraire $a'_1 c'_1 + a'_1 + c'_1 \equiv 1$, $a'_2 c'_2 + \ldots \equiv 0$. Il existe une substitution s, dérivée des substitutions $N_{\mu,\nu}$, $Q_{\mu,\nu}$, $R_{\mu,\nu}$ (où μ, ν sont >1), qui remplace x_2 par $a'_2 x_2 + c'_2 y_2 + \ldots$, et suivant qu'on aura : $a'_1 \equiv 1$, $c'_1 \equiv 0$; $a'_1 \equiv 1$, $c'_1 \equiv 1$; ou $a'_1 \equiv 0$, $c'_1 \equiv 1$, f_1 succédera à x_1 par la substitution $s\mathcal{G}$, par la substitution $s\mathcal{M}\mathcal{G}$, ou par la substitution $s\mathcal{L}\mathcal{G}$.

288. Celles des substitutions de $\mathfrak{J}$ qui n'altèrent pas x_1 permettent de faire succéder à y_1 l'une quelconque f'_1 des $2\mathcal{P}_{n-1}$ fonctions linéaires $b'_1 x_1 + y_1 + b'_2 x_2 + d'_2 y_2 + \ldots$ dont les coefficients satisfont à la relation $b'_2 d'_2 + \ldots \equiv 0$. En effet, si $b'_2 d'_2 \equiv \ldots \equiv 0$, ce remplacement sera produit par la substitution $(\mathcal{L}\mathcal{M}\mathcal{L})^{b'_1}$. Si, au contraire, les coefficients $b'_2, d'_2, \ldots$ ne sont pas tous congrus à zéro, il existe une substitution s, dérivée des substitutions $N_{\mu,\nu}$, $Q_{\mu,\nu}$, $R_{\mu,\nu}$, qui remplace x_2 par $b'_2 x_2 + d'_2 y_2 + \ldots$; et la substitution $(\mathcal{L}s\mathcal{L})^{b'_1}.\mathcal{L}s\mathcal{G}\mathcal{L}$ produira le remplacement voulu, sans altérer x_1.

289. L'ordre de $\mathfrak{J}$ sera donc égal à $(2^{2n-1}-\mathcal{P}_n)\,2\mathcal{P}_{n-1}\,.\,O$, O étant l'ordre du groupe $\mathfrak{J}'$ formé par celles de ses substitutions qui n'altèrent pas x_1, y_1. Mais $\mathfrak{J}'$ contenant les substitutions $N_{\mu,\nu}$, $Q_{\mu,\nu}$, $R_{\mu,\nu}$ et leurs transformées par les substitutions hypoabéliennes entre les $n-1$ couples d'indices $x_2, y_2, \ldots$, son ordre est au moins égal à $\frac{1}{2}\omega_{n-1}$ (274).

Donc $\mathfrak{J}$ contient au moins $(2^{2n}-\mathcal{P}_n)\,2\mathcal{P}_{n-1}\,\frac{1}{2}\omega_{n-1}$ substitutions, soit la moitié au moins de celles de $\mathfrak{H}_1$. S'il en contenait davantage, il les contiendrait toutes : $\mathfrak{J}$, et par suite I se confondrait avec $\mathfrak{H}_1$, et ce groupe serait simple. (Nous verrons plus loin que cette hypothèse n'est pas possible.)

Au contraire, si $\mathfrak{J}$ ne contient que la moitié des substitutions de $\mathfrak{H}_1$, I pourra être supposé moindre que $\mathfrak{H}_1$: il se confondra alors avec $\mathfrak{J}$.

290. Proposition V : $\mathfrak{H}_1$ *a pour facteurs de composition* 2 *et* $\frac{1}{2}\omega_n$.

Cette proposition se démontre comme celle du n° **275**.

291. Nous avons laissé de côté le cas où $n = 2$. Il est aisé de voir que dans ce cas les facteurs de composition cherchés sont 2, 2, 3, 2, 2.

Faisceaux hypoabéliens.

292. Soit maintenant F un faisceau de substitutions abéliennes échangeables entre elles, et tel, que le groupe formé par celles des substitutions abéliennes qui lui sont permutables soit primaire. Cherchons si l'on peut déterminer les caractères des substitutions correspondantes aux divers indices de telle sorte que F soit contenu dans l'un des groupes hypoabéliens.

Les indices indépendants étant choisis de manière à ramener les substitutions de F à leur forme canonique, on sait que chacune de ces substitutions multiplie chaque indice par un facteur constant (**188-189**). Soient donc x, y,... ces divers indices : une substitution de F qui les multiplie respectivement par α, β,... multiplie par α, β,... les caractères des substitutions correspondantes C_x, C_y,.... Mais, étant hypoabélienne, elle ne les altère pas. Donc ces caractères seront congrus à zéro, à moins que les facteurs (réels ou complexes) α, β,... ne se réduisent à 1 (mod. 2). Mais si F ne se réduit pas à la seule substitution 1, l'une au moins de ses substitutions multipliera l'un des indices, x par exemple, par un facteur α différent de l'unité : on aura donc $C_x \equiv 0$. D'ailleurs la suite des facteurs par lesquels les diverses substitutions de F multiplient y est la même, à l'ordre près, que celle des facteurs par lesquels elles multiplient x (**191**). Donc F contient une substitution qui multiplie y par α : donc $C_y \equiv 0$; etc.

Donc *les substitutions* C_x, C_y,... *doivent avoir pour caractère zéro*. Cette condition est évidemment suffisante pour que les substitutions de F n'altèrent pas ces caractères. Mais il est intéressant de savoir dans chaque cas quel est celui des deux groupes hypoabéliens qui contient F.

293. Premier cas. *Faisceaux de première catégorie.* — Si F est de première catégorie, soient x, y,... les indices d'un système quelconque, x', y',... ceux du système conjoint; u, v,... ceux des autres systèmes. Les indices imaginaires $x, y,\ldots$ dépendent d'un nombre égal de fonctions réelles X, Y,... que l'on peut prendre à leur place pour indices indépendants (151). Les substitutions $C_X, C_Y,\ldots$ respectivement correspondantes à ces nouveaux indices seront de la forme $C_x^\alpha C_y^\beta\ldots$. Rapportons également chacun des autres systèmes à des indices indépendants réels; et soient $X', Y',\ldots$ les indices auxquels est rapporté le système conjoint du premier; U, V,... les autres; $C_{X'}, C_{Y'},\ldots; C_U, C_V,\ldots$ les substitutions correspondantes. Le déterminant

$$\begin{vmatrix} (C_X C_{X'}) & (C_X C_{Y'}) & \ldots \\ (C_Y C_{Y'}) & (C_Y C_{Y'}) & \ldots \\ \ldots\ldots & \ldots\ldots & \ldots \end{vmatrix}$$

ne peut être congru à zéro. Car s'il l'était, on pourrait déterminer les rapports des entiers $l, m,\ldots$ de telle sorte que la substitution

$$D = C_{X'}^l C_{Y'}^m \ldots$$

eût ses exposants d'échange avec $C_X, C_Y,\ldots$ tous congrus à zéro. Mais les exposants d'échange $(DC_{X'}), (DC_{Y'}),\ldots; (DC_U), (DC_V),\ldots$ sont déjà congrus à zéro, $C_{X'}, C_{Y'},\ldots; C_U, C_V,\ldots$ étant dérivées de $C_{x'}, C_{y'},\ldots; C_u, C_v,\ldots$, dont les exposants d'échange avec les substitutions $C_{x'}, C_{y'},\ldots$ dont D est dérivée sont tous congrus à zéro. Donc tous les exposants d'échange de D seraient congrus à zéro, ce qui est inadmissible.

On pourra donc (246) déterminer des substitutions

$$D = C_{X'}^\alpha C_{Y'}^\beta \ldots, \quad D_1 = C_{X'}^{\alpha_1} C_{Y'}^{\beta_1} \ldots, \ldots$$

dont les exposants d'échange avec $C_X, C_Y,\ldots$ soient tous congrus à zéro, sauf ceux-ci $(C_X D), (C_Y D_1),\ldots$ qui seront congrus à 1; et le déterminant des quantités $\alpha, \beta,\ldots; \alpha_1, \beta_1,\ldots;\ldots$ n'étant pas congru à zéro, les substitutions $D, D_1,\ldots$, combinées entre elles, reproduiront toutes celles de la forme $C_{X'}^l C_{Y'}^m\ldots$. Donc le groupe $\mathfrak{J}$ dérivé des substitutions $C_X, C_Y,\ldots; C_{X'}, C_{Y'},\ldots; C_U, C_V,\ldots$ sera également dérivé des substitutions $C_X, C_Y,\ldots; D, D_1,\ldots; C_U, C_V,\ldots$.

Chacune des substitutions $C_X, D, C_Y, D_1,\ldots$ aura son caractère congru à zéro; car elle est dérivée de substitutions dont les caractères et les exposants d'échange mutuels sont tous congrus à zéro. De plus elles ont des exposants d'échange congrus à zéro avec $C_U, C_V,\ldots$; car leurs composantes jouissent de cette propriété. Par la même raison, les exposants d'échange mutuels des substitutions $C_X, C_Y,\ldots$ sont congrus à zéro; ceux des substitutions $D, D_1,\ldots$ également.

Opérons sur un second couple de systèmes conjoints, puis sur un troisième, etc., comme nous l'avons fait sur le premier. On voit que $\mathcal{G}$ sera dérivé d'une double suite de substitutions dont tous les exposants d'échange mutuels sont congrus à zéro, sauf pour les substitutions d'un même couple, dont l'exposant d'échange est congru à 1; toutes ces substitutions ont en outre le caractère zéro. Donc *le faisceau considéré appartient au groupe hypoabélien de première espèce.*

294. Second cas. *Faisceaux de seconde catégorie.* — Supposons les indices indépendants choisis comme il est indiqué (**247-252**) et soient 2ν le nombre des séries de chaque système, $\mu = \mu' + 2\mu''$ le nombre des indices de chaque série.

Considérons en particulier l'un des systèmes d'indices, Σ. Soient $y_r, z_r, \ldots y_r^{(\mu''-1)}, z_r^{(\mu''-1)}, x_r^{(\mu-\mu')}, \ldots, x_r^{(\mu-1)}$ les indices de sa $r+1^{ième}$ série; $E_r, D_r, \ldots, E_r^{(\mu''-1)}, D_r^{(\mu''-1)}, C_r^{(\mu-\mu')}, \ldots, C_r^{(\mu-1)}$ les substitutions correspondantes. Les exposants d'échange de chacune de ces substitutions avec celles qui correspondent aux divers indices indépendants seront, par hypothèse, tous congrus à zéro, sauf ceux-ci : $(D_r^{(s)} E_{r+\nu}^{(s)}) \equiv -(E_r^{(s)} D_{r+\nu}^{(s)})$, qui sont congrus à 1, et $(C_r^{(s)} C_{r+\nu}^{(s)})$, qui sont congrus à e^{2^r}, e étant une racine arbitrairement choisie de la congruence $e^{2^\nu - 1} \equiv -1 \pmod{2}$. On pourra supposer $e = 1$.

295. Cela posé, groupons les indices en classes, en réunissant ensemble ceux qui sont conjugués. Ces classes seront de deux espèces : les unes conjointes deux à deux, comme $y_0, \ldots, y_{2\nu-1}$ et $z_0, \ldots, z_{2\nu-1}$; les autres conjointes à elles-mêmes, comme $x_0^{(\mu-\mu')}, \ldots, x_{2\nu-1}^{(\mu-\mu')}$. On pourra d'ailleurs passer des indices imaginaires à des indices réels, en prenant pour indices indépendants, à la place des 2ν indices de chaque classe, les 2ν fonctions réelles dont ils dépendent.

Soient X, Y,... les indices réels ainsi substitués à $y_0, \ldots, y_{2\nu-1}$; X', Y',... ceux qui sont substitués à $z_0, \ldots, z_{2\nu-1}$; U, V,... ceux qui sont substitués à $x_0^{(\mu-\mu')}, \ldots, x_{2\nu-1}^{(\mu-\mu')}$; W,... les autres. Soient enfin $C_X, C_Y, \ldots; \ldots$ les substitutions correspondantes à ces nouveaux indices.

Le déterminant

$$\begin{vmatrix} (C_X C_{X'}) & (C_X C_{Y'}) & \cdots \\ (C_Y C_{X'}) & (C_Y C_{Y'}) & \cdots \\ \cdots\cdots & \cdots\cdots & \cdots \end{vmatrix}$$

ne peut être congru à zéro, par la même raison qu'au n° 293. On pourra donc déterminer des substitutions D, $D_1, \ldots$ dérivées de $C_{X'}, C_{Y'}, \ldots$ et dont les exposants d'échange avec C_X, C_Y,... soient tous congrus à zéro, sauf ceux-ci : $(C_X D)$, $(C_Y D_1)$,..., qui seront congrus à 1. C_X, D, C_Y, D_1,... auront leurs caractères congrus à zéro, et leurs exposants d'échange avec C_U, C_V,..., C_W,... seront congrus à zéro, ainsi que les exposants d'échange mutuels des substitutions C_X, C_Y,..., et ceux des substitutions D, D_1,... (**293**).

296. Considérons d'autre part les substitutions C_U, C_V,.... Le déterminant de leurs exposants d'échange mutuels ne peut être congru à zéro. Car s'il l'était, on pourrait déterminer une substitution $\mathfrak{O}$, dérivée de C_U, C_V,..., et dont les exposants d'échange avec C_U, C_V,... fussent tous congrus à zéro. Mais ses exposants d'échange avec C_X, C_Y,...; $C_{X'}$, $C_{Y'}$,...; C_W,... sont congrus à zéro, $\mathfrak{O}$ étant dérivée des substitutions correspondantes aux indices $x_0^{(\mu-\mu')}$,..., $x_{2\nu-1}^{(\mu-\mu')}$, et C_X, par exemple, l'étant des substitutions correspondantes à y_0,..., $y_{2\nu-1}$, lesquelles ont avec les précédentes des exposants d'échange congrus à zéro. Donc $\mathfrak{O}$ aurait tous ses exposants d'échange congrus à zéro, ce qui est impossible.

On pourra donc déterminer (**232-234**) une double suite de 2ν substitutions $\mathcal{A}_1$, $\mathcal{B}_1$;...; $\mathcal{A}_\nu$, $\mathcal{B}_\nu$, dérivées de C_U, C_V,..., et telles que l'on ait

$$(\mathcal{A}_1 \mathcal{B}_1) \equiv (\mathcal{A}_2 \mathcal{B}_2) \equiv \ldots \equiv (\mathcal{A}_\nu \mathcal{B}_\nu) \equiv 1,$$

leurs autres exposants d'échange mutuels étant congrus à zéro, ainsi que leurs exposants d'échange avec C_X, D, C_Y, D_1,...; C_W,.... On pourra en outre (**258**) faire en sorte que $\mathcal{A}_2$, $\mathcal{B}_2$;...; $\mathcal{A}_\nu$, $\mathcal{B}_\nu$ aient pour caractère zéro, $\mathcal{A}_1$, $\mathcal{B}_1$ ayant à la fois pour caractère 0 ou 1, suivant que la majorité des substitutions dérivées de C_U, C_V,... a elle-même pour caractère 0 ou 1.

297. Il est aisé de voir que la seconde de ces deux hypothèses sera toujours la vraie. Soient en effet $\mathfrak{C}_0$,..., $\mathfrak{C}_{2\nu-1}$ les substitutions respectivement correspondantes aux indices imaginaires $x_0^{(\mu-\mu')}$,..., $x_{2\nu-1}^{(\mu-\mu')}$.

Chacune des substitutions dérivées de C_U, C_V,... accroît les indices conjugués $x_0^{(\mu-\mu')}$,..., $x_{2\nu-1}^{(\mu-\mu')}$ de constantes conjuguées : elle sera donc de la forme

$$K = \mathfrak{C}_0^k \mathfrak{C}_1^{k^p} \ldots \mathfrak{C}_{2\nu-1}^{k^{p^{2\nu-1}}},$$

k étant un entier réel ou complexe. Réciproquement, il est clair que toute substitution de cette forme accroît de constantes réelles les fonctions U, V,...; elle est donc dérivée de C_U, C_V,....

Le caractère de la substitution K est congru à

$$k.k^{2^\nu}+k^2.k^{2^{\nu+1}}+\ldots=\sum_{r=0}^{r=\nu-1}(k^{2^\nu+1})^{2^r}.$$

D'ailleurs k est un entier complexe formé avec une imaginaire de degré 2ν. Le nombre des substitutions dérivées de C_U, C_V,..., dont le caractère est zéro, est donc égal au nombre des solutions communes aux deux congruences.

$$\sum_{r=0}^{r=\nu-1}(k^{2^\nu+1})^{2^r}\equiv 0,\quad k^{2^{2\nu}}\equiv k\quad (\text{mod. } 2),$$

lesquelles équivalent évidemment aux trois suivantes :

$$\sum_{r=0}^{r=\nu-1} l^{2^r}\equiv 0,\quad l^{2^\nu}\equiv l,\quad k^{2^\nu+1}\equiv l\quad (\text{mod. } 2).$$

Soit l_1 une racine commune aux deux premières congruences, et qui diffère de zéro. La troisième congruence donnera, pour k, $2^\nu+1$ valeurs distinctes correspondant à celle-là. Au contraire, à la valeur $l\equiv 0$, qui satisfait aux deux premières congruences, correspond la valeur unique $k\equiv 0$. Si donc s est le nombre total des solutions communes aux deux premières congruences, k aura $(2^\nu+1)s-2^\nu$ valeurs.

298. Pour déterminer s, remarquons que toutes les valeurs de l sont de la forme

$$a+b\lambda+c\lambda^2+\ldots+d\lambda^{\nu-1},$$

λ étant une imaginaire d'ordre ν. On aura donc

$$\sum_{r=0}^{r=\nu-1} l^{2^r}\equiv\sum_{r=0}^{r=\nu-1}(a+b\lambda+\ldots+d\lambda^{\nu-1})^{2^r}\equiv\nu a+b\sum\lambda^{2^r}+\ldots+d\sum\lambda^{(\nu-1)2^r}.$$

Or $\sum\lambda^{2^r},\ldots,\sum\lambda^{(\nu-1)2^r}$ sont respectivement la somme des racines de la congruence irréductible dont dépend λ, la somme de leurs carrés, etc., enfin la somme de leurs puissances $\nu-1^{\text{ièmes}}$: ce sont donc des constantes réelles. D'ailleurs elles ne sont pas toutes congrues à zéro. Car si cela était, les sommes de puissances des racines de la congruence en λ jusqu'à la

$\nu - 1^{ième}$ inclusivement étant congrues à zéro, elle se réduirait à la forme $\lambda^\nu + q \equiv 0$, résultat absurde; car si $q \equiv 0$, la congruence ci-dessus admet la racine 0, et si $q \equiv 1$, la racine 1; elle n'est donc pas irréductible.

Supposons, pour fixer les idées, que le coefficient de b, $\sum \lambda^{2^r}$, soit congru à 1. On pourra prendre arbitrairement chacun des $\nu - 1$ autres coefficients $a, \ldots, d$ égal à 0 ou à 1; et pour chaque système de valeurs de ces coefficients, on aura une valeur de b satisfaisant à la congruence

$$\nu a + b \sum \lambda^{2^r} + \ldots + d \sum \lambda^{(\nu-1)2^r} \equiv 0.$$

Le nombre total s des solutions de la congruence sera donc $2^{\nu-1}$; et par suite le nombre des substitutions dérivées de $C_U, C_V, \ldots$ qui ont le caractère zéro est égal à $(2^\nu + 1)2^{\nu-1} - 2^\nu = 2^{2\nu-1} - 2^{\nu-1}$. Les autres, en nombre $2^{2\nu-1} + 2^{\nu-1}$, ont pour caractère 1.

Donc la majorité des substitutions dérivées de $C_U, C_V, \ldots$ a pour caractère 1 : donc $\mathcal{A}_1, \mathcal{B}_1$ ont pour caractère 1.

299. On peut raisonner sur chaque couple de classes conjointes comme nous l'avons fait sur le couple $y_0, \ldots, y_{2\nu-1}$; $z_0, \ldots, z_{2\nu-1}$; et sur chaque classe conjointe à elle-même, comme sur la classe $x_0^{(\mu-\mu')}, \ldots, x_{2\nu-1}^{(\mu-\mu')}$. Cela posé, $C_{X'}, C_{Y'}, \ldots$ sont dérivées de $D, D_1, \ldots$; C_U, C_V le sont de $\mathcal{A}_1, \mathcal{B}_1, \ldots, \mathcal{A}_\nu, \mathcal{B}_\nu$; etc. Donc le groupe $\mathfrak{F}$, dérivé des substitutions $C_X, C_Y, \ldots$; $C_{X'}, C_{Y'}, \ldots$; $C_U, C_V, \ldots$; ... sera dérivé de la double suite

$$C_X,\ D;\quad C_Y,\ D_1;\ \ldots;\quad \mathcal{A}_1,\ \mathcal{B}_1;\ \ldots;\ \mathcal{A}_\nu,\ \mathcal{B}_\nu;\ \ldots$$

où les exposants d'échange sont congrus à 1 pour les deux substitutions d'un même couple, et à zéro dans tous les autres cas.

Soit d'ailleurs λ le nombre des systèmes; le nombre des classes d'indices qui sont leurs propres conjointes, et, par suite, le nombre ρ des couples de la double suite dont le caractère est 1, sera égal à $\lambda\mu'$; et suivant que ce nombre sera pair ou impair, F appartiendra au premier ou au second groupe hypoabélien (**258-261**).

300. Troisième cas : *Faisceaux de troisième catégorie*. — Les indices étant choisis comme il a été indiqué (**253**), groupons-les en classes, en réunissant ensemble ceux qui sont conjugués les uns des autres. On peut raisonner comme dans le cas précédent; et comme aucune classe n'est conjointe à elle-même, F appartiendra au premier groupe hypoabélien.

§ X. — Méthodes générales pour former des groupes partiels contenus dans le groupe linéaire.

Première méthode.

301. Soit $F(x_0, y_0, \ldots; x_1, y_1, \ldots; \ldots)$ une fonction d'un certain nombre d'indices, également répartis entre certaines suites $x_0, y_0, \ldots; x_1, y_1, \ldots; \ldots$. S'il existe des substitutions linéaires qui, étant opérées à la fois sur chacune de ces suites d'indices, multiplient simplement la fonction F par un facteur constant (abstraction faite des multiples du module), ces substitutions forment évidemment un groupe.

Exemple. — Supposons qu'il y ait m suites, et que les indices $x_\rho, y_\rho, \ldots$ de l'une quelconque d'entre elles soient en nombre mn et se partagent également entre n séries $x_\rho^{(0)}, y_\rho^{(0)}, \ldots; \ldots; x_\rho^{(\mu)}, y_\rho^{(\mu)}, \ldots; \ldots$. Désignons par D_μ le déterminant formé avec les indices $x_0^{(\mu)}, y_0^{(\mu)}, \ldots; \ldots; x_{m-1}^{(\mu)}, y_{m-1}^{(\mu)}, \ldots$. On pourra prendre $F = D_0 + D_1 + \ldots + D_{n-1}$. Le groupe correspondant à cette substitution satisfera à des conditions qu'il est aisé d'écrire. En posant $m = 2$, on aura le groupe abélien.

302. La méthode précédente, indiquée par M. Kronecker, se prête à une nouvelle généralisation.

En effet, soient φ une fonction quelconque, rationnelle et homogène des indices $x_0, y_0, \ldots; x_1, y_1, \ldots; \ldots$; ψ une fonction quelconque des mêmes variables et des coefficients de φ. Transformons φ et ψ par une substitution linéaire S effectuée sur chaque suite d'indices $x, y, \ldots$; soient φ' et ψ' les fonctions transformées. Si ψ' s'exprime en fonction des indices et des coefficients de φ' de la même manière que ψ s'exprimait en fonction des indices et des coefficients de φ (abstraction faite des multiples du module), on dira que ψ est un *covariant* de φ relativement à la substitution S. Dans le cas particulier où ψ ne contiendrait que les coefficients de φ, et non les indices, on dirait que ψ est un *invariant* de φ relativement à S.

Cela posé, il est clair que les substitutions relativement auxquelles ψ est covariant ou invariant de φ forment un groupe. Ces deux fonctions pouvant être choisies arbitrairement, on peut déterminer ainsi une foule de groupes.

303. Bornons-nous, par exemple, au cas d'une seule suite, formée de deux indices : et soit

$$\varphi = \theta x + \theta_1 y, \quad \psi = l\theta^2 + 2m\theta\theta_1 + n\theta_1^2.$$

Pour que ψ soit un invariant de φ par rapport à la substitution

$$S = | x, y \quad ax + by, a'x + b'y |,$$

qui transforme φ en

$$\varphi' = (a\theta + a'\theta_1)x + (b\theta + b'\theta_1)y,$$

il faut qu'on ait

$$l\theta^2 + 2m\theta\theta_1 + n\theta_1^2 \equiv l(a\theta + a'\theta_1)^2 + 2m(a\theta + a'\theta_1)(b\theta + b'\theta_1) + n(b\theta + b'\theta_1)^2,$$

d'où

$$l \equiv la^2 + 2mab + nb^2,$$
$$m \equiv laa' + m(ab' + ba') + nbb',$$
$$n \equiv la'^2 + 2ma'b' + nb'^2.$$

A chaque système de valeurs de l, m, n correspondra un groupe distinct. Ainsi, si $l \equiv 1$, $m \equiv 0$, $n \equiv 0$, il vient $a' \equiv 0$, $a^2 \equiv 1$, et l'on obtient le groupe formé des substitutions

$$| x, y \quad \pm x + by, b'y |.$$

304. Si l'on posait

$$\varphi = \theta x + \theta_1 y, \quad \psi = (m\theta + n\theta_1)x + (m'\theta + n'\theta_1)y,$$

la condition de covariance donnerait

$$an + a'n' \equiv a'm + b'n, \quad bm + b'm' \equiv am' + bn', \quad bn \equiv a'm',$$

ou, en posant pour abréger $m' \equiv Kn$, $m - n' \equiv Ln$,

$$b \equiv Ka', \quad b' \equiv a + La'.$$

On obtient ainsi le groupe formé des substitutions

$$| x, y \quad ax + Ka'y, a'x + (a + La')y |$$

où a, a' sont des entiers constants dans une même substitution, et K, L des constantes, dont les diverses valeurs donneront autant de groupes différents.

Seconde méthode.

305. Considérons une fonction φ homogène par rapport à un ou plusieurs systèmes de variables $x, y, \ldots; \ldots, \xi, \eta, \ldots; \ldots,$ par exemple la suivante

$$\varphi = \theta x\xi + \theta' x\eta + \theta'' y\xi + \theta''' y\eta,$$

homogène et du premier degré par rapport à deux systèmes, contenant chacun deux variables. Soient G, Γ deux groupes quelconques, dont les substitutions soient linéaires, et opérées respectivement sur x et y, et sur ξ, η; soient

$$S = | x, y \quad ax + by, a'x + b'y |, \quad \Sigma = | \xi, \eta \quad \alpha\xi + \beta\eta, \alpha'\xi + \beta'\eta |$$

deux de leurs substitutions arbitrairement choisies. Opérant ces substitutions dans φ, on obtient le même résultat que si l'on opérait sur les θ la substitution

$$\varphi = \left| \begin{array}{ll} \theta & a\alpha\theta + a\alpha'\theta' + a'\alpha\theta'' + a'\alpha'\theta''' \\ \theta' & a\beta\theta + a\beta'\theta' + a'\beta\theta'' + a'\beta'\theta''' \\ \theta'' & b\alpha\theta + b\alpha'\theta' + b'\alpha\theta'' + b'\alpha'\theta''' \\ \theta''' & b\beta\theta + b\beta'\theta' + b'\beta\theta'' + b'\beta'\theta''' \end{array} \right|,$$

et il est clair qu'en prenant successivement pour S et Σ toutes les substitutions de G et de Γ, les substitutions correspondantes φ forment un groupe $\mathcal{G}$.

306. Supposons en particulier qu'il n'y ait qu'un seul système de variables $x, y, \ldots$; et posons

$$\varphi = \theta x + \theta' y + \ldots.$$

A la substitution

$$S = | x, y, \ldots \quad ax + by + \ldots, a'x + b'y + \ldots, \ldots |$$

équivaut la suivante

$$\varphi = | \theta, \theta', \ldots \quad a\theta + a'\theta' + \ldots, b\theta + b'\theta' + \ldots, \ldots |,$$

laquelle ne diffère de S (abstraction faite de la désignation des variables) que par l'échange des coefficients symétriques par rapport à la diagonale de son déterminant : d'où le théorème suivant :

Théorème. — *Un groupe de substitutions linéaires étant donné, on en déduira un second, en permutant entre eux dans chacune de ses substitutions les coefficients symétriques l'un de l'autre par rapport à la diagonale.*

En vertu de ce principe de dualité, les groupes de substitutions linéaires sont associés deux à deux. Mais il en est quelques-uns qui sont leurs propres associés, par exemple ceux qui font l'objet des trois paragraphes précédents.

Troisième méthode.

307. Théorème. — *Étant donnés : 1° un groupe Γ de substitutions linéaires entre p^n lettres; 2° un groupe D de substitutions entre λ lettres $l_0, l_1, \ldots, l_{\lambda-1}$, on en déduira un groupe G de substitutions linéaires entre $p^{n\lambda}$ lettres.*

Soient en effet

$$S = | \, l_r \quad l_{\varphi(r)} \, |$$

une substitution de D,

$$T = | \, x, y, \ldots \quad f(x, y, \ldots), f'(x, y, \ldots), \ldots \, |$$

une substitution de Γ. Imaginons une suite de $p^{n\lambda}$ lettres, caractérisées par $n\lambda$ indices, que nous partagerons par la pensée en λ systèmes

$$x_0, y_0, \ldots; \ldots; \quad x_{\lambda-1}, y_{\lambda-1}, \ldots.$$

Désignons par Σ la substitution

$$| \, \ldots, x_r, y_r, \ldots \quad \ldots, x_{\varphi(r)}, y_{\varphi(r)}, \ldots \, |,$$

qui permute ces systèmes entre eux de la même manière que S permutait les lettres correspondantes $l_0, \ldots, l_{\lambda-1}$; par T_r la substitution

$$| \, x_0, y_0, \ldots, x_r, y_r, \ldots \quad x_0, y_0, \ldots, f(x_r, y_r, \ldots), f'(x_r, y_r, \ldots), \ldots \, |,$$

qui laisse tous les indices invariables, sauf ceux du $r+1^{\text{ième}}$ système, qu'elle altère de la même manière que T altérait $x, y, \ldots$. Il est clair qu'en prenant successivement pour S toutes les substitutions $S', S'', \ldots$ du groupe D, leurs correspondantes $\Sigma', \Sigma'', \ldots$ formeront un groupe Δ, isomorphe à D sans mériédrie; de même, si l'on prend pour T les diverses substitutions $T', T'', \ldots$ du groupe Γ, leurs correspondantes $T'_0, T''_0, \ldots; \ldots; T'_{\lambda-1}, T''_{\lambda-1}, \ldots$ formeront λ groupes $\Gamma_0, \ldots, \Gamma_{\lambda-1}$, isomorphes à Γ sans mériédrie.

308. Considérons maintenant le groupe G dérivé de l'ensemble des substitutions des formes $\Sigma, T_0, \ldots, T_{\lambda-1}$. Ses substitutions seront toutes de la forme $\Sigma T_0 T_1 \ldots$. En effet, $\psi(r)$ désignant la fonction inverse de $\varphi(r)$, on vérifie sans peine l'égalité

$$T_r \Sigma = \Sigma T_{\psi(r)}, \quad \text{ou} \quad \Sigma^{-1} T_r \Sigma = T_{\psi(r)},$$

laquelle montre que les substitutions Σ sont permutables au groupe H dérivé des substitutions $T_0, T_1, \ldots, T_{\lambda-1}$. Donc toute substitution de G pourra se mettre sous la forme $\Sigma\Theta$, Θ étant une substitution de H. Mais Θ peut se mettre sous la forme $T_0 T_1 \ldots$. Car, soit, par exemple, $\Theta = T'_0 T''_1 T'''_0$: les deux substitutions T''_1 et T'''_0, étant opérées sur des indices différents, peuvent être interverties, ce qui ramène Θ à la forme $T_0 T_1$.

Soient respectivement Ω *et* O *les ordres des groupes* D *et* Γ : *l'ordre du groupe* G *sera* ΩO^λ. Car il existe Ω substitutions de la forme Σ, et O de chacune des λ formes $T_0, T_1, \ldots$: il existe donc ΩO^λ substitutions de la forme $\Sigma T_0 T_1 \ldots$; elles sont d'ailleurs évidemment distinctes.

309. Théorème. — *La suite des facteurs de composition de* G *est formée des facteurs de composition de* D, *et de ceux de* Γ, *ces derniers répétés chacun* λ *fois.*

En effet, soient $\mu_1, \mu_2, \ldots$ les facteurs de composition de D; D, D_1, $D_2, \ldots, 1$ une suite de groupes ayant respectivement pour ordre $\Omega, \frac{\Omega}{\mu_1}, \frac{\Omega}{\mu_1 \mu_2}, \ldots, 1$, et tels : 1° que chacun d'eux soit contenu dans le précédent, et permutable à ses substitutions; 2° qu'il ne soit contenu dans aucun autre groupe plus général jouissant de cette double propriété. Désignons par le symbole général S_1 les diverses substitutions $S'_1, S''_1, \ldots$ du groupe D_1; par S_2 celles du groupe D_2, etc.; par $\Sigma_1, \Sigma_2, \ldots$ les substitutions correspondantes du groupe Δ. Soient G, G_1, $G_2, \ldots$, H, les groupes respectivement dérivés de la combinaison des substitutions Θ avec les substitutions Σ, avec les substitutions Σ_1, avec les substitutions Σ_2, etc. Les substitutions $\Sigma_1, \Sigma_2, \ldots$, étant de la forme Σ, sont permutables à H : les substitutions de $G_1, G_2, \ldots$ seront donc respectivement des formes $\Sigma_1\Theta, \Sigma_2\Theta, \ldots$ et leur nombre sera respectivement égal à $\frac{\Omega}{\mu_1} O^\lambda, \frac{\Omega}{\mu_1 \mu_2} O^\lambda, \ldots$.

Il est clair que chacun des groupes G, G_1, $G_2, \ldots$, H est contenu dans le précédent; et nous allons prouver : 1° qu'il est permutable à ses substitutions; 2° qu'il n'est contenu dans aucun autre groupe jouissant de cette double propriété.

Prenons pour exemple le groupe G_1 ; soient $\Sigma'_1\Theta'$ une de ses substitutions, $\Sigma''\Theta''$ une quelconque des substitutions du groupe précédent G : on a identiquement

$$(\Sigma''\Theta'')^{-1}\Sigma'_1\Theta'\Sigma''\Theta'' = \Sigma''^{-1}\Sigma'_1\Sigma''.(\Sigma''^{-1}\Sigma'_1\Sigma'')^{-1}\Theta''^{-1}\Sigma''^{-1}\Sigma'_1\Sigma''.\Sigma''^{-1}\Theta'\Sigma''.\Theta'',$$

expression qui se réduit à la forme $\Sigma''^{-1}\Sigma'_1\Sigma''\Theta$; car, Σ'', Σ'_1, et, par suite, $\Sigma''^{-1}\Sigma'_1\Sigma''$, sont permutables à H. D'ailleurs $\Sigma''^{-1}\Sigma'_1\Sigma''$ est de la forme Σ_1, sa correspondante $S''^{-1}S'_1S''$ étant, par hypothèse, de la forme S_1. Donc la transformée appartient à G_1, et $\Sigma''\Theta''$ est permutable à ce groupe.

D'autre part, il n'existe aucun groupe plus général que G_1, qui soit contenu dans G et permutable à ses substitutions. Car s'il en existait un, $\mathcal{G}_1$, soient σ', σ'',... celles de ses substitutions qui sont de la forme Σ; s', s'',... leurs correspondantes de la forme S. Le groupe partiel $(\sigma', \sigma'',\ldots)$ étant plus général que le groupe formé des substitutions Σ_1 (sans quoi $\mathcal{G}_1$ ne serait pas plus général que G_1), le groupe partiel $(s', s'',\ldots)$ formé par leurs correspondantes sera plus général que D_1. D'ailleurs il est permutable aux substitutions S; car, soit S' l'une de ces substitutions : $S'^{-1}s'S'$ a pour correspondante $\Sigma'^{-1}\sigma'\Sigma'$, laquelle est évidemment de la forme Σ, et appartient en outre à $\mathcal{G}_1$, auquel Σ' est supposée permutable : donc $\Sigma'^{-1}\sigma'\Sigma'$ appartient au groupe $(\sigma', \sigma'',\ldots)$; et sa correspondante $S'^{-1}s'S'$, au groupe $(s', s'',\ldots)$.

Mais, par hypothèse, il n'existe aucun groupe plus général que D_1, et permutable aux substitutions S : donc l'existence du groupe $\mathcal{G}_1$ est inadmissible.

Les facteurs de composition de G sont donc μ_1, $\mu_2,\ldots$, et les facteurs de composition de H.

310. Soient maintenant ν_1, $\nu_2,\ldots$ les facteurs de composition de Γ; Γ, $\Gamma^{(1)}$, $\Gamma^{(2)},\ldots$, 1, une suite de groupes ayant respectivement pour ordre O, $\frac{O}{\nu_1}$, $\frac{O}{\nu_1\nu_2},\ldots$, 1 et tels, que chacun d'eux soit contenu dans le précédent, et permutable à ses substitutions, et ne soit contenu dans aucun autre groupe plus général jouissant de cette double propriété. Désignons par le symbole général $T_0^{(1)}$ celles des substitutions de Γ_0 qui correspondent aux substitutions de $\Gamma^{(1)}$, par $T_0^{(2)}$ celles qui correspondent aux substitutions de $\Gamma^{(2)}$, etc. On verra, en raisonnant comme tout à l'heure, que les groupes respectivement dérivés de la combinaison des substitutions $T_1T_2\ldots$ avec les substitutions T_0, avec les substitutions $T_0^{(1)}$, avec les substitutions $T_0^{(2)}$, etc., enfin avec la seule substitution 1, ont respectivement pour ordre O^λ, $\frac{O^\lambda}{\nu_1}$, $\frac{O^\lambda}{\nu_1\nu_2},\ldots$, $O^{\lambda-1}$; que chacun d'eux est contenu dans le précédent, et permutable à ses substitutions; enfin, qu'il n'est contenu dans aucun groupe plus général jouissant de cette propriété. Donc les facteurs de composition de H sont ν_1, $\nu_2,\ldots$, et les facteurs de composition du groupe H_1 formé par les substitutions $T_1T_2\ldots$.

On voit de même que ces derniers facteurs sont ν_1, ν_2,..., et les facteurs de composition du groupe H_2 formé par les substitutions T_2...; et l'on continuera ainsi jusqu'à l'achèvement de la démonstration.

311. Théorème. — *Pour que le groupe* G *soit primaire, il faut et il suffit que* Γ *soit primaire, et* D *transitif.*

Si Γ n'est pas primaire, il existe certaines fonctions z, z',... des indices x, y,..., en nombre moindre que ces indices, et que les substitutions de Γ remplacent par des fonctions linéaires de z, z',... (142). Soient z_0, z'_0,...: z_1, z'_1,...;... les fonctions analogues respectivement formées avec les indices x_0, y_0,...; x_1, y_1,...;... : leur nombre est inférieur à celui de ces indices. D'ailleurs, chacune des substitutions Σ, T_0, T_1,... dont G est dérivé les remplace évidemment par des fonctions les unes des autres : donc G n'est pas primaire (142).

Si D n'est pas transitif, les substitutions Σ ne permutent pas transitivement les systèmes x_0, y_0,...; x_1, y_1,...;.... Groupons ces systèmes en classes, en réunissant ensemble ceux que ces substitutions permutent entre eux. Il est clair que chacune des substitutions Σ, T_0, T_1,... remplace les indices d'une même classe par des fonctions de ces seuls indices : donc G n'est pas primaire.

312. Réciproquement, si Γ est primaire et D transitif, G sera primaire. En effet, s'il ne l'était pas, il existerait des fonctions ψ, ψ_1,... des indices x_0, y_0,...; x_1, y_1,...;..., en nombre moindre que ces indices, et telles, que chaque substitution de G les remplacerait par des fonctions linéaires de ψ, ψ_1,.... Cela étant, soient ψ l'une de ces fonctions, χ, χ',... celles qui la remplacent dans les diverses substitutions de G : ψ, χ, χ',... étant des fonctions linéaires de ψ, ψ_1,..., il en sera de même de toute fonction ω linéairement formée de celles-là; et ψ, ψ_1,... étant remplacées dans chaque substitution de G par des fonctions de ψ, ψ_1,..., les diverses fonctions ω, ω',... par lesquelles la fonction ω se trouve remplacée dans ces mêmes substitutions, dépendraient elles-mêmes linéairement des seules fonctions ψ, ψ_1,..., en nombre moindre que λn.

313. Cela posé, soit

$$\psi = a_0 x_0 + b_0 y_0 + \ldots + a_r x_r + \ldots$$

l'une des fonctions dont on suppose l'existence. L'un au moins des coefficients $a_0, b_0, \ldots, a_r, \ldots$ doit différer de o (mod. p); soit par exemple $a_0 \gtrless 0$ (mod. p). Le groupe Γ étant supposé primaire, l'une au moins de ses substitutions T doit altérer la fonction $a_0 x + b_0 y + \ldots$; supposons qu'elle la remplace par $a'_0 x + b'_0 y + \ldots$. La substitution correspondante T_0 remplace ψ par $\chi = a'_0 x_0 + b'_0 y_0 + \ldots + a_r x_r + \ldots$. Cela posé, la fonction

$$\omega_0 = \psi - \chi = (a_0 - a'_0) x_0 + (b_0 - b'_0) y_0 + \ldots$$

ne contient plus que les indices du premier système.

Soient maintenant $\omega_0, \omega'_0, \omega''_0, \ldots$ les fonctions que les diverses substitutions de Γ_0 font succéder à ω_0 : la suite $\omega_0, \omega'_0, \omega''_0, \ldots$ contiendra au plus n fonctions distinctes; car $\omega_0, \omega'_0, \omega''_0, \ldots$ ne contiennent que les n indices $x_0, y_0, \ldots$ du premier système. Mais, d'autre part, *cette suite contient en effet n fonctions distinctes :* car supposons qu'elle n'en contienne que n'; soient $\omega_0, \omega'_0, \ldots, \omega_0^{(n'-1)}$ ces fonctions; ω'_0 une quelconque d'entre elles; T'_0 la substitution de Γ_0 qui la fait succéder à ω_0; T_0 une substitution quelconque de Γ_0; φ_0 la fonction qu'elle fait succéder à ω'_0. La substitution $T_0 T'_0$ fait succéder φ_0 à ω_0 : φ_0 fait donc partie de la suite $\omega_0, \omega'_0, \omega''_0, \ldots$; c'est donc une fonction linéaire de $\omega_0, \omega'_0, \ldots, \omega_0^{(n'-1)}$. Ainsi chaque substitution de Γ_0 fait succéder à chacune des n' fonctions $\omega_0, \omega'_0, \ldots, \omega_0^{(n'-1)}$ une fonction linéaire de ces mêmes fonctions. Donc le groupe Γ_0, ou le groupe Γ, qui n'en diffère que par la dénomination des variables, ne sera pas primaire : résultat contraire à notre supposition.

La suite $\omega_0, \omega'_0, \omega''_0, \ldots$ contient donc n fonctions distinctes $\omega_0, \omega'_0, \ldots, \omega_0^{(n-1)}$. Soient en général $\omega_r, \omega'_r, \ldots, \omega_r^{(n-1)}$ les fonctions formées avec $x_r, y_r, \ldots$ comme celles-ci le sont avec $x_0, y_0, \ldots$. Ces nouvelles fonctions sont évidemment distinctes entre elles; elles sont en outre distinctes des précédentes, étant formées avec des indices différents. Les $n\lambda$ fonctions $\omega_0, \omega'_0, \ldots, \omega_0^{(n-1)}; \ldots; \omega_{\lambda-1}, \omega'_{\lambda-1}, \ldots, \omega_{\lambda-1}^{(n-1)}$ sont donc distinctes. D'ailleurs G contient une substitution qui remplace ω par l'une quelconque de ces fonctions telle que ω'_r. Soit, en effet, T_0 la substitution qui remplace ω_0 par ω'_0. Le groupe D étant supposé transitif, Δ contient une substitution Σ' qui remplace $x_0, y_0, \ldots$ par $x_r, y_r, \ldots$, et, par suite, ω'_0 par ω'_r; et la substitution $\Sigma' T_0$ remplacera ω_0 par ω'_r.

Ainsi les substitutions de G remplacent ω_0 par des fonctions parmi lesquelles il en est λn de distinctes; résultat contraire à celui du n° 312. Donc il est absurde de supposer G non primaire.

314. *Remarque.* — Si D est transitif, les substitutions de G dérivent

toutes de celles des deux groupes Δ et Γ_0. Car Δ contient une substitution Σ' qui remplace $x_r, y_r, \ldots$ par $x_0, y_0, \ldots$; et le groupe dérivé de Δ et de Γ_0 contient le groupe Γ_r, transformé de Γ_0 par Σ'. Donc ce groupe contient toutes les substitutions des groupes $\Delta, \Gamma_0, \ldots, \Gamma_r, \ldots$, dont G est dérivé.

§ XI. — Groupes isomorphes aux groupes linéaires.

Substitutions linéaires fractionnaires.

315. Galois a fait cette remarque importante que le groupe G formé des substitutions linéaires

$$| \; x, y \quad ax + by, \; a'x + b'y \; | \quad (\text{mod.} \, p)$$

n'est pas primitif par rapport aux $p^2 - 1$ lettres qu'il déplace. En effet, groupons dans un même système les $p - 1$ lettres correspondantes à une même valeur du rapport $\frac{x}{y}$ (mod. p) : chaque substitution de G remplacera les lettres d'un système par celles d'un même système. On aura ainsi $p + 1$ systèmes, dont les déplacements par les substitutions G formeront un groupe H de degré $p + 1$. L'ordre de ce groupe sera d'ailleurs évidemment égal au nombre total des substitutions de G, divisé par le nombre de celles de ces substitutions qui ne déplacent pas les systèmes, ou à

$$\frac{(p^2 - 1)(p^2 - p)}{p - 1} = (p^2 - 1)p.$$

Les substitutions de H pourront être représentées par le symbole

$$\left| \frac{x}{y} \quad \frac{ax + by}{a'x + b'y} \right| \quad \text{ou} \quad \left| z \quad \frac{az + b}{a'z + b'} \right|,$$

où l'on assignera à l'indice z les $p + 1$ valeurs $0, 1, \ldots, p - 1, \infty$ que peut prendre l'expression $\frac{x}{y}$ (mod. p).

Ces substitutions linéaires fractionnaires ont été étudiées en détail par M. Serret et par M. Mathieu. On voit que cette étude se confond avec celle des substitutions linéaires entières à deux indices, que nous avons faite plus haut.

Soit en particulier $p = 5$. On aura un groupe H de degré 6, et d'ordre

$(5^2-1)5$; et l'on vérifie sans peine son identité avec le groupe exceptionnel signalé au nº 88.

316. La remarque de Galois s'étend sans difficulté aux groupes linéaires de degré p^n. On obtient ainsi en général un groupe de degré $\frac{p^n-1}{p-1}$, dont les substitutions, en nombre $\frac{(p^n-1)(p^n-p)\ldots(p^n-p^{n-1})}{p-1}$, sont linéaires fractionnaires avec $n-1$ indéterminées.

Si l'on opérait, non plus sur les groupes linéaires les plus généraux, mais sur des groupes plus particuliers, on obtiendrait de nouveaux groupes particuliers, contenus dans les groupes linéaires fractionnaires généraux que nous venons d'indiquer.

Soit, par exemple, G' le groupe formé par celles des substitutions de G dont le déterminant est congru à 1 : on en déduira un groupe H' formé par celles des substitutions de H dont le déterminant est congru à 1, ou, ce qui revient au même, à un résidu quadratique quelconque; car il est clair qu'on ne change pas les substitutions de H en multipliant leur numérateur et leur dénominateur par un même entier m, ce qui multiplie le déterminant par m^2.

317. Il existe des groupes de substitutions de degré moindre que les précédents, et dérivant également des groupes de substitutions linéaires.

Considérons en effet le groupe G' formé des substitutions

$$\left|\begin{array}{ll} x, y, \ldots & ax+by+\ldots,\ a'x+b'y+\ldots,\ldots \\ \ldots\ldots & \ldots\ldots\ldots\ldots \\ x_1, y_1, \ldots & a^p x+b^p y+\ldots,\ a'^p x+b'^p y+\ldots,\ldots \\ \ldots\ldots & \ldots\ldots\ldots\ldots \end{array}\right|,$$

où $x, y, \ldots; x_1, y_1, \ldots; \ldots$ représentent ν séries conjuguées contenant chacune m indices imaginaires. L'ordre Ω de ce groupe est égal à $(p^{m\nu}-1)(p^{m\nu}-p^\nu)\ldots(p^{m\nu}-p^{(m-1)\nu})$ (169). Groupons maintenant dans un même système les $p^\nu-1$ lettres pour lesquelles les m indices $x, y, \ldots$ ont entre eux les mêmes rapports. Chaque substitution de G' remplacera les lettres de chaque système par celles d'un même système; et les déplacements des systèmes formeront un groupe H', de degré $\frac{p^{m\nu}-1}{p^\nu-1}$ et d'ordre $\frac{\Omega}{p^\nu-1}$.

Groupes de Steiner (*).

318. Considérons un système de lettres, en nombre $\mathfrak{K}_n = 2^{2n-1} - 2^{n-1}$: et supposons-les représentées par le symbole général $(x_1, y_1, \ldots, x_n, y_n)$, où l'on assignera aux indices $x_1, y_1, \ldots, x_n, y_n$ tous les systèmes de valeurs (non congrus par rapport au module 2) qui satisfont à la congruence

$$x_1 y_1 + \ldots + x_n y_n \equiv 0 \pmod{2}.$$

Effectuons les produits μ à μ de ces diverses lettres; puis formons la somme de tous ceux de ces produits tels que

$$(x'_1, y'_1, \ldots, x'_n, y'_n)(x''_1, y''_1, \ldots, x''_n, y''_n)\ldots(x_1^{(\mu)}, y_1^{(\mu)}, \ldots, x_n^{(\mu)}, y_n^{(\mu)})$$

qui satisfont au système de relations exprimé par les formules

$$(44)\qquad x'_\rho + x''_\rho + \ldots + x_\rho^{(\mu)} \equiv y'_\rho + y''_\rho + \ldots + y_\rho^{(\mu)} \equiv 0 \pmod{2},$$

où ρ prendra successivement les valeurs $1, 2, 3, \ldots, n$. Soit φ_μ la fonction entière de degré μ que l'on obtient ainsi. Nous allons étudier successivement :

1° Le groupe G formé par les substitutions qui laissent invariables les fonctions de degré pair $\varphi_4, \varphi_6, \ldots$;

2° Le groupe G_1 formé par les substitutions qui laissent invariables toutes les fonctions φ_μ, quel que soit leur degré.

319. Étude du groupe G. — Soient $\alpha_1, \beta_1, \ldots, \alpha_n, \beta_n$ des entiers en nombre $2n$ et qui ne soient pas tous congrus à 0 (mod. 2). Formons tous les couples possibles de lettres $(\xi_1, \eta_1, \ldots, \xi_n, \eta_n)$, $(\xi'_1, \eta'_1, \ldots, \xi'_n, \eta'_n)$ tels que l'on ait, pour toute valeur de ρ,

$$\xi'_\rho \equiv \xi_\rho + \alpha_\rho,\quad \eta'_\rho \equiv \eta_\rho + \beta_\rho \pmod{2};$$

puis désignons par le symbole $[\alpha_1, \beta_1, \ldots, \alpha_n, \beta_n]$ la substitution d'ordre 2 qui a pour cycles ces divers couples. Cette substitution appartiendra à G; car elle laisse φ_μ invariable pour toute valeur paire de μ.

En effet, soit $(x'_1, y'_1, \ldots, x'_n, y'_n)\ldots(x_1^{(\mu)}, y_1^{(\mu)}, \ldots, x_n^{(\mu)}, y_n^{(\mu)})$ un des

(*) L'un de ces groupes a été étudié d'abord par Steiner : mais M. Clebsch en a donné le premier une définition précise et générale. (*Journal de M. Borchardt*, t. LXIII.)

termes de φ_μ. On aura la relation

$$(45)\qquad x'_1 y'_1 + \ldots + x'_n y'_n \equiv 1,$$

et la substitution $[\alpha_1, \beta_1, \ldots, \alpha_n, \beta_n]$ remplacera la lettre $(x'_1, y'_1, \ldots, x'_n, y'_n)$ par $(x'_1 + \alpha_1, y'_1 + \beta_1, \ldots, x'_n + \alpha_n, y'_n + \beta_n)$, s'il existe une semblable lettre, c'est-à-dire si l'on a la relation

$$(x'_1 + \alpha_1)(y'_1 + \beta_1) + \ldots + (x'_n + \alpha_n)(y'_n + \beta_n) \equiv 1,$$

laquelle, en tenant compte de (45), se réduit à

$$(46)\qquad \beta_1 x'_1 + \alpha_1 y'_1 + \ldots + \beta_n x'_n + \alpha_n y'_n + \alpha_1 \beta_1 + \ldots + \alpha_n \beta_n \equiv 0.$$

Si au contraire le premier membre de cette formule est congru à 1, la lettre $(x'_1, y'_1, \ldots, x'_n, y'_n)$ ne sera pas déplacée par cette substitution.

La même observation s'applique à chacune des autres lettres $\ldots, (x_1^{(\mu)}, y_1^{(\mu)}, \ldots, x_n^{(\mu)}, y_n^{(\mu)})$. Donc le nombre m des lettres de la suite $(x'_1, y'_1, \ldots, x'_n, y'_n), \ldots, (x_1^{(\mu)}, y_1^{(\mu)}, \ldots, x_n^{(\mu)}, y_n^{(\mu)})$ non déplacées par la substitution $[\alpha_1, \beta_1, \ldots, \alpha_n, \beta_n]$ est congru à la somme

$$\sum \beta_1 x_1 + \alpha_1 y_1 + \ldots + \beta_n x_n + \alpha_n y_n + \alpha_1 \beta_1 + \ldots + \alpha_n \beta_n$$

prise par rapport à ces diverses lettres.

Mais on a

$$\sum \beta_\rho x_\rho = \beta_\rho (x'_\rho + \ldots + x_\rho^{(\mu)}) \equiv 0; \qquad \sum \alpha_\rho y_\rho \equiv 0,$$

$$\sum (\alpha_1 \beta_1 + \ldots + \alpha_n \beta_n) = \mu (\alpha_1 \beta_1 + \ldots + \alpha_n \beta_n) \equiv 0 \quad (\mu \text{ étant pair}).$$

Donc m est pair; et le nombre $\mu - m$ des lettres déplacées le sera également. Cela posé, désignons par $(\xi'_1, \eta'_1, \ldots, \xi'_n, \eta'_n), \ldots$ les racines que $[\alpha_1, \beta_1, \ldots, \alpha_n, \beta_n]$ fait succéder à $(x'_1, y'_1, \ldots, x'_n, y'_n), \ldots$. Parmi les indices $\xi'_\rho, \xi''_\rho, \ldots$ il y en aura m égaux aux indices correspondants de la suite $x'_\rho, x''_\rho, \ldots$, et $\mu - m$ égaux aux indices correspondants augmentés de α_ρ. On aura donc

$$\xi'_\rho + \ldots + \xi_\rho^{(\mu)} \equiv x'_\rho + \ldots + x_\rho^{(\mu)} + (\mu - m)\alpha_\rho \equiv 0.$$

De même

$$\eta'_\rho + \ldots + \eta_\rho^{(\mu)} \equiv y'_\rho + \ldots + y_\rho^{(\mu)} + (\mu - m)\beta_\rho \equiv 0.$$

Ces relations montrent que le produit des lettres $(\xi_1, \eta'_1, \ldots, \xi_n, \eta'_n), \ldots$ est un terme de φ_μ. Donc $[\alpha_1, \beta_1, \ldots, \alpha_n, \beta_n]$ remplace les uns par les autres les termes de cette fonction, et n'altère pas la fonction elle-même.

En faisant varier $\alpha_1, \beta_1, \ldots, \alpha_n, \beta_n$, on obtiendra $2^{2n} - 1$ substitutions distinctes, qui toutes appartiennent à G. Ces substitutions jouissent de propriétés intéressantes, signalées en partie par Steiner, et que nous allons exposer.

320. Théorème. — *La substitution* $[\alpha_1, \beta_1, \ldots, \alpha_n, \beta_n]$ *déplace* $2\mathfrak{K}_{n-1}$ *lettres.*

En effet, le nombre des lettres déplacées est égal (319) au nombre des solutions simultanées des deux congruences

$$(47) \qquad \sum_1^n x_\rho y_\rho \equiv 1, \quad \sum_1^n \beta_\rho x_\rho + \alpha_\rho y_\rho + \alpha_\rho \beta_\rho \equiv 0.$$

Or l'une au moins des quantités $\alpha_1, \beta_1, \ldots, \alpha_n, \beta_n$ est $\gtrless 0 \pmod 2$, par hypothèse; soit, par exemple, $\alpha_1 \equiv 1$. La seconde des congruences (47) déterminera y_1 en fonction des autres indices, lesquels satisferont à la relation

$$x_1(-\beta_1 - \ldots - \alpha_n\beta_n - \beta_1 x_1 - \ldots - \beta_n x_n - \alpha_n y_n) + x_2 y_2 + \ldots + x_n y_n \equiv 1,$$

laquelle, en remarquant que $x_1^2 \equiv x_1$, peut être mise sous la forme

$$(x_2 - \alpha_2 x_1)(y_2 - \beta_2 x_1) + \ldots + (x_n - \alpha_n x_1)(y_n - \beta_n x_1) \equiv 1$$

et comporte $2\mathfrak{K}_{n-1}$ systèmes de solutions; car on peut prendre x_1 arbitrairement, puis déterminer de $\mathfrak{K}_{n-1}$ manières $x_2 - \alpha_2 x_1, y_2 - \beta_2 x_1, \ldots$, et par suite $x_2, y_2, \ldots$.

321. Problème. — *Trouver le nombre des lettres déplacées à la fois par les deux substitutions* $[\alpha_1, \beta_1, \ldots, \alpha_n, \beta_n]$ *et* $[\alpha'_1, \beta'_1, \ldots, \alpha'_n, \beta'_n]$.

Ce nombre est évidemment celui des solutions communes aux congruences

$$(48) \quad \sum_1^n x_\rho y_\rho \equiv 1, \quad \sum_1^n \beta_\rho x_\rho + \alpha_\rho y_\rho + \alpha_\rho \beta_\rho \equiv 0, \quad \sum_1^n \beta'_\rho x_\rho + \alpha'_\rho y_\rho + \alpha'_\rho \beta'_\rho \equiv 0.$$

Soit pour fixer les idées $\alpha_1 \equiv 1$. Tirons la valeur de y_1 de la seconde congruence, et substituons-la dans les deux autres. Posons en outre

$$x'_\rho \equiv x_\rho - \alpha_\rho x_1, \quad y'_\rho \equiv y_\rho - \beta_\rho x_1, \quad \sum_1^n \alpha_\rho \beta'_\rho + \alpha'_\rho \beta_\rho \equiv \mathrm{K}.$$

Ces congruences deviendront

$$(49) \quad \sum_2^n x'_\rho y'_\rho \equiv 1, \quad \mathrm{K} x_1 + \sum_2^n (\beta'_\rho + \alpha'_1 \beta_\rho) x'_\rho + (\alpha'_\rho + \alpha'_1 \alpha_\rho) y'_\rho \equiv \sum_2^n \alpha'_\rho \beta'_\rho + \alpha'_1 \alpha_\rho \beta_\rho.$$

Ici deux cas seront à distinguer.

322. 1° Si $\mathrm{K} \equiv 1$, la première relation donnera pour $x'_2, y'_2, \ldots, x'_n, y'_n$ $\mathfrak{A}_{n-1}$ systèmes de solutions, pour chacun desquels la seconde relation déterminera ensuite x_1. *Les deux substitutions auront donc $\mathfrak{A}_{n-1}$ lettres communes parmi celles qu'elles déplacent.*

Ces lettres appartiendront toutes à des cycles différents dans chacune des deux substitutions considérées. Car soit $(x_1, y_1, \ldots)$ une lettre commune aux deux substitutions. Pour que la lettre $(x_1 + \alpha_1, y_1 + \beta_1, \ldots)$, qui fait partie du même cycle dans la première substitution, fût déplacée aussi par la seconde substitution, il faudrait qu'on eût

$$\sum_1^n (x_\rho + \alpha_\rho + \alpha'_\rho)(y_\rho + \beta_\rho + \beta'_\rho) \equiv 1,$$

ou, en tenant compte des relations (48),

$$0 \equiv \sum_1^n (\alpha'_\rho + \alpha_\rho)(\beta'_\rho + \beta_\rho) - \alpha_\rho \beta_\rho - \alpha'_\rho \beta'_\rho \equiv \mathrm{K}.$$

On remarquera enfin *que les deux lettres* $(x_1 + \alpha_1, y_1 + \beta_1, \ldots)$ *et* $(x_1 + \alpha'_1, y_1 + \beta'_1, \ldots)$ *respectivement associées à* $(x_1, y_1, \ldots)$ *dans les cycles de* $[\alpha_1, \beta_1, \ldots]$ *et de* $[\alpha'_1, \beta'_1, \ldots]$ *sont associées ensemble dans un cycle de la substitution* $[\alpha_1 + \alpha'_1, \beta_1 + \beta'_1, \ldots]$ *qui formera ainsi avec les deux précédentes un* trio *de substitutions ayant deux à deux $\mathfrak{A}_{n-1}$ lettres communes.*

Le nombre des trios différents est égal à $\frac{1}{6}\mathfrak{A}_{2n}$: car le nombre des solutions de la congruence $\mathrm{K} \equiv 1$, où les $\alpha, \beta, \alpha', \beta'$, sont considérés comme variables, est $\mathfrak{A}_{2n}$; et l'on a évidemment six solutions différentes fournissant le même trio.

323. 2° Soit $\mathrm{K} \equiv 0$. Les quantités $\beta'_\rho + \alpha'_1 \beta_\rho$, $\alpha'_\rho + \alpha'_1 \alpha_\rho$ ne peuvent être toutes à la fois congrues à zéro. Car si cela était, K se réduirait à ses deux premiers termes $\beta'_1 + \alpha'_1 \beta_1 : \alpha'_1, \beta'_1, \ldots, \alpha'_n, \beta'_n$ seraient donc congrus respectivement aux produits de $\alpha_1, \beta_1, \ldots, \alpha_n, \beta_n$ par un même entier constant α'_1. Si cet entier était congru à zéro, $\alpha'_1, \beta'_1, \ldots, \alpha'_n, \beta'_n$ seraient tous congrus à zéro; s'il était congru à 1, ils seraient congrus à $\alpha_1, \beta_1, \ldots, \alpha_n, \beta_n$. L'une et l'autre hypothèse sont inadmissibles.

On a d'ailleurs

$$\sum_1^n \alpha'_\rho \beta'_\rho + \alpha'_1 \alpha_\rho \beta_\rho \equiv \sum_2^n (\beta'_\rho + \alpha'_1 \beta_\rho)(\alpha'_\rho + \alpha'_1 \alpha_\rho);$$

car, en remarquant que $\alpha'^2_1 \equiv \alpha'_1$, cette relation se réduit à la suivante

$$\alpha'_1 \beta'_1 + \alpha'_1 \alpha_1 \beta_1 \equiv \alpha'_1 \sum_2^n \alpha_\rho \beta'_\rho + \alpha'_\rho \beta_\rho \equiv \alpha'_1 (\mathrm{K} - \alpha_1 \beta'_1 - \alpha'_1 \beta_1),$$

qui devient identique en remarquant qu'on a par hypothèse $\mathrm{K} \equiv 0$, $\alpha_1 \equiv 1$, avec $\alpha'^2_1 \equiv \alpha'_1$.

Le système des deux relations (49) est donc entièrement analogue à celui des relations (47) (sauf le changement de n en $n-1$), et aura $2\mathfrak{A}_{n-2}$ solutions : x_1 étant d'ailleurs arbitraire, *le nombre des lettres communes aux deux substitutions sera* $4\mathfrak{A}_{n-2}$.

On peut les grouper 4 par 4. En effet, soit $(x_1, y_1, \ldots)$ l'une d'elles : K étant congru à zéro, la lettre $(x_1 + \alpha_1, y_1 + \beta_1, \ldots)$ qui lui est associée dans la première substitution sera également commune aux deux substitutions (322). Les deux lettres $(x_1 + \alpha'_1, y_1 + \beta'_1, \ldots)$ et $(x_1 + \alpha_1 + \alpha'_1, y_1 + \beta_1 + \beta'_1, \ldots)$ qui leur sont respectivement associées dans la seconde substitution forment évidemment ensemble un nouveau cycle de la première.

Ces quatre lettres sont encore déplacées par la substitution $[\alpha_1 + \alpha'_1, \beta_1 + \beta'_1, \ldots]$, et forment deux de ses cycles. On a donc ici une autre espèce de *trios*, dont les trois substitutions ont en commun $\mathfrak{A}_{n-2}$ quaternes de lettres, les autres lettres qu'elles déplacent, en nombre $2\mathfrak{A}_{n-1} - 4\mathfrak{A}_{n-2} = 2^{n-3}$, étant différentes. Le nombre des lettres déplacées par quelqu'une de ces trois substitutions sera $4\mathfrak{A}_{n-2} + 3.2^{n-3} = \mathfrak{A}_n$, nombre total des lettres.

Le nombre des trios de cette espèce est $\frac{1}{6}[(2^{2n}-1)(2^{2n}-2) - \mathfrak{A}_{2n}]$.

Car les deux substitutions $[\alpha, \beta, \ldots]$, $[\alpha', \beta', \ldots]$ peuvent être choisies de $(2^{2n}-1)(2^{2n}-2)$ manières. Il faut rejeter les $\mathfrak{A}_{2n}$ combinaisons pour lesquelles on a $\mathrm{K} \equiv 1$; et chaque trio correspond à six des combinaisons restantes.

324. Soit toujours $K \equiv 0$, et supposons $n > 3$. Les deux substitutions $[\alpha_1, \beta_1, \ldots]$, $[\alpha'_1, \beta'_1, \ldots]$ ont en commun $\mathfrak{A}_{n-2}$ quaternes. Soient $(x_1, y_1, \ldots)$, $(x_1 + \alpha''_1, y_1 + \beta''_1, \ldots)$ deux lettres quelconques prises dans deux quaternes différents. Elles forment ensemble un cycle d'une nouvelle substitution $[\alpha''_1, \beta''_1, \ldots]$. Cherchons combien de lettres seront communes à la fois à cette substitution et aux deux précédentes.

Chacune des deux substitutions $[\alpha_1, \beta_1, \ldots]$, $[\alpha'_1, \beta'_1, \ldots]$ contenant à la fois les deux lettres d'un même cycle de $[\alpha''_1, \beta''_1, \ldots]$, on aura

$$L = \sum_1^n \alpha'_\rho \beta''_\rho + \alpha''_\rho \beta'_\rho \equiv 0, \quad M = \sum_1^n \alpha''_\rho \beta_\rho + \alpha_\rho \beta''_\rho \equiv 0.$$

Supposons toujours, pour fixer les idées, qu'on ait $\alpha_1 \equiv 1$: on aura à satisfaire simultanément aux quatre relations

$$\sum_1^n \alpha_\rho y_\rho + \beta_\rho x_\rho \equiv \sum_1^n \alpha_\rho \beta_\rho, \quad \sum_2^n x'_\rho y'_\rho \equiv 1,$$
$$\sum_2^n (\beta'_\rho + \alpha'_1 \beta_\rho) x'_\rho + (\alpha'_\rho + \alpha'_1 \alpha_\rho) y'_\rho \equiv \sum_2^n (\beta'_\rho + \alpha'_1 \beta_\rho)(\alpha'_\rho + \alpha'_1 \alpha_\rho),$$
$$\sum_2^n (\beta''_\rho + \alpha''_1 \beta_\rho) x'_\rho + (\alpha''_\rho + \alpha''_1 \alpha_\rho) y'_\rho \equiv \sum_2^n (\beta''_\rho + \alpha''_1 \beta_\rho)(\alpha''_\rho + \alpha''_1 \alpha_\rho),$$

dont la première détermine y_1 en laissant x_1 indéterminé. Les trois autres déterminent les quantités x'_ρ, y'_ρ de $4\mathfrak{A}_{n-2}$ manières différentes : car ces relations sont entièrement analogues à celles du problème précédent, le nombre des inconnues étant diminué de deux. En effet : 1° on ne peut avoir à la fois pour toutes les valeurs $2, \ldots, n$ de l'entier ρ

$$\beta'_\rho + \alpha'_1 \beta_\rho \equiv \beta''_\rho + \alpha''_1 \beta_\rho, \quad \alpha'_\rho + \alpha'_1 \alpha_\rho \equiv \alpha''_\rho + \alpha''_1 \alpha_\rho.$$

Car ces relations, jointes aux suivantes : $K \equiv M \equiv 0$, donneraient, dans le cas où $\alpha''_1 \equiv \alpha'_1$, $\alpha''_\rho \equiv \alpha'_\rho$, $\beta''_\rho \equiv \beta'_\rho$, et enfin $\beta''_1 \equiv \beta'_1$; et dans le cas où $\alpha''_1 \equiv \alpha'_1 + 1 \equiv \alpha'_1 + \alpha_1$, $\alpha''_\rho \equiv \alpha'_\rho + \alpha_\rho$, $\beta''_\rho \equiv \beta'_\rho + \beta_\rho$, $\beta''_1 \equiv \beta'_1 + \beta_1$. La racine $(x_1 + \alpha''_1, y_1 + \beta''_1, \ldots)$ appartiendrait donc, contre l'hypothèse, au même quaterne que $(x_1, y_1, \ldots)$; 2° on a la relation

$$\sum_2^n (\beta'_\rho + \alpha'_1 \beta_\rho)(\alpha''_\rho + \alpha''_1 \alpha_\rho) + (\beta''_\rho + \alpha''_1 \beta_\rho)(\alpha'_\rho + \alpha'_1 \alpha_\rho) \equiv 0.$$

Car cette relation, développée, donne la suivante

$$\sum_2^n \alpha'_\rho \beta''_\rho + \alpha''_\rho \beta'_\rho + \alpha'_1 (\alpha''_\rho \beta_\rho + \alpha_\rho \beta''_\rho) + \alpha''_1 (\alpha'_\rho \beta_\rho + \alpha_\rho \beta'_\rho) \equiv 0.$$

que les relations $L = M \equiv K \equiv 0$, jointes à l'hypothèse $\alpha_1 \equiv 1$, réduisent à l'identité

$$\alpha_1(\alpha'_1 \beta''_1 + \alpha''_1 \beta'_1) + \alpha'_1(\alpha''_1 \beta_1 + \alpha_1 \beta''_1) + \alpha''_1(\alpha_1 \beta'_1 + \alpha'_1 \beta_1) \equiv 0.$$

Donc *le nombre des lettres communes aux trois substitutions sera* $8\mathfrak{A}_{n-3}$. *On peut les grouper en octaves.* Car soit $(x_1, y_1, \ldots)$ l'une d'elles : il existera une autre lettre dont les indices sont respectivement $x_1 + \lambda\alpha_1 + \lambda'\alpha'_1 + \lambda''\alpha''_1$, $y_1 + \lambda\beta_1 + \lambda'\beta'_1 + \lambda''\beta''_1, \ldots$, quels que soient les entiers λ, λ', λ''. En effet, cela suppose seulement la relation

$$\sum_1^n (x_\rho + \lambda\alpha_\rho + \lambda'\alpha'_\rho + \lambda''\alpha''_\rho)(y_\rho + \lambda\beta_\rho + \lambda'\beta'_\rho + \lambda''\beta''_\rho) \equiv 1,$$

laquelle devient identique, en tenant compte des suivantes :

$$\lambda^2 \equiv \lambda, \quad \lambda'^2 \equiv \lambda', \quad \lambda''^2 \equiv \lambda'',$$

$$\sum_1^n x_\rho y_\rho \equiv 1, \quad \sum_1^n \alpha_\rho y_\rho + \beta_\rho x_\rho \equiv \sum_1^n \alpha_\rho \beta_\rho, \ldots, \quad \sum_1^n \alpha_\rho \beta'_\rho + \alpha'_\rho \beta_\rho \equiv 0, \ldots.$$

Or il est clair que *les* 8 *lettres obtenues par la variation de* λ, λ', λ'' *sont communes, non-seulement aux trois substitutions considérées, mais plus généralement aux sept qui sont contenues dans la formule*

$$[\mu\alpha_1 + \mu'\alpha'_1 + \mu''\alpha''_1, \quad \mu\beta_1 + \mu'\beta'_1 + \mu''\beta''_1, \ldots],$$

où μ, μ', μ'' sont des entiers quelconques qui ne soient pas simultanément congrus à zéro. Elles formeront quatre cycles dans chacune de ces substitutions. la lettre $(x_1 + \lambda_1\alpha_1 + \lambda'\alpha'_1 + \lambda''\alpha''_1, \ldots)$ par exemple, ayant pour associée $(x_1 + [\lambda + \mu]\alpha_1 + [\lambda' + \mu']\alpha'_1 + [\lambda'' + \mu'']\alpha''_1, \ldots)$. Il est clair d'ailleurs qu'en choisissant convenablement μ, μ', μ'' on peut donner pour associée à la lettre donnée une quelconque des autres lettres du même octave.

325. Si $n > 4$, on aura plusieurs octaves. Soient $(x_1, y_1, \ldots)$ et $(x_1 + \alpha'''_1, y_1 + \beta'''_1, \ldots)$ deux lettres quelconques, prises dans des octaves différents. On démontrera comme précédemment que *les quatre substitutions* $[\alpha_1, \beta_1, \ldots]$, $[\alpha'_1, \beta'_1, \ldots]$, $[\alpha''_1, \beta''_1, \ldots]$, $[\alpha'''_1, \beta'''_1, \ldots]$ *ont* $16\mathfrak{A}_{n-4}$ *lettres communes, lesquelles seront également communes aux* 15 *substitutions données par la formule*

$$[\mu\alpha_1 + \mu'\alpha'_1 + \mu''\alpha''_1 + \mu'''\alpha'''_1, \quad \mu\beta_1 + \mu'\beta'_1 + \mu''\beta''_1 + \mu'''\beta'''_1, \ldots],$$

et pourront être groupées en faisceaux de 16, *en réunissant ensemble celles que donne la formule*

$$(x_1 + \lambda\alpha_1 + \lambda'\alpha'_1 + \lambda''\alpha''_1 + \lambda'''\alpha'''_1,\quad y_1 + \lambda\beta_1 + \lambda'\beta'_1 + \lambda''\beta''_1 + \lambda'''\beta'''_1, \ldots).$$

Les lettres d'un même faisceau seront exclusivement associées entre elles dans les cycles des 15 substitutions ci-dessus, et chacune d'elles le sera à toutes les autres.

Si $n > 5$, on continuera de même.

326. Nous allons maintenant prouver que G dérive des seules substitutions $[\alpha_1, \beta_1, \ldots]$, et déterminer son ordre.

Lemme. — *Le groupe* G *est au moins deux fois transitif.*

Et d'abord, il est transitif. Car soient $(x_1, y_1, \ldots)$, $(x'_1, y'_1, \ldots)$ deux lettres quelconques : G contient la substitution $[x_1 + x'_1, y_1 + y'_1, \ldots]$, qui les remplace l'une par l'autre.

Cela posé, si G n'était qu'une fois transitif, considérons celles de ses substitutions qui laissent immobile une lettre donnée $(x_1, y_1, \ldots)$. Les $\mathfrak{A}_n - 1$ autres lettres pourraient être réparties en classes, en réunissant ensemble celles que ces substitutions permutent entre elles; et l'une au moins de ces classes contiendrait au plus $\frac{1}{2}(\mathfrak{A}_n - 1)$ lettres. Mais soit $(x'_1, y'_1, \ldots)$ une lettre appartenant à cette classe : la substitution $[x_1 + x'_1, y_1 + y'_1, \ldots]$ déplace $2\mathfrak{A}_{n-1}$ lettres. Soit $(x''_1, y''_1, \ldots)$ une quelconque des $\mathfrak{A}_n - 2\mathfrak{A}_{n-1}$ lettres restantes : la substitution $[x'_1 + x''_1, y'_1 + y''_1, \ldots]$ fait succéder $(x''_1, y''_1, \ldots)$ à $(x'_1, y'_1, \ldots)$ sans déplacer $(x_1, y_1, \ldots)$; car si elle déplaçait cette lettre, on aurait

$$K \equiv \sum_1^n (x_\rho + x'_\rho)(y'_\rho + y''_\rho) + (x'_\rho + x''_\rho)(y_\rho + y'_\rho) \equiv 0,$$

et $[x_1 + x'_1, y_1 + y'_1, \ldots]$ déplacerait $(x''_1, y''_1, \ldots)$ (323), contre l'hypothèse. Donc la classe à laquelle appartient $(x'_1, y'_1, \ldots)$ contient au moins les $\mathfrak{A}_n - 2\mathfrak{A}_{n-1}$ lettres telles que $(x''_1, y''_1, \ldots)$. Mais $\mathfrak{A}_n - 2\mathfrak{A}_{n-1} > \frac{1}{2}(\mathfrak{A}_n - 1)$. On arrive donc à une contradiction.

327. Théorème. — *Le groupe* G *est dérivé des seules substitutions* $[\alpha_1, \beta_1, \ldots]$; *et son ordre* Ω_n *est égal à*

$$\mathfrak{A}_n \{(\mathfrak{A}_n - 1)2^{2n-2}(\mathfrak{A}_{n-1} - 1)2^{2n-4} \ldots (\mathfrak{A}_3 - 1)2^4\}\, 1.2.3.4.5, \quad \text{si } n > 2,$$

à

$$1.2.3.4.5.6, \quad \text{si } n=2.$$

Ce théorème est évident si $n=2$, d'où $\mathfrak{A}_n=6$, $\mathfrak{A}_{n-1}=1$. Car les substitutions $[\alpha_1, \beta_1, \ldots]$ ne contenant chacune qu'un cycle, ne sont autres que les diverses transpositions que l'on peut effectuer entre les six lettres $(x_1, y_1, \ldots)$. En les combinant ensemble, on obtiendra toutes les substitutions possibles, en nombre $1.2.3.4.5.6$.

328. Nous allons maintenant prouver que le théorème est vrai pour n s'il l'est pour $n-1$.

Nous avons vu (**326**) que les substitutions dérivées de celles de la forme $[\alpha_1, \beta_1, \ldots]$ permettent d'amener deux lettres données, $(0, 0, 1, 1, 0, 0, \ldots)$ et $(1, 0, 1, 1, 0, 0, \ldots)$ par exemple, à la place de deux lettres quelconques. Soient donc L une substitution quelconque de G; L' la substitution dérivée des substitutions $[\alpha, \beta, \ldots]$ qui amène $(0, 0, 1, 1, 0, 0, \ldots)$ et $(1, 0, 1, 1, 0, 0, \ldots)$ aux mêmes places. On aura $L = L'M$, M étant une substitution de G, qui laisse ces deux lettres immobiles. Le nombre des systèmes de places distinctes que l'on peut assigner à ces deux lettres étant d'ailleurs égal à $\mathfrak{A}_n(\mathfrak{A}_n-1)$, l'ordre de G sera $\mathfrak{A}_n(\mathfrak{A}_n-1)O$, O étant l'ordre du groupe partiel H formé par les substitutions M (**44**).

Or ces substitutions, ne déplaçant pas $(0, 0, 1, 1, 0, 0, \ldots)$, $(1, 0, 1, 1, 0, 0, \ldots)$ et n'altérant pas φ_1, laisseront évidemment invariable la fonction partielle ψ formée par ceux des termes de φ_1 qui contiennent en facteur le produit de ces deux lettres. Mais soit

$$(0,0,1,1,0,0,\ldots)(1,0,1,1,0,0,\ldots)(x'_1, y'_1, x'_2, y'_2, x'_3, y'_3, \ldots)(x''_1, y''_1, x''_2, y''_2, x''_3, y''_3, \ldots)$$

l'un de ces termes. Les relations (44) donneront

$$x'_1 + x''_1 \equiv 1, \quad y'_1 + y''_1 \equiv x'_2 + x''_2 \equiv y'_2 + y''_2 \equiv x'_3 + x''_3 \equiv y'_3 + y''_3 \equiv \ldots \equiv 0.$$

Donc les deux lettres $(x'_1, y'_1, x'_2, y'_2, x'_3, y'_3, \ldots)$, $(x''_1, y''_1, x''_2, y''_2, x''_3, y''_3, \ldots)$ forment un cycle de la substitution $[1, 0, 0, 0, 0, 0, \ldots]$. Donc les lettres qui figurent dans cette substitution seront précisément les mêmes que celles qui figurent dans ψ. Les substitutions de H, n'altérant pas cette fonction, permuteront exclusivement entre elles les $\mathfrak{A}_n - 2\mathfrak{A}_{n-1} = 2^{2n-2}$ lettres restantes, qui n'y figurent pas.

329. Celles des substitutions $[\alpha, \beta, \ldots]$ qui appartiennent à H permutent transitivement les 2^{2n-2} lettres ci-dessus. Supposons en effet qu'il en soit autrement, et groupons ces lettres en classes, en réunissant ensemble celles que ces substitutions permutent entre elles. L'une au moins de ces classes contiendra tout au plus 2^{2n-3} lettres. Mais soit $(x_1, y_1, x_2, y_2, x_3, y_3, \ldots)$ une lettre de cette classe; ses indices satisfont aux deux relations suivantes:

$$x_1 y_1 + x_2 y_2 + x_3 y_3 + \ldots \equiv 1, \quad (x_1 + 1) y_1 + x_2 y_2 + x_3 y_3 + \ldots \equiv 0, \quad \text{d'où} \quad y_1 \equiv 1.$$

D'ailleurs, pour qu'une substitution $[\alpha_1, \beta_1, \alpha_2, \beta_2, \alpha_3, \beta_3, \ldots]$ ne déplace ni $(0, 0, 1, 1, 0, 0, \ldots)$ ni $(1, 0, 1, 1, 0, 0, \ldots)$, mais déplace $(x_1, y_1, x_2, y_2, x_3, y_3, \ldots)$, il faudra qu'on ait

$$\alpha_1 \beta_1 + (\alpha_2 + 1)(\beta_2 + 1) + \alpha_3 \beta_3 + \ldots \equiv 0 \tag{50}$$

$$(\alpha_1 + 1)\beta_1 + (\alpha_2 + 1)(\beta_2 + 1) + \alpha_3 \beta_3 + \ldots \equiv 0, \quad \text{d'où} \quad \beta_1 \equiv 0, \tag{51}$$

$$(x_1 + \alpha_1)(y_1 + \beta_1) + (x_2 + \alpha_2)(y_2 + \beta_2) + (x_3 + \alpha_3)(y_3 + \beta_3) + \ldots \equiv 0. \tag{52}$$

Autant donc ce système de relations aura de solutions, autant on aura de lettres $(x_1 + \alpha_1, y_1 + \beta_1, \ldots)$ différentes de $(x_1, y_1, \ldots)$ et appartenant à la même classe.

Or il existe (259) $2^{2n-3} + 2^{n-2}$ manières de déterminer $\alpha_2 + 1$, $\beta_2 + 1$, α_3, $\beta_3, \ldots$ pour satisfaire à la relation

$$(\alpha_2 + 1)(\beta_2 + 1) + \alpha_3 \beta_3 + \ldots \equiv 0.$$

Posant en outre $\beta_1 \equiv 0$, les relations (50) et (51) seront satisfaites : et l'on pourra déterminer α_1 par la relation (52), ce qui n'offre aucune difficulté, le coefficient $y_1 + \beta_1$, qui le multiplie, étant congru à 1.

Donc la classe considérée contient au moins $2^{2n-3} + 2^{n-2} + 1$ racines, nombre supérieur à 2^{2n-3}. Nous arrivons donc à une contradiction.

Donc les substitutions de H permutent transitivement les 2^{2n-2} lettres considérées; et son ordre est égal à $2^{2n-2} O_1$, O_1 étant l'ordre du groupe H_1 formé par celles de ses substitutions qui laissent immobiles une de ces lettres, choisie à volonté, par exemple $(0, 1, 1, 1, 0, 0, \ldots)$. En outre, toute substitution M prise dans H pourra évidemment se mettre sous la forme $M'M_1$, M' étant la substitution dérivée de celles de la forme $[\alpha_1, \beta_1, \ldots]$ qui amène $(0, 1, 1, 1, 0, 0, \ldots)$ à la même place que M, et M_1 une substitution de H_1.

330. Les substitutions de H_1, laissant immobiles les trois lettres $(0, 0, 1, 1, 0, 0, \ldots)$, $(1, 0, 1, 1, 0, 0, \ldots)$, $(0, 1, 1, 1, 0, 0, \ldots)$, et n'altérant pas φ_4, n'altéreront pas les fonctions ψ, ψ_1, ψ_2, respectivement formées par ceux des termes de φ_4 qui contiennent en facteur les produits $(0, 0, 1, 1, 0, 0, \ldots)(1, 0, 1, 1, 0, 0, \ldots)$, $(0, 0, 1, 1, 0, 0, \ldots)(0, 1, 1, 1, 0, 0, \ldots)$, $(1, 0, 1, 1, 0, 0, \ldots)(0, 1, 1, 1, 0, 0, \ldots)$. Elles remplacent donc les unes par les autres les lettres de la forme $(0, 0, x_2, y_2, x_3, y_3, \ldots)$, qui seules jouissent de la propriété d'être déplacées par ψ et par ψ_1, sans l'être par ψ_2.

Soit donc φ'_4 la fonction partielle formée par ceux des termes de φ_4 qui sont exclusivement composés avec les $\mathfrak{R}_{n-1}$ lettres $(0, 0, x_2, y_2, x_3, y_3, \ldots)$. Toutes les substitutions de H_1 laisseront φ'_4 invariable. Considérons d'autre part les substitutions $[0, 0, \alpha_2, \beta_2, \alpha_3, \beta_3, \ldots]$, et désignons par $[0, 0, \alpha_2, \beta_2, \alpha_3, \beta_3, \ldots]'$ les substitutions partielles obtenues en ne conservant que ceux de leurs cycles qui sont formés par les racines $(0, 0, x_2, y_2, x_3, y_3, \ldots)$. Le théorème étant supposé vrai pour $2(n-1)$ indices, le groupe de la fonction φ'_4 sera évidemment dérivé des substitutions $[0, 0, \alpha_2, \beta_2, \alpha_3, \beta_3, \ldots]'$, et son ordre sera égal à Ω_{n-1}. L'ordre du groupe partiel formé par celles de ses substitutions qui laissent immobile la lettre $(0, 0, 1, 1, 0, 0, \ldots)$ sera $\frac{\Omega_{n-1}}{\mathfrak{R}_{n-1}}$. Soient maintenant A' une substitution de ce groupe partiel ; A la substitution formée avec les $[0, 0, \alpha_2, \beta_2, \alpha_3, \beta_3, \ldots]$ de la même manière que A' l'est avec les $[0, 0, \alpha_2, \beta_2, \alpha_3, \beta_3, \ldots]'$. Il est clair que A permute les lettres $(0, 0, x_2, y_2, x_3, y_3, \ldots)$ de la même manière que A' ; donc elle laisse immobile la lettre $(0, 0, 1, 1, 0, 0, \ldots)$. D'ailleurs les substitutions $[0, 0, \alpha_2, \beta_2, \alpha_3, \beta_3, \ldots]$, dont elle dérive, ne déplacent ni $(1, 0, 1, 1, 0, 0, \ldots)$ ni $(0, 1, 1, 1, 0, 0, \ldots)$; donc A ne les déplacera pas non plus, et appartiendra à H_1.

331. *Les* $\frac{\Omega_{n-1}}{\mathfrak{R}_{n-1}}$ *substitutions* A *seront les seules que contienne* H_1. Soient en effet B une substitution de H_1 ; B' la substitution obtenue en ne conservant que ceux des cycles de B qui sont formés par les racines $(0, 0, x_2, y_2, x_3, y_3, \ldots)$: φ'_4 sera invariable par B, ou, ce qui revient au même, par B'. Donc B' se confond avec l'une des substitutions A'. La substitution A, formée comme tout à l'heure, permutera évidemment les lettres $(0, 0, x_2, y_2, x_3, y_3, \ldots)$ de la même manière que B. On aura donc $B = AC$, C étant une nouvelle substitution qui laisse immobiles toutes les lettres $(0, 0, x_2, y_2, x_3, y_3, \ldots)$ ainsi que $(1, 0, 1, 1, 0, 0, \ldots)$ et $(0, 1, 1, 1, 0, 0, \ldots)$.

Or il est aisé de voir que C se réduit à l'unité. Car cette substitution, laissant immobiles les trois lettres $(0, 0, 1, 1, 0, 0, \ldots)$, $(1, 0, 1, 1, 0, 0, \ldots)$, $(0, 0, x_2, y_2, x_3, y_3, \ldots)$, laissera invariable le terme de φ_4 qui seul est divisible par leur produit. Donc elle laisse immobile la quatrième lettre qui figure dans ce terme, laquelle est $(1, 0, x_2, y_2, x_3, y_3, \ldots)$. On voit de même que C, laissant immobiles $(0, 0, 1, 1, 0, 0, \ldots)$, $(0, 1, 1, 1, 0, 0, \ldots)$, $(0, 0, x_2, y_2, x_3, y_3, \ldots)$, laissera immobile $(0, 1, x_2, y_2, x_3, y_3, \ldots)$. Considérons enfin une lettre de la forme $(1, 1, x_2, y_2, x_3, y_3, \ldots)$: cette lettre, multipliée par le produit

$$(1, 0, 1+x_2+x_3y_3, 0, 1, 1, \ldots)(0, 1, 0, y_2+1, 1, 1, \ldots)(0, 0, 1+x_3y_3, 1, x_3, y_3, \ldots)$$

forme un terme de φ_4. La substitution C, laissant immobiles ces trois derniers facteurs, laissera le quatrième immobile. Donc C, laissant immobile une lettre quelconque, se réduit à l'unité.

Donc les substitutions de H_1, et par suite celles de G, dérivent toutes de la combinaison des substitutions $[\alpha_1, \beta_1, \ldots]$. En outre, on a $O_1 = \frac{\Omega_{n-1}}{\mathfrak{R}_{n-1}}$, et l'ordre de G sera égal à $\mathfrak{R}_n(\mathfrak{R}_n - 1)\, 2^{2n-2} \frac{\Omega_{n-1}}{\mathfrak{R}_{n-1}}$. Remplaçant Ω_{n-1} par sa valeur déduite du théorème, que l'on suppose vrai pour $n-1$, le théorème se trouve démontré pour n.

332. Théorème. — *Le groupe* G *est isomorphe sans mériédrie au groupe abélien.*

Considérons en effet les deux substitutions

$$S = [x_1, y_1, \ldots], \quad T = [\alpha_1, \beta_1, \ldots],$$

et cherchons la transformée de la première par la seconde.

Si la quantité

$$K \equiv \sum_1^n \alpha_\rho y_\rho + \beta_\rho x_\rho$$

est congrue à 1, chacun des cycles de S aura une de ses lettres, et une seule, déplacée par T (322). Lorsqu'on effectuera la transformation de S par T, cette lettre sera remplacée par celle qui lui est associée dans T, et dont les indices surpassent les siens respectivement de $\alpha_1, \beta_1, \ldots$. Donc les sommes d'indices, qui étaient respectivement congrues à $x_1, y_1, \ldots$ dans chacun des cycles de S, seront congrues à $x_1 + \alpha_1, y_1 + \beta_1, \ldots$ dans chacun des cycles de la transformée. Cette transformée sera donc

$$[x_1 + \alpha_1, y_1 + \beta_1, \ldots].$$

Soit au contraire $K \equiv 0$. Si quelqu'un des cycles de S a l'une de ses lettres déplacée par T, l'autre le sera aussi; et les indices de ces deux lettres seront accrus de la même quantité par la transformation. Les sommes d'indices dans les cycles de la transformée seront donc encore congrues à x_1, $y_1, \ldots$ (mod. 2), et la transformée sera égale à S.

On aura donc généralement

$$[\alpha_1, \beta_1, \ldots]^{-1}[x_1, y_1, \ldots][\alpha_1, \beta_1, \ldots] = [x_1 + \alpha_1 K,\ y_1 + \beta_1 K, \ldots].$$

333. *Toute substitution de* G *transforme la substitution* $[x_1, y_1, \ldots]$ *en une substitution* $[\xi_1, \eta_1, \ldots]$, $\xi_1, \eta_1, \ldots$ *étant des fonctions linéaires de* $x_1, y_1, \ldots$ *dont les coefficients satisfont aux relations qui caractérisent le groupe abélien.*

En effet, K étant une fonction linéaire de $x_1, y_1, \ldots$ il en est de même de $x_1 + \alpha_1 K$, $y_1 + \beta_1 K, \ldots$. On vérifie d'ailleurs aisément que ces dernières fonctions satisfont aux relations du groupe abélien. Donc notre assertion est vraie, si la transformante est une des substitutions $[\alpha_1, \beta_1, \ldots]$. Mais G étant dérivé de substitutions de cette forme, on obtiendra la transformée de $[x_1, y_1, \ldots]$ par une substitution quelconque de G en opérant une suite de transformations par des substitutions de cette forme; et le type à la fois linéaire et abélien des fonctions $\xi_1, \eta_1, \ldots$ se conservera à chaque transformation.

334. Faisons maintenant correspondre à chaque substitution T du groupe G, qui transforme $[x_1, y_1, \ldots]$ en $[\xi_1, \eta_1, \ldots]$, une substitution linéaire

$$\Theta = | x_1, y_1, \ldots \quad \xi_1, \eta_1, \ldots |.$$

Il est évident qu'au produit de deux substitutions de G correspond le produit de leurs correspondantes : donc *les substitutions* Θ *forment un groupe* Γ, *isomorphe à* G.

Cet isomorphisme n'est pas mériédrique. Cherchons en effet quelles sont les substitutions de G qui ont pour correspondante l'unité. Soit S l'une d'elles. Elle est échangeable à chacune des substitutions $[\alpha_1, \beta_1, \ldots]$. Donc elle permute exclusivement entre elles, d'une part les lettres que $[\alpha_1, \beta_1, \ldots]$ déplace, d'autre part celles qu'elle ne déplace pas.

Soient donc $(x_1, y_1, \ldots)$ une lettre quelconque; $(x'_1, y'_1, \ldots)$ celle que S lui fait succéder. Ces deux lettres devront être à la fois déplacées ou non déplacées par chacune des substitutions $[\alpha_1, \beta_1, \ldots]$. On aura donc (319), quels que soient $\alpha_1, \beta_1, \ldots$, la relation

$$\alpha_1 y_1 + \beta_1 x_1 + \ldots \equiv \alpha_1 y'_1 + \beta_1 x'_1 + \ldots,$$

d'où

$$x_1 \equiv x'_1, \quad y_1 \equiv y'_1, \ldots.$$

Donc S remplace $(x_1, y_1, \ldots)$ par elle-même. Donc elle se réduit à l'unité. Donc la substitution 1 de Γ correspond à une seule substitution de G; donc il n'y a pas de mériédrie.

L'ordre de Γ est donc égal à

$$\Omega_n = \frac{\mathfrak{R}_n(\mathfrak{R}_n - 1)\, 2^{2n-2}}{\mathfrak{R}_{n-1}} \Omega_{n-1} = (2^{2n} - 1)\, 2^{2n-1}\, \Omega_{n-1} = (2^{2n} - 1)\, 2^{2n-1} \ldots (2^2 - 1)\, 2,$$

nombre égal à l'ordre du groupe abélien. Mais d'autre part ses substitutions sont toutes abéliennes. Donc Γ *se confond avec le groupe abélien.*

335. Corollaire. — *Le groupe* G *est simple, si* $n > 2$. Car il est isomorphe au groupe abélien, qui est simple (**227**).

Si $n = 2$, le groupe G est formé de toutes les substitutions possibles entre six lettres. Il a donc pour facteurs de composition 2 et $\frac{1.2.3.4.5.6}{2}$ (**85**). Il en sera de même du groupe abélien.

336. Étude du groupe G_1. — Considérons maintenant le groupe G_1, dont les substitutions n'altèrent pas la fonction φ_μ, quel que soit l'entier μ.

Soit $t = (x'_1, y'_1, \ldots, x'_n, y'_n) \ldots (x_1^{(\mu)}, y_1^{(\mu)}, \ldots, x_n^{(\mu)}, y_n^{(\mu)})$ l'un quelconque des termes de φ_μ, μ étant supposé impair. On voit comme au n° **319** que le nombre m des facteurs de t inaltérés par la substitution $[\alpha_1, \beta_1, \ldots, \alpha_n, \beta_n]$ est congru à $\mu(\alpha_1\beta_1 + \ldots + \alpha_n\beta_n)$. Donc, si $\alpha_1\beta_1 + \ldots + \alpha_n\beta_n \equiv 1$, le nombre $\mu - m$ des facteurs altérés sera pair. Soit alors

$$T = (X'_1, Y'_1, \ldots, X'_n, Y'_n) \ldots (X_1^{(\mu)}, Y_1^{(\mu)}, \ldots, X_n^{(\mu)}, Y_n^{(\mu)})$$

ce que devient t par la substitution $[\alpha_1, \beta_1, \ldots, \alpha_n, \beta_n]$: on aura

$$X'_\rho + X''_\rho + \ldots \equiv x'_\rho + x''_\rho + \ldots + (\mu - m)\alpha_\rho \equiv 0,$$
$$Y'_\rho + Y''_\rho + \ldots \equiv y'_\rho + y''_\rho + \ldots + (\mu - m)\beta_\rho \equiv 0.$$

Donc T sera un terme de φ_μ : et cette fonction n'est pas altérée par la substitution $[\alpha_1, \beta_1, \ldots, \alpha_n, \beta_n]$ sous la condition ci-dessus :

$$\alpha_1\beta_1 + \ldots + \alpha_n\beta_n \equiv 1.$$

Nous appellerons, pour abréger, substitutions Σ celles de la forme $[\alpha_1, \beta_1, \ldots, \alpha_n, \beta_n]$ qui satisfont à cette condition.

337. De même φ_μ n'est pas altérée par la substitution

$$A = [0, 0, \ldots, 1, 1, 1, 1][0, 0, \ldots, 1, 0, 0, 1][0, 0, \ldots, 0, 1, 1, 0],$$

et plus généralement par celles de la forme

$$[\alpha_1, \beta_1, \ldots, \alpha_n, \beta_n][\alpha'_1, \beta'_1, \ldots, \alpha'_n, \beta'_n][\alpha''_1, \beta''_1, \ldots, \alpha''_n, \beta''_n],$$

lorsque l'on a

$$\alpha_1\beta_1 + \ldots + \alpha_n\beta_n \equiv \alpha'_1\beta'_1 + \ldots + \alpha'_n\beta'_n \equiv \alpha''_1\beta''_1 + \ldots + \alpha''_n\beta''_n \equiv 0,$$

$$\begin{aligned}\alpha_1\beta'_1 + \alpha'_1\beta_1 + \ldots + \alpha_n\beta'_n + \alpha'_n\beta_n &\equiv \alpha'_1\beta''_1 + \alpha''_1\beta'_1 + \ldots + \alpha'_n\beta''_n + \alpha''_n\beta'_n \\ &\equiv \alpha''_1\beta_1 + \alpha_1\beta''_1 + \ldots + \alpha''_n\beta_n + \alpha_n\beta''_n \equiv 0,\end{aligned}$$

$$\alpha_\rho + \alpha'_\rho + \alpha''_\rho \equiv \beta_\rho + \beta'_\rho + \beta''_\rho \equiv 0.$$

Opérons en effet sur t la substitution $[\alpha_1, \beta_1, \ldots, \alpha_n, \beta_n]$ et soit

$$T = (X'_1, Y'_1, \ldots, X'_n, Y'_n) \ldots (X_1^{(\mu)}, Y_1^{(\mu)}, \ldots, X_n^{(\mu)}, Y_n^{(\mu)})$$

le terme résultant : on aura

$$\begin{aligned}X'_\rho + X''_\rho + \ldots &\equiv x'_\rho + x''_\rho + \ldots + (\mu - m)\alpha_\rho \equiv \mu\alpha_\rho, \\ Y'_\rho + Y''_\rho + \ldots &\equiv y'_\rho + y''_\rho + \ldots + (\mu - m)\beta_\rho \equiv \mu\beta_\rho.\end{aligned}$$

Opérons maintenant sur T la substitution $[\alpha'_1, \beta'_1, \ldots, \alpha'_n, \beta'_n]$; soit m' le nombre des facteurs de T inaltérés par cette substitution : on aura (319)

$$\begin{aligned}m' &\equiv \sum \beta'_1 X_1 + \alpha'_1 Y_1 + \ldots + \beta'_n X_n + \alpha'_n Y_n + \alpha'_1\beta'_1 + \ldots + \alpha'_n\beta'_n \\ &\equiv \mu(\alpha_1\beta'_1 + \alpha'_1\beta_1 + \ldots + \alpha_n\beta'_n + \alpha'_n\beta_n) \equiv 0,\end{aligned}$$

et si $\theta = (\xi'_1, \eta'_1, \ldots, \xi'_n, \eta'_n) \ldots (\xi_1^{(\mu)}, \eta_1^{(\mu)}, \ldots, \xi_n^{(\mu)}, \eta_n^{(\mu)})$ est ce que devient T par cette opération, on aura

$$\begin{aligned}\xi'_\rho + \xi''_\rho + \ldots &\equiv X'_\rho + X''_\rho + \ldots + (\mu - m')\alpha'_\rho \equiv \mu(\alpha_\rho + \alpha'_\rho), \\ \eta'_\rho + \eta''_\rho + \ldots &\equiv Y'_\rho + Y''_\rho + \ldots + (\mu - m')\beta'_\rho \equiv \mu(\beta_\rho + \beta'_\rho).\end{aligned}$$

Opérons de même sur θ la substitution $[\alpha''_1, \beta''_1, \ldots, \alpha''_n, \beta''_n]$. Soit m'' le nombre des facteurs de θ inaltérés par cette substitution : on aura

$$m'' \equiv \sum \beta''_1 \xi_1 + \alpha''_1 \eta_1 + \ldots + \beta''_n \xi_n + \alpha''_n \eta_n + \alpha''_1 \beta''_1 + \ldots + \alpha''_n \beta''_n$$
$$\equiv \mu \left\{ \beta''_1 (\alpha_1 + \alpha'_1) + \ldots + \alpha''_n (\beta_n + \beta'_n) \right\} \equiv 0,$$

et si $\Theta = (\Xi'_1, \mathrm{H}'_1, \ldots, \Xi'_n, \mathrm{H}'_n) \ldots (\Xi_1^{(\mu)}, \mathrm{H}_1^{(\mu)}, \ldots, \Xi_n^{(\mu)}, \mathrm{H}_n^{(\mu)})$ est ce que devient θ par cette opération, on aura

$$\Xi'_\rho + \Xi''_\rho + \ldots \equiv \xi'_\rho + \xi''_\rho + \ldots + (\mu - m'')\alpha_\rho \equiv \mu(\alpha_\rho + \alpha'_\rho + \alpha''_\rho) \equiv 0,$$
$$\mathrm{H}'_\rho + \mathrm{H}''_\rho + \ldots \equiv \eta'_\rho + \eta''_\rho + \ldots + (\mu - m'')\alpha_\rho \equiv \mu(\beta_\rho + \beta'_\rho + \beta''_\rho) \equiv 0.$$

Donc Θ est un terme de φ_μ : donc la substitution

$$[\alpha_1, \beta_1, \ldots, \alpha_n, \beta_n] [\alpha'_1, \beta'_1, \ldots, \alpha'_n, \beta'_n] [\alpha''_1, \beta''_1, \ldots, \alpha''_n, \beta''_n]$$

n'altère pas φ_μ, mais transforme ses termes les uns dans les autres.

338. Théorème. — *Le groupe G_1 est dérivé des seules substitutions Σ et A, et son ordre ω_n est égal à*

$$\mathfrak{K}_n \left\{ (2^{2n-2} - 1) 2^{2n-3} \ldots (2^4 - 1) 2^3 \right\} \frac{2.(1.2.3)^2}{6}, \quad si\ n > 2,$$

à

$$2.(1.2.3)^2, \quad si\ n = 2.$$

Soit d'abord $n = 2$. On aura

$$\varphi_2 = (0, 0, 1, 1)(1, 1, 0, 1)(1, 1, 1, 0) + (1, 1, 0, 0)(1, 0, 1, 1)(0, 1, 1, 1),$$

et les substitutions qui laissent cette fonction invariable dérivent évidemment de la substitution A, qui permute entre eux ses deux termes, jointe aux substitutions Σ, qui permutent deux à deux les facteurs de chacun de ces termes. Il est clair en outre que G_1 a pour ordre $2.(1.2.3)^2$.

Nous allons maintenant prouver que le théorème est vrai pour n, s'il l'est pour $n - 1$.

339. Le groupe I dérivé des substitutions Σ est contenu dans G_1 (336) : il est d'ailleurs transitif. En effet, supposons qu'il en soit autrement; on pourrait partager les $\mathfrak{K}_n$ lettres en classes, en réunissant celles que les substitutions de I permutent ensemble. Soient C la classe la moins nombreuse, $(x_1, y_1, \ldots)$ une de ses lettres : la substitution $[\alpha_1, \beta_1, \ldots]$ la remplace par

une autre lettre $[x_1+\alpha_1, y_1+\beta_1, \ldots]$ si l'on a, outre les conditions

$$(53)\qquad \alpha_1\beta_1+\ldots+\alpha_n\beta_n\equiv 1,$$

$$(54)\qquad x_1y_1+\ldots+x_ny_n\equiv 1,$$

la suivante

$$(55)\qquad (x_1+\alpha_1)(y_1+\beta_1)+\ldots\equiv 1,\quad \text{ou}\quad \beta_1x_1+\alpha_1y_1+\ldots+\beta_nx_n+\alpha_ny_n\equiv 1.$$

On aura donc au moins autant de lettres différentes de la proposée et appartenant à la même classe, que les relations (53) et (55) donnent de solutions pour $\alpha_1, \beta_1, \ldots, \alpha_n, \beta_n$. Or l'une au moins des quantités $x_1, y_1, \ldots$ diffère de o (mod. 2) en vertu de la relation (54). Soit, pour fixer les idées, $x_1\equiv 1$. La relation (55) déterminera β_1 en fonction des autres coefficients, qui satisferont à la congruence

$$\begin{aligned} 1 &\equiv \alpha_1(1-\alpha_1y_1-\beta_2x_2-\alpha_2y_2-\ldots-\beta_nx_n-\alpha_ny_n)+\alpha_2\beta_2+\ldots+\alpha_n\beta_n \\ &\equiv (\alpha_2-\alpha_1x_2)(\beta_2-\alpha_1y_2)+\ldots+(\alpha_n-\alpha_1x_n)(\beta_n-\alpha_1y_n). \end{aligned}$$

Cette congruence a $2\mathfrak{A}_{n-1}$ solutions : car α_1 peut être choisi arbitrairement, et l'on aura ensuite $\mathfrak{A}_{n-1}$ manières distinctes de déterminer $\alpha_2-\alpha_1x_2$, $\beta_2-\alpha_1y_2, \ldots$, et par suite, $\alpha_2, \beta_2, \ldots$.

Donc la classe C contient au moins $2\mathfrak{A}_{n-1}+1$ lettres; donc la classe la plus nombreuse en contiendra au plus $\mathfrak{A}_n-2\mathfrak{A}_{n-1}-1$.

340. Ce résultat est inadmissible : car il est aisé de prouver que la classe qui contient la lettre $(1, 1, 0, 0, \ldots, 0, 0)$ contient plus de $\mathfrak{A}_n-2\mathfrak{A}_{n-1}-1$ lettres. En effet, cette lettre est déplacée par celles des substitutions Σ, en nombre $2\mathfrak{A}_{n-1}$, qui sont de la forme $[\alpha_1, \alpha_1+1, \alpha_2, \beta_2, \ldots, \alpha_n, \beta_n]$, lesquelles la permutent avec les $2\mathfrak{A}_{n-1}$ lettres de la forme $(\alpha_1+1, \alpha_1, \alpha_2, \beta_2, \ldots, \alpha_n, \beta_n)$, et en particulier avec la lettre $(1, 0, 1, 1, \ldots, 0, 0)$. Or, soient $\alpha_2, \beta_2, \ldots, \alpha_n, \beta_n$ des entiers quelconques, satisfaisant à la condition $\alpha_2\beta_2+\ldots+\alpha_n\beta_n\equiv 1$; la substitution $[\alpha_2+\beta_2, \alpha_2+\beta_2+1, \alpha_2, \beta_2, \ldots, \alpha_n, \beta_n]$, laquelle est l'une des substitutions Σ, remplace $(1, 0, 1, 1, \ldots, 0, 0)$ par

$$(\alpha_2+\beta_2+1,\ \alpha_2+\beta_2+1,\ \alpha_2+1,\ \beta_2+1, \ldots, \alpha_n, \beta_n).$$

En faisant varier $\alpha_2, \beta_2, \ldots, \alpha_n, \beta_n$, on obtiendra $\mathfrak{A}_{n-1}$ nouvelles lettres appartenant à la même classe que les $2\mathfrak{A}_{n-1}$ précédentes, dont elles différeront d'ailleurs essentiellement par cette circonstance que leurs deux premiers indices sont égaux.

La classe considérée contient donc au moins $3\mathfrak{A}_{n-1}$ lettres, nombre supérieur à $\mathfrak{A}_n - 2\mathfrak{A}_{n-1} - 1$, n étant supposé > 2.

341. Cela posé, soient L une substitution quelconque de G_1, qui fasse succéder $(0, 0, 1, 1, \ldots, 0, 0)$ à une autre lettre quelconque; L' la substitution de I qui produit ce même résultat : on aura $L = L'M$; M étant une substitution de G_1, qui laisse $(0, 0, 1, 1, \ldots, 0, 0)$ immobile. Et l'ordre de G_1 sera $\mathfrak{A}_n O$, O étant l'ordre du groupe partiel H formé par celles de ses substitutions qui sont de la forme M.

342. La substitution M, n'altérant pas la fonction φ_2, n'altérera pas la fonction partielle ψ formée par ceux de ses termes qui contiennent $(0, 0, 1, 1, \ldots, 0, 0)$ en facteur. Mais le facteur qui multiplie $(0, 0, 1, 1, \ldots, 0, 0)$ dans ψ est évidemment égal à $\sum (x_1, y_1, \ldots, x_n, y_n)(x'_1, y'_1, \ldots, x'_n, y'_n)$, la sommation s'étendant à tous les couples de lettres qui forment les cycles de la substitution $[0, 0, 1, 1, \ldots, 0, 0]$. Ces couples sont au nombre de $\mathfrak{A}_{n-1}$ (320); et M, laissant ψ invariable, permutera exclusivement entre elles les $\mathfrak{A}_n - 2\mathfrak{A}_{n-1} - 1 = 2^{2n-2} - 1$ lettres que cette fonction ne contient pas.

Réciproquement, celles des substitutions de I qui laissent $(0, 0, 1, 1, \ldots, 0, 0)$ immobile permutent transitivement ces $2^{2n-2} - 1$ lettres. Car s'il en était autrement, on pourrait répartir ces lettres en classes, en réunissant ensemble celles qui sont permutées ensemble par ces substitutions; et l'une au moins de ces classes contiendrait au plus $2^{2n-3} - 1$ lettres. C'est impossible; car, soit $(x_1, y_1, x_2, y_2, \ldots, x_n, y_n)$ une lettre de cette classe, on aura

$$x_1 y_1 + x_2 y_2 + \ldots + x_n y_n \equiv 1,$$
$$x_1 y_1 + (x_2 + 1)(y_2 + 1) + \ldots + x_n y_n \equiv 0, \quad \text{d'où} \quad x_2 + y_2 \equiv 0.$$

La substitution $[\alpha_1, \beta_1, \alpha_2, \beta_2, \ldots, \alpha_n, \beta_n]$ sera de la forme Σ, ne déplacera pas $(0, 0, 1, 1, \ldots, 0, 0)$ et déplacera $(x_1, y_1, x_2, y_2, \ldots, x_n, y_n)$, si l'on a

$$\alpha_1 \beta_1 + \alpha_2 \beta_2 + \ldots + \alpha_n \beta_n \equiv 1, \quad \alpha_2 + \beta_2 \equiv 0,$$
$$\beta_1 x_1 + \alpha_1 y_1 + \beta_2 x_2 + \alpha_2 y_2 + \ldots + \beta_n x_n + \alpha_n y_n \equiv 1,$$

d'où

$$(56) \quad \begin{cases} \alpha_2 \equiv \beta_2 \equiv 1 - \alpha_1 \beta_1 - \alpha_3 \beta_3 - \ldots - \alpha_n \beta_n, \\ \beta_1 x_1 + \alpha_1 y_1 + \beta_3 x_3 + \alpha_3 y_3 + \ldots + \beta_n x_n + \alpha_n y_n \equiv 1. \end{cases}$$

Mais $(x_1, y_1, x_2, y_2, \ldots, x_n, y_n)$ diffère de $(0, 0, 1, 1, \ldots, 0, 0)$; donc

$x_1, y_1, x_2, y_2, \ldots, x_n, y_n$ ne peuvent être à la fois congrus à zéro : les relations (56) déterminent donc α_2, β_2 et l'une des quantités $\alpha_1, \beta_1, \alpha_3, \beta_3, \ldots, \alpha_n, \beta_n$, les autres restant arbitraires; ce qui donne 2^{2n-3} systèmes de valeurs pour ces quantités. Donc la classe qui contient $(x_1, y_1, x_2, y_2, \ldots, x_n, y_n)$ contiendra au moins 2^{2n-3} lettres différentes de celles-là; elle en contient donc plus de $2^{2n-3}-1$.

Cela posé, on aura évidemment $M = M'M_1$; M' étant une des substitutions de I, et M_1 une substitution de G_1, qui laisse immobile, outre $(0, 0, 1, 1, \ldots, 0, 0)$, l'une des $2^{2n-2}-1$ lettres considérées, par exemple $(1, 0, 1, 1, \ldots, 0, 0)$; et O sera égal à $(2^{2n-2}-1)O_1$, O_1 étant l'ordre du groupe partiel formé par celles des substitutions de G_1 qui sont de la forme M_1.

343. La substitution M_1, n'altérant pas φ_3, et laissant immobiles les deux lettres $(0, 0, 1, 1, \ldots, 0, 0)$ et $(1, 0, 1, 1, \ldots, 0, 0)$, laissera invariables les deux fonctions ψ, ψ_1 formées respectivement par ceux des termes de φ_3 qui contiennent ces deux lettres en facteur. Donc elle remplacera les unes par les autres les lettres qui figurent dans ψ_1 et non dans ψ. Les indices de ces lettres sont donnés par les solutions des congruences

$$x_1y_1 + x_2y_2 + x_3y_3 + \ldots \equiv 1,$$
$$x_1y_1 + (x_2+1)(y_2+1) + x_3y_3 + \ldots \equiv 0,$$
$$(x_1+1)y_1 + (x_2+1)(y_2+1) + x_3y_3 + \ldots \equiv 1,$$

ou

$$y_1 \equiv 1, \quad x_2 \equiv y_2 \equiv 1 - x_1 - x_3y_3 - \ldots,$$

lesquelles sont évidemment en nombre 2^{2n-3}.

Or celles des substitutions de I qui laissent immobiles $(0, 0, 1, 1, \ldots, 0, 0)$ et $(1, 0, 1, 1, \ldots, 0, 0)$ permutent transitivement ces 2^{2n-3} lettres. Car s'il en était autrement, on pourrait répartir ces lettres en classes, dont l'une contiendrait au plus 2^{2n-4} lettres. C'est impossible : car soit $(x_1, y_1, x_2, y_2, \ldots, x_n, y_n)$ une de ces lettres; la classe qui la renferme contiendra au moins autant d'autres lettres qu'il y a de solutions aux congruences

$$\alpha_1\beta_1 + \alpha_2\beta_2 + \alpha_3\beta_3 + \ldots \equiv 1, \quad \alpha_2 + \beta_2 \equiv 0, \quad \beta_1 \equiv 0,$$
$$\beta_1x_1 + \alpha_1y_1 + \beta_2x_2 + \alpha_2y_2 + \beta_3x_3 + \alpha_3y_3 + \ldots \equiv 1,$$

d'où

$$(57) \quad \begin{cases} \alpha_2 \equiv \beta_2 \equiv 1 - \alpha_3\beta_3 - \ldots, \quad \beta_1 \equiv 0, \\ \alpha_1y_1 + \beta_3x_3 + \alpha_3y_3 + \ldots \equiv 1. \end{cases}$$

L'indice y_1 étant congru à 1, les relations (57) détermineront α_1, β_1, α_2, β_2, les autres coefficients restant arbitraires : et l'on aura 2^{2n-4} systèmes de solutions. La classe considérée contient donc au moins $2^{2n-4}+1$ lettres.

Cela posé, on aura $M_1 = M'' M_2$, M'' étant une des substitutions de I, et M_2 une substitution de G_1, qui laisse immobiles, outre $(0, 0, 1, 1, \ldots, 0, 0)$ et $(1, 0, 1, 1, \ldots, 0, 0)$, l'une des 2^{2n-3} racines ci-dessus, $(0, 1, 1, 1, \ldots, 0, 0)$ par exemple; et l'on aura $O_1 = 2^{2n-3} O_2$, O_2 étant l'ordre du groupe formé par celles des substitutions de G_1 qui sont de la forme M_2.

344. La démonstration peut maintenant s'achever comme aux nos 330-331.

345. *Remarque.* — Si $n > 2$, on vérifie sans peine que A est le produit des six substitutions $[0, 0, \ldots, 0, 0, 1, 1, 0, 0]$, $[0, 0, \ldots, 0, 0, 0, 0, 1, 1]$, $[0, 0, \ldots, 1, 1, 1, 1, 1, 1]$, $[0, 0, \ldots, 1, 1, 0, 0, 0, 0]$, $[0, 0, \ldots, 1, 1, 1, 0, 1, 0]$, $[0, 0, \ldots, 1, 1, 0, 1, 0, 1]$, qui sont de la forme Σ. Donc G_1 est dérivé des seules substitutions Σ.

346. Théorème. — *Le groupe* G_1 *est isomorphe sans mériédrie au premier groupe hypoabélien.*

En effet, ce groupe étant contenu dans le groupe G étudié plus haut, chacune de ses substitutions transforme la substitution $[x_1, y_1, \ldots, x_n, y_n]$ en une substitution $[\xi_1, \eta_1, \ldots, \xi_n, \eta_n]$, $\xi_1, \eta_1, \ldots, \xi_n, \eta_n$ étant des fonctions linéaires de $x_1, y_1, \ldots, x_n, y_n$ (333). De plus, les coefficients de ces fonctions satisfont aux relations qui caractérisent le premier groupe hypoabélien; car cette propriété se vérifie immédiatement lorsque la transformante est une des substitutions A ou Σ; et G_1 étant dérivé de ces substitutions, on obtiendra la transformée de $[x_1, y_1, \ldots, x_n, y_n]$ par une substitution quelconque de G_1 en opérant une suite de transformations par des substitutions des formes A ou Σ; et le type à la fois linéaire et hypoabélien des fonctions $\xi_1, \eta_1, \ldots, \xi_n, \eta_n$ subsistera à chaque transformation.

Formons comme au n° 334 un groupe Γ_1, isomorphe à G_1. Cet isomorphisme ne sera pas mériédrique (334); et Γ_1 se confondra avec le premier groupe hypoabélien $\mathfrak{H}_0$. Car ses substitutions sont hypoabéliennes : et son ordre, étant égal à celui de G_1, est égal à celui de $\mathfrak{H}_0$. En effet, les ordres de ces deux derniers groupes, respectivement donnés par les théorèmes des nos 263 et 338, sont égaux pour $n = 2$ ou 3 : et l'identité

$$\frac{\mathfrak{R}_n (2^{2n-1} - 1) 2^{2n-3}}{\mathfrak{R}_{n-1}} = (\mathfrak{P}_n - 1) 2^{2n-3}$$

que l'on peut vérifier immédiatement; montre que cette égalité subsistera pour n si elle est vraie pour $n-1$.

Corollaire. — *Le groupe* G_1 *a pour facteurs de composition* 2 et $\frac{1}{2}\omega_n$, *si* $n>2$; 2, 2, 3, 2, 3, *si* $n=2$. Car ce sont là les facteurs de composition de son isomorphe $\mathfrak{H}_0$.

347. Considérons un système de lettres, en nombre

$$\mathfrak{P}_n - 1 = 2^{2n-1} + 2^{n-1} - 1,$$

et représentées par le symbole $(x_1, y_1, \ldots, x_n, y_n)$ où les indices $x_1, y_1, \ldots, x_n, y_n$ satisfont à la relation

$$x_1 y_1 + \ldots + x_n y_n \equiv 0 \pmod{2}$$

sans être à la fois congrus à zéro.

Soit φ_μ la fonction formée en prenant la somme de tous les produits de μ lettres, $(x'_1, y'_1, \ldots, x'_n, y'_n) \ldots (x_1^{(\mu)}, y_1^{(\mu)}, \ldots, x_n^{(\mu)}, y_n^{(\mu)})$ qui satisfont au système de relations

$$x'_\rho + \ldots + x_\rho^{(\mu)} \equiv y'_\rho + \ldots + y_\rho^{(\mu)} \equiv 0 \pmod{2}.$$

On peut se proposer d'étudier : 1° le groupe g formé par les substitutions qui laissent invariables les fonctions de degrés pairs $\varphi_4, \varphi_6, \ldots$; 2° le groupe g_1, formé par les substitutions qui laissent invariables toutes les fonctions φ_μ, quel que soit leur degré.

La marche à suivre dans cette recherche est tout à fait analogue à celle que nous venons d'exposer; et l'on obtiendra le même résultat, à savoir : que g et g_1 sont respectivement isomorphes au groupe abélien et au premier groupe hypoabélien.

LIVRE TROISIÈME.

DES IRRATIONNELLES.

LIVRE TROISIÈME.

DES IRRATIONNELLES.

CHAPITRE PREMIER.

GÉNÉRALITÉS.

§ Ier. — Théorie générale des irrationnelles.

348. Soit $F(x) = 0$ une équation algébrique quelconque de degré m. Elle aura m racines : et l'on sait que toute fonction symétrique de ces racines s'exprime rationnellement par les coefficients de l'équation.

Ces fonctions sont en général les seules qui jouissent de cette propriété. Supposons en effet qu'on ait $\varphi = \psi$, φ étant une fonction non symétrique des racines, et ψ une fonction rationnelle des coefficients. Substituons dans ψ à la place de chacun des coefficients sa valeur en fonction des racines; l'équation $\varphi = \psi$ deviendra une relation entre les racines, relation qui ne pourra se réduire à une identité, puisque le second membre est symétrique, et que le premier ne l'est pas. Mais on ne peut admettre qu'il existe en général et nécessairement aucune relation de cette espèce entre les racines : car on peut former une équation du degré m ayant pour racines m quantités entièrement arbitraires $x_1, \ldots, x_m$. C'est donc seulement dans certains cas particuliers qu'il pourra exister entre les racines des relations telles, qu'une fonction non symétrique de ces racines soit exprimable rationnellement au moyen des coefficients.

Mais on peut généraliser le problème, et chercher quelles sont, pour chaque équation donnée $F(x) = 0$, les fonctions des racines susceptibles d'être exprimées rationnellement en fonction des coefficients et de certaines irrationnelles données arbitrairement *à priori*, irrationnelles que nous dirons *adjointes à l'équation*.

Nous considérerons dorénavant comme *rationnelle* toute quantité exprimable rationnellement au moyen des coefficients de l'équation et des quantités adjointes.

Une équation à coefficients rationnels est dite *irréductible*, lorsqu'elle n'a aucune racine commune avec aucune équation de degré moindre et à coefficients rationnels.

349. Lemme I. — *Si l'une des racines d'une équation irréductible $f(x)=0$ satisfait à une autre équation à coefficients rationnels $\varphi(x)=0$, toutes y satisfont.*

En effet, cherchons le plus grand commun diviseur de $\varphi(x)$ et de $f(x)$: il ne peut se réduire à une constante, les équations $f(x)=0$ et $\varphi(x)=0$ ayant des racines communes : ce sera donc une fonction de x, $\psi(x)$; en l'égalant à zéro, on aura une équation dont les racines satisfont évidemment à chacune des deux équations $\varphi(x)=0$ et $f(x)=0$. Cette dernière équation étant irréductible, le degré de $\psi(x)$ ne peut être inférieur à celui de $f(x)$: donc $\psi(x)$ est égal à $f(x)$, à un facteur constant près.

Corollaire. — *Si toutes les racines de l'équation $\varphi(x)=0$ satisfont à l'équation $f(x)=0$, $\varphi(x)$ sera une puissance exacte de $f(x)$, à un facteur constant près.*

En effet $\varphi(x)$ est divisible par $f(x)$ (Lemme I). Si le quotient de cette division ne se réduit pas à une constante, il sera lui-même divisible par $f(x)$; etc.

350. Lemme II. — *Soit $F(x)=0$ une équation dont les racines $x_1,\ldots,x_m$ soient toutes inégales. On peut déterminer une fonction V de ces racines, telle, que les $1.2.3\ldots m$ expressions que l'on obtient en y permutant les racines de toutes les manières possibles, soient distinctes en valeur numérique.*

Posons en effet

$$V=M_1x_1+M_2x_2+\ldots,$$

$M_1, M_2,\ldots$ étant des entiers indéterminés. En égalant entre elles deux quelconques des fonctions qui dérivent de V par des substitutions entre les racines $x_1,\ldots,x_m$, on aurait une équation de condition à laquelle devraient satisfaire $M_1, M_2,\ldots$. Aucune de ces équations n'est identique : car les coefficients de $M_1, M_2,\ldots$ dans chacune d'elles sont les différences des racines $x_1,\ldots, x_m$, qui par hypothèse ne sont pas nulles. D'ailleurs ces équations sont en nombre limité. Il est donc aisé de déterminer les entiers M_1, $M_2,\ldots$ de manière à ne satisfaire à aucune d'elles.

Nous désignerons dans ce qui suit par V_1 l'une des valeurs de la fonction V, choisie arbitrairement; par V_a, V_b,... les valeurs qui se déduisent de celle-là, lorsqu'on y effectue entre les racines les substitutions respectivement représentées par a, b,....

351. Corollaire. — *Soit* G *un groupe quelconque de substitutions entre les racines* $x_1, \ldots, x_m$. *On peut former une fonction* W *de ces racines, dont la valeur numérique soit invariable par les substitutions de* G, *et varie par toute autre substitution.*

Soient en effet $1, a, b, \ldots$ les substitutions de G. Posons

$$W_1 = (X - V_1)(X - V_a)(X - V_b)\ldots,$$

X étant une constante indéterminée. Une substitution de G, telle que a, transforme W_1 en

$$(X - V_a)(X - V_{a^2})(X - V_{ba})\ldots = W_a;$$

mais les substitutions $1, a, b, \ldots$, formant un groupe, se confondent, à l'ordre près, avec a, a^2, ba,...; les facteurs binômes qui composent W_a sont donc les mêmes, à l'ordre près, que ceux qui composent W_1 : cette fonction n'est donc altérée par aucune substitution de G. Soit au contraire α une substitution étrangère à ce groupe; elle transforme W_1 en

$$(X - V_\alpha)(X - V_{a\alpha})(X - V_{b\alpha})\ldots = W_\alpha.$$

Les facteurs binômes qui composent W_α étant essentiellement différents de ceux qui composent W_1, ces deux expressions ne sont pas identiques, et ne pourraient prendre des valeurs égales que pour certaines valeurs particulières de la quantité X, qu'il sera aisé d'éviter.

352. Lemme III. — *La fonction* V *étant choisie comme au lemme* II, *on pourra exprimer chacune des racines* $x_1, \ldots, x_m$ *en fonction rationnelle de* V, *et des coefficients de* $F(x)$.

Soient $V_1, \ldots V_\mu$ les $\mu = 1.2.3\ldots(m-1)$ valeurs que prend V quand on y permute les $m-1$ racines $x_2, x_3, \ldots, x_m$, sans changer la place de x_1. On pourra former une équation en V du degré μ, à savoir :

$$(V - V_1)(V - V_2)\ldots(V - V_\mu) = 0, \quad (1)$$

dont les racines $V_1, V_2, \ldots$ seront toutes différentes, et dont les coefficients, qui sont des fonctions symétriques des racines $x_2, x_3, \ldots, x_m$ de l'équation

$$\frac{F(x)}{x - x_1} = 0$$

s'exprimeront rationnellement par les coefficients de cette équation, c'est-à-dire en fonction de x_1 et des coefficients de $F(x)$. Par suite l'équation (1) pourra être mise sous la forme

$$f(V, x_1) = 0,$$

f désignant une fonction rationnelle de V et de x_1. Or cette équation est satisfaite pour $V = V_1$; on aura donc identiquement

$$f(V_1, x_1) = 0,$$

d'où il suit que l'équation

$$f(V_1, x) = 0$$

sera satisfaite pour $x = x_1$: et par conséquent les équations $F(x) = 0$ et $f(V_1, x) = 0$ auront une racine commune x_1. D'ailleurs ces équations ne sauraient avoir d'autre racine commune. Car si elles en avaient une autre, x_2, l'équation

$$f(V, x_2) = 0$$

serait satisfaite pour $V = V_1$. Or cette équation se déduit de l'équation

$$f(V, x_1) = 0, \quad \text{ou} \quad (V - V_1)(V - V_2)\ldots(V - V_\mu) = 0,$$

en changeant x_1 et x_2 l'un dans l'autre : d'ailleurs par ce changement les quantités $V_1, V_2, \ldots, V_\mu$ se changent en d'autres $V'_1, V'_2, \ldots, V'_\mu$, toutes distinctes des premières, par hypothèse; l'équation $f(V, x_2) = 0$ peut donc se mettre sous la forme

$$(V - V'_1)(V - V'_2)\ldots(V - V'_\mu) = 0,$$

et l'on voit qu'elle ne saurait avoir V_1 pour racine.

Les équations $F(x) = 0$ et $f(V_1, x) = 0$ n'ayant que la seule racine commune x_1, on déterminera aisément cette racine. Pour cela on cherchera le plus grand commun diviseur entre $F(x)$ et $f(V_1, x)$, et l'on poussera l'opération jusqu'à ce qu'on obtienne un reste du premier degré en x : en égalant à zéro ce reste, on aura une équation qui fera connaître la valeur de x_1; et cette valeur sera évidemment rationnelle en V_1, car l'opération du plus grand commun diviseur ne peut jamais introduire de radicaux.

On pourrait opérer de même pour trouver les autres racines, et l'on aurait ainsi pour toutes ces racines des expressions rationnelles, telles que

$$x_1 = \psi_1(V_1), \quad x_2 = \psi_2(V_1), \ldots \text{ (}^1\text{)}.$$

353. THÉORÈME FONDAMENTAL : Théorème I. — *Soit* $F(x) = 0$ *une équation dont les racines* $x_1, \ldots, x_m$ *sont toutes inégales, et à laquelle on peut supposer qu'on ait adjoint certaines quantités auxiliaires* $y, z, \ldots$. *Il existera toujours entre les racines* $x_1, \ldots, x_m$ *un groupe de substitutions tel, que toute fonction des racines, dont les substitutions de ce groupe n'altèrent pas la valeur numérique, soit rationnellement exprimable, et réciproquement.*

Soit V_1 une fonction des racines variable par toute substitution : si l'on désigne par $1, a, b, c, \ldots$ toutes les substitutions possibles entre les racines, la quantité V_1 est racine de l'équation

$$(2) \qquad (X - V_1)(X - V_a)(X - V_b)(X - V_c) \ldots = 0$$

dont les coefficients, symétriques en $x_1, \ldots, x_m$, sont rationnels. Si cette équation n'est pas irréductible, son premier membre se décomposera du moins en facteurs irréductibles. Soit $(X - V_1)(X - V_a)(X - V_b)\ldots$ celui de ces facteurs qui s'annule pour $X = V_1$: V_1 sera racine de l'équation irréductible

$$(3) \qquad Y = (X - V_1)(X - V_a)(X - V_b) \ldots = 0.$$

Cela posé, *toute fonction* φ *des racines, invariable par les substitutions* $1, a, b, \ldots$, *sera exprimable rationnellement*. En effet, chacune des racines $x_1, x_2, \ldots, x_m$ étant une fonction rationnelle de V_1 et des coefficients de $F(x)$, φ sera elle-même une fonction rationnelle de V_1 et des coefficients. Soit donc $\psi(V_1)$ cette fonction. Elle reste invariable lorsqu'on y effectue entre les racines les substitutions $a, b, \ldots$. Mais ces substitutions changent V_1 respectivement en $V_a, V_b, \ldots$ et ne changent pas les coefficients de $F(x)$: on aura donc

$$\psi(V_1) = \psi(V_a) = \psi(V_b) = \ldots = \frac{1}{\mu} \{ \psi(V_1) + \psi(V_a) + \psi(V_b) + \ldots \},$$

en désignant par μ le degré de l'équation (3). Cette fonction, symétrique par

(1) Serret, *Algèbre supérieure*.

rapport aux racines de l'équation (3), s'exprimera rationnellement par les coefficients de cette équation, qui sont eux-mêmes rationnels.

Réciproquement, *toute fonction exprimable rationnellement sera invariable par les substitutions* $1, a, b, \ldots$. Soit en effet $\varphi = \psi(V_1)$ une pareille fonction : V_1 satisfaisant à l'équation à coefficients rationnels $\varphi = \psi(V_1)$, toutes les racines $V_1, V_a, V_b, \ldots$ de l'équation irréductible (3) devront y satisfaire : donc la fonction $\psi(V_1)$ ne varie pas quand on y remplace successivement V_1 par $V_a, V_b, \ldots$, ce qui revient à opérer entre les racines $x_1, \ldots, x_m$ les substitutions $a, b, \ldots$.

354. Il ne reste plus qu'à démontrer que *les substitutions* $1, a, b, \ldots$ *forment un groupe*, ce qui ne présente pas de difficulté.

Le polynôme Y étant une fonction de l'indéterminée X, dont les coefficients sont rationnels, ne devra varier par aucune des substitutions $1, a, b, \ldots$. Effectuons, par exemple, la substitution a. Ce polynôme devient

$$(X - V_a)(X - V_{a^2})(X - V_{ba})\ldots.$$

Pour que ce nouveau polynôme soit identique à Y, quel que soit X, il faut nécessairement que les quantités $V_a, V_{a^2}, V_{ba}, \ldots$ ne soient autres que les quantités $V_1, V_a, V_b, \ldots$ à l'ordre près. Mais, par hypothèse, deux substitutions distinctes donnent pour la fonction V des valeurs essentiellement différentes. Il faudra donc que les substitutions $a, a^2, ba, \ldots$ soient identiques à l'ordre près aux substitutions $1, a, b, \ldots$. Ainsi, a et b étant deux substitutions quelconques de la suite $1, a, b, \ldots$, la substitution ba fera également partie de cette suite : les substitutions de cette suite forment donc un groupe.

355. Le groupe défini par le théorème précédent peut être appelé *le groupe de l'équation relatif aux quantités adjointes* $y, z, \ldots$. Ce groupe pourra varier suivant la nature des quantités adjointes. Parmi tous les groupes que l'on peut ainsi obtenir, il en est un G particulièrement remarquable, et que nous pourrons appeler d'une manière absolue le *groupe de l'équation*. C'est celui qu'on obtient en supposant qu'il n'y ait aucune quantité adjointe.

Ce groupe contient tous les autres : car, soit H le groupe que l'on obtient en adjoignant à l'équation des quantités $y, z, \ldots$ arbitrairement choisies : une fonction invariable par les substitutions de G et variable par toute autre substitution est exprimable rationnellement avant, et *à fortiori* après l'adjonction de $y, z, \ldots$; donc elle sera invariable par toutes les substitutions de H : donc toutes ces substitutions sont contenues dans G.

356. Corollaire. — Si deux fonctions φ_1, ψ_1, des racines de la proposée, sont numériquement égales, la même égalité subsistera entre les fonctions φ_a, ψ_a, obtenues en effectuant dans chacune d'elles l'une quelconque des substitutions de G, car la fonction $\varphi_1 - \psi_1$, étant nulle, est exprimable rationnellement; donc elle n'est pas altérée par la substitution a : donc $\varphi_a - \psi_a = 0$.

357. Théorème II. — *Toute équation irréductible* $F(x) = 0$ *a son groupe transitif, et réciproquement.*

Car supposons que son groupe G ne soit pas transitif : soient x_1 l'une quelconque de ses racines; $x_1, \ldots, x_m$ les racines avec lesquelles elle est permutée par les substitutions de G; ces substitutions, remplaçant les racines $x_1, \ldots, x_m$ les unes par les autres, n'altèrent pas leurs fonctions symétriques : donc ces fonctions symétriques sont rationnelles. Donc $F(x)$ admet le diviseur rationnel $(x - x_1)\ldots(x - x_m)$.

Réciproquement, supposons que G soit transitif : $F(x)$ ne peut admettre de diviseur rationnel tel que $(x - x_1)\ldots(x - x_m)$. Car soit x_{m+1} une racine de l'équation autre que $x_1, \ldots, x_m$: G contient une substitution qui remplace x_1 par x_{m+1} : elle transformera $(x - x_1)\ldots(x - x_m)$ en un nouveau produit différent de celui-là, puisqu'il admet le facteur $x - x_{m+1}$: donc le produit $(x - x_1)\ldots(x - x_m)$, n'étant pas invariable par toutes les substitutions de G, ne peut être rationnel.

358. Théorème III. — *L'ordre du groupe d'une équation irréductible de degré* n, *dont les racines sont des fonctions rationnelles d'une seule d'entre elles*, x_1, *est égal à* n.

Car soient $x_1, \ldots, x_n$ les racines de l'équation, V_1 une fonction de ces racinse variable par toute substitution; elle peut s'exprimer en fonction de x_1 seulement. Soit $V_1 = f(x_1)$: cette fonction satisfait à l'équation de degré n

$$[V - f(x_1)]\ldots[V - f(x_n)] = 0$$

dont les coefficients, symétriques en $x_1, \ldots, x_n$, sont rationnels. Donc l'ordre du groupe de l'équation (lequel est le degré de l'équation irréductible dont V_1 est racine) ne peut être supérieur à n. Mais, d'autre part, ce groupe étant transitif, son ordre est divisible par n (44) : donc il est égal à n.

359. Théorème IV. — *Le groupe de l'équation de degré* mn *obtenue en*

éliminant y entre les deux équations

$$Ay^m + By^{m-1} + \ldots = 0, \quad M(y)x^n + N(y)x^{n-1} + \ldots = 0$$

où A, B,... *sont des constantes rationnelles et* $M(y)$, $N(y)$,... *des fonctions rationnelles de* y, *n'est pas primitif. Réciproquement, toute équation dont le groupe n'est pas primitif résulte d'une semblable élimination.*

Soient $y_1, \ldots, y_m$ les racines de l'équation $Ay^m + \ldots = 0$; $x_\rho, x'_\rho, \ldots$ celles de l'équation $M(y_\rho)x^n + \ldots = 0$; φ_1 une fonction symétrique de $x_1, x'_1, \ldots$; φ_ρ la fonction analogue formée avec $x_\rho, x'_\rho, \ldots$; ψ une fonction symétrique de $\varphi_1, \ldots, \varphi_m$. Cette fonction ψ sera exprimable rationnellement : car φ_ρ, s'exprimant rationnellement par les coefficients $M(y_\rho)$,... est une fonction rationnelle de y_ρ, dont les coefficients ne dépendent pas de ρ; substituant dans ψ pour les quantités φ_ρ leur valeurs en y_ρ, ψ deviendra une fonction symétrique de $y_1, \ldots, y_m$: elle s'exprimera donc rationnellement en A, B,....

Le groupe de l'équation est donc contenu dans celui dont les substitutions laissent invariable la fonction ψ, lequel est évidemment non primitif, ses substitutions remplaçant les racines de chacun des systèmes $x_1, x'_1, \ldots; \ldots; x_m, x'_m, \ldots$ par celles d'un même système.

Réciproquement, soit $F(x) = 0$ une équation dont le groupe G ne soit pas primitif. Ses racines se répartissent, par définition, en m systèmes $x_1, x'_1, \ldots; \ldots; x_m, x'_m, \ldots$, contenant chacun n racines, et tels, que toute substitution de G remplace les racines d'un système par celles d'un même système.

Soient $y_\rho = (X - x_\rho)(X - x'_\rho)\ldots$, X étant une indéterminée; ψ une fonction symétrique de $y_1, \ldots, y_m$: ψ n'étant altérée ni par les déplacements d'ensemble des systèmes $x_1, x'_1, \ldots; \ldots; x_m, x'_m, \ldots$, ni par les déplacements des racines dans l'intérieur de chacun d'eux, sera invariable par toute substitution de G, et par suite rationnelle. Les diverses fonctions $y_1, \ldots, y_m$ sont donc les racines d'une équation du degré m à coefficients rationnels, telle que

$$Ay^m + By^{m-1} + \ldots = 0.$$

Cela posé, toute fonction symétrique de $x_1, x'_1, \ldots$ s'exprime rationnellement en fonction de y_1 (*voir* plus loin le n° **362**). On aura donc

$$(x - x_1)(x - x'_1)\ldots = M(y_1)x^n + \ldots.$$

On aura de même

$$(x - x_\rho)(x - x'_\rho)\ldots = M(y_\rho)x^n + \ldots.$$

Donc enfin l'équation

$$F(x)=[M(y_1)x^n+\ldots]\ldots[M(y_m)x^n+\ \ldots]=0$$

est le résultat de l'élimination de y entre les deux équations

$$Ay^m+\ldots=0 \quad \text{et} \quad M(y)x^n+\ldots=0.$$

360. Nous dirons désormais qu'une équation est *primitive* ou *non primitive, simple* ou *composée*, suivant que son groupe est primitif ou non primitif, simple ou composé : *l'ordre* de l'équation et ses *facteurs de composition* seront l'ordre et les facteurs de composition de son groupe : deux équations seront *isomorphes* si leurs groupes sont isomorphes, etc.

361. Le groupe d'une équation étant connu, on peut se proposer de le diminuer progressivement par l'adjonction successive de quantités auxiliaires. A chacune de ces adjonctions deux cas pourront se présenter. 1° Si l'équation irréductible (3) reste irréductible, il est clair que le groupe ne subira aucun changement. Si au contraire, grâce à l'adjonction nouvelle, le polynôme $(X-V_1)(X-V_a)(X-V_b)\ldots$ se décompose en facteurs plus simples, $(X-V_1)(X-V_a)\ldots$, $(X-V_b)\ldots,\ldots$ on obtiendra un nouveau groupe H, moindre que G, et formé des seules substitutions 1, a,....

Nous examinerons d'abord ce qui arrive lorsqu'on adjoint à l'équation proposée certaines fonctions de ses racines; puis nous passerons au cas où les quantités adjointes seraient des fonctions des racines d'autres équations.

362. Théorème V. — *Soient* G *le groupe d'une équation* $F(x)=0$, φ_1 *une fonction rationnelle quelconque de ses racines : 1° celles des substitutions de* G *qui n'altèrent pas la valeur numérique de* φ_1 *forment un groupe* H_1; *2° l'adjonction de la valeur de* φ_1 *réduira le groupe de l'équation précisément à* H_1.

1° Soient en effet a, a_1 deux substitutions de G qui n'altèrent pas φ_1; on aura $\varphi_a=\varphi_1$, $\varphi_{a_1}=\varphi_1$. De la dernière égalité on déduit (356) la suivante, $\varphi_{a_1a}=\varphi_a=\varphi_1$. Ainsi la substitution a_1a n'altérera pas la fonction φ_1, ce qui démontre la première de nos propositions.

2° Adjoignons la valeur de φ_1 à l'équation. Après cette opération, le groupe réduit de l'équation ne peut contenir que des substitutions qui faisaient partie du groupe initial G : d'ailleurs il ne peut contenir que des substitutions qui n'altèrent pas φ_1, la valeur de cette quantité étant supposée rationnellement connue : donc toutes ses substitutions sont contenues dans H_1. Réciproquement il contiendra toutes les substitutions de H_1. Soient en effet a une de ces dernières substitutions, ψ_1 une fonction des racines exprimable rationnellement en fonction de φ_1 et des quantités précédemment connues : et soit

$$\psi_1 = \chi(\varphi_1),$$

χ désignant une fonction rationnelle. On déduira de cette égalité la suivante (356), $\psi_a = \chi(\varphi_a)$, et comme $\varphi_a = \varphi_1$, il viendra $\psi_a = \psi_1$. Ainsi, toute fonction ψ_1 exprimable rationnellement sera invariable par la substitution a : cette substitution fait donc partie du groupe réduit.

COROLLAIRE I. — *L'adjonction de plusieurs fonctions des racines*, $\varphi_1, \varphi'_1, \ldots$ *réduit le groupe de l'équation au groupe* H' *formé par celles de ses substitutions qui n'altèrent ni* φ_1, *ni* φ'_1, *etc.*

COROLLAIRE II. — *Deux fonctions* φ_1 *et* ψ_1, *invariables par les mêmes substitutions de* G, *s'expriment rationnellement l'une par l'autre.*

Car, en adjoignant φ_1 à l'équation, on réduit son groupe à celles de ses substitutions qui n'altèrent pas φ_1; et ψ_1, étant invariable par ces substitutions, devient rationnel.

363. On peut réaliser le calcul de ψ_1 en fonction de φ_1 de la manière suivante. Soient $1, a, a_1, \ldots$ celles des substitutions de G qui laissent la valeur de φ_1 invariable : celles de G seront $1, a, a_1, \ldots; b, ab, a_1b, \ldots; c, ac, a_1c, \ldots; \ldots; b, c, \ldots$ étant des substitutions convenablement choisies (39). Cela posé, on voit comme au n° 61 : 1° que, m étant un entier quelconque, la fonction

$$\varphi_1^m \psi_1 + \varphi_b^m \psi_b + \varphi_c^m \psi_c + \ldots = t_1^{(m)}$$

est invariable par les substitutions de G, et par suite exprimable rationnellement; 2° qu'en posant

$$f(Y) = (Y - \varphi_1)(Y - \varphi_b)\ldots, \quad \frac{f(Y)}{Y - \varphi_1} = Y^{\mu-1} + \lambda_{\mu-2} Y^{\mu-2} + \ldots + \lambda_0,$$

il viendra

$$\psi_1 = \frac{t_1 \lambda_0 + t'_1 \lambda_1 + \ldots + t_1^{(\mu-1)}}{f'(\varphi_1)}.$$

Les quantités qui entrent dans cette expression avec φ_1 sont $t_1, t'_1, \ldots, t_1^{(\mu-1)}$ et les coefficients de $f(Y)$, lesquels, étant également invariables par les substitutions de G, sont rationnels.

364. Soit maintenant τ_1 une fonction des racines de l'équation proposée $F(x) = o$, invariable par les substitutions de G, et variable par toute autre substitution. Chacune des quantités $t_1, \ldots, t_1^{(\mu-1)}$ et chacun des coefficients de $f(Y)$ peut s'exprimer en fonction de τ_1 et des coefficients de $F(x)$. En effet considérons l'une d'elles, telle que t_1. Soient $1, a, b, \ldots$ les substitutions de G : les diverses substitutions possibles entre les racines de la proposée seront $1, a, b, \ldots; \beta, a\beta, b\beta, \ldots; \gamma, a\gamma, b\gamma, \ldots; \ldots, \beta, \gamma, \ldots$ étant des substitutions convenablement choisies (39); et l'on voit comme tout à l'heure que, n étant un entier quelconque, chacune de ces substitutions laisse invariable la fonction

$$\tau_1^n t_1 + \tau_\beta^n t_\beta + \tau_\gamma^n t_\gamma + \ldots = \theta_1^{(n)}.$$

On aura donc

$$\theta_1^{(n)} = \theta_a^{(n)} = \ldots = \theta_\beta^{(n)} = \ldots = \frac{\theta_1^{(n)} + \theta_a^{(n)} + \ldots + \theta_\beta^{(n)} + \ldots}{1.2\ldots p}$$

(p étant le degré de la proposée), expression symétrique par rapport aux racines, et qui pourra s'exprimer rationnellement en fonction des coefficients de $F(x)$, par les méthodes connues.

Soit maintenant

$$\mathfrak{f}(Z) = (Z - \tau_1)(Z - \tau_\beta)\ldots, \quad \frac{\mathfrak{f}(Z)}{Z - \tau_1} = Z_{\nu-1} + l_{\nu-2} Z_{\nu-2} + \ldots + l_0;$$

il viendra

$$(4) \qquad t_1 = \frac{\theta_1 l_0 + \theta'_1 l_1 + \ldots + \theta_1^{(\nu-1)}}{\mathfrak{f}'(\tau_1)},$$

expression qui ne contient avec τ_1 que les quantités $\theta_1, \theta'_1, \ldots$ et les coefficients de $\mathfrak{f}(Z)$, lesquels, restant aussi invariables par toute substitution opérée entre les racines de l'équation $F(x) = o$, seront aussi exprimables rationnellement en fonction de ses coefficients.

365. La méthode de calcul qui vient d'être exposée est due à Lagrange. Il s'en est servi pour établir la proposition suivante :

Soient $F(x) = o$ *une équation algébrique;* τ_1 *une fonction de ses racines, dont l'expression algébrique reste invariable par un certain groupe de substitutions* $(1, a, b, \ldots)$, *et dont toutes les valeurs algébriquement distinctes le soient aussi numériquement. Toute fonction* t_1 *des racines de cette équation dont ces substitutions n'altèrent pas la forme algébrique est exprimable en fonction rationnelle de* τ_1 *et des coefficients de* $F(x)$.

Soient en effet $1, a, b, \ldots; \beta, a\beta, b\beta, \ldots; \gamma, a\gamma, b\gamma, \ldots; \ldots$ les diverses substitutions possibles entre les racines; n un entier quelconque : la fonction $\tau_1^n t_1 + \tau_\beta^n t_\beta + \ldots = \theta_1^{(n)}$ sera invariable par toute substitution et par suite s'exprimera rationnellement en fonction des coefficients. Cela posé, t_1 s'exprimera par la formule (4).

366. Théorème VI. — *Tout étant posé comme au théorème* V, *soient* a_0, a_1, $a_2, \ldots$ *les substitutions de* H_1 (a_0 *se réduisant à* 1) : $a_0, a_1, a_2, \ldots; a_0 b, a_1 b, a_2 b, \ldots; a_0 c, a_1 c, a_2 c, \ldots; \ldots$ *celles de* G : *l'équation*

$$(5) \qquad (Y - \varphi_1)(Y - \varphi_b)(Y - \varphi_c)\ldots = 0,$$

dont le degré est égal au rapport des ordres de G *et de* H_1, *aura ses coefficients rationnels, et sera irréductible.*

1° Soit σ une substitution quelconque de G : elle transforme les uns dans les autres les termes $\varphi_1, \varphi_b, \varphi_c, \ldots$ (61 et 363). Les coefficients de l'équation (5), symétriques en $\varphi_1, \varphi_b, \varphi_c, \ldots$, ne seront donc pas altérés par σ : mais σ est l'une quelconque des substitutions de G : donc ils sont rationnels.

2° L'équation (5) est irréductible : car si elle admettait, par exemple, le facteur rationnel $(Y - \varphi_1)(Y - \varphi_b)$, ce facteur resterait inaltéré par la substitution c : mais cette substitution le transforme en $(Y - \varphi_c)(Y - \varphi_{bc})$: pour qu'il restât inaltéré, Y restant indéterminé, il faudrait que φ_c, φ_{bc} fussent égales à l'ordre près à φ_1, φ_b. Soit par exemple $\varphi_c = \varphi_b$: on en conclurait $\varphi_{cb^{-1}} = \varphi_1$ (356). Donc cb^{-1} serait l'une des substitutions $a_0, a_1, a_2, \ldots$ et c serait de la forme $a_\rho b$, ce qui n'est pas.

367. Remarque. — *Les substitutions de* G *qui n'altèrent pas* φ_1 *étant* $a_0, a_1, \ldots$, *celles qui n'altèrent pas* φ_b *seront* $b^{-1} a_0 b, b^{-1} a_1 b, \ldots$; *celles qui n'altèrent pas* φ_c *seront* $c^{-1} a_0 c, c^{-1} a_1 c, \ldots$; *etc.* Car soit σ une substitution de G qui n'altère pas φ_b : on aura

$$\varphi_b = \varphi_{b\sigma}, \quad \text{d'où} \quad \varphi_1 = \varphi_{b\sigma b^{-1}}, \quad \text{d'où} \quad b\sigma b^{-1} = a_\rho, \quad \sigma = b^{-1} a_\rho b.$$

368. Théorème VII. — *Tout étant posé comme aux théorèmes précédents, l'adjonction simultanée des valeurs de* $\varphi_1, \varphi_b, \varphi_c, \ldots$ *réduira le groupe de l'équation proposée à* I, I *étant le groupe le plus général parmi ceux qui sont contenus dans* H_1 *et permutables aux substitutions de* G.

En effet, le groupe se trouve réduit aux substitutions communes aux groupes

$$H_1 = (a_0, a_1, \ldots), \quad H_b = (b^{-1}a_0 b, b^{-1}a_1 b, \ldots), \quad H_c = (c^{-1}a_0 c, c^{-1}a_1 c \ldots), \ldots$$

respectivement formés par les substitutions qui n'altèrent pas $\varphi_1, \varphi_b, \varphi_c, \ldots$. Or soient J le groupe formé par ces substitutions communes; s une quelconque de ses substitutions; σ une substitution quelconque de G : la substitution $\sigma^{-1}s\sigma$ sera commune aux groupes transformés de $H_1, H_b, H_c, \ldots$ par σ. Mais ces groupes transformés sont identiques, à l'ordre près, à $H_1, H_b, H_c, \ldots$. Car chacune des substitutions $\sigma, b\sigma, c\sigma, \ldots$, appartenant à G, pourra se mettre sous l'une des formes $a_\rho, a_\rho b, a_\rho c, \ldots$. Soit par exemple $b\sigma = a_\rho d$; le groupe transformé de H_b par σ sera formé des substitutions

$$\sigma^{-1}b^{-1}a_0 b\sigma = d^{-1}a_\rho^{-1}a_0 a_\rho d, \quad \sigma^{-1}b^{-1}a_1 b\sigma = d^{-1}a_\rho^{-1}a_1 a_\rho d, \ldots,$$

qui ne sont autres que les substitutions de H_d. Donc $\sigma^{-1}s\sigma$ appartient à J : ce groupe est donc permutable à σ : donc il est contenu dans I.

Réciproquement, le groupe I étant contenu dans H_1, les transformées de ses substitutions par $b, c, \ldots$ seront contenues dans $H_b, H_c, \ldots$; mais ces transformées reproduisent, à l'ordre près, les substitutions de I; donc toutes les substitutions de I sont communes à $H_1, H_b, H_c, \ldots$

369. *Remarque*. — Dans le cas particulier où H_1 serait permutable à toutes les substitutions de G, on aurait

$$H_1 = H_b = H_c = \ldots = I,$$

et les fonctions $\varphi_1, \varphi_b, \varphi_c, \ldots$, invariables par les mêmes substitutions de G, s'exprimeraient rationnellement en fonction de l'une quelconque d'entre elles.

Réciproquement, si les fonctions $\varphi_1, \varphi_b, \varphi_c, \ldots$ s'expriment rationnellement en fonction d'une seule d'entre elles, elles seront invariables par les mêmes substitutions de G : on aura donc $H_1 = H_b = H_c, \ldots$, et ce groupe sera transformé en lui-même par toutes les substitutions de G.

370. Théorème VIII. — *Soient* N *l'ordre de* G; $N' = \frac{N}{\nu}$ *l'ordre de* I : *l'ordre du groupe* G' *de l'équation* (5) *sera* ν.

Posons en effet $W = M_1\varphi_1 + M_b\varphi_b + M_c\varphi_c + \ldots$, $M_1, M_b, M_c, \ldots$ étant des constantes indéterminées : W sera racine d'une équation irréductible d'un degré égal à l'ordre du groupe de l'équation (5) (353). Mais, d'autre part, W peut être considérée comme fonction des racines de l'équation $F(x) = 0$, laquelle fonction, non altérée par les substitutions de I, l'est évidemment par toute autre substitution de G. Elle dépend donc d'une équation irréductible dont le degré est égal à ν, rapport des ordres de G et de I (366).

371. THÉORÈME IX. — *S'il n'existe aucun groupe plus général que* I *qui soit contenu dans* G *et permutable à ses substitutions, le groupe* G' *sera simple.*

Car s'il existe un groupe I' contenu dans G' et permutable à ses substitutions, soit ν' son ordre : une fonction ψ des racines de l'équation (5), invariable par les substitutions de I' et variable par toute autre substitution, dépendra d'une équation irréductible de degré $\frac{\nu}{\nu'}$ (366), dont les racines seront fonctions rationnelles les unes des autres (369). Mais ψ peut être considérée comme une fonction des racines de $F(x) = 0$; soit L le groupe formé par celles des substitutions de G qui ne l'altèrent pas : 1° L contiendra I, dont les substitutions, n'altérant pas $\varphi_1, \varphi_b, \varphi_c, \ldots$, ne peuvent altérer ψ; 2° il sera plus général, car son ordre étant égal à celui de G, divisé par le degré $\frac{\nu}{\nu'}$ de l'équation irréductible dont dépend ψ (366), est égal à $\frac{N\nu'}{\nu}$, celui de I étant simplement $\frac{N}{\nu}$; 3° enfin les racines de l'équation en ψ étant fonctions rationnelles les unes des autres, L est permutable aux substitutions de G (369).

En renversant ce raisonnement, on démontre que : réciproquement, *s'il existe un groupe* L *plus général que* I, *qui soit contenu dans* G *et permutable à ses substitutions*, G' *ne sera pas simple;* car on pourra déterminer un groupe I' contenu dans G' et permutable à ses substitutions.

372. THÉORÈME X. — *Soient* $F(x) = 0$ *une équation dont le groupe* G *soit composé :* G, I, $I_1, \ldots$ *une suite de groupes tels :* 1° *que chacun d'eux soit contenu dans le précédent et permutable à ses substitutions ;* 2° *qu'il soit aussi général que possible parmi ceux qui satisfont à cette double propriété;* N, $\frac{N}{\nu}$, $\frac{N}{\nu\nu_1}, \ldots$ *les ordres respectifs de ces groupes :*

La résolution de l'équation proposée dépendra de celle d'équations successives, dont les groupes seront simples, et contiendront respectivement $\nu, \nu_1, \ldots$ *substitutions.*

Car soit φ_1 une fonction des racines de la proposée, invariable par les substitutions I : elle dépend d'une équation de degré ν (366) dont le groupe sera simple (371) et d'ordre ν (369 et 370). Cette équation résolue, le groupe de la proposée sera réduit à I : soit maintenant φ'_1 une fonction des racines invariables par les substitutions de I_1 : elle dépendra d'une équation de degré ν_1, dont le groupe sera simple et d'ordre ν_1, etc.

Ce théorème montre qu'on peut classer les équations à groupe composé d'après le nombre et la valeur de leurs facteurs de composition ν, ν_1,....

373. Supposons maintenant qu'on adjoigne à l'équation proposée $F(x)=0$ une ou plusieurs fonctions des racines d'une autre équation $f(z)=0$.

Le cas où l'on adjoindrait plusieurs fonctions $\chi_1, \chi'_1,\ldots$ revient à celui où l'on n'en adjoint qu'une seule : car soient G' le groupe de l'équation $f(z)=0$, H'_1 le groupe formé par celles de ses substitutions qui n'altèrent aucune des fonctions $\chi_1, \chi'_1,\ldots$: r_1 une fonction de $z_1,\ldots, z_n$ invariable par les substitutions de H'_1 et variable par toute autre substitution. L'adjonction de $\chi_1, \chi'_1,\ldots$ réduisant le groupe de $f(z)=0$ à H'_1, dont les substitutions n'altèrent pas r_1, cette fonction deviendra exprimable rationnellement. Réciproquement, l'adjonction de r_1 réduisant ce groupe à H'_1, dont les substitutions n'altèrent pas $\chi_1, \chi'_1,\ldots$, ces fonctions deviendraient rationnelles. Donc toute fonction rationnelle de r_1 s'exprime rationnellement en $\chi_1, \chi'_1,\ldots$ et réciproquement. Donc il est indifférent d'adjoindre à une équation quelconque, soit $\chi_1, \chi'_1,\ldots$ soit simplement r_1.

374. Adjoignons donc à l'équation $F(x)=0$ l'unique fonction r_1 : soient $\alpha_0, \alpha_1,\ldots$ les substitutions de H'_1; $\alpha_0, \alpha_1,\ldots$; $\alpha_0\beta$, $\alpha_1\beta,\ldots$; $\alpha_0\gamma$, $\alpha_1\gamma,\ldots,\ldots$ celles de G' : r_1 dépend d'une équation irréductible

$$(6)\qquad (X-r_1)(X-r_\beta)(X-r_\gamma)\ldots=0.$$

Supposons que l'adjonction de r_1 réduise le groupe de $F(x)=0$ à H_1; soient, comme tout à l'heure, $a_0, a_1,\ldots$ les substitutions de ce groupe; a_0, $a_1,\ldots$; a_0b, $a_1b,\ldots$; a_0c, $a_1c,\ldots;\ldots$ celles de G. Soient enfin φ_1 une fonction des racines de $F(x)=0$, invariable par les substitutions de H_1, et variable par toute autre substitution; elle satisfera à l'équation

$$(7)\qquad (Y-\varphi_1)(Y-\varphi_b)(Y-\varphi_c)\ldots=0.$$

Mais, par hypothèse, φ_1 est une fonction rationnelle de r_1 : soit $\varphi_1=\psi(r_1)$: r_1 sera racine de l'équation

$$(8)\qquad [\psi(y)-\varphi_1][\psi(y)-\varphi_b][\psi(y)-\varphi_c]\ldots=0.$$

Mais, d'autre part, r_1 satisfait à l'équation irréductible (6). Une des racines de cette équation satisfaisant à l'équation (8), toutes y satisfont (349). Donc les quantités $\psi(r_1)$, $\psi(r_\beta)$, $\psi(r_\gamma)$,... satisfont toutes à l'équation (7). Mais elles satisfont à l'équation

$$(9) \qquad [Y - \psi(r_1)][Y - \psi(r_\beta)][Y - \psi(r_\gamma)]\ldots = 0,$$

dont les coefficients, symétriques en $r_1, r_\beta, r_\gamma, \ldots$, sont rationnels.

Les racines de l'équation (9) satisfaisant toutes à l'équation irréductible (7), le premier membre de (9) sera une puissance exacte du premier membre de (7) (349), à un facteur constant près, qui se réduit ici à l'unité, les deux polynômes ayant l'unité pour coefficient de leur premier terme. Soit μ le degré de cette puissance : la suite des termes $\psi(r_1)$, $\psi(r_\beta)$,... contiendra μ termes égaux à φ_1, μ égaux à φ_b, etc.

Cela posé, *adjoignons à l'équation* $F(x) = 0$ *l'une quelconque des racines de l'équation* (7), *telle que* r_β : *le groupe de l'équation sera réduit à* H_1, *au groupe* H_b *dérivé des substitutions* $(b^{-1} a_0 b, b^{-1} a_1 c, \ldots)$, *au groupe analogue* H_c, *etc., suivant que* $\psi(r_\beta)$ *sera égal à* φ_1, *à* φ_b, *à* φ_c,....

En effet, soit par exemple $\psi(r_\beta) = \varphi_b$. L'adjonction de r_β rendant φ_b rationnel, le groupe réduit H ne peut contenir que celles des substitutions de G qui n'altèrent pas φ_b, c'est-à-dire celles de H_b. Le nombre de ces substitutions étant égal à celui des substitutions de H_1, on voit que l'ordre de H est au plus égal à celui de H_1. Réciproquement, en partant de la racine r_β au lieu de partir de la racine r_1, on verrait que l'ordre de H_1 est au plus égal à celui de H : donc ces deux ordres sont égaux, et H contiendra toutes les substitutions de H_b.

375. Théorème XI. — *Les notations du numéro précédent étant conservées, si* H'_1 *est permutable aux substitutions de* G', H_1 *le sera à celles de* G.

En effet, H'_1 étant permutable aux substitutions de G', les racines de l'équation irréductible (6) dont dépend r_1 sont fonctions rationnelles les unes des autres (369). Donc les fonctions $\varphi_1, \varphi_b, \varphi_c, \ldots$ sont respectivement des fonctions rationnelles de r_1 : donc elles sont invariables par les substitutions de H_1 : mais elles le sont respectivement par celles de $H_1, H_b, H_c \ldots$: donc ces groupes sont identiques, et H_1 est permutable aux substitutions de G.

376. Théorème XII. — *Si l'on adjoint à l'équation* $F(x) = 0$, *dont le groupe est* G, *toutes les racines d'une équation* $f(z) = 0$, *le groupe réduit* H_1 *sera permutable aux substitutions de* G.

Car adjoindre à la fois toutes les racines de $f(z)=0$ équivaut à adjoindre une fonction V_1 de ces racines, variable par toute substitution autre que l'unité (**373**). Mais alors le groupe H'_1, se réduisant à la seule substitution 1, est évidemment permutable aux substitutions de G' : donc H_1 le sera à celles de G.

377. Corollaire. — Si le groupe G est simple, il ne peut être réduit par la résolution d'une équation auxiliaire sans se réduire à la seule substitution 1 (le groupe formé de cette substitution étant, par définition, le seul qui soit contenu dans G et permutable à ses substitutions) : auquel cas l'équation $F(x)=0$ sera complétement résolue.

378. Théorème XIII. — *Soient* $F(x)=0$ *et* $f(z)=0$ *deux équations dont les groupes* G *et* G' *contiennent respectivement* N *et* N' *substitutions. Si la résolution de la seconde équation réduit le groupe de la première à un groupe* H_1 *ne contenant plus que* $\frac{N}{\nu}$ *substitutions, réciproquement la résolution de la première réduira le groupe de la seconde à un groupe* H'_1 *ne contenant plus que* $\frac{N'}{\nu}$ *substitutions. De plus, les deux équations sont composées avec une même équation auxiliaire* $\mathfrak{F}(u)=0$ *de degré* ν *et dont le groupe contient* ν *substitutions.*

En effet, soit $\psi(x_1,\ldots,x_m)$ une fonction des racines de $F(x)=0$, invariable par les seules substitutions de H_1. Elle est exprimable rationnellement en fonction des racines $z_1,\ldots,z_n$ de $f(z)=0$. On aura donc

$$\psi(x_1,\ldots,x_m)=\chi(z_1,\ldots,z_n)=u.$$

Cette quantité $\psi(x_1,\ldots,x_m)$ dépend d'une équation auxiliaire irréductible $\mathfrak{F}(u)=0$ de degré ν (**366**). D'ailleurs, H_1 étant permutable à G (**376**), les racines de cette équation sont des fonctions rationnelles les unes des autres (**369**), et son groupe contient ν substitutions (**358**). La résolution de cette équation auxiliaire réduit le groupe de $F(x)=0$ aux seules substitutions de H_1, en nombre $\frac{N}{\nu}$. Elle abaissera de même le groupe de $f(z)=0$ de telle sorte qu'il ne contienne plus que $\frac{N'}{\nu}$ substitutions; en effet, soit K le nombre des substitutions du groupe G' qui n'altèrent pas $\chi(z_1,\ldots,z_n)=u$; u dépendra d'une équation irréductible du degré $\frac{N'}{K}$: mais le degré de cette équation est égal à ν; donc $\frac{N'}{K}=\nu$, d'où $K=\frac{N'}{\nu}$.

La résolution de l'équation $F(x) = 0$ entrainant celle de l'équation auxiliaire $\mathfrak{F}(u) = 0$, dont les racines sont des fonctions rationnelles de $x_1, \ldots, x_m$, réduira le groupe de $f(z) = 0$ de manière à ce qu'il contienne tout au plus $\frac{N'}{\nu}$ substitutions : il ne peut d'ailleurs en contenir un moindre nombre : car si le groupe réduit H'_1 contenait seulement $\frac{N'}{\mu}$ substitutions, μ étant un nombre plus grand que ν, on verrait, en répétant tous les raisonnements que nous venons de faire à partir de l'équation $f(z) = 0$, que la résolution de cette équation devrait réduire le groupe de $F(x) = 0$ à ne plus contenir que $\frac{N}{\mu}$ substitutions tout au plus: résultat contraire à notre hypothèse d'après laquelle le groupe réduit H_1 contient $\frac{N}{\nu}$ substitutions.

379. Corollaire I. — *Si le groupe* G *de l'équation* $F(x) = 0$ *est simple, elle ne peut être résolue qu'au moyen d'équations dont le groupe ait pour ordre un multiple de l'ordre de* G.

Car, adjoignons à cette équation les racines d'une équation auxiliaire $f(z) = 0$; si son groupe est abaissé, il est réduit à la seule substitution 1 (377). Donc l'ordre du groupe de $F(x) = 0$, qui était N, sera réduit à 1 par l'adjonction des racines de $f(z) = 0$. Donc réciproquement l'adjonction des racines de $F(x) = 0$ à l'équation $f(z) = 0$ divisera par N l'ordre de son groupe. Donc cet ordre est un multiple de N.

380. Corollaire II. — *Si le groupe de* $F(x) = 0$ *est abaissé par la résolution d'une équation simple* $f(z) = 0$, *les racines de cette dernière équation sont des fonctions rationnelles de* $x_1, \ldots, x_m$.

Car la résolution de $F(x) = 0$, abaissant le groupe de $f(z) = 0$ (378), résout complétement cette dernière équation (377).

Cette proposition est l'extension de ce théorème d'Abel : *Si une équation est soluble par radicaux, chacun des radicaux qui concourent à sa résolution est une fonction rationnelle de ses racines et des racines de l'unité.*

381. *Remarque.* — Si la fonction $\psi(x_1, \ldots, x_m)$ est variable par toute substitution opérée entre les racines $x_1, \ldots, x_m$, ces racines sont exprimables rationnellement en fonction de $\psi(x_1, \ldots, x_m)$ (352), et par suite en fonction de $z_1, \ldots, z_n$. La résolution de l'équation $f(z) = 0$ entrainera donc la résolution complète de l'équation $F(x) = 0$. Si en même temps $\chi(z_1, \ldots, z_n)$

est variable par toute substitution opérée entre les $z_1, \ldots, z_n$, la résolution de $F(x) = o$ entrainera celle de $f(z) = o$. Les deux équations seront dites *équivalentes*.

Corollaire III. — *Deux équations équivalentes* $F(x) = o$ *et* $f(z) = o$ *ont leurs ordres égaux.*

Soient en effet N l'ordre de l'équation $F(x) = o$, N' celui de l'équation $f(z) = o$. La résolution de $f(z) = o$ réduit le groupe de $F(x) = o$ à la seule substitution 1; donc la résolution de $F(x) = o$ réduira le groupe de $f(z) = o$ à ne plus contenir que $\frac{N'}{N}$ substitutions (378): mais la résolution de $F(x) = o$ entrainant celle de $f(z) = o$, réduit le groupe de cette dernière équation à la seule substitution 1; on doit donc avoir $\frac{N'}{N} = 1$, d'où $N = N'$.

Corollaire IV. — *Toute adjonction de quantité auxiliaire qui abaisse le groupe de l'une de ces deux équations en divisant par* ν *le nombre de ses substitutions abaisse de même le groupe de l'autre.*

En effet, les équations étant équivalentes après l'adjonction comme avant, leurs groupes ne devront pas cesser de présenter le même nombre de substitutions.

De ce corollaire on déduit, comme conséquence immédiate, la proposition suivante :

Corollaire V. — *Toute équation équivalente à une équation composée est elle-même composée des mêmes équations auxiliaires.*

382. Problème. — *Déterminer toutes les équations irréductibles équivalentes à une équation donnée* $F(x) = o$.

Soit $f(z) = o$ une de ces équations. La résolution de $F(x) = o$ devant entrainer celle de $f(z) = o$, les racines $z_1, \ldots, z_n$ de cette dernière équation sont des fonctions rationnelles de $x_1, \ldots, x_m$. Soit donc $z_1 = \varphi_1$: désignons comme précédemment par G le groupe de $F(x) = o$; par $a_0, a_1, \ldots$ celles des substitutions de G qui n'altèrent pas la fonction φ_1, lesquelles substitutions forment un groupe H_1; par $a_0, a_1, \ldots; a_0 b, a_1 b, \ldots; a_0 c, a_1 c, \ldots; \ldots$ celles de G. Nous avons vu (366) que l'équation irréductible dont dépend φ_1 est

$$(Z - \varphi_1)(Z - \varphi_b)(Z - \varphi_c) \ldots = o,$$

puis que l'adjonction simultanée de ses racines réduit le groupe de la proposée à I (368). Mais cette adjonction doit résoudre complétement la proposée; donc I se réduit à la seule substitution 1 : d'où ce résultat :

Pour qu'une équation irréductible $f(z) = 0$ *soit équivalente à* $F(x) = 0$ *il faut et il suffit : 1° que l'une de ses racines,* z_1, *soit fonction rationnelle des racines de* $F(x) = 0$; *2° que le groupe* H_1 *formé par celles des substitutions de* G [*groupe de* $F(x) = 0$] *qui n'altèrent pas cette fonction ne contienne aucun groupe permutable aux substitutions de* G (*sauf celui qui est formé de la seule substitution* 1).

383. Soit H_1 un groupe quelconque satisfaisant à la condition ci-dessus : il existe une infinité de fonctions de $x_1, \ldots, x_m$ invariables par les substitutions de H_1, et variables par toute autre substitution de G. Chacune d'elles sera la racine d'une équation irréductible équivalente à la proposée $F(x) = 0$ et dont le degré ν est égal au rapport des ordres de G et de H_1.

Soient φ_1 et φ'_1 deux quelconques de ces fonctions;

$$f(Y) = (Y - \varphi_1)(Y - \varphi_b)\ldots = 0, \quad f'(Y) = (Y - \varphi'_1)(Y - \varphi'_b)\ldots = 0$$

les équations irréductibles dont elles dépendent : φ_1 et φ'_1 étant invariables par les mêmes substitutions s'expriment rationnellement l'une par l'autre.

Soit donc $\varphi'_1 = \psi(\varphi_1)$. On en déduit $\varphi'_b = \psi(\varphi_b)$, etc. (356). Donc les diverses racines de l'équation $f'(Y) = 0$ s'expriment par une même fonction rationnelle des diverses racines de $f(Y) = 0$. On passera donc de l'une à l'autre de ces deux équations par une transformation rationnelle.

On peut considérer comme appartenant à la même *classe* deux équations telles, que les diverses racines de l'une d'elles s'expriment respectivement par une même fonction rationnelle des racines correspondantes de l'autre. Le nombre des classes d'équations irréductibles équivalentes à la proposée $F(x) = 0$ est nécessairement limité, et on pourra le déterminer en cherchant quels sont les divers groupes H_1 contenus dans G et jouissant de la propriété indiquée au numéro précédent : on remarquera d'ailleurs que les ν groupes

$$H_1 = (a_0, a_1, \ldots), \quad H_b = (b^{-1} a_0 b, b^{-1} a_1 b, \ldots), \ldots$$

correspondent aux diverses racines d'une même équation et ne fournissent ainsi qu'une seule et même classe.

384. THÉORÈME XIV. — *Soient* $F(x) = 0$ et $f(z) = 0$ *deux équations irréductibles dont les racines soient liées par des relations algébriques*

$\varphi(x_1,\ldots, x_m, z_1,\ldots, z_n)\equiv 0,\ldots$ *Toutes ces relations se déduisent d'une seule, de la forme*

$$\psi(x_1,\ldots, x_m)=\chi(z_1,\ldots, z_n),$$

où les racines des deux équations sont séparées (ψ et χ désignant, ainsi que φ, des fonctions rationnelles convenablement choisies).

Soit en effet V_1 une fonction de $x_1,\ldots, x_m$ variable par toute substitution; chacune des quantités $x_1,\ldots, x_m$ est exprimable en fonction rationnelle de V_1; substituant ces expressions dans la fonction φ, il vient une équation de la forme

$$(10) \qquad \varphi(x_1,\ldots, x_m, z_1,\ldots, z_n)=\varphi'(V_1, z_1,\ldots, z_n)=0.$$

La quantité V_1 satisfait donc à l'équation

$$\varphi'(X, z_1,\ldots, z_n)=0.$$

D'autre part elle satisfait (353) à l'équation irréductible de degré N,

$$\pi(X)=(X-V_1)(X-V_a)(X-V_b)\ldots=0.$$

Ordonnons les deux polynômes $\varphi'(X, z_1,\ldots, z_n)$ et $\pi(X)$ suivant les puissances descendantes de X, et divisons le premier par le second : il viendra

$$\varphi'(X, z_1,\ldots, z_n)=\rho(X).\pi(X)+\sigma(X),$$

$\rho(X)$ et $\sigma(X)$ étant deux polynômes entiers par rapport à X, à coefficients rationnels en $z_1,\ldots, z_n$ et le degré de $\sigma(X)$ par rapport à X étant au plus égal à $N-1$.

Soit donc

$$\sigma(X)=AX^{N-1}+BX^{N-2}+\ldots,$$

deux cas pourront se présenter :

1° Si l'on a simultanément $A=0$, $B=0$, ..., on aura, au lieu de l'équation unique

$$0=\varphi'(V_1, z_1,\ldots, z_n)=\rho(V_1).\pi(V_1)+AV_1^{N-1}+BV_1^{N-2}+\ldots,$$

les suivantes :

$$\pi(V_1)=0,\quad A=0,\quad B=0,\ldots,$$

dont la première est une relation entre les racines $x_1,\ldots, x_m$ de l'équation $F(x)=0$, et les autres des relations entre les racines $z_1,\ldots, z_n$ de $f(z)=0$;

c'est grâce à la présence de ces relations que peut exister l'équation (10) qui ne lie *qu'en apparence* les racines de $F(x)=0$ à celles de $f(z)=0$. Ce cas doit donc être rejeté.

2° Si l'on n'a pas simultanément $A=0$, $B=0,\ldots$, divisons le polynôme $\sigma(X)$ par le coefficient de la plus haute puissance de X, puis cherchons le plus grand commun diviseur Δ de ce polynôme avec le polynôme $\pi(X)$. Les coefficients de Δ seront des fonctions rationnelles de $z_1,\ldots, z_n$. D'autre part, en désignant par V_1, V_a, $V_{a_1},\ldots$ celles des racines de $\pi(X)=0$ qui satisfont en même temps à l'équation $\sigma(X)=0$, on aura

$$\Delta=(X-V_1)(X-V_a)(X-V_{a_1})\ldots,$$

et les quantités V_1, V_a, $V_{a_1},\ldots$ étant des fonctions rationnelles de $x_1,\ldots, x_m$, si l'on développe le polynôme Δ suivant les puissances de X, les coefficients de ces diverses puissances seront eux-mêmes des fonctions rationnelles de $x_1,\ldots, x_m$. Mais nous venons de voir que ces coefficients s'expriment également en fonction rationnelle de $z_1,\ldots, z_n$; égalant ces deux expressions pour chaque coefficient, on aura une suite de relations de la forme

$$(11)\qquad \psi'(x_1,\ldots, x_m)=\chi'(z_1,\ldots, z_n),\quad \psi''(x_1,\ldots, x_m)=\chi''(z_1,\ldots, z_n),\ldots$$

La relation (10) n'est qu'une conséquence de celles-là : en effet les relations (11) expriment que les deux polynômes $\sigma(X)$ et $\pi(X)$ s'annulent tous deux pour $X=V_1$, $X=V_a,\ldots$; on aura donc en particulier

$$\varphi'(V_1, z_1,\ldots z_n)=\rho(V_1)\pi(V_1)+\sigma(V_1)=0.$$

Il nous reste à démontrer que toutes les relations (11) qui peuvent exister entre les racines des deux équations $F(x)=0$ et $f(z)=0$ sont des conséquences d'une seule d'entre elles. Cette démonstration n'offre aucune difficulté. Soient en effet H_1 ce que devient le groupe de l'équation $F(x)=0$ par l'adjonction des quantités $z_1,\ldots, z_n$; $\psi(x_1,\ldots, x_m)$ une fonction invariable par les seules substitutions H_1; elle sera exprimable rationnellement en fonction de $z_1,\ldots, z_n$, et l'on aura ainsi

$$\psi(x_1,\ldots, x_m)=\chi(z_1,\ldots, z_n).$$

Les autres fonctions ψ', $\psi'',\ldots$ rationnellement exprimables en fonction des $z_1,\ldots, z_n$ sont invariables par les substitutions de H_1 et par suite fonctions rationnelles de ψ. Leur expression en fonction de $z_1,\ldots, z_n$ se déduit donc de celle de ψ en fonction de ces mêmes quantités.

385. Théorème XV. — *Aucune équation irréductible de degré premier p ne peut être résolue au moyen d'équations auxiliaires de degré inférieur.*

Car l'équation étant irréductible, son groupe est transitif : il a donc son ordre divisible par p; et l'on voit par le théorème XIII qu'il continue à être divisible par p tant qu'on n'emploiera pas d'équation auxiliaire dont l'ordre soit divisible par p. Mais l'ordre du groupe d'une équation auxiliaire de degré $q < p$ est un diviseur de $1.2 \ldots q$; il est donc premier à p. Donc l'ordre du groupe de l'équation proposée restera divisible par p tant qu'on n'emploiera que de semblables équations.

386. Théorème XVI. — *L'équation générale du degré n ne peut être résolue au moyen d'équations de degrés inférieurs (sauf le cas où $n = 4$).*

En effet son groupe a pour ordre $1.2 \ldots n$. En résolvant une équation du second degré on peut le réduire au groupe alterné, dont l'ordre est $\frac{1.2 \ldots n}{2}$. Mais ce nouveau groupe est simple (85). Donc l'équation ne peut plus être résolue qu'au moyen d'une équation auxiliaire telle, que l'ordre de son groupe soit au moins égal à $\frac{1.2 \ldots n}{2}$. Mais si q est le degré de cette équation auxiliaire, son ordre divise $1.2 \ldots q$. Donc q ne peut être moindre que n.

387. Considérons au contraire l'équation du quatrième degré

$$x^4 + px^3 + qx^2 + rx + s = 0.$$

Soient x_1, x_2, x_3, x_4 ses racines; H le groupe d'ordre 8 dérivé des substitutions $(x_1 x_2)$, $(x_3 x_4)$, $(x_1 x_3)(x_2 x_4)$. Une fonction φ_1 des racines de la proposée, invariable par les substitutions de H, dépend d'une équation du troisième degré (366). Celle-ci résolue, le groupe G de la proposée se réduit au groupe I formé par celles de ses substitutions qui sont communes au groupe H et à ses transformés par les diverses substitutions de G. On vérifie aisément que ces substitutions communes sont les quatre qui dérivent de $(x_1 x_2)(x_3 x_4)$, $(x_1 x_3)(x_2 x_4)$. Mais ces substitutions sont permutables au groupe partiel H', d'ordre 2, formé par les puissances de $(x_1 x_2)(x_3 x_4)$. Donc une fonction des racines invariable par les substitutions de H' dépend actuellement d'une équation du second degré. Celle-ci résolue, le groupe de la proposée se réduit à H'. Cette équation se décompose alors en deux équations du second degré, ayant respectivement pour racines x_1, x_2 et x_3,

x_4 (357). Il suffira d'ailleurs de résoudre l'une d'elles pour réduire le groupe de la proposée à la seule substitution 1.

Parmi les diverses fonctions qu'on peut prendre pour φ_1, la plus commode est la fonction $(x_1 + x_2 - x_3 - x_4)^2$, adoptée par Lagrange. On calcule aisément les coefficients de l'équation du troisième degré

$$Y^3 - (3p^2 - 8q)Y^2 + (3p^4 - 16p^2q + 16q^2 + 16pr - 64s)Y - (p^3 - 4pq + 8r)^2 = 0$$

dont elle dépend.

Soient v_1, v_2, v_3 ses racines, on aura

$$x_1 + x_2 - x_3 - x_4 = \sqrt{v_1}, \quad x_1 - x_2 + x_3 - x_4 = \sqrt{v_2},$$
$$x_1 - x_2 - x_3 + x_4 = \sqrt{v_3}, \quad x_1 + x_2 + x_3 + x_4 = -p;$$

d'où

$$x_1 = \frac{1}{4}(-p + \sqrt{v_1} + \sqrt{v_2} + \sqrt{v_3}), \ldots.$$

On a d'ailleurs

$$\begin{aligned}\sqrt{v_1}\sqrt{v_2}\sqrt{v_3} &= (x_1 + x_2 - x_3 - x_4)(x_1 - x_2 + x_3 - x_4)(x_1 - x_2 - x_3 + x_4) \\ &= -p^3 + 4pq - 8r,\end{aligned}$$

d'où

$$x_1 = \frac{1}{4}\left(-p + \sqrt{v_1} + \sqrt{v_2} + \frac{-p^3 + 4pq - 8r}{\sqrt{v_1}\sqrt{v_2}}\right).$$

Les autres racines s'obtiennent en changeant les signes des deux radicaux indépendants $\sqrt{v_1}$, $\sqrt{v_2}$.

388. Pour appliquer les résultats qui précèdent, il est nécessaire, une équation étant donnée, de savoir déterminer son groupe.

La marche à suivre pour traiter cette question sera celle-ci : 1° on formera les divers groupes de substitutions possibles G, G',... entre les racines $x_1, \ldots, x_n$ de l'équation; 2° soit G l'un de ces groupes, choisi à volonté : on s'assurera s'il contient ou non le groupe de l'équation en formant une fonction φ des racines, invariable par les substitutions de G et variable par toute autre substitution, calculant par la méthode des fonctions symétriques l'équation qui a pour racines les diverses valeurs de φ, et cherchant si cette équation a, oui ou non, une racine rationnelle. Parmi les groupes de la suite G, G',... qui contiennent ainsi le groupe de l'équation, le plus petit sera ce groupe lui-même.

Cette méthode, théoriquement satisfaisante, serait impraticable, s'il fallait l'appliquer à une équation numérique donnée au hasard. Mais les équations que l'on rencontre dans l'analyse ont toujours des propriétés spéciales qui permettent de déterminer leur groupe avec plus de facilité souvent que leurs coefficients eux-mêmes. Nous en donnerons divers exemples dans les chapitres suivants.

§ II. — Groupe de monodromie.

389. Jusqu'à présent nous n'avons considéré que des équations à coefficients numériques. Mais il est clair que les raisonnements employés seraient applicables lors même que les coefficients des équations proposées renfermeraient certains paramètres indéterminés : et le groupe de l'équation pourrait varier, suivant qu'on lui adjoindrait ou non ces paramètres.

Supposons, pour fixer les idées, qu'il n'y ait qu'un seul paramètre k : et soit G le groupe de l'équation proposée après l'adjonction de k. Toute fonction φ des racines et de k invariable par les substitutions de G sera une fonction rationnelle de k, à coefficients rationnels. Si donc on fait varier k d'une manière quelconque, la fonction φ reprendra la même valeur toutes les fois que k prendra lui-même la même valeur : ou pour employer le langage reçu, *φ sera une fonction monodrome de k.*

Mais pour qu'une fonction rationnelle φ des racines et de k soit une fonction monodrome de k, il n'est pas nécessaire qu'elle soit invariable par toutes les substitutions de G. Considérons par exemple l'équation

$$u^2 = 2k^2.$$

Ses deux racines sont des fonctions monodromes de k, et cependant elles ne sont pas rationnelles, si l'on n'a pas adjoint à l'équation l'irrationnelle numérique $\sqrt{2}$.

390. Théorème. — *Soit $F(x, k) = 0$ une équation dont les coefficients contiennent un paramètre indéterminé k. On peut déterminer entre les racines de cette équation un groupe de substitutions H tel, que toute fonction rationnelle des racines et de k monodrome par rapport à k soit invariable par les substitutions de H (indépendamment de toute valeur particulière donnée à k), et réciproquement.*

En effet, supposons qu'après avoir donné à k une valeur initiale réelle ou imaginaire, mais déterminée, on le fasse varier suivant une loi quelconque. Les racines x_1, x_2,... de l'équation proposée varieront continuellement avec k, et si à la fin de l'opération, k a repris sa valeur initiale k_0, les valeurs finales de x_1, x_2,... satisferont à l'équation $F(x, k_0) = o$: elles se confondent donc, à l'ordre près, avec leurs valeurs initiales. Donc si chacune d'elles ne reprend pas sa valeur initiale, elles seront simplement permutées les unes dans les autres, et le résultat de l'opération sera représenté par une certaine substitution S effectuée sur ces racines.

Si l'on modifie de toutes les manières possibles la loi de variation de k, on obtiendra diverses substitutions S, S_1,... formant évidemment un groupe H : car, si en faisant varier k d'une certaine façon on obtient la substitution S, puis en le faisant varier d'une autre façon, la substitution S_1, on obtiendra la substitution SS_1 en lui faisant subir successivement ces deux modes de variation.

Cela posé, soient φ une fonction des racines et de k, monodrome par rapport à k; φ', φ'',... les diverses valeurs que prend cette fonction par les substitutions de H : en faisant varier k convenablement, on peut opérer entre les racines les substitutions de H, et par suite transformer φ en une quelconque des quantités φ', φ'',..., la valeur de k n'étant pas changée. Mais φ, étant monodrome, n'a par hypothèse qu'une seule valeur pour chaque valeur de k : donc on aura, quel que soit k,

$$\varphi = \varphi' = \varphi'' = \dots .$$

Réciproquement, si ces égalités sont constamment satisfaites, il est clair que, de quelque manière qu'on fasse varier k, φ reprendra sa valeur initiale en même temps que lui. Donc φ est une fonction monodrome.

Le groupe H peut être appelé le *groupe de monodromie* de l'équation proposée. Il est nécessairement contenu, comme on l'a vu plus haut, dans le *groupe algébrique* G obtenu en adjoignant k à l'équation.

391. On peut compléter cette proposition en remarquant que *toutes les substitutions de* G *sont permutables* à H. En effet, soit φ une fonction des racines de l'équation proposée, invariable par les substitutions de H, et variable par toute autre substitution : c'est une fonction monodrome de k, telle que $f(k)$. Remplaçons tous les coefficients de $f(k)$ par des indéterminées, puis substituons cette expression dans l'équation irréductible dont φ est racine, et exprimons que le résultat de cette substitution est nul pour toute valeur de k. On obtiendra un certain nombre d'équations de condition algébriques auxquelles les coefficients inconnus de la fonction $f(k)$ doivent

satisfaire. Ces coefficients sont donc les racines d'équations algébriques à coefficients numériques.

Cela posé, adjoignons à l'équation proposée toutes les racines de ces équations numériques. La fonction φ devient rationnellement exprimable : le groupe de la proposée ne contient donc plus aucune substitution étrangère à H. Mais d'autre part il contient le groupe de monodromie, lequel ne peut évidemment être altéré par l'adjonction de quantités simplement numériques : donc il se réduit précisément à H. Donc on réduit le groupe de la proposée de G à H par l'adjonction de toutes les racines de certaines équations : donc les substitutions de G sont permutables à H (376).

§ III. — Théorèmes divers.

392. Théorème. — *Soit* G' *un groupe quelconque contenu dans un autre groupe* G; *ses facteurs de composition diviseront ceux de* G.

Soient en effet O l'ordre de G; $l, m, \ldots$ ses facteurs de composition; G, H, I,... une suite de groupes ayant respectivement pour ordre O, $\frac{O}{l}, \frac{O}{lm}, \ldots$ et tels, que chacun d'eux soit contenu dans le précédent et permutable à ses substitutions. Soient, d'autre part, G', H', I',... les groupes respectivement formés par celles des substitutions de G' qui appartiennent à G, à H, à I, etc; $O', \frac{O'}{l'}, \frac{O'}{l'm'}, \ldots$ leurs ordres respectifs. Chacun de ces groupes sera évidemment contenu dans le précédent, et, de plus, permutable à ses substitutions. Car, soient, par exemple, g' et h' deux substitutions quelconques appartenant aux groupes G' et H' : h' appartient à H, auquel les substitutions de G, et notamment g', sont permutables. Donc $g'^{-1} h' g'$ appartient à H; mais elle appartient aussi à G' : donc elle appartient à H'; donc g' est permutable à ce dernier groupe.

Soient $\frac{O'}{\lambda_1}$ l'ordre d'un groupe G'_1 aussi général que possible parmi ceux qui contiennent H', et sont contenus dans G' et permutables à ses substitutions; $\frac{O'}{\lambda_1 \lambda_2}$ l'ordre d'un groupe G'_2, aussi général que possible parmi ceux qui contiennent H' et sont contenus dans G'_1 et permutables à ses substitutions, etc. Soient de même $\frac{O'}{l' \mu_1}$ l'ordre d'un groupe H'_1 aussi général que possible parmi ceux qui contiennent I', et sont contenus dans H' et permutables à ses substitutions, etc. Les groupes G', G'_1, G'_2,..., H', H'_1,..., I',... formant ainsi par construction une suite telle, que chacun d'eux soit aussi général que possible parmi ceux qui sont contenus dans le précédent et permutables à ses substitutions, et ayant respectivement pour ordre O', $\frac{O'}{\lambda_1}$, $\frac{O'}{\lambda_1\lambda_2}$, ..., $\frac{O'}{l'}$, $\frac{O'}{l'\mu_1}$, ..., $\frac{O'}{l'm'}$, ..., les facteurs de composition de G' seront λ_1, λ_2, ..., $\frac{l'}{\lambda_1\lambda_2\ldots}$, μ_1, ..., $\frac{m'}{\mu_1\ldots}$, ... Ils diviseront donc respectivement l', m', ...

Nous achèverons la démonstration en prouvant que l', m',... divisent respectivement l, m,....

Soient h_1, h_2,... les substitutions de H; h'_1, h'_2,... celles de H'; celles de G' seront de la forme $g'_\alpha h'_\beta$; g'_1, g'_2, ..., $g'_{l'}$ étant des substitutions de G' qui ne satisfassent à aucune relation de la forme $g'_\alpha = g'_{\alpha'} h'_{\beta'}$ (39). Cela posé, les substitutions de G', appartenant à G, sont permutables à H. Le groupe K, dérivé de la combinaison de G' et H, aura donc toutes ses substitutions de la forme $g'_\alpha h'_\beta h_\gamma$. Mais $h'_\beta h_\gamma$, appartenant à H, est de la forme h_δ: les substitutions de K seront donc de la forme $g'_\alpha h_\delta$. Réciproquement, les $l'\frac{O}{l}$ substitutions de cette forme obtenues en faisant varier α et δ appartiennent à K, et sont distinctes : car si l'on avait $g'_\alpha h_\delta = g'_{\alpha'} h_{\delta'}$, sans avoir $\alpha = \alpha'$, d'où $\delta = \delta'$, la substitution $g'^{-1}_{\alpha'} g'_\alpha = h_{\delta'} h_\delta^{-1}$ appartiendrait à H et à G', et par suite à H' : désignons-la par $h'_{\beta'}$; il viendrait $g'_\alpha = g'_{\alpha'} h'_{\beta'}$, ce qui est impossible.

Donc l'ordre de K est égal à $l'\frac{O}{l}$; mais ce groupe est contenu dans G, dont l'ordre est O; donc son ordre divise ce dernier nombre : donc l' divise l. De même m' divise m, etc.

393. Théorème. — *Soient* G *un groupe quelconque;* H *et* G' *deux groupes contenus dans* G; H' *le groupe formé par les substitutions communes aux deux précédents;* O, P, O', P' *les ordres respectifs de ces quatre groupes; d, d', e, f les valeurs des entiers* $\frac{O}{P}$, $\frac{O'}{P'}$, $\frac{O}{O'}$, $\frac{P}{P'}$; δ *le plus grand commun diviseur de d et de e: d' sera au plus égal à d, et divisible par* $\frac{d}{\delta}$.

Soient en effet h_1, h_2,... les substitutions de H; h'_1, h'_2,... celles de H' : celles de G' seront de la forme $g'_\alpha h'_\beta$; g'_1, ..., $g'_{d'}$ étant des substitutions convenablement choisies. En outre, le groupe G contiendra au moins les substitutions $g'_\alpha h_\beta$, qui sont toutes distinctes (392), et en nombre Pd'. On aura donc P$d' \overline{\underset{<}{=}} O$, d'où $d' \overline{\underset{<}{=}} d$.

D'autre part, on a évidemment $ed' = df$: donc $\frac{d}{\delta}$ divise d'.

394. Théorème. — *Soit* E *une équation décomposable en facteurs rationnels* X, Y,... : *tout facteur de composition d'une des équations partielles* X, Y,... *sera un facteur de composition de* E; *et réciproquement, tout facteur de composition de* E *sera facteur de composition d'une ou plusieurs de ces équations partielles.*

En effet, on résoudra l'équation E en résolvant successivement les équations partielles X, Y,..., ce qui pourra se faire pour chacune d'elles à l'aide d'une suite d'équations simples.

Soient $x_1, x_2,\ldots$ les racines de l'équation X, lesquelles appartiennent également à E; l son premier facteur de composition : il existe une équation simple U, d'ordre l, dont la résolution fera connaître des fonctions de $x_1, x_2,\ldots$, qui auparavant n'étaient pas rationnelles. Cette résolution abaissera donc l'ordre de X et celui de E en les divisant l'un et l'autre par l (372). Quant à chacune des autres équations partielles, telle que Y, son ordre ne sera pas réduit par cette résolution, ou il sera divisé par l, auquel cas Y aura l pour facteur de composition.

Si donc on résout l'équation X par l'adjonction des racines d'une suite d'équations simples, on trouvera successivement que chacun des facteurs de composition de X est un facteur de composition de E. Quant aux autres équations partielles Y,..., leurs groupes pourront perdre par ces adjonctions quelques-uns de leurs facteurs de composition, mais conserveront tous ceux qui ne leur sont pas communs avec le groupe de X. Résolvant maintenant l'équation Y par l'adjonction des racines d'une suite d'équations simples, on verra de même que tous les facteurs de composition qui restent dans le groupe de l'équation Y sont des facteurs de composition de E; et que les équations partielles restantes Z,... conserveront après cette nouvelle adjonction tous ceux de leurs facteurs de composition qui ne leur sont pas communs avec X ou Y. On continuera ainsi jusqu'à ce qu'on ait résolu toutes les équations X, Y,... Mais alors l'équation E sera elle-même résolue, et le théorème sera démontré.

395. Théorème. — *Soient* $\mathcal{E}$ *une équation irréductible et primitive de degré* n; E *l'équation de degré* $n - 1$ *obtenue par l'adjonction d'une de ses ra-*

cines, a; X, Y,... *les diviseurs rationnels de cette dernière équation, supposée irréductible. Tout facteur de composition de l'une des équations partielles* X, Y,... *divisera l'un au moins des facteurs de composition de chacune des autres équations partielles.*

Supposons, pour fixer les idées, qu'il y ait deux équations partielles, X, Y, et que Y ait un facteur de composition, m, qui ne divise aucun des facteurs de composition de X; nous allons prouver que l'équation $\mathcal{E}$, supposée irréductible, n'est pas primitive.

Soit en effet G le groupe de l'équation E : abaissons-le autant que possible par la résolution successive d'équations simples, dont l'ordre ne soit pas divisible par m; et supposons que ces adjonctions réduisent successivement le groupe de l'équation E à H,..., à K. L'équation partielle X étant complétement résolue par ces opérations, et l'équation Y ne l'étant pas, le groupe final K contiendra des substitutions différentes de l'unité; mais les racines $x_1, x_2,\ldots$ de X, qui sont actuellement connues, ne seront déplacées par aucune de ces substitutions (362).

La suite des facteurs de composition de K peut être déterminée, soit d'une seule manière, soit de plusieurs manières différentes; mais, dans tous les cas, le premier de ces facteurs sera divisible par m; car, sans cela, le groupe pourrait être abaissé, contrairement à l'hypothèse, par la résolution d'une équation simple dont l'ordre ne serait pas divisible par m. Réciproquement, K contient tous les groupes contenus dans G et jouissant de cette propriété. Car soit G′ un groupe quelconque contenu dans G et non dans K. Supposons, pour fixer les idées, que parmi les groupes de la suite G, H,..., K, le groupe H soit le premier qui ne contienne pas G′ : soit H′ le groupe formé par les substitutions communes à H et à G′; soient enfin $O, \frac{O}{l}, O', \frac{O'}{l'}$ les ordres respectifs de G, H, G′, H′. Les premiers facteurs de composition de G′, $\lambda_1, \lambda_2,\ldots$ auront pour produit l', qui divise l (392) : ils ne sont donc pas divisibles par m.

396. Soient maintenant $a, a_1,\ldots, a_{\mu-1}$ celles des racines de E que les substitutions de K laissent immobiles. Cette suite contenant, outre la racine a que l'on s'est adjointe, les racines $x_1, x_2,\ldots$ de l'équation X, contient plusieurs racines; mais il est clair qu'elle ne les contient pas toutes.

Cela posé, soient $\mathcal{G}$ le groupe de $\mathcal{E}$; S une de ses substitutions, qui remplace a par une des racines $a, a_1,\ldots, a_{\mu-1}$, telle que a_1 : elle remplacera toutes ces racines les unes par les autres. En effet, S transforme le groupe G, formé des substitutions de $\mathcal{G}$ qui ne déplacent pas a, en un groupe analogue G_1, formé de celles de ses substitutions qui ne déplacent pas a_1. Ceux des groupes partiels contenus dans G_1 qui jouissent de la propriété d'avoir leur premier facteur de composition nécessairement divisible par m seront évidemment les transformés de ceux des groupes partiels contenus dans G qui jouissent de cette propriété. Ils seront donc tous contenus dans un seul d'entre eux, qui sera le transformé de K, et aura seul le même ordre que ce dernier groupe. Mais G_1 contient K lui-même; ce sera donc là ce groupe d'ordre maximum qui contient tous les autres et qui est le transformé de K. Donc la substitution S transforme K en lui-même : donc elle permute exclusivement entre elles les racines $a, a_1, \ldots, a_{\mu-1}$ que les substitutions de K ne déplacent pas.

Toute substitution de $\mathcal{G}$ qui remplace l'une par l'autre deux des racines $a, a_1, \ldots, a_{\mu-1}$ permute ces racines exclusivement entre elles. Car soit T une substitution de $\mathcal{G}$ qui remplace, par exemple, a_1 par a_2; ST, remplaçant a par a_2, permutera exclusivement entre elles les racines $a, a_1, \ldots, a_{\mu-1}$: il en est de même pour S, et par suite pour T.

Soient a' une autre racine quelconque; U une substitution de $\mathcal{G}$ qui remplace a par a' : les racines $a', a'_1, \ldots, a'_{\mu-1}$ que U fait succéder à $a, a_1, \ldots, a_{\mu-1}$ seront, d'après ce qui précède, essentiellement différentes de $a, a_1, \ldots, a_{\mu-1}$. D'ailleurs toute substitution de $\mathcal{G}$ qui remplace une des racines $a, a_1, \ldots, a_{\mu-1}$ par une des racines $a', a'_1, \ldots, a'_{\mu-1}$ remplacera chacune des racines $a, a_1, \ldots, a_{\mu-1}$ par quelqu'une des racines $a', a'_1, \ldots, a'_{\mu-1}$. Car soit V une substitution de $\mathcal{G}$ qui remplace, par exemple, a par a'_1 : VU^{-1} remplace a par a_1 : elle remplacera donc les racines $a, a_1, \ldots, a_{\mu-1}$ les unes par les autres; et U les remplaçant par $a', a'_1, \ldots, a'_{\mu-1}$, $V = VU^{-1}.U$ les remplacera également, à l'ordre près, par $a', a'_1, \ldots, a'_{\mu-1}$.

Si les 2μ racines écrites ci-dessus n'épuisent pas le nombre n des racines de $\mathcal{E}$, soient a'' une autre racine, W une substitution de $\mathcal{G}$ qui remplace a par a'' : les racines $a'', a''_1, \ldots, a''_{\mu-1}$ que W fait succéder à $a, a_1, \ldots, a_{\mu-1}$ sont, d'après ce qui précède, essentiellement différentes de $a, a_1, \ldots, a_{\mu-1}$ et de a', $a'_1, \ldots, a'_{\mu-1}$.

Si $n > 3\mu$, on continuera de même; et l'on voit ainsi que n est un multiple de μ, et que les racines de la proposée peuvent être groupées en $\frac{n}{\mu}$ systèmes. D'ailleurs chaque substitution de $\mathcal{G}$ remplace les racines de chaque système par celles d'un même système. Car soit R une substitution de $\mathcal{G}$, qui remplace, par exemple, a'' par a'_1; et soient $a'_1, \alpha, \ldots, \delta$ les racines qu'elle fait succéder à a'', $a''_1, \ldots, a''_{\mu-1}$. La substitution WR appartient à $\mathcal{G}$, et remplace $a, a_1, \ldots, a_{\mu-1}$ par $a'_1, \alpha, \ldots, \delta$. Mais a'_1 appartient au système a'_1, $a'_2, \ldots, a'_{\mu-1}$. Donc $\alpha, \ldots, \delta$ sont les autres racines de ce système.

Donc l'équation $\mathcal{E}$ n'est pas primitive, ce qu'il fallait démontrer.

397. Corollaire I. — *L'équation $\mathcal{E}$ étant irréductible et primitive, tout nombre premier qui divise l'ordre de* E *divisera l'ordre de chacune des équations partielles* X, Y,....

Car soit p un semblable diviseur. Divisant l'ordre de E, il divise un de ses facteurs de composition; mais ce facteur de composition appartient à l'une au moins des équations partielles X, Y,... (394). Donc il divise un au moins des facteurs de composition de chacune des autres équations : donc il divise l'ordre de chacune d'elles.

Corollaire II. — *Si l'une des équations partielles* X, Y,... *a tous ses facteurs de composition premiers, il en est de même des autres.*

398. Théorème. — *Si une équation* E, *irréductible et de degré* n, *a son ordre divisible par un nombre premier* p, *supérieur à* $\frac{1}{2}n$, *son groupe* G *sera* $n-p+1$ *fois transitif.*

Supposons en effet que G soit $n-q+1$ fois transitif, q étant $> p$. Son ordre sera égal à $n(n-1)\ldots(q+1)\,\Omega$, Ω étant l'ordre du groupe partiel $\mathcal{G}$ formé par celles de ses substitutions qui laissent immobiles $n-q$ racines données $a, a_1, \ldots$, lequel est simplement transitif par rapport aux q racines restantes. Mais $n(n-1)\ldots(q+1)$ n'est pas divisible par p, n étant $< 2p$ et $q > p$. D'autre part, Ω ne peut être divisible par p. En effet, considérons l'équation $\mathcal{E}$ de degré q à laquelle se réduit la proposée par l'adjonction des racines $a, a_1, \ldots$; elle a évidemment pour groupe $\mathcal{G}$. Si elle n'est pas primitive, soit μ le nombre des systèmes entre lesquels se répartissent ses racines : le groupe $\mathcal{G}$ est contenu dans le groupe Γ obtenu en combinant tous les déplacements possibles des systèmes avec tous les déplacements possibles des racines dans chacun d'eux. L'ordre de ce dernier groupe, évidemment égal à $1.2\ldots\mu\left(1.2\ldots\frac{q}{\mu}\right)^{\mu}$ sera donc un multiple de Ω; mais il n'est pas divisible par p, qui est supérieur à $\frac{q}{2}$, et, par suite, à μ et à $\frac{q}{\mu}$. Si, au contraire, l'équation $\mathcal{E}$ est primitive, son ordre est égal à $q\,\mathrm{O}$, O étant l'ordre de l'équation E', de degré $q-1$, qu'on obtient en adjoignant une nouvelle racine b. Mais $\mathcal{G}$ étant simplement transitif, le groupe de E', formé par celles des substitutions de $\mathcal{G}$ qui laissent b immobile, sera intransitif : l'équation E' se décompose donc en plusieurs facteurs rationnels X, Y,... L'une au moins de ces équations partielles sera d'un degré d inférieur à $\frac{q}{2}$, et par suite à p; son ordre, divisant $1.2\ldots d$, ne sera pas divisible par p. Mais il est divisible par tout nombre premier qui divise O (397) : donc O, et, par suite, $\Omega = q\mathrm{O}$ n'est pas divisible par p.

399. Théorème. — *Soient $\mathcal{E}$ une équation irréductible et primitive de degré n; E l'équation de degré $n-1$ qui s'en déduit par l'adjonction d'une de ses racines, a; $\mathcal{G}$ et G les groupes de ces équations. Groupons les substitutions de G en classes, en réunissant ensemble celles qui sont semblables entre elles : chaque racine de G sera déplacée par l'une au moins des substitutions de chacune de ces classes.*

Supposons en effet qu'il existe une classe C dont toutes les substitutions laissent immobiles certaines racines $a_1, \ldots, a_{\mu-1}$. Soit S une substitution de G qui remplace a par l'une des racines $a, a_1, \ldots, a_{\mu-1}$, telle que a_1; elle remplacera toutes ces racines les unes par les autres. En effet, S transforme le groupe G, formé des substitutions qui ne déplacent pas a, en un groupe analogue G_1 formé des substitutions qui ne déplacent pas a_1; et la classe C aura pour transformée la classe formée par celles des substitutions de G_1 qui sont semblables aux substitutions de C; mais les substitutions de C, ne déplaçant pas a_1, sont contenues dans G_1 : donc la classe C est sa propre transformée : donc S remplace les unes par les autres les lettres $a, a_1, \ldots, a_{\mu-1}$, que les substitutions de C ne déplacent pas.

On conclut de là que $\mathcal{E}$ n'est pas primitive (396).

CHAPITRE II.

APPLICATIONS ALGÉBRIQUES.

---

§ I. — ÉQUATIONS ABÉLIENNES.

Des équations abéliennes en général.

400. Considérons avec Abel les équations irréductibles dont deux racines, x_1 et x_2, sont liées par une relation rationnelle de la forme

$$x_2 = \varphi(x_1).$$

Le groupe d'une semblable équation étant transitif contient une substitution S qui remplace x_1 par x_2. Soit $(x_1 x_2 \ldots x_n)$ le cycle de S qui contient ces deux racines : la fonction nulle $x_2 - \varphi(x_1)$ n'étant pas altérée en valeur numérique par S ni par ses puissances (**356**), on aura

$$(1) \qquad x_2 - \varphi(x_1) = x_3 - \varphi(x_2) = \ldots = x_1 - \varphi(x_n) = 0.$$

Supposons, pour plus de généralité, que l'équation proposée ait d'autres racines que $x_1, x_2, \ldots, x_n$. Soit x'_1 l'une d'elles : le groupe de l'équation contient une substitution T qui remplace x_1 par x'_1. Soient $x'_1, x'_2, \ldots, x'_n$ les racines par lesquelles elle remplace $x_1, x_2, \ldots, x_n$. La substitution T opérée sur les identités (1) ne les trouble pas (**356**); on aura donc

$$x'_2 - \varphi(x'_1) = x'_3 - \varphi(x'_2) = \ldots = x'_1 - \varphi(x'_n) = 0.$$

Les nouvelles racines $x'_1, x'_2, \ldots, x'_n$ sont essentiellement distinctes des racines $x_1, x_2, \ldots, x_n$; car, si x'_n était égal à x_2, par exemple, $x'_1 = \varphi(x'_n)$ le serait à $x_3 = \varphi(x_2)$; mais l'équation, étant irréductible, n'a pas de racines égales : donc x'_1 serait identique à x_3, contre l'hypothèse.

S'il existe une racine x''_1 qui ne fasse partie d'aucun des deux systèmes $x_1, x_2, \ldots, x_n$; $x'_1, x'_2, \ldots, x'_n$, on aura de même un troisième système de racines $x''_1, x''_2, \ldots, x''_n$, distinctes des précédentes, et liées entre elles par des relations analogues aux relations (1); et l'on continuera ainsi jusqu'à ce qu'on ait épuisé le nombre des racines, qui se trouveront ainsi groupées *n* à *n* en *m* systèmes.

401. Soit maintenant U une substitution quelconque du groupe de l'équation donnée, laquelle remplace, par exemple, $x_s^{(r)}$ par $x_\sigma^{(\rho)}$: elle remplacera $x_{s+1}^{(r)}, x_{s+2}^{(r)}, \ldots, x_{s-1}^{(r)}$ par $x_{\sigma+1}^{(\rho)}, x_{\sigma+2}^{(\rho)}, \ldots, x_{\sigma-1}^{(\rho)}$. Car, soit z la racine qu'elle fait succéder à $x_{s+1}^{(r)}$: U n'altérant pas la fonction nulle $x_{s+1}^{(r)} - \varphi(x_s^{(r)})$, on aura $z - \varphi(x_\sigma^{(\rho)}) = 0$, d'où $z = x_{\sigma+1}^{(\rho)}$; etc.

Il résulte évidemment de là que toutes les substitutions du groupe cherché résultent de la combinaison de substitutions Δ permutant tout d'une pièce les *m* systèmes de racines, en remplaçant les unes par les autres les racines qui ont le même indice, avec les puissances des substitutions circulaires

$$\Gamma = (x_1 x_2 \ldots x_n), \quad \Gamma' = (x'_1 x'_2 \ldots x'_n), \ldots.$$

Donc l'*équation proposée sera non primitive; et en résolvant une équation de degré m, on la décomposera en m équations partielles, de degré n, déterminant respectivement les m systèmes de racines* $x_1, x_2, \ldots, x_n$; $x'_1, x'_2, \ldots, x'_n$; ... (359). Les groupes de ces équations partielles ne contiendront plus respectivement que des puissances de Γ, des puissances de Γ', etc.

402. Nous nous trouvons ainsi amenés à étudier les équations dont le groupe est formé par les puissances d'une seule substitution circulaire. M. Kronecker a proposé de les nommer équations *abéliennes* : mais il nous paraît convenable d'étendre cette désignation à une classe d'équations plus générale, également considérée par Abel, et qui se traite d'après les mêmes principes. Nous appellerons donc *équations abéliennes* toutes celles dont le groupe ne contient que des substitutions échangeables entre elles.

403. Si une équation abélienne n'est pas irréductible, les facteurs irréductibles dont elle est le produit seront eux-mêmes abéliens. Car soient F, F', ... ces facteurs irréductibles; $x, x_1, \ldots$; $x', x'_1, \ldots$; ... leurs racines. Chaque substitution du groupe de la proposée sera de la forme AA'...; A, A', ... étant respectivement des substitutions qui permutent entre elles les racines $x, x_1, \ldots$, les racines $x', x'_1, \ldots$, etc. Mais, pour que deux substitutions de cette forme, $A_1 A'_1 \ldots$, $A_2 A'_2 \ldots$ soient échangeables entre elles, il faut évidemment que A_1 soit échangeable à A_2, A'_1 à A'_2, etc. Donc les substitutions A_1, A_2,... sont toutes échangeables entre elles; et l'équation $F=0$, dont le groupe est formé de ces substitutions (*), est abélienne.

Il nous suffira donc d'étudier les équations abéliennes irréductibles.

404. Théorème. — *Les racines d'une équation abélienne irréductible s'expriment toutes par des fonctions rationnelles* $\varphi(x)$, $\psi(x)$,... *d'une seule d'entre elles : et les symboles d'opération* φ, ψ,... *seront échangeables. Réciproquement, toute équation irréductible dont les racines jouissent de cette propriété est abélienne.*

Soit S une substitution du groupe G d'une équation abélienne irréductible : elle déplacera toutes les racines, ou se réduira à l'unité. Car supposons qu'elle laisse immobile une racine x. Soient y une autre racine quelconque; Σ une substitution de G qui remplace x par y : $\Sigma^{-1}S\Sigma$ laissera y immobile. Mais $\Sigma^{-1}S\Sigma=S$: donc S laisse toutes les racines immobiles, et, par suite, se réduit à l'unité.

Donc le groupe de l'équation proposée se réduit par l'adjonction de x à la seule substitution 1 : donc *ses racines* x, y, z,... *sont toutes des fonctions rationnelles de* x.

Soient par exemple $y=\varphi(x)$, $z=\psi(x)$: G, étant transitif, contient une substitution T qui remplace x par y, et une substitution U qui le remplace par z. Soient t la racine que T fait succéder à z; u celle que U fait succéder à y. La substitution T, opérée sur la fonction nulle $z-\psi(x)$ n'altère pas sa valeur (356). Mais elle la change en $t-\psi(y)$. Donc t est égal à $\psi(y)$, ou $\psi[\varphi(x)]$. De même, la substitution U, opérée sur la fonction nulle $y-\varphi(x)$, n'altère pas sa valeur. Donc u est égal à $\varphi(z)$ ou $\varphi[\psi(x)]$. Mais TU et UT remplacent respectivement x par u et par t; ces deux substitutions étant identiques, par hypothèse, on aura $u=t$.

Réciproquement, soient x, y, z,... les racines d'une équation quelconque, jouissant de la propriété indiquée au théorème; T et U deux substitutions de son groupe, qui remplacent respectivement x par $y=\varphi(x)$ et $z=\psi(x)$: T n'altérant pas la fonction nulle $z-\psi(x)$, remplacera z par une racine t égale à $\psi(y)$ ou $\psi[\varphi(x)]$: U remplacera de même y par $\varphi[\psi(x)]=t$. Les deux substitutions TU et UT remplaceront toutes deux x

(*) En effet, pour qu'une fonction de x, x_1,... soit rationnelle, il faut et il suffit qu'elle soit invariable par les substitutions $A_1A'_1$,..., $A_2A'_2$...,..., ou, ce qui revient au même, par les substitutions A_1, A_2,....

par une même racine t. La racine x étant d'ailleurs quelconque, ces deux substitutions sont identiques.

405. Théorème. — *La résolution d'une équation abélienne irréductible de degré $n = p^a q^b \ldots$ (p, q,.... étant premiers) se ramène à celle d'équations analogues de degrés p^a, q^b,....*

Soit, pour fixer les idées, $n = p^a q^b$; et soit G le groupe de l'équation proposée : son ordre est égal à n (358). Donc l'une quelconque de ses substitutions a pour ordre un diviseur de n, tel que $p^\alpha q^\beta$, et résultera de la combinaison de celles de ses puissances qui ont respectivement pour ordre p^α, q^β. Donc on obtiendra toutes les substitutions de G en combinant ensemble celles de ses substitutions P_1, P_2,...; Q_1, Q_2,... qui ont respectivement pour ordre une puissance de p, et une puissance de q. Ces substitutions étant échangeables entre elles, toute substitution dérivée de leur combinaison pourra évidemment se mettre sous la forme $\mathfrak{P}\mathfrak{Q}$, $\mathfrak{P}$ étant dérivée de P_1, P_2,...., et $\mathfrak{Q}$ de Q_1, Q_2,....

Les substitutions $\mathfrak{P}$ ont toutes pour ordre une puissance de p. Car soit $P_1 P_2 \ldots$ l'une d'entre elles : on aura

$$(P_1 P_2 \ldots)^{p^a} = P_1^{p^a} P_2^{p^a} \ldots = 1:$$

donc l'ordre de $P_1 P_2 \ldots$ divise p^a. De même les substitutions $\mathfrak{Q}$ ont pour ordres des diviseurs de q^b.

Deux substitutions $\mathfrak{P}_1 \mathfrak{Q}_1$, $\mathfrak{P}_2 \mathfrak{Q}_2$ de la forme $\mathfrak{P}\mathfrak{Q}$ sont distinctes, à moins qu'on n'ait $\mathfrak{P}_1 = \mathfrak{P}_2$, $\mathfrak{Q}_1 = \mathfrak{Q}_2$. Car, en les supposant égales, on aura $\mathfrak{P}_2^{-1}\mathfrak{P}_1 = \mathfrak{Q}_2 \mathfrak{Q}_1^{-1}$, égalité dont le premier membre a pour ordre un diviseur de p^a et le second un diviseur de q^b. Ils ne peuvent donc être égaux sans se réduire à l'unité : donc $\mathfrak{P}_1 = \mathfrak{P}_2$, $\mathfrak{Q}_1 = \mathfrak{Q}_2$.

Le nombre n des substitutions $\mathfrak{P}\mathfrak{Q}$ est donc le produit du nombre π des substitutions $\mathfrak{P}$ par le nombre χ des substitutions $\mathfrak{Q}$. Mais les substitutions $\mathfrak{P}$ ayant toutes pour ordre une puissance de p, et formant un groupe, par construction, l'ordre π de ce groupe sera une puissance de p; de même, χ est une puissance de q. Cela posé, l'égalité $\pi\chi = n = p^a q^b$ entrainera les suivantes : $\pi = p^a$, $\chi = q^b$.

Soit maintenant φ une fonction des racines de l'équation proposée, invariable par les q^b substitutions de la forme $\mathfrak{Q}$ et variable par toute autre substitution. Elle dépend d'une équation irréductible de degré p^a (366). Cette équation est abélienne. Car soient S, S_1 deux substitutions quelconques de G : ces substitutions, effectuées sur les p^a valeurs distinctes de la fonction φ, équivalent respectivement à des substitutions Σ, Σ_1 opérées entre ces valeurs; et les substitutions SS_1, S_1S équivaudront évidemment aux substitutions $\Sigma\Sigma_1$, $\Sigma_1\Sigma$. Mais $SS_1 = S_1S$, par hypothèse : donc $\Sigma\Sigma_1 = \Sigma_1\Sigma$. Les substitutions Σ, $\Sigma_1, \ldots$, qui forment le groupe de l'équation auxiliaire dont dépend φ, sont donc échangeables entre elles, et cette équation est abélienne.

Soit de même ψ une fonction des racines, invariable par les substitutions Φ et variable par toute autre substitution. Elle dépendra d'une équation abélienne irréductible de degré q^b.

Les racines de la proposée s'exprimeront rationnellement en fonction de φ, ψ : car l'adjonction de ces deux fonctions réduit le groupe de l'équation à la substitution 1, qui seule les laisse toutes deux invariables (**362**).

406. Théorème. — *La résolution d'une équation abélienne irréductible de degré p^a se ramène à celle d'équations abéliennes successives, dont les groupes ne contiennent que des substitutions d'ordre p (la substitution 1 exceptée).*

Soit G le groupe d'une semblable équation. Ses substitutions ont toutes pour ordre une puissance de p; soit p^λ l'ordre de celles de ces substitutions dont l'ordre est maximum. Celles des substitutions de G dont l'ordre ne dépasse pas $p^{\lambda-1}$ forment un groupe H. Car soient T, T_1 deux de ces substitutions, on aura

$$(TT_1)^{p^{\lambda-1}} = T^{p^{\lambda-1}} T_1^{p^{\lambda-1}} = 1;$$

donc TT_1 jouit de la même propriété que T et T_1. Soit p^α l'ordre du groupe H.

Soit maintenant φ une fonction des racines de l'équation, invariable par les substitutions de H, et variable par toute autre substitution. Elle dépend d'une équation irréductible de degré $p^{a-\alpha}$. On voit, comme au numéro précédent, que cette équation sera abélienne. De plus, toutes ses substitutions ont pour ordre p. Car soient S une substitution quelconque de G, Σ la substitution correspondante du groupe de l'équation en φ : la substitution S^p aura évidemment pour correspondante Σ^p; mais l'ordre de S^p divise $p^{\lambda-1}$: donc sa correspondante se réduit à l'unité : donc $\Sigma^p = 1$.

La fonction φ étant supposée déterminée, son adjonction réduira le groupe de la proposée à H. Soit de même H_1 le groupe formé par celles des substitutions de H dont l'ordre ne dépasse pas $p^{\lambda-2}$. Une fonction φ_1, invariable par les substitutions de H_1, dépendra d'une équation abélienne telle, que les substitutions de son groupe soient d'ordre p: son adjonction réduira le groupe de la proposée à H_1, etc....

407. Théorème. — *La résolution d'une équation abélienne irréductible, de degré p^n, et ne contenant dans son groupe que des substitutions d'ordre p (la substitution 1 exceptée), se ramène à celle de n équations abéliennes irréductibles de degré p.*

Soient F le groupe de l'équation proposée, A l'une de ses substitutions : F contiendra les p substitutions $1, A, \ldots, A^{p-1}$. Soit B une autre substitution de F : ce groupe contiendra les p^2 substitutions de la forme $A^\alpha B^\beta$, lesquelles sont toutes distinctes : car si l'on avait $A^\alpha B^\beta = A^{\alpha'} B^{\beta'}$, sans avoir $\beta \equiv \beta'$, d'où $\alpha \equiv \alpha' \pmod p$, on en déduirait $B^{\beta-\beta'} = A^{\alpha'-\alpha}$, d'où $B = A^{(\alpha'-\alpha)r}$, r étant une racine de la congruence $(\beta-\beta')r \equiv 1$. Donc B serait une puissance de A, contre l'hypothèse faite.

Supposons $n > 2$, et soit C une substitution de G, différente des précédentes : F contiendra les p^3 substitutions de la forme $A^\alpha B^\beta C^\gamma$, lesquelles sont distinctes : car si l'on avait $A^\alpha B^\beta C^\gamma = A^{\alpha'} B^{\beta'} C^{\gamma'}$, sans avoir $\gamma \equiv \gamma'$, d'où $\beta \equiv \beta'$, $\alpha \equiv \alpha'$, C serait de la forme $A^\alpha B^\beta$, contre l'hypothèse faite.

Continuant ainsi, on voit que les substitutions de F sont de la forme $A^\alpha B^\beta C^\gamma \ldots$, A, B, C,... étant n substitutions dont aucune ne dérive des précédentes.

Soient maintenant $\varphi, \psi, \chi, \ldots$ des fonctions des racines, respectivement invariables par les p^{n-1} substitutions $B^\beta C^\gamma \ldots$, par les substitutions $A^\alpha C^\gamma \ldots$, par les substitutions $A^\alpha B^\beta \ldots$, etc. Chacune d'elles dépend d'une équation abélienne de degré p, et les racines de la proposée s'exprimeront rationnellement en fonction de $\varphi, \psi, \chi, \ldots$.

408. Soit R l'une des racines de l'équation proposée; désignons par le symbole $(x\,y\,z\ldots)$ celle des racines que la substitution $A^x B^y C^z \ldots$ fait succéder à R. La substitution $A^x B^y C^z \ldots A^\alpha B^\beta C^\gamma \ldots$ fera succéder à R la racine que $A^\alpha B^\beta C^\gamma \ldots$ fait succéder à $(x\,y\,z\ldots)$. Mais cette substitution, étant égale à $A^{x+\alpha} B^{y+\beta} C^{z+\gamma} \ldots$, remplace R par $(x+\alpha, y+\beta, z+\gamma, \ldots)$. Donc $A^\alpha B^\beta C^\gamma \ldots$ remplace $(x\,y\,z\ldots)$ par cette dernière racine. On aura donc

$$A^\alpha B^\beta C^\gamma \ldots = \left| \, x, y, z, \ldots \quad x+\alpha, y+\beta, z+\gamma, \ldots \, \right|$$

Équations binômes.

409. Comme application, considérons l'équation binôme

$$x^n = 1.$$

Toute racine commune à deux équations de cette forme, $x^n = 1$ et $x^m = 1$, satisfait à l'équation $x^\theta = 1$, θ étant le plus grand commun diviseur de m et de n.

Soit en effet $n > m$. Si m divise n, la proposition est évidente. Dans le cas contraire, soit $n = mq + r$: des deux équations $x^{mq+r} = 1$, $x^m = 1$, on déduit évidemment $x^r = 1$. De cette équation, combinée avec $x^m = 1$, on déduira de même $x^s = 1$, s étant le reste de la division de m par r, etc....

En particulier, si $\theta = 1$, les deux équations n'auront d'autre racine commune que l'unité.

410. Soit maintenant a une racine de la congruence $x^n = 1$: formons la suite de ses puissances, $1, a, a^2, \ldots, a^r, \ldots$; soit a^ρ la première d'entre elles qui se réduise à l'unité : *tous les termes de la suite qui précèdent a^ρ seront différents*. Car si l'on avait $a^r = a^s$, r et s étant $< \rho$, on en déduirait $a^{r-s} = 1$, $r - s$ étant $< \rho$, ce qui est contraire à l'hypothèse. Il est clair que tous les termes de la suite se reproduiront périodiquement à partir de a^ρ.

L'exposant ρ divise n : car a, satisfaisant aux deux équations $a^n = 1$ et $a^\rho = 1$, satisfait à la suivante $a^\theta = 1$, θ étant le plus grand commun diviseur de n et de ρ. Mais, par hypothèse, aucune puissance de a inférieure à la $\rho^{\text{ième}}$ ne se réduit à l'unité : donc $\theta = \rho$.

Si $\rho = n$, a sera une *racine primitive* de l'équation proposée.

411. Problème. — *Trouver le nombre des racines primitives de l'équation $x^n = 1$.*

1° Soit $n = p^\alpha$, p étant premier. Les racines non primitives satisfont à l'équation $x^{p^{\alpha-1}} = 1$ et sont en nombre $p^{\alpha-1}$. Les autres racines, en nombre $p^\alpha\left(1 - \frac{1}{p}\right)$, sont primitives.

2° Soit $n = p^\alpha q^\beta \ldots$, $p, q, \ldots$ étant premiers et différents. Soient respectivement A, B,... des racines quelconques des équations $x^{p^\alpha} = 1$, $x^{q^\beta} = 1, \ldots$: on aura $(AB\ldots)^n = A^n B^n \ldots = 1$. Donc AB... est une racine de l'équation proposée. Réciproquement, en faisant varier A, B,..., on obtiendra $p^\alpha q^\beta \ldots$ produits tous différents, qui seront les diverses racines de la proposée. Car si l'on avait $AB\ldots = A'B'\ldots$ sans avoir $A = A'$, $B = B', \ldots$, et qu'on eût par exemple $A \gtrless A'$, il viendrait

$$AA'^{-1} = B'B^{-1}\ldots, \quad \text{d'où} \quad (AA'^{-1})^{q^\beta \cdots} = (BB'^{-1}\ldots)^{q^\beta \cdots} = 1,$$

ce qui ne peut être : car on a $(AA'^{-1})^{p^\alpha}=1$; AA'^{-1} serait ainsi racine commune aux deux équations $x^{p^\alpha}=1$, $x^{q^\beta\cdots}=1$, ce qui est absurde, car elles n'ont d'autre racine commune que l'unité (409).

Cela posé, si A, B,... sont des racines primitives des équations correspondantes, AB... sera une racine primitive de la proposée; sans quoi elle satisferait à l'une des équations

$$x^{\frac{n}{p}}=1,\quad x^{\frac{n}{q}}=1,\ldots,$$

ce qui est impossible; car on a, par exemple,

$$(AB\ldots)^{\frac{n}{p}}=A^{\frac{n}{p}}B^{\frac{n}{p}}\ldots=A^{\frac{n}{p}},$$

expression $\gtrless 1$, $\frac{n}{p}$ n'étant pas divisible par p^α, ordre de la première puissance de A qui se réduit à l'unité.

Au contraire, si l'une des quantités A, B,..., A par exemple, n'était pas racine primitive, il est clair que $(AB\ldots)^{\frac{n}{p}}$ se réduirait à 1, et AB... ne serait pas racine primitive.

Les équations $x^{p^\alpha}=1$, $x^{q^\beta}=1,\ldots$ ayant respectivement $p^\alpha\left(1-\frac{1}{p}\right)$, $p^\beta\left(1-\frac{1}{q}\right),\ldots$ racines primitives, la proposée en aura $n\left(1-\frac{1}{p}\right)\left(1-\frac{1}{q}\right)\cdots$

Soit a l'une de ces racines primitives : les autres seront évidemment les puissances d'ordre premier à n de celle-là.

412. Supprimons par la division tous ceux des facteurs de l'équation $x^n-1=0$ qui lui sont communs avec les équations $x^{\frac{n}{p}}-1=0$, $x^{\frac{n}{q}}-1=0,\ldots$: nous obtiendrons une équation $F(x)=0$ ayant pour racines les racines primitives de la proposée. Les équations considérées ayant pour premier coefficient l'unité, la division n'introduira pas de fractions, et $F(x)$ aura ses coefficients entiers : de plus, le premier de ses coefficients sera égal à 1.

Théorème. — *L'équation* $F(x)=0$ *est irréductible.*

Cette importante proposition, prouvée d'abord par Gauss dans le cas où n est premier, a été établie généralement par M. Kronecker. Parmi les démonstrations qui ont suivi la sienne, nous choisirons celle de M. Dedekind.

413. Lemme. — *Si* $F(x)$ *a un diviseur rationnel* $f(x)$ *dont le premier coefficient soit égal à* 1, *tous les autres coefficients de* $f(x)$ *seront entiers.*

Car supposons qu'il en soit autrement; posons

$$F(x) = f(x)\varphi(x);$$

$\varphi(x)$ sera un polynôme dont les coefficients seront rationnels, le premier étant égal à 1. Supposons les coefficients fractionnaires réduits à leur plus simple expression, tant dans $\varphi(x)$ que dans $f(x)$. Soit p un des facteurs premiers qui entrent en dénominateur dans les coefficients de $f(x)$; et soit Mx^μ un terme de $\varphi(x)$ tel, que p y entre en dénominateur à une plus haute puissance que dans les précédents, et à une puissance non moindre que dans les suivants. Soit Nx^ν un terme choisi de la même manière dans $\frac{\varphi(x)}{p}$ (p entre en dénominateur au moins dans le premier terme de cette expression). Parmi les termes en $x^{\mu+\nu}$ que contient le produit $f(x)\frac{\varphi(x)}{p}$ développé se trouvera le terme $MNx^{\mu+\nu}$, qui contiendra p en dénominateur à une puissance au moins égale à 2, et supérieure à celle à laquelle il se trouve dans les autres termes du même degré. Donc en réduisant ensemble les termes de ce degré, p restera en dénominateur au moins à la seconde puissance : multipliant par p, ce nombre resterait encore au moins une fois au dénominateur de ce terme-là : résultat absurde, les coefficients de $F(x) = f(x)\varphi(x)$ étant entiers.

414. Procédons maintenant à la démonstration du théorème. Supposons $F(x)$ décomposé en facteurs irréductibles; soit

$$f_1(x) = (x-a)(x-b)\ldots = x^\lambda + M_1 x^{\lambda-1} + N_1 x^{\lambda-2} + \ldots$$

un de ces facteurs, choisi parmi ceux dont le degré est minimum. Nous allons établir que $f_1(x)$ admet toutes les racines de $F(x)$, lesquelles ne sont autres que les puissances d'ordre premier à n de la racine a.

1° Si $f_1(x)$ admet pour racines a^r et a^s, il admettra pour racine a^{rs}. Car l'équation $f_1(x^r) = 0$, ayant une racine commune a avec l'équation irréductible $f_1(x) = 0$, admettra toutes les racines de cette dernière, et en particulier a^s : donc $f_1(a^{rs}) = 0$: donc $f_1(x)$ admet la racine a^{rs}. Il suffit donc de prouver que $f_1(x)$ admet celles des racines de $F(x)$ qui sont de la forme a^π, π étant premier.

2° Or le polynôme

$$f_\pi(x) = (x - a^\pi)(x - b^\pi)\ldots = x^\lambda + M_\pi x^{\lambda-1} + N_\pi x^{\lambda-2} + \ldots$$

a ses coefficients évidemment entiers, et de la forme $M_1^\pi + \pi\mathfrak{M}$, $N_1^\pi + \pi\mathfrak{N}, \ldots$; $\mathfrak{M}, \mathfrak{N}, \ldots$ étant des fonctions symétriques des racines de $f_1(x)$, et, par suite, des entiers. Mais le théorème de Fermat donne $M_1^\pi \equiv M_1$, $N_1^\pi \equiv N_1, \ldots$, (mod π). Donc $M_\pi \equiv M_1$, $N_\pi \equiv N_1, \ldots$, et enfin $f_\pi(x) \equiv f_1(x)$. D'ailleurs les racines de $f_\pi(x)$ étant des puissances de $a, b, \ldots$, d'ordre premier à n, sont des racines de $F(x)$: donc $f_\pi(x)$ divise $F(x)$: enfin il sera irréductible; car s'il avait des diviseurs rationnels, leur degré serait $< \lambda$, ce qu'on suppose impossible.

Cela posé, on aura $f_\pi(x) = f_1(x)$. Car s'il en était autrement, $F(x)$, et par suite $x^n - 1$, serait divisible par le produit de ces deux facteurs. Soit

$$x^n - 1 = f_1(x) f_\pi(x) \varphi(x) \equiv f_1^2(x) \varphi(x) \quad (\text{mod. } \pi);$$

on en déduit en différentiant

$$nx^{n-1} \equiv 2f'_1(x) f_1(x) \varphi(x) + f_1^2(x) \varphi'(x) \quad (\text{mod. } \pi).$$

Les deux congruences $x^n - 1 \equiv 0$ et $nx^{n-1} \equiv 0$ auraient donc en commun toutes les racines de la congruence $f_1(x) \equiv 0$: résultat évidemment absurde, car la première n'est pas satisfaite par la valeur $x \equiv 0$, qui seule satisfait à la seconde. Donc $f_1(x)$ se confond avec $f_\pi(x)$, et admet la racine a^π.

415. Cherchons maintenant la forme des substitutions du groupe G de l'équation $F(x) = 0$.

1° Soit d'abord $n = p^\alpha$, p étant premier impair. Soient x_0 une des racines de $F(x)$, g une racine primitive de la congruence

$$g^{p^\alpha - p^{\alpha-1}} \equiv 1 \quad (\text{mod. } p^\alpha).$$

Les racines de $F(x)$ seront données par la suite

$$x_0, \quad x_1 = x_0^g, \quad x_2 = x_1^g = x_0^{g^2}, \ldots$$

dont les $p^\alpha - p^{\alpha-1}$ premiers termes sont distincts, et s'expriment chacun par une même puissance du précédent. Cela posé, la substitution de G qui remplace x_0 par x_1 remplacera en général x_r par x_{r+1} (401); elle sera donc circulaire : en outre, ses puissances constitueront à elles seules le groupe G (401).

2° Soit $n = 2^\nu$. Si $\nu \overline{\leq} 2$, la congruence

$$g^{2^{\nu-1}} \equiv 1 \pmod{2^\nu}$$

ayant encore une racine primitive, on raisonnera comme tout à l'heure. Si $\nu > 2$, cette congruence n'a plus de racines primitives : mais on peut déterminer (14) un entier a tel, que la moindre valeur de t qui satisfasse à la congruence $a^t \equiv 1 \pmod{2^\nu}$ soit $2^{\nu-2}$, puis un entier b qui ne soit pas une puissance de a, et dont le carré soit congru à 1 (mod. 2^ν). Les deux suites

$$a, a^2, \ldots, a^{2^{\nu-2}} \equiv a^0; \quad ba, ba^2, \ldots, ba^{2^{\nu-2}} \pmod{2^\nu}$$

reproduiront tous les nombres inférieurs et premiers à 2^ν.

Cela posé, soit $R = (0,0)$ une des racines de $F(x)$; et désignons en général par (r, s) celle des racines de cette équation qui est égale à $(0,0)^{b^r a^s}$. Le groupe de l'équation sera formé des substitutions de la forme

$$| \; r, s \quad r + \alpha, s + \beta \; |.$$

Soit en effet S une substitution du groupe, qui remplace $(0,0)$ par (α, β). Soient (r, s) une racine quelconque, (ρ, σ) celle qu'elle lui fait succéder. La substitution S opérée sur l'identité $(r, s) = (0, 0)^{b^r a^s}$ donnera

$$(\rho, \sigma) = (\alpha, \beta)^{b^r a^s} = (r + \alpha, s + \beta), \quad \text{d'où} \quad \rho = r + \alpha, \; \sigma = s + \beta,$$

$F(x)$ n'ayant pas de racines égales.

3° Soit enfin $n = p^\alpha q^\beta \ldots$, $p, q, \ldots$ étant premiers et différents. Désignons respectivement par $y_0, y_1, \ldots$, par $z_0, z_1, \ldots$, etc., les racines des équations

$$f(y) = \frac{y^{p^\alpha} - 1}{y^{p^{\alpha-1}} - 1} = 0, \quad f_1(z) = \frac{z^{q^\beta} - 1}{z^{q^{\beta-1}} - 1} = 0, \ldots .$$

Soient

$$(2) \qquad | \; y_r \quad y_{\varphi(r)} \; |, \quad | \; z_s \quad z_{\psi(s)} \; |, \ldots$$

les substitutions des groupes de ces équations.

Nous avons vu que les racines de $F(x)$ sont les divers produits de la forme $y_r z_s \ldots$ (411). Posons en général $(r, s, \ldots) = y_r z_s \ldots$. Les substitutions du groupe cherché seront les suivantes :

$$(3) \qquad | \; r, s, \ldots \quad \varphi(r), \psi(s), \ldots \; |$$

En effet, soit K une fonction des x invariable par ces substitutions; considérons-la d'abord comme fonction des y, les z,... étant traités comme des coefficients indéterminés : K étant invariable par les substitutions

$$| \; r, s, \ldots \quad \varphi(r), s, \ldots \; |, \quad \text{ou} \quad | \; y_r \quad y_{\varphi(r)} \; |$$

sera une fonction rationnelle des coefficients de $f(y)$ et des quantités z_0, z_1,...;.... On voit de même que K peut s'exprimer rationnellement en fonction des coefficients de $f(y)$, de ceux de $f_1(z)$ et des indéterminées suivantes (représentées par des points dans l'écriture); et enfin que K est rationnel. Donc le groupe cherché est exclusivement formé des substitutions (3) qui n'altèrent pas K.

D'ailleurs il contient toutes ces substitutions. Car les substitutions (2) étant respectivement en nombre $p^\alpha\left(1-\frac{1}{p}\right)$, $q^\beta\left(1-\frac{1}{q}\right)$,... les substitutions dérivées des substitutions (3) seront en nombre $n\left(1-\frac{1}{p}\right)\left(1-\frac{1}{q}\right)\cdots$ seulement : et le groupe cherché, étant transitif, contient au moins ce nombre de substitutions.

§ II. — Équations de Galois.

416. Soit $F(x) = 0$ une équation irréductible de degré premier p, et dont toutes les racines s'expriment rationnellement en fonction de deux d'entre elles x_0 et x_1. Cherchons quel sera son groupe G.

L'ordre de G *ne peut dépasser* $p(p-1)$. En effet, il est égal au produit du nombre des systèmes de positions distinctes que ses substitutions donnent à x_0 et x_1 par l'ordre du groupe partiel H formé par celles de ses substitutions qui ne les déplacent pas (44). Le premier de ces deux nombres est au plus égal à $p(p-1)$: et le second se réduit à l'unité, l'adjonction de x_0 et de x_1 devant réduire le groupe de l'équation à la seule substitution 1.

D'autre part, G étant transitif (357), son ordre est divisible par p : donc G *contient au moins une substitution d'ordre* p. Cette substitution A, égale à $(x_0 x_1 \ldots x_z \ldots x_{p-1})$, pourra être représentée par le symbole $| \; z \quad z+1 \; |$.

Le groupe G ne contient aucune substitution d'ordre p, sauf A et ses puissances. Car, s'il en contenait une autre B, il contiendrait les p^2 substitutions $A^\alpha B^\beta$, lesquelles sont toutes distinctes : car si $A^\alpha B^\beta$ était égal à $A^{\alpha'} B^{\beta'}$, sans qu'on eût $\beta' = \beta$, d'où $\alpha' = \alpha$, B serait une puissance de A, contre l'hypothèse (407). Mais G contient au plus $p(p-1)$ substitutions : donc il ne peut contenir de substitution telle que B.

La transformée de A par une substitution quelconque S du groupe G est semblable à A et fait partie de G : c'est donc une puissance de A. Soit donc $S = | z \quad \varphi(z) |$: on aura une relation telle que $S^{-1} A S = A^a$, d'où la condition

$$\varphi(z+1) = \varphi(z) + a, \quad \text{ou} \quad \varphi(z) = az + \alpha.$$

Donc G *ne contient que les substitutions de la forme*

$$| z \quad az + \alpha |.$$

Il peut d'ailleurs les contenir toutes. Car supposons que le groupe de l'équation $F(x) = 0$ ne contienne que des substitutions de cette forme : chacune d'elles, sauf l'unité, déplace l'une au moins des deux racines x_0, x_1. Donc l'adjonction de ces deux racines réduit le groupe de la proposée à la seule substitution 1; donc les autres racines sont fonctions rationnelles de ces deux-là.

417. *La résolution de l'équation proposée* $F(x) = 0$ *se ramène à la résolution successive de deux équations abéliennes, de degrés* $p-1$ *et* p. Car soit φ_1 une fonction des racines invariable par les seules substitutions $| z \quad z + \alpha |$. Adjoignons φ_1 à l'équation proposée : son groupe se réduira aux substitutions ci-dessus : elle devient donc abélienne.

D'ailleurs φ_1 dépend d'une équation abélienne de degré $p-1$. Car soit φ_ρ ce que devient φ_1 par la substitution $| z \quad \rho z |$: $\varphi_1, \ldots, \varphi_{p-1}$ dépendent d'une équation de degré $p-1$. En outre, pour qu'une fonction de ces quantités soit rationnelle, il faut et il suffit qu'elle soit invariable par chaque substitution de la forme $| z \quad az + \alpha |$, laquelle équivaut au changement de φ_ρ en $\varphi_{a\rho}$. Le groupe de l'équation en φ_1 est donc formé des substitutions de la forme $| \rho \quad a\rho |$, lesquelles sont évidemment échangeables entre elles.

418. Comme exemple du type d'équations que nous venons de discuter, on peut citer la suivante :

$$x^p - A = 0$$

lorsque la racine $p^{\text{ième}}$ de A est irrationnelle.

Soit x_0 l'une des racines de cette équation : les autres seront

$$x_1 = yx_0,\quad x_2 = y^2 x_0, \ldots,\quad x_{p-1} = y^{p-1} x_0,$$

y étant une racine $p^{ième}$ de l'unité.

Toutes les racines $x_0, x_1, \ldots, x_{p-1}$ s'expriment rationnellement par deux d'entre elles : car x_r, par exemple, est égal à $x_1^r x_0^{1-r}$. Donc l'ordre de l'équation proposée divise $p(p-1)$.

Il est d'ailleurs un multiple de $p-1$: car la résolution de cette équation, faisant connaître $y = \frac{x_1}{x_0}$, entraîne celle de l'équation irréductible Y, d'ordre $p-1$, dont dépend y. Donc réciproquement l'adjonction des racines de Y abaissera le groupe de la proposée en divisant son ordre par $p-1$ (378). Après cet abaissement, l'ordre du groupe se trouvera réduit à 1 ou à p.

Il ne peut se réduire à 1 : car s'il en était ainsi, l'équation proposée, ayant l'ordre de son groupe inférieur à p, ne serait pas irréductible. Soit donc

$$x^p - A = \varphi(x)\varphi_1(x)\ldots$$

son premier membre décomposé en facteurs irréductibles

$$\varphi(x) = (x - x_a)(x - x_{a'})\ldots,\quad \varphi_1(x) = (x - x_b)(x - x_{b'})\ldots, \ldots.$$

Le coefficient du second terme de $\varphi(x)$ est égal à

$$-(x_a + x_{a'} + \ldots) = -x_0(y^a + y^{a'} + \ldots).$$

Celui du second terme de $\varphi_1(x)$ est de même égal à $-x_0(y^b + y^{b'} + \ldots)$. Ces deux coefficients sont rationnels : leur rapport est donc égal à une quantité rationnelle $\frac{M}{N}$; d'où l'on déduit l'égalité

$$N(y^a + y^{a'} + \ldots) - M(y^b + y^{b'} + \ldots) = 0,$$

laquelle, étant au plus du degré $p-1$ en y, et n'étant pas identique, devra nécessairement se confondre avec la suivante :

$$Y = 1 + y + \ldots + y^{p-1} = 0.$$

On aura donc $M = -N$, et, en outre, la suite $y^a, y^{a'}, \ldots, y^b, y^{b'}, \ldots$ contiendra toute la suite des termes $1, y, \ldots, y^{p-1}$. Donc le nombre des facteurs $\varphi(x)$, $\varphi_1(x)$,... ne peut dépasser 2.

Or la résolution de Y entraînant par hypothèse celle de l'équation $x^p - A = 0$, chacune des racines $x_0, x_1, \ldots$ sera une fonction rationnelle de y. Soit, par exemple, $x_a = \psi(y)$. Le degré de l'équation irréductible $\varphi(x) = 0$ à laquelle x_a satisfait est égal au nombre des valeurs distinctes que prend la fonction $\psi(y)$ lorsqu'on y effectue les substitutions du groupe G de l'équation $f(y) = 0$. Ce nombre ν est égal à $\frac{p-1}{\delta}$, δ étant l'ordre du groupe partiel formé par celles des substitutions de G qui n'altèrent pas $\psi(y)$.

Soient donc ν, ν_1 les degrés respectifs des facteurs $\varphi(x)$ et $\varphi_1(x)$: tous deux divisent $p-1$: et leur somme est p : résultat absurde, à moins qu'on n'ait $\nu = p - 1$, $\nu_1 = 1$. Mais alors la proposée aurait une racine rationnelle, ce qui n'est pas.

Donc *l'ordre du groupe de l'équation $x^p - A = 0$ est égal à $p(p-1)$: et cette équation est irréductible.*

CHAPITRE III.

APPLICATIONS GÉOMÉTRIQUES.

419. L'un des problèmes les plus fréquents de la géométrie analytique est de déterminer quels sont les points, ou bien les lignes ou surfaces d'une espèce donnée, qui satisfont à certaines conditions. Lorsque le nombre des solutions est limité, les coordonnées du point cherché (ou les paramètres que renferme l'équation des lignes ou surfaces cherchées) sont déterminées par un système d'équations algébriques A, B,... en nombre égal à celui des inconnues $x, y, \ldots$. Eliminons toutes les inconnues, sauf une seule, x : on sait que le degré de l'équation finale X indiquera le nombre des solutions du problème : et si les racines de cette équation sont inégales, soit x_0 l'une d'elles : on aura les valeurs correspondantes de $y, \ldots$ exprimées en fonction rationnelle de x_0, en substituant x_0 à la place de x dans les équations A, B,..., et cherchant le système des solutions communes à ces équations.

Les points, lignes ou surfaces cherchés sont donc déterminés lorsqu'on a résolu l'équation X, et correspondent respectivement à ses diverses racines $x_0, x_1, \ldots$. Nous conviendrons de désigner par $x_0, x_1, \ldots$ ceux des points, lignes ou surfaces cherchés qui correspondent respectivement aux racines $x_0, x_1, \ldots$. Cette locution sera commode, et n'offre aucun danger de confusion, les deux choses ainsi désignées par le même nom étant de nature absolument différente.

Les solutions des problèmes dont il s'agit sont en général assez nombreuses, mais liées les unes aux autres par certaines relations géométriques. De ces relations on déduit immédiatement l'existence d'une fonction entière $\varphi(x_0, x_1, \ldots)$ dont le groupe contient celui de l'équation X. Réciproquement, si l'on était certain de connaître *toutes* les relations géométriques que présente la question proposée (ou du moins celles dont les autres dérivent), le groupe de l'équation X contiendrait toutes les substitutions du groupe de $\varphi(x_0, x_1, \ldots)$. Mais une semblable certitude est difficile à obtenir, malgré le soin apporté par d'habiles géomètres à l'étude de ces problèmes. Il ne serait donc pas impossible que les équations auxquelles ces problèmes donnent naissance eussent parfois une forme plus particulière encore que celle que nous allons trouver, en nous appuyant sur les résultats obtenus par nos prédécesseurs.

§ Ier. — Équation de M. Hesse.

420. On sait que *les neuf points d'inflexion des courbes du troisième degré sont situés trois à trois sur douze droites, qui s'y coupent quatre à quatre.* Désignons ces points, ou les racines de l'équation X dont ils dépendent, par le symbole (xy), chacun des indices x, y étant variable de o à 2 (mod 3) : et représentons par $(xy)(x'y')(x''y'')$ la droite qui passe par les trois points (xy), $(x'y')$, $(x''y'')$; il est aisé de voir que les douze droites correspondent aux douze termes de l'expression

$$\begin{aligned}\varphi = &(00)(01)(02)+(10)(11)(12)+(20)(21)(22)\\ &+(00)(10)(20)+(01)(11)(21)+(02)(12)(22)\\ &+(00)(11)(22)+(01)(20)(12)+(02)(10)(21)\\ &+(00)(12)(21)+(01)(10)(22)+(02)(20)(11)\end{aligned}$$

formée par les produits tels que $(xy)(x'y')(x''y'')$ qui satisfont aux relations

$$x+x'+x'' \equiv y+y'+y'' \equiv 0 \pmod 3. \tag{1}$$

421. Le groupe de l'équation X se réduit aux substitutions qui n'altèrent pas l'expression φ. Car soit abc l'un des termes de φ : la condition géométrique que les trois points a, b, c soient en ligne droite s'exprime analytiquement par une équation de condition entre les coordonnées de ces points. Mais ces coordonnées s'expriment rationnellement en fonction des racines correspondantes a, b, c de l'équation X. Substituant ces valeurs des coordonnées dans l'équation de condition, on aura une relation de la forme

$$\psi(a,b,c)=0.$$

Soient maintenant S une substitution quelconque du groupe cherché; a', b', c' les racines par lesquelles elle remplace a, b, c : on aura (356)

$$\psi(a',b',c')=0.$$

Donc les points a', b', c' seront en ligne droite; et $a'b'c'$ sera l'un des termes de φ.

422. Cela posé, les substitutions de la forme

$$\Sigma = | \; x, y \quad ax + by + \alpha, \; a'x + b'y + \alpha' \; |$$

laissent φ invariable. Car si trois racines forment un terme de φ, leurs indices satisfont aux relations (1); les indices des trois racines que Σ leur fait succéder satisfont évidemment aux mêmes relations; ces nouvelles racines formeront donc un terme de φ.

Réciproquement le groupe G de la fonction φ ne contient d'autres substitutions que les Σ. Car soient S une substitution qui laisse φ invariable; $(\alpha\alpha')$ la racine qu'elle fait succéder à (00) : on aura $S = T\Sigma_1$, Σ_1 étant la substitution $| \; x, y \quad x + \alpha, \; y + \alpha' \; |$, et T une nouvelle substitution de G, qui ne déplace pas (00). Soit (aa') la racine que T fait succéder à (10); a, a' ne seront pas nuls à la fois. Soient b, b' deux entiers tels, que $ab' - ba'$ ne soit pas congru à 0 (mod 3); on aura $T = T'\Sigma'$; Σ' désignant la substitution $| \; x, y \quad ax + by, \; a'x + b'y \; |$, et T' une nouvelle substitution de G qui ne déplace ni (00) ni (10), ni, par suite, (20), qui leur est associée dans un terme de φ. Soit donc (cc') la racine que T' fait succéder à (01); c' ne sera pas nul, et l'on aura $T' = T''\Sigma''$, Σ'' désignant la substitution

$$| \; x, y \quad x + cy, \; c'y \; |$$

et T'' une substitution de G, qui ne déplace pas (00), (10), (01). Mais si T'' laisse immobiles deux racines, elle n'altère pas le terme de φ qui les contient, et, par suite, elle laisse immobile la troisième racine contenue dans ce terme. On voit aisément, par l'application réitérée de ce principe, que T'' laisse toutes les racines immobiles : donc elle se réduit à l'unité : et $S = T''\Sigma''\Sigma'\Sigma_1$ sera de la forme Σ.

423. Les coefficients a, b, a', b', peuvent être choisis de $(3^2 - 1)(3^2 - 3)$ ou quarante-huit manières, de telle sorte que leur déterminant ne soit pas congru à 0 (mod. 3); et α, α' peuvent prendre toutes les valeurs possibles (mod. 3). Celles des substitutions Σ pour lesquelles $b = 0$ forment un groupe H, contenant 12.9 substitutions, soit le quart du nombre total. Une fonction des racines de X, invariable par les substitutions de H et variable par toute autre substitution, dépendra donc d'une équation Y du quatrième degré. Cette équation étant résolue, le groupe de la proposée sera réduit au groupe I le plus général parmi ceux qui sont contenus dans H et permutables aux substitutions de G (368). On voit sans peine que I est formé des

2.9 substitutions

$$| \; x, y \quad ax + \alpha, \; ay + \alpha' \; |.$$

Soit K le groupe formé des six substitutions de I pour lesquelles $\alpha = 0$. Une fonction des racines de X, invariable par les substitutions de K, dépendra actuellement d'une équation Z du troisième degré. Celle-ci résolue, le groupe de X sera réduit au groupe le plus général parmi ceux qui sont contenus dans K et permutables aux substitutions de I; ce groupe est évidemment formé des substitutions

$$| \; x, y \quad x, y + \alpha' \; |$$

qui permutent exclusivement entre elles les trois racines correspondantes à une même valeur de x. L'équation X se décompose donc en trois facteurs rationnels du troisième degré. D'ailleurs elle est abélienne.

424. L'équation auxiliaire Y a une signification géométrique très-simple. Un coup d'œil jeté sur l'expression φ suffit pour reconnaître que les douze droites peuvent être groupées d'une seule manière en quatre systèmes tels, que les trois droites de chaque système contiennent les neuf points d'inflexion. Ces systèmes dépendront donc d'une équation du quatrième degré, laquelle n'est autre que Y : car celles des substitutions de G qui permutent exclusivement entre elles les trois droites (00) (01) (02), (10) (11) (12), (20) (21) (22) du premier système sont précisément celles du groupe H.

425. Théorème. — *Si une équation du neuvième degré est irréductible, et telle, que deux quelconques de ses racines, a et b, étant données, on puisse en déduire une troisième c, liée à a et b par les relations suivantes :*

$$(2) \qquad c = \psi(a, b), \quad b = \psi(c, a), \quad a = \psi(b, c)$$

(*où ψ désigne une fonction rationnelle, symétrique par rapport aux deux variables qu'elle contient*), *le groupe de cette équation sera contenu dans* G.

Cherchons en effet le groupe des équations les plus générales jouissant de la propriété énoncée. Soit S une de ses substitutions. Elle remplace le système des trois racines a, b, c par un autre système de trois racines a', b', c' liées entre elles par les mêmes relations (356).

Deux des systèmes de racines ainsi obtenus ne peuvent avoir deux racines communes sans être identiques : car si a', b' se confondaient avec a, b

sans que c' se confondît avec c, l'équation proposée aurait deux racines égales $c = \psi(a, b)$ et $c' = \psi(a', b')$ et ne serait pas irréductible.

Chaque racine a fait partie de quatre systèmes différents : car soit b une autre racine quelconque; on peut, par hypothèse, déterminer une troisième racine c, liée à ces deux-là par les relations (2) : soit d une quatrième racine; il en existe une cinquième, associée à a, d, etc.

Chaque système contenant d'ailleurs trois racines, on aura en tout douze systèmes, évidemment analogues aux droites du n° **420**, et qui correspondront comme elles aux douze termes de la fonction φ.

426. Les équations du huitième degré dans lesquelles trois racines quelconques, a, b, c étant données, on en déduit une quatrième d, satisfaisant aux relations

$$d = \psi(a, b, c), \quad c = \psi(d, a, b), \quad b = \psi(c, d, a), \quad a = \psi(b, c, d),$$

où ψ désigne une fonction rationnelle et symétrique, ont été considérées par M. Mathieu : elles se traitent exactement par les mêmes principes. On voit en effet : 1° qu'en désignant leurs racines par le symbole (xyz), où x, y, z varient de 0 à 1 (mod 2), leur groupe est contenu dans le groupe G de la fonction φ formée par la somme des quatorze produits de quatre racines telles, que les sommes de leurs indices soient nulles; 2° que les substitutions de G sont de la forme

$$|\ x, y, z \quad ax + by + cz + \alpha,\ a'x + b'y + c'z + \alpha',\ a''x + b''y + c''z + \alpha''\ |;$$

3° que les termes de φ se groupent deux à deux en sept systèmes tels, que les deux termes de chacun d'eux contiennent les huit racines; 4° que l'équation aux sept systèmes étant résolue, le groupe de la proposée se réduira aux substitutions

$$|\ x, y, z \quad x + \alpha,\ y + \alpha',\ z + \alpha''\ |,$$

ce qui ramènera sa résolution à celle de trois équations du second degré.

§ II. — Équations de M. Clebsch.

427. Le problème de déterminer une courbe du troisième ordre dont les points d'intersection avec une courbe donnée C du quatrième ordre coïncident quatre à quatre conduit à une équation X du degré 4^6 [Clebsch, *Uber* *die Anwendung der Abelschen Functionen in der Geometrie* (*Journal de* M. BORCHARDT, t. LXIII)].

Les racines de cette équation étant représentées par six indices, $x_1, \ldots, x_6$, variables chacun de o à 3, on aura le théorème suivant (Mémoire cité, § VII):

Les points de contact de C *avec les courbes correspondantes aux quatre racines* $(x_1 \ldots x_6)$, $(x'_1 \ldots x'_6)$, $(x''_1 \ldots x''_6)$, $(x'''_1 \ldots x'''_6)$ *sont situés sur une même courbe* D *du troisième ordre, lorsque les six congruences contenues dans la formule suivante*

$$(3) \qquad x_\rho + x'_\rho + x''_\rho + x'''_\rho \equiv 0 \pmod 4$$

sont simultanément satisfaites.

On en conclut, comme au n° 421, que le groupe de X se réduit aux substitutions qui laissent invariable l'expression φ formée par la somme des produits de quatre racines qui satisfont aux relations (3).

428. On voit ensuite, comme au n° 422, que le groupe G de la fonction φ contient les substitutions de la forme

$$\Sigma = | \, x_1, \ldots, x_6 \quad a_1 x_1 + \ldots + f_1 x_6 + \alpha_1, \ldots, a_6 x_1 + \ldots + f_6 x_6 + \alpha_6 \, |.$$

Réciproquement, les substitutions de la forme Σ sont les seules que contienne G : car soit S une substitution de G, laquelle remplace $(0 \ldots 0)$ par une autre racine $(\alpha_1 \ldots \alpha_6)$; on aura $S = T\Sigma_1$, Σ_1 étant la substitution

$$| \, x_1, \ldots, x_6 \quad x_1 + \alpha_1, \ldots, x_6 + \alpha_6 \, |,$$

et T une nouvelle substitution de G, qui ne déplace pas la racine $(0 \ldots 0)$.

Cette substitution T permutera évidemment les uns dans les autres ceux des termes de φ où entre le facteur $(0 \ldots 0)$. Donc elle remplacera chaque racine par une autre racine, qui figure le même nombre de fois dans ces termes. Or celles des racines pour lesquelles $x_1, \ldots, x_6$ sont tous pairs n'y figurent pas le même nombre de fois que les autres. En effet, il est clair que la racine $(x_1 \ldots x_6)$ y figure autant de fois qu'il y a de manières de déterminer deux autres racines $(x'_1 \ldots x'_6)$, $(x''_1 \ldots x''_6)$ satisfaisant aux relations

$$(4) \qquad x_\rho + x'_\rho + x''_\rho \equiv 0 \pmod 4,$$

en exceptant les systèmes de solutions dans lesquels on aurait généralement, $x'_\rho = 0$, ou $x'_\rho = x_\rho$, ou $x''_\rho = 0$, ou $x''_\rho = x_\rho$, ou enfin $x'_\rho = x''_\rho$.

Or s'il n'y avait à faire aucune exclusion, on pourrait choisir arbitrairement les indices x'_ρ, et les relations (4) détermineraient les indices x''_ρ. Le nombre des solutions serait donc toujours le même. Mais si les x_ρ ne sont pas tous pairs, on aura seulement quatre cas d'exclusion, car il est absurde de supposer que les relations (4) puissent être satisfaites en posant $x'_\rho = x''_\rho$. Si les x_ρ sont tous pairs, sans être tous égaux à 2, on aura cinq cas d'exclusion : à savoir, les quatre précédents, et celui où l'on a $x'_\rho = x''_\rho = \frac{1}{2} x_\rho$. Enfin si les x_ρ sont tous égaux à 2, et les x'_ρ ou les x''_ρ égaux à zéro, les x''_ρ ou les x'_ρ seront égaux aux x_ρ : les cinq cas d'exclusion se réduisent donc à trois distincts.

La substitution T fait donc succéder la racine $(10\ldots0)$, dont les indices ne sont pas tous pairs, à une autre racine $(a_1 a_2 \ldots a_6)$, dont les indices ne sont pas tous pairs. Mais il existe une substitution linéaire qui produit ce remplacement. Car il existe (121) une substitution linéaire

$$| \; x_1, \ldots, x_6 \quad a_1 x_1 + \ldots + a_6 x_6, \ldots, f_1 x_1 + \ldots + f_6 x_6 \; |,$$

qui remplace x_1 par $a_1 x_1 + \ldots + a_6 x_6$; et l'opération

$$\Sigma' = | \; x_1, \ldots, x_6 \quad a_1 x_1 + \ldots + f_1 x_6, \ldots, a_6 x_1 + \ldots + f_6 x_6 \; |,$$

qui a le même déterminant, sera aussi une substitution, laquelle remplace $(10\ldots0)$ par $(a_1 a_2 \ldots a_6)$.

Posons $T = T'\Sigma'$: T′ sera une nouvelle substitution de G, laquelle laisse $(00\ldots0)$ et $(10\ldots0)$ immobiles. On voit maintenant comme tout à l'heure : 1° que T′ fait succéder la racine $(01\ldots0)$ à une autre racine $(a'_1 a'_2 \ldots a'_6)$, dans laquelle les indices $a'_2, \ldots, a'_6$ ne seront pas tous pairs; 2° que parmi les substitutions linéaires qui laissent $(10\ldots0)$ immobile, il en existe une, Σ'', qui produit ce remplacement. On posera $T' = T''\Sigma''$: et continuant ainsi, il viendra

$$S = T\Sigma_1 = \ldots = U \ldots \Sigma''\Sigma'\Sigma_1,$$

U étant une substitution de G, qui laisse immobiles les sept racines $(00\ldots0)$, $(10\ldots0)$, $(01\ldots0)$, …, $(00\ldots1)$.

Or considérons un terme quelconque de φ : si U laisse invariables trois des facteurs qui forment ce terme, elle n'altère évidemment pas ce terme, et par suite, laisse invariable le quatrième facteur. Par l'application réitérée de ce principe, on reconnaît que U laisse immobiles les racines (330000), (303000), (033000); puis (111000); puis (200000) et (300000).

Donc U laisse immobile la racine $(\beta_1 00000)$, quel que soit β_1; et par une raison de symétrie évidente, elle laissera immobiles les racines $(0\beta_2 0000)$,..., $(00000\beta_6)$, quels que soient $\beta_2,\ldots,\beta_6$. Appliquant de nouveau le principe ci-dessus, on voit que U laisse immobiles

$$(4-\beta_1, 4-\beta_2, 4-\beta_3, 0, 0, 0),\quad (0, 0, 0, 4-\beta_4, 4-\beta_5, 4-\beta_6)$$

et enfin $(\beta_1\beta_2\beta_3\beta_4\beta_5\beta_6)$. Donc U, laissant immobile une racine quelconque, se réduit à l'unité, et S sera de la forme Σ.

429. Les problèmes de contacts traités par M. Clebsch dans le Mémoire cité l'ont conduit à un grand nombre d'équations analogues à la précédente, parmi lesquelles nous indiquerons les suivantes :

1° L'équation du degré 3^{20} qui détermine les courbes du cinquième ordre dont les points d'intersection avec une courbe donnée du sixième ordre coïncident trois à trois (§ VII du Mémoire);

2° Celle du degré 4^2 dont dépendent les plans qui coupent une courbe gauche du quatrième ordre en quatre points consécutifs;

3° Celle du degré 3^8 qui détermine les courbes gauches du quatrième ordre qui coupent une courbe gauche du sixième ordre en douze points coïncidant trois à trois (§ XVII et XVIII du Mémoire).

Les raisonnements qui précèdent s'appliquent sans difficulté à ces diverses équations, et montrent que leur groupe G a ses substitutions de la forme

$$| \; x_1, x_2, \ldots \quad a_1 x_1 + b_1 x_2 + \ldots + \alpha_1, a_2 x_1 + b_2 x_2 + \ldots + \alpha_2, \ldots \; |.$$

430. Les facteurs de composition de G sont évidemment ceux du groupe linéaire

$$| \; x_1, x_2, \ldots \quad a_1 x_1 + b_1 x_2 + \ldots, a_2 x_1 + b_2 x_2 + \ldots, \ldots \; |$$

déterminés plus haut (**127-140**), joints à ceux du groupe partiel

$$| \; x_1, x_2, \ldots \quad x_1 + \alpha_1, x_2 + \alpha_2, \ldots \; |,$$

lesquels sont évidemment égaux aux facteurs premiers de m^n, n étant le nombre des indices $x_1, x_2, \ldots$, et m le nombre de valeurs de chacun d'eux.

§ III. — Droites situées sur les surfaces du quatrième degré à conique double.

431. Les surfaces du quatrième degré qui possèdent une conique double jouissent de propriétés remarquables, au sujet desquelles M. Clebsch a bien voulu nous adresser une communication dont nous donnons ici la traduction (*):

« Ces surfaces possèdent cinq cônes K dont les arêtes leur sont doublement tangentes. La surface contient en outre seize droites, qui coupent chacune la courbe double en un point. Chacun des cônes K est touché par les seize droites; et, relativement à chaque cône, les droites se partagent en huit couples, ainsi qu'il suit. Chaque plan tangent au cône coupe la surface suivant deux coniques, comme l'a montré M. Kummer : en faisant tourner le plan tangent autour du cône, on engendrera ainsi deux faisceaux de coniques, complétement séparés, et entre lesquels n'existe aucune transition. Chacun des deux faisceaux de coniques ainsi correspondants à chaque cône contient quatre coniques décomposables en deux droites.

» Si l'on résout l'équation du cinquième degré qui donne les cônes, puis les cinq équations quadratiques qui servent à séparer les faisceaux de coniques, on pourra ensuite exprimer les droites rationnellement : car, si l'on prend arbitrairement quatre faisceaux parmi ceux qui appartiennent à quatre couples donnés de faisceaux, ils n'ont jamais qu'une droite commune. On n'a pas besoin de considérer les faisceaux qui correspondent au cinquième cône. Cela est mis en lumière dans le tableau suivant, où les chiffres 1, 2,..., 16 représentent les seize droites, et les chiffres I,..., V les cônes, mis en regard des couples de droites correspondants :

I......	2, 6;	3, 7;	4, 8;	5, 9;	1, 16;	10, 15;	11, 14;	12, 13;
II.....	1, 6;	3, 10;	4, 11;	5, 12;	2, 16;	7, 15;	8, 14;	9, 13;
III....	1, 7;	2, 10;	4, 13;	5, 14;	3, 16;	6, 15;	8, 12;	9, 11;
IV....	1, 8;	2, 11;	3, 13;	5, 15;	4, 16;	6, 14;	7, 12;	9, 10;
V.....	1, 9;	2, 12;	3, 14;	4, 15;	5, 16;	6, 13;	7, 11;	8, 10.

» Soient $\lambda_1, \lambda_2, \lambda_3, \lambda_4$ quatre racines de l'équation du cinquième degré;

(*) *Voir* le *Journal de* M. Borchardt, t. LXIX.

les racines de l'équation aux seize droites seront contenues dans la formule

$$\Omega[\lambda_1, \lambda_2, \lambda_3, \lambda_4, \quad \pm\sqrt{\varphi(\lambda_1)}, \quad \pm\sqrt{\varphi(\lambda_2)}, \quad \pm\sqrt{\varphi(\lambda_3)}, \quad \pm\sqrt{\varphi(\lambda_4)}],$$

où Ω et φ sont des fonctions rationnelles. »

432. Le groupe de l'équation X aux seize droites se réduit aux substitutions qui n'altèrent pas l'expression

$$\varphi = 2.6 + 3.7 + 4.8 + 5.9 + \ldots + 5.16 + 6.13 + 7.11 + 8.10.$$

En effet, soient ab l'un des termes de cette expression; S une substitution du groupe cherché; a', b' les racines qu'elle fait succéder à a, b. Les deux droites a, b étant dans un même plan, tangent à un cône singulier, on voit comme au nº **421** que les droites a', b' jouiront de la même propriété : donc $a'b'$ est un terme de φ.

433. Le groupe G de la fonction φ contient au plus $16.1.2.3.4.5$ substitutions. Car son ordre est égal au produit du nombre de positions distinctes que ses substitutions permettent de donner à la racine 2, lequel est au plus égal à 16, par l'ordre du groupe partiel H formé par celles de ses substitutions qui ne déplacent pas cette racine (**44**). Les substitutions de H permutent exclusivement entre elles les cinq racines 6, 16, 10, 11, 12 qui se trouvent associées à 2 dans les termes de φ. L'ordre de H est donc au plus égal à $1.2.3.4.5\,O$, O étant l'ordre du groupe partiel I formé par celles de ses substitutions qui laissent immobiles les racines 2, 6, 16, 10, 11, 12. Mais la racine 1, étant la seule qui soit associée à la fois à 6 et à 16 dans les termes de φ, ne sera pas altérée par les substitutions de I; de même pour chacune des autres racines. Donc I se réduit à la seule substitution 1.

D'autre part, on vérifie sans peine que G contient les substitutions

$$A = (2, 1)(10, 7)(11, 8)(12, 9), \quad A_1 = (6, 7)(14, 12)(13, 11)(3, 2),$$
$$A_2 = (7, 8)(10, 11)(4, 3)(14, 15), \quad A_3 = (8, 9)(11, 12)(13, 14)(5, 4),$$

$$B = (9, 16)(4, 10)(2, 13)(3, 11)(5, 1)(6, 12)(7, 14)(8, 15),$$
$$B_1 = (12, 16)(4, 7)(1, 13)(3, 8)(5, 2)(6, 9)(10, 14)(11, 15),$$
$$B_2 = (14, 16)(4, 6)(1, 11)(2, 8)(5, 3)(7, 9)(10, 12)(13, 15),$$
$$B_3 = (15, 16)(3, 6)(1, 10)(2, 7)(5, 4)(8, 9)(11, 12)(13, 14),$$

et leurs dérivées. Ces dérivées sont au nombre de $16.2.3.4.5$. En effet, la fonction φ est la somme de dix fonctions partielles $a_1, b_1; \ldots; a_5, b_5$, respectivement formées par les quatre termes de φ qui correspondent à un même faisceau de coniques : et l'on voit que les substitutions A, A_1, A_2, A_3, B, B_1, B_2, B_3 permutent les unes dans les autres ces dix fonctions partielles, et leur font éprouver les déplacements suivants :

$$\mathcal{A} = (a_1 a_2)(b_1 b_2), \quad \mathcal{A}_1 = (a_2 a_3)(b_2 b_3), \quad \mathcal{A}_2 = (a_3 a_4)(b_3 b_4), \quad \mathcal{A}_3 = (a_4 a_5)(b_4 b_5)$$
$$\mathcal{B} = (a_1 b_1)(a_2 b_2), \quad \mathcal{B}_1 = (a_2 b_2)(a_3 b_3), \quad \mathcal{B}_2 = (a_3 b_3)(a_4 b_4), \quad \mathcal{B}_3 = (a_4 b_4)(a_5 b_5).$$

Cela posé, les substitutions $\mathcal{A}, \mathcal{A}_1, \mathcal{A}_2, \mathcal{A}_3$, combinées entre elles, permettent de permuter d'une manière quelconque les cinq couples de fonctions $a_1, b_1; \ldots; a_5, b_5$; et les seize substitutions de la forme $\mathcal{B}^{\beta} \mathcal{B}_1^{\beta_1} \mathcal{B}_2^{\beta_2} \mathcal{B}_3^{\beta_3}$ permuteront entre elles les deux fonctions de chaque couple, sans déplacer ces couples. Donc l'ordre du groupe $\mathcal{G}$ dérivé de $\mathcal{A}, \mathcal{A}_1, \ldots, \mathcal{B}_3$, et *a fortiori* l'ordre du groupe dérivé de leurs correspondantes A, $A_1, \ldots, B_3$ est au moins égal à $1.2.3.4.5.16$.

434. Le groupe $\mathcal{G}$ de l'équation Y du dixième degré qui a pour racines $a_1, b_1; \ldots; a_5, b_5$ ayant le même ordre que G, l'équation Y est équivalente à l'équation aux seize droites. Donc les racines $1, 2, \ldots, 16$ sont des fonctions rationnelles de $a_1, b_1; \ldots; a_5, b_5$. Pour avoir la forme de ces fonctions, on remarquera que la racine 16 reste invariable par les substitutions A, A_1, A_2, A_3, respectivement correspondantes à $\mathcal{A}, \mathcal{A}_1, \mathcal{A}_2, \mathcal{A}_3$. Donc cette racine est une fonction symétrique par rapport aux cinq couples $a_1, b_1; \ldots; a_5, b_5$, et pourra s'exprimer en fonction rationnelle de la fonction

$$a_1 - b_1 + a_2 - b_2 + \ldots + a_5 - b_5,$$

invariable par les mêmes substitutions.

Soit donc

$$16 = \psi(a_1 - b_1 + \ldots + a_5 - b_5).$$

On ne troublera pas cette égalité en opérant à la fois sur son premier membre les substitutions dérivées de B, B_1, B_2, B_3 et sur son second membre les substitutions correspondantes dérivées de $\mathcal{B}, \mathcal{B}_1, \mathcal{B}_2, \mathcal{B}_3$; ce qui déterminera les diverses racines $1, 2, \ldots, 16$ en fonction des différences $a_1 - b_1, \ldots, a_5 - b_5$.

Soient maintenant λ_1 une fonction symétrique de a_1, b_1; $\lambda_2, \ldots, \lambda_5$ les fonctions analogues de $a_2, b_2; \ldots; a_5, b_5$. Toute fonction symétrique des cinq quantités λ est invariable par les substitutions de $\mathcal{G}$, et, par suite, rationnelle. Donc $\lambda_1, \ldots, \lambda_5$ sont les racines d'une équation du cinquième degré à coefficients rationnels. Adjoignons ces cinq quantités à l'équation donnée du dixième degré. Cette équation sera décomposée en cinq facteurs quadratiques : car les coefficients de l'équation quadratique qui détermine a_1, b_1, étant symétriques en a_1, b_1, s'expriment rationnellement en λ_1. Soient $\theta(\lambda_1), \theta_1(\lambda_1)$ ces coefficients : les deux expressions nulles

$$a_1^2 + \theta(\lambda_1)a_1 + \theta_1(\lambda_1), \quad b_1^2 + \theta(\lambda_1)b_1 + \theta_1(\lambda_1)$$

seront invariables par toutes les substitutions de G. Mais ces substitutions permettent de remplacer a_1, b_1, λ_1 par $a_2, b_2, \lambda_2; \ldots; a_5, b_5, \lambda_5$. Donc, quel que soit l'indice r, a_r et b_r seront données par l'équation quadratique

$$x^2 + \theta(\lambda_r)x + \theta_1(\lambda_r) = 0.$$

Résolvant cette équation, il vient

$$a_r - b_r = \sqrt{\varphi(\lambda_r)},$$

φ étant une fonction rationnelle. Donc la racine 16 sera égale à

$$\psi\left[\sqrt{\varphi(\lambda_1)} + \ldots + \sqrt{\varphi(\lambda_4)}\right].$$

Les autres racines s'obtiennent en opérant sur cette expression les substitutions dérivées de $\mathfrak{B}, \mathfrak{B}_1, \mathfrak{B}_2, \mathfrak{B}_3$, lesquelles reviennent à exécuter sur les radicaux des changements de signe en nombre *pair*.

Cette expression des racines, plus symétrique que celle de M. Clebsch, contient une irrationnelle de trop; car a_5, b_5, et, par suite, leur différence $\sqrt{\varphi(\lambda_5)}$, s'expriment rationnellement en fonction de $a_1, b_1; \ldots; a_4, b_4$, qui s'expriment eux-mêmes en fonction de $\lambda_1, \ldots, \lambda_4, \sqrt{\varphi(\lambda_1)}, \ldots, \sqrt{\varphi(\lambda_4)}$.

435. Soient en général G un groupe de substitutions échangeables entre elles opérées sur p lettres $x, y, \ldots$; A, B, C... ses substitutions; $A_1, B_1, C_1, \ldots; \ldots; A_q, B_q, C_q, \ldots$ des substitutions analogues respectivement opérées sur q systèmes analogues de p lettres, $x_1, y_1, \ldots; \ldots; x_q, y_q, \ldots$. Soient en outre A, B,... des substitutions en nombre q, choisies arbitrairement dans le groupe G, de telle sorte pourtant que leur produit donne l'unité : et formons la substitution $A_1 B_2 \ldots$. Les diverses substitutions ainsi construites forment un groupe H; car, soient $A_1 B_2 \ldots$ et $A'_1 B'_2 \ldots$ deux de ces substitutions : leur produit fait subir aux lettres des divers systèmes les déplacements représentés par $A_1 A'_1, B_2 B'_2, \ldots$, qui, effectués successivement sur le système $x, y, \ldots$, donneraient pour résultat

$$AA'BB'\ldots = AB\ldots A'B'\ldots = 1.$$

Donc le produit est l'une des substitutions de H.

Si le groupe G est transitif, son ordre est égal à p : celui de H sera donc égal à p^{q-1}. Car l'une des q substitutions partielles qui forment ses substitutions est déterminée par les $q-1$ autres, qui peuvent être choisies chacune de p manières différentes. D'ailleurs, il est clair que H est permutable aux $1.2\ldots q$ substitutions qui permutent les systèmes $x_1, y_1, \ldots; \ldots; x_q, y_q, \ldots$ entre eux, en remplaçant les unes par les autres les lettres correspondantes. Ces substitutions, jointes à H, fourniront donc un groupe I d'ordre $1.2\ldots qp^{q-1}$.

L'équation de degré pq qui a pour groupe I se décomposera évidemment par la résolution d'une équation de degré q en p équations abéliennes, telles, que la résolution de $p-1$ d'entre elles entraînera celle de la dernière, et par suite la résolution de la proposée. D'ailleurs une fonction des racines de la proposée, invariable par les $1.2\ldots q$ substitutions que nous avons jointes à H, dépendra d'une équation du degré p^{q-1}, équivalente à la proposée.

Si $p=2$, $q=5$, on aura l'équation de M. Clebsch. Si $p=2$, $q=7$, on aura, d'après le même géomètre, l'équation qui donne les cent-vingt-huit coniques situées sur les surfaces du quatrième ordre à droite double.

§ IV. — Points singuliers de la surface de M. Kummer.

436. M. Kummer a montré (*Monatsberichte der Berliner Akademie* : 1864), 1° qu'*il existe des surfaces du quatrième degré à seize points singuliers ;* 2° que *ces points sont situés six à six sur seize plans tangents singuliers, qui réciproquement se coupent six à six aux points considérés.*

Soient

$$\begin{matrix} a & b & c & d \\ e & f & g & h \\ i & k & l & m \\ n & p & q & r \end{matrix}$$

les seize plans. Prenons arbitrairement dans le tableau ci-dessus une ligne horizontale, telle que $efgh$, et une colonne verticale, telle que $cglq$: supprimons le plan g commun à cette ligne et à cette colonne; les six plans restants e, f, h, c, l, q, formeront l'une des seize combinaisons de six plans concourants.

Ces résultats admis, ajoutons ensemble les seize produits, tels que $efhclq$, respectivement correspondants aux seize combinaisons de plans : nous obtiendrons une fonction du sixième degré :

$$\begin{aligned}\varphi = bcdein + cdafkp + dabglq + abchmr + fghina + ghekpb \\ + heflqc + efgmrd + klmnae + lmipbf + mikqcg + iklrdh \\ + pqmei + qrnbfk + rnpcgl + npqdhm.\end{aligned}$$

Considérons maintenant l'équation du seizième degré dont dépendent les plans singuliers; et soient $a, b, c, \ldots$ ses racines. Le groupe G de l'équation ne contiendra d'autres substitutions que celles qui laissent invariable l'expression φ (421).

437. Ce groupe ne peut contenir plus de 16.15.8.6 substitutions. En effet, le nombre des systèmes de places différents où ses substitutions permettent d'amener a et b ne dépasse pas 16.15. D'autre part, celles de ses substitutions qui laissent a et b immobiles laissent évidemment invariable la fonction partielle $ab(chmr + dglq)$ formée par ceux des termes de φ qui contiennent ab en facteur. Elles ne permettent donc de transporter c qu'à l'une des huit places actuellement occupées par c, h, m, r, d, g, l, q. Celles des substitutions de G qui laissent a, b, c immobiles laissent invariable le terme $abchmr$; elles permutent donc entre elles les trois racines hmr, ce qui ne peut se faire que de six manières. Enfin, on vérifie immédiatement que toute substitution de G qui laisse a, b, c, h, m, r immobiles se réduit à l'unité.

Mais G *contient précisément* 16.15.8.6 *substitutions*. Car on peut vérifier qu'il contient les suivantes :

$$A = (ei)(fk)(gl)(hm), \quad B = (ch)(dg)(kn)(ip), \quad C = (bc)(fg)(kl)(pq),$$
$$D = (in)(kp)(lq)(mr), \quad E = (cd)(gh)(lm)(qr), \quad F = (ab)(ef)(ik)(np),$$

qui permettent d'amener a à une place quelconque, puis b à l'une quelconque des quinze places restantes, puis c à l'une quelconque des huit places précédemment occupées par c, h, m, r, d, g, l, q, et enfin de permuter entre elles d'une manière quelconque les trois racines h, m, r.

438. Supposons que les seize racines actuellement désignées par $a, b, c, \ldots$ soient représentées à l'avenir par une même lettre, affectée de quatre

indices x, y, z, u, variables chacun de o à 1. On peut donner à la racine a les indices o, o, o, o, puis choisir les indices correspondants aux autres racines de telle sorte que les substitutions A, B, C, D, E, F prennent les formes suivantes :

$$A = |\, x, y, z, u \quad x, y, u, z \,|, \qquad B = |\, x, y, z, u \quad x+y+u, y, y+z+u, u \,|,$$
$$C = |\, x, y, z, u \quad y, x, z, u \,|, \qquad D = |\, x, y, z, u \quad x, y, z+u, u \,|,$$
$$E = |\, x, y, z, u \quad x+y, y, z, u \,|, \qquad F = |\, x, y, z, u \quad x+y+1, y, z, u \,|.$$

Ces substitutions sont évidemment contenues dans le groupe Γ dérivé de la combinaison du groupe abélien avec le groupe H formé des substitutions

$$|\, x, y, z, u \quad x+\alpha, y+\beta, z+\gamma, u+\delta \,|.$$

D'ailleurs l'ordre de Γ est égal à $16(2^4-1)2^3(2^2-1)2$; il est donc égal à l'ordre de G; donc ces deux groupes sont identiques.

439. Considérons maintenant la fonction

$$\varphi' = \frac{\partial\varphi}{\partial a} + \frac{\partial\varphi}{\partial b} + \ldots + \frac{\partial\varphi}{\partial r}.$$

Elle est évidemment invariable, ainsi que φ, par toutes les substitutions de G. D'ailleurs chaque terme de φ fournissant six termes par la différentiation, φ' en contiendra quatre-vingt-seize. Mais ces termes peuvent être groupés seize à seize en six systèmes, en réunissant ensemble ceux que les substitutions de H permutent entre eux. Et l'on vérifie immédiatement que chacune des substitutions A, B, C, D, E, F dont G est dérivé remplace les termes de chaque système par ceux d'un même système. Ces systèmes sont donc les racines d'une équation X du sixième degré, dont les coefficients sont invariables par les substitutions de G, et par suite rationnels.

L'équation X étant supposée résolue, le groupe de la proposée sera réduit à celles de ses substitutions qui n'altèrent pas les systèmes, c'est-à-dire à celles de H : l'équation sera donc abélienne, et quatre racines carrées achèveront sa résolution (407).

L'équation X appartient au type le plus général des équations du sixième degré : car son ordre est au moins égal à $\frac{16.15.8.6}{16} = 1.2.3.4.5.6.$

440. En général une équation de degré 2^{2n} dont le groupe est formé des

substitutions

$$(5) \qquad | x, y, z, u, \ldots \quad x+\alpha, y+\beta, z+\gamma, u+\delta, \ldots |,$$

jointes aux substitutions du groupe abélien, se résout par une équation du degré $2^{2n-1} - 2^{n-1}$, et par $2n$ équations du second degré. Car soit f une fonction des racines, invariable par les substitutions (5) et variable par toute autre substitution. Son adjonction réduit le groupe de la proposée aux substitutions (5). On pourra donc achever la résolution au moyen de $2n$ équations du second degré. Mais le groupe de l'équation X dont dépend f est isomorphe sans mériédrie au groupe abélien, et par suite au groupe steinerien de degré $2^{2n-1} - 2^{n-1}$ qui est isomorphe à ce dernier. Il existe donc une certaine fonction des racines de l'équation X à laquelle les substitutions du groupe de X font prendre $2^{2n-1} - 2^{n-1}$ valeurs algébriques distinctes, qu'elles permutent suivant le mode steinerien (68-73). L'équation Y d'où dépend cette fonction sera du degré $2^{2n-1} - 2^{n-1}$, et équivalente à X.

§ V. — Droites situées sur les surfaces du troisième degré.

441. Steiner a fait connaître (*Journal de M. Borchardt*, t. LIII) les théorèmes suivants :

Toute surface du troisième degré contient vingt-sept droites;

L'une quelconque d'entre elles, a, en rencontre dix autres, se coupant elles-mêmes deux à deux, et formant ainsi avec a cinq triangles. Le nombre total des triangles ainsi formés sur la surface par les vingt-sept droites est de quarante-cinq;

Si deux triangles abc, a'b'c' n'ont aucun côté commun, on peut leur en associer un troisième a''b''c'' tel, que les côtés correspondants de ces trois triangles se coupent, et forment trois nouveaux triangles aa'a'', bb'b'', cc'c''.

D'après cela, désignons par les lettres $a, b, c, d, e, f, g, h, i, k, l, m, n, p, q, r, s, t, u, m', n', p', q', r', s', t', u'$ les vingt-sept droites : on formera sans peine le tableau suivant des quarante-cinq triangles, où la désignation des droites reste seule arbitraire :

abc, ade, afg, ahi, akl, bmn, bpq, brs, btu, cm'n, cp'q', cr's', ct'u', dmm', dpp', drr', dtt', enn', eqq', ess', euu', fmq', fpn', fst', fur', gnp', gqm', gru', gts', hms', hrn', hqt', hup', inr', ism', itq', ipu', kmu', ktn', kqr', ksp', lnt', lum', lrq', lps'.

Cela posé, le groupe de l'équation aux vingt-sept droites est contenu (421) dans le groupe G de la fonction

$$\varphi = abc + ade + \ldots + lps'.$$

442. Le nombre des places distinctes où les substitutions de G permettent d'amener a est au plus égal à vingt-sept. Celles de ces substitutions qui ne déplacent pas a permutent les uns dans les autres les cinq termes de φ qui contiennent a : elles amènent donc b, qui figure dans ces termes, à la place de l'une des dix racines $b, c, d, e, f, g, h, i, k, l$. Celles de ces substitutions qui ne déplacent ni a ni b n'altéreront pas le terme abc qui contient ces deux racines; donc elles laissent c immobile, et font succéder d à l'une des huit autres racines d, e, f, g, h, i, k, l qui figurent dans les quatre autres termes de φ qui contiennent a. Celles de ces substitutions qui ne déplacent pas a, b, c, d n'altèrent pas les coefficients de leurs diverses puissances dans la fonction φ. Elles laissent donc invariables e, $fg + hi + kl$, $mn + pq + rs + tu$, $mm' + pp' + rr' + tt'$,.... Elles permutent donc exclusivement entre elles les quatre racines m, p, r, t communes aux deux dernières expressions ci-dessus; ce qui ne peut avoir lieu que de vingt-quatre manières. On voit de même que celles des substitutions de G qui laissent a, b, d, m, p, r, t immobiles se réduisent à la seule substitution 1.

L'ordre de G ne peut donc dépasser 27.10.8.24. Mais il est égal à ce chiffre, car on vérifie de suite que G contient les substitutions

$$\begin{aligned}
A &= (amu)(cnt)(gq'r')(is'p')(u'ld)(m'ek),\\
B &= (bhk)(cil)(pt'r')(ns'u')(p'tr)(n'su),\\
C &= (dhk)(eil)(m's'u')(pus)(n'r't')(qtr),\\
D &= (ghk)(fil)(n'u's')(mtr)(m't'r')(nus),\\
E &= (fhk)(gil)(p'r't')(prt)(q's'u')(qsu),\\
F &= (hk)(il)(r't')(s'u')(rt)(su),
\end{aligned}$$

dont les cinq premières, combinées entre elles, permettent évidemment de faire succéder a à l'une quelconque des vingt-sept racines. Les substitutions B, C, D, E permettent ensuite, sans déplacer a, d'amener b à la place de l'une quelconque des dix racines $b, c, d, e, f, g, h, i, k, l$. Puis les substitutions C, D, E permettent, sans déplacer a, b, de faire succéder d à l'une quelconque des huit racines d, e, f, g, h, i, k, l. Les substitutions D, E, qui ne déplacent pas a, b, d, permettent de faire succéder m et p à deux quelconques des quatre racines m, p, r, t, ce qui donne pour ces racines douze systèmes de places distincts. Enfin la dernière substitution permet de permuter entre elles les deux racines restantes r et t, sans déplacer a, b, d, m, p.

Donc G ne contient pas moins de 27.10.8.12.2 substitutions; en outre, le groupe partiel H dérivé des seules substitutions A, B, C, D, E en contient au moins 27.10.8.12. Nous allons prouver : 1° qu'il en contient précisément ce nombre; 2° qu'il est permutable à toutes les substitutions de G.

443. Chacune des substitutions de G, transformant les uns dans les autres les divers termes de φ, équivaut à un certain déplacement opéré entre ces termes. Les divers déplacements ainsi équivalents aux diverses substitutions de G forment un groupe G_1, dont les substitutions correspondent une à une à celles de G. Celles des substitutions de G_1 qui résultent d'un nombre pair de transpositions entre les termes *abc*, *ade*,... forment un groupe partiel $\mathfrak{H}_1$ permutable aux substitutions de G_1. Les substitutions correspondantes du groupe G forment un groupe $\mathfrak{H}$, permutable aux substitutions de G. En effet, soient S, S' deux substitutions de $\mathfrak{H}$; S_1, S'_1 les substitutions correspondantes de $\mathfrak{H}_1$: $S_1 S'_1$ faisant partie de $\mathfrak{H}_1$, sa correspondante SS' fera partie de la suite $\mathfrak{H}$, laquelle formera ainsi un groupe. D'autre part, soient T une substitution quelconque de G, T_1 sa correspondante : $T_1^{-1} S_1 T_1$ faisant partie de $\mathfrak{H}_1$, sa correspondante $T^{-1} S T$ fera partie de $\mathfrak{H}$; donc T sera permutable à $\mathfrak{H}$.

Or on vérifie sans difficulté que chacune des substitutions A, B, C, D, E équivaut à un nombre pair de transpositions entre les termes *abc*, *ade*,.... Donc H, qui en dérive, est contenu dans $\mathfrak{H}$. Au contraire, la substitution F, équivalant à un nombre impair de transpositions, n'est pas contenue dans ce groupe. Donc $\mathfrak{H}$, dont l'ordre est un diviseur de celui de G, renferme au plus la moitié des substitutions de ce dernier groupe. Mais il contient H, qui en renferme la moitié : ces deux groupes sont donc identiques.

444. Les facteurs de composition de G sont évidemment 2 et les facteurs de composition de H. Mais ce dernier groupe est simple. Soit en effet I un groupe contenu dans H et permutable à ses substitutions : on prouvera par des considérations analogues à celles des n°s 268 et 283 que I contient : 1° une substitution qui ne déplace pas a; 2° une substitution qui ne déplace pas a, b; 3° une substitution qui ne déplace pas a, b, d; 4° la substitution E; 5° les substitutions A, B, C, D, E, transformées des puissances de E par les substitutions de H.

Nous nous bornons à indiquer ce procédé direct de démonstration, la proposition à établir devant se retrouver plus loin (**502**).

445. L'équation aux vingt-sept droites a plusieurs réduites remarquables, signalées par divers géomètres.

1° Prenons, par exemple, pour inconnue de la question le plan du triangle formé par trois droites qui se coupent : ces triangles étant au nombre de quarante-cinq, on aura une équation du quarante-cinquième degré, équivalente à la proposée.

2° On peut déterminer de $\frac{45.32}{2}$ manières différentes un système de deux triangles qui n'aient aucune droite commune; à chaque semblable système correspond un triangle associé (**441**). Réciproquement, chaque système de trois triangles associés (*trièdre* de Steiner) correspond aux trois combinaisons deux à deux des triangles qui les forment. Le nombre total des trièdres sera donc $\frac{45.32}{2.3}$. On peut d'ailleurs les grouper par paires (*doubles trièdres*) en réunissant ensemble ceux qui contiennent les mêmes droites. Enfin les doubles trièdres peuvent être associés trois à trois, en réunissant ensemble ceux qui n'ont aucune droite commune. Prenant pour inconnue ce système de trois doubles trièdres, on aura une équation de degré $\frac{45.32}{2.3.2.3} = 40$, et équivalente à la proposée.

3° On peut déterminer de $\frac{27.16}{2}$ manières différentes une paire de droites qui ne se coupent pas. On peut d'ailleurs grouper ces paires six à six (*doubles-six* de Schläfli), de telle sorte que les droites d'une paire rencontrent chacune une droite de chaque autre paire du double-six. Les doubles-six dépendent donc d'une équation du degré $\frac{27.16}{2.6} = 36$, qui sera encore équivalente à la proposée.

Aucune réduite d'un degré inférieur au vingt-septième n'ayant été rencontrée jusqu'ici, on était fondé à penser qu'il est impossible de ramener la résolution de l'équation aux vingt-sept droites à celle d'une équation d'un degré inférieur. Nous allons en effet prouver cette proposition.

446. En effet, si un semblable abaissement de degré pouvait avoir lieu, il aurait lieu *a fortiori* après l'adjonction de la racine carrée qui réduit le groupe de la proposée à H. Supposons donc cette adjonction opérée : soient

E_{27} l'équation aux vingt-sept droites, E_d celle des équations équivalentes dont le degré d est minimum*: cette dernière équation sera irréductible et primitive. En effet, ses racines sont des fonctions rationnelles de celles de E_{27} (380). Si donc E_d n'était pas irréductible, elle se décomposerait en facteurs irréductibles de degré inférieur à d; et la résolution d'un seul de ces facteurs, faisant connaître des fonctions des racines de E_{27} qui auparavant n'étaient pas rationnelles, abaisserait le groupe de cette équation. Mais ce groupe H est simple : donc l'équation E_{27} serait complétement résolue; donc d ne serait pas le minimum supposé. D'autre part, si E_d n'était pas primitive, ses racines se grouperaient en systèmes, dépendant d'une équation dont le degré divise d, et la résolution de cette dernière équation, abaissant le groupe de E_{27}, la résoudrait complétement; donc, ici encore, d ne serait pas minimum.

Cela posé, l'ordre du groupe G_d de E_d est égal à celui du groupe de E_{27}, lequel est $\Omega = 27.10.8.6.2$ (443); mais il est divisible par d, et divise $1.2\ldots d$. Donc si $d < 27$, il sera l'un des nombres 24, 20, 18, 16, 15, 12, 10, 9.

447. *Il n'existe aucune réduite de degré* 24, 18 *ou* 12. Car soit, pour fixer les idées, $d = 24$. Adjoignons à l'équation E_{24} une de ses racines, x : l'équation E_{23} qui détermine les vingt-trois racines restantes a son groupe G_{23} formé des substitutions qui laissent x immobile, et son ordre est égal à $\frac{\Omega}{24}$, nombre divisible par les nombres premiers 2, 3, 4. Les équations irréductibles dont elle est le produit ont donc leur ordre divisible par ces trois nombres premiers, à l'exclusion de tous les autres (397). Donc chacune de ces équations est du degré 5 au moins; en outre, aucune d'elles n'a pour degré 7, 8 ou 9, car son ordre ne pourrait être divisible par 5 sans l'être par 7 (398); enfin aucune d'elles n'a son degré divisible par un nombre premier autre que 2, 3, 5, car ce nombre premier diviserait son ordre. D'après cela, les seules hypothèses admissibles pour les degrés de ces facteurs irréductibles sont les suivantes : 18 et 5; 12, 6 et 5; 6, 6, 6 et 5.

Mais ces hypothèses elles-mêmes doivent être rejetées. Considérons, par exemple, la première (les mêmes raisonnements s'appliqueraient aux deux autres). Supposons que E_{23} soit le produit de deux facteurs E_{18} et E_5 ayant respectivement pour racines $y_1, \ldots, y_{18}$ et $x_1, \ldots, x_5$. L'ordre du groupe partiel $\Gamma^{(\mu)}$ formé par celles des substitutions de G_{24} qui laissent immobiles x et x_μ sera $\frac{\Omega}{24.5}$ et celui du groupe partiel $\Delta^{(\nu)}$ formé par celles de ces substitutions qui laissent immobiles x et y_ν sera $\frac{\Omega}{24.18}$. Soit maintenant S une substitution de G_{24}, qui remplace x par x_μ, et soient z une autre racine quelconque de E_{24}, u la racine que S lui fait succéder. Le groupe formé par les substitutions qui laissent x_μ et u immobiles est le transformé par S de celui dont les substitutions laissent x et z immobiles : il contiendra donc $\frac{\Omega}{24.5}$ ou $\frac{\Omega}{24.18}$ substitutions, suivant que z sera l'une des racines $x_1, \ldots, x_5$, ou l'une des racines $y_1, \ldots, y_{18}$.

Or l'équation E_5 ayant son ordre divisible par 3, son groupe est trois fois transitif (**398**); donc le groupe formé par celles des substitutions de G_{24} qui laissent immobiles deux quelconques de ses racines, x_μ et $x_{\mu'}$, a pour ordre $\frac{\Omega}{24.5.4}$. Le groupe formé par celles des substitutions de G_{24} qui jouissent de cette propriété, contenant celui-là, a pour ordre un multiple de ce nombre; donc il ne peut avoir pour ordre $\frac{\Omega}{24.18}$; donc les cinq racines telles, que le groupe partiel formé par celles des substitutions de G_{24} qui laissent immobiles l'une d'elles en même temps que x_μ ait pour ordre $\frac{\Omega}{24.5}$, sont $x, x_1, \ldots, x_{\mu-1}, x_{\mu+1}, \ldots$. Mais S les fait succéder aux cinq racines $x_1, \ldots, x_5$, qui jouissent de la même propriété par rapport à x. Donc S permute exclusivement entre elles les six racines $x, x_1, \ldots, x_\mu$; d'où l'on déduirait comme au n° **396**, que E_{24} n'est pas primitive, ce qui est contraire au numéro précédent.

448. *Il n'existe aucune réduite de degré* 20, 15 *ou* 10. Car s'il existait, par exemple, une réduite du vingtième degré, le groupe $\mathfrak{H}$ formé par celles des substitutions de H qui laissent sa racine invariable aurait pour ordre $\frac{\Omega}{20}$, et le groupe K formé par celles des substitutions de H qui laissent immobile la racine a ayant pour ordre $\frac{\Omega}{27}$, l'ordre du groupe $\mathfrak{K}$ formé par les substitutions communes à $\mathfrak{H}$ et à K serait $\frac{\Omega}{27.20}$, ou le vingtième de l'ordre de K (**393**).

Cela posé, les substitutions de K sont de la forme $A_\mu B_\mu$; $A_1, A_2, \ldots$ étant des substitutions partielles qui permutent ensemble les dix racines $b, c, d, e, f, g, h, i, k, l$, et $B_1, B_2, \ldots$ des substitutions opérées en même temps sur les seize autres racines : d'ailleurs on voit sans peine qu'aucune substitution de K (à l'exception de l'unité) ne laisse les dix premières racines immobiles à la fois. Soient en particulier $\mathcal{A}_1 \mathcal{B}_1$, $\mathcal{A}_2 \mathcal{B}_2$,... les substitutions de $\mathcal{X}$: le groupe $\mathcal{X}'$ formé par les substitutions partielles $\mathcal{A}_1$, $\mathcal{A}_2$,... opérées sur les dix premières racines sera évidemment contenu dans le groupe K' formé par les substitutions partielles A_1, A_2,..., et contiendra un vingtième du nombre total de ses substitutions.

Or on voit immédiatement que K', dérivé des substitutions

$$(bhk)(cil),\quad (dhk)(eil),\quad (ghk)(fil),\quad (fhk)(gil),$$

contient : 1° les substitutions qui résultent d'un nombre pair de transpositions entre les cinq systèmes binaires *bc, de, fg, hi, kl* : 2° les substitutions qui ne déplacent pas les systèmes, mais permutent ensemble les deux racines dans un nombre pair de systèmes. On reconnaît en outre facilement que tout groupe tel que $\mathcal{X}'$, contenu dans K' et contenant le vingtième de ses substitutions, contient le groupe L' formé par ces dernières substitutions. D'ailleurs L' est permutable aux substitutions de K'; et réciproquement tout groupe contenu dans K' et permutable à ses substitutions est contenu dans L'.

Les substitutions de K et de K' se correspondent évidemment une à une, de telle sorte qu'au produit de deux substitutions correspond le produit de leurs correspondantes. Le groupe $\mathcal{X}$, formé des substitutions de K dont le premier facteur appartient à $\mathcal{X}'$, contiendra le groupe L formé des substitutions de K dont le premier facteur appartient à L' : donc $\mathfrak{H}$, qui contient $\mathcal{X}$, contiendra L. En outre, L sera permutable aux substitutions de K, et réciproquement tout groupe contenu dans K et permutable à ses substitutions sera contenu dans L.

Soient maintenant S une substitution quelconque de H; a_1 la racine par laquelle elle remplace a : elle transformera K, L en deux autres groupes K_1, L_1, qui jouent par rapport à la racine a_1 le même rôle que K, L par rapport à la racine a. Raisonnant comme précédemment, on voit que $\mathfrak{H}$ contiendra les transformées des substitutions de L par une substitution quelconque de H; mais ce dernier groupe étant simple, ces transformées, combinées entre elles, le reproduisent tout entier. Donc $\mathfrak{H}$, au lieu de contenir, comme il le faudrait, le vingtième des substitutions de H, se confondrait avec lui.

449. *Il n'existe aucune réduite du degré* 16. S'il en existait une, E_{16}, soient E_{15} l'équation qui donne quinze de ses racines après l'adjonction de la seizième, G_{15} son groupe, O_{15} son ordre : on voit, comme au n° 447, que

si E_{15} n'est pas irréductible, elle se décompose en deux facteurs du dixième et du cinquième degré, ou en trois facteurs du cinquième.

Mais E_{15} ne peut se décomposer en trois facteurs du cinquième degré : car l'ordre de E_{16} diviserait $(1.2...5)^3.16$ et ne pourrait être égal à Ω.

Supposons maintenant $E_{15} = E_{10}E_5$. L'équation du cinquième degré E_5, ayant son ordre O_5 divisible par 3, a son groupe G_5 trois fois transitif : d'ailleurs O_5, divisant $\frac{\Omega}{16}$, n'est pas divisible par 8; donc le groupe G_5 est alterné. Cela posé, soient G_{10} le groupe de E_{10}, O_{10} son ordre : on aura évidemment $\frac{\Omega}{16} = O_{15} = O_{10}P$, P étant l'ordre du groupe partiel Γ formé par celles des substitutions de G_{15} qui ne déplacent pas les racines de E_{10}. Ce dernier groupe est évidemment contenu dans G_5 et permutable à ses substitutions; et le groupe G_5 étant simple, Γ se confond avec lui ou ne contient d'autre substitution que l'unité. Mais si Γ se confondait avec G_5, P serait divisible par 5 et $O_{10}P$ par 25, tandis que $\frac{\Omega}{16}$ ne l'est pas. Il faut donc admettre la seconde hypothèse, d'où $P = 1$, $\frac{\Omega}{16} = O_{10}$.

Cela posé, adjoignons à l'équation E_{10} une de ses racines, δ : l'équation E_9 qui détermine les autres aura pour ordre $\frac{\Omega}{16.10} = 2.3^4$. Il faut évidemment pour cela qu'elle soit irréductible, mais que l'équation E_8 obtenue en s'adjoignant une nouvelle racine se décompose en facteurs irréductibles ayant chacun pour degré 1, 2, 3 ou 6. L'ordre de E_8 devant être égal à 2.3^2, l'un au moins de ces facteurs aura pour degré 3 ou 6, et il est aisé de voir que, quelque hypothèse qu'on fasse sur les degrés de ces facteurs, l'équation E_9 sera non primitive (395). Cela posé, soient α, β, γ; α', β', γ'; $\alpha'', \beta'', \gamma''$ ses racines : on voit immédiatement que l'ordre de E_9 ne peut être égal à 2.3^4 que si son groupe G_9 est dérivé des substitutions

$$(\alpha\beta\gamma),\quad (\alpha'\beta'\gamma'),\quad (\alpha''\beta''\gamma''),\quad (\alpha\alpha')(\beta\beta')(\gamma\gamma'),\quad (\alpha\alpha'')(\beta\beta'')(\gamma\gamma'').$$

Il est facile maintenant de prouver l'impossibilité du groupe G_{10}. Ce groupe, étant deux fois transitif, contiendrait une substitution S qui remplace α, β, γ par δ, β, et par une autre racine ε (différente ou non de α et de γ) : et G_{10} contiendrait la substitution $(\delta\beta\varepsilon)$, transformée de $(\alpha\beta\gamma)$ par S. Soient maintenant ζ une autre racine quelconque; T une substitution de G_{10} qui remplace ζ par δ; $\alpha_1, \beta_1, \gamma_1, \delta_1, \varepsilon_1$ les racines que T fait succéder à α, $\beta, \gamma, \delta, \varepsilon$: les substitutions $(\delta_1\beta_1\varepsilon_1)$, $(\alpha_1\beta_1\gamma_1)$, transformées de $(\delta\beta\varepsilon)$, $(\alpha\beta\gamma)$

par T, ne déplaçant pas δ, appartiendraient à G_0 : résultat absurde, car le groupe dérivé de ces deux substitutions, alterné par rapport à $\alpha_1, \beta_1, \gamma_1, \varepsilon_1$, ayant son ordre divisible par 4, ne peut être contenu dans G_0, dont l'ordre est 2.3^4.

450. Supposons maintenant l'équation E_{15} irréductible et primitive. Adjoignons-lui une de ses racines, x; l'équation E_{14} qui donne les racines restantes aurait pour ordre $O_{14} = \frac{\Omega}{16.15} = 4.27$, et se décomposerait en facteurs irréductibles dont l'ordre divise ce nombre, et admet les diviseurs premiers 2 et 3. On aurait donc deux facteurs du quatrième degré avec un du sixième, ou avec deux du troisième.

1° Ces deux hypothèses doivent être rejetées. En effet, considérons d'abord la première. Soient E'_4, E''_4, E_6 les trois facteurs de E_{14}. L'ordre de E_6 étant premier à 5, l'équation E_5 qui s'en déduit par l'adjonction d'une de ses racines sera décomposable en plusieurs facteurs irréductibles, et de quelque manière qu'on imagine que cette décomposition ait lieu, on arrivera à cette conclusion que E_6 n'est pas primitive (395). Les racines se grouperont donc deux à deux en trois systèmes, ou trois à trois en deux systèmes.

Le premier cas est inadmissible : car O_{14} serait divisible par 8 ou ne le serait pas par 27, et, par suite, ne saurait se confondre avec $\frac{\Omega}{16.15}$. En effet, O_{14} est égal au produit de O_6, ordre de E_6, par P, ordre du groupe Γ formé par celles des substitutions de G_{14} qui ne déplacent pas les racines de E_6. Chaque substitution de ce dernier groupe est le produit de deux substitutions partielles opérées respectivement sur les racines de E'_4 et de E''_4 : et son ordre est évidemment divisible par l'ordre P' du groupe Γ' formé par les premières substitutions partielles. Mais Γ' est contenu dans le groupe G'_4 de l'équation E'_4 et évidemment permutable à ses substitutions. D'ailleurs G'_4 ayant son ordre divisible par 4 et par 3, et non par 8, est alterné; et l'on voit immédiatement qu'il y a en tout trois groupes contenus dans G'_4 et permutables à ses substitutions, lesquels ont respectivement pour ordre 12, 4 et 1. Donc $P' = 12$, 4 ou 1. Mais O_6 étant divisible par 6, $O_{14} = O_6 P$ sera divisible par 8 si $P' > 1$. On doit donc admettre que Γ' se réduit à la seule substitution 1. On voit de même que le groupe Γ'' formé par les secondes substitutions partielles se réduit à la seule substitution 1. Mais alors on aura $O_{14} = O_6$, et ce nombre divisant $1.2.3.(1.2)^3$ ne sera pas divisible par 27.

Supposons, au contraire, que les racines de E_6 se groupent trois à trois en deux systèmes. On aura $O_{14} = 2R$, R étant l'ordre du groupe I formé par celles des substitutions de G_{14} qui ne déplacent pas ces deux systèmes. Mais chaque substitution de I est le produit de trois substitutions partielles, opérées respectivement sur les racines de E'_4, de E''_4 et de E_6. Soit I' le groupe formé par les premières substitutions partielles; il est clair qu'il contiendra au moins six des douze substitutions du groupe alterné G'_4 : d'ailleurs I étant permutable aux substitutions de G_{14}, I' le sera *a fortiori* à celles de G'_4; donc I' contient les douze substitutions de G'_4. Cela posé, R étant évidemment divisible par l'ordre de I', O_{14} le sera par 8, ce qui est inadmissible.

2° Il reste à examiner le cas où E_{14} se décomposerait en deux facteurs du quatrième et deux du troisième degré. Mais l'impossibilité de cette hypothèse (l'équation E_{15} étant supposée primitive) se démontre par des considérations toutes semblables à celles du n° 447.

451. Il nous reste à démontrer que E_{15} ne peut être à la fois irréductible et non primitive. Si cela avait lieu, ses racines se grouperaient cinq à cinq en trois systèmes, ou trois à trois en cinq systèmes. Examinons successivement ces deux cas.

1° Si les racines de E_{15} formaient trois systèmes, son groupe G_{15} aurait pour ordre mP, m étant le nombre de positions différentes que ses substitutions donnent aux systèmes, et P l'ordre du groupe I formé par celles des substitutions de G_{15} qui ne déplacent pas ces systèmes. Ces dernières substitutions sont de la forme $A_1^{(\mu)} A_2^{(\mu)} A_3^{(\mu)}$; A'_1, A''_1,... étant des substitutions partielles opérées sur les racines du premier système; A'_2, A''_2,..., et A'_3, A''_3,... d'autres substitutions partielles opérées en même temps sur les racines du second et du troisième système.

Soient respectivement I_1, I_2, I_3 les groupes formés par les substitutions partielles A'_1, A''_1,...; A'_2, A''_2,...; A'_3, A''_3,...; $B'_2 B'_3$, $B''_2 B''_3$,... celles des substitutions de I qui ne déplacent que les racines des deux derniers systèmes; K le groupe formé par ces substitutions; K_2 le groupe formé par les substitutions partielles B'_2, B''_2,...; soit enfin L le groupe formé par celles des substitutions de I qui ne déplacent que les racines du troisième système. Il est clair que K est contenu dans I et permutable à ses substitutions : donc *a fortiori* K_2 est contenu dans I_2 et permutable à ses substitutions. De même L est contenu dans I_3, et permutable à ses substitutions.

Les groupes I_1, I_2, I_3 ont leur ordre divisible par 5. En effet, l'ordre de I est évidemment égal au produit des ordres p, q, r des groupes I_1, K_2, L.

Mais E_{15} a pour ordre $O_{15} = \frac{\Omega}{16} = 2^2.3^4.5 = mpqr$. D'ailleurs m divise $1.2.3$; donc un des nombres p, q, r, et un seul, est divisible par 5. Supposons que q, par exemple, soit divisible par 5 : I_2, contenant K_2, aura *a fortiori* son ordre divisible par 5. D'ailleurs G_{15} contient une substitution S qui remplace les racines du second système par celles du premier : cette substitution transforme I_2 en I_1; donc p, ordre de I_1, est divisible par 5. De même pour l'ordre de I_3.

Le nombre p étant divisible par 5, comme on vient de le voir, q et r ne le seront pas. Ils se réduiront donc à l'unité; car si q, par exemple, était > 1, les racines du second système pourraient être partagées en classes, en réunissant ensemble celles que les substitutions de K_2 permutent entre elles : cela posé, les substitutions de I_2, étant permutables à K_2, permuteraient exclusivement entre elles les racines appartenant aux classes les moins nombreuses; donc I_2 ne serait pas transitif, et son ordre ne pourrait être divisible par 5.

Soit donc $q = r = 1$: O_{15}, se réduisant à mp, divisera $1.2.3.1.2.3.4.5$ et ne pourra être égal à $\frac{\Omega}{16}$, comme cela devrait être.

452. 2° Si les racines de E_{15} formaient cinq systèmes, $\frac{\Omega}{16} = O_{15}$ serait encore égal à mP, m étant le nombre de positions différentes que les substitutions de G_{15} donnent aux systèmes, et P l'ordre du groupe I.

Supposons d'abord que m soit divisible par 3 : les déplacements des systèmes formeront un groupe de degré 5, transitif et dont l'ordre est divisible par 3 : ce groupe sera donc trois fois transitif : et son ordre n'étant pas divisible par 8, il sera alterné. On aura donc $m = 5.4.3$, d'où $P = 27$. Ce résultat est impossible. En effet chaque substitution de I devrait être de la forme $A_1^{\alpha_1} A_2^{\alpha_2} A_3^{\alpha_3} A_4^{\alpha_4} A_5^{\alpha_5}$; $A_1, \ldots, A_5$ désignant des substitutions circulaires effectuées respectivement entre les racines du premier,..., du cinquième système, et $\alpha_1, \ldots, \alpha_5$ des entiers nuls ou positifs; et l'on aurait $P = nQ$, n étant le nombre de systèmes de valeurs non congrues suivant le module 3 que prennent, dans les substitutions de I, les entiers α_1, α_2, lequel divise 9, et Q le nombre des substitutions de I qui se réduisent à la forme $A_3^{\alpha_3} A_4^{\alpha_4} A_5^{\alpha_5}$. Donc $Q > 1$, et I contient une substitution S de cette dernière forme, autre que l'unité. Supposons, pour plus de généralité, que dans S les valeurs de α_3, α_4 diffèrent de $0 \pmod{3}$. Transformons cette substitution par celles de G_{15} qui laissent immobiles les troisième et quatrième systèmes, en remplaçant le cinquième par le premier et par le second. On obtiendra deux transformées telles que $A_3^{\beta_3} A_4^{\beta_4} A_1^{\beta_1}$, $A_3^{\gamma_3} A_4^{\gamma_4} A_2^{\gamma_2}$; β_3, β_4, γ_3, γ_4 étant des entiers différents de $0 \pmod{3}$. Cela posé, deux des trois rapports $\frac{\alpha_3}{\alpha_4}$, $\frac{\beta_3}{\beta_4}$, $\frac{\gamma_3}{\gamma_4}$ seront nécessairement congrus par rapport à 3. Soit, par exemple, $\frac{\beta_3}{\beta_4} \equiv \frac{\gamma_3}{\gamma_4}$. Les deux dernières substitutions ci-dessus, combinées entre elles, donneront la suivante : $A_1^{\beta_1} A_2^{-\gamma_2 \frac{\beta_3}{\gamma_3}}$, qui ne déplace plus que les racines de deux systèmes. Cette substitution, transformée par celles de G_{15}, donnera des substitutions déplaçant les racines de deux systèmes quelconques. Cela posé, soient respectivement $P_1, P_2, \ldots$, les ordres des groupes $I_1, I_2, \ldots$, formés par celles des substitutions de I qui laissent immobiles les racines du premier système, celles des deux premiers systèmes, etc., on aura

$$P = 3P_1 = 3^2 P_2 = 3^3 P_3 = 3^4 P_4 > 27.$$

Supposons enfin m non divisible par 3. On a

$$P = \varepsilon_1 P_1 = \varepsilon_1 \varepsilon_2 P_2 = \varepsilon_1 \varepsilon_2 \varepsilon_3 P_3,$$

$\varepsilon_1, \varepsilon_2, \varepsilon_3$ étant des diviseurs de 1.2.3. Mais $P = \frac{\Omega}{16m}$ est divisible par 3^4 : donc P_3 est divisible par 3, et I_3 contient une substitution S, autre que l'unité, de la forme $A_4^{\alpha_4} A_5^{\alpha_5}$. Les entiers α_4, α_5 différeront de $0 \pmod{3}$; car si l'on avait $\alpha_5 \equiv 0$, I contiendrait les transformées de S par les substitutions de G_{15}, transformées dont les puissances, combinées entre elles, reproduisent les 3^5 substitutions de la forme $A_1^{\alpha_1} \ldots A_5^{\alpha_5}$. Donc P, et, par suite, $\frac{\Omega}{16}$ serait divisible par 3^5, ce qui n'a pas lieu.

On peut supposer $\alpha_4 \equiv 1$, $\alpha_5 \equiv 2$, les autres cas se ramenant à celui-là en écrivant au besoin A_4^2, A_5^2 à la place de A_4, A_5. On voit de même que I contient une substitution de la forme $A_5^{\beta_5} A_1^{\beta_1}$, β_5 et β_1 différant de $0 \pmod{3}$. Cette substitution (ou son carré si $\beta_2 \equiv 2$) sera de la forme $A_5 A_1^{\gamma_1}$, et l'on peut supposer $\gamma_1 \equiv 2$. On voit de même que I contient les substitutions $A_1 A_2^2$, $A_3 A_1^{\delta_1}$, δ_1 étant $\gtrless 0 \pmod{3}$. Mais ces substitutions, combinées entre elles, donnent la substitution $A_4^{1+\delta_1}$, que I doit contenir, ce qui ne serait pas possible, d'après ce qui précède, si δ_1 ne se réduisait pas à 2. Donc I contient les substitutions $A_1 A_2^2, A_2 A_3^2, \ldots, A_5 A_1^2$, et en général toutes celles de la forme $A_1^{\alpha_1} \ldots A_5^{\alpha_5}$ pour lesquelles $\alpha_1 + \ldots + \alpha_5 \equiv 0$, lesquelles dérivent de celles-là.

Le groupe G_{15} ne peut contenir aucune autre substitution d'ordre 3. Car cette substitution, ne déplaçant pas les systèmes, par hypothèse, serait de la forme $A_1^{\alpha_1}\ldots A_5^{\alpha_5}$, $\alpha_1+\ldots+\alpha_5$ étant $\gtrless 0 \pmod{3}$; et en la combinant aux précédentes, on aurait un groupe d'ordre 3^2 contenu dans G_{15}, ce qui est impossible.

Soient maintenant $a_1, b_1, c_1, \ldots, a_5, b_5, c_5$ les racines de E_{15}; x la dernière racine de E_{16}. Le groupe G_{16} de E_{16}, étant deux fois transitif, contient une substitution S qui remplace a_1 et b_1 par x et a_1 : et la transformée de $A_1 A_2^2 = (a_1 b_1 c_1)(a_2 c_2 b_2)$ par S sera de la forme $T = (x a_1 y)(z u v)$, y, z, u, v étant les racines que S fait succéder à c_1, a_2, c_2, b_2.

Supposons d'abord que y soit une des racines b_1, c_1, par exemple, b_1. Les substitutions $A_2^{\alpha_2}\ldots A_5^{\alpha_5}$ d'ordre 3 contenues dans I et qui laissent x, a_1, b_1 immobiles forment un groupe évidemment permutable à T, ou, ce qui revient au même, à la substitution partielle (zuv). Il faut pour cela que (zuv) soit une puissance de l'une des substitutions $A_2, \ldots, A_5$, de A_2 par exemple. Cela posé, la substitution $A_1 A_2^2$, multipliée par T ou par T^2, donnera une substitution U qui laisse immobiles toutes les racines autres que a_1, b_1, c_1, x.

Supposons, au contraire, que y soit une autre racine, telle que a_2; les substitutions $A_3^{\alpha_3} A_4^{\alpha_4} A_5^{\alpha_5}$ contenues dans I forment un groupe permutable à (zuv), (zuv) sera une puissance de l'une des substitutions A_3, A_4, A_5, ou permutera entre elles trois des racines b_1, c_1, b_2, c_2. Mais dans ce dernier cas, le produit de S par $A_1 A_2^2$ ou par son carré donne une substitution d'ordre 7, ce qui est inadmissible, Ω n'étant pas divisible par 7. Admettons donc que (zuv) soit une puissance de A_3 : S, combinée avec $A_2 A_3^2$, donne une substitution U qui laisse immobiles toutes les racines, sauf a_1, a_2, b_2, c_2, x.

Donc G_{16} contiendra dans tous les cas une substitution U qui déplace cinq racines au plus. Soit x' une des racines que U laisse immobiles : G_{16} contient une substitution V qui remplace x' par x; $V^{-1}UV = W$ ne déplace encore que cinq racines, et laissant x immobile, appartient à G_{15}. Mais toute substitution qui déplace les systèmes déplace au moins deux d'entre eux, soit six racines : donc W appartient à I et remplace les lettres de chaque système les unes par les autres. Mais si W déplace les trois lettres d'un même système, le premier, par exemple, son carré sera une puissance de A_1, qui ne peut être contenue dans I, ainsi qu'on l'a déjà vu. Si, au contraire, W laisse dans chaque système une racine au moins immobile, on pourra supposer

$$W = (a_1 b_1), \quad = (a_1 b_1)(a_2 b_2) \quad \text{ou} \quad = (a_1 b_1)(a_2 c_2).$$

Dans les trois cas, cette substitution, jointe à celles de la forme $A_1^{\alpha_1}\ldots A_8^{\alpha_8}$, que contient I, et à ses transformées par celles-ci, permettra de permuter ensemble d'une manière quelconque les trois racines a_1, b_1, c_1, puis, en laissant celles-là immobiles, de permuter ensemble a_2, b_2, c_2, puis de permuter entre elles a_3, b_3, c_3. Donc P serait égal à $(1.2.3)^3 P_3$, et divisible par 8, ce qui est inadmissible.

453. Supposons que l'on s'adjoigne une des racines de l'équation aux vingt-sept droites, telle que a. Il restera une équation de degré 26, dont le groupe est dérivé des substitutions B, C, D, E, F. Ce groupe n'étant pas transitif, l'équation se décompose en deux facteurs rationnels, du seizième et du dixième degré. On voit sans peine que ces équations partielles ont les mêmes groupes que les équations X et Y du § III.

§ VI. — Problèmes de contacts.

454. D'après les recherches déjà citées de M. Clebsch (**427**), la détermination des courbes de l'ordre $n-3$ qui touchent en $\frac{n(n-3)}{2}$ points une courbe donnée C d'ordre n dépend d'une équation de degré $2^{2p-1}-2^{p-1}$, en posant pour abréger $\frac{(n-1)(n-2)}{2}=p$. Les racines de cette équation étant représentées par le symbole $(x_1 y_1 \ldots x_p y_p)$, où $x_1, y_1, \ldots, x_p, y_p$ sont des indices variables chacun de 0 à 1, et satisfaisant à la condition

$$x_1 y_1 + \ldots + x_p y_p \equiv 1 \pmod{2},$$

on aura le théorème suivant (Mémoire cité, § VIII) :

Soit μ un entier quelconque tel, que $\mu \frac{n-3}{2}$ soit entier : les points de contact de C avec les μ courbes correspondantes aux μ racines $(x'_1 y'_1 \ldots x'_p y'_p), \ldots, (x_1^{(\mu)} y_1^{(\mu)} \ldots x_p^{(\mu)} y_p^{(\mu)})$ seront sur une même courbe du degré $\frac{n-3}{2}$, lorsque les $2p$ congruences contenues dans les formules suivantes :

$$(6) \qquad x'_\rho + \ldots + x_\rho^{(\mu)} \equiv y'_\rho + \ldots + y_\rho^{(\mu)} \equiv 0 \pmod{2}$$

sont satisfaites à la fois.

Soit ψ_μ la fonction formée par tous les systèmes de μ racines dont les indices satisfont aux relations (6). On voit comme au n° **421** que les substitutions du groupe de l'équation appartiennent toutes au groupe de la fonction φ_μ.

Si n est pair, on ne pourra assigner à μ que des valeurs paires, et les substitutions du groupe cherché, laissant invariables les fonctions $\varphi_4, \varphi_6, \ldots$, appartiendront au groupe G (**319-335**).

Si n est impair, on pourra assigner à μ une valeur entière quelconque, et le groupe cherché sera contenu dans le groupe G_1 (**336-346**).

455. Posons $n = 4$: on aura l'équation aux vingt-huit doubles tangentes des courbes du quatrième ordre. Si l'on adjoint à l'équation une de ses racines, telle que (110000), les autres racines seront déterminées par une équation du vingt-septième degré, dont le groupe H est formé par celles des substitutions de G qui ne déplacent pas (110000). Ces substitutions laissent évidemment invariable la fonction partielle φ'_4 formée par ceux des termes de φ_4 qui contiennent (110000) en facteur. Supprimant ce facteur commun, que les substitutions cherchées laissent invariable, on aura une nouvelle fonction ψ, que ces substitutions laissent également invariable, et qui sera formée de la somme des produits de trois racines $(x_1 y_1 x_2 y_2 x_3 y_3)$, $(x'_1 y'_1 x'_2 y'_2 x'_3 y'_3)$, $(x''_1 y''_1 x''_2 y''_2 x''_3 y''_3)$, dont les indices satisfont aux relations

$$x_1 + x'_1 + x''_1 + 1 \equiv y_1 + y'_1 + y''_1 + 1 \equiv x_2 + x'_2 + x''_2$$
$$\equiv y_2 + y'_2 + y''_2 \equiv x_3 + x'_3 + x''_3 \equiv y_3 + y'_3 + y''_3 \equiv 0.$$

Cela posé, il est aisé de voir que la fonction ψ contient quarante-cinq termes, et ne diffère que par la notation de la fonction φ du n° **441**. Donc le groupe de l'équation aux vingt-sept doubles tangentes est contenu dans celui de l'équation aux vingt-sept droites des surfaces du troisième ordre. D'ailleurs les ordres de ces groupes, étant égaux respectivement à $\frac{1}{28}(\mathfrak{A}_3 - 1)2^4.1.2.3.4.5$ (**327**) et à $27.10.8.6.4$, sont égaux entre eux : donc ces groupes sont identiques. Ainsi se retrouve entre le problème des vingt-sept droites et celui des doubles tangentes, le lien remarquable signalé par M. Geiser (*Mathematische Annalen*, t. Ier).

456. La résolution de l'équation aux doubles tangentes ne peut être ramenée à celle d'équations de degrés inférieurs. En effet, si l'on pouvait la résoudre à l'aide d'équations d'un degré inférieur à 27, il en serait de même *a fortiori* après l'adjonction d'une racine, ce qui n'a pas lieu (**446-452**).

D'autre part, s'il existait une réduite de degré 27, adjoignons-nous une de ses racines : l'équation restante E_{26} se décomposerait en équations irréductibles dont les ordres diviseraient $O = 28.10.8.6.4$, et contiendraient les facteurs premiers 7, 5, 3, 2 (397). Ces équations seraient donc chacune du degré 7 au moins; d'ailleurs aucune d'elles ne peut être d'un degré supérieur à 8 et inférieur à 14; car son ordre, étant divisible par 9 (398), ne diviserait pas O. Mais ces conditions sont évidemment incompatibles.

457. Les résultats généraux du n° 454 se modifient lorsque la courbe C a des points doubles. Le cas où C a $\frac{n(n-3)}{2}$ points doubles, dont $\varkappa$ de rebroussement, a été traité par M. Clebsch (*Uber diejenigen Curven, etc., Journal de M. Borchardt*, t. LXIV). Il montre (§ XVI du Mémoire cité), que les courbes cherchées du degré $n-3$ dépendent d'une équation X de degré 2^m, en posant $m = \frac{n(n-3)}{2} + 1 - \varkappa$, et peuvent être représentées par le symbole $(xyzu\ldots)$ où les indices $x, y, z, u, \ldots$, en nombre $m+1$, et variables de 0 à 1, satisfont à la relation

$$(7) \qquad xy + z + u + \ldots \equiv 0 \pmod{2}.$$

En outre, les points de contact de quatre de ces courbes $(x_1 y_1 z_1 u_1 \ldots), \ldots, (x_4 y_4 z_4 u_4 \ldots)$ seront sur une courbe de degré $2(n-3)$, si l'on a

$$(8) \quad x_1 + x_2 + x_3 + x_4 \equiv y_1 + y_2 + y_3 + y_4 \equiv z_1 + z_2 + z_3 + z_4 \equiv \ldots \equiv 0 \pmod{2},$$

d'où

$$x_1 y_1 + x_2 y_2 + x_3 y_3 + x_4 y_4 \equiv 0 \pmod{2}.$$

[Nous représentons, pour abréger, par $x, y, z, u, \ldots$ les quantités désignées à l'endroit cité par $p+1$, $q+1$, $h_1 + \frac{(n-1)(n-2)}{2}$, $h_2, \ldots$].

Les substitutions du groupe de l'équation qui donne les courbes cherchées laisseront invariable la fonction φ, formée de la somme des produits de quatre racines dont les indices satisfont aux relations (8). Or le groupe G de cette fonction contient les substitutions de la forme

$$S = \left| \begin{array}{ll} x, y & ax + by + \alpha, \quad a'x + b'y + \alpha' \\ z & z + xy + u + \ldots - (ax + by + \alpha)(a'x + b'y + \alpha') \\ & \qquad - (cxy + dx + ey + fu + \ldots + \beta) - \ldots \\ u, \ldots & cxy + dx + ey + fu + \ldots + \beta, \ldots \end{array} \right|,$$

comme il est aisé de le vérifier, en remarquant que $x^2 \equiv x$, $y^2 \equiv y \pmod{2}$.

458. Réciproquement, nous allons prouver que G est exclusivement formé des substitutions S.

Soient $(x_1 y_1 z_1 u_1 \ldots)$, $(x_2 y_2 z_2 u_2 \ldots)$ deux racines quelconques. Le nombre des termes de φ divisibles par leur produit est égal à la moitié du nombre total des solutions des congruences

$$(9)\quad \begin{cases} x_3 + x_4 \equiv x_1 + x_2, \quad y_3 + y_4 \equiv y_1 + y_2, \quad z_3 + z_4 \equiv z_1 + z_2, \ldots \pmod{2}, \\ x_3 y_3 + z_3 + u_3 + \ldots \equiv 0, \quad x_4 y_4 + z_4 + u_4 + \ldots \equiv 0 \pmod{2}, \end{cases}$$

car chaque système de solutions donne les deux autres facteurs de l'un des termes cherchés; et chaque terme correspond aux deux systèmes de solutions qui se déduisent l'un de l'autre en permutant $x_3, y_3, \ldots$ avec $x_4, y_4, \ldots$.

Cela posé, si l'on a

$$x_1 \equiv x_2, \quad y_1 \equiv y_2, \quad \text{d'où} \quad z_1 + u_1 + \ldots \equiv z_2 + u_2 + \ldots,$$

la dernière des relations (9) sera une conséquence des autres, qui détermineront $z_3, x_4, y_4, z_4, u_4, \ldots$ en fonction de $x_3, y_3, u_3, \ldots$ qui restent arbitraires : on aura donc 2^m systèmes de solutions. Si au contraire x_1, y_1 ne se confondent pas avec x_2, y_2, la dernière des relations (9) ne résulte pas des précédentes, et le nombre des solutions est inférieur à 2^m.

Partageons les racines en quatre systèmes, en groupant ensemble celles pour lesquelles les deux premiers indices ont la même valeur. D'après ce qui précède, pour que deux racines se trouvent associées dans 2^{m-1} termes de φ, il sera nécessaire et suffisant qu'elles appartiennent au même système. Cela posé, soit T une substitution quelconque de G; n'altérant pas φ, elle remplacera les racines d'un même système, qui, prises deux à deux, se trouvent associées dans 2^{m-1} termes de φ, par d'autres racines qui jouissent de la même propriété, et qui par suite appartiendront à un même système.

Or les substitutions de la forme S permettent, en y faisant varier les coefficients a, b, α, a', b', α', de permuter les systèmes entre eux d'une manière quelconque : on aura donc $T = T_1 S_1$, S_1 étant de la forme S, et T_1 une nouvelle substitution de G, qui ne déplace pas les systèmes.

459. Désignons par φ_0 la fonction partielle formée par ceux des termes de φ exclusivement formés de racines du système o, o. Il est clair que T_1 laissera φ_0 invariable.

Des considérations analogues à celles du n° **428** montrent que pour laisser invariable la fonction φ_0, T_1 doit remplacer les racines $(o o z u \ldots)$ du premier système par des racines de la forme $(o, o, z', eu + \ldots + \beta, \ldots)$, z' étant d'ailleurs congru à $z + u + \ldots - (eu + \ldots + \beta) - \ldots$ à cause de la relation (7). On aura donc $T_1 = T_2 S_2$, S_2 étant une substitution de la forme S, dans laquelle $a \equiv b' \equiv 1$, $a' \equiv b \equiv \alpha \equiv \alpha' \equiv o$, $c \equiv d \equiv \ldots \equiv o$, et T_2 une nouvelle substitution de G, qui ne déplace ni les systèmes, ni les racines du premier système.

460. Soient

$$(1, o, -d - \ldots, d, \ldots), \quad (o, 1, -e - \ldots, e, \ldots),$$
$$(1, 1, 1 - [c + d + e] - \ldots, c + d + e, \ldots),$$

les racines que T_2 fait succéder à $(1 o o o \ldots)$, $(o 1 o o \ldots)$, $(1 1 1 o \ldots)$; on aura $T_2 = T_3 S_3$, S_3 étant la substitution

$$| \; x, y, z, u, \ldots \quad x, y, z - (cxy + dx + ey + \ldots) - \ldots, \quad u + cxy + dx + ey, \ldots \; |,$$

laquelle est de la forme S, et T_3 une substitution de G analogue à T_2, mais qui ne déplace plus $(1 o o o \ldots)$, $(o 1 o o \ldots)$, $(1 1 1 o \ldots)$. D'ailleurs T_3 se réduit à l'unité : car soit $(x y z u \ldots)$ une racine quelconque; φ contient le terme

$$(x y z u \ldots)(x, y, xy, o \ldots)(o, o, z', u', \ldots)(o, o, z + xy + z', u + u', \ldots),$$

où z', u', ... sont des entiers quelconques dont la somme soit congrue à zéro : et T_3, laissant invariables les trois derniers facteurs de ce terme, laissera invariable le premier; donc T_3 ne déplacera aucune racine.

461. Pour résoudre l'équation X, il faudra, d'après ce qui précède : 1° résoudre l'équation du quatrième degré qui donne les systèmes; cela fait, X se décomposera en quatre équations partielles de degré 2^{m-2}; 2° résoudre l'équation partielle qui donne les racines du premier système, équation dont le groupe sera formé de l'ensemble des substitutions linéaires (avec termes constants) du degré 2^{m-2}; 3° résoudre les trois autres équations partielles, qui seront devenues abéliennes par la résolution de la première; leur résolution exigera en tout $3(m - 2)$ racines carrées.

CHAPITRE IV.

APPLICATIONS A LA THÉORIE DES TRANSCENDANTES.

§ I. — FONCTIONS CIRCULAIRES.

462. Soit n un entier quelconque; on sait que $\cos\frac{x}{n}$ est lié à $\cos x$ par une équation Z du degré n, dont les racines, $\cos\frac{x}{n}$, $\cos\frac{x+2\pi}{n}, \ldots$, $\cos\frac{x+2(n-1)\pi}{n}$ sont généralement inégales. Cherchons le groupe de monodromie de cette équation par rapport à $\cos x$.

Posons pour abréger $\cos x = y$ et $\cos\frac{x+2p\pi}{n} = (p)$; et faisons varier y suivant une loi arbitraire, de manière à ce qu'il reprenne finalement sa valeur initiale. La valeur initiale de arc cos$y$ étant x, sa valeur finale sera, comme on sait, égale à $x + 2m\pi$ ou à $-x + 2m\pi$, m étant un entier; d'ailleurs, en choisissant convenablement la loi de variation de y, on pourra obtenir une quelconque de ces valeurs finales. La racine (p) se trouvera par là transformée en $(p+m)$ ou en $(-p-m)$. Le groupe de monodromie de l'équation Z sera donc formé des substitutions

$$(1) \qquad |p \quad \pm[p+m]|,$$

et son ordre sera égal à $2n$, m étant susceptible des n valeurs $0, 1, \ldots, n-1 \pmod{n}$.

463. On obtiendra le groupe de monodromie de la même équation par rapport à $\cos x$ et $\sin x$ en supposant que la loi de variation de $\cos x$ soit telle, que $\sin x$ reprenne à la fin de l'opération sa valeur initiale. Sous cette restriction, la valeur finale de l'arc ne pourra être que de la forme $x + 2m\pi$: par suite, le groupe cherché ne contiendra plus que les substitutions

$$(2) \qquad |p \quad p+m|.$$

464. Le groupe *algébrique* de l'équation ayant ses substitutions permutables au groupe précédent (**391**), elles seront (**416**) de la forme

$$| p \quad ap + b |.$$

465. L'adjonction de l'irrationnelle numérique $\cos\frac{2\pi}{n}$ le réduira aux substitutions (1). Car, si dans les formules connues

$$\cos(a+b) + \cos(a-b) = 2\cos a\cos b,$$
$$\cos(a+b)\cos(a-b) = \cos^2 a\cos^2 b - \sin^2 a\sin^2 b = \cos^2 a + \cos^2 b - 1$$

on pose $a = \frac{x + 2p\pi}{n}$, $b = \frac{2\pi}{n}$, on voit que $(p-1)$ et $(p+1)$ sont les deux racines d'une équation du second degré $F[X, (p)] = 0$, dont les coefficients sont rationnels en $\cos\frac{2\pi}{n}$. Les racines $(0), \ldots, (n-1)$ étant inégales, $(p-1)$ et $(p+1)$ satisfont seules à ladite équation.

Or soit $S = | p \quad \varphi[p] |$ une substitution du groupe de l'équation proposée $\left(\text{après l'adjonction de } \cos\frac{2\pi}{n}\right)$: $(\varphi[p-1])$ et $\varphi[p+1])]$ satisferont à l'équation

$$F[X, (\varphi[p])] = 0,$$

et, par suite, se confondront avec $(\varphi[p] - 1)$ et $(\varphi[p] + 1)$. Donc

$$\varphi[p] = \pm p + \text{const.}$$

466. L'adjonction ultérieure de $\sin x$ et de $\sin\frac{2\pi}{n}$ réduira le groupe aux seules substitutions (2). On a effet

$$(p+1) = (p)\cos\frac{2\pi}{n} - \sin\frac{x + 2p\pi}{n}\sin\frac{2\pi}{n}.$$

Mais on a

$$\sin x = \sin(x + 2p\pi) = \sin\frac{x + 2p\pi}{n} f[(p)],$$

f étant une fonction rationnelle. Éliminant $\frac{x + 2p\pi}{n}$ à l'aide de cette relation, il viendra une relation de la forme

$$(p+1) = \psi[(p)],$$

ψ étant une fonction rationnelle. Soit actuellement $S = | p \quad \varphi[p] |$ une substitution du groupe de l'équation proposée : on aura

$$(\varphi[p+1]) = \psi[(\varphi[p])], \quad \text{d'où} \quad \varphi[p] = p + m.$$

467. Considérons maintenant l'irrationnelle numérique $\cos\frac{2\pi}{n}$. Soit $F(u) = 0$ l'équation de degré $n-1$ qui a pour racines $\cos\frac{2\pi}{n}, \ldots, \cos\frac{2(n-1)\pi}{n}$. Si n est impair, son premier membre est un carré parfait; car à chaque racine $\cos\frac{2\rho\pi}{n}$ correspond une autre racine égale $\cos\frac{2(n-\rho)\pi}{n}$. Si n est pair, l'équation a la racine $\cos\pi = -1$, et après la suppression du facteur $u+1$, son premier membre sera un carré parfait. Soit U le polynôme obtenu en extrayant la racine carrée de $F(u)$ (après la suppression du facteur $u+1$, si n est pair). L'équation $U = 0$ est intimement liée à l'équation $X = 0$, déduite de l'équation $x^n - 1 = 0$ par la suppression de ses racines réelles. Soient en effet $x = \cos\frac{2\rho\pi}{n} + i\sin\frac{2\rho\pi}{n}$ l'une des racines de X, x^{-1} sa conjuguée : on aura $\frac{1}{2}(x + x^{-1}) = \cos\frac{2\rho\pi}{n}$.

Décomposons maintenant X en facteurs irréductibles. Soient F l'un de ces facteurs; 2μ son degré; $x_0, x_1, \ldots$ ses racines, qui pourront se grouper par couples de racines conjuguées, et réciproques l'une de l'autre : $\frac{1}{2}(x_0 + x_0^{-1}), \frac{1}{2}(x_1 + x_1^{-1}), \ldots$ seront les racines d'une équation de degré μ, dont le premier membre sera évidemment un facteur de U. Ce facteur sera irréductible : car s'il était divisible par un polynôme $\psi(u)$ de degré $\mu' < \mu$, l'équation $\psi(x + x^{-1}) = 0$, de degré $2\mu'$, aurait pour racines une partie de celles de F, qui ne serait pas irréductible.

Il sera aisé, en partant de là, de déterminer le groupe de l'équation $U = 0$. Nous nous bornerons au cas où n est premier. Soient $u_0, \ldots, u_p = x_p + x_p^{-1}, \ldots$ les racines de U.

Pour qu'une fonction des quantités u soit rationnelle, il faut et il suffit qu'elle soit invariable par les substitutions

$$| \; x_p \quad x_{p+m} \; |$$

du groupe X, lesquelles reviennent aux substitutions

$$| \; u_p \quad u_{p+m} \; |,$$

effectuées sur les u. Donc le groupe de U est formé par ces dernières substitutions.

§ II. — Fonctions elliptiques.

Division des fonctions elliptiques.

468. *Division d'un arc quelconque.* — Soient $u = \lambda(x)$ la fonction inverse de l'intégrale

$$x = \int_0^u \frac{du}{\sqrt{(1-u^2)(1-k^2u^2)}}, \tag{3}$$

$\lambda'(x) = \sqrt{[1-\lambda^2(x)][1-k^2\lambda^2(x)]}$ sa dérivée; n un entier quelconque. On sait que $\lambda\left(\frac{x}{n}\right)$ est déterminé en fonction de $\lambda(x)$, $\lambda'(x)$, k par une équation de degré n^2, dont les racines seront $\lambda\left(\frac{x}{n}\right), \ldots, \lambda\left(\frac{x+p\omega+q\omega'}{n}\right), \ldots,$ ω et ω' étant les périodes de la fonction $\lambda(x)$, et p, q des entiers variables de 0 à $n-1$ (mod. n). (Briot et Bouquet, *Théorie des Fonctions doublement périodiques*, n° 187.) Nous conviendrons de représenter ces racines par le symbole général (pq).

Si n est un entier composé, tel que rs, la résolution de l'équation de degré n^2 qui donne $\lambda\left(\frac{x}{n}\right)$ revient à celle de deux équations successives de degrés r^2 et s^2. Car on pourra déterminer $\lambda\left(\frac{x}{r}\right)$ par une équation de degré r^2: d'autre part, en différentiant cette équation, on obtiendra $\lambda'\left(\frac{x}{r}\right)$ exprimé en fonction rationnelle de $\lambda\left(\frac{x}{r}\right)$, $\lambda(x)$, $\lambda'(x)$, $\lambda''(x)$ et k, ou, par suite de la relation évidente

$$\lambda''(x) = -\lambda(x)[1-k^2\lambda^2(x)] - k^2\lambda(x)[1-\lambda^2(x)], \tag{4}$$

en fonction de $\lambda\left(\frac{x}{r}\right)$, $\lambda(x)$, $\lambda'(x)$ et k. Connaissant ainsi $\lambda\left(\frac{x}{r}\right)$ et sa dérivée, on obtiendra $\lambda\left(\frac{x}{rs}\right)$ par une équation de degré s^2.

On peut donc supposer n premier, sans nuire à la généralité de la question.

469. Cherchons d'abord le groupe de monodromie de l'équation par rapport à $\lambda(x)$ et $\lambda'(x)$. Pour cela, faisons varier $\lambda(x)$ suivant une loi quelconque, mais de telle sorte que cette fonction ainsi que sa dérivée reprennent finalement leurs valeurs initiales : la valeur initiale de x étant x, sa valeur finale sera, comme on sait, égale à $x + m\omega + m'\omega'$, m et m' étant des entiers, qui dépendent de la loi de variation de $\lambda(x)$, et peuvent être supposés quelconques. Substituant cette valeur dans l'expression de la racine (pq), on la changera en $(p + m, q + m')$. Le groupe cherché sera donc formé des substitutions

$$(5) \qquad | \; p, q \quad p + m, q + m' \; |.$$

470. Supposons maintenant qu'on adjoigne à l'équation l'une de ses racines, telle que $\lambda\left(\frac{x}{n}\right)$; les racines restantes dépendront d'une équation de degré $n^2 - 1$. Cherchons son groupe de monodromie relatif à k.

Si l'on fait varier k, ω et ω' varieront avec lui, et pourront ne pas reprendre leurs valeurs initiales en même temps que lui. Mais ω et ω' sont un système de périodes élémentaires, c'est-à-dire telles, que toute période nouvelle de $\lambda(x)$ est de la forme $a\omega + a'\omega'$, a et a' étant entiers. Cette propriété subsistera évidemment pendant que k varie. Donc Ω et Ω', valeurs finales de ω et ω', seront un système de périodes élémentaires de la fonction $\lambda(x)$: on aura donc

$$\Omega = a\omega + a'\omega', \quad \Omega' = b\omega + b'\omega', \quad \text{avec} \quad ab' - ba' = 1,$$

cette dernière condition étant nécessaire pour que ω, ω' soient des fonctions linéaires à coefficients entiers de Ω, Ω'.

Remplaçant ω et ω' par Ω et Ω' dans l'expression (pq), on la change en $(ap + bq, a'p + b'q)$. Le groupe cherché a donc toutes ses substitutions de la forme

$$(6) \qquad | \; p, q \quad ap + bq, a'p + b'q \; |,$$

avec la condition $ab' - ba' = 1$, laquelle peut être remplacée par la suivante $ab' - ba' \equiv 1 \pmod{n}$, en remarquant que l'on peut, sans altérer en rien la substitution, accroître ou diminuer a, b, a', b' de multiples arbitraires de n.

471. Réciproquement, si n est impair, toute substitution de cette forme fera partie du groupe cherché. Pour le démontrer, nous emploierons une méthode élégante, due à M. E. Mathieu.

Représentons, suivant l'usage reçu, une quantité imaginaire $\alpha + \beta i$ par un point ayant pour abscisse α, et pour ordonnée β. Soient C, C_1 des *contours élémentaires* passant par l'origine des coordonnées, et enveloppant respectivement les deux *points critiques* 1 et $\frac{1}{k}$; C', C'_1 les deux contours élémentaires symétriques de ces deux-là par rapport à l'origine, et enveloppant les deux points -1 et $-\frac{1}{k}$; A, A_1, $-$ A, $-$ A_1 les valeurs de l'intégrale (3) prise le long de ces contours, en supposant que le radical soit égal à 1 pour $u = 0$. On sait : 1° que l'on n'altère pas la valeur de ces intégrales en déformant les contours C, C_1, C', C'_1, pourvu qu'on ne leur fasse traverser aucun point critique; 2° que les périodes ω, ω' sont respectivement égales à 2A et à $A_1 - A$.

472. Supposons maintenant qu'on fasse varier k suivant une loi quelconque. Les intégrales A, A_1 varieront d'une manière continue, pourvu qu'on ait le soin de déformer progressivement les contours élémentaires, lorsque cela sera nécessaire, de telle sorte qu'ils ne soient jamais traversés par les points critiques.

Supposons d'abord que l'on fasse varier k de telle sorte que le point $\frac{1}{k}$ décrive dans le sens direct un contour fermé enveloppant les points 1 et -1 (*fig.* 1). Lorsque k aura repris sa valeur initiale, le contour C n'aura

Fig. 1.

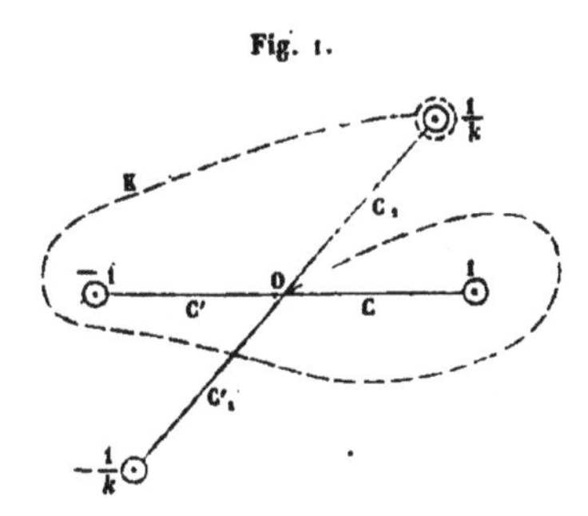

pas varié, et, par suite, l'intégrale A reprendra sa valeur initiale. Au contraire, le contour C_1, se déformant progressivement, se sera changé en un contour tel que K (pointillé sur la figure). Or le contour K peut évidemment se ramener par une déformation convenable à la somme des cinq contours C, C', C_1, C', C; mais l'intégrale suivant C est A; celle suivant C' est également A, le radical ayant au commencement de ce second contour la valeur -1; l'intégrale suivant C_1 est A_1, etc. Donc l'intégrale suivant K sera $4A+A_1$.

Les intégrales A, A_1 étant ainsi changées en A, $4A+A_1$, ω, ω' le seront en ω, $\omega'+2\omega$; et la substitution correspondante du groupe cherché sera

$$(7) \qquad |\, p, q \quad p+2q, q \,|.$$

473. Faisons maintenant varier k de telle sorte que le point $\frac{1}{k}$ décrive, toujours dans le sens direct, un contour fermé entourant seulement le point 1. Les deux contours C, C_1 auront été changés progressivement en H, H_1 (*fig.* 2).

Fig. 2.

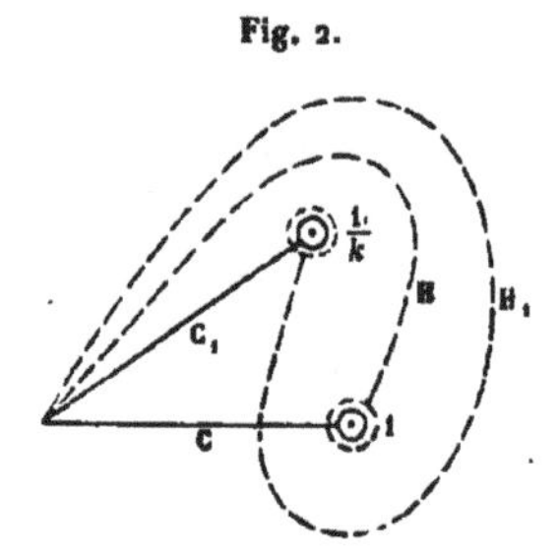

Mais H se réduit à la somme des trois contours C_1, C, C_1, et H_1 à la somme des contours C_1, C, C_1, C, C_1 : A, A_1 seront donc changées en $2A_1-A$ et $3A_1-2A$; et par suite ω, ω' le seront en $\omega+4\omega'$, ω', ce qui équivaut à la substitution

$$(8) \qquad |\, p, q \quad p, 4p+q \,|.$$

474. Cela posé, si n est impair, les substitutions (7) et (8), élevées à des puissances convenables, reproduiront les substitutions

$$|\, p, q \quad p+q, q \,|, \quad |\, p, q \quad p, p+q \,|,$$

desquelles dérivent toutes les substitutions linéaires de déterminant 1 (121 et 137).

Au contraire, si n est égal à 2, les substitutions ci-dessus se réduisent à l'unité. Il est clair d'ailleurs que l'on peut obtenir un déplacement quelconque (suivant un contour fermé) des points $\frac{1}{k}$ et $-\frac{1}{k}$ en combinant des déplacements suivant les deux sortes de contours étudiés ci-dessus avec des déplacements suivant d'autres contours n'enveloppant aucun des deux points $+1$ et -1, lesquels déplacements n'altéreront pas les périodes. Donc dans ce cas particulier les racines de l'équation sont des fonctions monodromes de k.

475. Cherchons maintenant le groupe algébrique de l'équation, les quantités k, $\lambda(x)$, $\lambda'(x)$ étant supposées connues. Le groupe cherché étant permutable au groupe de monodromie relatif à $\lambda(x)$ et $\lambda'(x)$, ses substitutions seront (119) de la forme

$$| \; p, q \quad ap + bq + m, \; a'p + b'q + m' \; |.$$

Mais si l'on adjoint à l'équation les constantes $\lambda\left(\frac{\omega}{n}\right)$, $\lambda\left(\frac{\omega'}{n}\right)$, ce groupe se réduira aux substitutions (5). En effet, on connaît la formule fondamentale

$$(9) \qquad \lambda(z+t) = \frac{\lambda(z)\lambda'(t) + \lambda'(z)\lambda(t)}{1 - k^2\lambda^2(z)\lambda^2(t)}.$$

Différentions-la par rapport à z, et remplaçons $\lambda''(z)$ par sa valeur en fonction de $\lambda(z)$, déduite de l'équation (4). On aura la valeur de $\lambda'(z+t)$ exprimée rationnellement en $\lambda(z)$, $\lambda'(z)$, $\lambda(t)$, $\lambda'(t)$ et k.

Posons maintenant $z = \frac{x + p\omega + q\omega'}{n}$, $t = \frac{a\omega + b\omega'}{n}$ dans la formule (9). Elle donnera la valeur de la racine $(p+a, q+b)$ en fonction rationnelle de (pq), $\lambda\left(\frac{a\omega + b\omega'}{n}\right)$, de leurs dérivées, et de k. Mais la dérivée de (pq) s'exprime rationnellement (468) en fonction de (pq) et des quantités $\lambda(x + p\omega + q\omega')$, $\lambda'(x + p\omega + q\omega')$, respectivement égales à $\lambda(x)$, $\lambda'(x)$. D'autre part, d'après ce qui précède, $\lambda\left(\frac{a\omega + b\omega'}{n}\right)$ et sa dérivée s'expriment rationnellement en fonction de $\lambda\left(\frac{\omega}{n}\right)$, $\lambda'\left(\frac{\omega}{n}\right)$, $\lambda\left(\frac{\omega'}{n}\right)$, $\lambda'\left(\frac{\omega'}{n}\right)$, k. En outre, $\lambda'\left(\frac{\omega}{n}\right)$ s'exprime rationnellement en fonction de $\lambda\left(\frac{\omega}{n}\right)$, k et des constantes rationnelles $\lambda(\omega) = 0$, $\lambda'(\omega) = 1$ (468). De même, $\lambda'\left(\frac{\omega'}{n}\right)$ s'exprime rationnellement en $\lambda\left(\frac{\omega'}{n}\right)$ et k. Substituant ces valeurs dans l'expression de $(p+a, q+b)$ il vient une relation de la forme

$$(p+a, q+b) = \psi\left[(pq), \lambda\left(\frac{\omega}{n}\right), \lambda\left(\frac{\omega'}{n}\right), \lambda(x), \lambda'(x), k\right],$$

ψ étant une fonction rationnelle, dont les coefficients sont indépendants de p et de q.

Soit maintenant

$$S = | p, q \quad f[p, q], F[p, q] |$$

une quelconque des substitutions du groupe cherché. Elle remplace les racines $(p+a, q+b)$, (pq) par $(f[p+a, q+b], F[p+a, q+b])$, $(f[p, q], F[p, q])$. Mais ces deux nouvelles racines doivent être liées entre elles par la même relation que celles qu'elles remplacent : on aura donc

$$f[p+a, q+b] \equiv f[p, q]+a, \quad F[p+a, q+b] \equiv F(p, q)+b,$$

d'où

$$f[p, q] \equiv p+m, \quad F[p, q] \equiv q+m',$$

m, m' étant des entiers constants.

Donc l'équation est abélienne, et se résout au moyen de deux équations abéliennes de degré n (407).

476. *Division des périodes.* — Considérons maintenant les irrationnelles $\lambda\left(\frac{\omega}{n}\right)$, $\lambda'\left(\frac{\omega}{n}\right)$. L'équation de degré n^2 dont elles dépendent se réduit au degré n^2-1 par la suppression de la racine nulle $\lambda\left(\frac{0}{n}\right)$; ses autres racines sont de la forme $\lambda\left(\frac{p\omega+q\omega'}{n}\right)$, et nous les désignerons par (pq). Le groupe de monodromie de l'équation par rapport à k sera formé des substitutions (6).

Pour déterminer son groupe algébrique, nous partirons encore de la formule (9), où nous poserons $z=\frac{p\omega+q\omega'}{n}$, $t=\frac{p'\omega+q'\omega'}{n}$. Nous remplacerons en outre dans le second membre de cette formule la quantité $\lambda'\left(\frac{p\omega+q\omega'}{n}\right)$ par sa valeur en fonction de k, de (pq) et des constantes rationnelles $\lambda(p\omega+q\omega')=0$, $\lambda'(p\omega+q\omega')=1$; nous remplacerons de même $\lambda'\left(\frac{p'\omega+q'\omega'}{n}\right)$ par sa valeur en fonction de k et de $(p'q')$. Nous obtiendrons ainsi une relation de la forme

$$(10) \qquad (p+p', q+q') = \psi[(pq), (p'q')],$$

ψ étant une fonction rationnelle, dont les coefficients ne dépendent que de k.

Soit maintenant

$$| \; p, q \quad f[p, q], \; F[p, q]$$

une substitution quelconque du groupe de l'équation proposée : opérons cette substitution sur l'égalité (10), ce qui ne doit pas la troubler; il viendra

$$(f[p+p', q+q'], F[p+p', q+q']) = \psi[(f[p, q], F[p, q]), (f[p', q'], F[p', q'])],$$

d'où

$$f[p+p', q+q'] \equiv f[p, q] + f[p', q'], \quad F[p+p', q+q'] \equiv F[p, q] + F[p', q'],$$

d'où enfin

$$f[p, q] \equiv ap + bq, \quad F[p, q] \equiv a'p + b'q.$$

Donc les substitutions du groupe cherché sont toutes linéaires. Ce groupe contient d'ailleurs le groupe de monodromie, formé de l'ensemble des substitutions linéaires de déterminant 1. Il contient en outre une substitution linéaire dont le déterminant est un non résidu quadratique de n : car M. Hermite a montré (*Mémoire sur les Équations modulaires*) que le produit des différences des racines de l'équation modulaire pour les transformations de degré n, lequel produit est une fonction des racines de l'équation proposée, invariable par toute substitution linéaire dont le déterminant est résidu quadratique, n'est rationnellement exprimable qu'après l'adjonction du radical $\sqrt{(-1)^{\frac{n-1}{2}} n}$.

De nouvelles recherches seraient nécessaires pour s'assurer si le groupe, ainsi réduit par l'adjonction d'un radical carré, contient toutes les substitutions linéaires dont le déterminant est résidu quadratique. Mais nous laisserons de côté ce sujet, qui sort du plan de cet ouvrage, et n'offre d'ailleurs que peu d'intérêt : car les résultats qu'il nous reste à indiquer, et qu'Abel a obtenus en supposant que le groupe contienne toutes ces substitutions linéaires, subsisteraient, lors même qu'il serait plus particulier.

477. L'ordre de ce groupe est égal à $\frac{(n^2-1)(n^2-n)}{2}$ (**124**), et l'équation qu'il définit n'est pas primitive; car en groupant dans un même système les $n-1$ racines dont les indices ne diffèrent que par un facteur constant, les substitutions du groupe remplaceront les racines de chaque système par celles d'un même système. Ces systèmes dépendront d'une équation de degré $n+1$. Cette équation auxiliaire résolue, le groupe de la proposée se trouvera réduit à celles de ses substitutions qui ne déplacent pas les systèmes, lesquelles se réduisent évidemment à celles qui multiplient tous les indices par un même facteur constant : ces substitutions, en nombre $n-1$, sont les puissances d'une seule d'entre elles, qui multiplie les indices par une racine primitive α de la congruence $\alpha^{n-1}\equiv 1 \pmod{n}$ L'équation sera donc abélienne; il est clair enfin que son premier membre se décompose en $n+1$ facteurs rationnels ayant chacun pour racines les $n-1$ racines d'un même système.

Quant à l'équation auxiliaire de degré $n+1$, l'ordre de son groupe sera $\frac{(n^2-1)(n^2-n)}{2(n-1)}$; d'ailleurs elle sera simple si $n>3$. En effet, de quelque manière qu'on ramène la résolution d'une équation donnée à celle d'une suite d'équations simples, ses facteurs de composition resteront les mêmes, à l'ordre près. Or, pour résoudre l'équation proposée, on pourra résoudre d'abord l'équation auxiliaire dont dépend une fonction des racines invariable par toute substitution de déterminant 1, ce qui réduira le groupe de la proposée aux substitutions de déterminant 1. Mais ce groupe a pour facteurs de composition $\frac{(n^2-1)(n^2-n)}{2(n-1)}$ et 2. Donc la résolution de la proposée dépendra actuellement de deux équations simples, dont l'une aura pour ordre $\frac{(n^2-1)(n^2-n)}{2(n-1)}$. Donc dans l'autre mode de résolution que nous avons adopté, doit se présenter une équation simple dont le groupe soit du même ordre.

Dans le cas particulier où $n=3$ nous avons vu (420-425) que la proposée se résout par des équations auxiliaires du troisième et du quatrième degré.

Équations modulaires.

478. Jacobi a montré (*Fundamenta*, § XXI) que les racines de l'équation modulaire pour les transformations d'un degré impair n sont données par la formule générale

$$v=u^n\,[\,\sin\operatorname{coam}4\Omega\,\sin\operatorname{coam}8\Omega\ldots\sin\operatorname{coam}2(n-1)\Omega\,],$$

u et v étant respectivement les racines quatrièmes du module initial et du module transformé, et Ω l'une des valeurs comprises dans la formule $\frac{p\omega+2q\omega'}{4n}$, p et q étant des entiers congrus à 0, 1,..., $n-1$ (mod. n), mais qui ne soient pas à la fois congrus à zéro.

Les divers facteurs de v sont simplement permutés entre eux si l'on remplace p, q par αp, αq, α étant l'un quelconque des entiers $1, 2, \ldots, n-1$: v n'a donc que $n+1$ valeurs distinctes, respectivement correspondantes aux valeurs $0, 1, \ldots, n-1, \infty$ du rapport $\frac{p}{q}$ (mod. n), et sera liée à u par une équation du degré $n+1$.

479. Cherchons le groupe de monodromie de cette équation. Pour cela, nous ferons varier k de telle sorte que $u=\sqrt[4]{k}$ reprenne à la fin de l'opération sa valeur initiale, et nous chercherons la manière dont les diverses valeurs de v auront été permutées entre elles.

Et d'abord, de quelque manière que l'on fasse varier k, le système de périodes élémentaires ω, ω' se trouvera transformé à la fin de l'opération en un système de périodes élémentaires $\Omega = a\omega + a'\omega'$, $\Omega' = b\omega + b'\omega'$; et l'on aura la condition $ab' - ba' = 1$. Soient donc $\alpha, \alpha', \beta, \beta'$ des nombres quelconques, respectivement congrus à a, a', b, b' (mod. n) : on aura, aux multiples près de $n\omega$ et $n\omega'$, $\Omega = \alpha\omega + \alpha'\omega'$, $\Omega' = \beta\omega + \beta'\omega'$, et $\alpha\beta' - \alpha'\beta \equiv 1$ (mod. n).

Réciproquement, soient $\alpha, \alpha', \beta, \beta'$ quatre entiers quelconques satisfaisant à cette dernière relation : on pourra faire varier k de telle sorte que ω et ω' soient transformés, aux multiples près de $n\omega$ et $n\omega'$, en $\alpha\omega + \alpha'\omega'$, $\beta\omega + \beta'\omega'$.

Soit en effet e un entier tel, que l'on ait $2e \equiv 1$ (mod. n). Faisons varier k de telle sorte que le point $\frac{1}{k}$ décrive $4e^2$ fois de suite le contour représenté dans la *fig.* 1 (472) : $u = \sqrt[4]{k}$ sera multiplié par le facteur $(\sqrt{-1})^{4e^2} = 1$, et par suite ne sera pas altéré : quant aux périodes ω, ω', elles seront changées en ω, $\omega' + 8e^2\omega$, expressions qui se réduisent à ω, $\omega' + \omega$, en supprimant les multiples de $n\omega$.

Faisons maintenant décrire au point $\frac{1}{k}$, e fois de suite, le contour de la *fig.* 2 (473) : u n'est pas altéré; et ω, ω' sont changées en $\omega + 2e\omega'$, ω', ou, aux multiples près de $n\omega'$, en $\omega + \omega'$, ω'.

En combinant les transformations ci-dessus, on peut changer ω, ω' (aux multiples près de $n\omega$, $n\omega'$) en $\alpha\omega + \alpha'\omega'$, $\beta\omega + \beta'\omega'$ (121 et 137).

Cela posé, soit (z) celle des valeurs de v qui correspond à une valeur donnée du rapport $\frac{p}{q} \equiv z$ (mod. n) : ω, ω' étant changées (aux multiples près de $n\omega$, $n\omega'$) en $\alpha\omega + \alpha'\omega'$, $\beta\omega + \beta'\omega'$, $\frac{p\omega + 2q\omega'}{4n}$ sera changé en

$$\frac{(\alpha p + 2\beta q)\omega + (\alpha' p + 2\beta' q)\omega'}{4n}.$$

Si donc on pose $\alpha \equiv c$, $2\beta \equiv d$, $\alpha' \equiv 2c'$, $\beta' \equiv \alpha'$ (mod. n), (z) sera changé en $\left(\frac{cz+d}{c'z+d'}\right)$. On a d'ailleurs évidemment $cd' - c'd \equiv \alpha\beta' - \alpha'\beta$, et il est clair qu'en donnant successivement à α, β, α', β' tous les systèmes de valeurs dont le déterminant est congru à 1, on obtiendra pour c, d, c', d' tous les systèmes de valeurs dont le déterminant est congru à 1.

Le groupe de monodromie cherché est donc formé des substitutions

$$\left| z \quad \frac{cz+d}{c'z+d'} \right|, \text{ avec la condition } cd' - c'd \equiv 1 \pmod{n}.$$

480. Le groupe algébrique de l'équation aura la même forme, en supprimant la condition $cd' - c'd \equiv 1$. Car soit F une fonction de ses racines, invariable par toute substitution linéaire fractionnaire : elle peut être mise sous la forme d'une fonction rationnelle de u, $\sin \operatorname{am} \frac{\omega}{n} = \lambda\left(\frac{\omega}{n}\right)$ et $\lambda\left(\frac{\omega'}{n}\right)$. Car prenons l'un quelconque des facteurs qui entrent dans l'expression des racines de l'équation modulaire, par exemple $\sin \operatorname{coam} 4r\frac{p\omega + 2q\omega'}{4n}$. Il est égal à

$$\frac{\cos \operatorname{am} r\frac{p\omega + 2q\omega'}{n}}{\Delta \operatorname{am} r\frac{p\omega + 2q\omega'}{n}} = \frac{\lambda'\left(r\frac{p\omega + 2q\omega'}{n}\right)}{1 - k^2\lambda^2\left(r\frac{p\omega + 2q\omega'}{n}\right)}.$$

Or $\lambda\left(r\frac{p\omega + 2q\omega'}{n}\right)$ et sa dérivée s'expriment rationnellement en $\lambda\left(\frac{\omega}{n}\right)$ et $\lambda'\left(\frac{\omega'}{n}\right)$. Donc F est une fonction rationnelle de u, $\lambda\left(\frac{\omega}{n}\right)$, $\lambda'\left(\frac{\omega'}{n}\right)$. D'ailleurs F reste invariable si l'on change ω, ω' en $a\omega + a'\omega'$, $b\omega + b'\omega'$, ce changement équivalant à une substitution linéaire fractionnaire effectuée entre les racines (z),.... Donc u étant supposé connu, F sera une fonction des racines de l'équation qui donne $\lambda\left(\frac{\omega}{n}\right)$, invariable par les substitutions du groupe de cette équation : donc F est exprimable rationnellement.

Le produit des différences des racines de l'équation modulaire sera exprimable rationnellement après l'adjonction du radical carré $\sqrt{(-1)^{\frac{n-1}{2}} n}$ (Hermite, *Mémoire sur les équations modulaires*). Cette adjonction abaissera de moitié l'ordre du groupe de l'équation, et le réduira à celles de ses substitutions qui n'altèrent pas le produit ci-dessus. Ce sont celles pour lesquelles le déterminant $cd' - c'd$ est congru à un résidu quadratique (ou, ce qui revient au même, à l'unité : car on peut, sans altérer une substitution linéaire fractionnaire, multiplier tous ses coefficients par un facteur constant quelconque, dont le carré multipliera le déterminant). Le groupe de l'équation sera donc réduit à son groupe de monodromie, lequel est simple, si $n > 3$: car il est évidemment identique au groupe de l'équation auxiliaire de degré $n+1$ rencontrée plus haut dans le problème de la division des périodes.

481. Il est intéressant d'examiner s'il n'est pas possible de trouver une équation équivalente à l'équation modulaire proposée, et d'un degré moindre.

En premier lieu, le groupe G de l'équation modulaire $\left(\text{après l'adjonction de } \sqrt{(-1)^{\frac{n-1}{2}} n}\right)$ a pour ordre $\frac{n(n^2-1)}{2}$, nombre divisible par n. Il doit en être de même du groupe de l'équation équivalente cherchée : donc son degré ne peut être moindre que n.

Cela posé, pour qu'il existe une équation de degré n, équivalente à la proposée, il faut et il suffit qu'on puisse déterminer un groupe H contenu dans G, et qui renferme précisément la $n^{ième}$ partie des substitutions de G. Or, considérons le groupe G' formé des substitutions linéaires

$$|\, x, y \quad cx + dy, c'x + d'y \,|, \text{ où } cd' - c'd \equiv 1 \pmod{n}.$$

Ses substitutions correspondent à celles de G

$$\left|\, z \quad \frac{cz+d}{c'z+d'} \,\right|, \text{ où } cd' - c'd \equiv 1 \pmod{n},$$

de telle sorte que le produit de deux d'entre elles correspond au produit de leurs correspondantes. Si donc le groupe H existe, les substitutions de G' qui correspondent aux siennes formeront un groupe H' contenant la $n^{ième}$ partie des substitutions de G', soit $n^2 - 1$ substitutions. Il aura donc son ordre premier à n, et, par suite, il ne contiendra aucune substitution d'ordre n.

Soient $S_1, \dots, S_\mu, \dots$ ses substitutions; T une substitution quelconque d'ordre n contenue dans G′, celle-ci par exemple

$$| x, y \quad x+y, y |.$$

Les $n(n^2-1)$ substitutions de la forme $T^\rho S_\mu$ seront toutes distinctes et reproduiront toutes celles de G′ : car si l'on avait $T^\rho S_\mu = T^\sigma S_\nu$ sans avoir $\rho = \sigma$, d'où $\mu = \nu$, on en déduirait $T^{\rho-\sigma} = S_\nu S_\mu^{-1}$; donc $T^{\rho-\sigma}$ appartiendrait à H′; résultat impossible, cette substitution étant d'ordre n.

Soit maintenant g une racine primitive de la congruence $g^{n-1} \equiv 1 \pmod{n}$: la substitution

$$U = | x, y \quad gx, g^{-1}y |$$

étant contenue dans G′, sera de la forme $T^\rho S_\mu$: et la substitution $T^{-\rho}U = S_\mu$ fera partie de H′. Mais posons $x-(\rho+g^{-2})y \equiv x'$: on voit sans peine que $T^{-\rho}U$ remplace x' par gx' et y par $g^{-1}y$. Prenons donc pour indices indépendants, au lieu de x et y, x' et y, ce qui n'altère pas la forme du groupe G′; $T^{-\rho}U$ prendra la forme

$$S = | x', y \quad gx', g^{-1}y |.$$

482. Cela posé, *le nombre des substitutions de* H′ *qui n'appartiennent à aucune des deux formes*

$$(11) \qquad | x', y \quad ax', dy |, \quad | x', y \quad by, cx' |$$

est un multiple de $\frac{1}{2}(n-1)^2$.

Car soit

$$V = | x', y \quad ax'+by, cx'+dy |$$

une de ces substitutions : H′ contient les substitutions de la forme

$$S^m V S^p = | x', y \quad g^{p+m}ax' + g^{p-m}by, g^{-(p-m)}cx' + g^{-(p+m)}dy |,$$

qui sont en nombre $\frac{1}{2}(n-1)^2$; car, en faisant varier m et p, on pourra donner à $g^{p+m} \pmod{n}$ une quelconque α des $n-1$ valeurs $1, \dots, n-1$, et à g^{p-m} une quelconque des $\frac{1}{2}(n-1)$ valeurs $\beta \equiv \alpha R$, dont le rapport R à la précédente est un résidu quadratique de n. Il est clair d'ailleurs qu'aucune de ces $\frac{1}{2}(n-1)^2$ substitutions ne se réduit aux formes (11).

Si H' contient une substitution V' autre que les précédentes et qui n'appartienne pas à ces formes, il contiendra $\frac{1}{2}(n-1)^2$ substitutions $S^{m'}V'S^{p'}$ évidemment distinctes des précédentes : car si $S^{m'}V'S^{p'}$ était égal à $S^{m}VS^{p}$, on en déduirait, contre l'hypothèse, $V'=S^{m-m'}VS^{p-p'}$. Donc H' contiendra au moins $2\cdot\frac{1}{2}(n-1)^2$ substitutions qui ne soient pas des formes (11). S'il en contient davantage, il en contiendra au moins $3\cdot\frac{1}{2}(n-1)^2$, etc.; il en contiendra donc en général $r\cdot\frac{1}{2}(n-1)^2$.

Le groupe H' contient en outre celle des substitutions de G' qui sont de la forme $|\, x', y \quad ax', dy \,|$, lesquelles, ayant pour déterminant 1, se réduisent aux $n-1$ puissances de S : enfin, s'il contient une substitution A de la forme $|\, x', y \quad by, cx' \,|$, il contiendra celles des substitutions de G' qui sont de cette forme, lesquelles se réduisent aux suivantes AS^m, en nombre $n-1$.

483. *L'ordre de* H' *est donc égal à*

$$n-1+r\cdot\frac{1}{2}(n-1)^2 \text{ ou à } 2(n-1)+r\cdot\frac{1}{2}(n-1)^2,$$

suivant que H' *contiendra ou non la substitution* $A = |\, x', y \quad y, -x' \,|$.

Mais cet ordre est égal à n^2-1, ce qui montre que la première hypothèse est inadmissible, lorsque $n > 11$: car $n-1+r\cdot\frac{1}{2}(n-1)^2$ est plus grand que n^2-1, si $r \geqq 3$, et plus petit, si $r < 3$. La seconde hypothèse elle-même ne sera admissible que si $r=2$: auquel cas H' sera formé exclusivement des substitutions suivantes :

$$(12)\quad \begin{cases} S^p = |\, x', y \quad g^p x', g^{-p} y \,|, \quad AS^p = |\, x', y \quad g^p y, -g^{-p} x' \,|, \\ S^m VS^p = |\, x', y \quad \alpha a x' + \alpha R b y, \ \alpha^{-1} R^{-1} c x' + \alpha^{-1} d y \,|, \\ S^{m'} V' S^{p'} = |\, x', y \quad \alpha' a' x' + \alpha' R' b' y, \ \alpha'^{-1} R'^{-1} c' x' + \alpha'^{-1} d' y \,|, \end{cases}$$

où $p, \alpha, \alpha', R, R'$ sont des entiers variables d'une substitution du groupe à l'autre, ces deux derniers étant résidus quadratiques de n; et où $a, b, c, d, a', b', c', d'$ sont des entiers donnés, satisfaisant aux relations

$$ad-bc \equiv a'd'-b'c' \equiv 1 \pmod{n},$$

et tels, qu'on n'ait pas à la fois $a \equiv d \equiv 0$, ni $b \equiv c \equiv 0$, ni $a' \equiv d' \equiv 0$, ni $b' \equiv c' \equiv 0$. Donc sur les quatre coefficients a, b, c, d un seul peut être congru à zéro; si l'un d'eux est effectivement congru à zéro, on peut admettre que c'est d; car à cause de la symétrie qui existe entre x' et y, on peut admettre que c'est c ou d. Mais si $c \equiv 0$, H' contient la substitution

$$AV = | \, x', \, y \quad -bx' + ay, \, -dx' \, |,$$

où c'est le quatrième coefficient qui s'annule, substitution que l'on pourrait prendre à la place de V dans tout le raisonnement.

Cela posé, la substitution

$$W = S^{m}VS^{p}V = \begin{vmatrix} x' & (\alpha a^2 + \alpha^{-1}R^{-1}cb)x' + (\alpha Rba + \alpha^{-1}db)y \\ y & (\alpha ac + \alpha^{-1}R^{-1}cd)x' + (\alpha Rbc + \alpha^{-1}d^2)y \end{vmatrix},$$

appartenant à H', doit être de l'une des quatre formes (12).

Si elle est de la première forme, on aura

$$(13) \qquad \alpha Rba + \alpha^{-1}db \equiv \alpha ac + \alpha^{-1}R^{-1}cd \equiv 0.$$

Si elle est de la seconde, on aura

$$(14) \qquad \alpha a^2 + \alpha^{-1}R^{-1}cb \equiv \alpha Rbc + \alpha^{-1}d^2 \equiv 0.$$

Si elle est de la troisième, on aura, en remarquant que dans les substitutions de cette forme le produit des coefficients extrêmes est égal à ad,

$$(15) \qquad (\alpha a^2 + \alpha^{-1}R^{-1}cb)(\alpha Rbc + \alpha^{-1}d^2) \equiv ad.$$

Si elle est de la quatrième forme, on aura de même

$$(16) \qquad (\alpha a^2 + \alpha^{-1}R^{-1}cb)(\alpha Rbc + \alpha^{-1}d^2) \equiv a'd'.$$

Donc la congruence

$$(17) \left\{ \begin{array}{l} [\alpha Rba + \alpha^{-1}db][\alpha a^2 + \alpha^{-1}R^{-1}cb][(\alpha a^2 + \alpha^{-1}R^{-1}cb)(\alpha Rbc + \alpha^{-1}d^2) - ad] \\ \qquad \times [(\alpha a^2 + \alpha^{-1}R^{-1}cb)(\alpha Rbc + \alpha^{-1}d^2) - a'd'] \equiv 0 \end{array} \right.$$

sera satisfaite dans tous les cas, et quels que soient α et R. Or supposons R donné : si $d \equiv 0$, l'équation est du sixième degré en α; si $d \gtrless 0 \pmod{n}$, du douzième : donc elle ne peut avoir plus de six ou douze racines distinctes. Mais elle est satisfaite pour les $n - 1$ valeurs de α inférieures à n : donc $n - 1 \overline{\gtrless} 12$, d'où $n \overline{\gtrless} 13$; l'hypothèse $n = 13$ n'étant d'ailleurs admissible que si $d \gtrless 0 \pmod{n}$.

Cette hypothèse doit être rejetée dans tous les cas. Car la congruence (17) ayant douze racines distinctes, le facteur $\alpha a^2 + \alpha^{-1} R^{-1} cb$, égalé séparément à o (mod. n), donnerait deux racines distinctes. Donc sur les douze valeurs de α, il en est deux pour lesquelles la substitution W se réduirait à la forme AS^p, et qui, par suite, satisferaient aux relations (14). Mais on déduit de ces relations, en éliminant α et R,

$$a^2 d^2 \equiv b^2 c^2 \equiv (ad - 1)^2, \quad \text{d'où} \quad 1 - 2ad \equiv 0.$$

On aurait de même $1 - 2a'd' \equiv 0$; d'où $ad \equiv a'd'$. Mais alors la congruence (17), ayant deux facteurs égaux, n'aura pas douze racines distinctes, comme cela devrait être.

L'existence du groupe H' est donc impossible, si $n > 11$.

484. Au contraire, si $n = 5$, 7 ou 11, le degré de l'équation modulaire pourra s'abaisser d'une unité. Ce résultat remarquable, découvert par Galois, a été retrouvé depuis par M. Hermite et par M. Betti. On peut le vérifier sans aucune difficulté, en montrant qu'il existe un groupe H contenant la $n^{ième}$ partie des substitutions de G.

1° Soit en effet $n = 5$: on pourra prendre pour H le groupe dérivé des substitutions

$$|z \quad 4z|, \quad \left|z \quad \frac{1}{z}\right|, \quad \left|z \quad 3\frac{z+1}{z-1}\right|.$$

2° Si $n = 7$ ou 11, on prendra pour H le groupe dérivé des $\frac{n^2-1}{2}$ substitutions des formes suivantes

$$\left|z \quad a\frac{z-bg}{z-b}\right|, \quad \left|z \quad ag\frac{z-b}{z-bg}\right|, \quad |z \quad az|, \quad \left|z \quad \frac{ag}{z}\right|,$$

où a, b sont des résidus quadratiques de n, variables d'une substitution à l'autre, et g une racine primitive de la congruence $g^{n-1} \equiv 1$ (mod. n), dont toutes les puissances impaires de degré inférieur à $n - 2$ vérifient la congruence

$$[g^2y^2 - g(g+1)y + 1][g^2y^2 - (g+1)y + 1] \equiv 0 \quad (\text{mod. } n).$$

On pourra donc poser, si $n = 7$, $g = 3$ ou 5; si $n = 11$, $g = 2$ ou 6.

Il est bon de remarquer que le groupe H n'est pas primitif; car si l'on répartit les racines en couples, en groupant ensemble celles dont l'indice a respectivement pour valeurs o et ∞, 1 et g, g^2 et $g^3, \ldots$, les substitutions de H jouiront seules, parmi celles de G, de la propriété de remplacer les lettres de chaque couple par celles d'un même couple.

Si $n = 5$, posons

$$x_0 = (v_\infty - v_0)(v_1 - v_4)(v_2 - v_3).$$

Si $n = 7$, posons $g = 5$, et

$$x_0 = (v_\infty - v_0)(v_1 - v_5)(v_2 - v_3)(v_4 - v_6).$$

Si $n = 11$, posons $g = 2$, et

$$x_0 = (v_\infty - v_0)(v_1 - v_2)(v_4 - v_8)(v_3 - v_6)(v_9 - v_7)(v_5 - v_{10}).$$

La fonction x_0 sera évidemment invariable par les substitutions de H : elle dépendra donc d'une équation de degré n, dont les coefficients sont des fonctions rationnelles de u et de la quantité adjointe $\sqrt{(-1)^{\frac{n-1}{2}}}$. Soit $F(x, u) = 0$ cette équation : ses autres racines $x_1, \dots, x_{n-1}$ s'obtiendront en opérant successivement sur x_0 les puissances $1, \dots, n-1$ de la substitution $|\, z \quad z+1 \,|$.

485. M. Hermite obtient comme il suit les coefficients de cette équation. Il remarque que si l'on change u en εu, ε étant une racine huitième de l'unité, chacune des valeurs de v sera multipliée par ε^{n+1}, et chacune des valeurs de x par $\varepsilon^{\frac{n(n+1)}{2}}$. Donc l'équation en x ne change pas si l'on y remplace à la fois u par εu, et x par $\varepsilon^{\frac{n(n+1)}{2}} x$. Donc le premier membre de cette équation est composé de termes de cette forme

$$x^{n-\nu} u^{\alpha_\nu}(a + bu^8 + cu^{16} + \dots + hu^{8\rho_\nu}),$$

où α_ν satisfait à la condition

$$(n - \nu)\frac{n(n+1)}{2} + \alpha_\nu \equiv 0 \pmod{8}.$$

En second lieu, si l'on change u en $\frac{1}{u}$, v_i sera changé en $\frac{1}{v_{i+1}}$ (Jacobi, *Fundamenta*, n° 31) : x_i le sera en $(-1)^{\frac{n+1}{2}} \dfrac{x_{i+1}}{v_\infty v_0 v_1 \dots v_{n-1}} = (-1)^{\frac{n+1}{2} + \frac{n^2-1}{8}} \dfrac{x_{i+1}}{u^{n+1}}$. Donc l'équation en x ne change pas si l'on y remplace à la fois u par $\frac{1}{u}$, et

x par $(-1)^{\frac{n+1}{2}+\frac{n^2-1}{8}}\frac{x}{u^{n+1}}$. Cette remarque montre qu'on aura

$$\rho_\nu = \frac{(n+1)\nu - 2\alpha_\nu}{8}.$$

De plus, les polynômes $a + bu^8 + \ldots$ seront réciproques, si $n = 5$ ou 7 : si au contraire $n = 11$, $\frac{n+1}{2} + \frac{n^2-1}{8}$ étant impair, les polynômes qui multiplient les puissances paires de x seront seuls réciproques, ceux qui multiplient les puissances impaires ayant au contraire leurs coefficients équidistants des extrêmes égaux et de signe contraire.

Il ne reste plus qu'à calculer α_ν, a, b,.... Or on a les coefficients de l'équation en x exprimés, d'une part en fonction de u, α_ν, a, b,..., d'autre part en fonction de $x_0, \ldots, x_{n-1}$, et, par suite, en fonction de v_∞, $v_0, \ldots, v_{n-1}$. Égalons ces deux expressions, et remplaçons, d'une part u, d'autre part v_∞, $v_0, \ldots, v_{n-1}$ par leurs développements en série suivant les puissances de la quantité désignée par q dans les *Fundamenta* : égalant les coefficients des diverses puissances de q dans les deux membres, on aura une série de conditions qui déterminent les coefficients α_ν, a, b,.... D'ailleurs ρ_ν ne pouvant être négatif, α_ν est au plus égal à $\frac{1}{2}(n+1)\nu$. On peut simplifier le calcul en remarquant que la quantité $1 - u^8$ entre comme facteur dans le polynôme $a + bu^8 + \ldots$ avec un exposant au moins égal à $\frac{\nu}{2n}\left[n + \left(\frac{2}{n}\right)\right]$, $\left(\frac{2}{n}\right)$ étant le reste de la division de $2^{\frac{n-1}{2}}$ par n.

On trouve ainsi les équations réduites suivantes :

1° Si $n = 5$

$$x^5 + \alpha u^4(1-u^8)^2 x + \beta u^3(1-u^8)^2(1+u^8) = 0,$$

les constantes α, β étant des fonctions rationnelles de $\sqrt{5}$;

2° Si $n = 7$

$$x^7 + \alpha u^4(1-u^8)^2 x^4 + \beta u^8(1-u^8)^4 x + u^4(1-u^8)^4 F_2 = 0,$$

α, β étant des constantes fonctions rationnelles de $\sqrt{-7}$, et F_2 une fonction du second degré en u^8, dont les coefficients ne contiennent d'autre irrationnelle que $\sqrt{-7}$;

3° Si $n = 11$

$$x^{11} + \alpha u^2(1 - u^8)x^{10} + \beta u^4(1 - u^8)^2 x^9 + \gamma u^6(1 - u^8)^3 x^8$$
$$+ u^8(1 - u^8)^2 F_2 x^7 + u^{10}(1 - u^8)^3 F'_2 x^6 + u^4(1 - u^8)^4 F_4 x^5$$
$$+ u^6(1 - u^8)^5 F_5 x^4 + u^8(1 - u^8)^4 F_6 x^3 + u^{10}(1 - u^8)^5 F'_6 x^2$$
$$+ u^4(1 - u^8)^6 F''_6 x + u^6(1 - u^8)^5 F_{10} = 0,$$

F_μ, F'_μ,... désignant des fonctions du degré μ en u^8, et dont les coefficients, de même que les constantes α, β, γ, ne contiendront d'autre irrationnelle que $\sqrt{-11}$.

§ III. — Fonctions hyperelliptiques.

De la division en général.

486. Posons

$$x^6 + ax^5 + \ldots + f = (x - m_0)(x - m_1)\ldots(x - m_5) = \Delta^2(x),$$

$$(18)\quad u = \int_0^x \frac{\mu + \nu x}{\Delta(x)}\,dx + \int_0^y \frac{\mu + \nu y}{\Delta(y)}\,dy, \quad v = \int_0^x \frac{\mu' + \nu' x}{\Delta(x)}\,dx + \int_0^y \frac{\mu' + \nu' y}{\Delta(y)}\,dy.$$

Faisons varier x et y d'une manière quelconque, de telle sorte qu'à la fin de l'opération x, y, $\Delta(x)$, $\Delta(y)$ reprennent leurs valeurs initiales. On sait que les valeurs finales de u, v seront respectivement égales à

$$u + \delta_1 P_1 + \varepsilon_1 P_2 + \delta_2 P_3 + \varepsilon_2 P_4, \quad v + \delta_1 Q_1 + \varepsilon_1 Q_2 + \delta_2 Q_3 + \varepsilon_2 Q_4;$$

δ_1, ε_1, δ_2, ε_2 étant des entiers dépendant de la loi de variation de x et de y, et que l'on peut rendre quelconques. Quant aux périodes P_1, P_2, P_3, P_4, Q_1, Q_2, Q_3, Q_4, elles sont respectivement égales à $A_0 - A_1$, $A_1 - A_2$, $A_3 - A_4$, $A_1 - A_3$, $B_0 - B_1$, $B_1 - B_2$, $B_3 - B_4$, $B_1 - B_3$; $A_0, \ldots, A_5$, $B_0, \ldots, B_5$ désignant les valeurs des intégrales

$$\int \frac{\mu + \nu x}{\Delta(x)}\,dx, \quad \int \frac{\mu' + \nu' x}{\Delta(x)},$$

prises le long des contours élémentaires $C_0, \ldots, C_5$ relatifs aux points critiques $m_0, \ldots, m_5$, avec une même valeur initiale du radical $\Delta(x)$.

Enfin ces mêmes intégrales prises le long d'un contour enveloppant tous les points critiques sont nulles; d'où les relations

$$(19)\qquad A_0 - A_1 + A_2 - A_3 + A_4 - A_5 = B_0 - B_1 + B_2 - B_3 + B_4 - B_5 = 0.$$

Quant aux fonctions inverses

$$x = \lambda_0(u, v), \quad y = \lambda_1(u, v),$$

elles satisfont à une équation du second degré dont les coefficients sont monodromes en u, u', et reprennent les mêmes valeurs, ainsi que $\Delta(x)$ et $\Delta(y)$, lorsqu'on y remplace u, v par $u + \delta_1 P_1 + \ldots + \varepsilon_2 P_4$, $v + \delta_1 Q_1 + \ldots + \varepsilon_2 Q_1$.

Enfin, les fonctions

$$\lambda_0(u_1 + u_2 + \ldots, v_1 + v_2 + \ldots), \quad \lambda_1(u_1 + u_2 + \ldots, v_1 + v_2 + \ldots)$$

sont les racines d'une équation du second degré dont les coefficients sont rationnels en $\lambda_0(u_1, v_1)$, $\Delta[\lambda_0(u_1, v_1)]$, $\lambda_1(u_1, v_1)$, $\Delta[\lambda_1(u_1, v_1)]$, $\lambda_0(u_2, v_2)$,.... D'ailleurs les deux symboles λ_0, λ_1 figureront symétriquement dans ces coefficients. (Jacobi, *Journal de Crelle*, t. IX et XIII.)

487. Il résulte des propriétés fondamentales que nous venons de rappeler que $\lambda_0(u, v)$, $\lambda_1(u, v)$ sont les deux racines d'une équation X du second degré, dont les coefficients sont rationnels par rapport à $\lambda_0\left(\frac{u}{n}, \frac{v}{n}\right)$, $\Delta\left[\lambda_0\left(\frac{u}{n}, \frac{v}{n}\right)\right]$, $\lambda_1\left(\frac{u}{n}, \frac{v}{n}\right)$, $\Delta\left[\lambda_1\left(\frac{u}{n}, \frac{v}{n}\right)\right]$, et symétriques par rapport aux symboles λ_0 et λ_1. Réciproquement, substituons dans l'équation X la valeur de $\lambda_0(u, v)$, et celle de $\lambda_1(u, v)$, supposées connues. Nous obtiendrons deux équations algébriques X_0, X_1, qui serviront à déterminer $\lambda_0\left(\frac{u}{n}, \frac{v}{n}\right)$, $\lambda_1\left(\frac{u}{n}, \frac{v}{n}\right)$.

Soit α_0, α_1 un système de solutions de ces deux équations : α_1, α_0 en sera évidemment un autre, par suite de la symétrie des équations par rapport aux deux inconnues. On obtiendra donc la même équation finale E, quelle que soit celle des deux inconnues qu'on élimine entre les deux équations ci-dessus; et les racines de cette équation peuvent se grouper en couples, en réunissant ensemble les deux qui vérifient simultanément les équations X_0, X_1.

Toute substitution du groupe de l'équation E remplacera les deux racines d'un même couple par deux autres racines, liées entre elles par les mêmes relations (356), et qui, par suite, appartiendront elles-mêmes à un même couple. Donc l'équation n'est pas primitive, et se décomposera en équations du second degré par la résolution de l'équation N, dont dépend une fonction symétrique arbitrairement choisie des deux racines d'un même couple.

Cette équation auxiliaire, après l'adjonction des radicaux $\Delta[\lambda_0(u, v)]$, $\Delta[\lambda_1(u, v)]$, sera du degré n^4. Car soit $f\left[\lambda_0\left(\frac{u}{n}, \frac{v}{n}\right), \lambda_1\left(\frac{u}{n}, \frac{v}{n}\right)\right]$ une de ses racines : les systèmes de valeurs de u, v pour lesquels $\lambda_0(u, v)$, $\lambda_1(u, v)$, et les Δ correspondants reprennent la même valeur sont donnés par les formules $u + p_1 P_1 + q_1 P_2 + p_2 P_3 + q_2 P_4$, $v + p_1 Q_1 + q_1 Q_2 + p_2 Q_3 + q_2 Q_4$, où p_1, q_1, p_2, q_2 sont des entiers quelconques; substituant ces valeurs dans la fonction f, on obtiendra autant d'expressions distinctes que la variation des entiers p_1, q_1, p_2, q_2 fournit de systèmes de restes différents par rapport à n. On aura donc en tout n^4 racines, qu'on pourra désigner par le symbole général $(p_1 q_1 p_2 q_2)$.

488. Si n est un entier composé, tel que rs, la résolution de l'équation N, de degré n^4, revient à celle de deux équations successives de degrés r^4 et s^4.

En effet, la fonction $f\left[\lambda_0\left(\frac{u}{n}, \frac{v}{n}\right), \lambda_1\left(\frac{u}{n}, \frac{v}{n}\right)\right]$ dépend d'une équation S de degré s^4, dont les coefficients sont des fonctions rationnelles de $\lambda_0\left(\frac{u}{r}, \frac{v}{r}\right)$, $\lambda_1\left(\frac{u}{r}, \frac{v}{r}\right)$, $\Delta\left[\lambda_0\left(\frac{u}{r}, \frac{v}{r}\right)\right]$, $\Delta\left[\lambda_1\left(\frac{u}{r}, \frac{v}{r}\right)\right]$, symétriques par rapport à λ_0 et à λ_1. Mais $\Delta\left[\lambda_0\left(\frac{u}{r}, \frac{v}{r}\right)\right]$ et $\Delta\left[\lambda_1\left(\frac{u}{r}, \frac{v}{r}\right)\right]$ s'expriment rationnellement en $\lambda_0(u, v)$, $\lambda_1(u, v)$, $\Delta[\lambda_0(u, v)]$, $\Delta[\lambda_1(u, v)]$, $\lambda_0\left(\frac{u}{r}, \frac{v}{r}\right)$, $\lambda_1\left(\frac{u}{r}, \frac{v}{r}\right)$.

En effet, différentions les équations (18) successivement par rapport aux variables indépendantes u, v; il vient

$$1 = \frac{\mu + \nu x}{\Delta(x)}\frac{dx}{du} + \frac{\mu + \nu y}{\Delta(y)}\frac{dy}{du}, \quad 0 = \frac{\mu' + \nu' x}{\Delta(x)}\frac{dx}{du} + \frac{\mu' + \nu' x}{\Delta(y)}\frac{dy}{du},$$
$$0 = \frac{\mu + \nu x}{\Delta(x)}\frac{dx}{dv} + \frac{\mu + \nu y}{\Delta(y)}\frac{dy}{dv}, \quad 1 = \frac{\mu' + \nu' x}{\Delta(x)}\frac{dx}{dv} + \frac{\mu' + \nu' x}{\Delta(y)}\frac{dy}{dv},$$

relations qui déterminent les dérivées partielles de x et y en fonction rationnelle de x, y, $\Delta(x)$, $\Delta(y)$, et d'où l'on déduit réciproquement

$$\Delta(x) = (\mu + \nu x)\frac{dx}{du} + (\mu' + \nu' x)\frac{dx}{dv}, \quad \Delta(y) = (\mu + \nu y)\frac{dy}{du} + (\mu' + \nu' y)\frac{dy}{dv}.$$

Donc $\Delta\left[\lambda_0\left(\frac{u}{r}, \frac{v}{r}\right)\right]$, et $\Delta\left[\lambda_1\left(\frac{u}{r}, \frac{v}{r}\right)\right]$ s'expriment rationnellement en fonction de $\lambda_0\left(\frac{u}{r}, \frac{v}{r}\right)$, $\lambda_1\left(\frac{u}{r}, \frac{v}{r}\right)$ et de leurs dérivées partielles.

Mais $\lambda_0\left(\frac{u}{r}, \frac{v}{r}\right), \lambda_1\left(\frac{u}{r}, \frac{v}{r}\right)$ sont liées à $\lambda_0(u, v)$, $\lambda_1(u, v)$ par deux équations algébriques dont la différentiation (après avoir chassé les radicaux), donnera les dérivées partielles de $\lambda_0\left(\frac{u}{r}, \frac{v}{r}\right)$, $\lambda_1\left(\frac{u}{r}, \frac{v}{r}\right)$ exprimées en fonction de $\lambda_0\left(\frac{u}{r}, \frac{v}{r}\right)$, $\lambda_1\left(\frac{u}{r}, \frac{v}{r}\right)$, $\lambda_0(u, v)$, $\lambda_1(u, v)$ et des dérivées partielles de ces deux dernières fonctions, lesquelles s'expriment à leur tour en fonction rationnelle de $\lambda_0(u, v)$, $\lambda_1(u, v)$, et des Δ correspondants.

Les coefficients de S sont donc rationnels en $\lambda_0(u, v)$, $\lambda_1(u, v)$, $\Delta[\lambda_0(u, v)]$, $\Delta[\lambda_1(u, v)]$, $\lambda_0\left(\frac{u}{r}, \frac{v}{r}\right)$, $\lambda_1\left(\frac{u}{r}, \frac{v}{r}\right)$; il est en outre évident qu'ils sont symétriques en λ_0 et λ_1; ils s'expriment donc rationnellement en fonction des coefficients de l'équation qui a pour racines $\lambda_0\left(\frac{u}{r}, \frac{v}{r}\right)$, et $\lambda_1\left(\frac{u}{r}, \frac{v}{r}\right)$ lesquels s'expriment rationnellement en fonction des racines de l'équation de degré r^4 dont dépend la fonction $f\left[\lambda_0\left(\frac{u}{r}, \frac{v}{r}\right), \lambda_1\left(\frac{u}{r}, \frac{v}{r}\right)\right]$ (**362**).

On peut donc supposer n premier, sans nuire à la généralité de la question.

489. Cela posé, cherchons le groupe de monodromie de l'équation N par rapport à $\lambda_0(u, v)$, $\lambda_1(u, v)$, $\Delta[\lambda_0(u, v)]$, $\Delta[\lambda_1(u, v)]$. Faisons varier ces quantités arbitrairement : lorsqu'elles reprendront leurs valeurs initiales, u, v seront changés en

$$u + \delta_1 P_1 + \varepsilon_1 P_2 + \delta_2 P_3 + \varepsilon_2 P_4, \quad v + \delta_1 Q_1 + \varepsilon_1 Q_2 + \delta_2 Q_3 + \varepsilon_2 Q_4.$$

La racine $(p_1 q_1 p_2 q_2)$ aura été changée dans la racine

$$(p_1 + \delta_1, \ q_1 + \varepsilon_1, \ p_2 + \delta_2, \ q_2 + \varepsilon_2);$$

le groupe cherché sera donc formé des substitutions

$$| \ p_1, \ q_1, \ p_2, \ q_2 \quad p_1 + \delta_1, \ q_1 + \varepsilon_1, \ p_2 + \delta_2, \ q_2 + \varepsilon_2 \ |.$$

490. Supposons maintenant qu'on ait adjoint à l'équation une de ses racines, telle que (0000). Les racines restantes dépendent d'une équation Z de degré $n^4 - 1$, dont le groupe de monodromie Γ par rapport aux modules $m_0, \ldots, m_5$ s'obtiendra aisément comme au n° **471**. Supposons en effet que $m_1, \ldots, m_5$ restant invariables, m_0 varie suivant une loi quelconque : lorsque m_0 reviendra à sa valeur initiale, les racines $(p_1 q_1 p_2 q_2)$ auront été permutées entre elles par une certaine substitution; et si l'on modifie de toutes les manières possibles la loi de variation de m_0, l'ensemble des substitutions obtenues sera le groupe de monodromie de l'équation relativement à m_0.

On obtiendra de même le groupe de monodromie de l'équation relativement à chacun des autres modules $m_1, \ldots, m_5$: et l'on aura évidemment le groupe de monodromie relatif à $m_0, \ldots, m_5$ en combinant entre elles les substitutions de tous ces groupes partiels.

Or tout déplacement du point m_0 suivant une courbe fermée résulte évidemment de la combinaison de cinq déplacements particuliers suivant des courbes fermées D_{01}, D_{02}, D_{03}, D_{04}, D_{05} enveloppant respectivement chacun des cinq points $m_1, \ldots, m_5$, sans couper les contours élémentaires relatifs aux autres points, avec un déplacement suivant une courbe fermée n'enveloppant aucun de ces points. Ce dernier déplacement n'altère évidemment pas les périodes : donc toutes les substitutions du groupe de monodromie relatif à m_0 résultent de la combinaison des cinq substitutions partielles opérées par les déplacements $D_{01}, \ldots, D_{05}$.

Cela posé, la figure ci-jointe montre que le déplacement D_{01} pouvant se

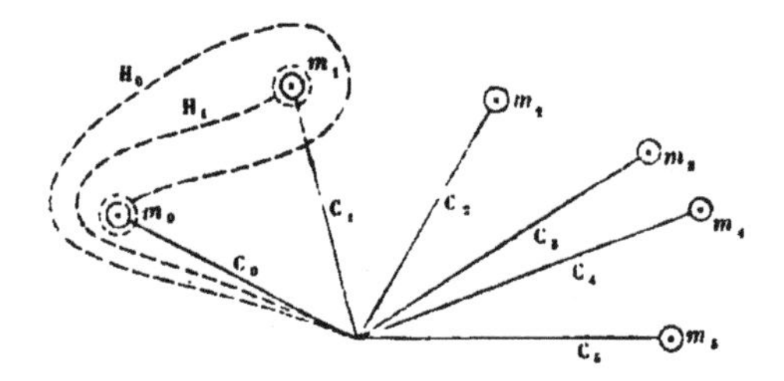

faire sans déformer les contours élémentaires C_2, C_3, C_4, C_5, n'altère pas les intégrales A_2, A_3, A_4, A_5; quant aux contours élémentaires C_0, C_1, ils sont transformés en de nouveaux contours tels que H_0, H_1, qui se réduisent respectivement aux deux suites de contours élémentaires $C_0 C_1 C_0 C_1 C_0$ et $C_0 C_1 C_0$. Par suite, A_0, A_1 sont transformées en

$$A_0 - A_1 + A_0 - A_1 + A_0 = 3A_0 - 2A_1, \quad A_0 - A_1 + A_0 = 2A_0 - A_1.$$

Les périodes $P_1 = A_0 - A_1$ et $P_2 = A_1 - A_2$ seront donc transformées en

$$3A_0 - 2A_1 - (2A_0 - A_1) = P_1, \quad 2A_0 - A_1 - A_2 = 2P_1 + P_2,$$

et les autres périodes resteront inaltérées.

On voit de la même manière que le déplacement $D_{0\mu}$ transforme

$$\begin{array}{lll} A_0 & \text{en} & 3A_0 - 4A_1 + 4A_2 - \ldots + (-1)^{\mu-1} 2A_\mu, \\ A_\mu & \text{en} & -2A_\mu + 4A_{\mu-1} - 4A_{\mu-2} + \ldots + (-1)^{\mu-1} A_0, \end{array}$$

et laisse les autres intégrales invariables. Substituant les valeurs finales des intégrales dans les expressions des périodes, et tenant compte de l'équation (19), on obtiendra les valeurs finales P'_1, P'_2, P'_3, P'_4 de ces périodes, exprimées linéairement en fonction de leurs valeurs initiales P_1, P_2, P_3, P_4.

On obtiendra de la même manière l'altération produite dans les périodes, en supposant que les points $m_0, \ldots, m_{\rho-1}, m_{\rho+1}, \ldots$ restant immobiles, le point m_ρ décrive un contour fermé $D_{\rho\mu}$ autour du point m_μ.

Quant aux valeurs finales Q'_1, Q'_2, Q'_3, Q'_4 des quatre autres périodes Q_1, Q_2, Q_3, Q_4 après chacun des déplacements ci-dessus, elles s'exprimeront évidemment en fonction de $Q_1, \ldots, Q_4$ de la même manière que $P'_1, \ldots, P'_4$ en fonction de $P_1, \ldots, P_4$.

491. Après chacun des déplacements considérés, on aura l'identité facile à vérifier

$$P'_1 Q'_2 - Q'_1 P'_2 + P'_3 Q'_4 - Q'_3 P'_4 = P_1 Q_2 - Q_1 P_2 + P_3 Q_4 - Q_3 P_4.$$

Supposons maintenant qu'on imprime à m_0 un déplacement représenté par une combinaison quelconque des cinq déplacements simples $D_{01}, \ldots, D_{05}$; puis à m_1 un déplacement représenté par une combinaison quelconque des déplacements élémentaires $D_{10}, D_{12}, \ldots, D_{15}$; etc. Ce système d'opérations transformera

$$\left.\begin{array}{l} P_1, P_2 \\ P_3, P_4 \end{array}\right\} \text{en} \left\{\begin{array}{ll} \alpha'_1 P_1 + \beta'_1 P_2 + \alpha''_1 P_3 + \beta''_1 P_4, & \gamma'_1 P_1 + \delta'_1 P_2 + \gamma''_1 P_3 + \delta''_1 P_4, \\ \alpha'_2 P_1 + \beta'_2 P_2 + \alpha''_2 P_3 + \beta''_2 P_4, & \gamma'_2 P_1 + \delta'_2 P_2 + \gamma''_2 P_3 + \delta''_2 P_4, \end{array}\right.$$

($\alpha'_1, \beta'_1, \ldots$ étant des entiers constants), et $Q_1, \ldots, Q_4$ en fonctions analogues de $Q_1, \ldots, Q_4$. D'ailleurs la fonction $P_1 Q_2 - Q_1 P_2 + P_3 Q_4 - Q_3 P_4$, n'étant altérée par aucune des opérations partielles dont se compose celle que l'on considère, restera identique à elle-même : d'où les conditions

$$\begin{aligned} \alpha'_1 \delta'_1 - \beta'_1 \gamma'_1 + \alpha'_2 \delta'_2 - \beta'_2 \gamma'_2 &= \alpha''_1 \delta''_1 - \beta''_1 \gamma''_1 + \alpha''_2 \delta''_2 - \beta''_2 \gamma''_2 = 1, \\ \alpha'_1 \delta''_1 - \gamma'_1 \beta''_1 + \alpha'_2 \delta''_2 - \gamma'_2 \beta''_2 &= \alpha''_1 \delta'_1 - \gamma''_1 \beta'_1 + \alpha''_2 \delta'_2 - \gamma''_2 \beta'_2 = 0, \\ \alpha'_1 \gamma''_1 - \gamma'_1 \alpha''_1 + \alpha'_2 \gamma''_2 - \gamma'_2 \alpha''_2 &= \beta'_1 \delta''_1 - \delta'_1 \beta''_1 + \beta'_2 \delta''_2 - \delta'_2 \beta''_2 = 0. \end{aligned}$$

Substituons maintenant, dans l'expression des racines $(p_1 q_1 p_2 q_2)$, à la place de $P_1, \ldots, P_4$, $Q_1, \ldots, Q_4$ les valeurs de leurs transformées : cette opération reviendra évidemment à opérer sur les indices de ces racines la substitution

$$(20)\quad S = \begin{vmatrix} p_1, & q_1 & a'_1 p_1 + c'_1 q_1 + a'_2 p_2 + c'_2 q_2, & b'_1 p_1 + d'_1 q_1 + b'_2 p_2 + d'_2 q_2 \\ p_2, & q_2 & a''_1 p_1 + c''_1 q_1 + a''_2 p_2 + c''_2 q_2, & b''_1 p_1 + d''_1 q_1 + b''_2 p_2 + d''_2 q_2 \end{vmatrix},$$

les coefficients $a'_1, \ldots, d''_2$ étant respectivement congrus à $\alpha'_1, \ldots, \delta''_2$ (mod. n), et satisfaisant par suite aux relations

$$(21)\quad \begin{cases} a'_1 d'_1 - b'_1 c'_1 + a'_2 d'_2 - b'_2 c'_2 \equiv a''_1 d''_1 - b''_1 c''_1 + a''_2 d''_2 - b''_2 c''_2 \equiv 1, \\ a'_1 d''_1 - c'_1 b''_1 + a'_2 d''_2 - c'_2 b''_2 \equiv a''_1 d'_1 - c''_1 b'_1 + a''_2 d'_2 - c''_2 b'_2 \equiv 0, \\ a'_1 c''_1 - c'_1 a''_1 + a'_2 c''_2 - c'_2 a''_2 \equiv b'_1 d''_1 - d'_1 b''_1 + b'_2 d''_2 - d'_2 b''_2 \equiv 0, \end{cases}$$

qui montrent que la substitution S est abélienne.

Soit, comme au n° **219**, H le groupe formé par les substitutions qui satisfont aux relations ci-dessus : le groupe cherché Γ est contenu dans H; mais réciproquement, il contiendra toutes les substitutions de H, si n est impair. En effet, il contient les suivantes :

$$S_1 = | p_1, q_1, p_2, q_2 \quad p_1 + 2q_1, q_1, p_2, q_2 |,$$
$$S_2 = | p_1, q_1, p_2, q_2 \quad p_1, q_1 - 2p_1, p_2, q_2 |,$$
$$S_3 = | p_1, q_1, p_2, q_2 \quad p_1, q_1, p_2 + 2q_2, q_2 |,$$
$$S_4 = | p_1, q_1, p_2, q_2 \quad p_1, q_1, p_2, q_2 - 2p_2 |,$$
$$S_5 = | p_1, q_1, p_2, q_2 \quad p_1 + 2q_1 - 2p_2, q_1, p_2, 2q_1 - 2p_2 + q_2 |,$$

respectivement correspondantes aux déplacements $D_{01}, D_{12}, D_{34}, D_{45}, D_{23}$. Mais toutes les substitutions de H sont dérivées de celles-là. En effet, soient V une substitution de H, $a'_1 p_1 + c'_1 q_1 + a'_2 p_2 + c'_2 q_2$ la fonction qu'elle fait succéder à p_1. On voit aisément, comme au n° **221**, qu'il existe une substitution U, dérivée de $S_1, \ldots, S_5$, qui remplace également p_1 par cette fonction; et l'on aura $V = UV_1$, V_1 étant une nouvelle substitution de H, qui laisse p_1 invariable. Les coefficients de V_1 satisfaisant aux relations (21), elle remplacera q_1 par une fonction de la forme $\beta_1 p_1 + q_1 + \beta_2 p_2 + \delta_2 q_2$. Mais il existe évidemment une substitution U_1, dérivée de $S_2, \ldots, S_5$, qui opère ce même remplacement : et l'on aura $V_1 = U_1 V_2$, V_2 étant une nouvelle substitution de H, qui laisse p_1, q_1 invariables, et qui, par suite, se réduira à la forme

$$| p_1, q_1, p_2, q_2 \quad p_1, q_1, \alpha_2 p_2 + \gamma_2 q_2, \beta_2 p_2 + \delta_2 q_2 |,$$

avec la condition $\alpha_2 \delta_2 - \beta_2 \gamma_2 \equiv 1$. Cela posé, il existe une substitution U_2, dérivée de S_3, S_4, qui remplace p_2 par $\alpha_2 p_2 + \gamma_2 q_2$: et l'on aura $V_2 = U_2 V_3$, V_3 étant une nouvelle substitution de H, qui laisse p_1, q_1, p_2 invariables, et qui, par suite, en vertu des relations (21), se réduira à une puissance de S_4. Donc $V = UU_1 U_2 V_3$ est dérivée de S_1, S_2, S_3, S_4, S_5, ce qu'il fallait démontrer.

Soit au contraire $n = 2$. Les substitutions S_1, S_2, S_3, S_4, S_5 se réduisent à l'unité; et l'on voit immédiatement qu'il en est de même des substitutions correspondantes à chacun des autres déplacements élémentaires des points $m_1, \ldots, m_5$. Le groupe de monodromie ne contiendra donc que la substitution 1; et les racines de l'équation seront toutes des fonctions monodromes de $m_0, \ldots, m_5$.

492. Cherchons maintenant le groupe de monodromie Γ_1 de Z relativement aux coefficients $a, \ldots, f$ du polynôme $\Delta^2(x)$. Pour cela, supposons que ces coefficients, après avoir varié d'une manière quelconque, reprennent leurs valeurs initiales. Les modules $m_0, \ldots, m_5$ reprendront, à l'ordre près, leurs valeurs initiales, mais pourront avoir été permutés entre eux. Le groupe Γ_1 contiendra donc, outre les substitutions de Γ, celles qu'on obtient en faisant varier les modules $m_0, \ldots, m_5$ de manière à les permuter entre eux de toutes les façons possibles.

Or supposons qu'on fasse varier deux modules consécutifs, $m_\rho, m_{\rho+1}$, de telle sorte que le point m_ρ vienne à la place qu'occupait $m_{\rho+1}$, et réciproquement; combinons en outre ce mouvement de telle sorte que le point $m_{\rho+1}$ passe entre l'origine des coordonnées et le point m_ρ. Les contours élémen-

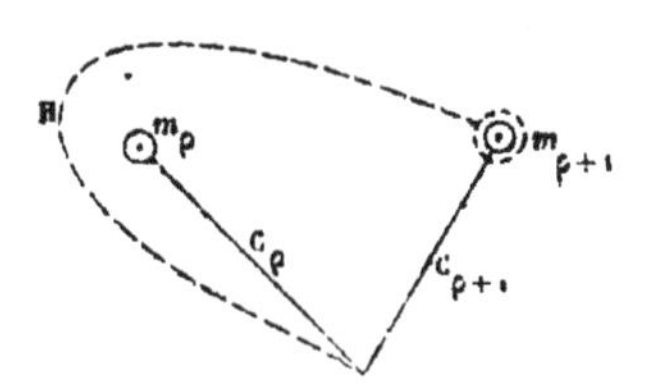

taires $C_{\rho+1}$, C_ρ seront évidemment transformés en C_ρ et en un nouveau contour H, réductible à la somme des trois contours C_ρ, $C_{\rho+1}$, C_ρ. Donc $A_{\rho+1}$, A_ρ seront transformées en A_ρ, $2A_\rho - A_{\rho+1}$, les autres intégrales restant invariables. On en conclut aisément la valeur finale des périodes, et la substitution correspondante entre les racines $(p_1 q_1 p_2 q_2)$, et l'on voit immédiatement que cette substitution appartient au groupe H.

Cela posé, il est clair que toute substitution opérée sur les modules peut s'obtenir en combinant des transpositions telles que $(m_\rho m_{\rho+1})$. Donc tout mouvement des points-modules qui les ramène, à l'ordre près, à leurs places initiales résulte de la combinaison des mouvements ci-dessus avec ceux étudiés plus haut (490). La substitution opérée sur les racines par chacun de ces mouvements composants appartenant à H, il en est de même de la substitution opérée par le mouvement résultant. Donc les substitutions de Γ_1 appartiennent au groupe H.

D'ailleurs, si n est impair, Γ se confond avec H; donc Γ_1, qui contient Γ, se confondra lui-même avec H.

493. Supposons maintenant $n=2$. Il est évident que Γ_1 est isomorphe au groupe I d'ordre $\Omega = 1.2.3.4.5.6$, formé par toutes les substitutions possibles entre les modules; et son ordre sera $\frac{\Omega}{O}$, O étant l'ordre du groupe partiel L formé par celles des substitutions de I qui ont pour correspondante l'unité dans le groupe Γ_1 : en outre, L est permutable aux substitutions de I (67). Mais les seuls groupes contenus dans I et permutables à ses substitutions sont ce groupe lui-même, le groupe alterné d'ordre $\frac{\Omega}{2}$, et celui qui est formé de la seule substitution 1 (81). Donc l'ordre de Γ_1 est égal à 1, à 2, ou à Ω. Mais on voit immédiatement la fausseté des deux premieres hypothèses. Donc Γ_1 a pour ordre Ω, et sera isomorphe sans mériédrie à I.

On peut remarquer qu'ici encore, Γ_1 se confond avec H : car il est contenu dans ce dernier groupe; en outre, les ordres respectifs de ces deux groupes, Ω et $(2^4-1)2^3(2^2-1)2$, sont égaux. Mais cette coïncidence fortuite n'aurait plus lieu pour les fonctions hyperelliptiques à plus de quatre périodes.

494. Passons à la recherche du groupe algébrique de l'équation N, en supposant connus les modules et les quantités $\lambda_0(u, v)$, $\lambda_1(u, v)$, $\Delta[\lambda_0(u, v)]$, $\Delta[\lambda_1(u, v)]$. Ce groupe contient (390) le groupe de monodromie du n° 489, et ses substitutions lui sont permutables. Donc elles résultent (119) de la combinaison de ce groupe avec des substitutions linéaires. Si l'on adjoint à l'équation la racine (0000), son groupe se réduit au groupe partiel G formé par ces dernières substitutions. D'ailleurs les substitutions de G sont permutables à celles du groupe de monodromie $\Gamma_1 = H$ (391). On en déduit qu'elles sont abéliennes.

En effet, soient T une quelconque des substitutions de G:

$$d_1 p_1 + c'_1 q_1 + d_2 p_2 + c'_2 q_2$$

la fonction qu'elle fait succéder à p_1 : H contient une substitution U qui produit le même remplacement (221); et l'on aura $T = UT_1$, T_1 étant encore permutable à H et n'altérant pas p_1. Soit

$$T_1 = \begin{vmatrix} p_1, q_1 & p_1, \beta'_1 p_1 + \delta'_1 q_1 + \beta'_2 p_2 + \delta'_2 q_2 \\ p_2, q_2 & \alpha''_1 p_1 + \gamma''_1 q_1 + \dots, \beta''_1 p_1 + \delta''_1 q_1 + \dots \end{vmatrix}.$$

Le coefficient δ'_1 ne pourra être congru à zéro; car, s'il l'était, γ'_1 et δ''_1 ne pourraient être à la fois congrus à zéro (le déterminant de T_1 ne l'étant pas): et T_1 transformant la substitution

$$B = \begin{vmatrix} p_1, q_1 & p_1, p_1 + q_1 \\ p_2, q_2 & p_2, q_2 \end{vmatrix} \quad \text{en} \quad \begin{vmatrix} p_1, q_1 & p_1, q_1 \\ p_2, q_2 & p_2 - \gamma''_1 p_1, q_2 - \delta''_1 p_1 \end{vmatrix},$$

qui ne fait pas partie de H, ne serait pas permutable à ce groupe.

Cela posé, H contient une substitution U_1 qui remplace p_1, q_1, par p_1, $\frac{\beta'_1}{\delta'_1} p_1 + q_1 + \frac{\beta'_2}{\delta'_1} p_2 + \frac{\delta'_2}{\delta'_1} q_2$. Soit d'ailleurs V la substitution qui multiplie q_1, q_2 par δ'_1 sans altérer p_1, p_2 : on aura $T_1 = U_1 V T_2$, T_2 étant encore permutable à H (car U_1 et V le sont), et laissant p_1, q_1 invariables.

Soient $a''_1 p_1 + c''_1 q_1 + a''_2 p_2 + c''_2 q_2$, $b''_1 p_1 + d''_1 q_1 + b''_2 p_2 + d''_2 q_2$ les fonctions que T_2 fait succéder à p_2, q_2 : on aura $a''_1 \equiv c''_1 \equiv b''_1 \equiv d''_1 \equiv 0$. Car si l'on avait, par exemple, $a''_1 \gtrless 0$, la transformée de B par T_2 n'appartiendrait pas à H, comme cela doit être.

Cela posé, H contient une substitution U_2 qui remplace p_1, q_1, p_2 par p_1, q_1, $a''_2 p_2 + c''_2 q_2$; et l'on aura $T_2 = U_2 T_3$, T_3 étant encore permutable à H, et de la forme

$$T_3 = | \; p_1, q_1, p_2, q_2 \quad p_1, q_1, p_2, b''_2 p_2 + d''_2 q_2 \; |.$$

D'ailleurs, H contient la substitution

$$C = | \; p_1, q_1, p_2, q_2 \quad p_1 + p_2, q_1, p_2, q_2 + q_1 \; |,$$

dont la transformée par T_3,

$$| \; p_1, q_1, p_2, q_2 \quad p_1 + p_2, q_1, p_2, q_2 + d''_2 q_1 \; |,$$

doit appartenir à H; donc $d''_2 = 1$, et T_3 est abélienne. Mais U, U_1, V, U_2 le sont évidemment : donc T le sera.

495. Supposons maintenant qu'on adjoigne à l'équation N, outre les quan-

46.

tités précédentes, les expressions $\lambda_r\left(\frac{P_\rho}{n}, \frac{Q_\rho}{n}\right)$, $\Delta\left[\lambda_r\left(\frac{P_\rho}{n}, \frac{Q_\rho}{n}\right)\right]$ où l'on posera successivement $r = 0$ ou 1, $\rho = 0, 1, 2, 3$. Après cette adjonction, le groupe contient le groupe de monodromie du n° 489; mais il ne contient aucune autre substitution.

En effet, toute fonction φ des racines de N peut se mettre sous la forme $\psi\left[\lambda_0\left(\frac{u}{n}, \frac{v}{n}\right), \lambda_1\left(\frac{u}{n}, \frac{v}{n}\right)\right]$, ψ étant une fonction rationnelle et symétrique, dont les coefficients s'expriment rationnellement en fonction des quantités adjointes (486 et 488). Désignons par $\psi_{\delta_1\varepsilon_1\delta_2\varepsilon_2}$ ce que devient cette fonction en y changeant u, v en

$$u + \delta_1 P_1 + \varepsilon_1 P_2 + \delta_2 P_3 + \varepsilon_2 P_4, \quad v + \delta_1 Q_1 + \varepsilon_1 Q_2 + \delta_2 Q_3 + \varepsilon_2 Q_4.$$

Faisons le même changement dans l'égalité $\varphi = \psi$: il viendra, en supposant que la fonction φ soit invariable par ce changement, $\varphi = \psi_{\delta_1\varepsilon_1\delta_2\varepsilon_2}$: d'où

$$\varphi = \psi = \psi_{\delta_1\varepsilon_1\delta_2\varepsilon_2} = \ldots = \frac{\psi + \ldots + \psi_{\delta_1\varepsilon_1\delta_2\varepsilon_2} + \ldots}{n^4},$$

expression qui est une fonction symétrique des racines de l'équation de degré n^4 à laquelle satisfait la fonction ψ, et qui, par suite, est rationnelle.

L'équation est donc abélienne, et se résout à l'aide de quatre équations abéliennes de degré n.

496. Supposons enfin $u = v = 0$. L'équation proposée aura l'une de ses racines égale à l'expression rationnelle $f(0, 0)$. Supprimant cette racine, il restera une équation du degré $n^4 - 1$ ayant Γ pour groupe de monodromie par rapport aux modules, et Γ_1 pour groupe de monodromie par rapport à $a, \ldots, f$ (490-492). Quant à son groupe algébrique, on voit comme au n° 494, que ses substitutions sont linéaires : elles sont en outre permutables à $\Gamma_1 = H$: donc elles sont abéliennes (494).

497. Tous les raisonnements faits dans ce paragraphe pour les fonctions hyperelliptiques à quatre périodes s'appliquent sans difficulté aux équations à $2k$ périodes. Remarquons toutefois que dans le cas où $n = 2$, le groupe Γ_1 ne contiendra plus en général qu'une partie des substitutions de H, ce qui infirme la démonstration du n° 494.

498. On peut déduire de ce qui précède une conséquence remarquable, exprimée par le théorème suivant :

Théorème. — *Un groupe quelconque de degré q est isomorphe sans mérié-*

drie à un groupe de degré $2^{2k}-1$, à substitutions linéaires abéliennes, k étant le plus grand entier contenu dans $\frac{q-1}{2}$.

Si le théorème est vrai pour le groupe I formé par toutes les substitutions possibles entre q lettres, il le sera évidemment pour tout groupe L contenu dans celui-là. Car soit I' le groupe isomorphe à I dont on suppose l'existence : le groupe L', formé par celles de ses substitutions qui correspondent à celles de L, sera isomorphe à L sans mériédrie.

Cela posé, considérons le polynôme

$$\Delta'(x) = x^q + ax^{q-1} + \ldots = (x - m_0)\ldots(x - m_{q-1}),$$

et les fonctions abéliennes à $2k$ périodes auxquelles il donne naissance. La bissection de ces périodes dépend d'une équation dont le groupe de monodromie par rapport aux coefficients $a, \ldots$ (après l'adjonction d'une de ses racines) est contenu dans le groupe abélien de degré $2^{2k}-1$, et isomorphe sans mériédrie au groupe I formé par toutes les substitutions possibles entre $m_0, \ldots, m_\mu$ (492-493). Le théorème est donc établi.

Abaissement de l'équation de la trisection des périodes dans les fonctions à quatre périodes.

499. Cette équation E, du degré 80, a son groupe contenu dans le groupe abélien G (496) dont l'ordre $2\Omega_2$ est égal à $2(3^4-1)3^3(3^2-1)3$ (219-221). Celles de ses substitutions qui se réduisent à la forme

$$| \; p_1, q_1, p_2, q_2 \quad a'_1 p_1 + c'_1 q_1, \; b'_1 p_1 + d'_1 q_1, \; a''_2 p_2 + c''_2 q_2, \; b''_2 p_2 + d''_2 q_2 \; |$$

forment un groupe H, dont l'ordre ω sera égal à $\frac{1}{2}(3^2-1)^2(3^2-3)^2$. En effet, pour qu'une expression de cette forme représente une substitution abélienne, il faut et il suffit qu'on ait

$$a'_1 d'_1 - b'_1 c'_1 \equiv a''_2 d''_2 - b''_2 c''_2 \gtrless 0 \pmod{3},$$

relation qui permet de choisir a'_1, d'_1, b'_1, c'_1 de $(3^2-1)(3^2-3)$ manières différentes (123), puis $a''_2, d''_2, b''_2, c''_2$ de $\frac{(3^2-1)(3^2-3)}{2}$ manières seulement, à cause de l'égalité des deux déterminants.

Si l'on adjoint au groupe H la substitution abélienne

$$I = | \; p_1, q_1, p_2, q_2 \quad p_2, q_2, p_1, q_1 \; |,$$

on obtiendra un nouveau groupe H_1, d'ordre 2ω. Une fonction φ_1 des racines de E, invariable par les substitutions de H_1, dépendra d'une équation $\mathcal{E}$ de degré $\frac{2\Omega_2}{2\omega} = 45$ (366). Le groupe de cette équation se déterminera facilement ainsi qu'il suit.

500. Soit $\mathcal{J}$ le groupe formé des substitutions

$$A^\alpha B^\beta C^\gamma D^\delta = | \; p_1, q_1, p_2, q_2 \quad p_1+\alpha, \; q_1+\beta, \; p_2+\gamma, \; q_2+\delta \; |,$$

et supposons que les substitutions A, B, C, D aient leurs exposants d'échange mutuels congrus à zéro, sauf les suivants: $(AB) \equiv -(BA)$, $(CD) \equiv -(DC)$, qui seront congrus à 1. A chaque racine de l'équation $\mathcal{E}$ correspondra une décomposition du groupe $\mathcal{J}$ en deux groupes partiels d'ordre 3^2, tels, que leur combinaison reproduise $\mathcal{J}$, et que les substitutions de l'un d'entre eux aient leurs exposants d'échange avec les substitutions de l'autre tous congrus à zéro. En effet, on obtient immédiatement une première décomposition, en prenant pour groupes partiels $P_1 = (A, B)$ et $P'_1 = (C, D)$; et il est clair que le groupe H_1 est formé par l'ensemble des substitutions abéliennes qui sont permutables à ces deux groupes, ou qui les transforment l'un dans l'autre. Soit maintenant s une substitution abélienne quelconque : elle transformera, par définition, A, B, C, D en substitutions A_s, B_s, C_s, D_s ayant entre elles les mêmes exposants d'échange, à un facteur constant près; elle transformera donc P, P' en deux nouveaux groupes partiels $P_s = (A_s, B_s)$, $P'_s = (C_s, D_s)$, qui jouiront encore de la propriété que chaque substitution de l'un de ces groupes a ses exposants d'échange avec les substitutions de l'autre congrus à zéro. D'autre part, la substitution s, opérée dans la fonction φ_1, la transforme en une autre fonction φ_s, qui satisfait également à l'équation $\mathcal{E}$. On a donc obtenu une décomposition de $\mathcal{J}$ en deux groupes partiels P_s, P'_s, correspondante à la racine φ_s.

501. Il faut maintenant prouver qu'à chaque racine correspond une seule décomposition, et réciproquement. Soient s et t deux substitutions abéliennes telles que l'on ait $\varphi_s = \varphi_t$: on en déduit $\varphi_{ts^{-1}} = \varphi_1$ (356). Donc $ts^{-1} = h_1$ est une substitution de H_1. Mais h_1 est permutable aux groupes P_1, P'_1, ou les transforme l'un dans l'autre; s les transforme en P_s, P'_s; donc $t = h_1 s$ les transformera en P_s, P'_s ou en P'_s, P_s; donc en transformant P_1, P'_1 par s ou par t, on obtient la même décomposition. Réciproquement, si ces deux transformations donnaient la même décomposition, ts^{-1} redonnerait la décomposition initiale P_1, P'_1, et par suite appartiendrait à H_1 : on en déduirait $\varphi_{1s-1} = \varphi_1$, d'où $\varphi_s = \varphi_1$.

Les racines de $\mathcal{E}$ s'obtenant toutes en transformant φ_1 par les diverses substitutions de G, il existera quarante-cinq décompositions, respectivement correspondantes à ces racines. Pour qu'il en existât un plus grand nombre, il faudrait qu'il y en eût qui ne correspondissent à aucune racine, et qui par suite ne pussent être obtenues en transformant P_1, P'_1 par une substitution abélienne. Mais cette hypothèse est absurde. Soient en effet P, P' les deux groupes partiels d'une décomposition quelconque, $\mathcal{A}$ une substitution quelconque de P autre que l'unité : ce groupe contient une substitution S dont l'exposant d'échange avec $\mathcal{A}$ n'est pas congru à zéro, sans quoi $\mathcal{A}$ aurait ses exposants d'échange avec toutes les substitutions de $\mathcal{I}$ congrus à zéro : résultat absurde; car $\mathcal{A}$ est de la forme $A^\alpha B^\beta C^\gamma D^\delta$, et si l'on a, par exemple, $\alpha \gtrless 0$, l'exposant d'échange $(\mathcal{A}B)$ ne sera pas congru à zéro. Soit $(\mathcal{A}S) = e$; posons $S^{e^{-1}} = \mathcal{B}$, on aura $(\mathcal{A}\mathcal{B}) = 1$; et P, étant d'ordre 3^2, est dérivé de $\mathcal{A}$ et de $\mathcal{B}$. On voit de même que P' est dérivé de deux substitutions $\mathcal{C}$, $\mathcal{D}$, dont l'exposant d'échange est 1. Cela posé, la substitution linéaire qui transforme A, B, C, D en $\mathcal{A}$, $\mathcal{B}$, $\mathcal{C}$, $\mathcal{D}$ sera évidemment abélienne.

502. On peut maintenant former sans peine les quarante-cinq décompositions du groupe $\mathcal{I}$. Elles sont données par le tableau suivant, où chaque groupe partiel est représenté par deux substitutions dont il est dérivé et qui sont séparées par une virgule, tandis qu'un point et virgule les sépare de celles de l'autre groupe partiel appartenant à la même décomposition.

A, B	; C, D	A, BD^2	; CA, D	A, BD	; CA^2, D
AD, B	; CB, D	AD, BD^2	; CAB, D	AD, BD	; CA^2B, D
AD^2, B	; CB^2, D	AD^2, BD^2	; CAB^2, D	AD^2, BD	; CA^2B^2, D
A, BC	; C, DA	A, BC^2	; C, DA^2	AC^2, B	; C, DB
AC^2, BC	; C, DAB	AC^2, BC^2	; C, DA^2B	AC, B	; C, DB^2
AC, BC	; C, DAB^2	AC, BC^2	; C, DA^2B^2	A, BCD	; CD, DA
A, BC^2D^2	; CD, DA^2,	AC^2D^2, B	; CD, DB	AC^2D^2, BCD	; CD, DAB
AC^2D^2, BC^2D^2	; CD, DA^2B	ACD, B	; CD, DB^2	ACD, BCD	; CD, DAB^2
ACD, BC^2D^2	; CD, DA^2B^2	A, BCD^2	; CD^2, DA	A, BC^2D	; CD^2, DA^2
AC^2D, B	; CD^2, DB	AC^2D, BCD^2	; CD^2, DAB	AC^2D, BC^2D	; CD^2, DA^2B
ACD^2, B	; CD^2, DB^2	ACD^2, BCD^2	; CD^2, DAB^2	ACD^2, BC^2D	; CD^2, DA^2B^2
AD, BC^2	; AD^2, BC	AD, BC^2D	; AD^2, BCD^2	AD, BC^2D^2	; AD^2, BCD
AC, BD	; AC^2, BD^2	AC, BCD	; AC^2, BC^2D^2	AC, BC^2D	; AC^2, BCD^2
ACD, BD	; AC^2D^2, BD^2	ACD, BCD^2	; AC^2D^2, BC^2D	ACD, BC^2	; AC^2D^2, BC
ACD^2, BD	; AC^2D, BD^2	ACD^2, BC	; AC^2D, BC^2	ACD^2, BC^2D^2	; AC^2D, BCD

503. Désignons maintenant par

$$\begin{array}{c} 1,\ 2,\ 3 \\ \dots\dots\dots \\ 43,\ 44,\ 45 \end{array}$$

les racines de $\mathcal{E}$ respectivement correspondantes à ces substitutions; d'après ce que nous venons de voir, chaque substitution abélienne transformera ces racines entre elles de la même manière qu'elle transforme les décompositions correspondantes.

Ainsi, par exemple, la substitution

$$L_1 = | \, p_1, q_1, p_2, q_2 \quad p_1 + q_1, q_1, p_2, q_2 \, |,$$

transformant A, B, C, D en A, AB, C, D, sera permutable aux deux groupes (A, B), (C, D); donc elle laissera invariable la racine 1 qui leur correspond; de même pour les racines 2 et 3. De même elle transforme (AD, B), (CB, D) en (AD, AB), (CAB, D), groupes évidemment identiques aux suivants: (AD, BD²), (CAB, D); donc elle remplace la racine 4 par la racine 5; etc. Continuant ainsi, on peut écrire sans difficulté les déplacements opérés entre les racines 1, 2,..., 45 par la substitution $| p_1, q_1, p_2, q_2 \quad p_1, 2q_1, p_2, 2q_2 |$ et par les autres substitutions L_1, L_2, M_1, M_2, $N_{1,2}$ dont G est dérivé (**219-220**), et vérifier que chacune de ces substitutions permute les unes dans les autres les vingt-sept expressions

$$\begin{array}{lll}
(1, 37, 34, 41, 45), & (1, 39, 36, 40, 44), & (1, 38, 42, 43, 35), \\
(10, 37, 7, 21, 32), & (11, 37, 4, 25, 30), & (15, 34, 3, 24, 33), \\
(2, 34, 12, 29, 22), & (16, 20, 27, 45, 5), & (26, 9, 14, 45, 23), \\
(19, 41, 13, 6, 31), & (17, 41, 18, 28, 8), & (15, 44, 6, 21, 27), \\
(26, 8, 44, 25, 12), & (17, 36, 3, 23, 32), & (2, 36, 13, 30, 20), \\
(7, 40, 16, 29, 18), & (19, 40, 4, 33, 14), & (10, 39, 9, 22, 31), \\
(11, 39, 5, 24, 28), & (2, 35, 28, 21, 14), & (16, 31, 35, 25, 3), \\
(19, 42, 12, 5, 32), & (15, 42, 18, 30, 9), & (7, 43, 26, 24, 13), \\
(17, 43, 4, 22, 27), & (10, 38, 20, 33, 8), & (11, 38, 23, 29, 6),
\end{array}$$

en désignant par (1, 37, 34, 41, 45) une fonction des racines de $\mathcal{E}$ invariable par les substitutions qui permutent exclusivement entre elles les cinq racines 1, 37, 34, 41, 45, mais variable par toute autre substitution, et par $(\alpha, \beta, \gamma, \delta, \varepsilon)$ la fonction analogue formée avec les racines $\alpha, \beta, \gamma, \delta, \varepsilon$.

Les vingt-sept expressions ci-dessus, que nous désignerons, pour abréger, par $a, b, c, d, e, f, g, h, i, k, l, m, n, p, q, r, s, t, u, m', n', p', q', r', s', t', u'$ dépendent donc d'une équation X du vingt-septième degré. D'ailleurs, chacune des racines 1, 2,..., 45 entre dans trois de ces expressions : formons le produit de ces trois expressions, puis ajoutons ensemble les quarante-cinq produits relatifs aux racines 1, 2,..., 45 : on voit sans peine que la fonction ainsi formée,

$$\varphi = abc + ade + \ldots + ls'p,$$

sera identique à celle du n° **441**.

504. Le groupe de l'équation X est formé des substitutions qui n'altèrent pas φ. En effet, soient S une substitution quelconque de G; α une quelconque des racines 1, 2,..., 45; β celle par laquelle S la remplace; il est clair que S remplacera celles des expressions $a, b, \ldots u'$ qui contiennent α par celles qui contiennent β; elle transformera donc les uns dans les autres les divers termes de φ. Donc une fonction de $a, b, \ldots, u'$ invariable par les substitutions qui n'altèrent pas cette fonction, ne sera altérée par aucune substitution de G, et par suite sera rationnelle.

Réciproquement, toute substitution qui n'altère pas φ appartient au groupe de X. En effet, supposons l'équation X résolue. Le groupe G sera réduit à celles de ses substitutions qui ne déplacent pas $a, b, \ldots, u'$, et qui, par suite, laissent invariable chacun des termes $abc, ade, \ldots, ls'p$. Ces substitutions laisseront invariables les racines 1, 2,..., 45 respectivement communes aux facteurs de ces divers termes : donc elles transformeront en elle-même chacune des décompositions de $\mathfrak{I}$ qui leur correspondent. On en déduit immédiatement que ces substitutions se réduisent à celles qui multiplient tous les indices par un même facteur constant ± 1. Donc l'ordre de E, qui était égal à $2\Omega_2$, se trouve réduit à 2 après la résolution de X. Donc le groupe de cette dernière équation avait pour ordre Ω_2, ou $27.10.8.6.4$, nombre total des substitutions qui laissent φ invariable.

L'équation X a donc le même groupe que l'équation aux vingt-sept droites des surfaces du troisième ordre.

D'ailleurs, ses facteurs de composition sont 2 et $\frac{1}{2}\Omega_2$. Car l'équation E a pour facteurs de composition 2, $\frac{1}{2}\Omega_2$, 2; après la résolution de X elle n'a plus que 2 pour facteur de composition. Donc la résolution de X équivaut à celle de deux équations simples, ayant pour ordres 2 et $\frac{1}{2}\Omega_2$.

§ IV. — Résolution des équations par les transcendantes.

Troisième degré.

505. Soit

$$x^3 + px^2 + qx + r = 0 \tag{22}$$

l'équation générale du troisième degré. Posons

$$x = az + \frac{p}{3},$$

il viendra

$$z^3 + \frac{p^2 - 2p + 3q}{3a^2} z + \frac{2p^3 - 9pq + 27r}{27a^3} = 0,$$

laquelle se réduira à la forme

$$z^3 - \frac{3}{4} z + A = 0, \tag{23}$$

si l'on prend pour a une racine de l'équation du second degré

$$\frac{p^2 - 2p + 3q}{3a^2} = -\frac{3}{4}.$$

Or l'équation (23), à laquelle se trouve ramenée la proposée, peut se résoudre trigonométriquement : car si l'on pose $A = -\frac{\cos u}{4}$, elle se confondra avec l'équation connue qui a pour racines $\cos\frac{u}{3}$, $\cos\frac{u+2\pi}{3}$, $\cos\frac{u+4\pi}{3}$.

Quatrième degré.

506. Soit

$$ax^4 + 4bx^3 + 6cx^2 + 4dx + e = 0 \tag{24}$$

l'équation générale du quatrième degré. Posons avec M. Hermite

$$y = aT + (ax + 4b)T_0 + (ax^2 + 4bx + 6c)T_1 + (ax^3 + 4bx^2 + 6cx + 4d)T_2, \tag{25}$$

T, T_0, T_1, T_2 étant des coefficients indéterminés : y sera la racine d'une nouvelle équation du quatrième degré

$$(26)\qquad Ay^4 + 4By^3 + 6Cy^2 + 4Dy + E = 0,$$

que l'on peut calculer ainsi qu'il suit.

Élevons l'équation (25) successivement aux puissances 1, 2, 3, 4, et réduisons au moyen de l'équation (24) les puissances de x supérieures à la troisième : on obtiendra quatre équations dont les trois premières déterminent x, x^2, x^3 en fonction rationnelle de y, y^2, y^3 et de T, T_0, T_1, T_2 : ces valeurs substituées dans la quatrième équation donneront l'équation cherchée.

On peut se proposer de déterminer les coefficients T, T_0, T_1, T_2 de telle sorte que l'on ait

$$(27)\qquad AE - 4BD + 3C^2 = 0.$$

Effectuant le calcul, on trouvera que le premier membre de cette équation est le produit des deux facteurs suivants, du second degré en T_0, T_1, T_2 :

$$\mathrm{I}f + \left(6\mathrm{J} + \frac{2}{\sqrt{-3}}\sqrt{\mathrm{I}^3 - 27\mathrm{J}^2}\right)(T_0T_2 - T_1^2),$$

$$\mathrm{I}f + \left(6\mathrm{J} - \frac{2}{\sqrt{-3}}\sqrt{\mathrm{I}^3 - 27\mathrm{J}^2}\right)(T_0T_2 - T_1^2),$$

en posant, pour abréger,

$$f = aT_0^2 + 4cT_1^2 + eT_2^2 + 4dT_1T_2 + 2cT_0T_2 + 4bT_0T_1,$$

$$\mathrm{I} = ae - 4bd + 3c^2, \quad \mathrm{J} = ace + 2bcd - ad^2 - eb^2 - c^3.$$

On pourra donc satisfaire d'une infinité de manières à l'équation (27), sans introduire d'autre irrationnalité que deux radicaux carrés successifs.

Cette condition étant supposée satisfaite, posons $y = \frac{z - B}{A}$ dans l'équation (26) : il viendra

$$(28)\qquad z^4 - 6Sz^2 - 4Tz - 3S^2 = 0,$$

en posant $B^2 - AC = S$, $A^2D - 3ABC + 2B^3 = T$.

Or cette dernière équation se ramène à l'équation modulaire que donne la théorie des fonctions elliptiques pour la transformation du troisième ordre, laquelle est, comme on sait, la suivante (Jacobi, *Fundamenta Nova*), où la constante u désigne la racine quatrième du module :

$$v^4 + 2u^3v^3 - 2uv - u^4 = 0.$$

En effet, dans cette dernière équation, la fonction analogue à

$$AE - 4BD + 3C^2$$

est nulle : si donc on pose $v = \omega - \frac{1}{2}u^2$, d'où $\omega = v + \frac{1}{2}u^3$, il viendra

$$\omega^4 - 6\left(\frac{u^6}{4}\right)\omega^2 - 4\left(-\frac{u}{2} + \frac{u^9}{4}\right)\omega - 3\left(\frac{u^6}{4}\right)^2 = 0, \tag{29}$$

et l'équation aura pour racines celles de l'équation 29, multipliées par une même constante ρ, si ρ et u satisfont aux conditions

$$\rho^2\frac{u^6}{4} = S, \quad \rho^3\left(-\frac{u}{2} + \frac{u^9}{4}\right) = T,$$

d'où

$$\rho = \frac{2\sqrt{S}}{u^3}, \quad 2S\sqrt{S}\,\frac{u^8 - 2}{u^8} = T.$$

Cette dernière équation est du second degré par rapport au module $k = u^4$.

On obtient donc comme résultat de cette analyse le théorème suivant :

Théorème. — *Pour résoudre l'équation générale du quatrième degré, il suffira de lui adjoindre les racines : 1° de quatre équations successives du second degré ; 2° de l'équation modulaire pour les transformations du troisième ordre d'une fonction elliptique ayant pour module la racine de la dernière des quatre équations auxiliaires ci-dessus.*

Cinquième degré.

507. *Méthode de M. Hermite.* — Passons à l'équation

$$x^5 + Ax^4 + Bx^3 + Cx^2 + Dx + E = 0.$$

Posons

$$y = t + t_1x + t_2x^2 + t_3x^3 + t_4x^4.$$

On verra comme au numéro précédent que x s'exprime rationnellement en fonction de y, et l'on formera l'équation du cinquième degré dont y est racine : le $m^{ième}$ coefficient de cette équation sera évidemment une fonction entière, homogène et de degré $m-1$, par rapport aux indéterminées, t, t_1, t_2, t_3, t_4.

Proposons-nous de faire évanouir le second, le troisième et le quatrième terme de la transformée. M. Jerrard a démontré qu'il suffira pour cela de résoudre des équations du second degré, et une du troisième. En effet, égalons le second terme à zéro : on aura une équation linéaire qui déterminera l'une des quantités t, t_1, t_2, t_3, t_4, en fonction des quatre autres. Substituant la valeur trouvée dans le troisième terme, il devient une fonction entière et homogène du second degré par rapport aux quatre indéterminées restantes t, t_1, t_2, t_3. D'après un théorème bien connu, on pourra lui donner la forme suivante

$$\alpha\theta^2 + \alpha_1\theta_1^2 + \alpha_2\theta_2^2 + \alpha_3\theta_3^2,$$

θ, θ_1, θ_2, θ_3 étant des fonctions linéaires des indéterminées. Il s'annulera si l'on pose

$$\theta = \sqrt{\frac{\alpha_1}{\alpha}}\,\theta_1, \quad \theta_2 = \sqrt{\frac{\alpha_3}{\alpha_2}}\,\theta_3.$$

Ces relations déterminent deux des quantités t, t_1, t_2, t_3 en fonction linéaire des deux dernières et des radicaux du second degré $\sqrt{\frac{\alpha_1}{\alpha}}$, $\sqrt{\frac{\alpha_3}{\alpha_2}}$. Substituons ces valeurs, ainsi que celle de t_4, dans le quatrième terme; il prendra la forme d'une fonction homogène du troisième degré relativement aux deux indéterminées restantes; et si on l'égale à zéro, on obtiendra le rapport de ces deux indéterminées exprimé par une équation du troisième degré.

508. L'équation en y étant ainsi ramenée à la forme

$$y^5 + \delta y + \varepsilon = 0,$$

comparons-la à l'équation

$$z^5 + \alpha u^4(1-u^8)^2 z + \beta u^3(1-u^8)^2(1+u^8) = 0,$$

réduite de l'équation modulaire pour la transformation du cinquième ordre (485). On aura $y = \rho z$, en posant

$$\delta\rho^4 = \alpha u^4(1-u^8)^2, \quad \varepsilon\rho^5 = \beta u^3(1-u^8)^2(1+u^8),$$

d'où l'on déduit, en posant $\frac{\beta\delta}{\alpha\varepsilon} = m$,

$$\rho = m\frac{1+u^8}{u}, \quad m^2\sqrt{\frac{\delta}{\alpha}}\left(\frac{1+u^8}{u}\right)^2 = \pm u^2(1-u^8).$$

On peut choisir arbitrairement le signe du second membre de cette dernière équation, qui sera du quatrième degré en $u^8 = k$.

Cela posé, x est une fonction rationnelle de t, t_1, t_2, t_3 et de y, qui lui-même s'exprime rationnellement en fonction de ρ et de z : enfin z est une fonction rationnelle des racines de l'équation modulaire en v et de $\sqrt{5}$.

509. *Méthode de M. Kronecker.* — M. Kronecker et après lui M. Brioschi ont indiqué pour résoudre l'équation générale du cinquième degré par les fonctions elliptiques une nouvelle méthode que nous allons exposer.

Soit $F(\xi) = 0$ l'équation générale du cinquième degré; et désignons ses racines par ξ_ν, l'indice ν variant de 0 à 4 (mod. 5). Nous avons vu (**116**) que toute substitution entre ces racines peut être mise sous l'une des deux formes analytiques suivantes :

$$|\nu \quad a\nu + b|, \quad |\nu \quad (a\nu+b)^3 + c|.$$

Si l'on adjoint à l'équation proposée la racine carrée de son discriminant, son groupe se réduira au groupe alterné G, formé des substitutions

$$|\nu \quad a^2\nu + b|, \quad |\nu \quad (3a^2\nu+b)^3 + c|,$$

lesquelles dérivent évidemment des trois suivantes :

$$|\nu \quad \nu+1|, \quad |\nu \quad 4\nu|, \quad |\nu \quad 3\nu^3|.$$

Soient v une fonction quelconque des racines, laquelle soit *cyclique*, c'est-à-dire invariable par les substitutions $|\nu \quad \nu+b|$; v' sa transformée par la substitution $|\nu \quad 4\nu|$: la fonction $v - v'$, que nous désignerons par u_∞, sera évidemment invariable par les substitutions $|\nu \quad \nu+b|$, et changera de signe par la substitution $|\nu \quad 4\nu|$. Désignons en général par u_n la transformée de u_∞ par $|\nu \quad 3\nu^3+n|$: on voit aisément que la substitution $|\nu \quad \nu+1|$, opérée dans u_n, la transforme en u_{n+1}; que $|\nu \quad 4\nu|$ la transforme en $-u_{4n}$; enfin que $|\nu \quad 3\nu^3|$ transforme $u_\infty, u_0, u_1, u_2, u_3, u_4$ en $u_0, u_\infty, -u_1, u_3, u_2, -u_4$.

On en conclut que les six quantités

$$
(30)\quad \left\{
\begin{aligned}
x_\infty &= (u_\infty\sqrt{5} + u_0 + u_1 + u_2 + u_3 + u_4)^2,\\
x_0 &= (u_\infty + u_0\sqrt{5} - u_1 + u_2 + u_3 - u_4)^2,\\
x_1 &= (u_\infty - u_0 + u_1\sqrt{5} - u_2 + u_3 + u_4)^2,\\
x_2 &= (u_\infty + u_0 - u_1 + u_2\sqrt{5} - u_3 + u_4)^2,\\
x_3 &= (u_\infty + u_0 + u_1 - u_2 + u_3\sqrt{5} - u_4)^2,\\
x_4 &= (u_\infty - u_0 + u_1 + u_2 - u_3 + u_4\sqrt{5})^2,
\end{aligned}
\right.
$$

sont transformées les unes dans les autres par chacune des substitutions $|\nu \quad \nu+1|$, $|\nu \quad 4\nu^4|$, $|\nu \quad 3\nu^3|$ dont G est dérivé. Donc l'équation du sixième degré qui a ces quantités pour racines a ses coefficients invariables par toutes les substitutions de G : ces coefficients s'expriment donc rationnellement en fonction de la racine carrée du discriminant de $F(\xi)$. La résolution de cette équation, faisant connaître des fonctions des racines de $F(\xi) = 0$, qui primitivement n'étaient pas rationnelles, abaisse le groupe de cette dernière; mais elle est simple : donc elle sera complètement résolue.

510. La réduite du sixième degré à laquelle on vient de parvenir présente entre ses racines des relations remarquables : posons en effet

$$
\begin{aligned}
A_0\sqrt{5} &= u_\infty\sqrt{5} + u_0 + u_1 + u_2 + u_3 + u_4,\\
\frac{1}{2}A_1\sqrt{5} &= u_0 + \rho^4 u_1 + \rho^3 u_2 + \rho^2 u_3 + \rho u_4,\\
\frac{1}{2}A_2\sqrt{5} &= u_0 + \rho u_1 + \rho^2 u_2 + \rho^3 u_3 + \rho^4 u_4,
\end{aligned}
$$

ρ étant une racine cinquième de l'unité satisfaisant à la condition

$$\sqrt{5} = \rho + \rho^4 - \rho^2 - \rho^3 :$$

on déduit immédiatement des relations (30) celles-ci

$$
\sqrt{x_\infty} = A_0\sqrt{5},\quad \sqrt{x_0} = A_0 + A_1 + A_2,\quad \sqrt{x_1} = A_0 + \rho A_1 + \rho^4 A_2,
$$
$$
\sqrt{x_2} = A_0 + \rho^2 A_1 + \rho^3 A_2,\quad \sqrt{x_3} = A_0 + \rho^3 A_1 + \rho^2 A_2,\quad \sqrt{x_4} = A_0 + \rho^4 A_1 + \rho A_2,
$$

et en éliminant A_0, A_1, A_2, on aura les trois relations

$$(31)\quad \begin{cases} \sqrt{x_0}+\sqrt{x_1}+\sqrt{x_2}+\sqrt{x_3}+\sqrt{x_4}=\sqrt{5x_\infty}, \\ \sqrt{x_0}+\rho^2\sqrt{x_1}+\rho^4\sqrt{x_2}+\rho\sqrt{x_3}+\rho^3\sqrt{x_4}=0, \\ \sqrt{x_0}+\rho^3\sqrt{x_1}+\rho\sqrt{x_2}+\rho^4\sqrt{x_3}+\rho^2\sqrt{x_4}=0. \end{cases}$$

Le premier membre de l'équation qui donne x_∞, x_0,... est égal à $(x-x_\infty)(x-x_0)$.... Remplaçant x_0, x_∞,... par leurs valeurs en A_0, A_1, A_2, et posant

$$A=A_0^2+A_1A_2,$$

$$B=8A_0^4A_1A_2-2A_0^2A_1^2A_2^2+A_1^3A_2^3-A_0(A_1^5+A_2^5),$$

$$C=320A_0^6A_1^2A_2^2-160A_0^4A_1^3A_2^3+20A_0^2A_1^4A_2^4+6A_1^5A_2^5$$
$$-4A_0(32A_0^4-20A_0^2A_1A_2+5A_1^2A_2^2)(A_1^5+A_2^5)+A_1^{10}+A_2^{10},$$

on aura pour cette équation

$$(32)\quad (x-A)^4(x-5A)+10B(x-A)^2-C(x-A)+5(B^2-AC)=0.$$

511. Cette équation se ramène elle-même à une équation du cinquième degré ne contenant que les puissances impaires de l'inconnue. Posons en effet

$$z_\nu=\frac{1}{4\sqrt[4]{5}}[(x_\infty-x_\nu)(x_{\nu+1}-x_{\nu-1})(x_{\nu+2}-x_{\nu-2})]^{\frac{1}{2}},$$

et remplaçons x_∞, x_0,... par leurs valeurs en A_0, A_1, A_2, il viendra en général

$$z_\nu=\sqrt{-\sqrt{5}}[\rho^\nu C_0+\rho^{2\nu}C_1+\rho^{3\nu}C_2+\rho^{4\nu}C_3],$$

en posant, pour abréger,

$$C_0=-A_1(4A_0^2-A_1A_2),\quad C_1=2A_0A_1^2-A_2^3,$$
$$C_3=A_2(4A_0^2-A_1A_2),\quad C_2=-(2A_0A_2^2-A_1^3).$$

Les quantités z_0, z_1, z_2, z_3, z_4 sont les racines d'une équation du cinquième degré

$$z^5+q_1z^4+q_2z^3+q_3z^2+q_4z+q_5=0.$$

Soit Π le discriminant de l'équation en x : on aura évidemment

$q_5 = \frac{\sqrt[4]{11}}{4^4\sqrt[4]{5^5}}$. Pour calculer les autres coefficients on les exprimera en fonction de $z_0, \ldots, z_4$, puis on y remplacera ces quantités par leurs valeurs en A_0, A_1, A_2 : on obtient ainsi, en tenant compte des valeurs de A, B, C,

$$q_1 = 0, \quad q_2 = -\frac{5B}{8}, \quad q_3 = 0, \quad q_4 = \frac{5(9B^2 - AC)}{16}.$$

512. Soit $y = \frac{1}{M}$ le multiplicateur dans la transformation du cinquième ordre des fonctions elliptiques. On sait que les diverses quantités y, $y\sqrt{\frac{k}{\lambda}}$, $y\frac{k}{\lambda}$, $y\left(\sqrt{\frac{k}{\lambda}} + \sqrt{\frac{k'}{\lambda'}}\right)^2$, $y\left(1 - \sqrt{\frac{k}{\lambda}}\right)^2$ sont données chacune en fonction de k par des équations du sixième degré, dont les racines satisfont aux relations (31) (Jacobi, *Notices sur les Fonctions elliptiques, Journal de Crelle*, t. III).

La théorie des fonctions elliptiques donne chacune de ces équations : et en les comparant au type général (32), on aura les valeurs correspondantes de A, B, C.

Ainsi, par exemple, l'équation qui détermine y, dont les racines sont données par la formule $\left(\frac{\sin am 4\Omega \sin am 8\Omega}{\sin co am 4\Omega \sin co am 8\Omega}\right)^2$ (*Fundamenta*), est la suivante :

$$(y-1)^4(y-5) + 2^4k^2k'^2y = 0,$$

et l'on aura

$$A = 1, \quad B = 0, \quad C = -2^4k^2k'^2.$$

D'autre part celle qui détermine $y\left(\sqrt{\frac{k}{\lambda}} + \sqrt{\frac{k'}{\lambda'}}\right)^2 = x$, et dont les racines sont $\left(\frac{\cos am 2\Omega}{\cos am 4\Omega} - \frac{\cos am 4\Omega}{\cos am 2\Omega}\right)^2$, est la suivante :

$$x^6 - \frac{160}{k^2k'^2}x^3 - 2^8\frac{1-16k^2k'^2}{k^4k'^4}x + 5.2^8\frac{1}{k^4k'^4} = 0, \tag{33}$$

et l'on aura

$$A = 0, \quad B = -\frac{16}{k^2k'^2}, \quad C = 2^8\frac{1-16k^2k'^2}{k^4k'^4}.$$

Or il est aisé de déterminer la fonction φ et le module k de telle sorte que l'équation (33) coïncide avec l'équation (32). Posons en effet

$$v = m_1 v_1 + m_2 v_2,$$

m_1 et m_2 étant des constantes, et v_1, v_2 des fonctions cycliques quelconques. La condition $A = 0$ détermine $\frac{m_1}{m_2}$ par une équation du second degré : la relation

$$\frac{C^3}{B^6} = -16 \frac{(1-16k^2k'^2)^2}{k^2k'^2},$$

dont le premier membre dépend seulement de $\frac{m_1}{m_2}$, donne $k^2k'^2$, d'où l'on déduit k^2 par une équation bicarrée : enfin la condition

$$\frac{C^3}{B^3} = -\frac{16(1-16k^2k'^2)^2}{k^2k'^2}$$

achève de déterminer m_1 et m_2 par une équation du second degré.

Degrés supérieurs.

513. Théorème. — *La résolution des équations générales d'un degré supérieur au cinquième ne peut être ramenée à celle des équations desquelles dépend la division des fonctions circulaires ou elliptiques.*

En effet, l'équation générale du degré q, après l'adjonction de la racine carrée de son discriminant, est simple, et a pour ordre $\frac{1.2\ldots q}{2}$. Supposons maintenant qu'après lui avoir adjoint les racines d'un certain nombre d'équations auxiliaires A, B,... insuffisantes pour la résoudre, on lui adjoigne en dernier lieu celles de l'équation D de laquelle dépend la division par un nombre premier p d'une certaine fonction F circulaire ou elliptique. Cette nouvelle adjonction ne la résoudra pas davantage.

En effet, l'équation proposée étant simple, et n'étant pas résolue après l'adjonction des racines des équations A, B,..., son groupe ne sera pas abaissé par ces adjonctions. Supposons maintenant que la fonction F soit circulaire : la résolution de l'équation D revient à la résolution successive de trois équations abéliennes (§ I). La résolution de toute équation abélienne dépendant elle-même de celle d'équations abéliennes de degré premier (403-407), l'équation proposée devrait être résoluble par l'adjonction des racines d'une suite d'équations abéliennes de degré premier. Cela est absurde : car si la résolution d'une équation abélienne de degré premier π pouvait abaisser le groupe de la proposée, elle entraînerait sa résolution complète : et réciproquement la résolution de la proposée entraînerait celle de l'équation abélienne (celle-ci étant évidemment simple). Ces deux équations seraient donc équivalentes, et leurs groupes contiendraient le même nombre de substitutions (381); d'où

$$\frac{1.2\ldots q}{2} = \pi :$$

résultat absurde, π étant premier.

Si F est une fonction elliptique, l'équation $D = 0$, de degré p^2, dépend (§ II) d'une suite d'équations simples, toutes abéliennes, sauf l'une d'elles C, dont le groupe a pour ordre $\frac{(p^2-1)p}{2}$. La résolution des équations abéliennes ne pouvant abaisser le groupe de la proposée, il faudra que celle de l'équation C le fasse. Donc cette équation sera équivalente à la proposée : donc les groupes de ces deux équations contiennent le même nombre de substitutions : d'où

$$\frac{1.2\ldots q}{2} = \frac{(p^2-1)p}{2},$$

résultat absurde si $q > 5$: car $\frac{1.2\ldots q}{2}$ étant divisible par p, on aura $p \overline{\lesssim} q$, d'où $p(p^2-1) < 1.2\ldots q$.

514. On voit de même que *l'équation générale du degré q ne peut être résolue à l'aide des équations qui donnent la division des fonctions hyperelliptiques par un nombre impair.* En effet l'équation E de la division par p des fonctions hyperelliptiques à $2n$ périodes, ayant pour groupe le groupe abélien, dépend d'une suite d'équations simples, toutes abéliennes, sauf l'une d'elles, dont l'ordre est $\frac{(p^{2n}-1)p^{2n-1}\ldots(p^2-1)p}{2}$ (224). Pour que cette équation procurât la résolution de l'équation générale du degré q, il faudrait qu'on eût

$$\frac{(p^{2n}-1)p^{2n-1}\ldots(p^2-1)p}{2} = \frac{1.2\ldots q}{2},$$

résultat absurde; car si $1.2\ldots q$ est divisible par $p^{2n-1}\ldots p$, le second membre de cette relation surpassera toujours le premier.

Remarquons toutefois que cette démonstration pourrait être en défaut, s'il existait entre les modules de la fonction hyperelliptique considérée des relations particulières abaissant le groupe de l'équation E.

515. Théorème. — *La résolution de l'équation générale*

$$X = x^q + ax^{q-1} + \ldots = 0$$

se ramène, après l'adjonction d'irrationnelles numériques qui ne dépendent que de q, à celle de l'équation E *qui donne la bissection des périodes des fonctions hyperelliptiques formées avec la racine carrée de* X.

En effet, les racines de E, étant des fonctions monodromes de celles de X, ne pourront contenir dans leur expression que des irrationnelles numériques. Adjoignons-nous ces irrationnelles : les racines de E deviendront des fonctions rationnelles de celles de X. Adjoignons-les à l'équation X : le groupe de cette dernière équation sera réduit à celles de ses substitutions qui laissent invariables toutes les racines de E, c'est-à-dire à la seule substitution 1.

516. Nous terminerons en signalant une réduite de l'équation générale du huitième degré, qui paraît devoir jouer dans l'étude de cette équation le même rôle que la réduite du n° 509 pour l'équation du cinquième degré.

Soit X l'équation proposée du huitième degré; adjoignons-lui la racine carrée de son discriminant : son groupe se réduira au groupe alterné, contenant $\frac{1.2\ldots8}{2} = \Omega$ substitutions. Cela posé, représentons les racines de X par le symbole xyz, où x, y, z sont variables de 0 à 1; et considérons le groupe G formé par les substitutions

$$(34)\quad | x, y, z \quad \alpha x + \beta y + \gamma z + \delta,\ \alpha' x + \beta' y + \gamma' z + \delta',\ \alpha'' x + \beta'' y + \gamma'' z + \delta'' |,$$

qui sont en nombre $\omega = 2^3(2^3 - 1)(2^3 - 2)(2^3 - 2^2)$, et contenues dans le groupe alterné. Une fonction φ des racines, invariable par les substitutions de G, dépendra d'une équation Y, de degré $\frac{\Omega}{\omega} = 15$, dont les coefficients s'exprimeront rationnellement en fonction de ceux de X et de la racine carrée de son discriminant.

Désignons, pour abréger, par a, b, c, d, e, f, g, h celles des racines de X qui étaient d'abord désignées par 110, 001, 011, 111, 010, 100, 000 : et représentons par le symbole $\lambda\mu\nu\rho\pi$ ce que devient la fonction φ lorsqu'on y remplace a, b, c, d, e par $\lambda, \mu, \nu, \rho, \pi$ sans changer les autres racines f, g, h. Il est aisé de voir que les quinze racines de l'équation Y seront

$$(35)\quad \begin{cases} abcde, & abdec, & abecd, & baced, & badce, \\ baedc, & cbaed, & cbdae, & cbeda, & dbcea, \\ dbace, & dbeac, & ebcad, & ebdca, & ebadc, \end{cases}$$

et de se rendre compte de la manière dont ces racines sont permutées entre elles par les diverses substitutions du groupe de X. En effet, considérons, par exemple, la substitution (bcd). Elle transforme $abcde$ en $acdbe$; mais cette dernière expression ne diffère pas de $abced$; car la fonction $abcde = \varphi$ étant invariable par la substitution

$$|\, x, y, z \quad x+z, y, z \,| = (bd)(ec),$$

on aura $abcde = adebc$, identité qui ne sera pas troublée lorsqu'on y opérera l'une des substitutions du groupe de X, telle que (bcd); donc $acdbe = abecd$. On verra de même que (bcd) transforme $abecd$ en $abdec$, etc.

Désignons maintenant les quinze quantités (35) par les symboles suivants :

$$(36)\quad \begin{cases} 1000, & 0100, & 1100, & 0010, & 0001, \\ 0011, & 1010, & 1101, & 0111, & 1110, \\ 0101, & 1011, & 0110, & 1001, & 1111, \end{cases}$$

et considérons la somme ψ des trente-cinq produits ternaires, tels que

$$xyzu . x_1 y_1 z_1 u_1 . x_2 y_2 z_2 u_2,$$

que l'on peut former avec ces quantités, en observant les conditions suivantes :

$$x + x_1 + x_2 \equiv y + y_1 + y_2 \equiv z + z_1 + z_2 \equiv u + u_1 + u_2 \equiv 0 \pmod{2}.$$

On vérifiera sans aucune peine que l'expression ψ ne sera altérée par aucune des substitutions du groupe de X. (Il suffira de faire cette vérification pour les substitutions (abc), (bcd), (cde), $(cdefg)$ dont les autres sont dérivées.) Donc le groupe de Y sera exclusivement formé de substitutions qui n'altèrent pas ψ.

Cela posé, l'équation Y étant équivalente à X, a dans son groupe le même nombre Ω de substitutions. D'un autre côté, les substitutions

$$(37) \qquad \begin{vmatrix} x, y & lx + my + nz + pu, & l_1 x + m_1 y + n_1 z + p_1 u \\ z, u & l_2 x + m_2 y + n_2 z + p_2 u, & l_3 x + m_3 y + n_3 z + p_3 u \end{vmatrix},$$

en nombre $15.14.12.8 = \Omega$, n'altèrent évidemment pas ψ. Enfin le nombre total des substitutions qui n'altèrent pas ψ ne peut dépasser Ω. Car le nombre des systèmes de places distincts que ces substitutions permettent d'assigner aux racines 1000, 0100 ne dépasse pas 15.14; celles d'entre elles qui laissent ces deux racines immobiles laissent évidemment immobile la racine 1100, qui leur est associée dans un des termes de φ; elles ne permettent donc de faire passer 0010 à plus de 12 places distinctes; de même, celles des substitutions cherchées qui laissent 1000, 0100, 0010 immobiles laissent immobiles les sept racines de la forme $xyz0$; elles ne permettent donc de faire passer 0001 à plus de 8 places distinctes; enfin celles des substitutions cherchées qui laissent 1000, 0100, 0010 et 0001 immobiles, laissant toutes les racines immobiles, se réduiront à la seule substitution 1.

Le groupe de Y sera donc exclusivement formé des substitutions linéaires (37), et les contiendra toutes.

LIVRE QUATRIÈME.

DE LA RÉSOLUTION PAR RADICAUX.

LIVRE QUATRIÈME.

DE LA RÉSOLUTION PAR RADICAUX.

CHAPITRE PREMIER.

CONDITIONS DE RÉSOLUBILITÉ.

517. Une équation est dite *résoluble par radicaux* si l'on peut rendre ses racines rationnelles par l'adjonction des racines d'une suite d'équations binômes.

On peut supposer que les équations binômes auxiliaires sont toutes de degré premier; car la résolution d'une équation binôme de degré pq revient évidemment à la résolution successive de deux équations binômes, de degrés p et q.

Nous appellerons *groupes résolubles* ceux qui caractérisent des équations résolubles par radicaux.

518. Théorème I. — *Toute équation abélienne de degré premier p est résoluble par radicaux.*

Soient en effet X une semblable équation;

$$x_0, \quad x_1 = \varphi(x_0), \ldots, \quad x_{p-1} = \varphi(x_{p-2}) = \varphi^{(p-1)}(x_0)$$

ses racines; θ une racine $p^{ième}$ de l'unité; r un entier quelconque : la fonction

$$\varphi = [x_0 + \theta^r x_1 + \ldots + \theta^{(p-1)r} x_{p-1}]^p$$

est évidemment invariable par la substitution $(x_0 x_1 \ldots x_{p-1})$ dont les puissances forment le groupe de X. Elle s'exprime donc rationnellement en fonction de θ et des coefficients de X. On obtiendra aisément sa valeur en remplaçant $x_1, \ldots, x_{p-1}$ par leurs valeurs en fonction de x_0, ce qui la réduira à la forme $\psi(x_0, \theta)$. On aura donc l'égalité

$$\varphi = \psi(x_0, \theta),$$

qui ne sera pas troublée si l'on exécute sur ses deux membres l'une des puissances de la substitution $(x_0 x_1 \ldots x_{p-1})$: on aura donc

$$\varphi = \psi(x_0, \theta) = \psi(x_1, \theta) = \ldots = \frac{\psi(x_0, \theta) + \psi(x_1, \theta) + \ldots}{p} = u_r,$$

u_r étant une fonction symétrique de $x_0, x_1, \ldots, x_{p-1}$.

Cette fonction étant calculée, il viendra

$$x_0 + \theta^r x_1 + \ldots + \theta^{(p-1)r} x_{p-1} = \sqrt[p]{u_r}.$$

Posons successivement $r = 1, 2, \ldots, p-1$: on aura $p-1$ équations linéaires distinctes, qui, jointes à celle-ci :

$$x_0 + x_1 + \ldots + x_{p-1} = \mathrm{P}$$

(où P est la fonction connue des coefficients de X qui représente la somme des racines), permettront de déterminer toutes les racines.

Pour avoir x_ρ, on ajoutera ces équations, respectivement multipliées par $\theta^{-\rho}, \ldots, \theta^{-r\rho}, \ldots, 1$; divisant ensuite par p, il viendra

$$x_\rho = \frac{\mathrm{P} + \theta^{-\rho} \sqrt[p]{u_1} + \ldots + \theta^{-r\rho} \sqrt[p]{u_r} + \ldots}{p}.$$

Cette expression contient $p-1$ radicaux de degré p : mais ces radicaux sont des fonctions rationnelles d'un seul d'entre eux, de telle sorte que la valeur de celui-ci étant prise arbitrairement, celle des autres est complétement déterminée. En effet, la fonction

$$\sqrt[p]{u_r} (\sqrt[p]{u_1})^{p-r} = (x_0 + \theta^r x_1 + \ldots)(x_0 + \theta x_1 + \ldots)^{p-r},$$

n'étant pas altérée par la substitution $(x_0 x_1 \ldots x_{p-1})$, est rationnelle, et se calcule comme tout à l'heure la fonction φ. Soit a_r sa valeur, on aura

$$\sqrt[p]{u_r} = \frac{a_r}{u_1} (\sqrt[p]{u_1})^r.$$

519. Théorème II. — *Pour qu'une équation soit résoluble par radicaux, il faut et il suffit que sa résolution se ramène à celle d'une suite d'équations abéliennes de degré premier.*

Cette condition est nécessaire. Car chacune des équations binômes de degré premier qui concourent à la résolution de la proposée, peut se résoudre à l'aide de deux équations abéliennes successives (417) dont l'une est de degré premier. Quant à l'autre, sa résolution se ramène à celle d'une suite d'équations abéliennes de degré premier.

Cette condition est suffisante : car les équations abéliennes dont dépend la proposée étant résolubles par radicaux, la proposée le sera.

Voici deux autres énoncés du même théorème :

520. Théorème III. — *Pour qu'une équation soit résoluble par radicaux, il faut et il suffit que ses facteurs de composition soient tous premiers.*

Car soient X une équation résoluble par radicaux; G son groupe; N son ordre. Adjoignons-lui successivement les racines des équations abéliennes qui concourent à sa résolution : son groupe s'abaissera successivement jusqu'à ne plus contenir que la substitution 1. Soient H, I,... les groupes réduits successifs; $\frac{N}{\lambda}$, $\frac{N}{\lambda\mu}$,... leurs ordres; Z l'équation abélienne de degré premier p telle, que l'adjonction de ses racines réduise le groupe de la proposée à H. Réciproquement l'adjonction des racines de X à l'équation Z réduira l'ordre du groupe de cette dernière, en la divisant par λ (378). Mais cet ordre est égal à p (358); et, pour qu'il soit divisible par λ, il faut qu'on ait $\lambda = p$. On voit de même que μ,... sont des nombres premiers. D'ailleurs les substitutions de G sont permutables à H (376); celles de H le sont à I; etc. Donc λ, μ,... sont les facteurs de composition de G.

Réciproquement, si l'équation X a ses facteurs de composition λ, μ,... tous premiers, soient G, H, I,... les groupes successifs d'ordres N, $\frac{N}{\lambda}$, $\frac{N}{\lambda\mu}$,... et tels, que chacun d'eux soit contenu dans le précédent, et permutable à ses substitutions. Une fonction des racines de X, invariable par les substitutions de H, dépend d'une équation Z de degré λ et d'ordre λ (366 et 370). Mais par hypothèse, λ est premier : le groupe de Z se réduira donc aux puissances d'une substitution circulaire d'ordre λ. Cette équation sera donc abélienne et de degré premier. Enfin sa résolution réduira le groupe de la proposée à H.

Cela fait, une fonction des racines de la proposée invariable par les substitutions de I dépendra d'une équation abélienne de degré μ, dont la résolution réduira le groupe de la proposée à I; etc.

521. Corollaire I. — *Tout groupe* Γ *contenu dans un groupe résoluble* G *est lui-même résoluble.* Car ses facteurs de composition, divisant ceux de G (392) qui sont premiers, seront eux-mêmes premiers.

522. Corollaire II. — *L'équation générale du degré n n'est pas résoluble par radicaux si $n > 4$.* Car ses facteurs de composition, 2 et $\frac{1.2\ldots n}{2}$, ne sont pas tous premiers.

523. Corollaire III. — *L'équation générale du troisième degré est résoluble par radicaux.* Car ses facteurs de composition, 2 et 3, sont premiers.

Lagrange la résout comme il suit. Soient

$$x^3 + px^2 + qx + r = 0$$

l'équation proposée; x_0, x_1, x_2 ses racines; θ une racine cubique de l'unité. Les deux fonctions $(x_0 + \theta x_1 + \theta^2 x_2)^3$, $(x_0 + \theta^2 x_1 + \theta x_2)^3$, invariables par la substitution circulaire $(x_0 x_1 x_2)$, sont les racines d'une équation du second degré

$$[y - (x_0 + \theta x_1 + \theta^2 x_2)^3][y - (x_0 + \theta^2 x_1 + \theta x_2)^3] = 0,$$

dont les coefficients, symétriques en x_0, x_1, x_2, sont des fonctions rationnelles des coefficients de la proposée. Tout calcul fait, il vient

$$y^2 + (2p^3 - 3pq + 27r)y + (p^2 - 3q)^3 = 0.$$

Cette équation étant résolue, soient u_1, u_2 ses racines : il viendra

$$\begin{aligned} x_0 + \theta x_1 + \theta^2 x_2 &= \sqrt[3]{u_1}, \\ x_0 + \theta^2 x_1 + \theta x_2 &= \sqrt[3]{u_2}, \\ x_0 + x_1 + x_2 &= -p, \end{aligned}$$

d'où

$$(1) \qquad x_\rho = \frac{1}{3}\left(-p + \theta^{2\rho}\sqrt[3]{u_1} + \theta^\rho \sqrt[3]{u_2}\right).$$

On a d'ailleurs

$$\sqrt[3]{u_1}\sqrt[3]{u_2} = (x_0 + \theta x_1 + \theta^2 x_2)(x_0 + \theta^2 x_1 + \theta x_2) = p^2 - 3q,$$

relation qui détermine le second radical en fonction du premier. Substituant cette valeur dans les formules (1), on voit que x_0, x_1, x_2 seront données par la formule

$$x = \frac{1}{3}\left(-p + \sqrt[3]{u_1} + \frac{p^2 - 3q}{\sqrt[3]{u_1}}\right),$$

en assignant successivement au radical cubique les trois valeurs dont il est susceptible.

524. Théorème IV. — *Pour qu'une équation soit résoluble par radicaux, il faut et il suffit que son groupe puisse être considéré comme dérivant d'une échelle de substitutions* $1, a, b, \ldots, f, g$, *telles : 1° que chacune d'elles soit permutable au groupe dérivé des précédentes; 2° que la première de ses puissances successives qui sont contenues dans ledit groupe soit de degré premier.*

Soit en effet X une équation résoluble par radicaux. Soient $N, \frac{N}{\lambda}, \frac{N}{\lambda\mu}, \ldots$ les ordres respectifs de son groupe G et des groupes H, I,... auxquels il se réduit par l'adjonction successive des racines des équations abéliennes auxiliaires qui servent à résoudre la proposée. Soient $h_1, \ldots, h_\rho, \ldots$ les substitutions de H; g une substitution de G qui ne fasse pas partie de H; g^q la première de ses puissances qui soit contenue dans H. Le groupe G_1, dérivé de la combinaison de g avec H, a évidemment $q\frac{N}{\lambda}$ substitutions distinctes, de la forme $g^\alpha h_\rho$, où α peut varier de 0 à $q-1$, et ρ de 1 à $\frac{N}{\lambda}$. Mais G_1 est contenu dans G, dont l'ordre est N; donc $q\frac{N}{\lambda}$ divise N; donc, λ étant premier, on aura $q = \lambda$ et $G_1 = G$. Donc G résulte de la combinaison de H avec g, qui lui est permutable, et dont la puissance λ, de degré premier, est la première qui fasse partie de H.

On voit de même que H résulte de la combinaison de I avec une substitution f permutable à I, et telle, que la première de ses puissances qui fasse partie de I ait pour degré le nombre premier μ; etc.

Réciproquement, si G résulte de la combinaison des substitutions $1, a, b, \ldots, f, g$ satisfaisant aux conditions énoncées au théorème, on aura une suite de groupes

$$G, \quad H = (1, a, b, \ldots, f), \ldots, \quad (1, a, b), \; (1, a), \; 1,$$

d'ordres $N, \frac{N}{\lambda}, \frac{N}{\lambda\mu}, \ldots$ ($\lambda, \mu, \ldots$ étant premiers) et tels, que chacun d'eux soit contenu dans le précédent et permutable à ses substitutions : $\lambda, \mu, \ldots$ seront donc les facteurs de composition de G; et l'équation correspondante sera résoluble par radicaux. (Théorème III.)

C'est sous cette dernière forme que Galois a signalé la condition nécessaire et suffisante pour la résolubilité par radicaux.

525. Théorème V. — *Tout groupe* Λ, *isomorphe à un groupe résoluble* L, *est lui-même résoluble.*

Car soit $1, a, b, c, \ldots$ l'échelle de substitutions dont L est dérivé : chacune d'elles étant permutable au groupe dérivé des précédentes, on aura une suite de relations telles que

$$b^{-1}ab = a^m, \quad c^{-1}ac = b^n a^p, \quad c^{-1}bc = b^q a^r, \ldots.$$

Les substitutions $1, \alpha, \beta, \gamma, \ldots$, respectivement correspondantes à $1, a, b, c, \ldots$ dans le groupe Λ, satisferont aux relations analogues

$$\beta^{-1}\alpha\beta = \alpha^m, \quad \gamma^{-1}\alpha\gamma = \beta^n\alpha^p, \quad \gamma^{-1}\beta\gamma = \beta^q\alpha^r, \ldots,$$

et, par suite, formeront l'échelle d'un groupe résoluble.

Réciproquement, *si le groupe* Λ *est résoluble, et isomorphe à un autre groupe* L ; *si en outre le groupe* F *formé par celles des substitutions de* L *qui correspondent dans* Λ *à la substitution* 1 *est résoluble,* L *sera résoluble.*

Soient en effet $1, \alpha, \beta, \gamma, \ldots$ l'échelle de substitutions dont Λ est dérivé ; $1, f, \ldots$ celles dont F est dérivé ; $a, b, c, \ldots$ des substitutions de L, arbitrairement choisies parmi celles qui correspondent respectivement à $\alpha, \beta, \gamma, \ldots$. Le groupe L sera dérivé des substitutions $1, f, \ldots, a, b, c, \ldots$ et sera résoluble.

En effet, soient s une substitution quelconque de L, σ celle qui lui correspond, s' la substitution dérivée de $a, b, c, \ldots$ de la même manière que σ l'est de $\alpha, \beta, \gamma, \ldots$. On aura $s = s'\varphi$, φ étant une substitution de L, qui ait pour correspondante l'unité, et qui, par suite, est dérivée de $1, f, \ldots$. Donc s est dérivée de $1, f, \ldots, a, b, c, \ldots$.

Il reste à prouver que cette échelle caractérise un groupe résoluble. Prouvons par exemple que b est permutable au groupe dérivé de $1, f, \ldots, a$. Le groupe Λ étant résoluble, on a une relation telle que $\beta^{-1}\alpha\beta = \alpha^m$. On en déduit $b^{-1}ab = a\varphi$, φ ayant pour correspondante l'unité, et par suite étant dérivée de $1, f, \ldots$. De même, $b^{-1}fb$ ayant pour correspondante l'unité, est dérivée de $1, f, \ldots$. Donc b est permutable au groupe $(1, f, \ldots, a)$.

526. Théorème VI. — *Si* $\mathfrak{F}$ *est un faisceau de substitutions contenu dans le groupe résoluble* L, *et permutable à toutes ses substitutions, on pourra toujours choisir l'échelle des substitutions* $1, a, b, c, \ldots$ *dont l'adjonction successive reproduit le groupe* L, *de telle sorte que les substitutions de* $\mathfrak{F}$ *soient les premières introduites.*

Supposons en effet, pour fixer les idées, que le groupe dérivé de $1, a, b$ ne contienne aucune substitution de $\mathfrak{F}$ (sauf l'unité, qu'il contient nécessairement), mais que l'adjonction d'une nouvelle substitution c en introduise une : c étant permutable au groupe $(1, a, b)$, cette substitution pourra être ramenée à la forme $c^\gamma m$, m étant une substitution du groupe $(1, a, b)$ (37).

1° *Celles des substitutions du groupe* $(1, a, b, c)$ *qui appartiennent à* $\mathfrak{F}$ *se réduisent aux puissances de* $c^\gamma m$. En effet, considérons l'une d'elles : on peut la mettre sous la forme $c^\delta m_1$, où m_1 désigne une substitution du groupe $(1, a, b)$.

Or on a généralement (37)

$$c^\delta m_1 (c^\gamma m)^\alpha = c^{\alpha\gamma+\delta} m_2,$$

m_2 étant encore une substitution du groupe $(1, a, b)$. On sait d'ailleurs qu'il existe une puissance c^μ de c qui fait également partie de ce groupe, et que l'exposant μ est premier. On pourra donc déterminer le paramètre α de telle sorte que $\alpha\gamma + \delta \equiv 0 \pmod{\mu}$; et la substitution $c^\delta m_1 (c^\gamma m)^\alpha$ fera elle-même partie du groupe $(1, a, b)$. D'ailleurs elle fera partie du faisceau $\mathfrak{F}$, si $c^\delta m$ en fait partie ainsi que $c^\gamma m$; et comme, par hypothèse, ce faisceau n'a aucune substitution commune avec le groupe $(1, a, b)$, sauf l'unité, on aura

$$c^\delta m_1 (c^\gamma m)^\alpha = 1, \quad \text{d'où} \quad c^\delta m_1 = (c^\gamma m)^{-\alpha}.$$

2° *Toutes les substitutions* $(1, a, b, c)$ *sont permutables au faisceau* f *dérivé de* $c^\gamma m$ *et de ses puissances*. En effet, le faisceau f', transformé de f par l'une quelconque de ces substitutions, doit faire partie à la fois du faisceau $\mathfrak{F}$ auquel cette substitution est permutable et du groupe $(1, a, b, c)$; il se confond donc avec f.

3° Il résulte de là que le *groupe dérivé de l'échelle de substitutions suivante* : $1, c^\gamma m, a, b$ *est résoluble*. D'ailleurs ce groupe est identique à celui dérivé de $1, a, b, c$. En effet, d'une part, la substitution $c^\gamma m$ dérive de la combinaison des substitutions a, b, c; d'autre part, c dérive de la combinaison de $c^\gamma m, a, b$. En effet, soit $\beta\gamma \equiv 1 \pmod{\mu}$, on aura

$$(c^\gamma m)^\beta = c^{\beta\gamma} m = cm', \quad \text{d'où} \quad c = (c^\gamma m)^\beta m'^{-1},$$

m' étant une substitution dérivée de $1, a, b$. Chacun des deux groupes contient donc toutes les substitutions d'où l'autre est dérivé.

Adjoignons maintenant au groupe partiel $(1, c^\gamma m, a, b)$ une nouvelle substitution d. Supposons, pour fixer les idées, que cette adjonction introduise de nouvelles substitutions de la forme $\mathcal{F}$. Soit $d^\delta n$ l'une d'elles, n étant une substitution dérivée de $c^\gamma m, a, b$.

On démontrera exactement comme tout à l'heure :

1° Qu'aucune des substitutions introduites avec d, à l'exception de celles qui dérivent de la combinaison de $c^\gamma m$ et de $d^\delta n$, ne fera partie du faisceau $\mathcal{F}$;

2° Que toutes les substitutions $(1, c^\gamma m, a, b, c)$ sont permutables au faisceau dérivé de $c^\gamma m$ et $d^\delta n$;

3° Que les substitutions $1, c^\gamma m, d^\delta n, a, b$ forment l'échelle d'un groupe résoluble identique au groupe $(1, a, b, c, d)$.

Continuant ainsi, on voit qu'on pourra modifier l'échelle génératrice du groupe L de manière à faire passer en avant toutes les substitutions de $\mathcal{F}$ à mesure qu'elles seront introduites. Le théorème est donc démontré.

527. Théorème VII. — *Soient* $L, L_1, \ldots$ *des groupes résolubles, et tels, que les substitutions de chacun d'eux soient permutables aux groupes suivants : le groupe* $(L, L_1, \ldots)$, *dérivé de leur combinaison, sera résoluble.*

Il suffit évidemment d'établir le théorème pour le cas de deux groupes, L, L_1. Soient $1, a, b, \ldots$ et $1, a_1, b_1, \ldots$ les échelles de substitutions génératrices des deux groupes L, L_1. Les substitutions de L étant évidemment permutables au groupe L, et l'étant au groupe L_1, par hypothèse, seront permutables au faisceau $\mathcal{F}$ formé par les substitutions communes à ces deux groupes. On pourra donc supposer l'échelle $1, a, b, \ldots$ construite de telle sorte que les substitutions de $\mathcal{F}$ soient les premières introduites. Supposons, pour fixer les idées, que $\mathcal{F}$ soit dérivé des substitutions $1, a$. Les substitutions $1, a_1, b_1, \ldots, b, \ldots$ forment une échelle dont (L, L_1) est dérivé, et qui satisfait évidemment aux conditions du Théorème IV.

528. Théorème VIII. — *Soient* L *un groupe résoluble;* $\mathcal{L}$ *un groupe contenu dans* L *et permutable à toutes ses substitutions (ce peut être* L *lui-même);* $\mathcal{F}$ *un faisceau contenu dans le groupe* $\mathcal{L}$ *et ne renfermant qu'une partie de ses substitutions, et qui, de plus, soit permutable à toutes les substitutions de* L : *on pourra déterminer un faisceau* $\mathcal{G}$ *jouissant des propriétés suivantes :* 1° *il contient toutes les substitutions de* $\mathcal{F}$, *jointes à d'autres substitutions;* 2° *il est contenu dans* $\mathcal{L}$; 3° *il est permutable à toutes les substitutions de* L; 4° *deux quelconques de ses substitutions* g *et* g' *satisfont à une relation de la forme* $gg' = g'gf$, f *désignant une substitution du faisceau* $\mathcal{F}$.

Nous exprimerons d'une manière abrégée cette dernière propriété, en disant que les substitutions g et g' sont *échangeables, aux substitutions* $\mathcal{F}$ *près*.

Démonstration. — D'après le théorème précédent, nous pouvons former l'échelle $1, a, b, c, d, e, \ldots$, génératrice de L, de telle sorte que les premières substitutions introduites soient celles du groupe $\mathcal{L}$, et, parmi ces dernières, celles du faisceau $\mathcal{F}$. Supposons donc, pour fixer les idées, que le faisceau $\mathcal{F}$ soit dérivé des trois premières substitutions de la série, $1, a, b$; le groupe $\mathcal{L}$ contenant par hypothèse des substitutions qui ne font pas partie de $\mathcal{F}$, la substitution suivante c fera partie de ce groupe.

Adjoignons maintenant à $1, a, b$ la suite des substitutions $c, d, e, \ldots$, et formons la série des groupes partiels successifs

$$(1, a, b, c), \quad (1, a, b, c, d), \quad (1, a, b, c, d, e), \ldots.$$

529. Nous établirons d'abord la proposition suivante :

Si dans l'un de ces groupes partiels, $(1, a, b, c, d) = \mathrm{H}$ *par exemple, on peut déterminer un faisceau* Γ *jouissant des propriétés suivantes :* 1° *de contenir toutes les substitutions de* $\mathcal{F}$, *jointes à d'autres substitutions;* 2° *d'être contenu dans* $\mathcal{L}$; 3° *d'être permutable à toutes les substitutions du groupe partiel* H; 4° *d'avoir toutes ses substitutions échangeables entre elles aux* $\mathcal{F}$ *près, on pourra déterminer, dans le groupe partiel suivant,* $(1, a, b, c, d, e) = \mathrm{I}$, *un faisceau* Γ_1 *jouissant, par rapport à ce nouveau groupe, des mêmes propriétés, et l'on pourra s'élever ainsi progressivement d'un groupe partiel à l'autre, jusqu'à ce qu'on ait reproduit le groupe* L *et le faisceau correspondant* $\mathcal{G}$, *dont l'existence se trouvera ainsi démontrée.*

Si le faisceau Γ correspondant au groupe partiel H peut être choisi de diverses manières, tout en satisfaisant aux quatre conditions fondamentales, nous choisirons pour notre démonstration une des manières pour lesquelles le nombre de ses substitutions est *minimum*.

Adjoignons la substitution suivante e; supposons-la non permutable à Γ; car, si elle l'était, la proposition serait immédiatement démontrée pour le groupe I. Soient Γ' le faisceau transformé de Γ par e; Γ'' le faisceau transformé de Γ', etc. La série de ces faisceaux sera nécessairement limitée, car soit e^{μ} la première puissance de e qui appartienne à H; elle sera, par hypothèse, permutable à Γ. Donc $\Gamma^{(\mu)} = \Gamma$.

Cela posé : 1° le faisceau Γ_1 dérivé de l'ensemble des substitutions Γ,

$\Gamma', \ldots, \Gamma^{(\mu-1)}$ contient toutes les substitutions $\mathcal{I}$, jointes à d'autres substitutions : cela est évident, puisqu'il contient toutes les substitutions de Γ.

2° Il est contenu dans le groupe $\mathfrak{L}$, car les substitutions Γ sont comprises dans ce groupe, et leurs transformées $\Gamma', \Gamma'', \ldots$ par les substitutions e, $e^2, \ldots$, permutables à $\mathfrak{L}$, y seront également comprises.

3° Il est permutable aux substitutions de I. En effet Γ est permutable aux substitutions de H; Γ', transformé de Γ par e, le sera à celles du groupe transformé de H par e : mais ce groupe transformé est identique au groupe H : donc Γ' et de même $\Gamma'', \ldots$ seront permutables aux substitutions de H. D'ailleurs e transforme Γ en Γ', Γ' en $\Gamma'', \ldots$. Le faisceau Γ_1 est donc permutable à toutes les substitutions de I.

4° Enfin les substitutions de Γ_1 sont échangeables entre elles, aux $\mathcal{I}$ près.

En effet, soient, en premier lieu, deux substitutions γ', δ', appartenant à un même faisceau partiel, Γ' par exemple. Posons

$$\gamma'\delta' = \delta'\gamma'\varphi,$$

φ étant une substitution inconnue à déterminer : cette équation, transformée par $e^{\mu-1}$, donnera

$$e^{1-\mu}\gamma' e^{\mu-1} . e^{1-\mu}\delta' e^{\mu-1} = e^{1-\mu}\delta' e^{\mu-1} . e^{1-\mu}\gamma' e^{\mu-1} . e^{1-\mu}\varphi e^{\mu-1}.$$

Les deux substitutions $e^{1-\mu}\gamma' e^{\mu-1}$, $e^{1-\mu}\delta' e^{\mu-1}$ font partie du faisceau Γ : elles sont donc échangeables entre elles, aux $\mathcal{I}$ près; $e^{1-\mu}\varphi e^{\mu-1}$ fera donc partie du faisceau $\mathcal{I}$. Sa transformée φ par $e^{1-\mu}$, qui est permutable à $\mathcal{I}$, fera également partie de ce faisceau.

Soient maintenant deux substitutions γ, γ' appartenant à des faisceaux partiels différents Γ et Γ'. La substitution γ' faisant partie du groupe H sera permutable au faisceau Γ. On a donc

$$\gamma'^{-1}\gamma\gamma' = \delta,$$

δ étant une substitution de Γ. On en déduit

$$\gamma'\delta\gamma^{-1} = \gamma\gamma'\gamma^{-1} = (\gamma^{-1})^{-1}\gamma'\gamma^{-1}.$$

Or la substitution γ^{-1} fait partie du groupe H, dont les substitutions sont permutables au faisceau Γ'. La transformée de γ' par γ^{-1}, $\gamma'\delta\gamma^{-1}$, fera donc partie de ce faisceau, et, comme γ' en fait partie de son côté, $\delta\gamma^{-1}$ en fera partie également. D'ailleurs δ et γ font partie du faisceau Γ. La substitution $\delta\gamma^{-1}$ sera donc commune aux deux faisceaux Γ et Γ'.

Mais les substitutions communes à ces deux faisceaux ne sont autres que les $\mathfrak{F}$. En effet, d'une part, les substitutions de $\mathfrak{F}$ faisant partie de Γ et la substitution e les transformant les unes dans les autres, elles feront toutes partie de Γ'. D'autre part, Γ et Γ' n'ont aucune autre substitution commune; car ces substitutions communes, faisant partie de Γ, seraient évidemment échangeables entre elles, aux $\mathfrak{F}$ près, et seraient toutes contenues dans $\mathfrak{L}$: elles formeraient un faisceau Δ contenant toutes les substitutions de $\mathfrak{F}$, jointes à d'autres substitutions; enfin Δ serait permutable à toutes les substitutions de H, car chacune de ces dernières substitutions, étant permutable à la fois à Γ et à Γ', transformerait les substitutions de Δ, communes à ces deux groupes, en substitutions également communes à ces deux groupes, et qui, par suite, reproduiraient, à l'ordre près, celles de Δ. Le faisceau Δ, qui contient moins de substitutions que Γ, jouirait donc des mêmes propriétés fondamentales, ce qui est contraire à notre point de départ.

On aura donc

$$\delta\gamma^{-1} = f \quad \text{ou} \quad \delta = f\gamma, \quad \text{d'où} \quad \gamma\gamma' = \gamma' f \gamma = \gamma'\gamma f_1,$$

f, f_1 désignant des substitutions convenablement choisies dans le faisceau $\mathfrak{F}$.

530. Cela posé, le premier groupe partiel $(1, a, b, c)$ contient toutes les substitutions de $\mathfrak{F}$, jointes à c : il est contenu dans $\mathfrak{L}$; il est permutable à ses propres substitutions; enfin celles-ci sont échangeables entre elles, aux $\mathfrak{F}$ près. Car ses substitutions sont toutes de la forme $c^\lambda f$, où f désigne une des substitutions de $\mathfrak{F}$; et c étant permutable aux $\mathfrak{F}$, si l'on pose en général

$$c^\lambda f . c^{\lambda'} f' = c^{\lambda'} f' . c^\lambda f . \varphi,$$

la substitution

$$\varphi = (c^{\lambda'} f' . c^\lambda f)^{-1} . c^\lambda f . c^{\lambda'} f' = c^{-\lambda-\lambda'+\lambda+\lambda'} f_1 = f_1$$

se réduit à une substitution de $\mathfrak{F}$.

Le faisceau Γ correspondant à ce groupe partiel sera donc ce groupe lui-même : en s'élevant ensuite de proche en proche par la méthode que nous venons d'exposer, on démontrera le théorème.

531. Théorème IX. — *Pour qu'un groupe* L *soit résoluble, il faut et il suffit qu'on puisse former une suite de groupes* 1, F, G, H,..., L *se terminant par* L, *et jouissant des propriétés suivantes* : 1° *chacun de ces groupes est contenu dans le suivant, et permutable aux substitutions de* L; 2° *deux quelconques de ses substitutions sont échangeables entre elles, aux substitutions près du groupe précédent.*

Supposons en effet que L soit résoluble. Posons, dans le théorème précédent, $\mathfrak{L} = L$, et prenons pour le faisceau $\mathfrak{F}$ la substitution unique 1. Nous en conclurons l'existence d'un faisceau plus général F, également permutable aux substitutions de L, et dont les substitutions sont échangeables entre elles. Prenons ensuite $\mathfrak{F} = F$, nous conclurons de même l'existence d'un faisceau plus général G, contenu dans L et permutable à ses substitutions, et dont les substitutions soient échangeables entre elles, aux F près; etc.

Réciproquement, supposons que le groupe L remplisse les conditions indiquées au théorème. Soient a une substitution d'ordre premier, choisie arbitrairement dans F; b une substitution de F, autre que les puissances de a, et telle, que la première de ses puissances qui se réduise à une puissance de a soit de degré premier; c une substitution de F, non contenue dans le groupe (a, b), et telle, que la première de ses puissances qui fasse partie de ce groupe soit de degré premier, etc. Soient de même a_1 une substitution de G, non contenue dans F, et telle, que la première de ses puissances qui fasse partie de ce groupe soit de degré premier; etc. Il est clair que l'échelle des substitutions $1, a, b, c, \ldots, a_1, \ldots$ satisfait aux conditions du Théorème IV. Donc L, qui en dérive, est résoluble.

532. Supposons que nous ayons formé, pour un degré donné, le tableau de tous les groupes résolubles et transitifs les plus généraux. Chacun d'eux caractérisera un type distinct d'équations irréductibles résolubles par radicaux. Les groupes résolubles et transitifs, non généraux, caractériseront des types d'équations plus spéciaux, et contenus dans les précédents comme cas particuliers. Soient en effet L un groupe résoluble, transitif et général: A un groupe résoluble et transitif contenu dans L. Si une équation a pour groupe A, toute fonction de ses racines invariable par les substitutions de A, et *a fortiori* toute fonction invariable par les substitutions de L, sera exprimable rationnellement. L'équation proposée satisfera donc à toutes les conditions qui caractérisent les équations dont le groupe est L. Pour que son groupe se réduise à A, elle devra satisfaire en outre à d'autres conditions accessoires, étrangères à la question de résolubilité par radicaux.

En cherchant à déterminer les divers types généraux d'équations solubles par radicaux, nous sommes donc conduits au problème suivant :

PROBLÈME A. — *Construire explicitement pour chaque degré donné les divers groupes résolubles, transitifs et généraux.*

Ce problème se lie étroitement aux deux suivants :

PROBLÈME B. — *Construire les groupes résolubles et primaires les plus généraux, contenus dans le groupe linéaire.*

PROBLÈME C. — *Construire les groupes résolubles et primaires les plus généraux, contenus dans les groupes abélien ou hypoabéliens.*

Nous verrons en effet que la solution de chacun de ces trois problèmes pour un degré quelconque, lorsqu'elle ne s'obtient pas immédiatement, dépend directement de la solution des mêmes problèmes pour des nombres beaucoup moindres. La méthode que nous établirons pour cet objet donne en même temps la solution des autres questions suivantes :

1° *Déterminer les ordres respectifs des groupes obtenus ;*

2° *Les énumérer ;*

3° *Les répartir en classes, genres, ordres, etc.*

Cette méthode est essentiellement fondée sur le théorème IX. Nous nous élèverons progressivement à la connaissance des groupes cherchés en construisant successivement les faisceaux F, G, H,.... Cette marche présente les avantages suivants : d'une part, les propriétés particulières à chacun de ces faisceaux facilitent sa détermination; d'autre part, les substitutions de L étant assujetties à la condition d'être permutables à chacun de ces faisceaux, le champ des recherches se limitera de plus en plus à chaque pas fait vers la solution. Cette simplification n'aurait pas lieu, si l'on prenait pour point de départ le théorème IV, ainsi que le faisait Galois.

CHAPITRE II.

RÉDUCTION DU PROBLÈME A.

§ I. — Groupes primitifs.

533. Soit L un groupe résoluble et primitif. Nous avons vu qu'on peut y déterminer un faisceau F formé de substitutions échangeables entre elles, et permutable aux substitutions de L (531). Si cette détermination peut se faire de plusieurs manières, nous choisirons une de celles pour lesquelles l'ordre de F est minimum.

F contient des substitutions d'ordre premier (30). Soient A l'une d'elles; p son ordre; A, B,... ses transformées par les substitutions de L. Le groupe (A, B,...), contenu dans F, a ses substitutions échangeables entre elles; il est évidemment permutable aux substitutions de L. Il se confond donc avec F; sans quoi l'ordre de F ne serait pas le minimum supposé.

L étant primitif, F sera transitif (53). En outre, ses substitutions sont toutes d'ordre p (la substitution 1 exceptée). Car soit $A^\alpha B^\beta, \ldots$ l'une d'elles : on aura

$$(A^\alpha B^\beta \ldots)^p = A^{\alpha p} B^{\beta p} \ldots = 1.$$

L'ordre de F est donc une puissance de p, telle que p^n (40).

Enfin chacune de ses substitutions, l'unité exceptée, déplace toutes les racines : car si l'une d'elles, S, laisse immobile la racine a, soient b une autre racine quelconque, T une substitution de F qui remplace a par b; la substitution $T^{-1} ST = S$ laissera b immobile. Donc S, laissant immobile une quelconque des racines, se réduit à l'unité.

Le degré de l'équation sera p^n. Car F, étant transitif, contiendra au moins une substitution qui permette de remplacer une racine a par une autre racine quelconque, b : mais il n'en contient qu'une; car s'il en contenait deux T et U, il contiendrait TU^{-1}, qui laisse a immobile, sans se réduire à l'unité, ce qui n'est pas possible. Le nombre des racines est donc précisément égal au nombre p^n des substitutions de F.

Cela posé, les substitutions de F pourront (407-408) se mettre sous la forme

$$| x, y, \ldots \quad x+\alpha, y+\beta, \ldots |;$$

et celles de L, étant permutables à F, résulteront (**119**) de la combinaison de F avec des substitutions de la forme linéaire

$$| x, y, \ldots \quad ax+by+\ldots, a'x+b'y+\ldots, \ldots |.$$

Enfin le groupe partiel formé par ces dernières substitutions sera primaire, par définition.

§ II. — Groupes non primitifs.

534. Soit L un groupe résoluble, transitif et général, mais non primitif. S'il existe plusieurs manières de répartir les racines en systèmes tels, que chaque substitution de L remplace les racines de chaque système par celles d'un même système, nous choisirons parmi ces modes de répartition un de ceux où le nombre q des systèmes est minimum : soit r le nombre de racines de chacun d'eux.

Les racines pourront être distinguées les unes des autres par deux indices u et v, l'indice u, variable de o à $q-1$, caractérisant les divers systèmes; tandis que l'indice v, variable de o à $r-1$, servira à distinguer entre elles les racines d'un même système.

Chacune des substitutions de L sera de la forme

$$l = | u, v \quad \varphi(u), \psi(u, v) |.$$

1° Écrivons, en regard de chacune de ces substitutions, la suivante

$$\lambda = | u \quad \varphi(u) |$$

entre q lettres auxiliaires caractérisées par un seul indice u variable de o à $q-1$, de telle sorte que chaque lettre corresponde à l'un des systèmes de racines du groupe L. Le groupe Λ formé par les substitutions λ, étant évidemment isomorphe à L, sera résoluble (**525**). Il sera en outre transitif; car les substitutions de L, permutant transitivement toutes les racines, devront *a fortiori* permuter transitivement les systèmes. Enfin, il sera primitif; en effet, s'il ne l'était pas, on pourrait, en remplaçant l'indice unique u par deux indices u_1 et u_2 convenablement choisis, mettre toutes les substitutions de Λ sous la forme

$$| u_1, u_2 \quad \varphi_1(u_1), \varphi_2(u_1, u_2) |,$$

et par suite les substitutions de L sous la forme

$$| u_1, u_2, v \quad \varphi_1(u_1), \varphi_2(u_1, u_2), \psi_1(u_1, u_2, v) |;$$

d'où l'on voit qu'en réunissant ensemble toutes les racines pour lesquelles l'indice u_1 est le même, on aurait, contrairement à notre supposition, une répartition en systèmes dont le nombre serait inférieur à q.

2° Le groupe A étant primitif, il résulte du § I : 1° que q est une puissance p^n d'un nombre premier p; 2° qu'on peut remplacer l'indice unique u par n indices $x, y, \ldots$, variant chacun de o à $p-1$, et choisis de telle sorte que les substitutions de A soient toutes de la forme linéaire

$$| x, y, \ldots \quad ax+by+\ldots+\alpha, a'x+b'y+\ldots+\beta, \ldots |;$$

en outre, ce groupe A contiendra toutes les substitutions du faisceau

$$| x, y, \ldots \quad x+\alpha, y+\beta, \ldots |.$$

Supposons, pour fixer les idées, que n se réduise à 2. Les substitutions de L prendront la forme

$$| x, y, v \quad ax+by+\alpha, a'x+b'y+\beta, \varphi(x, y, v) |,$$

3° Considérons en particulier parmi ces substitutions celles de la forme

$$| x, y, v \quad x+\alpha, y+\beta, \varphi(x, y, v) |.$$

Elles forment évidemment un groupe E auquel toutes les autres sont permutables. On pourra donc les faire passer en avant lorsque l'on construira l'échelle génératrice de L (526).

4° Considérons plus spécialement encore les substitutions, s'il en existe, qui ne déplacent pas les systèmes : elles sont de la forme

$$| x, y, v \quad x, y, \varphi(x, y, v) |,$$

et sont comprises parmi les E. Elles forment évidemment un groupe F auquel toutes les autres sont permutables. On pourra douc les faire passer en avant de toutes les autres.

535. Proposition I. — *S'il existe des substitutions* F *qui ne déplacent pas les systèmes, soit f l'une d'elles, qui s'obtienne en exécutant simultanément certains déplacements $f_0, f_1, \ldots$ dans l'intérieur des divers systèmes* $S_0, S_1, \ldots$

entre les racines qui les composent. Chacune des substitutions partielles $f_0, f_1, \ldots$, considérée isolément, devra faire partie de F.

En effet, soit $f' = f'_0 f'_1 \ldots$ une autre substitution de F; les déplacements que la substitution ff' fait éprouver aux racines des systèmes $S_0, S_1, \ldots$ seront respectivement $f_0 f'_0, f_1 f'_1, \ldots$. Le groupe F, contenu dans L, étant résoluble, chacun des groupes partiels $(f_0, f'_0, \ldots)$, $(f_1, f'_1, \ldots)$, ... qui lui sont isomorphes, sera résoluble (525); d'ailleurs ces groupes, déplaçant chacun de son côté des racines différentes, sont échangeables entre eux : le groupe $\mathfrak{F} = (f_0, f'_0, \ldots, f_1, f'_1, \ldots)$, dérivé de leur combinaison, est donc résoluble (527).

Toutes les substitutions de L sont permutables à $\mathfrak{F}$ comme elles le sont à F. Soit en effet l une de ces substitutions : la transformée de f par l, $l^{-1} f l = l^{-1} f_0 l . l^{-1} f_1 l \ldots$, doit faire partie du groupe F. Donc les déplacements qu'elle fait subir aux racines dans chacun des divers systèmes font partie du groupe $\mathfrak{F}$. Or les déplacements relatifs aux systèmes auxquels l fait succéder $S_0, S_1, \ldots$ sont respectivement $l^{-1} f_0 l$, $l^{-1} f_1 l, \ldots$. Chacune de ces substitutions fait donc partie du groupe $\mathfrak{F}$.

Le groupe dérivé de la combinaison de $\mathfrak{F}$ avec les substitutions de L sera donc résoluble. Il serait d'ailleurs, contre l'hypothèse, plus général que L, si toutes les substitutions $\mathfrak{F}$ n'étaient pas comprises dans L, et par suite dans F.

La proposition est donc démontrée.

536. Adjoignons maintenant successivement aux substitutions de F les autres substitutions du groupe, en commençant par celles dont E est dérivé. La première sera de la forme

$$A = | \; x, y, v \quad x+1, y, \varphi(x, y, v) \; |.$$

On peut simplifier cette forme. En effet, les diverses valeurs de l'indice v peuvent être réparties d'une manière entièrement arbitraire entre les racines de chaque système. On peut donc admettre : 1° qu'on laisse cette répartition arbitraire dans tous ceux des systèmes pour lesquels le premier indice x est égal à zéro; 2° qu'on donne à chaque racine du système caractérisé par les indices $1, y$, le même indice v qu'à celle des racines du système caractérisé par les indices $0, y$, à laquelle A la fait succéder; 3° qu'on donne de même à chaque racine du système $2, y$, le même indice qu'à celle du système $1, y$, à laquelle A la fait succéder, etc., jusqu'au système $p-1, y$. La fonction $\varphi(x, y, v)$ se réduira donc à v, quel que soit y, pour toutes les valeurs de x à l'exception de $p-1$, auquel cas elle sera égale à une fonction de y et v, telle que $\psi(y, v)$.

Cela posé, A est le produit de deux autres substitutions

$$A_1 = | x, y, v \quad x, y, \varphi(x, y, v) |, \quad \mathcal{A} = | x, y, v \quad x+1, y, v |,$$

dont la première A_1 fait partie du groupe F. En effet,

$$A^p = | x, y, v \quad x, y, \psi(y, v) |$$

fait partie de F : les déplacements qu'elle fait subir aux racines des systèmes dont le premier indice x est $p-1$, considérées isolément, feront partie de F (Proposition I) ; or A_1 représente précisément l'ensemble de ces déplacements.

Les substitutions du groupe à cette période de l'opération s'obtiendront donc en combinant F avec $\mathcal{A}$.

537. Introduisons la substitution suivante

$$B = | x, y, v \quad x, y+1, \varphi_1(x, y, v) |.$$

Nous avons laissé arbitraire la valeur à assigner à l'indice v pour chacune des racines des systèmes pour lesquels le premier indice x est nul : laissons encore ce choix arbitraire dans le système pour lequel $x=0, y=0$; mais donnons à chaque racine du système caractérisé par les indices 0, 1, le même indice v qu'à celle du système 0, 0, à laquelle B la fait succéder : donnons de même à chaque racine du système caractérisé par les indices 0, 2, le même indice v qu'à celle du système 0, 1, à laquelle B la fait succéder, etc. La fonction $\varphi_1(x, y, v)$ se trouvera réduite à v lorsque $x=0$ pour toutes les valeurs de y, excepté pour $y=p-1$, auquel cas elle se réduira à une fonction de v, telle que $\psi_1(v)$.

Cela posé, B sera le produit : 1° d'une substitution B_1 qui laisse toutes les racines immobiles, à l'exception de celles $(0, p-1, v)$, dont les deux premiers indices sont 0 et $p-1$, qu'elle remplacera respectivement par $(0, p-1, \psi_1[v])$; 2° d'une substitution

$$B' = | x, y, v, \quad x, y+1, \varphi'_1(x, y, v) |,$$

la fonction φ'_1 se réduisant à v pour $x=0$, quels que soient y et v.

On voit aisément que B_1 n'est autre chose que l'ensemble des déplacements que la substitution B^p, qui fait partie du groupe F, fait éprouver aux racines dont les deux premiers indices sont o et $p-1$; donc B_1 fait partie de F (Proposition I). On obtiendra donc le même résultat en adjoignant au groupe (F, $\mathcal{A}$) la substitution B, ou la substitution simplifiée $B'=B_1^{-1}B$. Cette dernière substitution devra, de même que B, être permutable au groupe (F, $\mathcal{A}$), ce qui permettra de déterminer la fonction $\varphi'_1(x, y, v)$ pour les valeurs de x autres que zéro.

Soit, en effet, donnée la condition

$$B'^{-1}\mathcal{A}B'=\mathcal{A}^{\alpha}f\,(^*) \quad \text{ou} \quad \mathcal{A}B'f^{-1}=B'\mathcal{A}^{\alpha},$$

en désignant par f l'une des substitutions de F. Soit

$$f^{-1}=|\ x, y, v \quad x, y, \chi(x, y, v)\ |:$$

on aura

$$\mathcal{A}B'f^{-1}=|\ x, y, v \quad x+1, y+1, \chi[x+1, y+1, \varphi'_1(x+1, y, v)]|,$$
$$B'\mathcal{A}^{\alpha}=|\ x, y, v \quad x+\alpha, y+1, \varphi'_1(x, y, v)\ |.$$

Pour que ces deux substitutions soient identiques, on devra avoir d'un côté $\alpha=1$, et de l'autre

$$\varphi'_1(x, y, v)=\chi[x+1, y+1, \varphi'_1(x+1, y, v)].$$

Cette équation peut servir à déterminer de proche en proche la valeur de la fonction φ'_1 pour $x=p-1, p-2,\ldots$, en partant de sa valeur initiale pour $x=0$.

Pour $x=p-1$, on aura

$$\varphi'_1(p-1, y, v)=\chi[0, y+1, \varphi'_1(0, y, v)]=\chi(0, y+1, v).$$

B' remplacera ainsi en général la racine $(p-1, y, v)$ par la racine $(p-1, y+1, \chi[0, y+1, v])$. Soit B'_1 une substitution qui laisse toutes les racines immobiles, sauf celles $(p-1, y+1, v)$, dont le premier indice est $p-1$, et qui remplace celles-ci respectivement par

$$(p-1, y+1, \chi[0, y+1, v]).$$

Posons $B'=B''B'_1$, B'' étant une nouvelle substitution : la substitution $B''=B'B_1'^{-1}$ sera de la forme

$$B''=|\ x, y, v \quad x, y+1, \varphi''_1(x, y, v)\ |,$$

(*) $\mathcal{A}$ étant permutable à F, toutes les substitutions du groupe (F, $\mathcal{A}$) sont de la forme $\mathcal{A}^{\alpha}f$.

la fonction φ'_1 se réduisant à v pour $x = 0$ et $x = p - 1$, quels que soient y, $z, \ldots, v$.

Cela posé, la substitution B'_1 fait partie du groupe F. En effet, $\mathcal{A}$ étant permutable à F, la transformée

$$\mathcal{A}^{-1} f^{-1} \mathcal{A} = | x-1, y, v \quad x-1, y, \chi(x, y, v) | = | x, y, v \quad x, y, \chi(x+1, y, v) |$$

de f^{-1} par $\mathcal{A}$ fera elle-même partie du groupe F. Les déplacements qu'elle fait subir aux racines des systèmes dont le premier indice est $p - 1$, considérées isolément, font partie de F (Proposition I). Mais l'ensemble de ces déplacements est précisément B'_1.

On obtiendra donc le même résultat en adjoignant au groupe $(F, \mathcal{A})$ la substitution B', ou la substitution simplifiée B''.

On voit exactement de même que l'on peut poser $B'' = B'''B''_1$, B''' étant une substitution de la forme

$$| x, y, v \quad x, y+1, \varphi'''_1(x, y, v) |,$$

dans laquelle la fonction φ'''_1 se réduit à v toutes les fois que $x = 0$ ou $= p - 1$ ou $= p - 2$; et B''_1 étant une substitution de F.

On obtiendra encore le même résultat en adjoignant au groupe $(F, \mathcal{A})$ la substitution B'' ou la substitution simplifiée B'''.

En poursuivant ainsi, on arrivera à une dernière substitution $\mathcal{B}$, où la fonction φ se réduit à v pour toutes les valeurs de x. Le groupe dérivé de la combinaison de F, $\mathcal{A}$, $\mathcal{B}$ sera encore le même que celui dérivé de la combinaison de F, $\mathcal{A}$, B.

Nous pouvons donc énoncer le résultat suivant :

Proposition II. — *Les substitutions de* E *résultent de la combinaison de* F *avec les substitutions de la forme*

$$\mathcal{A}^{\alpha}\mathcal{B}^{\beta} = | x, y, v \quad x+\alpha, y+\beta, v |.$$

538. Soit maintenant

$$H = | x, y, v \quad ax + by + \delta, a'x + b'y + \delta', \psi(x, y, v) |$$

l'une quelconque des substitutions du groupe L; elle doit être permutable à E. On aura donc, entre autres relations, la suivante :

$$H^{-1}\mathcal{A}H = \text{une substitution de E, telle que } f\mathcal{A}^{\alpha}\mathcal{B}^{\beta},$$

ou, en remarquant que H est permutable au groupe partiel F,

$$\mathcal{A}\mathrm{H} = \mathrm{H} f \mathcal{A}^\alpha \mathcal{B}^\beta = f' \mathrm{H} \mathcal{A}^\alpha \mathcal{B}^\beta,$$

$f' = | \ x, y, v \quad x, y, \chi'(x, y, v) \ |$ étant une substitution de F. Or on a

$$\mathcal{A}\mathrm{H} = | \ x, y, v \quad a(x+1) + by + \delta, \ a'(x+1) + b'y + \delta', \ \psi(x+1, y, v) \ |,$$
$$f'\mathrm{H}\mathcal{A}^\alpha \mathcal{B}^\beta = | \ x, y, v \quad ax + by + \delta + \alpha, \ a'x + b'y + \delta' + \beta, \ \psi[x, y, \chi'(x, y, v)] \ |.$$

Pour que ces deux substitutions soient identiques, on aura, entre autres équations de condition, celle-ci :

$$\psi(x+1, y, v) = \psi[x, y, \chi'(x, y, v)].$$

On trouverait de même

$$\psi(x, y+1, v) = \psi[x, y, \chi''(x, y, v)].$$

$f'' = | \ x, y, v \quad x, y, \chi''(x, y, v) \ |$ étant une substitution de F.

Ces équations de condition permettent de déterminer de proche en proche les valeurs de la fonction $\psi(x, y, v)$, lorsqu'on connaît sa valeur initiale pour $x = 0$, $y = 0$.

On aura ainsi, en posant $x = 0$, $y = 0$,

$$\psi(1, 0, v) = \psi[0, 0, \chi'(0, 0, v)].$$

D'où l'on voit que la substitution H est le produit de deux autres :

La première, G, laissant toutes les racines immobiles, sauf celles de la forme $(1, 0, v)$, qu'elle remplace respectivement par $(1, 0, \chi'[0, 0, v])$;

La seconde

$$\mathrm{H}' = | \ x, y, v \quad ax + by + \delta, \ a'x + b'y + \delta', \ \psi'(x, y, v) \ |,$$

où la fonction $\psi'(x, y, v)$ est égale à $\psi(x, y, v)$ pour toutes les valeurs de x, y, v, excepté pour $x = 1$, $y = 0$, auquel cas on a

$$\psi'(1, 0, v) = \psi(0, 0, v) = \psi'(0, 0, v).$$

D'ailleurs G fait partie du groupe F. Car la transformée de f' par $\mathcal{A}$,

$$\mathcal{A}^{-1} f' \mathcal{A} = | \ x+1, y, v \quad x+1, y, \chi'(x, y, v) \ |,$$

en fait partie; les déplacements qu'elle fait subir aux racines du système 1, 0, considérés isolément, en feront partie (Proposition I) : or ce système de déplacements est précisément G.

On démontrera de même que la substitution H′ est le produit de deux autres, dont l'une, G′, fait partie de F, tandis que l'autre, H″, est égale à

$$| \; x, y, v \quad ax + by + \delta, \; a'x + b'y + \delta', \; \psi''(x, y, v) \; |,$$

la fonction ψ'' satisfaisant à la condition

$$\psi''(2, 0, 0, v) = \psi''(1, 0, 0, v) = \psi''(0, 0, 0, v);$$

et, continuant ainsi, on arrivera enfin à décomposer H en une série de substitutions G, G′,..., H_1, faisant toutes partie de F, à l'exception de la dernière,

$$H_1 = | \; x, y, v \quad ax + by + \delta, \; a'x + b'y + \delta', \; \psi_1(y, v) \; |,$$

où la fonction ψ_1 reste la même pour toutes les valeurs de x.

On décomposera de même H_1 en substitutions G_1, G'_1,..., H_2, faisant toutes partie de F, excepté la dernière, qui sera de la forme

$$H_2 = | \; x, y, v \quad ax + by + \delta, \; a'x + b'y + \delta', \; \psi_2(v) \; |.$$

Cette dernière substitution se décompose elle-même en deux autres, échangeables entre elles

$$I = | \; x, y, v \quad x, y, \psi_2(v) \; |,$$
$$J = | \; x, y, v \quad ax + by + \delta, \; a'x + b'y + \delta, \; v \; |.$$

Nous obtenons donc le résultat suivant :

PROPOSITION III. — *Les substitutions du groupe* L *s'obtiennent toutes par la combinaison des substitutions de* F *avec des substitutions telles que* IJ, I′J′,... : J, J′,... *étant des substitutions qui permutent les systèmes entre eux, en remplaçant les unes par les autres les racines affectées du même indice* v; I, I′,... *étant au contraire des substitutions qui laissent les systèmes immobiles, en permutant entre elles, simultanément et de la même manière, les racines correspondantes de chacun d'eux.*

539. 1° Soient IJ et I′J′ deux substitutions de la forme ci-dessus contenues dans le groupe L, IJ.I′J′ leur produit. Les déplacements d'ensemble que cette dernière substitution fait subir aux systèmes seront évidemment représentés par JJ′, et les déplacements des racines dans l'intérieur des systèmes le seront par II′; d'ailleurs le groupe dérivé de IJ, I′J′,... étant contenu dans L.

est résoluble : chacun des deux groupes (I, I',...), (J, J',...) isomorphes à celui-là, le sera donc également (525).

2° Les deux groupes (I, I',...), (J, J',...) ont leurs substitutions respectivement échangeables entre elles : le groupe (I, I',..., J, J',...), résultant de leur combinaison, sera donc résoluble (527).

3° Enfin toutes les substitutions I, I',..., J, J',... sont permutables à F. Les substitutions IJ, I'J' l'étant, il suffira, pour établir cette proposition, de montrer que J, J',..., ou, ce qui revient au même, J^{-1}, J'^{-1},... le sont.

Or chaque substitution de F résulte de la combinaison de substitutions partielles $f_0, f_1,\ldots$ déplaçant chacune les racines d'un seul système. Ces substitutions partielles, considérées isolément, font elles-mêmes partie du faisceau F (Proposition I). Si nous prouvons que la transformée de chacune d'elles par J^{-1} en fait également partie, J^{-1} sera évidemment permutable à ce groupe.

Soit donc f une substitution qui laisse toutes les racines immobiles, excepté les racines (μ, ν, v) du système caractérisé par les indices μ, ν, qu'elle remplace respectivement par $(\mu, \nu, \varphi[v])$; sa transformée par J^{-1} laisse toutes les racines immobiles, à l'exception des suivantes :

$$(a\mu + b\nu + \delta,\ a'\mu + b'\nu + \delta',\ v),$$

qu'elle remplace respectivement par $(a\mu + b\nu + \delta,\ a'\mu + b'\nu + \delta',\ \varphi[v])$; et l'on voit aisément que cette substitution est identique à la transformée de f par

$$\mathcal{A}^{\mu - (a\mu + b\nu + \delta)}\ \mathcal{B}^{\nu - (a'\mu + b'\nu + \delta')},$$

laquelle fait partie de F.

4° Les observations précédentes montrent que le groupe dérivé des substitutions F, I, I',..., J, J',... est résoluble (527) : il contient toutes les substitutions de L; et comme nous admettons qu'il ne peut être plus général, il devra se confondre avec L.

Mais les substitutions de L qui ne déplacent pas les systèmes sont les F; dans le groupe (F, I, I',..., J, J',...), ce sont les F combinées aux I, I',.... Pour que les deux groupes soient identiques, il faut donc que les substitutions I, I',... rentrent toutes dans F.

Nous obtenons donc la proposition suivante :

Proposition IV. — *Toutes les substitutions de* L *résultent de la combinaison des substitutions* F, J, J',....

540. Soit Δ le groupe formé par les substitutions J, J' : ces substitutions permutent les systèmes entre eux, en remplaçant les unes par les autres les racines correspondantes; elles forment entre ces systèmes, considérés chacun comme un tout d'une seule pièce, un groupe résoluble et primitif (534).

Le groupe F est dérivé de substitutions qui ne déplacent chacune que les racines d'un seul système. Soient respectivement Γ_0, $\Gamma_1, \ldots$ les groupes formés en réunissant celles de ces substitutions qui déplacent les racines du premier système, du second, etc.; F résultera de la combinaison de ces groupes partiels, qui seront tous résolubles (521).

Les groupes Γ_0, $\Gamma_1, \ldots$ sont les transformés d'un seul d'entre eux, tel que Γ_0, par les substitutions $\mathcal{A}^\alpha \mathcal{B}^\beta$. En effet, ces substitutions permutent transitivement les systèmes. Soit S celle de ces substitutions qui fait succéder le premier système au second, par exemple. Il est clair que la transformée par S d'une substitution quelconque de Γ_0 appartiendra à Γ_1, et que, réciproquement, toute substitution dont la transformée appartient à Γ_1 appartient elle-même à Γ_0 : donc S transforme Γ_0 en Γ_1. Le groupe L est donc dérivé des seules substitutions Δ et Γ_0.

541. *Soient réciproquement Δ et Γ_0 deux groupes résolubles quelconques formés comme ci-dessus : le groupe résultant de leur combinaison sera résoluble.*

En effet, les premières substitutions de Δ, telles que $\mathcal{A}^x \mathcal{B}^y$, transformeront respectivement Γ_0 en une suite de groupes analogues, Γ_0, $\Gamma_1, \ldots$ déplaçant respectivement les racines de chacun des systèmes. Ces groupes déplaçant des lettres différentes, leurs substitutions seront mutuellement échangeables : ils formeront donc, par leur réunion, un groupe résoluble, F, auquel les substitutions $\mathcal{A}^x \mathcal{B}^y$ seront évidemment permutables. Les autres substitutions de Δ le seront également (539). Le groupe L, dérivé de F et de Δ, ou, ce qui revient au même, de Γ_0 et de Δ, sera donc résoluble.

Pour que L soit aussi général que possible, il faudra évidemment que les deux groupes Δ et Γ_0 aient été, chacun de son côté, choisis aussi généraux que possible. Enfin, *le groupe Γ_0 doit être transitif.* Car si ses substitutions ne permettaient de faire succéder à une racine donnée qu'une partie des racines du premier système, ces substitutions combinées à celles de Δ ne permettraient de lui faire succéder que ces mêmes racines et les racines correspondantes des autres systèmes. Le groupe L ne serait donc pas transitif.

Remarque. — Si Δ et Γ_0 contiennent respectivement Ω et O substitutions, F en contiendra évidemment O^q, et L en contiendra ΩO^q, toutes de la forme $\delta\gamma_0\gamma_1\ldots$, où δ, γ_0, $\gamma_1, \ldots$, sont respectivement des substitutions arbitrairement choisies dans les groupes Δ, Γ_0, $\Gamma_1, \ldots$.

542. En récapitulant ce qui précède, on obtient le théorème suivant :

THÉORÈME I. — *Soient* L *un groupe résoluble transitif et général, mais non primitif, de degré* M ; q *le nombre des systèmes (dans celle des répartitions, s'il en existe plusieurs, pour laquelle ce nombre est minimum)*; r *le nombre des racines de chaque système. Le groupe* L *résultera de la combinaison de deux groupes partiels :*

1° *Un groupe* Δ *dont les substitutions déplacent les systèmes d'un mouvement d'ensemble, sans altérer l'ordre des racines dans chacun d'eux; les déplacements des* q *systèmes formant un groupe résoluble, primitif et général;*

2° *Un groupe* Γ_0 *laissant toutes les racines immobiles, sauf celles d'un seul système, le premier par exemple, qu'il permute entre elles, et à l'égard desquelles il est résoluble, transitif et général.*

L'ordre de L *sera* ΩO^q; Ω *et* O *étant les ordres de* Δ *et de* Γ_0.

543. Si Γ_0 n'est pas primitif, que q_0 soit le nombre des systèmes, $r_0 = \frac{r}{q_0}$ le nombre des racines de chacun d'eux, le groupe Γ_0 peut à son tour se décomposer en deux autres Δ_0 et Γ_{00}, dont le premier permutera les q_0 systèmes entre eux d'une manière primitive; l'autre permutera entre elles les r_0 racines d'un même système : si ce dernier n'est pas primitif, on pourra poursuivre la réduction, etc.

On obtient ainsi le théorème suivant :

THÉORÈME II. — *La détermination des groupes résolubles, généraux et transitifs, mais non primitifs, de degré* M, *relatifs à une décomposition quelconque du nombre* M *en facteurs successifs* $q, q_0, q_{00}, \ldots$, *se ramène à celle des groupes primitifs* $\Delta, \Delta_0, \Delta_{00}, \ldots$ *de degrés* $q, q_0, q_{00}, \ldots$.

Remarque I. — Pour que cette détermination soit possible, il faut que chacun des facteurs $q, q_0, \ldots$ soit une puissance de nombre premier (533).

Remarque II. — Soient respectivement $\Omega, \Omega_0, \Omega_{00}, \ldots$ les ordres des groupes $\Delta, \Delta_0, \Delta_{00}, \ldots$; celui du groupe non primitif formé au moyen de ceux-là sera évidemment $\Omega\,\Omega_0^q\,\Omega_{00}^{qq_0}\ldots$.

CHAPITRE III.

RÉDUCTION DU PROBLÈME B.

§ I. — Groupes décomposables.

544. Soit $n = \lambda m$: un groupe contenu dans le groupe linéaire de degré p^n sera dit *décomposable*, si l'on peut déterminer λ systèmes de m fonctions linéaires des indices, réelles et distinctes, et telles, que chaque substitution du groupe remplace les fonctions de chacun de ces systèmes par des fonctions linéaires de celles d'un même système.

545. Soit L un groupe résoluble, primaire et général de degré p^n. Supposons-le décomposable : s'il existe plusieurs manières d'y déterminer des systèmes de fonctions jouissant de la propriété ci-dessus, nous choisirons, pour y appliquer nos raisonnements, une de celles où le nombre λ des systèmes est *minimum* (en restant > 1).

Soient $x_0, y_0, \ldots; \ldots; x_r, y_r, \ldots; \ldots$ les λm fonctions considérées. Nous les prendrons pour indices indépendants, et, pour éviter toute confusion, nous appellerons l'indice r, qui varie de 0 à $\lambda - 1$, suivant le système auquel appartient la fonction considérée, l'*indicateur* de ce système.

Chaque substitution du groupe L, telle que

$$M = | \ldots, x_r, y_r, \ldots \quad \ldots, a_r x_\rho + b_r y_\rho + \ldots, a'_r x_\rho + b'_r y_\rho + \ldots, \ldots |,$$

est le produit de deux autres :

$$N = | \ldots, x_r, y_r, \ldots \quad \ldots, x_\rho, y_\rho, \ldots |,$$

$$P = | \ldots, x_r, y_r, \ldots \quad \ldots, a_r x_r + b_r y_r + \ldots, a'_r x_r + b'_r y_r + \ldots, \ldots |,$$

dont la première remplace les indices de chaque système par les indices correspondants d'un autre système, et dont la seconde remplace les indices de chaque système par des fonctions linéaires de ces mêmes indices.

546. Soient NP, N'P',... les substitutions de L : les déplacements d'ensemble opérés sur les systèmes par les substitutions N, N′,... forment un groupe Δ, évidemment isomorphe à L, et, par suite, résoluble.

Δ *sera transitif* : car, s'il ne l'était pas, on pourrait grouper les systèmes en classes, en réunissant ensemble ceux que les substitutions de Δ permutent entre eux : cela posé, il est clair que les substitutions de L remplaceraient les indices appartenant aux systèmes d'une même classe par des fonctions linéaires de ces mêmes indices; donc L ne serait pas primaire (**142**).

Δ *sera primitif* : car, s'il ne l'était pas, on pourrait grouper les systèmes en systèmes plus généraux, ou *hypersystèmes*, tels, que chaque substitution de Δ remplaçât les indices de chaque hypersystème par les indices d'un même hypersystème. Les substitutions P, P′,..., de leur côté, remplacent les indices de chaque système par des fonctions linéaires d'indices appartenant à ce même système, et, *a fortiori*, au même hypersystème. Les substitutions NP, N′P′,... remplaceraient donc les indices de chaque hypersystème par des fonctions de ceux d'un même hypersystème. Le nombre des hypersystèmes étant inférieur à λ, λ ne serait plus le minimum supposé (**545**).

Δ étant primitif, le nombre λ des systèmes sera une puissance exacte d'un nombre premier π (**533**). Soit, par exemple, $\lambda = \pi^2$. Si l'on remplace l'indicateur unique r par deux indicateurs ξ, η variant chacun de o à $\pi - 1$, Δ résultera (**533**) de la combinaison :

1° D'un faisceau E dont les substitutions remplacent le système $(\xi\eta)$ par le système $(\xi+\alpha, \eta+\beta)$, α, β étant des entiers constants qui changent d'une substitution à l'autre, et prennent chacun toute la suite des valeurs $0, \ldots, \pi - 1 \pmod{\pi}$;

2° D'un groupe H dont les substitutions, permutables à E, remplacent en général le système $(\xi\eta)$ par le système $(a\xi + b\eta, a'\xi + b'\eta)$; a, b, a', b' étant des entiers constants pour une même substitution.

Si l'on considère dans le groupe L les substitutions dans lesquelles les déplacements des systèmes sont représentés par une des substitutions de E, on voit qu'elles forment un faisceau $\mathcal{E}$, auquel toutes les autres sont permutables. Car, soient $M = NP$ l'une d'elles, $M_1 = N_1P_1$ une autre substitution de L : la substitution $M_1^{-1}MM_1$ opérera sur les systèmes le déplacement $N_1^{-1}NN_1$. Mais N fait partie du faisceau E, auquel N_1 est permutable : donc $N_1^{-1}NN_1$ appartient à E, et $M_1^{-1}MM_1$ à $\mathcal{E}$. On pourra donc, en formant l'échelle génératrice du groupe L, faire passer les substitutions de $\mathcal{E}$ en avant des autres (**526**).

Considérons plus spécialement encore les substitutions, s'il en existe, qui ne déplacent pas les systèmes : elles forment un faisceau $\mathfrak{F}$, contenu dans $\mathcal{E}$, et évidemment permutable à ses substitutions. On pourra les faire passer en avant de toutes les autres.

547. Une substitution quelconque f, prise dans le faisceau $\mathfrak{F}$, est évidemment le produit de substitutions partielles $f_0, f_1, \ldots$, n'altérant respectivement que les indices du premier système, ceux du second, etc.

Proposition I. — *Soient $f_0 f_1 \ldots, f'_0 f'_1 \ldots$ les diverses substitutions de $\mathfrak{F}$; $\mathfrak{F}$ contiendra chacune des substitutions partielles $f_0, f'_0, \ldots, f_1, f'_1, \ldots$.*

Les groupes $(f_0, f'_0, \ldots), (f_1, f'_1, \ldots), \ldots$, évidemment isomorphes au faisceau $\mathfrak{F}$, sont résolubles (525). De plus, leurs substitutions, altérant des indices différents, sont échangeables. Le groupe $\mathfrak{F}'$ dérivé de leur combinaison est donc résoluble. Il est d'ailleurs permutable à toutes les substitutions de L. Soient en effet l une de ces substitutions; $f = f_0 f_1 \ldots$ une substitution quelconque de $\mathfrak{F}$. La transformée

$$l^{-1} f l = l^{-1} f_0 l . l^{-1} f_1 l \ldots$$

appartenant à $\mathfrak{F}$, les substitutions partielles correspondantes appartiendront à $\mathfrak{F}'$. Mais ces substitutions partielles seront respectivement $l^{-1} f_0 l$, $l^{-1} f_1 l, \ldots$. En effet, la substitution f_0, par exemple, laissant tous les indices inaltérés, sauf ceux du premier système, $l^{-1} f_0 l$ laissera tous les indices inaltérés, sauf ceux du système auquel l fait succéder le premier. De même pour les autres substitutions $l^{-1} f_1 l, \ldots$. Donc la transformée par l d'une substitution quelconque de $\mathfrak{F}'$, telle que f_0, appartient à $\mathfrak{F}'$, ce qu'il fallait démontrer.

Le groupe dérivé de la combinaison de $\mathfrak{F}'$ avec les substitutions de L sera résoluble, d'après ce qui précède. Il serait d'ailleurs, contre l'hypothèse, plus général que L, si toutes les substitutions de $\mathfrak{F}'$ n'étaient pas contenues dans L, et par suite dans $\mathfrak{F}$.

548. Adjoignons successivement au faisceau $\mathfrak{F}$ les autres substitutions du groupe, en commençant par celles de $\mathcal{E}$. La première, A, remplacera les indices du système $(\xi\eta)$ par des fonctions des indices du système $(\xi + 1, \eta)$. Il existe d'ailleurs dans le choix des indices un certain arbitraire dont on peut profiter pour simplifier l'expression de cette substitution; car il est clair qu'on peut prendre pour indices indépendants, à la place des indices de chaque système, des fonctions linéaires quelconques de ces indices, sans altérer la propriété fondamentale du groupe L, qui consiste en ce que ses substitutions font succéder aux indices de chaque système des fonctions des indices d'un même système.

Laissons le choix des indices arbitraire dans les systèmes $(o\eta)$, dont le premier indicateur est zéro. A remplace les indices $x_{0\eta}, y_{0\eta}, \ldots$ du système $(o\eta)$ par des fonctions des indices du système (1η). Prenons ces fonctions pour indices indépendants, et désignons-les par $x_{1\eta}, y_{1\eta}, \ldots$. A remplacera de même ces derniers indices par des fonctions des indices du système (2η), fonctions qu'on peut supposer être respectivement les indices $x_{2\eta}, y_{2\eta}, \ldots$. On continuera ainsi jusqu'au système $(\pi - 1, \eta)$, dont A remplacera les indices par des fonctions linéaires X_η, $Y_\eta, \ldots$ des indices du système $(o\eta)$.

Cela posé, A sera le produit des deux substitutions

$$A_1 = | \, x_{0\eta}, y_{0\eta}, \ldots, x_{\xi\eta}, y_{\xi\eta}, \ldots \quad X_\eta, Y_\eta, \ldots, x_{\xi\eta}, y_{\xi\eta}, \ldots \, |,$$

$$\mathcal{A} = | \, \ldots, x_{\xi\eta}, y_{\xi\eta}, \ldots \quad \ldots, x_{\xi+1,\eta}, y_{\xi+1,\eta}, \ldots \, |,$$

dont la première fait partie de $\mathfrak{I}$. En effet, la substitution A^π, laissant les systèmes immobiles, fait partie de $\mathfrak{I}$. Les altérations qu'elle fait subir aux indices des systèmes $(o\eta)$, considérées isolément, font partie de $\mathfrak{I}$ (Proposition I). Mais on voit immédiatement que A_1 est formé par l'ensemble de ces altérations : donc A_1 fait partie de $\mathfrak{I}$.

Le groupe dérivé de $\mathfrak{I}$ et de A peut donc être également considéré comme dérivé de $\mathfrak{I}$ et de $\mathcal{A}$.

549. Introduisons une nouvelle substitution B, qui remplace les indices $x_{\xi\eta}, y_{\xi\eta}, \ldots$ du système $(\xi\eta)$ par des fonctions de ceux du système $(\xi, \eta + 1)$. Les coefficients de ces fonctions peuvent dépendre de ξ, η; représentons-les donc généralement par

$$X_{\xi\eta}(x_{\xi,\eta+1}, y_{\xi,\eta+1}, \ldots), \quad Y_{\xi\eta}(x_{\xi,\eta+1}, y_{\xi,\eta+1}, \ldots), \ldots.$$

Le choix des indices est encore arbitraire dans tous ceux des systèmes dont le premier indicateur est nul. Laissons subsister cette indétermination dans le système où les deux indicateurs sont nuls. B remplace les indices de ce système par des fonctions des indices du système $(o1)$; on peut admettre que ces fonctions aient été prises pour indices indépendants et désignées par $x_{01}, y_{01}, \ldots$. B remplacera de même ces derniers indices par des fonctions des indices du système $(o2)$, fonctions qu'on peut supposer être respectivement $x_{02}, y_{02}, \ldots$. On continuera ainsi jusqu'au système $(0, \pi - 1)$, dont les indices seront remplacés par les fonctions $X_{0,\pi-1}(x_{00}, y_{00}, \ldots)$, $Y_{0,\pi-1}(x_{00}, y_{00}, \ldots)$.

Cela posé, B sera le produit des deux substitutions :

$$B_1 = \left| \begin{matrix} x_{00}, y_{00}, \ldots & X_{0,\pi-1}(x_{00}, y_{00}, \ldots), \; Y_{0,\pi-1}(x_{00}, y_{00}, \ldots), \ldots \\ \cdots\cdots\cdots & \cdots\cdots\cdots \\ x_{\xi\eta}, y_{\xi\eta}, \ldots & x_{\xi\eta}, y_{\xi\eta}, \ldots \\ \cdots\cdots\cdots & \cdots\cdots\cdots \end{matrix} \right|,$$

$$B' = \left| \begin{matrix} x_{0\eta}, y_{0\eta}, \ldots & x_{0,\eta+1}, y_{0,\eta+1}, \ldots \\ \cdots\cdots\cdots & \cdots\cdots\cdots \\ x_{\xi\eta}, y_{\xi\eta}, \ldots & X_{\xi\eta}(x_{\xi,\eta+1}, y_{\xi,\eta+1}, \ldots), \; Y_{\xi\eta}(x_{\xi,\eta+1}, y_{\xi,\eta+1}, \ldots), \ldots \\ \cdots\cdots\cdots & \cdots\cdots\cdots\cdots\cdots\cdots \end{matrix} \right|,$$

dont la première, qui n'altère que les indices du système (oo), fait partie de $\mathcal{F}$. En effet, la substitution B^π, laissant les systèmes immobiles, fait partie de $\mathcal{F}$. La substitution partielle B_1, formée par les altérations que B^π fait subir aux indices du système (oo), en fera également partie (Proposition I).

Le groupe dérivé de $\mathcal{F}$, $\mathcal{A}$, B peut donc également être considéré comme dérivé de $\mathcal{F}$, $\mathcal{A}$, B'.

Cela posé, la substitution $B'^{-1}\mathcal{A}^{-1}B'\mathcal{A}$ remplace évidemment les indices du système $(\xi\eta)$ par des fonctions de ces mêmes indices : elle appartient donc au faisceau $\mathcal{F}$. Désignons-la par f : on aura

$$B'\mathcal{A} = \mathcal{A}B'f,$$

égalité qui permet de déterminer les fonctions X, Y,.... Soit en effet

$$f = | \ldots, x_{\xi\eta}, y_{\xi\eta}, \ldots \quad \ldots, \varphi_{\xi\eta}(x_{\xi\eta}, y_{\xi\eta}, \ldots), \; \psi_{\xi\eta}(x_{\xi\eta}, y_{\xi\eta}, \ldots), \; \ldots |.$$

Égalant les expressions que $B'\mathcal{A}$ et $\mathcal{A}B'f$ font succéder à $x_{\xi\eta}, y_{\xi\eta}, \ldots$, et écrivant, pour abréger, $x, y, \ldots$ à la place de $x_{\xi+1,\eta+1}, y_{\xi+1,\eta+1}, \ldots$, il viendra

$$\begin{aligned} X_{\xi+1,\eta}(x, y, \ldots) &= \varphi_{\xi\eta}[X_{\xi\eta}(x, y, \ldots), \; Y_{\xi\eta}(x, y, \ldots), \; \ldots], \\ Y_{\xi+1,\eta}(x, y, \ldots) &= \psi_{\xi\eta}[X_{\xi\eta}(x, y, \ldots), \; Y_{\xi\eta}(x, y, \ldots), \; \ldots], \\ &\cdots\cdots\cdots\cdots\cdots\cdots\cdots\cdots \end{aligned}$$

D'ailleurs $X_{0\eta}(x, y, \ldots)$, $Y_{0\eta}(x, y, \ldots), \ldots$ se réduisent à $x, y, \ldots$, d'après ce qui précède. On aura donc

$$(1) \qquad X_{1\eta} = \varphi_{0\eta}, \quad Y_{1\eta} = \psi_{0\eta}, \quad \ldots$$

Cela posé, on aura évidemment $B' = B''B'_1$, B'' étant une substitution identique à B', sauf le remplacement des fonctions $X_{1\eta}(x_{1,\eta+1}, y_{1,\eta+1}, \ldots)$, $Y_{1\eta}(x_{1,\eta+1}, y_{1,\eta+1}, \ldots), \ldots$ par $x_{1,\eta+1}, y_{1,\eta+1}, \ldots$, et B'_1 désignant la substitution qui remplace $x_{1\eta}, y_{1\eta}, \ldots$ par $X_{1\eta}(x_{1\eta}, y_{1\eta}, \ldots)$, $Y_{1\eta}(x_{1\eta}, y_{1\eta}, \ldots), \ldots$, sans altérer les autres indices. Or B'_1 fait partie de $\mathcal{J}$; car ce faisceau, contenant f, contiendra (Proposition I) les substitutions partielles $f_{00}, \ldots, f_{0\eta}, \ldots$ qui altèrent respectivement les indices des systèmes $(o\eta)$ de la même manière que f, sans altérer les autres indices. Il contiendra donc la substitution

$$\left|\begin{array}{ll} \ldots, x_{0\eta}, y_{0\eta}, \ldots & \ldots, \varphi_{0\eta}(x_{0\eta}, y_{0\eta}, \ldots), \psi_{0\eta}(x_{0\eta}, y_{0\eta}, \ldots), \ldots \\ \ldots, x_{1\eta}, y_{1\eta}, \ldots & \ldots, x_{1\eta}, y_{1\eta}, \ldots \\ \ldots\ldots\ldots\ldots & \ldots\ldots\ldots\ldots \\ \ldots, x_{\xi\eta}, y_{\xi\eta}, \ldots & \ldots, x_{\xi\eta}, y_{\xi\eta}, \ldots \\ \ldots\ldots\ldots\ldots & \ldots\ldots\ldots\ldots \end{array}\right|,$$

produit de ces substitutions partielles. Il contiendra enfin sa transformée par $\mathcal{A}^{-1}$, laquelle est identique à B'_1, en vertu des relations (1).

On peut décomposer de même B'' en un produit de deux substitutions, dont l'une, B''_1, appartiendra à $\mathcal{J}$, l'autre, B''', étant identique à B'', sauf le changement de $X_{2\eta}(x_{2,\eta+1}, y_{2,\eta+1}, \ldots)$, $Y_{2\eta}(x_{2,\eta+1}, y_{2,\eta+1}, \ldots), \ldots$ en $x_{2,\eta+1}$, $y_{2,\eta+1}, \ldots$. Poursuivant ainsi, on arrivera enfin à décomposer B en un produit de substitutions dont la dernière sera

$$\mathcal{B} = |\ \ldots, x_{\xi\eta}, y_{\xi\eta}, \ldots \quad \ldots, x_{\xi,\eta+1}, y_{\xi,\eta+1}, \ldots\ |,$$

les autres faisant toutes partie de F. Le groupe $\mathcal{C}$, dérivé de $\mathcal{J}$, $\mathcal{A}$, B, pourra donc être également considéré comme dérivé de $\mathcal{J}$, $\mathcal{A}$, $\mathcal{B}$: d'où la proposition suivante :

Proposition II. — *Le faisceau $\mathcal{C}$ résulte de la combinaison du faisceau $\mathcal{J}$ avec les substitutions*

$$\mathcal{A}^{\alpha}\mathcal{B}^{\beta} = |\ \ldots, x_{\xi\eta}, y_{\xi\eta}, \ldots \quad \ldots, x_{\xi+\alpha,\eta+\beta}, y_{\xi+\alpha,\eta+\beta}, \ldots\ |.$$

550. Soit maintenant

$$H = \left|\begin{array}{ll} \ldots & \ldots\ldots\ldots\ldots\ldots\ldots \\ x_{\xi\eta} & X_{\xi\eta}[x_{f(\xi,\eta),f'(\xi,\eta)}, y_{f(\xi,\eta),f'(\xi,\eta)}, \ldots] \\ y_{\xi\eta} & Y_{\xi\eta}[x_{f(\xi,\eta),f'(\xi,\eta)}, y_{f(\xi,\eta),f'(\xi,\eta)}, \ldots] \\ \ldots & \ldots\ldots\ldots\ldots\ldots\ldots \end{array}\right|,$$

une quelconque des substitutions de L. Elle doit être permutable à $\mathcal{C}$. On aura donc en particulier une relation de la forme

$$\mathrm{H}\mathcal{A} = f\mathcal{A}^{\alpha}\mathcal{B}^{\beta}\mathrm{H},$$

f étant une substitution de $\mathcal{F}$; et en remarquant que $\mathcal{A}$, $\mathcal{B}$, H sont permutables à $\mathcal{F}$, il viendra

$$\mathrm{H}\mathcal{A} = \mathcal{A}^{\alpha}\mathcal{B}^{\beta}\mathrm{H}f',$$

$$f' = | \ldots, x_{\xi\eta}, y_{\xi\eta}, \ldots \quad \ldots, \varphi_{\xi\eta}(x_{\xi\eta}, y_{\xi\eta}, \ldots), \psi_{\xi\eta}(x_{\xi\eta}, y_{\xi\eta}, \ldots), \ldots |$$

étant encore une substitution de $\mathcal{F}$.

Égalant les fonctions que $\mathrm{H}\mathcal{A}$ et $\mathcal{A}^{\alpha}\mathcal{B}^{\beta}\mathrm{H}f'$ font succéder à $x_{\xi\eta}, y_{\xi\eta}, \ldots$, il viendra

$$f(\xi+1, \eta) = f(\xi, \eta) + \alpha, \quad f'(\xi+1, \eta) = f'(\xi, \eta) + \beta,$$

puis, en écrivant, pour abréger, $x, y, \ldots$ à la place de $x_{f(\xi+1,\eta), f'(\xi+1,\eta)}, \ldots$

$$(2) \quad \begin{cases} \mathrm{X}_{\xi+1,\eta}(x, y, \ldots) = \varphi_{\xi\eta}[\mathrm{X}_{\xi\eta}(x, y, \ldots), \mathrm{Y}_{\xi\eta}(x, y, \ldots), \ldots], \\ \mathrm{Y}_{\xi+1,\eta}(x, y, \ldots) = \psi_{\xi\eta}[\mathrm{X}_{\xi\eta}(x, y, \ldots), \mathrm{Y}_{\xi\eta}(x, y, \ldots), \ldots], \\ \ldots\ldots\ldots\ldots\ldots\ldots\ldots\ldots\ldots\ldots \end{cases}$$

Il résulte de ces relations que H est le produit de deux substitutions : l'une, H′, altérant tous les indices de la même manière que H, sauf ceux $x_{1\eta}, y_{1\eta}, \ldots$ dont le premier indicateur est égal à 1, qu'elle remplacera respectivement par

$$\mathrm{X}_{0\eta}[x_{f(\xi,\eta), f'(\xi,\eta)}, y_{f(\xi,\eta), f'(\xi,\eta)}, \ldots], \quad \mathrm{Y}_{0\eta}[x_{f(\xi,\eta), f'(\xi,\eta)}, y_{f(\xi,\eta), f'(\xi,\eta)}, \ldots], \ldots;$$

l'autre, H_1, laissant tous les indices invariables, sauf ces mêmes indices $x_{1\eta}, y_{1\eta}, \ldots$, qu'elle remplace par $\varphi_{0\eta}(x_{1\eta}, y_{1\eta}, \ldots)$, $\psi_{0\eta}(x_{1\eta}, y_{1\eta}), \ldots$.

Cette dernière substitution est contenue dans $\mathcal{F}$. Car ce faisceau, contenant f', contiendra les substitutions partielles $f'_{00}, \ldots, f'_{0\eta}, \ldots$ formées par les altérations que f' fait subir aux systèmes (00),..., (0η),... (Proposition I). La substitution H_1, transformée du produit de ces substitutions partielles par la substitution $\mathcal{A}^{-1}$, permutable à $\mathcal{F}$, appartiendra également à ce faisceau.

On trouvera de même $\mathrm{H}' = \mathrm{H}''\mathrm{H}'_1$; H″ ne différant de H′ que par le changement de $\mathrm{X}_{2\eta}, \mathrm{Y}_{2\eta}, \ldots$ en $\mathrm{X}_{0\eta}, \mathrm{Y}_{0\eta}, \ldots$, et H'_1 étant une substitution de $\mathcal{F}$. Continuant ainsi, on arrivera à décomposer H en un produit de substitutions appartenant toutes à $\mathcal{F}$, sauf la première $\mathrm{H}^{(\pi-1)}$, qui ne différera de H que par le changement de $\mathrm{X}_{\xi\eta}, \mathrm{Y}_{\xi\eta}, \ldots$ en $\mathrm{X}_{0\eta}, \mathrm{Y}_{0\eta}, \ldots$.

D'ailleurs, $\mathrm{H}^{(\pi-1)}$ faisant partie du groupe L, sera permutable à $\mathcal{C}$ et à $\mathcal{F}$.

On aura donc une relation de la forme

$$H^{(\pi-1)}\mathcal{B} = \mathcal{A}^{\gamma}\mathcal{B}^{\delta}H^{(\pi-1)}f'',$$

f'' étant une substitution de $\mathcal{F}$. Partant de cette relation, et opérant comme précédemment, on décomposera $H^{(\pi-1)}$ en un produit de substitutions appartenant toutes à $\mathcal{F}$, sauf la première, $\mathfrak{H}$, qui différera de $H^{(\pi-1)}$ par le changement de $X_{o\eta}$, $Y_{o\eta}$,... en X_{oo}, Y_{oo},..., et qui, par suite, sera égale au produit des deux substitutions

$$I = |\ \ldots,\ x_{\xi\eta},\ y_{\xi\eta},\ldots \quad \ldots,\ X_{oo}(x_{\xi\eta}, y_{\xi\eta},\ldots),\ Y_{oo}(x_{\xi\eta}, y_{\xi\eta},\ldots),\ldots\ |,$$
$$J = |\ \ldots,\ x_{\xi\eta},\ y_{\xi\eta},\ldots \quad \ldots,\ x_{f(\xi,\eta),f'(\xi,\eta)},\ y_{f(\xi,\eta),f'(\xi,\eta)},\ldots\ |.$$

Nous obtenons donc le résultat suivant :

Proposition III. — *Les substitutions du groupe* L *s'obtiennent toutes par la combinaison des substitutions de $\mathcal{F}$ avec des substitutions telles que* IJ, I'J',...; J, J',... *étant des substitutions qui remplacent les indices de chaque système par les indices correspondants d'un même système; et* I, I',... *des substitutions qui remplacent les indices de chaque système par des fonctions linéaires de ces mêmes indices, fonctions dont les coefficients sont les mêmes pour tous les systèmes.*

551. Le groupe (IJ, I'J',...) étant contenu dans L, sera résoluble (521). Les groupes dérivés respectivement des substitutions partielles I, I',..., et J, J',..., étant évidemment isomorphes à celui-là, seront résolubles. D'ailleurs leurs substitutions sont échangeables. Donc le groupe A résultant de leur combinaison est résoluble (527). Enfin ses substitutions sont permutables à $\mathcal{F}$. En effet, IJ, I'J',..., appartenant à L, sont permutables à $\mathcal{F}$; pour prouver que I, I',..., J, J',... le sont, il suffira donc de prouver que J, J',..., ou, ce qui revient au même, J^{-1}, J'^{-1},... le sont.

Or chaque substitution de $\mathcal{F}$ résulte de la combinaison de substitutions partielles f_{oo},..., $f_{\mu\nu}$,..., altérant respectivement les indices des systèmes (oo),..., ($\mu\nu$),..., et qui, considérées isolément, font partie de $\mathcal{F}$ (Proposition I). Si la transformée de chacune d'elles par J^{-1} en fait également partie, J^{-1} sera permutable à ce groupe. Mais la transformée de $f_{\mu\nu}$, par exemple, par J^{-1} laisse tous les indices invariables, sauf ceux du système ($f[\mu, \nu], f'[\mu, \nu]$), qu'elle altère de la même manière que $f_{\mu\nu}$ altérait les indices du système ($\mu\nu$). Elle est donc identique à la transformée de $f_{\mu\nu}$ par $\mathcal{A}^{\mu-f(\mu,\nu)}\mathcal{B}^{\nu-f'(\mu,\nu)}$, laquelle appartient à $\mathcal{F}$.

Les substitutions du groupe résoluble A étant permutables à $\mathcal{F}$, le groupe

$(\mathcal{I}, I, I',\ldots, J, J',\ldots)$ sera résoluble (527). Mais il contient L, et, par hypothèse, ne peut être plus général. Il se confond donc avec lui. Enfin, les substitutions $I, I',\ldots$, ne déplaçant pas les systèmes, font partie de F. On a donc ce résultat :

Proposition IV. — *Le groupe* L *résulte de la combinaison de* $\mathcal{I}$ *avec les substitutions* $J, J',\ldots$.

552. Les déplacements d'ensemble opérés sur les systèmes par les substitutions $J, J',\ldots$, forment un groupe primitif Δ (546). D'autre part, $\mathcal{I}$ est dérivé de substitutions qui n'altèrent chacune que les indices d'un seul système. Soient respectivement $\Gamma_0, \Gamma_1,\ldots$ les groupes partiels formés par celles de ces substitutions qui n'altèrent que les indices du premier système, du second, etc. Ces groupes sont les transformés d'un seul d'entre eux, tel que Γ_0, par les substitutions dérivées de $\mathcal{A}$ et $\mathcal{B}$. En effet, ces substitutions permutent transitivement les systèmes. Soit S celle de ces substitutions qui fait succéder le premier système au second, par exemple. Elle transformera les substitutions de Γ_0 en d'autres substitutions, également contenues dans $\mathcal{I}$, et n'altérant que les indices du second système : ces transformées sont donc contenues dans Γ_1. Réciproquement, toute substitution dont la transformée n'altère que les indices du second système ne devra elle-même altérer que ceux du premier système, et sera contenue dans Γ_0 : Γ_1 sera donc précisément le groupe transformé de Γ_0 par S.

Nous obtenons donc le résultat suivant :

Proposition V. — *Le groupe* L *résulte de la combinaison d'un groupe résoluble* Δ, *dont les substitutions permutent primitivement les systèmes entre eux* (*en remplaçant les uns par les autres les indices correspondants*), *avec un groupe résoluble* Γ_0, *dont les substitutions n'altèrent que les indices du premier système, qu'elles remplacent par des fonctions linéaires de ces mêmes indices.*

553. Pour que L soit primaire, il faudra que Γ_0 le soit par rapport aux indices qu'il altère (311). Si Γ_0 est décomposable, on pourra opérer sur ce groupe comme sur le groupe initial L, et y répartir les indices en sous-systèmes tels, que Γ_0 résulte de la combinaison de deux autres groupes résolubles : l'un Δ_0, permutant les sous-systèmes entre eux d'une manière primitive, et en remplaçant les uns par les autres les indices correspondants; l'autre Γ_{00}, dont les substitutions n'altèrent que les indices du premier sous-système, qu'elles remplacent par des fonctions linéaires de ces indices, et à l'égard desquels Γ_{00} sera primaire.

Partageons les indices de chaque système en sous-systèmes, en groupant ensemble ceux dont les correspondants dans le premier système appartiennent à un même sous-système. Chacune des substitutions de Δ remplace évidemment les indices de chaque sous-système par les indices correspondants d'un même sous-système : il en est de même des substitutions de Δ_0, qui permutent entre eux les sous systèmes du premier système, sans altérer les autres. Les substitutions du groupe (Δ, Δ_0) jouiront donc de la même propriété. Le groupe L résultera donc de la combinaison d'un groupe (Δ, Δ_0), dont les substitutions permutent les sous-systèmes entre eux, en remplaçant les uns par les autres les indices correspondants, avec un groupe Γ_{00}, dont les substitutions n'altèrent que les indices du premier sous-système.

Si Γ_{00} est encore décomposable, on continuera ce mode de raisonnement, jusqu'à ce qu'on arrive à un groupe indécomposable, ce qui aura toujours lieu. Car le nombre des indices du groupe à considérer va toujours décroissant : si donc on n'est pas arrêté par la rencontre d'un groupe indécomposable, on arrivera finalement à un groupe ne contenant plus qu'un indice, et par suite indécomposable.

Nous obtenons donc le théorème suivant :

THÉORÈME. — *Soit* L *un groupe résoluble, primaire et général, mais décomposable, de degré* p^n *: les indices indépendants pourront être choisis de telle sorte, et groupés m à m en* λ *systèmes (n étant égal à* $m\lambda$*), de telle façon, que le groupe* L *résulte de la combinaison de deux groupes résolubles partiels :*

1° *L'un,* $(\Delta, \Delta_0, \ldots) = \mathrm{D}$, *dont les substitutions permutent les systèmes entre eux, en remplaçant les uns par les autres les indices correspondants ;*

2° *Le second,* Γ, *dont les substitutions n'altèrent que les indices du premier système, qu'elles remplacent par des fonctions linéaires de ces mêmes indices, et par rapport auxquels* Γ *est primaire et indécomposable.*

L'ordre de L *sera* ΩO^λ, Ω *et* O *étant les ordres respectifs de* D *et de* Γ (308).

554. Pour que L soit primaire, il est nécessaire et suffisant que D soit transitif (311). Pour qu'il soit aussi général que possible, il faut en outre que chacun des deux groupes D et Γ soit aussi général que possible dans son espèce.

La détermination de L se ramène donc à celle de D et de Γ. La première de ces deux questions n'est autre que le problème **A**, mais avec un abaissement considérable dans le degré du groupe, qui se trouve réduit de p^n à λ, diviseur de n. Nous avons vu (Chapitre II) comment ce problème se réduit à son tour au problème **B**. On peut donc le considérer comme résolu.

Il reste à construire les groupes résolubles, primaires et indécomposables, tels que Γ. Cette question fera l'objet de la section suivante.

§ II. — Groupes indécomposables.

Construction du premier faisceau.

555. Soient Γ l'un des groupes cherchés, de degré p^m; F son premier faisceau, choisi *aussi général que possible*. Le groupe Γ étant primaire, F ne contiendra que des substitutions d'ordre premier à p (188). Prenons pour indices indépendants ceux qui ramènent toutes ses substitutions à la forme canonique (176); puis groupons dans une même série ceux des nouveaux indices qui sont multipliés par un même facteur dans chacune des substitutions de F, et dans un même système les diverses séries conjuguées. Les indices ne formeront qu'un seul système : car, s'il en était autrement, on pourrait remplacer dans chaque système les indices imaginaires par des indices réels (178); et les substitutions de Γ remplaçant les indices de chaque système par des fonctions linéaires des indices d'un même système (193), ce groupe serait non primaire, si ses substitutions ne permutaient pas transitivement les systèmes; primaire, mais décomposable, si elles les permutaient transitivement.

Cela posé, soient ν le nombre des séries, $\mu = \frac{m}{\nu}$ celui des indices de chaque série; $x_r, x'_r, \ldots$ les indices de la $r+1^{\text{ième}}$ série; i une racine d'une congruence irréductible de degré ν; $a, \alpha, \beta, \ldots$ des entiers complexes formés avec l'imaginaire i. Les substitutions de F seront de la forme

$$f = | \ldots, x_r, x'_r, \ldots \quad \ldots, a^{p^r} x_r, a^{p^r} x'_r, \ldots | \text{ (*)},$$

et celles de Γ, remplaçant les indices d'une même série par des fonctions linéaires des indices d'une même série (192), et les indices conjugués par des fonctions conjuguées (149) seront de la forme

$$| \ldots, x_r, x'_r, \ldots \quad \ldots, \alpha^{p^r} x_{r+\rho} + \beta^{p^r} x'_{r+\rho} + \ldots, \alpha'^{p^r} x_{r+\rho} + \beta'^{p^r} x_{r+\rho} + \ldots, \ldots |,$$

(*) Si l'on avait $p^\nu = 2$, F ne contiendrait d'autre substitution que l'unité, ce qui est inadmissible. On doit donc exclure cette hypothèse.

ou, en n'écrivant que les indices de la première série, ce qui suffit,

$$| x_0, x'_0, \ldots \quad \alpha x_0 + \beta x'_0 + \ldots, \alpha' x_0 + \beta' x'_0 + \ldots, \ldots |.$$

Il est clair que chacune de ces substitutions est de la forme $\mathfrak{P}^\rho \mathfrak{Q}$, $\mathfrak{P}$ étant la substitution qui remplace chaque indice par son conjugué de la série suivante, et $\mathfrak{Q}$ une substitution qui ne déplace pas les séries.

556. Cela posé, si chaque série ne contient qu'un indice, les substitutions de la forme $\mathfrak{Q}$ se réduiront toutes à la forme f, et seront échangeables entre elles; la substitution $\mathfrak{P}$ étant d'ailleurs permutable au faisceau φ formé par ces substitutions, le groupe dérivé de la combinaison de $\mathfrak{P}$ et de φ sera résoluble. Mais il contient Γ, qui est général, par hypothèse; donc il se confond avec lui. Donc *le groupe* Γ *ne pourra être déterminé que d'une seule manière, et sera formé de l'ensemble des substitutions* $\mathfrak{P}^\rho \mathfrak{Q}$.

557. Supposons au contraire que chaque série contienne plusieurs indices. Soient $\mathfrak{M}_1 = \mathfrak{P}^{\rho_1} \mathfrak{Q}_1$, $\mathfrak{M}_2 = \mathfrak{P}^{\rho_2} \mathfrak{Q}_2, \ldots$ les diverses substitutions de Γ; δ le plus grand commun diviseur de ν, ρ_1, ρ_2. *Le groupe* Γ *résultera de la combinaison d'une substitution de la forme* $\mathfrak{P}^\delta \mathfrak{Q}$ *avec un groupe partiel* Γ', *dont les substitutions ont la forme* $\mathfrak{Q}$. En effet, Γ contient la substitution $\mathfrak{N} = \mathfrak{M}_1^{\alpha_1} \mathfrak{M}_2^{\alpha_2} \ldots$, laquelle est évidemment de la forme $\mathfrak{P}^{\alpha_1\rho_1 + \alpha_2\rho_2 + \ldots} \mathfrak{Q}$; et l'on peut disposer des indéterminées $\alpha_1, \alpha_2, \ldots$, de telle sorte que $\alpha_1\rho_1 + \alpha_2\rho_2 + \ldots$ se réduise à $\delta \pmod{\nu}$ (2). Cela posé, soit $\delta = r_1\rho_1 = r_2\rho_2 = \ldots$. On aura évidemment $\mathfrak{M}_1 = \mathfrak{N}^{r_1} \mathfrak{Q}'$, $\mathfrak{M}_2 = \mathfrak{N}^{r_2} \mathfrak{Q}''$, .., $\mathfrak{Q}'$, $\mathfrak{Q}''$, ... ne déplaçant pas les séries.

Le faisceau F *contiendra toutes les substitutions de la forme* f. Car soit φ le faisceau formé par l'ensemble de ces substitutions; elles sont échangeables entre elles; d'ailleurs les substitutions de Γ, étant de la forme $\mathfrak{P}^\rho \mathfrak{Q}$, sont permutables à φ. Donc le groupe Γ_1 dérivé de Γ et de φ est résoluble, et φ peut être pris pour son premier faisceau. Mais, par hypothèse, Γ_1 ne peut être plus général que Γ; donc il se confond avec lui. De même, F est contenu dans φ, et comme il ne peut être moins général, par hypothèse, il se confond avec lui.

558. Théorème. — *Le groupe* Γ *contient des substitutions de la forme* $\mathfrak{Q}$, *autre que celles de* F. Supposons en effet qu'il en soit autrement; nous allons prouver que Γ ne peut être général.

Soient f_0, $f_1, \ldots$ les substitutions de F; les substitutions $\mathfrak{Q}$, formant un groupe qui contient F, seront données par le tableau suivant : $\mathfrak{Q}_0 f_0$, $\mathfrak{Q}_0 f_1, \ldots; \mathfrak{Q}_1 f_0, \mathfrak{Q}_1 f_1, \ldots; \ldots, \mathfrak{Q}_0, \mathfrak{Q}_1, \ldots$ étant des substitutions qui ne satisfassent à aucune relation de la forme $\mathfrak{Q}_\alpha = \mathfrak{Q}_\beta f_\gamma$, et dont la première se réduise à l'unité (39). Soit d'autre part $\mathfrak{P}^\delta \mathfrak{Q}'$ la substitution qui, combinée à F, reproduit Γ. Les groupes $\Gamma_0, \Gamma_1, \ldots$, respectivement transformés de Γ par les substitutions $\mathfrak{Q}_0, \mathfrak{Q}_1, \ldots$, seront respectivement dérivés de la combinaison du faisceau F, auquel $\mathfrak{Q}_0, \mathfrak{Q}_1, \ldots$ sont permutables, avec les transformées respectives de la substitution $\mathfrak{P}^\delta \mathfrak{Q}'$. Ces transformées sont évidemment de la forme $\mathfrak{P}^\delta \mathfrak{Q}$; supposons-les égales respectivement à $\mathfrak{P}^\delta \mathfrak{Q}_{\alpha_0} f_{\beta_0}$, $\mathfrak{P}^\delta \mathfrak{Q}_{\alpha_1} f_{\beta_1}, \ldots$ Deux cas seront à distinguer :

1° Si les substitutions $\mathfrak{Q}_{\alpha_0}, \mathfrak{Q}_{\alpha_1}, \ldots$ ne sont pas toutes différentes, si l'on a par exemple $\mathfrak{Q}_{\alpha_1} = \mathfrak{Q}_{\alpha_2}$, le groupe Γ_1, dérivé de la combinaison de F avec la substitution $\mathfrak{P}^\delta \mathfrak{Q}_{\alpha_1} f_{\beta_1}$, ou, ce qui revient au même, avec la substitution $\mathfrak{P}^\delta \mathfrak{Q}_{\alpha_1}$, se confondra avec le groupe Γ_2, dérivé de même de la combinaison de F avec $\mathfrak{P}^\delta \mathfrak{Q}_{\alpha_2}$. Donc $\mathfrak{Q}_1$ et $\mathfrak{Q}_2$ transformeront toutes deux Γ en Γ_1, et par suite, $\mathfrak{Q}_1 \mathfrak{Q}_2^{-1}$ sera permutable à Γ. En l'adjoignant à Γ, on aura un nouveau groupe résoluble, plus général que Γ, car il contient $\mathfrak{Q}_1 \mathfrak{Q}_2^{-1}$, qui est de la forme $\mathfrak{Q}$, sans être de la forme f.

2° Si les substitutions $\mathfrak{Q}_{\alpha_0}, \mathfrak{Q}_{\alpha_1}, \ldots$ sont toutes différentes, elles reproduiront, à l'ordre près, toutes celles de la suite $\mathfrak{Q}_0, \mathfrak{Q}_1, \ldots$. Donc l'une d'elles, $\mathfrak{Q}_{\alpha_1}$ par exemple, se réduira à l'unité. Le groupe Γ_1 sera donc dérivé de la combinaison de F et de la combinaison $\mathfrak{P}^\delta$. Cela posé, soit X une substitution de la forme $\mathfrak{Q}$, qui n'appartienne pas à F, et dont les coefficients soient réels; elle sera échangeable à toutes les substitutions de Γ_1. Sa transformée par $\mathfrak{Q}_1^{-1}$ sera de la forme $\mathfrak{Q}$, sans appartenir à F, et sera échangeable aux substitutions de Γ (36). On pourra donc l'adjoindre à ce groupe, et obtenir ainsi un nouveau groupe résoluble, plus général que Γ.

Construction du second faisceau.

559. Les substitutions de la forme $\mathfrak{Q}$ contenues dans Γ, forment un groupe partiel, évidemment permutable à toute substitution de Γ. On pourra donc y déterminer un faisceau G plus général que F, dont les substitutions soient échangeables entre elles aux substitutions F près, et auquel toute substitution de Γ soit permutable (528). Si ce faisceau peut être déterminé de plusieurs manières, nous le choisirons de telle sorte que son ordre soit *minimum*.

Les substitutions de F sont échangeables à toutes celles de G; mais G ne contient aucune autre substitution jouissant de cette propriété. Car s'il existait de telles substitutions $g, g', \ldots$, leurs transformées par une substitution quelconque de Γ seraient échangeables aux substitutions du groupe transformé de G, lequel se confond avec G; les transformées des substitutions F, $g, g', \ldots$ étant ainsi échangeables à toutes les substitutions de G, et faisant d'ailleurs partie de G, reproduiraient, à l'ordre près, ces mêmes substitutions F, $g, g', \ldots$. On obtiendrait ainsi un faisceau $(F, g, g', \ldots)$ jouissant des mêmes propriétés que F, et plus général que lui, ce qu'on suppose impossible (555).

Soit donc A_1 une substitution quelconque de G, qui n'appartienne pas à F; il existera dans G au moins une substitution B_1 qui ne soit pas échangeable à A_1, mais la transforme en aA_1, a désignant une substitution

$$| x_0, x'_0, \ldots \quad ax_0, ax'_0, \ldots |,$$

convenablement choisie dans le faisceau F.

Soient A'_1, B'_1, a' les altérations produites par les substitutions A_1, B_1, a dans les indices de la première série, considérés isolément. De l'égalité $B_1^{-1}A_1B_1 = aA_1$ on déduira *a fortiori* l'égalité des opérations partielles $B_1'^{-1}A'_1B'_1$ et $a'A'_1$, et par suite celle de leurs déterminants. Or soit d le déterminant de A'_1; $B_1'^{-1}A'_1B'_1$ et $a'A'_1$ auront respectivement pour déterminants d et $a^\mu d$, μ étant le nombre des indices de la série. On aura donc

$$a^\mu \equiv 1 \pmod{p}.$$

Soit donc τ une racine primitive de cette congruence; a sera une puissance de τ, telle que τ_{m_1}.

Parmi les diverses manières de choisir les substitutions A_1 et B_1 dans le faisceau G, prenons l'une de celles où l'exposant m_1 est *minimum*, tout en restant supérieur à zéro. Cela posé, G *résultera de la combinaison des substitutions* A_1 *et* B_1 *avec un groupe* G_1 *de substitutions échangeables à* A_1 *et à* B_1.

En effet, soit C une substitution de G, qui transforme A_1, B_1 en $\tau^s A_1$, $\tau^t B_1$; $CA_1^v B_1^u = C'$ les transformera en $\tau^{s+um_1}A_1$, $\tau^{t-vm_1}B_1$. On peut disposer des indéterminées u, v pour rendre les exposants $s+um$, $t-vm$ positifs et moindres que m : mais par hypothèse ils ne peuvent être moindres que m sans s'annuler. Donc C' sera échangeable à A_1, B_1. D'ailleurs $C = C'B_1^{-u}A_1^{-v}$ dérive de la combinaison de C' avec A_1 et B_1.

Si G_1 contient des substitutions qui ne fassent pas partie de F, aucune d'elles ne sera échangeable à toutes les autres : car elle serait échangeable à toutes les substitutions de G, ce qui ne peut être. Mais si A_2, B_2 sont deux quelconques de ces substitutions, on aura une égalité de la forme

$$B_2^{-1} A_2 B_2 = \tau^{m_2} A_2.$$

Choisissons A_2, B_2,... de telle sorte que m_2 soit *minimum*, sans être nul; on verra comme tout à l'heure que G_1 résulte de la combinaison de A_2, B_2 avec un groupe G_2, dont les substitutions sont échangeables à A_1, B_1, A_2, B_2.

On peut continuer ainsi jusqu'à ce qu'on ait épuisé la suite des substitutions étrangères à F qui sont contenues dans G; et l'on arrive enfin à ce résultat :

Théorème. — *Le faisceau* G *résulte de la combinaison de* F *avec une double suite de substitutions*, A_1, B_1; A_2, B_2;...; A_σ, B_σ, *telle, que chacune de ces substitutions soit échangeable à toutes les autres, sauf à son associée, à laquelle elle est liée par une des relations suivantes :*

$$B_1^{-1} A_1 B_1 = \tau^{m_1} A_1, \quad B_2^{-1} A_2 B_2 = \tau^{m_2} A_2, \ldots.$$

560. *Les exposants* m_1, m_2,... *divisent* μ. Car on a, par exemple,

$$(B_1^u)^{-1} A_1 B_1^u = \tau^{m_1 u} A_1,$$

et l'on pourra disposer de u pour rendre $m_1 u$ congru à m' (mod. μ), m' étant le plus grand commun diviseur de m_1 et de μ. Si m_1 ne divisait pas μ, m' serait moindre que m_1, ce qui est impossible, par hypothèse.

Soit donc $\mu = m_1 \delta_1 = m_2 \delta_2 = \ldots$. Les substitutions $A_1^{\delta_1}$, $B_1^{\delta_1}$, $A_2^{\delta_2}$, $B_2^{\delta_2}$,..., étant échangeables à toutes celles de G, appartiendront à F.

Les nombres δ_1, δ_2,... *sont tous égaux à un nombre premier* π. Supposons en effet qu'il en soit autrement, et soit π un nombre premier, qui divise un ou plusieurs des nombres δ_1, δ_2,.... Supposons, pour fixer les idées, qu'il divise seulement δ_1, et soit, pour abréger, $\delta_1 = \varepsilon\pi$, $\mu = e\pi = m_1 \varepsilon\pi$.

Les substitutions A_1^{ε}, B_1^{ε}, F et leurs dérivées seront échangeables à toutes celles de G, aux puissances près de τ^e. En effet, A_1^{ε}, par exemple, est échangeable aux substitutions F, A_1, A_2, B_2,..., et B_1 la transforme en $\tau^{m_1 \varepsilon} A_1 = \tau^e A_1$. Elles sont seules à jouir de cette propriété : car toute substitution de G peut évidemment se mettre sous la forme

$$S = f A_1^{\alpha_1} B_1^{\beta_1} A_2^{\alpha_2} B_2^{\beta_2} \ldots,$$

f étant une substitution de F; et les substitutions A_1, B_1,... la transformeront respectivement en $\tau^{-m_1\beta_1}S$, $\tau^{m_1\alpha_1}S$,.... Donc, pour que S soit permutable à toutes ces substitutions aux puissances près de τ^e, il faudra qu'on ait

$$-m_1\beta_1 \equiv s_1 e, \quad m_1\alpha_1 \equiv t_1 e, \quad -m_2\beta_2 \equiv s_2 e, \quad m_2\alpha_2 \equiv t_2 e, \ldots \pmod{\mu},$$

$s_1, t_1, s_2, t_2,\ldots$ étant des entiers.

Multiplions ces relations par π, il viendra, en remarquant que $e\pi = \mu$,

$$-\pi m_1\beta_1 \equiv \pi m_1\alpha_1 \equiv -\pi m_2\beta_2 \equiv \pi m_2\alpha_2 \equiv \ldots \equiv 0 \pmod{\mu}.$$

Donc $\frac{\mu}{\pi m_1} = \varepsilon$ divisera β_1 et α_1; $\frac{\mu}{m_2} = \delta_2$ divisera $\pi\beta_2$ et $\pi\alpha_2$, et comme δ_2 est premier à π, il divisera β_2 et α_2, etc. Donc $A_2^{\alpha_2}$, $B_2^{\beta_2}$,... appartiendront à F, et S sera dérivée des substitutions F, A_1^{ε}, B_1^{ε}.

Le groupe $H = (F, A_1^{\varepsilon}, B_1^{\varepsilon})$ est permutable à toutes les substitutions de Γ. Car le groupe H′, transformé de H par une substitution quelconque $\mathfrak{T}^\rho \mathfrak{Q}$ prise dans Γ, a ses substitutions échangeables à celles du faisceau G′, transformé de G, aux puissances près de $\tau^{e\rho^t}$, transformée de τ^e. Or $G' = G$; d'autre part, les puissances de $\tau^{e\rho^t}$ sont des puissances de τ^e; donc les substitutions de H′ sont échangeables à celles de G, aux puissances près de τ^e; donc H′, qui d'ailleurs est contenu dans G, se confond avec H. De plus, les substitutions de H, étant contenues dans G, sont échangeables entre elles, aux F près. Le faisceau H jouira donc des mêmes propriétés que G, tout en contenant moins de substitutions, ce qui est contraire à notre hypothèse.

Pour échapper à cette conclusion, il faut évidemment que tous les nombres $\delta_1, \delta_2,\ldots$ se réduisent à π; alors $H = G$.

561. Posons $\tau^e = \theta$; θ sera une racine primitive de la congruence

$$\theta^\pi \equiv 1 \pmod{p},$$

et l'on aura

$$B_1^{-1}A_1B_1 = \theta A_1, \quad B_2^{-1}A_2B_2 = \theta A_2, \ldots.$$

D'ailleurs F doit contenir la substitution

$$| \; x_0, \; x'_0, \ldots \quad \theta x_0, \; \theta x'_0, \ldots \; |,$$

que nous avons désignée, pour abréger, par θ. Pour que cette substitution soit réelle, il faut que θ soit un entier complexe, ne contenant d'autre imaginaire que i : d'où la condition

$$\theta^{p^\nu - 1} \equiv 1 \pmod{p},$$

qui, comparée à la relation $\theta^\pi \equiv 1$, montre que π *divise* $p^\nu - 1$.

562. *L'ordre de chacune des substitutions de* G *est premier à* p. En effet, si G contenait une substitution S d'ordre pq, il contiendrait S^q, qui est d'ordre p, et par suite n'appartient pas à F. Soit donc $S^q = f A_1^{\alpha_1} B_1^{\beta_1} A_2^{\alpha_2} \ldots$; l'un au moins des exposants, α_1 par exemple, serait $\gtrless 0 \pmod{\pi}$. Cela posé, $B_1^{-1} S^q B_1$ serait d'ordre p, et $\theta^{\alpha_1} S^q$ d'ordre $p\pi$; résultat absurde, ces deux substitutions devant être identiques.

563. Supposons maintenant, pour fixer les idées, que σ se réduise à 2. Les deux substitutions A_1, A_2 étant d'ordre premier à p, et échangeables entre elles, on pourra remplacer les indices $x_0, x'_0, \ldots, x_r, x'_r, \ldots$ par d'autres indices indépendants $y_0, z_0, \ldots, y_r, z_r, \ldots$ choisis de telle sorte que A_1 et A_2 soient ramenés simultanément à leurs formes canoniques. Les nouveaux indices $y_0, z_0, \ldots$ qui remplacent $x_0, x'_0, \ldots$ seront des fonctions linéaires de $x_0, x'_0, \ldots$, dont les coefficients s'exprimeront rationnellement en fonction de i, et des facteurs $a_1, b_1, \ldots, a_2, b_2, \ldots$, par lesquels A_1 et A_2 multiplient respectivement $y_0, z_0, \ldots$, ces facteurs étant eux-mêmes les racines de congruences dont les coefficients sont des entiers complexes formés avec i (176). Quant aux indices $y_r, z_r, \ldots$, leurs expressions se déduiront des précédentes en changeant $x_0, x'_0, \ldots, i, a_1, b_1, \ldots, a_2, b_2, \ldots$ en x_r, $x'_r, \ldots, i^{p^r}, a_1^{p^r}, b_1^{p^r}, \ldots, a_2^{p^r}, b_2^{p^r}, \ldots$ (22).

Les substitutions A_1^π, A_2^π appartenant à F, on aura

$$a_1^\pi \equiv b_1^\pi \equiv \ldots, \quad a_2^\pi \equiv b_2^\pi \ldots \pmod{p}.$$

Les facteurs $a_1, b_1, \ldots$ *ne diffèrent donc les uns des autres que par des puissances de* θ; *de même pour* $a_2, b_2, \ldots$.

564. Théorème. — *Soit* μ' *le nombre des indices* $y_0, y'_0, \ldots$ *de la série* y_0, $z_0, \ldots$, *que les substitutions* A_1 *et* A_2 *multiplient respectivement par* a_1 *et* a_2. *Cette série contiendra* μ' *indices* $z_0, z'_0, \ldots$, *que ces mêmes substitutions multiplient respectivement par* $a_1\theta^{\xi_1}$, $a_2\theta^{\xi_2}$, ξ_1 *et* ξ_2 *étant des entiers quelconques moindres que* π.

En effet, la substitution $B_1^{\xi_1} B_2^{\xi_2}$, transformant respectivement A_1, A_2 en $\theta^{\xi_1} A_1$, $\theta^{\xi_2} A_2$, remplacera les indices $y_0, y'_0, \ldots$ par des fonctions linéaires φ.

$\varphi',\ldots$ des indices $y_0, z_0,\ldots$, telles, que A_1 et A_2 les multiplient respectivement par $a_1\theta^{\xi_1}$ et $a_2\theta^{\xi_1}$. Mais A_1 multipliant chacun des indices $y_0, z_0,\ldots$ par un facteur constant, ne pourra multiplier une fonction de ces indices par $a_1\theta^{\xi_1}$, que si cette fonction contient seulement les indices que A_1 multiplie par ce facteur. On peut faire un raisonnement analogue pour A_2. Les indices $z_0, z'_0,\ldots$ qui figurent dans les fonctions $\varphi, \varphi',\ldots$, seront donc multipliés par $a_1\theta^{\xi_1}$ et $a_2\theta^{\xi_1}$, dans les substitutions A_1 et A_2. D'ailleurs les fonctions $\varphi, \varphi',\ldots$, en nombre μ', doivent être distinctes pour que le déterminant de $B_1^{\xi_1}B_2^{\xi_1}$ ne soit pas congru à zéro. Donc le nombre μ'' des indices z_0, $z'_0,\ldots$ dont elles dépendent est au moins égal à μ'.

On verrait de même que $\mu' \overline{\gtrless} \mu''$; donc $\mu' = \mu''$.

Les indices $y_0, z_0,\ldots$ se partagent donc en suites également nombreuses, et correspondant chacune à un système de valeurs de ξ_1, ξ_2. Pour les mettre en évidence, nous désignerons les indices $y_0, z_0,\ldots, y_r, z_r,\ldots$, par le symbole général $[\xi_1\xi_2\varepsilon]_r$, ε étant un indicateur variable de o à $\mu'-1$, et qui servira à distinguer les divers indices d'une même suite, ξ_1, ξ_2 des indicateurs variables d'une suite à l'autre, entre les limites o et $\pi - 1$, et r un indicateur variable d'une série à l'autre.

Les substitutions A_1, A_2 prendront la forme

$$A_1 = |\ [\xi_1\xi_2\varepsilon]_0 \quad a_1\theta^{\xi_1}[\xi_1\xi_2\varepsilon]_0\ |, \quad A_2 = |\ [\xi_1\xi_2\varepsilon]_0 \quad a_2\theta^{\xi_2}[\xi_1\xi_2\varepsilon]_0\ |.$$

D'ailleurs cette forme ne sera pas altérée, si l'on remplace les indices d'une suite quelconque par des fonctions linéaires de ces mêmes indices (on aura soin d'altérer parallèlement les indices homologues des séries conjuguées) : car chacune d'elles multiplie par un même facteur les indices d'une même suite, et par conséquent leurs fonctions linéaires. Il reste donc dans le choix des indices un certain arbitraire dont nous allons profiter pour simplifier l'expression des substitutions B_1, B_2.

565. Commençons par B_1 : cette substitution, transformant A_1, A_2 en θA_1, A_2, remplacera les indices $[\xi_1\xi_2\varepsilon]_0$ de la suite ξ_1, ξ_2 par des fonctions des indices de la suite ξ_1+1, ξ_2. Les indices indépendants restant arbitraires dans la suite o, ξ_2, on pourra prendre pour indices indépendants dans la suite, 1, ξ_2 les fonctions que B_1 fait succéder aux indices de la suite o, ξ_2; pour indices indépendants dans la suite 2, ξ_2 les fonctions que B_1 fait succéder à ceux de la suite 1, ξ_2, etc., jusqu'à la suite $\pi-1$, ξ_2, dont B_1 remplacera les indices $[\pi-1, \xi_2, \varepsilon]_0$ par des fonctions $\varphi_0,\ldots, \varphi_\varepsilon,\ldots$ des indices de la suite o, ξ_2.

Cela posé, B_1^{π} remplacera en général l'indice $[o\xi_2\varepsilon]_0$ par φ_ε; mais elle appartient à F (560); donc $\varphi_\varepsilon = d[o\xi_2\varepsilon]_0$, d étant un coefficient constant. Posons en général

$$b_1^{-\xi_1}[\xi_1\xi_2\varepsilon]_0 = [\xi_1\xi_2\varepsilon]'_0 \quad \text{avec} \quad b_1^{\pi} \equiv d \pmod{p},$$

B_1 remplacera la fonction $[\xi_1\xi_2\varepsilon]'_0$ par $b_1[\xi_1+1, \xi_2, \varepsilon]'_0$.

Donc en prenant ces fonctions pour indices indépendants, et supprimant les accents, qui deviennent inutiles, B_1 prendra la forme

$$B_1 = |\ [\xi_1\xi_2\varepsilon]_0 \quad b_1[\xi_1+1, \xi_2, \varepsilon]_0\ |.$$

566. Passons à la substitution B_2 : elle remplace les indices de la suite ξ_1, ξ_2 par des fonctions de ceux de la suite ξ_1, ξ_2+1. Considérons en particulier les indices des suites pour lesquelles $\xi_1 = 0$. Par des changements d'indices convenables, exécutés dans chacune de ces suites, on pourra faire en sorte que B_2 remplace tout indice $[o\xi_2\varepsilon]_0$ de l'une de ces suites par $b_2[o, \xi_2+1, \varepsilon]_0$, b_2 étant un coefficient constant. Ce changement d'indices n'altérera évidemment pas les expressions de A_1, A_2. Il n'altérera pas non plus celle de B_1, pourvu qu'il soit accompagné de changements analogues, effectués sur les indices de chacun des groupes de suites qui correspondent aux diverses valeurs de ξ_1.

Cela posé, soit φ la fonction par laquelle B_2 remplace $[\xi_1\xi_2\varepsilon]_0$: $B_2B_1^{\xi_1}$ et $B_1^{\xi_1}B_2$ remplaceront respectivement $[o\xi_2\varepsilon]_0$ par $b_2b_1^{\xi_1}[\xi_1, \xi_2+1, \varepsilon]_0$ et par $b_1^{\xi_1}\varphi$. Mais ces deux substitutions sont identiques, B_1 étant échangeable à B_2. Donc φ se réduit à $b_2[\xi_1, \xi_2+1, \varepsilon]$, et B_2 est de la forme

$$B_2 = |\ [\xi_1\xi_2\varepsilon]_0 \quad b_2[\xi_1, \xi_2+1, \varepsilon]_0\ |.$$

Nous obtenons donc le théorème suivant :

Théorème. — *Les substitutions* A_1, B_1, A_2, B_2 *peuvent se ramener à la forme*

$$(3)\quad \begin{cases} A_1 = |\ [\xi_1\xi_2\varepsilon]_0 \quad a_1\theta^{\xi_1}[\xi_1\xi_2\varepsilon]_0\ |, & B_1 = |\ [\xi_1\xi_2\varepsilon]_0 \quad b_1[\xi_1+1, \xi_2, \varepsilon]_0\ |. \\ A_2 = |\ [\xi_1\xi_2\varepsilon]_0 \quad a_2\theta^{\xi_2}[\xi_1\xi_2\varepsilon]_0\ |, & B_2 = |\ [\xi_1\xi_2\varepsilon]_0 \quad b_2[\xi_1, \xi_2+1, \varepsilon]_0\ |, \end{cases}$$

et, par suite, les substitutions de G *seront de la forme*

$$S = |\ [\xi_1\xi_2\varepsilon]_0 \quad c\theta^{\alpha_1\xi_1+\alpha_2\xi_2}[\xi_1+\beta_1, \xi_2+\beta_2, \varepsilon]_0\ |.$$

567. Le calcul des coefficients a_1, a_2, b_1, b_2 a demandé la résolution de diverses congruences, ayant pour coefficients des entiers complexes formés

avec i. Cette résolution pourrait nécessiter l'introduction de nouvelles imaginaires. Il est essentiel d'éclaircir ce point; nous y parviendrons par les considérations suivantes :

Soient S une substitution de G, qui n'appartienne pas à F; S, S',... ses transformées par les substitutions de Γ. Chaque substitution de Γ transformera les substitutions S, S',... les unes dans les autres : car supposons que la substitution T, appartenant à Γ, transforme S' en S''; soit U la substitution de Γ qui transforme S en S'; UT transformera S en S''; donc S'' fait partie de la suite S, S',....

Il résulte de là que les substitutions de Γ sont permutables au faisceau (F, S, S',...). Donc ce *faisceau contiendra toutes les substitutions de* G, qui est, par hypothèse, parmi tous les seconds faisceaux possibles, celui dont l'ordre est *minimum*.

Considérons en particulier la substitution A_1 et ses transformées A_1, A'_1,.... D'après ce qui précède, l'une au moins de ces transformées ne sera pas contenue dans le groupe (F, A_1) moins général que G. Soit

$$A'_1 = | \; [\xi_1 \, \xi_2 \, \varepsilon], \quad c\theta^{\alpha_1\xi_1+\alpha_2\xi_2}[\xi_1 + \beta_1, \, \xi_2 + \beta_2, \, \varepsilon], \; |,$$

cette transformée : elle aura le même caractéristique que A_1 (172).

Ici deux cas seront à distinguer, suivant que π est un nombre premier impair ou égal à 2.

568. Premier cas : π *premier impair*. A_1 a pour caractéristique

$$C = \prod [(a_1 \theta^{\xi_1})^{p^r} - K],$$

la multiplication s'étendant à tous les systèmes de valeurs de ε, ξ_1, ξ_2, r. Or multiplions ensemble les μ facteurs correspondants à une même valeur de r, et dont $\frac{\mu}{\pi} = e$ sont égaux à $a_1^{p^r} - K$, e à $(a_1 \theta)^{p^r} - K$, etc.: il viendra

$$C = (a_1^\pi - K^\pi)^e \ldots (a_1^{\pi p^r} - K^\pi)^e \ldots = \prod_r (a_1^{\pi p^r} - K^\pi)^e,$$

la multiplication ne s'étendant plus qu'aux diverses valeurs de r.

Quant à C', caractéristique de A'_1, deux cas seront à distinguer, suivant que β_1, β_2 sont ou non nuls à la fois.

1° Si $\beta_1 = \beta_2 = 0$, on aura

$$C' = \prod [(c\theta^{\alpha_1\xi_1+\alpha_2\xi_2})^{p^r} - K].$$

Groupons comme tout à l'heure les facteurs qui correspondent à une même valeur de r : on aura e de ces facteurs égaux à $c^{p^r} - \mathrm{K}$, e égaux à $(c\theta)^{p^r} - \mathrm{K}$, etc. En effet, A'_1 n'appartenant pas au faisceau F, l'un au moins des exposants α_1, α_2, par exemple α_1, ne sera pas congru à o (mod. π). On pourra donc choisir arbitrairement ε et ξ_2, ce qui pourra se faire de e manières différentes, et déterminer ensuite ξ_1 de telle sorte que $\alpha_1 \xi_1 + \alpha_2 \xi_2$ se réduise à ρ (mod. π), ρ étant un entier arbitraire. On aura donc comme tout à l'heure

$$(4) \qquad \mathrm{C}' = \prod_r (c^{\pi p^r} - \mathrm{K}^\pi)^e;$$

2° Si β_1, β_2 ne sont pas nuls à la fois, considérons les π indices $[\xi_1 \xi_2 \varepsilon]_r, \ldots, [\xi_1 + m\beta_1, \xi_2 + m\beta_2, \varepsilon]_r, \ldots$ que A'_1 permute circulairement. Le facteur de C' correspondant à ce groupe de π indices sera

$$-\mathrm{K}^\pi + [c^\pi \theta^{\alpha_1 \xi_1 + \alpha_2 \xi_2 + \ldots + \alpha_1(\xi_1 + m\beta_1) + \alpha_2(\xi_2 + m\beta_2) + \ldots}]^{p^r} = c^{\pi p^r} - \mathrm{K}^\pi.$$

Faisant le produit des expressions analogues correspondantes aux divers groupes d'indices, on trouvera encore pour C' la valeur (4).

Les deux caractéristiques C, C' devant être égaux, on aura une relation de la forme

$$c^\pi \equiv a_1^{\pi p^\rho} \quad (\mathrm{mod.}\ p).$$

Cela posé, la substitution

$$\mathrm{S} = \mathrm{A}'_1 \mathrm{A}_1^{-p^\rho} = |\ [\xi_1 \xi_2 \varepsilon]_0 \quad \theta^{\alpha_1 \xi_1 + \alpha_2 \xi_2} [\xi_1 + \beta_1, \xi_2 + \beta_2, \varepsilon]_0\ |$$

aura pour caractéristique $(1 - \mathrm{K}^\pi)^{\nu e}$; et il en sera de même de ses transformées

$$\mathrm{S}' = |\ [\xi_1 \xi_2 \varepsilon]_0 \quad c' \theta^{\gamma_1 \xi_1 + \gamma_2 \xi_2} [\xi_1 + \delta_1, \xi_2 + \delta_2, \varepsilon]_0\ |, \ldots$$

par les diverses substitutions de Γ; d'où l'on déduit

$$c'^\pi \equiv 1 \quad (\mathrm{mod.}\ p).$$

Soit maintenant

$$\mathrm{T} = f \mathrm{A}_1^{\tau_1} \mathrm{B}_1^{\upsilon_1} \mathrm{A}_2^{\tau_2} \mathrm{B}_2^{\upsilon_2} = |\ [\xi_1 \xi_2 \varepsilon]_0 \quad f a_1^{\tau_1} b_1^{\upsilon_1} a_2^{\tau_2} b_2^{\upsilon_2} \theta^{\tau_1 \xi_1 + \tau_2 \xi_2} [\xi_1 + \upsilon_1, \xi_2 + \upsilon_2, \varepsilon]_0\ |$$

une quelconque des substitutions de G; elle aura pour caractéristique

$$(5) \qquad \prod_r [(f a_1^{\tau_1} b_1^{\upsilon_1} a_2^{\tau_2} b_2^{\upsilon_2})^{\pi p^r} - \mathrm{K}^\pi]^e.$$

Mais d'autre part T appartient au groupe dérivé de F, S, S',... (567). Soit $T = \varphi S^q S'^{q'} \ldots$, φ étant une substitution de F, qui multiplie par φ les indices de la première série : T aura pour caractéristique

$$(6) \qquad \prod_r \left[(\varphi c' \ldots)^{\pi p^r} - K^\pi \right]^e \equiv \prod_r \left(\varphi^{\pi p^r} - K^\pi \right)^e.$$

Pour que les expressions (5) et (6) soient égales, il faudra qu'on ait une relation de la forme

$$(f a_1^{\tau_1} b_1^{\upsilon_1} a_2^{\tau_2} b_2^{\upsilon_2})^\pi \equiv \varphi^{\pi p^\rho}, \quad \text{d'où} \quad a_1^{\tau_1} b_1^{\upsilon_1} a_2^{\tau_2} b_2^{\upsilon_2} \equiv \theta^\psi \varphi^{p^\rho} f^{-1},$$

ψ étant un entier. On aura une relation analogue pour tout système de valeurs de $\tau_1, \upsilon_1, \tau_2, \upsilon_2$. Donc toutes les quantités de la forme $a_1^{\tau_1} b_1^{\upsilon_1} a_2^{\tau_2} b_2^{\upsilon_2}$, et en particulier a_1, b_1, a_2, b_2, sont des produits d'entiers complexes ne contenant d'autre imaginaire que i. Donc la réduction des substitutions A_1, B_1, A_2, B_2 à leur forme type a pu se faire sans introduire d'imaginaire nouvelle.

On peut supposer que les coefficients a_1, b_1, a_2, b_2 se réduisent à l'unité. Car F contenant les substitutions $a_1, b_1, \ldots$, G pourra être considéré comme dérivé de la combinaison de F, non plus avec les substitutions A_1, B_1, A_2, B_2, mais avec celles-ci $a_1^{-1} A_1$, $b_1^{-1} B_1$, $a_2^{-1} A_2$, $b_2^{-1} B_2$, où les coefficients ont disparu.

569. Second cas : $\pi = 2$, d'où $\theta = -1$. A_1 a pour caractéristique

$$C = \prod \left[(a_1 \theta^{\xi_1})^{p^r} - K \right] = \prod_r (K^2 - a_1^{2p^r})^e.$$

Si $\beta_1 = \beta_2 = 0$, A'_1 aura pour caractéristique

$$C' = \prod \left[(c \theta^{\alpha_1 \xi_1 + \alpha_2 \xi_2})^{p^r} - K \right] = \prod_r (K^2 - c^{2p^r})^e.$$

Dans le cas contraire, le facteur de C' correspondant au groupe des deux indices $[\xi_1 \xi_2 \varepsilon]_r$, $[\xi_1 + \beta_1, \xi_2 + \beta_2, \varepsilon]_r$ que A'_1 permute entre eux sera

$$K^2 - \left[c^2 \theta^{\alpha_1 \xi_1 + \alpha_2 \xi_2 + \alpha_1 (\xi_1 + \beta_1) + \alpha_2 (\xi_2 + \beta_2)} \right]^{p^r} \equiv K^2 - c^{2p^r} \theta^m,$$

en posant, pour abréger, $m = \alpha_1 \beta_1 + \alpha_2 \beta_2$, et remarquant que l'on a $\theta^{p^r} \equiv \theta$; car le nombre $\pi = 2$ divisant $p^\nu - 1$ (561), p est impair.

La condition $C = C'$ donnera comme tout à l'heure

$$c^2 \theta^m \equiv a^{2p^\rho} \pmod{p}.$$

Cela posé, la substitution

$$S = A'_1 A_1^{-p^\rho} = \mid [\xi_1\ \xi_2\ \varepsilon]_0 \quad \theta^{m+\alpha_1\xi_1+\alpha_2\xi_2}[\xi_1+\beta_1,\ \xi_2+\beta_2,\ \varepsilon]_0 \mid$$

aura pour caractéristique $(K^2-\theta^m)^{\nu e}$. Il en sera de même de ses transformées

$$S' = \mid [\xi_1\ \xi_2\ \varepsilon]_0 \quad c'\theta^{\gamma_1\xi_1+\gamma_2\xi_2}[\xi_1+\delta_1,\ \xi_2+\delta_2,\ \varepsilon]_0 \mid, \ldots,$$

d'où les conditions

$$c'^2\theta^{\gamma_1\delta_1+\gamma_2\delta_2} \equiv \theta^m, \ldots \pmod{p}. \tag{7}$$

Soit maintenant

$$T = fA_1^{\tau_1}B_1^{\upsilon_1}\ldots = \varphi S^q S'^{q'}\ldots$$

l'une quelconque des substitutions de G; elle aura pour caractéristique, d'une part

$$\prod_r [K^2-(fa_1^{\tau_1}b_1^{\upsilon_1}\ldots)^{2p^r}\theta^t]^e,$$

d'autre part

$$\prod_r [K^2-(\varphi c'\ldots)^{2p^r}\theta^u]^e,$$

en posant, pour abréger,

$$t = \tau_1 \upsilon_1 + \tau_2 \upsilon_2, \quad u = (q\alpha_1 + q'\gamma_1 + \ldots)(q\beta_1 + q'\delta_1 + \ldots) + \ldots.$$

Pour que ces deux expressions soient égales, il faut qu'on ait une relation de la forme

$$(fa_1^{\tau_1}b_1\ldots)^2\theta^t = (\varphi c'\ldots)^{2p^\rho}\theta^u,$$

ou, en remarquant que $c'^2, \ldots$ se réduisent à des puissances de θ en vertu des relations (7), une relation de la forme

$$(fa_1^{\tau_1}b_1^{\upsilon_1}\ldots)^2 = \varphi^{2p^\rho}\theta^s, \quad \text{ou enfin} \quad a_1^{\tau_1}b_1^{\upsilon_1}\ldots = f^{-1}\varphi^{p^\rho}j^s,$$

j étant une racine primitive de la congruence

$$j^2 \equiv \theta, \quad \text{ou} \quad j^4 \equiv 1 \pmod{p}.$$

Cela posé, si $p^\nu - 1$ est divisible par 4, on aura

$$j^{p^\nu - 1} \equiv 1;$$

j sera donc, ainsi que f et φ^{p^ρ}, un entier complexe ne contenant d'autre imaginaire que i : donc les expressions $a_1^{\tau_1} b_1^{\upsilon_1}\dots$, et en particulier a_1, $b_1,\dots$, ne contiendront d'autre imaginaire que i; et l'on pourra choisir la double suite A_1, B_1, A_2, B_2 de telle sorte que tous ces coefficients se réduisent à l'unité (568).

Soit au contraire $p^\nu - 1 \gtrless 0 \pmod{4}$: j ne sera plus un entier complexe formé avec i; mais $j^2 \equiv -1$ le sera toujours; donc chacune des expressions $a_1^{\tau_1} b_1^{\upsilon_1}\dots$ est de l'une des formes f ou fj, f étant un entier complexe formé avec i. En particulier, suivant que les coefficients a_1, $b_1,\dots$ seront de l'une ou de l'autre de ces deux formes, les racines des congruences caractéristiques

$$\prod_r (K^2 - a_1^{2p^r})^e \equiv 0, \quad \prod_r (K^2 - b_1^{2p^r})^e \equiv 0, \dots \pmod{p},$$

des substitutions correspondantes A_1, $B_1,\dots$ satisferont ou non à la congruence

$$X^{p^\nu - 1} \equiv 1 \pmod{p}. \tag{8}$$

570. Or la double suite A_1, B_1, A_2, B_2, qui, combinée à F, reproduit G, peut être choisie de telle sorte : 1° que les racines des congruences caractéristiques de deux substitutions associées satisfassent ou ne satisfassent pas à la fois à la congruence (8); 2° que parmi les couples de substitutions associées, il en existe tout au plus un pour qui ces racines n'y satisfassent pas.

1° En effet, si les racines de la congruence caractéristique de A_1, par exemple, satisfaisaient à la congruence (8), celles de la congruence caractéristique de B_1 n'y satisfaisant pas, on pourrait dans la construction de G remplacer la double suite A_1, B_1, A_2, B_2 par la double suite équivalente A_1, $A_1 B_1$, A_2, B_2, dans laquelle la substitution $A_1 B_1$, qui remplace B_1, aura pour congruence caractéristique la suivante :

$$\prod_r (K^2 - \theta a_1^{2p^r} b_1^{2p^r}) \equiv 0,$$

dont les racines satisfont à la congruence (8).

2° Si d'autre part les deux couples de substitutions A_1, B_1, A_2, B_2 avaient des congruences caractéristiques dont les racines ne satisfissent pas à la congruence (8), on pourrait, dans la construction de G, les remplacer par les deux suivants : $A_1 A_2$, $B_1 A_2$, $A_1 B_1 A_2 B_2$, $A_1 B_1 B_2$, où les racines des congruences caractéristiques satisfont à la congruence (8).

On peut enfin supposer la double suite A_1, B_1, A_2, B_2 choisie de telle sorte que chacun des facteurs a_1, $b_1,\dots$ se réduise à 1 ou à j. Car soit $a_1 = fj$, par exemple; on pourra, dans la construction de G, remplacer la substitution A_1 par celle-ci $f^{-1}A_1$, pour laquelle le facteur se trouve réduit à j.

Les facteurs a_1, b_1,... seront donc tous égaux à 1, *sauf ceux d'un seul couple, tel que a_1, b_1, qui pourront être égaux à* 1 *ou à j, mais seront égaux entre eux.*

571. Si $a_1 = b_1 = a_2 = b_2 = 1$, la réduction de A_1, B_1, A_2, B_2 à leur forme type pourra s'opérer sans introduire d'imaginaire nouvelle.

572. Soit au contraire $a_1 = b_1 = j$, avec $a_2 = b_2 = 1$. Dans cette hypothèse, la réduction du faisceau G à sa forme type, telle que nous l'avons indiquée, introduirait l'imaginaire j. Pour éviter cet inconvénient, nous allons reprendre les opérations avec plus de soin.

Ramenons d'abord simultanément les substitutions A_1, A_2 à leurs formes canoniques

$$A_1 = |\ [\xi_1\,\xi_2\,\varepsilon]'_0 \quad j\theta^{\xi_1}[\xi_1\,\xi_2\,\varepsilon]'_0\ |, \quad A_2 = |\ [\xi_1\,\xi_2\,\varepsilon]'_0 \quad \theta^{\xi_2}[\xi_1\,\xi_2\,\varepsilon]'_0\ |.$$

Les indices $[0\,\xi_2\,\varepsilon]'_0$ de la première série que A_1, A_2 multiplient respectivement par j, θ^{ξ_2} seront de la forme $[0\,\xi_2\,\varepsilon]_0 + j[1\,\xi_2\,\varepsilon]_0$, $[0\,\xi_2\,\varepsilon]_0$ et $[1\,\xi_2\,\varepsilon]_0$ étant des fonctions des anciens indices, ayant pour coefficients des entiers complexes formés avec i. La suite des indices $[1\,\xi_2\,\varepsilon]'_0$ de la même série que A_1, A_2 multiplient par $-j$, θ^{ξ_2} sera formée des fonctions $[0\,\xi_2\,\varepsilon]_0 - j[1\,\xi_2\,\varepsilon]_0$, respectivement conjuguées des précédentes par rapport à j. On pourra d'ailleurs évidemment, sans altérer l'expression des substitutions A_1, A_2, remplacer les indices d'une même suite par des fonctions linéaires des indices de cette même suite, fonctions dont les coefficients soient des entiers complexes, formés avec i et j. Il conviendra seulement d'effectuer sur les indices des suites conjuguées par rapport à j, et des séries conjuguées par rapport à i, j, des transformations respectivement conjuguées par rapport à l'une de ces imaginaires ou par rapport à toutes deux.

573. La substitution B_2, transformant A_1, A_2 en A_1, θA_2, remplacera en général les indices de la première série et de la suite ξ_1, ξ_2 par des fonctions de ceux de la première série et de la suite ξ_1, $\xi_2 + 1$. Et l'on peut profiter de l'indétermination qui reste dans le choix des indices pour faire en sorte que B_2 remplace chacun des indices $[\xi_1\,0\,\varepsilon]'_0$ par $[\xi_1\,1\,\varepsilon]'_0$. D'ailleurs la forme canonique imaginaire trouvée plus haut pour B_2 montre que son carré se réduit à l'unité. Donc B_2 remplacera réciproquement $[\xi_1\,1\,\varepsilon]'_0$ par

$[\xi_1 0 \varepsilon]'_0$, et sera de la forme

$$B_1 = | [\xi_1 \xi_2 \varepsilon]'_0 \quad [\xi_1, \xi_2 + 1, \varepsilon]'_0 |.$$

Il est clair que la forme des substitutions A_1, A_2, B_2 ne sera pas altérée si l'on prend pour indices indépendants, au lieu de $[000]'_0, \ldots, [00\varepsilon]'_0, \ldots$ des fonctions linéaires quelconques (à coefficients complexes) de ces mêmes indices, pourvu qu'on altère de la même manière les indices de chacune des suites $0, \xi_2$, et qu'on fasse subir en outre aux indices des suites $1, \xi_2$, conjuguées de celles-là par rapport à j, des altérations conjuguées de celles-là par rapport à j. Nous allons profiter de cette indétermination pour ramener la substitution B_1 à une forme simple.

574. Cette substitution, échangeable à A_2, B_2, transforme A_1 en θA_1. Elle remplace donc les indices $[000]'_0, \ldots, [00\varepsilon]'_0, \ldots$ par des fonctions des indices $[100]'_0, \ldots, [10\varepsilon]'_0, \ldots$. Nous allons prouver que les indices peuvent être choisis de telle sorte que ces fonctions se réduisent respectivement à $(\alpha + \beta j)[100]'_0, \ldots, (\alpha + \beta j)[10\varepsilon]'_0, \ldots$, α et β étant un système de solutions arbitrairement choisi parmi ceux de la congruence

$$(9) \qquad \alpha^2 + \beta^2 \equiv -1 \pmod{p}.$$

(*Voir* au n° 197 la solution de cette congruence en nombres entiers réels.)

Supposons en effet que les q indices $[000]'_0, \ldots, [0, 0, q-1]'_0$ aient pu être choisis de telle sorte, que B_1 les remplace par $(\alpha + \beta j)[100]'_0, \ldots, (\alpha + \beta j)[1, 0, q-1]'_0$; nous allons prouver que l'indice suivant $[00q]'_0$ pourra être choisi de telle sorte, que B_1 le remplace par $(\alpha + \beta j)[10q]'_0$. En effet, l'indice $[00q]'_0$ et les suivants ayant été choisis arbitrairement, soit φ_1 la fonction des indices $[100]'_0, \ldots, [10\varepsilon]'_0, \ldots$ que B_1 lui fait succéder : deux cas seront à distinguer :

1° Si la fonction φ_1 contient quelqu'un des indices $[1, 0, q+1]'_0, \ldots$ de rang supérieur à $q+1$, sa conjuguée φ_0 par rapport à j contiendra l'un des indices $[0, 0, q+1]'_0, \ldots$ conjugués de ceux-là; ce sera donc une fonction distincte des $q+1$ premiers indices, et on pourra la prendre pour indice indépendant à la place de $[0, 0, q+1]'_0$ par exemple. Soit donc $\varphi_0 = [0, 0, q+1]'_0$; φ_1 sera égale à $[1, 0, q+1]'_0$.

D'ailleurs la forme canonique imaginaire trouvée plus haut pour B_1 montre que son carré multiplie tous les indices par -1. Donc B_1, remplaçant $[00q]'_0$ par $[1, 0, q+1]'_0$, remplacera réciproquement $[1, 0, q+1]'_0$ par $-[00q]'_0$, et son conjugué $[0, 0, q+1]'_0$ par $-[10q]'_0$.

Cela posé, soient c, d deux entiers arbitraires : on pourra prendre pour indice indépendant, à la place de $[00q]'_0$, la fonction

$$(\alpha+\beta j)(c-dj)[00q]'_0+(c+dj)[0,0,q+1]'_0,$$

que B_1 remplace par sa conjuguée multipliée par $\alpha+\beta j$.

2° Si φ_1 ne contient aucun des indices $[1,0,q+1]'_0,\ldots$, elle contiendra l'indice $[10q]'_0$; car sans cela B_1 remplaçant les $q+1$ indices $[000]'_0,\ldots,$ $[00q]'_0$ par des fonctions de q indices seulement, son déterminant serait congru à zéro. Soit donc

$$\varphi_1=(m+nj)[10q]'_0+(r+sj)[1,0,q-1]'_0+\ldots,$$

B_1^2 remplacera l'indice $[00q]'_0$ par

$$(m+nj)\{(m-nj)[00q]'_0+(r-sj)[0,0,q-1]+\ldots\}+(r+sj)(\alpha-\beta j)[0,0,q-1]'_0+\ldots.$$

Mais elle doit le multiplier par -1; d'où les relations

$$\left.\begin{array}{r}(m+nj)(m-nj)\equiv-1\\(m+nj)(r-sj)+(r+sj)(\alpha-\beta j)\equiv 0\end{array}\right\}\pmod{p},$$

ou, en effectuant les calculs et égalant séparément à 0 les termes réels et les termes imaginaires,

$$m^2+n^2\equiv-1, \tag{10}$$

$$(m+\alpha)r+(n+\beta)s\equiv 0, \tag{11}$$

$$(n-\beta)r-(m-\alpha)s\equiv 0. \tag{12}$$

Cela posé, on pourra prendre pour indice indépendant, à la place de $[00q]'_0$, la fonction

$$(a+bj)\{[00q]'_0+(c+dj)[0,0,q-1]'_0+\ldots\},$$

que B_1 remplace par sa conjuguée, multipliée par $\alpha+\beta j$, pourvu que l'on ait

$$\begin{array}{c}(a+bj)(m+nj)\equiv(a-bj)(\alpha+\beta j),\\ r+sj+(\alpha+\beta j)(c+dj)\equiv(m+nj)(c-dj)\pmod{p},\\ \ldots\ldots\ldots\ldots\ldots\ldots\ldots\ldots\ldots\ldots\end{array}$$

d'où

$$(m-\alpha)a-(n+\beta)b\equiv(n-\beta)a+(m+\alpha)b\equiv 0, \tag{13}$$

$$r+(\alpha-m)c-(\beta+n)d\equiv s+(\beta-n)c+(\alpha+m)d\equiv 0, \tag{14}$$

$$\ldots\ldots\ldots\ldots\ldots\ldots\ldots\ldots\ldots\ldots$$

575. On pourra toujours satisfaire à ces relations; car les deux relations (13), dont le déterminant est congru à zéro en vertu des relations (9) et (10), se réduisent à une seule, qui détermine le rapport de a à b. De même, les relations (14) se réduisent, en vertu des relations (9), (10), (11), (12) à une seule, qui détermine l'un des entiers c, d, en fonction de l'autre.

Admettons donc que B_1 remplace en général l'indice $[00\varepsilon]'_0$ par $(\alpha+\beta j)[10\varepsilon]'_0$; et soit φ la fonction par laquelle elle remplace l'indice $[01\varepsilon]'_0$; $B_1 B_2$ remplacera $[00\varepsilon]'_0$ par φ, et $B_2 B_1$ le remplacera par $(\alpha+\beta j)[11\varepsilon]'_0$. Donc φ est égal à cette dernière expression. Donc B_1 remplace en général $[0\xi_2\varepsilon]'_0$ par $(\alpha+\beta j)[1\xi_2\varepsilon]'_0$; et comme son carré est égal à -1, elle remplacera réciproquement $[1\xi_2\varepsilon]'_0$ par $(\alpha-\beta j)[0\xi_2\varepsilon]'_0$. On aura donc

$$B_1 = \left| [\xi_1\xi_2\varepsilon]'_0 \quad (\alpha+\beta j\theta^{\xi_1})[\xi_1+1, \xi_2, \varepsilon]'_0 \right|.$$

Nous prendrons alternativement pour indices indépendants les quantités $[\xi_1\xi_2\ldots\varepsilon]'_0$ ou les quantités $[\xi_1\xi_2\ldots\varepsilon]_0$ dont elles dépendent (572) et qui ne contiennent plus d'autre imaginaire que i; rapportées à ces nouveaux indices, A_2, B_2 ne changeront pas de forme; mais A_1, B_1 deviendront

$$A_1 = \left| [\xi_1\xi_2\varepsilon]_0 \quad -\theta^{\xi_1}[\xi_1+1, \xi_2, \varepsilon]_0 \right|, \quad B_1 = \left| [\xi_1\xi_2\varepsilon]_0 \quad \alpha\theta^{\xi_1}[\xi_1\xi_2\varepsilon]_0 + \beta[\xi_1+1, \xi_2, \varepsilon]_0 \right|.$$

576. Récapitulant ce qui précède, on a ce théorème :

Théorème. — *Si l'on n'a pas à la fois* $p^\nu \equiv 3 \pmod{4}$ *et* $\pi = 2$, *on pourra, sans altérer l'expression des substitutions de* F, *et sans introduire d'imaginaire nouvelle, mettre* $A_1, B_1, A_2, B_2, \ldots, A_\sigma, B_\sigma$ *sous la forme*

$$(15)\quad \begin{cases} A_1 = \left| [\xi_1\xi_2\ldots\varepsilon]_0 \quad \theta^{\xi_1}[\xi_1\xi_2\ldots\varepsilon]_0 \right|, & B_1 = \left| [\xi_1\xi_2\ldots\varepsilon]_0 \quad [\xi_1+1, \xi_2, \ldots, \varepsilon]_0 \right|, \\ A_2 = \left| [\xi_1\xi_2\ldots\varepsilon]_0 \quad \theta^{\xi_2}[\xi_1\xi_2\ldots\varepsilon]_0 \right|, & B_2 = \left| [\xi_1\xi_2\ldots\varepsilon]_0 \quad [\xi_1, \xi_2+1, \ldots, \varepsilon]_0 \right|, \\ \ldots\ldots\ldots\ldots\ldots\ldots, & \ldots\ldots\ldots\ldots\ldots\ldots\ldots \end{cases}$$

Si l'on a $p^\nu \equiv 3 \pmod{4}$ *et* $\pi = 2$, $A_2, B_2, \ldots$, *conserveront encore la forme* (15); *mais* A_1, B_1 *auront, suivant les cas, soit la forme ci-dessus, soit celle-ci :*

$$(16)\quad \begin{cases} A_1 = \left| [\xi_1\xi_2\ldots\varepsilon]_0 \quad -\theta^{\xi_1}[\xi_1+1, \xi_2, \ldots, \varepsilon]_0 \right|, \\ B_1 = \left| [\xi_1\xi_2\ldots\varepsilon]_0 \quad \alpha\theta^{\xi_1}[\xi_1\xi_2\ldots\varepsilon]_0 + \beta[\xi_1+1, \xi_2, \ldots, \varepsilon]_0 \right|; \end{cases}$$

α, β *étant un système de solutions (arbitrairement choisi) de la congruence*

$$\alpha^2 + \beta^2 \equiv -1 \pmod{p}.$$

En prenant les expressions $[\xi_1\xi_2\ldots\varepsilon]'_0 = [0\xi_2\ldots\varepsilon]_0 + j\theta^{\xi_1}[1\xi_2\ldots\varepsilon]_0$ *pour indices indépendants, on n'altérera pas la forme de* A_2, B_2, ..., *et l'on réduira* A_1, B_1 *à la forme suivante*

$$(17)\quad A_1 = | [\xi_1 \xi_2 \ldots \varepsilon]'_0 \; j\theta^{\xi_1}[\xi_1\xi_2\ldots\varepsilon]'_0 |, \quad B_1 = | [\xi_1\xi_2\ldots\varepsilon]'_0 \; (\alpha+\beta j\theta^{\xi_1})[\xi_1+1, \xi_2, \ldots, \varepsilon]'_0 |.$$

Fin de la réduction.

577. Soit maintenant $\mathfrak{V}$ une substitution quelconque de Γ; les substitutions A'_1, B'_1, A'_2, B'_2, ... transformées de A_1, B_1, A_2, B_2, ... par $\mathfrak{V}$, appartenant au faisceau G, seront de la forme

$$f_1 A_1^{a'_1} B_1^{b'_1} A_2^{a'_2} B_2^{b'_2} \ldots, \quad g_1 A_1^{c'_1} B_1^{d'_1} A_2^{c'_2} B_2^{d'_2} \ldots, \quad f_2 A_1^{a''_1} B_1^{b''_1} A_2^{a''_2} B_2^{b''_2} \ldots, \quad g_2 A_1^{c''_1} B_1^{d''_1} A_2^{c''_2} B_2^{d''_2} \ldots, \ldots,$$

f_1, g_1, f_2, g_2, ... désignant des substitutions de F, qui multiplient respectivement les indices de la $r+1^{ième}$ série par la puissance p^r des facteurs f_1, g_1, f_2, g_2, ... Ces transformées satisfont d'ailleurs aux conditions suivantes :

1° Le faisceau $G = (F, A_1, B_1, A_2, B_2, \ldots)$ a toutes ses substitutions de la forme $f A_1^{\alpha_1} B_1^{\beta_1} A_2^{\alpha_2} B_2^{\beta_2} \ldots$; son transformé $(F, A'_1, B'_1, A'_2, B'_2, \ldots)$ a ses substitutions de la forme $f' A_1'^{x_1} B_1'^{y_1} A_2'^{x_2} B_2'^{y_2} \ldots$; mais ces deux faisceaux sont identiques; donc, quels que soient f, α_1, β_1, α_2, β_2, ..., on pourra déterminer f', x_1, y_1, x_2, y_2, ... de manière à satisfaire à l'identité

$$(18)\qquad f' A_1'^{x_1} B_1'^{y_1} \ldots = f A_1^{\alpha_1} B_1^{\beta_1} \ldots.$$

Substituons dans le premier membre les valeurs de A'_1, B'_1, ...; faisons ensuite passer en avant les facteurs A_1, puis les facteurs B_1, etc., en remarquant que les substitutions A_1, B_1, ... sont toutes échangeables entre elles, aux F près; la relation (18) prendra la forme

$$f'' A_1^{a'_1 x_1 + c'_1 y_1 + \ldots} B_1^{b'_1 x_1 + d'_1 y_1 + \ldots} \ldots = f A_1^{\alpha_1} B_1^{\beta_1} \ldots,$$

d'où

$$a'_1 x_1 + c'_1 y_1 + \ldots \equiv \alpha_1, \quad b'_1 x_1 + d'_1 y_1 + \ldots \equiv \beta_1, \ldots \pmod{\pi},$$

relations qui ne pourront être toujours satisfaites que si l'on a

$$(19)\qquad \begin{vmatrix} a'_1 & c'_1 & \ldots \\ b'_1 & d'_1 & \ldots \\ \ldots & \ldots & \ldots \end{vmatrix} \gtrless 0 \pmod{\pi}.$$

2° On a entre les substitutions θ, A_1, B_1, ... l'égalité

$$A_1^{x_1} B_1^{y_1} \ldots A_1^{\xi_1} B_1^{\eta_1} \ldots = \theta^{x_1\eta_1 - \xi_1 y_1 + \ldots} A_1^{\xi_1} B_1^{\eta_1} \ldots A_1^{x_1} B_1^{y_1} \ldots,$$

qui devra subsister entre leurs transformées θ', A'_1, $B'_1, \ldots$ par $\mathfrak{V}$. Or soit $\mathfrak{V} = \mathfrak{P}^{\rho}\mathfrak{L}_1$; on aura $\theta' = \theta^{p^\rho}$. D'autre part, posons

$$(20) \qquad \begin{cases} X_1 = a'_1 x_1 + c'_1 y_1 + \ldots, & Y_1 = b'_1 x_1 + d'_1 y_1 + \ldots, \ldots, \\ \Xi_1 = a'_1 \xi_1 + c'_1 \eta_1 + \ldots, & H_1 = b'_1 \xi_1 + d'_1 \eta_1 + \ldots, \ldots; \end{cases}$$

on aura, aux substitutions F près,

$$A'^{x_1}_1 B'^{y_1}_1 \ldots = A^{X_1}_1 B^{Y_1}_1 \ldots, \quad A'^{\xi_1}_1 B'^{\eta_1}_1 \ldots = A^{\Xi_1}_1 B^{H_1}_1 \ldots, \ldots,$$

d'où

$$A'^{x_1}_1 B'^{y_1}_1 \ldots A'^{\xi_1}_1 B'^{\eta_1}_1 \ldots = \theta^{X_1 H_1 - \Xi_1 Y_1 + \ldots} A'^{\xi_1}_1 B'^{\eta_1}_1 \ldots A'^{x_1}_1 B'^{y_1}_1 \ldots.$$

On aura donc

$$(21) \qquad X_1 H_1 - \Xi_1 Y_1 + \ldots \equiv p^\rho (x_1 \eta_1 - \xi_1 y_1 + \ldots),$$

relation qui subsistera pour toutes les valeurs de $x_1, y_1, \ldots, \xi_1, \eta_1, \ldots$.

3° La substitution $A'^{x_1}_1 B'^{y_1}_1 \ldots$ doit avoir le même caractéristique que $A^{x_1}_1 B^{y_1}_1 \ldots$ dont elle est la transformée.

Si π est impair, ces caractéristiques sont respectivement (568)

$$\prod_r [(f_1^{x_1} g_1^{y_1} \ldots)^{\pi p^r} - K^\pi]^e \quad \text{et} \quad [1 - K^\pi]^{\nu e}.$$

Donc chacune des quantités $f_1^{x_1} g_1^{y_1} \ldots$, et par suite $f_1, g_1, \ldots$, doivent se réduire à des puissances de θ.

Si π étant égal à 2, A_1 et B_1 ont la forme (15), ces caractéristiques seront

$$\prod_r [K^2 - (f_1^{x_1} g_1^{y_1} \ldots)^{2p^r} \theta^{X_1 Y_1 + \ldots}]^e \quad \text{et} \quad [K^2 - \theta^{x_1 y_1 + \ldots}]^{\nu e}.$$

On aura donc

$$(22) \qquad (f_1^{x_1} g_1^{y_1} \ldots)^2 \theta^{X_1 Y_1 + \ldots} = \theta^{x_1 y_1 + \ldots},$$

relation qui subsistera pour toutes les valeurs de $x_1, y_1, \ldots$ et déterminera ainsi chacune des quantités $f_1, g_1, \ldots$, au signe près.

Remarquons toutefois que si $p^\nu \equiv 3 \pmod{4}$, on aura

$$(23) \qquad X_1 Y_1 + \ldots \equiv x_1 y_1 + \ldots \pmod{2},$$

sans quoi l'équation (22) serait impossible; car, en l'élevant à la puissance $\frac{p^\nu - 1}{2}$, et remarquant que $f_1^{p^\nu - 1} \equiv g_1^{p^\nu - 1} \equiv \ldots \equiv 1$, il viendrait la condition absurde $1 \equiv -1 \pmod{p}$. La relation (23) une fois satisfaite, les relations (22) donneront simplement $f_1 \equiv \pm 1$, $g_1 \equiv \pm 1, \ldots$

Enfin, si π étant égal à 2, A_1 et B_1 ont les formes (17), les caractéristiques seront

$$\prod_r [K^2 - (f_1^{x_1} g_1^{y_1} \ldots)^{2p^r} \theta^{X_1+Y_1+X_1Y_1+\ldots}]^e \quad \text{et} \quad [K^2 - \theta^{x_1+y_1+x_1y_1+\ldots}]^w,$$

expressions qui ne pourront être identiques [p^ν étant ici congru à 3 (mod. 4)] que si l'on a

$$(24) \qquad X_1 + Y_1 + X_1Y_1 + X_2Y_2 + \ldots \equiv x_1 + y_1 + x_1y_1 + x_2y_2 + \ldots,$$

et qui donneront alors $f_1 \equiv \pm 1$, $g_1 \equiv \pm 1, \ldots$.

578. Considérons maintenant la substitution linéaire

$$V = | \, x_1, y_1, \ldots \quad a'_1x_1 + c'_1y_1 + \ldots, \; b'_1x_1 + d'_1y_1 + \ldots, \ldots \, | \pmod{\pi}.$$

La relation (19) montre que son déterminant n'est pas congru à zéro; la relation (21) qu'elle est abélienne (217), et multiplie par p^ρ les exposants d'échange des substitutions

$$\mathcal{A}_1^{\alpha_1} \mathcal{B}_1^{\beta_1} \ldots = | \, x_1, y_1, \ldots \quad x_1 + \alpha_1, \; y_1 + \beta_1, \ldots \, |.$$

En outre, si π est égal à 2, et p^ν congru à 3 (mod. 4), l'une des deux relations (23), (24) sera satisfaite. Si c'est la première, V sera hypoabélienne de première espèce; car, en substituant dans la relation (23) les valeurs de X_1, $Y_1, \ldots$ données par les relations (20) et égalant les coefficients des diverses variables x_1, $y_1, \ldots$, on obtient immédiatement, sauf le signe de quelques termes (lequel est indifférent par rapport au module 2), les relations qui caractérisent les substitutions hypoabéliennes de première espèce (262). On voit de même que si la relation (24) est satisfaite, V sera hypoabélienne de seconde espèce.

579. Réciproquement, soit

$$V = | \, x_1, y_1, \ldots \quad a'_1x_1 + c'_1y_1 + \ldots, \; b'_1x_1 + d'_1y_1 + \ldots, \ldots \, | \pmod{\pi},$$

une substitution abélienne (hypoabélienne) qui multiplie les exposants d'échange par p^ρ. Cherchons à déterminer une substitution corrélative $\mathfrak{V}$, qui transforme $A_1, B_1, \ldots$ en $f_1 A_1^{a'_1} B_1^{b'_1} \ldots$, $g_1 A_1^{c'_1} B_1^{d'_1} \ldots, \ldots$, $f_1, g_1, \ldots$ étant des substitutions de F.

1° Soit d'abord π premier impair : on aura $V = P^\rho Q$, P étant la substitution qui multiplie $x_1, x_2, \ldots$ par p, sans altérer $y_1, y_2, \ldots$, et Q une substitution abélienne, qui n'altère plus les exposants d'échange, et qui, par suite, dérive des substitutions L_μ, M_μ, $N_{\mu,\nu}$ du n° **220**. Or les substitutions $\mathfrak{P}$,

$$(25)\qquad \mathfrak{L}_\mu = \left| [\xi_1 \xi_2 \ldots \varepsilon]_0 \quad \theta^{\frac{1}{2}\xi_\mu(\xi_\mu - 1)}[\xi_1 \xi_2 \ldots \varepsilon]_0 \right|,$$

$$(26)\qquad \mathfrak{M}_\mu = \left| [\xi_1 \xi_2 \ldots \xi_\mu \ldots \varepsilon]_0 \quad \sum_m \theta^{m\xi_\mu}[\xi_1 \xi_2 \ldots m \ldots \varepsilon]_0 \right|,$$

$$(27)\qquad \mathfrak{N}_{\mu,\nu} = \left| [\xi_1 \xi_2 \ldots \varepsilon]_0 \quad \theta^{\xi_\mu \xi_\nu}[\xi_1 \xi_2 \ldots \varepsilon]_0 \right|,$$

ont respectivement pour corrélatives P, L_μ, M_μ, $N_{\mu,\nu}$; et la substitution $\mathfrak{V}$, qui en dérive de la même manière que V dérive de P, L_μ, M_μ, $N_{\mu,\nu}$, aura évidemment V pour corrélative.

2° Soit $\pi = 2$, $p^\nu \equiv 1 \pmod{4}$. La substitution $\mathfrak{L}_\mu$, corrélative de L_μ, aura la forme

$$(28)\qquad \mathfrak{L}_\mu = \left| [\xi_1 \xi_2 \ldots \varepsilon]_0 \quad j^{1-\xi_\mu}[\xi_1 \xi_2 \ldots \varepsilon]_0 \right|.$$

A cela près, rien ne sera changé au raisonnement.

3° Soit $\pi = 2$, $p^\nu \equiv 3 \pmod{4}$ et supposons que A_1, B_1 soient de la forme (15) : V étant hypoabélienne de première espèce, sera dérivée des seules substitutions M_μ, $N_{\mu,\nu}$ (**263**); et $\mathfrak{V}$ le sera des substitutions corrélatives $\mathfrak{M}_\mu$, $\mathfrak{N}_{\mu,\nu}$.

4° Enfin, si A_1 et B_1 ont la forme (17), V sera hypoabélienne de seconde espèce, et dérivée des substitutions L_1, M_1, U, et de celles des substitutions M_μ, $N_{\mu,\nu}$ pour lesquelles μ et ν sont > 1 (**278-281**). Aux substitutions L_1, M_1, U on pourra faire correspondre celles-ci :

$$\mathfrak{L}_1 = \left| [\xi_1 \xi_2 \ldots \varepsilon]'_0 \quad (1 + j\theta^{\xi_1})[\xi_1 \xi_2 \ldots]'_0 \right|,$$

$$\mathfrak{M}_1 = \left| [\xi_1 \xi_2 \ldots \varepsilon]'_0 \quad j\theta^{\xi_1}[\xi_1 \xi_2 \ldots \varepsilon]'_0 + (\alpha + \beta j\theta^{\xi_1})[\xi_1 + 1, \xi_2, \ldots]'_0 \right|,$$

$$\mathfrak{U} = \left| [\xi_1 \xi_2 \ldots \varepsilon]'_0 \quad (\alpha + \beta j\theta^{\xi_1})(1 - j\theta^{\xi_1+\xi_2})[\xi_1 + 1, 0, \ldots, \varepsilon]'_0 - (1 + j\theta^{\xi_1+\xi_2})[\xi_1 1 \ldots \varepsilon]'_0 \right|.$$

Aux autres substitutions M_μ, $N_{\mu,\nu}$ on pourra faire correspondre des substitutions $\mathfrak{M}_\mu$, $\mathfrak{N}_{\mu,\nu}$ ayant respectivement les formes (26) et (27). Cela posé, la substitution $\mathfrak{V}$, dérivée des substitutions $\mathfrak{L}_1$, $\mathfrak{M}_1$, $\mathfrak{U}$, $\mathfrak{M}_\mu$, $\mathfrak{N}_{\mu,\nu}$ de la même manière que V dérive de L_1, M_1, U, M_μ, $N_{\mu,\nu}$, aura V pour corrélative.

580. La substitution $\mathfrak{V}$, que nous venons de déterminer, n'est pas la seule substitution de la forme $\mathfrak{P}^\rho\mathfrak{Q}$ qui ait V pour corrélative; mais il est aisé de déterminer toutes les substitutions qui jouissent de cette propriété.

Soit Σ l'une des substitutions cherchées : on aura $\Sigma = \varphi\Sigma_1$, Σ_1 étant une nouvelle substitution de la forme $\mathfrak{Q}$, et qui transforme $A_1, B_1, \ldots$ en $f'A_1$, $g'B_1, \ldots, f', g', \ldots$ étant des substitutions de F. Mais ces transformées ont respectivement les mêmes caractéristiques que $A_1, B_1, \ldots$: donc $f', g', \ldots$ se réduisent à des puissances de θ. Soient $f' = \theta^{\beta_1}$, $g' = \theta^{-\alpha_1}, \ldots$; on aura $\Sigma_1 = A_1^{\alpha_1} B_1^{\beta_1} \ldots \Sigma_2$, Σ_2 étant une substitution de la forme $\mathfrak{Q}$ et échangeable à $A_1, B_1, \ldots$, ce qui exige évidemment qu'elle soit de la forme

$$(29) \qquad \mathfrak{S} = \left| [\xi_1 \xi_2 \ldots \varepsilon] \quad \sum_q \alpha_q^{\varepsilon} [\xi_1 \xi_2 \ldots q]_1 \right|,$$

où les divers coefficients représentés par le symbole général α_q^{ε} sont des entiers complexes, formés avec i, et indépendants de $\xi_1, \xi_2, \ldots$.

Si chaque suite ne contenait qu'un indice, le dernier indicateur ε ne serait susceptible que d'une seule valeur, et pourrait être supprimé sans inconvénient; $\mathfrak{S}$ appartiendrait alors au faisceau F; mais, pour plus de généralité, nous continuerons de supposer que chaque suite contient μ' indices, μ' étant > 1.

Quant à la substitution $\varphi A_1^{\alpha_1} B_1^{\beta_1} \ldots$, elle est le produit de substitutions partielles dont l'une est égale à $\mathfrak{P}^{\rho}$, les autres étant de la forme

$$(30) \qquad s = \left| [\xi_1 \xi_2 \ldots \varepsilon] \quad \sum_{l_1, l_2, \ldots} \alpha_{l_1 l_2 \ldots}^{\xi_1 \xi_2 \ldots} [l_1 l_2 \ldots \varepsilon]_1 \right|,$$

où les coefficients $\alpha_{l_1 l_2 \ldots}^{\xi_1 \xi_2 \ldots}$ sont des entiers complexes indépendants de ε.

La substitution Σ est donc le produit de $\mathfrak{P}^{\rho}$ par deux autres substitutions, appartenant respectivement aux formes s et $\mathfrak{S}$.

581. Nous avons vu (557) que le groupe Γ résulte de la combinaison d'une substitution de la forme $\mathfrak{P}^{\delta}\mathfrak{Q}$ avec un groupe partiel Γ' formé de substitutions qui ne déplacent pas les séries. D'après ce qui précède, on aura $\mathfrak{P}^{\delta}\mathfrak{Q} = \mathfrak{P}^{\delta} s' \mathfrak{S}'$, s' et $\mathfrak{S}'$ étant respectivement des formes s et $\mathfrak{S}$; quant aux substitutions de Γ, elles seront de la forme $s\mathfrak{S}$, et pourront se réduire à la forme s ou à la forme $\mathfrak{S}$, si l'une des substitutions composantes appartient au faisceau F, formé des substitutions communes à ces deux formes.

Formons l'échelle de substitutions génératrice du groupe Γ', de telle sorte que les substitutions du faisceau F soient les premières introduites (526). Soit

$$f_0, f_1, \ldots, \quad s_1 \mathfrak{S}_1, \ldots, \quad s_n \mathfrak{S}_n$$

cette échelle. *Les substitutions* $\mathfrak{s}_1, \mathfrak{s}_2, \ldots, \mathfrak{t}_1, \mathfrak{t}_2, \ldots,$ *considérées isolément, appartiendront à* Γ.

En effet, nous allons prouver que le groupe

$$(f_0, f_1, \ldots, \mathfrak{s}_1, \mathfrak{s}_2, \ldots, \mathfrak{s}_n, \mathfrak{t}_1, \ldots, \mathfrak{t}_n, \mathfrak{P}^\delta \mathfrak{s}' \mathfrak{t}')$$

est résoluble; comme il contient Γ, qui est résoluble et général, il se confondra avec lui. Il suffit pour cela de faire voir que chacune des substitutions $f_0, f_1, \ldots, \mathfrak{s}_1, \ldots, \mathfrak{s}_n, \mathfrak{t}_1, \ldots, \mathfrak{t}_n, \mathfrak{P}^\delta \mathfrak{s}' \mathfrak{t}'$ est permutable au groupe dérivé des précédentes; nous allons le montrer, par exemple, pour la dernière de ces substitutions. Les substitutions $f_0, f_1, \ldots, \mathfrak{s}_1 \mathfrak{t}_1, \ldots, \mathfrak{s}_n \mathfrak{t}_n, \mathfrak{P}^\delta \mathfrak{s}' \mathfrak{t}'$ formant l'échelle d'un groupe résoluble, on aura par exemple

$$(\mathfrak{P}^\delta \mathfrak{s}' \mathfrak{t}')^{-1} . \mathfrak{s}_m \mathfrak{t}_m . \mathfrak{P}^\delta \mathfrak{s}' \mathfrak{t}' = (\mathfrak{s}_n \mathfrak{t}_n)^{\alpha_n} \ldots (\mathfrak{s}_1 \mathfrak{t}_1)^{\alpha_1} f'_m,$$

f'_m étant une substitution de F. On en déduit, en remarquant que les substitutions de la forme $\mathfrak{t}$ sont échangeables à celles de la forme $\mathfrak{s}$,

$$(\mathfrak{t}_n^{\alpha_n} \ldots \mathfrak{t}_1^{\alpha_1})^{-1} (\mathfrak{P}^\delta \mathfrak{s}' \mathfrak{t}')^{-1} \mathfrak{t}_m \mathfrak{P}^\delta \mathfrak{s}' \mathfrak{t}' = \mathfrak{s}_n^{\alpha_n} \ldots \mathfrak{s}_1^{\alpha_1} f'_m . (\mathfrak{P}^\delta \mathfrak{s}' \mathfrak{t}')^{-1} \mathfrak{s}_m^{-1} \mathfrak{P}^\delta \mathfrak{s}' \mathfrak{t}'.$$

Or le premier membre de cette égalité est de la forme $\mathfrak{t}$; le second est de la forme $\mathfrak{s}$: d'ailleurs les seules substitutions communes à ces deux formes sont celles de F; donc les deux substitutions ci-dessus appartiennent à F. Soit f''_m leur valeur commune : les transformées de $\mathfrak{t}_m$ et de $\mathfrak{s}_m$ par $\mathfrak{P}^\delta \mathfrak{t}' \mathfrak{s}'$ seront respectivement égales à $\mathfrak{t}_n^{\alpha_n} \ldots \mathfrak{t}_1^{\alpha_1} f''_m$ et à $f''^{-1}_m \mathfrak{s}_n^{\alpha_n} \ldots \mathfrak{s}_1^{\alpha_1} f'_m$; elles appartiendront donc au groupe dérivé de $f_0, f_1, \ldots, \mathfrak{s}_1, \ldots, \mathfrak{s}_n, \mathfrak{t}_1, \ldots, \mathfrak{t}_n$, ce qu'il fallait démontrer.

582. *Le groupe* Γ' *contient des substitutions de la forme* $\mathfrak{t}$, *autres que celles de* F. Supposons en effet qu'il en soit autrement; nous allons voir, comme au n° 558, que le groupe Γ, exclusivement dérivé des substitutions F, $\mathfrak{s}_1, \ldots, \mathfrak{s}_n, \mathfrak{P}^\delta \mathfrak{s}' \mathfrak{t}'$ ne peut être général.

Soient $f_0, f_1, \ldots$ les substitutions de F; $\mathfrak{t}_0 f_0, \mathfrak{t}_0 f_1, \ldots; \mathfrak{t}_1 f_0, \mathfrak{t}_1 f_1, \ldots; \ldots$ celles de la forme $\mathfrak{t}$. Les groupes $\Gamma_0, \Gamma_1, \ldots$ transformés de Γ par les substitutions $\mathfrak{t}_0, \mathfrak{t}_1, \ldots$, seront respectivement dérivés des substitutions F, $\mathfrak{s}_1, \ldots, \mathfrak{s}_n$, auxquelles les transformantes sont échangeables, jointes aux transformées $\mathfrak{P}^\delta \mathfrak{s}' \mathfrak{t}_{\alpha_0} f_{\beta_0}, \mathfrak{P}^\delta \mathfrak{s}' \mathfrak{t}_{\alpha_1} f_{\beta_1}, \ldots$ de la substitution $\mathfrak{P}^\delta \mathfrak{s}' \mathfrak{t}'$.

Cela posé, si l'on a $\mathfrak{t}_{\alpha_1} = \mathfrak{t}_{\alpha_2}$, on obtiendra un groupe résoluble plus général que Γ, en lui adjoignant la substitution $\mathfrak{t}_1 \mathfrak{t}_2^{-1}$, qui lui est permutable (558). Si au contraire toutes les substitutions $\mathfrak{t}_{\alpha_0}, \mathfrak{t}_{\alpha_1}, \ldots$ sont distinctes, l'une d'elles, $\varepsilon_{\alpha_1}^\bullet$ par exemple, se réduira à l'unité. Soit alors W une substitution de la forme ε, qui n'appartienne pas à F, et dont les coefficients soient réels : on pourra adjoindre à Γ la substitution $\varepsilon_1 W \varepsilon_1^{-1}$, qui est échangeable à toutes ses substitutions.

583. Le groupe formé par celles des substitutions de Γ qui sont de la forme ε est évidemment permutable à toutes les substitutions de Γ. *On pourra donc* (**528**) *y déterminer un faisceau* G', *plus général que* F, *permutable aux substitutions de* Γ, *et dont les substitutions soient échangeables entre elles, aux* F *près*. Si ce faisceau peut être déterminé de plusieurs manières, nous le choisirons de telle sorte que son ordre soit *minimum*. Raisonnant comme précédemment, nous verrons successivement :

1° Que G' *résulte de la combinaison de* F *avec une double suite* A'_1, $B'_1,\ldots$; $A'_{\sigma'}$, $B'_{\sigma'}$ *dont chaque substitution est échangeable à toutes les autres, sauf à son associée, à laquelle elle est liée par une relation de la forme*

$$B'^{-1}_1 A'_1 B'_1 = \theta' A'_1, \ldots,$$

θ' *désignant la substitution de* F *qui multiplie les indices de la* $r+1^{\text{ième}}$ *série par* θ'^{p^r}; *le facteur* θ' *étant une racine de la congruence*

$$\theta'^{\pi'} \equiv 1 \pmod{p}, \tag{31}$$

et π' *un diviseur premier de* $p^\nu - 1$ (**559-561**).

2° Que *les* μ' *indices qui se déduisent l'un de l'autre par la variation de l'indicateur* ε *peuvent être remplacés par d'autres indices indépendants, qui se partagent en* $\pi'^{\sigma'}$ *suites, en réunissant ensemble les indices, en nombre* $\mu'' = \mu'\pi'^{-\sigma'}$, *que* $A'_1,\ldots, A'_{\sigma'}$ *multiplient par les mêmes facteurs* : et qu'*en choisissant convenablement les nouveaux indices, et remplaçant l'indicateur unique* ε *par* σ' *indicateurs* $\eta_1, \eta_2,\ldots$ *variables de* 0 *à* $\pi'-1$, *et un indicateur* ε' *variable de* 0 *à* $\mu''-1$, *on pourra mettre les substitutions* A'_1, $B'_1,\ldots$, *sous la forme suivante :*

$$\left\{\begin{array}{l} A'_1 = |\,[\xi_1\xi_2\ldots\eta_1\ldots\varepsilon'],\quad \theta'^{\eta_1}[\xi_1\xi_2\ldots\eta_1\ldots\varepsilon'],\,|, \\ B'_1 = |\,[\xi_1\xi_2\ldots\eta_1\ldots\varepsilon'],\quad [\xi_1,\xi_2,\ldots,\eta_1+1,\ldots,\varepsilon'],\,|, \\ \ldots\ldots\ldots\ldots\ldots\ldots\ldots\ldots\ldots\ldots, \end{array}\right. \tag{32}$$

à moins que l'on n'ait $p^\nu \equiv 3 \pmod{4}$ *et* $\pi' = 2$, *auquel cas* A'_1 *et* B'_1 *pourront avoir, au lieu de la forme précédente, celle-ci :*

$$\left\{\begin{array}{l} A'_1 = |\,[\xi_1\xi_2\ldots\eta_1\ldots\varepsilon'],\quad -\theta'^{\eta_1}[\xi_1\xi_2,\ldots,\eta_1+1,\ldots\varepsilon'],\,|, \\ B'_1 = |\,[\xi_1\xi_2\ldots\eta_1\ldots\varepsilon'],\quad \alpha\theta'^{\eta_1}[\xi_1\xi_2\ldots\eta_1\ldots\varepsilon'] + \beta[\xi_1\xi_2,\ldots,\eta_1+1,\ldots,\varepsilon'],\,|. \end{array}\right. \tag{33}$$

(*Voir* les nos 562-576.) Il est clair d'ailleurs qu'on peut ramener ces substitutions aux formes types ci-dessus en opérant séparément, et de la même manière, sur chacune des suites d'indices qui correspondent aux divers systèmes de valeurs de $\xi_1, \xi_2, \dots$ En agissant ainsi, les expressions des substitutions $F, A_1, B_1, \dots, s_1, s_2, \dots$ ne seront évidemment pas altérées. Il faudra seulement y écrire $[\xi_1 \xi_2 \dots \eta_1 \dots \varepsilon']_r$ à la place de $[\xi_1 \xi_2 \dots \varepsilon]_r$.

3° Qu'*à chaque substitution* $\mathfrak{V}$ *de* Γ, *qui transforme* $A'_1, B'_1, \dots$ en $f'_1 A'^{\alpha'_1}_1 B'^{\beta'_1}_1 \dots, g'_1 A'^{\gamma'_1}_1 B'^{\delta'_1}_1 \dots, \dots$ *correspond une substitution*

$$V' = | x'_1, y'_1, \dots \quad \alpha'_1 x'_1 + \gamma'_1 y'_1 + \dots, \beta'_1 x'_1 + \delta'_1 y'_1 + \dots, \dots |$$

appartenant au groupe abélien (*et dans certains cas à l'un des groupes hypoabéliens*) *de degré* $\pi'^{2\sigma'}$ (577-578).

4° Que *chacune des substitutions* $\mathfrak{E}_1, \mathfrak{E}_2, \dots, \mathfrak{E}'$ *est le produit de deux substitutions partielles, ayant les formes suivantes* (579-580) :

$$(34) \qquad \left| [\xi_1 \xi_2 \dots \eta_1 \dots \varepsilon'] \quad \sum_{m_1, \dots} \alpha^{\eta_1}_{m_1} \quad [\xi_1 \xi_2 \dots m_1 \dots \varepsilon']_0 \right|,$$

$$(35) \qquad \left| [\xi_1 \xi_2 \dots \eta_1 \dots \varepsilon'] \quad \sum_{q'} \alpha^{\varepsilon'}_{q'} [\xi_1 \xi_2 \dots \eta_1 \dots q']_0 \right|.$$

5° Que *les deux substitutions partielles dont* $\mathfrak{E}_1, \mathfrak{E}_2, \dots$ *sont le produit appartiennent au groupe* Γ (581); que *si* $\mu'' > 1$, Γ *contiendra des substitutions de la forme* (35), *autres que celles du faisceau* F (582); que *parmi ces substitutions on pourra déterminer un second faisceau* G'', *analogue à* G *et à* G'; etc.

584. Supposons, pour fixer les idées, que μ'' se réduise à l'unité. Les substitutions de la forme (35) se réduiront à celles de F.

Soient maintenant $\mathfrak{V} = \mathfrak{P}^\delta \mathfrak{Q}$ une substitution quelconque de Γ : on pourra lui déterminer, comme aux nos 578 et 583, deux substitutions corrélatives V, V', appartenant respectivement aux groupes abéliens (hypoabéliens) de degrés $\pi^{2\sigma}, \pi'^{2\sigma'}$, et y multipliant les exposants d'échange par p^ρ (mod. π), p^ρ (mod. π'). *Les deux groupes* Λ, Λ' *respectivement formés par l'ensemble des substitutions* V *et par l'ensemble des substitutions* V', étant isomorphes à Γ, *seront résolubles. De plus, ils seront primaires.*

En effet, si Λ, par exemple, n'était pas primaire, il existerait des fonctions $\varphi, \varphi', \dots$ des indices $x_1, y_1, \dots$, en nombre moindre que ces indices, et que chaque substitution de Λ remplacerait par des fonctions linéaires de φ,

$\varphi',\ldots$. Celles des substitutions de la forme

$$\mathcal{A}_1^{\alpha_1}\mathcal{B}_1^{\beta_1}\ldots = |\, x_1, y_1, \ldots \quad x_1+\alpha_1, y_1+\beta_1, \ldots \,|,$$

qui n'altèrent pas ces fonctions, formeraient un faisceau D permutable à toutes les substitutions de Λ. Les substitutions de Γ, permutant entre elles les substitutions $A_1^{\alpha_1}B_1^{\beta_1}\ldots$, aux F près, de la même manière que celles de A permutent les substitutions $\mathcal{A}_1^{\alpha_1}\mathcal{B}_1^{\beta_1}\ldots$, seraient permutables au faisceau dérivé de F et des substitutions formées avec A_1, $B_1,\ldots$, comme celles de D le sont avec $\mathcal{A}_1$, $\mathcal{B}_1,\ldots$. Ce faisceau étant contenu dans G, et moins général que lui, un tel résultat est inadmissible (559).

585. Réciproquement, soient L, L′ deux groupes résolubles et primaires, respectivement contenus dans les groupes abéliens (hypoabéliens) de degrés $\pi^{2\sigma}$, $\pi'^{2\sigma'}$. Associons leurs substitutions de toutes les manières possibles, de telle sorte que deux substitutions associées V, V′ multiplient les exposants d'échange par des facteurs respectivement congrus à une même puissance de p. Soient $p^\rho \pmod{\pi}$, $p^\rho \pmod{\pi'}$ ces facteurs. A chaque système de substitutions associées, tel que V, V′, on pourra faire correspondre une substitution $\mathcal{V}$ de la forme $\mathcal{P}^\rho \mathcal{Q}$, dont V, V′ soient les corrélatives. *Le groupe* Γ *formé par les substitutions ainsi déterminées, jointes aux substitutions* F, A_1, $B_1,\ldots$, A'_1, $B'_1,\ldots$, *sera résoluble.*

En effet, soit Λ le groupe formé par celles des substitutions de L qui sont les corrélatives de celles de Γ. Ce groupe, étant contenu dans L, sera résoluble (521). Il est d'ailleurs isomorphe à Γ; ce dernier groupe sera donc résoluble, si le groupe Γ_1 formé par celles de ses substitutions qui ont pour première corrélative l'unité est lui-même résoluble (525). Or soit Λ'_1 le groupe formé par celles des substitutions de L′ qui sont les corrélatives de celles de Γ_1. Ce groupe, étant contenu dans L′, sera résoluble (521). Il est d'ailleurs isomorphe à Γ_1; ce dernier groupe sera donc résoluble, si le groupe Γ_2 formé par celles de ses substitutions qui ont leur seconde corrélative égale à l'unité est lui-même résoluble. Or soit $\mathcal{P}^{\rho_1}\mathcal{Q}_1$ une substitution de Γ_2. Ses corrélatives se réduisant à l'unité, le facteur p^{ρ_1} par lequel elles multiplient les exposants d'échange se réduit à 1 (mod. π) et à 1 (mod. π'). Cela posé, la substitution $\mathcal{P}^{\rho_1}$ transforme A_1, $B_1,\ldots$, A'_1, $B'_1,\ldots$ en $A_1^{p^{\rho_1}} = A_1$, $B_1,\ldots$, $A'^{p^{\rho_1}}_1 = A'_1$, $B'_1,\ldots$: elle aura donc l'unité pour chacune de ses corrélatives. Il en sera donc de même de $\mathcal{Q}_1$; donc $\mathcal{Q}_1$ transformera A_1, $B_1,\ldots$, A'_1, $B'_1,\ldots$ en $f_1 A_1$, $g_1 B_1,\ldots$, $f'_1 A'_1$, $g'_1 B'_1,\ldots$, $f_1, g_1,\ldots, f'_1, g'_1,\ldots$ étant des substitutions de F. Pour que ces transformées aient mêmes caractéristiques que $A_1, B_1, \ldots, A'_1, B'_1, \ldots$ il faut que $f_1, g_1, \ldots$ se réduisent à des puissances de θ, telles que $\theta^{\beta_1}, \theta^{-\alpha_1}, \ldots$ (580) et $f'_1, g'_1, \ldots$ à des puissances de θ', telles que $\theta'^{\beta'_1}, \theta'^{-\alpha'_1}, \ldots$. On en déduit $\mathcal{Q}_1 = A_1^{\alpha_1} B_1^{\beta_1} \ldots A_1'^{\alpha'_1} B_1'^{\beta'_1} \ldots f$, f étant une substitution de la forme $\mathcal{Q}$, échangeable à $A_1, B_1, \ldots, A'_1, B'_1, \ldots$, et qui, par suite, appartient à F.

Or il est clair que le groupe $(F, A_1, B_1, \ldots, A'_1, B'_1, \ldots)$ est résoluble, et permutable aux substitutions telles que $\mathcal{P}^{\rho_1}$, qui d'ailleurs sont échangeables entre elles. Le groupe Γ_2, dérivé de la combinaison de ces diverses substitutions, est donc résoluble.

586. Il semble au premier abord qu'il y ait une certaine indétermination dans la manière de construire le groupe Γ; car on peut déterminer de diverses manières une substitution $\mathcal{V}$ ayant pour corrélatives deux substitutions associées quelconques, telles que V, V'. Mais *de quelque manière qu'on les détermine, le groupe* Γ *sera le même*. Soient en effet $\mathcal{V}, \mathcal{V}_1$ deux substitutions ayant chacune V, V' pour corrélatives. On aura $\mathcal{V}_1 = \mathcal{V}\mathcal{Q}_1$, $\mathcal{Q}_1$ étant une substitution de forme $\mathcal{Q}$, ayant pour corrélatives l'unité, et, par suite, dérivée de $F, A_1, B_1, \ldots, A'_1, B'_1, \ldots$ (585). Le groupe Γ contenant dès le début de la construction ces dernières substitutions, il est indifférent de leur adjoindre ensuite la substitution $\mathcal{V}$ ou la substitution $\mathcal{V}_1$; car, dans l'un et l'autre cas, Γ contiendra $\mathcal{V}$ et $\mathcal{V}_1$.

587. On voit par ce qui précède que la construction du groupe Γ revient à celle des groupes auxiliaires L, L'. Aux diverses manières de déterminer ces groupes correspondent pour Γ autant de groupes différents. D'ailleurs, notre recherche étant bornée aux groupes les plus généraux de la forme Γ, on devra supposer que L, L' sont les groupes les plus généraux de leur espèce (*). Leur détermination conduit donc au problème C.

588. Plaçons ici quelques définitions :

Une substitution abélienne sera dite *abélienne propre*, si elle n'altère pas les exposants d'échange.

(*) On serait en droit d'exiger que non-seulement L, L', mais encore A, A' fussent primaires (584). Mais cette condition n'est pas nécessaire à la résolubilité du groupe Γ. En la négligeant, nous n'avons donc à craindre d'autre inconvénient que d'obtenir pour Γ des groupes non généraux, ou formant double emploi avec d'autres. Nous indiquerons plus loin le moyen de parer avec certitude à ce défaut.

Si $\pi = 2$, toute substitution abélienne, et notamment toute substitution hypoabélienne, sera évidemment abélienne propre.

Deux groupes contenus dans le même groupe abélien seront dits *semblables* (*improprement semblables*), si l'on peut les transformer l'un dans l'autre par des substitutions abéliennes propres (impropres).

589. *On obtiendra le même groupe* Γ, *à la notation près, en employant pour groupes auxiliaires, à la place de* L (*ou de* L'), *l'un quelconque* L_1 *des groupes qui lui sont semblables.*

Soient en effet $F, A_1, B_1, \ldots, A'_1, B'_1, \ldots, s_1, \ldots, s_n, \varepsilon_1, \ldots, \varepsilon_n, \Phi^\delta s'\varepsilon'$ les substitutions de Γ : $1, S_1, \ldots, S_n, S'$ les substitutions correspondantes de L; S la substitution abélienne propre qui transforme L en L_1, s sa corrélative, construite comme au n° 579. Le groupe Γ_1, construit à l'aide du groupe L_1, aura pour substitutions $F, A_1, B_1, \ldots, A'_1, B'_1, \ldots, s^{-1}s_1 s, \ldots, s^{-1}s_n s, \varepsilon_1, \ldots, \varepsilon_n, s^{-1}\Phi^\delta s' s\varepsilon'$. D'ailleurs s est permutable au faisceau $F, A_1, B_1, \ldots$, et échangeable à $A'_1, B'_1, \ldots$ ainsi qu'à $\varepsilon_1, \ldots, \varepsilon_n, \varepsilon'$. Donc le groupe transformé de Γ par s n'est autre que Γ_1. On pourra donc, par un simple changement d'indices indépendants, réduire les substitutions de Γ à la forme de celles de Γ_1, et réciproquement (172).

590. On pourra déterminer comme il suit l'ordre de Γ.

Soient g une racine primitive de la congruence $g^{\pi-1} \equiv 1 \pmod{\pi}$; $V_1, V_2, \ldots$ les substitutions de L; $g^{\alpha_1}, g^{\alpha_2}, \ldots$ les facteurs par lesquels elles multiplient les exposants d'échange : L contient la substitution $W = V_1^{m_1} V_2^{m_2} \ldots$, qui les multiplie par $g^{\alpha_1 m_1 + \alpha_2 m_2 + \ldots}$. Cela posé, on pourra profiter des indéterminées $m_1, m_2, \ldots$ pour que $\alpha_1 m_1 + \alpha_2 m_2 + \ldots$ se réduise à d, plus grand commun diviseur de $\alpha_1, \alpha_2, \ldots, \pi - 1$. Supposons $\alpha_1 = de_1$, $\alpha_2 = de_2, \ldots$, $\pi - 1 = de$; on aura $V_1 = W^{e_1} S_1$, $V_2 = W^{e_2} S_2, \ldots$, $S_1, S_2, \ldots$ étant des substitutions de L qui soient abéliennes propres. Soit maintenant ε un entier quelconque compris entre 0 et $e - 1$. A chaque substitution S_1 contenue dans L, et qui n'altère pas les exposants d'échange, correspondra une autre substitution $W^\varepsilon S_1$ qui les multiplie par $g^{d\varepsilon}$, et réciproquement. Soit donc ω l'ordre de L; celui du groupe partiel formé par celles de ses substitutions qui sont abéliennes propres, sera $\frac{\omega}{e} = \frac{d\omega}{\pi - 1}$.

Le nombre d, que nous appellerons l'*exposant* du groupe L, est au plus égal à 2. En effet, la substitution qui multiplie tous les indices par g, et les exposants d'échange par g^2, étant échangeable à toute substitution linéaire, est contenue dans L, sans quoi on pourrait l'adjoindre à ce groupe, pour former un groupe analogue mais plus général, ce qui est contraire à notre hypothèse.

On voit de même que g' désignant une racine primitive de la congruence $g'^{\pi'-1} \equiv 1 \pmod{\pi'}$, et d' un entier au plus égal à 2, les substitutions de L' seront de la forme $W'^{\varepsilon'} S'_1$, W' étant une substitution de L' qui multiplie les exposants d'échange par $g'^{d'}$, et S'_1 une substitution abélienne propre. L'ordre du groupe partiel formé par ces dernières substitutions sera $\frac{d'\omega'}{\pi'-1}$, ω' étant l'ordre de L'.

591. Soient maintenant $\mathfrak{V} = \mathfrak{P}^{\rho}\mathfrak{Q}$ une substitution quelconque de Γ. $W^{\varepsilon}S_1$, $W'^{\varepsilon'}S'_1$ ses corrélatives; elles multiplieront les exposants d'échange par p^{ρ}; mais elles les multiplient par $g^{d\varepsilon}$, $g'^{d'\varepsilon'}$; on aura donc

$$(36) \qquad p^{\rho} \equiv g^{d\varepsilon} \pmod{\pi} \equiv g'^{d'\varepsilon'} \pmod{\pi'}.$$

Réciproquement, soient ρ, ε, ε' trois entiers quelconques qui satisfassent aux relations (36), S_1, S'_1 deux substitutions abéliennes propres quelconques prises dans les groupes L, L', $\mathfrak{Q}_1$ une substitution quelconque de la forme $\mathfrak{Q}$, et ayant l'unité pour chacune de ses corrélatives : le groupe Γ contiendra les substitutions de la forme $\mathfrak{V}\mathfrak{Q}_1$, qui ont pour corrélatives $W^{\varepsilon}S_1$, $W'^{\varepsilon'}S'_1$. Soient donc k le nombre des valeurs de $\rho \pmod{\nu}$ qui permettent de satisfaire à une relation telle que (36), l le nombre de manières de choisir la substitution S_1, l' le nombre de manières de choisir la substitution S'_1, q le nombre de manières de choisir la substitution $\mathfrak{Q}_1$: l'ordre Ω de Γ sera $kll'q$.

Or nous venons de trouver $l = \frac{d\omega}{\pi-1}$, $l' = \frac{d'\omega'}{\pi'-1}$. D'autre part, la substitution $\mathfrak{Q}_1 = f A_1^{\alpha_1} B_1^{\beta_1} \ldots A_1'^{\alpha'_1} B_1'^{\beta'_1} \ldots$ a évidemment $(p^{\nu}-1)\pi^{\sigma}\pi'^{\sigma'}$ formes distinctes correspondant aux divers systèmes de valeurs de f, α_1, $\beta_1, \ldots$, α'_1, $\beta'_1, \ldots$. Enfin soient p^{ρ_1}, $p^{\rho_2}, \ldots$ les diverses puissances de p qui sont congrues à la fois à des puissances de g^d suivant le module π et à des puissances de $g'^{d'} \pmod{\pi'}$: il est clair que $p^{m_1\rho_1+m_2\rho_2+\cdots}$ sera l'une de ces puissances. On peut d'ailleurs disposer des indéterminées m_1, $m_2, \ldots$ de manière à réduire l'expression précédente à p^{δ}, δ étant le plus grand commun diviseur de ρ_1, $\rho_2, \ldots$. D'ailleurs δ divise ν; car p^{ν} étant congru à $1 \equiv g^{\pi-1} \pmod{\pi}$ (561) et à $1 \equiv g'^{\pi'-1} \pmod{\pi'}$ (583), ν est l'un des nombres de la suite ρ_1, $\rho_2, \ldots$.

Les diverses valeurs de ρ qui permettent de satisfaire aux relations de la forme (36) seront donc les suivantes : $0, \delta, \ldots, \left(\frac{\nu}{\delta} - 1\right)\delta$, en nombre $\frac{\nu}{\delta}$. On aura donc $k = \frac{\nu}{\delta}$, d'où

$$\Omega = \frac{\nu}{\delta}(p^\nu - 1)\pi^\sigma\pi'^{\sigma'}\frac{d\omega.d'\omega'}{(\pi - 1)(\pi' - 1)} = \frac{m}{\delta}(p^\nu - 1)\frac{d\omega.d'\omega'}{(\pi - 1)(\pi' - 1)}.$$

CHAPITRE IV.

RÉDUCTION DU PROBLÈME C.

§ I. — Groupes décomposables.

592. Soit L un groupe résoluble, primaire et général contenu dans le groupe abélien (dans l'un des groupes hypoabéliens) de degré p^{2n}. Il résulte de la combinaison d'une substitution W qui multiplie les exposants d'échange par g^d [g étant une racine primitive de la congruence $g^{p-1} \equiv 1 \pmod{p}$, et d étant au plus égal à 2] avec des substitutions abéliennes propres (590). Le groupe A formé par les substitutions abéliennes propres contenues dans L est évidemment permutable aux substitutions de L; il ne peut d'ailleurs se réduire à la seule substitution 1. En effet, si $p=2$, il se confond avec L; et si $p>2$, L contient la substitution g qui multiplie tous les indices par g (590), substitution dont la puissance $\frac{p-1}{2}$ est abélienne propre et multiplie tous les indices par -1.

593. Le groupe L sera dit *décomposable*, si n étant égal à $m\lambda$, on peut déterminer λ systèmes de $2m$ fonctions linéaires des indices, réelles et distinctes, et telles : 1° qu'en les prenant pour indices indépendants les exposants d'échange des substitutions correspondantes à deux indices de systèmes différents soient tous congrus à zéro; 2° que chaque substitution de L remplace les indices de chaque système par des fonctions linéaires des indices d'un même système.

Le groupe L étant supposé décomposable, il peut exister plusieurs manières d'y déterminer des systèmes de fonctions jouissant des propriétés ci-dessus : nous choisirons, pour y appliquer nos raisonnements, une de celles où le nombre λ des systèmes est *minimum*.

Soient $x_0, y_0, \ldots; \ldots; x_r, y_r, \ldots; \ldots$ les $2m\lambda$ fonctions considérées, l'indicateur r variant d'un système à l'autre, entre les limites 0 et $\lambda-1$; $C_{x_0}, C_{y_0}, \ldots; \ldots; C_{x_r}, C_{y_r}, \ldots; \ldots$ les substitutions correspondantes. Le déterminant formé par leurs exposants d'échange mutuels ne peut être congru à zéro.

Mais $(C_{x_0} C_{x_1}),\ldots$ étant congrus à zéro, par hypothèse, ce déterminant se réduira au produit des déterminants partiels

$$\begin{vmatrix} (C_{x_0} C_{x_0}) & (C_{x_0} C_{y_0}) & \ldots \\ (C_{y_0} C_{x_0}) & (C_{y_0} C_{y_0}) & \ldots \\ \ldots\ldots & \ldots\ldots & \ldots \end{vmatrix}, \quad \begin{vmatrix} (C_{x_1} C_{x_1}) & (C_{x_1} C_{y_1}) & \ldots \\ (C_{y_1} C_{x_1}) & (C_{y_1} C_{y_1}) & \ldots \\ \ldots\ldots & \ldots\ldots & \ldots \end{vmatrix}, \ldots$$

Donc aucun de ces déterminants partiels ne sera congru à zéro.

594. Chaque substitution de L sera le produit de deux substitutions partielles N et P, dont la première remplace les indices de chaque système par les indices correspondants d'un autre système, et dont la seconde remplace les indices de chaque système par des fonctions de ces mêmes indices (545).

Ici deux cas seront à distinguer, suivant que les substitutions de A se réduiront ou ne se réduiront pas toutes à la forme P.

595. Premier cas. — *Ce cas ne peut se présenter si $p = 2$, ni si $d = 2$.* Car si $p = 2$, L se confond avec A; et si $p > 2$, mais $d = 2$, L dérive de la combinaison de A avec la substitution g, laquelle est évidemment de la forme P (590). Si donc les substitutions de A étaient de cette forme, aucune substitution de L ne déplacerait les systèmes, et L ne serait pas primaire (311).

Soit donc $d = 1$: *on aura* $\lambda = 2$. Soient en effet Σ_0 un système quelconque, Σ_1 le système que W lui fait succéder, Σ_2 celui qu'elle fait succéder à Σ_1. La substitution W^2 fait succéder Σ_2 à Σ_0. Mais on a $W^2 = gS$, S étant une nouvelle substitution de L, qui sera abélienne propre, et par suite de la forme P. Donc W^2 sera lui-même de cette forme, et par suite ne déplacera pas les systèmes. Donc Σ_2 se confond avec Σ_0. Donc les substitutions A et W, dont L est dérivé, permutent exclusivement entre eux les deux systèmes Σ_0, Σ_1. Si donc il y avait d'autres systèmes que ces deux-là, L ne serait pas primaire (311).

596. Une substitution quelconque f, prise dans le groupe A, est le produit de deux substitutions partielles f_0, f_1 opérées respectivement sur les indices des deux systèmes Σ_0 et Σ_1. *Chacune de ces substitutions partielles sera abélienne propre*. Car f_0, par exemple, transforme $C_{x_0}, C_{y_0},\ldots, C_{x_1}, C_{y_1},\ldots$ en substitutions telles que $D = C_{x_0}^{\alpha} C_{y_0}^{\beta}\ldots$, $D' = C_{x_0}^{\gamma} C_{y_0}^{\delta}\ldots,\ldots, C_{x_1}, C_{y_1},\ldots$. Mais la substitution f transforme également $C_{x_0}, C_{y_0},\ldots$ en D, D',...; et comme elle appartient à A, D, D',... auront mêmes exposants d'échange mutuels que $C_{x_0}, C_{y_0},\ldots$. D'autre part, les exposants d'échange de $C_{x_0}, C_{y_0},\ldots$ avec $C_{x_1}, C_{y_1},\ldots$ étant congrus à zéro, par hypothèse, il en sera de même de

ceux de D, D',... avec les mêmes substitutions. Enfin f_0, transformant C_{x_1}, C_{y_1},... en elles-mêmes, n'altère pas leurs exposants d'échange mutuels. Donc f_0 est abélienne propre.

Cela posé, *soient* $f_0 f_1, f'_0 f'_1$, ... *les diverses substitutions de* Λ : Λ *contiendra chacune des substitutions partielles* $f_0, f'_0, \ldots, f_1, f'_1, \ldots$. On voit en effet, comme au nº 547, que le groupe dérivé de la combinaison de L avec ces substitutions partielles est résoluble. D'ailleurs ses substitutions sont abéliennes. Enfin il serait, contre l'hypothèse, plus général que L, si f_0, $f'_0, \ldots, f_1, f'_1, \ldots$ n'étaient pas contenues dans L, et par suite dans Λ.

597. Le choix des indices indépendants $x_0, y_0, \ldots; x_1, y_1, \ldots$ présente un certain arbitraire. Prenons en effet pour indices indépendants, à la place de $x_1, y_1, \ldots$ par exemple, des fonctions quelconques $z, u, \ldots$ de ces indices. Les substitutions $C_z, C_u, \ldots$ correspondantes à ces nouveaux indices seront de la forme $C_{x_1}^{\alpha} C_{y_1}^{\beta} \ldots$, et, par suite, auront des exposants d'échange congrus à zéro avec $C_{x_0}, C_{y_0}, \ldots$. En outre, il est clair qu'après ce changement d'indices, chaque substitution de L fera encore succéder aux indices de chaque système des fonctions des indices d'un même système. Les deux propriétés fondamentales du nº 593 seront donc conservées.

Le choix des indices indépendants restant arbitraire dans le premier système, prenons pour indices indépendants dans le second système les fonctions $x_1, y_1, \ldots$ que la substitution W fait succéder à $x_0, y_0, \ldots$. Cette substitution remplaçant respectivement $x_1, y_1, \ldots$ par des fonctions de x_0, $y_0, \ldots$, on pourra la mettre sous la forme

$$W = \begin{vmatrix} x_0, y_0, \ldots & x_1, y_1, \ldots \\ x_1, y_1, \ldots & \varphi(x_0, y_0, \ldots), \ \psi(x_0, y_0, \ldots), \ldots \end{vmatrix}.$$

On en déduit

$$g^{-1} W^2 = \begin{vmatrix} x_0, y_0, \ldots & g^{-1}\varphi(x_0, y_0, \ldots), \ g^{-1}\psi(x_0, y_0, \ldots), \ldots \\ x_1, y_1, \ldots & g^{-1}\varphi(x_1, y_1, \ldots), \ g^{-1}\psi(x_1, y_1, \ldots), \ldots \end{vmatrix}.$$

Mais L, contenant g et W, contient $g^{-1} W^2$, et cette substitution, étant abélienne propre, appartient à Λ; chacun des deux facteurs f_0, f_1 dont elle est le produit appartiendra également à Λ; et L, résultant de la combinaison de Λ avec W, résultera également de la combinaison de Λ avec

$$X = f_0^{-1} W = | \ x_0, y_0, \ldots, x_1, y_1, \ldots \quad x_1, y_1, \ldots, g x_0, g y_0, \ldots \ |.$$

Quant au groupe Λ, il résulte de la combinaison des deux groupes partiels A_0, A_1, respectivement formés des substitutions $f_0, f'_0, \ldots$ et des substitutions $f_1, f'_1, \ldots$. D'ailleurs X transforme évidemment ces deux groupes l'un dans l'autre. Donc L résulte de la combinaison de X avec un seul de ces groupes, tel que A_0.

Remarquons enfin que la substitution X, qui transforme

$$C_{x_0}, C_{y_0}, \ldots, C_{x_1}, C_{y_1}, \ldots \quad \text{en} \quad gC_{x_1}, gC_{y_1}, \ldots, C_{x_0}, C_{y_0}, \ldots$$

multipliant les exposants d'échange par g, chaque élément du premier déterminant partiel du n° 593 sera égal à l'élément correspondant du second, multiplié par g. Il suffit donc que le premier déterminant ne soit pas congru à zéro pour que l'autre ne le soit pas non plus.

598. Réciproquement, soient L' un groupe résoluble et contenu dans le groupe abélien de degré p^{2m}; O' son ordre; d' son exposant; A' le groupe partiel formé par celles de ses substitutions qui sont abéliennes propres; soient enfin

$$|\, x_0, y_0, \ldots \quad \alpha x_0 + \beta y_0 + \ldots, \alpha' x_0 + \beta' y_0 + \ldots, \ldots \,|$$

les substitutions de A'. On pourra construire ainsi qu'il suit un groupe résoluble L, contenu dans le groupe abélien de degré p^{4m}.

Écrivons à la suite des indices $x_0, y_0, \ldots$ d'autres indices en nombre égal, $x_1, y_1, \ldots$ et supposons que les exposants d'échange des substitutions C_{x_1}, $C_{y_1}, \ldots$ avec C_{x_0}, $C_{y_0}, \ldots$ soient congrus à zéro, et que leurs exposants d'échange mutuels soient égaux à ceux des substitutions C_{x_0}, $C_{y_0}, \ldots$ respectivement multipliés par g^{-1}. Le déterminant des exposants d'échange des substitutions $C_{x_0}, C_{y_0}, \ldots, C_{x_1}, C_{y_1}, \ldots$, étant le produit de deux déterminants partiels, égaux à un facteur constant près, et dont le premier n'est pas congru à zéro, ne sera pas congru à zéro. Cela posé, le groupe A_0 formé des substitutions

$$\left|\begin{matrix} x_0, y_0, \ldots & \alpha x_0 + \beta y_0 + \ldots, \alpha' x_0 + \beta' y_0 + \ldots, \ldots \\ x_1, y_1, \ldots & x_1, y_1, \ldots \end{matrix}\right|,$$

jointes à la substitution

$$X = |\, x_0, y_0, \ldots, x_1, y_1, \ldots \quad x_1, y_1, \ldots, gx_0, gy_0, \ldots \,|,$$

forme un groupe de substitutions abéliennes : car les substitutions de A_0 sont abéliennes propres, et X multiplie les exposants d'échange par g. Ce groupe est résoluble. En effet, X transforme A_0 en un groupe A_1 formé des substitutions

$$\left|\begin{matrix} x_0, y_0, \ldots & x_0, y_0, \ldots \\ x_1, y_1, \ldots & \alpha x_1 + \beta y_1 + \ldots, \; \alpha' x_1 + \beta' y_1 + \ldots, \ldots \end{matrix}\right|.$$

Or A', étant contenu dans L', est résoluble. Ses isomorphes A_0, A_1 le seront également (525). Mais leurs substitutions sont échangeables. Le groupe $(\mathrm{A}_0, \mathrm{A}_1)$ sera donc résoluble (527); et en lui adjoignant X, qui lui est permutable, on aura encore un groupe résoluble.

L'ordre O du groupe L est égal à $(p-1)\Omega$, Ω étant l'ordre du groupe partiel A formé par celles de ses substitutions qui sont abéliennes propres (590). Ces dernières substitutions dérivent de la combinaison de A_0 et de A_1 avec X^{p-1}. Mais X^{p-1}, multipliant chaque indice par -1, est le produit de deux substitutions partielles, multipliant respectivement par -1 les indices $x_0, y_0, \ldots$ et les indices $x_1, y_1, \ldots$, et qui appartiennent respectivement à A_0 et à A_1. Donc A se réduit à $(\mathrm{A}_0, \mathrm{A}_1)$ et contiendra Ω'^2 substitutions, Ω' étant l'ordre de A'. On a d'ailleurs

$$\Omega' = \frac{d'\mathrm{O}'}{p-1}, \quad \text{d'où} \quad \mathrm{O} = \frac{d'^2\mathrm{O}'^2}{p-1}.$$

599. Pour que le groupe L construit comme il vient d'être indiqué soit général, on devra naturellement prendre L' aussi général que possible dans son espèce. Mais, de plus, *d' doit être égal à 2*. Car supposons que L' contînt une substitution S' qui multipliât les exposants d'échange par g. Cette substitution étant permutable à A', la substitution S, qui altère les indices $x_0, y_0, \ldots$ de la même manière que S', et qui en outre altère de la même manière les indices $x_1, y_1, \ldots$, serait permutable à chacun des groupes A_0, A_1 et échangeable à X. Elle serait d'ailleurs abélienne, car elle multiplie tous les exposants d'échange par g. On pourrait donc l'adjoindre au groupe L, et obtenir ainsi un groupe plus général, L ne contenant évidemment aucune substitution qui multiplie les exposants d'échange par g sans permuter les deux systèmes.

La détermination du groupe L se trouve ainsi ramenée à celle du groupe L'. Ce dernier peut être lui-même décomposable; mais comme d' est égal à 2, on ne pourra retomber sur le premier cas de décomposabilité que nous venons de discuter.

600. Second cas. — Supposons maintenant que le groupe L ne soit pas décomposable de la façon indiquée ci-dessus. Il pourra l'être d'une seconde manière, qui nous reste à discuter.

Soient $N'P'$, $N''P''$,... les substitutions de L, N', N'',... et P', P'',... étant respectivement des formes N et P (594). Les déplacements opérés sur les λ systèmes par les substitutions N', N'',... forment un groupe Δ, résoluble et primitif (546). Donc λ est une puissance d'un nombre premier π. Soit, pour fixer les idées, $\lambda = \pi^2$. Remplaçant l'indicateur unique r par deux indicateurs ξ, η, variables de o à $\pi - 1$, Δ résultera (533 et 546) de la combinaison :

1° D'un faisceau E de substitutions remplaçant le système (ξ, η) par le système $(\xi + \alpha, \eta + \beta)$; les constantes α, β, variables d'une substitution à l'autre, prenant chacune toute la suite des valeurs o,..., $\pi - 1$ (mod. π);

2° D'un groupe H, dont les substitutions le remplacent par le système $(a\xi + b\eta, a'\xi + b'\eta)$, a, b, a', b' étant des entiers constants pour une même substitution.

601. Soient $N_1 P_1$, $N_2 P_2$,... les substitutions de Λ;

$$N_1 = |\ \ldots, x_{\xi\eta}, y_{\xi\eta}, \ldots \quad \ldots, x_{a_1\xi + b_1\eta + \alpha_1}, y_{a'_1\xi + b'_1\eta + \beta_1}, \ldots\ |, \ldots$$

les déplacements qu'elles font subir aux systèmes. *Le groupe formé par les substitutions* N_1, N_2,... *contiendra au moins une substitution de* E *autre que l'unité.*

En effet, Λ contient, par hypothèse, une substitution $N_1 P_1$ qui déplace les systèmes; la substitution correspondante N_1 ne se réduira pas à l'unité. Si elle est échangeable à toutes les substitutions de E, on aura $a_1 = b'_1 = 1$, $b_1 = a'_1 = 0$, et N_1 appartiendra à E. Dans le cas contraire, soit N' une substitution de E qui ne soit pas échangeable à N_1 : L contient une substitution $N'P'$ qui fait subir aux systèmes le déplacement N'. D'ailleurs $N'P'$ est permutable à Λ; donc Λ contient $(N_1 P_1)^{-1} . (N'P')^{-1} N_1 P_1 N'P'$, substitution qui fait subir aux systèmes le déplacement $N_1^{-1} N'^{-1} N_1 N'$, lequel appartient à E.

602. *Le groupe formé par les substitutions* N_1, N_2,... *contient tout le faisceau* E. En effet, les substitutions de L étant permutables à Λ, celles de Δ le seront *a fortiori* au groupe $(N_1, N_2, \ldots)$. Mais elles le sont à E. Elles le seront donc au groupe formé par les substitutions communes à $(N_1, N_2, \ldots)$ et à E. Si ce groupe ne contenait pas toutes les substitutions de E, il ne serait pas transitif, et par suite, Δ ne serait pas primitif (53).

Celles des substitutions $N_1 P_1$,... du groupe Λ dont les premiers facteurs

$N_1, \ldots$ appartiennent à E forment un faisceau $\mathcal{E}$ permutable aux substitutions de L. Car la transformée de $N_1 P_1$ par une quelconque de ces dernières substitutions, $N'P'$, appartient à A, et son premier facteur $N'^{-1} N_1 N'$ appartient à E. On pourra donc, en formant l'échelle génératrice du groupe L, faire passer les substitutions de $\mathcal{E}$ en avant des autres.

Considérons plus spécialement encore, parmi les substitutions de $\mathcal{E}$, celles qui ne déplacent pas les systèmes : elles forment un faisceau $\mathcal{F}$, permutable aux substitutions de $\mathcal{E}$. On pourra les faire passer en avant de toutes les autres.

603. Chaque substitution de $\mathcal{F}$, telle que f, est le produit de substitutions partielles $f_0, f_1, \ldots$ altérant respectivement les indices des divers systèmes. On verra, comme au n° 596, que *chacune de ces substitutions partielles est abélienne propre* (*hypoabélienne*), et qu'*elle est contenue dans* $\mathcal{F}$. On verra ensuite (548-550) que $\mathcal{E}$ *résulte de la combinaison de* $\mathcal{F}$ *avec les substitutions*

$$\mathcal{A}^\alpha \mathcal{B}^\beta \ldots = | \ldots, x_{\xi\eta}, y_{\xi\eta}, \ldots \quad \ldots, x_{\xi+\alpha,\eta+\beta}, y_{\xi+\alpha,\eta+\beta}, \ldots |,$$

et que L *résulte de la combinaison de* $\mathcal{F}$ *avec des substitutions* IJ, I'J',...; J, J',... *étant des substitutions qui remplacent les indices de chaque système par les indices correspondants d'un même système, et* I, I',... *des substitutions qui remplacent les indices de chaque système par des fonctions linéaires de ces mêmes indices, fonctions dont les coefficients sont les mêmes pour tous les systèmes.*

604. *Chacune des substitutions* J, J',... *est abélienne propre* (*hypoabélienne*). Car elle est le produit de transpositions effectuées entre deux systèmes. Chacune de ces transpositions est une substitution abélienne propre (hypoabélienne). Soient en effet S l'une d'entre elles; H_0 et H_1 les deux systèmes qu'elle permute; $C'_0, C''_0, \ldots$ et $C'_1, C''_1, \ldots$, les substitutions respectivement correspondantes aux indices de ces deux systèmes; M, $M_1, \ldots$ celles qui correspondent aux autres indices : S transforme

$$C'_0, C''_0, \ldots, C'_1, C''_1, \ldots, M, M_1, \ldots \quad \text{en} \quad C'_1, C''_1, \ldots, C'_0, C''_0, \ldots, M, M_1, \ldots.$$

Mais parmi les substitutions $\mathcal{A}^\alpha \mathcal{B}^\beta \ldots$ il en est une qui remplace H_1 par H_0 et qui transforme ainsi $C'_0, C''_0, \ldots$ en $C'_1, C''_1, \ldots$. Donc $C'_0, C''_0, \ldots$ ont mêmes exposants d'échange mutuels (et mêmes caractères) que $C'_1, C''_1, \ldots$. D'ailleurs les exposants d'échange de $C'_0, C''_0, \ldots$ avec $C'_1, C''_1, \ldots$, M, $M_1, \ldots$ et ceux de $C'_1, C''_1, \ldots$ avec M, $M_1, \ldots$ sont congrus à zéro. Il en est de même des exposants d'échange des substitutions transformées. Enfin S transformant en elles-mêmes les substitutions M, M_1,... n'altère pas leurs exposants d'échange mutuels (ni leurs caractères).

605. *Le groupe* L *contient les substitutions* I, I',..., J, J',.... Car le groupe dérivé des substitutions $\mathfrak{J}$, I, I',..., J, J',... est résoluble (551). Ses substitutions sont abéliennes (hypoabéliennes); car IJ, I'J',... et J, J',... l'étant, I, I',... le seront. Enfin il contient L, et ne peut être plus général que L, par hypothèse.

606. Les substitutions J, J',... forment le groupe désigné ci-dessus par Δ. Quant aux substitutions dérivées de $\mathfrak{J}$, I, I',... qui ne déplacent pas les systèmes, chacune d'elles est le produit de substitutions partielles altérant respectivement les indices d'un seul des systèmes Σ_0, Σ_1,... de manière à multiplier les exposants d'échange des substitutions correspondantes par un facteur constant, qui sera le même pour tous les systèmes (et à ne pas altérer leurs caractères). Soient $L_0 = (f_0, \ldots, i_0, \ldots)$ le groupe formé par celles de ces substitutions partielles qui altèrent les indices du système Σ_0; $L_1 = (f_1, \ldots\, i_1, \ldots)$ le groupe formé par celles qui altèrent les indices du système Σ_1, etc. Ces groupes sont les transformés de l'un quelconque d'entre eux, L_0, par les substitutions de Δ. En effet, soit J une substitution de Δ, qui remplace les indices de Σ_1 par ceux de Σ_0 : elle est évidemment permutable au groupe ($\mathfrak{J}$, I, I',...). Mais, d'autre part, les transformées des substitutions $f_0 f_1, \ldots, \ldots, i_0 i_1, \ldots, \ldots$ de ce groupe par J font subir aux indices de Σ_1 des altérations évidemment représentées par $J^{-1} f_0 J, \ldots, J^{-1} i_0 J, \ldots$. Ces dernières substitutions se confondent donc, à l'ordre près, avec les substitutions $f_1, \ldots, i_1, \ldots$.

607. Soient réciproquement $x_0, y_0, \ldots; \ldots; x_\rho, y_\rho, \ldots; \ldots$ λ systèmes d'indices indépendants, choisis de telle sorte, que les exposants d'échange des substitutions correspondantes C'_0, $C''_0, \ldots$, C'_ρ, $C''_\rho, \ldots$ satisfassent aux relations suivantes

$$(C_\rho^{(\mu)} C_{\rho'}^{(\mu')}) \equiv 0, \quad \text{si} \quad \rho \gtrless \rho', \quad \text{et} \quad (C_\rho^{(\mu)} C_\rho^{(\mu')}) \equiv (C_0^{(\mu)} C_0^{(\mu')})$$

(et que leurs caractères soient indépendants de ρ).

Soient Δ un groupe résoluble, dont les substitutions permutent ces systèmes entre eux d'une manière primitive, en remplaçant les uns par les autres les indices correspondants; L_0 un groupe résoluble, dont les substitutions n'altèrent que les indices $x_0, y_0, \ldots$ du premier système, qu'elles remplacent par des fonctions linéaires de ces mêmes indices, choisies de telle sorte, que les exposants d'échange mutuels des substitutions correspondantes soient tous multipliés par un même facteur (leurs caractères restant inaltérés); $L_0, \ldots, L_\rho, \ldots$ les groupes analogues, transformés de L_0 par les substitutions de Δ.

Soient $l_0, l_1, \ldots$ des substitutions choisies arbitrairement dans les groupes $L_0, L_1, \ldots$, de manière à multiplier les exposants d'échange par le même facteur. Formons leur produit $l_0 l_1 \ldots$. Le groupe L dérivé de l'ensemble des substitutions composées telles que $l_0 l_1 \ldots$ et du groupe Δ, étant contenu dans le groupe résoluble dérivé de Δ et de L_0, sera résoluble. D'ailleurs ses substitutions sont abéliennes (hypoabéliennes); car chacune d'elles multiplie évidemment par un même facteur constant tous les exposants d'échange qui ne sont pas congrus à zéro et laisse les autres congrus à zéro (en outre elle n'altère pas les caractères).

Pour que le groupe L ainsi formé soit général, on devra choisir Δ et L_0 aussi généraux que possible, chacun dans son espèce.

608. Dans le cas où les substitutions de L_0 sont hypoabéliennes, il est important de reconnaître quel est celui des deux groupes hypoabéliens auquel appartient le groupe L construit par le procédé ci-dessus. On y parvient comme il suit :

Les indices $x_0, y_0, \ldots$ du premier système peuvent être supposés choisis de telle sorte, que les substitutions correspondantes forment une double suite $\mathcal{A}_1, \mathcal{B}_1, \mathcal{A}_2, \mathcal{B}_2, \ldots$ telle, que tous leurs exposants d'échange mutuels soient congrus à zéro, sauf ceux de deux substitutions associées, qui seront congrus à 1, et que $\mathcal{A}_2, \mathcal{B}_2, \ldots$ aient pour caractère 0, $\mathcal{A}_1, \mathcal{B}_1$ ayant pour caractère 0 ou 1 suivant que L_0 est contenu dans le premier ou dans le second groupe hypoabélien. Cela posé, les substitutions correspondantes à $x_\rho, y_\rho, \ldots$ ayant même caractère et mêmes exposants d'échange mutuels que celles qui correspondent à $x_0, y_0, \ldots$ les substitutions correspondantes aux indices $x_0, y_0, \ldots; \ldots; x_\rho, y_\rho, \ldots; \ldots$ formeront une double suite, où tous les exposants d'échange seront congrus à 0, sauf ceux des substitutions associées, et où le nombre des couples ayant pour caractère 1 sera égal à 0 ou à λ, suivant que L_0 sera contenu dans le premier ou dans le second groupe hypoabélien. Mais L est lui-même contenu dans le premier ou le second groupe hypoabélien, suivant que ce nombre est pair ou impair : d'où le résultat suivant :

Le groupe L *sera contenu dans le premier groupe hypoabélien, à moins que* λ *ne soit impair et* L_0 *contenu dans le second groupe hypoabélien : auquel cas* L *sera lui-même contenu dans le second groupe hypoabélien.*

609. Soit d l'exposant du groupe L_0; ses substitutions seront de la forme $W_0^\varepsilon S_0$, W_0 étant une substitution qui multiplie les exposants d'échange mutuels de $C_0, C_0', \ldots$ par g^d, et S_0 une substitution abélienne propre. Soient Λ_0 le groupe formé par les substitutions partielles $S_0, \ldots$; $W_0, W_1, \ldots$ et $\Lambda_0, \Lambda_1, \ldots$ les transformés de W_0 et de Λ_0 par les substitutions de Δ.

Les substitutions $W_0, W_1, \ldots$ multipliant respectivement les exposants d'échange mutuels de $C_0, C_0', \ldots$, ceux de $C_1, C_1', \ldots$, etc., par un même facteur g^d, leur produit W appartiendra à L. Les substitutions de Λ_0 lui appartiendront également et seront abéliennes propres; car elles n'altèrent pas les exposants d'échange, et parmi les substitutions de $L_1, \ldots$ qui jouissent de la même propriété, et qu'on peut leur associer, se trouvent les substitutions 1. De même les substitutions de $\Lambda_1, \ldots$ appartiendront à L.

Chacune des substitutions $l_0 l_1 \ldots$ est de la forme $W^\varepsilon S_0 S_1 \ldots$, $S_0, S_1, \ldots$ appartenant à Λ_0, à $\Lambda_1, \ldots$. En effet, l_0 est de la forme $W_0^\varepsilon S_0$, et multipliera les exposants d'échange de $C_0, C_0', \ldots$ par $g^{d\varepsilon}$. Donc $l_0 l_1 \ldots$ multiplie tous les exposants d'échange par $g^{d\varepsilon}$, et si l'on pose $l_0 l_1 \ldots = W^\varepsilon T$, T ne les altérera plus, et par suite se réduira à la forme $S_0 S_1 \ldots$.

On voit par là que l'exposant du groupe L sera égal à d.

610. Il est aisé d'obtenir son ordre. Soient Ω l'ordre de Δ, O celui de L_0, $\frac{dO}{p-1}$ celui de Λ_0.

Les substitutions de L sont de la forme $N W^\varepsilon S_0 S_1 \ldots$, N étant une substitution de Δ. Or N peut être choisi de Ω manières différentes; ε peut prendre la suite des valeurs $0, \ldots, \frac{p-1}{d}$; et chacune des λ substitutions $S_0, S_1, \ldots$ peut être choisie de $\frac{dO}{p-1}$ manières. On aura donc pour l'ordre cherché

$$\Omega \frac{p-1}{d} \left(\frac{dO}{p-1}\right)^\lambda.$$

611. Pour que L soit primaire, il faut et il suffit que L_0 le soit par rapport aux indices qu'il altère (312). Mais il peut être décomposable ou non.

S'il était décomposable de la manière indiquée aux nos 595-599, L le serait. Il faudrait en effet qu'après avoir choisi convenablement les indices indépendants $x_0, y_0, \ldots$ du système Σ_0, on pût les répartir en deux sous-systèmes que les substitutions de Λ_0 ne déplaceraient pas. On pourrait alors réunir les indices de chacun de ces sous-systèmes à leurs homologues dans les autres systèmes; et la totalité des indices se trouverait ainsi répartie en deux grands systèmes, que ne déplacerait aucune des substitutions des groupes $\Lambda_0, \Lambda_1, \ldots, \Delta$ dont la combinaison reproduit le groupe Λ. Donc L serait décomposable de la manière indiquée. Cette hypothèse ayant été discutée plus haut, nous pouvons l'exclure.

612. Si L_0 est décomposable, mais de la seconde manière, on verra, comme tout à l'heure, qu'en choisissant convenablement les indices indépendants $x_0, y_0, \ldots$, ils se partageront en sous-systèmes tels, que L_0 puisse être construit au moyen de deux groupes auxiliaires Δ_0 et L_{00}. Le groupe Δ_0 sera formé de substitutions qui permutent les sous-systèmes en remplaçant les uns par les autres les indices correspondants. Quant à L_{00}, il résultera de la combinaison d'un groupe Λ_{00} dont les substitutions n'altèrent pas les exposants d'échange des substitutions correspondantes aux indices du premier sous-système, et d'une substitution W_{00} qui multiplie ces exposants d'échange par g^d. Cela posé, soient $\Lambda_{00}, \Lambda_{01}, \ldots$ et $W_{00}, W_{01}, \ldots$ les transformés de Λ_{00}, W_{00} par les substitutions de Δ_0 : L_0 sera dérivé de la combinaison des substitutions abéliennes propres de $\Lambda_{00}, \Lambda_{01}, \ldots, \Delta_0$ avec la substitution $W_{00}W_{01}\ldots$, qui multiplie les exposants d'échange des substitutions $C'_0, C''_0, \ldots$ par g^d. La substitution W_0 étant une substitution de L_0 qui multiplie les exposants d'échange par g^d, et qui soit d'ailleurs quelconque, on peut supposer $W_0 = W_{00}W_{01}\ldots$.

Cela posé, partageons les indices de chaque système en sous-systèmes, en réunissant ensemble ceux dont les homologues dans le système Σ_0 appartiennent au même sous-système : et soient respectivement $\Lambda_{0\nu}, \Lambda_{1\nu}, \ldots$; $\Delta_0, \Delta_1, \ldots$; $W_{0\nu}, W_{1\nu}, \ldots$ les transformés de $\Lambda_{0\nu}, \Delta_0, W_{0\nu}$ par les substitutions de Δ. Le groupe L sera dérivé des substitutions $\Lambda_{00}, \ldots, \Lambda_{\mu\nu}, \ldots$, $W = W_{00}\ldots W_{\mu\nu}\ldots, \Delta_0, \ldots, \Delta_\mu, \ldots, \Delta$. Cela posé, les substitutions de Δ, Δ_0, d'où dérivent celles de $\Delta_1, \ldots, \Delta_\mu, \ldots$ forment par leur réunion un groupe Δ' de substitutions abéliennes propres qui permutent transitivement les sous-systèmes en remplaçant les uns par les autres les indices correspondants, et qui transforment les uns dans les autres les groupes $\Lambda_{00}, \ldots, \Lambda_{\mu\nu}$ et les substitutions $W_{00}, \ldots, W_{\mu\nu}$. Le groupe L peut donc se construire à l'aide des groupes Δ' et L_{00} de la manière indiquée au n° **607**, avec cette seule différence que Δ' ne permute plus les sous-systèmes primitivement.

Le groupe L étant primaire, L_{00} le sera; s'il était décomposable, on verrait, comme tout à l'heure, que L peut se construire à l'aide d'un groupe Δ'' et d'un groupe L_{000} de degré moindre que L_{00}, etc.

On pourra donc, sans nuire à la généralité des résultats, admettre que dans la construction du n° **607** le groupe L_0 est indécomposable, pourvu qu'on admette d'autre part que le groupe Δ puisse être remplacé dans la construction par un autre groupe D dont les substitutions permutent les systèmes transitivement, mais non primitivement.

613. La détermination du groupe L se ramène ainsi à celle des deux groupes D et L_0, de degrés λ et p^{2m}, ce dernier étant indécomposable. Par la première de ces deux questions, on retombe sur le problème **A**, mais avec un degré fort abaissé. La seconde fait l'objet des sections suivantes.

§ II. — Groupes indécomposables de première catégorie.

614. Soit Γ un groupe résoluble et primaire aussi général que possible parmi ceux qui sont contenus dans le groupe abélien (dans l'un des groupes hypoabéliens) de degré p^{2m}. Celles de ses substitutions qui sont abéliennes propres forment un groupe, évidemment permutable aux substitutions de Γ. On pourra donc y déterminer (d'une ou de plusieurs manières) un faisceau F permutable aux substitutions de Γ, et dont les substitutions soient échangeables entre elles. Ce faisceau étant choisi aussi général que possible, on pourra ramener ses substitutions à la forme canonique (**240-244**); car Γ étant primaire, le groupe G formé par l'ensemble des substitutions abéliennes (hypoabéliennes) permutables à F le sera *a fortiori* : et suivant que F sera de première, seconde ou troisième catégorie, nous dirons que Γ est de première, seconde ou troisième catégorie. Nous pourrons d'ailleurs étendre cette définition aux groupes décomposables dans la construction desquels figure le groupe Γ.

Nous supposerons dans ce paragraphe que Γ est de première catégorie.

615. Les indices indépendants étant choisis de manière à ramener F à la forme canonique formeront un seul couple de systèmes conjoints. Car s'il en existait plusieurs, chaque substitution de Γ remplacerait les indices d'un couple de systèmes par des fonctions de ceux d'un même couple de systèmes. D'autre part, les exposants d'échange de deux indices quelconques

appartenant à deux couples différents sont congrus à zéro. Cette double propriété subsisterait évidemment si l'on prenait dans chaque couple pour indices indépendants, au lieu des indices imaginaires actuels, les fonctions réelles dont ils dépendent. Le groupe Γ serait donc décomposable, contrairement à l'hypothèse.

Soient ν le nombre des séries dans chaque système, μ le nombre des indices de chaque série. Nous désignerons par x_r^0, y_r^0,... les indices de la $r+1^{ième}$ série du premier système, et par x_r^1, y_r^1,... ceux de la série conjointe; par C_{0r}, C'_{0r},..., C_{1r}, C'_{1r},... les substitutions correspondantes. Enfin nous profiterons de ce qui reste d'arbitraire dans le choix des indices pour faire en sorte que les exposants d'échange $(C_{0r}C_{1r})$, $(C'_{0r}C'_{1r})$,... soient congrus à l'unité, et les autres à zéro (**246**). Quant aux caractères de ces substitutions lorsque Γ est contenu dans l'un des groupes hypoabéliens, ils seront congrus à zéro (**292**).

616. *Le nombre p^ν sera* > 4. En effet, chaque substitution de F multiplie les indices d'une même série par un même facteur complexe a, formé avec la racine i d'une congruence irréductible de degré ν; et les facteurs par lesquels elle multiplie deux séries conjuguées sont réciproques (**241**). Cela posé, si $p^\nu = 2$ ou 3, on aura toujours $a^{-1} \equiv a \pmod{p}$, et les deux séries conjointes se confondront en une seule; si $p^\nu = 4$, d'où $p = 2$, $\nu = 2$, on aura $a^{-1} \equiv a^p \pmod{p}$, et les deux séries conjointes seront conjuguées. Dans l'un et l'autre cas, Γ ne serait pas de première catégorie.

617. La substitution W, qui laisse invariables les indices du premier système, et multiplie ceux du second par g, racine primitive de la congruence $g^{p-1} \equiv 1 \pmod{p}$ appartient à Γ. En effet, formons la suite G, G',... des groupes résolubles primaires les plus généraux parmi ceux où les indices se groupent en séries et systèmes comme dans Γ; puis effaçons dans ces groupes toutes les substitutions qui ne sont pas abéliennes (hypoabéliennes). Les substitutions conservées formeront une suite de groupes résolubles (**521**), parmi lesquels se trouvera le groupe Γ. Or la substitution W se trouve contenue dans chacun des groupes G, G',.... D'ailleurs elle multiplie tous ceux des exposants d'échange qui ne sont pas congrus à zéro par un même facteur g (et n'altère pas les caractères, qui sont tous congrus à zéro, et qu'elle multiplie par de simples facteurs constants). Donc elle est abélienne (hypoabélienne) et sera conservée dans Γ.

Le groupe Γ aura donc l'unité pour exposant et résultera de la combinaison de W avec le groupe Λ, formé par celles de ses substitutions qui sont abéliennes propres.

618. Posons

$$\begin{aligned}\mathfrak{R} &= |\ \ldots,\ x_r^t, y_r^t, \ldots \quad \ldots,\ (-1)^t x_r^{t+1},\ (-1)^t y_r^{t+1}, \ldots\ |,\\ \mathfrak{P} &= |\ \ldots,\ x_r^t, y_r^t, \ldots \quad \ldots,\ x_{r+1}^t, y_{r+1}^t, \ldots\ |.\end{aligned}$$

On voit immédiatement que ces deux substitutions sont réelles et abéliennes propres (hypoabéliennes).

Soit maintenant S une substitution quelconque de Λ; elle remplace les indices x_0^0, y_0^0 par des fonctions linéaires des indices $x_\rho^\tau, y_\rho^\tau, \ldots$ d'une même série; on aura donc $S \doteq \mathfrak{R}^\tau \mathfrak{P}^\rho \mathfrak{Q}$, $\mathfrak{Q}$ étant une nouvelle substitution abélienne propre (hypoabélienne) qui ne déplace pas la première série du premier système.

619. Cherchons la forme générale de la substitution $\mathfrak{Q}$. Soient

$$a x_0^0 + b y_0^0 + \ldots,\quad a_1 x_0^0 + b_1 y_0^0 + \ldots, \ldots$$

les fonctions par lesquelles elle remplace les indices $x_0^0, y_0^0, \ldots$; elle remplace les indices de la série conjointe $x_0^1, y_0^1, \ldots$ par des fonctions

$$\alpha x_0^1 + \beta y_0^1 + \ldots,\quad \alpha_1 x_0^1 + \beta_1 y_0^1 + \ldots, \ldots$$

de ces mêmes indices. Quant aux indices des séries conjuguées de ces deux-là, elle les remplace par des fonctions conjuguées des précédentes. $\mathfrak{Q}$ transformera donc $C_{0r}, C'_{0r}, \ldots, C_{1r}, C'_{1r}, \ldots$ en

$$C_{0r}^{a^{p^r}} C'^{a_1^{p^r}}_{0r} \ldots,\quad C_{0r}^{b^{p^r}} C'^{b_1^{p^r}}_{0r} \ldots,\quad C_{1r}^{\alpha^{p^r}} C'^{\alpha_1^{p^r}}_{1r} \ldots,\quad C_{1r}^{\beta^{p^r}} C'^{\beta_1^{p^r}}_{1r} \ldots, \ldots$$

dont les caractères sont également congrus à zéro. Pour que leurs exposants d'échange soient congrus à ceux des substitutions dont elles sont transformées, il faudra qu'on ait

$$(1)\quad \left\{\begin{array}{l} a^{p^r}\alpha^{p^r} + a_1^{p^r}\alpha_1^{p^r} + \ldots \equiv 1,\quad a^{p^r}\beta^{p^r} + a_1^{p^r}\beta_1^{p^r} + \ldots \equiv 0, \ldots,\\ b^{p^r}\alpha^{p^r} + b_1^{p^r}\alpha_1^{p^r} + \ldots \equiv 0,\quad b^{p^r}\beta^{p^r} + b_1^{p^r}\beta_1^{p^r} + \ldots \equiv 1, \ldots,\quad (\text{mod. } p),\\ \ldots\ldots\ldots\ldots\ldots\ldots\ldots\ldots\ldots\ldots\ldots\ldots \end{array}\right.$$

Ces relations, qui doivent subsister pour toute valeur de r, expriment que les deux substitutions

$$(2) \quad | \ldots, x_r^0, y_r^0, \ldots \quad \ldots, a^{p^r} x_r^0 + a_1^{p^r} y_r^0 + \ldots, b^{p^r} x_r^0 + b_1^{p^r} y_r^0 + \ldots, \ldots |,$$

$$(3) \quad | \ldots, x_r^0, y_r^0, \ldots \quad \ldots, \alpha^{p^r} x_r^0 + \beta^{p^r} y_r^0 + \ldots, \alpha_1^{p^r} x_r^0 + \beta_1^{p^r} y_r^0 + \ldots, \ldots |,$$

opérées successivement sur les indices du premier système, auraient pour produit l'unité. Elles permettent de déterminer sans difficulté et sans ambiguïté les coefficients $\alpha, \beta, \ldots, \alpha_1, \beta_1, \ldots$ en fonction de $a, a_1, \ldots, b, b_1, \ldots$, pourvu que le déterminant Δ de la substitution (2) ne soit pas congru à zéro. (S'il l'était, le déterminant de $\mathfrak{Q}$ serait lui-même congru à zéro, étant évidemment le produit de deux déterminants partiels, dont l'un ne diffère de Δ que par le changement des lignes horizontales en verticales.)

Chacune des substitutions $\mathfrak{Q}$ et par suite chacune des substitutions de Λ est donc complétement déterminée lorsqu'on connaît les fonctions qu'elle fait succéder aux indices de la première série du premier système; nous pourrons donc, dans la représentation de ces substitutions, écrire seulement ce qui se rapporte à ces indices et laisser le reste sous-entendu.

620. Parmi les substitutions $\mathfrak{Q}$ que nous venons de déterminer, on doit distinguer spécialement celles de la forme

$$| x_0^0, y_0^0, \ldots \quad a x_0^0, a y_0^0, \ldots |.$$

Les substitutions de F sont de cette forme. Réciproquement on voit, comme au n° **617**, que toutes les substitutions de cette forme appartiennent à Γ. D'ailleurs elles sont abéliennes propres (hypoabéliennes), échangeables entre elles, et forment un faisceau permutable à toutes les substitutions de Γ; ce faisceau, ne pouvant être plus général que F, se confond avec lui.

Si chaque série ne contient qu'un indice, les substitutions de la forme $\mathfrak{Q}$ se réduisent à celles de F; adjoignant à ce faisceau les substitutions $\mathfrak{R}$, $\mathfrak{P}$, qui lui sont permutables et sont échangeables entre elles et la substitution W, on obtiendra le groupe cherché Γ, qui ne pourra être déterminé que d'une seule manière, et dont l'ordre sera évidemment égal à $2\nu(p^\nu - 1)(p - 1)$.

621. Passons au cas plus général où chaque série contient plusieurs indices.

Lemme. — *Le groupe Λ est dérivé de celles de ses substitutions qui sont de la forme $\mathfrak{Q}$, jointes à une substitution unique, de la forme $\mathfrak{R}\mathfrak{P}^\delta\mathfrak{Q}$, ou à deux substitutions, l'une de la forme $\mathfrak{R}\mathfrak{Q}$, l'autre de la forme $\mathfrak{P}^\delta\mathfrak{Q}$.*

En effet, Γ étant primaire, contient une substitution Σ qui permute entre eux les deux systèmes. Soit g^d le facteur par lequel elle multiplie les exposants d'échange : Λ contiendra la substitution $W^{-d}\Sigma$ qui permute les systèmes, et par suite sera de la forme $\mathcal{A}\mathcal{P}^{\rho_0}\mathcal{Q}_0$; et Λ résultera de la combinaison de cette substitution avec d'autres substitutions $\mathcal{M}_1 = \mathcal{P}^{\rho_1}\mathcal{Q}_1$, $\mathcal{M}_2 = \mathcal{P}^{\rho_2}\mathcal{Q}_2, \ldots$ qui ne déplacent pas les systèmes. Soit δ le plus grand commun diviseur de $\nu, \rho_1, \rho_2, \ldots$; Λ contiendra une substitution $\mathcal{N}$ de la forme $\mathcal{P}^\delta\mathcal{Q}$; et $\mathcal{M}_1, \mathcal{M}_2, \ldots$ résulteront de la combinaison des puissances de $\mathcal{N}$ avec des substitutions de la forme $\mathcal{Q}$ (557).

Soit maintenant k un entier tel, que $k\delta + \rho_0$ soit positif et $< \delta$; Λ contient la substitution $s = \mathcal{A}\mathcal{P}^{\rho_0}\mathcal{Q}_0 . \mathcal{N}^k$, laquelle, combinée à $\mathcal{N}$ et aux substitutions $\mathcal{Q}$, reproduira évidemment tout ce groupe.

Si $m\delta + \rho_0 = 0$, cette dernière substitution se réduit à la forme $\mathcal{A}\mathcal{Q}$, et le lemme se trouve démontré. Dans le cas contraire, Λ contient s^2, qui est de la forme $\mathcal{P}^{2(k\delta+\rho_0)}\mathcal{Q}$. Donc $2(k\delta + \rho_0)$ est un multiple de δ, et comme $k\delta + \rho_0 < \delta$, $2(k\delta + \rho_0) = \delta$; $\mathcal{N}$ se réduira alors à la forme $s^2\mathcal{Q}$, et Λ résultera de la combinaison de s avec des substitutions de la forme $\mathcal{Q}$, ce qui démontre notre proposition.

622. Théorème. — *Le groupe* Γ *contient des substitutions de la forme* $\mathcal{Q}$, *autres que celles de* F.

S'il en était autrement, Γ résulterait de la combinaison de W et de F avec une substitution de la forme $\mathcal{A}\mathcal{P}^\delta\mathcal{Q}$, ou avec deux substitutions, des formes $\mathcal{A}\mathcal{Q}$ et $\mathcal{P}^\delta\mathcal{Q}$. Nous allons prouver que dans l'un et l'autre cas, Γ ne serait pas général.

Premier cas. — Soient $f_0, f_1, \ldots$ les substitutions de F; $\mathcal{Q}_0 f_0, \mathcal{Q}_0 f_1, \ldots$; $\mathcal{Q}_1 f_0, \mathcal{Q}_1 f_1, \ldots; \ldots$ celles de la forme $\mathcal{Q}$ [$\mathcal{Q}_0$ se réduisant à l'unité (39)]; $\mathcal{A}\mathcal{P}^\delta\mathcal{Q}'$ la substitution qui, combinée à F et à W, reproduit Γ. Les groupes $\Gamma_0, \Gamma_1, \ldots$ transformés de Γ par les substitutions $\mathcal{Q}_0, \mathcal{Q}_1, \ldots$ sont respectivement dérivés de W, F et des transformées de $\mathcal{A}\mathcal{P}^\delta\mathcal{Q}'$. Ces transformées sont évidemment de la forme $\mathcal{A}\mathcal{P}^\delta\mathcal{Q}$; supposons-les égales respectivement à $\mathcal{A}\mathcal{P}^\delta\mathcal{Q}_{\alpha_0} f_{\beta_0}$, $\mathcal{A}\mathcal{P}^\delta\mathcal{Q}_{\alpha_1} f_{\beta_1}, \ldots$. Deux cas seront à distinguer :

1° Si $\mathcal{Q}_{\alpha_1} = \mathcal{Q}_{\alpha_2}$, $\mathcal{Q}_1\mathcal{Q}_2^{-1}$ sera permutable à Γ et pourra lui être adjointe de manière à former un nouveau groupe plus général.

2° Si au contraire les substitutions $\mathcal{Q}_{\alpha_0}, \mathcal{Q}_{\alpha_1}, \ldots$ sont toutes distinctes, elles reproduisent toute la suite $\mathcal{Q}_0, \mathcal{Q}_1, \ldots$; l'une d'elles, $\mathcal{Q}_{\alpha_1}$, par exemple, se réduit donc à l'unité. La substitution de forme $\mathfrak{Q}$

$$|\ x_0^1, y_0^1, z_0^1, \ldots \quad y_0^1, -x_0^1, z_0^1, \ldots\ |,$$

échangeable aux substitutions $\mathfrak{A}$, $\mathfrak{P}$, F, W le sera à toutes les substitutions de Γ_1; sa transformée par $\mathfrak{Q}_1^{-1}$ le sera à celles de Γ, et pourra s'adjoindre à ce groupe.

623. Second cas. — Soient $\mathfrak{A}\mathfrak{Q}'$ et $\mathfrak{P}^\delta\mathfrak{Q}''$ les deux substitutions qui, jointes à W et à F, reproduisent Γ. Le carré de $\mathfrak{A}\mathfrak{Q}'$ est de la forme $\mathfrak{Q}$, et appartient à Γ; donc il appartient à F, par hypothèse. D'ailleurs $\mathfrak{A}^2$, multipliant tous les indices par -1, appartient aussi à F. On aura donc

$$\mathfrak{A}^{-1}\mathfrak{Q}'\mathfrak{A}\mathfrak{Q}' = \mathfrak{A}^{-2}.(\mathfrak{A}\mathfrak{Q}')^2 = f, \quad \text{d'où} \quad \mathfrak{Q}' = (\mathfrak{A}^{-1}\mathfrak{Q}'\mathfrak{A})^{-1}f,$$
$$f = |\ x_0^1, y_0^1, \ldots \quad fx_0^1, fy_0^1, \ldots\ |$$

étant l'une des substitutions de F.

Or soit

$$\mathfrak{Q}' = |\ x_0^1, y_0^1, \ldots \quad ax_0^1 + by_0^1 + \ldots,\ a_1x_0^1 + b_1y_0^1 + \ldots, \ldots\ |.$$

Sa *conjointe* $\mathfrak{A}^{-1}\mathfrak{Q}'\mathfrak{A}$ sera

$$|\ x_0^1, y_0^1, \ldots \quad \alpha x_0^1 + \beta y_0^1 + \ldots,\ \alpha_1 x_0^1 + \beta_1 y_0^1 + \ldots, \ldots\ |,$$

et aura pour réciproque la suivante (619)

$$(\mathfrak{A}^{-1}\mathfrak{Q}'\mathfrak{A})^{-1} = |\ x_0^1, y_0^1, \ldots \quad ax_0^1 + a_1y_0^1 + \ldots,\ bx_0^1 + b_1y_0^1 + \ldots, \ldots\ |.$$

Cela posé, l'égalité des deux substitutions $\mathfrak{Q}'$ et $(\mathfrak{A}^{-1}\mathfrak{Q}'\mathfrak{A})^{-1}f$ donnera

$$a \equiv fa,\quad b \equiv fa_1, \ldots,\quad a_1 \equiv fb,\quad b_1 \equiv fb_1, \ldots \pmod{p},$$

et deux cas seront à distinguer :

1° Si $f \equiv 1$, on aura $b \equiv a_1, \ldots$ et les coefficients symétriques par rapport à la diagonale seront égaux dans l'expression de $\mathfrak{Q}'$.

2° Si $f \gtrless 1 \pmod{p}$, les coefficients diagonaux a, $b_1, \ldots$ seront nuls. L'un au moins des autres coefficients, tel que b, ne sera pas nul; et les relations $b \equiv fa_1$, $a_1 \equiv fb$ donneront $f^2 \equiv 1$, d'où $f \equiv -1$. Les coefficients symétriques par rapport à la diagonale seront donc égaux et de signes contraires. Dans ce dernier cas, le nombre des indices $x_0^0, y_0^0, \ldots$ sera pair, sans quoi le déterminant Δ de $a, b, \ldots, a_1, b_1, \ldots$ s'annulerait; car en changeant les lignes horizontales en lignes verticales, ce qui n'altère pas le déterminant, on change le signe de tous ses termes. Donc $\Delta \equiv -\Delta$, d'où $2\Delta \equiv 0$ et enfin $\Delta \equiv 0$.

Cette dernière conclusion ne serait pas exacte si p était égal à 2. Mais, dans ce cas, les deux formes trouvées pour la substitution $\mathfrak{L}'$ ne sont pas distinctes, car les deux valeurs $f \equiv 1$ et $f \equiv -1 \pmod{2}$ sont identiques.

624. Soit maintenant Γ_1 le groupe transformé de Γ par une substitution quelconque $\mathfrak{L}_1$ de la forme $\mathfrak{L}$. Il sera résoluble, et ses substitutions seront abéliennes propres (hypoabéliennes). De plus, si Γ était général, Γ_1 le serait; car s'il était contenu dans un autre groupe analogue mais plus général Γ'_1, Γ le serait dans le groupe Γ', transformé de Γ'_1 par $\mathfrak{L}_1^{-1}$. D'ailleurs Γ_1 est formé des substitutions W, F, auxquelles $\mathfrak{L}_1$ est échangeable, jointes aux transformées de $\mathfrak{R}\mathfrak{L}'$ et de $\mathfrak{P}^\delta \mathfrak{L}''$, lesquelles sont évidemment des formes $\mathfrak{R}\mathfrak{L}'_1$ et $\mathfrak{P}^\delta \mathfrak{L}''_1$. On peut se proposer de choisir $\mathfrak{L}_1$ de telle sorte, que l'expression de $\mathfrak{L}'_1$ se trouve simplifiée autant que possible.

625. 1° Soit $f \equiv 1$ et $p > 2$. La substitution $\mathfrak{L}'$ est de la forme

$$\mathfrak{L}' = | \; x_0^0, y_0^0, \ldots \quad a x_0^0 + b y_0^0 + \ldots, \; b x_0^0 + b_1 y_0^0 + \ldots, \ldots \; |.$$

Admettons d'abord que l'un des coefficients diagonaux, tel que a, ne soit pas congru à zéro, et posons

$$\mathfrak{L}_1 = | \; x_0^0, y_0^0, \ldots \quad x_0^0, \; y_0^0 + l x_0^0, \ldots \; |;$$

d'où

$$\mathfrak{R}^{-1} \mathfrak{L}_1^{-1} \mathfrak{R} = | \; x_0^0, y_0^0, \ldots \quad x_0 + l y_0^0 + \ldots, \; y_0^0, \ldots \; |.$$

L'égalité évidente

$$\mathfrak{L}_1^{-1} \mathfrak{R} \mathfrak{L}' \mathfrak{L}_1 = \mathfrak{R} . \mathfrak{R}^{-1} \mathfrak{L}_1^{-1} \mathfrak{R} . \mathfrak{L}' \mathfrak{L}_1$$

montre que $\mathfrak{L}'_1$ est égale à

$$\mathfrak{R}^{-1} \mathfrak{L}_1 \mathfrak{R} . \mathfrak{L}' \mathfrak{L}_1 = | \; x_0^0, \ldots \quad a x_0^0 + (al + b) y_0^0 + \ldots, \ldots \; |.$$

Cette substitution multipliera donc x_0^0 par un simple facteur constant si l'on pose

$$al + b \equiv 0, \ldots.$$

D'ailleurs $\mathfrak{L}_1$, étant échangeable aux substitutions de F, le sera en particulier à $(\mathcal{A}\mathcal{Q}')^2$; on aura donc

$$(\mathcal{A}\mathcal{Q}'_1)^2 = \mathcal{Q}_1^{-1}(\mathcal{A}\mathcal{Q}')^2\mathcal{Q}_1 = (\mathcal{A}\mathcal{Q}')^2.$$

Donc $\mathcal{Q}'_1$ aura la même forme générale que $\mathcal{Q}'$, avec cette circonstance particulière que les coefficients $b,\ldots$ s'annulent.

Soit donc

$$\mathcal{Q}'_1 = | \; x_0^1, y_0^1, z_0^1, \ldots \quad ax_0^1, \; b_1 y_0^1 + c z_0^1 + \ldots, \; c y_0^1 + c_1 z_0^1 + \ldots, \ldots \; |.$$

Si l'un des coefficients diagonaux tels que b_1 est $\gtrless 0 \pmod{p}$, on fera disparaître les coefficients $c,\ldots$ par une transformation analogue à la précédente.

626. On peut continuer cette réduction jusqu'à ce qu'on arrive à une transformée où les coefficients diagonaux restants soient tous nuls. Mais on pourra, par une nouvelle transformation, faire en sorte que l'un de ces coefficients cesse de s'annuler.

Supposons, par exemple, que nous ayons dans $\mathcal{Q}'_1$ $b_1 \equiv c_2 \equiv \ldots \equiv 0$. L'un au moins des coefficients $b_2,\ldots$ doit différer de zéro, le déterminant de $\mathcal{Q}'_1$ ne pouvant s'annuler. Soit, par exemple, $b_2 \gtrless 0$. Prenons pour transformante la substitution

$$\mathcal{Q}_2 = | \; x_0^1, y_0^1, z_0^1, \ldots \quad x_0^1, y_0^1 + \lambda z_0^1, z_0^1, \ldots \; |;$$

$\mathcal{A}\mathcal{Q}'_1$ aura pour transformée $\mathcal{A}\mathcal{Q}'_2$, en posant

$$\mathcal{Q}'_2 = \mathcal{A}^{-1}\mathcal{Q}_2^{-1}\mathcal{A}.\mathcal{Q}'_1\mathcal{Q}_2 = | \; x_0^1, y_0^1, \ldots \quad x_0^1, \; 2b_2\lambda y_0^1 + \ldots, \ldots \; |,$$

expression où le coefficient diagonal $2b_2\lambda$ est $\gtrless 0$, si $\lambda \gtrless 0$.

On pourra donc maintenant reprendre la réduction, et arriver enfin à une dernière transformée $\mathcal{A}\mathcal{Q}'_n$ où l'on ait simplement

$$\mathcal{Q}'_n = | \; x_0^1, y_0^1, \ldots \quad ax_0^1, by_0^1, \ldots \; |. \tag{4}$$

627. 2° Soit $f \equiv -1$, et $p > 2$. On a

$$\mathcal{Q}' = | \; x_0^1, y_0^1, z_0^1, \ldots \quad by_0^1 + cz_0^1 + \ldots, \; -bx_0^1 + dz_0^1 + \ldots, \; -cx_0^1 - dy_0^1 + \ldots, \ldots \; |,$$

et l'un des coefficients $b, c,\ldots,$ b par exemple, sera $\gtrless 0 \pmod{p}$. Prenons pour transformante la substitution

$$\mathcal{Q}_1 = | \; x_0^1, y_0^1, z_0^1, \ldots \quad x_0^1, y_0^1, z_0^1 + lx_0^1 + my_0^1 + \ldots, \ldots \; |;$$

$\mathfrak{A}\mathfrak{Q}'$ sera transformé en $\mathfrak{A}\mathfrak{Q}'_1$, $\mathfrak{Q}'_1 = \mathfrak{A}^{-1}\mathfrak{Q}_1^{-1}\mathfrak{A}.\mathfrak{Q}'\mathfrak{Q}_1$ étant une nouvelle substitution de la même forme que $\mathfrak{Q}'$, mais qui remplace x_0^0, y_0^0 par

$$by_0^0 + (bm + c)z_0^0 + \ldots,\quad -bx_0^0 + (d - bl)z_0^0 + \ldots,$$

ou simplement par by_0^0, $-bx_0^0$, en disposant des indéterminées l, m,... de telle sorte qu'on ait

$$bm + c \equiv 0,\quad d - bl \equiv 0, \ldots.$$

Par une suite de réductions analogues à celle-là, on arrivera enfin à une transformée $\mathfrak{A}\mathfrak{Q}'_n$ où l'on ait

$$(5)\qquad \mathfrak{Q}'_n = |\; x_0^0, y_0^0, z_0^0, \ldots \quad by_0^0, \; -bx_0^0, \; eu_0^0, \; -ez_0^0, \ldots \;|.$$

628. 3° Soit $p = 2$. On aura $f \equiv 1 \equiv -1$. On appliquera la réduction du n° 625 tant qu'on aura des coefficients diagonaux qui ne s'annulent pas. S'ils s'annulent tous, on appliquera la réduction du n° 627. On arrivera ainsi à une transformée $\mathfrak{A}\mathfrak{Q}'_n$, où $\mathfrak{Q}'_n$ soit réduite à l'une des formes (4), (5) ou à une forme mixte telle que

$$(6)\qquad \mathfrak{Q}'_n = |\; x_0^0, y_0^0, z_0^0, \ldots \quad ax_0^0, \; bz_0^0, \; -by_0^0, \ldots \;|.$$

On pourra d'ailleurs supposer que a, b,... se réduisent à l'unité. En effet, si cela n'avait pas lieu, il suffirait de transformer $\mathfrak{A}\mathfrak{Q}'_n$ par la substitution

$$|\; x_0^0, y_0^0, z_0^0, \ldots \quad a^{-2^{\nu-1}}x_0^0, \; b^{-1}y_0^0, \; z_0^0, \ldots \;|$$

pour obtenir une transformée analogue à $\mathfrak{A}\mathfrak{Q}'_n$, mais dans laquelle les coefficients a, b,... seraient remplacés par l'unité.

629. Supposons la réduction ci-dessus effectuée, et soit $\mathfrak{P}^\delta\mathfrak{Q}''_n$ ce qu'est devenu $\mathfrak{P}^\delta\mathfrak{Q}''$ par cette suite de transformations. Cette substitution sera échangeable à $\mathfrak{A}\mathfrak{Q}'_n$ aux substitutions F près. En effet, la substitution $(\mathfrak{P}^\delta\mathfrak{Q}'')^{-1}(\mathfrak{A}\mathfrak{Q}')^{-1}\mathfrak{P}^\delta\mathfrak{Q}''\mathfrak{A}\mathfrak{Q}'$, étant de la forme $\mathfrak{Q}$ et appartenant à Γ, sera de la forme F et n'aura pas été altérée par les transformations; on aura donc

$$(\mathfrak{P}^\delta\mathfrak{Q}''_n)^{-1}(\mathfrak{A}\mathfrak{Q}'_n)^{-1}\mathfrak{P}^\delta\mathfrak{Q}''_n\mathfrak{A}\mathfrak{Q}'_n = f,$$

f étant une substitution de F.

Soit $\mathfrak{P}^\delta\mathfrak{Q}_\alpha$ une substitution quelconque de la forme $\mathfrak{P}^\delta\mathfrak{Q}$, et qui soit échangeable à $\mathfrak{A}\mathfrak{Q}'_n$ aux F près : on aura évidemment $\mathfrak{P}^\delta\mathfrak{Q}_\alpha = \mathfrak{P}^\delta\mathfrak{Q}''_n.\mathrm{V}$, V étant une nouvelle substitution de la forme $\mathfrak{Q}$, et échangeable à $\mathfrak{R}\mathfrak{Q}'_n$ aux F près. Il est clair que les substitutions V forment un groupe φ, qui contient le groupe F.

Soient $f_0, f_1, \ldots$ les substitutions de F; $V_0 f_0, V_0 f_1, \ldots; V_1 f_0, V_1 f_1, \ldots; \ldots$ celles de φ. Transformons le groupe Γ_n dérivé de la combinaison de W, F, et $\mathfrak{R}\mathfrak{Q}'_n$, $\mathfrak{P}^\delta \mathfrak{Q}''_n$ par les substitutions $V_0, V_1, \ldots$. Les groupes $\Gamma_{n0}, \Gamma_{n1}, \ldots$ ainsi obtenus sont résolubles, et leurs substitutions sont abéliennes propres (hypoabéliennes). Étant d'ailleurs les transformés de Γ_n, qui lui-même est transformé de Γ, ils seront transformés de Γ et seront généraux si Γ est général (624).

Or ces groupes résultent de la combinaison du groupe dérivé de W, F, $\mathfrak{R}\mathfrak{Q}''_n$, auquel V_0, V_1 sont permutables, avec les transformées respectives de la substitution $\mathfrak{P}^\delta \mathfrak{Q}''_n$. Soient $\mathfrak{P}^\delta \mathfrak{Q}''_n . V_{\alpha_0} f_{\beta_0}$, $\mathfrak{P}^\delta \mathfrak{Q}''_n . V_{\alpha_1} f_{\beta_1}, \ldots$ ces transformées. Si les substitutions $V_{\alpha_0}, V_{\alpha_1}, \ldots$ ne sont pas toutes distinctes, et que l'on ait, par exemple, $V_{\alpha_1} = V_{\alpha_2}$, le groupe Γ_{n1} dérivé de la combinaison de F et de $\mathfrak{R}\mathfrak{Q}'_n$ avec $\mathfrak{P}^\delta \mathfrak{Q}''_n . V_{\alpha_1} f_{\beta_1}$ ou, ce qui revient au même, avec $\mathfrak{P}^\delta \mathfrak{Q}''_n V_{\alpha_1}$ se confondra avec le groupe Γ_{n2}, dérivé des mêmes substitutions. Or V_1 transforme Γ_n en $\Gamma_{n1} = \Gamma_{n2}$, que V_2^{-1} transforme en Γ_n. Donc $V_1 V_2^{-1}$ sera permutable à Γ_n et pourra lui être adjointe. Donc Γ_n n'est pas général.

Si au contraire les substitutions $V_{\alpha_0}, V_{\alpha_1}, \ldots$ sont toutes distinctes, elles reproduiront à l'ordre près toute la suite $V_0, V_1, \ldots$. Soit alors $S = \mathfrak{P}^\delta \mathfrak{Q}''_n V_\gamma f_\varepsilon$ une substitution quelconque de la forme $\mathfrak{P}^\delta \mathfrak{Q}$, et qui soit échangeable à $\mathfrak{R}\mathfrak{Q}'_n$ aux F près. Le groupe Γ' dérivé de la combinaison de S avec W, F, $\mathfrak{R}\mathfrak{Q}'_n$ coïncidera avec l'un des groupes $\Gamma_{n0}, \Gamma_{n1}, \ldots$; car soit V_{α_1} celui des termes de la suite $V_{\alpha_0}, V_{\alpha_1}, \ldots$ qui coïncide avec V_γ: les groupes Γ' et Γ_{n1} peuvent tous deux être considérés comme dérivés de F, $\mathfrak{R}\mathfrak{Q}'_n$, $\mathfrak{P}^\delta \mathfrak{Q}''_n V_\gamma$. Si donc Γ était général, Γ' le serait, quelle que fût la substitution S.

Or nous allons montrer qu'on peut choisir S de telle sorte que Γ' ne soit pas général.

630. 1° Si $\mathfrak{Q}'_n$ est de la forme (4), on pourra poser

$$S = \left| \; x_0^1, \; y_0^0, \ldots \quad a^{\frac{1-p^\delta}{2}} x_\delta^1, \; b^{\frac{1-p^\delta}{2}} y_\delta^1, \ldots \; \right|,$$

et Γ' ne sera pas général, car on peut lui adjoindre, si $p > 2$, la substitution

$$\left| \; x_0^1, \; y_0^1, \ldots \quad -x_0^1, \; y_0^1, \ldots \; \right|,$$

ou si $p = 2$, d'où $a \equiv b \equiv \ldots \equiv 1$ (628) celle-ci

$$\left| \; x_0^1, \; y_0^1, \ldots \quad y_0^1, \; x_0^1, \ldots \; \right|,$$

laquelle est échangeable aux substitutions de Γ', et appartient à la forme $\mathfrak{Q}$ sans appartenir à F.

2° Si $\mathfrak{Q}'_n$ est de la forme (5), on pourra poser

$$S = \left| x_0^1, y_0^1, \ldots \quad b^{\frac{1-p^\delta}{2}} x_1^1, b^{\frac{1-p^\delta}{2}} y_1^1, \ldots \right|,$$

et Γ' ne sera pas général, car on peut lui adjoindre la substitution de forme $\mathfrak{Q}$

$$T = | x_0^1, y_0^1, z_0^1, \ldots \quad l x_0^1, l^{-1} y_0^1, z_0^1, \ldots |;$$

où l est un entier quelconque réel. Cette substitution est en effet échangeable à chacune des substitutions de Γ'; et l peut être choisi de telle sorte que T n'appartienne pas à F, à moins toutefois qu'on n'ait $p = 2$, le nombre des indices de la série étant quelconque, ou $p = 3$, ce nombre se réduisant à 2.

Même dans ces deux cas d'exception, le groupe Γ' ne sera pas général, car on pourra lui adjoindre la substitution

$$U = | x_0^1, y_0^1, \ldots \quad x_0^1 + y_0^1, y_0^1, \ldots |$$

qui est échangeable à ses substitutions, et n'appartient pas à F.

3° Si $\mathfrak{Q}'_n$ a la forme mixte (6), les mêmes raisonnements seront évidemment applicables.

631. Les substitutions de la forme $\mathfrak{Q}$, contenues dans Γ, forment un groupe partiel évidemment permutable à toute substitution de Γ. On pourra donc y déterminer un faisceau G plus général que F, dont les substitutions soient échangeables entre elles aux F près, et auquel toute substitution de Γ soit permutable (528). Si ce faisceau peut être déterminé de plusieurs manières, nous le choisirons de telle sorte que son ordre soit *minimum*.

On verra comme aux n°s 559-561 que G *résulte de la combinaison de* F *avec une double suite de substitutions* $A_1, B_1; \ldots; A_\sigma, B_\sigma$ *telle, que chacune de ces substitutions soit échangeable à toutes les autres, sauf à son associée, à laquelle elle est liée par une des relations suivantes*

$$B_1^{-1} A_1 B_1 = \theta A_1, \quad B_2^{-1} A_2 B_2 = \theta A_2, \ldots,$$

où θ *désigne la substitution*

$$| x_0^1, y_0^1, \ldots \quad \theta x_0^1, \theta y_0^1, \ldots |.$$

le facteur θ *étant une racine primitive de la congruence*

$$\theta^{\pi} \equiv 1 \pmod{p},$$

et π *un nombre premier, qui divise* $p^{\nu} - 1$.

On verra ensuite, comme aux n°s **562-564**, que *le nombre* μ *des indices de chaque série est un multiple de* π^{σ}, *tel que* $\mu'\pi^{\sigma}$; puis on remarquera que *le choix des indices indépendants dans la première série du premier système n'a pas été fixé d'avance;* et l'on verra, comme aux n°s **565-576**, qu'*on peut en disposer de telle sorte qu'en désignant les indices* ..., $x_r^{\prime}$, $y_r^{\prime}$,... *par le symbole général* $[\xi_1 \xi_2 \ldots \varepsilon]_r^{\prime}$ *où les indicateurs* $\xi_1, \xi_2, \ldots$ *en nombre* σ, *varient de* o *à* $\pi - 1$, *et l'indicateur* ε *de* o *à* $\mu' - 1$, *les substitutions* $A_1, B_1; \ldots, A_\sigma, B_\sigma$ *prennent les formes suivantes :*

$$(7) \quad \begin{cases} A_1 = | [\xi_1 \xi_2 \ldots \varepsilon]_0^1 \quad \theta^{\xi_1}[\xi_1 \xi_2 \ldots \varepsilon]_0^1 |, & B_1 = | [\xi_1 \xi_2 \ldots \varepsilon]_0^1 \quad [\xi_1 + 1, \xi_2, \ldots, \varepsilon]_0^1 |, \\ A_2 = | [\xi_1 \xi_2 \ldots \varepsilon]_0^1 \quad \theta^{\xi_2}[\xi_1 \xi_2 \ldots \varepsilon]_0^1 |, & B_2 = | [\xi_1 \xi_2 \ldots \varepsilon]_0^1 \quad [\xi_1, \xi_2 + 1, \ldots, \varepsilon]_0^1 |, \\ \ldots\ldots\ldots\ldots\ldots\ldots, & \ldots\ldots\ldots\ldots\ldots\ldots\ldots, \end{cases}$$

à moins qu'on n'ait à la fois $p^{\nu} \equiv 3 \pmod{4}$ *et* $\pi = 2$, *auquel cas* A_1 *et* B_1 *pourront avoir, soit les formes ci-dessus, soit celles-ci :*

$$(8) \quad \begin{cases} A_1 = | [\xi_1 \xi_2 \ldots \varepsilon]_0^1 \quad -\theta^{\xi_1}[\xi_1 + 1, \xi_2, \ldots, \varepsilon]_0^1 |, \\ B_1 = | [\xi_1 \xi_2 \ldots \varepsilon]_0^1 \quad \alpha\theta^{\xi_1}[\xi_1 \xi_2 \ldots \varepsilon]_0^1 + \beta[\xi_1 + 1, \xi_2, \ldots, \varepsilon]_0^1 |, \end{cases}$$

α, β *étant un système de solutions de la congruence*

$$\alpha^2 + \beta^2 \equiv -1 \pmod{p}.$$

632. Soient maintenant $\mathfrak{V} = \mathfrak{R}^{\tau}\mathfrak{P}^{\rho}\mathfrak{Q}_1$ une substitution quelconque de Γ; $f_n A_1^{a_1^{(n)}} B_1^{b_1^{(n)}} A_2^{a_2^{(n)}} B_2^{b_2^{(n)}} \ldots$ et $g_n A_1^{c_1^{(n)}} B_1^{d_1^{(n)}} A_2^{c_2^{(n)}} B_2^{d_2^{(n)}} \ldots$ les transformées de A_n et B_n par $\mathfrak{V}$ (f_n et g_n étant des substitutions de F). Faisons correspondre à la substitution $\mathfrak{V}$ celle-ci

$$V = | x_1, y_1, \ldots \quad a'_1 x_1 + c'_1 y_1 + \ldots, \; b'_1 x_1 + d'_1 y_1 + \ldots, \ldots | \pmod{\pi}.$$

On verra comme aux n°s **577-578** que *si l'on n'a pas à la fois*

$$p^{\nu} \equiv 3 \pmod{4} \quad \text{et} \quad \pi = 2,$$

V *fera partie du groupe abélien de degré* $\pi^{2\sigma}$, *et multipliera les exposants d'échange par* $(-1)^{\tau}p^{\rho}$; *que si* $p^{\nu} \equiv 3$ (mod. 4) et $\pi = 2$, V *fera en outre partie du premier ou du second groupe hypoabélien, suivant que* A_1, B_1 *auront les formes* (7) *ou les formes* (8).

Réciproquement, *soit* V *une substitution abélienne* (*hypoabélienne*) *de degré* $\pi^{2\sigma}$, *et qui multiplie les exposants d'échange par* $(-1)^\tau p^\rho$. On verra, comme aux n°s 579-580, qu'*il existe des substitutions de la forme* $\mathfrak{R}^\tau \mathfrak{P}^\rho \mathfrak{Q}$ *qui ont* V *pour corrélative ; et que ces substitutions sont de la forme* $\mathfrak{R}^\tau \mathfrak{q}^\rho \mathfrak{s}\mathfrak{t}$, $\mathfrak{s}$ *étant une substitution de la forme*

$$\mathfrak{s} = \left| [\xi_1 \xi_2 \ldots \varepsilon]_0^* \quad \sum_{l_1, l_2, \ldots} \alpha_{l_1 l_2 \ldots}^{\xi_1 \xi_2 \ldots} [l_1 l_2 \ldots \varepsilon]_0^* \right|,$$

et $\mathfrak{t}$ *une substitution de la forme*

$$\mathfrak{t} = \left| [\xi_1 \xi_2 \ldots \varepsilon]_0^* \quad \sum_q \alpha_q^\varepsilon [\xi_1 \xi_2 \ldots q]_0^* \right|.$$

On voit enfin, comme au n° 581, que *si* Γ *contient une substitution* $\mathfrak{s}_1 \mathfrak{t}_1$ *de la forme* $\mathfrak{s}\mathfrak{t}$, *il contiendra ses deux composantes* $\mathfrak{s}_1$, $\mathfrak{t}_1$.

633. Si μ' se réduisait à l'unité, l'indicateur ε, n'étant susceptible que d'une seule valeur, pourrait être supprimé sans inconvénient, et les substitutions de la forme $\mathfrak{t}$ se réduiraient à celles de F.

Supposons, pour plus de généralité, que μ' soit > 1. *Le groupe* Γ *contiendra des substitutions de la forme* $\mathfrak{t}$, *autres que celles de* F. Nous allons prouver en effet que s'il en était autrement, Γ ne serait pas général.

Dans le cas que nous discutons, Γ résulterait de la combinaison de W avec des substitutions de la forme $\mathfrak{s}$ et une substitution de la forme $\mathfrak{R}\mathfrak{q}^\delta \mathfrak{s}'\mathfrak{t}'$, ou deux substitutions ayant respectivement les formes $\mathfrak{R}\mathfrak{s}'\mathfrak{t}'$ et $\mathfrak{P}^\delta \mathfrak{s}''\mathfrak{t}''$ (621). Adoptons cette seconde hypothèse, qui complique légèrement la démonstration.

La substitution

$$(\mathfrak{P}^\delta \mathfrak{s}''\mathfrak{t}'')^{-1} (\mathfrak{R}\mathfrak{s}'\mathfrak{t}')^{-1} \mathfrak{P}^\delta \mathfrak{s}''\mathfrak{t}'' . \mathfrak{R}\mathfrak{s}'\mathfrak{t}' = \Sigma$$

appartient évidemment au groupe Γ et à la forme $\mathfrak{Q}$; elle est, par hypothèse, de la forme $\mathfrak{s}$. D'autre part, chacune des substitutions $\mathfrak{R}$, $\mathfrak{P}$, $\mathfrak{t}'$, $\mathfrak{t}''$ transformant les unes dans les autres les substitutions de la forme $\mathfrak{s}$, cette substitution pourra évidemment se mettre sous la forme

$$(\mathfrak{P}^\delta \mathfrak{t}'')^{-1} (\mathfrak{R}\mathfrak{t}')^{-1} \mathfrak{P}^\delta \mathfrak{t}'' . \mathfrak{R}\mathfrak{t}' . \Sigma',$$

Σ' étant encore de la forme $\mathfrak{s}$.

Donc $(\mathfrak{P}^\delta \varsigma'')^{-1}(\mathfrak{A}\varsigma')^{-1}\mathfrak{P}^\delta\varsigma''.\mathfrak{A}\varsigma'$ sera de la forme s; mais elle est évidemment de la forme ς; c'est donc l'une des substitutions F communes à ces deux formes. Les deux substitutions $\mathfrak{P}^\delta\varsigma''$, $\mathfrak{A}\varsigma'$ sont donc échangeables entre elles aux F près, et comme elles sont permutables au faisceau F, le groupe

$$\Delta = (\mathfrak{A}\varsigma', \mathfrak{P}^\delta\varsigma'')$$

sera résoluble.

Cela posé, réunissons dans une même classe les indices pour lesquels ε a la même valeur : chacune des substitutions de Δ se compose d'altérations pareilles, exécutées simultanément sur les indices des diverses classes. Considérons isolément les altérations F_0, $\mathfrak{P}_0^\delta \varsigma''_0$, $\mathfrak{A}_0\varsigma'_0$ qu'elles font subir aux indices de la première classe; elles forment évidemment un groupe Δ_0 résoluble, et n'altèrent pas les exposants d'échange (ni les caractères) des substitutions correspondantes à ces indices. Mais soient D_0, $D'_0, \ldots$ les groupes les plus généraux parmi ceux dont les substitutions, opérées sur les indices de la première classe, n'altèrent pas les exposants d'échange (ni les caractères) des substitutions correspondantes; chacun d'eux contient des substitutions autres que celles de F_0, qui remplacent chaque indice par une fonction de ceux de la même série (**622**). Soient D_0 celui de ces groupes qui contient Δ_0; t_0, $t''_0, \ldots$ celles de ses substitutions qui ne déplacent pas les séries; le groupe $(t_0, t''_0, \ldots)$ sera résoluble, et permutable aux substitutions de D_0, et notamment aux substitutions $\mathfrak{P}_0^\delta \varsigma''_0$, $\mathfrak{A}_0\varsigma'_0$.

Soient maintenant t', $t'', \ldots$ les substitutions de la forme ς qui font subir aux indices de la première classe les altérations t'_0, $t''_0, \ldots$. Elles forment évidemment un groupe résoluble, permutable aux substitutions $\mathfrak{A}\varsigma'$, $\mathfrak{P}^\delta\varsigma''$, ou, comme les substitutions de la forme s sont échangeables à celles de la forme ς, permutable aux substitutions $\mathfrak{A}s'\varsigma'$, $\mathfrak{P}^\delta s''\varsigma''$, ainsi qu'aux autres substitutions de la forme s et à W, dont Γ est dérivé.

Le groupe dérivé de la combinaison de $(t', t'', \ldots)$ avec Γ est donc résoluble (**527**), et plus général que Γ; car l'une au moins des substitutions t'_0, $t''_0, \ldots$ n'appartenant pas à F_0, l'une au moins des substitutions t', $t'', \ldots$ n'appartiendra pas à F, et par suite, ne sera pas contenue dans Γ.

Il reste à prouver que chacune des substitutions t', $t'', \ldots$ adjointes à Γ, laisse invariables les exposants d'échange (et les caractères). Or t'_0 n'altère pas les exposants d'échange mutuels (les caractères) des substitutions correspondantes aux indices de la première classe; donc t', qui donne à ces substitutions les mêmes transformées, ne les altérera pas non plus. Par une raison de symétrie évidente, elle n'altérera pas les exposants d'échange mutuels (ni les caractères) des substitutions correspondantes à deux indices quelconques d'une même classe. Enfin, soient x, y deux indices appartenant à des classes différentes; x, x',... et y, y',... les divers indices de leurs classes respectives. Les substitutions C_x, $C_{x'}$,... correspondantes à x, x',... ont des exposants d'échange congrus à zéro avec chacune des substitutions C_y, $C_{y'}$,.... Leurs transformées par t', qui sont de la forme $C_x^\alpha C_{x'}^{\alpha'}$..., auront donc aussi des exposants d'échange congrus à zéro avec les transformées de C_y, $C_{y'}$,... qui sont de la forme $C_y^\beta C_{y'}^{\beta'}$....

634. Le groupe formé par celles des substitutions de Γ qui sont de la forme $\mathfrak{E}$ est évidemment permutable à toutes les substitutions de Γ. *On pourra donc* (528) *y déterminer un faisceau* G' *plus général que* F, *permutable aux substitutions de* Γ, *et dont les substitutions soient échangeables entre elles, aux* F *près*. Raisonnant comme précédemment, on verra :

1° Que G' *résulte de la combinaison de* F *avec une double suite* A'_1, B'_1;...; $A'_{\sigma'}$, $B'_{\sigma'}$ *dont chaque substitution est échangeable à toutes les autres, sauf à son associée, à laquelle elle est liée par une relation de la forme*

$$B'^{-1}_1 A'_1 B'_1 = \theta' A'_1, \ldots,$$

θ' *désignant la substitution*

$$| [\xi_1 \xi_2 \ldots \varepsilon]; \quad \theta' [\xi_1 \xi_2 \ldots \varepsilon]; |$$

où le facteur θ' *est une racine de la congruence* $\theta'^{\pi'} \equiv 1$ (mod. p), *et* π' *un diviseur premier de* $p^\nu - 1$.

2° Que *les* μ' *indices qui se déduisent l'un de l'autre par la variation de* ε *peuvent être remplacés par d'autres indices indépendants, se partageant en* $\pi'^{\sigma'}$ *suites, en réunissant ensemble ceux, en nombre* $\mu'' = \mu' \pi'^{-\sigma'}$, *que* $A'_1, \ldots, A'_{\sigma'}$ *multiplient par les mêmes facteurs* : et qu'*en choisissant convenablement les nouveaux indices, et remplaçant l'indicateur unique* ε *par* σ' *indicateurs* η_1, η_2,... *variables de* 0 *à* $\pi' - 1$, *et un indicateur* ε' *variable de* 0 *à* $\mu'' - 1$, *on pourra mettre les substitutions* A'_1, B'_1,..., *sous les formes suivantes :*

$$(9) \quad \begin{cases} A'_1 = | [\xi_1 \xi_2 \ldots \eta_1 \ldots \varepsilon']; \quad \theta'^{\eta_1} [\xi_1 \xi_2 \ldots \eta_1 \ldots \varepsilon']; |, \\ B'_1 = | [\xi_1 \xi_2 \ldots \eta_1 \ldots \varepsilon']; \quad [\xi_1, \xi_2, \ldots, \eta_1 + 1, \ldots, \varepsilon']; |, \\ \ldots\ldots\ldots\ldots\ldots\ldots\ldots\ldots\ldots\ldots, \end{cases}$$

à moins que l'on n'ait $p^\nu \equiv 3$ (mod. 4) *et* $\pi' = 2$, *auquel cas* A'_1 *et* B'_1 *pourront avoir, au lieu de la forme précédente, celle-ci :*

$$(10) \quad \begin{cases} A'_1 = | [\xi_1 \xi_2 \ldots \eta_1 \ldots \varepsilon']; \quad -\theta'^{\eta_1} [\xi_1, \xi_2, \ldots, \eta_1 + 1, \ldots, \varepsilon']; |, \\ B'_1 = | [\xi_1 \xi_2 \ldots \eta_1 \ldots \varepsilon']; \quad \alpha \theta'^{\eta_1} [\xi_1 \xi_2 \ldots \eta_1 \ldots \varepsilon']; + \beta [\xi_1, \xi_2, \ldots, \eta_1 + 1, \ldots, \varepsilon']; |. \end{cases}$$

On pourra opérer cette réduction de telle sorte que les expressions des substitutions F, A_1, $B_1, \ldots$, $\mathfrak{s}$ *ne soient pas altérées, sauf le remplacement de l'indicateur unique* ε *par les indicateurs* $\eta_1, \ldots, \varepsilon'$.

3° Qu'*à chaque substitution* φ *de* Γ, *qui transforme* A'_1, $B'_1, \ldots$ *en* $f'_1 A_1'^{\alpha'_1} B_1'^{\beta'_1} \ldots$, $g'_1 A_1'^{\gamma'_1} B_1'^{\delta'_1} \ldots, \ldots$ *correspond une substitution*

$$V' = | \; x'_1, y'_1, \ldots \quad \alpha'_1 x'_1 + \gamma'_1 y'_1 + \ldots, \; \beta'_1 x'_1 + \delta'_1 y'_1 + \ldots, \ldots \; |$$

appartenant au groupe abélien (*et dans certains cas à l'un des groupes hypoabéliens*) *de degré* $\pi'^{2\sigma'}$.

4° Que *chacune des substitutions de la forme* $\mathfrak{E}$ *qui entre dans l'expression des substitutions de* Γ *est le produit de deux substitutions partielles, ayant les formes suivantes :*

$$(11) \qquad \left| \, [\xi_1 \xi_2 \ldots \eta_1 \ldots \varepsilon']_0^{\circ} \quad \sum_{m_1, \ldots} \alpha_{m_1 \ldots}^{\eta_1 \ldots} [\xi_1 \xi_2 \ldots m_1 \ldots \varepsilon']_0^{\circ} \, \right|,$$

$$(12) \qquad \left| \, [\xi_1 \xi_2 \ldots \eta_1 \ldots \varepsilon']_0^{\circ} \quad \sum_{q'} \alpha_{q'}^{\varepsilon'} [\xi_1 \xi_2 \ldots \eta_1 \ldots q']_0^{\circ} \, \right|.$$

5° Que *si* Γ *contient une substitution de la forme* $\mathfrak{E}$, *il contiendra les deux facteurs partiels dont elle est le produit;* que *si* $\mu'' > 1$, Γ *contiendra des substitutions de la forme* (12), *autres que celles de* F; que *parmi ces substitutions on pourra déterminer un second faisceau* G″, *analogue à* G *et à* G′; etc.

635. Supposons, pour fixer les idées, que μ'' se réduise à l'unité. Les substitutions de la forme (12) se réduiront à celles de F.

Soit maintenant $\varphi = \mathfrak{A}^{\tau} \mathfrak{P}^{\rho} \mathfrak{Q}$ une substitution quelconque de Γ : on pourra lui déterminer deux corrélatives V, V′, appartenant aux groupes abéliens (hypoabéliens) de degrés $\pi^{2\sigma}$, $\pi'^{2\sigma'}$, et y multipliant les exposants d'échange par $(-1)^{\tau} p^{\rho}$ (mod. π), $(-1)^{\tau} p^{\rho}$ (mod. π'). Les deux groupes Λ, Λ', respectivement formés par les substitutions V et par les substitutions V′, seront résolubles et primaires (584).

636. Réciproquement, *soient* L, L′ *des groupes résolubles et primaires, respectivement contenus dans les groupes abéliens* (*hypoabéliens*) *de degrés* $\pi^{2\sigma}$, $\pi'^{2\sigma'}$. *Associons leurs substitutions de toutes les manières possibles, de telle sorte que deux substitutions associées* V, V′ *multiplient les exposants d'échange par des facteurs respectivement congrus suivant les modules* π *et* π', *à une même expression de la forme* $(-1)^{\tau} p^{\rho}$. *A chaque système de substitutions associées on* *pourra faire correspondre une substitution* $\mathfrak{V}$, *de la forme* $\mathfrak{R}^\tau \mathfrak{P}^\rho \mathfrak{Q}$, *dont* V, V' *soient les corrélatives. Le groupe* Γ *formé par les substitutions ainsi déterminées, jointes aux substitutions* W, F, A_1, B_1,..., A'_1, B'_1,..., *sera résoluble* (**585**), *et restera le même de quelque manière qu'on choisisse la substitution* $\mathfrak{V}$ (**586**). *Son ordre est égal à* $p-1$ *fois l'ordre de* Λ, *lequel sera égal à*

$$h(p^\nu - 1)\pi^\nu \pi'^{\nu'} \frac{d\omega . d'\omega'}{(\pi-1)(\pi'-1)},$$

d, d', ω, ω' ayant la même signification qu'aux n^{os} **590-591**, *et k étant le nombre de systèmes de valeurs de* τ (mod. 2) *et de* ρ (mod. ν), *tels, que* $(-1)^\tau p^\rho$ *soit congru à une puissance de* g^d (mod. π) *et à une puissance de* $g'^{d'}$ (mod. π') (**590-591**).

On remarquera d'ailleurs qu'il faut, pour que Γ soit primaire, qu'il contienne une substitution qui permute les deux systèmes : elle sera de la forme $\mathfrak{R}\mathfrak{P}^\rho\mathfrak{Q}$. *Il faudra donc que parmi les systèmes de valeurs ci-dessus déterminés pour* τ, ρ, *il y en ait un au moins pour lequel on ait* $\tau = 1$.

637. La construction du groupe Γ est ainsi ramenée à celles des groupes auxiliaires L, L', qu'on devra choisir chacun aussi général que possible dans son espèce. Leur détermination conduit donc au problème **C**. En les choisissant diversement, on obtiendra pour Γ autant de groupes différents. Mais *si l'on prend successivement pour* L, par exemple, *une suite de groupes semblables entre eux* (**588**), *les divers groupes* Γ *ainsi obtenus seront eux-mêmes semblables entre eux* (**589**).

638. *Remarque*. — Soit Γ un groupe de première catégorie construit comme il vient d'être indiqué. Prenons pour indices indépendants, à la place des indices $[\xi_1 \xi_2 \ldots \eta_1 \ldots]_r^0$ du premier système, les fonctions réelles x'_1, x'_2,... dont ils dépendent; et pour indices indépendants dans le second système, à la place des indices imaginaires $[\xi_1 \xi_2 \ldots \eta_1 \ldots]_r^1$, des fonctions réelles y'_1, y'_2,... choisies de telle sorte que les exposants d'échange $(C_{x'_1} C_{y'_1})$, $(C_{x'_2} C_{y'_2})$,... soient congrus à 1, et les exposants d'échange $(C_{x'_1} C_{y'_2})$, $(C_{x'_2} C_{y'_1})$,... congrus à zéro. Cela sera toujours possible (**293**), et dans le cas où le groupe doit être hypoabélien, les substitutions $C_{x'_1}$, $C_{y'_1}$,... auront toutes le caractère zéro. Le groupe sera donc contenu dans le groupe hypoabélien de *première espèce* (**293**).

Soient x_1, y_1,... les indices imaginaires. Les nouveaux indices x'_1, y'_1,... auxquels le groupe est actuellement rapporté, sont des fonctions de x_1, y_1,..., qui ne sont déterminées que par les exposants d'échange (et les caractères) des substitutions correspondantes. On pourra les choisir de diverses manières, et obtenir ainsi divers groupes; mais chacun de ces groupes est semblable à celui qui correspond à la solution évidente $x'_1 = x_1, y'_1 = y_1, \ldots$ Car on l'y ramène en le transformant par la substitution

$$| x'_1, y'_1, \ldots \quad x_1, y_1, \ldots |$$

laquelle est évidemment abélienne propre (hypoabélienne).

§ III. — Groupes indécomposables de seconde catégorie.

639. Soit Γ l'un des groupes cherchés. Les indices indépendants étant choisis de manière à ramener son premier faisceau F à la forme canonique, se partageront en systèmes, contenant chacun 2ν séries, contenant μ indices; et la $r^{ième}$ série de chaque système sera conjointe à la $r+\nu^{ième}$ (**247**). On voit d'ailleurs, comme au n° **615**, qu'il n'y a qu'un seul système, sans quoi Γ serait décomposable.

Soient $x_0, y_0, \ldots, u_0, \ldots; \ldots; x_r, y_r, \ldots, u_r, \ldots; \ldots$ les nouveaux indices; $C_x, \ldots$ les substitutions correspondantes. On peut choisir ces indices (**247-251**) de telle sorte qu'ils se partagent en deux espèces : 1° les uns, $x, y, \ldots$ associés deux à deux, de manière qu'on ait

$$(13) \qquad (C_{x_r} C_{y_{r+\nu}}) \equiv -(C_{y_r} C_{x_{r+\nu}}) \equiv 1 \pmod{p};$$

les autres, $u, \ldots$ tels que l'on ait

$$(14) \qquad (C_{u_r} C_{u_{r+\nu}}) \equiv e^{p^r},$$

e étant une racine, arbitrairement choisie, de la congruence

$$(15) \qquad e^{p^\nu - 1} \equiv -1 \pmod{p};$$

les autres exposants d'échange étant tous congrus à zéro. Il pourra d'ailleurs se faire qu'il n'y ait d'indices que de l'une de ces deux espèces. Quant aux caractères des substitutions $C_x, \ldots$ dans le cas où Γ est hypoabélien, ils seront congrus à zéro (**292**).

Chaque substitution de Γ est complétement déterminée lorsque l'on connait les fonctions qu'elle fait succéder aux indices de la première série, car elle remplace les indices conjugués par des fonctions conjuguées. Nous pourrons donc, dans l'expression de ces substitutions, supprimer comme superflues les indications relatives aux autres indices.

640. Soit l une racine arbitraire de la congruence

$$(16) \qquad l^{p^\nu+1} \equiv e^{p-1} \pmod{p}.$$

Elle pourra s'exprimer en fonction de l'imaginaire i de degré 2ν qui a déjà été introduite : car elle satisfait à la relation

$$l^{p^{2\nu}-1} \equiv e^{(p^\nu-1)(p-1)} \equiv (-1)^{p-1} \equiv 1 \pmod{p}.$$

Cela posé, la substitution

$$\mathfrak{P} = | \; x_0, y_0, \ldots, u_0, \ldots \quad x_1, y_1, \ldots, lu_1, \ldots \; |$$

est abélienne propre (hypoabélienne); car elle transforme

$$(C_{u_r} C_{u_{r+\nu}}) \quad \text{en} \quad l^{p^{r-1}} l^{p^{r+\nu-1}} (C_{u_{r-1}} C_{u_{r+\nu-1}}),$$

qui lui est égal en vertu des relations (14) et (16).

Soit maintenant $\mathfrak{V}$ une substitution de Γ, qui remplace les indices de la première série par des fonctions de ceux de la $\rho+1^{ième}$ par exemple; on aura évidemment $\mathfrak{V} = \mathfrak{P}^\rho \mathfrak{Q}$, $\mathfrak{Q}$ étant une nouvelle substitution abélienne (hypoabélienne) qui ne déplace pas les séries; et Γ résultera de la combinaison de celles de ses substitutions qui sont de la forme $\mathfrak{Q}$ avec une seule substitution, de la forme $\mathfrak{P}^\delta \mathfrak{Q}$ (557).

Parmi les substitutions de la forme $\mathfrak{Q}$, on doit remarquer celles de la forme

$$(17) \qquad \Psi = | \; x_0, y_0, \ldots, u_0, \ldots \quad ax_0, ay_0, \ldots, au_0, \ldots \; |,$$

à laquelle appartiennent les substitutions de F.

Une substitution de cette forme multiplie les exposants d'échange par $a^{p^\nu-1}$. Pour qu'elle soit abélienne, il faudra donc que l'on ait

$$(18) \qquad a^{p^\nu+1} \equiv m \pmod{p},$$

m étant un entier réel; congruence dont les racines, satisfaisant *a fortiori* à la congruence

$$a^{p^{2\nu}-1} \equiv m^{p^\nu-1} \equiv 1 \pmod{p},$$

s'exprimeront sans nouvelle imaginaire. Réciproquement, on voit, comme au n° 617, que Γ contient toutes les substitutions de la forme (17), où a satisfait à une congruence de la forme (18). En particulier, celles de ces substitutions pour lesquelles $m = 1$ seront abéliennes propres, et appartiendront à F.

D'autre part, soit W l'une de ces substitutions, pour laquelle on ait $m = g$; W multipliera les exposants d'échange par g; donc Γ aura pour exposant l'unité, et résultera de la combinaison de W avec des substitutions abéliennes propres.

641. Si chaque série ne contient qu'un indice, les substitutions de la forme $\mathfrak{Q}$ se réduisent à celles de la forme (17); adjoignant à ce faisceau la substitution $\mathfrak{F}$ qui lui est permutable, on obtiendra le groupe cherché Γ, qui ne pourra être déterminé que d'une seule manière, et dont l'ordre est évidemment égal à $2\nu(p^\nu + 1)(p - 1)$.

642. Passons au cas plus général où chaque série contient plusieurs indices.

Théorème. — *Le groupe* Γ *contient des substitutions de la forme* $\mathfrak{Q}$, *autres que celles de la forme* Ψ.

Nous allons prouver en effet que s'il en était autrement, Γ ne serait pas général.

Soient $\Psi_0, \Psi_1, \ldots$ les substitutions de la forme Ψ, $\mathfrak{Q}_0 \Psi_0, \mathfrak{Q}_0 \Psi_1, \ldots; \mathfrak{Q}_1 \Psi_0, \mathfrak{Q}_1 \Psi_1, \ldots; \ldots$ les substitutions de la forme $\mathfrak{Q}$ ($\mathfrak{Q}_0$ étant égal à l'unité); $\mathfrak{F}^\delta \mathfrak{Q}'$ la substitution qui, combinée aux Ψ, reproduit Γ, par hypothèse. Les groupes $\Gamma_0, \Gamma_1, \ldots$, respectivement transformés de Γ par les substitutions $\mathfrak{Q}_0, \mathfrak{Q}_1, \ldots$ sont respectivement dérivés des Ψ et des transformées de $\mathfrak{F}^\delta \mathfrak{Q}'$. Soient $\mathfrak{F}^\delta \mathfrak{Q}_{\alpha_0} \Psi_{\beta_0}, \mathfrak{F}^\delta \mathfrak{Q}_{\alpha_1} \Psi_{\beta_1}, \ldots$ ces transformées. Deux cas seront à distinguer :

1° Si $\mathfrak{Q}_{\alpha_1} = \mathfrak{Q}_{\alpha_2}$, $\mathfrak{Q}_1 \mathfrak{Q}_2^{-1}$ sera permutable à Γ, et pourra lui être adjointe, de manière à former un groupe plus général (558).

2° Si au contraire les substitutions $\mathfrak{Q}_{\alpha_0}, \mathfrak{Q}_{\alpha_1}, \ldots$ sont toutes distinctes, elles reproduisent toute la suite $\mathfrak{Q}_0, \mathfrak{Q}_1, \ldots$; l'une d'elles, $\mathfrak{Q}_{\alpha_1}$ par exemple, se réduira donc à l'unité. On peut alors déterminer une substitution X, de forme $\mathfrak{Q}$, et permutable au groupe Γ_1, dérivé des Ψ et de $\mathfrak{F}^\delta \Psi_{\beta_1}$. En effet, s'il existe des indices x, y, de première espèce, on pourra poser

$$X = | \; x_0, y_0, \ldots, u_0, \ldots \quad y_0, -x_0, \ldots, u_0, \ldots \; |,$$

et si tous les indices sont de seconde espèce, on posera

$$X = | \; u_0, u'_0, u''_0, \ldots \quad u'_0, u_0, u''_0, \ldots \; |.$$

La transformée de X par $\mathfrak{L}_1^{-1}$ sera de forme $\mathfrak{L}$ et permutable à Γ. Elle pourra donc lui être adjointe, et ce groupe ne sera pas général.

Corollaire. — *Γ contient des substitutions abéliennes propres de la forme $\mathfrak{L}$ autres que celles de* F. Car soient $\mathfrak{L}_1$ une substitution de la forme $\mathfrak{L}$ qui soit contenue dans Γ sans être de la forme Ψ; g^ρ le facteur par lequel elle multiplie les exposants d'échange : Γ contiendra la substitution $W^{-\rho}\mathfrak{L}_1$, qui est abélienne propre, de forme $\mathfrak{L}$ et n'appartient pas à F.

643. Les substitutions abéliennes propres de forme $\mathfrak{L}$, contenues dans Γ, forment donc un groupe partiel, plus général que F : il est d'ailleurs évidemment permutable à toute substitution de Γ. On pourra donc y déterminer un faisceau G plus général que F, dont les substitutions soient échangeables entre elles aux F près, et auquel toute substitution de Γ soit permutable (**528**). Si ce faisceau peut être déterminé de plusieurs manières, nous le choisirons de telle sorte que son ordre soit *minimum*.

On verra, comme aux nos **559-561**, *que* G *résulte de la combinaison de* F *avec une double suite de substitutions* $A_1, B_1; \ldots; A_\sigma, B_\sigma$, *telle, que chacune de ces substitutions soit échangeable à toutes les autres, sauf à son associée, à laquelle elle est liée par une des relations suivantes :*

$$B_1^{-1}A_1B_1 = \theta A_1, \quad B_2^{-1}A_2B_2 = \theta A_2, \ldots,$$

où θ désigne la substitution

$$| \; x_0, y_0, \ldots, u_0, \ldots \quad \theta x_0, \theta y_0, \ldots, \quad \theta u_0, \ldots \; |,$$

et le facteur θ une racine primitive d'une congruence binôme de degré premier

$$\theta^\pi \equiv 1 \pmod{p}.$$

La substitution θ devant d'ailleurs faire partie de F, on aura

$$\theta^{p^\nu+1} \equiv 1 \pmod{p}, \qquad \text{d'où} \qquad p^\nu + 1 \equiv 0 \pmod{\pi}.$$

On verra ensuite, comme aux nos **562-566**, que *le nombre μ des indices de chaque série est un multiple de π^σ, tel que $\mu'\pi^\sigma$*, et qu'*on peut remplacer les indices actuels par d'autres indices $[\xi_1\, \xi_2 \ldots \varepsilon]$, choisis de telle sorte que les substitutions* $A_1, B_1, A_2, B_2, \ldots$ *prennent la forme*

$$A_1 = | \; [\xi_1\, \xi_2 \ldots \varepsilon]_0 \quad a_1\theta^{\xi_1}[\xi_1\, \xi_2 \ldots \varepsilon]_0 \; |, \quad B_1 = | \; [\xi_1\, \xi_2 \ldots \varepsilon]_0 \quad b_1[\xi_1+1, \xi_2, \ldots, \varepsilon]_0 \; |,$$
$$A_2 = | \; [\xi_1\, \xi_2 \ldots \varepsilon]_0 \quad a_2\theta^{\xi_2}[\xi_1\, \xi_2 \ldots \varepsilon]_0 \; |, \quad B_2 = | \; [\xi_1\, \xi_2 \ldots \varepsilon]_0 \quad b_2[\xi_1, \xi_2+1, \ldots, \varepsilon]_0 \; |,$$
..

Si π est premier impair, chacun des coefficients a_1, b_1,... sera le produit de facteurs f, φ, θ, dont chacun est le coefficient d'une substitution de F (568). Ils s'exprimeront donc sans introduction d'imaginaire, et *on pourra les supposer réduits à l'unité*. Car si l'on désigne par a_1, b_1,... les substitutions

$$| \, [\xi_1 \xi_2 \ldots \varepsilon]_0 \quad a_1 [\xi_1 \xi_2 \ldots \varepsilon]_0 \, |, \ldots,$$

qui sont contenues dans F, G sera dérivé de la combinaison de F avec la double suite $a_1^{-1} A_1$, $b_1^{-1} B_1$,..., où les coefficients ont disparu.

Si $\pi = 2$, chacun des coefficients a_1, b_1,... sera le produit de facteurs f, φ, par un facteur j^s, j étant une racine primitive de la congruence

$$j^4 \equiv 1 \pmod{p};$$

d'ailleurs, $p^\nu + 1$ étant divisible par 2, $p^{2\nu} - 1$ le sera par 4; on aura donc

$$j^{p^{2\nu}-1} \equiv 1 \pmod{p}.$$

Donc j, et, par suite, a_1, b_1,... pourront encore s'exprimer sans introduction d'imaginaire nouvelle. Mais deux cas seront à distinguer :

1° Si $p^\nu + 1$ est divisible par 4, on aura

$$j^{p^\nu+1} \equiv 1 \pmod{p};$$

F contiendra la substitution

$$j = | \, [\xi_1 \xi_2 \ldots \varepsilon]_0 \quad j [\xi_1 \xi_2 \ldots \varepsilon]_0 \, |,$$

et l'on pourra, comme dans le cas où π est impair, réduire à l'unité chacun des coefficients a_1, b_1,....

2° Si $p^\nu + 1 \equiv 2 \pmod{4}$, j n'appartient pas à F; mais $j^2 = \theta$ lui appartient. Chacun des coefficients a_1, b_1,... sera donc de la forme f ou de la forme fj, f étant le coefficient d'une des substitutions de F. Suivant que le coefficient considéré, a_1 par exemple, sera de l'une ou de l'autre de ces formes, les racines de la congruence caractéristique de la substitution correspondante A_1 satisferont ou non à la congruence

$$X^{p^\nu+1} \equiv 1 \pmod{p}.$$

Or, en opérant comme au n° 570, on verra que les facteurs a_2, b_2,... pourront être réduits à l'unité, et les facteurs a_1, b_1 tous deux à l'unité, ou tous deux à j.

644. Soient $C_{\xi_1\xi_2\ldots\varepsilon r}$ les substitutions correspondantes aux nouveaux indices $[\xi_1\xi_2\ldots\varepsilon]_r$. Leurs exposants d'échange ne sont pas altérés par les substitutions $A_1, B_1, A_2, B_2, \ldots$

1° Or A_1 multiplie l'exposant d'échange

$$(C_{\xi_1\xi_2\ldots\varepsilon r}C_{\xi'_1\xi'_2\ldots\varepsilon', r+\nu}) \quad \text{par} \quad (a_1^{p^\nu+1}\theta^{\xi_1+\xi'_1 p^\nu})^{p^r} = (a_1^{p^\nu+1}\theta^{\xi_1-\xi'_1})^{p^r}.$$

Si $a_1 = 1$, ce facteur ne se réduit à l'unité que pour $\xi'_1 \equiv \xi_1$. Donc l'exposant d'échange considéré doit s'annuler si $\xi'_1 \gtrless \xi_1$.

Si $a_1 = j$, ce qui n'a lieu que si $p^\nu + 1 \equiv 2 \pmod{4}$, ce facteur ne se réduit à l'unité que pour $\xi'_1 \equiv \xi_1 + 1$. Donc l'exposant d'échange considéré s'annulera si $\xi'_1 \equiv \xi_1$.

2° B_1 le transforme en $b_1^{(p^\nu+1)p^r}(C_{\xi_1-1,\xi_2,\ldots,\varepsilon,r}C_{\xi'_1-1,\xi'_2,\ldots,\varepsilon',r+\nu})$. Donc si $b_1 = a_1 = 1$, l'exposant d'échange considéré sera indépendant de la valeur de ξ_1; si $b_1 = a_1 = j$, il changera de signe lorsque ξ_1 variera d'une unité.

Les substitutions $A_2, B_2, \ldots$ donnent lieu à des résultats analogues; mais $a_2, b_2, \ldots$ se réduisant à l'unité, on n'aura pas de distinction à faire.

On peut résumer ces résultats dans l'énoncé suivant :

Soit $a_1 = b_1 = j^\upsilon$, υ étant égal à 0 ou à 1; l'exposant d'échange $(C_{\xi_1\xi_2\ldots\varepsilon r}C_{\xi'_1\xi'_2\ldots\varepsilon', r+\nu})$ *ne diffère de zéro que si l'on a*

$$\xi'_1 - \xi_1 - \upsilon \equiv \xi'_2 - \xi_2 \equiv \ldots \equiv 0 \pmod{\pi}.$$

Il est indépendant de $\xi_2, \ldots$ et se trouve multiplié par θ^υ lorsque ξ_1 croît d'une unité.

645. On peut d'ailleurs, sans altérer l'expression des substitutions $F, A_1, B_1, \ldots$, prendre pour indices indépendants à la place des indices $[00\ldots0]_0, \ldots, [00\ldots, \mu'-1]_0$ des fonctions quelconques de ces mêmes indices, pourvu qu'on altère parallèlement dans la première série les autres classes d'indices correspondant aux divers systèmes de valeurs des indicateurs $\xi_1, \xi_2, \ldots$; il conviendra de faire subir en même temps aux indices des autres séries des altérations conjuguées de celles-là. Il reste donc dans le choix des indices un certain arbitraire dont on peut profiter pour préciser l'expression des exposants d'échange qui ne sont pas encore déterminés.

Soit d'abord $a_1 = b_1 = 1$. Nous avons vu (**247-251**) qu'on pourra déterminer les indices $[00\ldots0]_0, \ldots, [00\ldots, \mu'-1]_0$ de telle sorte qu'ils se partagent en deux espèces : les uns, tels que $[00\ldots0]_0$, $[00\ldots1]_0$, associés deux à deux, de telle sorte que l'on ait

$$(C_{00\ldots 00}\, C_{00\ldots 1\nu}) \equiv -(C_{00\ldots 10}\, C_{00\ldots 0\nu}) \equiv 1 \pmod{p},$$

les exposants d'échange de $C_{00\ldots 00}$ et de $C_{00\ldots 10}$ avec les autres substitutions de la forme $C_{00\ldots \varepsilon\nu}$ étant tous congrus à zéro; les autres, $[00\ldots m]_0$ par exemple, tels que l'on ait

$$(C_{00\ldots m0}\, C_{00\ldots m\nu}) \equiv e \pmod{p},$$

e étant une racine arbitrairement choisie de la congruence (15).

646. Soit maintenant $a_1 = b_1 = j$, d'où $\pi = 2$. On pourra choisir les indices $[00\ldots\varepsilon]_0$ de telle sorte, qu'ils soient de deux espèces : les uns, $[00\ldots 0]_0$, $[00\ldots 1]_0,\ldots$ associés en croix aux indices analogues $[10\ldots 0]_\nu$, $[10\ldots 1]_\nu$ de telle sorte que l'on ait

$$(C_{00\ldots 00}\, C_{10\ldots 1\nu}) \equiv (C_{00\ldots 10}\, C_{10\ldots 0\nu}) \equiv 1 \pmod{p},$$

les exposants d'échange de $C_{00\ldots 00}$ et de $C_{00\ldots 10}$ avec les autres substitutions de la forme $C_{10\ldots \varepsilon\nu}$ étant tous congrus à zéro; les autres, $[00\ldots m]_0$ par exemple, tels qu'on ait

$$(C_{00\ldots m0}\, C_{10\ldots m\nu}) \equiv 1 \pmod{p}.$$

Supposons en effet qu'on puisse choisir les indices $[00\ldots\varepsilon]_0$ de telle sorte que les substitutions $C_{00\ldots m0},\ldots, C_{00\ldots,\mu'-1,0}$ correspondantes à $\mu'-m$ d'entre eux aient chacune des exposants d'échange congrus à zéro avec chacune des substitutions $C_{10\ldots\varepsilon\nu}$ excepté avec sa correspondante dans la suite $C_{10\ldots m\nu},\ldots, C_{10\ldots,\mu'-1,\nu}$, mais qu'il soit impossible de les choisir de telle sorte que plus de $\mu'-m$ d'entre eux jouissent de la propriété ci-dessus. Posons

$$D_{0r} = C_{10\ldots 0r}^{\alpha_0 p^r}\, C_{10\ldots 1r}^{\alpha_1 p^r} \cdots C_{10\ldots,m-1,r}^{\alpha_{m-1} p^r}.$$

On pourra choisir $\alpha_0, \alpha_1, \ldots, \alpha_{m-1}$ de telle sorte que les exposants d'échange de D_{00} avec $C_{10\ldots 1\nu},\ldots, C_{10\ldots,\mu'-1,\nu}$ soient tous congrus à zéro.

En effet, les exposants d'échange de $C_{00\ldots 00}, C_{00\ldots 10},\ldots$ avec $C_{10\ldots m\nu},\ldots$, étant égaux, au signe près, à ceux de $C_{00\ldots m0},\ldots$ avec $C_{10\ldots 0\nu}, C_{10\ldots 1\nu},\ldots$ élevés à la puissance p^ν, sont congrus à zéro. Par suite, les exposants d'échange de D_{00} avec $C_{10\ldots m\nu},\ldots$ sont identiquement congrus à zéro; et pour que les autres le soient, il suffira que les rapports de $\alpha_0, \alpha_1,\ldots$ soient déterminés par les

$m-1$ congruences résumées dans la formule suivante :

$$\alpha_0(C_{00\ldots 00}C_{10\ldots l\nu})+\ldots+\alpha_{m-1}(C_{00\ldots,m-1,0}C_{10\ldots l\nu})\equiv 0 \quad (l=1,\ldots,m-1).$$

Le coefficient α_0 sera nécessairement congru à zéro; car s'il ne l'était pas, on pourrait prendre pour indices indépendants, à la place des indices $[00\ldots\varepsilon]_0$ ceux qui correspondent aux substitutions D_{00}, $C_{00\ldots 10}, \ldots$, $C_{00\ldots,\mu'-1,0}$ parmi lesquelles il en est $\mu'-m+1$, D_{00}, $C_{00\ldots m0}, \ldots$, dont les exposants d'échange avec celles de la suite $D_{1\nu}$, $C_{10\ldots m\nu}, \ldots$ soient tous congrus à zéro, sauf ceux-ci :

$$(D_{00}D_{1\nu}), \quad (C_{00\ldots m0}C_{10\ldots m\nu}), \ldots,$$

résultat que nous supposons impossible.

Soit donc $\alpha_0\equiv 0$: on en déduit

$$(D_{00}D_{1\nu})\equiv\alpha_1^{p^\nu}(D_{00}C_{10\ldots 1\nu})+\ldots+\alpha_{m-1}^{p^\nu}(D_{00}C_{10\ldots,m-1,\nu})\equiv 0.$$

Parmi les coefficients $\alpha_1, \ldots, \alpha_{m-1}$, qui ne sont connus que par leurs rapports, l'un au moins, α_1, sera $\gtrless 0$ (mod. p). On pourra prendre pour indices indépendants ceux qui correspondent aux substitutions $C_{00\ldots 00}$, $D_{00}, \ldots$, $C_{00\ldots,\mu'-1,0}$. Et si l'on suppose que cela ait été fait d'avance, D_{00} se réduira à $C_{00\ldots 10}$.

Déterminons maintenant des substitutions

$$E_{\iota r}=C_{\iota 0\ldots 0r}^{\beta_0^{p^r}}C_{\iota 0\ldots 1r}^{\beta_1^{p^r}}\ldots C_{\iota 0\ldots,m-1,r}^{\beta_{m-1}^{p^r}},$$

telles, que les exposants d'échange de E_{00} avec $C_{10\ldots 0\nu}$, $C_{10\ldots 2\nu}, \ldots$, $C_{10\ldots,\mu'-1,\nu}$ soient tous congrus à zéro. Nous venons de voir que cela peut toujours se faire, et que β_1 sera congru à zéro, ainsi que $(E_{00}E_{1\nu})$. Mais β_0 ne le sera pas; car, s'il l'était, l'exposant d'échange de E_{00} avec $C_{10\ldots 1\nu}$ serait égal à

$$\beta_2(C_{00\ldots 20}C_{10\ldots 1\nu})+\ldots+\beta_{m-1}(C_{00\ldots,m-1,0}C_{10\ldots 1\nu}),$$

expression dont chaque terme est congru à zéro. D'autre part, l'exposant d'échange des substitutions $C_{00\ldots\varepsilon 0}$, et par suite celui de E_{00}, avec une substitution quelconque de la forme $C_{\xi\eta\ldots\varepsilon r}$ est congru à zéro si l'on n'a pas $\xi\equiv 1$, $\eta\equiv 0, \ldots$ (mod. π), $r\equiv\nu$ (mod. 2ν) (644). Donc E_{00} aurait tous ses exposants d'échange congrus à zéro, ce qui est inadmissible.

Le coefficient β_0 n'étant pas congru à zéro, on pourra prendre pour indices indépendants ceux qui correspondent aux substitutions E_{00}, $C_{00\ldots 10}, \ldots$; et si l'on suppose que cela ait été fait d'avance, E_{00} se réduira à $C_{00\ldots 00}$.

On voit de la même manière que les indices $[00\ldots 2]_0$, $[00\ldots 3]_0$ pourront être choisis de telle sorte que les exposants d'échange des substitutions correspondantes avec les substitutions $C_{10\ldots \varepsilon\nu}$ soient tous congrus à zéro, sauf ceux-ci : $(C_{00\ldots 20} C_{10\ldots 3\nu})$, $(C_{00\ldots 30} C_{10\ldots 2\nu})$; et l'on continuera ainsi jusqu'à ce qu'on ait épuisé le nombre des m premiers indices de la suite $[00\ldots \varepsilon]_0$ qui se trouveront ainsi groupés en $\frac{m}{2}$ couples.

647. On peut donc choisir les indices de telle sorte que tous les exposants d'échange de la forme $(C_{00\ldots \varepsilon 0}\, C_{10\ldots \varepsilon'\nu})$ soient congrus à zéro, sauf ceux-ci :

$$(C_{00\ldots 00}\, C_{10\ldots 1\nu}), \quad (C_{00\ldots 10}\, C_{10\ldots 0\nu}), \ldots, \quad (C_{00\ldots m0}\, C_{10\ldots m\nu}), \ldots.$$

Il reste à prouver que ces derniers exposants d'échange, que nous représenterons pour abréger par $k_{01}, k_{10}, \ldots, k_m, \ldots$, peuvent être réduits à l'unité.

Pour cela, prenons pour indice indépendant, au lieu de $[00\ldots 0]_0$, celui-ci : $k_{01}[00\ldots 0]_0$. La substitution correspondante à ce nouvel indice sera $C_{00\ldots 00}^{k_{01}^{-1}}$, et son exposant d'échange avec $C_{10\ldots 1\nu}$ se réduira à l'unité. On peut donc supposer $k_{01} = 1$. Cela posé, on aura

$$k_{10} \equiv -(C_{10\ldots 0\nu}\, C_{00\ldots 10}) \equiv (C_{00\ldots 1\nu}\, C_{10\ldots 00}) \equiv h^{p^\nu} \equiv 1.$$

Les exposants d'échange $k_{01}, k_{10}, \ldots$ étant ainsi réduits à l'unité, passons aux suivants, tels que k_m. Prenons pour indices indépendants, à la place des indices $[\xi_1 \xi_2 \ldots m]_r$, ceux-ci $d^{p^r}[\xi_1 \xi_2 \ldots m]_r$, auxquels correspondent les substitutions $C_{\xi_1 \xi_2 \ldots mr}^{d^{-p^r}} = C'_{\xi_1 \xi_2 \ldots mr}$. On aura

$$(C'_{00\ldots m0}\, C'_{10\ldots m\nu}) \equiv d^{-(p^\nu+1)} k_m,$$

expression qui se réduit à l'unité si l'on a

$$d^{p^\nu+1} \equiv k_m. \tag{19}$$

Mais on a

$$k_m \equiv -(C_{10\ldots m0}\, C_{00\ldots m\nu}) \equiv (C_{00\ldots m\nu}\, C_{10\ldots m0}) \equiv h_m^{p^\nu},$$

d'où l'on déduit

$$d^{p^{2\nu}-1} \equiv k_m^{p^\nu-1} \equiv 1, \tag{20}$$

relation qui montre que les racines de la congruence (19) sont des entiers complexes ne contenant d'autre imaginaire que celle de degré 2ν, déjà introduite dans le calcul. On pourra donc déterminer d sans difficulté.

648. *On peut déterminer une substitution* $\mathfrak{P}$ *qui remplace chaque indice par une fonction de ceux de la série suivante, transforme* $A_1, B_1, A_2, B_2, \ldots$ *en* $A_1^r, B_1, A_2^\rho, B_2, \ldots$, *et qui en même temps soit abélienne propre (hypoabélienne).*

En effet, les indices étant choisis comme il vient d'être indiqué, soit d'abord $a_1 = b_1 = 1$. La substitution

$$(21)\qquad \left|\begin{matrix} [\xi_1\xi_2\ldots 0]_0, [\xi_1\xi_2\ldots 1]_0, \ldots & [\xi_1\xi_2\ldots 0]_1, [\xi_1\xi_2\ldots 1]_1, \ldots \\ [\xi_1\xi_2\ldots m]_0, \ldots & l[\xi_1\xi_2\ldots m]_1, \ldots \end{matrix}\right|,$$

où l est une racine de la congruence (16), satisfait aux conditions imposées à $\mathfrak{P}$. Si $a_1 = b_1 = j$, la substitution

$$(22)\qquad |\,[\xi_1\xi_2\ldots\varepsilon]_0 \quad [\xi_1\xi_2\ldots\varepsilon]_1\,|$$

y satisfait.

En général, il y aura plusieurs substitutions satisfaisant aux conditions ci-dessus. Soit $\mathfrak{P}$ l'une d'elles, choisie arbitrairement, et que nous nous réservons de déterminer ultérieurement avec plus de précision. Chaque substitution de Γ, remplaçant les indices de la première série par des fonctions de ceux d'une même série, telle que la $\rho + 1^{\text{ième}}$, sera de la forme $\mathfrak{P}^\rho\mathfrak{Q}$, $\mathfrak{Q}$ étant une nouvelle substitution abélienne propre, qui ne déplace pas les séries. En outre, Γ sera dérivé de la combinaison de substitutions de la forme $\mathfrak{Q}$ avec une seule substitution, de la forme $\mathfrak{P}^\delta\mathfrak{Q}$ (557).

649. Soient maintenant $\mathfrak{V} = \mathfrak{P}^\rho\mathfrak{Q}$ une substitution quelconque de Γ: $f_1 A_1^{a'_1} B_1^{b'_1}\ldots, g_1 A_1^{c'_1} B_1^{d'_1}\ldots, \ldots$ les transformées de $A_1, B_1, \ldots$ par $\mathfrak{V}$.

On verra, comme aux nos **577** et **578**, que *la substitution*

$$V = |\, x_1, y_1, \ldots \quad a'_1x_1 + c'_1y_1 + \ldots, \; b'_1x_1 + d'_1y_1 + \ldots, \ldots \,|$$

de degré $\pi^{2\sigma}$, *corrélative de* $\mathfrak{V}$, *a son déterminant non congru à zéro; qu'elle est abélienne, et multiplie par* p^ρ *les exposants d'échange mutuels des substitutions*

$$\mathcal{A}^{\alpha_1}\mathcal{B}^{\beta_1}\ldots = |\, x_1, y_1, \ldots \quad x_1 + \alpha_1, \; y_1 + \beta_1, \ldots \,|.$$

Enfin, si l'on a $p^\nu + 1 \equiv 3 \pmod{4}$ *et* $\pi = 2$, V *appartiendra au premier groupe hypoabélien si* $a_1 = b_1 = 1$; *au second, si* $a_1 = b_1 = j$.

650. Réciproquement, soit V une substitution quelconque satisfaisant à ces conditions : cherchons à déterminer une substitution abélienne (hypoabélienne) $\mathfrak{V}$ dont V soit la corrélative.

1° Soit d'abord π premier impair. On aura $V = P^\rho Q$, P étant la substitution qui multiplie $x_1, x_2, \ldots$ par p, sans altérer $y_1, y_2, \ldots$, et Q une substitution dérivée des substitutions $L_\mu, M_\mu, N_{\mu,\nu}$ du n° **220**. Or la substitution $\mathfrak{P}$ et les substitutions $\mathfrak{L}_\mu, \mathfrak{M}_\mu, \mathfrak{N}_{\mu,\nu}$ du n° **579** ont respectivement pour corrélatives P, $L_\mu, M_\mu, N_{\mu,\nu}$. Elles sont d'ailleurs abéliennes (hypoabéliennes).

En effet, dans le cas où il y a lieu de considérer les caractères des substitutions $C_{\xi_1\xi_2\ldots\varepsilon r}$, ces caractères sont congrus à zéro (**292**); et il en est évidemment de même de ceux de leurs transformées par $\mathfrak{L}_\mu, \mathfrak{M}_\mu, \mathfrak{N}_{\mu,\nu}$.

Passons à la considération des exposants d'échange. $\mathfrak{L}_\mu$ multiplie $(C_{\xi_1\xi_2\ldots\varepsilon r}\, C_{\xi'_1\xi'_2\ldots\varepsilon' r'})$ par le facteur $\theta^{\frac{1}{2}\xi_\mu(\xi_\mu-1)p^r+\frac{1}{2}\xi'_\mu(\xi'_\mu-1)p^{r'}}$, lequel se réduit à une puissance de $\theta^{p^\nu+1}\equiv 1$, si cet exposant d'échange diffère de zéro, auquel cas on a $\xi'_\mu\equiv\xi_\mu$, $r'\equiv r+\nu$. La même observation s'applique aux substitutions $\mathfrak{N}_{\mu,\nu}$. Quant aux substitutions $\mathfrak{M}_\mu$, considérons l'une d'elles, $\mathfrak{M}$, par exemple. Elle transforme

$$C_{\xi_1\xi_2\ldots\varepsilon r},\ C_{\xi'_1\xi'_2\ldots\varepsilon' r'} \quad \text{en} \quad D=\prod_m C_{m\xi_1\ldots\varepsilon r}^{\theta^{m\xi_1 p^r}},\quad D'=\prod_{m'} C_{m'\xi'_1\ldots\varepsilon' r'}^{\theta^{m'\xi'_1 p^{r'}}}.$$

Si l'on n'a pas $\xi'_2-\xi_2\equiv\ldots\equiv 0 \pmod{\pi}$, $r'-r-\nu\equiv 0 \pmod{2\nu}$, l'exposant d'échange des substitutions considérées s'annule; et il en est de mêmes de celui des deux transformées; car les exposants d'échange des facteurs qui les composent, comparés deux à deux, s'annulent séparément.

Soit au contraire $\xi'_2-\xi_2\equiv\ldots\equiv 0 \pmod{\pi}$, $r'-r-\nu\equiv 0 \pmod{2\nu}$: $(C_{\xi_1\xi_2\ldots\varepsilon r}\, C_{\xi'_1\xi'_2\ldots\varepsilon' r'})$ sera encore congru à zéro, si l'on n'a pas $\xi'_1\equiv\xi_1$; et si cette condition est satisfaite, il sera congru à $(C_{00\ldots\varepsilon r}\, C_{00\ldots\varepsilon' r'})$, quantité que nous désignerons par k. De même, deux facteurs quelconques pris dans D et D' auront leur exposant d'échange congru à zéro si l'on n'a pas $m=m'$, et congru à $k\theta^{m\xi_1 p^r+m\xi'_1 p^{r+\nu}}$ dans le cas contraire : on aura donc, en remarquant que $\theta^{p^\nu}\equiv\theta^{-1}$,

$$(DD')\equiv k\sum_{m=0}^{m=\pi-1}\theta^{(\xi_1-\xi'_1)mp^r}.$$

Or si $\xi_1 \gtrless \xi'_1$, on aura

$$\theta^{(\xi_1-\xi'_1)\pi p^r}-1\equiv 0,$$

et cette relation, divisée par $\theta^{(\xi_1-\xi'_1)p^r}-1$ donnera

$$\sum_{m=0}^{m=\pi-1}\theta^{(\xi_1-\xi'_1)mp^r}\equiv 0, \quad \text{d'où} \quad (\mathrm{DD'})\equiv 0.$$

Si, au contraire, $\xi_1=\xi'_1$, d'où $\theta^{\xi_1-\xi'_1}=1$, on aura

$$(\mathrm{DD'})\equiv k\pi.$$

Donc $\mathfrak{M}_1$ est abélienne, et multiplie les exposants d'échange par π.

Cela posé, la substitution $\mathfrak{V}$, formée avec $\mathfrak{P}$, $\mathfrak{L}_\mu$, $\mathfrak{M}_\mu$, $\mathfrak{N}_{\mu,\nu}$ de la même manière que V l'est avec P, L_μ, M_μ, $N_{\mu,\nu}$, aura évidemment V pour corrélative.

2° Soit $\pi=2$ et $p^\nu+1\equiv 0 \pmod{4}$. La substitution $\mathfrak{L}_\mu$ prendra la forme

$$\mathfrak{L}_\mu=|\ [\xi_1\xi_2\ldots\varepsilon]_0\quad j^{1-\xi_\mu}[\xi_1\xi_2\ldots\varepsilon]_0\ |,$$

et rien ne sera changé au raisonnement.

3° Soit $\pi=2$, $p^\nu+1\equiv 2 \pmod{4}$, $a_1=b_1=1$. La substitution V, étant hypoabélienne de première espèce, sera dérivée des substitutions M_μ, $N_{\mu,\nu}$ (263), et $\mathfrak{V}$ le sera des substitutions corrélatives $\mathfrak{M}_\mu$, $\mathfrak{N}_{\mu,\nu}$.

4° Soit $\pi=2$, $p^\nu+1\equiv 2 \pmod{4}$, $a_1=b_1=j$. Nous prendrons alternativement pour indices indépendants les indices $[\xi_1\xi_2\ldots\varepsilon]_r$ ou les indices

$$[\xi_1\xi_2\ldots\varepsilon]'_r=\left(\frac{j}{\alpha+\beta j}\right)^{\xi_1p^r}[\xi_1\xi_2\ldots\varepsilon]_r,$$

α, β étant un système de solutions de la congruence

$$\alpha^2+\beta^2\equiv -1 \pmod{p}.$$

Les substitutions A_1, B_1, rapportées à ces nouveaux indices, prennent la forme

$$A_1=|\ [\xi_1\xi_2\ldots\varepsilon]'_0\quad j\theta^{\xi_1}[\xi_1\xi_2\ldots\varepsilon]'_0,$$
$$B_1=|\ [\xi_1\xi_2\ldots\varepsilon]'_0\quad (\alpha+\beta j\theta^{\xi_1})[\xi_1\xi_2\ldots\varepsilon]'_0\ |;$$

et les autres substitutions A_2, B_2, ... ne changent pas de forme.

Cela posé, la substitution V est dérivée de celles des substitutions M_μ, $N_{\mu,\nu}$ pour lesquelles μ, ν sont >1, jointes aux substitutions L_1, M_1, U du n° 278. Aux substitutions M_μ, $N_{\mu,\nu}$ on pourra faire correspondre, comme tout à l'heure, les substitutions $\mathfrak{M}_\mu$, $\mathfrak{N}_{\mu,\nu}$. Aux substitutions L_1, M_1, U on pourra faire correspondre des substitutions $\mathfrak{L}_1$, $\mathfrak{M}_1$, $\mathfrak{V}$, ayant la forme indiquée au n° 579. En effet, on voit immédiatement que ces substitutions ont pour corrélatives L_1, M_1, U; et nous allons vérifier d'autre part qu'elles sont abéliennes (hypoabéliennes).

En effet les substitutions $C'_{\xi_1\xi_2\dots\varepsilon r}$, respectivement correspondantes aux nouveaux indices $[\xi_1\xi_2\dots\varepsilon]'_r$, sont évidemment égales aux puissances $\left(\frac{\alpha+\beta j}{j}\right)^{\xi_1 p^r}$ des substitutions $C_{\xi_1\xi_2\dots\varepsilon r}$. Leurs exposants d'échange mutuels

$$(C'_{\xi_1\xi_2\dots\varepsilon r}\,C'_{\xi'_1\xi'_2\dots\varepsilon' r'})=\left(\frac{\alpha+\beta j}{j}\right)^{\xi_1 p^r+\xi'_1 p^{r'}}(C_{\xi_1\xi_2\dots\varepsilon r}\,C_{\xi'_1\xi'_2\dots\varepsilon' r'})$$

sont donc congrus à zéro, si l'on n'a pas

$$\xi'_1-\xi_1-1\equiv\xi'_2-\xi_2\equiv\dots\equiv 0 \pmod{\pi},\quad r'\equiv r+\nu \pmod{2\nu},$$

et si ces conditions sont satisfaites, leur valeur est indépendante de $\xi_2,\dots$, et change de signe lorsque ξ_1 varie d'une unité. En outre, leurs caractères (dans le cas où il y a lieu de les considérer) sont congrus à zéro.

Cela posé, $\mathfrak{L}_1$ transforme $C'_{\xi_1\xi_2\dots\varepsilon r}$, $C'_{\xi'_1\xi'_2\dots\varepsilon' r'}$ en

$$C'^{(1+j\theta^{\xi_1})^{p^r}}_{\xi_1\xi_2\dots\varepsilon r},\quad C'^{(1+j\theta^{\xi'_1})^{p^{r'}}}_{\xi'_1\xi'_2\dots\varepsilon' r'};$$

elle multiplie donc leur exposant d'échange par $(1+j\theta^{\xi_1})^{p^r}(1+j\theta^{\xi'_1})^{p^{r'}}$. Ce facteur se réduit à 2 toutes les fois que l'exposant d'échange considéré n'est pas congru à zéro; car il est alors égal à

$$(1+j\theta^{\xi_1})^{p^r}(1-j\theta^{\xi_1})^{p^{r+\nu}}\equiv(1+j\theta^{\xi_1})^{p^r}(1-[j\theta^{\xi_1}]^{p^\nu})^{p^r} \pmod{p},$$

ou, comme $p^\nu\equiv 1 \pmod{4}$, d'où $j^{p^\nu}\equiv j$, $\theta^{p^\nu}\equiv\theta$, à

$$(1-[j\theta^{\xi_1}]^2)^{p^r}\equiv 2^{p^r}\equiv 2 \pmod{p}.$$

D'autre part $\mathfrak{M}_1$ transforme ces mêmes substitutions en

$$C'^{(j\theta^{\xi_1})^{p^r}}_{\xi_1\xi_2\dots\varepsilon r}\,C'^{(\alpha-\beta j\theta^{\xi_1})^{p^r}}_{\xi_1+1,\xi_2,\dots,\varepsilon,r},\quad C'^{(j\theta^{\xi'_1})^{p^{r'}}}_{\xi'_1\xi'_2\dots\varepsilon' r'}\,C'^{(\alpha-\beta j\theta^{\xi'_1})^{p^{r'}}}_{\xi'_1+1,\xi'_2,\dots,\varepsilon',r'}.$$

Si $\xi'_1=\xi_1$, l'exposant d'échange k des substitutions considérées est congru à zéro, et celui k' de leurs transformées est égal à

$$[(j\theta^{\xi_1})^{p^r}(\alpha-\beta j\theta^{\xi_1})^{p^{r+\nu}}-(j\theta^{\xi_1})^{p^{r+\nu}}(\alpha-\beta j\theta^{\xi_1})^{p^r}]\,h\equiv 0.$$

Si $\xi_1' \equiv \xi_1 + 1$, k' est égal à

$$[(j\theta^{\xi_1})^{p^r}(j\theta^{\xi_1+1})^{p^{r+\nu}} - (\alpha - \beta j\theta^{\xi_1})^{p^r}(\alpha - \beta j\theta^{\xi_1+1})^{p^{r+\nu}}]\,h \equiv (-j^2 - \alpha^2 - \beta^2)h \equiv 2k.$$

Donc $\mathfrak{M}_1$ est abélienne, et multiplie les exposants d'échange par 2.

De son côté, $\mathfrak{V}$ transforme $C'_{\xi_1\xi_2\ldots\iota r}$ en $C'^{a_0^{p^r}}_{m0\ldots\iota r} C'^{a_1^{p^r}}_{m1\ldots\iota r}$, en posant pour abréger

$$m = \xi_1 + \xi_2 + 1, \quad a_\rho = -(1 + j\theta^{\xi_1+\rho})(\beta j\theta^{\xi_1} - \alpha)^{\xi_2+1},$$

et l'on vérifie de suite qu'elle multiplie les exposants d'échange par 4.

Enfin, dans le cas où il y a lieu de considérer les caractères des substitutions $C'_{\xi_1\xi_2\ldots\iota r}$, ces caractères seront congrus à zéro. Il en sera de même des caractères de leurs transformées, chacune d'elles étant le produit de facteurs dont les caractères et les exposants d'échange mutuels sont tous congrus à zéro.

651. La substitution $\mathfrak{V}$, que nous venons de déterminer, n'est pas la seule substitution de la forme $\mathfrak{P}^\rho\mathfrak{Q}$ qui ait V pour corrélative. Mais on verra comme au n° 580, que toute substitution Σ qui jouit de cette propriété est de la forme $\mathfrak{V}A_1^{\alpha_1}B_1^{\beta_1}\ldots\varpi$, ϖ étant une substitution de la forme

$$\left| [\xi_1\xi_2\ldots\varepsilon]_0 \quad \sum_q \alpha_q^\varepsilon [\xi_1\xi_2\ldots q]_0 \right|.$$

Quant à la substitution $\mathfrak{V}A_1^{\alpha_1}B_1^{\beta_1}\ldots$ elle est égale à $\mathfrak{P}^\rho s$, s étant de la forme

$$\left| [\xi_1\xi_2\ldots\varepsilon]_0 \quad \sum_{l_1, l_2,\ldots} \alpha_{l_1 l_2 \ldots}^{\xi_1\xi_2\ldots} [l_1 l_2\ldots\varepsilon]_0 \right|.$$

D'ailleurs elle est abélienne (hypoabélienne); si donc on veut que Σ le soit, il faudra que ϖ le soit également.

652. Les substitutions $\mathfrak{Q}_1, \mathfrak{Q}_2, \ldots, \mathfrak{P}^\delta\mathfrak{Q}'$ dont Γ est dérivé sont donc respectivement égales à $s_1\varpi_1, s_2\varpi_2, \ldots, \mathfrak{P}^\delta s'\varpi'$; $s_1, s_2, \ldots, s'$ étant des substitutions de la forme s, et $\varpi_1, \varpi_2, \ldots, \varpi'$ des substitutions de la forme ϖ. Cela posé, on voit, comme au n° 581, que Γ *contiendra les substitutions* s_1, $s_2, \ldots, \varpi_1, \varpi_2, \ldots$.

Si μ' se réduisait à l'unité, les substitutions ϖ se réduiraient à celles de la forme Ψ (640). Mais nous supposerons pour plus de généralité que l'on ait $\mu' > 1$.

653. *Le groupe* Γ *contiendra des substitutions de la forme* $\mathfrak{E}$, *autres que celles de la forme* Ψ. Car nous allons voir que, s'il en était autrement, Γ ne serait pas général.

Soient $\Psi_0, \Psi_1, \ldots$ les substitutions de la forme Ψ; $\mathfrak{E}_0\Psi_0, \mathfrak{E}_0\Psi_1, \ldots$; $\mathfrak{E}_1\Psi_0, \mathfrak{E}_1\Psi_1, \ldots; \ldots$ celles de la forme $\mathfrak{E}$ ($\mathfrak{E}_0$ étant égal à 1); $\mathfrak{s}_1, \mathfrak{s}_2, \ldots, \mathfrak{F}^\delta \mathfrak{s}'\mathfrak{E}'$ les substitutions qui, combinées aux Ψ, reproduisent Γ, par hypothèse. Les groupes $\Gamma_0, \Gamma_1, \ldots$, transformés de Γ par $\mathfrak{E}_0, \mathfrak{E}_1, \ldots$, sont respectivement dérivés des substitutions $F, \mathfrak{s}_1, \mathfrak{s}_2, \ldots$, et des transformées de $\mathfrak{F}^\delta \mathfrak{s}'\mathfrak{E}'$, lesquelles seront évidemment de la forme $\mathfrak{F}^\delta \mathfrak{s}'\mathfrak{E}$. Soient $\mathfrak{F}^\delta \mathfrak{s}'\mathfrak{E}_{\alpha_0}\Psi_{\beta_0}$, $\mathfrak{F}^\delta \mathfrak{s}'\mathfrak{E}_{\alpha_1}\Psi_{\beta_1}, \ldots$ ces transformées : deux cas seront à distinguer :

1° Si $\mathfrak{E}_{\alpha_1} = \mathfrak{E}_{\alpha_2}$, la substitution $\mathfrak{E}_1\mathfrak{E}_2^{-1}$ sera permutable à Γ_1 et pourra lui être adjointe de manière à former un groupe plus général;

2° Si au contraire les substitutions $\mathfrak{E}_{\alpha_0}, \mathfrak{E}_{\alpha_1}, \ldots$ sont toutes distinctes, elles reproduiront toute la suite $\mathfrak{E}_0, \mathfrak{E}_1, \ldots$; l'une d'elles, $\mathfrak{E}_{\alpha_1}$, se réduira donc à l'unité. Or on peut déterminer une substitution X, de la forme $\mathfrak{E}$, qui soit permutable au groupe Γ_1, dérivé de $F, \mathfrak{s}_1, \mathfrak{s}_2, \ldots, \mathfrak{F}^\delta \mathfrak{s}'\Psi_{\beta_1}$.

En effet, soit d'abord $a_1 = b_1 = 1$. Les indices indépendants étant supposés choisis comme au n° **645**, on pourra prendre pour $\mathfrak{F}$ la substitution (21) (**648**), et pour X la substitution

$$|\,[\xi_1\xi_2\ldots 0]_0, [\xi_1\xi_2\ldots 1]_0, \ldots, [\xi_1\xi_2\ldots m]_0, \ldots \quad [\xi_1\xi_2\ldots 1]_0, -[\xi_1\xi_2\ldots 0]_0, \ldots, [\xi_1\xi_2\ldots m]_0, \ldots\,|,$$

qui est échangeable à toutes les substitutions $F, \mathfrak{F}, \mathfrak{s}'$.

Si tous les indices étaient de seconde espèce, la construction ci-dessus serait en défaut; on pourra alors prendre pour $\mathfrak{F}$ la substitution

$$|\,[\xi_1\xi_2\ldots\varepsilon]_1 \quad l[\xi_1\xi_2\ldots\varepsilon]_1\,|,$$

et pour X la substitution qui échange les indices $[\xi_1\xi_2\ldots 0]_r$ avec les indices $[\xi_1\xi_2\ldots 1]_r$, sans altérer les autres indices.

Soit au contraire $a_1 = b_1 = j$. On pourra supposer que $\mathfrak{F}$ ait la forme (22); et s'il existe des indices de première espèce, on pourra prendre pour X la même substitution que tout à l'heure.

S'il n'existe que des indices de seconde espèce, on prendra pour X la substitution qui multiplie par -1 tous les indices pour lesquels on a $\varepsilon = 0$, sans altérer les autres.

La substitution X étant ainsi déterminée dans tous les cas, sa transformée par $\mathfrak{E}_1^{-1}$ sera permutable à Γ et pourra lui être adjointe. Donc Γ ne sera pas général.

654. Les substitutions de forme $\mathfrak{S}$ contenues dans Γ forment un groupe permutable à toute substitution de Γ. On peut donc (**528**) y déterminer un faisceau G′, plus général que F, permutable aux substitutions de Γ, et dont les substitutions sont échangeables entre elles aux F près. Si ce faisceau peut être déterminé de plusieurs manières, nous le choisirons de telle sorte que son ordre soit *minimum*. Raisonnant comme précédemment, on verra :

1° Que G′ *résulte de la combinaison de* F *avec une double suite* $A'_1, B'_1, \ldots, A'_{\sigma'}, B'_{\sigma'}$ *dont chaque substitution est échangeable à toutes les autres, sauf à son associée, à laquelle elle est liée par une relation de la forme*

$$B_1'^{-1} A'_1 B'_1 = \theta' A'_1, \ldots,$$

θ' désignant la substitution de F *qui multiplie les indices de la première série par θ', le facteur θ' étant une racine de la congruence*

$$\theta'^{\pi'} \equiv 1 \quad (\text{mod. } p),$$

et π' un nombre premier, qui divise $p^\nu + 1$;

2° Que μ' *est un multiple de $\pi'^{\sigma'}$, tel que $\mu''\pi'^{\sigma'}$*, et qu'*en changeant convenablement d'indices indépendants, et remplaçant l'indicateur unique ε par σ' indicateurs $\eta_1, \eta_2, \ldots$ variables de* 0 *à* $\pi' - 1$, *et un indicateur ε' variable de* 0 *à* $\mu'' - 1$, *on pourra mettre les substitutions $A'_1, B'_1, \ldots$ sous la forme suivante :*

$$A'_1 = |\,[\xi_1 \xi_2 \ldots \eta_1 \ldots \varepsilon']_0 \quad a'_1 \theta'^{\eta_1} [\xi_1 \xi_2 \ldots \eta_1 \ldots \varepsilon']_0\,|,$$
$$B'_1 = |\,[\xi_1 \xi_2 \ldots \eta_1 \ldots \varepsilon']_0 \quad b'_1 [\xi_1, \xi_2, \ldots, \eta_1 + 1, \ldots, \varepsilon']_0\,|,$$
$$\ldots\ldots\ldots\ldots\ldots\ldots\ldots\ldots\ldots\ldots\ldots\ldots,$$

sans altérer la forme des substitutions $A_1, B_1, \ldots$ (sauf le remplacement de ε par plusieurs indicateurs);

3° Que *les coefficients $a'_1, b'_1, \ldots$ doivent être toujours supposés égaux à* 1, *sauf les deux premiers, qui pourront être supposés égaux à j, mais seulement dans le cas où l'on aurait $\pi' = 2$, et $p^\nu + 1 \equiv 2$* (mod. 4);

4° Que *l'exposant d'échange des deux substitutions* $C_{\xi_1 \xi_2 \ldots \eta_1 \ldots mr}$ *et* $C_{\xi'_1 \xi'_2 \ldots \eta'_1 \ldots m', r+\nu}$ *est congru à zéro, à moins que l'on n'ait*

$$\xi'_1 - \xi_1 - v \equiv \xi'_2 - \xi_2 \equiv \ldots \equiv 0 \quad (\text{mod. } \pi),$$
$$\eta'_1 - \eta_1 - v' \equiv \eta'_2 - \eta_2 \equiv \ldots \equiv 0 \quad (\text{mod. } \pi'),$$

v et v' étant respectivement égaux à 0 *ou à* 1 *suivant que a_1 et b_1, a'_1 et b'_1 le sont à* 1 *ou à j*; que *cet exposant d'échange, indépendant de $\xi_2, \ldots, \eta_2, \ldots$, est multiplié par θ^v ou par $\theta'^{v'}$ lorsque ξ_1 ou η_1 croissent d'une unité;*

5° Qu'*il existe dans le choix des indices un certain arbitraire, dont on peut profiter pour faire en sorte que chacune des substitutions* $C_{00\ldots0\ldots\varepsilon'_0}$ *ait ses exposants d'échange avec les substitutions* $C_{\nu 0\ldots\nu'\ldots\varepsilon'_\nu}$ *tous congrus à zéro, à l'exception d'un seul;*

6° Que *la substitution* φ *peut être déterminée de telle sorte, qu'elle transforme* $A_1, B_1, \ldots, A'_1, B'_1, \ldots$ *en* $A_1^p, B_1, \ldots, A_1'^p, B'_1, \ldots$;

7° Qu'*à chaque substitution* ϑ *de* Γ, *qui transforme* $A'_1, B'_1, \ldots$ *en* $f'_1 A_1'^{\alpha'_1} B_1'^{\beta'_1}\ldots, g'_1 A_1'^{\gamma'_1} B_1'^{\delta'_1}\ldots, \ldots$ *correspond une substitution*

$$V' = | x'_1, y'_1, \ldots \quad \alpha'_1 x'_1 + \gamma'_1 y'_1 + \ldots, \beta'_1 x'_1 + \delta'_1 y'_1 + \ldots, \ldots |$$

appartenant au groupe abélien (à l'un des groupes hypoabéliens) de degré $\pi'^{2\sigma'}$;

8° Que *chacune des substitutions* $\mathfrak{E}_1, \mathfrak{E}_2, \ldots, \mathfrak{E}'$ *qui concourent à la formation de* Γ *est le produit de deux substitutions partielles, ayant les formes suivantes :*

$$(23) \qquad \left| [\xi_1 \xi_2 \ldots \eta_1 \ldots \varepsilon']_{\mathfrak{o}} \quad \sum_{m_1,\ldots} \alpha_{m_1}^{\eta_1} \cdot [\xi_1 \xi_2 \ldots m_1 \ldots \varepsilon']_{\mathfrak{o}} \right|,$$

$$(24) \qquad \left| [\xi_1 \xi_2 \ldots \eta_1 \ldots \varepsilon']_{\mathfrak{o}} \quad \sum_{q'} \alpha_{q'}^{\varepsilon'} [\xi_1 \xi_2 \ldots \eta_1 \ldots q']_{\mathfrak{o}} \right|;$$

9° Que *si* Γ_1 *contient les substitutions* $\mathfrak{E}_1, \mathfrak{E}_2, \ldots$, *il contiendra les deux substitutions partielles dont chacune d'elles est le produit;* que *si* $\mu'' > 1$, Γ *contiendra une substitution de la forme* (24), *autres que celles de la forme* Ψ ; que *parmi ces substitutions on pourra déterminer un second faisceau* G″, *analogue à* G *et à* G′; etc.

655. Supposons, pour fixer les idées, que μ'' se réduise à l'unité. Les substitutions de la forme (24) se réduiront à celles de la forme Ψ. L'indicateur ε', n'étant susceptible que de la valeur zéro, pourra être supprimé.

1° Soit d'abord $a_1 = b_1 = a'_1 = b'_1 = 1$. Les exposants d'échange mutuels des substitutions $C_{\xi_1\xi_2\ldots\eta_1\ldots r}$ seront tous congrus à zéro, sauf ceux-ci $(C_{\xi_1\xi_2\ldots\eta_1\ldots r} C_{\xi_1\xi_2\ldots\eta_1\ldots, r+\nu})$ qui peuvent être supposés égaux à e^{p^r} (251 et 645). On pourra prendre dans ce cas

$$\varphi = | [\xi_1 \xi_2 \ldots \eta_1 \ldots]_{\mathfrak{o}} \quad l[\xi_1 \xi_2 \ldots \eta_1 \ldots]_1 |.$$

2° Soient $a_1 = b_1 = j^\nu$, $a'_1 = b'_1 = j^{\nu'}$; l'un des entiers ν, ν' étant égal à 1, et l'autre à zéro ou à 1. Les exposants d'échange mutuels des substitutions $C_{\xi_1\xi_2\ldots\eta_1\ldots r}$ seront tous congrus à zéro, sauf ceux-ci :

$$(C_{\xi_1\xi_2\ldots\eta_1\ldots r}\, C_{\xi_1+\nu,\xi_2,\ldots,\eta_1+\nu',\ldots,r+\nu}),$$

qui seront égaux à $\theta^{\nu\xi_1}\theta'^{\nu'\eta_1}k^{p^r}$, k étant un facteur constant, qu'on peut supposer égal à 1 (647). On pourra prendre dans ce cas

$$\mathfrak{P} = |\ [\xi_1\xi_2\ldots\eta_1\ldots]_0\quad [\xi_1\xi_2\ldots\eta_1\ldots]_1\ |.$$

656. Soient maintenant $\varphi = \mathfrak{P}^\rho \mathfrak{Q}$ une substitution quelconque de Γ; ses deux corrélatives V, V′ appartiendront respectivement aux groupes abéliens (hypoabéliens) de degrés $\pi^{2\sigma}$, $\pi'^{2\sigma'}$, et y multiplieront les exposants d'échange par p^ρ. Les deux groupes Λ, Λ', respectivement formés par les substitutions V et par les substitutions V′, seront résolubles et primaires (584).

Réciproquement, *soient* L, L′ *deux groupes résolubles et primaires, respectivement contenus dans les groupes abéliens (hypoabéliens) de degrés* $\pi^{2\sigma}$, $\pi'^{2\sigma'}$. *Associons leurs substitutions de toutes les manières possibles, de telle sorte que deux substitutions associées* V, V′ *multiplient les exposants d'échange par des facteurs respectivement congrus à* p^ρ, *suivant les modules* π *et* π'. *A chaque système de substitutions associées on pourra faire correspondre une substitution* φ, *de la forme* $\mathfrak{P}^\rho\mathfrak{Q}$, *dont* V, V′ *soient les corrélatives. Le groupe* Γ *formé par les substitutions ainsi déterminées, jointes aux substitutions* Ψ, A_1, B_1,..., A'_1, B'_1,..., *sera résoluble* (585), *et restera le même, de quelque manière qu'on choisisse la substitution* φ (586). *Son ordre est égal à*

$$\frac{2\nu}{\delta}(p^\nu + 1)\pi^\sigma\pi'^{\sigma'}\frac{d\omega . d'\omega'}{(\pi - 1)(\pi' - 1)},$$

δ, d, d', ω, ω' *ayant la même signification qu'aux nos* 590-591.

657. La construction de Γ est ainsi ramenée à celles des groupes auxiliaires L, L′, qu'on devra choisir chacun aussi général que possible dans son espèce. Leur détermination conduit au problème **C**. En les choisissant diversement, on obtiendra pour Γ autant de groupes différents. Mais *si l'on prend successivement pour* L, par exemple, *une suite de groupes semblables entre eux, les divers groupes* Γ *ainsi obtenus seront semblables entre eux* (589).

658. Le groupe Γ construit par la méthode précédente est rapporté aux indices imaginaires $[\xi_1\xi_2\ldots\eta_1\ldots]_r$; mais on peut les remplacer par des indices réels $x'_1, y'_1, \ldots$ tels, que les substitutions correspondantes aient tous leurs exposants d'échange mutuels congrus à zéro, sauf ceux-ci :

$$(C_{x'_1} C_{y'_1}) \equiv -(C_{y'_1} C_{x'_1}) \equiv 1, \quad (C_{x'_2} C_{y'_2}) \equiv -(C_{y'_2} C_{x'_2}) \equiv 1, \ldots.$$

Quant aux caractères des divers couples de substitutions $C_{x'_1}$, $C_{y'_1}, \ldots$ dans le cas où il y a lieu de les considérer, ils seront tous congrus à zéro, ou l'un d'eux sera congru à 1, suivant qu'en groupant dans une même classe les indices imaginaires conjugués, le nombre N des classes qui sont leurs propres conjointes sera pair ou impair (**295-299**). Suivant que l'un ou l'autre de ces cas se présentera, Γ sera nécessairement contenu dans le premier ou dans le second groupe hypoabélien.

Or si l'on a $a_1 = b_1 = 1$, $a'_1 = b'_1 = 1$, on aura $N = \mu$; et suivant que ce nombre sera pair ou impair, on tombera sur l'un ou l'autre cas. Soit au contraire $a_1 = b_1 = j$; on aura $N = 0$; mais dans ce cas on a $\pi = 2$; donc μ est pair. Donc, *suivant que μ est pair ou impair*, on aura $N = 0$ ou $N = 1$, et par suite Γ *appartiendra au premier ou au second groupe hypoabélien.*

Soient $x_1, y_1, \ldots$ les indices originaires. Les nouveaux indices $x'_1, y'_1, \ldots$, auxquels le groupe est actuellement rapporté, sont des fonctions de $x_1, y_1, \ldots$, qui ne sont déterminées que par les exposants d'échange (et les caractères) des substitutions correspondantes. On pourra les choisir de diverses manières, et obtenir ainsi divers groupes; mais chacun de ces groupes peut se ramener à celui qui correspond à la solution évidente $x'_1 = x_1$, $y'_1 = y_1, \ldots$. Il suffira pour cela de le transformer par la substitution

$$| \; x'_1, y'_1, \ldots \quad x_1, y_1, \ldots \; |,$$

laquelle est abélienne propre (hypoabélienne).

§ IV. — Groupes indécomposables de troisième catégorie.

659. Soient Γ un des groupes cherchés; F son premier faisceau. Prenons pour indices indépendants ceux qui ramènent F à la forme canonique : ils se partagent en systèmes et séries. Soient $x, y, \ldots$ les indices de l'une de ces séries, S une substitution de F; α, β les facteurs par lesquels elle multiplie respectivement les indices de la série $x, y, \ldots$, et ceux de sa conjointe : on aura $\alpha\beta \equiv 1 \pmod{p}$ (**241**); mais la série $x, y, \ldots$ est sa propre conjointe, d'où

$$\beta \equiv \alpha, \quad \alpha^2 \equiv 1 \pmod{p}.$$

Donc chaque substitution de F multiplie chaque indice par le facteur réel ± 1. Donc chaque système ne contient qu'une série. On voit d'ailleurs, comme au n° 615, qu'il n'existe qu'un seul système : d'où le résultat suivant :

Les indices ne forment qu'un seul système et une seule série; et F *ne contient que les deux substitutions qui multiplient respectivement tous les indices par* $+1$ *ou par* -1.

Si p était égal à 2, toutes les substitutions de F se réduiraient à l'unité, résultat absurde : donc *p est impair.*

660. Cela posé, on peut choisir les indices indépendants $u, v; u', v'; \ldots$ de telle sorte qu'on ait

$$(C_u C_v) \equiv (C_{u'} C_{v'}) \equiv \ldots \equiv 1,$$

les autres exposants d'échange étant tous congrus à zéro (253). Cela fait, soit g une racine primitive de la congruence $g^{p-1} \equiv 1 \pmod{p}$; la substitution $\mathfrak{T}$ qui multiplie $u, u', \ldots$ par g, sans altérer $v, v', \ldots$, multiplie les exposants d'échange par g; et toute substitution de Γ qui multiplie ces exposants d'échange par un facteur tel que g^ρ sera de la forme $\mathfrak{T}^\rho \mathfrak{Z}$, $\mathfrak{Z}$ étant une substitution abélienne propre. Enfin, par un raisonnement analogue à celui du n° 557, on voit que Γ résultera de la combinaison du groupe Λ formé par celles de ses substitutions qui sont de la forme $\mathfrak{Z}$ avec une seule substitution de la forme $\mathfrak{T}^\delta \mathfrak{Z}$.

661. Théorème. — *Le groupe* Γ *contient des substitutions de la forme* $\mathfrak{Z}$ *autres que celles de* F. Supposons en effet qu'il en soit autrement, nous allons prouver que Γ ne peut être général.

Soient f_0, f_1 les deux substitutions de F; $\mathfrak{Z}_0 f_0, \mathfrak{Z}_0 f_1, \mathfrak{Z}_1 f_0, \mathfrak{Z}_1 f_1, \ldots$ celles de la forme $\mathfrak{Z}$. Soit d'autre part $\mathfrak{T}^\delta \mathfrak{Z}'$ la substitution qui, combinée à F, reproduit Γ. Les groupes $\Gamma_0, \Gamma_1, \ldots$ transformés de Γ par $\mathfrak{Z}_0, \mathfrak{Z}_1 \ldots$ seront respectivement dérivés de la combinaison de F avec les transformées $\mathfrak{T}^\delta \mathfrak{Z}_{\alpha_0} f_{\beta_0}$, $\mathfrak{T}^\delta \mathfrak{Z}_{\alpha_1} f_{\beta_1}, \ldots$ de $\mathfrak{T}^\delta \mathfrak{Z}'$; et deux cas sont à distinguer :

1° Si l'on a une égalité telle que $\mathfrak{Z}_{\alpha_1} = \mathfrak{Z}_{\alpha_2}$, on peut adjoindre à Γ la substitution $\mathfrak{Z}_1 \mathfrak{Z}_2^{-1}$; donc il n'est pas général.

2° Si les substitutions $\mathfrak{Z}_{\alpha_0}, \mathfrak{Z}_{\alpha_1}, \ldots$ sont toutes distinctes, l'une d'elles, $\mathfrak{Z}_{\alpha_1}$ par exemple, se réduira à 1. Il existe une substitution abélienne X non contenue dans Γ_1, et permutable à Γ_1. Car, si $p > 3$, on pourra poser

$$X = | \; u, v, u', v', \ldots \quad gu, gv, gu', gv', \ldots \; |,$$

et si $p = 3$

$$X = | u, v, u', v', \ldots \quad v, u, v', u', \ldots |.$$

La transformée de X par $\mathfrak{L}_1^{-1}$ sera permutable à Γ, et pourra lui être adjointe.

662. Le groupe partiel A étant évidemment permutable aux substitutions de Γ, on pourra (528) y déterminer un second faisceau G, dont les substitutions soient échangeables entre elles aux F près. On verra comme aux nos 559-561 que G *résulte de la combinaison de* F *avec une double suite de substitutions*, $A_1, B_1, \ldots, A_\sigma, B_\sigma$ *telle, que chacune de ces substitutions soit échangeable à toutes les autres, sauf à son associée, à laquelle elle est liée par une des relations suivantes :*

$$B_1^{-1} A_1 B_1 = \theta A_1, \quad B_2^{-1} A_2 B_2 = \theta A_2, \ldots,$$
$$\theta = | u, v, \ldots \quad \theta u, \theta v, \ldots |,$$

θ *étant une substitution de* F, *autre que l'unité*, et qui par suite multiplie tous les indices par -1. Donc *le facteur* θ *est égal à* -1, et θ^2 l'est à 1.

On verra ensuite, comme aux nos 562-566, que *le nombre* μ *des indices est un multiple de* 2^σ (ici l'on a $\pi = 2$), et qu'*on peut remplacer les indices actuels par d'autres indices* $[\xi_1 \xi_2 \ldots \varepsilon]_0$ *choisis de telle sorte que les substitutions* A_1, B_1, A_2, $B_2, \ldots$ *prennent la forme*

$$(25) \left\{ \begin{array}{ll} A_1 = | [\xi_1 \xi_2 \ldots \varepsilon]_0 \quad a_1 \theta^{\xi_1} [\xi_1 \xi_2 \ldots \varepsilon]_0 |, & B_1 = | [\xi_1 \xi_2 \ldots \varepsilon]_0 \quad b_1 [\xi_1 + 1, \xi_2, \ldots, \varepsilon]_0 |, \\ A_2 = | [\xi_1 \xi_2 \ldots \varepsilon]_0 \quad a_2 \theta^{\xi_2} [\xi_1 \xi_2 \ldots \varepsilon]_0 |, & B_2 = | [\xi_1 \xi_2 \ldots \varepsilon]_0 \quad b_2 [\xi_1, \xi_2 + 1, \ldots, \varepsilon]_0 |, \\ \ldots\ldots\ldots\ldots\ldots\ldots, & \ldots\ldots\ldots\ldots\ldots\ldots \end{array} \right.$$

On pourra supposer que $a_2, b_2, \ldots$ *se réduisent à l'unité;* a_1, b_1 *se réduiront de même à l'unité, ou à* j, j *étant une racine de la congruence* $j^4 \equiv 1 \pmod{p}$.

Si $a_1 = b_1 = j$, deux cas pourront se présenter, suivant que $p - 1$ est congru à 2 ou à $0 \pmod{4}$.

1° Si $p - 1 \equiv 2 \pmod{4}$, j est imaginaire, et la réduction de A_1, B_1, A_2, $B_2, \ldots$ à la forme (25) nécessiterait l'introduction d'imaginaires; mais on pourra les éviter, et choisir les indices indépendants $[\xi_1 \xi_2 \ldots \varepsilon]_0$ de telle sorte que A_1, B_1, prennent la forme

$$(26) \left\{ \begin{array}{l} A_1 = | [\xi_1 \xi_2 \ldots \varepsilon]_0 \quad -\theta^{\xi_1} [\xi_1 + 1, \xi_2, \ldots, \varepsilon]_0 |, \\ B_1 = | [\xi_1 \xi_2 \ldots \varepsilon]_0 \quad \alpha \theta^{\xi_1} [\xi_1 \xi_2 \ldots \varepsilon]_0 + \beta [\xi_1 + 1, \xi_2, \ldots, \varepsilon]_0 |, \end{array} \right.$$

A_2, $B_2, \ldots$ conservant la forme (25) (572-575).

En prenant d'ailleurs pour indices indépendants à la place des $[\xi_1\xi_2,\ldots\varepsilon]_0$ les fonctions

$$[\xi_1\xi_2\ldots\varepsilon]'_0=[0\xi_2\ldots\varepsilon]_0+j\theta^{\xi_1}[1\xi_2\ldots\varepsilon]_0,$$

on ramènera A_1, B_1 à la forme

$$(27)\quad \begin{cases} A_1=|\ [\xi_1\xi_2\ldots\varepsilon]'_0\quad j\theta^{\xi_1}[\xi_1\xi_2\ldots\varepsilon]'_0\ |,\\ B_1=|\ [\xi_1\xi_2\ldots\varepsilon]'_0\quad (\alpha+\beta j\theta^{\xi_1})[\xi_1+1,\ \xi_2,\ldots\varepsilon]'_0\ |,\end{cases}$$

sans altérer l'expression de A_2, B_2,....

2° Si $p-1\equiv 0 \pmod{4}$, j sera réel; et A_1, B_1 prendront encore la forme (27), si l'on prend pour indices indépendants ceux-ci :

$$[\xi_1\xi_2\ldots\varepsilon]'_0=\left(\frac{j}{\alpha+\beta j}\right)^{\xi_1}[\xi_1\xi_2\ldots\varepsilon]_0.$$

Il nous sera commode de prendre alternativement pour indices indépendants les $[\xi_1\xi_2\ldots\varepsilon]_0$ et les $[\xi_1\xi_2\ldots\varepsilon]'_0$ définis comme ci-dessus.

663. Soient respectivement $C_{\xi_1\xi_2\ldots\varepsilon}$ et $C'_{\xi_1\xi_2\ldots\varepsilon}$ les substitutions correspondantes à ces deux systèmes d'indices indépendants. On voit comme au n° 644 que leurs exposants d'échange seront en partie déterminés par la condition que les substitutions A_1, B_1, A_2, B_2,... soient abéliennes propres.

1° Si $a_1=b_1=1$, l'exposant d'échange $(C_{\xi_1\xi_2\ldots\varepsilon}C_{\xi'_1\xi'_2\ldots\varepsilon'})$ sera congru à 0 à moins qu'on n'ait

$$\xi'_1-\xi_1\equiv\xi'_2-\xi_2\equiv\ldots\equiv 0 \pmod{2},$$

auquel cas il sera indépendant de ξ_1, ξ_2,....

2° Si $a_1=b_1=j$, j étant réel, cet exposant d'échange sera congru à 0, à moins qu'on n'ait

$$\xi'_1-\xi_1-1\equiv\xi'_2-\xi_2\equiv\ldots\equiv 0 \pmod{2},$$

auquel cas il sera indépendant de ξ_2,... et changera de signe lorsque ξ_1 croîtra d'une unité.

3° Si A_1, B_1 ont la forme (26), on aura le même résultat. Car A_2, B_2,... étant abéliennes propres, l'exposant d'échange considéré sera congru à 0 si l'on n'a pas $\xi'_2-\xi_2\equiv\ldots\equiv 0 \pmod{2}$, et indépendant de ξ_2,.... Désignons-le, pour abréger, par $k_{\xi_1\xi'_1}$: A_1 et B_1 étant abéliennes propres, on aura

$$(28)\qquad k_{\xi_1\xi'_1} \equiv \theta^{\xi_1+\xi'_1} k_{\xi_1+1,\xi'_1+1} \pmod{p},$$

$$(29)\qquad k_{\xi_1\xi'_1} \equiv \alpha^2 \theta^{\xi_1+\xi'_1} k_{\xi_1\xi'_1} + \beta^2 k_{\xi_1+1,\xi'_1+1} + \beta\alpha\theta^{\xi'_1} k_{\xi_1+1,\xi'_1} + \beta\alpha\theta^{\xi_1} k_{\xi_1,\xi'_1+1}.$$

Mais en tenant compte de la relation (28) et de la relation $\alpha^2 + \beta^2 \equiv -1$, la relation (29) devient

$$(1 + \theta^{\xi_1+\xi'_1}) k_{\xi_1\xi'_1} \equiv 0;$$

donc $k_{\xi_1\xi'_1}$ est congru à zéro si l'on n'a pas $\xi'_1 \equiv \xi_1 + 1 \pmod{2}$; et si cette condition est satisfaite, il change de signe, d'après la relation (28), lorsque ξ_1 et ξ'_1 croissent d'une unité.

Remarque. — Les substitutions A_1, B_1 ont évidemment pour caractéristiques des puissances du binôme $(K^2 - \theta^v)$, v étant égal à zéro si $a_1 = b_1 = 1$, et à 1 dans les deux autres cas que nous venons d'examiner : et les résultats que nous venons d'obtenir peuvent être résumés dans l'énoncé suivant :

L'exposant d'échange $(C_{\xi_1\xi_2\ldots\epsilon}\, C_{\xi'_1\xi'_2\ldots\epsilon'})$ *est congru à zéro à moins qu'on n'ait*

$$\xi'_1 - \xi_1 - v \equiv \xi'_2 - \xi_2 \equiv \ldots \equiv 0 \pmod{2},$$

et si ces conditions sont satisfaites, il est indépendant de $\xi_2, \ldots$ *et se trouve multiplié par* θ^v *lorsque* ξ_1 *croît d'une unité.*

Lorsque $v = 1$, on pourra prendre pour indices indépendants les $[\xi_1 \xi_2 \ldots \epsilon]'_0$, et l'on verra sans peine que l'*exposant d'échange* $(C_{\xi_1\xi_2\ldots\epsilon}\, C_{\xi'_1\xi'_2\ldots\epsilon'})$ *est congru à zéro à moins qu'on n'ait*

$$\xi'_1 - \xi_1 - 1 \equiv \xi'_2 - \xi_2 \equiv \ldots \equiv 0 \pmod{2},$$

auquel cas il sera indépendant de $\xi_2, \ldots$ *et changera de signe lorsque* ξ_1 *croît d'une unité.*

664. Soient maintenant φ une substitution quelconque de Γ; $f_1 A_1^{a_1} B_1^{b_1} \ldots$, $g_1 A_1^{c_1} B_1^{d_1} \ldots, \ldots$ les transformées de A_1, $B_1, \ldots$ par φ. Les substitutions de la forme $A_1^{x_1} B_1^{y_1} \ldots$ seront échangeables entre elles, aux mêmes puissances près de θ, et auront les mêmes caractéristiques que leurs transformées par φ. On en déduit, comme aux n°s 577-578, que la substitution

$$V = | \; x_1, y_1, \ldots \quad a_1 x_1 + c_1 y_1 + \ldots, \; b_1 x_1 + d_1 y_1 + \ldots, \ldots \; |,$$

corrélative de φ, est hypoabélienne de première espèce si $v = 0$, hypoabélienne de seconde espèce si $v = 1$.

665. Réciproquement, la substitution hypoabélienne V étant donnée, on pourra déterminer une substitution $\mathfrak{V}$ dont elle soit la corrélative. En effet, si $a_1 = b_1 = 1$, auquel cas V est hypoabélienne de première espèce, elle dérive des substitutions M_μ, $N_{\mu,\nu}$ du n° 263. Or les substitutions $\mathfrak{M}_\mu$, $\mathfrak{N}_{\mu,\nu}$ du n° 579 ont pour corrélatives M_μ, $N_{\mu,\nu}$; et l'on voit, comme au n° 650, qu'elles multiplient respectivement les exposants d'échange par 1 et par 2. La substitution $\mathfrak{V}$ dérivée de $\mathfrak{M}_\mu$, $\mathfrak{N}_{\mu,\nu}$ comme V l'est de M_μ, $N_{\mu,\nu}$ sera abélienne, et aura V pour corrélative.

Si $a_1 = b_1 = j$, j étant réel, ou si A_1, B_1 ont la forme (26), V est hypoabélienne de seconde espèce, et dérive des substitutions M_μ, $N_{\mu,\nu}$ (où μ, ν sont > 1), jointes aux substitutions L_1, M_1, U du n° 278. Les substitutions $\mathfrak{M}_\mu$, $\mathfrak{N}_{\mu,\nu}$ (où μ, ν sont > 1) et les substitutions $\mathfrak{L}$, $\mathfrak{M}$, $\mathfrak{U}$ du n° 579 multiplient respectivement les exposants d'échange par 2, 2, 4 (*voir* le n° 650) et ont pour corrélatives M_μ, $N_{\mu,\nu}$, L_1, M_1, U. La substitution $\mathfrak{V}$, dérivée de ces substitutions de la même manière que V l'est de M_μ, $N_{\mu,\nu}$, L_1, M_1, U est abélienne, et a pour corrélative V.

666. La substitution $\mathfrak{V}$ étant ainsi déterminée, les autres substitutions abéliennes dont V est la corrélative sont (580) celles de la forme $\mathfrak{V} A_1^{\alpha_1} B_1^{\beta_1} \ldots \mathfrak{G}$, $\mathfrak{G}$ étant une substitution abélienne de la forme

$$\mathfrak{G} = \left| [\xi_1 \xi_2 \ldots \varepsilon], \quad \sum_q a_q^\varepsilon [\xi_1 \xi_2 \ldots q] \right|.$$

Quant au facteur $\mathfrak{V} A_1^{\alpha_1} B_1^{\beta_1} \ldots$, rapporté aux indices indépendants $[\xi_1 \xi_2 \ldots \varepsilon]$, il sera de la forme

$$\mathfrak{S} = \left| [\xi_1 \xi_2 \ldots \varepsilon], \quad \sum_{l_1, l_2, \ldots} a_{l_1 l_2 \ldots}^{\xi_1 \xi_2 \ldots} [l_1 l_2 \ldots \varepsilon] \right|.$$

Si ε n'était susceptible que d'une seule valeur, les substitutions de $\mathfrak{G}$ se réduiraient aux substitutions Ψ qui multiplient tous les indices par un même facteur constant; ces substitutions, étant évidemment abéliennes et échangeables à toute substitution de Γ, sont contenues dans ce groupe; sans quoi elles pourraient lui être adjointes pour former un groupe plus général.

667. Supposons, pour plus de généralité, que le nombre μ' des valeurs de ε soit > 1. On verra, comme au n° 581, que *si* Γ *contient les substitutions* $\mathfrak{S}_1 \mathfrak{G}_1, \ldots, \mathfrak{S}_n \mathfrak{G}_n$, *il contiendra les deux substitutions partielles* $\mathfrak{S}_1$, $\mathfrak{G}_1, \ldots, \mathfrak{S}_n$, $\mathfrak{G}_n$; puis, comme au n° 653, que Γ *contient des substitutions abéliennes*

propres de la forme ϖ, *autres que celles de* F. *Dans le groupe formé par ces substitutions on pourra déterminer un second faisceau* G′, *analogue à* G. Raisonnant comme précédemment, on verra :

1° Que G′ *résulte de la combinaison de* F *avec une double suite* $A'_1, B'_1, \ldots, A'_{\sigma}, B'_{\sigma}$ *dont chaque substitution est échangeable à toutes les autres, sauf à son associée, à laquelle elle l'est à* θ *près.*

2° Que μ' *est un multiple de* $2^{\sigma'}$, *tel que* $\mu'' 2^{\sigma'}$, et qu'*en changeant convenablement d'indices indépendants et remplaçant l'indicateur unique* ε *par* σ' *indicateurs* $\eta_1, \eta_2, \ldots$ *variables de* 0 *à* 1 *et un indicateur* ε' *variable de* 0 *à* $\mu''-1$, *on pourra, sans altérer la forme des substitutions* $A_1, B_1, \ldots$, *mettre* $A'_2, B'_2, \ldots$ *sous les formes suivantes*

$$A'_2 = | \, [\xi_1 \xi_2 \ldots \eta_1 \eta_2 \ldots \varepsilon']_0 \quad \theta^{\eta_2} [\xi_1 \xi_2 \ldots \eta_1 \eta_2 \ldots \varepsilon']_0 \, |,$$
$$B'_2 = | \, [\xi_1 \xi_2 \ldots \eta_1 \eta_2 \ldots \varepsilon']_0 \quad [\xi_1 \xi_2 \ldots \eta_1, \eta_2 + 1, \ldots \varepsilon']_0 \, |,$$
$$\ldots\ldots\ldots\ldots\ldots\ldots\ldots\ldots\ldots\ldots\ldots\ldots\ldots\ldots$$

Quant à A'_1, B'_1 *elles auront pour caractéristique une puissance de* $(K^2 - \theta^{\nu'})$, ν' *étant égal à* 0 *ou à* 1.

Si $\nu' = 0$, *on aura*

$$A'_1 = | \, [\xi_1 \xi_2 \ldots \eta_1 \eta_2 \ldots \varepsilon']_0 \quad \theta^{\eta_1} [\xi_1 \xi_2 \ldots \eta_1 \eta_2 \ldots \varepsilon']_0 \, |,$$
$$B'_1 = | \, [\xi_1 \xi_2 \ldots \eta_1 \eta_2 \ldots \varepsilon']_0 \quad [\xi_1 \xi_2 \ldots, \eta_1 + 1, \eta_2 \ldots \varepsilon']_0 \, |.$$

Si $\nu' = 1$ *et* $p - 1 \equiv 0 \pmod{4}$, *on aura*

$$A'_1 = | \, [\xi_1 \xi_2 \ldots \eta_1 \eta_2 \ldots \varepsilon']_0 \quad j\theta^{\eta_1} [\xi_1 \xi_2 \ldots \eta_1 \eta_2 \ldots \varepsilon']_0 \, |,$$
$$B'_1 = | \, [\xi_1 \xi_2 \ldots \eta_1 \eta_2 \ldots \varepsilon']_0 \quad j [\xi_1 \xi_2 \ldots, \eta_1 + 1, \eta_2 \ldots \varepsilon']_0 \, |.$$

Si $\nu' = 1$ *et* $p - 1 \equiv 2 \pmod{4}$, *on aura*

$$A'_1 = | \, [\xi_1 \xi_2 \ldots \eta_1 \eta_2 \ldots \varepsilon']_0 \quad -\theta^{\eta_1} [\xi_1 \xi_2 \ldots, \eta_1 + 1, \eta_2 \ldots \varepsilon']_0 \, |,$$
$$B'_1 = | \, [\xi_1 \xi_2 \ldots \eta_1 \eta_2 \ldots \varepsilon']_0 \quad \alpha\theta^{\eta_1} [\xi_1 \xi_2 \ldots \eta_1 \eta_2 \ldots \varepsilon']_0 + \beta [\xi_1 \xi_2 \ldots, \eta_1 + 1, \eta_2 \ldots \varepsilon']_0 \, |.$$

3° On verra ensuite que l'*exposant d'échange des deux substitutions* $C_{\xi_1 \xi_2 \ldots \eta_1 \eta_2 \ldots m}$ *et* $C_{\xi'_1 \xi'_2 \ldots \eta'_1 \eta'_2 \ldots m'}$ *est congru à zéro, à moins qu'on n'ait*

$$\xi'_1 - \xi_1 - \nu \equiv \xi'_2 - \xi_2 \equiv \ldots \equiv \eta'_1 - \eta_1 - \nu' \equiv \eta'_2 - \eta_2 \equiv \ldots \equiv 0 \pmod{2};$$

qu'*il est indépendant de* $\xi_2, \ldots, \eta_2, \ldots$ *et qu'il est multiplié par* θ^{ν} *ou par* $\theta^{\nu'}$ *lorsque* ξ_1 *ou* η_1 *croissent d'une unité.*

4° Qu'*à chaque substitution* φ *de* Γ, *qui transforme* $A'_1, B'_1, \ldots$ *en*

$f'_1 A'^{\alpha'_1}_1 B'^{\beta'_1}_1 \ldots, g'_1 A'^{\gamma'_1}_1 B'^{\delta'_1}_1 \ldots, \ldots$ *correspond une substitution de degré* $2^{2\sigma'}$

$$V' = | x'_1, y'_1, \ldots \quad \alpha'_1 x'_1 + \gamma'_1 y'_1 + \ldots, \beta'_1 x'_1 + \delta'_1 y'_1 + \ldots, \ldots |,$$

qui sera hypoabélienne de première ou de seconde espèce suivant qu'on aura $\upsilon' = 0$ *ou* $\upsilon' = 1$.

5° Que *chacune des substitutions* $\mathfrak{C}_1, \ldots, \mathfrak{C}_n$ *est le produit de deux substitutions partielles ayant les formes suivantes :*

$$(30) \qquad \left| [\xi_1 \xi_2 \ldots \eta_1 \eta_2 \ldots \varepsilon']_0 \quad \sum_{m_1, m_2, \ldots} \alpha^{\eta_1 \eta_2 \ldots}_{m_1 m_2 \ldots} [\xi_1 \xi_2 \ldots m_1 m_2 \ldots \varepsilon']_0 \right|,$$

$$(31) \qquad \left| [\xi_1 \xi_2 \ldots \eta_1 \eta_2 \ldots \varepsilon']_0 \quad \sum_{q'} \alpha^{\varepsilon'}_{q'} [\xi_1 \xi_2 \ldots \eta_1 \eta_2 \ldots q']_0 \right|,$$

et que Γ *contient chacune de ces substitutions partielles;* que *si* $\mu'' = 1$, *les substitutions de la forme* (31) *se réduisent aux* Ψ, *et sont contenues dans* Γ. *Mais si* $\mu'' > 1$, Γ *contiendra des substitutions abéliennes propres de la forme* (31) *autres que celles de* F; *parmi ces substitutions, on pourra déterminer un second faisceau* G'' *analogue à* G *et à* G'; *etc.*

Poursuivant ainsi, on arrive à ce résultat : *Le nombre* μ *des indices est une puissance de* 2, telle que $2^{\sigma+\sigma'+\cdots}$.

668. Soient maintenant φ une substitution quelconque de Γ; V, V',... ses corrélatives. Les substitutions V formeront un groupe L, primaire, résoluble de degré $2^{2\sigma}$ et contenu dans le groupe hypoabélien de première ou de seconde espèce, suivant que l'on aura $\upsilon = 0$ ou $\upsilon = 1$. Les substitutions V' formeront un groupe analogue L', de degré $2^{2\sigma'}$; etc.

669. Réciproquement, *soient* L, L',... *des groupes résolubles et primaires respectivement contenus dans les groupes hypoabéliens* (*de première ou de seconde espèce, suivant le cas*) *des degrés* $2^{2\sigma}, 2^{2\sigma'}, \ldots$. *Associons leurs substitutions de toutes les manières possibles. A chaque système de substitutions associées tel que* V, V',..., *on pourra faire correspondre une substitution* φ *ayant pour corrélatives* V, V',.... *Le groupe* Γ, *dérivé des substitutions* φ, *jointes à* $A_1, B_1, \ldots, A'_1, B'_1, \ldots$ *et aux* Ψ *sera résoluble, et restera le même de quelque manière qu'on choisisse la substitution* φ (586). *Son ordre sera égal à* $(p-1) 2^{\sigma+\sigma'+\cdots} \omega\omega' \ldots$, $\omega, \omega', \ldots$ *étant les ordres respectifs des groupes auxiliaires* L, L',....

La détermination de Γ se ramène ainsi à celle des groupes auxiliaires L, L',..., qui devront naturellement être choisis aussi généraux que possible dans leur espèce. On retombe ainsi sur le problème C, mais pour un degré fort abaissé.

670. *Remarque.* — Les exposants d'échange mutuels des substitutions $C_{\xi_1\xi_2\ldots\eta_1\eta_2\ldots}$ sont tous congrus à o (mod. p), sauf ceux de la forme $(C_{\xi_1\xi_2\ldots\eta_1\eta_2\ldots}\, C_{\xi_1+\upsilon,\xi_2,\ldots,\eta_1+\upsilon',\eta_2,\ldots})$, qui seront congrus à $\theta^{\upsilon\xi_1+\upsilon'\eta_1+\ldots}k$, k étant une constante. On aura donc

$$(32) \qquad k \equiv (C_{00\ldots00\ldots}\, C_{\upsilon0\ldots\upsilon'0\ldots}) \equiv -(C_{\upsilon0\ldots\upsilon'0\ldots}\, C_{00\ldots,00\ldots}) \equiv -\theta^{\upsilon^2+\upsilon'^2+\ldots} k.$$

Si ceux des nombres υ, υ',... qui sont congrus à 1 sont en nombre pair, il vient $k \equiv -k$, d'où $k \equiv 0$; tous les exposants d'échange seraient donc congrus à zéro, résultat inadmissible. Donc *ceux des nombres υ, υ',... qui sont congrus à 1 sont en nombre impair.* La relation (32) se réduit alors à une identité, et k reste indéterminé (mais différent de zéro).

Soit α un entier quelconque; prenons pour indices indépendants, à la place des $[\xi_1\xi_2\ldots\eta_1\eta_2\ldots]_0$ les expressions $\alpha^{-1}[\xi_1\xi_2\ldots\eta_1\eta_2\ldots]_0$, ce qui n'altère pas l'expression des substitutions du groupe Γ; les substitutions correspondantes à ces nouveaux indices seront respectivement égales à $C^{\alpha}_{\xi_1\xi_2\ldots\eta_1\eta_2\ldots}$; leurs exposants d'échange mutuels ne différeront donc des précédents que par le changement de k en $k\alpha^2$. Cela posé, k est égal à $g^{2\rho}$ ou à $g^{2\rho+1}$, g étant une racine primitive de la congruence $g^{p-1} \equiv 1$ (mod. p). Posons $\alpha = g^{-\rho}$; $k\alpha^2$ se trouvera réduit à 1 ou à g. On peut donc, sans nuire à la généralité de la solution, supposer $k = 1$ ou $k = g$.

Si 2 est non résidu quadratique de p, ces deux hypothèses reviennent l'une à l'autre. Soit en effet $k = g$. Si $p^\nu \equiv 1$ (mod. 4), prenons pour indices indépendants ceux-ci $\beta\dfrac{1+j\theta^{\xi_1}}{2}[\xi_1\xi_2\ldots\eta_1\eta_2\ldots]_0$, j étant une racine primitive de la congruence $j^4 \equiv 1$ (mod. p) et β un entier tel, que l'on ait $\beta^2 \equiv 2g$. Cette transformation d'indices n'altère pas la forme des substitutions A_1, A_2, B_2,..., A'_1, B'_1,..., et quant à B_1, elle s'exprime en fonction des nouveaux indices de la même manière que B_1A_1 en fonction des indices originaires. Donc l'expression du faisceau (θ, A_1, B_1, A_2, B_2,..., A'_1, B'_1,...) ne sera pas changée. D'ailleurs les substitutions $C^{\frac{2}{\beta(1+j\theta^{\xi_1})}}_{\xi_1\xi_2\ldots\eta_1\eta_2\ldots}$ correspondantes aux nouveaux indices forment une double suite où les exposants d'échange sont égaux à $\dfrac{2}{\beta(1+j)}\cdot\dfrac{2}{\beta(1-j)}g \equiv \dfrac{2g}{\beta^2} \equiv 1$.

Si $p^\nu \equiv 3$ (mod. 4), on prendra pour indices indépendants ceux-ci : $\frac{1}{2}\beta[\xi_1\xi_2\ldots\eta_1\eta_2\ldots]_0 + \frac{1}{2}\beta\theta^{\xi_1}[\xi_1+1, \xi_2,\ldots, \eta_1, \eta_2\ldots]_0,\ldots$, auxquels correspondent respectivement les substitutions $C_{\xi_1,\xi_2\ldots\eta_1,\eta_2\ldots}^{\beta^{-1}}$, $C_{\xi_1+1,\xi_2,\ldots\eta_1,\eta_2\ldots}^{\beta^{-1}g^{\xi_1}}$, qui forment une double suite où les exposants d'échange sont égaux à $\frac{2g}{\beta^2} \equiv 1$.

671. Si 2 est résidu quadratique de p, toute substitution ψ du groupe Γ étant le produit de substitutions partielles dont chacune multiplie les exposants d'échange par un résidu quadratique, les multipliera elle-même par un résidu quadratique. Donc Γ ne contiendra aucune substitution qui multiplie ces exposants d'échange par une puissance impaire de g; et d, l'exposant de Γ, sera égal à 2.

Au contraire, *si 2 est non résidu quadratique de p, Γ aura pour exposant l'unité.* Cette proposition résulte des développements qui vont suivre.

672. Soient s_1, s_2,... les diverses substitutions de la forme s qui sont permutables au faisceau G; chacune d'elles est, comme on l'a vu, le produit de substitutions partielles toutes abéliennes. D'ailleurs, parmi les substitutions s_1, s_2,..., il en est qui multiplient les exposants d'échange par 2, qui est non résidu. Le groupe $\mathfrak{S}$ formé par celles de ces substitutions qui multiplient les exposants d'échange par des résidus quadratiques contient donc la moitié seulement des substitutions s_1, s_2,...; il est clair en outre qu'il est permutable à toutes ces substitutions. Le groupe I formé par les corrélatives des substitutions de $\mathfrak{S}$ contiendra la moitié des substitutions du groupe H hypoabélien de degré $2^{2\sigma}$, formé par les corrélatives de s_1, s_2,...; et de plus il sera permutable aux substitutions de H.

Or nous avons vu (268-275 et 283-290) qu'il ne peut exister qu'un seul groupe I contenu dans H et permutable à ses substitutions. Nous trouvons ici ce groupe I, et nous constatons qu'il ne contient que la moitié des substitutions de H, ce qui complète la démonstration de l'endroit cité.

673. Cela posé, soient comme précédemment L, L',... les groupes auxiliaires qui concourent à la construction de Γ : H, H',... les groupes hypoabéliens de degrés $2^{2\sigma}$, $2^{2\sigma'}$,... dans lesquels ils sont contenus : I, I',... les groupes contenus respectivement dans les groupes H, H',... et permutables à leurs substitutions dont l'existence vient d'être démontrée. Si L, L',... sont respectivement contenus dans I, I',..., on aura $d = 2$. En effet, soient S_1, S'_1,... des substitutions quelconques prises dans I, I',...; $\psi_1 = s_1 s'_1 \ldots$ la substitution de Γ qui a S_1, S'_1,... pour corrélatives. La substitution partielle s_1, ayant pour corrélative S_1, qui appartient à L et par suite à I, multiplie les exposants d'échange par un résidu quadratique. De même pour

chacun des autres facteurs $s'_1, \ldots$. Au contraire, si L, par exemple, contient une substitution S_1 qui n'appartienne pas à I, Γ contiendra une substitution s_1 de la forme s, dont S_1 est la corrélative, et qui multipliera les exposants d'échange par un non résidu. On aura donc $d = 1$.

Nous sommes ainsi ramenés à chercher dans quel cas un groupe L résoluble, primaire et aussi général que possible parmi ceux qui sont contenus dans le groupe hypoabélien H, de degré $2^{2\sigma}$, sera contenu dans le groupe I.

674. Le groupe L étant supposé décomposable pour plus de généralité, les indices s'y répartiront n à n entre λ systèmes (couples de systèmes), et L résultera de la combinaison de deux groupes partiels : 1° l'un, D, dont les substitutions permutent les systèmes (couples de systèmes) entre eux en remplaçant les uns par les autres les indices correspondants; 2° l'autre, Γ_0, dont les substitutions n'altèrent que les indices du premier système (couple de systèmes). Ce dernier groupe, ayant pour ordre une puissance de 2, sera de première ou de seconde catégorie (659). Supposons-le d'abord de première catégorie.

Chaque substitution de D est évidemment le produit de transpositions effectuées sur les couples de systèmes; d'ailleurs chacune de ces transpositions appartient à I. En effet, soient

$$x'_1, \ldots, \; x'_n; \ldots; \; x_1^{(\lambda)}, \ldots, \; x_n^{(\lambda)},$$
$$y'_1, \ldots, \; y'_n; \ldots; \; y_1^{(\lambda)}, \ldots, \; y_n^{(\lambda)}$$

les indices indépendants réels auxquels L est rapporté. On peut supposer qu'ils se confondent avec les indices originaires $x_1, y_1; \ldots; x_{\lambda n}, y_{\lambda n}$ (638). Supposons donc $x'_1, \ldots, x'_n$; $y'_1, \ldots, y'_n$ et $x''_1, \ldots, x''_n$; $y''_1, \ldots, y''_n$ respectivement égaux à $x_1, \ldots, x_n$; $y_1, \ldots, y_n$ et à $x_{n+1}, \ldots, x_{2n}$; $y_{n+1}, \ldots, y_{2n}$; la transposition qui permute entre eux ces deux couples de systèmes est le produit des n substitutions $P_{1,n+1}, \ldots, P_{n,2n}$ du n° 220, dont chacune, telle que $P_{\mu,\nu}$, est elle-même le produit de trois facteurs $Q_{\mu,\nu}, Q_{\nu,\mu}, Q_{\mu,\nu}$ dont chacun appartient à I; car I, contenant $N_{\mu,\nu}$, contiendra sa transformée $Q_{\mu,\nu}$ par M_ν.

Quant aux substitutions de Γ_0, elles sont de la forme $\mathfrak{A}^\alpha \mathfrak{Q}$, $\mathfrak{A}$ étant la substitution qui remplace $x'_1, \ldots, x'_n$ par $y'_1, \ldots, y'_n$ et réciproquement, et $\mathfrak{Q}$ une nouvelle substitution hypoabélienne qui remplace les indices de chacun de ces deux systèmes par des fonctions linéaires des indices du même système. Or chaque substitution de la forme $\mathfrak{Q}$ appartient à I; en effet, soient $\mathfrak{Q}_1$ l'une de ces substitutions, $\varphi_1, \ldots, \varphi_n$ les fonctions qu'elle fait succéder à $x_1, \ldots, x_n$. Les substitutions de la forme $Q_{\mu,\nu}$, toutes contenues dans I, étant combinées entre elles, fournissent une substitution Θ_1 qui remplace les indices $x_1, \ldots, x_n$ par $\varphi_1, \ldots, \varphi_n$ (121); et l'on aura $\mathfrak{L}_1 = \Theta_1 \mathfrak{L}_2$, $\mathfrak{L}_2$ étant une nouvelle substitution hypoabélienne, qui laisse invariables $x_1, \ldots, x_n$ et par suite $y_1, \ldots, y_n$: donc $\mathfrak{L}_2$ se réduira à l'unité, et $\mathfrak{L}_1 = \Theta_1$ appartiendra à I.

Quant à la substitution $\mathfrak{R}$, elle est le produit des n substitutions $M_1, \ldots, M_n$ qui n'appartiennent pas à I, mais dont les produits deux à deux appartiennent à ce groupe; elle appartiendra donc ou non à I suivant que n sera pair ou impair.

675. Supposons maintenant Γ_0 de seconde catégorie. Les indices étant choisis de manière à ramener Γ_0 à sa forme type formeront 2ν séries contenant chacune $\mu = \frac{n}{2\nu}$ indices; et μ, étant un produit de facteurs premiers qui divisent tous $2^\nu + 1$, sera impair.

Chaque substitution de D est le produit de transpositions effectuées sur les systèmes; et nous allons voir que chacune de ces substitutions appartient à I. Considérons par exemple la transposition T qui permute entre eux les deux premiers systèmes. Nous pouvons prendre pour indices indépendants, au lieu des indices imaginaires auxquels le premier système est actuellement rapporté, d'autres indices réels $X_1, Y_1, X_2, Y_2, \ldots$ tels : 1° que les exposants d'échange mutuels des substitutions correspondantes C_{X_1}, $C_{Y_1}, \ldots$ soient tous congrus à 0 (mod. 2), sauf ceux-ci $(C_{X_1} C_{Y_1})$, $(C_{X_2} C_{Y_2}), \ldots$ qui seront congrus à 1; 2° que leurs caractères soient congrus à 0, sauf ceux de C_{X_1} et de C_{Y_1} (294-299). Quant au second système, on pourra prendre pour indices indépendants les fonctions $X'_1, Y'_1, X'_2, Y'_2, \ldots$ par lesquelles T remplace $X_1, Y_1, X_2, Y_2, \ldots$. Cette substitution, étant d'ordre 2, remplacera réciproquement $X'_1, Y'_1, X'_2, Y'_2, \ldots$ par $X_1, Y_1, X_2, Y_2, \ldots$. Elle est d'ailleurs hypoabélienne. Donc $C_{X'_1}, C_{Y'_1}, \ldots$ ont mêmes caractères et mêmes exposants d'échange mutuels que $C_{X_1}, C_{Y_1}, \ldots$. Enfin, leurs exposants d'échange avec ces dernières substitutions sont tous congrus à zéro.

Posons maintenant

$$(33)\qquad \begin{cases} X_1 = \Xi_1 + \Xi'_1 + H'_1, & Y_1 = H_1 + \Xi'_1 + H'_1, \\ X'_1 = \Xi_1 + H_1 + \Xi'_1, & Y'_1 = \Xi'_1 + H'_1, \end{cases}$$

et prenons pour indices indépendants Ξ_1, H_1, Ξ'_1, H'_1 à la place de X_1, Y_1, X'_1, Y'_1. Les substitutions correspondantes $C_{\Xi_1}, C_{H_1}, C_{\Xi'_1}, C_{H'_1}$ étant respectivement égales à $C_{X_1} C_{X'_1}$, $C_{Y_1} C_{X'_1}$, $C_{X_1} C_{Y_1} C_{X'_1} C_{Y'_1}$, $C_{X_1} C_{Y_1} C_{Y'_1}$, ont pour caractère zéro, et leurs exposants d'échange avec les substitutions $C_{X_2}, C_{Y_2}, \ldots, C_{X'_2}$,

$C_{Y'_2}, \ldots$ seront congrus à o. Quant à leurs exposants d'échange mutuels, ils seront également congrus à zéro, sauf $(C_{\Xi_1} C_{H_1})$, $(C_{\Xi'_1} C_{H'_1})$ qui sont congrus à 1.

On peut enfin remplacer les indices indépendants des $\lambda - 2$ systèmes restants par des indices réels Z, U, Z', U',... tels, que les exposants d'échange mutuels des substitutions correspondantes soient congrus à o, sauf $(C_Z C_U)$, $(C_{Z'} C_{U'}), \ldots$ et que leurs caractères soient également congrus à o, sauf pour C_Z, C_U, qui auront pour caractère o ou 1 suivant que λ est pair ou impair.

Désignons maintenant par $x_1, y_1, \ldots, x_{\lambda n}, y_{\lambda n}$ les indices actuellement représentés par Z, U, Z', U',..., Ξ_1, H_1, X_2, $Y_2, \ldots$, Ξ'_1, H'_1, X'_2, $Y'_2, \ldots$. La substitution T, remplaçant ces indices par Z, U, Z', U',..., $\Xi_1 + H'_1$, H_1, X'_2, $Y'_2, \ldots$, $\Xi'_1 + H_1$, H'_1, X_2, $Y_2, \ldots$ sera égale à

$$N_{(\lambda-2)n+1,\,(\lambda-1)n+1}\, P_{(\lambda-2)n+2,\,(\lambda-1)n+2} \cdots P_{(\lambda-1)n,\,\lambda n},$$

produit dont chaque facteur appartient à I.

676. Passons à l'examen du groupe Γ_0. Soient $[\xi_1 \xi_2 \ldots]_r$ les indices imaginaires qui ramènent Γ_0 à sa forme type; $C_{\xi_1 \xi_2 \ldots r}$ les substitutions correspondantes. Leurs caractères sont congrus à zéro, et leurs exposants d'échange également, sauf ceux-ci $(C_{\xi_1 \xi_2 \ldots r} C_{\xi_1 \xi_2 \ldots, r+\nu})$, qui seront congrus à 1; et les substitutions de Γ_0 seront de la forme $\mathfrak{P}^\rho \mathfrak{Q}$, $\mathfrak{P}$ étant la substitution qui remplace chaque indice par l'indice correspondant de la série suivante, et $\mathfrak{Q}$ une substitution hypoabélienne qui ne déplace pas les séries.

Nous allons démontrer que *les substitutions de la forme $\mathfrak{Q}$ appartiennent toutes à* I. Pour cela, désignons par $x_0, y_0, \ldots, x_r, y_r, \ldots$ les indices précédemment désignés par $[\xi_1 \xi_2 \ldots]_0, \ldots, [\xi_1 \xi_2 \ldots]_r$. Soit

$$S = | \ldots, x_r, y_r, \ldots \quad \ldots, a^{2^r} x_r + b^{2^r} y_r + \ldots, a'^{2^r} x_r + b'^{2^r} y_r + \ldots, \ldots |$$

une des substitutions de la forme $\mathfrak{Q}$. Les substitutions $C_{x_r}^{a^{2^r}} C_{y_r}^{a'^{2^r}} \ldots$, $C_{x_r}^{b^{2^r}} C_{y_r}^{b'^{2^r}} \ldots, \ldots$ transformées de C_{x_r}, $C_{y_r}, \ldots$ par S doivent avoir les mêmes exposants d'échange mutuels que ces dernières substitutions, ce qui donne, entre autres relations de condition, la suivante

$$(34) \qquad a^{2^\nu+1} + a'^{2^\nu+1} + \ldots \equiv 1 \pmod{2}.$$

Réciproquement, a, a',... *étant des entiers complexes quelconques satisfaisant à la relation* (34), I *contiendra une substitution* T *qui transforme* C_{x_r} *en* $C_{x_r}^{a^{2^r}} C_{y_r}^{a'^{2^r}} \ldots$. Divers cas seront à distinguer dans cette démonstration.

1° Soit d'abord $a^{2^\nu+1} - 1 \equiv a'^{2^\nu+1} + \ldots \equiv m^{2^\nu+1} \gtrless 0 \pmod{2}$: m pourra s'exprimer sans nouvelle imaginaire; car on aura

$$m^{(2^\nu+1)2^\nu} \equiv a^{(2^\nu+1)2^\nu} - 1 \equiv a^{2^\nu+1} - 1 \equiv m^{2^\nu+1}, \quad \text{d'où} \quad m^{2^{2\nu}-1} \equiv 1.$$

Posons maintenant

$$D_r = \left[C_{y_r}^{a'^{2^r}} \ldots\right]^{m^{-2^r}}.$$

On aura $(C_{x_r} C_{x_{r+\nu}}) \equiv 1$, $(C_{x_r} D_{r+\nu}) \equiv 0$, $(D_r D_{r+\nu}) \equiv 1$; et les substitutions dérivées de C_{x_r}, C_{y_r},... pourront être considérées comme dérivées de la combinaison de C_{x_r}, D_r avec d'autres substitutions E_r, E'_r,... telles, que les exposants d'échange $(C_x E_{r+\nu})$, $(D_r E_{r+\nu})$,... soient tous congrus à zéro. Soient en effet $\mathcal{E}_r = C_{x_r}^{l^{2^r}} C_{y_r}^{l'^{2^r}} \ldots$ une substitution quelconque dérivée de C_{x_r}, C_{y_r},...; $k^{2^{r+\nu}}$, $k'^{2^{r+\nu}}$ les exposants d'échange de $\mathcal{E}_{r+\nu}$ avec C_{x_r} et D_r; on aura $\mathcal{E}_r = E_r C_{x_r}^{k^{2^r}} D_r^{k'^{2^r}}$, E_r étant une nouvelle substitution dérivée de C_{x_r}, D_r, et telle, que l'on ait $(C_{x_r} E_{r+\nu}) \equiv (D_r E_{r+\nu}) \equiv 0$.

Soient maintenant x_r, η_r, ζ_r,... des indices indépendants choisis de manière à correspondre respectivement aux substitutions C_{x_r}, D_r, E_r,...; et soit e une racine arbitraire de la congruence

$$e^{2^\nu+1} \equiv 1 \pmod{2}. \tag{35}$$

La substitution

$$T = |\ \ldots, x_r, \eta_r, \zeta_r, \ldots \quad \ldots, a^{2^r} x_r + e^{2^r} m^{2^{r+\nu}} \eta_r, m^{2^r} x_r + e^{2^r} a^{2^{r+\nu}} \eta_r, \zeta_r, \ldots\ |$$

est évidemment hypoabélienne, et transforme C_{x_r} en $C_{x_r}^{a^{2^r}} D_r^{m^{2^r}} = C_{x_r}^{a^{2^r}} C_{y_r}^{a'^{2^r}} \ldots$. Enfin, T ou son carré appartiendra à I. Car soient I_1, I_2,... les substitutions de I; si T et T^2 n'appartenaient pas à I, H contiendrait les substitutions I_1, I_2,...; TI_1, TI_2,...; $T^2 I_1$, $T^2 I_2$,..., qui sont évidemment distinctes; donc I contiendrait tout au plus le tiers des substitutions de H : résultat absurde, car il en contient la moitié.

Si l'ordre de T est un nombre impair $2\alpha + 1$, on aura $T = T^{2(\alpha+1)}$. Donc I, contenant T^2, contiendra T. Or, pour que cette condition soit satisfaite, il suffit évidemment que la congruence caractéristique de T n'ait pas de racine égale à l'unité; d'où la relation

$$(a^{2^r} - 1)(e^{2^r} a^{2^{r+\nu}} - 1) - (e m^{2^\nu+1})^{2^r} \equiv [e(1 - a^{2^\nu}) + 1 - a]^{2^r} \gtrless 0 \pmod{2}, \tag{36}$$

inégalité qui sera satisfaite pour toutes les valeurs de e, sauf une seule.

2° Soit $a^{2^\nu+1}-1\equiv 0$, mais $a'^{2^\nu+1}-1 \gtrless 0 \pmod{2}$. La substitution

$$(37)\qquad U=| \ldots, x_r, y_r, \ldots \quad y_r, x_r, \ldots |$$

est évidemment hypoabélienne; et l'on voit, comme au n° 675, qu'elle est contenue dans I. D'autre part, on vient de voir que I contient une substitution T_1 qui transforme C_{x_r} en $C_{x_r}^{a'^{2^r}} C_{y_r}^{a'^{2^r}} \ldots$; il contiendra donc $T_1 U$, qui le transforme en $C_{x_r}^{a'^{2^r}} C_{y_r}^{a'^{2^r}} \ldots$.

3° Soit $a^{2^\nu+1}-1\equiv a'^{2^\nu+1}-1\equiv\ldots\equiv 0$ et $\nu>1$. On pourra déterminer un entier complexe α différent de l'unité, et qui satisfasse à la relation

$$\alpha^{2^\nu-1}\equiv 1 \pmod{2}.$$

Soient e et ε deux racines arbitrairement choisies de la congruence (35), et posons $\beta=(1-\alpha)$. On aura

$$\alpha^{2^\nu+1}+\beta^{2^\nu+1}\equiv\alpha^2+\beta^2\equiv 1,$$

$$\begin{aligned}&(a\alpha+\varepsilon a' e\beta)^{2^\nu+1}+(a\beta+\varepsilon a' e\alpha)^{2^\nu+1}\\ &\quad\equiv 2(\alpha^{2^\nu+1}+\beta^{2^\nu+1})+\{a^{2^\nu}\varepsilon a' e+(\varepsilon a' e)^{2^\nu} a\}\{\alpha^{2^\nu}\beta+\beta^{2^\nu}\alpha\}\equiv 0\equiv a^{2^\nu+1}+a'^{2^\nu+1}.\end{aligned}$$

D'ailleurs α et e étant fixés, on pourra déterminer ε de telle sorte que la congruence

$$(a\alpha+\varepsilon a' e\beta)^{2^\nu+1}-1\equiv(a\alpha)^{2^\nu}\varepsilon a' e\beta+a\alpha(\varepsilon a' e\beta)^{2^\nu}\equiv 0 \pmod{2}$$

ne soit pas satisfaite. Car cette congruence ne peut avoir plus de 2^ν racines, et ε est susceptible de $2^\nu+1$ valeurs distinctes.

Cela posé, le groupe I contiendra une substitution U qui transforme C_{x_r} en $C_{x_r}^{(a\alpha+\varepsilon a' e\beta)^{2^r}} C_{y_r}^{(a\beta+\varepsilon a' e\alpha)^{2^r}} C_{z_r}^{a''^{2^r}} \ldots$. Si de plus on détermine e de telle sorte que l'on ait

$$(\alpha-1)(e\alpha-1)-e\beta^2\gtrless 0 \pmod{2},$$

ce qui est évidemment possible, I contiendra la substitution

$$V=| \ldots, x_r, y_r, \ldots \quad \ldots, \alpha^{2^r} x_r+e^{2^r}\beta^{2^r} y_r,\ \beta^{2^r} x_r+e^{2^r}\alpha^{2^r} y_r, \ldots |,$$

car cette substitution est hypoabélienne et d'ordre impair. Par la même raison, il contiendra la suivante

$$W = | \ldots, x_r, y_r, \ldots \quad \ldots, x_r, \varepsilon^{\nu^r} y_r, \ldots |.$$

Cela posé, I contiendra la substitution $T = UV^{-1}W^{-1}$, qui transforme C_{x_r} en $C_{x_r}^{a\nu^r} C_{y_r}^{a'\nu^r} \ldots$

4° Soit $a^{2^\nu+1} - 1 \equiv a'^{2^\nu+1} - 1 \equiv \ldots \equiv 0$ et $\nu = 1$. Les quantités $a, a', \ldots$, satisfaisant à la relation (34), seront en nombre impair. Soit i une racine de la congruence irréductible du second degré. La substitution U qui remplace x_r, y_r, z_r par $x_r + y_r + z_r$, $x_r + i^{2^r} y_r + i^{2^{r+1}} z_r$, $x_r + i^{2^{r+1}} y_r + i^{2^r} z_r$ est hypoabélienne, et transforme C_{x_r} en $C_{x_r} C_{y_r} C_{z_r}$; de plus, en remplaçant les indices indépendants imaginaires par des indices réels, on voit sans difficulté qu'elle appartient à I. La substitution U et ses analogues, combinées ensemble, et à la substitution

$$W = | \ldots, x_r, y_r, z_r, \ldots \quad \ldots, a^{2^r} x_r, a'^{2^r} y_r, a''^{2^r} z_r, \ldots |,$$

laquelle est hypoabélienne de degré impair, et par suite appartient à I, permettent évidemment de transformer C_{x_r} en $C_{x_r}^{a\nu^r} C_{y_r}^{a'\nu^r} C_{z_r}^{a''\nu^r} \ldots$

677. Il est aisé maintenant de prouver, comme nous l'avons annoncé, que toute substitution de la forme $\mathfrak{Q}$ appartient à I. Soient $\mathfrak{Q}_1$ une de ces substitutions; $C_{x_r}^{a\nu^r} C_{y_r}^{a'\nu^r} \ldots$ la transformée de C_{x_r} par $\mathfrak{Q}_1$; T la substitution de forme $\mathfrak{Q}$ qui appartient à I et donne la même transformée. On aura $\mathfrak{Q}_1 = \mathfrak{Q}_2 T$, $\mathfrak{Q}_2$ étant une nouvelle substitution hypoabélienne, de forme $\mathfrak{Q}$, et qui transforme C_{x_r} en elle-même. Soit $C_{x_r}^{b\nu^r} C_{y_r}^{b'\nu^r} \ldots$ la transformée de C_{y_r} par $\mathfrak{Q}_2$. Son exposant d'échange avec $C_{x_{r+\nu}}$, que $\mathfrak{Q}_2$ transforme en elle-même, doit être congru à $(C_{y_r} C_{x_{r+\nu}}) \equiv 0$. Donc $b = 0$. Cela posé, on voit comme tout à l'heure que I contient une substitution T_1 de forme $\mathfrak{Q}$ qui transforme C_{y_r} en $C_{y_r}^{b'\nu^r} \ldots$ sans altérer C_{x_r}; on aura $\mathfrak{Q}_2 = \mathfrak{Q}_3 T_1$, $\mathfrak{Q}_3$ étant une nouvelle substitution hypoabélienne, de forme $\mathfrak{Q}$, et qui transforme les substitutions C_{x_r}, C_{y_r} en elles-mêmes. Poursuivant ainsi, on voit que $\mathfrak{Q}_1$ est le produit de substitutions appartenant à I par une dernière substitution qui transforme les substitutions C_{x_r}, $C_{y_r}, \ldots$ en elles-mêmes, et par suite se réduit à l'unité.

678. Au contraire, *la substitution $\mathfrak{P}$ n'appartient pas à* I. Remarquons d'abord qu'elle est le produit de μ substitutions hypoabéliennes pareilles entre elles et qui permutent respectivement entre eux, et d'une manière circulaire, les indices $x_0, \ldots, x_r, \ldots$, les indices $y_0, \ldots, y_r, \ldots$, etc. Le nombre μ

étant impair, il suffira de prouver que ces substitutions partielles n'appartiennent pas à I pour prouver que Φ ne lui appartient pas.

Soit $S = |\ldots, x_r, \ldots \quad \ldots, x_{r+1}, \ldots|$ l'une de ces substitutions partielles (nous omettons d'écrire les indices $y_r, \ldots$ que S n'altère pas). On aura en général $2\nu = 2^\alpha q$, q étant un entier impair, que nous supposerons > 1 pour plus de généralité; et l'on pourra poser $i = jl$, j et l étant respectivement des racines de congruences imaginaires J et L, de degrés q et 2^α (21). Substituant cette valeur de i dans l'expression de x_0, et abaissant les puissances de j et de l à l'aide des congruences J et L, on obtient

$$x_0 \equiv z_{00} + z_{10} j + \ldots + z_{q-1,0} j^{q-1},$$

$z_{00}, z_{10}, \ldots, z_{q-1,0}$ étant des fonctions qui ne contiennent d'autre imaginaire que l. Soient $z_{0\rho}, z_{1\rho}, \ldots, z_{q-1,\rho}$ les fonctions conjuguées obtenues en changeant l en l^{2^ρ}; ρ le reste de la division de r par 2^α; on aura évidemment

$$x_r \equiv z_{0\rho} + z_{1\rho} j^{2^r} + \ldots + z_{q-1,\rho} j^{(q-1)2^r}.$$

Soit s un multiple de q, congru à 1 (mod. 2^α); s sera impair; S appartiendra donc ou non à I suivant que S^s lui appartiendra ou non. Or cette dernière substitution, rapportée aux indices indépendants $z_{00}, \ldots, z_{m\rho}, \ldots$, prend la forme

$$(38) \qquad | z_{m\rho} \quad z_{m,\rho+1} |.$$

Soient $C_0, \ldots, C_r, \ldots$ et $D_{00}, \ldots, D_{m\rho}$ les substitutions respectivement correspondantes aux indices $x_0, \ldots, x_r, \ldots$ et aux indices $z_{00}, \ldots, z_{m\rho}, \ldots$ Les exposants d'échange $(C_r C_{r'})$ sont congrus à 0 si $r' \gtrless r + \nu$, à 1 si $r' = r + \nu$. D'autre part on a évidemment

$$D_{m\rho} = \prod C_r^{m2^r}, \quad D_{m'\rho'} = \prod C_{r'}^{m'2^{r'}},$$

les produits s'étendant à toutes les valeurs de r et de r' respectivement congrues à ρ et à ρ' (mod. 2^α). On aura donc

$$(D_{m\rho} D_{m'\rho'}) = \sum_r \sum_{r'} j^{m2^r + m'2^{r'}} (C_r C_{r'}) \equiv \sum j^{m2^r + m'2^{r'}},$$

la dernière sommation s'étendant à tous les systèmes de valeurs de r et de r' qui satisfont à la relation $r' \equiv r + \nu$ (mod. 2ν). Pour qu'il existe de semblables systèmes de valeurs, il faudra qu'on ait

$$\rho' - \rho \equiv r' - r \equiv \nu \equiv q\,2^{\alpha-1} \equiv 2^{\alpha-1} \pmod{2^\alpha},$$

et si cette condition est satisfaite, on aura pour r, r', q systèmes de valeurs, représentés par les formules $r = \rho + 2^\alpha k$, $r' = \rho' + 2^\alpha k$, k étant un entier. Il vient ainsi

$$(D_{m\rho} D_{m',\rho+2^{\alpha-1}}) \equiv \sum_{k=0}^{k=q-1} j^{m 2^{\rho+2^\alpha k} + m' 2^{\rho+2^{\alpha-1}+2^\alpha k}}.$$

Mais si l'on donne successivement à k toute la suite des valeurs $0, \ldots, q-1$, la quantité $\rho + 2^\alpha k \pmod{q}$ prendra une fois chacune des mêmes valeurs; d'ailleurs j^{2^q} se réduit à $j \pmod{2}$: il viendra donc

$$(D_{m\rho} D_{m',\rho+2^{\alpha-1}}) \equiv \sum_{k=0}^{k=q-1} j^{m 2^k + m' 2^{2^{\alpha-1}+k}} \equiv \sum (j^{2^k})^{m+m' 2^{2^{\alpha-1}}}.$$

Cette expression est donc une fonction symétrique des racines $j, \ldots, j^{2^k}, \ldots$ de la congruence J; c'est donc un entier réel, congru à 0 ou à 1 (mod. 2). De plus, elle est indépendante de ρ. Désignons-la pour abréger par $d_{mm'}$: on aura en particulier $d_{00} \equiv q \equiv 1 \pmod{2}$. Enfin l'on aura

$$d_{mm'} \equiv -(D_{m',\rho+2^{\alpha-1}} D_{m\rho}) \equiv -d_{m'm} \equiv d_{m'm}.$$

679. Prenons pour indices indépendants, à la place des indices $\ldots, z_{0\rho}, \ldots, z_{m\rho}, \ldots$ ceux-ci : $\ldots, z'_{0\rho} \equiv z_{0\rho} + d_{01} z_{1\rho} + \ldots + d_{0m} z_{m\rho} + \ldots, \ldots, z'_{m\rho} \equiv z_{m\rho}, \ldots$, auxquels correspondent respectivement les substitutions $\ldots, D'_{0\rho} = D_{0\rho}, \ldots, D'_{m\rho} = D_{0\rho}^{d_{0m}} D_{m\rho}, \ldots$. La substitution S^s prendra la forme

$$| \; z'_{m\rho} \quad z'_{m,\rho+1} \; |$$

analogue à la forme (38); et les substitutions $D'_{m\rho}$ auront leurs exposants d'échange mutuels congrus à zéro, sauf ceux de la forme $(D'_{m\rho} D'_{m',\rho+2^{\alpha-1}})$, lesquels seront des entiers réels indépendants de ρ et pourront être désignés par le symbole $d'_{mm'}$. On aura d'ailleurs évidemment

$$d'_{mm'} \equiv d'_{m'm}, \quad d'_{00} \equiv 1, \quad d'_{0m} \equiv 2 d_{0m} \equiv 0 \pmod{2}.$$

Deux cas pourront se présenter ici :

1° Si la quantités d'_{11} par exemple est congrue à 1, on pourra remplacer les indices $\ldots, z'_{0\rho}, \ldots, z'_{1\rho}, \ldots, z'_{m\rho}, \ldots$ par de nouveaux indices $\ldots, z''_{0\rho} \equiv z'_{0\rho}, \ldots, z''_{1\rho} \equiv z'_{1\rho} + d'_{12} z'_{2\rho} + \ldots + d'_{1m} z'_{m\rho} + \ldots, \ldots, z''_{m\rho} \equiv z'_{m\rho}, \ldots$ tels : 1° que la substitution S' rapportée à ces nouveaux indices ne change pas d'expression; 2° que les substitutions correspondantes $\ldots, D''_{m\rho}, \ldots$ aient leurs exposants d'échange mutuels congrus à zéro, sauf ceux de la forme $(D''_{m\rho} D''_{m,\rho+2^{\alpha-1}})$, qui seront des entiers réels indépendants de ρ et pourront être désignés par $d''_{mm'}$. On aura en outre les relations

$$d''_{mm'} \equiv d''_{m'm}, \quad d''_{00} \equiv d''_{11} \equiv 1, \quad d''_{01} \equiv d''_{0m} \equiv d''_{1m} \equiv 0.$$

Si maintenant l'une des quantités $d''_{22}, \ldots, d''_{mm}, \ldots$ était congrue à 1, on pourrait effectuer un nouveau changement d'indices analogue aux précédents; dans le cas contraire, on ferait ce nouveau changement de la manière que nous allons indiquer.

2° Soit $d'_{11} \equiv \ldots \equiv d'_{mm} \equiv \ldots \equiv 0$. La substitution $D'_{1\rho}$ ne pouvant avoir tous ses exposants d'échange congrus à zéro, et $d'_{10} \equiv d'_{01}$ étant congru à zéro, l'une au moins des quantités $d'_{12}, \ldots, d'_{1m}$ le sera à l'unité. Soit, pour fixer les idées, $d'_{12} \equiv d'_{21} \equiv 1$. Prenons pour indices indépendants ceux-ci : $\ldots, z''_{0\rho} \equiv z'_{0\rho}, \ldots, z''_{1\rho} \equiv z'_{1\rho} + d'_{23} z'_{3\rho} + \ldots + d'_{2m} z'_{m\rho} + \ldots, \ldots, z''_{2\rho} \equiv z'_{2\rho} + d'_{13} z'_{3\rho} + \ldots + d'_{1m} z'_{m\rho} + \ldots, \ldots, z''_{m\rho} \equiv z'_{m\rho}$. La substitution S' rapportée à ces nouveaux indices ne changera pas d'expression. En outre, les substitutions correspondantes $D''_{m\rho}$ ont leurs exposants d'échange congrus à zéro, sauf ceux de la forme $(D''_{m\rho} D''_{m',\rho+2^{\alpha-1}}) \equiv d''_{mm'}$, qui seront des entiers réels. Enfin l'on aura évidemment

$$d''_{mm'} \equiv d''_{m'm}, \quad d''_{00} \equiv d''_{12} \equiv 1, \quad d''_{11} \equiv d''_{22} \equiv d''_{0m} \equiv d''_{1m} \equiv d''_{2m} \equiv 0.$$

Si l'on a $d''_{33} \equiv \ldots \equiv d''_{mm} \equiv 0$, on fera un nouveau changement d'indices analogue à ce dernier. Sinon on opérera comme à l'alinéa précédent. Continuant ainsi, on arrivera au résultat suivant :

On peut remplacer les indices $z_{00}, \ldots, z_{m\rho}, \ldots$ par de nouveaux indices $u_{00}, \ldots u_{m\rho}, \ldots$ tels :

1° Que la substitution S', rapportée à ces nouveaux indices, prenne la forme

$$| \; u_{m\rho} \quad u_{m,\rho+1} \; |;$$

2° Que les substitutions $E_{00}, \ldots, E_{m\rho}, \ldots$, correspondantes à ces indices, aient leurs exposants d'échange mutuels congrus à zéro, sauf ceux de la forme $(E_{m\rho} E_{m',\rho+2^{\alpha-1}})$, qui seront des entiers réels, indépendants de ρ, et pourront être désignés par le symbole général $e_{mm'}$. Ces quantités satisferont à la relation

$e_{mm'} = e_{m'm}$. *En outre, les quantités* $e_{m0}, \ldots, e_{mm'}, \ldots$ *correspondantes à une même valeur de* m, *seront toutes congrues à zéro, sauf une seule.*

680. Groupons les nouveaux indices en classes, en réunissant ensemble ceux qui correspondent à une même valeur de m, et qui sont évidemment des fonctions conjuguées. Ces classes pourront être de deux espèces : 1° celles pour lesquelles $e_{mm} \equiv 1$; 2° celles pour lesquelles $e_{mm} \equiv 0$; si ces dernières classes existent, elles peuvent être associées deux à deux; car si $e_{mm} \equiv 0$, on aura une relation telle que $e_{mm'} \equiv 1$, m' étant $\gtrless m$; on aura par suite $e_{m'm} \equiv 1$, d'où $e_{m'm'} \equiv 0$, avec $e_{mm''} \equiv e_{m'm''} \equiv 0$, si m'' diffère de m et de m'. Les deux classes qui ont pour premier indice m et m' sont ainsi associées.

Le nombre total des classes étant égal au nombre impair q, et celles de seconde espèce étant en nombre pair, il existera un nombre impair de classes de première espèce.

Cela posé, la substitution S' est le produit de deux espèces de substitutions partielles : 1° des substitutions altérant les indices d'une seule classe de première espèce; 2° des substitutions altérant à la fois les indices de deux classes associées de seconde espèce. Il est d'ailleurs évident que chacun de ces facteurs partiels est une substitution hypoabélienne. On voit en outre, comme au n° 674, que chacun des facteurs de la seconde espèce appartient à I. Si nous prouvons qu'aucun des facteurs de la première espèce ne lui appartient, notre proposition sera établie : car ces facteurs étant en nombre impair dans S', S' et par suite S n'appartiendront pas à I.

681. Soit $T = | u_{0\rho} \quad u_{0,\rho+1} |$ l'un de ces facteurs (nous omettons d'écrire les indices qu'il n'altère pas, et dont nous n'aurons plus à nous occuper). Remplaçons les indices imaginaires $u_{00}, \ldots, u_{0\rho}, \ldots, u_{0,2^\alpha-1}$ par des indices réels $v_0, \ldots, v_\rho, \ldots, v_{2^\alpha-1}$ choisis de manière à ramener T à sa forme canonique. La substitution T ayant pour ordre 2^α, et la somme $u_{00} + \ldots + u_{0,2^\alpha-1}$ étant la seule fonction des indices que T n'altère pas, cette forme canonique sera la suivante

$$(39) \qquad T = | v_0, \ldots, v_\rho, \ldots, v_{2^\alpha-1} \quad v_0 + v_1, \ldots, v_\rho + v_{\rho+1}, \ldots, v_{2^\alpha-1} |.$$

Soient $\mathfrak{S}_0, \ldots, \mathfrak{S}_\rho, \ldots$ les substitutions correspondantes aux nouveaux indices : T les transforme en $\mathfrak{S}_0, \ldots, \mathfrak{S}_\rho \mathfrak{S}_{\rho-1}, \ldots$; elle transforme donc l'exposant d'échange $(\mathfrak{S}_\rho \mathfrak{S}_\sigma)$ en $(\mathfrak{S}_\rho \mathfrak{S}_{\rho-1} . \mathfrak{S}_\sigma \mathfrak{S}_{\sigma-1})$; et comme elle ne doit pas l'altérer, on aura la condition

$$(40) \qquad (\mathcal{C}_\rho \mathcal{C}_{\sigma-1}) + (\mathcal{C}_{\rho-1} \mathcal{C}_\sigma) + (\mathcal{C}_{\rho-1} \mathcal{C}_{\sigma-1}) \equiv 0$$

qui subsistera pour toute valeur de ρ et de σ (en supprimant, si ρ ou σ était égal à 1, les termes où figureraient des indices négatifs).

Par l'application réitérée de cette formule, on voit sans peine : 1° que l'on aura toujours $(\mathcal{C}_\rho \mathcal{C}_\sigma) \equiv 0$ si $\rho + \sigma < 2^\alpha - 1$; par suite, on aura toujours $(\mathcal{C}_\rho \mathcal{C}_\sigma) \equiv 1$, si $\rho + \sigma = 2^\alpha - 1$; car sans cela le déterminant des exposants d'échange serait congru à o; 2° que si $\rho + \sigma > 2^\alpha - 1$, $(\mathcal{C}_\rho \mathcal{C}_\sigma)$ pourra s'exprimer linéairement en fonction des $2^{\alpha-1} - 1$ quantités $(\mathcal{C}_{2^{\alpha-1}} \mathcal{C}_{2^{\alpha-1}+1}), \ldots,$ $(\mathcal{C}_{2^{\alpha-1}+\mu} \mathcal{C}_{2^{\alpha-1}+\mu+1}), \ldots$, que l'on pourra désigner par $a_0, \ldots, a_\mu, \ldots$ et qui restent non déterminées.

Cela posé, on pourra, tout en conservant à T sa forme canonique, choisir les indices indépendants de telle sorte que les entiers $a_1, \ldots, a_\mu, \ldots$ prennent des valeurs fixées à volonté. Supposons en effet que $a_1, \ldots a_{\mu-1}$ aient déjà les valeurs voulues, mais qu'il n'en soit pas de même de a_μ. Prenons pour indices indépendants, à la place de $v_0, \ldots, v_\rho, \ldots$ les indices $v'_0, \ldots, v'_\rho, \ldots$ déterminés par les relations

$$v_\rho \equiv v'_\rho + v'_{\rho+2\mu+1} \text{ si } \rho + 2\mu + 1 < 2^\alpha, \quad = v'_\rho \text{ si } \rho + 2\mu + 1 \gtrless 2^\alpha.$$

La substitution T conservera sa forme canonique. D'autre part, les substitutions $\mathcal{C}'_0, \ldots, \mathcal{C}'_{2\mu}, \ldots, \mathcal{C}'_\rho, \ldots$ correspondantes à ces nouveaux indices seront respectivement égales à $\mathcal{C}_0, \ldots, \mathcal{C}_{2\mu}, \ldots, \mathcal{C}_\rho \mathcal{C}_{\rho-2\mu-1}, \ldots$. Posons donc $(\mathcal{C}'_{2^{\alpha-1}+\lambda} \mathcal{C}'_{2^{\alpha-1}+\lambda+1}) \equiv a'_\lambda$; on aura

$$a'_\lambda \equiv (\mathcal{C}_{2^{\alpha-1}+\lambda} \mathcal{C}_{2^{\alpha-1}+\lambda-2\mu-1} . \mathcal{C}_{2^{\alpha-1}+\lambda+1} \mathcal{C}_{2^{\alpha-1}+\lambda-2\mu}).$$

Cette expression est la somme de quatre exposants d'échange partiels dont le premier sera égal à a_λ et les autres à zéro, si $\lambda < \mu$; donc $a'_0, \ldots, a'_{\mu-1}$ seront respectivement égaux à $a_0, \ldots, a_{\mu-1}$, qui ont déjà les valeurs voulues. Soit au contraire $\lambda = \mu$: un seul des quatre exposants d'échange partiels sera congru à zéro, et l'on aura

$$a'_\mu \equiv a_\mu + (\mathcal{C}_{2^{\alpha-1}+\mu} \mathcal{C}_{2^{\alpha-1}-\mu}) + (\mathcal{C}_{2^{\alpha-1}-\mu-1} \mathcal{C}_{2^{\alpha-1}+\mu+1}),$$

expression que la relation (40) réduira à

$$a_\mu + (\mathcal{C}_{2^{\alpha-1}+\mu} \mathcal{C}_{2^{\alpha-1}-\mu-1}) \equiv a_\mu + 1 \pmod{2}.$$

Donc a'_μ aura la valeur voulue.

Les entiers $a_1, \ldots, a_\mu, \ldots$ pouvant ainsi être déterminés arbitrairement, les substitutions hypoabéliennes de la forme T se réduiront à deux types seulement, correspondant aux deux valeurs que peut prendre le paramètre restant a_0.

682. Nous allons montrer que, quelle que soit la valeur de ce paramètre, T ne pourra appartenir à I. Pour cela, prenons pour indices indépendants ceux-ci :

$$w_0 \equiv v_0, \quad w_1 \equiv v_0 + v_1, \quad w_2 \equiv v_0 + v_2, \quad w_3 \equiv v_0 + v_1 + v_2 + v_3, \ldots;$$

T prendra la forme

$$(41) \qquad | \; w_\rho \quad w_{\rho+1} \; |.$$

Réciproquement, toute substitution hypoabélienne de cette forme peut être mise sous la forme (39). En effet, soit, pour fixer les idées, $2^\alpha = 8$; et soient $\mathfrak{W}_0, \ldots, \mathfrak{W}_7$ les substitutions correspondantes aux indices $w_0, \ldots, w_7$. La substitution (41) transformera $\mathfrak{W}_\rho$ en $\mathfrak{W}_{\rho-1}$. Posons donc

$$\mathfrak{C}_0 = \mathfrak{W}_0 \mathfrak{W}_1 \ldots \mathfrak{W}_7, \quad \mathfrak{C}_1 = \mathfrak{W}_0 \mathfrak{W}_2 \mathfrak{W}_4 \mathfrak{W}_6, \quad \mathfrak{C}_2 = \mathfrak{W}_0 \mathfrak{W}_1 \mathfrak{W}_4 \mathfrak{W}_5, \quad \mathfrak{C}_3 = \mathfrak{W}_0 \mathfrak{W}_4,$$
$$\mathfrak{C}_4 = \mathfrak{W}_0 \mathfrak{W}_1 \mathfrak{W}_2 \mathfrak{W}_3, \quad \mathfrak{C}_5 = \mathfrak{W}_0 \mathfrak{W}_2, \quad \mathfrak{C}_6 = \mathfrak{W}_0 \mathfrak{W}_1, \quad \mathfrak{C}_7 = \mathfrak{W}_0,$$

et déterminons un système d'indices $v_0, \ldots, v_7$ respectivement correspondants à ces substitutions. La substitution (41) transforme évidemment $\mathfrak{C}_0, \mathfrak{C}_1, \ldots, \mathfrak{C}_7$ en $\mathfrak{C}_0, \mathfrak{C}_1 \mathfrak{C}_0, \ldots, \mathfrak{C}_7 \mathfrak{C}_6$; elle prendra donc la forme (39) si on la rapporte aux indices $v_0, \ldots, v_7$.

Cela posé, la substitution (41) étant hypoabélienne, n'altère pas les caractères ni les exposants d'échange mutuels des substitutions $\mathfrak{W}_0, \ldots, \mathfrak{W}_{2^\alpha-1}$. Donc ces caractères sont tous égaux. En outre elle transforme $(\mathfrak{W}_\rho \mathfrak{W}_\sigma)$ en $(\mathfrak{W}_{\rho-1} \mathfrak{W}_{\sigma-1})$; on aura donc

$$(\mathfrak{W}_\rho \mathfrak{W}_\sigma) \equiv (\mathfrak{W}_{\rho-1} \mathfrak{W}_{\sigma-1}) \equiv \ldots \equiv (\mathfrak{W}_0 \mathfrak{W}_{\sigma-\rho}),$$

Soit $b_{\sigma-\rho}$ cette expression, on aura, si $\rho > 2^{\alpha-1}$,

$$(42) \qquad b_\rho \equiv (\mathfrak{W}_0 \mathfrak{W}_\rho) \equiv (\mathfrak{W}_\rho \mathfrak{W}_0) \equiv (\mathfrak{W}_\rho \mathfrak{W}_{2^\alpha}) \equiv b_{2^\alpha-\rho}.$$

Donc tous les exposants d'échange $(\mathfrak{W}_\rho \mathfrak{W}_\sigma)$ s'expriment au moyen des $2^{\alpha-1}$ quantités $b_1, \ldots, b_{2^{\alpha-1}}$.

On doit remarquer d'ailleurs que $b_{2^{\alpha-1}}$ est congru à 1 : car le déterminant des exposants d'échange $(\mathfrak{W}_\rho \mathfrak{D}_\sigma)$ ne peut être congru à zéro; mais si l'on avait $b_{2^{n-1}} \equiv 0$, les termes qui composent chaque ligne horizontale du déterminant seraient égaux deux à deux en vertu de la relation (42). La dernière colonne verticale serait donc congrue (mod. 2) à la somme des colonnes précédentes, et, par suite, le déterminant serait congru à zéro.

La substitution (41), rapportée aux indices $v_0, \ldots, v_{2^n-1}$, appartiendra à l'un ou à l'autre des deux types signalés ci-dessus, suivant que l'expression

$$(\mathfrak{C}_{2^{n-1}} \mathfrak{C}_{2^{n-1}+1}) \equiv (\mathfrak{W}_0 \mathfrak{W}_1 \ldots \mathfrak{W}_\rho \ldots \mathfrak{W}_{2^{n-1}-1} . \mathfrak{W}_0 \mathfrak{W}_2 \ldots \mathfrak{W}_{2\rho} \ldots \mathfrak{W}_{2^{n-1}-2})$$
$$\equiv b_1 + \ldots + b_{2\rho+1} + \ldots + b_{2^{n-1}-1}$$

sera congrue à 0 ou à 1.

Elle appartiendra donc au premier type, si $b_1, b_2, \ldots, b_{2^{n-1}-1}$ sont congrus à zéro, au second si b_1 seul diffère de zéro. Dans l'un et l'autre cas, nous allons voir qu'elle n'appartient pas à I.

683. Premier cas : *$b_1, b_2, \ldots, b_{2^{n-1}-1}$ sont congrus à zéro.* — Désignons par U_ρ la substitution qui permute ensemble, d'une part les deux indices w_ρ, $w_{\rho+1}$, d'autre part les indices $w_{2^{n-1}+\rho}, w_{2^{n-1}+\rho+1}$, sans altérer les autres indices; par V la substitution qui permute entre eux les indices w_0, $w_{2^{n-1}}$, sans altérer les autres. Chacune de ces substitutions est évidemment hypoabélienne, et il est clair que la substitution (41) est égale au produit $VU_0U_1 \ldots U_{2^{n-1}-2}$.

Cela posé, il est aisé de voir que la substitution V n'appartient pas à I, tandis que chacun des autres facteurs $U_0, U_1, \ldots$ appartient à ce groupe. En effet, si les substitutions $\mathfrak{W}_0, \mathfrak{W}_1, \ldots$ ont pour caractère zéro, on pourra désigner par $x_1, \ldots, x_{2^{n-1}}; y_1, \ldots, y_{2^{n-1}}$ les indices actuellement représentés par $w_0, \ldots, w_{2^n-1}$. Cela fait, les substitutions V, U_0, $U_1, \ldots$ ne seront autres que les substitutions M_1, $P_{1,2}$, $P_{2,3}, \ldots$ du n° 220; donc V n'appartiendra pas à I (274 et 672); au contraire, chacune des substitutions $P_{1,2}$, $P_{2,3}, \ldots$ appartiendra à ce groupe (674).

Supposons au contraire que les substitutions $\mathfrak{W}_0, \mathfrak{W}_1, \ldots$ aient pour caractère 1. Soient $x_1, y_1, x_2, y_2, \ldots$ de nouveaux indices, déterminés par les relations

$$w_{2\rho} \equiv x_{2\rho+1} + x_{2\rho+2} + y_{2\rho+2}, \qquad w_{2^{n-1}+2\rho} \equiv y_{2\rho+1} + x_{2\rho+2} + y_{2\rho+2},$$
$$w_{2\rho+1} \equiv x_{2\rho+1} + y_{2\rho+1} + x_{2\rho+2}, \qquad w_{2^{n-1}+2\rho+1} \equiv x_{2\rho+2} + y_{2\rho+2}.$$

Les substitutions $\ldots, \mathfrak{W}_{2\rho}\mathfrak{W}_{2\rho+1}, \mathfrak{W}_{2^{n-1}+2\rho}\mathfrak{W}_{2\rho+1}, \mathfrak{W}_{2\rho}\mathfrak{W}_{2\rho+1}\mathfrak{W}_{2^{n-1}+2\rho}\mathfrak{W}_{2^{n-1}+2\rho+1},$

$\mathcal{D}_{2\rho}\mathcal{D}_{2^{\alpha-1}+2\rho}\mathcal{D}_{2^{\alpha-1}+2\rho+1},\dots$ correspondantes à ces nouveaux indices ont mêmes exposants d'échange mutuels que $\mathcal{D}_0,\dots, \mathcal{D}_{2^\alpha-1}$; mais leurs caractères sont égaux à zéro; cela posé, on pourra, sans nulle difficulté, déterminer l'expression de chacune des substitutions V, U_0 en fonction de ces nouveaux indices, et vérifier que V n'appartient pas à I, mais que U_0 lui appartient. Quant aux substitutions $U_1,\dots$ analogues à U_0, elles lui appartiendront évidemment.

684. Second cas : $b_1 \equiv 1$, $b_2 \equiv \dots \equiv 0$. — Soient U la substitution qui transforme en général $\mathcal{D}_\rho$ en $\mathcal{D}_{\rho+1}$, à l'exception des six substitutions $\mathcal{D}_0$, $\mathcal{D}_1$, $\mathcal{D}_{2^{\alpha-1}-1}$, $\mathcal{D}_{2^{\alpha-1}}$, $\mathcal{D}_{2^\alpha-2}$, $\mathcal{D}_{2^\alpha-1}$, qu'elle transforme en $\mathcal{D}_0$, $\mathcal{D}_2\mathcal{D}_1\mathcal{D}_0$, $\mathcal{D}_{2^{\alpha-1}}\mathcal{D}_1\mathcal{D}_0$, $\mathcal{D}_{2^{\alpha-1}+1}\mathcal{D}_1\mathcal{D}_0$, $\mathcal{D}_{2^\alpha-1}\mathcal{D}_1\mathcal{D}_0$, $\mathcal{D}_1$; V la substitution qui transforme $\mathcal{D}_0$, $\mathcal{D}_1$, $\mathcal{D}_2$, $\mathcal{D}_{2^{\alpha-1}}$, $\mathcal{D}_{2^{\alpha-1}+1}$, $\mathcal{D}_{2^\alpha-1}$ en $\mathcal{D}_1$, $\mathcal{D}_0$, $\mathcal{D}_2\mathcal{D}_1\mathcal{D}_0$, $\mathcal{D}_{2^{\alpha-1}}\mathcal{D}_1\mathcal{D}_0$, $\mathcal{D}_{2^{\alpha-1}+1}\mathcal{D}_1\mathcal{D}_0$, $\mathcal{D}_{2^\alpha-1}\mathcal{D}_1\mathcal{D}_0$. Il est clair que ces deux substitutions sont hypoabéliennes, et que leur produit donne la substitution (41).

Cela posé, U laisse $\mathcal{D}_0$ invariable, et transforme circulairement les unes dans les autres, d'une part les $2^\alpha+2^{\alpha-1}-3$ substitutions $\mathcal{D}_2$, $\mathcal{D}_3,\dots$, $\mathcal{D}_{2^{\alpha-1}-1}$, $\mathcal{D}_{2^{\alpha-1}}\mathcal{D}_1\mathcal{D}_0$, $\mathcal{D}_{2^{\alpha-1}+1}\mathcal{D}_2\mathcal{D}_0,\dots$, $\mathcal{D}_{2^\alpha-1}\mathcal{D}_{2^{\alpha-1}}\mathcal{D}_0$, $\mathcal{D}_{2^{\alpha-1}+1}$, $\mathcal{D}_{2^{\alpha-1}+2},\dots$, $\mathcal{D}_{2^\alpha-2}$, $\mathcal{D}_{2^\alpha-1}\mathcal{D}_1\mathcal{D}_0$, d'autre part les $2^\alpha+2^{\alpha-1}-3$ substitutions $\mathcal{D}_1$, $\mathcal{D}_2\mathcal{D}_1\mathcal{D}_0$, $\mathcal{D}_3\mathcal{D}_2\mathcal{D}_1,\dots$, $\mathcal{D}_{2\rho}\mathcal{D}_{2\rho-1}\dots\mathcal{D}_0$, $\mathcal{D}_{2\rho+1}\mathcal{D}_{2\rho}\dots\mathcal{D}_1,\dots$, $\mathcal{D}_{2^{\alpha-1}}\mathcal{D}_{2^{\alpha-1}-1}\dots\mathcal{D}_2,\dots$, $\mathcal{D}_{2^{\alpha-1}+\rho}\mathcal{D}_{2^{\alpha-1}+\rho}\dots\mathcal{D}_{2+\rho},\dots$, $\mathcal{D}_{2^\alpha-1}\mathcal{D}_{2^\alpha-2}\dots\mathcal{D}_{2^{\alpha-1}+1},\dots$, $\mathcal{D}_{2^\alpha-1}\dots\mathcal{D}_{2^{\alpha-1}+2\rho}\mathcal{D}_0$, $\mathcal{D}_{2^\alpha-1}\dots\mathcal{D}_{2^{\alpha-1}+2\rho+1},\dots$, $\mathcal{D}_{2^\alpha-1}$. Donc la puissance $2^\alpha+2^{\alpha-1}-3$ de la substitution U laisse invariables les substitutions ci-dessus, ainsi que $\mathcal{D}_0$; donc elle se réduit à l'unité. Donc l'ordre de U est impair; donc U appartient à I.

D'autre part, V n'appartient pas à I. En effet, celles des substitutions dérivées de $\mathcal{D}_0,\dots$, $\mathcal{D}_{2^\alpha-1}$ dont les exposants d'échange avec $\mathcal{D}_0$ et $\mathcal{D}_1$ sont congrus à zéro forment un groupe G, dérivé des substitutions suivantes; $\mathcal{D}_2\mathcal{D}_0$, $\mathcal{D}_3,\dots$, $\mathcal{D}_{2^{\alpha-1}}\mathcal{D}_1$, $\mathcal{D}_{2^{\alpha-1}+1}\mathcal{D}_0$, $\mathcal{D}_{2^{\alpha-1}+2},\dots$, $\mathcal{D}_{2^\alpha-1}\mathcal{D}_0$, auxquelles V est échangeable. Ce groupe G peut être considéré comme dérivé d'une double suite de substitutions $\mathcal{A}$, $\mathcal{B}$, $\mathcal{A}'$, $\mathcal{B}',\dots$ dont les exposants d'échange soient tous congrus à zéro, sauf ceux-ci, $(\mathcal{A}\mathcal{B}) \equiv (\mathcal{A}'\mathcal{B}') \equiv \dots \equiv 1$ et dont les caractères soient congrus à 0, sauf pour $\mathcal{A}$ et $\mathcal{B}$, dont les caractères seront tous deux congrus à 0 ou à 1. De même les substitutions $\mathcal{D}_0$, $\mathcal{D}_1$ peuvent avoir pour caractère 0 ou 1.

Supposons d'abord que $\mathcal{A}$, $\mathcal{B}$ aient pour caractère zéro. Soient x_1, y_1, x_2, $y_2,\dots$ un système d'indices indépendants correspondant respectivement aux substitutions $\mathcal{D}_0$, $\mathcal{D}_1$, $\mathcal{A}$, $\mathcal{B},\dots$. La substitution V, rapportée à ces indices, n'est autre que la substitution M_1 du n° 220 et n'appartient pas à I.

Si $\mathcal{A}$, $\mathcal{B}$, ont pour caractère 1, et $\mathcal{C}_0$, $\mathcal{C}_1$ pour caractère zéro, on prendra pour $x_1, y_1, x_2, y_2, \ldots$ les indices qui correspondent à $\mathcal{A}$, $\mathcal{B}$, $\mathcal{C}_0$, $\mathcal{C}_1$, $\mathcal{A}'$, $\mathcal{B}', \ldots$, et $V = M_2$ n'appartiendra pas à I.

Enfin, si $\mathcal{A}$, $\mathcal{B}$, $\mathcal{C}_0$, $\mathcal{C}_1$ ont pour caractère 1, on rapportera V aux indices $x_1, y_1, x_2, y_2, \ldots$ qui correspondent aux substitutions $\mathcal{A}\mathcal{C}_0$, $\mathcal{B}\mathcal{C}_0$, $\mathcal{A}\mathcal{B}\mathcal{C}_0\mathcal{C}_1$, $\mathcal{A}\mathcal{C}_0\mathcal{C}_1$, $\mathcal{A}'$, $\mathcal{B}', \ldots$, et l'on vérifiera immédiatement que V n'appartient pas à I.

685. Théorème. — *Un groupe indécomposable* Γ *de troisième catégorie a son exposant égal à* 1, *si* 2 *est non résidu quadratique de* p.

En effet, parmi les groupes auxiliaires qui concourent à la construction de Γ, il en est au moins un L de seconde catégorie. Ce groupe auxiliaire étant supposé décomposable, pour plus de généralité, est formé à l'aide de deux groupes partiels D et Γ_0. Les substitutions de ce dernier groupe sont de la forme $\mathcal{P}^\rho \mathcal{Q}$, les substitutions $\mathcal{Q}$ appartenant à I, et la substitution $\mathcal{P}$ ne lui appartenant pas (678). Mais pour que l'exposant de Γ_0 fût égal à 2, il faudrait que toutes les substitutions de Γ_0 appartinssent à I (673); il faudrait donc que l'exposant ρ fût pair dans toutes les substitutions de Γ_0.

Or soit $2^{2\mu}$ le degré de Γ_0; si $\mu = 1$, Γ_0 contiendra la substitution $\mathcal{P}$; donc le théorème sera démontré. Soit au contraire $\mu = \pi_0^{\sigma_0} \pi_0'^{\sigma_0'} \ldots$; les entiers π_0, $\pi'_0, \ldots$, divisant $2^\mu + 1$, seront impairs; et la construction de Γ_0 dépend de celle de groupes auxiliaires L_0, $L'_0, \ldots$ contenus dans les groupes abéliens de degrés $\pi_0^{2\sigma_0}$, $\pi_0'^{2\sigma_0'}, \ldots$. Ces groupes seront respectivement formés de substitutions abéliennes propres, jointes à des substitutions S, S$', \ldots$ qui multiplient les exposants d'échange par $g^{d_0} \pmod{\pi_0}$, $g'^{d'_0} \pmod{\pi'_0}, \ldots$, g, $g', \ldots$ étant des racines primitives des congruences $g^{\pi_0 - 1} \equiv 0 \pmod{\pi_0}$, $g'^{\pi'_0 - 1} \equiv 0 \pmod{\pi'_0}, \ldots$ et d_0, $d'_0, \ldots$ des entiers égaux à 1 ou à 2. Cela posé, pour que Γ_0 contienne une substitution de la forme $\mathcal{P}^\rho \mathcal{Q}$, il faut et il suffit (655-656) qu'on puisse satisfaire aux relations

$$2^\rho \equiv g^{d_0 \varepsilon} \pmod{\pi_0} \equiv g'^{d'_0 \varepsilon'} \pmod{\pi'_0} \equiv \ldots$$

pour des valeurs convenables de ε, $\varepsilon', \ldots$.

Considérons par exemple la première de ces relations. On pourra toujours y satisfaire, quel que soit ρ, si $d_0 = 1$, ou si d_0 étant égal à 2, 2 est résidu quadratique de π_0. Au contraire, si l'on a $d_0 = 2$ et 2 non résidu de π_0, on ne pourra y satisfaire que si ρ est pair.

Mais si $d_0 = 2$, L_0 est de troisième catégorie; donc pour que Γ_0 ne contienne que des substitutions où ρ soit pair, il faut et il suffit que l'un L_0

des groupes auxiliaires dont dépend sa construction soit de troisième catégorie; qu'il ait pour degré une puissance d'un nombre premier π_0 dont 2 ne soit pas résidu quadratique; enfin, que l'exposant d_0 de ce groupe soit égal à 2.

Supposons, pour plus de généralité, que le groupe L_0 soit décomposable; il se construit à l'aide de deux groupes, D_1, Γ_1; ce dernier groupe, indécomposable, de troisième catégorie, a pour ordre une puissance de π_0, et pour exposant d_0. Il fait donc exception au théorème.

Donc si le théorème était faux pour le groupe Γ, il serait faux pour le groupe Γ_1, dont le degré est moindre; on verrait de même qu'il est faux pour un groupe Γ_2, de degré moindre que Γ_1, et ainsi de suite à l'infini, ce qui est absurde.

CHAPITRE V.

RÉSUMÉ.

Réduction du problème A.

686. Les groupes résolubles, transitifs et généraux de degré M se partagent en classes, respectivement correspondantes aux diverses décompositions de M en un produit de facteurs qui soient tous des puissances de nombres premiers. (On considérera comme distinctes deux décompositions qui offrent les mêmes facteurs, mais dans un ordre différent.)

Soit, par exemple, $M = qq'q''$ une de ces décompositions. Les groupes de la classe correspondante s'obtiennent ainsi qu'il suit :

Désignons les M racines par le symbole général $(xx'x'')$; x, x', x'' étant des indices indépendants, variables respectivement de o à $q-1$, de o à $q'-1$, de o à $q''-1$. Groupons les racines en systèmes et sous-systèmes, en réunissant dans un même système celles pour lesquelles x a la même valeur, et dans un même sous-système toutes celles pour lesquelles x et x' ont les mêmes valeurs.

Soient maintenant Δ'' un groupe résoluble, général et *primitif* entre les q'' racines (oox''); Ω'' son ordre; Δ' un groupe résoluble aussi général que possible parmi ceux dont les substitutions permutent entre eux d'une manière primitive les q' sous-systèmes pour lesquels $x = o$, en remplaçant les unes par les autres les racines pour lesquelles x'' a la même valeur, et n'altèrent pas les indices des autres systèmes; Ω' l'ordre de Δ'; Δ un groupe résoluble aussi général que possible parmi ceux dont les substitutions permutent les q systèmes entre eux d'une manière primitive en remplaçant les unes par les autres les racines pour lesquelles x', x'' ont les mêmes valeurs; Ω l'ordre de Δ. Les groupes Δ, Δ', Δ'', combinés entre eux, forment un groupe résoluble et transitif d'ordre $\Omega\,\Omega'^{q}\,\Omega''^{qq'}$. On obtiendra réciproquement tous les groupes cherchés en choisissant successivement de toutes les manières possibles les groupes Δ, Δ', Δ''.

687. La question se trouve ainsi ramenée à la construction de ces derniers groupes. Soient Δ l'un d'entre eux, $q = p^n$ son degré. Désignons actuellement les p^n racines de ce groupe par le symbole $(xy\ldots)$ où $x, y\ldots$ sont des indices en nombre n, variables de 0 à $p-1$. Le premier faisceau de Δ sera formé des substitutions

$$| x, y, \ldots \quad x+\alpha, y+\beta, \ldots |,$$

et ce groupe résultera de la combinaison des substitutions ci-dessus avec d'autres substitutions de la forme linéaire

$$| x, y, \ldots \quad ax+by+\ldots, a'x+b'y+\ldots, \ldots |,$$

le groupe partiel formé par ces dernières substitutions étant résoluble, *primaire* et général.

Voilà donc le problème **A** ramené au problème **B**.

Réduction du problème B.

688. Les groupes résolubles, primaires et généraux du degré p^n se partagent en classes, correspondantes aux diverses décompositions de l'exposant n en deux facteurs. (L'un de ces facteurs peut être égal à 1, et l'on considérera comme distinctes deux décompositions qui diffèrent par l'ordre des facteurs.)

Soit $n = \lambda m$ une de ces décompositions : les groupes de la classe correspondante s'obtiennent comme il suit :

Partageons les n indices donnés en λ systèmes, $x_1, y_1, \ldots; \ldots; x_\lambda, y_\lambda, \ldots$, contenant chacun m indices; et formons : 1° d'une part, un groupe D dont les substitutions permutent les systèmes entre eux (en remplaçant les uns par les autres les indices correspondants) de telle sorte que les déplacements d'ensemble des λ systèmes forment un groupe résoluble, transitif et général; 2° d'autre part, un groupe Γ, dont les substitutions laissent tous les indices invariables, sauf ceux du premier système, qu'elles remplacent par des fonctions linéaires de ces mêmes indices, et par rapport auxquels elles forment un groupe résoluble primaire, général et *indécomposable*.

Soient respectivement Ω et O les ordres de D et de Γ : le groupe d'ordre ΩO^λ, qui résulte de la combinaison de ces deux-là, sera l'un de ceux que nous cherchons. Réciproquement, tous les groupes cherchés s'obtiendront par cette construction, en choisissant successivement de toutes les manières possibles les groupes D et Γ.

Or D est un groupe résoluble, transitif et général de degré λ. Pour le déterminer, on se trouve donc conduit à résoudre le problème **A**, mais pour un degré fort inférieur à p^n.

Il ne reste donc plus, pour achever la résolution des problèmes **A** et **B**, qu'à construire les groupes résolubles, primaires et indécomposables les plus généraux, tels que Γ.

689. Or, posons $m = \nu\pi^\sigma\pi'^{\sigma'}\ldots$; p^ν étant > 2, et $\pi, \pi', \ldots$ étant des nombres premiers égaux ou non, qui divisent $p^\nu - 1$, et dont l'ordre est indifférent : les groupes cherchés Γ se répartissent en classes correspondantes aux diverses décompositions de cette espèce, et peuvent se construire comme nous allons l'indiquer.

Au lieu de désigner les indices par $x_1, y_1, \ldots, z_1$, représentons-les par le symbole général $(\xi_1\xi_2\ldots\eta_1\ldots)_\rho$: où ρ est un *indicateur* variable de o à $\nu - 1$; $\xi_1, \xi_2, \ldots$ des indicateurs, en nombre σ, variables de o à $\pi - 1$; $\eta_1, \ldots$ des indicateurs, en nombre σ', variables de o à $\pi' - 1$; etc. Posons ensuite

$$[\xi_1\xi_2\ldots\eta_1\ldots]_r = (\xi_1\xi_2\ldots\eta_1\ldots)_0 + i^{p^r}(\xi_1\xi_2\ldots\eta_1\ldots)_1 + \ldots + i^{(\nu-1)p^r}(\xi_1\xi_2\ldots\eta_1\ldots)_{\nu-1},$$

i étant une racine d'une congruence irréductible de degré ν : et prenons pour indices indépendants les expressions $[\xi_1\xi_2\ldots\eta_1\ldots]_r$. Deux cas seront à distinguer.

690. 1° Si $m = \nu$, d'où $\pi^\sigma\pi'^{\sigma'}\ldots = 1$, les indicateurs $\xi_1, \xi_2, \ldots, \eta_1, \ldots$ n'ont chacun qu'une seule valeur, zéro, et l'on pourra écrire, pour abréger, u_r à la place de $[oo\ldots o\ldots]_r$. Cela posé, le groupe Γ ne pourra être construit que d'une seule manière, et sera formé des $\nu(p^\nu - 1)$ substitutions de la forme

$$|\ u_0, \ldots, u_r, \ldots \quad a u_\rho, \ldots, a^{p^r} u_{r+\rho}, \ldots\ |,$$

où ρ varie de o à $\nu - 1$ (mod. ν), et où a est un entier complexe formé avec l'imaginaire i.

691. 2° Si $m > \nu$, supposons, pour fixer les idées, $m = \nu\pi^\sigma\pi'^{\sigma'}$. Chaque substitution de Γ remplacera en général l'indice $[\xi_1\xi_2\ldots\eta_1\ldots]_r$ par une fonction de la forme

$$\sum \left\{ \alpha_{l_1 l_2 \ldots m_1 \ldots}^{\xi_1\xi_2\ldots\eta_1\ldots} \right\}^{p^r} [l_1 l_2 \ldots m_1 \ldots]_{r+\rho},$$

la sommation s'étendant à tous les systèmes de valeurs de $l_1, l_2, \ldots, m_1, \ldots$;

ρ étant un entier constant pour chaque substitution, et les quantités α étant des entiers complexes formés avec i.

Ces substitutions sont complétement déterminées lorsqu'on connaît les fonctions par lesquelles elles remplacent les indices de la première série. On pourra donc, en omettant dans l'écriture ce qui concerne les autres indices, les représenter par le symbole

$$(1) \qquad \left| [\xi_1 \xi_2 \ldots \eta_1 \ldots]_0 \quad \sum \alpha_{l_1 l_2 \ldots m_1 \ldots}^{\xi_1 \xi_2 \ldots \eta_1 \ldots} [l_1 l_2 \ldots m_1 \ldots]_\rho \right|.$$

Le groupe Γ ne contient d'ailleurs qu'une partie des substitutions de la forme (1). Pour le déterminer avec plus de précision, il faut construire son premier et son second faisceau.

692. Son premier faisceau F est formé des substitutions

$$| [\xi_1 \xi_2 \ldots \eta_1 \ldots]_0 \quad a[\xi_1 \xi_2 \ldots \eta_1 \ldots]_0 |,$$

où a est un entier complexe indépendant de $\xi_1, \xi_2, \ldots, \eta_1, \ldots$.

Pour le second faisceau G, divers cas sont à distinguer :

1° Si $p^\nu \equiv 1 \pmod{4}$, G résultera de la combinaison de F avec les substitutions suivantes :

$$(2) \quad \begin{cases} A_1 = | [\xi_1 \xi_2 \ldots \eta_1 \ldots]_0 \quad \theta^{\xi_1} [\xi_1 \xi_2 \ldots \eta_1 \ldots]_0 |, & B_1 = | [\xi_1 \xi_2 \ldots \eta_1 \ldots]_0 \quad [\xi_1 + 1, \xi_2, \ldots, \eta_1, \ldots]_0 |, \\ A_2 = | [\xi_1 \xi_2 \ldots \eta_1 \ldots]_0 \quad \theta^{\xi_2} [\xi_1 \xi_2 \ldots \eta_1 \ldots]_0 |, & B_2 = | [\xi_1 \xi_2 \ldots \eta_1 \ldots]_0 \quad [\xi_1, \xi_2 + 1, \ldots, \eta_1, \ldots]_0 |, \\ \ldots\ldots\ldots\ldots\ldots\ldots, & \ldots\ldots\ldots\ldots\ldots\ldots, \\ A'_1 = | [\xi_1 \xi_2 \ldots \eta_1 \ldots]_0 \quad \theta'^{\eta_1} [\xi_1 \xi_2 \ldots \eta_1 \ldots]_0 |, & B'_1 = | [\xi_1 \xi_2 \ldots \eta_1 \ldots]_0 \quad [\xi_1, \xi_2, \ldots, \eta_1 + 1, \ldots]_0 |, \\ \ldots\ldots\ldots\ldots\ldots\ldots, & \ldots\ldots\ldots\ldots\ldots\ldots, \end{cases}$$

où θ, θ' sont respectivement des racines primitives des congruences

$$\theta^\pi \equiv 1, \quad \theta'^{\pi'} \equiv 1 \pmod{p}.$$

2° Si $p^\nu \equiv 3 \pmod{4}$, G résulte de la combinaison de F avec certaines substitutions A_1, B_1, A_2, $B_2, \ldots$, A'_1, $B'_1, \ldots$. Ces substitutions auront la même forme que précédemment si π, π' sont impairs. Mais si quelqu'un de ces nombres, π par exemple, se réduit à 2, les deux premières substitutions A_1, B_1 de la double suite correspondante A_1, B_1, A_2, $B_2, \ldots$ pourront être, soit de la forme (2), soit de celle-ci :

$$(3) \quad \begin{cases} A_1 = | [\xi_1 \xi_2 \ldots \eta_1 \ldots]_0 \quad -\theta^{\xi_1} [\xi_1 + 1, \xi_2, \ldots, \eta_1, \ldots]_0 |, \\ B_1 = | [\xi_1 \xi_2 \ldots \eta_1 \ldots]_0 \quad \alpha\theta^{\xi_1} [\xi_1 \xi_2 \ldots \eta_1 \ldots]_0 + \beta [\xi_1 + 1, \xi_2, \ldots \eta_1, \ldots]_0 |, \end{cases}$$

α, β étant deux entiers arbitraires, qui satisfassent à la relation

$$\alpha^2 + \beta^2 \equiv -1 \pmod{p}.$$

693. Cela posé, soit L un groupe résoluble et primaire de degré $\pi^{2\sigma}$, aussi général que possible parmi ceux qui sont contenus : dans le groupe abélien, si l'on n'a pas à la fois $p^\nu \equiv 3 \pmod{4}$ et $\pi = 2$; dans le groupe hypoabélien de première espèce, si p^ν étant congru à $3 \pmod{4}$ et π égal à 2, A_1 et B_1 ont la forme (2); dans le groupe hypoabélien de seconde espèce, si A_1, B_1 ont la forme (3). Les substitutions de L seront de la forme $W^e S$, S étant une substitution abélienne *propre*, c'est-à-dire qui n'altère pas les exposants d'échange, W une substitution qui les multiplie par g^d, g une racine primitive de la congruence $g^{\pi-1} \equiv 1 \pmod{\pi}$, et d un entier égal, suivant les cas, à 1 ou à 2, et que nous appellerons l'*exposant du groupe* L.

Soit de même L′ un groupe résoluble et primaire de degré $\pi'^{2\sigma'}$, aussi général que possible parmi ceux qui sont contenus dans le groupe abélien (dans l'un des groupes hypoabéliens); soient W′, S′, g', d' les substitutions et les quantités analogues à W, S, g, d et relatives à ce groupe.

Associons maintenant les substitutions de L à celles de L′ de toutes les manières possibles, de telle sorte que deux substitutions associées

$$\begin{aligned} V &= | \; x_1, y_1, \ldots \quad a_1 x_1 + c_1 y_1 + \ldots, \; b_1 x_1 + d_1 y_1 + \ldots, \ldots \; |, \\ V' &= | \; x'_1, y'_1, \ldots \quad \alpha_1 x'_1 + \gamma_1 y'_1 + \ldots, \; \beta_1 x'_1 + \delta_1 y'_1 + \ldots, \ldots \; |, \end{aligned}$$

multiplient les exposants d'échange par des facteurs respectivement congrus à une même puissance de p. Soient $p^\rho \pmod{\pi}$, $p^\rho \pmod{\pi'}$ ces facteurs : on pourra déterminer des substitutions de la forme (1) qui transforment $A_1, B_1, \ldots$; $A'_1, B'_1, \ldots$ en $f_1 A_1^{a_1} B_1^{b_1} \ldots$, $g_1 A_1^{c_1} B_1^{d_1} \ldots, \ldots$; $f'_1 A_1'^{\alpha_1} B_1'^{\beta_1} \ldots$, $g'_1 A_1'^{\gamma_1} B_1'^{\delta_1} \ldots, \ldots$, $f_1, g_1, \ldots, f'_1, g'_1, \ldots$ étant des substitutions de F. L'ensemble de ces substitutions correspondantes aux divers systèmes de substitutions associées forme le groupe cherché Γ, dont la construction se trouve ainsi ramenée à celle de L et de L′, laquelle constitue le problème **C**.

Soient ω, ω' les ordres respectifs de L, L′; δ la moindre valeur de ρ pour laquelle on puisse avoir

$$p^\delta \equiv g^{d\varepsilon} \pmod{\pi} \equiv g'^{d'\varepsilon'} \pmod{\pi'},$$

ε, ε', étant des entiers : δ sera un diviseur de ν, au plus égal à 2, et l'ordre de Γ sera

$$\frac{m}{\delta}(p^\nu - 1)\frac{d\omega . d'\omega'}{(\pi - 1)(\pi' - 1)}.$$

A chaque manière différente de déterminer les groupes auxiliaires L, L', correspond pour Γ un groupe différent. Cependant on obtiendra le même groupe Γ, *à la notation près*, en employant pour groupe auxiliaire à la place de L, par exemple, l'un quelconque des groupes qui lui sont *semblables*, c'est-à-dire qui s'obtiennent en le transformant par une substitution abélienne propre (hypoabélienne).

Réduction du problème C.

694. Les groupes résolubles et primaires les plus généraux parmi ceux qui sont contenus dans les groupes abéliens (hypoabéliens) de degré p^{2n} sont *décomposables* ou *indécomposables*.

695. Groupes décomposables. — Ces groupes sont de deux espèces :

Première espèce. — Ces groupes ne peuvent exister que si p est impair, n pair, et 2 résidu quadratique de p. On les construit comme il suit :

Supposons que nous ayons formé les groupes résolubles et primaires les plus généraux parmi ceux qui sont contenus dans le groupe abélien de degré p^n et dont l'exposant est égal à 2 (*). Soient L' un de ces groupes; O' son ordre; Λ' le groupe partiel formé par celles de ses substitutions qui sont abéliennes propres;

$$| x_0, y_0, \ldots \quad \alpha x_0 + \beta y_0 + \ldots, \alpha' x_0 + \beta' y_0 + \ldots, \ldots |, \ldots$$

les substitutions de Λ', rapportées à un système quelconque d'indices indépendants $x_0, y_0, \ldots$ Écrivons à la suite des indices $x_0, y_0, \ldots$ d'autres indices en nombre égal $x_1, y_1, \ldots$ et supposons que les exposants d'échange des substitutions correspondantes $C_{x_1}, C_{y_1}, \ldots$ avec les substitutions $C_{x_0}, C_{y_0}, \ldots$ soient congrus à zéro, et que leurs exposants d'échange mutuels soient égaux à ceux des substitutions $C_{x_0}, C_{y_0}, \ldots$ respectivement multipliés par g^{-1}. Le groupe formé des substitutions

$$\left| \begin{matrix} x_0, y_0, \ldots & \alpha x_0 + \beta y_0 + \ldots, \alpha' x_0 + \beta' y_0 + \ldots, \ldots \\ x_1, y_1, \ldots & x_1, y_1, \ldots \end{matrix} \right|, \ldots,$$

jointes à la suivante

$$X = | x_0, y_0, \ldots, x_1, y_1, \ldots \quad x_1, y_1, \ldots, g x_0, g y_0, \ldots |,$$

(*) *Voir* ci-après (696 et 699) la manière de construire ces groupes.

sera l'un de ceux que nous cherchons. Il aura pour ordre $\frac{4\mathcal{O}^2}{p-1}$, et pour exposant l'unité.

696. *Seconde espèce.* — Posons $n = \lambda m$. A chaque semblable décomposition correspond une classe de groupes décomposables de seconde espèce, qu'on pourra former ainsi qu'il suit.

Choisissons les indices indépendants de telle sorte qu'ils se partagent également entre λ systèmes (*) $x_0, y_0, \ldots; \ldots; x_r, y_r, \ldots; \ldots$ tels, que les exposants d'échange des substitutions correspondantes $C'_0, C''_0, \ldots; \ldots; C'_r, C''_r, \ldots; \ldots$ satisfassent aux relations

$$(C_r^{(\mu)} C_{r'}^{(\mu')}) \equiv 0 \quad \text{si} \quad r \gtrless r', \quad \text{et} \quad (C_r^{(\mu)} C_r^{(\mu')}) \equiv (C_0^{(\mu)} C_0^{(\mu')})$$

(et que leurs caractères soient indépendants de r).

Soient D un groupe résoluble aussi général que possible parmi ceux dont les substitutions permutent les systèmes entre eux d'une manière transitive, en remplaçant les uns par les autres les indices correspondants; L_0 un groupe dont les substitutions laissent tous les indices invariables, sauf ceux du premier système, par rapport auxquels elles forment un groupe aussi général que possible parmi ceux qui sont résolubles, primaires, contenus dans le groupe abélien (dans l'un des groupes hypoabéliens) de degré p^{2m} et indécomposables. Le groupe L_0 résulte de la combinaison d'un groupe partiel Λ_0, formé de substitutions abéliennes propres, avec une substitution W_0 qui multiplie les exposants d'échange mutuels des substitutions $C_{x_0}, C_{y_0}, \ldots$ par g^d, d étant égal à 1 ou 2.

Cela posé, soient $W_1, \ldots$ les substitutions analogues à W_0, opérées sur les indices des autres systèmes. Le groupe décomposable de seconde espèce qu'il s'agit de construire s'obtiendra par la combinaison des substitutions de D et de Λ_0 avec $W_0 W_1 \ldots$. Son exposant sera égal à d, et son ordre à $\Omega \frac{p-1}{d} \left(\frac{dO}{p-1}\right)^\lambda$, Ω et O étant respectivement les ordres de D et de L_0. Enfin si $p = 2$, le groupe obtenu sera contenu dans le premier groupe hypoabélien, si λ est pair et L_0 contenu dans l'un quelconque des deux groupes hypoabéliens de degré p^{2m}, ou si λ est impair et L_0 contenu dans le premier groupe

(*) Les $2m$ indices de chaque système peuvent être réels, ou imaginaires, mais dépendant d'un nombre égal de fonctions réelles qu'on puisse à chaque instant leur substituer en qualité d'indices indépendants.

hypoabélien. Il sera, au contraire, contenu dans le second groupe hypoabélien, si λ est impair et L_0 contenu dans le second groupe hypoabélien.

La détermination de D ramène au problème **A**. Il ne reste donc plus qu'à déterminer L_0, c'est-à-dire à résoudre le problème C dans le cas des groupes indécomposables.

697. Groupes indécomposables. — Les groupes cherchés de degré p^{2m} se partagent en trois catégories.

Première catégorie. — Les groupes de cette catégorie appartiennent au groupe abélien, ou au premier groupe hypoabélien, et ont pour exposant l'unité. Pour les obtenir, posons $m = \nu\pi^\sigma\pi'^{\sigma'}\ldots$, $\pi, \pi', \ldots$ étant des nombres premiers égaux ou non qui divisent $p^\nu - 1$ et dont l'ordre est indifférent, et p^ν étant > 4, sans quoi l'on n'aurait aucune solution. Les groupes cherchés Γ se partagent en classes, correspondant aux diverses décompositions de cette espèce, et se construisent comme il suit.

Le problème étant supposé résolu, choisissons les indices indépendants de manière à ramener le premier faisceau de Γ à sa forme canonique. Les nouveaux indices formeront deux systèmes conjoints, contenant chacun ν séries, contenant chacune $\pi^\sigma\pi'^{\sigma'}\ldots$ indices. Ces indices pourront être représentés par le symbole $[\xi_1\xi_2\ldots\eta_1\ldots]_r^t$, où l'indicateur t, variable de 0 à 1, caractérise les systèmes; r, variable de 0 à $\nu - 1$, caractérise les séries; enfin $\xi_1, \xi_2, \ldots$ variables de 0 à $\pi - 1$, $\eta_1, \ldots$, variables de 0 à $\pi' - 1$, etc. distinguent les uns des autres les indices d'une même série. Si Γ est contenu dans l'un des groupes hypoabéliens, les caractères des substitutions $C_{\xi_1\xi_2\ldots\eta_1\ldots rt}$ correspondantes à ces indices seront congrus à zéro; et leurs exposants d'échange mutuels pourront être supposés congrus à zéro, sauf ceux-ci $(C_{\xi_1\xi_2\ldots\eta_1\ldots r0}C_{\xi_1\xi_2\ldots\eta_1\ldots r1})$, qui seront congrus à 1. Enfin les indices correspondants de deux séries conjuguées pourront être supposés conjugués.

Il sera aisé d'obtenir, par la méthode des coefficients indéterminés, un système d'indices indépendants, fonctions des indices originaires, et satisfaisant aux conditions ci-dessus. La solution présentera même une certaine indétermination; mais on n'en doit pas tenir compte, les divers groupes qu'elle permet d'obtenir étant tous semblables.

Cela posé, deux cas seront à distinguer :

1° Si $m = \nu$, d'où $\pi^\sigma\pi'^{\sigma'}\ldots = 1$, les indicateurs $\xi_1, \xi_2, \ldots, \eta_1, \ldots$ n'auront chacun qu'une valeur, zéro, et l'on pourra écrire, pour abréger, u_r^t à la place de $[00\ldots0\ldots]_r^t$. Cela posé, Γ sera formé des $(p-1)2\nu(p^\nu - 1)$ substitutions suivantes

$$\left| \ldots, u^t_r, \ldots \quad \ldots, g^{m\alpha}(-1)^\tau a^{(-1)^t\rho^t} u^{t+\tau}_{r+\rho}, \ldots \right|,$$

où α varie de 0 à $p-1$, ρ de 0 à $\nu-1$ (mod. ν) et τ de 0 à 1 (mod. 2), et où a est un entier complexe formé avec l'imaginaire i de degré ν qui a été introduite.

2° Si $m > \nu$, supposons pour fixer les idées $m = \nu\pi^\sigma\pi'^{\sigma'}$. Γ s'obtient en combinant la substitution

$$W = \left| \ldots, [\xi_1\xi_2\ldots\eta_1\ldots]^t_r, \ldots \quad \ldots, g^t[\xi_1\xi_2\ldots\eta_1\ldots]^t_r, \ldots \right|,$$

qui multiplie les exposants d'échange par g, avec un groupe Γ', dont les substitutions sont abéliennes propres et de la forme suivante :

$$(4)\qquad \left| \begin{matrix} \ldots, [\xi_1\xi_2\ldots\eta_1\ldots]^0_r, \ldots & \ldots, \sum \left\{ \alpha^{\xi_1\xi_2\ldots\eta_1\ldots}_{l_1l_2\ldots m_1\ldots} \right\}^{\rho^r} [l_1l_2\ldots m_1\ldots]^\tau_{r+\rho}, \ldots \\ \ldots, [\xi_1\xi_2\ldots\eta_1\ldots]^1_r, \ldots & \ldots, \sum (-1)^\tau \left\{ \beta^{\xi_1\xi_2\ldots\eta_1\ldots}_{l_1l_2\ldots m_1\ldots} \right\}^{\rho^r} [l_1l_2\ldots m_1\ldots]^{\tau+1}_{r+\rho}, \ldots \end{matrix} \right|,$$

où la sommation s'étend à $l_1, l_2, \ldots, m_1, \ldots$, ρ et τ étant deux entiers constants pour une même substitution, et où les coefficients α, β sont des entiers complexes, liés entre eux de telle sorte que les deux substitutions

$$\left| \ldots, [\xi_1\xi_2\ldots\eta_1\ldots]_r, \ldots \quad \ldots, \sum \left\{ \alpha^{\xi_1\xi_2\ldots\eta_1\ldots}_{l_1l_2\ldots m_1\ldots} \right\}^{\rho^r} [l_1l_2\ldots m_1\ldots]_r, \ldots \right|,$$

$$\left| \ldots, [\xi_1\xi_2\ldots\eta_1\ldots]_r, \ldots \quad \ldots, \sum \left\{ \beta^{l_1l_2\ldots m_1\ldots}_{\xi_1\xi_2\ldots\eta_1\ldots} \right\}^{\rho^r} [l_1l_2\ldots m_1\ldots]_r, \ldots \right|,$$

opérées respectivement sur un même système d'indices, auraient pour produit l'unité. Les coefficients β dépendent ainsi sans ambiguïté des coefficients α.

On pourra représenter avec avantage la substitution (4) par le symbole plus abrégé

$$(5)\qquad \left| [\xi_1\xi_2\ldots\eta_1\ldots]^0_0 \quad \sum \alpha^{\xi_1\xi_2\ldots\eta_1\ldots}_{l_1l_2\ldots m_1\ldots} [l_1l_2\ldots m_1\ldots]^\tau_\rho \right|,$$

où l'on n'indique que les altérations subies par les indices de la première série du premier système, le reste, qui s'en déduit, restant sous-entendu.

Le groupe Γ' ne contient en général qu'une partie des substitutions de la forme (5). Son premier faisceau F est formé des substitutions

$$\left| [\xi_1\xi_2\ldots\eta_1\ldots]^0_0 \quad a[\xi_1\xi_2\ldots\eta_1\ldots]^0_0 \right|,$$

où a est un entier complexe quelconque, et son second faisceau G s'obtient en combinant à F des substitutions $A_1, B_1, A_2, B_2, \ldots, A'_1, B'_1, \ldots$ dont l'expression ne différera des expressions (2) et (3) (692) que par le changement de $[\xi_1 \xi_2 \ldots \eta_1 \ldots]_0$ en $\ulcorner \xi_1 \xi_2 \ldots \eta_1 \ldots]_0^0$.

Soient maintenant L, L' des groupes auxiliaires formés comme au n° 693. Associons leurs substitutions de toutes les manières possibles, de telle sorte que les facteurs par lesquels deux substitutions associées multiplient les exposants d'échange soient congrus, suivant les modules π et π', à une même expression, de la forme $(-1)^\tau p^\rho$. A chaque système V, V' de substitutions associées on pourra faire correspondre, comme au n° 693, des substitutions de la forme (4) qui aient pour corrélatives V, V'. L'ensemble des substitutions ainsi obtenues formera le groupe Γ'.

Les quantités g, d, g', d' étant définies comme au n° 693, soit k le nombre des systèmes de valeurs de τ, ρ tels, que $(-1)^\tau p^\rho$ soit congru à une puissance de g^d (mod. π), et à une puissance de $g'^{d'}$ (mod. π'); soient d'autre part ω, ω' les ordres de L, L' : l'ordre de Γ sera égal à

$$(6) \qquad (p-1, k\frac{m}{\nu}(p^\nu-1)\frac{d\omega . d'\omega'}{(\pi-1)(\pi'-1)}.$$

Si, parmi les systèmes de valeurs de τ, ρ ci-dessus déterminés, il n'en existait aucun où τ fût égal à 1, Γ ne serait pas primaire, et la solution trouvée serait à rejeter.

Le problème se trouve ainsi réduit à la détermination des groupes L, L'. A chaque manière de les construire correspond pour Γ un groupe différent. Cependant, si l'on remplace dans la construction le groupe L, par exemple, par un autre groupe qui lui soit semblable, le nouveau groupe obtenu sera lui-même semblable à Γ.

698. *Seconde catégorie.* — Les groupes cherchés ont pour exposant l'unité. Pour les former, posons $m = \nu\pi^\sigma\pi'^{\sigma'}\ldots$, $\pi, \pi', \ldots$ étant des nombres premiers qui divisent $p^\nu + 1$. Excluons toutes celles de ces décompositions pour lesquelles $\frac{m}{\nu}$ est impair, si le groupe cherché Γ doit être contenu dans le groupe hypoabélien de première espèce; toutes celles pour lesquelles $\frac{m}{\nu}$ est pair, si Γ doit être contenu dans le groupe hypoabélien de seconde espèce; n'en excluons aucune si Γ doit simplement être contenu dans le groupe abélien. A chacune des décompositions restantes correspond une classe de groupes Γ, que l'on construira comme il suit.

Supposons le premier faisceau du groupe cherché ramené à la forme canonique par un changement d'indices indépendants : les nouveaux indices formeront un seul système contenant 2ν séries, et pourront être désignés par le symbole général $[\xi_1 \xi_2 \ldots \eta_1, \ldots]_r$, où l'indicateur r, variable de 0 à $2\nu - 1 \pmod{2\nu}$, distingue les diverses séries; tandis que les indicateurs $\xi_1, \xi_2, \ldots$ en nombre σ et variables de 0 à $\pi - 1$, les indicateurs $\eta_1, \ldots$ en nombre σ' et variables de 0 à $\pi' - 1$, etc., distinguent les divers indices d'une même série.

Les substitutions correspondantes à ces divers indices peuvent être représentées par le symbole $C_{r\xi_1\xi_2\ldots\eta_1\ldots}$; et l'exposant d'échange de deux quelconques d'entre elles, $C_{r\xi_1\xi_2\ldots\eta_1\ldots}$ et $C_{r'\xi'_1\xi'_2\ldots\eta'_1\ldots}$ sera congru à zéro, à moins qu'on n'ait à la fois

$$(7)\quad \left\{ \begin{array}{c} r' \equiv r + \nu \pmod{2\nu}, \\ \xi'_1 \equiv \xi_1 + \upsilon, \quad \xi'_2 \equiv \xi_2, \ldots \pmod{\pi}, \quad \eta'_1 \equiv \eta_1 + \upsilon', \ldots \pmod{\pi'}, \ldots, \end{array} \right.$$

υ étant un entier constant, qu'on peut prendre égal à 0 ou à 1 si l'on a $\pi = 2$ avec $p^\nu \equiv 1 \pmod{4}$, et nul dans tous les autres cas; υ' un entier constant, égal à 0 ou à 1 si l'on a $\pi' = 2$ avec $p^\nu \equiv 1 \pmod{4}$, et nul dans tous les autres cas; etc. Si les conditions (7) sont satisfaites, l'exposant d'échange cherché sera égal à e^{p^r}, e étant une racine arbitraire de la congruence $e^{p^\nu - 1} \equiv -1 \pmod{p}$, ou simplement à l'unité, suivant que $\upsilon, \upsilon', \ldots$ seront ou ne seront pas tous nuls. Enfin, dans le cas où Γ devrait être contenu dans l'un des groupes hypoabéliens, les substitutions $C_{r\xi_1\xi_2\ldots\eta_1\ldots}$ auront toutes l'unité pour caractère.

Il sera aisé d'obtenir, par la méthode des coefficients indéterminés, un système d'indices indépendants tels, que les substitutions correspondantes satisfassent aux relations ci-dessus. La solution présentera même une certaine indétermination; mais on n'en doit pas tenir compte, les divers groupes qu'elle permet d'obtenir étant tous semblables.

Les indices étant ainsi choisis, deux cas seront à distinguer :

1° Si $m = 2\nu$, d'où $\pi^\sigma \pi'^{\sigma'} \ldots = 1$, les indicateurs $\xi_1, \xi_2, \ldots, \eta_1, \ldots$ n'ont chacun qu'une valeur, zéro, et l'on pourra écrire, pour abréger, u_r à la place de $[00\ldots0\ldots]_r$. Cela posé, Γ sera formé des $2\nu(p^\nu + 1)(p - 1)$ substitutions de la forme

$$\left| u_0, \ldots, u_r, \ldots \quad a l^{\frac{p^\rho - 1}{p - 1}} u_\rho, \ldots, a^{p^r} l^{\frac{p^\rho - 1}{p - 1} p^r} u_{r+\rho}, \ldots \right|,$$

où ρ est un entier constant, et a, l des entiers complexes, satisfaisant aux congruences

$$(8) \qquad a^{(p^\nu+1)(p-1)} \equiv 1 \pmod{p}, \quad l^{p^\nu+1} \equiv e^{p-1} \pmod{p}.$$

2° Si $m > 2\nu$, soit, pour fixer les idées, $m = 2\nu\pi^\sigma\pi'^{\sigma'}$. Chacune des substitutions de Γ sera de la forme

$$\left| [\xi_1 \xi_2 \ldots \eta_1 \ldots]_r \quad \sum \left(\alpha_{l_1 l_2 \ldots m_1 \ldots}^{\xi_1 \xi_2 \ldots \eta_1 \ldots}\right)^{p^r} [l_1 l_2 \ldots m_1 \ldots]_{r+\rho} \right|,$$

ou, en n'écrivant que les indices de la première série, ce qui suffit,

$$\left| [\xi_1 \xi_2 \ldots \eta_1 \ldots]_0 \quad \sum \alpha_{l_1 l_2 \ldots m_1 \ldots}^{\xi_1 \xi_2 \ldots \eta_1 \ldots} [\xi_1 \xi_2 \ldots \eta_1 \ldots]_\rho \right|.$$

Γ contient les substitutions de la forme

$$| [\xi_1 \xi_2 \ldots \eta_1 \ldots]_0 \quad a[\xi_1 \xi_2 \ldots \eta_1 \ldots]_0 |,$$

où a est une racine de la congruence (8); et son premier faisceau est formé par celles de ces substitutions pour lesquelles on a $a^{p^\nu+1} \equiv 1$. Son second faisceau G s'obtient en combinant à F les substitutions

$$\begin{array}{ll}
A_1 = | [\xi_1 \xi_2 \ldots \eta_1 \ldots]_0 \quad l\theta^{\xi_1} [\xi_1 \xi_2 \ldots \eta_1 \ldots]_0 |, & B_1 = | [\xi_1 \xi_2 \ldots \eta_1 \ldots]_0 \quad l[\xi_1 + 1, \xi_2, \ldots, \eta_1, \ldots]_0 |, \\
A_2 = | [\xi_1 \xi_2 \ldots \eta_1 \ldots]_0 \quad \theta^{\xi_2} [\xi_1 \xi_2 \ldots \eta_1 \ldots]_0 |, & B_2 = | [\xi_1 \xi_2 \ldots \eta_1 \ldots]_0 \quad [\xi_1, \xi_2 + 1, \ldots, \eta_1, \ldots]_0 |, \\
\ldots\ldots\ldots\ldots\ldots\ldots, & \ldots\ldots\ldots\ldots\ldots\ldots\ldots \\
A'_1 = | [\xi_1 \xi_2 \ldots \eta_1 \ldots]_0 \quad l'\theta'^{\eta_1} [\xi_1 \xi_2 \ldots \eta_1 \ldots]_0 |, & B'_1 = | [\xi_1 \xi_2 \ldots \eta_1 \ldots]_0 \quad l'[\xi_1, \xi_2, \ldots, \eta_1 + 1, \ldots]_0 |, \\
\ldots\ldots\ldots\ldots\ldots\ldots, & \ldots\ldots\ldots\ldots\ldots\ldots,
\end{array}$$

θ, θ' étant respectivement des racines primitives des congruences

$$\theta^\pi \equiv 1, \quad \theta'^{\pi'} \equiv 1, \quad \pmod{p};$$

l un facteur égal à l'unité, à moins qu'on n'ait à la fois $p^\nu \equiv 1 \pmod{4}$ et $\pi = 2$, auquel cas il sera égal à j^ν, j étant une racine de la congruence $j^2 \equiv -1 \pmod{p}$; l' un facteur égal à 1 si l'on n'a pas à la fois $p^\nu \equiv 1 \pmod{4}$ et $\pi' = 2$, à $j^{\nu'}$ dans le cas contraire.

Soit maintenant L un groupe aussi général que possible parmi ceux qui sont résolubles, primaires et contenus : 1° dans le groupe abélien de degré $\pi^{2\sigma}$, si l'on n'a pas à la fois $p^\nu \equiv 1 \pmod{4}$, $\pi = 2$; 2° dans le groupe hypoabélien de première espèce, si $p^\nu \equiv 1 \pmod{4}$, $\pi = 2$, $\upsilon = 0$; 3° dans le groupe hypoabélien de seconde espèce, si $p^\nu \equiv 1 \pmod{4}$, $\pi = 2$, $\upsilon = 1$. Soit L' un groupe analogue de degré $\pi'^{2\sigma'}$.

Associons leurs substitutions de toutes les manières possibles, de telle sorte que deux substitutions associées multiplient les exposants d'échange par des facteurs respectivement congrus à une même puissance de p, telle que p^ρ, suivant les modules π et π'. A chaque système de substitutions associées V, V' correspondront, comme au n° 693, des substitutions abéliennes (hypoabéliennes), ayant pour corrélatives V, V'. L'ensemble de ces substitutions formera le groupe cherché Γ, dont l'ordre sera égal à

$$\frac{2m}{\delta}(p^\nu+1)(p-1)\frac{d\omega . d'\omega'}{(\pi-1)(\pi'-1)},$$

δ, d, d', ω, ω' ayant le même sens qu'au n° 693.

Le problème se trouve ainsi réduit à la détermination de L, L'. A chaque manière de construire ces groupes correspond pour Γ un groupe différent. Cependant, si l'on remplace dans la construction le groupe L, par exemple, par un groupe semblable à L, le nouveau groupe obtenu sera lui-même semblable à Γ.

699. *Troisième catégorie.* — Il n'existe de groupes de cette catégorie que si p est impair, et m une puissance de 2. Ils ont pour exposant 2 ou 1, suivant que 2 sera ou non résidu quadratique de p. Pour les construire, posons $2m = 2^\sigma 2^{\sigma'}\ldots$; puis déterminons un système d'indices indépendants $[\xi_1 \xi_2 \ldots \eta_1 \ldots]$ tel : 1° que les exposants d'échange des substitutions $C_{\xi_1 \xi_2 \ldots \eta_1 \ldots}$, $C_{\xi'_1 \xi'_2 \ldots \eta'_1 \ldots}$ correspondantes à deux d'entre eux soient toujours congrus à 0 si l'on n'a pas à la fois

$$\xi'_1 - \xi_1 - \upsilon \equiv \xi'_2 - \xi_2 \equiv \ldots \equiv \eta'_1 - \eta_1 - \upsilon' \equiv \ldots \equiv 0 \pmod{2},$$

υ, υ',... étant des entiers égaux à 0 ou à 1, et dont la somme soit impaire; 2° qu'ils soient dans le cas contraire congrus à $(-1)^{\upsilon\xi_1+\upsilon'\eta_1+\ldots} b$, b se réduisant à 1, si 2 n'est pas résidu quadratique de p; à 1 ou à une racine primitive g de la congruence $g^{p-1} \equiv 1 \pmod{p}$, si 2 est résidu quadratique. Cette détermination pourra toujours se faire, et cela de diverses manières; mais les divers groupes que cette indétermination permet d'obtenir sont semblables. On obtiendra au contraire des groupes essentiellement distincts en faisant varier σ, σ',..., puis υ, υ',... et enfin b.

Le groupe cherché contient les substitutions de la forme

$$|\ [\xi_1 \xi_2 \ldots \eta_1 \ldots] \quad a[\xi_1 \xi_2 \ldots \eta_1 \ldots]\ |,$$

où a est un entier constant. Son premier faisceau F est formé de celles de ces substitutions pour lesquelles a se réduit à ± 1. Son second faisceau s'obtient en combinant à F des substitutions A_1, B_1, A_2, B_2,..., A'_1, B'_1,... déterminées comme il suit :

1° Si $\upsilon = 0$, on aura, en posant $\theta = -1$,

$$A_1 = \mid [\xi_1 \xi_2 \ldots \eta_1, \ldots] \quad \theta^{\xi_1}[\xi_1 \xi_2 \ldots \eta_1 \ldots] \mid, \quad B_1 = \mid [\xi_1 \xi_2 \ldots \eta_1 \ldots] \quad [\xi_1 + 1, \xi_2, \ldots, \eta_1, \ldots] \mid;$$

2° Si $\upsilon = 1$ et $p^\nu \equiv 1 \pmod{4}$,

$$A_1 = \mid [\xi_1 \xi_2 \ldots \eta_1 \ldots] \; j\theta^{\xi_1}[\xi_1 \xi_2 \ldots \eta_1 \ldots] \mid, \quad B_1 = \mid [\xi_1 \xi_2 \ldots \eta_1 \ldots] \; j[\xi_1 + 1, \xi_2, \ldots, \eta_1, \ldots] \mid,$$

j étant une racine de la congruence $j^2 \equiv -1 \pmod{p}$;

3° Si $\upsilon = 1$ et $p^\nu \equiv 3 \pmod{4}$,

$$A_1 = \mid [\xi_1 \xi_2 \ldots \eta_1 \ldots] \quad -\theta^{\xi_1}[\xi_1 + 1, \xi_2, \ldots, \eta_1, \ldots] \mid,$$
$$B_1 = \mid [\xi_1 \xi_2 \ldots \eta_1 \ldots] \; \alpha\theta^{\xi_1}[\xi_1 \xi_2 \ldots \eta_1 \ldots] + \beta[\xi_1 + 1, \xi_2, \ldots, \eta_1, \ldots] \mid,$$

les entiers α, β satisfaisant à la relation $\alpha^2 + \beta^2 \equiv -1 \pmod{p}$.

Quant à A_2, B_2,..., elles auront dans tous les cas la forme

$$A_2 = \mid [\xi_1 \xi_2 \ldots \eta_1 \ldots] \; \theta^{\xi_2}[\xi_1 \xi_2 \ldots \eta_1 \ldots] \mid, \quad B_2 = \mid [\xi_1 \xi_2 \ldots \eta_1 \ldots] \; [\xi_1, \xi_2 + 1, \ldots, \eta_1, \ldots] \mid.$$

Les substitutions A'_1, B'_1,... se déterminent d'une manière analogue.

Soient maintenant L un groupe auxiliaire aussi général que possible parmi ceux qui sont résolubles, primaires, de degré $2^{2\sigma}$ et contenus dans le premier groupe hypoabélien si $\upsilon = 0$, dans le second si $\upsilon = 1$; L' un groupe analogue de degré $2^{2\sigma'}$; etc. Associons les substitutions de ces groupes de toutes les manières possibles. A chaque système de substitutions associées, V, V',... correspondront des substitutions abéliennes, ayant V, V',... pour corrélatives. L'ensemble de ces substitutions donnera le groupe cherché Γ, dont l'ordre sera $(p-1)m\omega\omega',\ldots$, ω, ω',... étant les ordres respectifs de L, L',....

La détermination de Γ revient ainsi à celle des groupes auxiliaires L, L',.... A chaque manière de les construire correspond pour Γ un groupe différent. Mais si l'on remplace dans la construction le groupe L, par exemple, par un autre groupe semblable, le nouveau groupe obtenu sera lui-même semblable à Γ.

Observations.

700. La méthode précédente fournit non-seulement la construction des groupes cherchés, mais encore un système complet de classification. Car nous avons vu comment ils se répartissent en classes. Chaque classe pourra être subdivisée en sous-classes, suivant la classe à laquelle appartiennent les groupes auxiliaires employés dans la construction. Chaque sous-classe pourra être subdivisée à son tour suivant la nature des groupes auxiliaires employés dans la construction des premiers groupes auxiliaires, etc.

On trouvera d'ailleurs immédiatement, pour chaque degré donné, le nombre de classes de groupes résolubles, le nombre de sous-classes contenues dans chacune d'elles, etc.

Mais pour que cette classification et cette énumération soient exactes, il est nécessaire que tous les groupes obtenus par notre méthode soient *généraux*, et de plus *distincts* (autrement que par la notation). Sans quoi ils feraient double emploi, et c'est à tort que nous les aurions considérés comme constituant deux types différents, ou même comme appartenant à deux classes différentes.

Nous montrerons que les groupes fournis par notre méthode sont en effet généraux et distincts. Néanmoins cette proposition souffre quelques exceptions. Pour exclure tout double emploi, il sera nécessaire et suffisant, en appliquant notre méthode, d'observer les précautions suivantes :

1° Dans la réduction du problème **A** (**686**) on rejettera toutes les décompositions de M dans lesquelles deux facteurs consécutifs seraient égaux à 2.

2° En formant les groupes primaires de degré $p^{\lambda m}$ au moyen d'un groupe D de degré λ et d'un groupe indécomposable Γ de degré p^m (**688**), on rejettera, lorsque p^m se réduit à 3 ou 5, tous les groupes D correspondants à des décompositions de λ dans lesquelles le dernier facteur se réduirait à 2.

3° En formant les groupes indécomposables de degré p^m (**689**), on rejettera, si $p = 3$, les groupes correspondants à des décompositions $m = \nu\pi^{\sigma}\pi'^{\sigma'}\ldots$ dans lesquelles ν se réduirait à 2.

4° En formant les groupes indécomposables de première catégorie (**697**), on rejettera comme non généraux, si $p = 3$ ou 5, les groupes correspondants à des décompositions $m = \nu\pi^{\sigma}\pi'^{\sigma'}\ldots$ où ν se réduirait à 2.

5° On rejettera également les groupes de cette espèce dans lesquels $p^{\nu} = 5$, si $m = 1$. Soit au contraire $m = \pi^{\sigma}\pi'^{\sigma'}\ldots$; $\pi, \pi', \ldots$ se réduiront à 2; et la construction du groupe cherché Γ dépendra de celle de groupes auxiliaires L, L',... de degrés $2^{2\sigma}$, $2^{2\sigma'}$,.... Chacun de ces groupes sera contenu dans l'un des deux groupes hypoabéliens du même degré (*). Soit $\mathfrak{K}$ le

(*) Si L est indécomposable de première catégorie, ou construit à l'aide d'un tel groupe, ses

nombre de ces groupes qui sont contenus dans le second groupe hypoabélien : si $\mathfrak{x}$ est pair, Γ devra être rejeté comme non général.

6° Si l'on a à la fois $p^\nu = 7$, $m =$ l'unité ou une puissance de 2, telle que $2^\sigma 2^{\sigma'} \ldots$, et $\mathfrak{x} \equiv 0 \pmod{2}$, le groupe Γ sera général; mais ce groupe (et les groupes décomposables qui s'en déduisent) ne devront être admis dans nos constructions à titre de groupes auxiliaires que si l'une au moins de celles de leurs substitutions qui multiplient les exposants d'échange par un non résidu quadratique de p est utilisée dans la construction, de telle sorte que le groupe obtenu contienne effectivement une substitution dont elle soit la corrélative.

7° On rejettera comme non généraux (ou faisant double emploi) les groupes indécomposables de seconde catégorie dans lesquels $p^{2\nu}$ se réduit à 2^6.

8° On rejettera de même ceux où $p^{2\nu}$ se réduit à 3^2, si $m = 1$, ou si $m > 1$ et $\mathfrak{x} \equiv 0 \pmod{2}$.

9° Ceux où $p^{2\nu}$ se réduit à 7^2 sont généraux; mais ces groupes (et les groupes décomposables qui en sont formés) ne devront être admis dans nos constructions à titre de groupes auxiliaires que si l'une au moins de celles de leurs substitutions qui multiplient les exposants d'échange par un non résidu quadratique de p est utilisée dans la construction.

10° On évitera de faire figurer dans la même construction deux groupes auxiliaires semblables ou improprement semblables (*).

11° Soit L un groupe auxiliaire décomposable, de seconde espèce, construit à l'aide d'un groupe D dont les substitutions permutent les systèmes d'indices, en nombre λ, et d'un groupe L_0, décomposable ou non, dont les substitutions n'altèrent que les indices du premier système. Si λ se réduit à 2 ou 3, on évitera de faire figurer dans la même construction le groupe L et un groupe L' semblable à L_0, ou deux groupes décomposables de première espèce, M, M', respectivement formés avec L, L'.

---

substitutions appartiennent au premier groupe hypoabélien; s'il est indécomposable de seconde catégorie, ou construit à l'aide d'un tel groupe, ses substitutions appartiendront au premier ou au second groupe hypoabélien, suivant que, dans la décomposition $2\sigma = \lambda_1 . 2\nu_1 \pi_1^{\sigma_1} \pi_1'^{\sigma_1'} \ldots$, à laquelle L correspond, $\frac{\sigma}{\nu_1}$ sera pair ou impair.

(*) Sont considérés comme semblables (improprement semblables) deux groupes transformables l'un dans l'autre par une substitution abélienne propre (impropre).

CHAPITRE VI.

GROUPES A EXCLURE.

---

701. Théorème I. — *Un groupe résoluble de degré* M *et relatif à une décomposition de* M *où deux facteurs successifs soient égaux à* 2 *ne peut être général.*

Soient, en effet,

$$M = p^n . 2 . 2\ p'''^{n'''} \ldots$$

la décomposition considérée, Δ, Δ', Δ'', Δ''',... les groupes successifs qui, combinés ensemble, reproduisent le groupe considéré L : les racines peuvent être groupées en systèmes et en hypersystèmes choisis de telle sorte : 1° que le groupe $(\Delta''', \ldots)$ permute entre elles les racines du premier système sans déplacer les autres; 2° que le groupe (Δ', Δ'') permute entre eux les systèmes du premier hypersystème, en remplaçant les unes par les autres les racines correspondantes, sans déplacer les racines des autres hypersystèmes; 3° qu'enfin le groupe Δ permute entre eux les hypersystèmes.

Le nombre des systèmes que contient le premier hypersystème est égal à $2.2 = 4$. Désignons-les par S_{00}, S_{01}, S_{10}, S_{11} : Δ'' se compose de la substitution 1, jointe à une autre substitution qui permute S_{00} et S_{01}, sans déplacer les deux autres systèmes; Δ' se compose de la substitution 1, jointe à une autre substitution qui remplace S_{00} et S_{01} par S_{10} et S_{11}, et réciproquement. Ces substitutions, combinées entre elles, forment un groupe qui contient évidemment huit substitutions distinctes, toutes comprises parmi les vingt-quatre substitutions que l'on obtient en permutant de toutes les manières possibles les quatre systèmes ci-dessus. Ces dernières substitutions forment un groupe k résoluble (car on sait que l'équation générale du quatrième degré est résoluble), et plus général que (Δ', Δ''). Cela posé, le groupe dérivé de Δ, k, Δ''',... est évidemment résoluble, et plus général que L.

702. Théorème II. — *Soient* H *un groupe résoluble primaire et décomposable de degré* $p^{\lambda m}$; D *et* Γ *les deux groupes partiels, de degrés* λ *et* p^m, *dont*

il est formé. Si D *correspond à une décomposition de* λ *en facteurs* $q, q', q'', \ldots$ *dans laquelle le dernier facteur* $q^{(\rho)}$ *se réduise à* 2 *et qu'en même temps* p^m *se réduise à* 3 *ou à* 5, *le groupe* H *n'est pas général.*

En effet, soient $\Delta, \Delta', \ldots, \Delta^\rho$ les groupes partiels successifs dont la combinaison forme D.

Si l'on peut déterminer un groupe résoluble plus général que (Δ^ρ, Γ) et altérant les mêmes indices, ce groupe combiné à $\Delta, \ldots, \Delta^{\rho-1}$ fournira un groupe résoluble plus général que H. Notre proposition sera donc démontrée si nous établissons que le groupe (Δ^ρ, Γ) n'est pas général.

Or la condition $p^m = 3$ ou $= 5$ donne $m = 1$ avec $p = 3$ ou 5. Le groupe Γ ne contient donc qu'un indice x, et ses substitutions sont de la forme $|x \quad ax|$, a étant un entier réel. Quant à Δ^ρ, il sera formé d'une seule substitution, permutant x avec un autre indice y. Les substitutions de (Δ^ρ, Γ) sont donc toutes de l'une des deux formes $\begin{vmatrix} x & ax \\ y & a'y \end{vmatrix}$ ou $\begin{vmatrix} x & by \\ y & b'x \end{vmatrix}$, a, a', b, b' étant des entiers réels.

Si $p = 3$, chacun de ces entiers est égal à $\pm 1 \pmod{p}$, et l'on vérifie immédiatement que (Δ^ρ, Γ) n'est pas général, car on peut lui adjoindre la substitution $|x, y \quad x+y, x-y|$ qui lui est permutable.

Si $p = 5$, a, a', b, b' satisfont à la congruence $X^4 \equiv 1 \pmod{p}$: soit $g = 2$ une racine primitive de cette congruence; il est clair que toutes les substitutions de (Δ^ρ, Γ) résultent de la combinaison des suivantes et de leurs puissances

$$g = |x, y \quad gx, gy|, \qquad D = |x, y \quad gx, y|, \qquad B = |x, y \quad y, x|.$$

Cela posé, on vérifie immédiatement que les substitutions

$$g, \ A = |x, y \quad x, -y|, \qquad B, \ C = |x, y \quad x+y, g(y-x)|, \ D$$

forment l'échelle d'un groupe résoluble, plus général que (Δ^ρ, Γ).

703. Théorème III. — *Un groupe résoluble primaire et indécomposable* Γ *dans lequel* $p^\nu = 3^2$ *ne peut être général.*

1° Supposons d'abord que chaque série ne contienne qu'un indice. Soient

$$g = |x_0, x_1 \quad gx_0, g^3 x_1|, \qquad \mathfrak{P} = |x_0, x_1 \quad x_1, x_0|$$

les substitutions dont Γ est dérivé [g étant une racine primitive de la congruence $g^8 \equiv 1 \pmod{3}$]. Elles sont échangeables aux puissances de g^4.

qui multiplie tous les indices par -1; g^2 et $\mathfrak{P}g$ ont pour carré g^4, et sont échangeables à g^4 près; enfin toutes les substitutions de Γ sont permutables au groupe $(g^4, g^2, \mathfrak{P}g)$.

Cela posé, la substitution

$$U = | x_0, x_1 \quad gx_0 + x_1, x_0 + g^3 x_1 |,$$

échangeable à g^4, transforme g^2 et $\mathfrak{P}g$ en $\mathfrak{P}g.g^2$ et g^2; d'ailleurs g transforme U en $g^2 U^2$. Le groupe $(g^4, g^2, \mathfrak{P}g, U, g)$ est donc résoluble, et plus général que Γ, car il contient U.

2° Supposons maintenant que chaque série contienne $\mu = \pi^\sigma \pi'^{\sigma'} \ldots$ indices; $\pi, \pi', \ldots$, divisant $3^2 - 1$, se réduiront à 2. Soient g la substitution qui multiplie l'indice général $[\xi_1 \xi_2 \ldots \eta_1 \ldots]_r$ par g^{3^r}, et dont les puissances reproduisent le premier faisceau de Γ; $A_1, B_1, \ldots, A'_1, B'_1, \ldots; \ldots$ les doubles suites qui, jointes à g, donnent son second faisceau; L, L',... les groupes auxiliaires qui servent à sa construction. Considérons l'un de ces groupes, tel que L; il est contenu dans le groupe abélien de degré $\pi^{2\sigma}$; mais en outre, nous avons vu que ses substitutions seront hypoabéliennes, si l'on suppose que les substitutions correspondantes aux indices indépendants qui ramènent son premier et son second faisceau à la forme type ont pour caractère zéro. Soient $p_1, q_1, \ldots$ les caractères qu'auront dans cette hypothèse les substitutions $\mathcal{A}_1, \mathcal{B}_1, \ldots$ correspondantes aux indices originaires $x_1, y_1, \ldots$; soient enfin $\mathfrak{V} = \mathfrak{P}^\rho \mathfrak{Q}$ une substitution quelconque de Γ, qui transforme A_1, $B_1, \ldots$ en $g^r A_1^{a'_1} B_1^{b'_1} \ldots$, $g^s A_1^{c'_1} B_1^{d'_1} \ldots, \ldots$, V sa corrélative du groupe L : V, étant hypoabélienne, satisfera aux conditions

$$(1) \qquad a'_1 b'_1 + \ldots + a'_1 p_1 + b'_1 q_1 + \ldots \equiv p_1, \quad c'_1 d'_1 + \ldots + c'_1 p_1 + d'_1 q_1 + \ldots \equiv q_1, \ldots$$

Cela posé, les substitutions $C_1 = g^{2p_1} A_1$, $D_1 = g^{2q_1} B_1, \ldots$ ont pour caractéristiques des puissances de $K^2 - \theta^{p_1}$, $K^2 - \theta^{q_1}, \ldots$ (θ étant égal à -1); leurs transformées $g^{2p_1\rho + r} A_1^{a'_1} B_1^{b'_1} \ldots$, $g^{2q_1\rho+s} A_1^{c'_1} B_1^{d'_1} \ldots, \ldots$ peuvent se mettre sous la forme $g^t C_1^{a'_1} D_1^{b'_1} \ldots$, $g^u C_1^{c'_1} D_1^{d'_1} \ldots, \ldots$ et auront leurs caractéristiques divisibles par les facteurs

$$K^2 - g^{2t} \theta^{a'_1 b'_1 + \ldots + a'_1 p_1 + b'_1 q_1 + \ldots} = K^2 - g^{2t} \theta^{p_1}, \quad K^2 - g^{2u} \theta^{q_1}, \ldots.$$

Ces caractéristiques devant être égaux aux précédents, t, u, ... seront des multiples de 4, et par suite $\mathfrak{V}$ sera permutable au groupe dérivé des substitutions g^4, C_1, $D_1, \ldots$ (ou plus simplement des substitutions C_1, $D_1, \ldots$, g^4 étant égal à $C_1^{-1} D_1^{-1} C_1 D_1$).

Posons maintenant $\mathfrak{P}' = \mathfrak{P} C_1^{q_1} D_1^{p_1} \ldots$. Cette substitution, échangeable à g^4, C_1, $D_1, \ldots$, transforme g^2 en $g^4 g^2$; g la transforme en $g^4 g^2 \mathfrak{P}'$; enfin son carré est égal à g^4 ou à 1. On peut le supposer égal à g^4; car dans le cas contraire, il suffirait de remplacer dans les raisonnements qui vont suivre $\mathfrak{P}'$ par $\mathfrak{P}' g$, dont le carré sera égal à g^4.

Soient ζ, ε deux indicateurs respectivement variables de 0 à 1, et de 0 à $\mu - 1$. On pourra remplacer les indices actuels $[\xi_1 \xi_2 \ldots \varepsilon]_r$ par d'autres indices $[\zeta\varepsilon]$ choisis de telle sorte que g^2 et $\mathfrak{P}'$ prennent les formes suivantes :

$$g^2 = | \, [\zeta\varepsilon] \quad j\theta^\zeta [\zeta\varepsilon] \, |, \quad \mathfrak{P}' = | \, [\zeta\varepsilon] \quad j[\zeta + 1, \varepsilon] \, |,$$

j étant égal à g^2. On pourra d'ailleurs déterminer une substitution U de la forme

$$\left| [\zeta\varepsilon] \quad \sum_l \alpha_l^\zeta [l\varepsilon] \right|,$$

qui transforme g^2 et $\mathfrak{P}'$ en $\mathfrak{P}' g^2$ et g^2; et U sera échangeable à C_1, $D_1, \ldots$; car ces dernières substitutions, étant échangeables à g^2 et à $\mathfrak{P}'$, seront de la forme

$$\left| [\zeta\varepsilon] \quad \sum_q \alpha_q^\varepsilon [\zeta q] \right|.$$

Cela posé, le groupe résoluble Γ' dérivé des substitutions g^1, g^2, $\mathfrak{P}'$, U, est permutable aux substitutions de Γ. Soit en effet $\mathfrak{V}$ une de ces substitutions; elle transforme g^2 en g^2 ou en g^6; d'autre part, $\mathfrak{V}$ permute les unes dans les autres les substitutions dérivées de C_1, $D_1, \ldots$ lesquelles sont échangeables à $\mathfrak{P}'$: donc la transformée de $\mathfrak{P}'$ par $\mathfrak{V}$ est échangeable à ces mêmes substitutions; donc $\mathfrak{V}^{-1} \mathfrak{P}' \mathfrak{V}$ est de la forme $\mathfrak{P}'$S, S étant une nouvelle substitution échangeable à C_1, $D_1, \ldots$, et qui ne déplace plus les séries. Donc S se réduit à une puissance de g, laquelle sera de degré pair, $\mathfrak{V}^{-1} \mathfrak{P}' \mathfrak{V}$ et $\mathfrak{P}'$ devant avoir même caractéristique.

Soient donc $\mathfrak{V}^{-1} g^2 \mathfrak{V} = g^{2+4t}$, $\mathfrak{V}^{-1} \mathfrak{P}' \mathfrak{V} = \mathfrak{P}' g^{2u+4v}$, t, u, v étant égaux à 0 ou à 1; on aura $\mathfrak{V} = \mathfrak{W} \mathfrak{P}'^t g^{2v}$, $\mathfrak{W}$ étant une nouvelle substitution, et $\mathfrak{V}^{-1} U \mathfrak{V}$ appartiendra évidemment à Γ' si $\mathfrak{W}^{-1} U \mathfrak{W}$ lui appartient. Mais $\mathfrak{V}$ étant permutable au groupe (C_1, $D_1, \ldots$), $\mathfrak{W}$ le sera; U étant d'ailleurs échangeable aux substitutions de ce groupe, $\mathfrak{W}^{-1} U \mathfrak{W}$ le sera; donc elle sera de la forme

$$| \, [\xi_1 \xi_2 \ldots r_1 \ldots]_r \quad a^{2r} [\xi_1 \xi_2 \ldots \eta_1 \ldots]_r + b^{2r} [\xi_1 \xi_2 \ldots \eta_1 \ldots]_{r+1} \, |,$$

à laquelle appartiennent également chacune des substitutions de Γ'. En outre, si $u=0$, elle transformera g^2 et $\mathfrak{P}'$ en $\mathfrak{P}'g^2$ et g^2; elle sera donc égale à UT, T étant une nouvelle substitution de la même forme, échangeable à g^2 et à $\mathfrak{P}'$, et qui par suite se réduira à une puissance de g^4. Si $u=1$, elle transformera g^2 et $\mathfrak{P}'$ en $\mathfrak{P}'g^4$ et $\mathfrak{P}'g^6$, et sera égale à U^2g^2T, T étant encore une puissance de g^4.

Les substitutions de Γ sont donc permutables à Γ'; et ces deux groupes, combinés ensemble, donneront un nouveau groupe résoluble (527) plus général que Γ, car il contient U.

704. Théorème IV. — *Un groupe Γ indécomposable de première catégorie, dans la construction duquel on aurait $\nu=2$ avec $p=3$ ou 5, ne peut être général.*

Supposons d'abord que chaque série ne contienne qu'un indice : on aura quatre indices, x_0^0, x_1^0, x_0^1, x_1^1, et Γ dérivera des substitutions suivantes :

$$g = | x_r^t \quad g^{(-1)^t p^r} x_r^t |, \quad \mathfrak{P} = | x_r^t \quad x_{r+1}^t |,$$
$$\mathfrak{R} = | x_r^t \quad (-1)^t x_r^{t+1} |, \quad T = | x_r^t \quad g^t x_r^t |,$$

g étant une racine primitive de la congruence $g^{p^2-1} \equiv 1 \pmod{p}$.

Cela posé, si $p=3$, g^2 et $\mathfrak{R}\mathfrak{P}$ seront d'ordre 4, auront pour carré g^4 et seront échangeables entre elles à g^4 près. On déterminera aisément une substitution abélienne propre U qui les transforme respectivement en $\mathfrak{R}\mathfrak{P}g^2$ et g^2; puis l'on vérifiera sans peine que Γ est contenu dans le groupe résoluble plus général $(g^4, g^2, \mathfrak{R}\mathfrak{P}, U, \mathfrak{R}, T)$.

Si $p=5$, on voit de même que Γ est contenu dans le groupe plus général $(g^4, g^6, \mathfrak{R}\mathfrak{P}g^3, U, f, \mathfrak{P}, T)$, U étant une substitution abélienne propre, qui transforme g^4, g^6, $\mathfrak{R}\mathfrak{P}g^3$ en g^4, $\mathfrak{R}\mathfrak{P}g^3g^6$, g^6.

L'extension de la démonstration au cas où chaque série contient plusieurs indices, se fait comme au théorème précédent.

705. Théorème V. — *Un groupe Γ indécomposable de première catégorie, et dans lequel $p^\nu=5$, n'est pas général : 1° si chaque série ne contient qu'un indice; 2° si chaque série contenant plusieurs indices, et L, L',... étant les groupes auxiliaires de degrés $2^{2\sigma}$, $2^{2\sigma'}$,... qui servent à la construction de Γ, le nombre $\mathfrak{N}$ de ceux de ces groupes dont les substitutions sont hypoabéliennes de seconde espèce est pair* (*).

(*) Soit L l'un de ces groupes; prenons-y pour indices indépendants ceux qui le ramènent à la

Si chaque série ne contient qu'un indice, on n'aura en tout que deux indices x^0 et x^1, et g étant une racine primitive de la congruence $g^4 \equiv 1 \pmod{5}$, Γ dérivera des substitutions

$$g = | x^t \quad g^{(-1)^t} x^t |, \quad \mathcal{A} = | x^t \quad (-1)^t x^{t+1} |, \quad T = | x^t \quad g^t x^t |.$$

Cela posé, g et $\mathcal{A}$ sont d'ordre 4, ont pour carré g^2, et sont échangeables entre elles à g^2 près : la substitution abélienne

$$U = | x^t \quad (-1)^t x^0 - 2x^1 |,$$

les transforme en $g\mathcal{A}$ et g; et l'on vérifiera sans peine que le groupe $(g, \mathcal{A}, U, T)$, plus général que Γ, est résoluble.

Si chaque série contient $\pi^\sigma \pi'^{\sigma'} \ldots$ indices, $\pi, \pi', \ldots$, divisant $5-1$, se réduiront à 2; et l'on pourra déterminer comme au Théorème III des substitutions $C_1 = g^{p_1} A_1$, $D_1 = g^{q_1} B_1, \ldots$, $C'_1 = g^{p'_1} A'_1$, $D'_1 = g^{q'_1} B'_1, \ldots$ telles, que chaque substitution ∇ du groupe Γ soit permutable aux groupes $(C_1, D_1, \ldots)$, $(C'_1, D'_1, \ldots), \ldots$.

Cela posé, la substitution $\mathcal{A}' = \mathcal{A} C_1^{q_1} D_1^{p_1} \ldots C_1'^{q'_1} D_1'^{p'_1} \ldots$ échangeable à g^2, C_1, $D_1, \ldots$, C'_1, $D'_1, \ldots$ transforme g en $g^2 . g$. D'ailleurs son carré est égal à $g^{2(1+p_1q_1+\ldots+p'_1q'_1+\ldots)}$, expression qui se réduit à g^2, en supprimant les puissances de g^4, qui se réduit à l'unité. En effet, p_1, $q_1, \ldots$ étant les caractères des substitutions $\mathcal{A}_1$, $\mathcal{B}_1, \ldots$, le groupe L sera contenu dans le premier ou dans le second groupe hypoabélien, suivant que la majorité des substitutions de la forme $\mathcal{A}_1^{x_1} \mathcal{B}_1^{y_1} \ldots$ aura pour caractère 0 ou 1. Or une substitution de cette forme a pour caractère

$$x_1 y_1 + p_1 x_1 + q_1 y_1 + \ldots \quad \text{ou} \quad (x_1 + q_1)(y_1 + p_1) + \ldots - p_1 q_1 - \ldots,$$

expression qui s'annulera pour plus ou moins de la moitié des systèmes de valeurs de $x_1 + q_1$, $y_1 + p_1, \ldots$ (ou, ce qui revient au même, de $x_1, y_1, \ldots$), suivant que $p_1 q_1 + \ldots$ sera pair ou impair. Mais $\mathfrak{X}$ est supposé pair; donc

---

forme type indiquée dans nos constructions. En admettant que les substitutions correspondantes à ces indices aient toutes pour caractère zéro, les substitutions de L appartiendront au premier groupe hypoabélien si L est de première catégorie; et si L est de seconde catégorie, elles appartiendront au premier ou au second groupe hypoabélien, suivant que dans la décomposition $2\sigma = \lambda_1 2\nu_1 \pi_1^{\sigma_1} \pi_1'^{\sigma'_1} \ldots$, à laquelle L correspond, $\frac{\sigma}{\nu_1}$ sera pair ou impair (608 et 658).

celles des sommes $p_1 q_1 + \ldots$, $p'_1 q'_1 + \ldots, \ldots$ qui sont impaires sont en nombre pair; donc leur total est pair, ce qu'il fallait démontrer.

Ce point établi, on verra, comme au théorème III, qu'il existe une substitution abélienne U, échangeable à g^2, C_1, $D_1, \ldots$, C'_1, $D'_1, \ldots$, et qui transforme g, $\mathfrak{A}'$ en $\mathfrak{A}'g$, g; que le groupe résoluble $(g^2, g, \mathfrak{A}', U)$ est permutable aux substitutions de Γ; et que ces deux groupes, combinés ensemble, donnent un nouveau groupe résoluble, plus général que Γ.

706. Théorème VI. — *Soient Γ un groupe indécomposable de première catégorie, d'ordre p^{2m}, et correspondant à la décomposition $m = \nu\mu = \nu\pi^\sigma\pi'^{\sigma'}\ldots$; L, L',... les groupes auxiliaires de degrés $\pi^{2\sigma}$, $\pi'^{2\sigma'}, \ldots$ qui servent à sa construction; N le groupe formé par celles de ses substitutions qui sont abéliennes propres : si $p^\nu = 7$, il existera un groupe résoluble, formé de substitutions abéliennes propres, et plus général que N : 1° si chaque série ne contient qu'un indice, d'où $\mu = 1$; 2° si $\pi, \pi', \ldots$ étant tous égaux à 2, auquel cas chacun des groupes L, L',... a ses substitutions hypoabéliennes, le nombre $\mathfrak{x}$ des groupes de la suite L, L',... respectivement contenus dans les groupes hypoabéliens de seconde espèce est nul ou pair.*

Supposons, pour plus de généralité, $\mu > 1$; et soient g la substitution d'ordre $7 - 1$, dont les puissances reproduisent le premier faisceau de Γ; $A_1, B_1, A_2, B_2, \ldots, A'_1, B'_1, \ldots$ les doubles suites qui servent à construire ce groupe. On peut les fondre par la pensée en une seule; et les substitutions de Γ, qui étaient permutables à chacun des faisceaux $(g, A_1, B_1, A_2, B_2, \ldots)$, $(g, A'_1, B'_1, \ldots), \ldots$ le sont évidemment au faisceau

$$G = (g, A_1, B_1, A_2, B_2, \ldots, A'_1, B'_1, \ldots).$$

D'ailleurs $A_2, B_2, \ldots$ ont pour caractéristique une puissance de $K^2 - 1$, et A_1, B_1 une puissance de $K^2 - 1$ ou de $K^2 + 1$, suivant que L est contenu dans le premier ou dans le second groupe hypoabélien. De même pour A'_1, $B'_1, \ldots$. Donc la double suite contient $\mathfrak{x}$ couples de termes ayant pour caractéristique une puissance de $K^2 + 1$: $\mathfrak{x}$ étant pair, on pourra grouper ces couples par paires. Mais, pour former G, on pourra remplacer chacune de ces paires de couples telle que A_1, B_1; A'_1, B'_1 par la suivante $A_1A'_1, B_1A'_1$; $A_1B_1A'_1B'_1$, $A_1B_1B'_1$. Donc G résulte de la combinaison de g avec une double suite $C_1, D_1, C_2, D_2, \ldots$ dont chaque substitution a pour caractéristique une puissance de $K^2 - 1$.

Cela posé, les indices indépendants pourront être choisis de telle sorte que les substitutions g, C_1, D_1, C_2, D_2,... prennent la forme

$$g = | \; [\xi_1 \xi_2 \ldots]^t \quad g^{(-1)^t}[\xi_1 \xi_2 \ldots]^t \; |,$$

$$C_1 = | \; [\xi_1 \xi_2 \ldots]^t \; \theta^{\xi_1}[\xi_1 \xi_2 \ldots]^t \; |, \quad D_1 = | \; [\xi_1 \xi_2 \ldots]^t \; [\xi_1 + 1, \xi_2, \ldots]^t, \quad \ldots,$$

ξ_1, ξ_2,..., t étant des indicateurs variables de 0 à 1.

Posons maintenant

$$U = | \; [\xi_1 \xi_2 \ldots]^0, \; [\xi_1 \xi_2 \ldots]^1 \quad 4[\xi_1 \xi_2 \ldots]^0 + 4[\xi_1 \xi_2 \ldots]^1, \quad [\xi_1 \xi_2 \ldots]^0 + 3[\xi_1 \xi_2 \ldots]^1 \; |,$$

$$V = | \; [\xi_1 \xi_2 \ldots]^0, \; [\xi_1 \xi_2 \ldots]^1 \quad 3[\xi_1 \xi_2 \ldots]^0 + 6[\xi_1 \xi_2 \ldots]^1, \; 3[\xi_1 \xi_2 \ldots]^0 + 4[\xi_1 \xi_2 \ldots]^1 \; |.$$

Ces substitutions, échangeables à g^3, C_1, D_1,..., le sont entre elles, à g^3 près; enfin elles sont abéliennes propres.

Les substitutions abéliennes propres contenues dans Γ sont toutes permutables au groupe (g^2, U, V). En effet, on a vu que ces substitutions résultent de la combinaison de g, C_1, D_1,... avec les substitutions

$$\mathfrak{A} = | \; [\xi_1 \xi_2 \ldots]^0 \; [\xi_1 \xi_2 \ldots]^1 \; |, \quad \mathfrak{M}_\mu = \left| \; [\xi_1 \xi_2 \ldots]^0 \; \sum_m \theta^{m \xi_\mu}[\xi_1 \xi_2 \ldots m \ldots]^0 \; \right|,$$

$$\mathfrak{N}_{\mu,\nu} = | \; [\xi_1 \xi_2 \ldots]^0 \quad \theta^{\xi_\mu \xi_\nu}[\xi_1 \xi_2 \ldots]^0 \; |,$$

et leurs analogues.

Or g transforme g^3, U, V en g^3, g^3V, VU; $\mathfrak{A}$ les transforme en g^3, V, U; enfin C_1, D_1,..., $\mathfrak{N}_{\mu,\nu}$, $g^2\mathfrak{M}_\mu$, altérant de la même manière les indices des deux systèmes, leur sont échangeables.

Cela posé, les substitutions g^2, U, V, jointes aux substitutions abéliennes propres contenues dans Γ, formeront un groupe N′ évidemment plus général que N, et dont les substitutions seront abéliennes propres.

707. Corollaire. — *Le groupe* Γ, *et plus généralement les groupes décomposables formés à l'aide de* Γ, *ne devront être employés dans nos constructions comme groupes auxiliaires, que si l'une au moins de celles de leurs substitutions qui multiplient les exposants d'échange par des non résidus quadratiques de 7 est utilisée dans la construction* (sans quoi le groupe obtenu ne serait pas général).

En effet, soient L_1 un de ces groupes; $p^{2\lambda m}$ son degré. Le groupe M_1 formé par celles de ses substitutions qui multiplient les exposants d'échange par un résidu quadratique, s'obtient en combinant ensemble : 1° le groupe N; 2° un groupe D dont les substitutions permutent les λ couples de systèmes tout d'une pièce; 3° une substitution γ qui multiplie tous les indices par g. Cela posé, le groupe (N', D, γ) sera résoluble, et ses substitutions seront abéliennes. Soit L_{11} l'un des groupes résolubles les plus généraux parmi ceux qui contiennent ce dernier groupe, et sont contenus dans le groupe abélien.

Soit maintenant Γ_1 un groupe dans la construction duquel figure le groupe L_1, seul ou conjointement avec d'autres groupes auxiliaires $L'_1, \ldots$; et supposons que les premières corrélatives des substitutions de Γ_1 appartiennent toutes à M_1. Le groupe Γ_{11}, construit à l'aide des groupes auxiliaires L_{11}, $L'_1, \ldots$, sera plus général que Γ_1; en effet, L_{11} contenant M_1, Γ_{11} contient évidemment toutes les substitutions de Γ_1; d'autre part, L_{11} contient la substitution abélienne propre U, que L_1 ne contenait pas; Γ_{11} contiendra donc une substitution dont la première corrélative se réduit à U, et les autres à l'unité, laquelle substitution n'est pas contenue dans Γ_1.

708. Théorème VII. — *Les groupes indécomposables de seconde catégorie et dans lesquels $p^{2\nu} = 2^6$ doivent être exclus comme non généraux* (*ou formant double emploi*).

Soit Γ l'un des groupes en question; son premier faisceau est formé des puissances de la substitution g qui multiplie les indices de la $r+1^{\text{ième}}$ série par g^{p^r}, g étant racine primitive de la congruence $g^9 \equiv 1 \pmod{2}$. Supposons que chaque série contienne $\pi^\sigma \pi'^{\sigma'} \ldots$ indices; $\pi, \pi', \ldots$, étant premiers et divisant 9, se réduiront à 3. Soient $A_1, B_1, \ldots, A'_1, B'_1, \ldots$ les doubles suites qui servent à former Γ, et $\mathfrak{P}$ la substitution qui remplace chaque indice par son correspondant de la série suivante. Les substitutions g^9, A_1^3, $A_1'^3, \ldots$ se réduisant à l'unité, $\mathfrak{P}^2$ sera échangeable à g^3, $A_1, B_1, \ldots, A'_1, B'_1, \ldots$. Elle le sera en outre, à g^3 près, à toute substitution $\mathfrak{v}$ du groupe Γ. En effet, $\mathfrak{v}$ étant permutable au groupe dérivé des substitutions g^3, $A_1, B_1, \ldots, A'_1, B'_1, \ldots$ auxquelles $\mathfrak{P}^2$ est échangeable, $\mathfrak{v}^{-1}\mathfrak{P}^2\mathfrak{v}$ leur est échangeable. D'ailleurs elle est de la forme $\mathfrak{P}^2 S$, S ne déplaçant pas les séries; S sera elle-même échangeable aux substitutions ci-dessus, et par suite se réduira à une puissance de g.

Soit donc $\mathfrak{v}^{-1}\mathfrak{P}^2\mathfrak{v} = \mathfrak{P}^2 g^\rho$: $\mathfrak{P}^2$ ayant pour ordre 3, il en sera de même de sa transformée : mais $(\mathfrak{P}^2 g^\rho)^3 = \mathfrak{P}^6 g^{\rho(1+4+16)} = g^{21\rho}$; donc $21\rho \equiv 0 \pmod{9}$ ou $\rho \equiv 0 \pmod{3}$. Les substitutions g^3, $\mathfrak{P}^2$ forment donc un faisceau de substitutions échangeables entre elles, auquel toutes celles de Γ sont permutables. Donc Γ est contenu dans l'un des groupes résolubles les plus généraux parmi ceux dont les substitutions sont abéliennes (hypoabéliennes).

et dont le premier faisceau contient g^3 et $\mathfrak{P}^2$. Soit Γ' ce groupe qui contient Γ : il sera plus général; mais nous sommes dispensés de le démontrer : car fût-il identique à Γ, il se présenterait dans le calcul sous une forme différente, son premier faisceau contenant huit substitutions au moins d'ordre 3, à savoir g^3, $\mathfrak{P}^2$ et leurs combinaisons, tandis que le premier faisceau de Γ n'en contient que deux, g^3 et g^6. Le groupe Γ devrait donc être exclu comme formant double emploi.

709. Théorème VIII. — *Un groupe Γ indécomposable de seconde catégorie, et dans lequel $p^{2\nu} = 3^2$, ne peut être général : 1° si chaque série ne contient qu'un indice; 2° si chaque série contenant $2^\pi 2^{\pi'} \ldots$ indices, le nombre $\mathfrak{X}$, défini comme au théorème V, est nul ou pair.*

1° Si chaque série ne contient qu'un indice, soient g une racine primitive de la congruence $g^8 \equiv 1 \pmod{3}$, e une racine de la congruence $e^4 \equiv -1$; Γ sera dérivé des substitutions

$$g = |\, x_r \ \ g^{3^r} x_r \,|, \quad \mathfrak{P} = |\, x_r \ \ e^{3^r} x_{r+1} \,|, \quad \mathrm{T} = |\, x_r \ \ e^{3^r} x_r \,|.$$

Cela posé, les substitutions g et $\mathfrak{P}$ sont d'ordre 4, ont pour carré g^2, et sont échangeables entre elles, à g^2 près. On déterminera aisément une substitution abélienne U qui transforme g^2, g, $\mathfrak{P}$ en g^2, $g\mathfrak{P}$, g; et l'on vérifiera que le groupe $(g, \mathfrak{P}, \mathrm{U}, \mathrm{T})$, plus général que le proposé, est résoluble.

2° Si chaque série contient plusieurs indices, on raisonnera comme au théorème V, en remplaçant $\mathfrak{A}$ par $\mathfrak{P}$.

710. Théorème IX. — *Soit Γ un groupe indécomposable de seconde catégorie, dans lequel $p^{2\nu}$ se réduise à 7^2; le groupe N, formé par celles de ses substitutions qui sont abéliennes propres, sera contenu dans un autre groupe plus général et formé de substitutions abéliennes propres : 1° si chaque série ne contient qu'un indice; 2° si chaque série contenant plusieurs indices, le nombre $\mathfrak{X}$, défini comme au théorème V, est nul ou pair.*

Supposons que chaque série ne contienne qu'un indice. Soient g, e des racines primitives des congruences $g^8 \equiv 1$, $e^8 \equiv -1 \pmod{7}$; g une substitution qui multiplie l'indice de la $r+1^{ième}$ série par g^{7^r}; $\mathfrak{P}$ celle qui le remplace par son conjugué de la série suivante, multiplié par e^{7^r}. Les substitutions g^2 et $\mathfrak{P}$ ont leur carré égal à g^4, et sont échangeables entre elles, à g^4 près. Cela posé, on construira aisément une substitution abélienne propre U qui transforme g^2, $\mathfrak{P}$ en $\mathfrak{P}$, $\mathfrak{P}g^2$; et l'on vérifiera que le groupe $(g^1, g^2, \mathfrak{P}, U, g)$, plus général que N, est résoluble.

L'extension du théorème au cas où chaque série contient plusieurs indices se fait comme au théorème V.

711. Corollaire. — *Le groupe* Γ, *et plus généralement, les groupes décomposables formés à l'aide de* Γ *ne devront être employés dans nos constructions que si l'une au moins de celles de leurs substitutions qui multiplient les exposants d'échange par des non résidus quadratiques de* 7 *est utilisée dans la construction.*

La démonstration est identique à celle du nº 707.

712. Soient L, L',... des groupes primaires, résolubles, et aussi généraux que possible, parmi ceux qui sont respectivement contenus dans les groupes abéliens (dans l'un des groupes hypoabéliens) de degrés $\pi^{2\sigma}, \pi^{2\sigma'}, \ldots$. Associons leurs substitutions de toutes les manières possibles, de telle sorte que les substitutions associées multiplient les exposants d'échange par un même facteur. Soient

$$\begin{aligned} V &= | \; x_1, \; y_1, \ldots \quad a'_1 x_1 + c'_1 y_1 + \ldots, \; b'_1 x_1 + d'_1 y_1 + \ldots, \ldots \; |, \\ V' &= | \; x'_1, \; y'_1, \ldots \quad \alpha'_1 x'_1 + \gamma'_1 y'_1 + \ldots, \; \beta'_1 x'_1 + \delta'_1 y'_1 + \ldots, \ldots \; |, \\ &\ldots\ldots\ldots\ldots\ldots\ldots\ldots\ldots\ldots\ldots\ldots\ldots, \end{aligned}$$

un système quelconque de substitutions associées, multipliant les exposants d'échange par un facteur k. On pourra lui faire correspondre la substitution

$$V_1 = \left| \begin{matrix} x_1, \; y_1, \ldots & a'_1 x_1 + c'_1 y_1 + \ldots, \; b'_1 x_1 + d'_1 y_1 + \ldots, \ldots \\ x'_1, \; y'_1, \ldots & \alpha'_1 x'_1 + \gamma'_1 y'_1 + \ldots, \; \beta'_1 x'_1 + \delta'_1 y'_1 + \ldots, \ldots \\ \ldots\ldots & \ldots\ldots\ldots\ldots\ldots\ldots\ldots\ldots\ldots\ldots \end{matrix} \right|,$$

qui appartient au groupe abélien (à l'un des groupes hypoabéliens) de degré $\pi^{2(\sigma+\sigma'+\ldots)}$, et qui multiplie les exposants d'échange par k.

Le groupe L_1, formé par l'ensemble des substitutions V_1, sera évidemment résoluble et non primaire. Nous l'appellerons le *groupe résoluble complexe* équivalent aux groupes primaires L, L',....

Soient maintenant Γ un groupe primaire indécomposable, assujetti ou non à la condition d'être formé de substitutions abéliennes (hypoabéliennes); F son premier faisceau; $A_1, B_1, \ldots; A'_1, B'_1, \ldots; A''_1, B''_1, \ldots; \ldots$ les doubles suites, et L, L', L'',... les groupes auxiliaires de degrés $\pi^{2\sigma}, \pi'^{2\sigma'}, \pi''^{2\sigma''}, \ldots$

qui concourent à sa construction. Supposons que plusieurs des nombres π, π', π'',... soient égaux, et qu'on ait, par exemple $\pi = \pi'$. Soit L_1 le groupe complexe équivalent à L, L'. Associons de toutes les manières possibles ses substitutions à celles de L'',... de telle sorte que les substitutions associées multiplient les exposants d'échange par des facteurs respectivement congrus à une même puissance de p [à une même expression de la forme $(-1)^\tau p^\rho$, si Γ est de première catégorie], suivant les modules π, π'',.... A chaque système de substitutions conjointes V_1, V'',... correspondront celles des substitutions de Γ qui ont pour corrélatives V, V', V'',..., V, V' étant les deux substitutions dont l'association donne V_1. Réciproquement, soient $\mathfrak{V}$ une substitution quelconque de Γ, V, V', V'',... ses corrélatives : $\mathfrak{V}$ correspondra au système V_1, V'',....

Nous obtenons donc le résultat suivant :

On peut remplacer, dans la construction des groupes Γ, les groupes auxiliaires dont le degré serait une puissance d'un même nombre premier par un groupe auxiliaire unique, mais complexe, qui correspondra à la double suite complexe formée par la réunion des doubles suites qui correspondaient aux groupes qu'il remplace.

Le groupe Γ devant être général, on devra évidemment admettre que ce nouveau groupe auxiliaire est lui-même général, autrement dit, n'est contenu dans aucun groupe analogue, primaire ou complexe.

713. Théorème X. — *Tout groupe Γ, dans la construction duquel figurent deux groupes auxiliaires semblables ou improprement semblables, doit être rejeté.*

Soient en effet L, L' ces deux groupes auxiliaires, de degré $\pi^{2\sigma}$;

$$V = | x_1, y_1, \ldots \quad a'_1 x_1 + c'_1 y_1 + \ldots, b'_1 x_1 + d'_1 y_1 + \ldots, \ldots |, \ldots$$

les substitutions de L;

$$V' = | x'_1, y'_1, \ldots \quad \alpha'_1 x'_1 + \gamma'_1 y'_1 + \ldots, \beta'_1 x'_1 + \delta'_1 y'_1 + \ldots, \ldots |, \ldots$$

celles de L', que la substitution abélienne

$$S = | x'_1, y'_1, \ldots \quad X_1, Y_1, \ldots |$$

transforme par hypothèse en substitutions analogues à V,..., sauf le changement de $x_1, y_1, \ldots$ en $x'_1, y'_1, \ldots$. Il est clair qu'en prenant pour indices indépendants $X_1, Y_1, \ldots$ les substitutions V' prendront la forme des substitutions V, sauf le remplacement de $x_1, y_1, \ldots$ par $X_1, Y_1, \ldots$.

Soit maintenant k le facteur par lequel S multiplie les exposants d'échange; et formons le groupe complexe L_1 équivalent à L, L'. Ce groupe est contenu dans le groupe plus général L_2 dérivé de la combinaison de L_1 avec la substitution

$$| x_1, y_1, \ldots, X_1, Y_1, \ldots \quad X_1, Y_1, \ldots, kx_1, ky_1, \ldots |,$$

lequel est évidemment résoluble, primaire, et contenu dans le groupe abélien (dans l'un des groupes-hypoabéliens) de degré $\pi^{4\sigma}$.

Considérons maintenant un groupe Γ, dans la construction duquel figurent les deux groupes auxiliaires L, L'; supposons, pour fixer les idées, qu'un troisième groupe auxiliaire L'', ayant également pour degré une puissance de π, figure dans la construction. On peut remplacer ces groupes auxiliaires par un seul groupe complexe Λ_1 qui leur soit équivalent, et que l'on pourra évidemment obtenir en remplaçant d'abord L, L' par le groupe équivalent L_1, puis en remplaçant L_1, L'' par le groupe équivalent Λ_1. Or soit Λ_2 le groupe complexe équivalent aux deux groupes primaires L_2, L''; il contient évidemment Λ_1; le groupe Γ_2, analogue à Γ, construit avec Λ_2 contiendra donc Γ, qui devra être rejeté, soit comme moins général que Γ_2, soit comme faisant double emploi avec lui.

714. Théorème XI. — *Soit* L *un groupe décomposable de seconde espèce, construit à l'aide d'un groupe* D *dont les substitutions permutent les systèmes d'indices, en nombre* λ, *et d'un groupe* L_0, *décomposable ou non, dont les substitutions n'altèrent que les indices du premier système. Si* λ *se réduit à* 2 *ou à* 3, *tout groupe* Γ *dans la construction duquel figureraient simultanément le groupe* L *et un groupe* L' *semblable à* L_0, *ou deux groupes décomposables de première espèce* M *et* M', *respectivement formés avec* L *et* L', *doit être rejeté.*

Soit, pour fixer les idées, $\lambda = 2$; et soient $x_1, y_1, \ldots; x'_1, y'_1, \ldots$ les indices des deux systèmes que contient L; $X_1, Y_1, \ldots$ ceux auxquels L' doit être rapporté pour que ses substitutions prennent la même forme que celles de L_0. Soient D_2 le groupe formé par les six substitutions qui permutent d'un mouvement d'ensemble les trois systèmes $x_1, y_1, \ldots; x'_1, y'_1, \ldots; X_1, Y_1, \ldots$: L_2 le groupe décomposable dérivé de la combinaison de D_2 et de L_0; M_2 un groupe décomposable de première espèce formé avec L_2. Il est clair que L_2 et M_2 sont résolubles et primaires; que leurs substitutions sont abéliennes (hypoabéliennes); enfin qu'ils sont plus généraux que les groupes complexes L_1, M_1, respectivement équivalents à L, L', et à M, M'.

Cela posé, la démonstration s'achève comme au théorème précédent.

715. Les théorèmes qui précèdent montrent la nécessité des précautions indiquées au n° 700 comme devant être apportées dans l'emploi de la méthode. Ces précautions étant observées, et soit qu'il s'agisse de résoudre les problèmes **A**, **B** ou **C**, il restera un certain nombre de formes types, à l'une desquelles pourra se ramener, par une notation convenable, chacun des groupes cherchés. Deux de ces groupes, L et $\mathfrak{L}$, seront dits *pareils*, s'ils sont semblables, et si de plus ils ne sont susceptibles d'être amenés qu'à l'une des formes types ci-dessus. (On pourrait concevoir que, par un changement de notation, on pût mettre successivement un même groupe sous plusieurs formes types différentes.) Cela posé, pour prouver que les groupes qui restent sont tous généraux et distincts, il suffit de prouver le théorème suivant :

Théorème **A**. — *Un groupe $\mathfrak{L}$, résoluble et transitif, construit par notre méthode, ne peut contenir un autre groupe analogue* L *s'il ne lui est pas pareil.*

Ce théorème est intimement lié aux deux suivants :

Théorème **B**. — *Un groupe $\mathfrak{L}$, résoluble et primaire, ne peut contenir un groupe analogue, mais non pareil,* L.

Théorème **C**. — *Soient $\mathfrak{L}$ et* L *deux groupes résolubles, l'un primaire, l'autre primaire ou complexe, contenus dans le groupe abélien de degré p^{2n}; ε un entier généralement égal à zéro, mais égal à un diviseur impair de $p-1$, dans le cas particulier où quelqu'un des groupes primaires et indécomposables qui servent à la construction de* L *serait de degré 7^{2m}* (m étant une puissance de 2), *et correspondrait à une décomposition $m = \nu\pi^{\sigma}\pi'^{\sigma'},\ldots$ où l'on eût $\nu = 1$. Le groupe* I *formé par celles des substitutions de* L *qui multiplient les exposants d'échange par des puissances de g^{ε} ne peut être contenu dans $\mathfrak{L}$, si* L *et $\mathfrak{L}$ ne sont pas pareils.*

Si l'on a $p = 2$, et que $\mathfrak{L}$ et L *doivent être contenus dans l'un* H *des groupes hypoabéliens de degré p^{2n}, soit* I *le groupe permutable aux substitutions de* H *et contenant la moitié de ces substitutions dont l'existence a été établie* (672). *Le théorème subsistera en prenant pour* I *le groupe formé par celles des substitutions de* L *qui appartiennent à* I.

Nous établirons du même coup ces trois théorèmes, en prouvant qu'aucun d'eux ne saurait être en défaut pour les groupes d'un certain degré, à moins que l'un d'eux ne fût en défaut pour ceux d'un degré moindre. On aurait donc une infinité de groupes de degrés décroissants pour chacun desquels l'un des théorèmes serait faux, ce qui est absurde.

Nous supposerons donc dans ce qui va suivre qu'aucun des trois théorèmes ne soit en défaut pour les degrés inférieurs à celui du groupe $\mathcal{L}$ que l'on considère : et nous verrons alors qu'ils sont vrais pour ce groupe lui-même.

CHAPITRE VII.

INDÉPENDANCE DES GROUPES RESTANTS.

§ I. — Réduction du théorème A au théorème B.

716. Lemme. — *Soit* L *un groupe résoluble et primitif de degré* M, *correspondant à une décomposition* $M = qq'q''\ldots$, *et formé de groupes partiels* Δ, Δ', Δ'',.... *En réunissant dans un premier système, d'abord toutes les racines que déplace le groupe partiel* (Δ', Δ'',...), *puis celles-là seulement que déplace le groupe* (Δ'',...), *etc., on obtient évidemment une suite de groupements des racines en q hypersystèmes* I, I_1,..., *contenant* $q'q''\ldots$ *racines, puis en* qq' *systèmes* S, S_1,... *ne contenant plus que* $q''\ldots$ *racines, etc. Mais il sera impossible de trouver aucun autre groupement des racines en systèmes tels, que chaque substitution de* L *remplace les racines d'un système par celles d'un même système.*

Supposons, en effet, un semblable groupement effectué. Soient Σ, Σ',... les nouveaux systèmes; admettons, pour fixer les idées, que toutes les racines de Σ appartiennent au même hypersystème I, mais que deux d'entre elles, a et a_1, appartiennent à deux systèmes différents S et S_1. Les substitutions (Δ'',...), n'altérant que le système S, ne déplacent pas a_1: donc elles remplacent les racines de Σ les unes par les autres; mais elles font succéder à a les diverses racines de S; donc toutes les racines de S font partie de Σ. De même, le groupe transformé de (Δ'',...) par celle des substitutions de Δ' qui remplace S par S_1 ne déplace pas a et fait succéder à a_1 les diverses racines de S_1 : donc ces racines font partie de Σ. De même, si Σ contient une racine d'un autre système S_2, il les contiendra toutes. Σ contient toutes les racines de I : car, s'il n'en était pas ainsi, I contiendrait un système S' dont les racines ne feraient pas partie de Σ; mais Δ' contient une substitution qui remplace S par S'; elle remplacerait les systèmes S, S_1, S_2,..., qui forment Σ, par d'autres systèmes S', S'_1, S'_2,..., dont la réunion formerait un des nouveaux systèmes Σ'. De même, si S'' était un autre système contenu dans I, I contiendrait une nouvelle suite de systèmes S'', S''_1, S''_2,... constituant un des nouveaux systèmes Σ'', etc. Chacune des substitutions de Δ', devant remplacer les racines de chacun des systèmes Σ, Σ', Σ'',... par les racines d'un même système, remplacerait les systèmes de chacune des suites S, S_1, S_2,...; S', S'_1, S'_2,...;... par les systèmes d'une même suite : elles ne permuteraient donc pas ces systèmes primitivement, comme cela doit être.

Σ contenant ainsi toutes les racines de I, et n'en contenant, par hypothèse, aucune autre, se confond avec I; et les autres systèmes Σ',..., se confondront avec I_1,... que les substitutions de Δ font succéder à I. On se trouve ainsi retomber sur un des anciens groupements.

Remarque. — Quel que soit celui des groupements des racines en systèmes que l'on adopte, il est clair que L résulte de la combinaison de deux groupes partiels : l'un permutant les systèmes entre eux en remplaçant les unes par les autres les racines correspondantes ; l'autre permutant entre elles les racines du premier système sans déplacer les autres.

717. *Le théorème* **A** *est vrai si* $\mathcal{L}$ *est non primitif.*

Cette proposition est évidente si L est primitif. Car $\mathcal{L}$, étant non primitif, ne pourra évidemment contenir un groupe primitif.

Supposons donc L non primitif; et soient $qq'q''$... et $\chi\chi'\chi''$... les deux décompositions du nombre M auxquelles correspondent respectivement L et $\mathcal{L}$. Les racines peuvent être réparties entre χ systèmes S, S',... contenant chacun $\chi'\chi''$... racines, et tels, que chaque substitution de $\mathcal{L}$ remplace les racines d'un même système par celles d'un même système : $\mathcal{L}$ résultera de la combinaison de deux groupes partiels, l'un Δ permutant les systèmes entre eux, l'autre $(\Delta', \Delta'',...)$ permutant entre elles les racines du premier système S sans déplacer les autres.

L étant contenu, par hypothèse, dans $\mathcal{L}$, ses substitutions remplacent les racines de chacun des systèmes S, S',... par celles d'un même système. Donc L résulte de la combinaison de deux groupes partiels : l'un D permutant d'un mouvement d'ensemble les systèmes S, S',...; l'autre D' permutant ensemble les racines de S sans déplacer celles des autres systèmes (**716**).

Pour que L soit contenu dans $\mathcal{L}$, il faut évidemment que D et D' le soient respectivement dans Δ et $(\Delta', \Delta'',...)$, ce qui ne pourra se faire que si D est pareil à Δ, et D' à $(\Delta', \Delta'',...)$, le théorème **A** étant vrai, par hypothèse, pour les degrés χ et $\chi'\chi''$... inférieurs à M. Mais alors L serait pareil à $\mathcal{L}$, contrairement à l'hypothèse.

718. *Le théorème* **A** *est vrai si* $\mathcal{L}$ *est primitif et* L *non primitif.*

Soient $M = p^n$ le degré commun de ces deux groupes; p^α le nombre des systèmes dans L, chacun d'eux étant choisi de manière à contenir le moins possible de racines; $p^{n-\alpha}$ le nombre des racines de chacun d'eux. Le groupe L contient un groupe partiel Γ dont les substitutions ne déplacent que les racines du premier système; et ces racines étant caractérisées par $n-\alpha$ indices $x, x', \ldots$, Γ résultera de la combinaison des substitutions

$$(1) \qquad | x, x', \ldots \quad x+\beta, x'+\beta', \ldots |,$$

qui déplacent $p^{n-\alpha}$ racines, avec des substitutions de la forme

$$(2) \qquad | x, x', \ldots \quad ax+bx'+\ldots, a'x+b'x'+\ldots, \ldots |.$$

Ces dernières substitutions, ne déplaçant pas la racine oo..., déplaceront moins de $p^{n-\alpha}$ racines. D'ailleurs elles ne se réduiront pas toutes à l'unité, à moins qu'on n'ait $p^{n-\alpha}=2$.

D'autre part, les p^n racines étant caractérisées par n indices $y, y', \ldots$, les substitutions de $\mathfrak{L}$ seront de la forme linéaire

$$| y, y', \ldots \quad cy+dy'+\ldots+\gamma, c'y+d'y'+\ldots+\gamma', \ldots |.$$

Pour qu'une substitution S de cette forme laisse immobile la racine $yy'\ldots$, il faut qu'on ait

$$y \equiv cy+dy'+\ldots+\gamma, \quad y' \equiv c'y+d'y'+\ldots+\gamma', \ldots \quad (\text{mod. } p).$$

Si S ne se réduit pas à l'unité, l'une au moins des relations ci-dessus, la première, par exemple, ne sera pas identique. Si elle se réduit à $\gamma \equiv 0$, elle devient impossible, et S déplace toutes les racines; dans le cas contraire, elle déterminera la valeur d'une des inconnues $y, y', \ldots$ en fonction des autres, qui peuvent être choisies de p^{n-1} manières distinctes tout au plus. Donc S ne pourra laisser immobiles plus de p^{n-1} racines; donc chacune des substitutions de $\mathfrak{L}$, et *a fortiori* chaque substitution de L (l'unité exceptée) déplace au moins $p^n - p^{n-1}$ racines.

On aura donc, si $p^{n-\alpha} > 2$, l'inégalité impossible

$$p^{n-\alpha} > p^n - p^{n-1} > p^{n-1}(p-1).$$

Si $p^{n-\alpha}=2$, on aurait l'égalité

$$2 = p^{n-\alpha} = p^n - p^{n-1}, \quad \text{d'où} \quad p^n = 4.$$

Mais ce cas est exclu (701).

719. Théorème. — *Soient $\mathcal{L}$ un groupe résoluble et primitif de degré p^n; $\mathfrak{F}$ son premier faisceau; Φ un groupe contenu dans $\mathcal{L}$ et dont les substitutions soient échangeables entre elles. L'ordre* O *de Φ ne pourra dépasser p^n.*

Chacune des substitutions de Φ est le produit d'une substitution linéaire N par une substitution P appartenant à $\mathfrak{F}$. Soient NP, N'P',... ces substitutions : le groupe $\Psi = (N, N', \ldots)$, isomorphe à Φ, aura ses substitutions échangeables entre elles, et l'on aura $O = \Omega O_1$, Ω étant l'ordre de Ψ, et O_1 celui du groupe formé par celles des substitutions de Φ qui appartiennent à $\mathfrak{F}$.

Supposons le groupe Φ choisi de telle sorte que O, et subsidiairement O_1, soient *maxima*. Nous allons voir que l'on aura $\Phi = \mathfrak{F}$, $O = p^n$, ce qui établira notre proposition.

720. *Chaque substitution de Φ a pour ordre une puissance de p.* Car, s'il en était autrement, Φ résulterait de la combinaison de deux groupes F et E, respectivement formés par celles de ses substitutions dont l'ordre est premier à p, ou puissance de p (**173**). L'ordre de F divisera un produit tel que $(p^\nu - 1)(p^{\nu'} - 1)\ldots$; et parmi les substitutions de $\mathfrak{F}$, il en existera $p^{\lambda\nu+\lambda'\nu'+\cdots}$ qui sont échangeables aux substitutions de E, sans l'être à toutes celles de F (**186**). Ces substitutions ne peuvent faire partie de Φ; car il est clair qu'elles ne peuvent être échangeables à toutes celles des substitutions de Φ dont les premiers facteurs appartiennent à F. Mais elles le sont à celles dont les premiers facteurs appartiennent à E; et, jointes à ces dernières substitutions, elles forment un groupe dont l'ordre $\frac{O p^{\lambda\nu+\lambda'\nu'+\cdots}}{(p^\nu - 1)(p^{\nu'} - 1)\ldots}$ sera supérieur à O; résultat absurde.

721. Cela posé, $\mathcal{L}$ résulte de la combinaison de $\mathfrak{F}$ avec un groupe résoluble et primaire H, lequel contiendra Ψ. Supposons que, le groupe H étant ramené à sa forme type, les indices s'y répartissent entre λ systèmes, contenant chacun ν séries, contenant chacune $\mu = \pi^\sigma \pi'^{\sigma'} \ldots$ indices.

Ψ ne contiendra aucune substitution qui déplace les systèmes. En effet, supposons que ses substitutions déplacent l'un d'eux, S_1; soient $S_1, \ldots, S_m$ ceux avec lesquels elles le permutent. L'ordre de Ψ sera égal à $m\omega$, ω étant l'ordre du groupe ψ formé par celles de ses substitutions qui ne déplacent pas S_1. En effet, soient T, T',... les substitutions de ψ; S_ρ l'un quelconque des systèmes $S_1, \ldots, S_m$; U une substitution de Ψ qui remplace S_1 par S_ρ : Ψ contiendra ω substitutions TU, T'U,... qui produisent ce même remplacement.

Les substitutions de ψ ne déplacent aucun des systèmes $S_1, \ldots, S_m$; car si l'une d'elles déplaçait S_ρ, elle ne serait pas échangeable à U. Chacune d'elles est donc de la forme $V_1 \ldots V_m W$, V_ρ désignant une substitution qui n'altère que les indices de S_ρ, qu'elle remplace par des fonctions linéaires de ces mêmes indices, et W une substitution qui n'altère que les indices des systèmes autres que $S_1, \ldots, S_m$, et les remplace par des fonctions linéaires de ces mêmes indices. Les substitutions de ψ ayant pour ordres des puissances de p, chacun des facteurs partiels $V_1, \ldots, V_m$, W jouira évidemment de la même propriété.

Prenons pour indices indépendants dans chaque système, à la place des indices imaginaires actuels, un nombre égal de fonctions réelles v_1, $v'_1, \ldots; \ldots; v_m, v'_m, \ldots; w, w', \ldots$. On peut supposer les indices $v_\rho, v'_\rho, \ldots$ choisis de telle sorte, qu'ils se partagent en un certain nombre de classes telles, que chacune des substitutions partielles $V_\rho, \ldots$ accroisse simplement les indices de chaque classe de fonctions linéaires des indices des classes précédentes (184). Soient $v_\rho, \ldots, v_\rho^{(\lambda_\rho - 1)}$ ceux de ces indices qui appartiennent à la dernière classe. Celles des substitutions de $\mathfrak{F}$ qui accroissent les $\lambda_2 + \ldots + \lambda_m$ indices $v_2, \ldots, v_2^{(\lambda_2 - 1)}; \ldots; v_m, \ldots, v_m^{\lambda_m - 1}$ de quantités constantes sans altérer les autres indices sont évidemment échangeables aux substitutions de ψ. Mais aucune d'elles, sauf l'unité, ne sera échangeable à toutes celles de Ψ, ou, ce qui revient au même, à toutes celles de Φ; car si l'une d'elles altère l'indice v_ρ, par exemple, elle ne pourra être échangeable à U. Ces substitutions n'appartiennent donc pas à Φ; mais elles sont évidemment échangeables à toutes celles des substitutions de Φ dont les premiers facteurs appartiennent à ψ, lesquelles forment évidemment la $m^{ième}$ partie du nombre total; en les combinant à ces dernières on obtiendra un groupe de substitutions échangeables entre elles, dont l'ordre sera $\frac{p^{\lambda_1 + \ldots + \lambda_m}}{m} O$, expression au moins égale à O, même dans le cas défavorable où $\lambda_2, \ldots, \lambda_m$ se réduiraient à l'unité, et pour lequel O_1 sera remplacé par $p^{\lambda_2 + \ldots + \lambda_m} O_1$. Donc O ou tout au moins O_1 ne seraient pas les *maxima* supposés.

722. Soient $\Gamma_1, \Gamma_2, \ldots$ les groupes partiels respectivement formés par celles des substitutions de H qui n'altèrent que les indices des systèmes S_1, $S_2, \ldots$; F_1 le premier faisceau de Γ_1; $A_1, B_1, \ldots, A_\sigma, B_\sigma; A'_1, B'_1, \ldots; \ldots$ les doubles suites, et L, L', ... les groupes auxiliaires correspondants, de degrés $\pi^{2\sigma}, \pi'^{2\sigma'}, \ldots$, qui concourent à la construction de Γ_1; $[\xi_1 \xi_2 \ldots]_r$ les indices indépendants auxquels il faut rapporter Γ_1 pour le ramener à sa forme type. Les substitutions de Ψ ne déplaçant pas les systèmes, chacune d'elles est un produit de substitutions partielles appartenant respectivement à $\Gamma_1, \Gamma_2, \ldots$. Soit Ψ_1 le groupe formé par celles de ces substitutions partielles qui appartiennent à Γ_1. Chacune d'elles sera de la forme $\mathfrak{P}^\rho \mathfrak{Q}$, $\mathfrak{P}$ étant la substitution qui remplace chaque indice de Γ_1 par son correspondant de la série suivante, et $\mathfrak{Q}$ une substitution qui ne déplace pas les séries. En outre, les substitutions de Ψ_1 seront toutes de la forme $\mathfrak{Q}$ ou résulteront de la combinaison de substitutions de cette forme avec les puissances d'une seule substitution $V_1 = \mathfrak{P}^\delta \mathfrak{Q}$, dans laquelle δ divise ν (557).

Ψ_1 *ne contient aucune substitution de la forme* $\mathfrak{P}^\delta \mathfrak{Q}$. En effet, supposons qu'il en contienne une, V_1; et soient ψ_1 le groupe formé par celles des substitutions de Ψ_1 qui se réduisent à la forme $\mathfrak{Q}$, φ_1 le groupe formé par les substitutions correspondantes de Φ. Il est clair que ces groupes renfermeront respectivement la $\frac{\nu}{\delta}^{\text{ième}}$ partie des substitutions de Ψ_1 et de Φ.

Cela posé, parmi les substitutions de $\mathfrak{I}$ qui n'altèrent que les indices du premier système, il en existe qui sont échangeables à toutes les substitutions de Ψ_1 (721). Ces substitutions, rapportées aux indices $[\xi_1\xi_2\ldots]_r$, prendront la forme

$$(3) \qquad \left| [\xi_1\xi_2\ldots]_r \quad [\xi_1\xi_2\ldots]_r + \alpha_{\xi_1\xi_2\ldots}^{\rho'} \right|,$$

les quantités $\alpha_{\xi_1\xi_2\ldots}$ étant des entiers complexes (nous n'écrivons pas les indices des autres systèmes, qui restent inaltérés). Soit T_1 une substitution de cette forme qui soit échangeable à celles de Ψ_1 : la substitution T_k, qui s'en déduit en remplaçant $\alpha_{\xi_1\xi_2\ldots}$ par $k\alpha_{\xi_1\xi_2\ldots}$, sera échangeable à celles de ψ_1, quelque valeur qu'on donne à l'entier complexe k; car si l'on cherche à vérifier cette échangeabilité pour T_1 et pour T_k, on trouvera les mêmes conditions, sauf le facteur commun k. Mais V_1 transformera T_k en $T_{k^{p^\delta}}$, qui ne se confondra avec T_k que si $k^{p^\delta} \equiv k$, ce qui n'a lieu que pour p^δ des p^ν systèmes de valeurs dont k est susceptible. Soient donc respectivement I et I' les groupes formés par celles des substitutions de la forme (3) qui sont échangeables aux substitutions de Ψ_1 et à celles de ψ_1, ou, ce qui revient au même, à celles de Φ et de φ_1 : l'ordre de I étant désigne par o, celui o' de I' sera au moins égal à $op^{\nu-\delta}$. Or, soient $s_1, s_2, \ldots$ les substitutions de I; $t_1, t_2, \ldots$ celles de φ_1 : celles de I' seront $u_1 s_1, u_1 s_2, \ldots; u_2 s_1, u_2 s_2, \ldots; \ldots$, $u_1, u_2, \ldots$ étant des substitutions en nombre $\frac{o'}{o}$ qui ne satisfassent à aucune relation de la forme $u_{\alpha'} = u_\alpha s_\beta$ (39). Cela posé, le groupe (I', φ_1) contiendra les $\frac{o'}{o}\frac{\delta}{\nu}O$ substitutions $u_1 t_1, u_1 t_2, \ldots; u_2 t_1, u_2 t_2, \ldots; \ldots$, qui sont toutes distinctes; car, si l'on avait $u_\alpha t_\beta = u_{\alpha'} t_{\beta'}$, on aurait $u_\alpha^{-1} u_{\alpha'} = t_\beta t_{\beta'}^{-1}$; donc $u_\alpha^{-1} u_{\alpha'}$ appartiendrait à Φ; mais cette substitution est de la forme (3), et pour qu'une substitution de cette forme appartienne à Φ, il faut qu'elle appartienne à I; on aurait donc $u_\alpha^{-1} u_{\alpha'} = s_\beta$, ce qui est inadmissible.

L'ordre du groupe (I', φ_1) serait donc au moins égal à $p^{\nu-\delta} \frac{\delta}{\nu} O$, et par suite au moins égal à O; et le nombre correspondant à O_1 et relatif à ce nouveau groupe serait égal à $\frac{o'}{o} O_1$; il serait donc plus grand que O_1; donc O ou tout au moins O_1 ne seraient pas les *maxima* supposés.

723. Ψ_1 *ne contient aucune autre substitution que l'unité*. Supposons, en effet, qu'il en contienne une. Cette substitution ne peut appartenir au faisceau $(F_1, A_1, B_1, \ldots, A'_1, B'_1, \ldots)$, dont toutes les substitutions ont leur ordre premier à p (562). Donc l'une au moins de ses corrélatives, la première par exemple, différera de l'unité. Donc le groupe Λ, formé par les premières corrélatives des substitutions de Ψ_1, contiendra des substitutions différentes de l'unité. Soit

$$| x_1, y_1, \ldots \quad a_1 x_1 + c_1 y_1 + \ldots, b'_1 x_1 + d'_1 y_1 + \ldots, \ldots |$$

la forme générale de ces substitutions. Le groupe Λ étant isomorphe à Ψ_1, ces substitutions seront échangeables entre elles, et leurs ordres seront des puissances de p; ils seront donc premiers à π. On pourra donc ramener simultanément toutes ces substitutions à la forme canonique monôme par un changement d'indices convenable (176). Réunissons dans une même série ceux des nouveaux indices que chacune des substitutions de Λ multiplie par un même facteur; des indices conjugués appartiendront à des séries conjuguées, qui seront multipliées par des facteurs conjugués. En outre, les substitutions de Ψ_1 ne déplaçant pas les séries, celles de Λ sont abéliennes propres. Chaque série aura donc sa conjointe, de telle sorte que deux séries conjointes soient partout multipliées par des facteurs réciproques. Groupons les indices en classes, en réunissant ensemble ceux qui appartiennent à la même série, ou à des séries conjuguées ou conjointes. Chaque classe contiendra un nombre pair d'indices.

Soient X l'un des nouveaux indices, qui soit altéré par quelqu'une des substitutions V, V',... du groupe Λ; $m, m', \ldots$ les facteurs par lesquels ces substitutions le multiplient; $p^\alpha, p^{\alpha'}, \ldots$ les ordres respectifs de ces substitutions. On aura $m^{p^\alpha} \equiv m'^{p^{\alpha'}} \equiv \ldots \equiv 1$. Donc les moindres puissances de m,

$m',\ldots$, qui se réduisent à l'unité, auront respectivement pour degrés des diviseurs de p^α, $p^{\alpha'},\ldots$, et, par suite, seront des puissances de p, telles que p^β, $p^{\beta'},\ldots$. Soit β le plus grand des exposants β, $\beta',\ldots$: m sera une racine primitive de la congruence $m^{p^\beta} \equiv 1 \pmod{\pi}$; et $m',\ldots$, qui satisfont également à cette congruence, seront des puissances de m, telles que $m^{\gamma'},\ldots$. On aura donc $V' = V^{\gamma'}T',\ldots$, les substitutions $T',\ldots$ laissant invariable l'indice X, et par suite ceux de la même classe.

724. Soient $X,\ldots$ les indices de la classe considérée; $Y,\ldots$ ceux des autres classes; $C_X,\ldots$; $C_Y,\ldots$ les substitutions correspondantes. Les exposants d'échange des substitutions $C_X,\ldots$ avec les substitutions $C_Y,\ldots$ seront congrus à zéro (**241**). Prenons maintenant pour indices indépendants, à la place des indices imaginaires $X,\ldots$, un nombre égal d'indices réels u_1, $v_1,\ldots$, u_τ, v_τ, et, à la place de $Y,\ldots$, d'autres indices réels $w,\ldots$. Les substitutions $\mathcal{C}_1$, $\mathcal{D}_1,\ldots$, correspondantes à u_1, $v_1,\ldots$, étant dérivées de $C_X,\ldots$, ont des exposants d'échange congrus à zéro avec les substitutions $\mathcal{E},\ldots$, correspondantes à $w,\ldots$, et dérivées de $C_Y,\ldots$; et quant à leurs exposants d'échange mutuels, on pourra faire en sorte qu'ils soient tous congrus à zéro, sauf $(\mathcal{C}_1\mathcal{D}_1),\ldots$, $(\mathcal{C}_\rho\mathcal{D}_\rho),\ldots$, qui seront congrus à 1 (**232-234**). Enfin, s'il y a lieu de considérer le caractère de ces substitutions, on pourra faire en sorte que $\mathcal{C}_1$, $\mathcal{D}_1$ aient le même caractère 0 ou 1, et que $\mathcal{C}_2$, $\mathcal{D}_2,\ldots$ aient pour caractère 0 (**258**).

Soient maintenant $\mathcal{A}_1$, $\mathcal{B}_1,\ldots$ les substitutions correspondantes aux indices originaires x_1, $y_1,\ldots$, et soient C_1, $D_1,\ldots$, $E,\ldots$ les substitutions formées avec A_1, $B_1,\ldots$ de la même manière que $\mathcal{C}_1$, $\mathcal{D}_1,\ldots$ le sont avec $\mathcal{A}_1$, $\mathcal{B}_1,\ldots$: les substitutions C_1, $D_1,\ldots$ seront échangeables à $E,\ldots$ et le seront entre elles, sauf pour deux substitutions associées C_ρ, D_ρ, qui satisferont à la relation $C_\rho^{-1}D_\rho^{-1}C_\rho D_\rho = A_1^{-1}B_1^{-1}A_1B_1 = \theta$. De plus, si $\pi = 2$ et $p^\nu \equiv 3 \pmod{4}$, C_1, $D_1,\ldots$ auront pour caractéristique une puissance de $K^2 - 1$ ou de $K^2 + 1$, suivant que leurs correspondantes $\mathcal{C}_1$, $\mathcal{D}_1,\ldots$ ont pour caractère 0 ou 1.

Cela posé, on pourra déterminer un système d'indices indépendants $[\xi_1\xi_2\ldots\varepsilon]_r$ tels, que C_1, $D_1,\ldots$, C_τ, D_τ prennent la forme

$$C_\rho = |[\xi_1\xi_2\ldots\varepsilon]_\rho \quad a_\rho\theta^{\xi_\rho}[\xi_1\xi_2\ldots\varepsilon]_\rho|, \qquad D_\rho = |[\xi_1\xi_2\ldots\varepsilon]_\rho \quad b_\rho[\xi_1+1, \xi_2,\ldots,\varepsilon]_\rho|,$$

où les facteurs a_ρ, b_ρ se réduisent tous à l'unité, sauf le cas où C_1, D_1 auraient pour caractéristique une puissance de K^2+1, auquel cas a_1 et b_1 seraient égaux à j et $\alpha + \beta j\theta^{\xi_1}$; $[j^2 \equiv \alpha^2 + \beta^2 \equiv -1 \pmod{p}]$ (**576**).

725. Le groupe Ψ_1 résulte évidemment de la combinaison d'une substitution $\mathfrak{V}_1$, ayant pour corrélative V, avec le groupe ψ_1, formé par les substitutions $\mathfrak{G}'_1,\ldots$ du groupe Ψ, dont les corrélatives $T',\ldots$ n'altèrent pas les indices de la classe $X,\ldots$. Ces corrélatives étant échangeables à $\mathfrak{C}_\rho$, $\mathfrak{D}_\rho$, l'une quelconque $\mathfrak{G}'_1$ des substitutions de ψ_1 transformera C_ρ, D_ρ en $f_\rho C_\rho$, $f'_\rho D_\rho$, f_ρ, f'_ρ étant des substitutions de F_1. Pour que ces transformées aient mêmes caractéristiques que C_ρ, D_ρ, il faudra que f_ρ, f'_ρ se réduisent à des puissances de θ. Soit par exemple $f_\rho = \theta^e$; $\mathfrak{G}'_1$ a pour ordre une puissance de p, telle que p^d; et l'on aura $C_\rho = \mathfrak{G}'^{-p^d}_1 C_\rho \mathfrak{G}'^{p^d}_1 = \theta^{ep^d} C_\rho$. Donc $\theta^{ep^d} \equiv 1 \pmod{p}$, d'où $ep^d \equiv 0 \pmod{\pi}$, et enfin $e = 0$. Donc $\mathfrak{G}'_1$ est échangeable à C_ρ et à D_ρ, et par suite se réduit à la forme

$$(4) \qquad \left| [\xi_1 \xi_2 \ldots \varepsilon]_0 \quad \sum_q \alpha_q^{\varepsilon} [\xi_1 \xi_2 \ldots q]_0 \right|,$$

les coefficients α_q^{ε} étant indépendants de $\xi_1, \xi_2, \ldots$ (580).

D'autre part, V étant permutable au groupe $(\mathfrak{C}_1, \mathfrak{D}_1, \ldots)$, $\mathfrak{V}$ le sera au groupe $(F_1, C_1, D_1, \ldots)$ et sera (580) le produit d'une substitution s_1 de la forme

$$(5) \qquad \left| [\xi_1 \xi_2 \ldots \varepsilon]_0 \quad \sum_{l_1, l_2, \ldots} \alpha_{l_1 l_2 \ldots}^{\xi_1 \xi_2 \ldots} [l_1 l_2 \ldots \varepsilon]_0 \right|,$$

où les coefficients sont indépendants de ε, par une substitution $\mathfrak{G}_1$ de la forme (4).

La substitution $\mathfrak{V}_1$ et les substitutions de ψ_1 ont chacune pour ordre une puissance de p. On peut supposer qu'il en est de même des facteurs partiels s_1, $\mathfrak{G}_1$. Soit en effet $\mathfrak{V}_1^{p^d} = (s_1 \mathfrak{G}_1)^{p^d} = 1$: il viendra $s_1^{p^d} = \mathfrak{G}_1^{-p^d}$, égalité dont les deux membres sont des formes (4) et (5), et qui ne pourra subsister que si tous deux se réduisent à une même substitution f du faisceau F_1. Soient e l'ordre de f, lequel est premier à p; e' un entier tel, que $e'p^d \equiv -1 \pmod{e}$; $\mathfrak{V}_1$ sera le produit des deux facteurs $s_1 f^{e'}$, $f^{-e'} \mathfrak{G}_1$, qui sont respectivement des formes (4) et (5) et dont les ordres, divisant p^d, seront des puissances de p.

726. Cela posé, soient

$$[\xi_1 \xi_2 \ldots \varepsilon]'_r = \sum_{l_1, l_2, \ldots} \left(\beta_{l_1 l_2 \ldots}^{\xi_1 \xi_2 \ldots}\right)^{p^r} [l_1 l_2 \ldots \varepsilon]_r$$

de nouveaux indices indépendants, les coefficients $\beta_{l_1 l_2 \ldots}^{\xi_1 \xi_2 \ldots}$ étant indépendants de ε et de r. Les substitutions $\mathfrak{S}_1$, $\mathfrak{S}'_1$,..., rapportées à ces nouveaux indices, ne changeront pas d'expression; quant à la substitution s_1, elle prendra la forme

$$\left| [\xi_1\xi_2\ldots\varepsilon]'_0 \quad \sum_{l_1, l_2, \ldots} \alpha'^{\xi_1\xi_2}_{l_1 l_2} \, [l_1 l_2\ldots\varepsilon]'_0 \right|,$$

analogue, mais non identique à la forme (5), et il est clair qu'en choisissant convenablement les nouveaux indices, on pourra faire en sorte que s_1 soit réduite à sa forme canonique.

Remplaçons maintenant les indices $[\xi_1\xi_2\ldots\varepsilon]'_r$ par de nouveaux indices

$$[\xi_1\xi_2\ldots\varepsilon]''_r = \sum (\beta^\varepsilon_q)^{p^r} [\xi_1\xi_2\ldots q]'_r,$$

les coefficients β^ε_q étant indépendants de ξ_1, ξ_2,... et de r. La substitution s_1 conservera sa forme canonique; et les substitutions $\mathfrak{S}_1$, $\mathfrak{S}'_1$,... prendront la forme

$$\left| [\xi_1\xi_2\ldots\varepsilon]''_0 \quad \sum \alpha''^\varepsilon_q \, [\xi_1\xi_2\ldots q]''_0 \right|.$$

D'ailleurs, si l'on dirige le choix des nouveaux indices comme il est indiqué au n° **184**, ils seront de deux sortes; les uns, $[\xi_1\xi_2\ldots e]''_r$, $[\xi_1\xi_2\ldots, e+1]''_r$,... que $\mathfrak{S}_1$, $\mathfrak{S}'_1$,... remplacent par des fonctions linéaires les uns des autres; les autres, $[\xi_1\xi_2\ldots, 0]''_r$,..., $[\xi_1\xi_2\ldots, e-1]''_r$ que ces substitutions accroissent simplement de fonctions linéaires des précédents.

D'autre part, remplaçons pour plus de simplicité les indicateurs ξ_1, ξ_2,... par un indicateur unique ξ. La substitution s_1 ayant actuellement sa forme canonique, les indices $[\xi\varepsilon]''_r$ correspondant à un même système de valeurs de ε et de r formeront un certain nombre de suites $[0\varepsilon]''_r$,..., $[q-1, \varepsilon]''_r$; $[q\varepsilon]$,..., ;... telles, que s_1 accroisse chaque indice de l'indice précédent de la même suite, et laisse invariables les premiers indices de chaque suite; et si l'on désigne par q le nombre des termes de la suite la plus longue, par p^δ la moindre puissance de p égale ou supérieure à q, s_1 aura pour ordre p^δ (159).

727. Cela posé, les substitutions de $\mathcal{J}$, en nombre $p^{(q-i)e\nu}$, qui n'altèrent que ceux des indices $[\xi\varepsilon]_r$ où $\xi < q-1$, $\varepsilon < e$, ne peuvent appartenir à Φ, car elles ne sont pas échangeables à la substitution $\mathfrak{V}_1 = s_1\mathfrak{S}_1$, ni par suite à la substitution $\mathfrak{V}$ du groupe Ψ qui fait subir aux indices du premier système l'altération $\mathfrak{V}_1$, ni enfin à la substitution de Φ qui a $\mathfrak{V}$ pour premier facteur partiel. Mais elles sont échangeables aux substitutions $\mathfrak{V}_1^{p^\delta}$, $\mathfrak{S}'_1$,..., et par suite aux substitutions correspondantes de Φ, lesquelles forment un groupe partiel, qui aura évidemment pour ordre $Op^{-\delta}$. En les combinant à ce groupe, on obtiendra un groupe dont l'ordre $Op^{(q-1)e\nu-\delta}$ sera au moins égal à O ($q-1$ étant au moins égal à δ), et dans lequel O_1 sera remplacé par $O_1 p^{(q-1)e\nu}$. Donc O, ou tout au moins O_1, ne seraient pas les *maxima* supposés.

728. Remarque. — *Le maximum* p^n, *trouvé pour l'ordre de* Φ, *ne peut être atteint que si* Φ *contient quelque substitution de* $\mathfrak{F}$, *autre que l'unité*. En effet, s'il en était autrement, on aurait $O=\Omega=p^n$. Mais, parmi les substitutions de $\mathfrak{F}$, il en est d'échangeables à toutes les substitutions de Ψ, ou, ce qui revient au même, à toutes celles de Φ. En les combinant à Φ, on obtiendrait un nouveau groupe analogue à Φ, mais plus général. Donc p^n ne serait pas le *maximum* possible de O, comme cela a été démontré.

729. Théorème. — *Le théorème* **A** *est vrai si* $\mathfrak{L}$ *et* L *sont primitifs, à condition que le théorème* **B** *soit vrai.*

Soient en effet p^n le degré des groupes $\mathfrak{L}$, L; $\mathfrak{F}$, F leurs premiers faisceaux : F, contenant p^n substitutions échangeables entre elles, contiendra quelque substitution de $\mathfrak{F}$, autre que l'unité. Soit s une semblable substitution. Ses transformées par les substitutions de $\mathfrak{L}$, et en particulier par celles de L, appartiendront à $\mathfrak{F}$. Mais ces transformées, combinées entre elles, reproduisent F. Donc $\mathfrak{F}$ contient F; mais ces faisceaux ont le même ordre; donc ils se confondent.

Cela posé, $\mathfrak{L}$ et L résultent respectivement de la combinaison de F avec deux groupes primaires $\mathfrak{I}$ et I : $\mathfrak{L}$ contenant L, $\mathfrak{I}$ contiendra I. Cela ne peut avoir lieu, par hypothèse, que si $\mathfrak{I}$ est pareil à I; mais alors $\mathfrak{L}$ sera pareil à L; le théorème **A** sera donc vérifié.

§ II. — Démonstration du théorème B.

Cas où $\mathfrak{L}$ *est décomposable.*

730. Théorème. — *Tout groupe* Γ *formé d'après la méthode des* nos 689-693 *est primaire et indécomposable.*

Supposons pour plus de généralité que chaque série contienne plusieurs indices. Si le théorème n'était pas vrai, on pourrait trouver des systèmes de fonctions des indices tels, que toute substitution de Γ remplaçât les fonctions d'un même système par des fonctions de celles d'un même système.

L'un au moins de ces systèmes contiendrait une fonction dans laquelle n'entreraient que les indices d'une seule série. En effet, parmi les fonctions respectivement contenues dans les divers systèmes, soit φ l'une de celles dont les indices sont empruntés au nombre minimum de séries, et, parmi ces dernières, l'une de celles qui contient le moins d'indices. Supposons qu'elle contienne plusieurs séries. Soient φ_a, $\varphi_b, \ldots$ l'ensemble des termes de φ qui contiennent respectivement les indices de la $a+1^{\text{ième}}$ série, de la $b+1^{\text{ième}}$, etc. Soit enfin F le premier faisceau de Γ : ses substitutions, étant opérées sur la fonction φ, la transforment en d'autres fonctions φ', $\varphi'', \ldots$ qui n'en diffèrent que parce que les indices y sont multipliés par des facteurs constants.

Deux quelconques de ces fonctions, φ', φ'', ne sauraient appartenir au même système, à moins qu'elles ne soient *équivalentes*, c'est-à-dire égales à un facteur constant près : car s'il n'en était pas ainsi, on pourrait déterminer une fonction $m\varphi' + \varphi''$, appartenant au même système, ne contenant que les indices de φ, et où l'on pourrait profiter en outre de l'indétermination de m pour faire évanouir un coefficient sans que tous s'évanouissent. La fonction φ ne serait donc pas une de celles qui contiennent le moindre nombre d'indices.

Cela posé, chaque substitution de F multipliant les indices de la première série par un facteur constant m, et leurs conjugués par les facteurs conjugués, les transformées de φ seront de la forme $m^{p^a}\varphi_a + m^{p^b}\varphi_b + \ldots$; et pour que deux semblables fonctions obtenues en posant successivement $m = m_1$, $m = km_1$ soient équivalentes, il faut qu'on ait

$$k^{p^a} \equiv k^{p^b} \equiv \ldots \pmod{p}, \quad \text{d'où} \quad k^{p^{b-a}} \equiv k^{p^{c-a}} \equiv \ldots \equiv 1.$$

D'ailleurs, si ν est le nombre des séries, on a $k^{p^\nu - 1} \equiv 1$, d'où enfin $k^{p^\delta - 1} \equiv 1$, δ étant le plus grand commun diviseur de $b-a$, $c-a, \ldots, \nu$. Cette relation fournit, pour k, $p^\delta - 1$ valeurs; les $p^\nu - 1$ transformées de φ par les substitutions de F sont donc équivalentes $p^\delta - 1$ à $p^\delta - 1$. Le nombre des transformées non équivalentes sera donc $\frac{p^\nu - 1}{p^\delta - 1}$. Appartenant à des systèmes différents, elles seront distinctes. Mais elles s'expriment par les fonctions φ_a, $\varphi_b, \ldots$, dont le nombre ne peut dépasser $\frac{\nu}{\delta}$, les entiers a, $b, \ldots$ appartenant tous à la suite a, $a+\delta,\ldots$, $a+\left(\frac{\nu}{\delta}-1\right)\delta$. On aurait donc

$$\frac{p^\nu-1}{p^\delta-1}\overset{=}{<}\frac{\nu}{\delta},$$

relation absurde; ce qui démontre notre proposition.

731. Cela posé, soit $\varphi=\varphi_a$ une fonction ne contenant que les indices de la $a+1^{ième}$ série, et qui fasse partie d'un système Σ. Les ν fonctions conjuguées qui dérivent de celle-là en y changeant l'imaginaire i en i^p, $i^{p^2},\ldots$ sont distinctes, car elles contiennent des indices différents. De plus, elles font toutes partie du système Σ. En effet, soient X, Y,... les fonctions réelles que contient ce système : φ est une fonction $sX+s'Y+\ldots$ de ces fonctions : et ses conjuguées $s^pX+s'^pY+\ldots$ en sont également des fonctions, et par suite appartiennent à Σ. Le système Σ, et par suite chacun des autres, contient donc au moins ν fonctions distinctes : et $\mu\nu$ étant le nombre total des indices, il existera au plus μ systèmes.

732. Soient A_1, B_1, A_2, $B_2,\ldots$; A'_1, $B'_1,\ldots$;... les doubles suites qui, jointes à F, forment G, second faisceau de Γ. *Ces substitutions permutent les systèmes transitivement.* Pour le démontrer, prenons pour indices indépendants ceux qui ramènent A_1, $A_2,\ldots$; $A'_1,\ldots$;... à la forme canonique. Soient φ_a, $\varphi'_a,\ldots$ les transformées de φ_a par les substitutions de G;

$$\psi_a=m\varphi_a+m'\varphi'_a+\ldots=\alpha x+\beta y+\ldots$$

celle des fonctions dérivées de celles-là où entrent le moindre nombre d'indices $x, y,\ldots$: elle ne contiendra qu'un indice. En effet, supposons qu'elle en contienne plusieurs $x, y,\ldots$; la suite A_1, $A_2,\ldots$; $A'_1,\ldots$;... contient une substitution T qui multiplie x, y par deux facteurs différents q et q'. Soient ψ_{a1}, φ_{a1}, $\varphi'_{a1},\ldots$ les transformées de ψ_a, φ_a, $\varphi'_a,\ldots$ par T; la fonction

$$q\psi_a-\psi_{a1}=q(m\varphi_a+m'\varphi'_a+\ldots)-(m\varphi_{a1}+m'\varphi'_{a1}+\ldots)=(q-q')\beta y+\ldots$$

contiendra moins d'indices que ψ_a. D'ailleurs elle est dérivée de φ_a, $\varphi'_a,\ldots$; car φ_{a1}, $\varphi'_{a1},\ldots$ font partie de cette suite : en effet, soit S la substitution qui transforme φ_a en φ'_a, par exemple; φ'_{a1}, étant la transformée de φ_a par ST, appartiendra à la suite φ_a, $\varphi'_a,\ldots$

Admettons donc que ψ_a ne contienne qu'un indice. Les substitutions B_1,

$B_2, \ldots; B'_1, \ldots; \ldots$, permutant transitivement les indices de la $a+1^{ième}$ série, transformeront ψ_a en μ fonctions distinctes, contenant chacune un indice, et dont chacune sera dérivée des fonctions $\varphi_a, \varphi'_a, \ldots$. Donc cette dernière suite contient μ fonctions distinctes. Ces μ fonctions appartiennent évidemment aux systèmes que les substitutions de G permutent avec celui qui contenait φ_a. Les fonctions conjuguées formées avec les indices des autres séries appartenant aussi à ces systèmes, ils contiendront $\mu\nu$ fonctions distinctes, total égal au nombre des indices. Il ne peut donc exister d'autres systèmes, formés de nouvelles fonctions.

Les systèmes cherchés contiendront tous le même nombre de fonctions distinctes. Car si l'un d'eux, Σ_1, en contenait plus qu'un autre, Σ, il est clair que la substitution de Γ qui remplace Σ_1 par Σ aurait son déterminant congru à zéro, ce qui est absurde.

733. Cela posé, si une substitution T de G ne déplace pas le système Σ, elle n'en déplacera aucun. En effet, soient Σ' un système quelconque; U une substitution de G, qui le fasse succéder à Σ : $U^{-1}TU$ ne déplace pas le système Σ'; mais cette substitution est de la forme fT, f étant une substitution de F. Or φ étant une fonction des indices de la $a+1^{ième}$ série, il en est de même de la fonction φ', appartenant à Σ', que U lui fait succéder : donc f la multipliera, ainsi que φ, par un simple facteur constant; donc elle ne déplace pas Σ'; donc T ne le déplacera pas non plus.

On voit par là que les substitutions de F laissent les systèmes immobiles. Si toutes les substitutions de G jouissaient de cette même propriété, il n'y aurait qu'un système, et Γ serait indécomposable. Dans le cas contraire, les doubles suites $A_1, B_1, \ldots; A'_1, B'_1, \ldots; A''_1, B''_1, \ldots; \ldots$ pourront être partagées en deux espèces : celles dont tous les termes jouissent de cette propriété; celles pour lesquelles le contraire a lieu. Admettons, pour fixer les idées, qu'il y ait trois doubles suites, dont la dernière appartienne seule à la première espèce; et soit $\mu = \pi^{\sigma}\pi'^{\sigma'}\pi''^{\sigma''}$ le nombre des indices de chaque série. Les indices se partagent également entre $\pi''^{\sigma''}$ classes, en groupant ensemble ceux que les substitutions $A''_1, A''_2, \ldots$ multiplient par le même facteur; on en conclut, comme au numéro précédent, que des transformées de $\varphi_a, \varphi'_a, \ldots$ par $A''_1, A''_2, \ldots$ combinées entre elles on peut déduire une fonction ψ_a ne contenant que les indices d'une seule classe. Les substitutions $B''_1, B''_2, \ldots$, permutant les classes entre elles, donneront de ψ_a au moins $\pi''^{\sigma''}$ transformées distinctes. Donc les transformées de φ_a par $A''_1, B''_1, \ldots$ fournissent au moins $\pi''^{\sigma''}$ fonctions distinctes; leurs conjuguées sont également distinctes :

donc Σ, qui contient toutes ces fonctions, contient au moins $\nu\pi''^{\sigma''}$ indices; et le nombre des systèmes sera au plus égal à $\pi^{\sigma}\pi'^{\sigma'}$. Les substitutions de la forme $A_1^{\alpha_1}B_1^{\beta_1}\ldots A_1'^{\alpha_1'}B_1'^{\beta_1'}\ldots$ étant en nombre $\pi^{2\sigma}\pi'^{2\sigma'}$, supérieur à celui des systèmes, deux au moins d'entre elles remplaceront le système Σ par un même système Σ'; en les combinant ensemble, on obtiendra une substitution T de la forme $fA_1^{\alpha_1}B_1^{\beta_1}\ldots A_1'^{\alpha_1'}B_1'^{\beta_1'}\ldots$ qui ne déplace pas le système Σ, ni, par suite, aucun autre système; d'ailleurs l'un au moins des exposants α_1, $\beta_1, \ldots, \alpha_1', \beta_1', \ldots$, par exemple α_1, différera de zéro. Cela posé, soient L, L', L'' les groupes auxiliaires respectivement correspondants aux doubles suites $A_1, B_1, \ldots$; $A_1', B_1', \ldots$; $A_1'', B_1'', \ldots$; Λ le groupe formé par celles des substitutions de L qui sont abéliennes propres; M le groupe formé par celles des substitutions de Γ qui ont pour premières corrélatives les substitutions de Λ, et dont les autres corrélatives se réduisent à l'unité. Ce groupe sera formé par celles des substitutions de Γ qui sont échangeables, aux F près, à celles de chacun des faisceaux $(F, A_1', B_1', \ldots)$, $(F, A_1'', B_1'', \ldots)$; mais l'une au moins U des substitutions de M ne sera pas échangeable, aux F près, à $fA_1^{\alpha_1}B_1^{\beta_1}\ldots$.

En effet, soit Φ le groupe formé par celles des substitutions du faisceau $(F, A_1, B_1, \ldots)$ qui sont échangeables, aux F près, à toutes les substitutions de M. Le groupe Φ', transformé de Φ par une substitution quelconque de Γ, sera formé par celles des substitutions de $(F, A_1, B_1, \ldots)$ qui sont échangeables à celles de M', transformé de M, aux substitutions près du groupe F', transformé de F. Mais les substitutions de Γ, étant permutables à F, ainsi qu'à $(F, A_1', B_1', \ldots)$, $(F, A_1'', B_1'', \ldots)$, le seront évidemment à M; donc $F' = F$, $M' = M$, et par suite $\Phi' = \Phi$. Donc Φ est permutable aux substitutions de Γ. Mais il contient évidemment F. S'il contenait $fA_1^{\alpha_1}B_1^{\beta_1}\ldots$, il contiendrait ses transformées par les substitutions de Γ, lesquelles, combinées avec F, reproduisent tout le faisceau $(F, A_1, B_1, \ldots)$. En effet, soient $\mathcal{A}_1^{\gamma_1}\mathcal{B}_1^{\delta_1}\ldots = |x_1, y_1, \ldots \quad x_1+\gamma_1, y_1+\delta_1, \ldots|$ les substitutions respectivement correspondantes à celles de la forme $fA_1^{\gamma_1}B_1^{\delta_1}\ldots$. Si les transformées de $fA_1^{\alpha_1}B_1^{\beta_1}\ldots$ par les substitutions de Γ, jointes aux F, ne reproduisaient pas tout le faisceau $(F, A_1, B_1, \ldots)$, les transformées de $\mathcal{A}_1^{\alpha_1}\mathcal{B}_1^{\beta_1}\ldots$ par les substitutions de L ne reproduiraient pas tout le faisceau $(\mathcal{A}_1, \mathcal{B}_1, \ldots)$. Le faisceau dérivé de ces transformées ne serait donc pas transitif. Le groupe $(\mathcal{A}_1, \mathcal{B}_1, \ldots, L)$, dont les substitutions lui sont permutables, ne serait pas primitif (53), et L ne serait pas primaire, contrairement à notre construction. Les substitutions de M seraient donc échangeables, aux F près, à $A_1, B_1, \ldots$, et le groupe Λ formé par leurs premières corrélatives ne contiendrait d'autre substitution que l'unité : résultat absurde (592).

Cela posé, la substitution $T^{-1}.U^{-1}TU$ appartiendra évidemment au faisceau $(A_1, B_1,\ldots)$ et non au faisceau F. Or celles des substitutions de G qui ne déplacent pas les systèmes sont transformées par toute substitution de Γ en substitutions qui appartiennent à G et ne déplacent pas les systèmes; elles forment donc un groupe permutable à toute substitution de Γ; ce groupe, contenant T, contiendra $T^{-1}.U^{-1}TU$, et ses transformées par les substitutions de Γ. Mais ces transformées, jointes aux substitutions de F, lesquelles ne déplacent pas les systèmes, reproduisent tout le faisceau $(F, A_1, B_1,\ldots)$. Donc A_1, B_1 ne déplacent pas ces systèmes, contrairement à notre hypothèse : absurdité d'où résulte la vérité du théorème.

734. Problème. — *Soit* L *un groupe résoluble primaire et décomposable. On demande de déterminer des systèmes de fonctions des indices* $\varphi, \varphi',\ldots$ *tels :* 1° *que toutes les fonctions linéairement formées de celles d'un même système appartiennent également à ce système, et soient essentiellement distinctes de celles qui dérivent des fonctions des autres systèmes;* 2° *que les fonctions de chaque système dépendent linéairement d'un même nombre de fonctions distinctes;* 3° *que le nombre total de ces fonctions distinctes soit égal à celui des indices;* 4° *que chaque substitution de* L *remplace les fonctions d'un même système par celles d'un même système.*

Le groupe L étant formé d'après notre méthode (688-693), les indices s'y répartissent en systèmes $\Sigma_0, \Sigma_1,\ldots$, et L résulte de la combinaison d'un groupe D, dont les substitutions permutent les systèmes d'un mouvement d'ensemble, avec un groupe Γ_0 dont les substitutions n'altèrent que les indices du premier système. Cela posé, chacune des fonctions $\varphi,\ldots$ contenues dans les nouveaux systèmes cherchés $s, s',\ldots$ est une fonction des indices des systèmes anciens $\Sigma_0, \Sigma_1,\ldots$.

735. Proposition I. — *L'une au moins des fonctions* $\varphi,\ldots$ *s'exprimera au moyen des indices d'un seul des systèmes* $\Sigma_0, \Sigma_1,\ldots$.

Soit en effet φ une de ces fonctions, choisie de telle sorte que le nombre m des systèmes de la suite $\Sigma_0, \Sigma_1,\ldots$ dont les indices figurent dans son expression soit *minimum*. Soit $\varphi = \varphi_a + \varphi_b + \varphi_c + \ldots$, $\varphi_a, \varphi_b, \varphi_c,\ldots$ étant des fonctions partielles formées chacune avec les indices d'un seul de ces systèmes. Soient $\varphi, \varphi',\ldots$ les transformées de φ par celles des substitutions de L qui altèrent une ou plusieurs des fonctions $\varphi_b, \varphi_c,\ldots$ sans cependant déplacer les systèmes correspondants $\Sigma_b, \Sigma_c,\ldots$ et sans altérer φ_a; chaque substitution de L remplaçant les fonctions de chacun des systèmes $s, s',\ldots$ par celles de l'un de ces systèmes, chacune des fonctions φ, φ',... appartiendra à l'un de ces systèmes. D'ailleurs deux transformées non identiques φ' et φ'' ne peuvent appartenir au même système s'; car ce système contiendrait $\varphi'-\varphi''$, qui s'exprime au moyen des indices des $m-1$ systèmes Σ_b, Σ_c,...; m ne serait donc pas le *minimum* supposé.

Cela posé, soient Γ_b le groupe analogue à Γ_0 formé par celles des substitutions de L qui n'altèrent que les indices du système Σ_b; F_b, G_b son premier et son second faisceau. Soient ν le nombre des séries de Σ_b, μ le nombre d'indices de chacune d'elles. Enfin désignons par $\varphi_{b\alpha}$, $\varphi_{b\beta}$,... les fonctions partielles formées par ceux des termes de φ_b qui contiennent respectivement les indices de la $\alpha+1^{\text{ième}}$ série, de la $\beta+1^{\text{ième}}$, etc. Les diverses substitutions de G_b n'altèrent pas φ_a, φ_c,..., et transforment $\varphi_{b\alpha}$ en une suite de fonctions analogues $\varphi_{b\alpha}$, $\varphi'_{b\alpha}$,... parmi lesquelles il en est μ de distinctes (732). Les $p^\nu-1$ substitutions de F_b multipliant d'ailleurs ces fonctions par $p^\nu-1$ facteurs tous différents, la suite $\varphi_{b\alpha}$, $\varphi'_{b\alpha}$,... contiendra au moins $\mu(p^\nu-1)$ fonctions non identiques. *A fortiori*, la suite $\varphi_b=\varphi_{b\alpha}+\varphi_{b\beta}+\ldots$, $\varphi'_b=\varphi'_{b\alpha}+\varphi'_{b\beta}+\ldots\ldots$ des transformées de φ_b par les substitutions de G_b contiendra au moins $\mu(p^\nu-1)$ fonctions non identiques.

On voit de même que les substitutions de G_c n'altèrent pas φ_a, φ_b,... et transforment φ_c en une suite de fonctions parmi lesquelles $\mu(p^\nu-1)$ au moins ne sont pas identiques, etc. Donc la suite des transformées de φ par les substitutions de $(G_b, G_c,\ldots)$ contiendra au moins $[\mu(p^\nu-1)]^{m-1}$ fonctions non identiques; ces fonctions, appartenant à des systèmes différents s, s',... seront distinctes : mais elles dépendent toutes de φ_a et des indices de Σ_b, Σ_c,..., fonctions dont le nombre est $1+(m-1)\mu\nu$. On aura donc l'inégalité

$$[\mu(p^\nu-1)]^{m-1} \leqq 1+(m-1)\mu\nu,$$

laquelle est absurde si $m>1$, à moins qu'on n'ait $m=2$, $\mu=1$, avec $p=2$, $\nu=2$, ou avec $p=3$, $\nu=1$.

736. Étudions ces cas d'exception, et d'abord celui où $p=2$, $\nu=2$.

Soient x_0, x_1 et y_0, y_1 les indices des deux systèmes Σ_0, Σ_1 qui figurent dans l'expression de φ, et soit $\varphi=ax_0+bx_1+cy_0+dy_1$; soit enfin g une racine primitive de la congruence $g^3\equiv 1 \pmod 2$: L contient les substitutions

$$C=|\; x_0, x_1, y_0, y_1,\ldots \quad gx_0, g^2x_1, y_0, y_1,\ldots \;|,$$
$$C'=|\; x_0, x_1, y_0, y_1,\ldots \quad x_0, x_1, gy_0, g^2y_1,\ldots \;|,$$
$$E=|\; x_0, x_1, y_0, y_1,\ldots \quad x_1, x_0, y_1, y_1,\ldots \;|.$$

Les transformées de φ par les neuf substitutions dérivées de C, C' forment neuf fonctions non équivalentes, appartenant chacune à l'un des systèmes cherchés s, s',.... Ne contenant d'ailleurs que quatre indices, elles ne peuvent être distinctes. Donc deux d'entre elles au moins appartiennent au même système; et de leur combinaison on déduira une nouvelle fonction ψ appartenant à ce même système, et ne contenant plus que trois des indices x_0, x_1, y_0, y_1. Soit par exemple $\psi = \beta x_1 + \gamma y_0 + \delta y_1$. Les transformées de φ par les six substitutions dérivées de C et de E fourniront six fonctions non équivalentes, des trois quantités x_0, x_1, $\gamma y_0 + \delta y_1$. Ces fonctions ne peuvent donc être distinctes; donc deux au moins d'entre elles appartiennent à un même système s. Leur différence appartient à ce système et ne contient que les indices de Σ_0. Donc $m = 2$ n'était pas le *minimum* supposé.

737. Soit maintenant $p = 3$, $\nu = 1$. Soient x, y,... les divers indices; L s'obtiendra en combinant les substitutions

$$C = | x, y, \ldots \quad -x, y, \ldots |, \qquad C' = | x, y, \ldots \quad x, -y, \ldots |, \ldots \pmod{3}$$

avec un groupe D, dont les substitutions permutent les indices x, y,....

La fonction φ, étant, par hypothèse, une fonction des indices x, y de deux systèmes seulement, sera égale, sauf un facteur constant qui est indifférent, à $x \pm y$. Cette fonction et sa transformée par C', $\varphi' = x \mp y$, appartiendront à deux systèmes différents de la suite s, s',...; car si s les contenait toutes deux, il contiendrait $\varphi - \varphi'$, qui ne renferme qu'un seul indice; $m = 2$ ne serait donc pas le *minimum* supposé.

Soit T une substitution de D qui remplace x par y; elle remplacera y par x. Car supposons qu'elle remplace y par z, z par u,..., v par x; elle permutera circulairement les fonctions $x - y$, $y - z$, $z - u$,..., $v - x$. Soient s_0, s_1,... ceux des systèmes de la suite s, s',... auxquels appartiennent ces fonctions; s_r le premier des systèmes de cette suite qui se confonde avec s_0. Les systèmes s_0, s_1,..., s_{r-1} seront tous différents : car si l'on avait $s_\alpha = s_\beta$, les substitutions T^α et T^β remplaceraient s_0 par un même système s_α; $T^{\beta-\alpha}$ laisserait donc s_0 invariable; on aurait donc $s_{\beta-\alpha} = s_0$, contre l'hypothèse, $\beta - \alpha$ étant $< r$. Il est évident d'ailleurs qu'à partir de s_r on retombera périodiquement sur les mêmes systèmes.

On aura nécessairement $r = 1$: car dans le cas contraire, celles des fonctions de la suite $x - y$, $y - z$,... qui appartiennent à un même système, n'étant pas contiguës, sont formées d'indices différents et par suite distinctes. D'ailleurs les fonctions de systèmes différents sont distinctes : donc toutes ces fonctions seraient distinctes : résultat absurde, car leur somme est nulle.

Les fonctions $x-y$, $y-z$, $z-u$,... appartiennent donc au système s_0. Leurs transformées $x+y$, $-y-z$, $z-u$,... par C' appartiennent à un même système; résultat absurde; car $z-u$ appartient à s_0, et $x+y$ ne lui appartient pas.

Donc T remplace y par x, comme nous l'avons annoncé.

738. Cela posé, soient x' un autre indice quelconque, U' une substitution de D qui remplace x par x' et y par un autre indice y' : elle remplace $x+y$ et $x-y$ par $x'+y'$ et $x'-y'$, lesquelles fonctions appartiendront chacune à l'un des systèmes s, s',... et non au même. Donc parmi les quatre fonctions ci-dessus deux au plus pourront appartenir au même système, et ces deux fonctions différeront au moins par un de leurs indices. Donc les quatre fonctions sont distinctes : donc y' diffère de x et de y.

Toute substitution de D qui remplace x par x' ou y' remplace y par y' ou x'. Car s'il existait une substitution V remplaçant x, y par x', y'', elle remplacerait $x+y$ et $x-y$ par $x'+y''$ et $x'-y''$, qui appartiendraient à deux systèmes différents. Comparons maintenant les quatre fonctions $x'\pm y'$, $x'\pm y''$: si deux d'entre elles appartiennent au même système, elles différeront par un indice au moins; ces quatre fonctions sont donc distinctes; résultat absurde, car elles ne dépendent que de trois indices.

Soient x'' un autre indice, U'' une substitution qui remplace x, y par x'', y''; y'' différera, comme on vient de le voir, de x, y, x', y'; et toute substitution de D qui remplace x par x'' ou y'' remplacera y par y'' ou x''. Continuant ainsi, on voit qu'on peut grouper les indices deux à deux en hypersystèmes x, y; x', y';... tels, que chaque substitution de D remplace les indices d'un hypersystème par ceux d'un même hypersystème. Mais cela est inadmissible : car on a déjà $p=3$, $\nu=1$; et cette combinaison d'hypothèses nous ferait rentrer dans l'un des cas exclus (**702**).

739. Soit donc φ_1 une fonction dont l'expression ne contienne que les indices d'un seul des systèmes Σ_0, Σ_1,..., ceux de Σ_0 par exemple; et soit s celui des systèmes cherchés qui contient φ_1; on aura la proposition suivante :

Proposition II. — *Toute fonction formée avec les indices de Σ_0 sera l'une des fonctions de s.*

En effet, les fonctions communes à Σ_0 et à s dérivent d'un certain nombre de fonctions $\varphi_1, \ldots, \varphi_n$. Si ces fonctions sont en nombre égal aux indices de Σ_0, la proposition est démontrée. Dans le cas contraire, le groupe Γ_0 étant primaire, l'une de ses substitutions T remplacerait φ_1 par une fonction φ'_1 distincte des précédentes. Les fonctions $\varphi'_1, \ldots, \varphi'_n$ par lesquelles T remplace $\varphi_1, \ldots, \varphi_n$ sont distinctes entre elles; de plus elles appartiennent au système s' que T fait succéder à s, lequel diffère de s puisque φ'_1 n'appartient pas à s. Donc les fonctions $\varphi_1, \ldots, \varphi_n, \varphi'_1, \ldots, \varphi'_n$ sont distinctes. D'ailleurs s' ne contient aucune fonction dérivée des indices de Σ_0, sauf $\varphi'_1, \ldots, \varphi'_n$ et leurs dérivées : car s'il en contenait une φ'_{n+1}, s, que T^{-1} fait succéder à s', contiendrait sa transformée φ_{n+1} par T^{-1}, laquelle serait distincte de $\varphi_1, \ldots, \varphi_n$.

Si Σ_0 contient plus de $2n$ indices, Γ_0 contiendra une autre substitution U qui remplace $\varphi_1, \ldots, \varphi_n$ par d'autres fonctions $\varphi''_1, \ldots, \varphi''_n$, distinctes entre elles, distinctes des précédentes, et appartenant à un nouveau système s''. Continuant ainsi, on voit que le nombre des indices de Σ_0 est un multiple de n, tel que mn, et qu'on peut déterminer m systèmes $s, s', \ldots$ ayant chacun n fonctions distinctes communes avec Σ_0. Toutes les fonctions des indices de Σ_0 pouvant évidemment résulter de la combinaison de ces mn fonctions, aucune d'elles ne pourra appartenir à un système autre que les m précédents.

Cela posé, soit V une substitution quelconque de Γ_0. Ne déplaçant pas le système Σ_0, elle permutera ensemble les systèmes $s, s', \ldots$ qui ont avec lui des fonctions communes. Si elle remplace par exemple s par s', elle remplacera les fonctions $\varphi_1, \ldots, \varphi_n$ communes à Σ_0 et à s par des fonctions communes à Σ_0 et à s', c'est-à-dire par des fonctions linéaires de $\varphi'_1, \ldots, \varphi'_n$. Le groupe Γ_0 serait donc décomposable, ce qui ne peut être (730).

740. La solution du problème proposé est maintenant facile. Soient T une substitution quelconque de D; Σ_1 et s' les systèmes qu'elle fait respectivement succéder à Σ_0 et à s : les indices de Σ_1 et leurs fonctions linéaires appartiendront à s'. Donc chacun des systèmes $s, s', \ldots$ est formé par les indices d'un ou de plusieurs des systèmes $\Sigma_0, \Sigma_1, \ldots$ (joints aux fonctions qui en dérivent linéairement).

Si s ne contient que les indices d'un seul système Σ_0, chacun des systèmes $s, s', \ldots$ sera de même formé par les indices de l'un des systèmes Σ_0, $\Sigma_1, \ldots$. Supposons au contraire que s contienne les indices de plusieurs des systèmes $\Sigma_0, \Sigma_1, \ldots$. Admettons, pour fixer les idées, que le groupe D dont les substitutions permutent entre eux les λ systèmes $\Sigma_0, \Sigma_1, \ldots$ corresponde à la décomposition $\lambda = qq'q''\ldots$, et soient Δ, Δ', Δ'',... les groupes partiels de la combinaison desquels il est formé. Supposons enfin que dans la suite des groupes (Δ, Δ', Δ'',...), (Δ', Δ'',...), (Δ'',...),.... le groupe (Δ', Δ'',...) soit le dernier qui jouisse de la propriété de déplacer tous les systèmes dont les indices sont contenus dans s. Soient Σ_{11} l'un de ces systèmes; $\Sigma_{11},\ldots,\Sigma_{n1}$ ceux que les substitutions de (Δ'',...) permutent avec lui; les indices de tous ces systèmes sont contenus dans s. En effet s contient, par hypothèse, les indices d'un système Σ' que les substitutions de (Δ'',...) ne déplacent pas : donc ces substitutions ne déplacent pas s; donc les indices des systèmes $\Sigma_{11},\ldots,\Sigma_{n1}$, qu'elles font succéder à ceux de Σ_{11}, qui sont contenus dans s, le seront également.

Cela posé, considérons celles des substitutions du groupe (Δ', Δ'',...) qui ne déplacent pas s; elles permutent l'hypersystème S_1 formé des systèmes $\Sigma_{11},\ldots,\Sigma_{n1}$ avec d'autres hypersystèmes analogues, $S_1, S_2,\ldots,S_\alpha$ dont tous les indices seront contenus dans s. Si parmi les systèmes que ce groupe déplace il en existe un Σ_{12} dont les indices ne soient pas contenus dans s, la substitution T du groupe (Δ', Δ'',...) qui le fait succéder à Σ_{11} fera succéder à $S_1,\ldots,S_\alpha$ des hypersystèmes $S'_1,\ldots,S'_\alpha$, différents des précédents (car leurs indices appartiennent au système s' que T fait succéder à s). S'il existe encore quelque autre système Σ_{13} que (Δ', Δ'',...) déplace, ses indices ne pourront appartenir à s'; car ceux du système auquel T le fait succéder appartiendraient à s, ce qui ne peut être, ce système n'étant pas contenu dans la suite $S_1,\ldots,S_\alpha$. Cela posé, soit U la substitution de (Δ', Δ'',...) qui fait succéder Σ_{13} à Σ_{11}: elle fera succéder à $S_1,\ldots,S_\alpha$ des hypersystèmes $S''_1,\ldots,S''_\alpha$ dont les indices appartiennent à un nouveau système s''. Continuant ainsi, on voit qu'on peut grouper les hypersystèmes que (Δ', Δ'',...) permute entre eux en classes, formées chacune de α hypersystèmes. Les hypersystèmes d'une même classe jouiront d'ailleurs de la propriété d'être remplacés par ceux d'une même classe dans toutes les substitutions de Δ'. Car si une de ces substitutions fait succéder S'_2, par exemple, à S_1, elle fait succéder s' à s, et par suite la classe d'hypersystèmes que contient s' à celle que contient s. Ce résultat est inadmissible, Δ' permutant primitivement les hypersystèmes, par construction.

Donc les hypersystèmes $S_1, S_2,\ldots,S_\alpha$ sont les seuls que Δ' permute entre eux : donc s est formé par l'ensemble des fonctions linéaires des indices qu'altèrent les substitutions du groupe (Δ', Δ'',..., Γ_0).

741. Théorème. — *Le théorème* **B** *est vrai, si* $\mathfrak{L}$ *est décomposable.*

Supposons en effet que L fût contenu dans $\mathcal{L}$. Ce dernier groupe résulte de la combinaison de deux autres; l'un $\mathcal{D}$ dont les substitutions permutent les systèmes; l'autre $\mathcal{G}_0$, dont les substitutions n'altèrent que les indices du premier système. Chaque substitution de $\mathcal{L}$, et par suite chaque substitution de L, fait succéder à l'ensemble des fonctions linéaires des indices de chaque système l'ensemble des fonctions linéaires des indices d'un même système. Soient d'autre part $D = (\Delta, \Delta', \Delta'', \ldots)$ et Γ_0 les deux groupes dont la combinaison forme L, supposé décomposable pour plus de généralité. Nous avons vu, en résolvant le problème précédent, quelles sont les diverses manières de déterminer des systèmes de fonctions jouissant de la propriété ci-dessus. Quel que soit celui de ces modes de détermination que l'on adopte, L sera toujours dérivé de deux groupes partiels, dont l'un, qui sera par exemple $(\Delta', \Delta'', \ldots, \Gamma_0)$, n'altère que les fonctions du premier système, tandis que l'autre, Δ, permute les systèmes entre eux.

Il est clair que $\mathcal{D}$ et $\mathcal{G}_0$ contiendront respectivement Δ et $(\Delta', \Delta'', \ldots, \Gamma_0)$. Mais cela ne peut avoir lieu que si ces groupes sont respectivement pareils; car ils sont de degrés moindres que $\mathcal{L}$, et les théorèmes **A** et **B** leur seront applicables, par hypothèse. Mais alors $\mathcal{L}$ et L seront eux-mêmes pareils; donc le théorème **B** sera vrai.

Cas où $\mathcal{L}$ est indécomposable.

742. *Définition.* — Soit L un groupe résoluble décomposable, contenu ou non dans le groupe abélien (dans l'un des groupes hypoabéliens), et construit par notre méthode, à l'aide de deux groupes D et Γ_0, ce dernier étant indécomposable. Soient F_0 le premier faisceau de Γ_0; $F_0, F_1, \ldots$ ses transformés par les substitutions de D. Le faisceau $(F_0, F_1, \ldots)$ sera dit *le premier faisceau de* L.

Si L était un groupe complexe, résultant de la fusion de groupes primaires $L', L'', \ldots$ (712), on considérerait son premier faisceau comme formé de la combinaison des premiers faisceaux de $L', L'', \ldots$.

743. Théorème. — *Un groupe primaire* L *ne peut être contenu dans un groupe primaire et indécomposable $\mathcal{L}$ que si son premier faisceau* F *contient $\mathcal{F}$, premier faisceau de $\mathcal{L}$.*

La démonstration est fondée sur le lemme suivant :

Lemme I. — *Soient* C, E *deux substitutions quelconques de* L; $C^{-1}E^{-1}CE$

sera échangeable aux substitutions de $\mathfrak{J}$. En effet, C et E appartenant à L, et par suite à $\mathfrak{L}$, seront de la forme $\mathfrak{P}^\rho \mathfrak{Q}$, $\mathfrak{P}$ étant la substitution qui remplace chaque indice de $\mathfrak{L}$ par son conjugué de la série suivante, et $\mathfrak{Q}$ une substitution qui ne déplace pas les séries (555); $C^{-1}E^{-1}CE$ ne déplaçant pas les séries, sera échangeable aux substitutions de $\mathfrak{J}$.

Si C est échangeable aux substitutions de $\mathfrak{J}$, C^{-1} et par suite $E^{-1}CE$ le seront.

744. Cela posé, admettons que les indices de L forment λ systèmes, contenant chacun ν séries, contenant chacune μ indices. Soient D, Γ_0 les deux groupes dont L est dérivé; F_0 le premier faisceau de Γ_0; $F_0, F_1, \ldots$, ses transformés par les substitutions de D; $F = (F_0, F_1, \ldots)$ le premier faisceau de L. Soit enfin g une racine primitive de la congruence $g^{p^\nu - 1} \equiv 1 \pmod{p}$: F_t contiendra la substitution g_t, qui multiplie par g^{p^r} les indices de la $r+1^{\text{ième}}$ série du $t+1^{\text{ième}}$ système, sans altérer les indices des autres systèmes.

745. Lemme II. — *Toute substitution φ appartenant à $\mathfrak{J}$ remplacera chacun des indices de* L *par une fonction de ceux de la même série.*

Soit d'abord $\lambda > 1$. D contient une substitution d qui fait succéder le $s+1^{\text{ième}}$ système au $t+1^{\text{ième}}$. Si l'on pose $C = g_s$, $E = d$, il viendra $C^{-1}E^{-1}CE = g_s^{-1}g_t$. Cette substitution multiplie les indices de la $r+1^{\text{ième}}$ série du $s+1^{\text{ième}}$ système par g^{-p^r}, ceux de la $\rho+1^{\text{ième}}$ série du $t+1^{\text{ième}}$ système par g^{p^ρ} et laisse invariables les indices des autres systèmes. La substitution φ, qui lui est échangeable, remplace chaque indice par une fonction de ceux-là seulement que $g_s^{-1}g_t$ multiplie par un même facteur. Or les facteurs des formes g^{-p^r} et g^{p^ρ} diffèrent de l'unité, et sont en général différents. Car si l'on avait $g^{p^\rho} \equiv g^{p^\sigma} \pmod{p}$, on en déduirait $g^{p^\rho - p^\sigma} \equiv 1$, relation absurde, $p^\rho - p^\sigma$ étant $< p^\nu - 1$. Si d'autre part on avait $g^{-p^r} \equiv g^{p^\rho}$, on en déduirait $g^{p^r(p^{\rho-r}+1)} \equiv 1 \pmod{p}$, d'où $p^{\rho-r} + 1 \equiv 0 \pmod{p^\nu - 1}$. Cette relation est impossible en général; car ρ et r étant $< \nu$, $p^{\rho-r} + 1$ sera $< p^\nu - 1$, à moins qu'on n'ait à la fois $p = 2$, $\nu = 2$, $\rho - r = 1$, ou $p = 3$, $\nu = 1$, $\rho - r = 0$. [On a $p^\nu > 2$ (555)]. Laissant provisoirement de côté ces deux cas d'exception, il est donc établi en général que φ remplace les indices d'une série quelconque du $t+1^{\text{ième}}$ système par une fonction de ces seuls indices. Le lemme est donc démontré.

Il serait encore vrai, même dans les cas d'exception que nous avons signalés, si l'on avait $\lambda > 2$. Car nous avons établi que φ remplace les indices de chaque série du $t+1^{ième}$ système par des fonctions qui ne peuvent contenir que les indices de cette série, et ceux du $s+1^{ième}$ système. On verrait de même que ces fonctions ne peuvent contenir, avec les indices de la série considérée, que ceux du $s'+1^{ième}$ système, s' étant différent de s et de t. Donc ces fonctions ne peuvent contenir que les indices de la série considérée.

746. Soit maintenant $\lambda = 1$. Ce cas se subdivise en trois autres : 1° celui où $\nu = 1$, dans lequel le lemme devient évident; 2° celui où $\nu = 2$, que nous réserverons; 3° celui où $\nu > 2$, que nous allons traiter.

Les substitutions de L sont de la forme $P^\rho Q$, Q étant une substitution qui ne déplace pas les séries, et P la substitution qui remplace chaque indice par son conjugué de la série suivante (555); d'ailleurs, parmi les substitutions de L, il en est toujours une S dans laquelle on ait $\rho = 2$. En effet, si μ était égal à 1, L contiendrait la substitution P et son carré P^2. Soit au contraire $\mu > 1$: chacun des groupes auxiliaires qui servent à construire L contient la substitution qui multiplie tous les indices par p, et les exposants d'échange par p^2. Ces substitutions, associées ensemble, seront les corrélatives d'une substitution de L, laquelle sera de la forme $P^2 Q$. Posons $C = g_0$, $E = S$; $C^{-1}E^{-1}CE = C^{p^2-1}$ sera échangeable à φ. Donc φ remplace les indices de la $r+1^{ième}$ série, que C^{p^2-1} multiplie par $g^{(p^2-1)p^r}$, par des fonctions des indices que cette substitution multiplie par le même facteur. Or un indice appartenant à une autre série, telle que la $\rho+1^{ième}$, ne peut être multiplié par le même facteur : car si l'on avait

$$g^{(p^2-1)p^r} \equiv g^{(p^2-1)p^\rho} \pmod{p},$$

on aurait

$$(p^2-1)p^r \equiv (p^2-1)p^\rho, \quad \text{d'où} \quad (p^2-1)(p^{\rho-r}-1) \equiv 0 \pmod{p^\nu - 1},$$

relation absurde : car si $\rho - r < \nu - 1$, $(p^2-1)(p^{\rho-r}-1)$ sera $< p^\nu - 1$; et si $\rho - r = \nu - 1$, on aura

$$(p^2-1)(p^{\nu-1}-1) \equiv -p^{\nu-1} - p^2 + p + 1 \pmod{p^\nu - 1},$$

congruence dont le second membre est négatif et $< p^\nu - 1$.

747. La démonstration du théorème proposé est maintenant facile. Supposons, pour plus de généralité, $\mu > 1$, et soient $A_1, B_1, \ldots, A'_1, B'_1, \ldots$ les doubles suites qui, combinées à F_0, reproduisent G_0, second faisceau de Γ_0.

Ce groupe contient au moins une substitution S qui ne soit pas échangeable à A_1 aux F_0 près. Posons $C = A_1$, $E = S$. La substitution $C^{-1}E^{-1}CE$ sera de la forme $f A_1^{\alpha_1} B_1^{\beta_1} \ldots$, f étant une substitution de F_0, et $\alpha_1, \beta_1, \ldots$ n'étant pas tous nuls. Les transformées de cette substitution, combinées entre elles, fournissent une substitution de la forme $f A_1^{\gamma_1} B_1^{\delta_1} \ldots$, quels que soient γ_1, $\delta_1, \ldots$; car ces transformées, jointes aux substitutions de F_0 qui leur sont échangeables, doivent reproduire tout le faisceau $(F_0, A_1, B_1, \ldots)$ (733).

Cela posé, φ est le produit de substitutions partielles $\varphi_0, \varphi_1, \ldots$, altérant respectivement les indices du premier système, du second, etc. D'ailleurs φ, et par suite φ_0, est échangeable à $C^{-1}E^{-1}CE$ et à ses transformées des formes $f A_1^{\gamma_1} B_1^{\delta_1} \ldots, \ldots$ (743). De même, φ_0 sera échangeable à des substitutions de la forme $f A_1'^{\gamma_1'} B_1'^{\delta_1'} \ldots$, quels que soient $\gamma_1', \delta_1', \ldots$ (733).

Supposons les indices indépendants choisis de manière à ramener simultanément à la forme canonique les substitutions des formes $f A_1, \ldots, f A_1', \ldots$ auxquelles φ_0 est échangeable. Soient x, x' deux indices quelconques d'une même série. L'une au moins des substitutions $f A_1, \ldots, f A_1', \ldots$ les multipliera par un facteur constant différent. Donc la fonction par laquelle φ_0 remplace x ne contient pas x'. Donc φ_0 multiplie chaque indice par un facteur constant. Pour que φ_0 soit échangeable à une substitution de chacune des formes $f B_1, \ldots, f B_1', \ldots$, il faudra en outre que ce facteur soit le même pour tous les indices d'une même série. Donc φ_0 appartiendra à F_0; de même φ_1 appartiendra à F_1; etc. Enfin $\varphi = \varphi_0 \varphi_1 \ldots$ appartiendra à $F = (F_0, F_1, \ldots)$.

748. Passons à l'examen des cas réservés. Soit d'abord $\lambda = 1$, $\nu = 2$; et supposons $\mu > 1$ pour plus de généralité. Soient $x, x', \ldots$ les indices de la première série, $x_1, x_1', \ldots$ leurs conjugués. On voit, comme au numéro précédent, que la fonction que φ fait succéder à x ne contient aucun des autres indices $x', \ldots$ de la première série. On voit de même que cette fonction ne peut contenir qu'un seul des indices de la seconde série. Soit x_1' cet indice; il est clair que la fonction par laquelle φ remplace x_1' ne contiendra de même que x et x_1'. On aura donc

$$\varphi = | \ x, \ldots, x_1', \ldots \quad lx + mx_1', \ldots, l'x + m'x_1', \ldots \ |.$$

La substitution g_0, définie comme au n° 744, appartient à F, et par suite à $\mathcal{L}$. Elle est donc permutable à $\mathcal{I}$. La substitution $g_0^{-1}\varphi g_0$ appartiendra donc à $\mathcal{I}$, et sera par suite échangeable à φ, ce qui donne les relations de condition

$$g^{1-p}l'm \equiv g^{p-1}l'm, \quad \text{d'où} \quad (g^{2(p-1)}-1)l'm \equiv 0 \pmod{p},$$
$$(g^{1-p}-1)m(l-m') \equiv 0, \quad (g^{p-1}-1)l'(l-m') \equiv 0 \pmod{p}.$$

Mais $2(p-1) < p^2-1$; donc $g^{2(p-1)}-1 \gtrless 0$; on a donc

$$l'm \equiv m(l-m') \equiv l'(l-m') \equiv 0.$$

L'une au moins des quantités l', m est donc nulle. Soit par exemple $l' \equiv 0$. Si m n'était pas nul, on aurait $l \equiv m'$, et φ aurait pour ordre un multiple de p. Mais $\mathfrak{F}$ ne peut contenir aucune semblable substitution (**562**).

Donc $l' \equiv m \equiv 0$. Donc φ multiplie chaque indice par un facteur constant; et l'on peut achever la démonstration comme au numéro précédent.

749. Soit maintenant $\lambda = 2$, avec $p = 2$, $\nu = 2$ ou $p = 3$, $\nu = 3$. Supposons d'abord $\mu > 1$. Le raisonnement du n° **745** montre que chaque indice x du premier système doit être remplacé dans φ par une fonction ψ, ne contenant que les indices $x, x', \ldots$ de la même série, et ceux $y, y', \ldots$ d'une autre série, appartenant au second système. On voit ensuite, comme au n° **747**, que la fonction ψ ne contiendra pas $x', \ldots$. Enfin, les transformées des substitutions des formes $f A_1, \ldots, f A'_1, \ldots$, auxquelles φ est échangeable, par la substitution qui permute les deux systèmes sont échangeables à φ: d'ailleurs elles n'altèrent pas x, et multiplient $y, y', \ldots$ par des facteurs constants. Deux indices différents de la suite $y, y', \ldots$ seront multipliés par un facteur différent dans l'une au moins de ces substitutions. Donc la suite contiendra tout au plus un indice y qu'aucune de ces substitutions n'altère, et qui par suite puisse figurer dans la fonction ψ. Soit donc $\psi = mx + ny$.

Le groupe Γ_1 formé par les substitutions de L qui n'altèrent que les indices $y, y', \ldots$ contient évidemment une substitution S qui ne multiplie pas y par un simple facteur constant; soient $Y, Y', \ldots$ les fonctions qu'elle fait succéder à $y, y', \ldots$: et soit $y = \alpha Y + \alpha' Y' + \ldots$. La substitution $S^{-1}\varphi S$ remplace x par $mx + n(\alpha y + \alpha' y' + \ldots)$; mais, faisant partie de $\mathfrak{F}$, elle doit remplacer x par une fonction de x et y seulement. D'ailleurs Y ne se réduisant pas à y, à un facteur constant près, $\alpha', \ldots$ ne peuvent s'annuler à la fois: donc $n = 0$. Le lemme II se trouve ainsi vérifié, et l'on peut achever la démonstration comme précédemment.

750. Soit $\lambda = 2$, $p = 2$, $\nu = 2$, $\mu = 1$. On a quatre indices $x, x_1; y, y_1$ formant quatre séries et deux systèmes. D'après le n° **745**, φ sera de la forme

$$\varphi = | \; x, \ldots, y_1 \quad lx + my_1, \ldots, l'x + m'y_1 \; |,$$

et l'on verra, comme au n° **748**, que m et l' s'annulent.

Enfin le cas où $\lambda = 2$, $p = 3$, $\nu = 1$, $\mu = 1$ est exclu (**702**).

751. Théorème. — *Le théorème* **B** *est vrai, si* $\mathfrak{L}$ *est indécomposable.*

Choisissons les indices de manière à ramener L à la forme type, et supposons qu'ils se répartissent entre λ' systèmes, contenant chacun ν' séries, contenant chacune $\mu' = \pi^{\sigma}\pi'^{\sigma'}\ldots$ indices : L résultera de la combinaison d'un groupe D dont les substitutions permutent les systèmes avec un groupe Γ_0 dont les substitutions n'altèrent que les indices du premier système. Soient g', θ, θ',... des racines primitives des congruences

$$g'^{p^{\nu'}-1} \equiv 1, \quad \theta^{\pi} \equiv 1, \quad \theta'^{\pi'} \equiv 1, \ldots \quad (\text{mod.}\, p),$$

g'_0, θ_0, θ'_0,... les substitutions qui multiplient respectivement par g'^{p^r}, θ^{p^r}, θ'^{p^r},... les indices de la $r+1^{\text{ième}}$ série du premier système, en laissant invariables ceux des autres systèmes. Le premier faisceau de Γ_0, F_0, sera formé des puissances de g'_0; son second faisceau G_0 s'obtiendra en combinant à F_0 certaines doubles suites A_1, B_1,...; A'_1, B'_1,...;.... Soient g'_0, F_0, g'_1, F_1,... les transformés de g'_0, F_0 par les substitutions de D; le premier faisceau de L, $F = (F_0, F_1, \ldots)$ aura ses substitutions de la forme $g'^{\alpha_0}_0 g'^{\alpha_1}_1\ldots$, et l'ordre de chacune d'elles divisera $p^{\nu'} - 1$.

D'autre part, si l'on supposait les indices choisis de manière à ramener $\mathfrak{L}$ à sa forme type, ils ne formeraient qu'un système; soient ν le nombre de ses séries, $\mu = \varpi^{\varsigma}\varpi'^{\varsigma'}\ldots$ le nombre des indices de chaque série. Soient g, ϑ, ϑ',..., j des racines primitives des congruences

$$g^{p^{\nu}-1} \equiv 1, \quad \vartheta^{\varpi} \equiv 1, \quad \vartheta'^{\varpi'} \equiv 1, \ldots, \quad j^4 \equiv 1 \quad (\text{mod.}\, p).$$

Désignons également par g, ϑ, ϑ',..., j les substitutions qui multiplient les indices de la $r+1^{\text{ième}}$ série par g^{p^r}, ϑ^{p^r}, ϑ'^{p^r},..., j^{p^r}. Le premier faisceau de $\mathfrak{L}$, $\mathfrak{F}$, est formé des puissances de g; son second faisceau $\mathfrak{G}$ s'obtiendra en joignant à $\mathfrak{F}$ certaines doubles suites $\mathfrak{A}_1$, $\mathfrak{B}_1$,...; $\mathfrak{A}'_1$, $\mathfrak{B}'_1$,...;.... Enfin les substitutions de $\mathfrak{L}$ seront de la forme $\mathfrak{P}^{\rho}\mathfrak{Q}$, $\mathfrak{P}$ étant la substitution qui remplace chaque série par la suivante, et $\mathfrak{Q}$ une substitution qui ne déplace plus les séries.

752. Proposition I. — *L'ordre $\mathfrak{O}$ d'un groupe $\mathfrak{H}$ contenu dans $\mathcal{L}$ et dont les substitutions sont échangeables entre elles, ne peut dépasser $\mu^2(p^\nu - 1)$.*

En effet, supposons, pour plus de généralité, que $\mathfrak{H}$ contienne quelque substitution qui déplace les séries; il résultera de la combinaison d'une semblable substitution $\mathfrak{F}^\delta \mathfrak{L}$, où δ est un diviseur de ν, avec le groupe H formé par celles de ses substitutions qui ne déplacent plus les séries (557); et l'on aura $\mathfrak{O} = \frac{\nu}{\delta}\Omega$, Ω étant l'ordre de H.

Le groupe I formé par les premières corrélatives des substitutions de H est isomorphe à H. Soit O son ordre; on aura $\Omega = O\Omega_1$, Ω_1 étant l'ordre du groupe H_1 formé par celles des substitutions de H dont les premières corrélatives se réduisent à l'unité. Ces substitutions sont de la forme $\mathcal{A}_1^{\alpha_1}\mathcal{B}_1^{\beta_1}\ldots\mathcal{E}$, $\mathcal{E}$ étant une substitution qui ne déplace pas les séries, et soit échangeable à $\mathcal{A}_1, \mathcal{B}_1, \ldots$. Celles de ces substitutions, $1, \mathcal{E}_1, \mathcal{E}_2, \ldots$ qui se réduisent à la forme $\mathcal{E}$ forment un groupe H′: soit Ω' son ordre. Soient d'autre part $U = \mathcal{A}_1^{\alpha_1}\mathcal{B}_1^{\beta_1}\ldots\mathcal{E}$ une substitution quelconque de H_1 : ce groupe contiendra évidemment Ω' substitutions, U, $U\mathcal{E}_1$, $U\mathcal{E}_2, \ldots$ dans lesquelles $\alpha_1, \beta_1, \ldots$ ont les mêmes valeurs que dans U. On aura donc $\Omega_1 = \omega\Omega'$, ω étant le nombre des systèmes de valeurs que peuvent prendre $\alpha_1, \beta_1, \ldots$ dans les substitutions de H_1.

Soit O′ l'ordre du groupe I′ formé par les secondes corrélatives des substitutions de H′; on aura de même $\Omega' = O'\Omega'_1$, Ω'_1 étant l'ordre du groupe H'_1 formé par celles des substitutions de H′ qui ont pour seconde corrélative l'unité. Ces substitutions seront de la forme $\mathcal{A}'^{\alpha'_1}_1\mathcal{B}'^{\beta'_1}_1\ldots\mathcal{E}'$, $\mathcal{E}'$ étant une substitution qui ne déplace pas les séries, et soit échangeable à $\mathcal{A}_1, \mathcal{B}_1, \ldots, \mathcal{A}'_1, \mathcal{B}'_1, \ldots$; et l'on aura $\Omega'_1 = \omega'\Omega''$, ω' étant le nombre de systèmes de valeurs que prennent $\alpha'_1, \beta'_1, \ldots$ dans les substitutions de H'_1, et Ω'' l'ordre du groupe H″ formé par celles des substitutions de H′ qui se réduisent à la forme $\mathcal{E}'$.

Poursuivant ainsi, il viendra

$$\mathfrak{O} = \frac{\nu}{\delta} O\omega O'\omega' \ldots O^{(r)},$$

$O^{(r)}$ étant l'ordre du groupe $H^{(r)}$ formé par celles des substitutions de H qui sont échangeables à $\mathcal{A}_1, \mathcal{B}_1, \ldots; \mathcal{A}'_1, \mathcal{B}'_1, \ldots; \ldots$. Ce dernier groupe est évidemment contenu dans $\mathcal{I}$; et ses substitutions, étant échangeables à $\mathfrak{F}^\delta\mathfrak{L}$, se réduiront aux puissances de $g^{\frac{p^\nu-1}{p^\delta-1}}$. Soit $g^{d\frac{p^\nu-1}{p^\delta-1}}$ la moindre puissance de cette substitution qui appartienne à $H^{(r)}$. On aura évidemment $O^{(r)} = \frac{p^\delta - 1}{d}$; et $\frac{\nu}{\delta} O^{(r)}$ atteindra son maximum $p^\nu - 1$ en posant $d = 1$, $\delta = \nu$.

D'autre part, les substitutions U,... étant échangeables à toutes celles de H, les substitutions correspondantes

$$a_1^{\alpha_1} b_1^{\beta_1} \ldots = | \; x_1, y_1, \ldots \quad x_1 + \alpha_1, y_1 + \beta_1, \ldots \; |, \ldots$$

le seront évidemment aux substitutions de I

$$| \; x_1, y_1, \ldots \quad a'_1 x_1 + c'_1 y_1 + \ldots, b'_1 x_1 + d'_1 y_1 + \ldots, \ldots \; |$$

corrélatives de celles de H. Ces deux sortes de substitutions réunies ensemble formeront un groupe de substitutions échangeables entre elles contenu dans le groupe résoluble et primitif de degré $\varpi^{2\varsigma}$ qui résulte de la combinaison des substitutions $a_1, b_1, \ldots$ avec le groupe auxiliaire qui correspond à la double suite $\mathcal{A}_1, \mathcal{B}_1, \ldots$. Son ordre $O\omega$ ne pourra par suite dépasser $\varpi^{2\varsigma}$. On aura de même $O'\omega' \leqq \varpi'^{2\varsigma'}$, etc., d'où $\Omega \leqq \varpi^{2\varsigma} \varpi'^{2\varsigma'} \ldots (p^\nu - 1) = \mu^2 (p^\nu - 1)$.

753. *Si les substitutions de $\mathfrak{H}$ n'étaient échangeables entre elles qu'aux $\mathfrak{J}$ près, mais qu'elles fussent échangeables à celles de $\mathfrak{J}$, on trouverait de même* $\Omega = O\omega\, O'\omega' \ldots O^{(r)} \leqq \mu^2 (p^\nu - 1)$.

754. Proposition II. — L *ne peut être décomposable.*

Supposons en effet $\lambda' > 1$. Le groupe dérivé des substitutions $F_0, A_1, \ldots, A_\sigma, A'_1, \ldots$ et de leurs transformées par les substitutions de D a évidemment pour ordre $\mu'^{\lambda'} (p^{\nu'} - 1)^{\lambda'}$, et ses substitutions sont échangeables entre elles. Étant contenu dans L, il le sera dans $\mathfrak{L}$: d'où la relation (752)

$$\mu^2 (p^\nu - 1) \geqq \mu'^{\lambda'} (p^{\nu'} - 1)^{\lambda'}.$$

D'ailleurs on a $\lambda' \mu' \nu' = \mu\nu$, chacun de ces deux nombres exprimant le nombre des indices. D'autre part, la substitution g est contenue dans $\mathfrak{J}$ et par suite dans F; donc son ordre $p^\nu - 1$ divisera $p^{\nu'} - 1$ (751); donc ν divise ν'. Soit $\nu' = k\nu$, d'où $\mu = k\lambda'\mu'$: il viendra

$$k^2 \lambda'^2 (p^\nu - 1) \geqq \mu'^{\lambda' - 2} (p^{k\nu} - 1)^{\lambda'},$$

relation évidemment absurde, sauf pour de très-petites valeurs de k, λ', p^ν. En faisant quelques essais et remarquant d'ailleurs que $p^\nu - 1$ doit être > 1 (555) et divisible par tous les facteurs premiers de μ, on trouvera que cette relation n'est possible que dans les quatre cas suivants :

1° et 2° :	$\lambda' = 2$,	$k = 1$,	$p^\nu = 3$ ou 5;	
3° :	$\lambda' = 3$,	$k = 1$,	$p^\nu = 4$,	$\mu' = 1$;
4° :	$\lambda' = 4$,	$k = 1$,	$p^\nu = 3$,	$\mu' = 1$.

755. Considérons d'abord le troisième cas : L et $\mathfrak{L}$ ont respectivement pour ordre $1.2.3(2.3)^3$ et $3.3^2(3^2-1)(3^2-3)$. Donc l'ordre de L ne divise pas celui de $\mathfrak{L}$: donc L ne peut être contenu dans $\mathfrak{L}$.

Dans le quatrième cas, L a pour ordre $1.2.3.4(2.3)^4$. Quant à $\mathfrak{L}$, son ordre sera égal à $2.2^4 q$, q étant l'ordre d'un groupe auxiliaire primaire ou complexe, de degré 2^4. Ce dernier groupe étant contenu dans le groupe linéaire, son ordre divisera $(2^4-1)(2^4-2)(2^4-2^2)(2^4-2^3)$. Ici encore l'ordre de L ne divisant pas celui de $\mathfrak{L}$, L ne pourra être contenu dans $\mathfrak{L}$.

756. Soit enfin $\lambda' = 2$, $k = 1$ et $p^\nu = 3$ ou 5, d'où $\nu = \nu' = 1$. Les facteurs premiers $\varpi, \varpi', \ldots, \pi, \pi', \ldots$, divisant $p-1$, se réduiront à 2; et les groupes auxiliaires correspondants aux doubles suites $\mathcal{A}_1, \mathcal{B}_1, \ldots, \mathcal{A}'_1, \mathcal{B}'_1, \ldots; \ldots$ pourront être fondus en un seul groupe complexe (**712**). Cela posé, la substitution θ_0 est d'ordre 2 et appartient à $\mathfrak{L}$; et sa corrélative

$$| \; x_1, y_1, \ldots \quad a'_1 x_1 + c'_1 y_1 + \ldots, b'_1 x_1 + d'_1 y_1 + \ldots, \ldots \; |$$

étant d'ordre 2, pourra par un changement d'indices convenable se mettre sous une forme telle que

$$| \; X, X', Y, Y', \ldots, Z, U, \ldots \quad X + X', X', Y + Y', Y', \ldots, Z, U, \ldots \; |,$$

et sera échangeable aux substitutions dérivées des substitutions C_X, $C_Y, \ldots$, C_Z, $C_U, \ldots$ correspondantes aux indices X, Y,..., Z, U,.... Soient $a_1, b_1, \ldots$, les substitutions respectivement correspondantes à $x_1, y_1, \ldots$, et soit $C_X = a_1^{\alpha_1} b_1^{\beta_1} \ldots$, $C_Y = a_1^{\gamma_1} b_1^{\delta_1} \ldots, \ldots$. Il est clair que les substitutions du groupe R dérivé de $\mathcal{I}$ et de $\mathcal{A}_1^{\alpha_1} \mathcal{B}_1^{\beta_1} \ldots$, $\mathcal{A}_1^{\gamma_1} \mathcal{B}_1^{\delta_1} \ldots, \ldots$ seront échangeables à θ_0 aux puissances près de $\mathfrak{I}$. Or le nombre des indices X, Y,..., Z, U,... est au moins la moitié du nombre total. Donc le nombre des substitutions de R sera au moins égal à $\mu(p-1)$. Si toutes ces substitutions ne sont pas échangeables à θ_0, elles dériveront de la combinaison de l'une d'elles, qui transforme θ_0 en $\mathfrak{I}\theta_0$, avec un groupe R' de substitutions échangeables à θ_0, et d'ordre égal ou supérieur à $\frac{1}{2}\mu(p-1)$.

Si θ_0 appartenait à $\mathcal{G}$, sa corrélative se réduirait à l'unité; R et R' auraient alors pour ordre $\mu^2(p-1)$ et $\frac{1}{2}\mu^2(p-1)$.

Soient d'autre part Σ_0, Σ_1 les deux systèmes d'indices de L : la substitution θ_0 multipliant par -1 les indices de Σ_0 sans altérer ceux de Σ_1, les substitutions U,... du groupe R', qui lui sont échangeables, seront chacune le produit de deux substitutions partielles U_0, U_1,... altérant respectivement les indices de Σ_0 et ceux de Σ_1.

Soit maintenant V une substitution quelconque de Γ_0; elle sera échangeable à U aux puissances près de θ_0. En effet, V, appartenant à $\mathcal{L}$, sera permutable à $\mathcal{G}$; donc $U^{-1}V^{-1}UV = U_0^{-1}V^{-1}U_0V$ appartiendra à $\mathcal{G}$. Or chaque substitution de $\mathcal{G}$, ramenée à la forme canonique, multiplie la moitié des indices par 1 et l'autre par -1, ou la moitié par j et l'autre par $-j$, à moins qu'elle n'appartienne à $\mathcal{S}$, et ne multiplie tous les indices par un même facteur. Mais $U_0^{-1}V^{-1}U_0V$ laisse invariables tous les indices de Σ_1; donc elle multiplie les autres par un même facteur ± 1, et se réduit à une puissance de θ_0.

La substitution U_0, étant échangeable aux puissances près de θ_0 à A_1, B_1,..., A'_1, B'_1,..., appartiendra au faisceau G_0. Elle appartiendra à F_0; sans quoi ses transformées par les substitutions de Γ_0, combinées avec F_0, reproduiraient G_0 (733); elle ne serait donc pas échangeable à toutes les substitutions de Γ_0 aux puissances près de θ_0.

Le groupe isomorphe à R' formé par les substitutions partielles U_0,... sera donc contenu dans F_0; et son ordre ω' divisera $p-1$. Celui de R' sera égal à $\omega'\omega''$, ω'' étant l'ordre du groupe R'' formé par celles de ses substitutions qui laissent invariables les indices de Σ_0; ces substitutions, appartenant à $\mathcal{G}$, multiplieront les autres indices par un même facteur ± 1. Donc R'' ne contiendra que la substitution 1, seule ou jointe à la substitution $\theta_1 = \mathfrak{S}\theta_0$. Dans le premier cas, on aura

$$(p-1) \geqq \omega'\omega'' \geqq \frac{1}{2}\mu(p-1), \quad \text{d'où} \quad \mu = 2, \; \mu' = \frac{\mu}{\lambda'} = 1.$$

Dans le second cas, R', contenant $\mathfrak{S}$ et θ_1, contiendra θ_0, et l'on aura

$$2(p-1) \geqq \omega'\omega'' \geqq \frac{1}{2}\mu^2(p-1), \quad \text{d'où} \quad \mu = 2, \; \mu' = 1.$$

Mais en supposant $p^\nu = 3$ ou 5, $\mu' = 1$, $\lambda' = 2$, on tomberait sur un cas exclu (702).

Il faut donc nécessairement admettre $\lambda' = 1$, ce qui établit la proposition II. Cela posé, nous pourrons écrire F, G, g', θ, θ',... à la place de F_0, G_0, g'_0, θ_0, θ'_0,....

757. PROPOSITION III. — *k se réduit à l'unité.*

Le nombre μ' divisant μ, les facteurs premiers π, π',... qui le divisent font partie de la suite des facteurs premiers ϖ, ϖ',... qui divisent μ. Soit par exemple $\pi = \varpi$. Les puissances de la substitution θ se confondront avec celles de la substitution ϑ. En effet, les unes et les autres sont des substitutions d'ordre π, contenues dans F, et par suite seront les puissances de la substitution $g^{\frac{p^\nu - 1}{\pi}}$. Donc les puissances de θ appartiennent à $\mathfrak{F}$; de même pour les puissances de θ',....

Cela posé, G contient $\mu'^2(p^{\nu'} - 1)$, substitutions échangeables à celles de F, et *a fortiori* à celles de $\mathfrak{F}$, et échangeables entre elles aux puissances près de θ, θ',..., d'où la relation

$$\mu'^2(p^{\nu'} - 1) \overline{\gtrless} \mu^2(p^\nu - 1), \quad \text{ou} \quad p^{k\nu} - 1 \overline{\gtrless} k^2(p^\nu - 1),$$

absurde si $k > 1$, à moins qu'on n'ait $k = 2$, $p^\nu = 3$. Mais ce cas est exclu (703). Donc $k = 1$.

758. PROPOSITION IV. — *Les faisceaux* F *et* G *se confondent respectivement avec $\mathfrak{F}$ et $\mathfrak{G}$.*

En premier lieu, $\mathfrak{F}$ étant contenu dans F, et ayant le même ordre $p^\nu - 1$, se confond avec F.

Cela posé, les substitutions de G, en nombre $\mu'^2(p^\nu - 1)$ sont échangeables à celles de F, et échangeables entre elles aux F près. Elles appartiendront donc toutes à la forme $\mathfrak{Q}$; et par suite, l'ordre Θ de G se réduira à $O\omega O'\omega' \ldots O^{(r)}$, nombre qui ne pourra être égal à $\mu'^2(p^\nu - 1) = \mu^2(p^\nu - 1)$ que si $O\omega$, $O'\omega'$,..., $O^{(r)}$ atteignent leurs *maxima* respectifs ϖ^{2c}, $\varpi'^{2c'}$,..., $p^\nu - 1$.

Supposons, pour fixer les idées, qu'on ait simplement $\mu = \varpi^\sigma \varpi'^{\sigma'}$, d'où $\Theta = O\omega O'\omega' O''$. Le nombre O' étant moindre que $\varpi'^{2c'}$ (728), $O'\omega'$ ne pourra atteindre ce maximum que si $\omega' > 1$. Donc l'une au moins T des substitutions du faisceau ($\mathfrak{F}$, $\mathcal{A}'_1$, $\mathfrak{B}'_1$,...) appartiendra à G, et sera de la forme $f A_1^{a_1} B_1^{b_1} \ldots A_1'^{a'_1} B_1'^{b'_1} \ldots$, f étant une substitution de F, et les exposants a_1, b_1,..., a'_1, b'_1,....... n'étant pas tous nuls.

Supposons que l'un des exposants a'_1, b'_1,... par exemple diffère de zéro : L contient une substitution U, échangeable à A_1, B_1,...;... et qui ne soit pas échangeable aux F près à $A_1'^{a'_1} B_1'^{b'_1} \ldots$ (733). La substitution $T^{-1}.U^{-1}TU$

appartiendra au faisceau $G_1 = (F, A'_1, B'_1, \ldots)$ sans appartenir à F; et combinée à F et à ses transformées par les substitutions de L, elle reproduira tout le faisceau G_1. D'autre part, T et ses transformées par les substitutions de $\mathfrak{L}$, et en particulier par celles de L, et par suite $T^{-1}.U^{-1}TU$ et ses transformées, appartiendront au faisceau $\mathcal{G}_1 = (\mathcal{F}, \mathcal{A}'_1, \mathcal{B}'_1, \ldots)$. Donc ce faisceau contient G_1.

Si $\mathcal{G}_1$ contient des substitutions autres que celles de G_1, il résultera de la combinaison de G_1 avec des substitutions $A'_{\sigma'+1}, B'_{\sigma'+1}, \ldots, A'_{\varsigma'}, B'_{\varsigma'}$, échangeables aux précédentes, et échangeables entre elles, sauf pour deux substitutions A'_ρ, B'_ρ d'un même couple, qui seront échangeables à θ près (559-561). On peut d'ailleurs choisir ces substitutions de telle sorte que leurs caractéristiques soient des puissances de $1 - K^{\varpi'}$, si ϖ' est impair, et des puissances de $K^2 - 1$, si $\varpi' = 2$, à moins qu'on n'ait en même temps $p^\nu \equiv 3 \pmod{4}$, auquel cas $A'_{\sigma'+1}, B'_{\sigma'+1}$ pourront avoir pour caractéristique une puissance de $K^2 + 1$ (567-570).

On peut admettre que la double suite $A'_1, B'_1, \ldots, A'_{\sigma'}, B'_{\sigma'}, A'_{\sigma'+1}, B'_{\sigma'+1}, \ldots$ se confond terme à terme avec la double suite $\mathcal{A}'_1, \mathcal{B}'_1, \ldots$ pourvu qu'en formant cette dernière double suite, on renonce à s'astreindre à la condition qu'elle ne contienne pas plus d'un couple ayant pour caractéristique une puissance de $K^2 + 1$ [lorsque $\varpi' = 2$ et $p^\nu \equiv 3 \pmod{4}$].

Cela posé, le groupe $G_2 = (F, A_1, B_1, \ldots; A''_1, B''_1, \ldots; \ldots)$ a pour ordre $\mu^2 \varpi'^{-2\sigma'}(p^\nu - 1) = O\omega O'\omega' \varpi'^{-2\sigma'}(p^\nu - 1)$. Or toutes les substitutions de G_2, et en particulier celles qui sont échangeables à $\mathcal{A}_1, \mathcal{B}_1, \ldots$, sont échangeables à $A'_1, B'_1, \ldots, A'_{\sigma'}, B'_{\sigma'}$: leurs secondes corrélatives seront donc échangeables aux substitutions

$$a_1^{\alpha_1} b_1^{\beta_1} \ldots a_{\sigma'}^{\alpha_{\sigma'}} b_{\sigma'}^{\beta_{\sigma'}} = \begin{vmatrix} x_1, y_1, \ldots, x_{\sigma'}, y_{\sigma'}, & x_1 + \alpha_1, y_1 + \beta_1, \ldots, x_{\sigma'} + \alpha_{\sigma'}, y_{\sigma'} + \beta_{\sigma'} \\ x_{\sigma'+1}, y_{\sigma'+1}, \ldots & x_{\sigma'+1}, y_{\sigma'+1}, \ldots \end{vmatrix};$$

elles seront donc de la forme

$$\begin{vmatrix} x_1, y_1, \ldots, x_{\sigma'}, y_{\sigma'} & x_1, y_1, \ldots, x_{\sigma'}, y_{\sigma'} \\ x_{\sigma'+1}, y_{\sigma'+1}, \ldots & a_{\sigma'+1} x_{\sigma'+1} + c_{\sigma'+1} y_{\sigma'+1} + \ldots, b_{\sigma'+1} x_{\sigma'+1} + d_{\sigma'+1} y_{\sigma'+1} + \ldots, \ldots \end{vmatrix},$$

et l'ordre O' du groupe qu'elles forment sera moindre que $\varpi'^{2\varsigma' - 2\sigma'}$ (728). Mais pour que $O\omega O'\omega' \ldots$ soit égal à $\mu^2(p^\nu - 1)$, il faut que $O'\omega'$ soit égal à $\varpi'^{2\varsigma'}$. Donc $\omega' \varpi'^{-2\sigma'} > 1$, et par suite l'une des substitutions de G_2 (autre que celles de F) appartiendra à $\mathcal{G}_1$. Soit $f A_1^{\alpha_1} B_1^{\beta_1} \ldots A_1'^{\alpha'_1} B_1'^{\beta'_1} \ldots$ cette substitution. Si α'_1 par exemple n'est pas nul, on verra, comme tout à l'heure, que la double suite A''_1, B''_1,... appartiendra à $\mathcal{G}_1$, et l'on pourra supposer $A''_1 = A'_{\rho+1}$, $B''_1 = B'_{\rho+1}$. Poursuivant ce raisonnement, on obtiendra le résultat suivant :

Le faisceau (F, $\mathcal{A}'_1$, $\mathcal{B}'_1$,...) *résulte de la combinaison de* F *avec quelques-unes des doubles suites* A_1, B_1,...; A'_1, B'_1,...;..., *dont la réunion formera la double suite* $\mathcal{A}'_1$, $\mathcal{B}'_1$,....

On peut, par raison de symétrie, énoncer un résultat analogue pour la double suite $\mathcal{A}_1$, $\mathcal{B}_1$,.... Par suite, le faisceau $\mathcal{G}$ se confondra avec G.

759. Supposons maintenant, pour fixer les idées, que G contienne trois doubles suites A_1, B_1,...; A'_1, B'_1,...; A''_1, B''_1,..., dont la première soit contenue dans le faisceau (F, $\mathcal{A}_1$, $\mathcal{B}_1$,...) et les deux autres dans le faisceau (F, $\mathcal{A}'_1$, $\mathcal{B}'_1$,...). On aura $\varpi^{\varsigma} = \pi^{\sigma}$, $\varpi'^{\varsigma'} = \pi'^{\sigma'}\pi''^{\sigma''}$, d'où $\pi' = \pi''$. Cela posé, la construction de $\mathcal{L}$ dépend évidemment de celle de deux groupes auxiliaires $\mathcal{L}_0$, $\mathcal{L}'_0$, respectivement correspondants aux deux doubles suites $\mathcal{A}_1$, $\mathcal{B}_1$,...; $\mathcal{A}'_1$, $\mathcal{B}'_1$,.... De même celle de L dépendra de celle de deux groupes auxiliaires L_0, L'_0, l'un primaire et correspondant à la double suite A_1, B_1,..., l'autre complexe, et correspondant à la double suite complexe A'_1, B'_1,..., A''_1, B''_1,....

Soient $\mathcal{I}$, $\mathcal{I}'$ les groupes respectivement formés par celles des substitutions de $\mathcal{L}_0$, $\mathcal{L}'_0$, qui sont les corrélatives des substitutions de $\mathcal{L}$; I, I' les groupes formés par celles des substitutions de L_0, L'_0 qui sont les corrélatives des substitutions de L. Pour que $\mathcal{L}$ contienne L, il faut évidemment que $\mathcal{I}$, $\mathcal{I}'$, et *a fortiori* $\mathcal{L}_0$ et $\mathcal{L}'_0$, contiennent respectivement I, I'. D'ailleurs toute substitution abélienne propre S contenue dans L_0, par exemple, étant associée à la substitution 1 que contient L'_0, on pourra déterminer une substitution de L qui ait ces deux-là pour corrélatives. Donc S appartient à I. En outre, dans le cas particulier où quelqu'un des groupes primaires et indécomposables qui servent à la construction de L_0 serait de degré 7^{2m}, où m est une puissance de 2, et correspondrait à une décomposition $m = \nu_1 \pi_1^{\sigma_1} \pi_1'^{\sigma'_1} \ldots$ où l'on eût $\nu_1 = 1$, I contiendra une substitution qui multiplie les exposants d'échange par un non résidu de 7, sans quoi on tomberait dans un cas exclu (707 et 711).

Soit donc J_0 le groupe qui est à L_0 ce que J était à L dans l'énoncé du théorème C (715); I contiendra J_0. Ce théorème étant vrai par hypothèse pour les groupes $\mathcal{L}_0$, L_0, J_0 qui sont de moindre degré que $\mathcal{L}$, L, le groupe J_0, et *a fortiori* le groupe I, ne pourra être contenu dans $\mathcal{L}_0$ que si $\mathcal{L}_0$ et L_0 sont pareils. On voit de même que $\mathcal{L}'_0$ et L'_0 doivent être pareils. Mais alors $\mathcal{L}$ et L seraient eux-mêmes pareils.

§ III. — Démonstration du théorème C.

Cas où $\mathfrak{L}$ est décomposable.

760. Théorème. — *Soit* $L = \Gamma$ *un groupe construit par la méthode des* nos 697-699 : *le groupe* J *défini comme à l'énoncé du théorème* C (715) *sera primaire et indécomposable (et resterait tel, lors même que l'on conviendrait de poser toujours* $\varepsilon = 0$ *dans ledit énoncé).*

Nous allons montrer en effet qu'il n'est pas possible de trouver des systèmes de fonctions des indices tels, que toute substitution de J remplace les fonctions de chaque système par des fonctions de celles d'un même système, et que, ces fonctions étant prises pour indices indépendants, les exposants d'échange des substitutions correspondantes à des indices de systèmes différents scient tous congrus à zéro. Le procédé de démonstration consistera à montrer que si le théorème était faux pour un groupe d'un certain degré, il serait faux pour un groupe d'un degré moindre; d'où cette conséquence absurde, qu'il existerait une infinité de groupes de degrés décroissants à partir de celui que l'on considère.

761. Premier cas. — Γ *est de première catégorie*. Ses indices forment deux systèmes conjoints, contenant chacun ν séries, contenant chacune $\mu = \pi^{\sigma}\pi'^{\sigma'}\ldots$ indices. (Nous supposons $\mu > 1$, pour plus de généralité.)

L'un des systèmes de fonctions cherchées contient une fonction dans laquelle n'entrent que les indices d'une seule série. Soit en effet, parmi les fonctions cherchées, $\varphi = \varphi_a + \varphi_b + \ldots + \varphi'_{a'} + \varphi'_{b'} + \ldots$ une de celles dont les indices sont empruntés au moindre nombre de séries, et qui, subsidiairement, contiennent le moindre nombre d'indices; $\varphi_a, \varphi_b, \ldots$ représentant respectivement l'ensemble des termes de φ qui contiennent les indices de la $a+1^{\text{ième}}$, de la $b+1^{\text{ième}}$,... série du premier système S, et $\varphi'_{a'}, \varphi'_{b'}, \ldots$ l'ensemble de ceux qui contiennent les indices de la $a'+1^{\text{ième}}$, de la $b'+1^{\text{ième}}$,... série du second système S'. Transformons φ par les diverses substitutions de F, premier faisceau de Γ (lequel est contenu dans J). Autant on aura de transformées non équivalentes, autant on aura de fonctions distinctes, dérivées de $\varphi_a, \varphi_b, \ldots, \varphi'_{a'}, \varphi'_{b'}, \ldots$ (730).

Si les indices qui figurent dans φ appartenaient à un seul système, mais à plusieurs séries, on déduirait de là, comme au n° 730, la relation absurde

$$\frac{p^{\nu}-1}{p^{\delta}-1} \overset{=}{<} \frac{\nu}{\delta}.$$

Supposons donc que dans φ figurent des séries de chacun des deux systèmes. La substitution de F qui multiplie les indices de la première série du premier système par m transformera φ en

$$m^{p^a}\varphi_a + m^{p^b}\varphi_b + \ldots + m^{-p^{a'}}\varphi'_{a'} + m^{-p^{b'}}\varphi'_{b'} + \ldots.$$

Pour que deux semblables transformées obtenues en posant successivement $m = m_1$, $m = km_1$ soient équivalentes, il faut qu'on ait

$$k^{p^a} \equiv k^{p^b} \equiv k^{-p^{a'}} \equiv k^{-p^{b'}} \equiv \ldots,$$

d'où

$$k^{p^{b-a}-1} \equiv k^{p^{b'-a'}-1} \equiv \ldots \equiv k^{p^{a'-a}+1} \equiv 1 \pmod{p}.$$

On a d'ailleurs $k^{p^\nu-1} \equiv 1$; et par suite $k^{p^\delta-1} \equiv 1$, δ étant le plus grand commun diviseur de $b-a$, $b'-a'$,... et de ν. Soit maintenant $a'-a \equiv r\delta + d$ (mod. ν), d étant $< \delta$; il viendra

$$k^{p^{a'-a}+1} = k^{p^{r\delta+d}+1} \equiv k^{p^d+1} \equiv 1.$$

Soit donc $\frac{p^\delta-1}{q}$ le plus grand commun diviseur de $p^\delta - 1$ et $p^d + 1$; on aura $k^{\frac{p^\delta-1}{q}} \equiv 1$, ce qui donne $\frac{p^\delta-1}{q}$ valeurs distinctes pour k. Les transformées de φ sont donc équivalentes $\frac{p^\delta-1}{q}$ à $\frac{p^\delta-1}{q}$, et l'on aura $q\frac{p^\nu-1}{p^\delta-1}$ transformées non équivalentes, toutes dérivées des fonctions φ_a, φ_b,..., $\varphi'_{a'}$, $\varphi'_{b'}$,... dont le nombre ne peut dépasser $\frac{2\nu}{\delta}$, a, b,... appartenant à la suite a, $a+\delta$,..., $a+\left(\frac{\nu}{\delta}-1\right)\delta$ et a', b',... à la suite a', $a'+\delta$,.... On aura donc

$$(6) \qquad q\frac{p^\nu-1}{p^\delta-1} \overline{\overline{<}} \frac{2\nu}{\delta},$$

relation absurde si $q > 2$, δ étant au plus égal à ν.

Essayons la valeur $q = 1$: $p^d + 1$ devra être divisible par $p^\delta - 1$; mais il ne peut être plus grand que $p^\delta - 1$, d étant $< \delta$; on aura donc

$$p^\delta - 1 = p^d + 1, \quad \text{ou} \quad p^d(p^{\delta-d} - 1) = 2,$$

d'où

$$p = 2, \quad d = 1, \quad \delta = 2, \quad \text{ou} \quad p = 3, \quad d = 0, \quad \delta = 1.$$

Posant dans la relation (6) $q = 1$, $p = 2$, $\delta = 2$, il vient $\frac{2^\nu - 1}{3} \overline{\overline{<}} \nu$, d'où

$\nu < 4$; et comme ν est un multiple de δ, $\nu = 2$. Posant au contraire $p = 3$, $\delta = 1$, il viendrait $\frac{3^\nu - 1}{2} \overline{\gtrless} 2\nu$, d'où $\nu = 1$ ou 2.

Essayons maintenant la valeur $q = 2$: $p^d + 1$ étant un multiple de $\frac{p^\delta - 1}{2}$, et n'étant égal ni supérieur à $p^\delta - 1$, sera égal à $\frac{p^\delta - 1}{2}$. On en déduit $p^d(p^{\delta - d} - 2) = 3$, d'où $p = 3$, $d = 1$, $\delta = 2$, ou $p = 5$, $d = 0$, $\delta = 1$. Dans l'un et l'autre cas, la relation (6) donnera $\nu = \delta$.

On a d'ailleurs $p^\nu > 4$ (**616**). Les seuls cas qui échappent à la démonstration sont donc les suivants : $p = 3$, $\nu = 2$; $p = 5$, $\nu = 1$, dont le premier est exclu (**704**). Nous examinerons l'autre tout à l'heure.

762. Soit donc $\varphi = \varphi_a$ une fonction des indices d'une seule série, laquelle fasse partie de l'un Σ des systèmes de fonctions cherchés. On verra, comme aux n^{os} **731-733**, que Σ contiendra les fonctions conjuguées de φ; que les systèmes contiennent tous le même nombre de fonctions distinctes, et sont permutés transitivement par les substitutions de G; que les substitutions de F laissent les systèmes immobiles, et que les doubles suites $A_1, B_1, \ldots$; $A'_1, B'_1, \ldots$; $A'_2, B'_2, \ldots$; ... seront de deux espèces : 1° celles dont toutes les substitutions laissent les systèmes immobiles; 2° celles qui ne jouissent pas de cette propriété.

Supposons, pour fixer les idées, que toutes les doubles suites, sauf la première, appartiennent à la première espèce. On verra, comme au n° **733**, qu'il existe une substitution T de la forme $f A_1^{\alpha_1} B_1^{\beta_1} \ldots$, où l'un des exposants, α_1 par exemple, ne soit pas nul, et qui ne déplace pas les systèmes.

Cela posé, soient L le groupe auxiliaire correspondant à la double suite $A_1, B_1, \ldots$;

$$\mathcal{A}_1 = | x_1, y_1, \ldots \quad x_1 + 1, y_1, \ldots |, \qquad \mathcal{B}_1 = | x_1, y_1, \ldots \quad x_1, y_1 + 1, \ldots |, \ldots$$

les substitutions respectivement correspondantes à $A_1, B_1, \ldots$ et au faisceau desquelles ses substitutions sont permutables. Supposons, pour plus de généralité, que L soit décomposable : il résultera de la combinaison de deux groupes, dont l'un, Δ, permute les systèmes entre eux, l'autre, Γ_1, n'altérant que les indices d'un seul système, par rapport auquel il est primaire et indécomposable. Soient en général $z_r, u_r, \ldots$ les indices du $r^{ième}$ système; $C_{z_r}, C_{u_r}, \ldots$ les substitutions correspondantes. On peut les considérer comme dérivées d'une double suite de substitutions $\mathcal{C}_{1r}, \mathcal{D}_{1r}, \ldots, \mathcal{C}_{mr}, \mathcal{D}_{mr}$, dont tous les exposants d'échange mutuels soient nuls, sauf pour deux substitutions associées $\mathcal{C}_{\rho r}$, $\mathcal{D}_{\rho r}$, dont l'exposant d'échange sera 1 (293-300).

Soit en général

$$\mathcal{C}_{\rho r} = \mathcal{A}_1^{\alpha_{1\rho r}} \mathcal{B}_1^{\beta_{1\rho r}} \ldots, \quad \mathcal{D}_{\rho r} = \mathcal{A}_1^{\gamma_{1\rho r}} \mathcal{B}_1^{\delta_{1\rho r}} \ldots.$$

Les substitutions du faisceau $(\mathcal{A}_1, \mathcal{B}_1, \ldots)$ étant dérivées de celles-là, celles du faisceau $(F, A_1, B_1, \ldots)$ le seront de la combinaison de F avec les substitutions $C_{\rho r} = A_1^{\alpha_{1\rho r}} B_1^{\beta_{1\rho r}} \ldots$, $D_{\rho r} = A_1^{\gamma_{1\rho r}} B_1^{\delta_{1\rho r}} \ldots, \ldots$, lesquelles seront échangeables entre elles, sauf deux substitutions associées, $C_{\rho r}$ et $D_{\rho r}$, qui le seront à θ près. En particulier, T sera de la forme $f C_{11}^{a_{11}} D_{11}^{b_{11}} \ldots C_{\rho r}^{a_{\rho r}} D_{\rho r}^{b_{\rho r}} \ldots$, l'un au moins des exposants, tel que a_{11}, n'étant pas nul.

Soit maintenant J_1 le groupe qui est à Γ_1 ce que J est à Γ. La substitution $\mathcal{C}_{11}^{a_{11}} \mathcal{D}_{11}^{b_{11}} \ldots \mathcal{C}_{m1}^{a_{m1}} \mathcal{D}_{m1}^{b_{m1}}$, jointe à ses transformées par les substitutions de J_1, reproduira toutes les substitutions dérivées de $\mathcal{C}_{11}, \mathcal{D}_{11}, \ldots, \mathcal{C}_{m1}, \mathcal{D}_{m1}$. En effet, s'il en était autrement, le faisceau résultant de ces transformées ne serait pas transitif. Le groupe $(\mathcal{C}_{11}, \mathcal{D}_{11}, \ldots, \mathcal{C}_{m1}, \mathcal{D}_{m1}, J_1)$, dont les substitutions lui sont permutables, ne serait pas primitif (53), et J_1 ne serait pas primaire. Le théorème serait donc faux pour le groupe Γ_1, de degré moindre que Γ.

Donc J_1 contient une substitution υ non échangeable à $\mathcal{C}_{11}^{a_{11}} \mathcal{D}_{11}^{b_{11}} \ldots \mathcal{C}_{m1}^{a_{m1}} \mathcal{D}_{m1}^{b_{m1}}$. Γ contiendra une substitution abélienne propre U qui ait pour première corrélative υ et pour ses autres corrélatives l'unité, et ne déplace pas les séries, et qui par suite appartienne à J. La substitution $T^{-1} U^{-1} T U$ ne déplace pas les systèmes S, S', et sera dérivée de $(C_{11}, D_{11}, \ldots, C_{m1}, D_{m1})$, sans appartenir à F. Les transformées de cette substitution par celles des substitutions de J dont les premières corrélatives appartiennent à J_1 et dont les autres corrélatives se réduisent à l'unité, jointes aux substitutions de F, reproduisent évidemment tout le faisceau $(F, C_{11}, D_{11}, \ldots, C_{m1}, D_{m1})$. Donc les substitutions $C_{11}, D_{11}, \ldots, C_{m1}, D_{m1}$ laissent les systèmes immobiles.

Cela posé, le système Σ contiendra les transformées de φ par les substitutions $C_{11}, D_{11}, \ldots, C_{m1}, D_{m1}, A'_1, B'_1, \ldots$, parmi lesquelles il en est au moins $\pi^m \pi'^{\sigma'} \ldots$ de distinctes (732). Il contient en outre leurs conjuguées, soit en tout au moins $\nu \pi^m \pi'^{\sigma'} \ldots$ fonctions distinctes. Le nombre des systèmes ne peut donc dépasser $\pi^{\sigma - m}$. Donc parmi les $\pi^{2(\sigma - m)}$ substitutions de la forme $C_{12}^{a_{12}} D_{12}^{b_{12}} \ldots C_{\rho r}^{a_{\rho r}} D_{\rho r}^{b_{\rho r}} \ldots$, il en est au moins une qui ne déplace pas les systèmes. Supposons que l'un des exposants $a_{12}, b_{12}, \ldots$, par exemple, diffère de zéro. On verra, comme tout à l'heure, que $C_{12}, D_{12}, \ldots, C_{m2}, D_{m2}$ ne déplacent pas les systèmes, etc. Donc enfin aucune des substitutions $C_{\rho r}$, $D_{\rho r}$, et par suite aucune des substitutions de G, ne déplace les systèmes. Donc tous les indices de S, qui résultent de la combinaison de φ et de ses transformées par les substitutions de G avec leurs conjuguées, appartiendront à un même système Σ. De même les indices de S′ appartiendront tous à un même système Σ', lequel ne peut différer de Σ, les exposants d'échange des substitutions correspondantes à leurs indices respectifs n'étant pas congrus à zéro.

Donc il n'existe qu'un système Σ, et J est indécomposable.

763. Considérons le cas d'exception où $p^\nu = 5$. On doit supposer $\mu > 1$, sans quoi l'on tomberait dans l'un des cas exclus (705) : d'ailleurs μ, divisant $p^\nu - 1$, sera une puissance de 2 telle que $2^\sigma 2^{\sigma'}\ldots$. Soit $j = 2$ une racine primitive de la congruence $j^4 \equiv 1 \pmod{5}$: F, premier faisceau de Γ, sera formé des puissances de la substitution $g = j$ qui multiplie par j les indices du premier système et par j^{-1} ceux du second. Quant à son second faisceau G, il résultera de la combinaison de F avec certaines doubles suites C_1, $D_1, \ldots, C'_1, D'_1, \ldots$ telles, que toutes les substitutions de Γ soient permutables à chacun des faisceaux $(C_1, D_1, \ldots)$, $(C'_1, D'_1, \ldots), \ldots$ (705).

Le nombre des systèmes de fonctions cherchés ne pouvant dépasser 2μ, nombre total des indices, deux au moins, T, T′ des $2\mu^2$ substitutions $j^s C_1^{\alpha_1} D_1^{\beta_1} \ldots C_1'^{\alpha'_1} D_1'^{\beta'_1} \ldots$ (où l'on prend s égal à 0 ou à 1) remplaceront l'un Σ de ces systèmes par un même système Σ_1. La substitution $T^{-1}T' = U$ laissera Σ immobile. D'ailleurs elle est dérivée de j, C_1, $D_1, \ldots, C'_1, D'_1, \ldots$ et ne se réduit évidemment pas à une puissance paire de j.

Si U est une puissance impaire de j, telle que j^ρ, Σ contiendra une fonction des indices d'une seule série. Soit en effet $\varphi = \varphi_0 + \varphi'_0$ l'une des fonctions de Σ, φ_0, φ'_0 étant les fonctions partielles formées par ceux des indices qui appartiennent respectivement aux deux séries de Γ : Σ contiendra $j^\rho \varphi_0 + j^{-\rho}\varphi'_0$, transformée de φ par U, laquelle est distincte de φ, et qui, combinée avec φ, donnera les fonctions φ_0, φ'_0, qui appartiendront à Σ.

Soit au contraire $U = j^\rho C_1^{\alpha_1} D_1^{\beta_1} \ldots C_1'^{\alpha'_1} D_1'^{\beta'_1} \ldots$, les exposants α_1, $\beta_1, \ldots$ par exemple n'étant pas tous nuls. Les transformées de U par les substitutions j, C_1, $D_1, \ldots, C'_1, D'_1, \ldots$ sont de la forme $j^{2s} U$ et laissent immobiles les systèmes que ces substitutions font respectivement succéder à Σ. Mais j^{2s}, multipliant tous les indices par un même facteur ± 1, laisse tous les systèmes immobiles : donc U laisse ces systèmes immobiles. D'ailleurs j, C_1, $D_1, \ldots, C'_1, D'_1, \ldots$ permutent transitivement les systèmes : car, s'il n'en était pas ainsi, les transformées de φ par ces substitutions, combinées entre elles, ne reproduiraient que des fonctions dérivées de celles appartenant aux systèmes que ces substitutions permuteraient avec Σ : le nombre des fonctions distinctes dont elles dépendent serait donc inférieur à 2μ. Mais ces transformées, combinées entre elles, donnent φ_0, φ'_0, qui, transformées par C_1, $D_1, \ldots, C'_1, D'_1, \ldots, \ldots$ fournissent chacune μ fonctions distinctes.

Donc U ne déplace aucun système. Il en sera évidemment de même de ses transformées par toutes les substitutions de J. Or soit V une substitution de J échangeable à C'_1, $D'_1, \ldots$ et non échangeable à $C_1^{\alpha_1} D_1^{\beta_1} \ldots$ aux F près : $V^{-1}UV = U_1$ appartiendra au faisceau $(C_1, D_1, \ldots)$. Ses transformées U_1, $U_2, \ldots$ par les substitutions de Γ, ou, ce qui revient au même, par les substitutions de J (*), jointes aux substitutions de F, reproduiront tout le faisceau $(F, C_1, D_1, \ldots)$; les substitutions $U_1, U_2, \ldots$ reproduisent donc tout le faisceau $(C_1, D_1, \ldots)$. Cela posé, φ_0, transformée par les substitutions $(F, C_1, D_1, \ldots)$ donne 2^σ fonctions distinctes (733). Les substitutions de F multipliant ces fonctions par de simples facteurs constants, la transformation par $U_1, U_2, \ldots$ suffira pour obtenir ces 2^σ fonctions. *A fortiori*, on obtiendra au moins 2^σ fonctions distinctes en transformant $\varphi = \varphi_0 + \varphi'_0$ par U_1, $U_2, \ldots$. Toutes ces fonctions appartiennent à Σ, que $U_1, U_2, \ldots$ ne déplacent pas.

Donc chaque système contient au moins 2^σ fonctions distinctes. Le nombre des systèmes sera donc au plus égal à $2.2^{-\sigma}\mu$, et inférieur au nombre $2.2^{-2\sigma}\mu^2$ des substitutions $j^{\iota} C_1'^{\alpha'_1} D_1'^{\beta'_1} \ldots$. Raisonnant comme tout à l'heure, on voit que Σ n'est pas déplacé par les substitutions $(C'_1, D'_1, \ldots)$ et contient une fonction φ_0 des indices d'une seule série, ou contient au moins $2^\sigma.2^{\sigma'}$ fonctions distinctes. Continuant ainsi, on voit que si Σ ne contient pas φ_0, il ne sera déplacé par aucune des substitutions $(C_1, D_1, \ldots, C'_1, D'_1, \ldots)$ et contiendra au moins μ fonctions. Il n'y aura donc que deux systèmes, Σ, Σ'.

764. Cela posé, si J contient deux substitutions $\mathfrak{A}'$ et $\mathfrak{E}$ telles que l'on ait $\mathfrak{A}'\mathfrak{E} = \mathfrak{E}\mathfrak{A}'j^\tau$, τ étant impair, il existera une puissance impaire de j qui ne déplace pas les systèmes Σ, Σ'. En effet, si j les permutait entre eux, et que $\mathfrak{A}'$ les permutât aussi, $\mathfrak{A}'j$ ne les déplacerait pas. Donc l'une des deux substitutions $\mathfrak{A}'$, $\mathfrak{A}'j$, par exemple $\mathfrak{A}'j$, ne les déplacerait pas. Sa transformée par $\mathfrak{E}$ ne les déplacerait pas non plus; mais $\mathfrak{E}^{-1}j\mathfrak{E} = j^{\pm 1}$; cette transformée se réduira donc à $\mathfrak{A}'j^{\tau\pm 1}$. Donc $(\mathfrak{A}'j)^{-1}\mathfrak{A}'j^{\tau\pm 1} = j^{\tau-1\pm 1}$ ne déplacera pas les systèmes.

(*) Γ résulte de la combinaison de $J = A$ avec une substitution W échangeable à C_1, $D_1, \ldots$ (617).

Donc, dans ce cas, Σ contiendra une fonction φ_0 des indices d'une seule série. Cela posé, la démonstration s'achèvera comme au cas général.

765. Il reste à établir l'existence des substitutions $\mathfrak{A}'$, $\mathfrak{E}$. Chacune des doubles suites $C_1, D_1, \ldots; C'_1, D'_1, \ldots; \ldots$ peut être modifiée de telle façon que chacun de ses couples ait pour caractéristique une puissance de $K^2 - 1$, sauf le premier, qui aura pour caractéristique une puissance de $K^2 - 1$ ou de $K^2 + 1$ (570). Suivant que le premier ou le second cas se présentera, le groupe auxiliaire L correspondant à la double suite considérée sera contenu dans le premier ou le second groupe hypoabélien (578).

Le nombre $\mathfrak{x}$ des groupes auxiliaires $L, L', \ldots$ contenus dans le second groupe hypoabélien est impair, sans quoi l'on tomberait dans un cas exclu (705). Donc il existe un nombre impair de doubles suites dont les premiers couples aient pour caractéristique une puissance de $K^2 + 1$. Soit $C_1, D_1, \ldots$ l'une d'elles. Les autres doubles suites pourront être fondues en une seule, qu'on modifiera, s'il y a lieu, de manière que tous ses couples aient pour caractéristique une puissance de $K^2 - 1$. Soit $C'_1, D'_1, \ldots$ cette double suite ainsi modifiée.

Cela posé, les indices indépendants $[\xi_1 \xi_2 \ldots \eta_1 \ldots]'$ peuvent être choisis de telle sorte, que les substitutions $C_1, D_1, \ldots, C_\sigma, D_\sigma$ prennent (en n'écrivant que les indices du premier système) la forme

$$C_1 = |[\xi_1 \xi_2 \ldots \eta_1 \ldots]^0 \quad j\theta^{\xi_1}[\xi_1 \xi_2 \ldots \eta_1 \ldots]^0|, \qquad D_1 = |[\xi_1 \xi_2 \ldots \eta_1 \ldots]^0 \quad j[\xi_1 + 1, \xi_2, \ldots, \eta_1, \ldots]^0|,$$
$$C_2 = |[\xi_1 \xi_2 \ldots \eta_1 \ldots]^0 \quad \theta^{\xi_2}[\xi_1 \xi_2 \ldots \eta_1 \ldots]^0|, \qquad D_2 = |[\xi_1 \xi_2 \ldots \eta_1 \ldots]^0 \quad [\xi_1, \xi_2 + 1, \ldots, \eta_1, \ldots]^0|,$$
$$\ldots\ldots\ldots\ldots\ldots\ldots, \qquad \ldots\ldots\ldots\ldots\ldots\ldots,$$

et les substitutions $C'_1, D'_1, \ldots$ la forme

$$C'_1 = |[\xi_1 \xi_2 \ldots \eta_1 \ldots]^0 \quad \theta^{\eta_1}[\xi_1 \xi_2 \ldots \eta_1 \ldots]^0|, \qquad D'_1 = |[\xi_1 \xi_2 \ldots \eta_1 \ldots]^0 \quad [\xi_1, \xi_2, \ldots, \eta_1 + 1, \ldots]^0|,$$
$$\ldots\ldots\ldots\ldots\ldots\ldots, \qquad \ldots\ldots\ldots\ldots\ldots\ldots$$

Cela posé, la construction de Γ dépendra de celle de deux groupes auxiliaires L, L', l'un primaire, l'autre complexe, respectivement correspondants aux deux doubles suites $C_1, D_1, \ldots; C'_1, D'_1, \ldots$. La substitution abélienne propre

$$\mathfrak{A}' = \mathfrak{A} C_1 D_1 = |[\xi_1 \xi_2 \ldots \eta_1 \ldots]' \quad \theta^{t+\xi_1}[\xi_1 + 1, \xi_2, \ldots, \eta_1, \ldots]^{t+1}|$$

a pour chacune de ses corrélatives l'unité. Ces corrélatives étant contenues respectivement dans L, L', $\mathfrak{A}'$ le sera dans Γ, et par suite dans J.

Soient maintenant Γ_1 le groupe formé par l'ensemble des substitutions abéliennes propres qui sont permutables aux faisceaux F, $(C_1, D_1, \ldots)$, $(C'_1, D'_1, \ldots)$. Leurs premières corrélatives formeront un groupe H hypoabélien de seconde espèce et de degré $2^{2\sigma}$. L'une quelconque T de ces substitutions transformera $\mathfrak{A}'$ en $\mathfrak{A}'j^\rho$, ρ étant un entier. En effet, $\mathfrak{A}'$ étant permutable à F et échangeable aux substitutions des faisceaux $(C_1, D_1, \ldots)$, $(C'_1, D'_1, \ldots)$, $T^{-1}\mathfrak{A}'T$ le sera, et sera de la forme $\mathfrak{A}'\mathfrak{Q}$, $\mathfrak{Q}$ étant une nouvelle substitution échangeable à ces mêmes substitutions, et qui ne déplace pas les séries, et qui par suite appartienne à F.

En particulier, Γ_1 contient la substitution

$$V = |\ [\xi_1\xi_2\ldots\eta_1\ldots]^\circ \quad [o\,\xi_2\ldots\eta_1\ldots]^\circ + \theta^{-\xi_1}[1\,\xi_2,\ldots\eta_1\ldots]^\circ\ |$$

qui transforme $\mathfrak{A}'$ en $\mathfrak{A}'j^3$. Celles des substitutions de Γ_1 qui sont échangeables à $\mathfrak{A}'$, aux puissances près de j^2, forment évidemment un groupe contenant la moitié de Γ_1 et permutable aux substitutions de Γ_1. Leurs corrélatives formeront un groupe I contenu dans H, d'ordre moitié moindre, et permutable à ses substitutions.

Le groupe L n'est pas contenu dans I (674-685). D'ailleurs chacune de ses substitutions, étant abélienne propre, sera la corrélative d'une substitution de J (car on peut l'associer à la substitution 1 contenue dans L'). Donc J contient une substitution qui transforme $\mathfrak{A}'$ en $\mathfrak{A}'j^\tau$, τ étant impair.

766. Second cas. — Γ *est de seconde catégorie*. Soient 2ν le nombre des séries, μ celui des indices de chacune d'elles.

L'un des systèmes de fonctions cherchés contient une fonction des indices d'une seule série. Soit autrement $\varphi = \varphi_a + \varphi_b + \ldots$ celle de ces fonctions dans l'expression de laquelle figurent le moins de séries. Transformons-la par les substitutions de F, premier faisceau de Γ. Autant on aura de transformées non équivalentes, autant on aura de systèmes. Or ces transformées sont de la forme $m^{p^a}\varphi_a + m^{p^b}\varphi_b + \ldots$, m étant une racine de la congruence $m^{p^\nu+1} \equiv 1 \pmod{p}$. Posant successivement $m = m_1$, $m = km_1$, on aura deux transformées équivalentes si l'on a

$$k^{p^a} \equiv k^{p^b} \equiv \ldots, \quad \text{d'où} \quad k^{p^{b-a}-1} \equiv \ldots \equiv 1 \text{ avec } k^{p^\nu+1} \equiv 1.$$

On en déduit $k^{p^{2\nu}-1} \equiv 1$, puis $k^{p^\delta-1} \equiv 1$, δ étant le plus grand commun diviseur de $b-a, \ldots, 2\nu$. Soit n le plus grand commun diviseur de $p^\nu+1$ et de $p^\delta-1$; on aura $k^n \equiv 1 \pmod{p}$, ce qui donne n valeurs admissibles

pour k. Le nombre des transformées non équivalentes sera donc $\frac{p^\nu+1}{n}$.
Or δ, divisant 2ν, est égal à d ou à $2d$, d étant un diviseur de ν moindre que ν. Si $\delta = d$, $p^\delta - 1$ divise $p^\nu - 1$: n divise donc $p^\nu - 1$ et $p^\nu + 1$, et par suite leur différence 2. Divisant d'ailleurs $p^\nu + 1$, il se réduira à 1 si $p = 2$. Si au contraire $\delta = 2d$, $p^\delta - 1 = (p^d + 1)(p^d - 1)$. Or

$$p^\nu + 1 \equiv (-1)^{\frac{\nu}{d}} + 1 \equiv 0 \pmod{p^d + 1},$$

car δ ne divisant pas ν, par hypothèse, $\frac{\nu}{d}$ sera impair. D'ailleurs $p^\nu + 1$ et $p^d - 1$ peuvent en outre avoir le facteur commun 2. On aura donc $n = p^d + 1$ ou $2(p^d + 1)$.

Les diverses transformées de φ ne dépendant que des fonctions $\varphi_a, \varphi_b, \ldots$, en nombre au plus égal à $\frac{2\nu}{\delta}$, on aura

$$\frac{p^\nu + 1}{n} \overline{\overline{<}} \frac{2\nu}{\delta}.$$

Si $\delta = 2d$, cette relation devient

$$\frac{p^\nu + 1}{2(p^d + 1)} \overline{\overline{<}} \frac{\nu}{d},$$

et n'est admissible $\left(\frac{\nu}{d} \text{ étant impair}\right)$ que si $p = 2$, $\nu = 3$, cas exclu (708).

Si $\delta = d$, on aura

$$\frac{p^\nu + 1}{2} \overline{\overline{<}} \frac{2\nu}{d}, \quad \text{ou} \quad p^\nu + 1 \overline{\overline{<}} \frac{2\nu}{d} \text{ si } p = 2,$$

ce qui n'est possible que si l'on a $d = 1$, $p = 3$, $\nu = 1$.

Ce cas d'exception peut se traiter par une méthode identique à celle des nos 763-765, en remplaçant dans le raisonnement la substitution $\mathcal{A}'$ par la substitution $\mathfrak{L}'$ ainsi définie

$$\mathfrak{L}' = \mathfrak{L} C_1 D_1 = | \, [\xi_1 \xi_2 \ldots \eta_1 \ldots]_0 \quad \theta^{\xi_1} [\xi_1 + 1, \xi_2, \ldots, \eta_1, \ldots]_1 \, |,$$

et la substitution V par la suivante

$$gV = | \, [\xi_1 \xi_2 \ldots \eta_1 \ldots]_0 \quad g[0 \xi_2 \ldots \eta_1 \ldots]_0 + g\theta^{-\xi_1} [1 \xi_2 \ldots \eta_1 \ldots]_0 \, |,$$

g étant une racine primitive de la congruence $g^8 \equiv 1 \pmod{3}$ (*).

(*) On doit remarquer que les groupes formés par les premières, secondes, etc., corrélatives

Le lemme ci-dessus étant établi, on obtiendra la démonstration comme au n° 762.

767. Troisième cas. — Γ *est de troisième catégorie.* Il n'y a qu'une série, et l'on raisonnera comme au n° 762.

768. Problème. — *Soient* L *un groupe résoluble primaire ou complexe, de degré* p^{2n}, *contenu dans le groupe abélien* (*dans l'un des groupes hypoabéliens*); J *le groupe défini comme à l'énoncé du théorème* C. *On demande de déterminer des systèmes de fonctions des indices* $s, s', \dots$ *tels :* 1° *que toutes les fonctions linéairement formées de celles d'un même système appartiennent également à ce système, et soient essentiellement distinctes de celles qui dérivent linéairement des fonctions des autres systèmes;* 2° *qu'elles dérivent d'un certain nombre de fonctions distinctes, le même dans chaque système;* 3° *que ces fonctions distinctes, dont le nombre total sera égal à celui des indices, étant prises pour indices indépendants, les exposants d'échange des substitutions correspondantes à des indices de systèmes différents soient toujours congrus à zéro;* 4° *que chaque substitution de* J *remplace les fonctions de chaque système par celles d'un même système.*

Supposons, pour fixer les idées, que L soit complexe, et résulte de la fusion de divers groupes primaires $L', L'', \dots$. Soient $J', J'', \dots$ les groupes respectivement formés par les substitutions communes à J et à $L', L'', \dots$.

Choisissons les indices de manière à ramener $L', L'', \dots$ à leur forme type. Ceux de L' se répartissent en général entre λ' systèmes (ou couples de systèmes) $\Sigma_0, \Sigma_1, \dots$, et L' se construira à l'aide de deux groupes résolubles : l'un D', dont les substitutions permutent les systèmes (couples de systèmes) d'un mouvement d'ensemble; l'autre Γ_0, dont les substitutions n'altèrent que les indices de l'un d'eux, Σ_0. Le groupe J_0, dont la relation au groupe Γ_0 est celle indiquée entre L et J dans l'énoncé du théorème C, sera évidemment contenu dans J'.

Les indices de $L'', \dots$ se répartiront de même entre $\lambda'', \dots$ systèmes (couples de systèmes) $\Sigma_{\lambda'}, \Sigma_{\lambda'+1}, \dots; \dots$ qui pourront ne pas contenir le même nombre d'indices que ceux de L'.

---

des substitutions de J contiennent toutes les substitutions des groupes formés par les corrélatives de celles de Γ. Soit en effet S une substitution quelconque de Γ; cette substitution, ou à son défaut la substitution gS, laquelle a les mêmes corrélatives, sera abélienne propre, et appartiendra à J.

769. Proposition I. — *L'un au moins des systèmes cherchés s contiendra une fonction φ qui s'exprime à l'aide des indices de Σ_0.*

En effet, si aucune des fonctions cherchées ne contenait dans son expression les indices de Σ_0, ces fonctions se ramèneraient, contre l'hypothèse, à un nombre de fonctions distinctes inférieur à celui des indices. Donc l'une au moins de ces fonctions φ sera de la forme $\varpi_0+\chi$, ϖ_0 étant une fonction des indices de Σ_0, qui ne soit pas identiquement nulle, et χ une fonction des autres indices.

Soient $\varpi_0+\chi$, $\varpi'_0+\chi$,... les transformées de φ par les substitutions de I_0: chacune d'elles appartiendra, par hypothèse, à l'un des systèmes s, s',.... Si deux d'entre elles appartiennent au même système s, sans être identiques, s contiendra leur différence $\varpi_0-\varpi'_0$, et notre proposition sera démontrée. Pour qu'elle fût en défaut, il faudrait donc que toutes les transformées non identiques appartinssent à des systèmes différents, et par suite fussent des fonctions distinctes.

1° Supposons d'abord Γ_0 de première catégorie. Soient F, G ses deux premiers faisceaux, ν le nombre des séries de chaque système, μ le nombre d'indices de chacune d'elles. Soit enfin $\varpi_0=\varphi_a+\varphi_b+\ldots+\varphi'_{a'}+\ldots$, φ_a, φ_b,... étant les fonctions partielles formées par ceux des termes de ϖ_0 qui contiennent les indices de la $a+1^{\text{ième}}$, de la $b+1^{\text{ième}}$,... série du premier système, et $\varphi'_{a'}$,... les fonctions formées par ceux de ces termes qui contiennent les diverses séries du système conjoint. Les transformées de φ_a par les substitutions de G donneront μ fonctions distinctes φ_a, ψ_a,..., que les substitutions de F multiplieront chacune par $p^\nu-1$ facteurs différents. Le nombre des transformées différentes de la fonction φ_a, et *a fortiori* de la fonction $\varpi_0+\chi$ par les substitutions de Γ_0 sera donc au moins égal à $\mu(p^\nu-1)$. Ces transformées devraient être distinctes; d'ailleurs elles s'expriment toutes à l'aide des $2\mu\nu$ indices de Γ_0 et de la fonction χ; d'où la relation

$$\mu(p^\nu-1) \overline{\overline{<}}\ 1+2\mu\nu,$$

laquelle est absurde, p^ν étant >4 (616).

2° Si Γ_0 est de seconde catégorie, soient 2ν le nombre des séries, μ le nombre d'indices de chacune d'elles : on aura toujours, par les mêmes considérations,

$$\mu(p^\nu+1) \overline{\overline{<}}\ 1+2\mu\nu,$$

relation absurde, à moins qu'on n'ait $\mu=1$ et $p=2$ avec $\nu=1$ ou 2. Nous examinerons tout à l'heure ces deux cas d'exception.

3° Si Γ_0 est de troisième catégorie, il n'y a qu'une série, contenant μ indices : et l'on aura, par des considérations semblables aux précédentes,

$$2\mu \overline{\overline{<}} 1 + \mu,$$

relation absurde, car $\mu > 1$.

770. Proposition II. — *Toute fonction formée avec les indices de Σ_0 sera l'une des fonctions de* s. Cette proposition se démontre comme au n° 739 (en changeant Γ_0 en J_0).

771. Revenons à nos deux cas d'exception. Soient $\varphi = \varpi_0 + \varpi_a + \varpi_b + \ldots$ l'une des fonctions cherchées, dans l'expression de laquelle figurent les indices de Σ_0; $\varpi_0, \varpi_a, \varpi_b, \ldots$ les fonctions partielles formées par ceux des termes de φ qui contiennent les indices des systèmes $\Sigma_0, \Sigma_a, \Sigma_b, \ldots$. Supposons φ choisie de telle sorte que le nombre k des fonctions $\varpi_0, \varpi_a, \varpi_b, \ldots$ soit minimum. Ce nombre ne pourra surpasser 2. En effet, supposons-le égal à 3, et transformons la fonction $\varphi = \varpi_0 + \varpi_a + \varpi_b$ par les substitutions de J_0, puis par celles du groupe analogue J_a formé par celles des substitutions de J qui n'altèrent que les indices de Σ_a. Le nombre des transformées ainsi obtenues sera égal à $\mu(p^\nu+1).\mu_a(p^{\nu_a}-1)$, $\mu(p^\nu+1).\mu_a(p^{\nu_a}+1)$, ou $\mu(p^\nu+1).2\mu_a$, suivant que le groupe Γ_a analogue à Γ_0 est de première, de seconde ou de troisième catégorie (μ_a, ν_a étant les nombres analogues à μ, ν et relatifs au groupe Γ_a). Ce nombre sera toujours supérieur au nombre des fonctions distinctes dont ces transformées dépendent, lequel est évidemment égal, suivant le cas, à $1 + 2\mu\nu + 2\mu_a\nu_a$, $1 + 2\mu\nu + 2\mu_a\nu_a$, ou $1 + 2\mu\nu + \mu_a\nu_a$. Donc ces transformées ne sont pas distinctes, et deux au moins d'entre elles, $\varphi' = \varpi'_0 + \varpi'_a + \varpi_b$, $\varphi'' = \varpi''_0 + \varpi''_a + \varpi_b$, appartiendront à un même système s'. Leur différence $\varpi'_0 - \varpi''_0 + \varpi'_a - \varpi''_a$ appartiendra à s'. Si l'on n'a pas $\varpi'_0 = \varpi''_0$, cette fonction contiendra les indices de deux systèmes seulement, dont le système Σ_0 : et 3 ne sera pas le minimum de k. Si $\varpi'_0 = \varpi''_0$, $\varpi'_a - \varpi''_a$ appartiendra à s'. Donc toutes les fonctions formées avec les indices de Σ_a, et notamment ϖ'_a, appartiennent à s' : $\varphi' - \varpi'_a = \varpi'_0 + \varpi_b$ lui appartiendra également. Donc ici encore, 3 ne sera pas le minimum de k.

Soit donc $\varphi = \varpi_0 + \varpi_a$. Transformons cette fonction par les substitutions de J_a. Si l'on n'a pas à la fois $p = 2$, $\mu_a = 1$, $\nu_a = 1$ ou 2, deux de ces transformées, $\varphi' = \varpi_0 + \varpi'_a$, $\varphi'' = \varpi_0 + \varpi''_a$, appartiendront à un même système s' : leur différence $\varpi'_a - \varpi''_a$, et par suite les fonctions des indices de Σ_a, et notamment ϖ'_a, appartiendront à s'; et $\varpi_0 = \varphi' - \varpi'_a$ lui appartiendra. La proposition I se trouvera ainsi démontrée.

Soit enfin $p = 2$, $\mu = \mu_a = 1$, $\nu = 1$ ou 2, $\nu_a = 1$ ou 2. Supposons par exemple $\nu = 1$, $\nu_a = 2$. (Les trois autres combinaisons de valeurs de ν, ν_a se traiteraient de la même façon). Soient x_0, x_1 et y_0, y_1, y_2, y_3 les indices de J_0 et de J_a. Les substitutions de ces deux groupes contiendront respectivement les suivantes

$$F = | x_r \quad g_0^{p^r} x_r |, \qquad F_a = | y_r \quad g_a^{p^r} y_r |,$$

g_0 et g_a étant respectivement des racines primitives des congruences $g_0^3 \equiv 1$, $g_a^5 \equiv 1 \pmod{2}$.

Soit $\varphi = ax_0 + bx_1 + cy_0 + dy_1 + ey_2 + fy_3$ une des fonctions cherchées, dans laquelle on n'ait pas $a = b = 0$. Cette fonction, transformée par les substitutions dérivées de F, F_a, donnera 3.5 transformées différentes, qui ne peuvent être distinctes, car elles ne contiennent que six indices. Donc deux au moins de ces transformées, φ', φ'', appartiendront à un même système s'. Ce système contiendra $\psi = \varphi' + m\varphi''$, m étant une indéterminée dont on pourra profiter pour faire évanouir le coefficient de l'un des six indices, celui de y_3 par exemple, dans l'expression de ψ. Par un procédé analogue, on pourra obtenir une nouvelle fonction appartenant à l'un des systèmes cherchés et qui ne contienne plus ni y_3, ni y_2, etc. On obtiendra enfin une substitution de la forme $\alpha x_0 + \beta x_1$ appartenant à l'un des systèmes cherchés. Toutes les fonctions formées avec x_0, x_1 appartiendront à ce système (770).

772. Les deux propositions précédentes montrent que chacun des systèmes s, s',... est formé par les fonctions dérivées des indices d'un ou plusieurs des systèmes Σ_0, Σ_1,....

Admettons maintenant, pour plus de généralité, que quelques-uns des groupes L', L'',... soient décomposables de première espèce. Supposons, pour fixer les idées, que L', L'' le soient, mais non L''',.... Les indices de L' forment deux hypersystèmes H'_0, H'_1; et L' se construit à l'aide d'une substitution W' qui permute les deux hypersystèmes, et d'un groupe L'_0 dont les substitutions n'altèrent que les indices de H'_0; et le groupe J'_0, qui est à L'_0 ce que J est à L dans l'énoncé du théorème C, sera évidemment contenu dans L', et par suite dans L, et enfin dans J.

Le groupe L'_0 est indécomposable ou décomposable de seconde espèce (599). Supposons-le décomposable, pour plus de généralité. Les indices s'y répartiront en systèmes, et L'_0 se construira à l'aide de deux groupes : l'un D'_0, dont les substitutions permutent transitivement les systèmes : l'autre Γ'_0, dont les substitutions n'altèrent que les indices du premier de ces systèmes, Σ_0. Les substitutions de D'_0 appartiendront à L'_0, à L', et enfin à J. Soient d'ailleurs Δ_0, Δ'_0, Δ''_0,... les groupes primitifs qui servent à la construction de D'_0; q, q', q'',... leurs degrés successifs.

Les systèmes formés par les indices de L'' se partageront de même en deux hypersystèmes H''_0, H''_1. Quant aux systèmes formés par les indices de L''', nous les considérerons comme formant un seul hypersystème H'''.

773. Cela posé, on voit, par les propositions I et II, que chacun des systèmes cherchés s, s',... est formé par les fonctions linéaires des indices d'un ou plusieurs des systèmes Σ_0, Σ_1,...; Σ_λ,...;.... Deux cas seront ici à distinguer par rapport à chacun des systèmes s, s',....

1° Parmi ceux des systèmes Σ_0,... dont s contient les indices, il en existe plusieurs Σ'_0, Σ''_0, Σ''_1, Σ''' appartenant à des hypersystèmes différents, tels que H'_0, H''_0, H''_1, H'''. Dans ce cas, s contiendra tous les indices de ces hypersystèmes. En effet, les substitutions de D'_0, appartenant à J, remplaceront les fonctions de s par celles d'un même système. Mais elles laissent invariables ceux des indices de H''_0 qui sont contenus dans s; donc elles remplacent les unes par les autres les fonctions de s. Donc s contient les fonctions que les substitutions de D'_0 font succéder aux indices de Σ'_0, c'est-à-dire tous les indices de H'_0. De même s contiendra tous les indices des autres hypersystèmes H''_0, H''_1, H'''.

Soient maintenant l le groupe complexe formé à l'aide des groupes primaires L'_0, L'', L'''; j le groupe qui est à l ce que J est à L dans l'énoncé du théorème C; t l'une de ses substitutions; t'_0, t'', t''' les trois substitutions partielles, appartenant respectivement aux groupes L'_0, L'', L''', dont t est le produit : J contiendra une substitution T qui fait subir aux indices de s l'altération t. En effet, si $\varepsilon = 0$ (voir l'énoncé du théorème C), ce qui est le cas général, la substitution t est abélienne propre, et sera contenue dans J. Dans le cas exceptionnel où ε est un entier impair, on aura $d = 1$, sans quoi le groupe L tomberait dans un cas exclu (707 et 711). Donc chacun des groupes L', L'', L''', $L^{(4)}$,... a pour exposant l'unité. Soit donc g^{α} le facteur par lequel t multiplie les exposants d'échange des substitutions correspondantes aux indices de s; les groupes $L^{(4)}$,... contiendront respectivement des substitutions $t^{(4)}$,... qui multiplient les exposants d'échange par ce même facteur; et J contiendra la substitution $T = t'_0 t'_1 t'' t''' t^{(4)}...$, où t'_1 est la substitution qui altère les indices de H'_1, comme t'_0 altère ceux de H'_0.

2° Tous les systèmes dont s contient les indices appartiennent à un même hypersystème, tel que H'_0. Soit Σ_0 l'un de ces systèmes. On verra, comme au n° 740, que s est formé par les indices des systèmes qui sont permutés avec Σ_0 par les substitutions de l'un des groupes successifs $(\Delta_0, \Delta'_0, \Delta''_0, \ldots)$, $(\Delta'_0, \Delta''_0, \ldots)$, $(\Delta''_0, \ldots)$, ..., 1, par exemple par les substitutions de $(\Delta''_0, \ldots)$. Cela posé, les indices de H'_0 formeront qq' systèmes s, s',... que les substitutions (Δ_0, Δ'_0) permuteront entre eux.

Soient d'ailleurs l le groupe dérivé de la combinaison de $(\Delta''_0, \ldots)$ avec Γ''_0; j le groupe qui est à l ce que J est à L : on voit, comme tout à l'heure, que t étant une quelconque de ses substitutions, J contiendra une substitution T qui fait subir aux indices de s l'altération t.

774. Théorème. — *Le théorème* C *est vrai si* $\mathfrak{L}$ *est décomposable.*

Parmi les diverses manières de grouper les indices de $\mathfrak{L}$ en systèmes, choisissons l'une de celles où le nombre des systèmes est *minimum*. Le groupe $\mathfrak{L}$ se construira à l'aide de deux groupes : l'un $\mathfrak{O}$, permutant les systèmes d'un mouvement d'ensemble et d'une manière primitive; l'autre Γ n'altérant que les indices du premier système s.

Le groupe J étant supposé contenu dans $\mathfrak{L}$, chacune de ses substitutions remplacera les fonctions linéaires des indices de chacun des systèmes s, s',... par les fonctions linéaires des indices d'un même système.

Désignons par l et j les mêmes groupes qu'au n° 773 : L étant contenu dans $\mathfrak{L}$, j le sera évidemment dans Γ. Mais les groupes l, j, Γ étant de degré moindre que L, J, $\mathfrak{L}$, le théorème C leur est applicable, par hypothèse. Donc l et Γ sont des groupes pareils; donc l est primaire comme Γ. Donc ceux des indices de L dont s est formé appartiennent exclusivement à un seul des groupes L', L'', L''',....

Ainsi, chacun des systèmes s, s',... est formé de tout ou partie des indices de l'un des groupes L', L'', L''',... (et de leurs fonctions linéaires); et ces groupes pourront en général se partager en deux sortes : 1° ceux dont tous les indices appartiennent à un seul de ces systèmes; 2° ceux dont les indices forment plusieurs systèmes.

Il ne peut exister plus d'un groupe de première sorte. Car s'il y en avait deux, L', L'', ces deux groupes étant pareils à Γ, le seraient entre eux, et l'on tomberait sur un cas exclu (713).

775. *Parmi les groupes de seconde sorte, il n'en existe aucun qui soit décomposable de première espèce.* En effet, si l'un d'eux L' l'était, ses indices se partageraient en deux hypersystèmes H'_0, H'_1, dont chacun serait formé

par les indices d'un ou plusieurs des systèmes s, s',.... Soient $x_0, y_0, \ldots$ et $x_1, y_1, \ldots$ les indices de ces hypersystèmes : L' se construira au moyen de la substitution

$$W' = | \; x_0, y_0, \ldots, x_1, y_1, \ldots \quad x_1, y_1, \ldots, gx_0, gy_0, \ldots \; |,$$

et d'un groupe L'_0 dont les substitutions n'altèrent que les indices de H'_0. Ce groupe se construira lui-même à l'aide de deux groupes $D'_0 = (\Delta_0, \Delta'_0, \Delta''_0, \ldots)$ et Γ'_0. Parmi les systèmes qui sont contenus dans H'_0, il en existe un s tel, que le groupe l qui lui correspond soit dérivé de la combinaison de Γ'_0 avec $(\Delta''_0, \ldots)$ par exemple.

Soient maintenant L'_1, $D'_1 = (\Delta_1, \Delta'_1, \Delta''_1, \ldots)$, Γ'_1 les groupes transformés de L'_0, D'_0, Γ'_0 par W' : L' pourra être considéré comme construit à l'aide de W' et de L'_1; et parmi les systèmes qui sont contenus dans H'_1, il en existe un s' tel, que le groupe correspondant l' soit dérivé de la combinaison de Γ'_1 avec un des groupes $(\Delta_1, \Delta'_1, \Delta''_1, \ldots)$, $(\Delta'_1, \Delta''_1, \ldots)$, $(\Delta''_1, \ldots)$,.... D'ailleurs s et s' contiennent le même nombre d'indices. Donc l' dérivera de la combinaison de Γ'_1 avec $(\Delta''_1, \ldots)$. Mais l et l' devraient être pareils, ce qui n'est pas, bien qu'ils aient la même forme; car ils ont 2 pour exposant et sont rapportés respectivement aux indices $x_0, y_0, \ldots$ et aux indices $x_1, y_1, \ldots$ qui correspondent à des substitutions dont les exposants d'échange sont g fois plus grands.

776. *Chacun des groupes de seconde sorte déplace la moitié au moins des systèmes* (*davantage s'il n'y en a pas juste quatre*). Cela est clair s'il n'y a que deux systèmes. S'il y en a davantage, le groupe $\mathfrak{G}$ étant primitif, le nombre des systèmes est une puissance d'un nombre premier, telle que p^n (*) (533); et si l'on caractérise les systèmes par n indicateurs $x, y, \ldots$, variables de 0 à $p-1$, leurs déplacements par les substitutions de $\mathfrak{G}$ seront de la forme

$$| \; x, y, \ldots \quad ax + by + \ldots + \alpha, \; a'x + b'y + \ldots + \alpha', \ldots \; |.$$

Le nombre des systèmes déplacés par chaque substitution de $\mathfrak{G}$ (l'unité exceptée) sera au minimum $p^n - p^{n-1}$, nombre égal à $\frac{1}{2} p^n$ si $p^n = 4$, supérieur dans tous les autres cas (718).

Soient d'autre part L' un groupe de seconde sorte; $D = (\Delta, \Delta', \Delta'', \ldots)$ et Γ' les groupes qui servent à le construire; s l'un des systèmes qu'il con-

(*) Nous changeons ici le sens des lettres p, n.

tient; $(\Delta'', \dots, \Gamma')$ le groupe l correspondant. Les substitutions (Δ, Δ') permutent entre eux les qq' systèmes que contient L', sans déplacer les autres. D'ailleurs elles appartiennent à J et par suite à $\mathfrak{L}$, et enfin à $\mathfrak{O}$. Donc les systèmes qu'elles déplacent, et que contient L', forment au moins la moitié du nombre total (davantage, si $p \gtrless 4$).

777. Les propositions précédentes montrent que trois hypothèses seulement sont possibles relativement aux groupes L', L'',....

1° *Il existe deux groupes* L', L'' *de seconde sorte, contenant chacun précisément la moitié des systèmes;* $p^n = 4$. Ces groupes contiennent chacun deux systèmes : ils sont évidemment semblables entre eux, et nous tombons ainsi sur un cas exclu (713).

2° *Il existe un groupe de seconde sorte,* L', *et un de première,* L''. Les déplacements que L' fait subir aux $p^n - 1$ systèmes qu'il permute entre eux forment un groupe primitif Δ; sans quoi l'une des substitutions de L' déplacerait tout au plus $\frac{p^n - 1}{2}$ systèmes, résultat absurde. On aura donc $p^n - 1 = \pi^m$, π étant premier; et le premier faisceau de Δ, φ, contiendra π^m substitutions d'ordre π, échangeables entre elles.

Or si l'on admet, ce qui est permis, que le système que les substitutions de Δ n'altèrent pas est celui dont les indicateurs sont tous nuls, les substitutions de φ prendront la forme linéaire sans termes constants

$$(7) \qquad | \, x, y, \dots \quad ax + by + \dots, a'x + b'y + \dots, \dots \, |.$$

Ces substitutions étant d'ordre premier à p, et échangeables entre elles, pourront être ramenées simultanément par un changement d'indices à la forme canonique monôme. Les nouveaux indices $X_0, X_1, \dots$ se partageront en systèmes contenant respectivement $\mu\nu, \mu'\nu', \dots$ indices, respectivement répartis en $\nu, \nu', \dots$ séries; et l'ordre de φ divisera $(p^\nu - 1)(p^{\nu'} - 1)\dots$, $\mu\nu + \mu'\nu' + \dots$ étant égal à n (186). Pour que cet ordre soit égal à $p^n - 1$, il faut évidemment qu'il n'y ait qu'un système, et qu'une série. Mais alors les $p^n - 1$ substitutions de φ seront les puissances d'une seule d'entre elles, de la forme

$$A = | \, X_0, X_1, \dots \quad iX_0, i^p X_1, \dots \, |,$$

où i est une racine primitive de la congruence $i^{p^n - 1} \equiv 1 \pmod{p}$. Mais cela ne peut avoir lieu que si $m = 1$, d'où $p^n - 1 = \pi$. Dans ce cas, Δ contiendra $\pi(\pi - 1)$ substitutions, toutes permutables à φ, et sera contenu dans le groupe K formé par celles des substitutions de la forme (7) qui sont permutables à φ. Mais en prenant pour indices indépendants $X_0, X_1, \ldots$, on voit immédiatement que K se réduit aux $n(p^n - 1)$ substitutions de la forme

$$|\ X_0, X_1, \ldots \quad aX_r, a^p X_{r+1}, \ldots\ |.$$

Donc $\pi(\pi - 1) = (p^n - 1)(p^n - 2)$ divisera $n(p^n - 1)$, résultat absurde si $p^n > 4$. Mais si $p^n \overline{\gtrless} 4$, d'où $\pi \overline{\gtrless} 3$, on tombe sur un cas exclu (**714**).

3° *Il n'existe qu'un groupe de seconde sorte*, L'. Le groupe Δ formé par les déplacements que L' fait subir aux systèmes est un groupe transitif contenu dans le groupe primitif $\mathfrak{O}$. Appliquant à ces deux groupes le théorème **A**, supposé vrai pour les degrés inférieurs à p^n, on voit que ces deux groupes sont pareils; l étant d'ailleurs pareil à Γ, L = L' le sera à $\mathfrak{L}$, contrairement à l'hypothèse.

Cas où $\mathfrak{L}$ est indécomposable.

778. Théorème. — *Les groupes* $\mathfrak{L}$, L, J *étant définis comme au théorème* **C**, *supposons que* $\mathfrak{L}$ *soit indécomposable et contienne* J; *son premier faisceau* $\mathfrak{F}$ *sera contenu dans* F, *premier faisceau de* L.

La démonstration est fondée sur le lemme suivant :

Lemme I. — *Soient* C, E *deux substitutions quelconques de* J : $C^{-1}E^{-1}CE$ *sera échangeable aux substitutions de* $\mathfrak{F}$. En effet, si $\mathfrak{L}$ est de première catégorie, par exemple, les substitutions C et E qui y sont contenues seront de la forme $\mathfrak{A}^\tau \mathfrak{P}^\rho \mathfrak{Q}$, $\mathfrak{A}$ et $\mathfrak{P}$ étant définies comme au n° **618** et $\mathfrak{Q}$ étant une substitution qui ne déplace pas les séries. La substitution $C^{-1}E^{-1}CE$, se réduisant évidemment à la forme $\mathfrak{Q}$, sera échangeable à celles de $\mathfrak{F}$.

Si donc C est échangeable aux substitutions de $\mathfrak{F}$, $E^{-1}CE$ le sera.

Le groupe L étant supposé complexe, pour plus de généralité, soient L', L'',... les groupes primaires dont il est formé. Les indices de L' se répartiront en général entre λ' systèmes (couples de systèmes) S, $S_1, \ldots$, et L' sera formé au moyen de deux groupes D' et Γ'_0, l'un permutant les systèmes, l'autre n'altérant que les indices d'un seul système (couple de systèmes) S.

779. Lemme II. — *Toute substitution de* $\mathfrak{F}$ *remplace les indices de* S *par des fonctions de ces seuls indices*. En effet, ces indices se partagent en séries. Si chacune d'elles contient plusieurs indices, G_0, second faisceau de Γ'_0, s'obtiendra en adjoignant à son premier faisceau F_0 certaines doubles suites Λ_1,

$B_1, \ldots; \ldots$ dont les substitutions, étant abéliennes propres, appartiendront à J. Prenant $C = A_1$, $E = B_1$, il vient $C^{-1}E^{-1}CE = \theta$, substitution qui altère tous les indices de S sans altérer les autres. Les substitutions de $\mathfrak{F}$ lui étant échangeables, remplaceront les indices de S par des fonctions de ces mêmes indices.

Si chaque série ne contient qu'un indice, on obtiendra le même résultat. Et d'abord Γ'_0 sera de première ou de seconde catégorie.

1° S'il est de première catégorie, soit ν' le nombre des séries de chaque système. Si $\nu' > 1$, Γ'_0, et par suite J, contiendront les substitutions

$$g = | \ldots, x_r, \ldots, x'_r, \ldots \quad \ldots, g^{p^r} x_r, \ldots, g^{-p^r} x'_r, \ldots |,$$
$$\varphi = | \ldots, x_r, \ldots, x'_r, \ldots \quad \ldots, x_{r+1}, \ldots, x'_{r+1}, \ldots |,$$

où g est une racine primitive de la congruence $g^{p^{\nu'}-1} \equiv 1 \pmod{p}$. Posant $C = g$, $E = \varphi$, il vient $C^{-1}E^{-1}CE = g^{p-1}$, substitution qui altère tous les indices de S sans altérer les autres.

Si $\nu' = 1$, d'où $p > 2$ (616), Γ'_0, et par suite J, contiendra les substitutions abéliennes propres

$$g = | x, x' \quad gx, g^{-1}x' |, \qquad \mathfrak{A} = | x, x' \quad x', -x |.$$

Posant $C = g$, $E = \mathfrak{A}$, il vient $C^{-1}E^{-1}CE = g^2$, substitution qui altère tous les indices de S ($p^{\nu'}$ étant > 3) sans altérer les autres.

2° Si Γ'_0 est de seconde catégorie, soit $2\nu'$ le nombre des séries : Γ'_0 contiendra les substitutions

$$g = | \ldots, x_r, \ldots \quad \ldots, g^{p^r} x_r, \ldots |, \qquad \varphi = | \ldots, x_r, \ldots \quad \ldots, e^{p^r} x_{r+1}, \ldots |,$$

où g est une racine primitive de la congruence $g^{p^{\nu'}+1} \equiv 1 \pmod{p}$ et e une racine de la congruence $e^{p^{\nu'}+1} \equiv -1$. Ces substitutions, étant abéliennes propres, seront contenues dans J si $p > 2$. Posant alors $C = g$, $E = \varphi$, il vient $C^{-1}E^{-1}CE = g^{p-1}$, substitution qui altère tous les indices de S sans altérer les autres.

Si $p = 2$, J ne contiendra pas φ (678); mais il contiendra φ^2; et l'on pourra poser $C = g$, $E = \varphi^2$, d'où $C^{-1}E^{-1}CE = g^{p^2-1}$, substitution qui altère tous les indices de S (sans altérer les autres), pourvu que l'on ait $\nu' > 1$.

Soit $p = 2$, $\nu' = 1$. Si $\lambda' > 1$, D' contient une substitution T qui remplace S par un autre système S_1. Cette substitution appartient à J (675); posant $C = T$, $E = g$, et désignant par y, y_1 les indices de S_1, la substitution

$C^{-1}E^{-1}CE$ multipliera x et y_1 par $g^{-1}=g^2$, y et x_1 par g, et n'altérera pas les autres indices. Les substitutions de $\mathcal{J}$, qui lui sont échangeables, remplaceront donc x et y_1 par des fonctions de ces seuls indices. Soit

$$f=|\; x, y_1, \ldots \quad lx+my_1,\; l'x+m'y_1, \ldots \;|$$

l'une d'elles. Sa transformée par g, appartenant à $\mathcal{J}$, lui sera échangeable, d'où les relations

$$gl'm \equiv g^{-1}l'm,\quad (g-1)m(l-m') \equiv (g^{-1}-1)l'(l-m') \equiv 0 \pmod{p},$$

d'où l'on déduit, comme au n° 748, $l' \equiv m \equiv 0$. On voit de même que f multipliera x_1, y par de simples facteurs constants.

Resterait enfin le cas où $p=2$, $\nu'=1$, $\lambda'=1$. Considérons dans ce cas les groupes L'',... qui concourent avec L' à la formation de L. Si l'un d'eux L'' était de seconde catégorie et que les nombres ν'', λ'' respectivement analogues à ν', λ' se réduisissent à 1, il serait semblable à L', et l'on tomberait dans un cas exclu (713). Dans le cas contraire, l'analyse précédente montre qu'il existe une substitution qui altère les indices de l'un quelconque des systèmes (couples de systèmes) de L'', sans altérer ceux de L', et à laquelle les substitutions de $\mathcal{J}$ soient échangeables. Les fonctions par lesquelles ces dernières substitutions remplacent les indices de L' ne peuvent donc contenir les indices de L''.

780. Lemme III. — *Soit x l'un quelconque des indices de* S. *Il ne figure qu'un seul indice de chaque série de* S *dans les fonctions que les substitutions de $\mathcal{J}$ font succéder à x.* Cela serait évident si chaque série ne contenait qu'un indice. Admettons donc qu'elle en contienne plusieurs; et soient A_1, B_1,...; A'_1, B'_1,...;... les doubles suites qui, combinées à F_0, reproduisent G_0.

1° Si Γ'_0 est de première catégorie, il contient une substitution abélienne propre T qui ne déplace pas les séries et ne soit pas échangeable à A_1 aux F près (733). Cette substitution appartiendra à J; et si l'on pose $C=A_1$, $E=T$, $C^{-1}E^{-1}CE$ sera de la forme $fA_1^{\alpha_1}B_1^{\beta_1}\ldots$, f étant une substitution de F_0. Les substitutions de $\mathcal{J}$ sont échangeables à cette substitution et à ses transformées par les substitutions abéliennes propres T, T_1,... que contient Γ'_0. Mais les transformées de $fA_1^{\alpha_1}B_1^{\beta_1}\ldots$ par ces dernières substitutions, étant jointes à F_0, reproduiront tout le faisceau (F_0, A_1, B_1,...). Donc ces transformées, combinées entre elles, reproduiront une substitution de la forme $fA_1^{\gamma_1}B_1^{\delta_1}\ldots$, quels que soient les exposants γ_1, δ_1,.... En particulier, elles reproduiront des substitutions telles que f_1A_1, f_2A_2,....

On verra de même que parmi les substitutions auxquelles celles de $\mathfrak{F}$ doivent être échangeables, il en existe de chacune des formes $f'_1 A'_1, \ldots; \ldots$.

Cela posé, les substitutions $f_1 A_1$, $f_2 A_2, \ldots$; $f'_1 A'_1, \ldots; \ldots$ multipliant tous les indices par des facteurs constants, les substitutions de $\mathfrak{F}$, qui leur sont échangeables, remplaceront chaque indice par une fonction de ceux-là seulement que chacune de ces substitutions multiplie par un même facteur. Deux indices quelconques $[\xi_1 \xi_2 \ldots \eta_1 \ldots]_r$ et $[\xi'_1 \xi'_2 \ldots \eta'_1 \ldots]_r$ d'une même série sont multipliés par un facteur différent dans l'une au moins des substitutions ci-dessus; car si ξ_1, par exemple, diffère de ξ'_1, $f_1 A_1$ ne les multipliera pas par le même facteur.

781. 2° Si Γ'_0 est de seconde catégorie, il contiendra encore une substitution T qui ne déplace pas les séries et ne soit pas échangeable à A_1 aux F près. Si T n'était pas abélienne propre, mais multipliait les exposants d'échange par un facteur k, Γ'_0 contiendrait la substitution

$$h = | \, [\xi_1 \xi_2 \ldots \eta_1 \ldots]_r \quad h^{p^\nu} [\xi_1 \xi_2 \ldots \eta_1 \ldots]_r \, |,$$

où le facteur h est une racine de la congruence $h^{p^\nu+1} \equiv k \pmod{p}$, et la substitution abélienne propre $h^{-1}T$, qui transforme A_1 de la même manière que T. On pourra poser $C = A$, $E = h^{-1}T$; et $C^{-1}E^{-1}CE$ sera de la forme $f A_1^{\alpha_1} B_1^{\beta_1} \ldots$. Les transformées de cette substitution par les substitutions T, $T_1, \ldots$ du groupe Γ'_0, ou, ce qui revient au même, par les substitutions abéliennes propres $h^{-1}T$, $h_1^{-1}T_1, \ldots$, lesquelles appartiennent à J, combinées entre elles, reproduiront des substitutions de chacune des formes $f_1 A_1^{\alpha}$, $f_2 A_2, \ldots$. Cela posé, on achèvera le raisonnement comme tout à l'heure.

782. 3° Si Γ'_0 est de troisième catégorie, sa construction dépend de groupes auxiliaires l, $l', \ldots$ de première ou de seconde catégorie, et respectivement correspondants aux doubles suites $A_1, B_1, \ldots$; $A'_1, B'_1, \ldots; \ldots$. Considérons en particulier le groupe l; et posons

$$\mathfrak{A}_1^{\alpha_1} \mathfrak{B}_1^{\beta_1} \ldots = | \, x_1, y_1, \ldots \quad x_1 + \alpha_1, y_1 + \beta_1, \ldots \, |.$$

Les substitutions de l seront de la forme

$$| \, x_1, y_1, \ldots \quad a'_1 x_1 + c'_1 y_1 + \ldots, b'_1 x_1 + d'_1 y_1 + \ldots, \ldots \, |.$$

Supposons, pour plus de généralité, que l soit décomposable; il sera formé à l'aide de deux groupes : l'un, $\mathfrak{d}$, permutant les systèmes (couples de systèmes) d'un mouvement d'ensemble; l'autre, γ_0, n'altérant que les indices du premier système (couple de systèmes). Soient φ le premier faisceau de γ_0; $a_1, b_1,\ldots$; $a'_1, b'_1,\ldots$;... les doubles suites qui, jointes à φ, formeront son second faisceau. Ces substitutions, ainsi que celles de δ et de φ, seront les corrélatives de certaines substitutions de Γ'_0, telles que T, $T_1,\ldots$, qui multiplieront les exposants d'échange par des résidus quadratiques de p (671-677). On peut admettre que ces résidus quadratiques se réduisent à l'unité : car, si T, par exemple, multiplie les exposants d'échange par k^2, soit k la substitution de Γ'_0 qui multiplie tous les indices par k : Γ'_0 contiendra la substitution $k^{-1}T$, qui est abélienne propre et a la même corrélative que T.

783. Supposons maintenant en premier lieu que γ_0 soit de première catégorie. Remplaçons les indices $x_1, y_1, x_2, y_2,\ldots$ par d'autres indices indépendants, choisis de telle sorte que le groupe l prenne sa forme type; soient $[\xi_1\xi_2\ldots\eta_1\ldots]_r^0$, $[\xi_1\xi_2\ldots\eta_1\ldots]'_r$ ceux de ces indices qui forment respectivement le premier et le second système de γ_0, $C_{\xi_1\xi_2\ldots\eta_1\ldots r0}$, $C_{\xi_1\xi_2\ldots\eta_1\ldots r1}$ les substitutions correspondantes. Soient ν le nombre des séries de chaque système, μ le nombre d'indices de chacune d'elles; les $\mu\nu$ indices imaginaires $C_{\xi_1\xi_2\ldots\eta_1\ldots r0}$ dépendent d'un nombre égal de fonctions réelles $x'_1,\ldots, x'_{\mu\nu}$. Les indices des premiers systèmes de chacun des autres couples dépendront de même de fonctions analogues $x'_{n+1},\ldots$: et l'on peut admettre, sans nuire à la généralité, que $x'_1,\ldots, x'_{\mu\nu}, x'_{\mu\nu+1},\ldots$ se confondent respectivement avec $x_1,\ldots, x_{\mu\nu}, x_{\mu\nu+1},\ldots$ (638). Cela posé, les substitutions $\mathcal{A}_1,\ldots, \mathcal{A}_{\mu\nu}$, correspondantes aux indices $x_1,\ldots, x_{\mu\nu}$, seront dérivées des substitutions $C_{\xi_1\xi_2\ldots\eta_1\ldots r0}$, et réciproquement.

Soit par exemple $\mathcal{A}_1 = C^{a}_{00\ldots0\ldots00}\cdots C^{\xi}_{\xi_1\xi_2\ldots\eta_1\ldots r0}\cdots$, et soit h une racine primitive de la congruence $h^{2^\nu-1}\equiv 1 \pmod{p}$. La substitution h d'ordre $2^\nu-1$ dont les puissances reproduisent φ, transforme $\mathcal{A}_1$ en $C^{ah}_{00\ldots0\ldots00}\cdots C^{\xi h^{p^r}}_{\xi_1\xi_2\ldots\eta_1\ldots r0}\cdots$, laquelle diffère évidemment de $\mathcal{A}_1$. Donc $\mathcal{A}_1^{-1}h^{-1}\mathcal{A}_1 h$ ne se réduit pas à l'unité. Cette substitution est d'ailleurs évidemment dérivée de $\mathcal{A}_1, \mathcal{A}_2,\ldots, \mathcal{A}_{\mu\nu}$; supposons-la donc égale à $\mathcal{A}_1^{\alpha_1}\ldots\mathcal{A}_{\mu\nu}^{\alpha_{\mu\nu}}$. Soit maintenant H la substitution abélienne propre contenue dans Γ'_0 et qui a h pour corrélative; on aura, en posant $C=A_1$, $E=H$, $C^{-1}E^{-1}CE = fA_1^{\alpha_1}\ldots A_{\mu\nu}^{\alpha_{\mu\nu}}$ (f étant une substitution de F_0), et les substitutions de $\mathcal{J}$ seront échangeables à cette substitution, et à ses transformées par les substitutions de J.

Les transformées de la substitution $\mathcal{A}_1^{\alpha_1}\ldots\mathcal{A}_{\mu\nu}^{\alpha_{\mu\nu}}$ par les substitutions

$(h, a_1, b_1, \ldots, a'_1, b'_1, \ldots)$, combinées entre elles, reproduiront toutes les substitutions $(\mathcal{A}_1, \ldots, \mathcal{A}_{\mu\nu})$. Car celles qu'elles reproduisent forment évidemment un groupe permutable à $h, a_1, b_1, \ldots, a'_1, b'_1, \ldots$. Si ce groupe ne contenait qu'une partie des substitutions $(\mathcal{A}_1, \ldots, \mathcal{A}_{\mu\nu})$, le groupe $(h, a_1, b_1, \ldots, a'_1, b'_1, \ldots)$ serait non primaire. On pourrait donc déterminer des fonctions réelles des indices en nombre inférieur à $\mu\nu$, et que chacune de ses substitutions remplacerait par des fonctions linéaires les unes des autres; résultat absurde, car d'une fonction quelconque jointe à ses transformées par $h, a_1, b_1, \ldots, a'_1, b'_1, \ldots$, on déduit $\mu\nu$ fonctions distinctes, ainsi que nous l'avons vu.

Les substitutions $(\mathcal{A}_1, \ldots, \mathcal{A}_{\mu\nu})$, ainsi dérivées de $\mathcal{A}_1^{\alpha_1} \ldots \mathcal{A}_{\mu\nu}^{\alpha_{\mu\nu}}$ et de ses transformées, étant à leur tour transformées par celles de δ, fourniront toute la suite des substitutions $\mathcal{A}_1, \ldots, \mathcal{A}_{\mu\nu}, \mathcal{A}_{\mu\nu+1}, \ldots$.

Cela posé, il est clair qu'en transformant $f A_1^{\alpha_1} \ldots A_{\mu\nu}^{\alpha_{\mu\nu}}$ par les substitutions abéliennes propres qui ont pour corrélatives $h, a_1, b_1, \ldots, a'_1, b'_1, \ldots$, combinant ces transformées entre elles, et transformant les résultats obtenus par les substitutions abéliennes propres qui ont pour corrélatives celles de δ, on obtiendra aux F_0 près toutes les substitutions de la suite $A_1, \ldots, A_{\mu\nu}, A_{\mu\nu+1}, \ldots$. D'ailleurs les transformantes appartiennent à Γ'_0, et par suite à J. Les substitutions obtenues et qui sont respectivement des formes $f_1 A_1$, $f_2 A_2, \ldots$ seront donc échangeables à celles de $\mathfrak{I}$. Cela posé, on achèvera la démonstration comme aux deux premiers cas.

Remarque. — En considérant les seconds systèmes de chacun des couples entre lesquels se répartissent les indices de $\mathfrak{L}$, on démontrerait, d'une manière analogue à la précédente, qu'il existe des substitutions des formes $f'_1 B_1, f'_2 B_2, \ldots$ échangeables aux substitutions de $\mathfrak{I}$.

784. Si γ_0 est de seconde catégorie, la démonstration est la même, sauf la simplification résultant de ce que les indices de γ_0 ne forment qu'un système, ce qui permettra de démontrer du même coup la proposition relative aux substitutions $f_1 A_1, f_2 A_2, \ldots$, et celle relative aux substitutions $f'_1 B_1$, $f'_2 B_2, \ldots$.

785. Lemme IV. — *Les fonctions des indices de* S *que les substitutions de* $\mathfrak{I}$ *font succéder à* x *ne contiennent aucun indice appartenant à une autre série que* x. Trois cas sont à distinguer :

1° Γ'_0 *est de première catégorie*. Soient g la substitution d'ordre $p^\nu - 1$ dont les puissances reproduisent F_0, $\mathcal{A}$ et $\mathcal{C}$ deux substitutions définies comme au n° 618; Γ'_0 contiendra une substitution abélienne propre de l'une des deux formes $\mathcal{R}\mathfrak{Q}$, $\mathcal{R}\mathfrak{P}\mathfrak{Q}$, $\mathfrak{Q}$ ne déplaçant pas les séries (*). Suivant que l'un ou l'autre de ces cas se présentera, nous prendrons $C=g$, $E=\mathcal{R}\mathfrak{Q}$, d'où $C^{-1}E^{-1}CE=g^{-2}$, ou $C=g$, $E=\mathcal{R}\mathfrak{P}\mathfrak{Q}$, d'où $C^{-1}E^{-1}CE=g^{-(p+1)}$. Les substitutions de $\mathfrak{I}$ seront échangeables suivant le cas à la substitution g^{-2} ou à la substitution $g^{-(p+1)}$; elles remplaceront donc chaque indice par une fonction de ceux-là seulement que ces substitutions (qui sont canoniques monômes) multiplient par un même facteur constant.

Soit d'abord $C^{-1}E^{-1}CE=g^{-2}$. Supposons, ce qui est permis, que x soit de la première série; g^{-2} multipliera les indices $x_\rho, y_\rho, \ldots$ de la $\rho+1^{ième}$ série du premier système par g^{-2p^ρ}, et les indices $x'_r, y'_r, \ldots$ de la $r+1^{ième}$ série du second système par g^{2p^r}.

Pour que les fonctions que les substitutions de $\mathfrak{I}$ font succéder à x continssent l'un des indices $x_\rho, y_\rho, \ldots$, il faudrait qu'on eût

$$g^{-2}\equiv g^{-2p^\rho} \pmod{p}, \quad \text{d'où} \quad 2(p^\rho-1)\equiv 0 \pmod{p^\nu-1},$$

ce qui est absurde, ρ étant $<\nu$.

Pour que ces fonctions continssent l'un des indices x'_r, y'_r, il faudrait qu'on eût

$$g^{-2}\equiv g^{2p^r} \pmod{p}, \quad \text{d'où} \quad 2(p^r+1)\equiv 0 \pmod{p^\nu-1}.$$

Posons donc

$$(8) \qquad 2(p^r+1)=k(p^\nu-1), \quad \text{d'où} \quad p^r(kp^{\nu-r}-2)=k+2;$$

on aura *a fortiori*, p^r étant au moins égal à 1 et $p^{\nu-r}$ à 2,

$$2k-2 \overline{\overline{<}} k+2, \quad \text{d'où} \quad k \overline{\overline{<}} 4.$$

Posant successivement $k=1, 2, 3, 4$ dans la relation (8), et remarquant que $p^\nu>4$ (616), et ne doit pas être égal à 3^2, ce qui serait un cas exclu (704), on ne trouvera qu'une solution, $k=1$, $r=0$, $p^\nu=5$.

Cette dernière hypothèse ferait elle-même tomber dans un cas exclu si chaque série ne contenait qu'un indice, ou si le nombre $\mathfrak{x}$ du n° 705 était

---

(*) En effet, les groupes auxiliaires qui servent à la construction de Γ'_0 contiennent chacun une substitution qui multiplie chaque indice par p : ces substitutions sont les corrélatives d'une substitution de Γ'_0, de la forme $\mathfrak{P}^2\mathfrak{Q}$, laquelle, combinée à la substitution de forme $\mathcal{R}\mathfrak{P}^\nu\mathfrak{Q}$ que Γ'_0 contient nécessairement (636), donnera une substitution de la forme $\mathcal{R}\mathfrak{Q}$ ou de la forme $\mathcal{R}\mathfrak{P}\mathfrak{Q}$.

pair. S'il est impair, Γ'_0 contiendra deux substitutions abéliennes propres $\mathfrak{A}'$, $\mathfrak{C}$, telles que l'on ait $\mathfrak{A}'^{-1}\mathfrak{C}^{-1}\mathfrak{A}'\mathfrak{C} = g^\tau$, τ étant impair (763-765) (*). Les substitutions de $\mathfrak{J}$ étant échangeables à g^τ, qui multiplie x par g^τ et x', y',... par un autre facteur $g^{-\tau}$, feront succéder à x des fonctions qui ne contiennent pas x', y',....

786. Soit maintenant $C^{-1}E^{-1}CE = g^{-(p+1)}$. Cette substitution multiplie x par $g^{-(p+1)}$, x_ρ, y_ρ,... par $g^{-(p+1)p^\rho}$, x'_r, y'_r,... par $g^{(p+1)p^r}$.

Pour que les fonctions que les substitutions de $\mathfrak{J}$ font succéder à x contiennent x_ρ, y_ρ,..., il faut qu'on ait

$$g^{-(p+1)} \equiv g^{-(p+1)p^\rho} \pmod{p}, \quad \text{d'où} \quad (p+1)(p^\rho - 1) \equiv 0 \pmod{p^\nu - 1},$$

relation où ρ est au moins égal à 1 et moindre que ν. Si $\rho < \nu - 1$, elle est impossible, car on aurait

$$(p+1)(p^\rho - 1) \overline{\overline{<}} (p^2 - 1)(p^\rho - 1) < p^\nu - 1.$$

Soit donc $\rho = \nu - 1$; il vient

$$p^\nu + p^{\nu-1} - p - 1 \equiv 0 \pmod{p^\nu - 1}, \quad \text{d'où} \quad p^{\nu-1} - p \equiv 0;$$

d'où enfin $\nu = 2$, $\rho = 1$, p restant arbitraire.

Pour que ces fonctions continssent les indices x'_r, y'_r,..., il faudrait qu'on eût

$$(9) \quad g^{-(p+1)} \equiv g^{(p+1)p^r} \pmod{p}, \quad \text{d'où} \quad (p+1)(p^r + 1) \equiv 0 \pmod{p^\nu - 1},$$

relation impossible si $\nu > 4$. Car soit dans cette hypothèse $r = \nu - 1$; le reste $p^{\nu-1} + p + 2$ de la division de $(p+1)(p^r + 1)$ par $p^\nu - 1$ sera $< p^\nu - 1$ et > 0. Soit au contraire $r < \nu - 1$; on aura

$$(p+1)(p^r + 1) = p^{r+1} + p^r + p + 1 < p^{\nu-1} + p^{\nu-2} + \ldots + p + 1 < \frac{p^\nu - 1}{p - 1} < p^\nu - 1.$$

Si $\nu = 4$ et $r = 3$, il vient la relation absurde

$$0 \equiv p^4 + p^3 + p + 1 \equiv p^3 + p + 2 \pmod{p^4 - 1}.$$

(*) La substitution g n'est autre que la substitution j de l'endroit cité.

Si $\nu = 4$, $r = 2$, il vient

$$(p+1)(p^2+1) = \frac{p^4-1}{p-1} \equiv 0 \quad (\text{mod.}\, p^4-1), \quad \text{d'où} \quad p = 2.$$

Si $\nu = 4$, $r < 2$, $(p+1)(p^r+1)$ sera $< p^\nu - 1$.
Si $\nu = 3$, $r = 2$, il vient la relation absurde

$$(p+1)(p^2+1) \equiv p^2+p+2 \equiv 0 \,(\text{mod.}\, p^3-1) \equiv 0 \,(\text{mod.}\, p^2+p+1).$$

Si $\nu = 3$, $r < 2$, la relation (9) est absurde.
Si $\nu = 2$, il vient

$$p^r + 1 \equiv 0 \quad (\text{mod.}\, p-1), \quad \text{d'où} \quad 2 \equiv 0 \quad (\text{mod.}\, p-1), \quad p = 2 \text{ ou } 3.$$

Si $\nu = 1$, d'où $r = 0$, il vient

$$2(p+1) \equiv 0 \quad (\text{mod.}\, p-1), \quad \text{d'où} \quad p = 2, 3 \text{ ou } 5.$$

Or $p^\nu > 4$ (616) et ne peut être égal à 3^2 (704). En outre, le cas où $p = 5$ a déjà été discuté. Il ne reste donc que deux cas d'exception : 1° $\nu = 2$ et p quelconque, mais > 3; cas où les fonctions que les substitutions de $\mathfrak{J}$ font succéder à x peuvent contenir un indice de la série $x_1, y_1, \ldots$; 2° $\nu = 4$, $p = 2$, cas où ces fonctions peuvent contenir un indice de la série $x'_2, y'_2, \ldots$.

787. Discutons le premier cas d'exception. Admettons que $\mathfrak{J}$ contienne une substitution φ qui remplace x par $lx + my_1$ par exemple : φ remplacera de même y_1 par une fonction $l'x + m'y_1$ des deux indices qui sont multipliés par le même facteur que y_1 dans toutes les substitutions que nous avons vu être échangeables à φ. La substitution g, étant abélienne propre, appartient à J, et par suite à $\mathfrak{L}$; la transformée de φ par g appartiendra à $\mathfrak{J}$; elle sera donc échangeable à φ, d'où les relations suivantes

$$g^{1-p} l'm \equiv g^{p-1} l'm, \quad (g^{1-p}-1)m(l-m') \equiv (g^{p-1}-1)l'(l-m') \equiv 0.$$

On en déduit, comme au n° 748, $l' \equiv m \equiv 0$, ce qui établit notre proposition.

Soient maintenant $\nu = 4$, $p = 2$; et φ une substitution de $\mathfrak{J}$ qui remplace x par $lx + my'_2$, y'_2 par $l'x + m'y'_2$: sa transformée par g lui sera échangeable, d'où les relations

$$g^{1+p^2} l'm \equiv g^{-(1+p^2)} l'm, \quad \text{d'où} \quad (g^{2(1+p^2)}-1) l'm \equiv 0,$$
$$(g^{1+p^2}-1) m(l-m') \equiv 0, \quad (g^{-(1+p^2)}-1) l'(l-m') \equiv 0.$$

Mais $2(1+p^2)$, et *a fortiori* $\pm(1+p^2)$ ne sont pas des multiples de p^4-1; donc $g^{2(1+p^2)}-1$, $g^{\pm(1+p^2)}-1$ ne se réduisent pas à zéro. On aura donc ici encore

$$l'm \equiv m(l-m') \equiv l'(l-m') \equiv 0, \quad \text{d'où} \quad l' \equiv m \equiv 0 \ (748),$$

ce qui démontre notre proposition.

788. $2°$ Γ'_0 *est de seconde catégorie.* Soient 2ν le nombre de séries, g la substitution d'ordre $p^\nu+1$ dont les puissances reproduisent F_0. Le groupe Γ'_0 résulte de la combinaison de substitutions de la forme $\mathfrak{Q}$ avec une substitution de la forme $\mathfrak{P}^\delta\mathfrak{Q}$, δ étant égal à 1 ou à 2 (590). On peut la supposer abélienne propre, car si elle multipliait les exposants d'échange par k, Γ'_0 contiendrait la substitution $\mathfrak{P}^\delta\mathfrak{Q}h^{-1}$, qui est abélienne propre, et de la forme $\mathfrak{P}^\delta\mathfrak{Q}$ (la substitution h étant définie comme au n° 781).

Supposons d'abord $\nu>1$, et posons $C=g$, $E=\mathfrak{P}^\delta\mathfrak{Q}$; la substitution $C^{-1}E^{-1}CE=g^{p^\delta-1}$ sera échangeable à toutes les substitutions de $\mathcal{I}$. Or cette substitution multiplie x par $g^{p^\delta-1}$ et $x_\rho, y_\rho, \ldots$ par $g^{(p^\delta-1)p^\rho}$. Pour que les fonctions que les substitutions de $\mathcal{I}$ font succéder à x continssent l'un des indices x_ρ, y_ρ, il faudrait qu'on eût

$$(10) \qquad g^{p^\delta-1} \equiv g^{(p^\delta-1)p^\rho}, \quad \text{d'où} \quad (p^\delta-1)(p^\rho-1) \equiv 0 \pmod{p^\nu+1}.$$

Dans cette relation ρ peut varier de 1 à $2\nu-1$. Mais soit $\rho=\nu+r$; on a $p^\rho \equiv -p^r \pmod{p^\nu+1}$; de sorte que la relation (10) revient à l'une des deux suivantes :

$$(11) \qquad (p^\delta-1)(p^\rho-1) \equiv 0 \pmod{p^\nu+1}, \qquad \rho=1,\ldots,\nu-1,$$
$$(12) \qquad (p^\delta-1)(p^r+1) \equiv 0 \pmod{p^\nu+1}, \qquad r=0,1,\ldots,\nu-1.$$

Étudions les moyens de satisfaire à ces deux relations, en supposant $\delta=2$, ce qui est évidemment le cas le plus favorable. Commençons par la relation (11).

Si $\rho<\nu-1$, on a $(p^2-1)(p^\rho-1)<p^{\rho+2}+1<p^\nu+1$. Donc la relation est impossible. Si $\rho=\nu-1$, elle donne

$$p^{\nu+1}-p^{\nu-1}-p^2+1 \equiv -p^{\nu-1}-p^2-p+1 \equiv 0 \pmod{p^\nu+1}.$$

Si $\nu > 3$, cette dernière relation est impossible, car $-p^{\nu-1}-p^2-p+1$ est négatif, et moindre en valeur absolue que $p^{\nu-1}+\ldots+p+1=\frac{p^\nu-1}{p-1}$, et *a fortiori* moindre que $p^\nu+1$. Si $\nu=3$, elle devient

$$2p^2+p-1\equiv 0 \pmod{p^3+1},$$

et ne serait satisfaite que pour $p=2$; mais ce cas est exclu (708). Enfin, si $\nu=2$, elle devient

$$0\equiv p^2+2p-1\equiv 2(p-1) \pmod{p^2+1},$$

ce qui est absurde.

Passons à la relation (12). Elle est impossible si $r<\nu-2$; car on aurait $(p^2-1)(p^r+1)<p^{r+2}+p^2<2p^{r+2}<p^{r+3}<p^\nu+1$.

Soit $r=\nu-2$: il viendra

$$0\equiv(p^2-1)(p^{\nu-2}+1)\equiv -p^{\nu-2}+p^2-2 \pmod{p^\nu+1}.$$

Si $\nu>3$, $-p^{\nu-2}+p^2-2$ sera négatif, et moindre en valeur absolue que $p^{\nu-2}+2$ et *a fortiori* que $p^\nu+1$. La relation est donc impossible. Si $\nu=3$, on n'aurait de solution que pour $p=2$; mais ce cas est exclu (708). Si $\nu=2$, $-p^{\nu-2}+p^2-2$ se réduit à p^2-3, quantité positive, et inférieure à p^2+1. Donc la relation est impossible.

Soit enfin $r=\nu-1$: il viendra

$$0\equiv(p^2-1)(p^{\nu-1}+1)\equiv -p^{\nu-1}+p^2-p-1 \pmod{p^\nu+1}.$$

Si $\nu>2$, $-p^{\nu-1}+p^2-p-1$ est négatif, et moindre que $p^\nu+1$: la relation est donc absurde. Si $\nu=2$, il vient $(p-1)^2\equiv 0 \pmod{p^2+1}$, ce qui est absurde.

789. Il reste à considérer le cas où $\nu=1$. Supposons que $\mathfrak{J}$ contînt une substitution φ qui remplaçât x par une fonction telle que $lx+my_1$, où figure un indice de la seconde série. Il est clair que φ remplacerait réciproquement y_1 par une fonction de la forme $l'x+m'y_1$. Cela posé, la transformée de φ par g appartiendra à $\mathfrak{J}$, et par suite sera échangeable à φ; d'où les conditions

$$g^{1-p}l'm\equiv g^{p-1}l'm, \quad \text{ou} \quad (g^{2(p-1)}-1)l'm\equiv 0 \pmod{p},$$
$$(g^{1-p}-1)m(l^p-m)\equiv 0, \quad (g^{(p-1)}-1)l'(l'-m)\equiv 0,$$

d'où, si $p \gtrless 3$, auquel cas $2(p-1)$ n'est pas divisible par $p+1$, $l'm \equiv m(l-m') \equiv l'(l-m') \equiv 0$, et enfin $l' \equiv m \equiv 0$ (748).

Soit enfin $p=3$, $\nu=1$. Si chaque série ne contient qu'un indice, ou si le nombre $\mathfrak{X}$ (709) est pair, on tombera dans un cas d'exclusion. Si $\mathfrak{X}$ est impair, il existera dans Γ'_0 deux substitutions $\mathfrak{P}'$, $\mathfrak{S}$, telles que l'on ait $\mathfrak{P}'^{-1} \mathfrak{S}^{-1} \mathfrak{P}' \mathfrak{S} = g^\tau$, τ étant impair (766). Les substitutions de $\mathfrak{F}$ étant échangeables à g^τ, qui multiplie x par g^τ et les indices $x_1, y_1, \ldots$ de la seconde série par un autre facteur $g^{\tau p}$, feront succéder à x des fonctions qui ne contiennent pas $x_1, y_1, \ldots$.

790. Il résulte des propositions précédentes qu'*une substitution quelconque φ prise dans $\mathfrak{F}$ multiplie chaque indice de* S *par un facteur constant;* car la fonction par laquelle elle le remplace ne contient que cet indice.

Si chaque série de S *contient plusieurs indices, φ les multipliera par un même facteur.* Car cela est nécessaire pour qu'elle soit échangeable à des substitutions de chacune des formes $f'_1 B_1, f'_2 B_2, \ldots$.

D'ailleurs φ est réelle et abélienne propre. Elle multipliera donc les séries conjuguées ou conjointes par des facteurs conjugués ou réciproques. Il est clair par là que φ appartiendra à F.

791. Corollaire I. — *Si l'un des groupes* L', L'',... *est de seconde catégorie, $\mathfrak{L}$ sera de seconde ou de troisième catégorie.* En effet, si L', par exemple, est de seconde catégorie, soient $x, x', \ldots$ et $y, y', \ldots$ deux séries conjointes de L'. Chaque substitution de F' ou de F, ce qui revient au même, et *a fortiori* chaque substitution de $\mathfrak{F}$, les multipliera respectivement par des facteurs égaux ou conjugués. Donc ces deux séries feront partie d'un même système dans $\mathfrak{L}$, et ce groupe sera de seconde ou de troisième catégorie.

Corollaire II. — *Si l'un des groupes* L', L'',... *est de troisième catégorie, $\mathfrak{L}$ sera de troisième catégorie.* En effet, soit $x, x', \ldots$ une série de L', qui soit sa propre conjointe. Chaque substitution de F, et *a fortiori* chaque substitution de $\mathfrak{F}$, multipliera $x, x', \ldots$ par ± 1. Cette série sera donc sa propre conjointe dans $\mathfrak{L}$.

792. Théorème. — *Le théorème* C *est vrai si $\mathfrak{L}$ est indécomposable et de première catégorie.*

Soient ν le nombre des séries de chaque système; $\mu = \varpi^c \varpi'^{c'} \ldots$ le nombre des indices de chaque série; $\mathfrak{F}$ le premier faisceau de $\mathfrak{L}$; g la substitution d'ordre $p^\nu - 1$ dont les puissances reproduisent $\mathfrak{F}$; $\mathcal{A}_1, \mathcal{B}_1, \ldots, \mathcal{A}'_1, \mathcal{B}'_1, \ldots$ les doubles suites qui servent à former son second faisceau. On va voir qu'en supposant le théorème en défaut on aboutirait à une absurdité.

PROPOSITION I. — *L'ordre* Θ *d'un groupe* $\mathfrak{H}$ *contenu dans* $\mathfrak{L}$ *et dont les substitutions soient abéliennes propres, échangeables à celles de* $\mathfrak{I}$ *et échangeables entre elles aux* $\mathfrak{I}$ *près, et ne déplacent pas les deux systèmes de* $\mathfrak{L}$, *ne peut dépasser* $\mu^2(p^\nu - 1)$.

La démonstration est identique à celle du n° 752.

793. PROPOSITION II. — L *est primaire et indécomposable.*

En effet, supposons L complexe, par exemple, et formé avec les groupes primaires L', L'',.... Admettons que les indices de L' forment λ couples de systèmes, que nous désignerons par Σ_0, Σ_1,..., et dans lesquels chaque système contienne ν' séries contenant chacune μ' indices; L' se construit à l'aide de deux groupes, dont l'un D' permute les couples de systèmes, l'autre Γ'_0 n'altérant que les indices du premier couple Σ_0 : soit F_0 le premier faisceau de Γ'_0. La substitution g, dont les puissances reproduisent $\mathfrak{I}$, est contenue dans F, premier faisceau de L (778). Elle sera donc le produit de deux substitutions partielles, dont l'une, g'_0, altère les indices de Σ_0, et appartient à F_0, l'autre h altérant les autres indices.

Or soit d'abord $p > 2$: Γ'_0 contient une substitution $\mathfrak{A}\mathfrak{C}^\rho\mathfrak{Q}$ qui permute entre eux les deux systèmes de Σ_0 (636). Cette substitution transformera g'_0 en $g'^{-p^\rho}_0$ et sera échangeable à h; elle transformera donc $g = g'_0 h$ en $g'^{-p^\rho}_0 h$. D'ailleurs elle appartient à J, et *a fortiori* à $\mathfrak{L}$; donc elle transforme g en une de ses puissances. Mais g'_0 et h altérant des indices différents, il est clair que cela ne peut avoir lieu que si cette puissance se réduit à l'unité.

Or considérons un indice quelconque de Σ_0; g ou, ce qui revient au même, g'_0 le multiplie par un facteur tel que g^{p^r}; $g'^{-p^\rho}_0 h$ le multiplie par $g^{-p^{r+\rho}}$. On doit donc avoir l'égalité

$$g^{-p^{r+\rho}} \equiv g^{p^r} \pmod{p}, \qquad \text{d'où} \qquad p^\rho + 1 \equiv 0 \pmod{p^\nu - 1},$$

ce qui est absurde, ρ étant $< \nu$.

Si $p = 2$ le raisonnement précédent est en défaut, car la substitution $\mathfrak{A}\mathfrak{C}^\rho\mathfrak{Q}$ pourra ne pas appartenir à J (671-674). Mais dans ce cas on aura $\nu > 2$, $\nu' > 2$, p^ν et $p^{\nu'}$ étant > 4 (616). Cela posé, Γ'_0 contient une substitution abélienne propre de la forme $\mathfrak{C}^2\mathfrak{Q}$, laquelle appartiendra à J, et par suite à $\mathfrak{L}$, et transformera g en $g'^{p^2}_0 h$, qui ne pourrait se réduire à une puissance de g qu'en admettant la relation absurde

$$p^{\nu} - 1 \equiv 0 \pmod{p^{\nu} - 1}.$$

794. Proposition III. — $\mathfrak{L}$ *et* L *ont le même premier faisceau*. En effet, soient ν' le nombre des séries de chacun des systèmes de L, $\mu' = \pi^{\sigma}\pi'^{\sigma'}\ldots$ le nombre d'indices de chacun d'eux. Chaque substitution de F, et *a fortiori* chaque substitution de $\mathfrak{J}$, multiplie ces indices par des facteurs dont la puissance $p^{\nu'} - 1$ se réduit à l'unité. Mais $\mathfrak{J}$ est formé par les puissances d'une substitution g qui multiplie chacun d'eux par un facteur tel que g^{p^r}, g étant racine primitive de la congruence $g^{p^{\nu}-1} \equiv 1 \pmod{p}$. On aura donc

$$g^{p^r(p^{\nu'}-1)} \equiv 1 \pmod{p}, \qquad \text{d'où} \quad p^{\nu'} - 1 \equiv 0 \pmod{p^{\nu} - 1}.$$

Donc ν' est un multiple de ν, tel que $k\nu$. D'ailleurs le nombre des indices est égal à $2\mu\nu$ et à $2\mu'\nu'$. On en déduit $\mu = \frac{\mu'\nu'}{\nu} = k\mu'$.

Soient maintenant $A_1, B_1, \ldots; A'_1, B'_1, \ldots; \ldots$ les doubles suites qui, jointes à F, reproduisent G, second faisceau de L; et posons, comme d'habitude, $\theta = A_1^{-1}B_1^{-1}A_1B_1$, $\theta' = A_1'^{-1}B_1'^{-1}A'_1B'_1, \ldots$. Les puissances de θ appartiendront à $\mathfrak{J}$. En effet, μ' divisant μ, π, π', ... le diviseront; donc chacun d'eux sera égal à quelqu'un des facteurs ϖ, ϖ', ... Soit par exemple $\pi = \varpi$. Les deux substitutions θ et $\vartheta = \mathcal{A}_1^{-1}\mathcal{B}_1^{-1}\mathcal{A}_1\mathcal{B}_1$ sont d'ordre π et appartiennent à F. Donc les puissances de θ et celles de ϑ sont identiques, et se confondent avec les puissances de $g'^{\frac{p^{\nu'}-1}{\pi}}$, g' étant la substitution dont les puissances reproduisent F.

Cela posé, les $\mu'^2(p^{\nu'} - 1)$ substitutions de G seront abéliennes propres et échangeables entre elles aux $\mathfrak{J}$ près et appartiendront à J. En outre, elles ne déplacent pas les deux systèmes de $\mathfrak{L}$. En effet, elles remplacent un indice quelconque x par une fonction des indices $x, y, \ldots$ qui appartiennent au même système dans le groupe L; qui, par suite, sont multipliés par le même facteur que x, ou par un facteur conjugué, dans chacune des substitutions de F, et *a fortiori*, dans chacune des substitutions de $\mathfrak{J}$; qui, par suite, appartiennent au même système dans $\mathfrak{L}$. On aura donc la relation

$$\mu'^2(p^{\nu'} - 1) \overline{\gtrless} \mu^2(p^{\nu} - 1), \quad \text{ou} \quad p^{k\nu} - 1 \overline{\gtrless} k^2(p^{\nu} - 1),$$

d'où l'on déduit, comme aux nos 757-758, la preuve de notre proposition.

Cela posé, le théorème se démontrera comme aux nos 758-759.

795. Théorème. — *Le théorème* C *est vrai, si* $\mathfrak{L}$ *est indécomposable et de seconde catégorie.*

Premier cas. — L *est complexe ou décomposable.*

Supposons que le théorème soit en défaut, et choisissons les indices indépendants $[\xi_1\xi_2\ldots\eta_1\ldots]_r$ de manière à ramener $\mathfrak{L}$ à sa forme type : soient $M = 2\mu\nu$ le nombre de ces indices, 2ν le nombre de séries entre lesquelles ils se répartissent, $\mu = \varpi^c\varpi'^{c'}\ldots$ le nombre d'indices de chaque série; $\mathfrak{F}$ le premier faisceau de $\mathfrak{L}$, g la substitution d'ordre $p^\nu + 1$ des puissances de laquelle il est formé, $\mathcal{A}_1$, $\mathcal{B}_1,\ldots$; $\mathcal{A}'_1$, $\mathcal{B}'_1,\ldots$;... les doubles suites qui, jointes à $\mathfrak{F}$, forment son second faisceau $\mathfrak{G}$: les substitutions de $\mathfrak{L}$ seront de la forme $\mathfrak{P}^\rho ss'\ldots$, $\mathfrak{P}$ étant la substitution

$$|\ [\xi_1\xi_2\ldots\eta_1\ldots]_r\quad l^{p^r}[\xi_1\xi_2\ldots\eta_1\ldots]_{r+1}\ |,$$

où l est suivant le cas égal à 1 ou à une racine de la congruence $l^{p^\nu+1} \equiv e^{p-1} \pmod{p}$, $e^{p^\nu-1}$ étant lui-même congru à -1, et s, $s',\ldots$ des substitutions qui ne déplacent pas les séries, et sont respectivement échangeables à toutes les doubles suites, sauf à la première, à la seconde, etc.

D'autre part, supposons L complexe et formé à l'aide de groupes primaires L', L'',.... Si l'on choisissait ces indices de manière à ramener ces groupes à la forme type, ceux de L' par exemple se répartiraient entre λ' systèmes (ou couples de systèmes) S_0, $S_1,\ldots$ contenant chacun $2\nu'$ séries, contenant chacune μ' indices; et L' serait formé à l'aide de deux groupes, dont l'un D permute les systèmes, l'autre Γ'_0 n'altérant que les indices du premier système S_0. Soient F_0, G_0 les premier et second faisceaux de Γ'_0.

Nous admettrons que parmi tous les systèmes entre lesquels se répartissent ainsi les indices de L, S_0 est l'un de ceux qui en contiennent le moindre nombre N. On aura évidemment $N \overline{\gtrless} \frac{M}{2}$.

796. *Les substitutions de* Γ'_0 *se réduisent à la forme* $ss'\ldots$.

Soit en effet $k = \mathfrak{P}^\rho ss'\ldots$ une quelconque de ces substitutions : elle transforme g en g^{p^ρ}. Mais prenons pour indices indépendants ceux qui ramènent L à sa forme type; g étant contenu dans $\mathfrak{F}$, et par suite dans F (778) conservera sa forme canonique. Soient maintenant x un indice quelconque appartenant aux systèmes $S_1,\ldots$; g^{p^r} le facteur par lequel la substitution g le multiplie : il est clair que $k^{-1}gk$ et g^{p^ρ} le multiplient respectivement par g^{p^r} et par $g^{p^{r+\rho}}$, facteurs qui ne peuvent être égaux que si $\rho \equiv 0 \pmod{\nu}$.

797. Nous allons prouver maintenant que μ' *n'a aucun diviseur impair*.

Si μ' avait un diviseur premier impair π, l'une au moins des doubles suites qui servent à construire G_0 serait formée de substitutions d'ordre π, ayant pour caractéristique une puissance de $1 - K^\pi$. Soit h une quelconque de ces substitutions : elle laisse invariables, outre les $M - N$ indices des systèmes autres que S_0, la $\pi^{ième}$ partie de ceux de S_0. Cela posé, nous allons voir que h ne peut appartenir à $\mathcal{L}$.

798. Proposition I. — *La substitution h ne peut appartenir à $\mathcal{G}$.*

En effet, h laisse invariables plus de la moitié des indices. Soit au contraire $fvv'\dots$ une substitution quelconque de $\mathcal{G}$, f désignant une substitution de $\mathcal{F}$, v une substitution de la forme $\mathcal{A}_1^{\alpha_1}\mathcal{B}_1^{\beta_1}\dots$, v' une substitution de la forme $\mathcal{A}'^{\alpha'_1}_1\mathcal{B}'^{\beta'_1}_1\dots$, etc. Si $v, v', \dots$ se réduisaient à l'unité, $fvv'\dots$ appartiendrait à $\mathcal{F}$, et par suite à F; elle ne pourrait donc se confondre avec h. Soit donc $v \gtrless 1$; et supposons que la première des puissances de fv qui appartient à $\mathcal{F}$ soit la $\varpi^{ième}$. Prenons pour indices indépendants ceux qui ramènent fv à sa forme canonique; et considérons spécialement ceux de ces indices qui appartiennent à une même série, la première par exemple; ils se partagent en ϖ classes également nombreuses; et si fv multiplie les indices de l'une de ces classes par m, elle multipliera ceux des autres classes par $m\vartheta, \dots, m\vartheta^{\varpi-1}$, ϑ étant une racine de la congruence $\vartheta^\varpi \equiv 1 \pmod{p}$. Cela posé, la substitution $v'\dots$ remplace les indices de chaque classe par des fonctions de ces indices, fonctions qui ne varient pas d'une classe à l'autre. On peut donc la ramener à la forme canonique par une transformation d'indices qui n'altère pas fv; et si $v'\dots$ multiplie par n l'un des nouveaux indices, elle multipliera par le même facteur les indices analogues des autres classes.

Soient donc $x, y, \dots$ des indices quelconques que fv et $v'\dots$ multiplient par m et par n; il existera des indices en nombre égal que ces substitutions multiplient par $m\vartheta^\rho$ et n, quel que soit ρ. Si $mn = 1$, on aura $m\vartheta^\rho n = \vartheta^\rho$. Donc à chaque indice inaltéré par $fvv'\dots$ correspondent $\varpi - 1$ indices respectivement multipliés par $\vartheta, \dots, \vartheta^{\varpi-1}$; et le nombre des indices de la première série qui restent inaltérés est au plus égal au $\varpi^{ième}$ du nombre total; de même dans chacune des autres séries. Il est donc impossible que plus de la moitié des indices restent inaltérés.

799. Proposition II. — *On peut déterminer parmi les substitutions de l'une* *des formes $fv, fv', \ldots$ un faisceau plus général que $\mathfrak{I}$, permutable à h, et dont les substitutions soient échangeables entre elles.*

La substitution h étant échangeable à celles de $\mathfrak{I}$, et non contenue dans $\mathcal{G}$, ce dernier faisceau contient au moins une substitution T de l'une des formes $v, v', \ldots$, de la forme v par exemple, à laquelle h ne soit pas échangeable aux $\mathfrak{I}$ près. Prenons pour indices indépendants ceux qui donnent à h sa forme canonique. Soient $x, x', \ldots$ les indices, en nombre P, que h n'altère pas; $y, \ldots$ les autres, en nombre Q, qu'elle multiplie par des facteurs constants $m, \ldots$. Soit enfin

$$\mathrm{T} = \left| \begin{matrix} x, x', \ldots & ax + bx' + \ldots + cy + \ldots, & a'x + b'x' + \ldots + c'y + \ldots, \ldots \\ y, \ldots\ldots & \alpha x + \beta x' + \ldots + \gamma y + \ldots, \ldots\ldots\ldots\ldots\ldots\ldots\ldots\ldots \end{matrix} \right|.$$

Soient respectivement $u, \ldots$ les fonctions que T^{-1} fait succéder à $y, \ldots$. La substitution $\mathrm{T}^{-1} h^{-1} \mathrm{T} h = \mathrm{T}_0$ se réduit à

$$\left| x, x', \ldots, y, \ldots \quad x + \varphi,\ x' + \varphi', \ldots,\ \frac{1}{m} y + \frac{m-1}{m} \gamma u + \ldots, \ldots \right|,$$

$\varphi = (m-1)cu + \ldots$, $\varphi', \ldots$ étant des fonctions des Q variables $u, \ldots$. Ces fonctions, en nombre $\mathrm{P} > \mathrm{Q}$, ne peuvent être toutes distinctes. Soit par exemple $r\varphi + r'\varphi' + \ldots \equiv 0$: T_0 laissera invariable la fonction $rx + r'x' + \ldots$. Mais h laisse cette fonction invariable; donc $\mathrm{T}_1, \mathrm{T}_2, \ldots$, transformées de T_0 par h et ses puissances, jouiront de la même propriété.

Le faisceau dérivé de $(\mathfrak{I}, \mathrm{T}_0, \mathrm{T}_1, \mathrm{T}_2, \ldots)$, évidemment contenu dans le faisceau $(\mathfrak{I}, v)$, est plus général que $\mathfrak{I}$ et permutable à h; de plus, ses substitutions sont échangeables entre elles. En effet, choisissons les indices indépendants de manière à ramener T_0 à sa forme canonique; et considérons spécialement ceux des nouveaux indices qui appartiennent à la première série. Ils se partagent en ϖ classes telles, que T_0 multiplie les indices des diverses classes respectivement par les facteurs $1, \ldots, \vartheta^\rho, \ldots, \vartheta^{\varpi-1}$.

Les substitutions $\mathrm{T}_1, \ldots$ sont toutes échangeables à T_0 aux puissances près de ϑ. Soit donc $\mathrm{T}_1^{-1}\mathrm{T}_0\mathrm{T}_1 = \vartheta^\alpha \mathrm{T}_0$. On aura $\mathrm{T}_1 = \mathrm{C}_\alpha \mathrm{D}$, C étant la substitution qui remplace les indices de la classe ρ par ceux de la classe $\rho + \alpha$, et D une substitution échangeable à T_0 et qui par suite remplace les indices de chaque classe par des fonctions de ces mêmes indices. Mais T_1, laissant invariables des indices que T_0 n'altère pas, ne déplacera pas la classe correspondante; donc $\alpha = 0$, et T_1 sera échangeable à T_0.

800. Proposition III. — *La substitution h ne peut appartenir à $\mathcal{L}$.*

Soit Φ un faisceau contenu dans $(\mathcal{F}, v)$ qui satisfasse aux conditions de la proposition précédente, et qui ne soit contenu dans aucun faisceau plus général jouissant des mêmes propriétés. Il résultera de la combinaison de $\mathcal{F}$ avec un certain nombre de substitutions $\mathcal{C}_1 = \mathcal{A}_1^{\alpha_1}\mathcal{B}_1^{\beta_1}\dots$, $\mathcal{C}_2 = \mathcal{A}_1^{\gamma_1}\mathcal{B}_1^{\delta_1}\dots,\dots, \mathcal{C}_n$ telles, qu'aucune d'elles ne dérive de la combinaison des précédentes avec $\mathcal{F}$.

On peut déterminer une substitution $\mathcal{A}_1^{x_1}\mathcal{B}_1^{y_1}\dots$ qui transforme $\mathcal{C}_1, \mathcal{C}_2, \dots$ en $\mathcal{S}^{e_1}\mathcal{C}_1$, $\mathcal{S}^{e_2}\mathcal{C}_2, \dots$, $e_1, e_2, \dots$ étant des entiers arbitraires, car il suffit pour cela de résoudre les congruences

$$\alpha_1 y_1 - \beta_1 x_1 + \dots \equiv e_1, \quad \gamma_1 y_1 - \delta_1 x_1 + \dots \equiv e_2, \dots,$$

qui ne pourraient être incompatibles que si quelqu'une des substitutions $\mathcal{C}_1$, $\mathcal{C}_2, \dots$ résultait de la combinaison des autres avec $\mathcal{F}$. Soit donc $\mathcal{D}_\rho$ une substitution qui transforme $\mathcal{C}_\rho$ en $\mathcal{S}\mathcal{C}_\rho$, et soit échangeable à $\mathcal{C}_1, \dots, \mathcal{C}_{\rho-1}$, $\mathcal{C}_{\rho+1}, \dots$. Le faisceau $(\mathcal{F}, v)$ résultera de la combinaison de $\mathcal{C}_1, \mathcal{D}_1, \dots, \mathcal{C}_n, \mathcal{D}_n$ avec d'autres substitutions échangeables à celles-là. Si ces dernières substitutions ne se réduisent pas à celles de $\mathcal{F}$, soient $\mathcal{C}_{n+1}$ l'une d'elles, qui soit de la forme v; $\mathcal{D}_{n+1}$ une substitution de même forme, échangeable à $\mathcal{C}_1$, $\mathcal{D}_1, \dots, \mathcal{C}_n, \mathcal{D}_n$ et qui transforme $\mathcal{C}_{n+1}$ en $\mathcal{S}\mathcal{C}_{n+1}$; etc. Le faisceau $(\mathcal{F}, v)$ résultera de la combinaison de $\mathcal{F}$ avec la double suite $\mathcal{C}_1, \mathcal{D}_1, \dots, \mathcal{C}_n, \mathcal{D}_n, \mathcal{C}_{n+1}$, $\mathcal{D}_{n+1}, \dots$.

801. Cela posé, h étant permutable au groupe $(\mathcal{F}, \mathcal{C}_1, \dots, \mathcal{C}_n)$ transforme les substitutions $\mathcal{C}_{n+1}, \mathcal{D}_{n+1}, \dots$ échangeables aux substitutions de ce groupe en substitutions jouissant de la même propriété. D'ailleurs ces transformées appartiennent à $(\mathcal{F}, v)$; elles prendront donc la forme suivante

$$h^{-1}\mathcal{C}_{n+1}h = f_1\mathcal{C}_1^{\alpha_1}\dots\mathcal{C}_n^{\alpha_n}\mathcal{C}_{n+1}^{\alpha_{n+1}}\mathcal{D}_{n+1}^{\beta_{n+1}}\dots, \quad h^{-1}\mathcal{D}_{n+1}h = f_2\mathcal{C}_1^{\gamma_1}\dots\mathcal{C}_n^{\gamma_n}\mathcal{C}_{n+1}^{\gamma_{n+1}}\mathcal{D}_{n+1}^{\delta_{n+1}}\dots, \dots,$$

$f_1, f_2, \dots$ étant des substitutions de $\mathcal{F}$. Donc h est permutable au groupe $(\mathcal{F}, \mathcal{C}_1, \dots, \mathcal{C}_n, \mathcal{C}_{n+1}, \mathcal{D}_{n+1}, \dots)$; d'ailleurs les transformées des substitutions de ce groupe par h, combinées ensemble, doivent reproduire tout le groupe; il faut évidemment pour cela que le déterminant des quantités $\alpha_{n+1}, \beta_{n+1}, \dots$; $\gamma_{n+1}, \delta_{n+1}, \dots; \dots$ ne soit pas congru à $0 \pmod{\varpi}$.

La transformée de $\mathcal{D}_1$ par h sera, aux $\mathcal{F}$ près, de la forme

$$\mathcal{C}_1^{r_1}\mathcal{D}_1^{s_1}\dots\mathcal{C}_\rho^{r_\rho}\mathcal{D}_\rho^{s_\rho}\dots;$$

et l'on peut choisir $\mathcal{D}_1$ de telle sorte que $r_{n+1}, s_{n+1}, \dots$ se réduisent à zéro.

En effet, $\mathcal{D}_1$ est assujettie à la seule condition d'être échangeable à $\mathcal{C}_2, \ldots, \mathcal{C}_n$ et de transformer $\mathcal{C}_1$ en $\mathfrak{S}\mathcal{C}_1$. La substitution $\mathcal{E}_1 = \mathcal{D}_1 \mathcal{C}_{n+1}^x \mathcal{D}_{n+1}^y \ldots$ satisferait aux mêmes conditions, quels que fussent $x, y, \ldots$. D'ailleurs la transformée de $\mathcal{E}_1$ par h se réduira à la forme $f \mathcal{C}_1^{a_1} \mathcal{E}_1^{s_1} \ldots \mathcal{C}_n^{a_n} \mathcal{D}_n^{b_n}$ si l'on a

$$(\alpha_{n+1} - s_1)x + \gamma_{n+1} y + \ldots + r_{n+1} \equiv 0, \quad \beta_{n+1} x + (\delta_{n+1} - s_1) y + \ldots + s_{n+1} \equiv 0, \ldots \pmod{\varpi},$$

système de congruences dont le déterminant n'est pas congru à o si $s_1 = 0$, ainsi que nous l'avons vu. Il ne l'est pas davantage si $s_1 \gtrless 0$. Car s'il l'était, on pourrait déterminer les rapports de $x, y, \ldots$ de manière à satisfaire aux relations

$$(\alpha_{n+1} - s_1) x + \gamma_{n+1} y + \ldots \equiv 0, \quad \beta_{n+1} x + (\delta_{n+1} - s_1) y + \ldots \equiv 0, \ldots.$$

Cela posé, la transformée de $\mathcal{C}_{n+1}^x \mathcal{D}_{n+1}^y \ldots$ serait dérivée de $\mathcal{I}, \mathcal{C}_1, \ldots, \mathcal{C}_n$, $\mathcal{C}_{n+1}^x \mathcal{D}_{n+1}^y \ldots$. Le faisceau dérivé de ces substitutions serait donc permutable à h; d'ailleurs ses substitutions sont échangeables entre elles; il serait enfin plus général que $(\mathcal{I}, \mathcal{C}_1, \ldots, \mathcal{C}_n)$, ce qu'on suppose impossible.

On voit de même qu'on peut choisir $\mathcal{D}_2, \ldots, \mathcal{D}_n$ de telle sorte que $\mathcal{C}_{n+1}$, $\mathcal{D}_{n+1}, \ldots$ ne figurent pas dans l'expression de leurs transformées. Cela fait, h sera permutable au faisceau $(\mathcal{I}, \mathcal{C}_1, \mathcal{D}_1, \ldots, \mathcal{C}_n, \mathcal{D}_n)$: elle le sera de même au faisceau $(\mathcal{I}, \mathcal{C}_{n+1}, \mathcal{D}_{n+1}, \ldots)$ formé par celles des substitutions de $(\mathcal{I}, v)$ qui sont échangeables aux précédentes.

802. Les résultats qui précèdent permettent d'assigner à la substitution h la forme générale qu'elle doit avoir. Trois cas seront ici à distinguer.

803. *Premier cas. — ϖ premier impair.* Les substitutions $\mathcal{C}_1, \mathcal{D}_1, \ldots, \mathcal{C}_n, \mathcal{D}_n$ auront pour caractéristique une puissance de $1 - K^{\varpi}$ (568), et pourront, par un choix convenable d'indices indépendants, se mettre sous la forme

$$\mathcal{C}_1 = | [\xi_1 \xi_2 \ldots \varepsilon]_0 \quad \mathfrak{S}^{\xi_1} [\xi_1 \xi_2 \ldots \varepsilon]_0 |, \qquad \mathcal{D}_1 = | [\xi_1 \xi_2 \ldots \varepsilon]_0 \quad [\xi_1 + 1, \xi_2, \ldots, \varepsilon]_0 |, \ldots$$

Soient $f_1 \mathcal{C}_1^{a_1} \mathcal{C}_2^{b_1} \ldots$, $f_2 \mathcal{C}_1^{a_2} \mathcal{C}_2^{b_2} \ldots, \ldots$ les transformées de $\mathcal{C}_1, \mathcal{C}_2, \ldots$ par h. Pour qu'elles aient aussi pour caractéristique une puissance de $1 - K^{\varpi}$, il faudra que $f_1, f_2, \ldots$ se réduisent à des puissances de $\mathfrak{S}$, telles que $\mathfrak{S}^{s_1}, \mathfrak{S}^{s_2}, \ldots$. Posons maintenant

$$\xi_1' \equiv a_1 \xi_1 + b_1 \xi_2 + \ldots + s_1, \quad \xi_2' \equiv a_2 \xi_1 + b_2 \xi_2 + \ldots + s_2, \ldots,$$
$$h_0 = | [\xi_1 \xi_2 \ldots \varepsilon]_0 \quad [\xi_1' \xi_2' \ldots \varepsilon]_0 |, \qquad h = k h_0;$$

La nouvelle substitution k sera échangeable à $\mathcal{C}_1, \mathcal{C}_2, \ldots$.

La substitution $\mathfrak{D}_1$, qui transforme ces substitutions en $\vartheta\mathfrak{C}_1, \mathfrak{C}_2, \ldots$ sera transformée par k en une substitution qui jouira des mêmes propriétés, et qui par suite se réduira à la forme $\vartheta^{f_1}\mathfrak{D}_1\mathfrak{C}_1^{c_1}\mathfrak{C}_2^{c_2}\ldots$. Posant

$$h_1 = \left|\, [\xi_1\xi_2\ldots\varepsilon]. \quad \vartheta^{\frac{c_1\xi_1(\xi_1-1)}{2}+c_2\xi_1\xi_2+\ldots+f_1\xi_1}[\xi_1\xi_2\ldots\varepsilon]. \,\right|, \qquad k = k_1 h_1,$$

k_1 sera échangeable à $\mathfrak{C}_1, \mathfrak{C}_2, \ldots, \mathfrak{D}_1$. Elle transformera donc $\mathfrak{D}_2$ en une substitution de la forme $\vartheta^{f_2}\mathfrak{D}_2\mathfrak{C}_2^{d_2}\ldots$; et on pourra la décomposer de même en deux autres substitutions, dont l'une soit de forme analogue à celle de h_1, l'autre étant échangeable à $\mathfrak{C}_1, \mathfrak{C}_2, \ldots, \mathfrak{D}_1, \mathfrak{D}_2$. Poursuivant ainsi, on aura $h = k_n l$, $l = h_n \ldots h_1 h_0$ étant une substitution de la forme

$$l = |\, [\xi_1\xi_2\ldots\varepsilon]. \quad \vartheta^{\varphi}[\xi'_1\xi'_2\ldots\varepsilon]. \,|,$$

où φ est une fonction du second degré en $\xi_1, \xi_2, \ldots$, et k_n une substitution échangeable à $\mathfrak{C}_1, \mathfrak{C}_2, \ldots, \mathfrak{D}_1, \mathfrak{D}_2, \ldots$, ainsi qu'aux substitutions de $\mathfrak{F}$, et qui par suite se réduira à la forme :

$$\left|\, [\xi_1\xi_2\ldots\varepsilon]. \quad \sum_l a_\varepsilon^{(l)}[\xi_1\xi_2\ldots l]. \,\right|,$$

où les coefficients $a_\varepsilon^{(l)}$ sont indépendants de $\xi_1, \xi_2, \ldots$.

La substitution l ne peut se réduire à l'unité. Car si cela avait lieu, h serait échangeable à $\mathfrak{C}_1, \mathfrak{D}_1, \ldots, \mathfrak{C}_n, \mathfrak{D}_n$. Mais elle n'est pas échangeable aux $\mathfrak{F}$ près à toutes les substitutions v (799). Donc parmi les substitutions dérivées de $\mathfrak{C}_{n+1}, \mathfrak{D}_{n+1}, \ldots$ il en est une T à laquelle h n'est pas échangeable aux $\mathfrak{F}$ près. La substitution $T^{-1}h^{-1}Th = T_0$ et ses transformées $T_1, \ldots$ par les puissances de h formeront avec $\mathfrak{F}$ un faisceau de substitutions échangeables entre elles, permutable à h. D'ailleurs $T_0, T_1, \ldots$ étant dérivées de $\mathfrak{F}, \mathfrak{C}_{n+1}, \mathfrak{D}_{n+1}, \ldots$ sont échangeables à $\mathfrak{C}_1, \ldots, \mathfrak{C}_n$. Le faisceau $(\mathfrak{F}, \mathfrak{C}_1, \ldots, \mathfrak{C}_n, T_0, T_1, \ldots)$ aurait donc ses substitutions échangeables entre elles, et serait permutable à h, quoique plus général que $(\mathfrak{F}, \mathfrak{C}_1, \ldots, \mathfrak{C}_n)$, ce que nous supposons impossible.

Quant à la substitution k_n, elle est échangeable à l, et pourra être ramenée à la forme canonique par une transformation d'indices qui n'altère pas cette dernière. Cette forme canonique sera monôme; sans quoi k_n, et par suite h auraient leur ordre divisible par p, ce qui est contraire à la nature de h. Supposons cette transformation effectuée : on aura

$$k_{\epsilon} = \mid [\xi_1\xi_2\ldots\epsilon]_{\epsilon} \quad m_{\epsilon}[\xi_1\xi_2\ldots\epsilon]_{\epsilon} \mid,$$

les facteurs m_ϵ étant indépendants de $\xi_1, \xi_2, \ldots$

804. Les indices pourront être de deux sortes; ceux pour lesquels

$$(13) \qquad \xi'_1 \equiv \xi_1, \quad \xi'_2 \equiv \xi_2, \ldots \quad (\text{mod.} \varpi),$$

et ceux pour lesquels ces relations ne sont pas satisfaites. Supposons d'abord que ces relations ne soient ni identiques ni incompatibles, mais se réduisent à q relations distinctes; elles détermineront q indicateurs en fonction des autres, qui resteront arbitraires. Le nombre des indices de la première sorte sera donc le $\varpi^{q\text{ième}}$ du nombre total M.

Soit maintenant $[\xi_1\xi_2\ldots\epsilon]_r$ un indice de seconde sorte que h remplace par $m_\epsilon^{\rho'}\vartheta^{\varphi\rho'}[\xi'_1\xi'_2\ldots\epsilon]_r$; elle remplacera $[\xi'_1\xi'_2\ldots\epsilon]_r$ par $m_\epsilon^{\rho'}\vartheta^{\varphi'\rho'}[\xi''_1\xi''_2\ldots\epsilon]_r$, φ', ξ''_1, $\xi''_2, \ldots$ étant des fonctions construites avec ξ'_1, $\xi'_2, \ldots$ comme φ, ξ'_1, $\xi'_2, \ldots$ l'étaient avec $\xi_1, \xi_2, \ldots$; h remplace de même $[\xi''_1\xi''_2\ldots\epsilon]_r$ par un nouvel indice $[\xi'''_1\xi'''_2\ldots\epsilon]_r$ multiplié par un facteur constant. Continuant ainsi, on retombera à la fin sur un indice $[\xi_1^{(\rho)}\xi_2^{(\rho)}\ldots\epsilon]_r$ qui se confonde avec $[\xi_1\xi_2\ldots\epsilon]_r$; à partir de celui-là, ils se reproduiront périodiquement.

La substitution h^π fait succéder à l'indice $[\xi_1\xi_2\ldots\epsilon]_r$ l'indice $[\xi_1^{(\pi)}\xi_2^{(\pi)}\ldots\epsilon]_r$ multiplié par un facteur constant; mais elle se réduit à l'unité : donc π est un multiple de ρ; et comme il est premier, $\pi = \rho$.

Si donc on groupe dans une même classe ceux des indices de la seconde sorte que h permute circulairement à un facteur constant près, ils s'assembleront π à π; et h sera le produit d'une substitution qui multiplie par des facteurs constants les indices de la première sorte par d'autres substitutions partielles altérant chacune les indices d'une seule classe. Pour canoniser h, il suffira de canoniser séparément ces dernières substitutions.

Soit $S = \mid x_\tau \quad a_\tau x_{\tau+1} \mid$ une de ces dernières substitutions, en désignant pour abréger par $x_0, \ldots, x_{\pi-1}$ les indices qu'elle permute. Si on la canonise par un changement d'indices convenable, parmi les π nouveaux indices il ne peut en exister plus d'un qu'elle laisse invariable; car pour que S laisse invariable une fonction $c_0x_0 + \ldots + c_\tau x_\tau + \ldots$, il faut qu'on ait en général $a_\tau c_\tau = c_{\tau+1}$. Les rapports des quantités $c_0, \ldots, c_\tau, \ldots$ sont donc déterminés; et par suite la fonction le sera à un facteur constant près.

En admettant donc le cas le plus favorable, où h n'altérerait aucun indice de la première sorte, le nombre des indices que h, ramené à la forme canonique laissera inaltérés, ne peut dépasser $\frac{M}{\varpi^q} + \frac{M}{\pi}\left(1 - \frac{1}{\varpi^q}\right)$, expression dont le maximum $\frac{2}{3}M$, correspond à $\varpi = 3$, $\pi = 2$, $q = 1$. Mais d'autre part ce nombre est égal à $M - N + \frac{N}{\pi}$: et comme N est au plus égal à $\frac{M}{2}$, il sera au moins égal à $M - \frac{M}{2}\left(1 - \frac{\pi}{2}\right)$, nombre évidemment supérieur au précédent. Cette contradiction prouve l'absurdité de l'hypothèse.

Si les relations (13) sont incompatibles, il n'y aura pas d'indices de première sorte, et la contradiction subsistera *a fortiori*.

805. Si ces relations sont identiques, h se réduira à

$$|\,[\xi_1\xi_2\ldots\varepsilon]_0 \quad m_\varepsilon\vartheta^\varphi[\xi_1\xi_2\ldots\varepsilon]_0\,|.$$

Groupons dans une même classe les indices correspondants à un même système de valeurs de ε et de r, et considérons ceux d'une classe déterminée: h les altérera tous si l'on n'a pas $m_\varepsilon\vartheta^\varphi \equiv 1 \pmod{p}$. Pour qu'il y en ait d'inaltérés, il faut donc que m_ε se réduise à une puissance de ϑ, telle que ϑ^d, et qu'on ait en outre

$$\varphi + d \equiv 0 \pmod{\varpi}. \tag{14}$$

Or la fonction quadratique φ peut, comme on sait, se mettre sous la forme $aX_1^2 + bX_2^2 + \ldots + Y$, X_1, X_2,... étant des fonctions linéaires de ξ_1, ξ_2,... distinctes les unes des autres, et Y une constante ou une fonction linéaire de ξ_1, ξ_2,..., distincte des précédentes.

Supposons d'abord que Y ne soit pas une constante. Si le nombre des fonctions X_1, X_2,..., Y est inférieur à celui n des indicateurs ξ_1, ξ_2,..., soient Z,... de nouvelles fonctions qui, jointes à celles-là, forment un système de n fonctions distinctes. A chaque système de valeurs de ces fonctions correspond un système de valeurs des indicateurs, et réciproquement. Or la $\varpi^{\text{ième}}$ partie seulement des systèmes de valeurs que l'on peut donner à X_1, X_2,..., Y, Z,..., satisfont à la relation (14). Car cette relation détermine Y lorsque X_1, X_2,..., Z,... sont donnés. Donc h ne pourrait laisser invariable que la $\varpi^{\text{ième}}$ partie du nombre total des indices: résultat absurde, car elle doit en laisser plus de la moitié invariables.

Si Y est une constante, à chaque système de valeurs de X_2,..., Z,... répondent au plus deux valeurs de X_1 satisfaisant à la relation (14). Donc h laisserait invariables tout au plus $\frac{2}{\varpi}$M indices. On aurait donc

$$(15)\qquad \frac{2M}{\varpi} \overline{>} M - \frac{M}{2}\left(1 - \frac{1}{\pi}\right),$$

relation absurde si $\varpi > 3$.

806. D'autre part, si $\varpi = 3$, on aura aussi $\pi = 3$. En effet, h multiplie les indices qu'elle altère par les diverses puissances de θ, racine primitive de la congruence $\theta^\pi \equiv 1 \pmod{p}$. Mais, d'autre part, elle les multiplie par des puissances de ϑ. Donc θ est une puissance de ϑ et a pour cube l'unité.

Soit donc $\varpi = \pi = 3$: les deux membres de la relation (15) seront égaux. Donc h devra laisser invariables les deux tiers des indices. Pour que cela ait lieu, il faut que la relation (14) donne effectivement deux solutions pour X_1, quelles que soient les valeurs qu'on assigne à $X_2, \ldots$. Mais cela n'a lieu que si $bX_2^2 + \ldots + Y + d$ se réduit à a. Il faudrait donc que h se réduisit à la forme

$$|\ [\xi_1 \xi_2 \ldots \epsilon],\quad \vartheta^{a(X_1^2 - 1)}[\xi_1 \xi_2 \ldots \epsilon],\ |.$$

Mais alors h multiplierait tous ceux des indices de la $r+1^{ième}$ série qu'elle altère par un même facteur ϑ^{-ap^r}. Donc pour qu'elle multipliât deux indices par des facteurs différents, il faudrait que ces indices appartinssent à des séries différentes de $\mathfrak{L}$, autrement dit, fussent multipliés par des facteurs différents dans l'une au moins des substitutions de $\mathfrak{F}$, et *a fortiori* dans l'une au moins des substitutions de F, premier faisceau de L, lequel contient $\mathfrak{F}$; ou enfin, ce qui revient au même, dans l'une au moins des substitutions de F_0. Il faudrait donc qu'ils appartinssent à des séries différentes; résultat absurde : car la première série de L contient des indices que h multiplie par θ et d'autres qu'elle multiplie par θ^2.

L'hypothèse $\varpi > 2$ est donc inadmissible.

807. *Second cas.* — $\varpi = 2$, $p^\nu - 1 \equiv 0 \pmod{4}$. Soit j une racine primitive de la congruence $j^4 \equiv 1 \pmod{p}$: $\mathfrak{F}$ contiendra une substitution j qui multiplie les indices de la $r+1^{ième}$ série par j^{p^r}. Les substitutions $\mathfrak{C}_1$, $\mathfrak{D}_1, \ldots$ ont chacune pour caractéristique une puissance de $K^2 - 1$ ou une puissance de $K^2 + 1$. On peut rejeter cette seconde hypothèse : car si $\mathfrak{C}_1$ y satisfaisait, on n'aurait qu'à la remplacer dans la double suite par la substitution $j\mathcal{E}_1$, qui rentre dans la première hypothèse.

On aura, comme tout à l'heure, $h = kh_0$; k étant échangeable à $\mathcal{E}_1, \mathcal{E}_2, \ldots$ transformera $\mathcal{D}_1$ en une substitution de la forme $j^{c_1}\mathfrak{I}^{d_1}\mathcal{D}_1\mathcal{E}_1^{e_1}\mathcal{E}_2^{e_2}\ldots$. Posons

$$(16) \qquad h_1 = |\ [\xi_1\xi_2\ldots\varepsilon],\ \ j^{c_1\xi_1}\mathfrak{I}^{c_2\xi_1\xi_2+\ldots+(e_1-d_1)\xi_1}[\xi_1\xi_2\ldots\varepsilon]_0\ |, \qquad k = k_1h_1;$$

k_1 sera échangeable à $\mathcal{E}_1, \ldots, \mathcal{E}_n, \mathcal{D}_1$; continuant, on aura enfin

$$h = |\ [\xi_1\xi_2\ldots\varepsilon],\ \ m_1 j^s \mathfrak{I}^{\varphi}[\xi'_1\xi'_2\ldots\varepsilon]_0\ |,$$

s étant une constante ou une fonction linéaire de $\xi_1, \xi_2, \ldots$, et φ une fonction quadratique ne contenant pas les carrés des variables.

Si les relations (13) ne sont pas identiques, on trouvera, comme au n° **804**, que la limite Λ du nombre des indices inaltérés par h est égale à $\frac{M}{\varpi^q} + \frac{M}{\pi}\left(1 - \frac{1}{\varpi^q}\right)$. Ce nombre ne peut surpasser $M - N + \frac{N}{\pi}$. Mais ici, où $\varpi = 2$, il peut lui devenir égal, en supposant $N = \frac{M}{2}$, $q = 1$. Mais pour que les relations (13) reviennent à une seule $\alpha\xi_1 + \beta\xi_2 + \ldots \equiv 0 \pmod{p}$, il faut qu'on ait identiquement

$$\xi'_1 \equiv \xi_1 + a(\alpha\xi_1 + \beta\xi_2 + \ldots), \quad \xi'_2 \equiv \xi_2 + b(\alpha\xi_1 + \beta\xi_2 + \ldots), \ldots \quad (\text{mod. } 2),$$

d'où

$$\alpha\xi'_1 + \beta\xi'_2 + \ldots \equiv (1 + a\alpha + b\beta + \ldots)(\alpha\xi_1 + \beta\xi_2 + \ldots).$$

D'ailleurs on ne peut avoir $\alpha\xi'_1 + \beta\xi'_2 + \ldots \equiv 0$ pour toutes les valeurs de $\xi'_1, \xi'_2, \ldots$; ou, ce qui revient au même, pour toutes les valeurs de $\xi_1, \xi_2, \ldots$. On aura donc

$$(1 + a\alpha + b\beta + \ldots) \equiv 1, \quad \text{d'où} \quad \alpha\xi'_1 + \beta\xi'_2 + \ldots \equiv \alpha\xi_1 + \beta\xi_2 + \ldots,$$

d'où

$$\xi''_1 \equiv \xi'_1 + a(\alpha\xi'_1 + \beta\xi'_2 + \ldots) \equiv \xi_1 + 2a(\alpha\xi_1 + \beta\eta_1 + \ldots) \equiv \xi_1, \quad \xi''_2 \equiv \xi_2, \ldots,$$

d'où $\pi = 2$, $\Lambda = \frac{3}{4}M$. Ce résultat est inadmissible, π étant impair, par hypothèse.

Si les relations (13) étaient incompatibles, h ne pourrait laisser invariable plus de la moitié des indices; résultat absurde.

808. Supposons enfin que ces relations soient identiques. Soit

$$s = a\xi_1 + b\xi_2 + \ldots + \delta,$$

et supposons qu'un des coefficients $a, b, \ldots, a$ par exemple, diffère de o (mod. 2). Comparons deux indices qui ne diffèrent que par la valeur de ξ_1; les facteurs par lesquels h les multiplie différeront par un facteur $\pm j$. Donc l'un au moins de ces deux indices sera altéré. Donc h altérera au moins la moitié des indices; résultat absurde.

Admettons donc que s se réduise à la constante δ. Groupons dans une même classe les indices correspondants à un même système de valeurs de ε, r, et considérons ceux d'une classe déterminée : h les altérera tous si $m_\varepsilon j^\delta$ ne se réduit pas à une puissance de ϑ, telle que ϑ^d.

La fonction φ ne peut se réduire à l'unité, h n'étant pas échangeable à toutes les substitutions de la forme v. Si elle se réduit à une fonction du premier degré, Y, h altérera la moitié au moins des indices, résultat absurde. Au contraire, si φ contient un terme du second degré $a\xi_1\xi_2$, on peut poser

$$\varphi = \xi_1(a\xi_2 + \ldots) + \varphi',$$

φ' étant indépendant de ξ_1. Cela posé, pour chaque système de valeurs de $\xi_3, \ldots$ on pourra déterminer ξ_2, ξ_1 de telle sorte que l'on ait

$$a\xi_2 + \ldots \equiv 1, \quad \xi_1 + \varphi' + d \equiv 1 \pmod{2}.$$

Donc sur les quatre indices qui ne diffèrent que par les valeurs de ξ_1, ξ_2, h en altère au moins un, qu'elle multiplie par une puissance de ϑ. Donc $\Lambda = \frac{3}{4}\mathrm{M}$.

D'autre part, la substitution h multiplie les indices qu'elle altère par $\vartheta = -1$. Mais elle doit les multiplier par une puissance de θ. Soit donc $\vartheta = \theta^\alpha$; on aura $\vartheta^\pi = \theta^{\alpha\pi} = 1$. Donc π est pair, et comme il est premier, il se réduirait à 2, contrairement à l'hypothèse.

809. *Troisième cas.* — $\varpi = 2$, $p^\nu - 1 \equiv 2 \pmod{4}$. Chacune des substitutions $\mathfrak{S}_1, \mathfrak{D}_1, \ldots, \mathfrak{S}_n, \mathfrak{D}_n$ aura pour caractéristique une puissance de $K^2 - 1$ ou de $K^2 + 1$. On peut admettre que la suite $\mathfrak{S}_1, \ldots, \mathfrak{S}_n$ ne contient pas plus d'une substitution $\mathfrak{S}_1$ qui ait pour caractéristique une puissance de $K^2 + 1$. Car s'il y en avait deux, $\mathfrak{S}_1, \mathfrak{S}_2$, on pourrait, dans la formation de la suite

$\mathfrak{C}_1, \ldots, \mathfrak{C}_n$, remplacer $\mathfrak{C}_2$ par $\mathfrak{C}_1\mathfrak{C}_2$, qui a pour caractéristique une puissance de $K^2 - 1$. En outre, si $\mathfrak{C}_\rho$ a pour caractéristique une puissance de $K^2 - 1$, on peut admettre qu'il en est de même de $\mathfrak{D}_\rho$, qu'on pourrait au besoin remplacer dans la double suite par $\mathfrak{C}_\rho\mathfrak{D}_\rho$. Nous n'aurons donc que trois cas à distinguer.

1° $\mathfrak{C}_1, \mathfrak{D}_1, \ldots, \mathfrak{C}_n, \mathfrak{D}_n$ *ont toutes pour caractéristique une puissance de* $K^2 - 1$. On raisonnera comme au second cas, sauf que dans l'expression de h_1 on aura $c_1 = 0$. De même pour ses analogues $h_2, \ldots$. Par suite, dans l'expression de h, on aura $s = 0$.

2° $\mathfrak{C}_1$ *et* $\mathfrak{D}_1$ *ont pour caractéristique une puissance de* $K^2 + 1$. On pourra choisir les indices indépendants de telle sorte que $\mathfrak{C}_1$ et $\mathfrak{D}_1$ prennent les formes suivantes

$$\mathfrak{C}_1 = | [\xi_1 \xi_2 \ldots \varepsilon]_0 \quad j\vartheta^{\xi_1}[\xi_1 \xi_2 \ldots \varepsilon]_0 |,$$
$$\mathfrak{D}_1 = | [\xi_1 \xi_2 \ldots \varepsilon]_0 \quad (\alpha + \beta j\vartheta^{\xi_1})[\xi_1 \xi_2 \ldots \varepsilon]_0 |,$$

α, β satisfaisant à la congruence $\alpha^2 + \beta^2 \equiv -1 \pmod{p}$, et $\mathfrak{C}_2, \mathfrak{D}_2, \ldots$ conservant la même forme que dans le premier cas. Cela fait, on aura

$$h_1 = | [\xi_1 \xi_2 \ldots \varepsilon]_0 \quad (1 + j\vartheta^{\xi_1})^{c_1} \vartheta^{e_1\xi_1\xi_2 + \cdots - r_1\xi_1} [\xi_1 \xi_2 \ldots \varepsilon]_0 |,$$

et le reste comme au premier cas; d'où

$$h = | [\xi_1 \xi_2 \ldots \varepsilon]_0 \quad m_s (1 + j\vartheta^{\xi_1})^{c_1} \vartheta^{\rho} [\xi'_1 \xi'_2 \ldots \varepsilon]_0 |$$

Si les relations (13) ne sont pas identiques, on trouvera comme précédemment $\Lambda = \frac{3}{4}M$ et $\pi = 2$ (807), résultat inadmissible. Dans le cas contraire, on aura $c_1 \equiv 0 \pmod{2}$; car s'il était congru à 1, groupons ensemble les deux indices qui ne diffèrent que par la valeur de ξ_1. Désignons par ρ_1 ce que devient ρ en y changeant ξ_1 en $\xi_1 + 1$. Le rapport des facteurs par lesquels h multiplie ces deux indices sera égal à

$$\left[\frac{(1 + j\vartheta^{\xi_1+1})\vartheta^{\rho_1}}{(1 + j\vartheta^{\xi_1})\vartheta^{\rho}}\right]^{p^r} \equiv \left[\vartheta^{\rho_1 - \rho}\frac{(1 - j\vartheta^{\xi_1})^2}{2}\right]^{p^r} \equiv [j\vartheta^{\xi_1 + \rho_1 - \rho + 1}]^{p^r},$$

expression qui diffère de l'unité. Donc h altérerait au moins l'un de ces deux indices : elle altérerait donc au moins la moitié des indices, résultat absurde. Soit donc $c_1 \equiv 0$; on prouvera comme précédemment que $\Lambda = \frac{3}{4}M$, $\pi = 2$.

3° $\mathcal{C}_1$, $\mathcal{D}_1$ *ont respectivement pour caractéristiques des puissances de* K^2+1 *et de* K^2-1. Les substitutions $\mathcal{C}_1\mathcal{D}_1$, $\mathcal{D}_1$, $\mathcal{C}_2$, $\mathcal{D}_2, \ldots$, ayant pour caractéristiques des puissances de K^2-1, pourront se mettre sous les formes

$$|\,[\xi_1\xi_2\ldots\varepsilon]_0 \quad \vartheta^{\xi_1}[\xi_1\xi_2\ldots\varepsilon]_0\,|, \qquad |\,[\xi_1\xi_2\ldots\varepsilon]_0 \quad [\xi_1+1, \xi_2, \ldots, \varepsilon]_0\,|, \ldots.$$

Posons

$$[\xi_1\xi_2\ldots\varepsilon]'_r = j^{\xi_1 p^r}\left([0\,\xi_2\ldots\varepsilon]_r + j^{p^r}\mathfrak{S}^{\xi_1 p^r}[1\,\xi_2\ldots\varepsilon]_r\right).$$

La substitution $\mathcal{C}_1$, rapportée aux nouveaux indices ainsi définis, prendra la forme

$$|\,[\xi_1\xi_2\ldots\varepsilon]'_0 \quad j\vartheta^{\xi_1}[\xi_1\xi_2\ldots\varepsilon]'_0\,|,$$

la forme des substitutions $\mathcal{D}_1$, $\mathcal{C}_2$, $\mathcal{D}_2, \ldots$ n'étant pas changée. Cela posé, h_0, $h_1, \ldots$, et enfin h auront les mêmes formes que tout à l'heure, et la démonstration s'achèvera sans difficulté.

810. La démonstration du théorème est maintenant facile. *On aura* $\nu' = 2k'\nu$ *ou* $(2k'+1)\nu$ *(k' étant un entier), suivant que* Γ'_0 *est de première ou de seconde catégorie.* En effet, chacune des substitutions de F_0 ou, ce qui revient au même, chaque substitution de F, et *a fortiori* chaque substitution de $\mathfrak{F}$ y multiplie chaque indice par un facteur dont la puissance $p^{\nu'}\pm 1$ est égale à l'unité. (On prendra le signe $-$ ou le signe $+$, suivant que Γ'_0 est de première ou de seconde catégorie.)

La substitution g dont les puissances reproduisent $\mathfrak{F}$ les multiplie par des facteurs tels que g^{p^r}, où g est une racine primitive de la congruence $g^{p^\nu+1}\equiv 1 \pmod{p}$. Donc $p^{\nu'}\pm 1$ est un multiple de $p^\nu+1$. Mais soit $\nu' = m\nu+\varepsilon$, ε étant $<\nu$; il viendra

$$p^{\nu'}\pm 1 \equiv (-1)^m p^\varepsilon \pm 1 \pmod{p^\nu - 1},$$

relation qui ne peut évidemment subsister qu'en posant $\varepsilon = 0$, $m = 2k'$ si l'on prend le signe $-$, $\varepsilon = 0$, $m = 2k'+1$ si l'on prend le signe $+$.

Soit d'abord $p>2$; et admettons que Γ'_0 soit de première catégorie. Soient A_1, $B_1, \ldots; \ldots$ les doubles suites qui jointes à F_0 forment G_0. Supposons les indices choisis de manière à ramener Γ'_0 à sa forme type. Le nombre μ' étant une puissance de 2 (797), la substitution $\mathfrak{T}$, qui remplace chaque indice par son correspondant de la série suivante, transformera les substitutions A_1, $B_1, \ldots; \ldots$ en $\theta^\alpha A_1$, $\theta^\beta B_1, \ldots$, θ étant la substitution qui multiplie chaque indice par -1, et α, β,... étant égaux à o ou à 1, suivant que A_1, B_1,...;... ont pour caractéristiques des puissances de K^2-1 ou de K^2+1. La substitution $\mathfrak{T}$ a donc l'unité pour chacune de ses corrélatives: elle est d'ailleurs abélienne propre. Elle appartient donc à Γ'_0, et à J.

Cela posé, la substitution g est le produit de deux substitutions partielles dont l'une g_0 altère les indices de S_0, et l'autre h les autres indices. La substitution $\mathfrak{T}$ appartenant à J, et par suite à $\mathfrak{L}$, la transformera en une de ses puissances; mais elle la transforme en $g_0^p h$, qui ne peut être une puissance de $g_0 h$ que si $g_0^p = g_0$, ce qui est absurde, l'ordre de g_0, $p^\nu+1$, étant supérieur à p.

Le raisonnement serait le même si Γ'_0 était de seconde catégorie : désignant les indices par $[\xi_1 \xi_2 \ldots \eta_1 \ldots]_r$, on prendra

$$\mathfrak{T} = |\,[\xi_1\xi_2\ldots\eta_1\ldots]_r \quad l^{p^r}[\xi_1\xi_2\ldots\eta_1\ldots]_{r+1}\,|,$$

l étant choisi de telle sorte que $\mathfrak{T}$ soit abélienne propre.

811. Soit maintenant $p=2$. Si Γ'_0 est de première catégorie, la substitution $\mathfrak{T}$ appartiendra encore à J (672-674), et le raisonnement précédent sera applicable. Si Γ'_0 est de seconde catégorie, J contiendra $\mathfrak{T}^2$, qui transforme $g=g_0 h$ en $g_0^{p^2}h$, substitution qui doit être une puissance de g. Donc $g_0^{p^2}=g_0$, d'où $p^2-1\equiv 0 \pmod{p^\nu+1}$, d'où $\nu=1$, $\nu'=2k'+1$. En outre, μ' est une puissance de 2, et d'autre part ses facteurs premiers divisent le nombre impair $p^{\nu'}+1$. Donc μ' se réduit à 1.

De plus, les indices de L ne peuvent former plus de deux systèmes (couples de systèmes). Car si cela avait lieu, l'un au moins de ces systèmes S_1, autre que S_0, contiendrait moins de la moitié des indices. Soit $\mathfrak{T}_1$ la substitution analogue à $\mathfrak{T}$ et relative aux indices de S_1. Si aucune des deux substitutions $\mathfrak{T}$, $\mathfrak{T}_1$ n'appartient à J, leur produit lui appartiendra. Or g est le produit de trois substitutions g_0, g_1, h altérant respectivement les indices de S_0, de S_1 et des autres systèmes : $\mathfrak{T}\mathfrak{T}_1$ la transformera en $g_0^p g_1^p h$, qui devrait se réduire à une puissance de g, résultat absurde.

Cela posé, S_0 ne peut contenir la moitié des indices. Car on aurait $M=2\mu=4\nu'$, et μ serait pair, ce qui est absurde, car il ne peut avoir pour facteurs premiers que des diviseurs de $p^\nu+1=3$. En outre, on aura $\nu'=1$. En effet, ν' est impair; s'il avait un facteur premier q, J, et par suite $\mathfrak{L}$ contiendrait la substitution $h=\mathfrak{T}^{\frac{2\nu'}{q}}$ qui, ramenée à sa forme canonique, laisse invariables tous les indices des systèmes autres que S_0, c'est-à-dire plus de la moitié, plus la $q^{ième}$ partie de ceux de S_0; résultat absurde (**800**).

812. Soit donc $\nu' = 1$. Les substitutions du premier faisceau de Γ'_0 appartiennent à J et n'altèrent que les indices de Γ'_0; or, d'après ce qu'on a vu plus haut, $\mathfrak{L}$, et par suite J, ne contient aucune substitution qui, ramenée à la forme canonique, déplace moins du tiers des indices. Donc les deux indices que contient Γ'_0 forment au moins le tiers du nombre total. Donc $\mathfrak{L}$ contient six indices; donc $\mu = 3$. Les quatre indices restants devraient former un seul système (couple de systèmes) S_1; résultat absurde. En effet, soit Γ'_1 le groupe analogue à Γ'_0 et relatif à S_1. Il n'existe aucun groupe de première catégorie et de degré 2^4 : donc Γ'_1 sera de seconde catégorie. Soit $2\nu''$ le nombre de séries formées par les indices de S_1, μ'' le nombre d'indices de chacune d'elles. On aurait $2\mu''\nu'' = 4$, résultat absurde, ν'' étant un nombre impair $2k''+1$, ainsi que μ'', dont les facteurs premiers divisent le nombre impair $2^{\nu''}+1$.

813. Second cas. — L *est primaire et indécomposable.* 1° Supposons-le de première catégorie et soient $\nu' = 2k\nu$ le nombre de séries de chaque système, $\mu' = \frac{2\mu\nu}{2\nu'} = \frac{\mu}{2k}$ le nombre d'indices de chaque série. On obtiendra, comme aux nos **757** et **794**, la relation

$$(17)\qquad \mu'^2(p^{\nu'}-1) \overline{\underset{<}{=}} \mu^2(p^\nu+1), \quad \text{ou} \quad p^{2k\nu}-1 \overline{\underset{<}{=}} 4k^2(p^\nu+1).$$

Mais $\mu = 2k\mu'$ étant divisible par 2, $p^\nu+1$ le sera. Donc p est impair. Sous le bénéfice de cette observation, la relation (17) ne pourra subsister que si $k=1$, $p^\nu = 3$ ou 5, d'où $p^{\nu'} = 3^2$ ou 5^2. Mais ces deux cas sont exclus (**704**).

2° Si L est de seconde catégorie, on aura $\nu' = (2k+1)\nu$, $\mu' = \frac{\mu}{2k+1}$ et

$$(18)\qquad \mu'^2(p^{\nu'}+1) \overline{\underset{<}{=}} \mu^2(p^\nu+1), \quad \text{ou} \quad p^{(2k+1)\nu}+1 \overline{\underset{<}{=}} (2k+1)(p^\nu+1).$$

D'ailleurs $2k+1$ divisant μ, ses facteurs premiers diviseront $p^\nu+1$. Sous le bénéfice de cette observation, la relation (18) ne pourra subsister que si $k=1$, $p^\nu = 2$, d'où $p^{\nu'} = 2^3$, cas exclu (**708**), ou si $k=0$, d'où $\nu' = \nu$. Dans ce dernier cas, les groupes $\mathfrak{L}$ et L auront même premier faisceau; et l'on verra, comme aux nos **758-759**, qu'ils ont même second faisceau, et enfin qu'ils sont pareils.

814. Théorème. — *Le théorème* **C** *est vrai si* $\mathfrak{L}$ *est indécomposable et de troisième catégorie.*

Premier cas. — L *complexe ou décomposable.*

Soient $S_0, S_1, \ldots, S_q$ les systèmes (couples de systèmes) entre lesquels se répartissent les indices de L. *Ces systèmes se réduiront à deux, contenant chacun la moitié des indices.*

Supposons en effet qu'il en fût autrement. Chacun de ces systèmes, à l'exception d'un seul, S_0, contiendra moins de la moitié des indices. Soient respectivement $2\nu_\rho$ le nombre des séries entre lesquelles se répartissent les indices de S_ρ, μ_ρ le nombre d'indices de chacune d'elles.

Chacun des systèmes (couples de systèmes) S_ρ contiendra au moins le quart des indices. Car J, et par suite $\mathfrak{L}$, contient des substitutions qui n'altèrent que les indices de S_ρ et qui, élevées à une puissance convenable, donneront une substitution d'ordre premier : d'autre part, on voit, comme aux n°s 797-809, que toute substitution d'ordre premier, contenue dans $\mathfrak{L}$, étant ramenée à sa forme canonique, altère au moins le quart des indices. En outre, pour qu'elle en altère moins de la moitié, il faut qu'elle soit d'ordre 2 (le nombre ϖ de l'endroit cité se réduisant ici à 2).

On conclut de là $\mu_\rho = 1$ pour toute valeur de ρ supérieure à 0. En effet, si μ_ρ avait un diviseur impair, soit Γ_ρ le groupe résoluble primaire et indécomposable, contenu dans le groupe abélien de degré $p^{2\mu_\rho\nu_\rho}$, qui sert à la construction de L, et correspond au système (couple de systèmes) S_ρ. Si μ_ρ avait un diviseur impair π, Γ_ρ contiendrait dans son second faisceau une substitution d'ordre π, laquelle appartiendrait à J, et *a fortiori* à $\mathfrak{L}$, quoique altérant moins de la moitié des indices, ce qui est absurde. D'autre part, si μ était une puissance de 2, la construction de Γ_ρ dépendrait de celles de groupes auxiliaires $L_\rho, L'_\rho, \ldots$ ayant pour degrés des puissances de 2. Le premier faisceau de L_ρ sera formé par les puissances d'une substitution δ d'ordre impair α. Cela posé, Γ_ρ contient une substitution d ayant pour première corrélative δ et pour ses autres corrélatives l'unité.

Soient r le facteur par lequel d multiplie les exposants d'échange, et r_ρ la substitution qui multiplie tous les indices de S_ρ par r. La substitution $r_\rho^{-1} d^2$ est abélienne propre, et appartient à Γ_ρ; elle appartiendra donc à J, et par suite à $\mathfrak{L}$. D'ailleurs son ordre est divisible par le nombre impair α, car pour que sa puissance β se réduise à l'unité, il faut *a fortiori* que sa corrélative $\delta^{2\beta}$ se réduise à l'unité, d'où $\beta \equiv 0 \pmod{\alpha}$. Donc, en l'élevant à une puissance convenable, on aurait une substitution d'ordre premier impair contenue dans $\mathcal{L}$ et n'altérant que les indices de S_ρ, qui forment moins de la moitié du nombre total, résultat absurde.

Le nombre μ_ρ se réduisant à 1, le groupe Γ_ρ sera de première ou de seconde catégorie. Son premier faisceau F_ρ aura donc pour ordre $\omega_\rho = p^{\nu_\rho} \pm 1$. D'autre part, le second faisceau de Γ_0 contient un groupe Φ de substitutions abéliennes propres échangeables entre elles, dont l'ordre ω_0 est égal à $(p^{\nu_0} - 1)\mu_0$, à $(p^{\nu_0} + 1)\mu_0$ ou à $2\mu_0$, suivant que Γ_0 est de première, seconde ou troisième catégorie. Le groupe $(\Phi, \ldots, F_\rho, \ldots)$, d'ordre $\omega_0 \ldots \omega_\rho \ldots$, est contenu dans J, et *a fortiori* dans $\mathcal{L}$. De plus, ses substitutions sont abéliennes propres et échangeables entre elles. Mais on voit, comme au n° 752, que l'ordre d'un groupe contenu dans $\mathcal{L}$ et jouissant de cette propriété ne peut dépasser $2\mu^2$. On aura donc

$$(19) \qquad 2\mu^2 \geqq \omega_0 \ldots \omega_\rho \ldots \geqq \omega_0 (p^{\nu_1} \pm 1) \ldots (p^{\nu_\rho} \pm 1).$$

Si Γ_0 est de première catégorie, on doit avoir $p^{\nu_0} > 4$. Sous le bénéfice de cette observation, on aura toujours $\omega_0 \geqq 2\mu_0\nu_0 \geqq \frac{\mu}{4}$. Substituant cette limite dans la relation (19), remplaçant en outre μ par sa limite $8\nu_1$ et supprimant les facteurs $p^{\nu_2} \pm 1, \ldots$ au second membre de cette relation, il viendra

$$(20) \qquad 64\nu_1 \geqq p^{\nu_1} \pm 1,$$

ce qui ne peut avoir lieu que pour de petites valeurs de p et de ν_1. D'ailleurs ν_1 et $p^{\nu_1} \pm 1$ doivent être des puissances de 2. En effet, parmi les substitutions de Γ_1 qui sont abéliennes propres, et par suite appartiennent à J, se trouvent une substitution d'ordre $p^{\nu_1} \pm 1$, formant le premier faisceau de Γ_1, et une substitution d'ordre ν_1 ou $2\nu_1$, permutant les séries. Si l'une ou l'autre de ces deux substitutions avait son ordre divisible par un nombre premier impair π, il suffirait de l'élever à une puissance convenable pour obtenir une substitution d'ordre π, qui serait contenue dans $\mathcal{L}$, et n'altérerait que les indices de S_1, résultat absurde.

On remarquera enfin qu'on tomberait dans des cas exclus en supposant Γ_1 de première catégorie avec $p^{\nu_1} = 3$, 5, ou 3^2, ou Γ_1 de seconde catégorie, avec $p^{\nu_1} = 3$.

En tenant compte de ces observations, on voit que la relation (20) ne pourra être satisfaite qu'en supposant $p = 17$ ou 31, avec $\nu_1 = 1$, d'où $\mu \leqq 8$. D'ailleurs μ est une puissance de 2, supérieure par hypothèse à $4\mu_1\nu_1$; donc $\mu = 8$.

Supposons maintenant $p = 17$, ce qui est l'hypothèse la plus défavorable :

$p^{\nu_1} - 1, \ldots, p^{\nu_q} - 1$ se réduisant chacun à 16, la relation (19) deviendra

$$(21) \qquad 2.8^{q} \geqq \omega_0 . 16^{q},$$

et sera absurde si $q > 1$. Soit d'autre part $q = 1$: le système S_0 contiendra six indices. Ce nombre n'étant pas une puissance de 2, Γ_0 sera de première ou de seconde catégorie, et ω_0 sera égal à $(17^{\nu_0} \pm 1)\mu_0$, $2\mu_0\nu_0$ étant égal à 6. La relation (21) sera encore absurde.

815. Il est donc établi qu'il ne peut exister que deux systèmes S_0, S_1, contenant chacun la moitié des indices.

Cela posé, soit θ la substitution qui multiplie tous les indices par -1 : $\mathcal{G}$, second faisceau de $\mathcal{L}$, résultera de la combinaison de θ avec certaines doubles suites que l'on pourra fondre en une seule $\mathcal{A}_1, \mathcal{B}_1, \ldots, \mathcal{A}_\sigma, \mathcal{B}_\sigma$. Soient F_0 le premier faisceau de Γ_0, t celle de ses substitutions qui multiplie tous les indices de S_0 par -1 : *$\mathcal{G}$ contiendra un groupe H formé de 2^σ substitutions au moins échangeables à t; il en contiendra même $2^{2\sigma}$ si t appartient à $\mathcal{G}$.* En effet, t appartient évidemment à J, et par suite à $\mathcal{L}$. Si elle appartient à $\mathcal{G}$, toutes les substitutions de $\mathcal{G}$ lui sont échangeables à θ près. Donc les substitutions de $\mathcal{G}$, en nombre $2^{2\sigma+1}$, résulteront de la combinaison d'une substitution T qui transforme t en θt, avec des substitutions échangeables à t, en nombre $2^{2\sigma}$. Supposons au contraire que t n'appartienne pas à $\mathcal{G}$; sa corrélative

$$| \; x_1, y_1, \ldots \quad a'_1 x_1 + c'_1 y_1 + \ldots, \; b'_1 x_1 + d'_1 y_1 + \ldots, \ldots \; |$$

sera d'ordre 2. Ramenée à la forme canonique, elle deviendra donc

$$| \; X, X', Y, Y', \ldots, Z, U, \ldots \quad X + X', X', Y + Y', Y', \ldots, Z, U, \ldots \; |,$$

et sera échangeable aux substitutions dérivées des substitutions $C_X, C_Y, \ldots, C_Z, C_U, \ldots$ correspondantes aux indices X, Y,..., Z, U,.... Soient $a_1, b_1, \ldots, a_\sigma, b_\sigma$ les substitutions respectivement correspondantes à $x_1, y_1, \ldots, x_\sigma, y_\sigma$, et soit $C_X = a_1^{\alpha_1} b_1^{\beta_1} \ldots$, $C_Y = a_1^{\gamma_1} b_1^{\delta_1} \ldots, \ldots$. Il est clair que les substitutions dérivées de $\mathcal{A}_1^{\alpha_1} \mathcal{B}_1^{\beta_1} \ldots$, $\mathcal{A}_1^{\gamma_1} \mathcal{B}_1^{\delta_1} \ldots, \ldots$ et de θ seront échangeables à t aux puissances près de θ. Or le nombre des indices X, Y,..., Z, U... est au moins la moitié σ du nombre total. Donc le groupe dérivé des substitutions ci-dessus sera au moins d'ordre $2^{\sigma+1}$. Si toutes ses substitutions ne sont pas échangeables à t, elles dériveront de la combinaison de l'une d'elles T, qui transforme t en θt, avec un groupe de substitutions échangeables à t et d'ordre égal ou supérieur à 2^σ.

Soient U, U',... les substitutions échangeables à t dont nous venons d'établir l'existence. Elles remplaceront les indices de S_0, que t altère, par des fonctions de ces mêmes indices; de même pour les indices de S_1, que t n'altère pas : elles seront donc chacune le produit de deux substitutions partielles U_0, U_1; U'_0, U'_1;... altérant respectivement les indices de S_0 et ceux de S_1.

816. Soit maintenant V une quelconque des substitutions abéliennes propres que contient Γ_0 : *elle sera échangeable à t près à l'une quelconque* U *des substitutions* U, U',.... En effet, V appartiendra à J, et par suite à $\mathfrak{L}$: donc elle sera permutable à $\mathfrak{G}$, et $U^{-1}V^{-1}UV = U_0^{-1}V^{-1}U_0V$ appartiendra à ce faisceau. Mais chaque substitution de $\mathfrak{G}$, ramenée à sa forme canonique, multiplie la moitié des indices par 1 et l'autre par -1, ou la moitié par j et l'autre par $-j$, suivant qu'elle a pour caractéristique une puissance de K^2-1 ou de K^2+1; à moins toutefois qu'elle ne se réduise à une puissance de θ, auquel cas elle multiplie tous les indices par le même facteur ± 1. Or $U_0^{-1}V^{-1}U_0V$ laisse invariables tous les indices de S_1 : donc elle multiplie les autres par un même facteur ± 1, et se réduit ainsi à une puissance de t.

817. Supposons d'abord que Γ_0 soit de première catégorie. Soient F_0, G_0 ses deux premiers faisceaux, A_1, B_1,..., A'_1, B'_1,...;... les doubles suites qui, jointes à F_0, reproduisent G_0. Les substitutions U_0, U'_0,... seront permutables à F_0, et par suite de la forme $\mathfrak{K}^\tau\mathfrak{P}^\rho\mathfrak{Q}$, $\mathfrak{K}$ et $\mathfrak{P}$ étant définies comme au n° 618, et $\mathfrak{Q}$ ne déplaçant pas les séries. D'ailleurs, les substitutions U, U',... appartenant à $\mathfrak{G}$, leurs carrés se réduiront à θ ou à 1; ceux de U_0, U'_0,... se réduiront donc à t ou à 1. Si donc le nombre ν_0 des séries de chacun des deux systèmes de S_0 est pair, on aura $\rho = 0$ ou $= \frac{\nu_0}{2}$; si ν_0 est impair, $\rho = 0$.

Soit d le nombre des systèmes de valeurs que les exposants τ, ρ peuvent prendre dans les substitutions de H. L'ordre Ω de ce groupe sera égal à $d\Omega'$, Ω' étant l'ordre du groupe H' formé par celles de ses substitutions dont le premier facteur se réduit à la forme $\mathfrak{Q}$: car en multipliant une substitution de H dont le premier facteur soit égal à $\mathfrak{K}^{\tau'}\mathfrak{P}^{\rho'}\mathfrak{Q}$ par les Ω' substitutions de H', on obtiendra Ω' substitutions ayant leur premier facteur de la forme $\mathfrak{K}^{\tau'}\mathfrak{P}^{\rho'}\mathfrak{Q}$, et qui toutes appartiendront à H.

Or soit g la substitution d'ordre $p^{\nu_0}-1$ dont les puissances reproduisent F_0; la substitution $\mathfrak{K}^\tau \mathfrak{P}^\rho \mathfrak{Q}$ la transforme en $g^{(-1)^\tau p^\rho}$ qui n'est égal à g aux puissances près de $t = g^{\frac{p^{\nu_0}-1}{2}}$ que si $(-1)^\tau p^\rho - 1$ est congru à un multiple de $\frac{p^{\nu_0}-1}{2}$ suivant le module $p^{\nu_0}-1$, d'où la condition

$$(22) \qquad 2[(-1)^\tau p^\rho - 1] \equiv 0 \pmod{p^{\nu_0}-1}.$$

Le nombre p^{ν_0} est > 4, et différent de 3^2; s'il est > 5, on ne pourra satisfaire à la congruence qu'en posant $\rho = 0$, $\tau = 0$. Soit au contraire $p^{\nu_0} = 5$, on pourra poser $\rho = 0$ et $\tau = 0$ ou 1; donc dans aucun cas d ne pourra dépasser 2. Soient d'autre part $\mathfrak{Q}U_1$, $\mathfrak{Q}'U'_1, \ldots$ les substitutions de H'. Les substitutions partielles $\mathfrak{Q}$, $\mathfrak{Q}', \ldots$ étant échangeables à celles de F_0, et échangeables à t près à toutes celles de Γ_0, appartiendront à F_0. D'ailleurs leurs quatrièmes puissances se réduisent à l'unité. Ce sont donc des puissances de $j = g^{\frac{\nu_0-1}{4}}$ $\left(\text{de } j^2 = t = g^{\frac{\nu_0-1}{2}} \text{ si } \nu_0 - 1 \text{ est impairement pair}\right)$.

Soient respectivement $j^\alpha, j^{\alpha'}, \ldots$ les substitutions $\mathfrak{Q}$, $\mathfrak{Q}', \ldots$;

$$\delta' = \frac{\alpha}{m} = \frac{\alpha'}{m'} = \ldots = \frac{4}{\delta}$$

le plus grand commun diviseur de $\alpha, \alpha', \ldots$, et de 4; $a, a', \ldots$ des entiers tels que l'on ait $a\alpha + a'\alpha' + \ldots = \delta'$. Posant $(\mathfrak{Q}U_1)^a(\mathfrak{Q}'U'_1)^{a'}\ldots = \mathfrak{V}$, on aura $\mathfrak{Q}U_1 = \mathfrak{V}^m \mathfrak{V}_1$, $\mathfrak{Q}'U'_1 = \mathfrak{V}^{m'}\mathfrak{V}'_1, \ldots$, $\mathfrak{V}_1$, $\mathfrak{V}'_1, \ldots$ étant les substitutions de H dont le premier facteur se réduit à l'unité. Soient H'' le groupe formé par ces dernières substitutions, Ω'' son ordre; on aura évidemment $\Omega' = \delta\Omega''$. D'ailleurs les substitutions $\mathfrak{V}_1$, $\mathfrak{V}'_1, \ldots$ appartenant à $\mathcal{G}$, comme toutes les substitutions de H, et laissant la moitié des indices invariables, multiplieront tous les autres indices par un même facteur ± 1. On aura donc $\Omega'' = 1$ si la substitution t_1, qui multiplie par -1 tous les indices de S_1 sans altérer ceux de S_0, n'appartient pas à H; dans le cas contraire on pourra avoir $\Omega'' = 2$.

Donc $\Omega = d\delta\Omega''$ ne pourra dépasser 8, à moins que t_1 n'appartienne à H, auquel cas on pourra avoir $\Omega = 16$. Ces chiffres devront être réduits de moitié si l'on n'a pas $p^{\nu_0} = 5$.

En supposant Γ_0 de seconde catégorie, on trouvera de même $\Omega = d\delta\Omega''$, d étant égal à 1 dans tous les cas, sauf pour $p^{\nu_0} = 3$, auquel cas il pourra être égal à 2, δ étant au plus égal à 4, et Ω'' égal à 1 ou à 2 si t_1 appartient à H, à 1 dans le cas contraire.

Si Γ_0 était de troisième catégorie, on trouverait de même $\Omega = \delta\Omega''$, δ et Ω'' étant au plus égaux à 2; donc $\Omega \overline{\overline{<}} 4$.

818. Cela posé, si l'une des substitutions t, t_1 appartient à H, on peut admettre à cause de la symétrie qui existe entre elles que c'est t. On aura alors $\Omega = 2^{2\sigma}$, et comme Ω ne peut dépasser 16, $2^\sigma \overline{\overline{<}} 4$. Si au contraire t et t_1 n'appartiennent pas à H, on aura $2^\sigma = \Omega \overline{\overline{<}} 8$ si p^{ν_0} étant égal à 5, Γ_0, Γ_1 sont tous deux de première catégorie, ou si p^{ν_0} étant égal à 3, Γ_0, Γ_1 sont de seconde catégorie. Dans tous les autres cas, on aura $2^\sigma = \Omega \overline{\overline{<}} 4$.

Donc $\mathfrak{L}$ ne peut contenir plus de 8 indices. D'ailleurs le nombre de ces indices est une puissance de 2; de plus il est le double du nombre des indices de Γ_0, qui est pair. Donc $\mathfrak{L}$ contient précisément 8 ou 4 indices.

819. Supposons d'abord que $\mathfrak{L}$ contienne 8 indices. On aura $p^{\nu_0} = 5$, et Γ_0, Γ_1 de première catégorie, ou $p^{\nu_0} = 3$, et Γ_0, Γ_1 de seconde catégorie. Dans l'un et l'autre cas, Γ_0 et Γ_1 auront pour ordre $(p-1)48$, et contiendront chacun 48 substitutions abéliennes propres. Ces substitutions, jointes ensemble, formeront un groupe K d'ordre 48^2 qui sera contenu dans J, et *a fortiori* dans $\mathfrak{L}$, et par suite dans le groupe Λ, formé par celles des substitutions de $\mathfrak{L}$ qui sont abéliennes propres. Cela posé, désignons en général par O_{2m} l'ordre d'un groupe résoluble et général, contenu dans le groupe abélien de degré 2^{2m} : on aura, suivant le mode de construction du groupe dont il s'agit,

$$O_6 = 2.3.(2^2-1),\ (2+1)3^2.2.2^2.2(2+1),\quad \text{ou}\quad 1.2.3[2(2+1)]^3;$$
$$O_4 = 4(2^2+1),\quad \text{ou}\quad 1.2[2(2+1)]^2;\qquad O_2 = 2(2+1),$$

et suivant que dans la formation du groupe $\mathfrak{L}$ il faudra employer un, deux ou trois groupes auxiliaires primaires, l'ordre de $\mathfrak{L}$ sera égal à $(p-1)2^6O_6$, $(p-1)2^6O_4O_2$ ou $(p-1)2^6O_2O_2O_2$. D'ailleurs 2 est non résidu quadratique de p; donc $\mathfrak{L}$ a pour exposant 1, et l'ordre de Λ sera simplement 2^6O_6, $2^6O_4O_2$, ou $2^6O_2O_2O_2$, Soit d'ailleurs ω l'ordre du groupe formé par les corrélatives des substitutions de Λ; l'ordre de Λ sera égal à ω, multiplié par l'ordre 2^7 du groupe $\mathcal{G}$ formé par celles de ses substitutions qui ont pour corrélative l'unité. De même l'ordre de K sera égal à $\omega_1 o$, ω_1 étant l'ordre du groupe formé par les corrélatives des substitutions qu'il contient, lequel divise évidemment ω, et o l'ordre du groupe formé par celles des substitutions de K qui appartiennent à $\mathcal{G}$.

Or il résulte des valeurs données pour les ordres de K et de Λ que l'ordre de K est divisible par 2^8, et que celui de A n'est pas divisible par une puissance de 2 supérieure à 2^{10}. Donc le rapport de ces ordres, et *a fortiori* chacun des deux entiers $\frac{\omega}{\omega_1}$, $\frac{2^7}{o}$ dont ce rapport est le produit, contient 2 à la seconde puissance tout au plus. Donc o est au moins égal à 2^5. Mais soient $U = U_0 U_1$, $U' = U'_0 U'_1, \ldots$ les substitutions de $\mathcal{G}$ qui appartiennent à K, et dont chacune est évidemment le produit de deux substitutions partielles appartenant respectivement à Γ_0 et à Γ_1. Nous avons vu (816-818) que le nombre o de ces substitutions ne peut dépasser 16; il ne peut donc être égal ou supérieur à 32.

820. Supposons maintenant que $\mathfrak{L}$ contienne quatre indices. Son second faisceau se construira en ajoutant à son premier faisceau quatre substitutions formant une ou deux doubles suites. Si elles n'en forment qu'une, son premier couple aura pour caractéristique une puissance de K^2+1 (670); ce qui ne peut avoir lieu comme on l'a vu que si le groupe auxiliaire qui sert à construire $\mathfrak{L}$ est de seconde catégorie, et tel, que le nombre des indices de chaque série, multiplié par celui des systèmes, est impair. Le nombre total des indices dans ce groupe auxiliaire étant 4, ils formeront un seul système, contenant 4 séries; l'ordre O_4 de ce groupe auxiliaire sera $4(2^2+1)$ et celui de $\mathfrak{L}$ sera $(p-1).4(2^2+1)$.

Il reste à considérer le cas où ces quatre substitutions considérées formeraient deux doubles suites. Mais il est impossible. En effet, les deux groupes auxiliaires dont dépend $\mathfrak{L}$, étant d'ordre 2^2, seraient de seconde catégorie : et dans chacun d'eux, ces deux indices ne pourraient former qu'un système, contenant deux séries, contenant chacune un seul indice. Le produit du nombre des systèmes par le nombre des indices de chaque système serait donc égal pour chacun de ces groupes au nombre impair 1. Donc chacun des deux couples $\mathcal{A}_1$, $\mathcal{B}_1$; $\mathcal{A}'_1$, $\mathcal{B}'_1$ qui forment les deux doubles suites aurait pour caractéristique une puissance de K^2+1, résultat absurde; car le nombre des couples de cette espèce devrait être pair (670).

821. L'ordre du groupe A formé par celles des substitutions de $\mathfrak{L}$ qui sont abéliennes propres sera donc égal à $4(2^2+1)\tau$, τ étant égal à 1 ou à 2 suivant que $\mathfrak{L}$ a pour exposant 1 ou 2, c'est-à-dire suivant que 2 sera ou non résidu quadratique de p. Or Γ_0 contient $2(p-1)$ substitutions abéliennes propres s'il est de première catégorie; $2(p+1)$ s'il est de seconde; 24τ s'il est de troisième. Le groupe formé par ces substitutions est contenu dans Λ; donc son ordre divise celui de Λ, et ne peut être divisible par 3. Donc Γ_0 est de première ou de seconde catégorie; de même pour Γ_1.

Or si Γ_0 est de première catégorie, on aura $p \overline{\gtrless} 7$, sans quoi on tomberait dans un des cas exclus; d'où $p - 1 \overline{\gtrless} 6$. Si Γ_0 est de seconde catégorie, on aura par la même raison $p \overline{\gtrless} 5$, d'où $p + 1 \overline{\gtrless} 6$. Les premiers faisceaux de Γ_0 et de Γ_1 combinés ensemble donneront donc un groupe contenant au moins 6.6 substitutions abéliennes propres échangeables entre elles; lequel groupe sera contenu dans $\mathfrak{L}$; résultat absurde; on voit en effet comme au n° 752, que l'ordre maximum d'un groupe contenu dans $\mathfrak{L}$ et formé de substitutions échangeables entre elles est $2\mu^2 = 32$.

822. SECOND CAS. — L *indécomposable de première catégorie.*

Soient ν' le nombre des séries de chaque système de L, μ' le nombre des indices de chacune d'elles. On aura $\mu = 2\mu'\nu'$, ce qui montre que μ' et ν' sont des puissances de 2.

Soient donc $A_1, B_1, \ldots; A'_1, B'_1, \ldots, \ldots$ les doubles suites qui, jointes à F, premier faisceau de L, reproduisent son second faisceau G; deux substitutions d'un même couple seront échangeables, à la substitution θ près, qui multiplie tous les indices par -1, et dont les puissances forment $\mathfrak{F}$, premier faisceau de $\mathfrak{L}$. Le groupe G d'ordre $\mu'^2(p^{\nu'}-1)$ a ses substitutions abéliennes propres et échangeables entre elles aux puissances près de θ, et sera évidemment contenu dans J, et par suite dans $\mathfrak{L}$. Mais $\mathfrak{L}$ ne contient aucun groupe de ce genre dont l'ordre dépasse $2\mu^2$. D'où la relation

$$2\mu^2 \overline{\gtrless} \mu'^2(p^{\nu'}-1), \quad \text{ou} \quad 8\nu'^2 \overline{\gtrless} p^{\nu'} - 1.$$

D'ailleurs $p^{\nu'} > 4$ (616); il est impair (659) et ne doit pas être supposé égal à 9 ni à 25 (704). On aura donc $p^{\nu'} = 7$, 5 ou 3^4.

823. Soit $p^{\nu'} = 7$. Supposons pour fixer les idées que $\mathcal{G}$, second faisceau de $\mathfrak{L}$, s'obtienne en combinant à la substitution θ deux doubles suites $\mathcal{A}_1, \mathcal{B}_1, \ldots, \mathcal{A}_\varsigma, \mathcal{B}_\varsigma, \ldots, \mathcal{A}'_1, \mathcal{B}'_1, \ldots, \mathcal{A}'_{\varsigma'}, \mathcal{B}'_{\varsigma'}$. L'ordre de G est égal à $6\mu'^2 = \frac{6\mu^2}{4}$. Mais d'autre part il est égal à $O\omega O'\omega'.2$, O, ω, O', ω' étant définis comme au n° 752; donc l'un des nombres $O\omega$, $O'\omega'$, par exemple $O\omega$, sera divisible par 3.

Cela posé, $O\omega$ est l'ordre d'un groupe K de substitutions échangeables entre elles, et contenu dans un groupe résoluble et primitif de degré $2^{2\varsigma}$

(752) (on a ici $\varpi = 2$), et O, ω sont les ordres des groupes partiels K_1, K_2 respectivement formés par celles de ces substitutions qui sont linéaires sans termes constants, et par celles qui accroissent les indices de simples termes constants. Or ω divise $2^{2\varsigma}$, ordre du groupe formé par toutes les substitutions qui accroissent les indices de termes constants. Donc O est divisible par 3, et K_1 contient une substitution S d'ordre 3.

Ramenons cette substitution à sa forme canonique par un changement d'indices indépendants. Soit X_1 l'un des indices qu'elle altère; elle le multipliera par une racine primitive m de la congruence $m^3 \equiv 1 \pmod{2}$, laquelle dépend d'une congruence irréductible du second degré, 2^2 étant la première des puissances successives de 2 qui, étant diminuée de l'unité, donne un multiple de 3.

Les substitutions de K, étant échangeables à S, s'obtiennent en combinant ses puissances à des substitutions qui laissent invariables X_1 et son conjugué Y_1, et dont le nombre est au plus égal à $2^{2\varsigma-2}$. Car s'il dépassait ce nombre, ces substitutions, jointes à celles qui accroissent X_1, Y_1 de nombres constants sans altérer les autres indices, feraient un groupe de plus de $2^{2\varsigma}$ substitutions échangeables entre elles, ce qui est absurde. Donc $O\omega$ sera au plus égal à $3.2^{2\varsigma-2}$. D'autre part $O'\omega'$ est au plus égal à $2^{2\varsigma'}$, par suite $O\omega O'\omega'.2$ sera au plus égal à $6\mu^2.2^{-2}$. Mais il est égal à $\frac{6\mu^2}{4}$: on aura donc

$$O\omega = 3.2^{2\varsigma-2}, \quad O'\omega' = 2^{2\varsigma'}.$$

Cela posé, on voit, comme au n° 758, que ces égalités ne peuvent avoir lieu qu'autant que les doubles suites $A_1, B_1, \ldots; A'_1, B'_1, \ldots; \ldots$ appartiennent à $\mathcal{G}$: et l'on pourra considérer $\mathcal{G}$ comme dérivé de la combinaison de θ, A_1, $B_1, \ldots; A'_1, B'_1, \ldots; \ldots$ avec un dernier couple $\mathcal{A}$, $\mathcal{B}$.

La substitution g d'ordre 6 dont les puissances reproduisent F, appartenant à $\mathcal{L}$, sera permutable à $\mathcal{G}$; mais elle est échangeable à $A_1, B_1, \ldots, A'_1$, $B'_1, \ldots$. Donc elle est permutable au faisceau ($\mathcal{A}$, $\mathcal{B}$) formé par celles des substitutions de $\mathcal{G}$ qui sont échangeables aux précédentes. Elle transformera donc $\mathcal{A}$, $\mathcal{B}$ en substitutions telles que $\theta^\varepsilon \mathcal{A}^\alpha \mathcal{B}^\beta$, $\theta^\varepsilon \mathcal{A}^\gamma \mathcal{B}^\delta$, [$\alpha, \beta, \gamma, \delta$ étant égaux à 0 ou à 1, et satisfaisant à la relation $\alpha\delta - \beta\gamma \equiv 1 \pmod{2}$]. Cette relation exige que l'un des nombres $\alpha, \beta, \gamma, \delta$, soit égal à zéro. Ce ne peut être β ni γ; car si l'on avait $\gamma = 0$, par exemple, d'où $\delta = 1$, g^2 serait échangeable à $\mathcal{A}$ et à $\mathcal{B}$, et par suite se réduirait à une puissance de θ, ces puissances étant les seules substitutions abéliennes propres qui soient échangeables à la fois à toutes les substitutions de $\mathcal{G}$. On aurait donc $g^3 = 1$, résultat absurde, g étant d'ordre 6.

Soit donc pour fixer les idées $\delta = 0$: α sera égal à 1, sans quoi g^4 serait encore échangeable à $\mathcal{A}$ et à $\mathcal{B}$. Cela posé, les transformées $\theta^s \mathcal{A}\mathcal{B}$ et $\theta^t \mathcal{A}$ de $\mathcal{A}$ et de $\mathcal{B}$ par g doivent avoir même caractéristique que $\mathcal{A}$ et $\mathcal{B}$; il faut pour cela que $\mathcal{A}$ et $\mathcal{B}$ aient pour caractéristique une puissance de $K^2 + 1$.

Or la double suite $A_1, B_1, \ldots; A'_1, B'_1, \ldots; \ldots, \mathcal{A}, \mathcal{B}$ qui sert à la formation de $\mathcal{G}$ doit contenir un nombre impair de couples qui aient pour caractéristique une puissance de $K^2 + 1$ (670). Donc le nombre $\mathfrak{x}$ des couples de la double suite $A_1, B_1, \ldots, A'_1, B'_1, \ldots, \ldots$ qui jouissent de cette propriété est nul ou pair. Mais alors, pour éviter de tomber dans un cas exclu (707), il faut admettre que J contient une substitution qui multiplie les exposants d'échange par un non résidu de 7. Or $\mathcal{L}$ ne contient aucune semblable substitution, 2 étant résidu de 7 (671). Donc $\mathcal{L}$ ne peut contenir J.

824. Soit enfin $p^\nu = 5$. Les doubles suites $A_1, B_1, \ldots; A'_1, B'_1, \ldots; \ldots$ peuvent être remplacées dans la construction de L par d'autres doubles suites $C_1, D_1, \ldots; C'_1, D'_1, \ldots; \ldots$ telles, que chacun des groupes $(C_1, D_1, \ldots)$, $(C'_1, D'_1, \ldots), \ldots$ soit permutable à toutes les substitutions de L (705); et l'on pourra déterminer dans J une substitution $\mathfrak{K}'$ qui soit échangeable à $C_1, D_1, \ldots; C'_1, D'_1, \ldots; \ldots$ et qui transforme la substitution g, dont les puissances reproduisent F, en θg. Cette substitution, jointe à celles de G, donne un groupe H qui contient θ et dont les substitutions sont abéliennes propres, et échangeables entre elles à θ près. Or supposons, pour fixer les idées, que $\mathcal{G}$ résulte de la combinaison de θ avec deux doubles suites $\mathcal{A}_1$, $\mathcal{B}_1, \ldots, \mathcal{A}_\varsigma, \mathcal{B}_\varsigma; \mathcal{A}'_1, \mathcal{B}'_1, \ldots, \mathcal{A}'_{\varsigma'}, \mathcal{B}'_{\varsigma'}$. L'ordre Ω de H sera égal à $O\omega O'\omega'.2$, O, ω, O', ω' étant définis comme précédemment. On a $O\omega \overline{\overline{<}} 2^{2\varsigma}$, $O'\omega' \overline{\overline{<}} 2^{2\varsigma'}$, d'où $\Omega \overline{\overline{<}} 2\mu^2$. Mais $\Omega = 2\mu'^2(p^\nu - 1) = 2\mu^2$. Donc $O\omega = 2^{2\varsigma}$, $O'\omega' = 2^{2\varsigma'}$; relations qui ne peuvent subsister que si ω et ω' sont > 1 (728). Donc l'une au moins des substitutions de H, autre que les puissances de θ, appartiendra au faisceau $(\mathcal{A}'_1, \mathcal{B}'_1, \ldots)$.

Si g appartient à l'un des faisceaux $(\mathcal{A}_1, \mathcal{B}_1, \ldots)$, $(\mathcal{A}'_1, \mathcal{B}'_1, \ldots)$, on peut admettre, par raison de symétrie, que ce n'est pas au second. Cela posé, les substitutions de H sont de la forme $g^s \mathfrak{K}'^t C_1^{\gamma_1} D_1^{\delta_1} \ldots C_1'^{\gamma'_1} D_1'^{\delta'_1} \ldots$, s variant de 0 à 3, et $t, \gamma_1, \delta_1, \ldots, \gamma'_1, \delta'_1, \ldots$ de 0 à 1. Soit T une de ces substitutions, autre que les puissances de θ et qui appartienne au faisceau $(\mathcal{A}'_1, \mathcal{B}'_1, \ldots)$. Les exposants $\gamma_1, \delta_1, \ldots, \gamma'_1, \delta'_1, \ldots$ ne peuvent être tous nuls. En effet, s'ils l'étaient et que t le fût également, T se réduirait à une puissance de $\theta = g^2$, contre l'hypothèse, ou à une puissance de θ multipliée par g; et le faisceau $(\mathcal{A}'_1, \mathcal{B}'_1, \ldots)$ contiendrait g, contre l'hypothèse. Si l'on avait au contraire $t=1$, d'où $T = g^t \mathfrak{R}'$, nous avons vu (764-765) que J contient une substitution ϖ qui transforme $\mathfrak{R}'$ en $g^\tau \mathfrak{R}'$, τ étant impair. Comme elle transforme d'ailleurs g en $\theta^m g$, m étant égal à o ou à 1, on aura

$$T^{-1}\varpi^{-1}T\varpi = \mathfrak{R}'^{-1}\theta^{ms} g^\tau \mathfrak{R}' = \theta^{ms} g^{-\tau} = g\theta^{ms - \frac{\tau+1}{2}}.$$

Or ϖ, appartenant à J et *a fortiori* à $\mathfrak{L}$, sera permutable à chacun des deux faisceaux H et $(\mathcal{A}'_1, \mathcal{B}'_1, \ldots)$. Donc $T^{-1}.\varpi^{-1}T\varpi$, et par suite g, sera commun à ces deux faisceaux, contre l'hypothèse.

Soit donc γ_1, par exemple, $\gtrless 0$. Le groupe J étant évidemment permutable aux substitutions de L, l'une au moins U de ses substitutions sera échangeable à $C'_1, D'_1, \ldots; C''_1, D''_1, \ldots; \ldots$ sans être échangeable, aux puissances près de θ, à $C_1^{\gamma_1} D_1^{\delta_1} \ldots$ (la démonstration est toute semblable à celle du n° 733, on doit seulement changer les lettres M, A, B en J, C, D). D'ailleurs U est permutable à H et à $(\theta, \mathcal{A}'_1, \mathcal{B}'_1, \ldots)$; la substitution $T^{-1}.U^{-1}TU = T_1$, laquelle se réduit à la forme $g^{\varepsilon_1} C_1^{\gamma} D_1^{\delta} \ldots$ sera donc commune à ces deux faisceaux. Soit maintenant V une autre substitution de J, qui ne soit pas échangeable à $C_1^{\gamma} D_1^{\delta} \ldots$ aux puissances près de θ. Comme elle transforme g en g ou θg, la substitution $T_1^{-1}V^{-1}T_1 V$ appartiendra au faisceau $(C_1, D_1, \ldots)$. Cette substitution, et ses transformées par celles de J, lesquelles reproduisent tout le faisceau, seront communes aux deux faisceaux H et $(\mathcal{A}'_1, \mathcal{B}'_1, \ldots)$; et l'on pourra supposer la double suite $\mathcal{A}'_1, \mathcal{B}'_1, \ldots$ choisie de telle sorte que ses σ premiers couples soient $C_1, D_1, \ldots$.

Poursuivant le raisonnement comme au n° 758, on voit que le faisceau $(\mathcal{A}'_1, \mathcal{B}'_1, \ldots)$ peut être considéré comme dérivé de la combinaison de θ avec une ou plusieurs des doubles suites de G.

825. Supposons, pour fixer les idées, que G contienne trois doubles suites, dont la dernière appartienne seule au faisceau $(\mathcal{A}'_1, \mathcal{B}'_1, \ldots)$. Le nombre ω étant > 1, l'une au moins des substitutions $g^s \mathfrak{R}'' C_1^{\gamma_1} D_1^{\delta_1} \ldots C_1'^{\gamma'_1} D_1'^{\delta'_1} \ldots$ du faisceau Φ dérivé de $g, \mathfrak{R}', C_1, D_1, \ldots, C'_1, D'_1, \ldots$ (autre que les puissances de θ) aura pour première corrélative l'unité; et comme elle est échangeable à $C''_1, D''_1, \ldots = \mathcal{A}'_1, \mathcal{B}'_1, \ldots$, elle appartiendra au faisceau $(\mathcal{A}_1, \mathcal{B}_1, \ldots)$.

Nous allons maintenant prouver que *chacune des substitutions* $g, \mathfrak{R}', C_1, D_1, \ldots, C'_1, D'_1, \ldots$ *appartient au faisceau* $(\mathcal{A}_1, \mathcal{B}_1, \ldots)$.

1° Supposons d'abord que le groupe Ψ formé par les substitutions communes aux faisceaux Φ et $(\mathcal{A}_1, \mathcal{B}_1, \ldots)$ contienne une substitution T, où l'exposant t ne s'annule pas. Soit, pour fixer les idées, $T = g^s \mathfrak{A}' C_1^t$. On voit, comme au n° **824**, que parmi les substitutions de J qui sont échangeables à g, C'_1, $D'_1, \ldots$, il en est une au moins, U, qui n'est pas échangeable à C_1^t aux F près. La substitution $T' = T^{-1}.U^{-1}TU$, appartenant à la fois à Φ et à $(\mathcal{A}_1, \mathcal{B}_1, \ldots)$, appartiendra à Ψ, et se réduira à une forme telle que $g^{s'} C_1^t D_1^s \ldots$. Soit de même V une substitution de J qui ne soit pas échangeable à T' aux F près. Le groupe Φ contiendra la substitution $T'^{-1}.V^{-1}T'V = T''$, et ses transformées par les substitutions de J, lesquelles reproduiront tout le faisceau $(C_1, D_1, \ldots)$. Ce groupe, contenant T et C_1, contiendra $g^s \mathfrak{A}'$. D'ailleurs J contient une substitution $\mathfrak{C}$ échangeable à g et qui transforme $\mathfrak{A}'$ en $\mathfrak{A}' g^\tau$, τ étant impair (765) : et Φ contiendra $(g^s \mathfrak{A}')^{-1} \mathfrak{C}^{-1} g^s \mathfrak{A}' \mathfrak{C} = g^\tau$. Il contient d'ailleurs $g^2 = C_1^{-1} D_1^{-1} C_1 D_1$: donc il contiendra g; donc il contiendra $g^{-s}.g^s \mathfrak{A}' = \mathfrak{A}'$.

Cela posé, on peut admettre que la double suite $\mathcal{A}_1, \mathcal{B}_1, \ldots$ ait été choisie de telle sorte que ses premiers couples soient formés par les substitutions $\mathfrak{A}'$, $g\mathfrak{A}'$, C_1, $D_1, \ldots$; et l'on verra, comme au n° **758**, que le faisceau $(\mathcal{A}_1, \mathcal{B}_1, \ldots)$ contient les substitutions C'_1, $D'_1, \ldots$ qui, jointes aux précédentes, termineront la double suite.

826. 2° Supposons au contraire que l'on ait $t = 0$ dans toutes les substitutions de Ψ. Nous allons voir que cette hypothèse est inadmissible. Faisons correspondre aux substitutions $\mathcal{A}_1, \mathcal{B}_1, \ldots, \mathcal{A}_\varsigma, \mathcal{B}_\varsigma$ les suivantes

$$a_1 = | \; x_1, y_1, \ldots \quad x_1 + 1, y_1, \ldots \; |, \qquad b_1 = | \; x_1, y_1, \ldots \quad x_1, y_1 + 1, \ldots \; |, \ldots;$$

et soit H_0 le groupe auxiliaire relatif à la double suite $\mathcal{A}_1, \mathcal{B}_1, \ldots$, et qui sert à la construction de $\mathfrak{L}$: ses substitutions seront hypoabéliennes, et de la forme suivante

$$| \; x_1, y_1, \ldots \quad a'_1 x_1 + c'_1 y_1 + \ldots, \; b'_1 x_1 + d'_1 y_1 + \ldots, \ldots \; |,$$

et jointes au groupe H_1 dérivé des substitutions a_1, $b_1, \ldots$, elles formeront un groupe H résoluble et primitif.

Le groupe h_0 formé par les premières corrélatives des substitutions de Φ, joint au groupe h_1 formé par celles des substitutions du faisceau $(a_1, b_1, \ldots)$ qui correspondent aux substitutions communes à Φ et à $(\mathcal{A}_1, \mathcal{B}_1, \ldots)$ formera un groupe h d'ordre $2^{2\varsigma}$ contenu dans H, et dont les substitutions sont échangeables entre elles.

Ramenons le groupe H_0 à la forme type par un choix convenable d'indices; et supposons que les nouveaux indices se répartissent en λ systèmes (ou couples de systèmes) $S_1, S_2, \ldots$ contenant chacun 2ν séries, contenant chacune μ indices.

827. *Le groupe h_0 ne contient aucune substitution qui déplace les systèmes (couples de systèmes).* Supposons en effet que ces substitutions permutent entre eux les m systèmes (ou couples) $S_1, \ldots, S_m$. L'ordre O de h sera égal à $m\omega$, ω étant l'ordre du groupe h' formé par celles des substitutions de h qui ne déplacent pas ces systèmes, et dont chacune sera de la forme $V_1 \ldots V_m W$, V_ρ étant une substitution qui n'altère que les indices de S_ρ, et W une substitution qui n'altère que les indices des systèmes autres que $S_1, \ldots, S_m$ (721).

Soient k le groupe dérivé des premières substitutions partielles $V_1, V'_1, \ldots$; ω_1 son ordre. Ces substitutions, jointes à celles de H_1 qui laissent invariables les indices de S_1, forment un groupe de $\omega_1 . 2^{2\varsigma - 2\mu\nu}$ substitutions échangeables entre elles. Mais le nombre de ces substitutions ne peut dépasser $2^{2\varsigma}$: donc ω_1 est au plus égal à $2^{2\mu\nu}$. On a d'ailleurs évidemment $\omega = \omega_1 \omega_2$, ω_2 étant l'ordre du groupe j formé par celles des substitutions de h qui laissent invariables les indices de S_1. Ces dernières substitutions, étant échangeables à celles de h_0 qui permutent ensemble $S_1, \ldots, S_m$, laisseront invariables les indices de tous ces systèmes, et se réduiront à la forme W. En les joignant à celles des substitutions de H_1 qui n'altèrent que les indices de $S_1, \ldots, S_m$, on aura un groupe de substitutions échangeables entre elles, dont l'ordre $\omega_2 . 2^{2m\mu\nu}$ ne peut dépasser $2^{2\varsigma}$; donc $\omega_2 \overline{\overline{<}} 2^{2\varsigma - 2m\mu\nu}$ et $O = m\omega_1\omega_2 \overline{\overline{<}} m 2^{2\varsigma - 2(m-1)\mu\nu}$ sera $< 2^\varsigma$, contrairement à l'hypothèse.

828. *Le groupe H_0 ne peut être de première catégorie.* En effet, on aurait $2^\nu > 4$, d'où $\nu > 2$ (616), et l'on verrait, par le raisonnement qui précède, que h_0 ne contient aucune substitution qui permute les systèmes d'un même couple. S'il contenait des substitutions permutant les séries d'un même système, il existerait (722) un groupe de substitutions échangeables entre elles, contenu dans H, et dont l'ordre $2^{\nu - \delta} \frac{\delta}{\nu} O$ (δ étant un diviseur de ν) serait $> O = 2^{2\varsigma}$, résultat absurde. Enfin s'il contenait une substitution altérant les indices d'un système sans déplacer les séries, il existerait (723-727) un groupe de substitutions échangeables entre elles, contenu dans H, et dont l'ordre $O . 2^{(q-1)e\nu - \delta}$ serait $> O$, résultat absurde.

Si H_0 est de seconde catégorie, on pourra raisonner de même, en remarquant seulement que le nombre des séries de chaque système n'est plus ν, mais 2ν : et l'on verra : 1° que h_0 ne peut contenir de substitution (autre que l'unité) qui déplace les séries que si l'on a $\nu = 1$; 2° qu'il ne peut en aucun cas contenir de substitution qui altère les indices d'un système sans en déplacer les séries.

829. Soit maintenant T une substitution de h_0, différente de l'unité; son carré, ne déplaçant plus les séries d'aucun des systèmes $S_1, \ldots$, se réduira à l'unité. Soient d'ailleurs S_1 l'un des systèmes dont T déplace les séries; x, $x', \ldots$ les indices de la première série de S_1; y, $y', \ldots$ les fonctions des indices de la seconde série que T leur fait succéder : T remplace réciproquement $y, y', \ldots$ par $x, x', \ldots$; et pour qu'une fonction des indices de S_1 reste inaltérée par cette substitution, il faut évidemment qu'elle soit de la forme $a(x+y)+a'(x'+y')+\ldots$. Donc les fonctions qui jouissent de cette propriété se ramènent à μ fonctions distinctes.

Cela posé, la substitution T est le produit de deux substitutions partielles, dont l'une, T_1, altère les indices de S_1, l'autre ϖ altérant les autres indices. Remplaçons les indices de S_1 par d'autres indices indépendants X, Y, X', Y',... choisis de manière à ramener T_1 à sa forme canonique

$$| \; X, Y, X', Y', \ldots \quad X+Y, Y, X'+Y', Y', \ldots \; |,$$

et soient $z, z', \ldots$ les indices des autres systèmes. La substitution T prendra une forme telle que

$$| \; X, Y, X', Y', \ldots, z, z', \ldots \quad X+Y, Y, X'+Y', Y', \ldots, \varphi(z, z', \ldots), \varphi'(z, z', \ldots), \ldots \; |.$$

Les substitutions de h_0 résultent de la combinaison de T avec des substitutions qui laissent invariables les indices de S_1. Car soit U l'une d'elles; l'une des deux substitutions U, $T^{-1}U$, ne déplaçant pas les séries de S_1, n'altérera pas les indices de ce système. Il résulte de là que les substitutions de h résultent de la combinaison de T avec des substitutions qui accroissent simplement X, Y, X', Y',... de termes constants. Ces dernières substitutions, étant échangeables à T, se réduiront à la forme

$$| \; X, Y, X', Y', \ldots, z, z', \ldots \quad X+\alpha, Y, X'+\alpha', Y', \ldots, f(z, z', \ldots), f'(z, z', \ldots), \ldots \; |,$$

et les coefficients $\alpha, \alpha', \ldots$ étant en nombre μ, l'ordre O de h sera au plus égal à $2.2^{\mu}\Omega$, Ω étant l'ordre du groupe formé par celles de ses substitutions qui n'altèrent pas les indices de S_1. Or ces dernières substitutions, jointes à celles de H_1 qui n'altèrent que les indices de S_1, donnent un groupe de substitutions échangeables entre elles, et d'ordre $2^{2\mu}\Omega$. Cet ordre ne pouvant être supérieur à O, on aura $\mu = 1$.

Chacun des systèmes $S_1, S_2, \ldots$ contiendra donc deux indices. On pourra remplacer dans chacun d'eux les indices imaginaires par deux indices réels tels, que les exposants d'échange mutuels des substitutions correspondantes soient congrus à 1 ainsi que leurs caractères, et l'on peut admettre que ces nouveaux indices se confondent respectivement avec $x_1, y_1; x_2, y_2; \ldots$ (658).

830. Les substitutions de h_0 résultant, d'après ce qui précède, de la combinaison de T avec le groupe h'_0 formé par celles de ses substitutions qui n'altèrent pas les indices de S_1, son ordre ω sera égal à $2\omega'$, ω' étant l'ordre de h'_0. Soit S_2 un système dont les substitutions de h'_0 permutent les séries; on aura de même $\omega' = 2\omega''$, ω'' étant l'ordre du groupe h''_0 formé par les substitutions de h_0 qui n'altèrent pas les indices de S_1 ni de S_2. Continuant ainsi, on voit que ω est au plus égal à $2^\lambda = 2^\varsigma = 2^{\sigma+\sigma'+1}$. Or les substitutions de la forme $g^t \mathfrak{A}^u C_1^{\gamma_1} D_1^{\delta_1} \ldots C_1'^{\gamma'_1} D_1'^{\delta'_1} \ldots$, où t est égal à 0 ou à 1, sont en nombre $2^{2\sigma+2\sigma'+3}$. Donc parmi ces substitutions, il en est au moins $2^{\sigma+\sigma'+2}$, $\Sigma, \Sigma', \ldots$ ayant une même corrélative; les $2^{\sigma+\sigma'+2}$ substitutions $1, \Sigma^{-1}\Sigma', \ldots$, qui sont de la même forme, auront pour corrélative l'unité; donc, par hypothèse, l'exposant t y sera nul (826).

Ces substitutions seront de la forme $\theta^\rho \varphi_1 \varphi_2 \ldots$, en posant pour abréger $\varphi_1 = \mathcal{A}_1^{\alpha_1} \mathcal{B}_1^{\beta_1}$, $\varphi_2 = \mathcal{A}_2^{\alpha_2} \mathcal{B}_2^{\beta_2}, \ldots$. Soient donc $\theta^\rho \varphi_1 \varphi_2 \ldots$, $\theta^{\rho'} \varphi'_1 \varphi'_2 \ldots, \ldots$ ces substitutions. *Chacune des substitutions partielles* $\varphi_1, \varphi_2, \ldots, \varphi'_1, \varphi'_2, \ldots, \ldots$ *sera dérivée de* $g, C_1, D_1, \ldots, C'_1, D'_1, \ldots$. En effet, ces substitutions partielles, étant échangeables entre elles à θ près, forment avec θ un groupe résoluble K. De plus, ce groupe est permutable aux substitutions de J. En effet, soit ϖ l'une quelconque de ces dernières substitutions : elle est permutable, d'une part au faisceau $(\mathcal{A}_1, \mathcal{B}_1, \ldots)$ (car elle appartient à $\mathcal{L}$), d'autre part au faisceau $(g, C_1, D_1, \ldots, C'_1, D'_1, \ldots)$. Elle transforme donc les unes dans les autres les substitutions $\theta^\rho \varphi_1 \varphi_2 \ldots$, $\theta^{\rho'} \varphi'_1 \varphi'_2 \ldots, \ldots$ communes à ces deux faisceaux. Soit par exemple

$$(23) \qquad \varpi^{-1} . \theta^\rho \varphi_1 \varphi_2 \ldots \varpi = \theta^{\rho'} \varphi'_1 \varphi'_2 \ldots.$$

ϖ est échangeable à θ; d'ailleurs, soit S_s le système auquel sa première corrélative U fait succéder le système S_r : ϖ transformera évidemment les substitutions dérivées de $\mathcal{A}_r, \mathcal{B}_r$, en substitutions dérivées de $\mathcal{A}_s, \mathcal{B}_s$. Supposons en particulier que U fasse succéder S_1 à S_2 : la relation (23) donnera

$$\varphi_2'^{-1}\upsilon^{-1}\varphi_1\upsilon = \theta^{\rho'-\rho}\varphi_1'\ldots\upsilon^{-1}\varphi_2^{-1}\ldots\upsilon,$$

relation dont le premier membre est dérivé de $\mathcal{A}_2$, $\mathcal{B}_2$, et le second membre de $\mathcal{A}_1$, $\mathcal{B}_1$, $\mathcal{A}_2$, $\mathcal{B}_2,\ldots$. Ils ne peuvent donc être égaux que s'ils se réduisent tous deux à une puissance de θ. On aura donc une égalité telle que

$$\varphi_2'^{-1}\upsilon^{-1}\varphi_1\upsilon = \theta^{\tau}, \quad \text{d'où} \quad \upsilon^{-1}\varphi_1\upsilon = \theta^{\tau}\varphi_2'.$$

Donc la transformée de l'une quelconque φ_1 des substitutions de K par υ appartient à K.

Le groupe $\mathfrak{X}$ dérivé de la combinaison de K avec J sera résoluble (**527**). Son premier faisceau φ contient F. En effet, F a ses substitutions échangeables entre elles, et il est permutable aux substitutions de J. Il l'est de plus à celles de K. Soit en effet υ une substitution de F; elle ne déplace aucun des systèmes $S_1, S_2,\ldots$; de plus, elle est échangeable à $\theta^{\rho}\varphi_1\varphi_2\ldots$. On en déduit, par le raisonnement qui précède,

$$\varphi_1^{-1}\upsilon^{-1}\varphi_1\upsilon = \varphi_2\ldots\upsilon^{-1}\varphi_2^{-1}\ldots\upsilon = \theta^{\tau'}.$$

Donc φ_1 est échangeable à υ aux puissances près de θ. De même $\varphi_2,\ldots$.

Cela posé, soit Λ un groupe résoluble et général parmi ceux dont les substitutions sont abéliennes, qui contiennent $\mathfrak{X}$ et dont le premier faisceau contient φ. Il sera de première ou de seconde catégorie, et contiendra J; donc il se réduit à L (**760-813**); et $\mathfrak{X}$, ayant ses substitutions abéliennes propres, sera contenu dans J. Donc J contient $\varphi_1, \varphi_2,\ldots, \varphi_1', \varphi_2',\ldots,\ldots$. Ces substitutions font partie de son second faisceau. En effet, nous avons vu qu'elles sont échangeables aux puissances près de θ aux substitutions de F. On verrait de même qu'elles le sont à $C_1, D_1,\ldots, C_1', D_1',\ldots$. Quant à $C_1'', D_1'',\ldots = \mathcal{A}_1', \mathcal{B}_1',\ldots$, elles leur sont échangeables. Donc φ_1, par exemple, est de la forme $g^s\mathfrak{A}^t C_1^{\gamma_1}D_1^{\delta_1}\ldots C_1'^{\gamma_1'}D_1'^{\delta_1'}\ldots$. D'ailleurs $t=0$, par hypothèse (**826**).

831. L'un au moins des exposants $\gamma_1, \delta_1,\ldots, \gamma_1', \delta_1',\ldots$ diffère de zéro dans l'une φ_1 des substitutions (autres que les puissances de θ) communes aux faisceaux $(\mathcal{A}_1, \mathcal{B}_1,\ldots)$ et $(g, C_1, D_1,\ldots, C_1', D_1',\ldots)$; car ces substitutions sont en nombre $2^{\sigma+\sigma'+2}$, supérieur à celui 2^2 des substitutions de la forme g^s. Soit par exemple $\gamma_1 \gtrless 0$. On voit, comme aux nos **733** ou **824**, que parmi les substitutions de J qui sont échangeables à $g, C_1, D_1',\ldots$, il en existe une au moins U qui ne soit pas échangeable à $C_1^{\gamma_1}D_1^{\delta_1}\ldots$. La substitution $\varphi_1^{-1}.U^{-1}\varphi_1 U$ appartiendra à la fois aux deux faisceaux $(\mathcal{A}_1, \mathcal{B}_1,\ldots)$ et $(C_1, D_1,\ldots)$; et ses transformées par les substitutions de J appartiendront également à $(\mathcal{A}_1, \mathcal{B}_1,\ldots)$, et d'autre part elles reproduiront tout le faisceau $(C_1, D_1,\ldots)$. Donc les substitutions de ce faisceau sont contenues dans le groupe $\Psi' = (\theta, \varphi_1, \varphi_2,\ldots, \varphi'_1, \varphi'_2,\ldots,\ldots)$; et ce groupe contiendra au moins une substitution D_1 qui ne soit pas échangeable à φ_1. Celles des substitutions de ce groupe qui sont échangeables à toutes les autres se réduisent donc à des puissances de g, et seront des puissances d'une seule d'entre elles.

832. Cela posé, supposons que les substitutions $\varphi_\rho, \varphi'_\rho,\ldots$, par exemple, ne se réduisent pas toutes à l'unité, ρ étant un entier constant arbitraire. Elles sont de la forme $\mathcal{A}_\rho^{\alpha_\rho}\mathcal{B}_\rho^{\beta_\rho}$. Si elles ne sont pas toutes identiques à φ_ρ, leur combinaison reproduira le faisceau $(\mathcal{A}_\rho, \mathcal{B}_\rho)$, lequel se trouvera par suite contenu dans Ψ'. Dans le cas contraire, φ_ρ sera échangeable à toutes les substitutions de Ψ' et se réduira à une puissance de g. Soit maintenant τ un entier autre que ρ. Si φ_τ diffère de l'unité, φ_ρ et φ_τ, n'étant pas les puissances d'une même substitution, ne peuvent être échangeables à la fois aux substitutions de Ψ'. Donc l'une au moins des substitutions $\varphi'_\tau,\ldots$ diffère de φ_τ; et par suite Ψ' contiendra $\mathcal{A}_\tau$, $\mathcal{B}_\tau$. Donc les substitutions de Ψ' résultent dans tous les cas d'un certain nombre de couples $\mathcal{A}_\tau, \mathcal{B}_\tau,\ldots$ de la double suite $\mathcal{A}_1, \mathcal{B}_1; \mathcal{A}_2, \mathcal{B}_2;\ldots$, seuls, ou joints à une puissance de g, telle que φ_ρ. Cela posé, Ψ' *contiendra toutes les substitutions des deux doubles suites* $C_1, D_1,\ldots, C'_1, D'_1,\ldots$. Supposons en effet qu'il contînt seulement celles de la double suite $C_1, D_1,\ldots$. Le groupe Ψ' s'obtient d'une part en combinant une puissance de g avec les substitutions $C_1, D_1,\ldots$; d'autre part en combinant cette même puissance de g avec certains couples $\mathcal{A}_{\sigma'+2}$, $\mathcal{B}_{\sigma'+2},\ldots; \mathcal{A}_\varsigma, \mathcal{B}_\varsigma$. Donc les substitutions dérivées de ces couples reproduisent, aux puissances près de g, chacune des substitutions $C_1, D_1,\ldots$. Soient $g^{p_1}C_1, g^{q_1}D_1,\ldots$ les substitutions qui résultent ainsi de la combinaison de $\mathcal{A}_{\sigma'+2}, \mathcal{B}_{\sigma'+2},\ldots, \mathcal{A}_\varsigma, \mathcal{B}_\varsigma$, et qui réciproquement, combinées entre elles, reproduiront ces dernières substitutions.

Soit Φ' le faisceau dérivé des substitutions $g, C'_1, D'_1,\ldots, \mathfrak{A}'' = \mathfrak{A}' C_1^{q_1} D_1^{p_1}\ldots$: ses substitutions, en nombre $2^{2\sigma'+3}$, sont échangeables entre elles, et aux substitutions $\mathcal{A}_{\sigma'+2}, \mathcal{B}_{\sigma'+2},\ldots, \mathcal{A}_\varsigma, \mathcal{B}_\varsigma$. Leurs premières corrélatives seront donc échangeables entre elles, et laisseront invariables les indices $x_{\sigma'+2}$, $y_{\sigma'+2},\ldots, x_\varsigma, y_\varsigma$. L'ordre du groupe qu'elles forment est au plus égal à $2^{\sigma'+1}$ (**830**). Donc Φ' a $2^{\sigma'+2}$ substitutions au moins contenues dans le faisceau $(\mathcal{A}_1, \mathcal{B}_1,\ldots, \mathcal{A}_{\sigma'+1}, \mathcal{B}_{\sigma'+1})$. Ces substitutions sont toutes de la forme

$g^{s}\mathfrak{R}''^{t}C_1'^{\gamma_1}D_1'^{\delta_1}\ldots = g^{s'}\mathfrak{R}'^{t}C_1^{q_1 t}D_1^{p_1 t}\ldots C_1'^{\gamma_1}D_1'^{\delta_1}\ldots$, ou comme $t=0$, par hypothèse, de la forme $g^{s'}C_1'^{\gamma_1}D_1'^{\delta_1}\ldots$. Dans l'une au moins d'entre elles, un des exposants $\gamma_1, \delta_1, \ldots$ sera $\gtrless 0$; et le faisceau $(\mathcal{A}_1, \mathcal{B}_1, \ldots, \mathcal{A}_{\sigma'+1}, \mathcal{B}_{\sigma'+1})$ contiendra toute la double suite $C_1', D_1', \ldots$, contrairement à l'hypothèse.

833. Cela posé, on voit, comme au numéro précédent : 1° que tous les couples $\mathcal{A}_1, \mathcal{B}_1, \ldots, \mathcal{A}_\varsigma, \mathcal{B}_\varsigma$, sauf le premier, sont dérivés de substitutions des formes $g^{p_1}C_1, g^{q_1}D_1, \ldots, g^{p_1'}C_1', g^{q_1'}D_1', \ldots$; 2° que le groupe Φ'' d'ordre 2^3, dérivé de g et de $\mathfrak{R}''=\mathfrak{R}'C_1^{q_1}D_1^{p_1}\ldots C_1'^{q_1'}D_1'^{p_1'}\ldots$ a 2^2 substitutions communes avec le faisceau $(\mathcal{A}_1, \mathcal{B}_1)$. Ces substitutions se réduiront aux puissances de g; réciproquement g et ses puissances, au nombre de quatre, appartiendront à Ψ.

Ce point établi, le groupe $(\mathcal{A}_1, \mathcal{B}_1, \ldots)$ résulte de la combinaison de g, $C_1, D_1, \ldots, C_1', D_1', \ldots$ avec une nouvelle substitution échangeable à $C_1, D_1, \ldots, C_1', D_1', \ldots$, et qui transforme g en θg. Cette substitution est égale à $s\mathfrak{R}'$, s étant une substitution abélienne propre, échangeable à g, $C_1, D_1, \ldots, C_1', D_1', \ldots$, et par suite se réduisant à une puissance de g, telle que g^ρ. Donc Ψ contiendra contre l'hypothèse (826) la substitution $g^\rho\mathfrak{R}'$.

834. Faisons maintenant correspondre aux substitutions $g, \mathfrak{R}', C_1, D_1, \ldots, C_1', D_1', \ldots$ dont le faisceau $(\mathcal{A}_1, \mathcal{B}_1, \ldots)$ est dérivé, les suivantes :

$$\begin{aligned} a_0 &= | x_0, y_0, \ldots, x_{\sigma+\sigma'}, y_{\sigma+\sigma'} \quad x_0+1, y_0, \ldots, x_{\sigma+\sigma'}, y_{\sigma+\sigma'} |, \\ b_0 &= | x_0, y_0, \ldots, x_{\sigma+\sigma'}, y_{\sigma+\sigma'} \quad x_0, y_0+1, \ldots, x_{\sigma+\sigma'}, y_{\sigma+\sigma'} |, \\ &\ldots\ldots\ldots\ldots\ldots\ldots\ldots\ldots\ldots\ldots, \end{aligned}$$

puis à chaque substitution de $\mathfrak{L}$, qui transforme $g, \mathfrak{R}', \ldots$ en $\theta^\rho g^{a_0}\mathfrak{R}'^{b_0}\ldots$, $\theta^\tau g^{c_0}\mathfrak{R}'^{d_0}\ldots, \ldots$, donnons pour corrélative la suivante :

$$| x_0, y_0, \ldots \quad a_0x_0 + c_0y_0 + \ldots, b_0x_0 + d_0y_0 + \ldots, \ldots |.$$

L'ensemble de ces corrélatives formera un groupe, que nous désignerons par $\mathfrak{L}_0$.

En particulier, les substitutions de L étant permutables au faisceau $(C_1, D_1, \ldots, C_1', D_1', \ldots)$ et échangeables à g, leurs corrélatives se réduiront à la forme

$$\left| \begin{matrix} x_0, y_0 & x_0 + c_0y_0, y_0 \\ x_1, y_1, \ldots & a_1'x_1 + c_1'y_1 + \ldots, b_1'x_1 + d_1'y_1 + \ldots, \ldots \end{matrix} \right|.$$

Elles forment d'ailleurs un groupe L_0 contenu dans $\mathfrak{L}_0$. Si dans l'expression des substitutions de L_0 on effaçait le premier couple d'indices x_0, y_0, on obtiendrait un nouveau groupe L'_0, d'ordre $2^{\sigma+\sigma'}$, lequel se confondrait évidemment avec le groupe complexe qui résulte de la fusion en un seul des deux groupes auxiliaires primaires l, l' qui servent à la construction de L, et correspondent respectivement aux deux doubles suites $C_1, D_1, \ldots; C'_1, D'_1, \ldots$.

Soit J'_0 le groupe qui est à L'_0 ce que J est à L dans la fin de l'énoncé du théorème C (715). Ce groupe est contenu dans le groupe I'_0, analogue au groupe I du n° 765. Celles des substitutions de J qui correspondent à celles de J'_0, seront donc échangeables à $\mathfrak{A}'$, aux puissances près de $j^2 = \theta$ (765). Elles ont donc pour corrélatives dans $\mathfrak{L}_0$ des substitutions pour lesquelles $c_0 = 0$, et qui formeront un groupe, que nous appellerons J_0.

835. Cela posé, admettons pour plus de généralité, que $\mathfrak{L}_0$ soit décomposable. Si l'on changeait d'indices de manière à ramener $\mathfrak{L}_0$ à sa forme type, les nouveaux indices se partageraient en systèmes (couples de systèmes) tels, que les fonctions linéaires des indices de l'un quelconque d'entre eux fussent remplacées par les fonctions linéaires des indices de l'un d'eux dans chacune des substitutions de $\mathfrak{L}_0$, et *a fortiori* dans chacune de celles de J_0.

Nous allons maintenant établir que *l'un des systèmes $s, s', \ldots$ de fonctions linéaires dont il s'agit est formé des indices x_0, y_0, seuls, ou joints à $x_1, y_1, \ldots, x_\sigma, y_\sigma$ à $x_{\sigma+1}, y_{\sigma+1}, \ldots, x_{\sigma+\sigma'}, y_{\sigma+\sigma'}$ ou à tous ces indices à la fois.*

Remplaçons les indices $x_1, y_1, \ldots, x_\sigma, y_\sigma$ par d'autres indices indépendants, choisis de manière à ramener l à sa forme type. Ces nouveaux indices se répartissent en général entre λ systèmes (couples de systèmes) $\Sigma_0, \ldots, \Sigma_{\lambda-1}$, contenant chacun 2ν séries, contenant chacune μ indices, $\lambda\mu\nu$ étant égal à σ. On peut de même remplacer les indices $x_{\sigma+1}, y_{\sigma+1}, \ldots$ par d'autres indices choisis de manière à ramener l' à sa forme type, et qui se répartissent entre λ' systèmes (couples de systèmes), $\Sigma_\lambda, \ldots, \Sigma_{\lambda+\lambda'-1}$, contenant chacun $2\nu'$ séries, contenant chacune μ' indices. Ces préliminaires posés, on voit, comme aux nos 769-771, que l'un au moins des systèmes $s, s', \ldots$ contient une fonction φ qui s'exprime à l'aide des indices x_0, y_0, et des indices d'un seul système tel que Σ_0, arbitrairement choisi parmi ceux de la suite $\Sigma_0, \Sigma_1, \ldots, \Sigma_{\lambda+\lambda'-1}$.

Soit $\varphi = \varpi_0 + \chi$, ϖ_0 étant une fonction des indices de Σ_0, et χ une fonction de x_0, y_0. Transformons φ par celles des substitutions de J_0 qui ne déplacent pas le système Σ_0. On obtiendra $\mu(2^\nu - 1)$ ou $\mu(2^\nu + 1)$ transformées différentes (769), suivant que l sera de première ou de seconde catégorie. Opérant ensuite sur ces transformées les substitutions de J_0 qui permutent les systèmes $\Sigma_0, \ldots, \Sigma_{\lambda-1}$, on obtiendra un total de $\lambda\mu(2^\nu \pm 1)$ transformées différentes, dont chacune appartiendra à l'un des systèmes de fonctions cherchés. Or ces fonctions dépendent de χ et des $2\lambda\mu\nu$ indices de $\Sigma_0, \ldots, \Sigma_{\lambda-1}$, dont le nombre est inférieur au leur (à moins qu'on n'ait $\lambda = \mu = 1$ et $\nu = 1$ ou 2, cas d'exception sur lequel nous reviendrons tout à l'heure) : donc elles ne peuvent être distinctes. Donc deux au moins d'entre elles appartiennent à un même système s; ce système contiendra leur différence, laquelle ne contient plus que les indices de Σ_0.

836. Cela posé, on verra comme aux nos 739-740 que les indices de chacun des systèmes $\Sigma_0, \ldots, \Sigma_{\lambda-1}$ appartiendront à l'un des systèmes s, s',.... Supposons, pour fixer les idées, qu'ils appartiennent tous à l'un des deux systèmes s, s'. Il pourra se faire qu'étant combinés ensemble, ils fournissent la totalité des fonctions de ces systèmes. Admettons l'hypothèse contraire, et supposons que s contienne une fonction de la forme $\varpi + \psi$, ϖ étant une fonction des indices de $\Sigma_0, \ldots$, et ψ une fonction des autres indices. Supposons que ϖ ne se réduise pas à zéro, mais contienne les indices d'un système Σ_0. Soit s_1 le système qui contient ces indices (lequel sera égal à s ou à s') : J_0 contient une substitution qui ne déplace pas Σ_0, et qui change ϖ en une fonction différente ϖ'. Soit s'' le système qu'elle fait succéder à s. La fonction $\varpi' + \psi$, qui appartient au système s'', serait la somme des deux fonctions $\varpi + \psi$, $\varpi' - \varpi$, appartenant à s et s_1 : résultat absurde, si les trois systèmes s, s_1, s'' ne se confondent pas en un seul.

Donc tous les indices que contient la fonction ϖ appartiennent à s. Donc ψ lui appartient. Admettons que ψ contienne quelqu'un des indices des systèmes $\Sigma_\lambda, \ldots, \Sigma_{\lambda+\lambda'-1}$. Celles des substitutions de J_0 qui n'altèrent pas cette fonction ne déplacent pas le système s; mais elles permutent entre eux tous les systèmes $\Sigma_0, \ldots, \Sigma_{\lambda-1}$. Donc tous ces systèmes appartiennent à s. De plus les substitutions de J_0, remplaçant ces systèmes les uns par les autres, laisseront le système s immobile. Les fonctions ψ, ψ',... qu'elles font succéder à ψ appartiennent donc à s; s contiendra donc les différences $\psi - \psi'$,... et leurs transformées par les substitutions de J_0, lesquelles reproduisent par leur combinaison tous les indices de $\Sigma_\lambda, \ldots, \Sigma_{\lambda+\lambda'-1}$.

Donc si s contient une fonction où figurent ces indices, il les contiendra tous. Enfin il peut contenir une fonction φ où figurent les indices x_0, y_0. Il contiendra dans ce cas la fonction χ formée par ceux des termes de φ qui contiennent ces deux indices. Mais il contient un nombre pair de fonctions distinctes : donc il contiendra une autre fonction de x_0, y_0, et par suite ces deux indices eux-mêmes.

Si s contient x_0, y_0, notre proposition est établie. Dans le cas contraire, il contiendra tous les indices de $\Sigma_0, \ldots, \Sigma_{\lambda+\lambda'-1}$. Il existe un autre système, s_1, contenant une fonction φ dans laquelle figurent les indices x_0, y_0. Soit $\varphi = \varpi + \chi$, χ étant une fonction de ces deux indices, et ϖ une fonction des indices de s. Si ϖ différait de zéro, J_0 contiendrait une substitution qui l'altère; soit $\varpi' + \chi$ la transformée de φ par cette substitution, s_2 le système auquel elle appartient. La fonction $\varpi' + \chi$ serait la somme des deux fonctions φ et $\varpi' - \varpi$, qui appartiennent respectivement à s, s_1; résultat absurde, les trois systèmes s, s_1, s_2 ne se réduisant pas à un seul. Donc φ ne peut contenir que x_0, y_0; et comme s_1 contient au moins deux fonctions distinctes φ, φ', il contiendra x_0, y_0.

837. Supposons maintenant que les indices de $\Sigma_0, \ldots, \Sigma_{\lambda-1}$, combinés ensemble, reproduisent en entier un ou plusieurs des systèmes de fonctions s, $s', \ldots$. Soient s_1, $s_2, \ldots$ les autres systèmes de fonctions, $\varphi = \varpi + \psi$ une des fonctions de s_1, ϖ étant une fonction des indices de $\Sigma_0, \ldots, \Sigma_{\lambda-1}$, et ψ une fonction des autres indices. Si ϖ ne se réduisait pas à zéro, elle contiendrait par exemple dans son expression les indices de Σ_0, appartenant pour fixer les idées au système s. Parmi celles des substitutions de J_0 qui n'altèrent que les indices de Σ_0, il en est une au moins qui altère ϖ en la transformant en une autre fonction ϖ'. La différence $\varpi' - \varpi$, étant entièrement formée avec les indices de Σ_0, appartiendra à s. D'autre part, la transformée de φ, $\varpi' + \psi$ appartiendra à un système s_2, et sera la somme des deux fonctions φ et $\varpi' - \varpi$, qui appartiennent respectivement à s_1 et à s, résultat absurde, s, s_1, s_2, n'étant pas identiques. Donc $\varpi = 0$.

Cela posé, l'un au moins des systèmes s_1, $s_2, \ldots$ contiendra une fonction φ de la forme $\varpi_\lambda + \chi$, ϖ_λ étant une fonction des indices de Σ_λ, et χ une fonction de x_0, y_0. Transformons φ par celles des substitutions de J_0 qui n'altèrent pas les indices de s; on obtiendra $\lambda'\mu'(2^{\nu'} \pm 1)$ transformées différentes. Ces fonctions, dépendant de $1 + 2\lambda'\mu'\nu'$ fonctions distinctes seulement, ne pourront être distinctes, à moins qu'on n'ait $\lambda'\mu' = 1$, et $\nu' = 1$ ou 2. Donc deux d'entre elles appartiendront à un même système de la suite s_1, $s_2, \ldots$. On obtient le même résultat en supposant $\lambda'\mu' = 1$, $\nu' = 1$ ou 2. Car chacun de ces systèmes contenant au moins deux fonctions distinctes, leur nombre sera au plus égal à la moitié $\nu' + 1$ du nombre des indices avec lesquels ces fonctions sont formées. Il sera donc inférieur à $2^{\nu'} + 1$, nombre des transformées de φ. Ce point établi, on continuera le raisonnement comme précédemment.

838. Reprenons maintenant le cas où l'on aurait $\lambda\mu = 1$ et $\nu = 1$ ou 2. Il faut supposer en outre $\lambda'\mu' = 1$ et $\nu' = 1$ ou 2, car tout est symétrique dans nos raisonnements par rapport à λ, μ, ν, et λ', μ', ν'. En outre, on ne peut avoir $\nu = \nu'$; car les deux groupes l, l' seraient semblables, et l'on tomberait ainsi sur un cas exclu. On peut donc supposer $\nu = 2$, $\nu' = 1$. Cela posé, la fonction $\varphi = \varpi_0 + \chi$ aura $\lambda\mu(2^\nu + 1) = 5$ transformées différentes; quant aux nombre des systèmes $s, s', \ldots$, il ne peut dépasser $\nu + \nu' + 1 = 4$, moitié du nombre total des indices. Donc deux transformées appartiendront nécessairement à un même système, et l'on pourra continuer le raisonnement comme tout à l'heure.

839. Notre proposition étant ainsi établie, supposons, pour fixer les idées, que le système s qui contient les indices x_0, y_0 contienne en outre $x_1, y_1, \ldots, x_\sigma, y_\sigma$, mais ne contienne pas $x_{\sigma+1}, y_{\sigma+1}, \ldots$. Soient Γ et γ les groupes respectivement formés par celles des substitutions de $\mathfrak{L}_0$ et de J_0, qui n'altèrent que les indices de s; Γ devra contenir γ.

Supposons d'abord $\lambda\nu > 1$. On verra comme au n° 779 que chaque substitution de Φ, premier faisceau de Γ, remplace les indices de chaque système de l par des fonctions de ces seuls indices, et les indices x_0, y_0 par des fonctions $a_0 x_0 + c_0 y_0$, $b_0 x_0 + d_0 y_0$ de ces seuls indices.

840. La démonstration ne serait plus applicable au cas où, λ et ν se réduisant tous deux à l'unité, s ne contiendrait que quatre indices x_0, y_0, x_1, y_1. Mais soit dans ce cas

$$S = \begin{vmatrix} x_0, & y_0 & a_0 x_0 + c_0 y_0 + a_1 x_1 + c_1 y_1, & b_0 x_0 + d_0 y_0 + b_1 x_1 + d_1 y_1 \\ x_1, & y_1 & d'_0 x_0 + c'_0 y_0 + d'_1 x_1 + c'_1 y_1, & b'_0 x_0 + d'_0 y_0 + b'_1 x_1 + d'_1 y_1 \end{vmatrix}$$

une substitution de Φ. J_0 contient la substitution

$$h = | x_0, y_0, x_1, y_1 \quad x_0, y_0, h x_1, h^2 y_1 |,$$

où h est une racine primitive de la congruence $h^3 \equiv 1 \pmod{2}$. Cette substitution, appartenant à $\mathfrak{L}_0$, sera permutable à Φ; donc $h^{-1} S h$ appartiendra à Φ, et par suite sera échangeable à S, ce qui fournira les 16 conditions suivantes (après suppression de facteurs constants)

$$a_1 a'_0 - c_1 b'_0 \equiv a_0 a_1 + c_0 b_1 - a_1 a'_1 \equiv a_1 c'_0 - c_1 d'_0 \equiv a_0 c_1 + c_0 d_1 - c_1 d'_1 \equiv 0,$$
$$d_1 d'_0 - b_1 c'_0 \equiv d_0 d_1 + b_0 c_1 - d_1 d'_1 \equiv d_1 b'_0 - b_1 a'_1 \equiv d_0 b_1 + b_0 a_1 - b_1 a'_1 \equiv 0,$$
$$a'_1 c'_1 - c'_1 d'_1 \equiv a'_1 a_0 + c'_0 b_0 - a'_1 a'_0 \equiv a'_0 a_1 + c'_0 b_1 - c'_1 b'_1 \equiv a'_0 c_0 + c'_0 d_0 - a'_1 c'_0 \equiv 0,$$
$$d'_1 b'_1 - b'_1 d'_1 \equiv d'_0 d_0 + b'_0 c_0 - d'_1 d'_0 \equiv d'_0 d_1 + b'_0 c_1 - b'_1 c'_1 \equiv d'_0 b_0 + b'_0 a_0 - d'_1 b'_0 \equiv 0.$$

En outre, S est abélienne propre, et d'ordre premier à 2. Il est aisé de vérifier que ce système de conditions ne peut être satisfait que si a_1, b_1, c_1, d_1, a'_0, b'_0, c'_0, d'_0 sont tous nuls. On simplifiera cette vérification en remarquant que l'on peut profiter de l'arbitraire qui reste dans le choix des deux indices x_0, y_0 pour faire en sorte que l'on ait *a priori* $d'_0 = 0$.

841. Donc chaque substitution S de Φ transformera les substitutions C_{x_0}, C_{y_0} correspondantes à x_0 et à y_0 en $C_{x_0}^{a_0} C_{y_0}^{b_0}$, $C_{x_0}^{c_0} C_{y_0}^{d_0}$, transformées qui devront avoir le même caractère que les substitutions C_{x_0}, C_{y_0}. Or la substitution g ayant pour carré θ, sa correspondante C_{x_0} a pour caractère 1. D'ailleurs le cas où l'on a $\mathfrak{x} \equiv 0 \pmod{2}$ est exclu (705). Soit donc $\mathfrak{x} \equiv 1$. Les deux substitutions $\mathfrak{A}'$ et $g\mathfrak{A}'$ ont pour carré l'unité; les substitutions correspondantes C_{y_0}, $C_{x_0} C_{y_0}$ ont donc zéro pour caractère. Donc pour que $C_{x_0}^{a_0} C_{y_0}^{b_0}$ ait le même caractère que C_{x_0}, il faudra qu'on ait $a_0 \equiv 1$, $b_0 \equiv 0$, d'où $d_0 \equiv 1 \pmod{2}$, le déterminant $a_0 d_0 - b_0 c_0$, qui divise le déterminant de S, ne pouvant s'annuler. Donc les substitutions de Φ laisseront invariable l'indice y_0. Donc Γ ne pourra être primaire; car ses substitutions remplaceront évidemment les indices tels que y_0, que les substitutions de Φ n'altèrent pas, par des fonctions de ces seuls indices.

L'absurdité de ce résultat démontre notre théorème.

842. En dernier lieu, soit $p^\nu = 3^4$. Soient $\mathcal{A}_1$, $\mathcal{B}_1$, ... la double suite simple ou complexe dont $\mathcal{G}$ est dérivé,

$$a_1 = | x_1, y_1, \ldots \quad x_1 + 1, y_1, \ldots |, \qquad b_1 = | x_1, y_1, \ldots \quad x_1, y_1 + 1, \ldots |, \ldots$$

les substitutions correspondantes, dont le faisceau est permutable au groupe auxiliaire Λ, formé par les corrélatives des substitutions de $\mathfrak{L}$. Soient d'autre part g la substitution d'ordre 80 dont les puissances reproduisent F, premier faisceau de L; A_1, B_1, ..., A_σ, B_σ; A'_1, B'_1, ...; ... les doubles suites qui, jointes à g, forment son second faisceau G. Les substitutions de G seront de la forme $g^\rho A_1^{\gamma_1} B_1^{\delta_1} \ldots A_\sigma^{\gamma_\sigma} B_\sigma^{\delta_\sigma} A_1'^{\gamma'_1} B_1'^{\delta'_1} \ldots$; et si l'une de ces substitutions, dans laquelle l'un des exposants γ'_1, $\delta'_1, \ldots$ par exemple ne soit pas nul, appartient à $\mathcal{G}$, on verra, par un raisonnement que nous avons déjà reproduit plusieurs fois, que les substitutions du faisceau $(A'_1, B'_1, \ldots)$ appartiendront toutes à $\mathcal{G}$.

Supposons, pour fixer les idées, que $A_1, B_1, \ldots, A_\sigma, B_\sigma$ n'appartiennent pas à $\mathcal{G}$, mais que les substitutions des autres doubles suites $A'_1, B'_1, \ldots; \ldots$ appartiennent à ce faisceau. On pourra admettre que la double suite $\mathcal{A}_1$, $\mathcal{B}_1, \ldots$ ait été formée de telle sorte, que $\mathcal{A}_{\sigma+1}, \mathcal{B}_{\sigma+1}, \ldots$ se confondent respectivement avec $A'_1, B'_1, \ldots; \ldots$.

Cela posé, les substitutions $g^5, A_1, B_1, \ldots$ étant échangeables à A'_1, $B'_1, \ldots; \ldots$, et ayant pour ordre une puissance de 2, les substitutions de A qui sont leurs corrélatives seront échangeables à $a_{\sigma+1}, b_{\sigma+1}, \ldots$. Étant d'ailleurs abéliennes, elles se réduiront à la forme

$$\left|\begin{array}{ll} x_1, y_1 & f_1(x_1, y_1, \ldots, x_{\sigma+3}, y_{\sigma+3}), \quad \varphi_1(x_1, y_1, \ldots, x_{\sigma+3}, y_{\sigma+3}) \\ \ldots\ldots & \ldots\ldots\ldots\ldots\ldots\ldots\ldots\ldots\ldots\ldots\ldots\ldots \\ x_{\sigma+3}, y_{\sigma+3} & f_{\sigma+3}(x_1, y_1, \ldots, x_{\sigma+3}, y_{\sigma+3}), \varphi_{\sigma+3}(x_1, y_1, \ldots, x_{\sigma+3}, y_{\sigma+3}) \\ x_{\sigma+1}, y_{\sigma+1} & x_{\sigma+1}, y_{\sigma+1} \\ \ldots\ldots\ldots & \ldots\ldots\ldots \end{array}\right|.$$

Enfin elles ont pour ordre une puissance de 2. Donc il existe une substitution $t = a_1^{\alpha_1} b_1^{\beta_1} \ldots$ dérivée de $a_1, b_1, \ldots, a_{\sigma+3}, b_{\sigma+3}$, qui leur soit échangeable à toutes (186).

La substitution $T = \mathcal{A}_1^{\alpha_1} \mathcal{B}_1^{\beta_1} \ldots$ sera évidemment échangeable à chacune des substitutions $g^5, A_1, B_1, \ldots$ aux puissances près de θ; et l'on aura $T = T_1 A_1^{\gamma_1} B_1^{\delta_1} \ldots$, T_1 étant échangeable à $A_1, B_1, \ldots$ et transformant g^5 en g^5 ou en $\theta g^5 = g^{45}$.

Cela posé, L, et par suite J, contient la substitution $\mathfrak{P}$ qui remplace chaque indice de L par son correspondant de la série suivante, laquelle est abélienne propre et échangeable à $A_1, B_1, \ldots; \ldots$, et transforme g en g^3. Si T_1 transforme g^5 en g^{45}, on aura $T_1 = \mathfrak{P}^2 T_2$, T_2 étant abélienne propre et échangeable à $g^5, A_1, B_1, \ldots$, et, par suite, se réduisant à une puissance de g. Cela posé, T appartenant à $\mathcal{G}$, auquel les substitutions de $\mathcal{L}$, et en particulier g, sont permutables, il en sera de même de $g^{-1} T g = g^{-8}$: résultat absurde, car g^{-8} est d'ordre 10, tandis que les substitutions de $\mathcal{G}$ ont pour ordres des diviseurs de 4.

Donc T_1 est échangeable à g^5, et par suite se réduit à une puissance de g, telle que g^ρ. On aura donc $T = g^\rho A_1^{\gamma_1} B_1^{\delta_1} \ldots$; mais T appartenant à $\mathcal{G}$, cette relation ne peut avoir lieu, par hypothèse, que si $\gamma_1 = \delta_1 = \ldots = 0$, d'où $T = g^\rho$. D'ailleurs T a pour ordre un diviseur de 4, et ne se réduit pas à une puissance de $\theta = g^{40}$; donc $T = g^{20}$ ou g^{60}; et $\mathcal{G}$, contenant les deux substitutions T et θT, contiendra g^{20}.

On peut évidemment supposer que la double suite $\mathcal{A}_1, \mathcal{B}_1, \ldots$ ait été choisie de telle sorte que la première de ses substitutions, $\mathcal{A}_1$, ne soit autre que g^{20}. Les substitutions g^5, A_1, $B_1, \ldots$ lui étant échangeables, leurs corrélatives seront de la forme

$$\left|\begin{array}{lll} x_1, y_1 & x_1 + f_1(y_1, \ldots, x_{2\sigma+3}, y_{2\sigma+3}), & \varphi_1(y_1, \ldots, x_{2\sigma+3}, y_{2\sigma+3}) \\ \cdots\cdots & \cdots\cdots\cdots\cdots\cdots\cdots & \cdots\cdots\cdots\cdots\cdots\cdots \\ x_{2\sigma+3}, y_{2\sigma+3} & f_{2\sigma+3}(y_1, \ldots, x_{2\sigma+3}, y_{2\sigma+3}), & \varphi_{2\sigma+3}(y_1, \ldots, x_{2\sigma+3}, y_{2\sigma+3}) \\ x_{2\sigma+4}, y_{2\sigma+4} & x_{2\sigma+4}, y_{2\sigma+4} & \\ \cdots\cdots & \cdots\cdots & \end{array}\right|.$$

Elles ont d'ailleurs pour ordres des puissances de 2. *A fortiori*, les substitutions qu'on en déduirait en supprimant les fonctions $f_1(y_1, \ldots, x_{2\sigma+3}, y_{2\sigma+3})$ dont elles accroissent x_1 jouiront de cette propriété. Donc parmi les substitutions dérivées de $b_1, \ldots, a_{2\sigma+3}, b_{2\sigma+3}$, il en existe une au moins u échangeable à ces dernières substitutions. Les corrélatives de g^5, A_1, $B_1, \ldots$ seront évidemment échangeables à u aux puissances près de a_1. Soit U la substitution formée avec $\mathcal{B}_1, \ldots$ comme u l'est avec $b_1, \ldots$; g^5, A_1, $B_1, \ldots$ seront échangeables à U, aux puissances près de $\mathcal{A}_1 = g^{20}$. D'ailleurs $U^{-1} g^5 U = g^{5+20\varepsilon}$, $U^{-1} A_1 U = A_1 g^{20\varepsilon'}, \ldots$ doivent avoir même caractéristiques que g^5, $A_1, \ldots$; ce qui exige que ε, $\varepsilon', \ldots$ soient pairs. Donc U est échangeable à g^5, A_1, $B_1, \ldots$, aux puissances près de $g^{40} = \theta$.

Ce point établi, on verra que U, comme tout à l'heure T, doit se réduire à une puissance de g^{20} : résultat absurde, car U, dérivée de $\mathcal{B}_1, \ldots$, ne peut être une puissance de $g^{20} = \mathcal{A}_1$.

843. Troisième cas. — L *indécomposable de seconde catégorie.*

Soient $2\nu'$ le nombre des séries de L, μ' le nombre d'indices de chacune d'elles. On obtiendra comme au n° **822** la relation

$$2\mu^2 \geqq \mu'^2(p^{\nu'} + 1) \quad \text{ou} \quad 8\nu'^2 \geqq p^{\nu'} + 1,$$

laquelle n'est possible, p^ν étant impair et μ', ν' des puissances de 2, qu'en posant $p^{\nu'} = 3^4$, 3^2, 3, 5^2, 5 ou 7. Nous allons examiner successivement ces cas d'exception.

844. Soit d'abord $p^{\nu'} = 3^4$. On raisonnera comme au n° **823**. Ici l'ordre de G est divisible par 41. Donc K_1 contiendra une substitution S d'ordre 41.

Ramenons-la à la forme canonique. Soit X_1 l'un des indices qu'elle altère. Elle le multiplie par un facteur m, racine primitive de la congruence $m^{41} \equiv 1 \pmod{2}$, lequel dépendra d'une congruence irréductible de degré 20; car 20 est la moindre valeur de q telle que l'on ait $2^q - 1 \equiv 0 \pmod{41}$. Cela posé, K résulte de la combinaison de S avec des substitutions d'ordre 2, qui lui sont échangeables, et qui, par suite, n'altéreront ni X_1 ni ses conjugués. On en conclut, comme au n° **823**, que l'ordre de G ne peut dépasser $41\mu^2.2^{-20}$, ce qui est absurde, car il est égal à

$$(p^{\nu'}+1)\mu'^2 = 41\mu^2.2^{-5}.$$

845. Si $p^{\nu'} = 5^2$, on trouverait de même que l'ordre de G ne peut dépasser $13\mu^2.2^{-12}$, résultat absurde.

846. Soit $p^{\nu'} = 3^2$. Raisonnant encore comme au n° **823**, on voit que les doubles suites $A_1, B_1, \ldots; A'_1, B'_1, \ldots; \ldots$, qui servent à former G, sont contenues dans $\mathfrak{G}$. La double suite simple ou complexe $\mathcal{A}_1, \mathcal{B}_1, \ldots$, dont ce dernier groupe est dérivé, peut donc être considérée comme formée des substitutions $A_1, B_1, \ldots; A'_1, B'_1, \ldots; \ldots$ jointes à deux autres couples $\mathcal{A}_1, \mathcal{B}_1$ et $\mathcal{A}_2, \mathcal{B}_2$.

La substitution g est échangeable à $A_1, B_1, \ldots; A'_1, B'_1, \ldots; \ldots$ Donc sa corrélative γ sera échangeable aux substitutions

$$a_3^{\alpha_3} b_3^{\beta_3} \ldots = | \; x_1, y_1, x_2, y_2, x_3, y_3, \ldots \quad x_1, y_1, x_2, y_2, x_3 + \alpha_3, y_3 + \beta_3, \ldots \; |,$$

respectivement correspondantes à ces substitutions; donc cette corrélative laisse invariables $x_3, y_3, \ldots$ et remplace les indices x_1, y_1, x_2, y_2 par des fonctions de ces mêmes indices. D'ailleurs g est d'ordre 10 et $g^5 = \theta$ est la première de ses puissances qui appartienne à $\mathfrak{G}$; donc γ est d'ordre 5. Remplaçons x_1, y_1, x_2, y_2 par de nouveaux indices X, Y, Z, U, qui ramènent γ à sa forme canonique; on aura

$$\gamma = | \; X, Y, Z, U, x_3, \ldots \quad mX, m^2Y, m^4Z, m^8U, x_3, \ldots \; |,$$

m étant une racine primitive de la congruence $m^5 \equiv 1 \pmod{2}$, laquelle dépend d'une congruence irréductible de degré 4.

Cela posé, soit Φ la substitution qui remplace chaque indice de la $r+1^{\text{ième}}$ série de L par son conjugué de la série suivante, multiplié par la puissance p^r d'un facteur constant e, choisi de telle sorte que Φ soit abélienne propre.

Cette substitution sera échangeable à A_1, $B_1, \ldots$; A'_1, $B'_1, \ldots; \ldots$, aux puissances près de θ, et transformera g en g^3. Cette substitution appartient évidemment à L (elle a pour corrélative l'unité dans chacun des groupes auxiliaires qui servent à construire L); étant abélienne propre, elle appartiendra à J, et *a fortiori* à $\mathcal{L}$; et sa corrélative Π transformera γ en γ^3. On aura donc $\Pi = R^2 S$, R étant la substitution qui permute circulairement les indices X, Y, Z, U, et S une substitution abélienne qui les multiplie par des facteurs constants.

Cela posé, les substitutions dont R est la corrélative multiplient les exposants d'échange par des non résidus quadratiques de 3 (**678-684**) et celles dont S est la corrélative les multiplient par des résidus (**676-677**). Donc la substitution φ les multiplierait par un non résidu, ce qui est absurde, car elle est abélienne propre.

847. Soit $p^\nu = 7$. Le premier faisceau de L est formé des puissances d'une substitution g d'ordre 8. Soient A_1, $B_1, \ldots$; A'_1, $B'_1, \ldots; \ldots$ les doubles suites qui, jointes à g, forment son second faisceau G. Posons $C_1 = g^{2p_1} A_1$, $D_1 = g^{2q_1} B_1, \ldots$; $C'_1 = g^{2p'_1} A'_1$, $D'_1 = g^{2q'_1} B'_1, \ldots; \ldots$. On voit, comme au n° **703**, que les exposants p_1, $q_1, \ldots$; p'_1, $q'_1, \ldots; \ldots$ pourront être choisis de telle sorte, que les substitutions de L soient toutes permutables aux faisceaux $(C_1, D_1, \ldots)$, $(C'_1, D'_1, \ldots), \ldots$. Soit en outre φ la substitution qui remplace les indices de la $r+1^{ième}$ série par ceux de la suivante, multipliés par la puissance p^r de la racine e de la congruence $e^8 \equiv -1 \pmod{7}$. La substitution $\varphi' = \varphi C_1^{q_1} D_1^{p_1} \ldots C_1'^{q'_1} D_1'^{p'_1} \ldots$, qui transforme g en g^3, sera échangeable à C_1, $D_1, \ldots$; C'_1, $D'_1, \ldots; \ldots$; de plus elle est abélienne propre; donc elle appartient à L, et par suite à J.

Le faisceau $(\varphi', g^2, C_1, D_1, \ldots, C'_1, D'_1, \ldots)$ a son ordre égal à $8\mu'^2$, et ses substitutions sont échangeables entre elles aux puissances près de la substitution θ qui multiplie tous les indices par -1. Et si l'on raisonne comme aux n^{os} **824-841** (en changeant g, $\mathcal{A}'$, $\mathfrak{S}$ en g^2, φ', g), on verra que ce faisceau se confond avec $\mathcal{G}$, et que si $\mathfrak{x} \equiv 0 \pmod{2}$, on aboutira à une absurdité en supposant que $\mathcal{L}$ contienne J.

Soit au contraire $\mathfrak{x} \equiv 1$. Le groupe J renfermant, par définition, une substitution qui multiplie les exposants d'échange par un non résidu de 7, ne peut être contenu dans $\mathcal{L}$, qui n'en renferme point.

848. Si $p^\nu = 3$, on appliquera encore les raisonnements des n^{os} **824-841**, en remplaçant $\mathcal{A}'$ par φ'.

849. Soit enfin $p^\nu = 5$. On établira, comme au n° **823**, que $\mathcal{G}$ est formé des doubles suites $A_1, B_1, \ldots; \ldots$ jointes à un dernier couple $\mathcal{A}, \mathcal{B}$.

Cela posé, L, et par suite J, contient la substitution Φ qui remplace chaque indice de la $r+1^{ième}$ série par son conjugué, multiplié par e^{p^r}, e étant une racine de la congruence $e^2 \equiv -1 \pmod{5}$. Cette substitution Φ, appartenant à $\mathcal{L}$ et étant échangeable à $A_1, B_1, \ldots; \ldots$ transformera $\mathcal{A}, \mathcal{B}$ en substitutions de la forme $\theta^s \mathcal{A}^\alpha \mathcal{B}^\beta$, $\theta^t \mathcal{A}^\gamma \mathcal{B}^\delta$, s, t, α, β, γ, δ étant des entiers égaux à 0 ou à 1 et satisfaisant à la relation $\alpha\delta - \beta\gamma \equiv 1 \pmod{2}$. D'ailleurs Φ^2, se réduisant à θ, est échangeable à $\mathcal{A}$ et à $\mathcal{B}$. Il faut pour cela qu'on ait $\alpha = \delta$.

Supposons que l'on n'ait pas à la fois $\alpha = \delta = 1$, $\beta = \gamma = 0$. Les indices indépendants étant supposés choisis de manière à ramener $\mathcal{A}, \mathcal{B}; A_1, B_1, \ldots; \ldots$ à leur forme type, il sera facile de déterminer les substitutions échangeables à $A_1, B_1, \ldots; \ldots$ qui transforment $\mathcal{A}, \mathcal{B}$ en $\theta^s \mathcal{A}^\alpha \mathcal{B}^\beta$, $\theta^t \mathcal{A}^\gamma \mathcal{B}^\delta$ (elles sont le produit d'une seule d'entre elles, que nous savons construire, par les substitutions qui multiplient tous les indices par un même facteur); et l'on voit qu'elles multiplient toutes les exposants d'échange par des non résidus de 5 : donc aucune d'elles n'est abélienne propre, comme Φ devrait l'être.

Soit enfin $\alpha = \delta = 1$, $\beta = \gamma = 0$: Φ sera dérivée de $\mathcal{A}, \mathcal{B}$. Or la substitution g, dont les puissances reproduisent le premier faisceau de L, est échangeable à $A_1, B_1, \ldots; \ldots$. D'autre part, elle est contenue dans $\mathcal{L}$; elle est donc permutable au faisceau $(\mathcal{A}, \mathcal{B}; A_1, B_1, \ldots; \ldots)$. Elle sera donc permutable au faisceau $(\mathcal{A}, \mathcal{B})$. Donc $\Phi^{-1} g^{-1} \Phi g = g^2$ appartiendra à ce faisceau; résultat absurde, car cette substitution est d'ordre 3, tandis que celles du faisceau $(\mathcal{A}, \mathcal{B})$ ont pour ordre un diviseur de 4.

Donc ici encore il est absurde de supposer que $\mathcal{L}$ contienne J.

850. Quatrième cas. — L *indécomposable de troisième catégorie.*

Soient comme précédemment $\mathcal{A}_1, \mathcal{B}_1, \ldots; \mathcal{A}'_1, \mathcal{B}'_1, \ldots; \ldots$ les doubles suites qui forment le second faisceau de $\mathcal{L}$; $A_1, B_1, \ldots; A'_1, B'_1, \ldots; \ldots$ celles qui forment le second faisceau de L. On verra comme au n° **758** que chacun des faisceaux $(\mathcal{A}_1, \mathcal{B}_1, \ldots)$, $(\mathcal{A}'_1, \mathcal{B}'_1, \ldots)$, ... est formé par les substitutions d'un ou plusieurs des faisceaux $(A_1, B_1, \ldots)$, $(A'_1, B'_1, \ldots)$, ...

Supposons, par exemple, que $(\mathcal{A}_1, \mathcal{B}_1, \ldots)$ soit formé par les substitutions du faisceau $(A_1, B_1, \ldots)$. Soient $\mathcal{L}_0$ le groupe auxiliaire correspondant à $(\mathcal{A}_1, \mathcal{B}_1, \ldots)$ dans la construction de $\mathcal{L}$; L_0 le groupe auxiliaire correspondant à $(A_1, B_1, \ldots)$ dans la construction de L; A le groupe formé par celles des substitutions de L_0 dont les corrélatives appartiennent à J. Il est clair que si $\mathfrak{L}$ contient J, $\mathfrak{L}_0$ contient A. Or soit J_0 le groupe qui est à L_0 ce que J est à L : A contiendra J_0. En effet, chaque substitution de J_0 est la corrélative d'une substitution S de L, qui multiplie les exposants d'échange par un résidu quadratique, tel que r^2. Multipliant S par la substitution qui multiplie tous les indices par r^{-1}, on obtiendra une nouvelle substitution appartenant à J et ayant la même corrélative que S.

Le théorème **C** étant vrai, par hypothèse, pour les groupes $\mathfrak{L}_0$, L_0, J_0, le groupe $\mathfrak{L}_0$ sera pareil à L_0. Donc $\mathfrak{L}$ et L sont construits à l'aide de groupes auxiliaires pareils. Donc ils sont eux-mêmes pareils.

Le théorème **C** est donc établi dans tous les cas.

NOTES.

NOTE A.

(VOIR LE LIVRE II, CHAPITRE Ier, § IV.)

Soit G un groupe quelconque : on pourra déterminer une suite de groupes G, H, I, K,..., 1 tels, que chacun d'eux soit contenu dans le précédent, et permutable aux substitutions de G, mais ne soit contenu dans aucun autre groupe plus général jouissant de cette double propriété. Soient N, $\frac{N}{p}$, $\frac{N}{pq}$, $\frac{N}{pqr}$, ..., 1 les ordres respectifs de ces groupes.

La suite G, H, I, K,..., 1 pourra parfois se déterminer de plusieurs manières : mais *de quelque manière que l'on opère, les facteurs p, q, r,... resteront les mêmes, à l'ordre près.*

Soient en effet G, H, I, K,..., 1 et G, H', I', K',..., 1 deux manières différentes de déterminer cette suite; p, q, r,... et p', q', r',... les facteurs correspondants : nous allons montrer qu'il existe une troisième décomposition G, H', $\mathfrak{I}$, $\mathfrak{K}$,..., 1, où le groupe G soit suivi du groupe H', et où les facteurs soient à l'ordre près égaux à p, q, r,....

Le groupe H' est contenu dans G, par hypothèse, sans l'être dans H. D'autre part, en descendant la série des groupes G, H, I, K,..., 1, on arrivera nécessairement à un groupe K qui soit contenu dans H'. Désignons comme au n° 55 les diverses substitutions de K par le symbole k_α; celles de I par le symbole $i_\beta k_\alpha$; celles de H par $h_\gamma i_\beta k_\alpha$; celles de G par $g_\delta h_\gamma i_\beta k_\alpha$, les indices α, β, γ, δ ayant respectivement $\frac{N}{pqr}$, r, q, p valeurs distinctes.

Dans les substitutions de H', les indices δ, γ prendront tous les systèmes de valeurs possibles; sans quoi le groupe (H', I) serait plus général que H', moins général que G et permutable à ses substitutions, résultat contraire à l'hypothèse. D'autre part, à chaque système de valeurs de δ, γ correspondra un seul système de valeurs de β : car si H' contenait deux substitutions telles que $S = g_\delta h_\gamma i_\beta k_\alpha$ et $T = g_\delta h_\gamma i_{\beta'} k_{\alpha'}$, il contiendrait ST^{-1}, qui appartient à I sans appartenir à K. Le groupe formé par les substitutions communes à H' et à I, lequel est évidemment permutable aux substitutions de G, serait donc plus général que K et moins général que I, résultat inadmissible.

Enfin, H' contenant K, l'indice α y prendra toutes les valeurs possibles pour chaque système de valeurs des autres indices. L'ordre de H' sera donc égal au produit $\frac{N}{r}$ des nombres de valeurs des indices δ, γ, α; et l'ordre du groupe $\mathfrak{I}$ formé par les substitutions communes à H' et à H, lesquelles correspondent à la valeur $\delta = 0$, sera égal à $\frac{N}{rp}$.

Cela posé, il est clair que chacun des groupes G, H', $\mathfrak{I}$, K,..., 1 est contenu dans le précédent, et permutable aux substitutions de G. Chacun d'eux est en outre aussi général que possible parmi ceux qui jouissent de cette propriété; car s'il existait, par exemple, un groupe $\mathfrak{K}$, plus général que K, qui fût contenu dans $\mathfrak{I}$ et permutable aux substitutions de G, le groupe ($\mathfrak{K}$, I) serait plus général que I, contenu dans H, et permutable aux substitutions de G, contrairement à l'hypothèse. Enfin les facteurs $r, p, q, \ldots$ qui correspondent à cette suite sont égaux à l'ordre près à p, q, $r, \ldots$, ce qu'il fallait démontrer.

On pourra de même, sans altérer autre chose que l'ordre des facteurs $p, q, r, \ldots$, passer de la suite G, H', $\mathfrak{I}$, K,..., 1 à une nouvelle suite G, H', I', $\mathfrak{K}$,..., 1,..., et enfin à la suite G, H', I', K',..., 1.

Chacun des facteurs $p, q, r, \ldots$ est une puissance exacte de l'un des facteurs de composition de G (59).

NOTE B.

(VOIR LE N° 74.)

Soient G un groupe quelconque; $\mathcal{G}$ un de ses isomorphes; $a, b, \ldots$ les facteurs de composition de $\mathcal{G}$; $\alpha, \beta, \ldots$ ceux du groupe K formé par celles des substitutions de G auxquelles correspond dans $\mathcal{G}$ la substitution 1. *Le groupe* G *aura pour facteurs de composition* $a, b, \ldots, \alpha, \beta, \ldots$.

Soient en effet $\mathcal{G}, \mathfrak{H}, \ldots, 1$ une suite de groupes dont chacun soit contenu dans le précédent, et aussi général que possible parmi ceux qui sont permutables à ses substitutions : $ab\ldots$, $b\ldots, \ldots, 1$ les ordres respectifs de ces groupes; G, H,..., K les groupes formés par celles des substitutions de G qui correspondent respectivement à celles de $\mathcal{G}, \mathfrak{H}, \ldots, 1$; K, L,... une suite de groupes dont chacun soit contenu dans le précédent, et aussi général que possible parmi ceux qui sont permutables à ses substitutions; $\alpha\beta\ldots$, $\beta\ldots\ldots$, 1 les ordres respectifs de ces groupes. On verra sans difficulté que les groupes G, H,..., K, L,..., 1 ont pour ordres respectifs $ab\ldots\alpha\beta\ldots$, $b\ldots\alpha\beta\ldots, \ldots$, $\alpha\beta\ldots$, $\beta\ldots, \ldots$, 1 et forment une suite telle, que chacun d'eux soit contenu dans le précédent, et aussi général que possible parmi ceux qui sont permutables à ses substitutions. Donc $a, b, \ldots, \alpha, \beta, \ldots$ seront bien les facteurs de composition de G.

NOTE C.

(VOIR LE N° 398.)

Si l'équation E est primitive, l'énoncé du n° 398 peut être remplacé par le suivant, qui est plus général.

Si le groupe G *contient une substitution circulaire d'ordre premier* p, *il sera* $n-p+1$ *fois transitif.*

Soient, en effet, S, T, U,... les substitutions circulaires d'ordre p que contient G. Les substitutions de G les transforment les unes dans les autres; elles sont donc permutables au groupe H = (S, T, U,...). Le groupe G étant primitif, H sera transitif (53).

Soient donc $a_1, \ldots, a_p$ les racines que S permute; s'il existe d'autres racines que celles-là, l'une d'elles au moins b_1 sera permutée avec l'une des précédentes, telle que a_1, dans l'une des substitutions T, U,..., telle que T.

Cela posé, soient $p-q$ le nombre des racines qui figurent à la fois dans S et dans T; q celui des racines $b_1, b_2, \ldots$ qui ne figurent que dans T. Les substitutions S et T, combinées ensemble, donneront un groupe I de degré $p+q<2p$, et dont l'ordre est divisible par p; ce groupe sera donc $q+1$ fois transitif

Si l'on avait $p+q=n$, le groupe G, qui contient I, serait *a fortiori* $q+1=n-p+1$ fois transitif, et le théorème serait démontré. Soit au contraire $p+q<n$, l'une au moins c_1 des $n-p-q$ racines qui ne figurent pas dans S et T sera permutée avec l'une des précédentes, telle que a_1, dans l'une des substitutions U,..., telle que U.

Cela posé, soit q' le nombre des racines qui figurent dans U sans figurer dans S; r celui des racines c_1, c_2,..., qui figurent dans U sans figurer dans S ni dans T. Les substitutions S, U déplacent $p+q'$ racines, et forment un groupe K qui sera $q'+1$ fois transitif, et *a fortiori* $r+1$ fois transitif.

Cela posé, le groupe $L=(S, T, U)$, dont les substitutions déplacent $p+q+r$ racines, sera $q+r+1$ fois transitif. Et d'abord il est transitif : car les substitutions T, U permettent de remplacer c_1 par l'une quelconque des racines c_1, c_2,..., ou par a_1, que les substitutions de I permettront de remplacer à son tour par l'une quelconque des racines restantes $a_2,\ldots$, $b_1,\ldots$. Cela posé, L sera deux fois transitif : car celles des substitutions de K qui laissent c_1 immobile, permettent de remplacer c_2 par l'une quelconque des racines $c_3,\ldots$, c_r, ou par a_1, que les substitutions de I permettent de remplacer à son tour par l'une quelconque des racines restantes $a_2,\ldots$, $b_1,\ldots$. On verra de même que L est 3 fois,..., $q+r+1$ fois transitif.

Si $n=p+q+r$, G, qui contient L, sera *a fortiori* $q+r+1=n-p+1$ fois transitif. Si $n>p+q+r$, on recommencera un raisonnement semblable au précédent.

Corollaire. — Si le groupe G ne contient pas le groupe alterné, il ne peut être plus de m fois transitif. m étant un entier auquel nous avons assigné des limites (83 et 113). Si donc on a $n-p+1>m$, d'où $p<n-m+1$, G ne pourra contenir aucune substitution circulaire d'ordre p. Soit donc Γ le groupe formé par les puissances d'une telle substitution. Les groupes G et Γ n'ayant aucune substitution semblable, le produit de leurs ordres pN divisera $1.2\ldots n$ (40). Donc $\frac{1.2\ldots n}{N}$ sera divisible par chacun des nombres premiers inférieurs à $n-m+1$; il le sera donc par leur produit.

Ce résultat permet de simplifier la démonstration du théoreme du n° 88. En effet, considérons une fonction de n lettres dont le groupe G soit transitif. Si ce groupe n'est pas primitif, soit μ le nombre des systèmes entre lesquels se partagent les n lettres : l'ordre N de G sera un diviseur de $1.2\ldots\mu.\left(1.2\ldots\frac{n}{\mu}\right)^\mu$, et le nombre $\varphi(n)=\frac{1.2\ldots n}{N}$ des valeurs distinctes de la fonction sera un multiple de $\frac{1.2\ldots n}{1.2\ldots\mu\left(1.2\ldots\frac{n}{\mu}\right)^\mu}$. Si au contraire G est primitif, $\varphi(n)$ sera un multiple du produit des nombres premiers inférieurs à $n-m+1 \overline{\gtrless} \frac{2n-1}{3}$. $\left[\text{On a } m \overline{\gtrless} \frac{n+4}{3}\ (83)\right]$.

Soient maintenant n un entier fini quelconque, et ν un entier moindre que n : il est clair qu'en prenant k supérieur à une certaine limite, facile à déterminer, on aura

$$\varphi(k-\nu)>1.2\ldots\nu(k-\nu)(k-\nu-1)\ldots(k-n+1),$$

inégalité dont la démonstration faisait l'objet des nos 92-94.

NOTE D.

(VOIR LE N° 441.)

MM. Cayley et Salmon avaient découvert et étudié ces droites avant Steiner.

NOTE E.

(LIVRE III, CHAPITRE IV, § III.)

L'équation X dont dépend la division des périodes par un nombre premier impair n dans les fonctions hyperelliptiques à $2k$ périodes est de degré $n^{2k}-1$, et l'ordre Ω de son groupe G est égal à $(n-1)(n^{2k}-1)n^{2k-1}\ldots(n^2-1)n$ (**219-221**). Mais si l'on groupe dans un même système celles de ses racines pour lesquelles les indices $p_1, q_1, \ldots, p_k, q_k$ ont le même rapport, on obtiendra une réduite Y du degré $\frac{n^{2k}-1}{n-1}$. Celle-ci résolue, X deviendra abélienne, son groupe se réduisant aux substitutions qui multiplient chaque indice par un même facteur constant.

Soit $m = \frac{k}{l}$ un diviseur quelconque de k (égal ou non à l'unité) : partageons les indices $p_1, q_1, \ldots$ en l systèmes de $2m$ indices. Celles des substitutions de G qui remplacent les indices de chaque système par des fonctions des indices d'un même système sont évidemment en nombre

$$O = 1.2\ldots l(n-1)\left[(n^{2m}-1)n^{2m-1}\ldots(n^2-1)n\right]^l;$$

une fonction des racines de X invariable par ces substitutions dépendra donc d'une équation de degré $\frac{\Omega}{O}$.

Celles des substitutions de G qui remplacent les indices $p_1, p_2, \ldots, p_k$ par des fonctions de ces mêmes indices forment un groupe H, dont l'ordre P est égal à $(n^k-1)\ldots(n^k-n^{k-1})(n-1)n^{\frac{k(k+1)}{2}}$. En effet, la substitution

$$|\; p_1, q_1, p_2, q_2, \ldots \quad p_1+p_2, q_1, p_2, q_2-q_1, \ldots \;|$$

et ses analogues permettent de remplacer $p_1, \ldots, p_k$ par des fonctions linéaires quelconques des mêmes indices dont le déterminant ne soit pas nul, fonctions qui peuvent être choisies de $(n^k-1)\ldots(n^k-n^{k-1})$ manières distinctes. D'autre part, les substitutions de G qui laissent invariables $p_1, \ldots, p_k$, sont dérivées des suivantes :

$$\begin{gathered}
|\; p_1, q_1, p_2, q_2, \ldots \quad p_1, aq_1, p_2, aq_2, \ldots \;| \\
|\; p_1, q_1, p_2, q_2, \ldots \quad p_1, q_1+p_1, p_2, q_2, \ldots \;|, \\
|\; p_1, q_1, p_2, q_2, \ldots \quad p_1, q_1+p_2, p_2, q_2+p_1, \ldots \;|,
\end{gathered}$$

et de leurs analogues, et sont en nombre $(n-1)n^{\frac{k(k+1)}{2}}$.

Une fonction des racines, invariable par les substitutions de H, dépendra d'une équation de degré $\frac{\Omega}{P} = (n^k+1)\ldots(n+1)$.

Dans le cas particulier où $k=2$, ce degré sera égal à $\frac{n^4-1}{n-1}$. L'équation X aura donc deux réduites distinctes de ce degré.

Cette proposition se vérifie dans le cas particulier de la trisection, où l'on a une réduite du 40e degré, analogue à l'équation qui donne les ternes de doubles trièdres de Steiner dans les surfaces du troisième ordre.

Existe-t-il en général, comme pour le cas particulier de la trisection des fonctions à quatre périodes, des réduites d'un degré inférieur à $\frac{n^{2k}-1}{n-1}$? La négative n'est guère douteuse; mais elle semble difficile à démontrer généralement, et nous ne l'avons établie jusqu'à présent en toute rigueur que pour la quintisection des fonctions à quatre périodes. Cette démonstration s'effectue par les procédés que nous avons appliqués à l'équation aux vingt-sept droites (446-482). Mais ici la complication est beaucoup plus grande.

FIN.